国 家 科 学 技 术 学 术 著 作 出 版 基 金 资 助 出 版

江苏果树志

主 编 常有宏 盛炳成

江苏凤凰科学技术出版社
南 京

图书在版编目（CIP）数据

江苏果树志 / 常有宏，盛炳成主编. —南京：江苏凤凰科学技术出版社，2021.5

ISBN 978-7-5713-1073-8

Ⅰ. ①中… Ⅱ. ①常… ②盛… Ⅲ. ①果树–植物志—江苏 Ⅳ. ①S660.192.53

中国版本图书馆CIP数据核字（2020）第051357号

江苏果树志

主　　编　常有宏　盛炳成
责任编辑　张小平　沈燕燕
编辑助理　韩沛华　严　琪　王　天
责任校对　仲　敏
责任监制　刘文洋

出版发行　江苏凤凰科学技术出版社
出版社地址　南京市湖南路1号A楼，邮编：210009
出版社网址　http://www.pspress.cn
制　　版　南京紫藤制版印务中心
印　　刷　江苏苏中印刷有限公司

开　　本　889 mm × 1194 mm　1/16
印　　张　45.75
字　　数　1 000 000
插　　页　4
版　　次　2021年5月第1版
印　　次　2021年5月第1次印刷

标准书号　ISBN 978-7-5713-1073-8
定　　价　460.00元（精）

《江苏果树志》编委会

主　编　常有宏　盛炳成

副主编　陈　鹏　陆爱华　朱友权　郭忠仁　陶建敏　俞明亮

编　委（以姓氏笔画为序）

马瑞娟　王化坤　朱友权　朱守卫　乔玉山　吴巨友

吴伟民　宋思言　陆爱华　陈　鹏　赵密珍　俞明亮

姜卫兵　高志红　郭忠仁　陶建敏　黄颖宏　盛宝龙

盛炳成　常有宏　渠慎春　韩成钢　储春荣　蔺　经

序

“五谷为养，五果为助。”果树和果品一直伴随着人类社会的发展和文明的进步。现在，果品消费已成为人们美好和健康生活的一种象征。

我国为世界上最大的果品生产国和消费国，果树产业的发展对我国农业供给侧结构性改革、实施乡村振兴战略、服务“一带一路”倡议以及生态文明建设等方面具有十分重大的意义。

江苏省地处我国南北气候过渡地带，是北果南下与南果北上的重要栽培和驯化地区，独特的地理气候条件，使得江苏的果树种质资源极其丰富，在全国有着重要地位。江苏果树栽培历史悠久，形成了一大批地方特色果品，如无锡水蜜桃、苏州洞庭枇杷、黄川草莓、马山杨梅、杨氏猕猴桃、谢湖大樱桃、昆山甜柿、赣榆蓝莓、泗洪大枣等，其生产与供应在全国具有重要影响力。

产业发展离不开科技支撑，江苏省果树界同仁们在20世纪80年代即启动了一轮大范围的果树品种资源调查，并在此基础上建成了一批果树资源圃，对果树种质资源保护发挥了重要作用。进入21世纪，由江苏省农业科学院、南京农业大学、中国科学院植物研究所、江苏省农业农村厅等多家单位联合，又启动了新一轮调查。以植物学、果树学、生态学和遗传学理论为指导，通过实地调查、访问技术人员和农户，运用资源分析、事实论证、科学归纳相结合的方法，对江苏省果树品种资源的现状、特征、栽培及生态适用性进行了综合调查和分析研究，形成了大量科研成果。在此基础上编纂形成的《江苏果树志》概述了江苏省自然气候环境，果树的栽培历史、地理分布及生产现状和农业技术特点等情况，介绍了梨、苹果、山楂、桃、杏、梅、李、樱桃、枣、葡萄、柿、石榴、无花果、猕猴桃、草莓、板栗、银杏、核桃、长山核桃、柑橘、杨梅、枇杷、黑莓、蓝莓等24种果树1 510多个品种的形态栽培特征及经济生产性状。这是一部详实的工具书，更是一部对果树种质资源研究的巨作。

《江苏果树志》的出版首次对江苏省果树产业进行了全面系统的研究总结，成为我国果树品志类学术专著的重要组成部分，具有很高的学术价值和科技文化传承价值，对江苏省乃至全国的现代果树产业发展具有重要指导和参考意义。

值此盛世，共襄盛事，助产业之兴，亦是我等果树界同仁之幸。

束怀瑞

中国工程院院士
山东农业大学教授
中国园艺学会常务理事

目 录

第二十章 板栗

第二十一章 银杏

第二十二章 核桃

第二十三章 长山核桃

第二十四章 柑橘

第二十五章　杨梅

第二十六章　枇杷

第二十七章　黑莓

第二十八章　蓝莓

第一章　自然环境概述

/ 地貌类型 / 气候特点
/ 土壤种类及分布 / 果树分布

江苏省位于我国东部，地处长江、淮河下游，东濒黄海，东南与上海和浙江毗连，西接安徽，北接山东，介于北纬 30° 45′ ~35° 20′，东经 116° 18′ ~121° 57′ 之间。为我国亚热带气候向暖温带气候的过渡地带。陆域面积 10.72 万平方千米，占全国土地面积的 1.12%，耕地面积 7 000 余万亩*，2015 年人口 7 973 余万人。全省有南京、无锡、徐州、常州、苏州、南通、连云港、淮安、盐城、扬州、镇江、泰州和宿迁等 13 个设区市。大小城镇星罗棋布，河流纵横，交通方便，为果树生产的发展提供了有利条件。

第一节　地貌类型

江苏省农业地貌可分为平原、岗地和低山丘陵三大基本类型。

一、平原

平原是江苏农业地貌的主体，约占全省土地面积（包括陆地水面在内）的 86%。主要包括

* “亩”是我国最常用的耕地面积计量单位，故本书保留使用。1 亩 ≈ 666.7 m^2，15 亩 = 1 hm^2。

长江下游冲积平原、太湖湖河淤积平原、里下河河湖淤积平原、滨海沉积平原、徐淮黄泛平原和沂沭河冲积平原六大区块。地面海拔除黄泛平原西部最高可达 45 m 外，一般都在 10 m 以下；5 m 以下的占 60% 以上。平原由于地势平坦，灌溉条件相对较好，为江苏粮棉油生产的主要基地。

1949 年以后，江苏省遵循果树“上山下滩”的原则拓植发展。徐淮黄泛平原，沿黄河故道土地瘠薄，宜果不宜粮。20 世纪 50~60 年代开发建设，先后建成的国有（国营）果园主要有徐州市果园（图 1–1）、丰县大沙河果园（图 1–2）、泗阳果园、涟水县石湖果园、徐州市东海马陵山果园、铜山邓楼果园、东海牛山果园、邳县占城果园等，以苹果、梨、葡萄、山楂等果树为主，成为江苏省果树的重要生产基地。在长江下游冲积平原和里下河河湖淤积平原建成江都县果园、泰县果园、兴化县苗圃、高邮县果园等，以桃、梨、苹果、葡萄等为主，成为地域性果品基地，就近供应市场。此外，沂沭河西岸的新沂、邳县和沭阳等县栽培的板栗、银杏，久负盛名。

图 1–1　徐州市果园原场部

图 1–2　20 世纪 50 年代丰县大沙河果园果树定植

二、岗地

岗地约占全省土地总面积的 11%，地势呈波状起伏，顶部为相对平坦的地貌类型。主要分布在江苏省的西南部和东北部，镶嵌在低山丘陵和平原之间，地面海拔 10~60 m，根据成土母岩可分为黄土性岗地和石质性岗地两种。黄土性岗地主要分布在宁镇扬丘陵区和泗洪县等地，由下蜀黄土组成，堆积深厚，一般达 10 m 以上。由于坡面经长期的流水切削，使原来平坦的岗地破碎，形成龙骨状的岗、塝、冲地交替排列的特点。石质性岗地主要分布在东海和赣榆等地丘陵地区的南部，系变质岩岩层受长期剥蚀所形成，顶部平坦，以山砾土、岗沙土为主。目前这两片岗地上已有较多落叶果树分布，发展果树生产的潜力较大。

三、低山丘陵

江苏省多数丘陵山地的海拔为 100~300 m，面积小，仅约占全省土地总面积的 2%。主要分布在西南和北部边缘地带，太湖周围及沿江地区有零星分布。

西南丘陵山地主要包括南京、镇江、宜兴、溧阳和盱眙一带。由于长期受侵蚀和切割，山丘错结，具有较好的库塘蓄水条件，利于各地自流灌溉。大部分低山丘陵海拔在 300 m 以下，但宜溧山地的最高峰则达 611 m。该区低山丘陵的上部是林业生产基地，下部长期种植板栗，为江苏省乃至全国著名的板栗产地。桃、梨、柿、梅、葡萄等果树也有数量不等的分布。

东北部丘陵山地是鲁南山地的南延部分，主要有吴山、夹山、抗日山、云台山和锦屏山等，其中云台山的大桅尖海拔达 625 m，为全省最高山峰，徐州地区铜山、邳州丘陵山地也有广泛分布，主要分布有梨、葡萄、山楂、桃、杏、樱桃、苹果等多种落叶果树。

太湖周围的低山丘陵，海拔大部分为 200~300 m，不成脉络地散布在沿湖平原或湖中，主要有洞庭东山、洞庭西山和马迹山。由于长期的风雨侵蚀，山体外貌圆浑，其间因地面下降，沉为湖湾，再经坡积物和冲积物的不断填充，形成较为平坦的宽窄、大小不等的谷地，称为山坞。该区为多种常绿果树和落叶果树的主要栽培地段，为江苏省常绿果树生产的中心产区。

第二节 气候特点

江苏省地处中纬度，属于暖温带向亚热带过渡地区，气候上的过渡性特征主要表现在气候的多样性和地域间的差异性。淮北地区属暖温带半湿润地区，年降水量较少，集中于夏季，冬冷夏热；淮河以南属亚热带湿润地区，年降水量较多，分配尚均匀，冬季相对较暖。江苏省气候的另一特点是兼有大陆性和海洋性的特征，由北向南，自西向东，大陆性气候特征逐渐减弱，而海洋性气候特征则渐次明显。上述气候特征对果树栽培而言，既能发展落叶果树，又能种植常绿果树。如苹果和柑橘在江苏省均可栽培，并分别属于两者栽培区域的南缘和北缘。气候的过渡性特征还有利于果树的引种驯化，为进一步丰富江苏省果树种类和优化品种结构提供了有利条件。

一、温度

江苏省气候温和，热量丰富，其分布趋势是南部多于北部，内陆多于沿海。年平均气温 13~16 ℃。由于省境南北狭长，受纬度影响较大。大致纬度每差 1° ，气温也差 1 ℃，因此南北温度差异明显。淮北及沿海年平均温度约为 14 ℃，江淮之间为 15 ℃，江南为 16 ℃。江苏省地势平坦，冬季北方冷气团直入大江南北，普遍寒冷干燥，1 月最冷，平均气温 −3~3 ℃，由北向南递增；7 月最热，平均气温 26~29 ℃，内陆高于沿海。

年绝对最低气温，出现在 1 月，平均值为 −8~−10 ℃，由于微域气候影响，各地绝对低温值差异显著。受大水体调节的太湖濒湖丘陵、湖中坞屿、高淳固城湖盆地以及宜溧部分地区，年绝对最低气温多年平均值高于 −8 ℃，太湖沿岸成为江苏省常绿果树的主产地。淮河以南至通扬运河以北地区，年绝对最低气温平均值为 -8~-12 ℃，在部分地区可发展枇杷种植。淮北地区年绝对最低气温多年平均值为 -13~-14 ℃以下，极值达 -23.30 ℃，有些年份葡萄亦遭冻害。

江苏省绝对最高气温出现在 7~8 月，通常在 40 ℃左右，南北各地均有极值记录。全省日平均温度≥ 10 ℃的天数为 211~231 天，积温值为 4 347~5 056 ℃，其分布和其他热量指标有同样趋势，一般都能满足各地现有栽培果树对热量的需求。

全省无霜期年平均达 200~240 天，江南 220~240 天，江淮之间 210~220 天，淮北 200~210 天。平均初霜日出现在 11 月上旬或中旬，其极值淮北以徐州 9 月 25 日为最早，江南以南京 10 月 23 日为最早。平均终霜日出现在 4 月上旬或 3 月下旬。终霜期苏北为 4 月下旬，苏南为 4 月中旬。一般晚霜期正值果树开花季节，有些年份对果树生产会造成不利影响。

二、日照

江苏省年平均日照时数为 2 000~2 600 小时。日照时数从南向北递增，长江以南全年日照时数为 2 000~2 250 小时，江淮之间为 2 200~2 300 小时，淮北为 2 300~2 600 小时。日照时数最多的月份，大部分地区为 8 月，平均为 250~270 小时。月平均日照时数大于 200 小时，日照百分率在 60% 以上的月份，淮北有 7 个（3~6 月和 8~10 月），江淮之间有 3 个（6~8 月），江南有 1~2 个（7~8 月）。江南不仅日照时数少，而且日照百分率低，多数月份在 50% 以下，最南部仅有 45%，反映了江南地区多云雨。淮北相反，云雨较少，日照充足，有利于多种落叶果树的生长发育。7 月南北情况相反，江南日照时数和百分率分别为 240~260 小时和 50%~60%，淮北则分别为 220 小时和 50% 以下，原因是淮北的 7 月正值雨季，而江南受副热带高压控制多为晴天。总之，江苏省的日照能基本满足南北方果树之需，而对局部地区或个别树种品种而言，也会因为光照不足，而直接或间接地使产量和品质受到一定影响。例如，无锡一带 6 月正处梅雨期，日照时数少或雨水过多，导致早、中熟品种桃树枝梢旺长，易造成落果严重和果实品质下降的现象。

三、降水

江苏省年平均降水量为 850~1 200 mm，雨量充沛，但地区间有差异，其梯度趋势是自东南向西北递减，江南为 1 100~1 200 mm，江淮之间为 1 000~1 100 mm，淮北为 1 000 mm 以下。年雨日 95~135 天，江南 125~135 天，江淮之间 100~125 天，淮北 95~100 天。江苏省年降水相对变率呈梯度变化趋势，系自南向北、自沿海向内陆渐次增大，太湖地区约 15%，徐淮地区近 30%。江南最大降水量绝对变幅为 ±500 mm，而江淮及淮北为 ±600 mm，同时江南的降水保证率高于江淮和淮北地区。

每年 4~10 月为各种果树的生育期，在此期间各地的降水量一般占全年的 75%~85%，就总体而言，对果树生育非常有利。

全年降水量的季节分布，春季占15%~25%，地区分布上南多北少。淮北地区有些年份出现春旱，会影响果树的坐果和新梢生长。而江南及沿江地区，此期降水量达250~310 mm。平均雨日34~42天。有些年份往往出现连续阴雨天气，也会影响果树的开花、授粉和坐果。

夏季雨水较多，占年降水量的40%~60%。通常江南在6月上旬至7月中旬，江淮在6月中旬至7月中旬先后进入梅雨季节，而淮北自6月下旬至8月上旬为雨季。梅雨对果树生长发育的影响主要取决于梅雨期到来的迟早及持续时间的长短。"早梅"年可能出现伏旱提前或雨水过多，"空梅"年则久旱不雨（如1934年梅雨期短，降水特少，造成严重旱灾），多数年份梅雨期间出现连续阴雨，这些都不利于果树生长。淮北的雨季雨量集中，以徐州市为例，此期降水量为470~600 mm，占全年降水量的50%~60%，雨日30~40天，暴雨3~4天。因雨、热同季，高温多湿，加剧了果树病害的发生，直接影响果品产量和品质；明涝暗渍，严重时会引起果树根系渍害、腐烂甚至死亡。

8~9月为江苏省台风多发季节，尤其在东南沿海，且常随台风带来暴雨而引起内涝，对果树生产同样不利。

秋季雨水较少，占年降水量的20%~25%。入秋后，北方冷气流势力逐渐增强，全省受高压控制，一般多晴朗天气，秋高气爽，日照充足，有利于果实着色、糖分积累以及花芽延续分化。江苏省伏秋干旱发生概率较高，特别是淮河以南，出梅后常伴随伏旱和秋旱，影响中、晚熟品种的果实膨大和成熟。

冬季降水量仅占5%~15%，此期各地均有降雪的可能，积雪深度一般为5~20 cm。大雪多伴随着寒潮，对柑橘、枇杷有较大威胁。

四、灾害性天气

（一）干旱

1949~2015年的67年中，全省性干旱有31年，其中干旱范围大、受灾重的有16年（1953、1959、1961、1962、1965、1966、1978、1979、1981、1988、1994、1995、2000、2001、2010、2013）。春旱及初夏旱情在淮北常有发生，春旱发生在3月上旬至5月下旬。据徐州市20年的气象资料分析，干旱2.88年次，频率14%；偏旱7.75年次，频率39%。典型的旱年为1960年、1968年和1978年，轻则影响产量，重则导致幼树死亡。1982年，铜山县丘陵山区从4月10日至5月22日连续42天无雨，使苹果新梢萎蔫，基部叶片脱落；桃受害更重，幼果大量脱落。1952年，淮阴、泗阳一带春旱，梨树大量落花，减产达30%；睢宁一带的石榴同样遭受巨大损失。初夏旱情发生在5月下旬至6月中旬，严重时会影响苹果、梨、桃等果树春梢生长、果实膨大和花芽分化，使春梢短，叶变小，引起落叶、落果。但初夏旱情出现的概率比春旱少。

淮北秋旱多发生在9~10月，黄河故道西部秋旱重于东部，如丰县大旱10年1次，偏旱3年1遇，徐州大旱15年1次，偏旱5年2遇，而东部的滨海、阜宁未出现大旱。

伏秋干旱是苏南地区的一大灾害，宁镇扬丘陵山区尤为严重。据1951~2015年的气象资料分析，苏南地区伏旱发生的年数略多于淮北和江淮之间。其中1966年、1978年、1994年和2013年出现了比较严重的旱情，1978年的伏旱旱情最重。江苏省秋季出现干旱的年份比较多，其中1979年、1988年和1995年的秋旱旱情较重。有的县（市）连续30天无雨的有9年，持续最长日数达62天。伏秋旱对丘陵山区果树生产威胁严重。镇江市1978年连续70天无雨，全年降水457 mm，仅及常年的1/3，塘底龟裂，梨和其他果树干死甚多，果品减产一半。宜兴在1967年、1971年和1978年3次干旱中，使原可产500多吨板栗的产量锐减50%。伏秋干旱同样影响柑橘的产量和品质。1955年秋季，洞庭东山、西山果树受到严重干旱，虽对柑橘进行灌溉，但仍减产20%左右，而未经灌溉的樱桃、梅、杏、李等果树，部分植株死亡。

（二）雨涝

每年3月下旬至5月中旬，江南一带常出现春雨绵绵。1963年4月中旬至5月下旬，江南一带出现连续40多天的阴雨，同时伴随低温，影响果树授粉，降低了坐果率，从而影响产量。

初夏涝害常出现在6月中旬至7月上旬，时值梅雨季节，在“早梅”或“倒黄梅”的年份，常出现长期阴雨乃至连日大雨，使果树受涝，贻误果园管理；光照少、湿度大，导致病虫蔓延；还引起果树枝叶徒长，幼果脱落。6月正是栗、枣、石榴等果树开花时节，雨水过多，影响授粉，造成落花落果，此时枇杷、杨梅以及早熟桃等先后成熟，多雨常使果实风味变淡，品质下降，严重时枇杷裂果，杨梅霉烂，造成经济损失。

夏涝主要出现在淮北地区。据地方志记载，睢宁县康熙四年（1665）6月13日至9月8日大雨连绵，一片汪洋；咸丰二年（1852）夏淫雨80余日，田禾尽末；徐州府康熙四十五年（1706）夏秋淫雨，徐邳属邑皆水，有时来势急骤，危害严重。据徐州市20年气象资料分析，大涝3.5年次，频率17.5%；偏涝2年次，频率10%，平均4年1遇。涝年夏季雨量常在700 mm以上，如1963年睢宁县夏季降水量达1 051.7 mm，徐州市高达1 360 mm，仅7月7日一天降水量就达125 mm，使铜山县邓楼果园一级河岸阶地上的桃园，积水盈尺达20余天，桃树成片淹死；又如1983年7月下旬，泗阳县连续3天降水量达380 mm，河水倒灌，果园水深数尺，苹果树死亡近千株，当年减产1 890 t，造成很大损失。轻涝年份常引起落叶、落果和裂果，同时导致病害流行，苹果炭疽病和葡萄霜霉病尤为严重。

（三）冻害

越冬期冻害是江苏省柑橘生产的首患。据考查，宋政和元年（1111）至清光绪十九年（1893）的783年中，洞庭柑橘严重冻害达15次以上，其中有5~6次几乎是全部被冻死。1955年和1977年发生的2次冻害，都发生在强冷空气连续入侵时，使太湖水面封冻达半月左右而失去了水体的调节作用。1977年无锡绝对最低气温达 −11.8 ℃（1月31日），部分橘园几乎因此废园，武进雪堰桥柑橘冻死率高达56.7%。南京地区历年绝对低温在 −6~−14 ℃之间，而且持续时间较长。据溧水县1954~1982年的气象记录，出现 −7 ℃以下小冻年为18次，−10 ℃以下的大冻年 9 次，基本上 3 年一大冻。南京西岗果牧场和溧水县曾先后引种柑橘而皆失败。从目前管理水平而言，柑橘在这些地区除小气候适宜外，作为较大规模的经济栽培是不适宜的。枇杷较柑橘耐寒，但花期和幼果期如受到寒流侵袭也会引起冻害，幼果尤其如此，故早花枇杷品种往往受冻而幼果脱落严重。

江苏省淮北栽培葡萄不需埋土防寒，但气温低达 −15 ℃以下时也会出现冻害。1966 年冬，因秋末较温暖，而后骤然降温，最低气温达 −20 ℃，持续 3~4 天，据丰县大沙河果园调查，抗寒性弱的品种严重受冻。'玫瑰香''佳利酿'和'上等玫瑰香'等的芽眼冻害率依次为 96.4%、98.0% 和 100%。

江苏省晚霜危害的频率不高，主要是桃、李、杏、樱桃、梨、苹果等果树花期遇霜受冻，导致落花落果，严重影响产量。据调查，1980 年 4 月 14 日丰县大沙河果园夹沙分场的苹果中心花正处于大花蕾至开放的阶段，遇上晚霜，温度降至 −3 ℃，'富士'的花朵遭到严重冻害，中心花冻害率达 71%，而'红玉'和'元帅'两个品种受害较轻。

（四）冰雹

冰雹主要发生在徐州、淮安、盐城和连云港等市境内，苏南雹灾相对较轻。冰雹多出现在气候剧变的春夏之交（5~6 月）和夏末秋初（8~9 月），徐州市和淮安市每年发生 1~2 次，盐城市每年 2.5 次。形成冰雹的积雨云常沿山脉、河谷移动，雹线呈带状，走向有一定规律。徐州境内的冰雹线主要有 2 条，一是自山东鱼台向东南侵入丰县、沛县、铜山，二是从山东枣庄南移侵袭新沂至宿迁一带，冰雹对果树的危害极其严重。1976 年 5 月，宿迁县果园遭到冰雹袭击，雹粒大如鸡蛋，致伤树皮，打烂叶片，砸落幼果，损失产量近 1 000 t；2015 年 4 月 28 日的冰雹，导致无锡、常州一带桃果损失严重，并使得无锡桃园枝枯病发生。

（五）风害

台风影响江苏省的时间通常在 5~11 月，集中期为 7~9 月，其中 8 月最多。台风成灾多在江苏省沿海及南部地区。据省气象资料，1961~2015 年的 55 年中，全省有影响的台风共 173 次。其中，强台风有 81 次，占总数的 46.8%，对江苏造成严重影响的台风有 52 次，约占总数的 31.9%，使果树大量落果，枝干折断，植株倾倒。1956 年 7 月的一次强台风，洞庭东山一大队 60% 的枇杷植株被吹倒，西山园艺场的水蜜桃被吹落 60%，溧阳园艺场的梨树全被吹倒，宜兴的板栗树干也被吹折不少。1984 年 8 月中旬的一次强台风，使连云港孔望山果园减产 30 t。1962 年 9 月的 14 号台风，伴随暴雨，溧水降水 111.3 mm，造成果树枝干折损、树体倒伏。

龙卷风影响范围虽小，但危害比台风更大，主要发生在 6~9 月，20 世纪 70 年代淮阴市共发生 19 次，常出现在泗阳、金湖两县。1983 年 6 月泗阳县桃源果园遭龙卷风袭击，吹落苹果和梨果实 750 t，吹倒大树 2 600 余株，直接经济损失 20 余万元。1984 年 9 月龙卷风袭击无锡杨墅、阳山、洛社一带，大批桃树连根拔起，损失严重。

干热风是 5 月中旬到 6 月上旬出现在淮北地区的又一种灾害性天气。重干热风的指标为风速 3 m/s 以上，14 时空气相对湿度≤ 25%，当日最高温度≥ 35 ℃。徐州市遭受干热风影响的频率，重者 3 年 2 次，轻者 5 年 1 次。由于高温干燥，造成果树大量落叶，枝叶焦枯，果实脱落，影响果树的生长和结果。黄河故道地区东部的滨海、阜宁、响水等地几乎不出现重干热风，轻干热风亦少。

（六）其他灾害

1. 沙暴

沙暴多发生在 3~5 月，以黄河故道居多。据徐州市铜山县气象资料，在 1951~1990 年的 40 年中，该县平均每年出现 0.8 天，最多出现 4 天，发生时常伴随大风。沙暴对果树的幼叶、嫩梢和花器损伤严重，影响光合作用和授粉受精，尤其对正在开花的果树危害更大，当地群众说"霜打梨花见一半，沙打梨花不见面"。通过植树造林和营造果园防护林带，沙暴危害已逐渐减轻。

2. 扬沙

从西北黄土高原吹来的黄土微粒，别名黄雾、落黄沙。江苏省各地几乎都受到影响。有些年份正值杨梅开花季节，遇上扬沙，妨碍授粉，造成减产。

3. 雪压

冬春大雪，往往雪压过重，使果树枝干劈裂折断，一般常绿果树易出现这种状况。

第三节　土壤种类及分布

江苏自北向南气温和降水递增，土壤风化和淋溶作用逐渐加强，从而呈现土壤的水平地带性分布规律。淮北骆马湖以东暖温带湿润气候落叶林区的丘陵岗地，多发育成棕壤；骆马湖以西暖温带半湿润气候半旱生落叶阔叶林区的丘陵岗地，多发育成淋溶褐土。江淮及江南一带北亚热带湿润气候落叶阔叶与常绿阔叶混交林区的丘陵岗地，多发育成黄棕壤；属于亚热带北缘湿润气候常绿阔叶林区的宜溧山地和洞庭东、西山丘陵岗地，多发育成黄红壤。

在同一生物气候带内，由于成土母质、地貌和水文条件的差异，形成不同的土类。例如，在棕壤地带内，丘陵山地呈酸性反应的花岗岩和片麻岩风化物形成棕壤；而呈中性至碱性反应的石灰岩风化物，则形成淋溶褐土和黑色石灰土；黄泛平原的黄土性冲积物，形成强石灰性的黄潮土；而沂沭河平原的花岗岩、片麻岩冲积物，则形成无石灰性的棕潮土。黄泛平原的扇形地，一般自高到低依次为飞沙土、沙土、两合土和淤土。江苏省果树主要分布地区的土壤种类如下：

一、太湖沿岸丘陵地区

该区土壤大部分为石英砂岩风化物发育的自然黄棕壤，pH 值 5.0~5.5，有机质含量高达 4%

左右，全氮 0.2% 以上；若土壤冲刷严重，则有机质含量可降为 1.34%，全氮为 0.1% 以下。山坞和山麓平原为耕作型黄棕壤，土层深厚肥沃，有机质含量 1.5%~2%，pH 值 6~7。少数山体如西山东部成土母岩系石灰岩，则发育成中性至偏碱性石灰土，主要土属称山红土，pH 值 7~8，土壤质地偏黏，有机质含量可达 2%~4%，全氮 0.15%~0.2%，保水保肥力强，最适宜枇杷生长。此外，在濒湖地带，由湖相沉积物母质发育而成的小粉土，土层深厚，表土疏松，通气透水性较好，pH 值 5.5~6.0，有机质含量 1%~2%，栽培柑橘常获得高产。该区栽培以柑橘、枇杷、杨梅为主的常绿果树，并有多种落叶果树。

二、长江下游平原地区

该区成土母质系长江冲积物，土质大都沙性，通称高沙土。地下水位 2~3 m，pH 值 6~7，土壤肥力较低，有机质含量 1% 左右，速效磷 2.5~20.0 mg/kg，速效钾 30~50 mg/kg。该区栽培的果树种类较多，其中水蜜桃和银杏为当地的特产。

三、宁镇扬丘陵地区

该区土壤为由下蜀黄土母质发育的黏盘黄棕壤，主要土属是黄岗土，土层深厚，pH 值 5.5~6.5，有机质含量仅 1% 左右，缺磷，质地黏重，透气性差，在 80~100 cm 处常有一层明显的含铁锰结核的黏盘层。由于土壤条件较差，在肥水不足、难以灌溉的岗坡地，常导致果树低产。该区种植桃、板栗、梨、李、梅、葡萄、草莓等多种落叶果树，多数分布在丘陵岗地。

四、黄河故道地区

土壤属黄潮土，在黄泛沉积物上发育而成，呈碱性反应，pH 值 7.5~8.5，碳酸钙含量达 5%~15%，耕作层可溶性盐含量低于 0.1%，地下水位 1.0~1.5 m。根据土壤质地可分为飞沙土、沙土、两合土和淤土 4 个土属，果树主要种植在飞沙土和沙土属的土壤上。

飞沙土土壤肥力很低，耕作层有机质含量 0.2%~0.7%，全氮 0.02%~0.05%，全磷 0.11%~0.12%，速效磷、速效钾的含量均较低，分别为 2 mg/kg 和 30~50 mg/kg，土壤无结构，保水保肥力差。在不同深度夹有厚度不等的一层或多层淤土层，雨季土壤易积水，常呈“包浆”状态。由于明涝暗渍，往往导致果树烂根、落叶、落果，严重时造成植株死亡。可通过破淤、种植绿肥、增施有机肥等措施，改良土壤，提高土壤肥力。如徐州市果园中苹果高产园通过土壤改良，使有机质含量从 0.18%~0.25% 提高到 0.88%。沙土分布于黄泛冲积平原的较高地段，质地为沙土至沙壤土，耕作层有机质含量 0.7%~0.9%，全氮 0.05%~0.06%，全磷 0.12%~0.13%，速效磷 3 mg/kg 左右，速效钾 50~100 mg/kg。土质比飞沙土好，但仍较瘠薄，常有“夜潮”现象。该区为江苏省苹果、梨、葡萄、桃等落叶果树的主要商品生产基地。

五、淮北东部丘陵岗地

该区主要包括连云港市的赣榆、东海和徐州市的新沂、邳州等地。属棕壤，包括分布于低山由酸性岩石坡积残积物发育的酸性棕壤，主要土属是酥石岭沙土；分布于丘陵岗地由残积洪积母质发育的白浆化棕壤，主要土属是包浆土。

酥石岭沙土多分布于云台山一带山坡地，土层厚度一般不足 0.5 m，仅山麓和山顶平缓地带土层厚为 0.5~1.0 m，表土层 10~12 cm，质地沙或沙壤，灰棕色，有机质含量 2% 左右，pH 值 6.0；心土黄棕色或棕黄色，夹有岩石碎块，有机质含量 1% 左右，pH 值 5.5。

包浆土分布于丘陵岗地，表层为沙壤或壤土，pH 值 6~7，有机质含量低，一般低于 1%，全氮 0.02%~0.04%，全磷 0.02%~0.04%，全钾 1.1%~1.3%，30 cm 以下的土层为棕色黏土层，易结成硬盘，透水性差，雨水不易下渗而成包浆土。这种土壤影响果树根系的生长，易造成局部性烂根，须深耕翻土，使上部土层与下部黏土层混合，改善土壤结构。栽培果树有梨、葡萄、桃、板栗、银杏、苹果、山楂、樱桃等，还有多种野生果树资源。

六、里下河地区

该区有多种土壤，红沙土发育于湖积物或人工堆积物，熟化程度高，土壤通透性好，有机质含量 2%~3%；小粉浆土成土母质系湖积物，肥力偏低，表土有机质含量在 2% 以下；蒜瓣土成土母质为黏质湖积物和冲积物，有机质含量 2.5%~4.0%，土质黏重；鸭屎土成土母质与蒜瓣土相同，有机质含量高达 4%~8%，但由于通透性不良，潜在肥力不易发挥。栽培果树以梨面积最大，亦有桃、葡萄、李、柿、杏等果树。

七、沂沭河平原地区

该区属棕潮土，沂沭河冲积物形成的旱地土壤，呈微酸性至中性反应，无石灰性，一般无盐碱化现象，包括沙黄土和老黄土两个主要土属。沙黄土质地偏沙，pH 值 7~7.5，有机质含量仅 0.2%~0.4%，土壤肥力低，保水保肥力差；老黄土质地偏黏，pH 值 7~7.5，有机质含量 1%~1.2%，保水保肥力优于沙黄土。栽培多种落叶果树，其中板栗为特产。

八、沿海盐碱地区

该区属盐潮土，由盐渍母质发育而成。因冲积沉积物粗细不同，可分为沙性、壤性和黏性 3 种盐潮土。其共性是土层 1 m 深范围内的基本脱盐土，其含盐量为 0.1% 左右，底土和地下水分别含有高于 0.1% 和大于 1 g/L 的可溶性盐。土壤磷钾含量较高，表土有机质含量 1%~1.5%，pH 值 8 左右，多呈中度石灰反应。由于地下水位较高，一般约为 1 m，故特别要注意保持表土良好结构和保证土壤的排水畅通，以利淋盐。栽有桃、梨、柿、李、葡萄、无花果等多种落叶果树，尚有枇杷、金柑等常绿果树。

第四节 果树分布

江苏省境内无高山，因此植物分布的垂直地带性不明显，而纬度地带性分布则较明显。全省跨纬度 4° 以上，从北到南，随着气温、降水量的渐次递增，植物种类相应地由简单趋向复杂，同时表现出植物分布的过渡性。

一、淮北地区

该区野生果树有杜梨、豆梨、湖北海棠、茅栗、海棠、郁李、毛桃、枳椇、山葡萄、毛葡萄、君迁子、酸枣、茅莓及野山楂等 20 多种；栽培果树有梨、苹果、桃、山楂、葡萄、杏、李、樱桃、柿、枣、石榴、板栗、核桃、银杏、无花果、猕猴桃、草莓等。

二、沿海地区

该区已经脱盐或轻盐土地带。野生果树有君迁子等分布，栽培果树有梨、桃、柿、葡萄、草莓、樱桃、石榴、枣、杏、李、无花果等。

三、长江下游地区

该区植被以落叶阔叶树为主，常绿阔叶树亦有零星分布。野生果树有毛樱桃、野山楂、杜梨、豆梨、枳壳、酸枣、毛葡萄、蘡薁、毛桃等 20 多种；栽培果树种类较多，有桃、梨、葡萄、银杏、草莓、猕猴桃、李、梅、樱桃、柿、石榴、枣，还有枇杷和少量柑橘、金橘等。

四、宁镇丘陵地区

该区林内或林缘有多种藤本植物，如猕猴桃、刺葡萄等。野生果树种类最多，有君迁子、老鸦柿、野山楂、茅栗、锥栗、酸枣、野核桃、蔓醋栗、湖北山楂、毛樱桃、杜梨、豆梨、高丽悬钩子、茅莓、枳壳、葛藟、小叶葛藟、毛葡萄、蘡薁、毛桃等 40 多种；栽培果树以桃、梨、板栗为主，还有葡萄、梅、草莓、柿、李、杏、樱桃、石榴、花红、枣、山楂、银杏、柑橘、枇杷、杨梅等。

五、太湖丘陵地区

该区野生果树较多，有锥栗、枳椇、野山楂、枳壳、葛藟、君迁子、老鸦柿、油柿、杜梨、刺葡萄等 30 多种;栽培果树以柑橘、枇杷、杨梅为主,还有板栗、银杏、桃、梅、草莓、李、杏、樱桃、石榴、枣、柿、梨等。

(本章编写人员:盛炳成、俞明亮)

主要参考文献

[1]《江苏农业地理》编写组. 江苏农业地理[M]. 南京:江苏科学技术出版社,1979.

[2]左大勋,汪嘉熙,张宇和. 江苏果树综论[M]. 上海:上海科学技术出版社,1964.

[3]盛炳成. 黄河故道地区果树综论[M]. 北京:中国农业出版社,2008.

[4]中国科学院南京中山植物园. 太湖洞庭山的果树[M]. 上海:上海科学技术出版社,1960.

第二章　果树发展史

/ 果树栽培起源 / 果树园艺撷珍

/ 近代果树栽培梗概 / 现代果树发展要述

第一节　果树栽培起源

在悠久的历史长河中，在人文交流、物产传播、生产发展、战争、灾难、迁徙的过程中，人类活动和自然条件的变化相互影响，形成了江苏果树栽培发展的历史画卷。

天时人事两相催。千百年来，几经沧桑，江苏果树栽培发展的历史，难以追溯远古以作出翔实考据，尤以现存明清以前典籍中，言及江苏省果树史实者，所见不多。

江苏地处中国南北气候过渡地带，为北果南下与南果北上的重要栽培和驯化地区，无论其引种栽培成败，均为江苏省留垂史迹。追溯至今，江苏省栽培的果树种类达 34 种之多，现有较大栽培面积和较高经济价值的在 20 种以上。

一、考古例证

1978~1979 年发掘的海安县青墩遗址中发现桃核，说明距今 6 400 年前的新石器时期已有桃树分布，此为江苏果树起源现有的最早考据。

1960 年发掘的吴江县梅埝青莲岗文化遗址中，发现了核果类果核，说明在 5 000 年前已经利用了该地区原产的果树。

1951 年自江宁县湖熟文化遗址中，发掘出用于冶铜、焙陶的栗炭，或系野栗，亦为 3 600 年前栗树在该地分布与利用的佐证。

1972 年在海州小礁山的西汉古墓中，发现了枣、杏、栗果核及果仁，证明 2 000 年前已有不同果树树种的组合栽培利用。

由上述 4 例，以古鉴今，推论江苏省果树以核果类的桃、杏、栗、枣等树种栽培历史悠久，分布范围广泛，经长期历史检验，江苏省为其适生地区。

二、古籍记载

古籍为重要历史文献，与出土文物均为历史的依据，两者辅成，至臻完善。

（一）文物对印

《诗经》（公元前 11~6 世纪）为中国有果树文字记载的最早典籍，但记载的果树哪种为江苏所产则难断言。其后，《山海经 · 中山经》中有“铜山其木多柤、栗、橘、櫾”之句。该书乃战国末年之作，距今已近 3 000 年。此与 1951 年自江宁县湖熟文化遗址中发掘出 3 600 年前的栗炭，二者遥相印证，既说明了文出于物的互存关系，也说明了栗树为江苏省的古老树种。至于《山海经》之《中山经》《东山经》《北山经》中，所载关于桃、李、梅、杏之处甚多，由于产地未明，难以与海安、吴江、海州出土之核果类果核互为印证，有待进一步稽考。

（二）文献记载

公元前 3 世纪《禹贡》有云“淮海惟扬州 …… 厥包橘柚锡贡”。古代扬州所辖地区甚广，所指不止当今扬州一地，但无疑地包括了江苏的中南部地区，可见江苏省在该时期已有柑橘类果树栽培。

3 世纪《拾遗记》载有“吴主偕潘夫人 …… 游昭宣之台，得火齐指环 …… 即挂石榴枝上，因其处起名，名曰环榴台”，证明东汉末年苏州已有石榴栽培。

5 世纪《西京杂记》所载上林苑 4 种栗中的峄阳栗。据考证，峄阳山乃江苏省邳县西南之距山，该栗即产于此处。

9 世纪《酉阳杂俎》谓“扬州淮口出夏梨”，说明夏梨为唐代江苏省扬淮地区之名产。

10 世纪宋代《太平寰宇记》述及海州及云台山果树种类，有榛、枳椇、文冠果、无花果的记载，连同本章前文所述 30 种果树共计 34 种，连同野生及砧木资源的记述则达 92 种。该书对某些树种的品种，按果实形状、色泽、风味及主产地等记述颇详，如“桃有苦桃、白桃、冬青桃；梨有青梨、雪梨、黄香梨；柿有盖柿、牛心柿；石榴单瓣大红，千瓣有红、绛、黄、白色；葡萄有紫、白 2 种；杏有大小 3 种；板栗有大小 3 种；银杏为云台山主要灵植之一，所有寺庙观庵，皆有栽植；樱桃以东磊最负盛名，其次为中云魏庵及宿坡；枇杷仅见于中云魏庵及鱼湾”。此外，该书尚有“杨梅出光福铜坑者为第一”的记述。《太平寰宇记》成书于北宋，不但早于现存地方志书，且记述详尽。

南宋范成大《范村梅谱》记述当时苏州梅花及果梅品种12个，对江梅、早梅、官城梅、消梅、古梅、重叶梅、绿萼梅、百叶梅、红梅、鸳鸯梅、杏梅、蜡梅的名称和形状及其生长规模和观赏价值，作了较为具体的记述。还涉及野梅、古梅、促成栽培、梅文化等，是世界第一部梅艺专著。

南宋韩彦直《橘录》记述27个柑橘品种，同时指出“柑橘出苏州”，并赞其“皮细味美，其熟犹早”。

明代王世懋《学圃杂疏》谓“枇杷出东洞庭者大”。迄今江苏省洞庭枇杷仍列全国前茅，尤以白沙枇杷称著。

清代褚华《水蜜桃谱》记述有太仓早蟠桃。

综观有关文献记载，足以证明江苏果树栽培源起远古，栽培历史久长，树种多样，品种繁多。

（三）志书溯源

地方志书的记载为考证果树物产起源依据之一，只可惜宋、元所纂志书，几乎已佚失殆尽，兹以明、清地方志所载为主，追溯江苏省果树栽培的起源。

《唐书·地理志》记载“苏州、杭州、温州土贡柑橘”。

南宋范成大《吴郡志》记录了‘绿橘’‘平橘’‘蜜橘’‘塘南橘’‘脱花早红’等10余个柑橘品种，并记述苏州一带有连根柿、方蒂柿，可知江苏省柑橘和柿栽培及其品种记载均逾千年。

图2-1　徐州铜山树龄700多年的柿树

明正统三年（1438）《彭城志》物产果类载有杏、桃、李、枣、栗、石榴、柿子7种果树；明弘治七年（1494）《徐州志》（卷一）土产果之属增有樱桃、葡萄、银杏、梨等共计11种果树；明万历四年（1576）《徐州志》（卷二）土产中又增加梅、沙果、胡桃、山楂的记载。至此徐州地区果树为15个树种（图2-1、图2-2）。明嘉靖年间（1522~1565）《通州志》所载，除徐州地区已有的15种果树外，另有橙与枇杷；明万历《江都县志》（1599）物产卷有林檎（来檎、苹婆、花红、奈）的记载；清嘉庆十五年（1810）《扬州府志》（卷六、卷十一）物产果之属中，既有上述18种果树，尚有椑（或即油柿）、橘、桑葚、香橼、麦李，且述及明末所建庭园中之西府海棠，其树高大为江北仅有，并谓仪征花红为当地名产而盛极一时。据此，明清时期江苏省长江以北地区共有果树达24种之多。

清康熙《苏州府志》(1691)云“金柑圆为金豆,稍长者曰牛奶柑,常熟最盛”,既有种类的记述,又有产地的记载。清乾隆金友理《太湖备考》记载“桃最美者名水蜜桃,出武山”。清光绪年间(1875~1908)《马迹志》谓“杨梅诸山皆有,马迹尤佳,曰殿山、曰潭东、曰炭团,次则绿荫青蒂子,紫金铃,再次则荔枝味酸,一种色白如雪曰雪桃,土名白杨梅,红白相间者曰八角,皆奇种”。同期《江宁府志》(1880)物产篇有“牛首银杏,灵谷寺樱桃”之句。据载,早在明代,太平门外的白马、樱驼、玄武湖樱洲,观音门(今中央门)外的晓庄、燕子矶、三台洞均有成片樱桃林。其时《句容县志》有“…… 茅山,溪上种植白李,食之登仙”“……李、杏俱产句容境内最佳”的赞美之词。《丹徒县志》谓“木瓜,实如小瓜”,并有棠梨、枳壳、薜荔等多种已经利用的野生果树记载。该志指出早在明代即有圆桃与蟠桃之别,“蟠桃其形圆扁,略如柿色,淡绿,虽极熟不红,肉脆味甜,五洲山中植之。…… 实有先后,种类各殊,名则随时随色称之”,不仅对蟠桃果实性状作了描述,也阐明了其命名乃依其成熟迟早而异。

图 2–2　徐州铜山树龄 400 多年的石榴树

上述志书所载,江苏省果树即达 30 种,并对若干种的品种进行了评价。

(四)名人吟咏

历代诗篇不乏吟咏果树之作,仅就针对江苏省者,略援数例以明之。

唐代著名诗人白居易赞叹江淮盛产枇杷,有“淮山侧畔楚江阴,五月枇杷正满林”之句。唐诗“江南人家多橘树”“洞庭橘树笼烟碧”;同代,张彤赞美太湖橘林景色与橘果芳香袭人,诗云“凌霜远涉太湖深,双卷朱旗望橘林。树树笼烟疑带火,山山照日似悬金。行看采摘方盈手,暗觉馨香已满襟。”宋王禹锡诗“万顷湖光晨,千家橘熟时”,便是当时太湖地区柑橘栽培兴盛发达的写照。又顾况思所作《桃花崦》诗云“崦里桃花逢女冠,林间杏叶落仙坛,老人方报上清箓,夜听步虚山月寒”。乃以桃花杏叶吟咏句容县崦堂景色。

清康熙六年(1667),无锡陈玉基赞美杨梅诗曰“君家佳果实堪珍,熟遍出园照眼明。低亚枝头垂鹤顶,周庭叶底护龙睛。沾衣怕惹殷红色,堕地欣闻扑簌声。冀北葡萄闽粤荔,不教海内占芳名”。七言八语,尽收杨梅形状与色泽及果实成熟情况于其中,盛赞杨梅堪与葡萄、荔枝媲美。

第二节 果树园艺撷珍

一、古树名木

悠悠岁月，历经嬗迭迄今，仍有许多古树名木挺拔繁茂，巍然屹立于江苏大江南北。古树是珍贵的种质资源和基因库，一棵古树就是一本教科书，每一圈年轮都是自然风雨的洗礼和岁月沧桑的沉积。古树名木是文化的承载者，镌刻着时代与地区的印记，形成独特的人文资源，具有不可估量的文化价值，构成一道道靓丽的自然景观和人文景观，成为江苏一张张重要名片。

根据1982年全省果树资源普查，连云港中云台的千年银杏，其中有19株被列为国家重点保护文物古树，最大的一株"中云白果王"，确切树龄虽未测定，但被群众称为"江苏第一树"。江苏省千年银杏，尚见于赣榆县黑林乡、灌南县张店乡、泰兴县城西乡、扬州市石塔寺、如皋县九华乡、丹徒县石桥乡等处。无锡市尚有千年银杏数十株。如此老龄古树，形虽遒劲苍老，但仍有产量，例如，赣榆县的千年银杏，年产尚有150 kg。当然，不知珍惜古树名木之举亦曾发现，例如，泰县姜堰中学一株植于北宋至和年间（1054~1056）的千年古树，于1959年被砍伐失存；苏州西园戒幢律寺前4株古银杏，有2株毁于"文化大革命"期间。江苏千年以下的银杏树，如镇江焦山寺殿前有2株800余年生的老树；泗阳县来安乡黄嘴村雌雄银杏树，植于明代，距今400余年；滨海县临淮乡条河村有2株已达200余年生的树；此外东台县富安、大丰县白驹和响水县双烈等地也均有百年银杏。其他果树，江苏省也有不少古树名木。句容县东昌乡高仑村有树龄800余年的木瓜树2株；连云港市朝阳乡张庄村保存有53株200余年生的秋白梨；如皋县蒲西乡有近100年生的枇杷树，而龙舌乡蒋桥村的2株树龄已达150余年；仪征县刘集乡的1株柿树，树龄已逾百年；江苏省柑橘主产老区洞庭山虽经多次大冻，而少数百年老树迄今犹存。

据《江苏古树名木》（2013）图文并茂记载：云台山现存古银杏28株，其中千年以上10株，中云林场银杏王树龄1 300年以上；如皋九华、搬经各有1株树龄1 300多年和1 200多年古银杏；南京浦口惠济寺有3株近1 500年古银杏；宜兴周铁镇周铁村城隍庙内有1株树龄1 700年古银杏；邳州四户镇白马寺有1株树龄1 450年古银杏；镇江新区姚桥镇华山村有1株树龄1 500年古银杏；泰兴分界镇、姜堰中学都各有1株树龄约千年古银杏。盱眙铁山寺有1株树龄1 020年木瓜；南通水绘园有1株805年木瓜树，被称"木瓜王"。高淳花山玉泉寺有1株800年古石榴，树高5 m，冠径4 m，胸围2.2 m，目前仍正常结果。吴中区西山秉常村有1株200多年古杨梅，树高6.5 m，冠径15.5 m，胸围1.8 m，仍有生产能力。丰县宋楼镇李大楼村有老梨树668株（图2–3），平均树龄200年，其中一株200余年梨树王，年产量超1 t。吴中东山镇槎湾藏船坞村有1株枇杷王，树高8 m，冠径12 m，胸围1.5 m，每年结果250~300 kg。而宿迁周圈古栗群、泰兴古银杏群、徐州泉山古石榴群、丰县古梨树群，均体现了古代果树遗存

图 2-3　丰县宋楼镇百年梨园

至今的独特景观。2016 年，陆爱华、王化坤实地考察调研了海门高新区天籁村古枇杷群，该园被认定为中国最古老的枇杷园，占地 158 亩，现有古枇杷树近 2 000 棵，其中树龄百年以上的枇杷树近 100 棵，年产枇杷 15 t 以上。

保存迄今的古树名木，由其栽植时期和分布范围的记录器、生物学特性的记载表，可知江苏省银杏、石榴、梨、杨梅、枇杷、柿、柑橘均系栽培久远的长寿树种。

二、历史名特产品

江苏省是果树南北交流、迁移、传播的过渡要地，在长期引种、驯化、选育过程中，形成了诸多历史地方名特产品，这也是江苏省果树栽培发展史绩的精彩华章。

江苏省各种果类中，核果类的历史名特产品较多。上海水蜜桃（上海原隶江苏）举世闻名，国际上许多著名桃树品种乃以其育成。‘龙华蟠桃’‘太仓水蜜’‘红花水蜜’以及近期育成的‘雨花露’等均为桃中佳品，在桃树栽培史上已获得并仍在创造着重大的社会效益和经济效益，使江苏省成为全国桃树四大著名产区之一。主产于溧阳与吴中洞庭山的‘嘉庆子’李，至今仍为市场畅销产品。果梅以洞庭山的‘嵌蒂梅’与‘大青梅’称著。杏树的名特品种当数苏州的‘金刚拳’和铜山的‘鸡蛋杏’闻名。中国樱桃宋代以常熟‘蜡樱桃’为著。太平天国时期南京仍盛产樱桃，其中‘东塘’‘银珠’‘垂丝’等品种成熟于春夏之交，为填补水果淡季之时令产品。

江苏省苏州与无锡为杨梅的主产地，洞庭东山的‘大叶细蒂’和洞庭西山的‘小叶细蒂’及‘乌梅’均系著名特产品种。

梨树中的砂梨系统品种为江苏省仁果类的适宜树种，栽培遍及全省，宜溧丘陵山区与江淮平原均有各自的地方品种，其最著者为原隶江苏砀山县的白酥梨，品质优良，适应性强，耐贮运。其次，连云港市鸿门果园的古安梨（即鸭梨）曾名噪一时，此为白梨系统品种在江苏省北缘地区立足的先例。江苏省为全国五大枇杷产区之一，为全国唯一的白沙枇杷种质中心，洞庭东山的早种白沙，闻名遐迩，后期推广的优良品种‘白玉’，即选自早黄白沙。苹果属的地方名特产品种当推具有 300 余年栽培历史的溧阳‘茅尖花红’，1911 年产量达 40 t，其树体较矮，树冠较小，可用作苹果的耐湿热砧木。宿迁山楂以‘铁球’与‘绵球’两品种为加工水晶山楂糕的主要原料著称。

板栗与银杏为江苏省坚果类果树的两大树种，大江南北均多栽培。板栗苏南多著名品种，诸如宜溧果区的‘焦扎’（焦刺）、‘处暑红’，洞庭西山的‘九家种’，常熟的‘桂花栗’，南京的‘早庄’，苏北新沂、沭阳的‘尖顶油栗’等，其中有的品种已被其他省（区）广为引种。银杏在江苏南北各有名品，如洞庭山的‘洞庭皇’、泰兴的‘佛指’，均系银杏名特产；南京浦口区的‘惠济’无心银杏，树龄已逾 1 500 年，乃银杏瑰异之宝，深受海内外欢迎。

浆果类中宿迁市的‘宿晓红’葡萄（原名小黑葡萄）已有 200 余年栽培历史，为该地的重要加工原料。江苏省石榴分布较广，洞庭山的‘大红种’，贾汪、铜山的‘大红袍’与‘二铜皮’均为石榴中的佳品。为当年园艺教学之需，南京早在 20 世纪 20 年代已栽培草莓，并以‘鸡心’‘鸡冠’为主栽品种。

苏州吴中区洞庭山为江苏省柑果类著名产区，‘早红’（洞庭红）与‘料红’以早熟、耐寒为其优势；南通、启东、海门等地的金柑，以我国柑果类在北缘地区栽培为其特色。

江苏省柿树分布甚广，盛产于南通地区，以‘大方柿’和‘小方柿’为著。‘小方柿’树性矮化，有进一步研究利用的潜力；至于‘铜盆柿’‘牛心柿’则以洞庭山栽培较多。

江苏省枣树栽培亦较普遍，泗洪大枣与泗洪沙枣、南京的冷枣与鸭枣以及洞庭东山的白蒲枣均属名特佳果。

果品加工利用自古皆然。宋代苏轼《洞庭春色赋》：定安郡王以黄柑酿酒，名之“洞庭春色”。苏州蜜饯素以选料讲究，制作精细，形色别致，风味清雅见长，享誉全国，至清代已逐步形成地方特色的苏式蜜饯，与广（东）、潮（州）、福（建）并称中国蜜饯四大派系。梨膏糖用于药疗而成为常州的地方名产；宿迁以当地优良山楂品种‘铁球’加工的水晶山楂糕曾于 1924 年荣获巴拿马国际博览会金质奖，1927 年前后每年销往国外 25 t。丹阳与丹徒两地均有以木瓜做糕点或入蜜煮汤，作为表肝脏、利筋骨的药用习惯。桃、李、梅、杏、樱桃、柑橘、杨梅、枇杷、草莓、无花果等均为制罐、制汁及多种加工产品的原料，地方名特果品的发展对推动食品加工业发展发挥了重要作用。

三、栽培经验

人们在古代果树生产实践中，创造和积累了丰富的栽培经验，诸多流传迄今。

宋代《太平寰宇记》（976~984）载有连云港云台山的“封梨”，即以纸包封梨树上未熟的果实。明代王世懋《学圃杂疏》记述“今北之秋白梨，南之宣州梨皆吾地所不及也。闻西洞庭有一种者，将熟时以箬就树包之，味不下宣州”。洞庭山等苏南地区结合盛产竹笋之利，就地取材，以竹箬包裹未熟的梨，名为“箬包梨”。“封梨”与“箬包梨”即当今的果实套袋梨，为防止虫害和提高品质的有效技术措施。

宋代庞元英《文昌杂录》（1085）云“南方柑橘虽多，然亦畏寒，每霜亦不甚收。惟洞庭霜虽多却无所损”，又云“洞庭四面皆水也，水汽上腾，尤能辟霜，所以洞庭柑橘最佳，岁收不耗，正为此尔”。这是根据柑橘不甚耐寒的生物学特性，利用山水自然条件调节气温之利，选择适宜立地条件建立橘园的宝贵经验。

元末明初吴县人俞宗本著《种树书》按月记述农事，有“正月栽树为上时，三月接梅、杏，四月种枇杷，六月浇柑、橘、橙，八月移早梅、橙、橘、枇杷，十二月压果树”等栽培时期和管理方法的记述。

实践出真知。因地制宜的栽培经验，早为实践者所掌握和运用。宋代赵彦卫《云梦漫钞》中有“洞庭有山水之分，吴中太湖乃洞庭山，产柑橘，香味绝胜”。宋代叶梦得《避暑录话》分析洞庭山柑橘的“质秀味珍”，乃“山水之气独厚”，实即利用水体以调温，利用坡地以摄光，利用梯田以护土。洞庭山果园依势修建梯田，立体层叠，并成为景观。

江苏省低山丘陵较多，野生果树资源较丰富，并早为利用，如毛桃、棠梨、海棠、酸枣、石楠、郁李、毛樱桃、野生栗、野山楂、君迁子、野杨梅等，多有取种繁殖，或就地嫁接，发展所需栽培品种的经验，直接利用当地资源而不需另行育苗，省时、省工，成园快，方法可取。

无锡桃树双刀芽接育苗与水田密植、重剪的抑制栽培技术，是近代江苏省桃树栽培的创举。常绿果树北缘地带露地防寒栽培亦具丰富经验。

四、栽培规模和经济地位

古代果树栽培规模较小，也较分散，随着所有制与栽培制度的变化，逐渐由散生栽培转为集约化栽培，由庭院栽培发展为专业栽培，由自给栽培改为商品栽培，由小面积栽培扩大为大面积栽培。

果树不同树种、不同地区、不同时期，其栽培规模与经济地位均不相同。由于果品对人类的特有作用和社会对果品的需求，其栽培规模不断扩大，经济地位相应地逐渐上升，且居高不下。公元前2世纪《史记·货殖列传》论述果树的地位与价值时，谓“秦汉千树栗，安邑千树枣，淮北荥阳河济之间千树梨，蜀汉江陵千树橘，其人与千户侯等”。迄今果树仍被誉为“摇钱树”，并在调整农村产业结构中作为脱贫致富的主要经济树种。

唐代诗人白居易诗中“浸月冷波千顷练，苞霜新橘万株金”，另张彤《奉和拣贡橘》描写太湖柑橘胜景诗中“树树笼烟疑带火，山山照日似悬金”之句，诗人均以景寓意，借橘树满山的规模景色烘托柑橘的经济地位。

北宋年间，南京曾特设“南京栗园司”机构，主管栗园之事。另据明代《溧水县志》曾调查统计该县境内有桑 207 073 株，枣 256 918 株；设有桑果主簿一职，执掌主管其事，官方重视而因事设职，可知栽培规模之大与经济地位之高。

清雍正十一年（1773）《铜山县志》载有“黄里石榴砀山梨，义安柿子压满集”的徐州民谚。黄里即萧县，义安在铜山境，萧、砀两县原属徐州管辖，民间谚谣表达了该地区果品数量之丰，成为市场的重要商品。

清乾隆五十年（1785）《泗虹合志》中谓“荒年饥民无以为生，只好采食之 …… 桃、李、梨、栗 ……”，同代，《云台山志》记载，明初云台山东磊樱桃已成为该地三十六景之一，语谓“四月间火珠万点，错落山林，远近游人不独意观，且恣饱食”。前者能以果代粮充饥，后者以果饱口福，足见果产之丰盛。

民国《宿迁县志》载“本县除淤岗地外，皆有梨园 …… 每处占地数亩至一二十亩，植树百数十株，全县二三十处 …… 乡村人家又多单株植梨 …… 全县大小树共一二万株”。该志所述，成片栽培与零星散植兼而有之；对桃、李、杏、柿、栗、枣、山楂、葡萄、银杏、核桃、木瓜等多种果树的栽培规模，均有类似记载。

第三节 近代果树栽培梗概

在中华人民共和国成立前半个世纪中，江苏省果树栽培经过长期发展积淀，已初步形成几个具有一定规模和特色的果产区。与此同时，还广泛开展引种工作，推动了果树栽培的发展，使全省果树生产达到国内较高的水平。但由于处在半封建半殖民地的历史阶段，战事不断，民生凋敝，果树栽培事业也随之由高峰直落低谷。

一、果产区特点

江苏省果产区是在群众性的生产实践中发展形成的。这一时期形成的果产区主要有徐淮平原果产区、西南丘陵果产区、长江下游平原果产区和太湖丘陵果产区。

（一）徐淮平原果产区

栽培树种以梨、桃、石榴、杏、柿等为多，是江苏省主要的果产区。在 20 世纪 40 年代，栽培面积占全省果树总面积的 40%，产量占全省的 50%。境内沙荒或碱地、河滩、堤坡，遍栽果树。例如，宿迁县，即利用堤坡广植葡萄，“…… 黄、运河堤坡，有葡萄园多处，每处接连甚远，共有二三百架 …… 全县葡萄可二三千架”（民国《宿迁县志》）。有些村庄盛产某种果树，遂以之定为村名，如铜山县的前柿庄，丰县的宋枣园，沛县的姜梨园，泗洪县的枣岗、柿树园等。所产果品大都就地销售，为集市提供应时鲜果。淮阴农村流传着“七月铃枣八月梨，九月柿子乱赶集”的顺口溜。徐州铜山也有相似的民谣，足见市集果品的充盛。在众多果品中且不乏名优产品，如铜山的软籽石榴、沭阳的贡梨、泗洪的大枣和宿迁的山楂等。

（二）西南丘陵果产区

栽培树种较多，栽植面积仅次于徐淮平原果产区，虽然成片栽培不多，但农村“四旁”栽植普遍，产量亦丰。该区以板栗栽培最普遍，尤以宜兴的太华、茗岭、湖滏和横山等地最为集中，1949 年产量达 660 t。地方名品除板栗外，尚有六合的黄李（贡李）、溧阳的茅尖花红、宜兴的陆平桃、南京的樱桃等。

（三）长江下游平原果产区

果树栽培树种以水蜜桃最普遍，尤以无锡水蜜桃最负盛名。20 世纪 20 年代初，无锡西山湾从上海引入龙华蟠桃，从奉化引入玉露水蜜桃，在胡埭、杨市、阳山、藕塘、洛社、新渎一带大片种植，1949 年仅新渎一地栽培面积达万亩，成为我国著名的桃产区之一。泰兴是我国五大银杏产区之一。其他地方特产，如启东的金柑、海门的枇杷，如东、海安的小方柿等，均有一定栽培规模。扬中的枇杷和梨遍及全县各村各户，1949 年产果达 2 000 t 之多。据老一辈革命战士回忆，在游击战争年代，他们就是以“走路不见天”的枇杷村、梨树村为屏障，和敌人周旋、战斗。

（四）太湖丘陵果产区

该区是江苏省唯一的常绿果树栽培区，盛产柑橘、枇杷和杨梅等，集中产地在洞庭山。20 世纪 40 年代末，江苏柑橘栽培面积 2 400 亩，枇杷栽培面积 3 300 亩，杨梅栽培面积 2 700 亩。除了常绿果树外，江苏省所有的落叶果树本区也几乎都有，但以板栗、银杏和石榴为多，其他数量则较少。

二、生产经营方式

（一）农家自给性生产

各果产区的经营方式，绝大多数是农家自给性生产，即由于自给需要或兴趣，在所住房舍前后或田边地埂栽植果树。栽培零散，不成规模。栽植的果树多属于耐粗放管理的种类，如梨、柿、石榴、银杏、枇杷、杨梅、桃、樱桃、杏等。产品以自给消费为主，余则货之市集，其收入在农家经济中并不占多大地位。

（二）地方自给性生产

地方自给性生产是比农家自给性生产稍为集中的经营方式，其栽培面积每农户不足 10 亩或 20~40 亩不等。经营规模虽不大，但在一个村庄或毗邻的几个村庄范围内普遍栽培同类果树，产品自给有余，便形成一定的商品产量，产地随之成为集散中心，并随着市场的扩大而成为一个县或毗邻几个县某种果树生产中心。如苏北的丰县、沛县和皖北萧县、砀山县（原属江苏）等 4 个县是砀山酥梨的生产中心；泰兴、泰县和江都等县接壤地区则是银杏的生产中心。这种地方自给性生产方式同农家自给性生产方式的差别，在于产品不是由生产者直接出售给消费者，而是通过商贩间接提供给消费者，其收入在农家经济中占据一定地位。

（三）商品性生产

商品性生产的经营方式比较集约化，即以果树栽培生产为主业或主要副业，其收益为农家主要经济来源。作为主业经营的大都在城市近郊，如徐州铜山、苏州洞庭山、南京太平门外等地。栽培的果树种类较多，所产各种鲜果可及时供应城市。作为主要副业经营的，栽培树种往往较为单一，如泰兴的银杏，铜山的石榴，溧阳的花红，宜兴的板栗，六合的李子，宿迁的山楂、葡萄，等等。这种商品性生产的特点，不仅在栽培技术上有一定的基础，而且在产品加工、运销方面也有独到的经验，经营效益也较显著，所以这种经营方式是比较先进的。

各果产区经营果树种类组成的演化，经历一个由简而繁，又由繁趋简的过程。即起初栽植的种类较少，继而由于引种传播而增多，而后经过市场的竞争，生产效益高的排斥了生产效益低的种类，这样，经营的果树种类逐渐减少，乃至仅经营一个种类。正因栽培种类的单一化，所以增强了产品的商品化性能。

1949 年之前，江苏省已有一些地区的果品具备较强的商品性能，主要是具有足以占领市场的产量，如无锡新渎一带的桃，年产量为 2 960 t，苏州洞庭山的杨梅为 2 400 t、柑橘为 950 t、枇杷为 1 050 t，宜兴太华和茗岭一带的板栗为 660 t、陆平的桃为 500 t，铜山义安的柿为 250 t，泰兴宣堡和口岸一带的银杏为 200 t，等等。

三、果树引种情况

（一）机关单位引种

在发展果树生产的同时，江苏省还广泛地从外国或外省引入许多果树优良品种。从事这一工作的主要是农林院校和少数科研、生产单位。最早的是江苏省第二农校（苏州农校前身，现为苏州农业职业技术学院），于 1919 年由王太乙从日本引入几种果树的 30 多个品种，栽植于该校果园。引入的主要品种，苹果有‘红玉’‘祝光’‘旭’‘红魁’‘红绞’和‘君袖’等，梨有‘长十郎’‘太白’‘二十世纪’和‘世界一’等日本梨品种及西洋系统的‘巴梨’‘冬香’等，桃有‘西洋黄肉’品种，葡萄有‘玫瑰香’‘黑罕’‘甲州’‘甲州三尺’及欧美杂交种‘华盛顿女士’等。此外，还从外省引入‘北京红’和‘牛奶’等葡萄品种。

1921 年前后，东南大学从日本引进不少品种，其中以苹果最多，其次为砂梨和甜柿等；同年又从我国北方诸省引入杏、李及山东的西洋樱桃（拿破仑品种）和大批葡萄、桃和梨的北方品种。以后又从日本、法国及外省收集了大量品种，其中包括西洋樱桃和马哈利樱桃等。引进品种达 400 余个，全部栽植于该校成贤街和太平门两处园艺场，成为当时国内果树品种最齐全的单位。

1928 年，南京中山陵园创办石象路果园，王太乙又从日本引入许多品种栽于该园，其中有‘冈山白’‘西洋黄肉’等 10 多个桃品种及‘富有’‘次郎’等日本甜柿品种，苹果和西洋梨也补充一些品种，还引进西洋李（玫瑰李）和普通李各 4~5 个品种。

1927~1930 年，金陵大学从日本、美国等地引进不少果树品种，主要有日本梨、西洋梨等，先后栽植于该校汉口路果园和尚庄农场。

1947~1948 年，中央农业实验所（现江苏省农业科学院）从各地引进梨、桃、苹果和草莓等不少品种，栽于该所。

（二）学者传播

江苏省留学生及外侨也曾从国外带来不少果树品种。如 20 世纪初由外侨、传教士引进长山核桃；30 年代殷植从日本引进‘传十郎’‘冈山白’和‘白凤’等桃品种；1927 年章守玉从日本带回一套葡萄插条约 100 多个品种以及作砧木用的‘道生’‘乐园’苹果和‘榅桲’栽于当时的国立中央大学，故而该校果树种类与品种益臻丰多，成为我国果树品种的母本园。

（三）民间交流

民间园艺爱好者、果农和外省移居江苏省的农民，也都从省外引进一些果树品种。如无锡西山湾的刘某和梢塘的虞某，在 20 世纪 20~30 年代分别从浙江奉化引进‘玉露’水蜜桃，即现在无锡地区的‘小红花’品种；20 年代安徽农民移居江苏省宜兴县陆平村时，带来‘头堡红’‘二堡红’和‘团花兰’等多种硬肉桃品种，后来多以‘团花兰’为代表品种而通称为“陆平桃”；30 年代南通芦泾港某私人果园自北方引进‘伏花皮’‘国光’等苹果品种及‘黄樟梨’‘鸭梨’等梨品种；30 年代苏州洞庭西山徐某从浙江黄岩引进‘本地早’‘早橘’和‘乳橘’等柑橘品种；40 年代中叶赣榆县陈圩村也从北方引进‘伏花皮’‘倭锦’‘印度’‘青香蕉’和‘磅’等苹果品种。

上述这些引种工作，对果树栽培事业的发展起到了较大的促进作用。

纵观这一历史阶段江苏省果树栽培事业，乃经历了从高峰跌入低谷的兴衰过程。随着交通工具的发展，果品运销范围扩大了，又随着半殖民地经济的刺激，果树生产有所起色。第二次世界大战爆发，帝国主义军事入侵，中国社会经济日趋恶化，果树栽培生产备受摧残，果品市场遭到美国花旗蜜橘、金山苹果和美女牌葡萄干等外来产品的倾销，地方产品滞销跌价，果农破产，加之战乱兵燹，旱涝交煎，农村凋敝，果园荒芜，果树生产一落千丈。1949 年，全省果树保存面积仅 7.28 万亩，产量仅 34 580 t，果品人均占有量不足 1 kg。

第四节　现代果树发展要述

一、生产发展过程

1949~2014 年，江苏省果树栽培事业得到了充分的发展，纵观其发展过程，大体经历如下几个时期：

（一）恢复和大发展准备阶段（1949~1957）

全省着重于恢复中华人民共和国成立前遗留果树的生产，并逐步理顺流通渠道。随着城乡人民政权的建设和生产力的解放，果树生产很快得到恢复。原来存在的问题，诸如园地荒芜、水土流失、病虫麇集、树体衰弱等，都得到初步解决；同时也打通了流通渠道，解决了产品滞销问题。因而极大地调动了广大干部群众的积极性，果树生产获得了新的生机，从而老树得以更新，新园不断扩大。1952~1953年创建了大型国营专业果园，如徐州市果园（图2–4）、连云港市鸿门果园、泗阳果园、六合县瓜埠果园、镇江市黄山园艺场、无锡市太湖茶果场、仪征县青山茶果场等，从此揭开了江苏省现代果园建设之序幕。在此期间，许多农场、林场也建立果树分场或果树专业队、组，并建立各类果树苗圃；有些市、县或场圃还创办园艺学校，培养果树技术人员。1957年在党中央发出向荒山、沙滩进军的号召后，农业部在江苏省徐州市召开黄河故道发展果树生产座谈会，并组织以华东农业科学研究所曾勉教授为组长的专家组对黄河故道地区进行考察，做出了在黄河故道地区大力发展果树的决定。成立了以曾勉为首的黄河故道果树技术指导委员会；由南京农学院（南京农业大学前身）主办了四省黄河故道果树技术培训班，以加强技术力量。果树栽培面积开始高速度扩展，到1957年底，全省果树面积扩大到20.9万亩，比1949年增长189.5%，产量达42 526 t，因新植幼树未投产，仅略有增长。

图2–4 1952年徐州市果园苹果园生产场景

（二）发展失控及调整巩固时期（1958~1963）

1958~1960年正处于合作化运动高潮期，各地在党中央号召下，大面积开垦荒山、荒滩建立果园。仅徐州和淮阴两个地区在此期间就建立30多个大型国营果园和数以百计的集体果园（图2–5）。全省果园总面积在1960年末已达63.6万亩，比1949年扩大近8倍。大面积果园的建立，对推动江苏省果树生产的发展起了一定作用。但由于“大跃进”，一哄而起，发展失控，导致建园粗放、苗木杂劣、管理不善，给果树生产造成了严重损失，教训深刻。由于盲目发展，违反因地制宜原则，且果园面积过大，战线过长，财力、物力和技术力量均不相适应。在中央政务院及时提出的“调整、巩固、充实、提高”正确方针的指引下，全省各地重新按照适地适树原则，调整布局，最大限度地遏止了由于盲目性和浮夸风所造成的损失。至1963年底，经调整后全省果树面积为45.4万亩，比1960年缩减近三分之一；产量仅有3.3×10^4 t，尚不及1949年的水平。

图 2-5　徐州市果园20世纪60年代苹果丰收景象

（三）持续低产时期（1964~1978）

在这一时期，果树生产一直陷于困境，特别在“文化大革命”期间，果树生产惨遭浩劫，果园被迫改为种粮，自留树被迫砍伐，果树专业队伍被强行解散，果树技术干部被驱使改行。在这种情况下，经调整后的果园未能巩固，栽培面积持续缩减，至1972年仅存39.6万亩，生产处于持续低水平状态。1978年，全省果树面积约48.2万亩，产量15.9×10^4 t，平均亩产量仅330 kg，比1949年的亩产量475 kg还约低三分之一。这种低产状态延续长达15年之久。

（四）高速发展时期（1979~1997）

1982年开始推行果园联产承包责任制，同年初步完成了果树区划。1985年面临全省农业结构调整，果品价格逐步上升，激发了种果积极性。到1997年全省果树面积达到250.5万亩，产量1.37×10^6 t，比1978年分别增加4.2倍和7.6倍，比1949年分别增加33.4倍和38.6倍，平均亩产量546.7 kg，按投产面积达到706.7 kg，比1978年提高65.7%，高出全国水平30%左右。这一阶段具体经过了两个高速发展时期：

1982~1989年，全省果树面积从1981年的49.5万亩猛增到1989年的208.5万亩，平均每年增加19.9万亩，其中1985~1988年创发展速度最高纪录，平均每年增加45万亩；果品产量达到4.47×10^5 t，8年中平均每年增加3×10^4 t。后来对高速发展中树种品种安排不当、建园质量不高的园块主动进行了调整，到1992年全省果树面积降为187.5万亩，果品产量则仍持续增长，达到5.73×10^5 t，人均果品占有量达7 kg。

1993~1995年，果树面积又一次高速增长。1995年创历史新高，达285万亩，3年中平均每年增加32.5万亩；果品产量首次突破百万吨大关，达到1.014×10^6 t；人均果品占有量达14.6 kg。随着全国果品市场日渐丰富，个别果品出现卖难和价格开始下滑的形势，到1997年全省果树面积249万亩，比1995年减少36万亩，而产量仍比1995年增加3.563×10^5 t。

1990年以前，江苏果品不能满足市场需要，增加产量、夺取高产是全省果树生产的主要目标，通过全省果树科技和生产部门长期努力，成功地解决了果树高产的技术关键问题。1990 年以后，随着市场果品的逐步丰富，交通运输的快速发展，外地果品大量涌进江苏市场，果品质量的提升为突出问题，而江苏地处暖温带到亚热带的气候过渡地带，气候条件严重影响着江苏主要果品的质量，削弱了江苏果品的市场竞争力。

为提高果品质量，全省组织联合攻关，在生产技术方面推广了新一代优良品种，增施有机肥和复合肥，推广矮化栽培以及限产疏果、果实套袋、摘叶转果等技术，并改进了病虫害防治技术和产品包装。各级业务管理部门也紧密配合，实行结构调整，发展优势产品，形成自身特色，建立示范园和优质果评比制度，改进果园基础设施以及创建果品品牌等，促进了果品质量的迅速提高。全省水果生产面貌焕然一新，优质果遍及市场，高档果品开始面市，劣质低档果品逐步从市场退出。一批特色果品基地得到完善，包括丰县、沛县的富士苹果，无锡、南京的水蜜桃，吴县、宜兴、溧水、溧阳的果梅，大丰、宿迁的早酥梨，泰兴、邳县的银杏等。1995 年，全国第二届农业博览会评比，江苏省共获得金牌果品 19 个、银牌果品 11 个、铜牌果品 3 个，获奖数在全国列第 5 位。

（五）稳健发展结构调整阶段（1998~2014）

经历过前 20 年果树大发展后，1998~2014 年期间果树面积稳步发展，但产量上升较快，果树树种和品种结构调整加快。1998 年全省果树面积 201 万亩，产量 1.444×10^6 t；2000 年全省果树面积 234 万亩，产量 1.764×10^6 t。2002~2005 年，果树面积比较稳定，结构调整加快，葡萄、水蜜桃等应时鲜果发展迅速，而苹果、梨等大宗水果面积下滑，2005 年全省果树面积 288 万亩，产量自 2004 年突破 2.0×10^6 t 大关，2005 年达 2.023×10^6 t。2007~2008 年全省果树面积小幅下降，2008 年面积 268.5 万亩，产量 2.346×10^6 t，产量占全国 2.1%，在全国排第 19 位。2011 年，全省果树面积 361.5 万亩，产量 2.667×10^6 t，总产值 102.7 亿元，首次突破百亿元大关。到 2014 年，全省果树面积达 415.5 万亩，比 1998 年增长了 106.6%，翻了一番多；产量 3.379×10^6 t，比 1998 年增长了 134%，在全国排名上升到第 14 位，总产值 194.6 亿元。在这 17 年间，大宗水果如苹果、梨面积逐年下调，但应时鲜果发展迅速，葡萄面积翻了 7 倍，草莓翻了 1 倍多，优质水蜜桃翻了 1 倍，尤其是避雨葡萄、设施草莓等设施水果迅速发展，成为江苏省高效设施农业中的典范。

1949~2014 年的前 35 年，江苏果品生产不能满足市场需要，增加产量、夺取高产是全省果树生产的主要目标；后 30 年，果品市场逐步开放，品种日益丰富，外省果品大量涌进江苏市场，市场竞争激烈，果品质量尤其是安全质量上升为突出问题；近 10 年市场上果品品质档次进一步拉开，高档水果不但价格高，而且部分成为礼品或观光采摘果品，效益显著提升，水果包装、贮运、加工等产业化水平逐年提高。为提高果品质量效益，全省组织示范推广水果新品种、新技术、新模式，包括增施有机肥、果园生草覆盖、疏花疏果、果实套袋、病虫害绿色综合防控等技术；建立良种苗木基地、"三新"示范园和标准果园，完善优质果评比制度以及创建品牌等，推进了全省优质果率的逐年上升，形成了高档果品礼品化的市场特点。全省建立了一批特色果品基地，包括无锡水蜜桃、新沂桃、东海草莓、句容葡萄、灌南葡萄、丰县红富士苹果、睢宁梨等；“阳山牌”水蜜桃、“大沙河牌”红富士成为全国知名品牌；涌现出“黄川牌”草莓、“神园牌”葡萄、“老方牌”葡萄等一批省级名牌果品。

二、良种繁育体系建设

（一）种苗生产

20世纪50年代初，果树种苗绝大多数从山东、河北等地购进。1952年后，徐州市果园、泗阳县果园、洪门果园等一批国有果园和苗圃相继建立，开始规模育苗。1954~1957年，徐州市果园建立苗圃50亩，每年出圃桃、苹果苗10万株。1956年泰兴建立县苗圃，面积120亩，培育杏、桃、梨、白果、苹果、板栗、葡萄种苗20余种。

1958年到20世纪60年代初，全省特别是黄河故道地区，果树发展形成高潮，除大批从辽宁、山东等省调入苹果和梨树种苗外，省内国有果园和苗圃也纷纷育苗，全省果苗繁殖得到较大发展。1958年，丰县大沙河果园范庄苗圃育苗面积达1 500亩；1958~1963年，徐州市果园从山东调运苹果接穗12车皮，育苹果苗2 500万株，徐淮地区的主要国有果园还同时大批量引进保加利亚葡萄种条进行扦插育苗。为适应果树大发展的需要，中国农业科学院江苏分院果树工作组和徐淮地区一些果园还开展了苹果当年播种、当年嫁接、当年出圃的快速育苗研究并取得成功，一时形成热潮，但终因苗木质量较差，此后很少采用。

20世纪60年代中后期到80年代初，全省果树发展缓慢，育苗规模迅速减小，均处于较低水平。1972年，丰县大沙河果园建立矮化苹果繁育圃100亩，年产矮化中间砧和自根砧苹果苗10多万株，同期徐州市果园、宿迁果园也相继建立矮砧采穗圃，为全省矮化苹果的发展奠定了基础。

1982年后，伴随全省果园高速发展和新优品种的加速推广，果树育苗又渐入高潮，除国有果园和苗圃普遍开展规模育苗外，许多技术推广部门、集体果园和专业户也纷纷建立苗圃，开展大规模育苗。海门以专业户为主体，1985~1989年每年扦插葡萄苗300余万株。

（二）良种繁育体系建设

为实现果树品种良种化，提高苗木质量，规范种苗市场，江苏省农林厅自1984年开始着手建立果树良种繁育体系。1984~1991年，省投资235万元，地方配套186万元，共建省级良种母本园1 165亩，砧木母本园110亩，苗圃475亩，向社会提供良种接穗1 540万根，良种苗木3 080万株。

1987年，农业部在丰县大沙河果园由部、省合建“苹果矮化良种苗木繁育及示范建设”项目，总投资211万元，建立富士苹果采穗园400亩，矮化苗木繁育圃300亩及示范园2 000亩。该项目于1991年建成后的3年间，生产优良种苗350万株，提供红富士种条及矮化砧穗500万根。

1991年，农业部在省太湖常绿果树技术推广中心、苏州农校、无锡梅园园艺中心，由部、省合建“太湖名特优新果树良种苗木繁育基地”，总投资 155 万元，建良种母本园 130 亩，苗圃 170 亩及配套设施。

与此同时，各市县也相应建立了一批市县级良种母本园和苗圃，徐州市 20 世纪 80 年代末果树苗圃面积达 2 000 多亩，年出圃果苗 2 000 多万株，其中富士苹果苗 1 000 万株。1993 年徐州全市果树育苗面积达 3 100 亩，出圃各种果树苗木 2 998.6 万株。邳州因大力发展银杏和建立采叶园，1994 年建银杏苗圃 3 000 亩，在圃苗木 1.2 亿株，成为闻名全国的银杏种苗基地。

1994 年，《主要果树苗木》省地方标准通过省标准局发布实施。该标准对桃、梨、葡萄、梅、柿、枇杷、猕猴桃、无花果、石榴、草莓等 10 种果树苗木出圃的产品分类、技术要求、检验方法、检验规则及标志、包装、运输与贮存作了明确规定，规范了江苏省果树种苗的质量要求。

1997 年以来，全省果树育苗基本稳定在较高水平。主要育苗基地有：丰县苹果、梨种苗基地，徐州市果园苹果及猕猴桃种苗基地，宿迁市果园无病毒苹果苗基地，无锡、南京等地桃苗基地，盐城梨苗基地，镇江油桃苗基地，张家港葡萄苗基地，吴中常绿果树种苗基地，宜兴、溧阳等地果梅、板栗种苗基地，盐城、南通等地柿、无花果种苗基地等。

2011 年全省果树育苗面积 23 138 亩，其中徐州市 9 120 亩，以苹果、梨、银杏、葡萄为主；连云港市 2 905 亩，以草莓、蓝莓为主；淮安市 2 920 亩，以桃、葡萄为主。

2013 年全省果树育苗面积 27 057 亩，其中徐州市 19 600 亩，盐城市 2 080 亩，连云港市 1 858 亩，镇江市 1 215 亩。

（三）国家资源圃建设

江苏省共承担 2 个国家果树种质资源圃，包括国家果树种质（南京）桃、草莓资源圃和国家果树种质果梅杨梅资源圃，涉及桃、草莓、果梅和杨梅 4 个树种，主管部门为农业部（现为农业农村部）。国家果树种质资源圃的方向任务是：按照国家要求，对桃、草莓、果梅和杨梅的国内外种质资源有计划地进行收集、引进、保存、鉴定、评价和利用；制定及完善物种种质资源共性和特性描述规范、数据标准和数据质量控制规范；对种质资源遗传稳定性进行长期定位观测，筛选优异种质，构建核心种质；确保圃内已保存的种质资源的安全性以及各项任务的完成；为全国桃、草莓、果梅和杨梅育种、生产及其他科研需要服务，为国家种质资源公益性平台。

国家果树种质（南京）桃、草莓资源圃依托单位为江苏省农业科学院，位于江苏省南京市钟灵街江苏省农业科学院院内。根据全国果树科研规划（1962~1972）任务，1965 年春商定，在南京设置全国桃原始材料圃，占地 22.5 亩，保存国内外品种 137 份。1981 年农业部下达与江苏省农业科学院联合，并由江苏省农业科学院园艺研究所承建国家果树种质（南京）桃、草莓资源圃[简称（南京）桃、草莓圃]任务。1985 年农业部科技司与江苏省农业科学院正式签订建圃协议，1988 年建成并通过农业部验收。截至 2015 年 12 月，资源圃占地 120 亩，共收集保存桃种质资源 645 份，草莓种质资源 356 份，资源保存数量突破 1 000 份。桃种质资源涵盖桃亚属的所有 6 个种，其中包括国外资源 210 份，国内资源 435 份。草莓种质资源包括 15 个种，其中国外资源

228份,国内资源128份。桃、草莓种质资源保存的数量和遗传多样性均居全国前列。

国家种质果梅杨梅资源圃依托单位为南京农业大学,果梅资源圃位于南京市江浦区南京农业大学江浦农场园艺试验站,杨梅资源圃位于江苏省太湖常绿果树技术推广中心。2009年由农业部批准建设,2011年11月通过农业部验收,进入国家果树种质资源圃的行列,2012年开始获得农业部作物种质资源保护项目的资助,2015年获批农业部资源圃改扩建项目,2017年完成建设任务。目前资源圃占地总面积60亩,包含果梅和杨梅2个树种。截至2015年,引进和保存来自日本和国内10多个主要梅产区的果梅种质资源130份,引进资源包括青梅、红梅、白梅和黄梅四大类品种资源和梅的野生资源及近缘种质。保存杨梅品种资源92份,包括乌种、红种、粉红种和白色种四大类栽培品种和杨梅野生资源和近缘种,种质来源于浙江、福建、台湾、广西等地。圃内保存的果梅和杨梅资源数量最多,来源最广泛,类型最为丰富,是国内最大的果梅和杨梅种质资源圃。

两个资源圃拥有种质资源评价的常用仪器,具有种质资源保存、鉴定和评价的基本条件。

三、国有(国营)果园发展与改革

1949~2014年,江苏国有果园经历了创建、发展、国家计划管理体制、实行果园职工联产承包责任制、发展多种经营和场办工业、试办职工家庭小果园、取消统购派购开放果品市场、果树产权制度改革、改变隶属关系、"事改企"及社保医保改革、撤并淘汰亏损严重的小果园及发展壮大重点国有果园等过程,为江苏果树事业发展、创新、改革发挥了不可磨灭的先导作用。

(一)沿革

从1949年起,江苏采用2种形式建立国有果园:第一种形式是1949年接收官僚资本的私人果园改建为国有果园。如连云港市洪门果园,始建于清朝末年,为清官员沈立沛私家果园,面积484.4亩,栽植梨、桃、葡萄、板栗等果树品种。第二种形式是在1950~1978年间,新建立了50多家国有果园。其中1951~1953年建立了徐州市果园、泗阳果园、无锡青山林果场、仪征青山林果场、淮阴市苏北苗圃(清江果园)、灌云县板浦果园、睢宁县张行果园、六合县瓜埠果园共8个国有果园。1956~1961年建立了盐城市南门果园、东海马陵山果园、丰县大沙河果园、高邮县林苗场(高邮县果园)等45家国有果园。

据1965年统计,全省国有果园共56家,果园面积5.25万亩,果品产量2 374 t。

据1978年统计,江苏有国有果园共58家,总人口43 211人,职工22 450人;果园面积9.9万亩,果品产量49 015 t,农业总产值1 688.5万元,亏损91.4万元。

据1996年统计,江苏国有果园50家,果园面积11.7万亩,果品产量56 845 t,亏损721万元。

1997~2014年,江苏国有果园经历了改制、撤并淘汰亏损严重的小果园等过程,到2014年,江苏国有果园仅20家,与1978年相比,减少38家,果园生产能力及产业化水平均有了一定提高。

（二）生产经营与改革

1949~1978 年，江苏国有果园实行国家计划管理体制，统一安排生产资料，果品由国家统一派购，盈亏由国家统一承担，果园职工统一发放固定工资，多数国有果园处于亏损状态。

1978 年后，江苏农村推行家庭承包生产责任制，国有果园也开始实行统分结合经营承包责任制，有果园班组责任制、果园职工联产承包制等多种形式，果树集体管理，果品统一销售，生产资料统一安排，分散劳动与管理，经营核算到职工，调动了国有果园职工的生产积极性，促进了果品增产和职工增收。

1981 年，为贯彻执行国家“决不放松粮食生产，积极发展多种经营”的方针，各国有果园积极开展多种经营，发展果园间作、果品加工、商贸服务、场办工业等多种经营项目。20 世纪 80 年代初，国有果园为寻找出路，大力兴办果园工副业企业，谋求以工补果。如东海县牛山果园、泗阳县果园、睢宁县苏塘果园、涟水县城南果园等先后建立总容量超过 2×10^4 t 的果品冷库，丰县大沙河果园建立果品罐头厂，宿迁果园、泗阳果园建立葡萄酒厂，江都沙洼果园建立啤酒厂等。但由于加工设备及工艺落后、产品质量不过关、经营管理不善和缺乏市场竞争力等因素，大部分果园办的企业处于亏损状况，宿迁果园、泗阳果园葡萄酒厂等相继关闭。

1984 年，根据中央一号文件指示精神，江苏国有果园开始实行联产承包经营责任制，人均承包一定数量果园，家庭生产经营，除上交给果园的以外，其余均为家庭所得。国有果园实行果树联产承包责任制，为果园注入了生机，提升了果园生产水平。但在实施过程中也出现了一些问题：一是承包年限过长；二是上交指标过低；三是配套措施未落实，如社会保障、职工医疗、失业保险等没有跟进。

1985 年，中央一号文件制定 10 项政策，改革农产品流通体制，取消统购派购制度，放开农产品价格。国有果园开始走向市场，改革计划管理模式，实行产加销一体化经营。

20 世纪 90 年代，江苏国有果园进一步完善了果树生产承包责任制，许多果园按人员结构、果品产量、树体状况、生产成本等变化进行了新一轮承包，比较合理地调整了承包期限和上交指标。连云港市孔望山果园、洪门果园等果园，还在当地政府主管部门协助下，解决了职工养老保险等问题。

1996 年，江苏省政府办公厅发文，开展对国有茶果园基本情况调查，其调查报告引起了省政府和有关单位的重视。当年，江苏省财政厅拨款 96 万元，用于茶果园的更新改造。1997 年，江苏省财政厅和农林厅联合发文，坚持高标准、严要求，对国有果园老果树进行更新改造，全部更换为适销对路的新一代果树良种。江苏省财政厅于 1997~2003 年每年拨出专款 200 万 ~600 万元，基本对全省国有果园老果树进行了一遍更新，不仅速度快，而且质量好，为国有果园注入新的活力。

1997 年，溧水县果园率先出台了果树产权制度改革新方案，把原来由职工承包经营的果树出售给职工，土地使用权 40 年归果树权属所有者有偿使用。该果园先对全园果树按立地条件、树龄、树种、品种、运输条件等，划分为四类七档次，再签订果树买卖契约，发放果树产权证（加盖县人民政府印章）。同时，制定并采取配套改革措施：一是收缴养老金，二是推行场内医药保险统筹等，为职工解决后顾之忧。

1997~2014 年，在加快城市化进程中，江苏撤并和淘汰亏损严重的小果园，并推进城郊果园城市公园化等过程，到 2014 年江苏国有果园仅 20 家。

（三）典型果园

1. 徐州市果园

徐州市果园位于徐州市东南七里沟，建于 1952 年，占地约 3 000 亩。1959 年果园土地面积扩至 6 630 亩。20 世纪 60~70 年代，在研究示范苹果矮化丰产栽培技术、富士苹果的引进及配套栽培技术等方面做出很大贡献；80~90 年代，从国内外引进‘藤牧 1 号’‘嘎拉’‘美国 8 号’‘珊夏’‘七月酥’等苹果、梨新品种总计近 100 个，选育出‘徐香’‘徐冠’2 个猕猴桃新品种，其中‘徐香’猕猴桃被农业部评定为全国优良品种。同时，还引进甜樱桃、大棚草莓等果树品种，均在徐州地区有一定栽植面积。先后获得部、省科技成果 29 项，被江苏省农林厅授予“江苏省模范果园”称号。2000 年 4 月，徐州市果园并入徐州市泉山区七里沟街道办事处，实行“两块牌子、一套班子”运作。在城市化进程中，2008 年，该果园仅有土地面积 795 亩，其中果树面积仅 345 亩，实现工副业年总产值 3 亿元，固定资产总值 1.2 亿元，交纳税金 1 000 万元。2014 年果树面积 255 亩，固定资产总值 1.5 亿元，总产值 1 200 万元。

2. 丰县大沙河果园

丰县大沙河果园位于丰城南部大沙河两岸，建于 1958 年，总面积约 4.5 万亩（图 2–6）。1963 年江苏省农林厅接管果园。1965 年土地面积 5.199 万亩，其中果园面积 7 995 亩。1986 年，成立岳庄镇政府和大沙河果园，同属中共岳庄镇党委会，镇政府及镇长负责管理集体部分；果园及主任负责国有果园部分。1993 年，岳庄镇更名为大沙河镇，辖 1 个国有果园和 9 个集体果树大队；国有果园下设 15 个分场。1997 年，果园土地面积 1 万亩，其中果树面积 9 495 亩，主要栽植酥梨、红富士和金帅苹果等品种，果品年产量 8 500 t。大沙河果园是江苏省最大的果园，因盛产优质富士苹果而闻名。在 1985 年 11 月全国

图 2–6　丰县大沙河果园梨园

第一次优质水果评比中，大沙河果园的富士苹果获得“全国优质水果”称号，成为江苏省果树栽培史上的第一块金牌。果园产品共荣获部、省、市 242 个奖项。1995 年在“首届中国特产之乡命名暨宣传活动”大会上，大沙河果园被命名为“中国红富士苹果之乡”。1988~1989 年，部、省、市共投资 211 万元，建立示范园、采穗园和苗圃；1991~1997 年，国家相继投资 1 000 多万元，建立红富士苹果标准化示范园、红富士苹果教学楼。1997~2003 年，在江苏省农林厅扶持下对老苹果园及老品种进行更新改进，将酥梨园调整为红富士苹果园，大沙河红富士苹果呈发展上升态势。2014 年大沙河果园土地面积 1.26 万亩，果树面积 9 555 亩，其中梨 6 000 亩，苹果 3 000 余亩，固定资产 1 395 万元，总产值 4 000 余万元。

3. 高邮市果园

高邮市果园前身是高邮县林苗场，始建于 1958 年，地处里下河地区的高邮、宝应、兴化 3 个县（市）交界处。1991 年，改名为高邮市果树实验场。1985~1993 年推行并完善家庭承包经营责任制。1994 年起，先后更新改造低产质差的老品种果园 1 000 亩，引进推广日本‘丰水’‘幸水’‘新高’等优质梨品种。1996 年，被江苏省农林厅确定为江苏省梨树良种繁育基地。1998 年，该果园承担省农业三项工程良种工程项目，建立原种圃 20 亩，良种采穗圃 20 亩，种苗繁育圃 40 亩，引进‘筑水’‘爱甘水’‘爱宕’‘七月酥’等梨新品种 30 余个。1997 年，建造江苏第一个平网钢架梨树设施栽培示范园 6 亩。1997 年土地总面积 3 105 亩，其中果树 1 590 亩，果品年产量 2 324 t。2014 年，土地总面积 3 105 亩，其中果树 900 亩，固定资产 500 万元，总产值 6 000 万元。

4. 盐城市龙岗果园

盐城市龙岗果园位于盐都龙岗地区，始建于 1959 年。主栽梨树品种，面积有 2 625 亩，占果园总面积的 78.8%，其‘茌梨’‘鸭梨’优质丰产，颇有名气，是江苏沿海地区最大的国有果园，为沿海开发树立了样板。1990 年，更名为盐城市果树良种场。20 世纪 90 年代，引进‘黄金’‘圆黄’‘绿宝石’等梨新品种，注册“龙岗”牌商标。1997 年，成为盐城市果树良种繁育中心，并获“江苏省模范果园”称号。2001 年，改制后隶属龙岗镇，为副科级建制。2008 年，土地总面积 5 010 亩，其中果树面积 4 000 亩，果品年产量 10 600 t，年销售额 4 240 万元。2014 年，土地总面积 10 800 亩，其中果树面积 6 495 亩，固定资产 160.9 万元，总产值 5 418 万元。

四、主要果树种类的演变

（一）果树种类的更迭

全省栽培果树主要种类有 24 个，而在经济上占显要位置的只有 3~5 个，在不同时期常常发生主要种类的更迭。1949 年，比重大的果树种类依次是桃、梨和板栗，这 3 种的栽培面积占全省果树总面积的 80%，产量占 70%。而到 1982 年，比重大的果树种类依次是苹果、梨和桃，苹果和梨占全省果树面积的比重分别为 33% 和 32%，桃占 9%，共占 74%；产量比重，梨占 47%，苹果占 21%，桃占 9%，共占 77%。2002 年，比重大的水果种类依次是苹果、梨和桃，分别占全省果树面积的 26%、24% 和 16%。到 2011 年，比重大的水果种类依次是梨、桃和苹果，分别占全省果树面积的 16.0%、14.9% 和 13.9%。到 2014 年，比重大的水果种类依次是桃、梨和葡萄，分别占全省果树面积的 15.4%、13.7% 和 13.0%。桃再次成为江苏面积最大的水果树种，葡萄首次进入江苏水果前三强，但各主要果树树种占比均有所下调，果树种类的多样性进一步体现。

栽培种类组成与品种结构的演变，旨在优化树种品种结构。但在发展历史上也曾出现过“一哄而上，一哄而散”的非科学态度，招致不应有的损失。例如，全省大面积栽植适应性差的‘保加利亚’葡萄，赣榆、铜山等多地失控地发展山楂，溧水盲目地栽植果梅等，造成不同程度的损失。而原有的很多地方优良品种却未能加以保护、利用。如铜山软籽石榴、圣沃樱桃，泗洪沙枣，六合东旺李，海门朱砂柿，南通金桃，苏州自蒲枣，等等，均被归入“小杂果”而任其衰落湮没。

（二）主要树种的栽培演变

1. 苹果

1949 年，全省苹果面积（包括生产、教学、科研单位）约 100 亩（‘花红’等小苹果不在内）。

1952 年，黄河故道的徐州市果园、泗阳果园和苏北苗圃（后称清江果园）自东北和山东烟台等地引入苹果，其中泗阳果园栽植近 50 亩，同期仪征青山果园和镇江黄山园艺场也分别拓植 60 亩和 30 亩。1953 年徐州市果园定植苹果 600 亩。连云港洪门果园自行育苗，1954 年定植 140 亩。至 1957 年全省苹果总面积约 1 000 亩。

1957 年，黄河故道地区果品生产基地的建设拉开了序幕。1958~1960 年苹果大发展，当时在“有苗就栽，先绿后好”的思想指导下，未考虑人力、物力和技术水平以及自然条件，从辽宁、山东、河北等地大量采购苹果苗，不仅淮河以北而且长江以南也大量发展苹果，因此发展成果不保，导致全省苹果由 1960 年的 49 万亩大幅度减至 1965 年的 18 万亩，同时由于引入的品种和砧木良莠不齐，适应性不一，留下了苹果低产劣质的后患。

20 世纪 70 年代后苹果生产有所恢复，到 1982 年稳定在 19.2 万亩，产量近 6.6×10^4 t。这一时期由于注意了品种和砧木的选择，重视就地育苗，苗木质量、栽植标准和幼树管理均达到较高水平。1972~1974 年丰县大沙河果园、徐州市果园、宿迁果园先后引入富士苹果，1980 年逐步推广，从此江苏苹果栽培无论是规模和质量都发生了根本性的转变。1985 年，全省苹果面积 22.4 万亩，产量 6.6×10^4 t。1989 年面积比 1985 年增长近 3 倍，达到 88 万亩，产量增长到 1×10^5 t。

1990~1992 年，苹果面积 72 万 ~74 万亩，产量在 8×10^4 ~12×10^4 t 徘徊。1993~1995 年又高速发展，1995 年面积比 1992 年增长 80%，达到 132 万亩，产量也以每年 15% ~57% 的速度急速增长，达到 3.32×10^5 t。1997 年面积比 1995 年减少 21.4%，为 103.77 万亩，产量仍持续增长，达到

5.54×10^5 t，面积和产量均居各种果树之首，分别占全省果树面积和产量的 41.9% 和 38.9%。

2002 年，苹果面积降至 70.5 万亩，但产量上升到 6.15×10^5 t，面积和产量仍居各种果树之首，分别占全省果树面积和产量的 25.7% 和 31.5%。2011 年面积 51 万亩，产量 6.16×10^5 t，面积已排在梨和桃之后，分别占全省果树面积和产量的 14.1% 和 23.1%。2014 年面积 46.5 万亩，产量 5.88×10^5 t，面积已排在桃、梨和葡萄之后。

2. 梨

1949 年，全省梨园面积约 1.65 万亩。在丰县、沛县、铜山、睢宁、宿迁、泗阳、沭阳、淮阴、海州等县区也有生长 200~300 年的老梨树。

1952 年前后，江苏成立了 8 个国有果园。梨树生产开始由小片分散、粗放栽培向规模生产、集约栽培过渡，初步形成以铜山、睢宁、宿迁、泗阳、沭阳为中心的黄河故道梨生产基地和以宜兴张渚西部、溧阳城郊为中心的宜溧梨生产基地。1957 年，全省梨产量 7 150 t。其后，随着徐淮盐黄河故道果树大发展，兴建了以梨树为重点的果园场，并引进了一大批白梨、西洋梨和日本梨新品种。到 1960 年全省梨树面积达 15 万亩，并建立了盐城市梨树生产基地。

1963~1964 年，梨树生产转入低潮，全省面积锐减到 10.5 万亩。1965~1977 年间因病虫危害、价格和销售等问题不能获得很好解决，生产进一步低落，直到 1978 年以后才逐步得以恢复和发展。1980 年全省梨树面积 18 万亩，占全省果树面积的 31.6%，仅次于苹果；产量 1.40×10^5 t，占全省果品总产量的 55.8%，位居首位。全省梨树栽培逐步向苏北尤其淮北果品基地集中，按产量高低顺序为盐城、徐州、连云港、淮阴，这 4 个市梨树面积占全省梨树面积的 69.7%，产量占全省的 75%。

1983~1990 年，梨树生产以调整结构和布局为重点，稳步发展。这一时期，沿海滩涂特别是南通地区梨树发展较快，形成以优质日本梨为主的新产区雏形。同时在高邮、兴化、仪征等地梨树也有较大发展，而江南地区梨树生产规模逐步缩小，并由宜溧地区向南京郊县转移。到 1990 年，全省梨树面积达 24 万亩，产量 1.5×10^5 t。其中淮北地区面积 18 万亩，产量 1.25×10^5 t，分别占全省梨树的 75% 和 83%。

1997 年，全省梨树面积 34.5 万亩，产量 3.01×10^5 t，面积和产量均居各种果树的第 2 位，徐州面积最大，盐城产量最多。2002 年全省梨树面积 65.6 万亩，产量 5.19×10^5 t，面积和产量均居各种果树的第 2 位，睢宁、射阳大面积发展日本梨，铜山则大面积发展黄冠梨。

2011 年，全省梨树面积 57 万亩，产量 6.98×10^5 t，面积和产量均居各种果树的第 1 位，睢宁、射阳、丰县仍为梨的重点产区。2014 年全省梨树面积 57 万亩，产量 8.16×10^5 t，面积降至第 2 位，产量居各种果树的第 1 位。

3. 桃

1949 年以后，江苏桃迅速发展。1951 年和 1953 年建立了苏州西山园艺场、镇江黄山园艺场、南京农场以及徐州、泗阳、六合、仪征等国有果园，种植了大片桃树，并引进不少优良品种。无锡地区1955年已有桃园2万亩，产桃8 860.6 t。1958年全省桃树栽培面积猛增，1959年徐州地区桃树面积达2万亩，淮阴地区形成宿迁、泗阳、淮阴、涟水及灌南等集中产区，南通地区面积达5 000亩，宁镇扬丘陵地区也大力发展桃树。由于该期桃树发展过快，品种杂乱，加之遇严重自然灾害，粮食紧缺，1960年，各地桃树即大量被砍，老区桃树短期内几乎绝迹。南通1961年仅存200亩。名产宜兴陆林桃1949年有1 000亩，1961年仅存25.5亩。宜兴桃果产量从1949年的915.8 t下降至1961年的329.5 t。

20世纪70年代后期，随着改革开放和市场需求，各地又从国内外引入优良品种，同时，省级科研单位推出了‘雨花露’‘扬州早甜’等早熟桃品种，桃树生产开始恢复和发展。1982年全省桃树面积52 395亩，产量3×10^4 t。80年代中期以后，许多产地开始注意调整品种结构，使桃鲜果上市的时间从集中在7~8月逐步提前和拉后为6~9月。1985年后桃产业发展迅猛，1987年全省桃树面积21万亩，1990年24万亩，产量1.08×10^5 t，品种集中于早熟类，面积最大的是‘雨花露’桃。

进入20世纪90年代中后期，江苏桃树生产步入调整阶段。一方面，由于早熟水蜜桃生产过多，上市过于集中，同时罐桃生产滑坡，导致了面积下降；另一方面，各地开始纷纷引种栽植价格较高的油桃、蟠桃和水蜜桃晚熟品种。到1997年，全省桃树面积为18万亩，比1990年下降25%，但产量达1.91×10^5 t，比1990年上升77%，产量居全省各种果树的第3位。徐州市桃树面积最大，达46 800亩；产量也最高，为6×10^4 t。

随后5年，在无锡阳山水蜜桃品牌带领下，新沂、张家港、武进、句容等快速发展桃产业，2002年全省桃树面积45万亩，产量3.14×10^5 t，在水果中排第3位。随后10年，桃产业走上稳健发展的道路，2011年全省桃树面积54万亩，产量4.92×10^5 t；2014年面积64.5万亩，跻身江苏水果首位，产量5.78×10^5 t。

4. 葡萄

1949年，省内成片葡萄不足100亩。1953年全省葡萄面积270亩，1957年发展到2 835亩，主要栽培的是鲜食葡萄品种，以‘玫瑰香’为多。1958~1961年，伴随着黄河故道果树的开发，葡萄在诸多新建果园中占有一定比重，遂使黄河故道迅速发展成为全省葡萄产区，栽植的‘保加利亚’鲜食与加工兼用品种多用于酿酒，1961年全省葡萄面积达到6万亩。由于这类品种不适于江苏省夏季高温多湿的气候，大规模地盲目引种给其后葡萄生产造成很大损失，不少葡萄园改种苹果或毁园种粮，面积锐减，到1975年全省葡萄面积仅剩6 000亩。后因市场需要，葡萄收购价提高，加之推广‘北醇’‘白羽’等高产抗病酿造品种，栽培面积逐年恢复。至1982年葡萄面积达19 605亩，产量5 393 t，仅‘北醇’‘白羽’两个品种的栽培面积就达6 855亩。此后，丰县、连云港及宿迁相继建立酿酒葡萄生产基地，栽培面积各在1万亩以上。1988年全省葡萄面积63 600亩，产量2.5×10^4 t，除原有的3个葡萄酒原料基地外，在南京、镇江、常州、无锡、苏州、南通、扬州等市附近也分别建立了1 000~6 000亩的鲜食葡萄基地，品种主要是巨峰系列。

酒用葡萄与鲜食葡萄面积之比约为 2∶1。

到 1994 年，丰县、连云港、宿迁葡萄酒原料基地又降到 16 500 亩，比 1988 年下降 61.2%；而城郊鲜食葡萄基地却略有增长，达 22 800 亩，比 1988 年增加 11.8%。到 1997 年，全省葡萄面积达 48 405 亩，其中葡萄酒原料基地进一步萎缩，仅 14 805 亩，主要是连云港基地还具相当规模；鲜食葡萄面积则进一步增长，达 33 495 亩，酒用葡萄与鲜食葡萄面积之比为 1∶2.5。葡萄产量除 1989~1991 年间稍有下降外，其后直到 1997 年逐年上升，其中 1991 年全省葡萄产量 2.16×10^4 t，比 1988 年下降 13.6%；1997 年产量为 6.15×10^4 t，比 1988 年增 1.5 倍，比 1991 年增 1.8 倍。

2000 年以后，葡萄避雨栽培模式迅速发展，一批不抗病的欧亚种鲜食葡萄品种通过避雨栽培，展现了良好的发展前景，如‘美人指’等。同时，一批优质早熟抗病品种相继引种推广，如‘夏黑’等。2002 年全省葡萄面积 14.4 万亩，葡萄产量 1.34×10^5 t，成为中国南方鲜食葡萄生产的排头兵。随后 10 年，葡萄产业走上快速发展通道，2011 年全省葡萄面积 37.5 万亩，葡萄产量 4.51×10^5 t；2014 年全省葡萄面积 54 万亩，葡萄产量 5.46×10^5 t，跻身江苏水果三甲之列。

5. 草莓

20 世纪 50 年代初，江苏的草莓栽培集中在当时的华东农业科学研究所、南京农学院实验农场、中山陵园及南京农场等地。至 50 年代末，栽培面积达 1 500 亩。1965~1974 年草莓生产栽培几乎停滞。70 年代后期至 90 年代初，草莓生产开始恢复与发展，1982 年全省草莓面积仅 105 亩，产量 68.1 t。1984 年江苏省农林厅牵头组成草莓优质高产保鲜包装协作组，随后草莓发展迅速，到 1990 年江苏省草莓面积达 12 600 亩，产量 3 780 t。此后由于鲜食市场、草莓汁和速冻草莓的需求增长，至 1997 年，全省草莓栽培面积 4.44 万亩，产量 5.2×10^4 t，形成了日光温室、塑料大棚、塑料小拱棚、露地栽培多种栽培方式并存的格局。脱毒草莓组培苗的栽培也具一定规模，草莓鲜果的供应也提前和延后到 12 月至翌年的 6 月。

20 世纪 90 年代中后期，连云港市是江苏省草莓生产规模最大的集中产地，1997 年草莓面积占全省草莓面积的 47.5%，产量占全省总产的 51.4%，主要集中于东海黄川镇及赣榆墩尚乡，以日光温室和露地栽培为主，其中日光温室约 1 万亩，占该产区草莓种植面积的 47.4%。镇江市 1997 年草莓面积占全省草莓面积的 14.6%，产量占全省总产的 19.3%，主要集中于句容，以露地栽培为主，也有一定面积的塑料大棚促成栽培和小拱棚半促成栽培。南通市 1997 年草莓面积占全省草莓面积的 13.5%，年产量占全省总产的 9.7%，该市草莓种植以露地栽培为主，辅以大棚和小拱棚。

2000 年以后，设施草莓迅速发展，先后涌现出东海、溧水、铜山、贾汪、邳州、海门、盐都、句容、溧阳、宜兴等 10 余个设施草莓重点县，露地栽培主要集中在如皋等地。2011 年全省草莓面积 23.7 万亩，其中日光温室、大棚设施栽培面积 19.1 万亩，产量 4.29×10^5 t。2014 年全省草莓面积 28.6 万亩，其中日光温室、大棚设施栽培面积 19.3 万亩，产量 4.3×10^5 t。

6. 枇杷

1950 年，江苏枇杷栽培面积 3 340 亩，产量 1 059 t。1960 年枇杷产量 2 380 t，居历年之冠。1979 年，枇杷面积 4 900 亩。20 世纪 80 年代，由于枇杷效益比柑橘明显低，加之数次冻害，面积不断减少，产量也急剧下降。1982 年全省成片枇杷栽培面积 4 140 亩，产量 1 260 t。1987 年为 3 090 亩，产量 833 t。90 年代后，枇杷价猛涨 10~20 倍，生产开始发展，到 1997 年全省栽培面积达 5 880 亩，产量达 3 770 t，均超过了历史最高水平。

2000 年以后，枇杷价格一路上涨，柑橘价格低迷，因此枇杷产业的春天来临。2011 年全省枇杷面积 21 585 亩，产量 8 164 t。2014 年全省枇杷面积 29 145 亩，产量 1.32×10^4 t，首次突破万吨大关。

7. 杨梅

1949 年以后，江苏杨梅生产很快得到恢复和发展。1950 年吴县栽培面积 2 700 亩，产量 3 665.5 t。1956 年吴县洞庭山杨梅面积 3 090 亩，产量 2 570 t，面积和产量均居洞庭山果树第 1 位。1965 年全省杨梅产量达 5 230 t，为历史最高。1967 年大旱，杨梅树死亡 50%，杨梅生产一时难以恢复。1977 年杨梅产量下降到 1 733.3 t，仅为历史最高产量的 33%。以后面积和产量均有所增加，到 1982 年，全省杨梅栽培面积 9 400 亩，产量 2 120 t，其中苏州市 9 180 亩，产量 2 095 t，分别占全省的 97% 和 99% 以上。1987 年全省杨梅面积 11 295 亩，产量 4 700 t。

20 世纪 90 年代，随着柑橘价格逐渐下滑，杨梅的经济效益迅速上升，杨梅栽培稳步发展。1990 年全省杨梅面积从 1989 年的 12 195 亩扩大到 23 400 亩，1996 年达到 31 695 亩。无锡发展迅速，1990 年无锡杨梅面积 11 895 亩，比 1989 年增长 3.7 倍，面积超过苏州，列全省第 1 位，此后每年以 1 500 亩的速度增长，到 1996 年达到 20 595 亩，占全省杨梅面积的 65%。1997 年全省杨梅面积调整到 30 600 亩，其中无锡市 19 500 亩、苏州市 10 700 亩、常州市 400 亩。杨梅产量 1990 年后与 20 世纪 80 年代后期没有多大变化，大小年现象十分明显，其中 1991 年、1993 年、1995 年为大年，产量 4 500 t 左右，而小年在 497~1 921 t 范围内。1997 年逢大年，产量为 4 470 t，其中苏州市 3 829 t、无锡市 616 t、常州市 25 t，仍未恢复到历史最高水平。

2000 年以后，随着观光采摘果园发展迅速，杨梅产业稳健发展，尤其是溧水石湫、溧阳曹山慢城等地发展成片杨梅。2011 年全省杨梅面积 44 880 亩，产量 8 209 t；2012 年面积 45 225 亩，产量 6 062 t；2013 年面积 46 455 亩，产量 9 997 t；2014 年面积 47 835 亩，产量 11 531 t，首次突破万吨大关。

五、果品采后处理与营销

（一）分级

1949 年前，果品大多不分级，以统货直接出售。

20 世纪 50 年代中期至 1982 年，分级标准因果品种类而不同，苹果、梨按品种和果实质量分

4 类，每类分 3 级，多采用对照标准果人工分级法，个别单位采用分级板分级。分级按每 500 g 果实个数作标准，梨一级 3 个、二级 4 个、三级 5 个；苹果大果型品种（如‘金帅’‘元帅’）一级 4 个、二级 5 个、三级 6 个，小果型品种（如‘国光’）一级 5 个、二级 6 个、三级 7 个（表 2–1）。

表 2–1 苹果、梨品种分类表

类别	苹果品种	梨品种
一	青香蕉、金帅、元帅、红星、印度	白酥梨、古安梨、鸭梨、茌梨
二	小国光、大国光、红玉、祝光、玉霰	巴梨、明月、菊水、栖霞大香水、青皮酥、鸭蛋青、博多青、茄梨
三	鸡冠、倭锦、大珊瑚	海棠酥、黄盖、平顶酥、谢花梨、蜜酥、明江、小窝梨
四	红奎、黄奎、白奎、旭、伏花皮、祥玉	青梨、鹅梨、灰江梨

1983 年果品市场放开以后，开始一度造成分级混乱，原有标准不再执行，新标准又没有出台，统货销售又有抬头。直到 20 世纪 80 年代末，随着市场对质量要求的提高，果品分级又逐步加强，1989 年国家颁布《鲜苹果》《鲜梨》标准，按果形、色泽、果梗、果面缺陷、果径分三个级别：优等品、一等品、二等品。其他果品仍参照老标准执行。

1993 年，丰县的徐州淮海水利路桥工程公司引进美国迪克公司苹果自动分级包装生产线，清洗、打蜡、烘干、电子显色分级等全过程均自动控制，每小时分级包装 5 t 苹果。1994 年 11 月，丰县大沙河果园红富士苹果集团公司又引进美国戴克公司分级分色包装自动生产线，效率同前，从而大大改进了江苏苹果的分级处理水平，为苹果批量出口提供了条件。

2001~2005 年，农业部颁布《鲜食葡萄》《无公害食品苹果》《无公害食品梨》《无公害食品落叶浆果类果品》《无公害食品落叶核果类食品》等行业标准，按果形、色泽、果梗、果面缺陷、果径将苹果、梨、葡萄、桃等主要果品分三个级别：优等品、一等品、二等品。2008 年国家修订颁布《鲜苹果》《鲜梨》标准，原有相关标准作废。江苏省果品分级从此按新标准执行。

（二）包装

20 世纪 50 年代，苏州洞庭山果品一般用篾筐包装，在装果时篾筐内加垫衬物，如桑叶、马尾松等。当地市场也有用小竹篓，上下垫纸。枇杷、杨梅运往苏州，用船散装，不包装。

20 世纪 60~80 年代，淮北果区苹果、梨大量投产，果品包装主要为紫穗槐条筐，少部分用蜡条筐，筐内衬垫蒲包或干草，每筐装果 25 kg 或 30 kg。也有单用蒲包包装的。果筐一般由当地编成，或该县土产公司采购，并根据要求，一般用纸先单果包装再装筐。20 世纪 80 年代，无锡水蜜桃运往香港已应用纸箱包装。

20 世纪 80 年代后期，普遍使用纸箱包装，每箱重量有 5 kg、10 kg、15 kg 等规格。内包装材料也迅速发展，苹果、梨、桃优质单果多用纸包或泡沫塑料网套，一般 2 层，中间用纸板隔开，上面加盖纸板。柑橘等小型果则不分层，有的用塑料袋单果包装。葡萄包装纸箱一般较小，不超过 5 kg，整穗散装。

小水果的包装多姿多彩，苏州枇杷、杨梅至今仍采用小竹篾篓或塑料小篓。猕猴桃大包装用纸箱，内多用纸板格成小格，每格装一果；小包装则用塑料盒，多数为透明盒。甜樱桃、草莓多用小型透明塑料盒包装。

2000 年以来，鲜果包装尤其出口水果包装有了较大进步，在包装设计上与国际接轨，各类不同档次果品专用包装箱、包装袋、包装纸逐步推广使用，并注册商标，部分产品包装上使用国家地理标志保护产品标识。外包装向设计精美、质地优良、款式多样发展，内包装向纸质、塑料袋、泡沫袋等多种形式发展；包装大小向小包装、个性化方向发展；包装材料丰富多样，瓦楞纸箱、聚苯乙烯泡沫箱、塑胶框成为主流，木箱、竹筐和藤条框等传统包装材料被淘汰。

近年来，果品网上销售与日俱增，外包装向耐压、耐运输、轻质化、小包装、款式多样发展，内包装向泡沫模板、泡沫袋、泡沫网套等多种形式发展。

（三）贮藏

20 世纪 70~80 年代，江苏省果品贮藏以简易贮藏（堆藏、地沟贮藏、地窖贮藏、窑洞贮藏及通风库贮藏等）为主。1974 年 5 月，江苏省首次果品贮藏科研协作座谈会在南京召开，会议介绍了全国苹果贮藏科研协作座谈会精神，总结省内果品贮藏经验，制订了全省果品贮藏科研协作计划。1983~1985 年，沛县、丰县研究和创建农村住房地下（半地下）式果品贮藏室。1985 年建窖 4 个，1986 年建窖 10 个，1987 年建窖 107 个，1988 年建窖 130 个。1997 年，徐州共建地下、半地下窖 2 051 个，贮果量 3.08×10^4 t，占当年果品总产量的 5.1%，并推广到淮阴、连云港、盐城等地区。

20 世纪 80 年代中期，在江苏省农林厅的扶持下，淮北果区一批重点国有果园分别建成 400~1 000 t 的冷库。1990 年后，邳县、滨海、东海和赣榆利用世界银行贷款建设项目又分别建成 800~1 000 t 的冷库。20 世纪 80 年代末到 90 年代初，一些果品重点乡镇及集体果园也兴建冷库。1997 年全省果树生产单位共建冷库 45 座，但由于果品仍以采后即销为主，故利用率普遍不高。

2008 年全省果品贮藏能力达 2×10^5 t，其中，简易贮藏 1.46×10^5 t，冷库贮藏 5.4×10^4 t。全省果品贮藏集中分布在徐州市，占全省果品贮藏总容量的 70% 以上，其中丰县果品贮藏能力达 1×10^5 t。贮藏品种主要是苹果、梨等大宗水果。

2011 年全省果品贮藏能力达 2.71×10^5 t，其中，简易贮藏 2.06×10^5 t，冷库贮藏 6.3×10^4 t。全省果品贮藏集中分布在徐州市，简易贮藏 1.35×10^5 t，冷库贮藏 1.8×10^4 t，分别占全省果品简易贮藏和冷库贮藏的 65.5% 和 28.6%，其中丰县果品贮藏能力达 8×10^4 t，贮藏品种主要是苹果、梨等大宗水果。连云港市简易贮藏 3.3×10^4 t，冷库贮藏 1.8×10^4 t，分别占全省果品简易贮藏和冷库贮藏的 12.2% 和 28.6%。

2013 年全省果品贮藏能力达 3.75×10^5 t，其中，简易贮藏 1.97×10^5 t，冷库贮藏 1.66×10^5 t，果品冷库贮藏能力显著增强，是 2011 年的 2.6 倍，其中，气调冷库贮藏 1.2×10^4 t。全省果品贮藏集中分布在徐州市，贮藏能力 2.41×10^5 t，冷库贮藏 1.19×10^5 t，分别占全省果品贮藏能力和冷库贮藏的 64.3% 和 71.7%。连云港市贮藏能力 5.7×10^4 t，冷库贮藏 2×10^4 t，分别占全省果品贮藏能力和冷库贮藏的 15.2% 和 12.0%。

（四）加工与出口

苏式蜜饯历史悠久，闻名遐迩，与广（东）、潮（州）、福（建）并称中国蜜饯四大派系。蜜饯产品主要分为两大类，即蜜饯果料类（如青黄丁、红绿丝、桂花糖等 20 余种）和蜜饯食品类（如金橘饼等 70 多种）。苏式蜜饯传统产品有蜜枣、金丝蜜枣、糖渍青梅、苏橘饼、糖佛手、话梅、清水甘草、梅皮、山楂糕、玫瑰酱、丁香橄榄、九制陈皮、白糖杨梅干等。20 世纪 80 年代苏式蜜饯有 18 个产品先后获国优、部优、省优称号，1982 年产量达 2 566 t。1987 年仅吴县就有花果蜜饯生产企业 18 家，其中县办 2 家、乡办 7 家、村办 9 家，职工 1 733 人，产值 3 293.3 万元，产量达 4 731 t，行销 20 多个省市，并销往日本、美国、德国等地。

宿迁、徐州等地的山楂糕、果脯也有悠久历史，其中宿迁水晶山楂久负盛誉，1959 年在全国果品加工会上被评为第一名，1983 年被命名为江苏省优秀传统食品。1981~1988 年，赣榆、铜山、宿迁、金湖等地又相继兴建了一批山楂加工厂，生产山楂果茶、山楂条、山楂糕、山楂片等系列产品，但因市场容量有限，产品质量不高，销路不畅，后大部分加工企业相继停产。

1967 年宿迁葡萄酒厂开始以当地酿酒品种‘宿晓红’为原料进行酿造葡萄酒，1971 年该厂生产的“马陵山”牌红葡萄酒与洋河、双沟、丹阳封缸酒一起被评为“江苏四大名酒”。

20 世纪 70 年代末至 80 年代，丰县大沙河果园、泗阳果园、高邮果园、兴化果园、连云港朝阳园艺场等一批果园陆续兴办罐头厂，其中大沙河果园兴建的丰县罐头食品厂年生产能力达 4 000 t，生产各类水果罐头、蜜饯 20 个品种，其中巴梨、黄桃罐头年年出口，1983 年生产各类罐头产品 880 t。同期，许多国有果园如徐州市果园、溧水果园、泗阳果园、宿迁果园等，陆续兴办果酒厂，到 80 年代后多因经营不善，酒质量不过关而关停。80 年代末 90 年代初，混浊果汁生产掀起一个小高潮，铜山县汉王果茶厂生产的山楂果茶、丰县宋楼东亚思耐特红富士果茶厂生产的红富士果茶均在市场产生较大影响，但仅三四年时间，果茶又萎缩下来。

20 世纪 80 年代末至 90 年代，无花果生产发展迅速，如东、泗洪、高邮、江都、金坛、丰县相继兴办了无花果食品加工厂，主要生产果脯、果酱、果干等，少量出口日本。

20 世纪 80 年代末，宜兴与日方合作兴建了张渚、茗岭等 3 家青梅加工厂，生产的盐渍梅等产品主要出口日本。1996 年宜兴有青梅加工企业 12 家，加工量 1 600 t。1989 年溧水县兴建果品加工厂，后投资 500 多万元扩建为南京梅王食品有限公司，生产能力 1 000 t，产品有脆梅、话梅等 8 个系列，1997 年产量 430 t，其中出口日本盐渍梅 120 t。老梅区吴县 20 世纪 90 年代中期青梅加工厂家达 23 家，如金庭盐渍梅厂、石公花果加工厂、东山食品总厂、吴县花果加工厂等，常年出口日本盐渍梅、梅坯等产品 2 000 t 左右。

1988 年开始，利用世界银行贷款兴建了东海果汁厂和赣榆果品加工总厂，其中东海果汁厂 1992 年 8 月正式投产，主要产品有苹果汁、葡萄汁、桃汁、草莓汁及速冻栗仁、速冻草莓等，1996 年生产各类果汁 1 500 t，实现销售额 1 800 万元。

2000 年以后，以浓缩果汁、鲜榨果汁、罐头、蜜饯、果干、果醋、果酒为主的集约化、规模化、产业化的大型果品加工出口企业得到空前发展，至 2008 年全省大型果品加工出口企业达 28 家，与 2000 年相比翻了两番。2002 年丰县成立徐州安德利果蔬汁有限公司，注册资金 1 000 万美元，投资总额约 3 亿元，主导产品为浓缩果汁、梨汁，产品 60% 出口美国、欧盟、俄罗斯、日本、韩国等国际市场，与多家国际知名饮料公司签订了供货合同，2008 年浓缩果汁加工能力达 3.75×10^4 t，实现销售收入 1.4 亿元，实现利税 1 100 多万元，自 2005 年以来为江苏省农业产业化重点龙头企业。

2008 年，全省果品加工总量 1.5×10^5 t，占全省果品生产总量的 6.0%，全省果品出口总量 1.27×10^5 t，出口创汇额 1.18 亿美元。江苏省果品加工出口企业有徐州安德利果蔬汁有限公司、徐州大丰食品有限公司、宿迁市罐头食品有限公司、江苏东海果汁有限公司、连云港爱康食品有限公司、苏州西山果品加工厂、南京新得力食品有限公司等。多数果品加工出口企业已制定与国际接轨的果品加工制品的优质化质量标准和安全卫生标准，从机器设备到生产工艺都能达到世界先进水平，多数企业通过了 ISO 9001 质量标准管理体系、ISO 22000 食品安全管理体系、ISO 14001 环境管理体系、药品生产质量管理规范（GMP）、HACCP、欧洲国际果汁工业保护协会（SGF）、英国零售商协会（BRC）及犹太（KOSHER）认证等。主要出口产品有浓缩果汁、黄桃罐头、速冻果品、银杏生化制品、盐渍梅、无花果蜜饯、果酒等。其中，浓缩果汁、黄桃罐头、速冻草莓、盐渍梅等产品占主导地位，出口国包括美国、日本、东南亚、欧盟等地。

2011 年，全省果品加工总量 1.92×10^5 t，占全省果品生产总量的 7.2%；全省果品出口总量 1.19×10^5 t，出口创汇额 1.13 亿美元。全省大型果品加工出口企业达 36 家，全省果品加工出口企业“十强”为连云港天乐食品有限公司、连云港爱康食品有限公司、徐州安德利果蔬汁有限公司、徐州大丰食品有限公司、徐州林家铺子食品有限公司、江苏百事美特食品有限公司、江苏越秀食品有限公司、南京新得力食品有限公司、宿迁市罐头食品有限公司、邳州绿之宝银杏有限公司，主要出口产品有黄桃罐头、果汁、速冻果品、银杏制品、黑莓制品等。

2013 年，全省果品加工总量 2.45×10^5 t，其中罐头 1.41×10^5 t，果汁 8.6×10^4 t，果酒 5 000 t，蜜饯及其他 2.1×10^4 t。加工总量占全省果品生产总量的 8.1%，全省果品出口总量 1.08×10^5 t，出口创汇额 1.06 亿美元。

（五）市场营销和品牌创建

1949 年前后，江苏果品多以当地销售为主，集中果产区则有商贩运销附近大中城市，如无锡水蜜桃，苏州枇杷、杨梅和早红橘，以车船运销上海、苏州等地，也有加工企业到产区设点收购，基本属于自产自销。

20世纪50年代中期至60年代中期，农村实现生产合作化，果品收购工作移交各级供销合作社，由合作社收购苹果、梨、柑橘、桃等大宗水果。

20世纪60年代后期至70年代后期，由省供销社和省物价局共同制定价格和分配计划，县供销社土产公司提出分级包装的具体要求，果品生产单位按此执行，双方在装车前验收，发往相关城市供销社土产公司或果品公司。当时规定苹果和梨的一、二类品种生产单位不准自行销售，曾发生1967年东海县牛山果园数万吨梨在国庆前留树待销，不得已请求县政府向外省求援，最后销往江西、浙江等省。葡萄则由附近的葡萄酒厂按国家统一制定的品种滴定糖度计价。

1978年，省供销社土产公司制定印发了《江苏省苹果、梨子验收交接试行办法》，明确了产区收购单位、果品等级标准、抽验比例及处理办法、交货地点、交接时间及运输等。1980年，省政府批转省供销社关于对三类农产品（包括果品）开展议购议销的报告，实行计划收购和代购经销相结合并实行价格浮动。1981年，实行国家收购和自销相结合的政策，果品销售逐步由计划经营向自主营销过渡。1982年，全省果品购销放开，价格随行就市，实行多渠道经营。随后几年涌现出一批果品运销经营专业户、果品公司，果品销售繁荣。果品不仅销往苏南及上海，而且扩大到东北、浙江、福建、江西、湖南等地的大中城市，价格逐步上升。

20世纪90年代以后，果品市场竞争日趋激烈，逐步由卖方市场向买方市场转变，由数量型经营向质量型转变，价格档次逐步拉开，部分低劣果品难卖。丰县等重点果区建立了果品信息网，和全国果品信息网联网，及时提供和发布网内各地果品市场信息，指导本地果品销售，县乡两级还成立果品营销公司或果品产销协会，会员达1万多人，制定果品销售的奖励政策，在全国近百个大中城市建立直销店、联销店和业务联系点100多处，重点建设了大沙河和华山两个果品交易批发市场。

2000年以后，果品营销模式日新月异，一批专业的果品营销公司、果业协会、农民合作社、果品流通协会应运而生。初步建立起集约化、规模化、组织化的现代新型果品营销体系，一定程度上颠覆了果农的传统营销理念，强化了果农的品牌、质量、市场意识。2014年全省共有各类果品批发市场100多个，南京市果品中心批发市场、徐州市七里沟农副产品批发市场、常州市凌家塘农副产品批发市场等成为全省大型果品交易中心。

江苏果品营销渠道在沿袭传统渠道模式的基础上，进行分销渠道的创新和特色渠道的构建。首先，在大中城市建立果品物流配送中心，实现销售平台功能及信息传递功能，缩短渠道长度，加强与当地分销商及消费者的联系。其次，开展网络营销，通过网络信息系统扩大果品交易的范围，节约交易成本，建立客户关系网络。再次，建立江苏名特优水果连锁专卖商店，销售鲜果及各类加工制品，采用直接渠道提高流通效率，宣传推介江苏水果品牌形象，收集调研江苏果品的市场需求信息。最后，通过特殊人群供应、预约预订销售、定量销售、拍卖等方式，构建果品营销差异化战略。

江苏果品营销方式与手段不断创新。一方面，通过大力发展休闲观光农业、生态农业、主题农业、创意农业等，实现水果产业与旅游业的结合，在观光旅游、休闲体验过程中促进水果消费。另一方面，通过举办各类特色水果节庆、新闻发布会、品尝会、展示展销会及以水果为主题的特色文化活动等开展果品促销，提高水果知名度，倡导新的消费观念，引导水果消费。1990年以来，丰县每年举办红富士苹果节。全省著名果品节庆活动还有无锡国际桃花节、新沂桃花节、江阴璜土葡萄节、东海草莓节、句容葡萄节、溧水草莓节、丰县梨花节等。

1990年以来，江苏水果品牌创建步伐加快。一方面，农户及生产加工出口企业的品牌意识强化；另一方面，水果品牌认证制度得以推行，水果质量标准体系不断规范；最后，品牌主题策略灵活采用，遵循强势主导原则，区域品牌、企业品牌和零售商品牌共同发展。为培育品牌，引导社会消费，2002年以来江苏省农林厅举办了8届"神园杯"优质水果评比，共评出金奖428个，银奖422个；2006年和2008年还进行了江苏省"十大水果品牌"评选，"阳山"水蜜桃、"大沙河"苹果、"神园"葡萄、"徐沙河"梨、"碧螺"枇杷、"继生"葡萄、"奇园"葡萄、"双虹"葡萄、"江心雨露"葡萄、"绿指"梨获得2006年首届江苏省"十大水果品牌"。"阳山"水蜜桃、"大沙河"红富士苹果、"神园"葡萄、"傅家边"有机果品、"碧螺"枇杷和杨梅、"太湖绿"枇杷、"母亲缘"葡萄和草莓、"华庄"湖畔葡萄、"蜜湖"梨、"尧南"葡萄获得2008年第二届江苏省"十大水果品牌"。2006年，"阳山"水蜜桃获得中国名牌农产品称号。获得江苏名牌农产品称号的果品有：2007年，"东疆乐"梨、"马山"杨梅；2008年，"神园"葡萄、"璜土"葡萄、"傅家边"梨、"三舒"草莓、"钟吾"桃；2009年，"富子"葡萄、"笑甜"葡萄、"康植园"猕猴桃；2010年，"江心雨露"葡萄、"母亲缘"葡萄、"秋月"梨、"谢湖"大樱桃、"万山红遍"草莓和葡萄；2011年，"益群"果蔬、"帅一"果品、"大洞山"石榴、"柏生"草莓；2012年，"滁河湾"葡萄、"老方"葡萄、"海农"葡萄、"东农明珠"梨、"南之缘"梨、"公主笑"草莓、"蓝宝宝"蓝莓。2013年后，江苏名牌农产品评比工作终止。

六、产品认证和质量安全控制

1994年首次开展绿色食品认证，到2008年全省有231个果品获得绿色食品认证，19个果品加工品获得绿色食品认证。还有少量果品通过有机栽培转换获得有机认证。据统计，2013~2014年江苏绿色食品共发证1 535个，其中果品及其加工品304个，占比19.8%。

2002年江苏省农林厅颁布实施《江苏省无公害农产品产地认定管理办法》以来，到2008年全省共有260个果品产地通过无公害基地认证，总面积72.5万亩，308个果品获得无公害产品认证。2013年江苏省有488个果品获得无公害产品认证，占江苏无公害产品认证总数（5 876个）的8.3%。2014年江苏省有231个果品获得无公害产品认证，占江苏无公害产品认证总数（3 857个）的6.0%。

2000年以来，果品质量安全日益受到重视。国家和农业部门加强对农产品质量安全和农业投入品的监管，相继出台法规文件禁止使用一批高毒、高残留农药，规定常规使用农药的安全间隔期，加大了对伪劣农业投入品的打假执法力度，制定一批果品标准和生产技术规程，全省建立了一批标准化水果生产示范基地，严格四项管理制度要求。一是农药化肥管理制度：购买、存放、使用及包装容器回收处理，实行专人负责，实行生产资料统购统供，建立进出库档案。二是生产档案记录制度：统一印发生产档案本，完整记录生产管理包括使用的农业投入品的名称、来源、用法、用量和使用日期，病虫草害、生理性障碍及重要农业灾害发生与防控情况，主要管理技术措施，产品收获日期等，档案记录保存 2 年以上。三是产品检测与准出制度：配备必要的常规品质检查设备和农药残留速测设备，对果实可溶性固形物含量和农药残留进行抽样检测，检测不合格的产品一律不得上市销售，销售的产品要有产地准出证明。四是质量追溯制度：对标准园内生产者和产品进行统一编码，统一包装和标识，有条件的应用信息化手段实现产品质量查询。有条件的地区，需要记载果树营养诊断数据和施肥及矫正方案，确保从生产源头上控制果品产量质量。

在 2014 年和 2015 年农业部水果产品农残监测中，江苏水果合格率达到 100%。

七、标准果园建设

2009 年 7 月 7 日，全国标准果园创建活动在湖北宜昌正式启动，农业部将在全国创建 300 个标准果园，创建要求推进水果产业标准化建设，标准果园商品果率达到 95% 以上，优质果率达 80% 以上。通过加强标准果园建设，集成新品种、新技术和新模式，培育果品品牌，壮大专业合作组织，创新运行机制，逐步实现生产标准化、管理集约化、产品优质化、经营产业化、销售品牌化，切实转变发展方式，带动我国水果产业全面发展。

2010 年农业部办公厅印发农业部园艺作物标准园创建规范（农办农〔2010〕61 号文），该规范既是标准园创建工作的规范，也是统一验收的标准，包括园地、栽培管理、采后处理、产品、质量管理、其他工作等 6 个方面 27 条要求。

经江苏省农业委员会推荐上报和农业部验收，无锡阳山水蜜桃有限公司 5 000 亩桃标准园、张家港市佳园农业科技有限公司 1 100 亩桃标准园、常州市雪堰水蜜桃专业合作社 1 000 亩桃标准园、睢宁县金利果业合作社 1 500 亩梨标准园、海安县秋月果业合作社 1 200 梨标准园获得“全国标准果园”称号。

2010 年江苏省农业委员会提出 2010~2015 年在全省建 100 个标准果园，标准园建设达到“六个百分百”，即 100% 生产资料统购统供、100% 种苗统育统供、100% 病虫害统防统治、100% 果品商品化处理、100% 果品品牌化销售、100% 符合食品安全国家标准。截至 2014 年底，全省累计建立标准果园 127 家，全面完成了建设目标任务，大力提升了江苏水果生产的标准化水平。

（本章编写人员：王业遴、吴绍锦、陆爱华）

主要参考文献

[1]江苏省地方志编纂委员会.江苏省志·农林志[M].南京:江苏凤凰科学技术出版社,2016.

[2]江苏省绿化委员会办公室.江苏古树名木[M].北京:中国林业出版社,2013.

[3]江苏省地方志编纂委员会.江苏省志·园艺志[M].南京:江苏古籍出版社,2003.

[4]盛炳成.黄河故道地区果树综论[M].北京:中国农业出版社,2008.

[5]左大勋,汪嘉熙,张宇和.江苏果树综论[M].上海:上海科学技术出版社,1964.

[6]陆爱华.江苏省优质水果产业发展规划[J].果农之友,2003,(12):7-9.

[7]周军,陆爱华,陶建敏,等.葡萄优质高效栽培实用技术[M].南京:江苏凤凰科学技术出版社,2015.

[8]陆爱华,周军,赵密珍,等.草莓优质高效栽培技术[M].南京:江苏凤凰科学技术出版社,2016.

第三章　果树生产现状及发展方向

/ 果树生产现状及特点 / 果树区域特色
/ 果树产业发展方向

“十二五”时期，江苏省推进高效农业规模化、丘陵山区综合开发、标准果园示范创建、园艺“三品”提升行动计划，为江苏果树业可持续发展拓展了新的空间，全省果树产业围绕优化品种结构、提高质量安全、提高品牌效益、提高出口创汇能力，加快标准果园建设，大力培育和创建品牌，突破果品加工，发展壮大龙头企业、行业协会和农民合作经济组织，推进产业化进程，各项工作取得新的进展。随着现代农业进程的快速推进和农业结构的多轮调整，在国际、国内两个市场的冲击中，江苏果树产业转型升级和供给侧改革迈出坚实步伐。

第一节　果树生产现状及特点

一、生产现状

2015 年，全省果树面积约 416.5 万亩，其中苹果约 46.7 万亩、梨约 59.0 万亩、桃约 68.0 万亩、葡萄约 56.6 万亩、草莓约 27.4 万亩、银杏约 78.8 万亩、板栗约 22.0 万亩、石榴约 8.2 万亩、柿约 8.0 万亩、柑橘约 3.9 万亩、杨梅约 4.9 万亩、枇杷约 3.3 万亩、樱桃约 2.7 万亩、猕猴桃约 2.2 万亩、蓝莓约 3.4 万亩（表 3–1）。设施水果发展迅速，其中大棚、日光温室、避雨栽培及棚架栽培等设施水果面积达 64.8 万亩。全省果品总产量约 3.45×10^6 t，人均占有量约达 43.8 kg，总产值约 190.4 亿元，亩均产值约 4 576.9 元。全省果品贮藏能力 4.32×10^5 t，其中冷藏能力 1.72×10^5 t，气调贮藏 1.3×10^4 t。全省果品加工能力 1.98×10^5 t，其中罐头 1.53×10^5 t，果汁 3.5×10^4 t，蜜饯 2.0×10^4 t，果酒 6 000 t。全省果品及其加工制品出口企业 44 家，出口总量 1.14×10^5 t，出口额 1.11 亿美元。

表 3-1　2015 年江苏省果树生产情况统计表

种类	栽培面积 / 亩					总产量 / t	总产值 / 万元
	总面积	露地栽培面积	比上年增减	设施栽培面积	比上年增减		
苹果	467 217.4	464 105.4	−2 305.2	3 112	1 202	584 710.5	166 088.08
梨	589 812.9	550 993.5	3 613.3	38 819.4	15 556.1	771 126.9	275 515
桃	679 553.1	608 368.1	30 485.6	71 185	10 680	611 675.5	322 869.89
葡萄	565 532.4	284 971.7	12 423.7	280 560.7	13 557.8	604 688.5	470 674.97
梅	16 145	16 145	874.3	0	0	3 788	1 350
李	8 900	8 300	−904.2	600	−13	4 575.8	3 307.22
杏	24 334	22 204	344.9	2 130	1 130	12 434	4 660.35
樱桃	26 527.9	25 237.4	−2 665	1 290.5	156	4 024.6	9 661.28
柿	80 430.6	80 170.6	1 234.7	260	260	118 364.9	24 532.45
猕猴桃	21 630.6	15 259.6	2 240.1	6 371	1 931.5	7 829.5	8 306.3
草莓	273 602.6	37 869.1	−55 596.6	235 733.5	42 792.1	469 413.5	436 735.51
黑莓	21 739.7	20 029.7	−1 681.3	1 710	−283.7	20 028.6	4 943.3
石榴	82 480	82 402	22 905.4	78	76	28 430.9	11 131.2
柑橘	39 025	38 975	−2 122.9	50	50	36 418.7	8 806.8
杨梅	49 380.1	49 300.1	1 538.5	80	0	12 932.5	21 796.76
枇杷	32 808.1	32 808.1	3 959.4	0	−300	8 644.1	21 702.42
板栗	220 178	219 880	−7 013.3	298	298	21 682.6	16 714.4
银杏	788 429.7	788 429.7	−87 040.5	0	−185	46 895.4	20 627.41
山楂	7 662	7 542	−11 575.1	120	120	6 035.2	2 098.68
无花果	5 427.1	5 427.1	1 453.7	0	−90	3 685.6	3 952.2
核桃	35 539	35 539	5 695.1	0	0	8 625.7	4 904.95
蓝莓	34 385	31 195	4 563	3 190	−433	11 507.6	23 282.5
其他	94 558.8	92 640.4	6 786.9	1 918.4	893.4	53 243	40 088.27
合计	4 165 299.0	3 517 792.5	−72 785.5	647 506.5	87 398.2	3 450 761.6	1 903 749.94

二、特点

2015 年，江苏水果产业在国内各省（自治区、直辖市）排名第 14 位，江苏人均果品占有量 43.8 kg，全国人均果品占有量达 125 kg，仅为全国的 1/3，而江苏实际人均果品消费水平要高于全国平均水平。因此，外省及国外调进水果占江苏消费水果的 2/3 以上，调进水果以苹果、梨、柑橘、香蕉、芒果、龙眼为主。而调出水果及加工品以黄桃罐头、速冻草莓、苹果汁出口为主，少量葡萄、草莓、梨、枇杷等鲜果销往上海等大城市。近年来果品网上热销，发展势头很猛，江苏地产品牌水果如桃、梨、苹果、葡萄、枇杷、蓝莓等精品包装后，网上销往全国各地。分析江苏果树产销形势，有如下特点：

一是应时鲜果快速发展。葡萄、草莓、桃、枇杷、杨梅等应时鲜果，因受国内及国际市场冲击较小，地域优势明显，效益提升快，发展快。2015 年江苏草莓平均亩产值 15 961 元，葡萄 8 323 元，枇杷 6 616 元，桃 4 757 元。

二是设施水果发展迅速。2015 年设施草莓 23.6 万亩、避雨等设施葡萄 28.1 万亩、设施桃 7.1 万亩、棚架梨 3.9 万亩。设施水果面积达 64.8 万亩，设施水果平均亩产值达 15 000 元。

三是大宗水果调整提高。苹果、柑橘、梨受国内及国际市场冲击较大，效益提升缓慢，面积逐步调整，发展滞缓。苹果面积从 20 世纪 90 年代的 130 多万亩调整到 2015 年的 46.7 万亩。2015 年苹果平均亩产值 3 554 元，柑橘 2 256 元，梨 4 669 元。

四是地方特色果品供不应求。2015 年江苏枇杷面积 3.3 万亩，猕猴桃面积 2.2 万亩，樱桃面积 2.7 万亩，杨梅面积 4.9 万亩，甜柿面积 1.2 万亩，蓝莓面积 3.4 万亩。特色果品总量少，价格高涨。

五是加工果品成为出口主力。黄桃罐头、速冻草莓、果汁成为出口主力品种，而黑莓、青梅加工品出口不稳定，给生产带来很大冲击。2015 年江苏黑莓平均亩产值 2 274 元，青梅 836 元。

六是干果持续低迷。银杏、板栗效益滑至低谷，产业萎靡。2015 年江苏银杏平均亩产值仅 262 元，板栗 759 元。

第二节　果树区域特色

一、苏北产区

2015 年，苏北五市徐州、连云港、盐城、淮安、宿迁果树总面积达 254.4 万亩，占全省果树总面积的 61.1%；五市果品总产量 2.416×10^6 t，占全省的 70.0%。

（一）徐州

2015 年，徐州市果树总面积 149.7 万亩，果品总产量 1.272×10^6 t，总产值 48.2 亿元。为江苏重要果品生产基地，2015 年总面积占江苏果树面积的 35.9%，总产量占江苏果品总产量的 36.9%。特色果品包括丰县苹果、新沂桃、睢宁梨、邳州银杏、铜山贾汪石榴等。

（二）连云港

2015 年，连云港市果树总面积 36.3 万亩，果品总产量 2.92×10^5 t，总产值 14.2 亿元。为江苏重要果品出口基地，2015 年出口果品及其加工品 4.1×10^4 t，创汇 3 430 万美元。特色果品包括东海草莓、东海板栗、赣榆蓝莓、赣榆大樱桃等。大樱桃面积 1.9 万亩，占全省樱桃面积的 71.6%；蓝莓面积 1.4 万亩，占全省蓝莓面积的 40.7%。

（三）盐城

2015 年，盐城市果树总面积 40.5 万亩，果品总产量 5.28×10^5 t，总产值 17.4 亿元。为江苏重要的梨、柿、银杏、草莓生产基地，特色果品包括射阳梨、大丰梨、东台柿等。

（四）淮安

2015 年，淮安市果树总面积 13.6 万亩，果品总产量 1.34×10^5 t，总产值 11.6 亿元。特色果品包括涟水葡萄、淮阴吴城冬枣等。

（五）宿迁

2015 年，宿迁市果树总面积 16 万亩，果品总产量 1.9×10^5 t，总产值 9 亿元。特色果品包括泗洪大枣等，近年来泗阳桃、沭阳葡萄发展迅速。

二、苏中产区

2015 年，苏中三市（南通、扬州、泰州）果树总面积达 67.2 万亩，占全省果树总面积的 16.1%。三市果品总产量 3.08×10^5 t，占全省的 8.9%。

（一）南通

2015 年，南通市果树总面积 17.7 万亩，果品总产量 1.78×10^5 t，总产值 14.2 亿元。特色果品包括如皋草莓、海门葡萄和草莓、海安小方柿等。

（二）泰州

2015 年，泰州市果树总面积 39.0 万亩，果品总产量 7.8×10^4 t，总产值 5.2 亿元。特色果品包括泰兴白果、葡萄等，银杏面积 33.0 万亩，占全省的 42.0%，其中泰兴市白果面积达 26.5 万亩。

（三）扬州

2015 年，扬州市果树总面积 6.5 万亩，果品总产量 5.2×10^4 t，总产值 4.6 亿元。特色果品包括高邮梨、江都猕猴桃等。

三、苏南产区

2015 年，苏南五市（南京、镇江、常州、无锡、苏州）果树总面积达 97.2 万亩，占全省果树总面积的 23.3%。五市果品总产量 7.27×10^5 t，占全省的 21.1%。

（一）南京

2015年，南京市果树总面积20.4万亩，果品总产量1.57×10^5 t，总产值16.1亿元。特色果品包括溧水“五莓”（草莓、蓝莓、黑莓、青梅、杨梅）。近年来浦口葡萄、六合桃和猕猴桃发展迅速。

（二）镇江

2015年，镇江市果树总面积16.6万亩，果品总产量1.67×10^5 t，总产值15.0亿元。特色果品包括句容葡萄、草莓等，句容市葡萄面积达4.0万亩。

（三）常州

2015年，常州市果树总面积18.3万亩，果品总产量1.29×10^5 t，总产值9.3亿元。特色果品包括武进水蜜桃、葡萄等。近年来金坛葡萄、溧阳杨梅发展迅速。

（四）无锡

2015年，无锡市果树总面积24.7万亩，果品总产量1.7×10^5 t，总产值14.9亿元。特色果品包括无锡阳山水蜜桃、马山杨梅、江阴葡萄等。其中惠山区水蜜桃面积3.2万亩，产量3.0×10^4 t，总产值3.1亿元。

（五）苏州

2015年，苏州市果树总面积17.2万亩，果品总产量1.04×10^5 t，总产值10.7亿元。特色果品包括吴中枇杷、吴中杨梅、张家港葡萄等。近年来昆山巴城葡萄、甜柿发展迅速。

第三节　果树产业发展方向

一、核心竞争力

（一）资源技术优势

江苏地处南北果树交界地带，果树品种资源十分丰富，虽然大宗水果苹果、柑橘处于次适宜地区，但发展名、特、优、新、稀高档应时鲜果的条件十分优越。省内果树科研教学技术力量强大，相继建立国家桃、草莓、杨梅、梅种质资源圃及良种中心。

（二）市场区位优势

江苏地处长江三角洲经济区，大中城市密集，对高档优质水果的消费需求十分巨大。巨大的市场空间为江苏省优质水果的发展提供了市场区位优势。

（三）价格竞争优势

果树业属于典型的劳动密集型产业。江苏有条件利用淮北的劳动力优势和资源优势，大力发展优质水果主导产业及果品贮藏深加工，培育龙头企业，把果树产业发展成现代化外向型的高效绿色产业。

二、发展趋势

江苏果树产业在转型升级、供给侧改革和发展现代果业进程中，将体现四大发展趋势。

一是区域化。根据因地制宜、适地适树的原则，优化资源配置，将优良树种和品种向最适宜的地区集中，形成优势生产布局和规模化生产，完成优质水果的优势布局规划，逐步克服生产布局的小而全格局。

二是“三品”化。品种改良、品质改进、品牌创建，在果品优质安全的基础上进一步扩大品牌优势，推进标准化生产和超市连锁、网络销售及进出口贸易。

三是时令化。果品产销矛盾的焦点之一是果品生产明显的季节性与果品消费的相对均衡性。发展设施水果反季节生产，时令鲜果周年供应成为消费的最大热点。

四是产业化。注重解决好种植规模小而分散、组织化程度低、经营管理水平落后、机械化集约化水平低、加工贮藏能力不足等薄弱环节，加快现代标准果园建设，提升果园机械化水平和果品加工能力，加强果品贮藏保鲜、包装运输、品牌发展、龙头企业发展及市场建设配套措施等。

三、关注重点

（一）高档应时鲜果

充分挖掘江苏地域和市场的优势，重点关注高档优质桃、长江枇杷、东陇海线大樱桃、沿太湖杨梅观光采摘。

（二）设施水果

重点关注设施草莓、避雨设施葡萄、设施应时鲜果和棚架梨。

（三）地方特色果品

充分挖掘江苏特色地方品牌果品潜力，优化品种，提高品质，提升品牌，做大做优做强一批江苏特色果品。重点关注无锡水蜜桃、苏州洞庭枇杷、黄川草莓、云兔草莓、马山杨梅、杨氏猕猴桃、谢湖大樱桃、昆山甜柿、赣榆蓝莓、泗洪大枣等一批江苏地方特色名牌水果。

（四）特色加工果品

重点关注淮北黄桃罐头、沿海速冻草莓等加工出口产品。重点开发果汁、果酒、果品酵素、果干、胶囊等特色加工果品和生物保健制品。研究开发干果银杏、板栗、薄壳山核桃系列加工制品。

（五）现代果业

重点围绕现代标准果园建设、果园机械化、水肥一体化、技术标准化、观光采摘化，加强果品加工、贮藏、保鲜、包装、运输、品牌、龙头企业发展。

四、措施要点

以提高国内外市场竞争力为核心，大力推进“三品”提升行动计划，优化结构，强化标准，提高质量，提高效益，提高出口创汇能力。积极发展应时鲜果，提升大宗水果发展水平，发展现代生态标准果园，实施老果园更新改造，拓展果园生态观光功能。重点围绕现代标准果园建设、推进技术标准化、果园机械化、水肥一体化、观光采摘化发展；加强果树资源圃、良种中心建设及地方品种保护；实施品牌战略，树立品牌，扩大宣传，打造一批拳头产品、特色产品和加工出口产品；强化产后处理，突破贮藏加工的关键技术，大力培育壮大龙头企业和合作经济组织，全面提升优质水果主导产业化水平。

（一）优化区域布局，大力推进现代标准果园建设

按照规模化种植、标准化生产、商品化处理、品牌化销售、产业化经营要求，建设好标准果园，要提升果园机械化、水肥一体化、技术标准化、观光采摘化水平。突破果品产后商品化处理，重点发展果品加工龙头企业。依托深加工企业建立专用加工水果基地，扩大果品的加工出口。完善提高果品批发市场、果品超市和果品配送中心，促进果品流通和销售。

（二）优化结构，大力推进“三品”提升行动计划

以品种改良、品质改进、品牌创建为重点，依靠科技进步，加大投入力度，创新服务机制，培育新型经营主体，深入实施优势区域规划，建设一批良种苗木繁育基地，打造一批精品果园，培育一批竞争力强的知名品牌。

（三）优化市场平台，构建现代化信息化服务体系

强化营销推介，打造优质水果大品牌。大品牌才能成就大产业，进一步实施品牌战略，打造一批江苏水果业拳头产品和知名品牌。积极举办和参加优质水果的展示和展销、推介等节庆活动，对内聚焦人气、对外招商引资，打造精致“名片”。

加快推进“互联网 +”，构建现代信息化服务体系。实现现代果业和互联网、物联网的融合。

依托科技创新，构建先进技术支撑服务体系。逐步建立国家级和省级果树良种中心，构建果树良繁体系，为全省优质水果业提供良种苗木装备。

拓展现代果园休闲观光功能，建设一批主题型和田园风光型观光果园。

（本章编写人员：陆爱华）

第四章　果树区划

/ 淮北落叶果树区 / 长江下游落叶果树区

/ 沿海落叶果树区 / 太湖沿岸常绿果树与落叶果树混交区

江苏省果树区划最早是由中国科学院南京中山植物园在1954~1958年果树调查研究和1961年果区考察的基础上提出的。1962年,将全省划分为6个果区。1963年在江苏省农业区划委员会领导下,由中国农业科学院江苏分院、南京植物研究所、南京农学院和苏北农学院通过调查,完成了果树区划第一稿。1978年又在江苏省农业区划委员会的统一部署下,历时2年,组织了系统调查,对区划报告进行了修改,并开展了市、县级果树区划。1982年,由江苏省农业科学院主持,对全省果树区划报告进行了重大修改,编制了《江苏省果树区划报告》,同时分别完成了太湖沿岸丘陵常绿果树区、长江下游落叶果树区、徐淮北方落叶果树区3个分区区划和徐州、淮阴、宁镇扬丘陵区3个二级区划。

1981~1985年由江苏省农林厅牵头,组织全省果树科研单位、农业院校和各级生产主管部门开展了全省果树资源普查,到1993年,完成了《江苏省果树资源调查报告》和《江苏省果树志》的汇编,并通过了省级鉴定,其中对果树区划再次进行了重大修改,将江苏省果树分为4大区2个亚区。

第一节 淮北落叶果树区

该区包括淮河及苏北灌溉总渠以北的徐州、宿迁、连云港市的全部，淮安市的大部（金湖、盱眙县除外），盐城市的响水、滨海、阜宁县。1997 年果树面积 165 万亩，果品产量 9.09×10^5 t，分别占全省果树的 68.9% 和 65%。2011 年果树面积 187 万亩，果品产量 1.549×10^6 t，分别占全省果树的 51.8% 和 58.1%。该区既是全省最大的商品果基地，也是我国黄河故道果区的重要产区之一。

该区地处暖温带南缘，高温多湿为其气候特征。年平均温度 13.2~14.1 ℃，1 月平均温度 0.5~1.2 ℃，7 月平均温度 26.5~27.5 ℃，冬季最低温度 −17~−11 ℃，极端最低温度 −23 ℃（宿迁、邳县，1969 年），年降水量 780~1 015 mm。西半部具有大陆性气候特征，表现为冬季温度低，秋季降温早，春季升温快，昼夜温差大，果树易受春夏之交旱风和冬季冻害的影响，花期霜冻时有发生；东半部具有海洋性气候特征，夏季温度均较西部低，湿度大，旱风威胁少；物候期较西部晚。年降水量自西向东递增，东西相差 150~215 mm，丰县、沛县是全省降水量最少的地区。光能资源表现为东西高、中间低，以赣榆最高。

该区地处黄淮海平原南缘，按地形特征分为平原（黄河故道两侧，约占 57%）、洼地（约占 25%）、丘陵岗地（约占 14%）、黄河故道滩地（约占 4%）4 种类型。平原地面海拔从西部 45 m 向东部倾缓到 3 m 以下，丘陵一般海拔 100~300 m，黄河故道滩地宽 2~10 km 不等，一般高出黄泛平原 4~8 m。土壤主要特征是地域分布明显，土壤肥力较低。泛区平原为黄潮土，pH 值 7.5~8.5，含盐量小于 0.1%，有机质含量 0.2%~1.2%，速效磷含量极低，速效钾含量不高，碳酸钙含量偏高；按质地分为飞泡沙土、沙土、两合土、淤土 4 个土属，经常呈不规则交叉分布；土层深厚，常有淤板层。沂沭河平原为棕潮土，pH 值 6.5~7.5，有机质含量 0.6%~1.4%，速效磷含量较高，速效钾的含量较泛区平原略高；按质地分为黄沙土、黄土、老黄土 3 个土属，土壤肥力略高于泛区平原。丘陵岗地顶部为粗骨棕壤土，缓坡地为淋溶褐土，其中东新赣岗岭区属棕壤类土壤，pH 值 6~7，有机质含量 0.4%~0.7%，速效磷与速效钾含量均低；耕层浅，易板结，表层下有铁锰结核和砂礓，致雨后包浆。铜、邳山丘土壤有不同程度石灰性反应，有机质含量 0.7%~1.0%，速效磷较低，速效钾较泛区平原略高；土层厚薄不一，干硬湿黏，肥力较低。另外，还有地下水位高的盐碱化潮土和平原丘陵交接处洼地的砂礓黑土。

该区历史上除部分老梨园、山楂园、桃园、栗园、石榴园、柿园外，栽培多零星分散。20 世纪 50 年代起以黄河故道开发为起点，经 50 年代末到 60 年代初、80 年代后期到 90 年代中期的两次果树大发展，该区已成为全省最大的落叶果树生产基地。按树种计算，苹果面积最大，梨次之，桃、板栗、银杏、草莓、葡萄均具较大规模，樱桃、李、杏、猕猴桃、石榴、柿、枣等成小片集中分布，基本形成“西边苹果东边梨，板栗、杏、枣、石榴在丘陵，银杏集中在邳州，其他果树缀其中”的大格局。

苹果因处次适宜地区，经过长期努力，特别是1980年以后，终于找到了适于次适宜地区的适宜品种类型——红富士苹果，逐步形成江苏苹果的生产特色。其中，徐州以西是富士系列为主的晚熟苹果集中产地，东海、赣榆是新红星苹果的产地，而徐州以东的故道地区更适于早熟、早中熟苹果的发展。2011年该区苹果总面积49.7万亩，总产量6.04×10^5 t。

桃是淮北果区仅次于苹果的主要树种，尤其近十年来发展迅速。2000年后新沂大力发展桃产业，目前成为江苏著名桃产区。邳州、泗阳桃产业发展也形成规模。2011年该区桃总面积31.7万亩，总产量3.01×10^5 t。

梨是淮北果区仅次于苹果、桃的主要树种，经多年筛选与结构调整，已形成了以睢宁日系梨为主、丰县以白酥梨为主、铜山以黄冠梨为主的格局。2011年该区梨总面积30.0万亩，总产量3.83×10^5 t。

葡萄从20世纪50年代后期开始大规模发展，多以‘保加利亚’酿酒葡萄为主（兼作鲜食），并陆续建成丰县、宿迁、连云港3大葡萄酒厂。20世纪80年代后期因酒质欠佳，销路不畅，宿迁葡萄酒厂倒闭，丰县葡萄酒厂转产，导致葡萄种植逐渐衰落，仅连云港还保留近万亩酿酒葡萄原料基地；90年代后，各地加工高档葡萄酒专用品种又有恢复和发展。同时以‘巨峰’为主的鲜食葡萄，从80年代初发展迅速，很快形成一定规模。2000年以后以欧亚种葡萄避雨栽培和日光温室促成栽培发展迅速，葡萄生产规模进一步迅速发展。2011年该区葡萄总面积9.8万亩，总产量1.09×10^5 t。

邳州是江苏省成片面积最大的银杏果、叶产区，在全国也有很大影响。沂河平原是板栗的传统产区，20世纪80年代沿东陇海一线丘陵建成了与苏南丘陵山地相呼应的板栗大型生产基地。铜山、贾汪则是石榴及小果类的传统产区，80年代后均有较大发展。

该区名特优果品众多，传统名产有：丰县白酥梨，沛县冬桃，连云港古安梨，宿豫宿晓红葡萄、铁球山楂，泗洪大枣，铜山石榴，邳州大马铃银杏，新沂板栗等。新开发的名产有丰县富士苹果、新沂桃、徐州果园徐香猕猴桃、铜山离核李等。

第二节　长江下游落叶果树区

该区包括宁镇扬丘陵，盱眙、宜溧山区，里下河洼地，长江下游平原及泰州高沙土地区，地域辽阔，地貌多样，属中亚热带和北亚热带气候，并向暖温带过渡。年平均温度14~16 ℃，7~8月平均温度26~29 ℃，雨热同期，年降水量900~1 200 mm，多集中在夏季，有明显的梅雨期，适宜喜温和对温度适应性较广的落叶果树生长。该区城镇密集，经济发达，是江苏省重要的农业生产区和经济文化中心。果品生产的特色是:历史悠久,果园规模较小,名优鲜果繁多,集约化栽培程度高,是江苏传统名特果品的著名产区。1997 年全区果树面积 57.3 万亩,果品年产 2.1×10^5 t。2011 年全区果树面积 104.2 万亩,果品总产量 5.12×10^5 t。

20 世纪 80 年代始,以沪宁沿线各大城市为中心,分别建立了以‘巨峰’葡萄为代表的、规模达 2 660~6 000 亩的鲜食葡萄生产基地。2000 年后以欧亚种葡萄避雨栽培和大棚促成栽培发展迅速,葡萄生产规模进一步迅速发展。句容、武进、江阴、金坛等地均建成成片高档鲜食葡萄基地。2011 年该区葡萄总面积 19.9 万亩,总产量 2.32×10^5 t。

桃为该区传统特产,也是全省最大的集中产区,面积居全省第二,尤以无锡水蜜桃闻名于世。从 20 世纪 70 年代后期开始,以‘雨花露’为代表的早熟水蜜桃发展迅速,随着‘湖景蜜露’‘新白花’‘新白凤’及‘雨花’系列、‘霞晖’系列桃新品种选育并推广,以惠山、武进、张家港、句容等地形成高档水蜜桃产业带。高档鲜食黄桃也有一定规模。2011 年该区桃总面积 16.8 万亩,总产量 1.25×10^5 t。

梨以砂梨系统为主,但长期以来,栽培品种杂乱,没有明确适宜的主栽品种,不能形成产品优势。20 世纪 80 年代后初步建成了以高邮为中心的白酥、早酥梨和优质日本梨生产基地。2010 年以来,以‘翠冠’‘翠玉’‘苏翠 1 号’为主的早熟梨发展迅速,使该区终于找到适合的梨品种,梨生产面积也迅速发展。2011 年该区梨总面积 6.8 万亩,总产量 7.0×10^4 t。

泰州是闻名国内外的银杏传统名产区,银杏产量长期居全国第一。2011 年泰州市银杏面积 37.1 万亩,产量 1.4×10^4 t,分别占全省的 71.7% 和 39.5%。

从 20 世纪 70 年代开始,镇江一带草莓几度沉浮。到 80 年代后期,句容、溧水、溧阳、宜兴草莓发展迅速,成为沪宁沿线的冬季和初春主要果品。90 年代,油桃、李、杏等水果,黑莓等小浆果也有所开发。此外,沿江枇杷,溧阳和溧水的杨梅、无花果开发也初具成效。宜溧山区是板栗的传统名产地,80 年代以来,全区板栗发展很快,成为丘陵山区开发的主要树种。果梅是该区的特色加工果品产业,主要分布在宜兴、溧水,面积和产量均已超过吴县老产区,并配套了加工企业,产品大部分销往日本。2000 年以来,溧水等地黑莓、蓝莓发展迅速,但黑莓以加工出口为主,市场行情极不稳定,给生产造成不小损失。蓝莓发展网上销售,形势较好。

该区分为 2 个亚区:

(一)长江下游丘陵山地落叶果树亚区

由仪征、六合、盱眙丘陵,老山、宁镇、茅山和宜溧等山地为骨干,组成一个由低岗、盆地和河谷平原交错分布的地貌综合体。该区仅宜溧山区属中亚热气候带,面积狭小,其余均属北亚热带,北部向暖温带过渡,气候的地带性差异显著,因地貌类型多样,非地带性差异也较大。年平均温度 14.5~16.0 ℃,由北向南递增,年降水量 930~1 150 mm,北少南多。土壤自北向南由黄棕壤转向黄壤,pH 值 5~7,有机质含量 0.7%~1.0%,耕层浅,80~100 cm 土层多铁锰结核黏板层,缺水是该区发展果树的一大制约因素。该亚区历史上名产有溧阳‘嘉庆子’‘茅尖花红’桃,宜兴

'陆林'桃,南京'东塘樱桃''渡师石榴'等,现面积很小,有的濒临灭绝。目前,葡萄、桃与油桃、草莓、梨、果梅、柿、板栗均颇具特色。

(二)长江下游平原落叶果树亚区

该区包括沿江两岸平原、里下河地区、江北通南高沙土地区和东部沿海平原,属北亚热带气候带,气候温暖湿润。年均温 14~15 ℃,强弱多变的冷暖气流交替频繁,年降水量 1 000~1 200 mm,梅雨特征明显,春季常遇倒春寒,夏秋常发生伏旱、秋涝和台风,并有局部性雹灾。里下河境内为草渣沼泽土,丘岗旱地为草甸土,土壤肥力较高,有机质含量丰富,矿质养分也较丰富;通南高沙土区多为灰潮土类,沙性大,漏水漏肥,有机质含量很低,pH 值 7 以上;沿江两侧多淤泥土,平原多为壤土和淤土,酸碱度中性至弱碱性,有机质含量 1% 左右,肥力一般较好;东部近海土质沙壤及中壤,基本脱盐,pH 值 7 以上,肥力较好。传统名产有无锡水蜜桃、泰州银杏、启东金柑等。目前,葡萄、桃、早熟梨、枇杷、柑橘等发展很快。

第三节　沿海落叶果树区

该区东濒黄海、西界串场河,北至苏北灌溉总渠,南与启东接壤,包括海安、海门、如东、东台、大丰、射阳、滨海的沿海新老滩涂。全区地形狭窄,南北跨度大,地势平坦,地面海拔 1~4 m,个别在 1 m 以下,地势由南向北、由西向东缓倾。大部分属北亚热带气候带,年均温 13.7~15.1 ℃,1 月均温 0.5~2.5 ℃,7 月均温 27.0~27.5 ℃,冬季绝对低温 −2.7(南通)~−15.0 ℃(射阳),年降水量 980~1 080 mm,海洋性气候特征明显,春温上升较迟,秋温下降较缓,夏秋之间常有台风、暴雨和冰雹侵袭。土壤为滨海冲积土,土质绝大部分是沙壤土和粉沙壤土,少数为中壤和黏土,地下水位高,土壤有机质含量 1%~1.5%,pH 值 8 左右,含盐量较高,其中老海涂已基本脱盐,仅少数为轻盐土,新海涂以中盐土和盐土为主。由于多雨,淡水资源丰富,自然降盐快,土壤含盐量降到 0.2% 以下即可栽培果树。

该区是江苏果树发展的新区,又是今后极具发展潜力的地区。历史上以散生果树为主,20 世纪 50 年代后期仅建有少量国有果园,主要树种是梨、桃与柿。80 年代后随着沿海滩涂的大规模综合开发,初步建立了梨、桃与黄桃、柿、无花果、银杏、草莓、猕猴桃、葡萄等生产基地,林网果树和庭园果树的规模和效益在全省首屈一指。1997 年果树面积 18 万亩,林网四旁果树 400 万株左右,总产量 5.6×10^4 t。2000 年以来,射阳和大丰的梨、海安和东台的柿、海门和盐都的葡萄、草莓等发展迅速,沿海枇杷产业也初具规模。2011 年全区果树面积 38.5 万亩,总产量 3.99×10^5 t。其中,梨 17.9 万亩,产量 2.08×10^5 t;柿 6.1 万亩,产量 9.8×10^4 t。

第四节 太湖沿岸常绿果树与落叶果树混交区

该区包括苏州、无锡、常州沿太湖的丘陵山区和临湖平原，是集旅游、观光、生产为一体的独具特色的果区。该区属北亚热带南部及中亚热带北缘气候带，是全省水分热量最充裕的地区。年均温 15.3~16.0 ℃，1 月平均温度 2.5~3.3 ℃，7 月平均温度 28.1~28.5 ℃，冬季最低温度 –6.6 ℃，年降水量 1 000~1 200 mm。由于太湖水体对气温调节形成的微域气候环境，具有冬季保温，夏季减温，春季回暖较早，秋季降温较迟，气温高、雨量多、湿度大的特点，并有明显的梅雨季节。

该区丘陵一般高 200~300 m。土壤黄棕壤，山顶土层厚薄不一，一般在 60 cm 以内，有机质含量低，pH 值 4.5~5.0；山腰或山麓坡度 3° ~20°，土层较厚，沙黏不一，分属黄沙土、石质土、老黄土类型；湖滩地是果树的重要栽培地，pH 值 4.5~6.5，沙黏不一，一般偏黏，土壤肥力较好，具良好的保水和透水性能；少数地区土壤由石灰岩发育而成，pH 值 6.0~8.5。

该区为江苏柑橘、枇杷、杨梅等常绿果树的唯一传统集中产区，并形成了阳坡和临湖阳面平原种柑，其上种枇杷，再上种杨梅的立体分层栽培的独特景观。同时远湖地区，遍布桃、葡萄、梨、猕猴桃、果梅、李、枣、柿、板栗、石榴、银杏等多种落叶果树，常绿果树与落叶果树园块交相分布，其面积和产量大约各一半，是典型的混交果区。1997 年果树面积 10.8 万亩，产量 6.4×10^4 t。2011 年果树面积 16.2 万亩，产量 1.02×10^5 t。

该区是柑橘的次适宜地区，冻害严重威胁柑橘生产的发展，因此宜选用抗寒性能较强、品质优良的极早熟和早熟温州蜜柑以及其他早熟杂柑品种，并进行防寒栽培。枇杷是该区的特产果品，生态条件适宜，享誉海内外的白沙枇杷主要有青种、照种和新选育的‘白玉’‘冠玉’等良种，应充分利用地处沿海经济区的优势，扩大规模，建立基地。该区低山丘陵中上层素有栽培杨梅的习惯，既绿化了荒山，又作经济作物栽培，发展潜力很大，其中马山杨梅成为佼佼者。该区落叶果树中，传统名特优品种众多，有‘九家种’板栗、‘水晶’石榴、‘白蒲’枣、‘洞庭皇’银杏等。果梅生产、银杏生产均有相当规模和基础，产品大部分出口。

（本章编写人员：王业遴、吴绍锦、郑光辉、陆爱华）

主要参考文献

[1] 左大勋，汪嘉熙，张宇和．江苏果树综论[M]. 上海：上海科技出版社，1964.

[2] 江苏省地方志编纂委员会．江苏省志·园艺志[M]. 南京：江苏古籍出版社，2003.

[3] 盛炳成，卫行楷，王璐，等．黄河故道地区果树综论[M]. 北京：中国农业出版社，2008.

[4] 陆爱华．江苏省优质水果产业发展规划[J]. 果农之友，2003，(12)：7-9.

第五章 梨

/ 栽培历史与现状 / 种类
/ 品种 / 栽培技术要点

第一节 栽培历史与现状

江苏梨树栽培的起源,可追溯到 2 000 多年前。据《史记·货殖列传》(前 1 世纪)记载:“淮北荥阳河济之间,千树梨,此其人与千户侯等。”《山海经·中山经》(前 3 世纪)载:“又东百三十里,曰铜山。其上多金、银、铁,其木多穀、柞、柤、栗、橘、櫾。”“又东南一百十里,口洞庭之山,其上多黄金,其下多银、铁,其木多柤(柤,经考证为梨属植物)、梨、橘、櫾。”从这些古籍的记述,可见当时黄淮流域梨树栽培规模很大,江苏北部、南部普遍栽培梨树。

唐宋之间,徐州一带,受黄河中游政治、经济的辐射,以梨为主体的果树栽培渐趋兴盛;苏南地区则因运河航运发达,商业繁荣,梨树栽培也随之发展。北宋(10 世纪)陶谷、乐史分别在《清异录》《太平寰宇记》中记载:“建业野人种梨者诧其味曰蜜父。”“梨有青梨、雪梨、黄香梨,以云台山下所产最佳。”可见 1 000 多年前在南京、连云港等地已有梨的优质品种。《洛阳花木记》(1082 年)中所记述的‘水梨’‘鹅梨’等品种,当时江苏省已有栽培,可能为江苏省梨树引种的开始。

宋元之间,因战乱与水患频数交煎,农村凋敝,梨树生产也逐渐衰落。

明代以后,随着商业的繁荣和工场工业的兴起,经济作物生产有所发展,梨树栽培便随之发展起来。关于梨树栽培规模、栽培技术,地方志书有比较多的记载。旧志载苏州吴县里有“十里梨云”为洞庭胜景之一,现尚留有清代的“角直梨云”石碑一方。王世懋《学圃杂疏》(1587年)载:“今北之秋白梨,南之宣州梨皆吾地所不及也。闻西洞庭有一种者,将熟时以箬就树包之,味不下宣州。”由此可见,江苏省当时梨树栽培已具相当规模,并已有一些优良品种饮誉市场。同时,省外迁入江苏省的移民、民间的园艺爱好者及果农,还陆续从外省引种,从而丰富了江苏省梨的品种资源。例如,17世纪中叶,山东诸城刘某迁至江苏省海州落户时,曾带来小花梨;宜兴、溧阳现存的一些品种,也是当时皖、浙、湘等省移民迁入江苏省时携来的,至今仍可见300多年的老树。

在1949年前的100多年间,由于半封建半殖民地的处境,果树生产每况愈下,梨园或毁于战乱,或因梨果滞销价贱而改种其他果树乃至荒弃。及至20世纪40年代,全省残存梨园面积已不到1.65万亩。

而在此期间,由于教学、科研的需要,梨引种工作开展得较为频繁。如江苏第二农校王太乙先生自日本引进日本梨及西洋梨系统的10多个品种;东南大学、金陵大学相继引进北方品种和西洋梨系统的一些品种;中山陵园果园、中央农业实验所先后通过引种,分别建立梨的生产园和标本园。同时,民间也屡屡引种,如当时在内蒙古任职的官员沈元裴,曾把古安梨(即鸭梨)、黄梨带回家乡海州栽植,这两个品种后来均成为鸿门果园的主栽品种;山东郯城田某迁居海州,带入‘大花梨’‘子母梨’‘蟹梨’‘水泡梨’‘窝头梨’和‘酥梨’等品种。这时期的引种工作,虽然对当时的果树生产未能起到推动作用,但却为此后果树栽培的恢复与发展创造了有利条件。

1949年后,果树栽培逐步恢复,梨树生产日渐起色。1952年江苏省建立了徐州、鸿门、吴山、泗阳、青龙山、茅麓、六合和仪征等8个国有果园,为全省梨树栽培的发展奠定基础,既在技术上起典型示范作用,也在生产上提供大量苗木。1957年后,以徐淮黄河故道地区为重点的全省果树大发展时期,推动了梨树生产进入新的高潮。与此同时,对1949年前留下的老梨树加强管理,使之恢复了生机,如原苏北农学院何凤仁曾在铜山马庄、泗阳临河、淮阴王兴、陈集、沭阳小店和宿迁王集等地,进行老梨树更新复壮试验,并在生产上推广,促进梨树产量上升。1957年梨产量达7 150 t,约占全省果品总产量的三分之一。老梨树的更新复壮为梨树生产的迅速恢复与发展作出了重要贡献。

1958~1962年为全省果树大发展时期,到1960年冬,梨树面积已达45万亩。1963~1966年,梨树生产转入低潮,面积锐减到15万亩左右。1966年后的十年“文化大革命”,梨树生产遭到严重破坏,直到1978年后,梨树生产才又得到恢复与发展。据1982年统计,全省成片梨园面积为18.4万亩,产量1.35×10^5 t,分别占全省果树总面积和总产量的31.6%和53.1%。

1983~1988年,果树生产又进入一个新的发展阶段,苹果、山楂、桃、葡萄等树种栽培面积有较大的扩展,而梨也稳步发展。特别是1985~1988年梨树栽培面积从18.8万亩增加至25.4万亩。

自1990年后，江苏梨产业进入快速发展阶段，特别是2000年后发展速度更加迅速。2000年江苏省梨树栽培面积已达58万亩，总产量达3.9×10^5 t，占全省果园面积的17.93%，占全省水果总产量的21.99%，是1980年面积的2.92倍、产量的3.42倍，生产规模仅次于苹果。2001年全省梨树面积61.5万亩，产量4.3×10^5 t；2002年全省梨树面积66万亩，产量5.2×10^5 t；2003年全省梨树面积69.3万亩，产量5×10^5 t；目前，江苏省梨园面积稳定在60万亩左右，产量约8×10^5 t。其中，徐州、盐城、连云港、淮安、宿迁等苏北五市占全省梨树面积的84.2%、梨果产量的86.3%；苏中的南通、扬州和泰州三地占全省梨树面积的10.3%、梨果产量的11.6%；苏南的南京、苏州、无锡、常州和镇江五市占全省梨树面积的5.5%、梨果产量的2.1%。这一阶段，江苏省在以提质增效为目标的梨科研投入已取得一定成效，新品种的引进和选育，以及无公害、标准化生产技术的应用使得梨果产业得到稳步发展。

在梨果科技创新方面，江苏省建有国家梨产业技术体系产业技术研发中心和国家梨改良中心南京分中心等平台。2008年，国家梨产业技术体系成立，目前全国共有21位岗位科学家，南京农业大学张绍铃担任体系首席科学家兼岗位科学家，江苏省农业科学院常有宏、刘凤权和南京农业大学周应恒、徐阳春、吴俊被遴选为体系岗位科学家。同时，江苏省农业科学院盛宝龙被遴选为体系徐州试验站站长。

随着梨育种工作的推进，新品种不断涌现，许多老品种已逐渐被淘汰。‘鸭梨’‘雪花梨’‘茌梨’等老品种目前生产上仍有少量栽培。而近年引进的梨品种，如‘丰水’‘黄冠’‘翠冠’‘圆黄’等，以及自主育成的新品种，如江苏省农业科学院选育的‘苏翠1号’‘苏翠2号’和南京农业大学选育的‘夏露’等，因品质优良，市场行情好而得以迅速发展，已成为部分县（市）的主栽品种，形成了一定的规模。

同时，梨栽培技术也得到较快发展，高接换种技术的应用显著推动了梨品种更新的速度。在树体管理方面，20世纪90年代启东大兴镇从日本引进了水平棚架栽培技术，并逐步在全省示范应用。近年来，随着劳动力资源的日益紧张，更省工省力的拱形棚架栽培技术得到生产认可，该技术以韩国“Y”形为原型，形成了本土化技术模式。在花果管理方面，液体授粉、果实套袋等技术的应用提高了果品的质量和效益。同时，病虫害绿色防控技术和防鸟网的应用保证了梨果产量和安全性。与此同时，梨鲜果采后商品化处理水平不断提高。冷库规模、机械化分级、包装以及清洗、打蜡、预冷、冷链运输系统等不断完善，形成了具有地方特色的果品品牌，梨果产业进入稳步发展的良好状态。

第二节 种类

(一)砂梨(*Pyrus pyrfolia*)

别名沙梨。树高 7~12 m,枝条多直立。发枝少,树冠稀疏,褐色或暗褐色,嫩枝幼叶具灰白色茸毛,不久脱落。叶片一般较大,形状为长卵圆形,叶色浓绿,光泽略差,叶肉稍厚;先端尖而长,叶基圆形或心脏形,边缘有刺芒状锯齿,叶柄较长。花先叶开放,白色,每花序有花 6~9 朵,常出现重瓣花。果多为球形,少数为长圆形或卵圆形,多数脱萼,果梗较长,果皮褐色或黄绿色,肉质脆,汁多,味甜,少香气,多数不耐贮藏。

砂梨原产长江中下游地区。江苏省原有地方品种,多分布于山区,群众房前屋后留存已较少。砂梨也是目前江苏省梨树栽培的主要种类。栽培的砂梨有绿皮品种与褐皮品种,绿皮品种外观较好,但果偏小;褐皮品种果多数较大,充分成熟时,皮色由褐色转为橘红色,外观颇好。砂梨一般开始结果早,产量很快上升,幼树期对肥水要求不高,进入盛果期后必须加强管理。

(二)白梨(*Pyrus bretschneideri*)

树高 8~13 m,树姿开张。老枝灰色,新枝褐黄色,嫩梢绿色,密被白色茸毛,不久脱落。叶广卵圆形或卵圆形,先端渐尖或突尖;叶缘具尖锐锯齿,齿尖刺芒向内合拢;叶基广楔形、广圆形或楔形;叶柄较长。果倒卵圆形或长圆形等,果皮绿黄色或乳黄色,间或阳面具红晕;多数脱萼;肉质细脆,味甜,微香;多数品种较耐贮运,晚熟品种更为突出。

白梨引入江苏省较早,1958 年开始大面积栽培。并有一部分砂梨和白梨杂交种,根据其性状特征归入白梨。目前主要在苏北地区栽培,实践表明,一般从冀中以北地区引进的白梨品种,综合性状表现不理想,而从冀中以南地区引进的白梨品种,表现较好,尤其淮北地区更好。

(三)秋子梨(*Pyrus ussuriensis*)

树高 10~15 m。树冠为圆锥形,幼树多针刺,树皮深灰色。叶大小、形状变异较大,大者为卵圆形,小者如桃叶形,具显著刺毛状锯齿。花簇生,成密集半球形。果实大小、形状变化也比较大;多数果较小,单果重 40~150 g,大果重可达 300 g;果有扁圆形、圆球形等;果梗短,萼宿存。抗寒性强,可耐低温。

江苏省在 1949 年前曾引种秋子梨,如砀山秋梨等。1958 年,曾从东北大量引进'京白梨''鸭广梨'等品种。后因果小,极易感病,品质差,已基本淘汰。

(四)西洋梨(*Pyrus communis*)

别名洋梨。树高 10~15 m,在开阔地自由生长条件下可达 20~30 m,树冠呈圆锥形。老枝灰褐色、黄褐色或绿褐色;嫩枝绿色,无茸毛,富光泽,皮孔显著。叶小,椭圆形或卵圆形,革质,富光泽;叶缘有钝锯齿;叶片多平展,或略向上翻;叶柄短。伞形总状花序,有花 6~7 朵。果实多短坛形、葫芦形或瓢形;萼片宿存;经后熟肉质软腻,石细胞少,味甜芳香。

西洋梨在20世纪50年代末到60年代果树大发展中，全省曾重新引进‘巴梨’‘伏茄梨’‘日面红’等品种，其中‘巴梨’在60~70年代伴随罐藏加工的发展而在徐州、淮安、连云港广泛栽培。80年代后，全省‘巴梨’栽培受罐藏加工业的下滑影响而减少。其他西洋梨品种因为在该地区品质较差，80年代后期到90年代已基本淘汰。

（五）新疆梨（*Pyrus sinkiangensis*）

树高6~9 m，树冠半圆球形，枝条密集开展。小枝圆柱形，微带棱角，无茸毛，紫褐色或灰褐色，果具白色皮孔。叶片卵形、椭圆形至宽卵形，长6~8 cm，宽3.5~5.0 cm，先端短渐尖，基部圆形，稀宽楔形，边缘上半部有细锐锯齿，下半部或基部锯齿浅或近于全缘，两面无毛，叶柄长3~5 cm。伞形总状花序，有花4~7朵，花梗长1.5~4.0 cm，总花梗和花梗均被茸毛，以后脱落无毛。苞片膜质，线状披针形，先端渐尖，约长于萼筒之半，边缘有腺齿，长6~7 mm，内面密被褐色茸毛。花瓣倒卵形，长1.2~1.5 cm，宽0.8~1.0 cm，先端啮蚀状，基部具爪。雄蕊20枚，花丝长不及花瓣之半；花柱5根，比雄蕊短，基部被柔毛。果实卵形至倒卵形，直径2.5~5.0 cm，黄绿色，5室，萼片宿存；果心大，石细胞多；果梗先端肥厚，长4~5 cm。

该种原产新疆地区，一般认为是西洋梨和白梨或砂梨的杂交种。其品种如‘库尔勒香梨’等在江苏省表现较差，目前不适合种植。

（六）杜梨（*Pyrus betulaefolia*）

别名棠梨、白棠梨、灰丁子、白毛丁子。是江苏的野生果树资源，全省各地均有自然实生树，是应用最多的梨砧木种类。由于江苏省杜梨、豆梨均多，栽培品种亦较复杂，很可能由于自然杂交而出现若干形态变化。大致可以分为有刺大叶毛叶、有刺小叶毛叶、有刺花叶（叶片有两缺刻而呈三裂片）毛叶、有刺花叶无毛叶、有刺小叶无毛叶、无刺毛叶、无刺花叶毛叶、无刺花叶无毛叶8个形态类型。

在《淮阴市果树品种志》中曾将杜梨分为有刺小叶、有刺大叶和无刺等3个类型。江苏省果树资源调查队在铜山县吕梁乡发现有多毛小叶、无毛小叶、大叶、红叶、圆叶、多毛、裂叶和桃叶等8个类型。由此可见江苏省梨砧木资源的丰富。

杜梨生长强健，树冠圆锥形或圆头形，高可达10 m以上。32年生树的冠径达6.2 m。主干灰褐色。2年生和3年生短枝先端呈刺状；多年生枝棕褐色；嫩梢及2年生枝黄绿色或绿褐色，均被灰白色的茸毛；新梢皮孔圆形、小，分布较稀。叶的形态变化比较复杂，有菱形、卵圆形，以至长卵圆形、椭圆形、披针形、三裂卵圆形等；先端渐尖，叶基有楔形、广楔形、圆形等变化，叶缘有粗锐锯齿，叶色深绿。叶面光滑深绿色，嫩叶微带红色，叶背有灰白色茸毛，或密而长或较稀。每花序有花3~12朵，一般为5~8朵，花型小，花径2 cm左右，白色，雄蕊15~20枚，花药紫红色，花柱2~3裂，花柄长2~3 cm，有白色茸毛。果圆球形，平均纵径1.1 cm、横径0.9 cm，大小整齐。果皮锈黄褐色，较粗糙，果点密。果梗长2.8 cm，附着部微膨大，肉质化，梗洼浅圆；脱萼，萼洼浅圆。心室2个，种子2~4粒，果肉绿白色。质脆味酸带涩。树势中庸，播种后出苗率高，发芽整齐。生长强旺，一般播种当年都可达到嫁接应有粗度。嫁接亲和力良好，实生幼树生长较旺，萌芽力强，发枝力较弱，能发生二次枝。二次枝上常带有较多针枝，针枝上有侧芽，能抽生弱短枝，亦能形成结果枝。杜梨根系发达，但苗期如不移植，往往多为独根，如经移植或切根，则可以形成2~3条侧根和较多细根。据江苏农学院于1958~1960年的观察，在幼苗两片真叶时疏苗移栽，成活率达80%以上，而且缓苗期短，同不移栽的苗一样，当年都可达到嫁接粗度。

杜梨在淮安市3月下旬萌芽，3月下旬至4月上旬开花，3月下旬展叶，9月下旬果实成熟，11月中下旬落叶。

杜梨耐旱、耐涝、抗风、耐瘠薄，不感黑星病；不抗锈病，易受食叶害虫危害。

杜梨是江苏省良好的梨砧木，全省普遍应用。嫁接后树体高大。但对一些西洋梨和茌梨等，往往发生不同程度的铁头病。

（七）豆梨（*Pyrus calleryana*）

别名红棠梨、鹿梨、明杜梨。原产江苏省，南北各地都有分布，以苏南丘陵山区分布为多，在果树资源调查中发现绿叶豆梨与红叶豆梨两种类型。绿叶类中还有大叶与小叶两类之分。豆梨与杜梨同为江苏省梨的主要砧木资源，但各地保留的数量已逐渐减少。

乔木，树体高达7 m以上。树皮深褐色。树冠半圆形，树姿半开张。枝条分布密度中等。嫩梢绿色，先端间或呈红色，无茸毛；成熟新梢为黄绿色或赤褐色；2年生枝褐色或暗棕色，枝上有针刺，能发生二次枝，二次短枝能形成针刺枝。枝细芽小，芽半开张。叶卵圆形或广卵圆形；先端渐尖，叶基圆形或广圆形，叶缘锯齿细小；嫩叶褐红色，叶背有茸毛，成叶绿色，茸毛脱落（叶形、叶色变化较大，是否存在变种，尚待研究）。伞房总状花序，每花序有花6~12朵；花瓣圆形，白色；花萼深绿色，萼片略短于萼筒，呈披针形，外侧无茸毛，内侧有稀疏茸毛；花梗平均长2.4 cm；雄蕊20枚左右；花柱2枚，少有3枚。果球形或近球形，纵径1.2~1.4 cm，横径1.0~1.3 cm。果皮褐锈色，有大型灰色果点。果顶稍凹陷；脱萼，萼洼较大，脐状。果梗细，长2.0~3.5 cm。坐果率高。成熟期9~10月，子房两室，种子比杜梨小。

豆梨是良好的梨砧木，应用广泛，历史较长，与砂梨、白梨、秋子梨和西洋梨嫁接都亲和，经济性状良好。

第三节 品种

一、主要品种

（一）地方品种

1. 南京苹果梨

来源已无从查考，据传早年从茅麓果园引入南京。1949年后，扬州、南通、镇江、苏州、无锡、淮安、盐城、徐州等地均有引种栽培。

该品种树势中庸，成龄树高 5 m 左右，冠径 6 m 左右，树冠呈半球形，树姿开张，大枝接近平展。大枝与主干均呈灰褐色，树皮较光滑。嫩梢绿色，有稀茸毛；成熟新梢黄绿色，皮孔小而稀；2 年生枝灰褐色。芽中等大，内贴，圆锥形，花芽黄褐色。叶芽较瘦狭，圆锥形，棕褐色。花白色，每花序 6~8 朵，雄蕊 22~24 枚。叶片卵圆形，平展，色绿，叶缘具细锐锯齿，先端渐尖，叶基近心脏形，叶面较光滑平整。

果球形，整齐。果皮平滑无锈，色绿，成熟时为黄绿色，阳面偶显红晕。平均单果重 104 g，纵径 5.7 cm，横径与之相近。果梗长约 4 cm；梗洼浅而整齐；宿萼，萼洼广浅。果心小，果肉色白质细，石细胞少，汁液中多，味甜，有香气，可溶性固形物含量 10.7%，品质中等。不耐贮运。

在南京，3 月初萌芽，4 月中展叶开花，8 月上中旬果实成熟，11 月上旬落叶。

树势中庸，萌芽力强，成枝力一般，可发 2~3 枝。嫁接后 3~4 年结果，以短果枝结果为主，果台能连续结果，无大小年结果现象。迟采易裂果。适应性广，耐旱、耐涝、耐寒，抗病力弱，尤其不抗轮纹病、锈病，抗虫力一般。

南京苹果梨早实、稳产。但果较小，易烂易绵，市场竞争力弱，已逐渐被淘汰。

2. 宿迁雪花梨

别名宿迁谢花甜。

宿迁地方品种，20 世纪 50 年代初期，在宿迁西南部的蔡集、王集、支口等地有 200 多年生老树。

该品种树势较强，枝较软，树冠开张。30 年生树，高 6 m 左右，冠径 7.1 m，树皮黑褐色，裂纹斜而中粗。幼树生长旺，枝多直立，嫁接后 5~6 年始果。嫩梢绿色，先端密生灰白色茸毛，不久脱落；成熟新梢绿褐色，皮孔大而稀；多年生枝灰褐色，富光泽。芽中大，离生，花芽长而大。花白色，蕾期粉红色，花序较大，每花序平均有花 7.1 朵，雄蕊 23 枚左右。叶椭圆形或卵圆形，平展，深绿色，革质，厚而脆，叶面具蜡质，富光泽；先端急尖，叶基广圆形或广楔形；叶缘具锐粗锯齿，刺芒短，内贴；叶柄平均长 5.3 cm。

果倒卵圆形，大而整齐，平均单果重 253 g，纵径 7.8 cm，横径 7.5 cm。果皮薄，黄绿色，阳面微现浅红晕，富蜡质；果点黄褐色，小而密。果梗长 3.6 cm；梗洼浅广，正圆形，有放射状果锈；宿萼，萼片直立，萼洼浅、圆、小。果肉白色，质脆，汁多，甜酸适口，微香，可溶性固形物含量 13.7%，品质上等。

在宿迁，3 月上旬萌芽。4 月上中旬开花，9 月下旬成熟，11 月下旬落叶。

萌芽力强，发枝力较弱，一般发 1~2 枝。以短果枝结果为主，占结果枝的 91%，果台平均可抽生 0.67 果台枝，连续结果的占 38.2%，坐果率高，一般每花序可坐果 3~4 个。抗逆力强，适应性广。在黄河故道河床、堤坡、堤上、冲积沙丘、低洼地均能良好生长。不抗褐斑病，较抗黑星病及轮纹病。

宿迁雪花梨品质优良。易丰产、稳产，适应性广。

3. 鸿门黄梨

别名新海连黄梨、黄香梨。

原栽培于连云港市鸿门果园。

该品种幼树生长旺盛，树姿直立，结果以后树冠开张，呈自然半圆头形，枝条中密。成龄树高 5.6 m，冠径 7.3 m，树皮灰褐色。嫩梢绿色，密生白色茸毛；成熟新梢棕褐色，皮孔长圆形，褐色，稀而小，不明显；老枝赭褐色。芽大，深褐色，贴生。花白色，蕾期红色，每花序有花 4~8 朵，雄蕊 21~28 枚。叶阔卵圆形，扭曲；先端渐尖，叶基广圆形；叶缘波状，具尖锐锯齿及刺芒；叶柄长 6.1 cm。

果椭圆形，平均单果重 176.9 g，纵径 7.7 cm，横径 7.2 cm。果皮薄，黄色；果点明显，圆形或椭圆形，褐色或黑色；果面洁净，偶有小片锈，外观美。果梗平均长 4.5 cm；梗洼正圆形，浅，洼内有皱褶；果肩宽广，平整；萼洼浅、陡，有的果顶呈波状，有不明显的 3~4 棱沟。果肉乳白色，石细胞较少，汁多，味淡甜，微香，品质上等。

在连云港，萌芽期为 3 月下旬，展叶期为 4 月初，4 月中旬开花，4 月下旬谢花，8 月下旬到 9 月上旬成熟，11 月下旬落叶。

树势中庸，萌芽力强，发枝力偏弱。以短枝结果为主，大小年结果现象明显，连续结果能力弱，坐果率高，采前落果较多。适应性广，耐旱、耐涝、耐盐碱。当树势过弱时，会发生不同程度锈水病。较抗黑星病，易遭食心虫危害。不抗风。

鸿门黄梨外观美，肉质细，颇受消费者欢迎。缺点是甜味稍淡，有大小年结果现象，生产上要注意维持强壮的树势。

4. 泗阳鸭蛋青

泗阳县地方品种，徐州、连云港、扬州等地有引种。

该品种树势强，粗壮，枝条分布较密，幼树树姿直立，成年树冠呈圆头形，百年以上大树，高 8 m 多，冠径 10.5 m。树皮青灰褐色，纵裂，纹较细。嫩梢绿色，先端红紫色，密生白色茸毛，不久脱落；成熟新梢赤褐色，皮孔小而稀，圆形；多年生枝灰褐色。芽较大，离生，棕褐色。顶花芽与腋花芽均较大。花白色，较大，每花序平均有花 6 朵，雄蕊 29 枚左右。叶大，长卵圆形，平展，叶色浅绿，叶质较软；先端呈尖尾状，叶基圆形或广圆形；叶缘具粗锯齿，刺芒直出；叶柄长 5.3 cm。

果卵形或椭圆形，果肩略偏斜，平均单果重 288 g，纵径 8.4 cm，横径 7.9 cm。果面黄绿色，贮藏后转为黄色，皮薄，表面洁净无光泽；果点大，圆形，淡褐色，多而显著。果梗较粗，长 4.8 cm，基部略肥大而肉质化；梗洼不规则形，浅而窄，有皱褶；果肩波状；宿萼，萼片开张，萼洼深广，四周有棱沟。果肉白色，质略粗，致密、松脆、汁多，味酸甜，香气较浓郁，可溶性固形物含量11.7%，品质上等。

在泗阳，3月初萌芽，4月初开花，8月下旬成熟，11月中旬落叶。

萌芽力强，发枝力中等，一般发2~3枝。以短果枝结果为主，而中庸发育枝都有腋花芽，连续结果能力强。易丰产，果实较耐贮藏。成熟时遇雨，有裂果现象。在江苏省黄河故道地区及沿江地区生长均良好。耐旱、耐涝、耐盐碱，较抗风，病虫害轻，但易感黑星病。

5. 海棠酥

泗阳地方品种。从果形、果肉、叶片来看似乎与‘茌梨’有密切关系。‘恩梨’‘槎子梨’‘甜槎子’‘蜜槽子’‘青皮槎’‘海棠酸’似乎均与‘茌梨’同出一源。

该品种树势强。200多年生树，高8 m，冠径8 m，树姿开张，呈自然半圆球形，近似乱头形。成枝力较弱，嫩梢绿色，先端淡红色，密生白色茸毛；成熟新梢棕黄色；多年生枝灰褐色；皮孔稀，长圆形。芽大，离生。花白色，蕾期红色，每花序平均有花6朵，雄蕊30枚左右。叶阔卵圆形，平滑，革质，深绿色；先端突尖，叶基广圆形或截形；叶缘具锐锯齿，刺芒直出；主侧脉明显；叶背密被灰黄色茸毛；嫩叶紫红色，密生白色茸毛。

果短椭圆形或纺锤形，果肩偏斜，平均单果重229 g，大果重可达580 g，纵径6.6~8.5 cm，横径6.4~8.0 cm。果皮粗糙，较厚，深绿色，成熟时变为黄绿色；果点大而突出，呈圆形，褐色，密生，有果点锈。果梗长4.4 cm；梗洼狭而浅，不规则，洼周肋状；果肩偏斜和微现波状；宿萼，萼片开张，萼洼深广，周边肋状。果肉绿白色，质细脆，石细胞少，汁多，甜酸适口，可溶性固形物含量10.6%，品质上等。

在泗阳，3月初萌芽，4月上旬展叶、开花，9月上旬成熟，11月中旬落叶。

萌芽力强，成枝力一般。以短果枝结果为主，腋花芽结果很少，生理落果严重。结果枝寿命短，有效年龄一般为4~6年。果实不耐贮运。耐盐碱、耐涝、耐瘠、耐旱。为求高产优质，应加强肥水管理与注意枝组更新。受黑星病、食心虫危害较重。

6. 伏鹅

别名胡鹅。

徐淮地区普遍栽培的地方品种。

该品种树势中庸。40年生树，高7 m多，冠径8.3 m，树姿半开张，呈自然半圆球形。树皮棕褐色，纵裂，纹粗。嫩梢绿色，先端有白色茸毛，不久脱落；成熟新梢褐黄色，皮孔中密，圆形或椭圆形；老枝暗灰褐色，较硬，皮较光滑。芽中大，离生。花中大，绿白色，蕾期红色，每花序有花5~6朵，雄蕊20枚左右。叶中大，卵圆形，平展，富光泽，革质；先端突尖，叶基圆形或广圆形；叶缘具粗锐锯齿，刺芒直出；叶柄长5.7 cm。

果卵圆形，平均单果重 295 g，纵径 9.1 cm，横径 8.0 cm，大小整齐。果皮薄，黄绿色，富光泽；果点多而大，褐色，分布均匀。果梗长 3.3 cm；梗洼深狭，果肩波状，有不明显的 5 棱；脱萼，萼洼周围有棱沟。果肉白色，肉质细脆多汁，甜酸适口，香气较浓，可溶性固形物含量 12.3%，品质上等。

在淮安，3 月末萌芽，4 月初展叶，4 月上旬开花，9 月底成熟，11 月下旬落叶。

萌芽力、发枝力均中等，一般发 3 枝左右。以短果枝结果为主，连续结果能力较强，果台副梢能形成花芽。果实不耐贮运。耐旱、耐涝，但不抗风，病虫害较少，易感轮纹病、黑星病。

7. 睢宁硬枝青

在睢宁县各梨区与‘睢宁软枝青’同称青梨、青酥梨。

原产睢宁县，分布于睢宁、邳县、铜山、宿迁等黄河故道地区。据农民反映，已有 200~300 年的栽培历史。该品种 50 年生树，树势中庸，树高 8 m，冠径 6.6 m。树姿开张，呈半圆球形，干性较强。树皮暗灰色，皮纹纵裂。嫩梢绿色，先端有灰白色茸毛，后脱落；成熟新梢黄褐色，皮孔较稀疏，长圆形，淡红褐色；多年生枝青灰色，枝粗壮并稍硬。芽中等大小，较饱满，圆锥形，离生，芽鳞红褐色。花白色，花瓣较厚，每花序有花 5~9 朵。叶倒卵形，较大，色深绿；先端呈尖尾状，主侧脉均较显著，叶基广圆形或截形；叶缘波状，锯齿直出而平伏，刺芒短；叶柄长 4.2 cm。

果卵圆形近圆球形，中等大小，平均单果重 181 g，大果重可达 300 g，纵径 6.5 cm，横径 6.3 cm。果皮较薄，黄绿色；果点密，灰黑色，圆形；果面光滑平整，无果锈。果梗较粗，基部略粗并稍带肉质，果梗长 3.8 cm；梗洼深狭，内有放射状条锈，有棱沟延至果肩；果肩浅波状，有 5 条不明显棱沟直达果顶；脱萼，偶见宿存，萼洼广、中深，亦有 5 条棱沟。果肉白色，质细脆嫩，石细胞少，果心小，味甜酸适口，可溶性固形物含量 13%，品质上等。

在睢宁，3 月末萌芽，4 月初展叶，4 月初开花，8 月下旬成熟，11 月中旬落叶。

萌芽力强，发枝力中等偏弱。一般发 2~3 枝，多数第三枝生长较差。以短果枝结果为主，成花易，并能连续结果，在正常管理下能高产稳产。200 多年生树仍正常结果。适应性较广，在盐、碱、旱、涝、瘠薄地均能栽培，并较抗风，不抗黑星病与食心虫。

该梨是一个优良的地方品种，适应性、抗逆力都较强，品质优良。

8. 平顶酥

别名平酥、疙瘩酥。

原产于江苏北部丰县、沛县、铜山、睢宁、宿迁、邳州等地，与‘白酥梨’‘青梨’‘棉花包’等似同出一源。从所有性状来看，是由同一自然实生梨中选出的，因为果顶宽平称“平顶酥”，简称“平酥”，又因果面凹凸不平，也称“疙瘩酥”。‘平顶酥’的分布与‘白酥梨’一样广泛，主要产区为徐淮黄河故道地区。

该品种树势强，树体高大，树姿半开张，枝较硬。30 年生树，高 10 m，冠径 7.9 m。树皮深灰色，纵裂，纹较粗，干性较强，发枝多直立，较粗壮，树冠紧密。嫩梢绿色，先端紫红色，密生白色茸毛，不久脱落；成熟新梢黄褐色，皮孔椭圆形或圆形，黄褐色，中密；多年生枝褐色。芽小，贴生，顶花芽较小，圆浑。花白色，蕾期红色，花冠小，每花序平均有花 5.6 朵，雄蕊平均为 16 枚。叶较大，卵圆形，平展，有时反卷，深绿色，富光泽，革质，较厚，先端呈尖尾状；叶缘有粗锯齿，刺芒短，开张；叶基广圆形或广楔形；叶柄长 6.1~7.1 cm。

果近扁圆形，平均单果重 190 g，大果重可达 250 g，大小整齐，纵径 6.5 cm，横径 7.4 cm。果面凹凸不平，但无沟纹，皮光滑，黄绿色；果点中大、明显，土黄色。果梗直，长 3.3 cm；梗洼浅，广圆形，四周有条锈，自梗洼延至果肩；果肩宽大，呈微波状；脱萼，萼洼深广，四周有浅沟棱，果顶微现波状。果肉白色，质松脆，汁多味甜，可溶性固形物含量 10.6%~12.1%，品质中上。

在睢宁，3 月中旬萌芽，4 月上中旬开花，8 月下旬至 9 月采收，11 月中下旬落叶。

萌芽力强，成枝力弱。以短果枝结果为主，果台不易连续结果，大小年结果现象较严重。果实不耐贮运。适应性广，整个徐淮黄河故道地区都能栽培。不抗风、耐旱、耐涝、耐盐碱，易受黑星病与食心虫危害。

该品种果肉松脆，味甜，外观亦较美。但有大小年结果现象，对栽培管理要求较高，发展受限制。

9. 水核子

别名水葫子、水葫芦、大水核子。

原产于江苏省北部，北方及上海市郊各县曾引种栽培，主要分布于徐州、淮安、扬州、盐城和连云港等地，以淮安、徐州为多。

该品种树势强，树姿开张，呈自然半圆球形。50 年生树，高 7 m，冠径 8 m。枝条密度中等，枝较软。树皮深灰褐色，裂纹细密，纵裂。嫩梢绿色，先端有白色茸毛，不久脱落；成熟新梢赤褐色，皮孔细小，明显，灰白色，隆起；多年生枝灰褐色。芽较大，褐色，离生。花芽圆钝，较小。花白色，中大，每花序有花 5~8 朵，有雄蕊 20 枚左右。叶广长卵圆形，叶薄而软，前部向下披，两侧稍向上卷，绿色，富光泽；先端呈尖尾状，叶基广楔形或截形；叶缘具浅细单锯齿，刺芒中长，开张直出。

果卵圆形，平均单果重 220 g，大果重可达 500 g，大小整齐，纵径 7.1 cm，横径 7.5 cm。果皮软薄，黄绿色，富光泽，果面平整洁净；果点圆，黄褐色。果梗长 4.2 cm，稍粗；梗洼浅小，果顶浑圆，果肩呈微波状，有放射状沟；萼宿存、闭合，萼洼广浅，果顶波状。果肉黄白色，质细脆，汁多，味淡甜，微酸，可溶性固形物含量 11.2%，果心小，品质中上。

在宿迁，3 月初萌芽，4 月上旬开花，8 月下旬果实成熟，11 月底落叶。

萌芽力强，成枝力中等，一般可发 3 枝。以短果枝结果为主，果台平均抽枝 0.51 个，连续结果率为 28.9%。花序坐果率低。易发生大小年结果现象,果实不耐贮运。易感黑星病、轮纹病,易受食心虫和吸果夜蛾危害。对肥水要求较高。抗风、抗旱,但不耐涝。

该品种果肉汁多,脆嫩,核小且软,甜味淡。

10. 棉花包

别名面包梨、梅包梨。

是睢宁、铜山一带的品种,表现与‘白酥梨’‘平顶酥’相似。在邳州、新沂、宿迁和淮安等地也有栽培。

该品种树势强,30 多年生树,高 4.4 m,冠径 5.9 m,树冠紧凑,呈半圆头形。树皮黑褐色,纵裂。嫩梢绿色,有白色茸毛;成熟新梢赤褐色,皮孔稀。芽较小,离生,短扁圆锥形,棕褐色。花白色,中大,每花序有花 5~8 朵,雄蕊 19 枚左右。叶卵圆形,叶柄特长,长度可达 6.7~9.8 cm;嫩叶紫红色,展叶后浅绿色,成叶深绿色;先端渐尖,呈长尾状,扭曲反卷;叶缘锯齿尖锐开张,刺芒中长;叶基圆形或广圆形。

果扁圆形,平均单果重 172 g,大果重可达 350 g,纵径 6.6 cm,横径 7.3 cm。果皮黄绿色,有光泽,较薄;果面有浅 5 棱沟,果实成熟时,果面呈凹凸不平的块状突起,为其特征;果点中大,黄褐色,稍密。果梗粗,长 4.1 cm;梗洼浅广,圆形,周围肋状,有条锈延及果肩;萼脱落,萼洼深广,圆形,周围有棱,有圈锈。果肉白色,果心小,石细胞中多,肉质酥松,故名“棉花包”。汁多,风味浓甜,且有香气,可溶性固形物含量 11.2%,品质中上。

在睢宁,3 月初萌动,4 月上中旬开花,8 月中旬采收,9 月上旬果成熟,11 月底落叶。

萌芽力强,成枝力弱。以短果枝结果为主,果台枝连续结果能力中等偏弱。适应性广,极耐涝,耐盐碱,对肥水要求不严。易受食心虫危害,受黑星病病害轻,不抗风。

该品种肉质酥松,味香甜,适应性广,抗逆力较强,耐粗放管理。

11. 伏酥

淮阴地方品种。现分布于淮阴、涟水、沭阳、泗阳和宿迁等地。

该品种树势强,树冠开张呈半圆球形,树高 5.8 m,冠径 7.1 m,树皮灰褐色,纵裂,粗糙。嫩梢绿色,密生灰白色茸毛,后渐脱落;成熟新梢红褐色,有稀茸毛,皮孔稀,圆形或长圆形;2 年生枝灰褐色。花白色,每花序平均有花 5 朵,雄蕊 21 枚左右。叶卵圆形,平展,深绿色,两侧向上翻卷;先端长尾尖,叶基圆形,叶缘锯齿细锐;叶柄长 4.5 cm。

果短卵圆形或近圆球形,平均单果重 189 g,大果重可达 300 g,纵径 7~8 cm,横径 6.7~8.8 cm。果皮暗绿色,稍厚,较平滑,有片锈,无光泽;果点圆,黄褐色,显著。果梗细,长 3.2 cm;梗洼浅而圆,周围有皱褶;果肩一侧略高,微显波状;萼脱落,偶有残存,萼洼广浅,周围有皱褶;果顶圆浑,略宽于果肩,亦呈微波状。果肉白色,肉质脆,汁多味甜,风味较好,可溶性固形物含量

12.9%，品质中上。

在淮安，3 月下旬萌芽，4 月上旬展叶、开花，7 月下旬至 8 月上旬采收，11 月上中旬落叶。

树势中庸，经济寿命较长，萌芽力强，成枝力中等，一般发 2~3 枝。以短果枝结果为主，果台枝连续结果能力差，坐果率中等偏高，大小年结果现象不明显。适应性广，耐旱、耐涝、耐盐碱，但不抗风。果实应市早，但不耐贮运。

12. 蜜酥

别名蜜槎子（泗阳）。

淮安市地方品种，与‘茌梨’似有亲缘关系。

该品种树势较强，70 多年生树，树高 4.8 m，冠径 5.9 m，树姿开张，呈自然半圆球形，枝较稀。树皮深灰褐色，皮纹纵裂，较粗。嫩梢绿色，先端红绿色，密生灰白色茸毛，不久脱落；成熟新梢红褐色，有稀茸毛，皮孔圆形，较稀；2 年生枝灰褐色。花白色，花蕾红色，初放时，花瓣边缘有红晕，每花序有花 4~5 朵，雄蕊 19 枚左右。叶椭圆形或长卵圆形，大而平展，色深绿，富光泽，革质；先端渐尖，叶基圆形；叶缘具粗锐锯齿，刺芒短，叶片边缘稍向上反卷。

果卵圆形或长圆形，不很整齐，果顶突起，平均单果重 250 g，纵径 8 cm，横径 7.2 cm。果皮黄绿色，较薄；果点圆形，淡灰褐色，分布均匀；有片锈，表面粗糙，无光泽，外观较差。果梗粗，长 4 cm，歪斜；梗洼浅广，形状不规则；果肩一侧略高；脱萼或宿萼，萼片开张，萼洼浅、狭；胴部宽于果肩及果顶。果心小，果肉白色，质细脆嫩，石细胞少，汁多，味浓甜，有淡香，可溶性固形物含量 13.2%，品质上等。

在泗阳，3 月下旬萌芽，4 月上旬开花，9 月上旬采收，9 月中旬果实成熟，10 月下旬至 11 月上旬落叶。

树势强，萌芽力强，成枝力中等，一般发 3 枝。以短果枝结果为主，果台枝连续结果能力一般，有腋花芽结果习性，生理落果一般。耐旱、耐涝、耐盐碱、耐瘠薄等，抗病虫害能力弱，较耐贮运。

13. 紫盖子

原产于淮安、徐州地区，分布较广，主要分布在宿迁、泗阳、涟水、睢宁、新沂、邳州。由于果形扁圆，自梗洼至果肩有片绣，色深偏紫，故称“紫盖子”。

该品种树势强，40 年生树，高 5.6 m，冠径 8.8 m，树冠圆头形。树皮黑褐色，皮纹直、粗。嫩梢绿色；成熟新梢紫褐色，皮孔圆，小而密，淡褐色，枝质较硬；多年生枝灰褐色，稍粗糙。芽中大，离生。花中大，白色，每花序有花 5~7 朵，雄蕊 18 枚左右。叶大，广卵圆形，平展，深绿色，革质，富光泽；先端渐尖，叶基广圆形；叶缘具粗钝锯齿，齿尖，内贴，刺芒短。

果圆形，平均单果重 195 g，纵径 6.7 cm，横径 7.3 cm，大小整齐。果面棕黄色，阳面有红点；

果皮中厚，有光泽，被蜡质，外观一般，有大锈盖，较粗糙；果点较小、密、圆，黄褐色，显著。果梗长 4.3 cm；梗洼深狭，有棱，果肩微显波状；萼脱落，萼洼深广，周围有棱沟，果顶呈微波状。果肉白色，质致密，石细胞多，汁多，味浓甜，浓香，可溶性固形物含量 14.1%，品质上等。

在宿迁，3 月下旬萌发，4 月上旬展叶，4 月中旬开花，9 月上旬果成熟，11 月底落叶。

萌芽力较强，成枝力亦较强，当年萌发的短枝，一般能形成花芽。以短果枝结果为主，占 93%，一般坐单果。采前落果轻，较丰产，能短期贮存。适应性广，耐瘠、耐旱、耐涝、耐盐碱。食心虫危害和黑星病、轮纹病较严重。对栽培管理要求较高。

该品种的品质、风味虽较好，但外观差，不抗病，不宜作大面积经济栽培，但可作为种质资源保存。

14. 沭阳江梨

别名沭阳浆梨。

沭阳沂河两岸地方品种。

该品种树势强，枝条中密，树姿开张，呈自然半圆球形。树皮黄褐色，纵裂，稍粗。嫩梢绿色，幼时被灰白色茸毛，后逐渐脱落；成熟新梢暗褐色，留存稀疏茸毛；皮孔圆形或长圆形，灰褐色，稀、小，不显著。芽大，圆锥形，离生。花白色，比一般品种稍大，花瓣较厚，色泽浓白，每花序有花 5~7 朵，雄蕊 13~14 枚。叶卵圆形，中大，平展；先端渐尖，略呈尾状；叶基圆形或广圆形；叶缘具粗锐锯齿，刺芒短，开张直出；嫩叶有毛；叶柄长 4.2 cm。

果倒圆锥形或倒卵圆形，整齐，平均单果重 170 g，纵径 7 cm，横径 6.8 cm。果皮黄绿色，富光泽，有小而密的锈斑；果点黄褐色，分布均匀。果梗长 4.2 cm，中粗；梗洼小、狭，果肩较圆浑；萼片残存，皱缩；萼洼广、深，果顶圆广。果肉乳白色，微显绿色，石细胞多，肉质稍粗，松脆，汁多味甜，微酸，采收时略带涩味，稍贮即消失，可溶性固形物含量 10%，品质中等。

在沭阳，3 月中下旬萌芽，4 月上旬展叶，4 月中上旬始花，8 月下旬至 9 月初果实成熟，11 月下旬落叶。

成枝力中等，一般可发 3 枝，除基部 1~3 节为盲芽或不萌发外，其余均能形成短枝，并且短枝当年可形成花芽。以短果枝结果为主，果台可萌发副梢，一般不易连续结果。适应性强，抗病虫能力较强，尤抗黑星病，易遭食心虫危害。耐瘠薄，耐粗放管理，果实不耐贮运。

15. 睢宁软枝青

与‘睢宁硬枝青’同称青梨。

原产睢宁西北部黄河故道地区。除睢宁以外，铜山、邳州、新沂、泗阳也有栽培。

该品种树势强，树体高大，40 年生树，高 6~7 m，冠径 7 m，树姿开张，呈半圆球形。树皮粗糙，皮纹纵裂，灰褐色。嫩梢绿色，先端有灰白色茸毛；成熟新梢青褐色，皮孔稀，长圆形，褐红色；2

年生和3年生枝黄褐色。芽中等偏小，扁圆锥形，半离生。花中大，白色，蕾期红色，每花序有花5~9朵，多数为6~7朵。叶宽卵圆形，平展，叶色深绿，叶片大；先端呈尖尾状，叶基广圆形或圆形；叶缘具细锐锯齿，刺芒中长；叶柄长4.5 cm。

果长卵圆形，平均单果重250 g，纵径7.8 cm，横径7.6 cm。果皮中厚，黄绿色，富光泽；果点小，圆形，淡黄褐色，分布较密。果梗长4 cm，较细软；梗洼圆，浅广，有1~2道沟纹，果肩呈波状；多宿萼，萼片反卷，开张；萼洼深广、圆形，周围有浅沟纹，果顶呈微波状。果肉乳白色，质细脆嫩，石细胞较少，汁多，甜酸适口，风味较好，可溶性固形物含量13.5%，品质中上。

在睢宁，3月底萌芽，4月初展叶，随后开花，8月下旬果实成熟，11月中旬落叶。

萌芽力强，成枝力中等，一般发3枝。初果及盛果前期多以中果枝结果，盛果期以短果枝及短果枝群结果为主。产量比‘硬枝青’略低。易成花，易稳产。适应性广，耐旱、耐涝、耐盐碱。抗病虫能力较强，易感黑星病，易遭食心虫危害。多雨年份有果锈，果实不耐贮运。

16. 黄盖

原产于徐淮地区，北起丰县，东南至涟水、沭阳、灌南、淮安、洪泽、盱眙，东至连云港等地普遍栽培。是江苏北部分布最广泛、最古老的地方品种之一。

该品种树势强，40年生树，高7 m多，冠径7.2 m，树冠圆头形，枝梢中密，枝多直立。树皮灰黑色，皮纹纵裂，粗糙。嫩梢绿色，无茸毛；新梢粗壮多直立，呈赤褐色，皮孔中大，稀疏，长圆形；多年生枝赭褐色。芽较大，长圆锥形，半离生。花白色，大，蕾期红色，每花序有花6朵左右，雄蕊14枚左右。叶卵圆形，中大，叶色深绿，平展，叶面粗糙，少光泽；先端呈尖尾状，叶基广圆形或广楔形；叶缘具粗锐锯齿，齿尖内倾，刺芒短；叶柄长4.5 cm。

果卵圆形，平均单果重156 g，大果重可达350 g，大小整齐，纵径6.3~7.5 cm，横径6.0~6.6 cm。果皮黄绿色，较粗；果点圆，淡黄白色，大而密，分布均匀。果梗长3.3 cm；梗洼小而浅，果肩有波状突起，紧裹果梗，果肩四周有锈斑，故称“黄盖”。萼片脱落，偶有宿存；萼洼深而广，周围有不明显的棱沟延及果顶。果肉乳白色，质较粗，石细胞中多，汁多味甜，微香，可溶性固形物含量11.4%~13.6%，品质中上。

在淮阴，3月上旬萌芽，4月上旬展叶，4月上中旬开花，9月上旬成熟，11月下旬落叶。

萌芽力强，成枝力中等，一般发2~3枝。2年生枝上可生短枝，并能形成花芽。以短果枝结果为主，果台枝连续结果能力强，丰产，稳产。适应性广，从徐淮到长江两岸都可栽培，对栽培条件要求不严，病虫害发生很少，耐旱、耐涝、耐盐碱，果实不耐贮运。

该品种因其抗逆性强，对管理要求不严，故易丰产。充分成熟后质脆味甜，也是抗性强的种质资源。

17. 自来始

睢宁县群众从自然杂产实生苗中选出，分布于睢宁姚集、魏集、浦棠等地。

该品种树势中庸偏弱，10 多年生树，高 3.4 m，冠径 3.2 m，树冠圆头形。树皮青灰色。嫩梢绿色，先端褐色，无毛，枝质较硬；成熟新梢褐红色；多年生枝绿褐色，皮下隐现褐红色。芽大，离生，芽鳞黑褐色。花中大，白色，蕾期红色，每花序一般有花 7 朵。叶较大，广卵圆形，叶色深绿，叶脉显著；先端呈尖尾状，叶基圆形；叶缘锯齿细锐，浅而整齐；叶柄长 7.4 cm。

果卵圆形，平均单果重 140 g，大果重可达 250 g，纵径 6.9 cm，横径 6.3 cm。果皮绿黄色，光滑细薄；果点浅黄色，小而密。果梗中粗，长 4.2 cm；梗洼浅、小，果肩一侧略高，果梗着生偏斜。宿萼，萼洼广、浅；果顶不平正，呈波状，具 5 条棱沟。果肉白色，质细，脆嫩，味浓甜，汁多，可溶性固形物含量 13.4%，品质上等。

在睢宁，3 月上中旬萌芽，4 月上旬开花，9 月上旬果实成熟，11 月下旬落叶。

萌芽力强，成枝力弱，一般发 1~2 枝。以短果枝结果为主，能连续结果，产量一般，较稳产。适应性广，在沙土、黏土上均可栽植，耐盐碱、耐旱、耐涝。在江苏各地均可栽植。抗风力强。品质较好，味甜，其风味不亚于‘茌梨’，但不耐贮运。易遭吸果夜蛾和食心虫危害，且易感黑星病，对肥水要求较高。

18. 江梨

别名浆梨、泗阳江梨。

江梨系泗阳县原产，分明浆、灰浆 2 种。该品种是明浆，1958 年在沭阳、宿迁、海州、睢宁等地引种。

该品种树势强，40 年生树，高 6 m 多，冠径 7 m，树姿开张，呈自然半圆球形。树皮灰褐色，皮纹纵裂，中等粗细。嫩梢绿色，先端紫红色，有灰白色茸毛，不久脱落；成熟新梢褐色，阳面红色，有稀疏茸毛，皮孔稀，黄褐色；多年生枝灰褐色。芽中大，半离生。花白色，平均每花序有花 6 朵，雄蕊 23 枚左右。叶中大，长卵圆形或长圆形，平展，叶色深绿，有光泽，革质；叶基广圆形或广楔形，先端渐尖；叶缘具粗锯齿，刺芒短，内贴；叶柄长 4.7 cm。

果倒卵圆形，平均单果重 141 g，大小整齐，纵径 6.8 cm，横径 6.3 cm。果皮黄绿色，有光泽，有片锈；果点圆，小而密，灰褐色或淡褐色，明显。果梗粗短，平均长 2.5 cm；梗洼浅狭，有棱沟，果肩一侧略高；宿萼，萼片半开张；萼洼圆，具 2~3 条棱沟，延及果肩。果心中大，果肉白色，质较细，致密，经后熟则转松脆，石细胞中多，汁多味甜，微酸，风味稍淡，略有香气，可溶性固形物含量 12%，品质中等。

在泗阳，3 月中旬萌芽，4 月上旬展叶，4 月中旬开花，9 月中旬果实成熟，11 月中下旬落叶。

该品种树势强，萌芽力强，成枝力弱，一般可发 2 长枝。以短果枝结果为主，易形成花芽，能连续结果，坐果率不高，较稳产，经济寿命长。适应性广，抗病虫能力较强，但果面易发生水锈、药斑，外观欠佳。

19. 睢宁青酥梨

原产于睢宁睢城、沙集、高作和魏集等乡，铜山、邳州、新沂、宿迁等地都有栽培。

该品种树势较强，26 年生树，高 5 m，冠径 6.2 m，树姿开张，树冠为半圆球形。树皮青灰色，纵裂与龟裂，粗糙。嫩梢绿色，密生灰色茸毛，后脱落；成熟新梢淡赭褐色，皮孔圆形；2 年生枝黄褐色。芽较小，离生，鳞片赤褐色。叶大，长卵圆形，深绿色，富光泽；先端渐尖，呈长尾状，叶基广圆形；叶缘略呈波状，具粗锐锯齿，刺芒直出，开张；叶柄长 7.3 cm。

果倒圆锥形，平均单果重 150 g，纵径 6.3 cm，横径 6.5 cm。果皮粗糙，淡黄色；果点大小不一，褐色，阳面果点大而密。果梗长 3.2 cm；梗洼小，两侧隆起，果肩波状。萼片多数宿存；萼洼深广，四周有不明显的棱沟。果肉白色，微含绿晕，肉质稍粗，脆，汁多，味甜酸，可溶性固形物含量 12.1%，品质中等。不耐贮藏，在雨季出现果心变黑，外表亦出现黑斑。

在睢宁，3 月上中旬萌芽，4 月上旬开花、展叶，9 月上旬至 10 月上旬果实成熟，11 月中旬落叶。

萌芽力强，成枝力中等，一般发 2~3 枝。以短果枝及短果枝群结果为主，果台枝不能连续结果，有大小年结果现象。对土壤条件要求不严，适应性广，耐盐碱、耐旱、耐涝，不抗风，对病虫抵抗力一般。

该品种适应性强，但品质欠佳，易感黑星病及褐斑病等，皮部有斑，不耐贮藏，已经逐渐被淘汰。

20. 沭阳贡梨

别名贡梨。

在沭阳县栽培历史悠久，分布于沭阳县、淮安市淮阴区北部、涟水县东北部。

该品种树冠圆头形，枝条稀疏，大枝较直立。70 年生树，高 6.8 m，冠径 6.2 m。嫩梢绿色；成熟新梢赤褐色，皮孔稀、大、圆；多年生枝暗棕褐色。芽大，离生。花较大，白色，每花序有花 5~7 朵花，雄蕊 13~15 枚。叶卵圆形，平展；先端渐尖，叶基广圆形；叶缘具锐粗锯齿，刺芒半开张。

果倒圆锥形，大小整齐，平均单果重 250 g，大果重可达 500 g，纵径 10.5 cm，横径 8 cm。果皮光滑，洁净，富光泽，绿色，成熟贮放后转为黄色；果面赭褐色，果点小、密生。果梗长 3.7 cm；梗洼正圆，浅；果肩宽圆，较果顶狭，胴部渐大，果肩下略微回缩。宿萼，萼片闭合；萼洼广圆、深，周围有皱褶，至果顶。果肉黄白色，质细脆，汁多，甜酸适口，无香气，可溶性固形物含量 11.2%。采后即食，略有涩感。常温下能存放 20 多天。品质上等。

在沭阳，3 月上中旬芽破绽，3 月下旬萌芽，4 月上旬展叶，4 月中旬开花，9 月上中旬成熟，11 月下旬落叶。

树势强，萌芽力强，成枝力弱，树冠稀疏。短枝多，寿命长，果台短果枝能连续结果，产量较稳。适应性广，耐旱、耐涝、耐盐碱、耐瘠，对病虫抵抗力较强。

该品种品质优良，外形美观，中产，稳产，抗性强，是优良地方品种。

21. 鸿门白梨

别名白梨。

连云港市鸿门果园有栽培。来源待考，按其枝叶与果实形态，亲本为‘砂梨’×‘白梨’，系当地品种的杂交后代，故列为地方品种。主要分布于连云港，徐州、扬州亦有少量栽培。

该品种树势中庸，树姿开张，树冠较小，乱头形。50 年生树，高 3.1 m，冠径 4.2 m。树皮青灰褐色，纵裂，裂纹粗。嫩梢绿色，密生白色茸毛，后脱落；成熟新梢黄绿色至黄褐色，有光泽，皮孔中大，圆形或椭圆形；老枝青灰褐色。芽离生，芽鳞黑褐色。花白色，每花序有花 4~5 朵，雄蕊 27~29 枚。叶较大，长卵圆形，深绿色；先端渐尖，呈短尾状，下弯；叶基广圆形或楔形；叶缘呈微波状，具细锐锯齿，刺芒短，开张直出；叶脉显著；叶柄长 5.6 cm。

果近球形，大小较整齐，平均单果重 195 g，纵径 6.4~6.7 cm，横径 6.4 cm 左右。果皮绿色，果面有片锈，富光泽；果点突起，黄褐色。果梗长 4.4 cm，基部膨大，肉质；梗洼浅、广、圆；果肩略高，微波状。宿萼，萼片扭曲；萼洼浅、广，四周有 2~3 条棱沟，通达果面至胴部。果肉白色，质细脆，致密，汁多，味甜，微香，略有异味，可溶性固形物含量 10%，品质中上。

在连云港，3 月末萌芽，4 月上旬展叶，4 月中旬始花，9 月下旬果实成熟，11 月下旬落叶。

萌芽力中等，成枝力一般，发 2~3 枝。以短果枝结果为主，前期落果较重，大小年结果现象不显著。耐旱、耐瘠薄，耐盐碱力一般，不耐涝。不抗风，采收前若遇大风，则落果严重。病虫害少，抗轮纹病。果皮娇嫩，受摩擦易发黑。

‘鸿门白梨’品质一般，树冠小，可密植，抗轮纹病，产量低，因果肉略有异味，无发展前景。可作为种质资源保存。

22. 白玉瓶梨

原产于江苏省宜溧山区。

该品种树势中庸，树姿半开张。30 年生树，高 5 m 左右，冠径 6 m 左右，树冠呈自然半圆球形，枝条分布中密。树皮深褐色，裂纹粗纵裂。新梢赤黄色，皮孔圆形或椭圆形，土黄色，较稀；2 年生枝暗棕色；老枝灰褐色。叶中大，卵圆或长卵圆形，平展，有光泽；先端渐尖，叶基圆形或广圆形；叶缘具粗锯齿，刺芒短，开张，直出。

果长圆形，平均单果重 239 g，纵径 7 cm，横径 6.6 cm。果皮黄绿色，有片锈，富光泽。果梗长 3 cm；梗洼圆，中深，周围有 2~3 棱沟；果肩基微波状，胴部较平缓，果顶与果肩大小相近。宿萼，萼洼深圆，亦有 2~3 条浅棱沟延至果顶，果顶内侧亦呈微波状。果肉白色，质脆，汁多，味甜，石细胞多，可溶性固形物含量12.0%，品质中上。

在宜兴，3月上中旬萌芽，4月上中旬展叶、开花，9月下旬果实成熟，11月下旬落叶。

萌芽力强，成枝力中等，一般发2~3枝，多数2枝。以短果枝结果为主，果台枝能连续结果，坐果率低，生理落果轻，大小年结果现象不明显。果实不耐贮运。适应性广，耐瘠薄，黏土、沙土均能生长，抗黑星病，食心虫危害轻。

'白玉瓶梨'为江苏省西南山区较少的绿皮品种，但品质一般。

23. 睢宁雪梨

为睢宁县古老品种。分布在姚集、古邳和刘集等地，铜山、邳州和沭阳等地也有少量栽培。

该品种树势强。25年生树，高6.6 m，冠径7.2 m。树姿开张，树冠紧密，呈半圆球形。树皮青灰色，纵裂。嫩梢绿色带红晕，密生白色茸毛，不久脱落；成熟新梢赤褐色，皮孔小，圆形或椭圆形，浅灰褐色；多年生枝青灰色。芽较大，长扁圆锥形，离生。花白色，花瓣稍厚，每花序有花5~8朵，多数6~7朵，雄蕊19枚左右。叶较大，长卵圆形，平展，叶基圆形或广圆形；先端呈尖尾状，略偏向一方；叶缘具细锐锯齿，刺芒开张，直出；叶柄长5.4 cm，较细软。

果卵圆形，平均单果重180 g，大果重可达350 g，纵径7 cm，横径5.5 cm。果皮较薄，淡黄色；果点细小，土黄色，阳面果点明显；果面洁净，光滑，平整，富光泽。果梗长4.2 cm，细软；梗洼小而浅；果肩紧裹果梗，周围略有条锈，肩狭，一侧略高。宿萼，萼洼浅、广，萼片半开张。果顶较宽大，平整。果肉白色，质细嫩脆，汁多，甜酸可口，风味稍淡，果心小，可溶性固形物含量10.7%，品质中等。

在睢宁，3月下旬萌芽，4月上旬开花，9月上中旬果实成熟，11月下旬落叶。

萌芽力强，成枝力中等，一般发3枝。以短果枝结果为主，产量较高，无明显大小年结果现象。果实不耐贮运。适应性较广，在黄河故道冲积滩地、低洼盐碱地上都能正常生长。易感食心虫、黑星病。不抗强风，遇强风则落果严重，遇多雨天气则引起裂果。

'睢宁雪梨'外观较好，但品质一般。

24. 鸿门秋白梨

于清光绪年间由海州人沈元裴从北方引入。分布于南京、徐州、南通、淮安、盐城及连云港等地。

该品种树势中庸，树冠呈自然半圆球形。50年生树，高5 m，冠径6.8 m，树姿开张，枝条中密。树皮青灰黑色，皮纹纵裂，粗糙。嫩梢绿色，密生白色茸毛，不久脱落；成熟新梢黄绿色，留有稀茸毛；皮孔稀，较小，圆形或长圆形；2年生枝黄褐色。芽较大，圆锥形，贴生。花白色，每花序有花4~7朵，雄蕊20~30枚。叶中等偏大，卵圆形，叶柄长5.1 cm，浓绿色，叶面平展；先端渐尖，尾尖部较长，叶基广圆形或广楔形；叶缘有整齐锯齿，刺芒开张，直出。

果实短圆锥形，平均单果重200 g，纵径7.6 cm，横纵6.9 cm，大小整齐。果皮黄绿色，较粗糙，富光泽，有条锈；果点小，圆，绿白色，分布不匀。果梗长3.4~4.1 cm；梗洼圆，较浅。宿萼，萼片直立；萼洼浅广，有3~4条棱沟延及果顶，与梗洼棱沟相接。果心大，果肉乳白色，质松脆，汁多，味酸甜，香气淡，可溶性固形物含量9.2%，品质中等。

在连云港，3月末至4月初萌芽，4月中上旬展叶，4月中下旬开花，9月下旬果实成熟，11月中下旬落叶。

萌芽力较强，成枝力一般。以中短果枝结果为主，短果枝群较少，果台枝连续结果能力较强，无大小年结果现象，丰产。适应性广，耐盐碱、耐瘠，较抗风，耐涝性一般，易感黑星病和轮纹病。

‘鸿门秋白梨’丰产，但品质差，易感病，不受市场欢迎，可作种质资源保存。

25. 黄皮槎

原栽培于连云港市鸿门果园，来源不明，故暂列为地方品种，现存植株已不多，零星分布于连云港及徐州市。

该品种树势较弱，树冠呈自然半圆球形。40年生树，高3.1 m，冠径4.2 m。枝条密度中等。树皮灰黑色，横裂，杂有纵裂。嫩梢绿色，先端带红色，密生灰白色茸毛，不久脱落；成熟新梢赤褐色，皮孔长圆形；多年生枝深褐色。芽较大，离生，芽鳞赤褐色。叶卵圆形，叶色较浓，叶基广圆形或广楔形，先端呈尖长尾状，叶尖下垂扭曲，叶缘具细锐锯齿，叶边缘呈波状，叶脉显著，叶柄长5.5 cm。

果实圆形，平均单果重100 g，大果重可达250 g，纵径6.3 cm，横径6.1 cm。果皮黄色，自梗洼到果肩，微现条锈；果点土黄色，较密，大小不匀，果面粗糙。果梗长4.5 cm，梗洼狭小，较浅。宿萼，萼片半开张；萼洼深、广，周围有3条棱沟，延及果顶外缘。果肉黄白色，肉质细脆，汁液中多，味甜，可溶性固形物含量12%，品质上等。

在连云港，3月中旬萌芽，4月上旬展叶开花，9月下旬果实成熟，11月下旬落叶。

萌芽力强，成枝力中等，一般发2~3枝。以短果枝结果为主，4年生和5年生短枝易形成花芽，果台枝多数为中、长枝，产量不高。适应性广，耐旱、耐涝、耐盐碱。易遭轮纹病与食心虫危害。

该品种产量较低，不宜发展。

26. 白槎子梨

原产睢宁县姚集镇李漫庄。分布于睢宁、宿迁、铜山和邳州等地。

该品种树势强。25年生树，高5.4 m，冠径6.8 m。树皮灰褐色，纵裂纹粗。大枝灰黄色；嫩梢绿色，无毛；新梢褐黄色，皮孔大，长圆形；2年生枝黄褐色。芽较大，圆锥形，离生，芽鳞棕褐色。叶较大，长卵圆形，平展，色浓绿；先端渐尖，呈长尾状，叶基圆形或广圆形；边缘具锐锯齿，刺芒平伏内倾；叶柄长 4.7 cm。

果短圆锥形，有 5 条棱沟，呈五环瓣状，平均单果重 180 g，纵径 7 cm，横径 8.5 cm。果皮细薄，果面淡黄色；果点土黄色，大小不匀，阳面果点大而粗。果梗长 3.0 cm，梗洼浅狭，有棱沟延及果肩以下。脱萼，萼洼深广，有 5 条棱沟，延及果顶至胴部，形成 5 条纵纹。果肉白色，肉质中粗，松脆，汁多，味甜适口，可溶性固形物含量 12.7%，品质上等。

在睢宁，3 月中旬萌芽，4 月上旬展叶开花，9 月中旬果实成熟，11 月底落叶。

萌芽力强，成枝力中等，一般发 3 枝。以短果枝结果为主，3 年生和 4 年生短枝结果能力最强，所占比例也最大，果台枝连续结果能力一般，无大小年结果现象。适应性广，耐旱、耐涝、耐盐碱、耐瘠，抗病虫害力强。丰产稳产，果实不耐贮运，果皮碰伤后即变黑色。

'白槎子梨' 属当地品质较好的地方品种，但因果实外观不佳，不耐贮运，影响销价，故栽培日渐减少。

27. 金坠子梨

别名黄金坠子、黄香梨。

江苏省徐淮地区的地方品种，分布在泗阳、沭阳、新沂、连云港、邳州、睢宁和铜山等地。

该品种树势强，植株高大。50 年生树，高 7 m，冠径 8 m，树姿开张，呈自然圆头形，枝条较多。树皮棕褐色，枝粗糙纵裂。嫩梢绿色，先端密生灰白色茸毛，不久脱落；成熟新梢褐红色，皮孔黄褐色，长圆形；多年生枝绿褐色。芽小，离生，芽鳞棕黑色。花白色，每花序有花 6~8 朵，雄蕊 20 枚左右。叶大、厚，长倒卵圆形或椭圆形，深绿色，富光泽，平展，稍下披；先端渐尖，尾尖短；叶基圆形或广圆形；叶缘具尖锐锯齿，刺芒开张直出；叶柄长 5.8 cm。

果卵圆形或长圆形，平均单果重 200 g，大果重可达 300 g，纵径 7.3~7.9 cm，横径 5.0~7.1 cm。果皮较厚，略粗糙，黄绿色，富光泽，有片锈；果点小而密。果梗细，长 4.4 cm；梗洼广、浅，周围有沟纹 2~3 条；果肩宽于果顶，有 2~3 条明显沟纹。脱萼，萼洼深、狭，周围有浅棱沟，延及果顶。果心稍大，果肉色白微绿，肉质细脆，石细胞较多，贮放后松脆、汁多味甜，无涩味，富香气，可溶性固形物含量 10.0%~13.4%，品质中上。

在连云港，3 月末萌芽，4 月中上旬展叶，继而始花，9 月下旬至 10 月上旬果实成熟，11 月下旬落叶。

萌芽力与成枝力均中等。以短果枝结果为主，果台枝连续结果能力中等。前期落果重，无大小年结果现象，产量较高。适应性广，耐旱、耐涝、耐盐碱。抗风力稍差，易受黑星病和食心虫危害。

'金坠子梨' 果实品质中上，产量较高，可作为种质资源保存。

28. 小银白

别名小引白、引白、小缨白（铜山）。

铜山地方品种。分布于徐州市郊、铜山、睢宁、新沂、丰县、邳州以及泗阳等地。

该品种树势强，树冠圆头形，整齐，紧密。主枝开张角度较小，顶端优势强，多直立，枝较长、软。50 年生树，高 6 m，冠径 5.5~6.0 m，树皮深灰黑色，纵裂，裂纹中粗。嫩梢绿色，无茸毛；新梢浅黄色，较软；皮孔较大，长圆形，浅灰红色，分布稀；多年生枝灰褐色。芽大，短圆锥形，离生，芽鳞棕褐色。花白色，中等大，每花序有花 5~9 朵。叶较大，长卵圆形，平展，色绿，叶背深绿色，叶脉不显著，叶端呈尖尾状，叶基圆形；叶缘具细齿，刺芒内贴；叶柄长 5.2 cm。

果近圆形，平均单果重 100 g，大果重可达 180 g，纵径 5.2 cm，横径 4.9 cm。果皮淡黄色；果点多，较大，圆形，灰褐色。果梗粗短，长 2.3 cm；梗洼浅、小，周围稍有锈；果肩两侧隆起，紧裹果梗。宿萼，萼片开张，萼洼极浅广、平正。果肉白色，肉质细脆、汁多，甜酸可口，果心小，可溶性固形物含量 11.4%。

在铜山，3 月中旬萌芽，3 月下旬至 4 月初展叶，4 月上旬开花，9 月上中旬果实成熟，11 月中旬落叶。

萌芽力强，发枝力中等，一般发 2~3 枝。以短果枝结果为主，坐果率高，果台枝连续结果能力较强，丰产，稳产，经济寿命长，果实耐贮运。适应性广，耐旱、耐涝、耐盐碱、耐瘠。抗风力强。不抗食心虫、黑星病及轮纹病。

该品种果实品质较好，但果小，不受市场欢迎。但该品种有很多的优良特性，值得作为种质资源保留，供进一步研究。

29. 大银白

别名大引白、大缨白（铜山）。

铜山地方品种。分布于宿迁、泗阳以北各地。1958 年以后，砍伐甚多，濒于湮灭。

该品种树势较强。30 年生树，高 5 m，冠径 5 m，树冠呈半圆球形，主枝角度较开张。树皮灰褐色，皮纹纵裂，粗糙。新梢黄褐色，皮孔椭圆形，淡灰色；2 年生和 3 年生枝灰黄褐色；多年生枝灰褐色。芽中大，长三角形，内贴，鳞片赤褐色。叶中大，卵圆形，平展，色绿，有光泽，叶基广圆形或广楔形；先端渐尖，呈长尾状；叶缘具锐锯齿，刺芒开张；叶柄长 5 cm。

果球形，平均单果重 90 g，大小整齐，纵径 5.3 cm，横径 5.4 cm。果皮淡黄色至黄绿色，无锈斑；果点密，圆形，大小均匀。果梗长 4.1 cm，梗洼圆浅，周围有棱沟，果肩有 2~3 条棱。脱萼，萼洼深广，四周肋状，果顶平整。果肉白色，质细脆，味甜，微香，可溶性固形物含量 12.4%，品质上等。

在铜山，3 月中旬萌芽，4 月上旬展叶，4 月中旬开花，9 月中旬成熟，11 月中旬落叶。

成枝力弱，一般只发 2 枝，单枝树势差异较大，顶端优势明显。以短果枝及短果枝群结果为主，结果以3年生和4年生果枝为好，4年生枝上的短果枝群结果能力强。花芽形成好。无大小年结果现象。适应性广，耐旱、抗风、耐瘠，耐涝性差。较耐贮运。

‘大银白’与‘小银白’均为当地优良品种，颇受群众喜爱。但因果小，不受市场欢迎，可作种质资源保留。

30. 黄香梨

原产于宿迁，分布于丰县、铜山、沛县等地。虽在江苏省徐州、连云港和扬州等市均有栽培，但未能发展，并日渐减少。

该品种树势中庸。24年生树，高4.5 m，冠径4.3 m，枝条稀疏，树冠呈自然半圆球形。树皮黑褐色，纵裂，粗糙。嫩梢绿色，密生白色茸毛，不久脱落；成熟新梢黄绿色至红褐色；皮孔大，圆形或椭圆形；多年生枝黑褐色，枝较硬。花白色，每花序有花7朵左右，雄蕊35枚左右。叶卵圆形或长卵圆形，绿色，平展，富光泽，革质；叶柄长3.0 cm；叶基广圆形或广楔形，先端渐尖；边缘具粗锯齿，刺芒长、开张。

果卵圆形，平均单果重160 g，大果重可达300 g，纵径6.6~7.9 cm，横径6.4~8.7 cm。果皮黄绿色，平整光滑；果点褐色，圆形，中大，分布密。果梗长4.7 cm，梗洼圆形，狭深。宿萼，萼片直立开张；萼洼浅广，圆形，周围有皱褶。果心中大，果肉乳白色，肉质细脆，石细胞少，汁多，味酸甜，有异味，微香，可溶性固形物含量11%，品质中等。

在宿迁，3月中旬萌芽，4月上旬开花，9月下旬果实成熟，11月下旬落叶。

萌芽力强，成枝力中等偏弱，一般发2枝。以短果枝结果为主，占84%，果台副梢平均0.5个，连续结果率32.1%。坐果率高，每花序着2~4果。适应性广，耐旱、耐涝、耐盐碱并耐瘠，对病虫抵抗力一般。

‘黄香梨’有大小年结果现象，果实有异味，甜味不浓，经多年栽培观察，优点不多，已逐渐被淘汰。

31. 泗阳马蹄黄

别名老羊蛋。

原产泗阳县。现分布于泗阳、沭阳和睢宁等地。

该品种树势强。70年生树，高6.5 m，冠径6.5 m，树冠呈圆头形，枝梢半开张；树皮褐灰色，光滑，裂纹直而粗。新梢黄褐色，皮孔大而稀，圆形或长圆形，枝质较硬；多年生枝灰褐色，光滑。花白色，花冠中大，每花序有花5~8朵，雄蕊20枚左右。叶卵圆形，中大，叶色绿，稍有光泽，革质；叶基广圆形，先端突尖；叶缘具钝粗锯齿，刺芒开张，叶缘反卷。

果卵圆形，平均单果重254 g，大小整齐，纵径8.5 cm，横径7.6 cm。果面黄色，果皮厚，富光泽；果点大，褐色，分布均匀。果梗平均长4.7 cm，梗洼浅广、圆形。脱萼，萼洼中深，广圆形。果心中大，果肉黄白色，肉质细致，石细胞少，汁多，味酸甜，风味佳，可溶性固形物含量12.5%，品质中上。

在宿迁，3月下旬萌芽，4月上中旬展叶、开花，8月中旬果实成熟，11月下旬落叶。

萌芽力强，成枝力弱。以短果枝结果为主，连续结果的果台副梢占43%，每花序一般着单果。适应性广，耐旱、耐盐碱，抗病虫力较强。

该品种采前落果较重，产量一般，但较稳产，品质较好，耐粗放管理。

32. 铁梨

邳州梨区特有的晚熟品种。近年来砍伐破坏较多，已濒临绝迹，仅铜山、睢宁、邳州等地有少数植株。

该品种树势强，植株高大，枝条直立，结果开张后呈半圆球形。新梢红褐色，皮孔圆形、小、黄褐色；多年生枝灰褐色。芽中大，贴生。叶大，卵圆形，黄绿色，平展；叶基圆形或广圆形，先端呈尖尾状；叶缘具短锯齿，齿尖内钩，刺芒半开张。

果纺锤形，平均单果重105 g，大果重可达150 g，纵径6 cm，横径5.7 cm。果皮黄色，果面有不明显棱沟；果点细，褐色，分布均匀。果梗长4 cm以上，梗洼很浅，圆形，有沟纹达果肩。脱萼，萼洼广浅，亦有沟纹及至果顶。果肉白色，初采时肉质粗硬，味淡而涩，石细胞多，不堪食用，品质中下。

在睢宁，3月中旬萌芽，4月上旬末开花，9月下旬至10月上旬果实成熟，11月中旬落叶。

萌芽力较强，成枝力中等，一般可发3枝，多短枝。以短果枝结果为主，连续结果能力强，产量高，无大小年结果现象。果实极耐贮藏，可贮至翌年5月，经贮果实风味有所好转。适应性强，耐瘠薄，病虫害少，耐粗放管理。

‘铁梨’受外来品种冲击已渐被淘汰，可作种质资源保存利用。

33. 睢宁蜜梨

别名蜜槎子。

原产于泗阳、睢宁等地，分布于淮安、铜山、宿迁等地。

该品种树势较强。25年生树，高5.4 m，冠径6.6 m，树冠呈半圆球形；树皮灰黑色，纵裂，纹细。新梢赭褐色，皮孔少，长圆形；2年生枝灰黄色。芽大，圆锥形，离生，芽鳞赭褐色。叶大，长卵圆形，深绿色，平展；先端渐尖，呈尖尾状，叶基广圆形；叶缘具细锯齿，刺芒内倾；叶柄长3.5 cm。

果卵圆形，平均单果重122 g，大果重可达200 g，纵径5.3 cm，横径5.9 cm。果皮黄色，皮细薄，光滑，平整；果点小，褐黄色。果梗长3.4 cm，较粗；梗洼狭，紧裹果梗。宿萼，萼洼深广，果顶宽平。果心小，果肉乳白色，质脆嫩，汁多味甜，可溶性固形物含量13.1%，品质上等。

在睢宁，3月中旬萌芽，4月上旬展叶、开花，9月中下旬成熟，11月中旬落叶。

树势较强，萌芽力强，成枝力弱，一般发2~3枝，以短果枝及短果枝群结果为主，连续结果能力强。无大小年结果现象。适应性广，耐旱、耐涝，易感黑星病。

34. 木梨

别名木果子。

原产于铜山，是一个古老的地方品种。分布在铜山东南至睢宁东南一带。

该品种树势中庸。30多年生树，高6.7 m，冠径5.6 m，枝条分布较密，树冠呈圆头形。树皮灰黑色，纵裂，裂纹粗。成熟新梢赭褐色，皮孔黄白色，圆形，分布稀。芽较大，离生。叶大且厚，富光泽，呈广卵圆形；先端渐尖呈长尾尖状，叶基圆形；叶缘波状，具尖锐的细锯齿，刺芒开张。

果倒卵圆形，果肩窄，一侧突起，紧裹果梗，平均单果重200 g，大果重可达500 g。果皮厚，粗糙，果面黄绿色，阳面锈斑较多；果点明显，大小不一。果梗长2.4 cm，附着部膨大肉质化，无梗洼。脱萼，萼洼圆形，浅、长、小，有5条棱沟，延及果顶。果肉乳白色，初采时肉质坚硬，石细胞大而多，味酸涩；经后熟则果皮变薄，色黄，果肉酥脆，汁多，味酸甜，风味转佳，品质中上。

在铜山，3月上中旬萌芽，4月上旬开花，10月上中旬果实成熟，11月中旬落叶。

萌芽力强，发枝力中等偏强。以短果枝结果为主，结果枝寿命长，果台枝能连续结果，产量较高而稳。适应性广，耐瘠、耐旱、耐涝、耐盐碱；不抗风，较抗病虫，几乎无食心虫危害；耐贮藏，可贮藏至翌年5月。

该品种耐藏、抗病虫、耐粗放管理，作为种质资源保存利用。

35. 水鲜梨

别名四瓣子。

原产宿迁蔡集、支口一带。

该品种树势中庸，树姿半开张，呈半圆头形，树高5.2 m，冠径6.8 m。树皮深灰褐色，纵裂，裂纹较粗。嫩梢绿色，新梢红褐色，皮孔大而密，枝较软；多年生枝灰褐色。花绿白色，花冠大，每花序平均有花6朵，雄蕊23枚左右。叶长卵圆形，深绿色，平展，质薄，少光泽；先端突尖，叶基广圆形；叶缘具细锯齿，刺芒短，开张直出；叶柄4.8 cm。

果圆球形，平均单果重170 g，大小整齐，纵径6.6 cm，横径6.8 cm。果面黄色，皮薄，富光泽，被蜡质，果面凹凸不平；果点多，较大，黄褐色，分布均匀。果梗长4 cm左右；梗洼浅狭，周围有棱；果肩及果顶均呈波状，有5棱。果肉白色，质细脆，汁多，味甜，风味浓，微香，可溶性固形物含量11.75%，品质中上。

在宿迁，3月下旬萌芽，4月中上旬开花，9月上旬果实成熟，11月底落叶。

萌芽力强，成枝力中等。以短果枝结果为主，果台都可抽生短枝，每花序坐果1~2个。高产稳产。适应性广，耐瘠、耐盐碱。除黑星病外，其他病害很少，不抗食心虫。

‘水鲜梨’对栽培管理要求不严，供应期较长，品质、风味均好。

36. 酥瓜梨

来源不详，原栽培于连云港市鸿门果园。该市海州园林果园及孔望山果园有少量栽培。

该品种树势较强。70 余年生树，高 5.3 m，冠径 5.9 m，树冠呈圆头形，枝条分布较密。树皮灰黑色。嫩梢绿黄色带褐晕，密生棕色茸毛；成熟新梢赭黄色，皮孔圆形，较大，分布稀，先端残留茸毛；2 年生枝黄褐色。芽宽圆锥形，离生。花白色，每花序有花 7~9 朵，雄蕊 28~32 枚。叶平展，呈广卵圆形，浅绿色，叶薄质脆；先端渐尖，叶基广楔形；叶缘锯齿粗，刺芒直出；叶柄长 4 cm 左右。

果短葫芦形，平均单果重 250 g，纵径 8.7~9.1 cm，横径 9 cm。果皮薄，黄绿色，有片锈，富光泽；果点大。果梗长 4.5 cm，梗洼圆、浅，周围有浅棱沟，果肩平整。脱萼，稀宿萼，萼洼深、狭，有 1~2 条棱沟延及果顶。果心小，果肉淡绿白色，质细脆致密，石细胞少，汁多，味甜酸，稍淡，略涩，微香，不耐贮运，可溶性固形物含量 10%，品质中下。

在连云港，3 月下旬萌芽，4 月中上旬展叶，继而开花，9 月中旬成熟，11 月下旬落叶。

萌芽力强，成枝力弱。以短果枝和短果枝群结果为主，果台枝能连续结果，前期落果较重，大小年结果现象明显。果实贮藏后风味转佳。适应性较广，耐旱、耐涝、耐盐碱。但不耐瘠，对肥水要求高，抗虫力弱，不抗风。

酥瓜梨可作为种质资源保存。

37. 砀山马蹄黄

原产于丰县及砀山县。因系酥梨较好的授粉品种，故传播很广。分布以徐州、淮安和扬州等市为主。

该品种树势强，树冠不开张。24 年生树，高 4.5 m，冠径 5 m，枝条粗壮。树皮深褐色，裂纹直，较粗。嫩梢油绿色，先端带褐色晕，密生白色茸毛；成熟新枝绿褐色，皮孔显著，呈圆形或长圆形，灰褐色；多年生枝灰褐色。芽短圆锥形，红褐色，离生。花白色，间有重瓣者，每花序有花 6~9 朵，多数为 7 朵，花粉多。叶倒卵圆形，平展，两侧略向上反卷；先端渐尖，叶基广圆形；叶缘锯齿细锐，刺芒直出。

果扁圆形，平均单果重 168 g，纵径 6.8 cm，横径 6.6 cm。果皮绿黄色，阳面有浓黄色晕；果点淡褐色，细而密。果梗长 2 cm，梗洼中深，四周有条锈，具 2 条沟纹并延及果肩。脱萼或稀宿萼，萼洼深广，果顶平略显偏斜。果心小，果肉白色，肉质细，石细胞少，松脆多汁，味甜偏酸，可溶性固形物含量 11.0%~12.2%，品质中等。果实耐贮藏，贮藏后品质风味有所改善。

在睢宁，3 月中旬萌动，4 月上旬初花，继而盛花，9 月中旬果实成熟，11 月中旬落叶。

萌芽力强，成枝力中等。以短果枝及短果枝群结果为主，果台枝连续结果能力较强，坐果率高，每花序可着1~3个果。采收过迟时有落果现象。适应性广，耐盐碱、耐旱、耐涝，易感黑星病。

该品种耐粗放管理，丰产稳产，耐贮运，但品质差，易感黑星病，故只宜作砀山酥梨的授粉品种。

38. 鸡瓜黄

原产于丰县与砀山县一带。主要分布在徐州、连云港、淮安和盐城等地，扬州、南京也有少量栽培，多作‘白酥梨’的授粉树用。

该品种树势强。25年生树，高4.2 m，冠径5.5 m。树冠圆头形，树姿开张。树皮深灰褐色，皮纹纵裂，较粗。嫩梢绿色，先端微红，密生白色茸毛，不久脱落；成熟新梢黄色，皮孔淡褐色，分布密，中大，圆形，明显；多年生枝灰褐色至深褐色。花粉较多。叶中大，卵圆形，叶色深绿，革质，富光泽；先端渐尖，叶基广圆形；叶缘具细锯齿，有短刺芒，叶边缘波状。

果卵圆形，平均单果重139 g，纵径6.4 cm，横径6.3 cm。多数果上部呈尖嘴形，无明显果肩，与鸭梨相似，梗洼小而浅，果梗附着部膨大、肉质，果肩多数有一侧突起。脱萼，萼洼中深、较小、圆形。果皮绿黄色，常有黑色污斑纹；果点小而密。果肉白色，质粗味酸，石细胞较多，果心也较大，可溶性固形物含量11.5%~13.4%，品质中下。

在高邮，3月中旬萌芽，4月中旬展叶开花，9月下旬果实成熟，11月下旬落叶。

萌芽力强，成枝力弱，枝条生长极性强。以短果枝及短果枝群结果为主。适应性广，抗病虫。

该品种果实耐贮藏，贮藏后品质转佳，并有香气。原作授粉树用，因品质较差，产量又低，已逐渐被淘汰。

39. 歪尾巴糙梨

原产于丰县与砀山县一带，其来源已无从查考，可能与‘茌梨’同源。零星分布于徐州、淮安的黄河故道地区，扬州亦有少量分布。

该品种树势中庸，树姿开张，呈自然半圆球形，树皮深褐色。皮纹纵裂，中粗。嫩梢绿色，密生白色茸毛，不久脱落；成熟新梢赤褐色，皮孔大，较稀；多年生枝暗褐色。芽中大，离生。花白色，蕾期红色，每花序有花6~8朵，雄蕊18枚左右。嫩叶紫红色，有白色茸毛，不久脱落；叶中大，深绿色，革质，卵圆形，平展，略下披；先端呈长尾尖，叶基圆形或广圆形；叶缘具锐锯齿，有刺芒。

平均单果重200 g，纵径8.4 cm，横径7.7 cm。果面黄绿色；果点大而粗，少光泽。果梗长4.3 cm，粗硬，锈褐色；梗洼浅，萼洼深，周围有皱褶，梗洼与萼洼周围都有部分锈斑。果心中大，果肉乳白色，肉质细，脆嫩，石细胞少，汁液较多，味浓甜，微酸，可溶性固形物含量11%，品质中上。

在泰州，4月上旬萌芽，4月中旬开花，9月中下旬果实成熟，11月中旬落叶。

成枝力中等。以短果枝及短果枝群结果为主，有少数腋花枝结果，果台枝连续结果能力强，易丰产。适应性广，耐旱、耐涝、耐盐碱，抗病虫能力中等，不抗黑星病。花期抗晚霜能力弱。

该品种适应性强，抗病力中等，产量较高，并易丰产，但品质欠佳。

40. 砀山鹅梨

原产于丰县与砀山县一带，徐州、淮安等地均有分布。盐城、连云港、南京和扬州等地均曾引种。

该品种树势强。25 年生树，高 5.2 m，冠径 6.2 m。树势开张，树冠呈自然半圆球形。大枝开张及至下垂，树皮深灰色，裂纹粗。嫩梢绿色，密生白色茸毛，不久脱落；成熟新梢黄褐色，皮孔大、淡褐色；多年生枝深褐色。芽较大，离生。花白色，中大，每花序有花 6~8 朵，雄蕊 23 枚左右。叶较大，倒卵圆形，深绿色；先端长尾尖，叶尖细，叶基广圆形；叶缘具中粗锯齿，刺芒内贴；叶片两侧呈微波状，叶柄长 3.8 cm。

果倒卵圆形，平均单果重 270 g，纵径 9.5 cm，横径 7.8 cm。果面绿黄色；果点小，密生，显著。果梗长 4 cm，着生偏斜；梗洼小、浅，有浅沟纹；果肩波状，一侧略高；果顶平广。脱萼，萼洼广、中深。果肉黄白色，质脆味甜，石细胞较少；采后即食，味酸涩，经贮藏后味转甜，肉质也越来越松脆；可溶性固形物含量 13.3%，品质中上。

在睢宁，3 月中上旬萌芽，4 月上旬初花，继而盛花，果实 9 月中旬成熟，11 月下旬落叶。

萌芽力中等，成枝力弱，一般发 2 枝，易形成短果枝。以短果枝及短果枝群结果为主，坐果率高。较丰产，有大小年结果现象。适应性广，耐旱、耐涝、耐盐碱，在多雨、高温地区易感黑星病。

‘砀山鹅梨’为品质较好的晚熟品种，耐贮运。

41. 青皮糙梨

别名兔头糙梨。

丰县、砀山县地方品种，分布于徐州市各县，以黄河故道地区为主。1958 年扬州、淮安和盐城等地引种，有少量栽培。

该品种树势强。14 年生树，高 4.9 m，冠径 5.1 m，树冠呈自然半圆球形。树干深灰色，树皮纵裂，裂纹粗糙。嫩梢绿色，先端密生灰白色茸毛，不久脱落；成熟新梢绿褐色；多年生枝褐色。皮孔稀，较大，圆形。花白色，中大，每花序有花 5~8 朵，雄蕊 20 枚左右。叶卵圆形，较小，平展，而两侧向上反卷呈波状；先端渐尖，叶基广圆形；叶缘具细锐锯齿，刺芒开张。

果长圆形，平均单果重 211 g，纵径 7.5 cm，横径 6.4 cm。果梗长 4.2 cm，梗洼浅广，略显棱起，有锈斑；果肩圆形波状，偏斜，一侧略高；胴部渐大，到胴下端，则略收缩；宿萼，萼洼深狭，周围皱褶；果顶平宽，呈偏斜状，有大小锈斑，较粗糙。果肉乳白色，肉质较细、松脆，石细胞中多，汁多味甜，并有香气，可溶性固形物含量 11%，品质上等。

在泰州，4 月上旬萌芽展叶，4 月中旬开花，9 日中下旬果实成熟，11 月下旬至 12 月上旬落叶。

萌芽力、成枝力中等，一般发 3 枝。以短果枝结果为主，果台连续结果能力较强。适应性广，耐旱、耐涝、耐盐碱，亦较抗风，但易感染黑星病。

‘青皮糙梨’品质虽较好，但外观欠佳，销售不畅，已逐渐被淘汰。

42. 砀山面梨

别名香面梨。

原产于丰县与砀山县一带。1958 年淮安、扬州和盐城等地均有引种，数量很少。

该品种树势强。24 年生树，高 4.5 m，冠径 4.2 m。干性强，枝梢生长粗壮；树皮青灰色，纵裂。嫩梢暗绿色，密生白色茸毛，不久脱落；成熟新梢绿褐色。皮孔稀，不明显；多年生枝灰褐色。芽较大、饱满、贴生，芽枕较大。花白色，大型，花瓣较厚。每花序有花 6~8 朵，雄蕊 18 枚左右。叶大，广卵圆形，色浓绿，叶片两侧边缘略向上翻卷；先端渐尖，叶基圆形，叶缘锯齿锐，刺芒较长，直出；叶柄长 6 cm 左右。

果圆球形，整齐，平均单果重 223 g，纵径 8.4 cm，横径 8.8 cm。果皮光滑平整，无锈斑，富光泽；果面绿黄色，阳面被杏黄色晕；果点淡锈褐色，大而密。果梗长 2~3 cm，附着部膨大肉质化，梗洼浅，周围有沟纹。宿萼，稀脱萼，萼片交叉闭合，萼洼深广，间有棱沟，果顶较平整。果心中大，果肉乳白色，质细脆，可溶性固形物含量 13.5%，品质上等。

在泰州，3 月下旬萌芽，4 月中旬开花，9 月中旬果实成熟，11 月中旬落叶。

萌芽力中等，成枝力弱，多数发 1~2 枝，枝较粗壮。以短果枝结果为主，雄蕊多退化，无花粉。果台抽枝能力弱，多叶丛枝。连续结果力弱，有大小年结果现象，采前落果严重。产量不高。适应性强，在江苏省各地表现较好，但易感黑星病。

43. 青皮早梨

宜溧山区地方品种，由于果实锈皮中露出较多青色部分，且成熟较早故名。分布于宜兴、溧阳、金坛等地山区。

该品种树势中庸，树势半开张，呈高圆头形，枝条密度中等。70 余年生树，高 5 m 左右，冠径 4.5 m 左右。树皮褐色，粗糙。新梢赤黄色；2 年生枝棕褐色；多年生枝黄褐色。花白色，稍大，每花序有花 6~7 朵，雄蕊 26~30 枚。叶绿色，卵圆形，较小，叶片扭转，先端渐尖，叶基圆形，叶缘有粗锯齿。

果圆形，平均单果重 150 g，大小整齐，纵径 6.5 cm，横径 6 cm。果皮锈红色间黄绿色。果梗长 4 cm 左右，梗洼正圆、中深、宽广；脱萼，萼洼圆、深、广，周缘有浅皱褶；果顶、果肩、胴部均圆整。果心中大，果肉白色，质脆汁多，味酸甜，品质中等。

在溧阳，3 月中上旬萌芽，4 月初展叶，4 月上旬开花，7 月下旬成熟，11 月上中旬落叶。

萌芽力强，成枝力中等，一般发 3 枝。以短果枝结果为主，果台枝能连续结果，有大小年结果现象，前期落果严重。耐旱，较耐涝，较耐瘠，抗黑星病，虫害较轻。

44. 罗汉脐梨

宜兴、溧阳的古老地方品种。分布于宜兴、溧阳、金坛、高淳和溧水等地。分布虽广，但数量不多，大都零星栽植于农家宅旁、田边场头。

该品种树势中庸，树姿开张。7 年生树，高 2.8 m，冠径 1.8 m；幼树呈圆锥形，成年后开张呈半圆球形，枝条稀疏；树皮深灰色，皮纹较粗。嫩梢绿色，新梢红褐色，皮孔稀，圆形，转小；多年生枝灰褐色。芽大，长而尖，离生。花白色，蕾期红色，花瓣有红晕，每花序有花 6~8 朵，雄蕊 23~29 枚。叶中大，卵圆形，深绿色，较厚；先端急尖，叶基圆形；叶缘具细锐锯齿；叶柄长 3.7 cm。

果扁圆形或圆球形，平均单果重 190 g，大小整齐，纵径 6.6 cm，横径 7.5 cm。果皮褐色，手感粗糙；果点圆形或椭圆形，褐色。果梗长 3.9 cm，梗洼广圆，周围略皱褶；果肩呈微波状；脱萼，萼洼中深、较广；果顶平而萼洼浑圆如肚脐之凹陷，故名“罗汉脐”。果心中大，果肉黄白色，质细松脆，汁多味甜，微香，可溶性固形物含量 14.5%，品质中等。

在溧阳，3 月中上旬萌芽，4 月初展叶，继而开花，9 月上中旬果实成熟，11 月下旬落叶。

萌芽力中等，成枝力一般，可发枝 2~3 枝。以短果枝结果为主，果台枝连续结果能力稍弱。较丰产，大小年结果现象不严重。果实常温下可贮放 50 天左右。耐旱，耐瘠，较抗病虫。

45. 五爪龙梨

宜溧山区古老品种，但因品质差而有被淘汰的趋势。

该品种树势较强，树冠呈自然半圆球形。30 年生树，高 5.7 m，冠径 6 m，枝条密度中等，开张角度较大。树皮深灰褐色，皮纵裂，裂纹粗。嫩梢绿色；成熟新梢黄褐色，皮孔大，圆形或长圆形，分布较稀。花较大，瓣较厚，色白，每花序有花 6~8 朵，雄蕊 26~30 枚。叶较大，呈卵圆形；先端渐尖，叶基心脏形，叶缘具粗锯齿；叶片两侧略向上翻卷。

果卵圆形，平均单果重 140 g，大果重可达 250 g，纵径 6.0~7.5 cm，横径 5.5~6.5 cm。果皮较粗糙，呈锈黄色；果点多，有果点锈。果梗长 5 cm，梗洼圆形，中深；宿萼，萼洼广浅；有 5 条棱沟直达果顶。果肉白色微绿，石细胞较多，质脆汁多，味甜，风味较淡，可溶性固形物含量 9.4%，品质中下。

在溧阳，3 月中上旬萌芽，4 月初展叶，4 月上旬开花，9 月下旬成熟，11 月上中旬落叶。

萌芽力强，成枝力中等，一般可发 3 枝。以短果枝结果为主，果台枝能连续结果，无大小年结果现象，短枝寿命约 5 年，自然更新慢。适应性广，耐瘠、耐旱、耐涝；对病虫害抵抗力强。

46. 瓜瓤黄条梨

别名黄条、条黄。

江苏省南部山区的古老地方品种，分布于宜兴、溧阳、高淳和南京等地山区，多为散生，保存植株不多。

该品种树势中庸。40年生树，高4.2 m，冠径5 m，枝条稀疏，树姿开张，呈自然半圆球形。树皮深灰褐色，皮裂较粗。嫩梢绿色，先端密生灰白色茸毛，不久脱落；成熟新梢棕褐色，皮孔稀、小；多年生枝灰褐色。花白色，蕾期红色，每花序有花5~7朵，雄蕊24~32枚。叶中大，卵圆形，叶片扭曲；先端渐尖，叶缘具细锐锯齿，叶基圆形；叶柄长4.5 cm。

果多呈圆形，间有短长圆形或扁圆形，大小整齐，平均单果重170 g。果面光滑，果点密。果梗长4.5 cm；梗洼狭陡，有5条棱沟。脱萼，萼洼深广，周围有5条棱沟与梗洼相对应，延伸相接，则果面有如瓤瓣状棱沟，故得名。果心大，果肉乳白色，汁多味甜，质脆略粗，石细胞稍多，微香，可溶性固形物含量10.8%，品质中等。

在溧阳，3月中上旬萌芽，4月初展叶，4月初开花，8月下旬果实成熟，11月中旬落叶。

萌芽力及成枝力均中等，一般发2~3枝。以短果枝结果为主，果台枝连续结果能力较强，生理落果较重。较稳产，适应性较广，宜在中性至微酸性土壤生长，一般栽于河谷地带、山间台地和平地。抗病虫，但轮纹病较重。

47. 白金花梨

宜溧山区著名的古老地方品种。抗战前为沪宁线的畅销品种，分布较广，遍及吴县、东山、宜兴、溧阳、高淳、溧水、句容、镇江、江宁、六合和江浦等地区。1949年后，由于兴建水利和交通设施，砍伐较多，而发展较少。

该品种树势中庸，干性较强，树姿半开张，呈圆头形，树高4.8 m，冠径4 m左右，枝条较密。树皮深灰色，皮纹纵裂，较细。新梢黄绿色，较软；1年生枝赤褐色，多年生枝灰褐色，皮孔圆形，较小，分布稀。花白色，每花序有花6~8朵，雄蕊23~28枚。叶卵圆形，平展，较薄，绿色；先端急尖，叶基圆形，叶缘具细锯齿；叶柄长3.6 cm。

果圆形或扁圆形，大小整齐，平均单果重120 g，纵径5 cm，横径6 cm。果皮黄绿色，光滑平整；有果点锈和片锈覆盖，果肩、果顶大都满锈，胴部锈斑分布较稀，散现出表皮的黄绿底色，故名“白金花”。果梗长2 cm左右；梗洼圆，中深。脱萼，萼洼圆广，较深。果心较小，果肉乳白色，质细松脆，石细胞少，汁多，甜酸适口，略有香气，可溶性固形物含量13.4%，品质上等。

在溧阳，3月中下旬初萌芽，4月初展叶，4月上旬开花，9月上中旬果实成熟，11月中下旬落叶。

萌芽力与成枝力均中等，一般发3枝。以短果枝结果为主，无大小年结果现象。适应性较广，较抗黑星病。食心虫危害较重，对肥水要求较高。

48. 牛卵泡梨

江苏省西南山区地方品种，主要分布于宜兴、溧阳、金坛、江宁等山区。零星分散，数量不多。

该品种树势较强。30 多年生树，高 4.2 m，冠径 4.7 m，树冠呈自然半圆球形。树皮深灰褐色，皮纹粗糙。新梢黄绿色，较软；2 年生枝棕褐色，老枝褐色；皮孔圆形或椭圆形，较大，稀疏。花白色，略带淡红晕，每花序有花 5~7 朵，雄蕊 23~26 枚。叶长圆形，中等大，绿色，较厚；先端急尖，叶基圆形，叶缘具细锐锯齿；叶片扭曲。

果长卵圆形，平均单果重 200 g，大果重可达 300 g，纵径 8.2 cm，横径 6.7 cm。果皮黄绿色，多片锈；果点黄白色，分布均匀。果梗长 3 cm，梗洼正圆，中深广。宿萼，萼片闭合，萼洼浅狭。果肉白色微绿，质脆，石细胞含量一般，汁多，味甜稍淡，初采时微有涩味，贮存几天后风味转好，可溶性固形物含量 9.8%，品质中等。

在溧阳，3 月上中旬萌芽，3 月末至 4 月初展叶，4 月初开花，果实 8 月下旬至 9 月上旬成熟，11 月上中旬落叶。

萌芽力与成枝力均中等，一般发 2~3 枝。以短果枝结果为主，果台枝能连续结果，无大小年结果现象，果实不耐贮运。抗逆性强，耐旱、耐涝、耐瘠，较抗病，但易感轮纹病，不抗虫。

49. 溧阳秋半斤梨

品种来源不详，暂列入地方品种。分布于宜兴、溧阳、金坛和南京一带丘陵山区，为数不多。

该品种树势强。15 年生树，高 5 m，冠径 6 m，树冠半开张，呈自然半圆球形，枝条较密。树皮深灰褐色。嫩梢绿色，密被灰白色茸毛，不久脱落；成熟新梢绿褐色，先端残存稀疏茸毛，皮孔圆形；2 年生枝黄褐色。叶椭圆形，中大，平展；先端渐尖，叶基圆形；叶缘具粗锐复锯齿，刺芒短。

果葫芦形，大小较整齐，平均单果重 250 g，纵径 7.6 cm，横径 6.6 cm。果面黄色，少光泽，多小片果锈；果肩、梗洼周围有大片锈斑，果皮粗糙。果梗长 4.5 cm，梗洼正圆、中深。宿萼，萼片直立，萼片基部呈瘤状突起，果顶亦有大锈片。果肉白色，肉质致密，汁多味酸甜，有香气，可溶性固形物含量 12.8%，品质中上。

在金坛，3 月中上旬萌芽，4 月初展叶，继而开花，9 月中上旬果实成熟，11 月中旬落叶。

萌芽力和成枝力均中等，一般发 3 枝。以短果枝及短果枝群结果为主，果台枝能连续结果，生理落果轻，丰产稳产。果实耐贮藏。适应性广，耐瘠，耐粗放管理。病虫害少。

50. 小紫酥梨

别名砀山雪花梨、蜜梨。

原产于丰县与砀山县一带。在徐州、连云港、淮安和盐城等市都有栽培，在沿江的扬州、镇江、南通及南京等市亦有少量栽培。因系褐皮品种,不受市场欢迎,故只作授粉树栽植。

该品种树势中庸。30 年生树,高 4.2 m,冠径 4.5 m,树冠开张,呈圆头形。树皮深褐色,皮纹中粗。嫩梢深绿色,先端紫红色,密生白色茸毛,后脱落;成熟新梢黄褐色,阳面赭褐色,枝较细;皮孔稀,圆形或椭圆形,灰褐色,明显;多年生枝灰褐色。芽稍大,离生,芽尖向内钩。花白色,较大,每花序平均有花 6 朵,间或有重瓣者,雄蕊 23 枚左右。叶长卵圆形,色绿,有光泽,叶面光滑;叶缘具细锐锯齿,刺芒内贴;叶基圆形,两侧微波状,内卷;先端呈尖尾状;叶柄长 5.4 cm,略呈淡红色。

果圆球形或卵圆形,大小整齐,平均单果重 152 g,纵径 6.2 cm,横径 6.1 cm。果皮赭红色,果面光滑;果点小,褐黄色,分布密。果梗长 3.4 cm,附着部略膨大成肉质,着生状态略偏斜;梗洼狭浅,周围有沟纹延及果肩。脱萼,稀宿萼;萼洼深广,周围有棱沟直至果顶。果肉乳白色,肉质致密,松脆汁多,味甜,石细胞大,成熟时略有涩感,微香,可溶性固形物含量 13.8%,品质中上。

在徐州市,3 月中旬萌芽,4 月上旬初花,4 月初盛花,9 月中下旬果实成熟,11 月中旬落叶。

萌芽力强,成枝力弱,一般发 2 枝。以短果枝结果为主,短果枝结果寿命较短,果台抽生副梢能力不强,连续结果能力弱,产量低,且有大小年结果现象。适应性较广,对田间管理要求高。

该品种外观美、风味好、甜味浓,可作为种质资源保存。

51. 红麻槎子

别名麻皮糙。

睢宁古老地方品种,分布于睢宁、铜山、宿迁和邳州等地。

30 年生树,高 5.2 m,冠径 7.4 m,树冠开张,呈自然圆头形,枝条较密,主干灰褐色,树皮纵裂,较粗。嫩梢绿色,无茸毛;新梢赤褐色,皮孔椭圆形,灰白色;多年生枝灰褐色。芽大而长,离生。花中大,白色,蕾期红色,每花序有花 6~9 朵。叶大,长卵形,深绿色;先端呈长尾尖,叶基圆形;叶缘具粗锐锯齿,齿尖内倾,刺芒细;叶柄长 4.4 cm。

果实圆形或卵圆形,大小整齐,平均单果重 204 g,纵径 7.4 cm,横径 6.2 cm。果皮粗糙,黄褐色,阳面红褐色;果点大,灰褐色,密布全果,近萼洼处较小而密集。果梗长 2.8 cm;梗洼深广,有 5 条浅棱沟,延至果肩直达萼洼,果肩略偏斜。脱萼,萼洼浅。果心小,果肉黄白色,肉质较粗,石细胞多,成熟后松脆,汁多,味甜,略酸,可溶性固形物含量 11.2%,品质中等。

在睢宁,4 月初芽开绽,4 月初展叶开花,9 月中旬采收,11 月底落叶。

萌芽力强,发枝力弱,一般发 1~2 枝。以短果枝结果为主。适应性广,江苏省南北各地均可栽植,耐旱、耐涝、耐盐碱。不抗风,易遭食心虫危害。

52. 睢宁红梨

别名咽口红。

睢宁西北部地方品种，邳州东南、宿迁西部一带也有分布。

该品种树势强。46 年生树，高 6 m，冠径 8.7 m，树冠呈自然半圆球形，主枝开张角度大。树皮灰褐色，皮纹粗。嫩梢深绿色，新梢黄褐色，2 年生枝青灰色，多年生枝灰褐色。芽大，离生，芽鳞深褐色。花白色，叶色深；叶缘有粗锯齿，整齐；先端呈尖尾状，叶基圆形或广楔形；叶柄长 4.2 cm。

果实广纺锤形或椭圆形，平均单果重 175 g，纵径 6.1~6.8 cm，横径 5.6~6.1 cm。果面棕褐色；果点土黄色，不明显，分布在肩部和阳面的较大，表面粗糙。果梗长 3.6 cm，梗洼狭浅、平整，果肩较窄。宿萼，萼洼深广、平整，胴部圆深。果心小，果肉白色，肉质略粗，松脆，石细胞多，采后即食，汁多味甜，带有涩味，经后熟则消失，品质中等。

在睢宁，3 月中旬萌芽，4 月中旬展叶开花，10 月中旬成熟，11 月中旬落叶。

萌芽力强，成枝力低，一般只发 2 枝。以短果枝结果为主，无大小年结果现象，果实耐贮运。适应性广，耐旱、耐涝、耐寒、耐瘠，病虫害少。

53. 石嘴梨

别名石榴嘴。

铜山、睢宁西北梨区的品种，分布在铜山、邳州和睢宁等地，数量不多。

该品种树势强。50 年生树，高 8 m，冠径 9 m，树冠开张呈半圆球形，枝条较多，树皮灰黄褐色，皮纹粗。嫩梢绿色，有灰白色茸毛，后脱落；成熟新梢青褐色，皮孔稀，长圆形，浅灰色；2 年生枝褐色。芽小，扁圆锥形，红褐色，离生。叶大，长卵圆形，平展，深绿色；先端呈长尾，叶基圆形；叶缘具粗锯齿，刺芒直出。

果实纺锤形，平均单果重 150 g，纵径 6.2 cm，横径 5.6 cm。果皮黄褐色；果点细密，棕色，有锈斑，在果肩、果梗周围较多较大。果梗长 3 cm，梗洼圆、浅小；果肩整齐下披。宿萼，萼片开张；萼洼浅小，与萼片连着处相应地呈瓣状隆起，状似石榴"嘴"（萼筒）；果顶较平宽，大于果肩。果肉黄白色，肉质脆，石细胞较多，汁多，味酸甜，经几天贮放质转松，味转甜，果心较大，品质中等。

在睢宁，3 月中旬萌芽，4 月初展叶，4 月上旬开花，9 月中旬成熟，11 月中旬落叶。

萌芽力及发枝力中等。以短果枝结果为主，坐果亦好，较丰产稳产。适应性广，对土质选择不严，较抗黑星病，易受轮纹病和食心虫危害。

54. 小花梨

别名花梨。

清光绪年间山东诸城刘某迁居海州时由山东引入。分布于徐州、连云港、淮安和扬州等地。多数为农村零散栽植。

该品种树势较强。30 多年生树，高 5.3 m，冠径 6.9 m，呈自然半圆球形，树姿开张，枝较密，多长枝。树皮灰褐色，皮纹纵裂，中粗。嫩梢绿色，密生白色茸毛，不久即脱落；成熟新梢，黄褐色，皮孔长圆形或圆形；多年生枝青褐色。芽贴生，稍大，芽尖呈褐色，基部赤褐色。嫩叶紫红色，密生白色茸毛；成熟叶广卵圆形，中大，平展，色浅绿，少光泽；叶背有茸毛；先端渐尖，叶基广圆形；叶缘整齐具锐锯齿，刺芒短、开张；叶柄长 6.2 cm。

果多为球形，果大，整齐，平均单果重 220 g，纵径 6.5 cm，横径 6.3 cm。果面黄绿色，皮较薄，有光泽。果点圆形，淡黄褐色，大而密，分布均匀。果梗长 3.7 cm，梗洼狭浅正圆，有 1~2 条不明显的浅沟直达果肩外缘。脱萼，间有宿萼，萼洼中深，果顶平整。果心偏大，果肉乳白色，质脆，汁多味甜，石细胞较大而多，可溶性固形物含量 11.2%，品质中上。

在连云港，4 月初萌芽，4 月中上旬展叶、开花，9 月上中旬果实成熟，11 月下旬落叶。

萌芽力强，成枝力强，一般发 3~4 枝。产量较高较稳，大小年结果现象不明显。果实较耐贮运。适应性广，耐瘠、耐旱、耐涝、耐盐碱。抗病虫害能力一般，不抗风。

‘小花梨’栽培容易，耐粗放管理，外观较好，但品质欠佳。

55. 砀山酥梨（图 5–1）

别名酥梨、白酥梨、白皮酥、金盏酥，俗称砀山梨。

原产砀山及周边地区，包括砀山、萧县（砀山和萧县原均属江苏省，后改隶安徽）、丰县、沛县和铜山等地。全省各地均有栽培，是主栽品种之一，淮北地区栽培规模尤其大。目前已推广至华北、西北各省，特别是在西北地区及山西栽培表现好。

该品种树势强。24 年生树，高 5.1 m，冠径 5.8 m，幼年树枝多直立，树冠呈圆锥形，成年树呈自然半圆球形。嫩梢绿色，被灰白色茸毛；成熟新梢褐色；多年生枝灰褐色。叶广卵形，深绿色，叶背有稀疏茸毛；先端渐尖，叶尖扭曲，叶基截形；叶缘具锐锯齿，刺芒短，叶柄长 3.2 cm，其上部及叶片主脉基部多呈红色。花型大，白色，蕾期红色，每花序有花 5~9 朵，多数 6~7 朵，雄蕊 28~30 枚。

果近圆柱形，平均单果重 213 g，大果重可达 380 g，纵径 8.5 cm，横径 6.4 m。果皮浅绿色，成熟后乳黄色，果面光洁，果肩及梗洼四周有锈斑。果梗长 2.5~3.0 cm，梗洼广浅，果肩呈微波状。萼片脱落，偶有残存，萼洼深、广。果肉乳白色，质松脆，味甜，汁多，石细胞多且大，可溶性固形物含量 12%~14%，品质上等，果实耐贮运。

图 5–1 ‘砀山酥梨’果实

在淮安，3 月下旬萌芽，4 月上旬展叶开花，5 月下旬新梢停止生长，9 月下旬果实成熟，11 月下旬落叶。

萌芽力较强，成枝力中等，一般可发 2~3 枝。初果期有中长果枝而少腋花枝，盛果期有腋花枝。果台一般抽生副梢 2~3 个，一般当年不能形成花芽，对长梢，必要时可代替发育枝，培养为主侧枝或大中型枝组。以短果枝结果为主，短果枝量多，不易发生大小年结果现象。

'砀山酥梨' 丰产，品质好，为著名优良地方品种。适应性广，耐旱、耐涝、耐盐碱，对食心虫及黑星病抵抗力较弱，是我国目前生产面积最大的梨品种。

（二）引进品种

1. 丰水（图 5-2）

日本农林水产省园艺试验场 1972 年命名的优质大果褐皮砂梨品种。亲本为 '幸水' ×（'石井早生' × '二十世纪'）。在徐州、南通、盐城、扬州、镇江等市均有种植。

该品种树姿开张，树冠中大。幼树期生长旺，树冠半开张，结果后树势中庸。1 年生枝灰绿色，茸毛少；多年生枝呈灰色；枝条浅褐色，易下垂，皮孔细。叶片长椭圆形，大而厚，深绿色，叶面有光泽；先端渐尖，叶基圆形；叶缘锯齿状，刺芒直立；叶柄平均长 2.1 cm。花冠大，花白色，每个花序有花 6~7 朵。

图 5-2 '丰水' 果实

果近圆形，果大，外形美观，平均单果重 350 g。果皮黄褐色，果面光洁，有 3~5 条棱沟，果点小而淡。果柄细长，3.3~4.3 cm，梗洼狭窄。萼片脱落，萼洼浅，果肩平。果肉白色，肉质细，酥脆，汁多味甜，石细胞少，微酸，有香味，可溶性固形物含量 13.6%，品质上等。

在睢宁，3 月下旬萌芽，4 月初开花，4 月上旬达到盛花，8 月下旬果实成熟，11 月上旬落叶。

萌芽力强，成枝力中等，一般发 2~3 枝。幼树以腋花芽和短果枝结果为主，并有中长果枝。进入盛果期后，树势趋向中庸，以短果枝群结果为主，果台副梢抽生能力强，连续结果能力较强。幼树 3 年始果，4 年进入初结果期。坐果率极高，适应性、抗病力强，易管理，丰产稳产。

2. 翠冠（图 5-3）

浙江省农业科学院园艺研究所与杭州市果树研究所育成，亲本为 '幸水' ×（'新世纪' × '杭青'）。1999 年通过浙江省农作物品种审定委员会认定。全省均有分布，以镇江、苏州、扬州为主。

该品种树势较强，树姿较直立。5 年生树，冠径 2.9 m，树皮光滑。1 年生嫩枝绿色，顶部小叶为红色，茸毛中等，皮孔长圆形开裂；成熟枝深褐色。叶芽节间距 4 cm，花芽节间距 3.8 cm。

图 5-3 ‘翠冠’果实

叶片深绿色，长圆形，宽 7.2 cm，长 12 cm，叶柄长 5.7 cm，叶缘锯齿细锐尖，叶端渐尖略长，叶基圆形。花白色，每花序有花 5~8 朵。

果实近圆形，平均单果重 230 g，横径 8.4 cm，纵径 7.4 cm。果皮黄绿色，平滑，有少量锈斑，果肩部果点稀而果顶部较密且小，萼片脱落。果肉白色，果心较小，肉质细嫩且脆，石细胞极少，味甜，可溶性固形物含量 12%，品质上等，是砂梨系统中品质极优的品种。

在常熟，3 月上旬萌芽，3 月底开花，7 月底果实成熟，11 月下旬落叶。

萌芽力和发枝力强，一般发 1~2 枝。适应性强，花芽较易形成，结果早，以长果枝和短果枝结果为主，坐果率高，丰产，大小年结果现象不明显。抗逆性强，综合性状优，适宜推广。授粉品种有‘清香’‘黄花’等。

3. 圆黄（图 5-4）

韩国园艺研究所育成，亲本为‘早生赤’×‘晚三吉’，是一个中熟梨品种，也是韩国推广的品质最优的品种之一。全省均有分布，以扬州、徐州居多。

该品种树势强，树姿半开张，枝条开张、粗壮，树干灰褐色。1 年生枝青灰色，皮孔中大、柔软；叶片宽椭圆形，浅绿色且有明亮的光泽，叶面向叶背反卷；2 年生枝条黄褐色，皮孔大而密集。叶片长椭圆形，尖锐，稍皱，叶缘锯齿较深，叶柄长 3.0 cm。花白色，每花序有花 7~9 朵。

果扁圆形，平均单果重 500 g，横径 7.4 cm，纵径 6.4 cm。果皮薄，淡黄褐色，果面光滑；果点小而稀，无果锈。果肉白色，肉质细腻多汁，几乎没有石细胞，酥甜可口，并有奇特的香味，可溶性固形物含量 13%，品质极佳。

图 5-4 ‘圆黄’果实

在南京地区，3 月初萌芽，3 月中下旬开花，3 月下旬达到盛花期，8 月初果实即可食用，8 月中旬果实成熟，11 月下旬果树进入落叶期。

萌芽力强，成枝力中等，一般发 3~4 枝。枝条长放易形成短果枝，幼树以腋花芽结果为主，盛果期以短果枝结果为主。抗黑星病能力强，抗黑斑病能力中等，抗旱、抗寒、较耐盐碱，栽培管理容易，花芽易形成，花粉量大，既是优良的主栽品种又是很好的授粉品种，结果早，丰产性好。

4. 黄冠(图 5-5)

河北省农林科学院石家庄果树研究所育成,亲本为‘雪花梨’×‘新世纪’,1977 年通过种间杂交育成,1996 年通过鉴定,1997 年通过河北省林木良种审定。主要分布于徐州铜山、丰县、睢宁等地。

该品种树势强,树冠圆锥形,树姿直立。主干及多年生枝黑褐色,1 年生枝暗褐色,皮孔圆形、中等密度,芽体斜生、较尖。叶片椭圆形,平均纵径和横径分别为 12.9 cm 和 7.6 cm;叶尖渐尖,叶基心脏形,叶缘具刺毛状锯齿;叶柄长度 1.98 cm,粗度 0.26 cm。花白色,花冠直径 4.6 cm,花药浅紫色,平均每花序有花 8 朵。

图 5-5 ‘黄冠’果实

果实椭圆形,平均单果重 278 g,纵径 7.5 cm,横径 6.9 cm。果皮薄,黄色,果面光洁;果点小、中密,似‘金冠’苹果,外观美;梗洼窄、中广;萼片脱落,萼洼中深、中广。果心小,果肉白色,肉质细、松脆,石细胞及残渣少,汁液丰富,风味酸甜适口且带蜜香,可溶性固形物含量 11.6%,果实综合品质上等。自然条件下可贮藏 20 天,冷藏条件下可贮至翌年 3~4 月。

在南京江浦,3 月初萌芽,3 月下旬开花,4 月初花期结束,果实 8 月中旬成熟,11 月初落叶。

萌芽力强,成枝力低,顶端优势明显。以短果枝结果为主,一般每果台可抽生 2 个副梢,连续结果能力强,无采前落果,极丰产稳产。

5. 新高(图 5-6)

日本神奈川农业试验场 1915 年育成,亲本为‘天之川’×‘今村秋’,1927 年命名。原在徐州、常州、镇江、南通、盐城等地均有种植,由于味淡、肉紧密,生产中逐渐被淘汰。

该品种树势中庸偏弱,枝条粗壮,较直立,树姿半开张,树冠较大;幼树树势强,树冠扩大迅速,但随着树龄增加生长量变小。花白色,每个花序有花 5~10 朵。

图 5-6 ‘新高’果实

果实近圆形，平均单果重 400 g。果皮黄褐色，较薄；果点白色，大而稀；果面平滑，褐红色，有锈斑，脱萼。果肉乳白色，紧密，石细胞中等，汁多味淡甜，微香，品质中上。果实较耐贮藏。

在射阳，3 月中旬花芽开始萌动，4 月上旬初花，果实 9 月中旬成熟，11 月中旬开始落叶。

萌芽力强，成枝力稍弱，易形成短果枝，一般发 1~2 枝。以短果枝和腋花芽结果为主，坐果率高，易丰产。对黑斑病和轮纹病抗性强，较抗黑星病。花期早，需注意防止晚霜危害。

6. 幸水（图 5-7）

日本静冈园艺场育成，亲本为‘菊水’×‘早生幸藏’，1959 年杂交培育的中熟梨新品种，1967 年引入我国。在南京、扬州、盐城均有种植。

该品种树冠中大，直立，树势较强，树姿半开张，易抽长梢。叶片长卵圆形，浅绿色，较薄，叶面平，叶缘锯齿状。花白色，每个花序有花 6 朵。

图 5-7 ‘幸水’果实

果实扁圆形，平均单果重 220 g。果皮黄褐色，充分成熟时阳面呈微红色。果面光滑，果点较大，分布较为均匀。果梗较长，脱萼。果心中等大小，果肉乳白色，石细胞少，质极细，稍柔软，汁中多，味甜较浓，清香，可溶性固形物含量 12.0%~14.5%，品质上等。不耐贮藏。

在盐城，3 月下旬花萌芽，4 月上旬开花，8 月下旬果实成熟，11 月中旬开始进入落叶期。

萌芽力中等，成枝力弱。以短果枝结果为主，果台副梢抽枝力中等。适应性较强，抗黑斑病、黑星病能力强，抗旱、抗风力中等，对轮纹病感病情况一般，抗寒性中等。宜密植栽培，采用低干矮冠的树型。早果性强，栽后 3 年结果。各类果枝结果能力均很强，坐果率高。

该品种为中熟的优良品种，对肥水条件要求较高，较丰产，适宜在长江中下游发展。

7. 翠玉（图 5-8）

浙江省农业科学院园艺研究所育成，亲本为‘西子绿’×‘翠冠’，2011 年通过浙江省农作物品种审定委员会品种审定。在苏州、泰州、南京、南通、徐州等地均有种植。

该品种树势中庸，树姿半张开，成龄树主干树皮光滑且呈灰褐色。1 年生枝条阳面多为褐色，单位皮孔数量中，枝条无针刺，嫩枝表面无茸毛。叶芽斜生，顶端尖，芽托小，萌动后展开幼叶淡绿色。叶色亮绿，叶片呈卵圆形，叶基部呈圆形，叶尖渐尖；叶缘具锐锯齿，有芒刺，无裂痕；叶背有茸毛。花朵纯白色，每花序有花 5~8 朵，花瓣白色，花药紫红色，花粉量较多，花柱 4~5 枚，雄蕊 22~35 枚。

图 5-8 ‘翠玉’果实

果实圆形或扁圆形，平均单果重 256 g。果皮浅绿色，果面光滑，无或少量果锈，果点小。果心小，果肉白色，石细胞少，肉质细嫩松脆，味甜、多汁，可溶性固形物含量 11%。

在南京江浦，3 月上旬花萌芽，3 月下旬开花，果实 7 月中旬成熟，11 月中旬落叶。

枝条萌芽力强，成枝力中等，一般发 2~3 枝。易形成花芽，进入结果早，长、中、短枝均能结果，以中、短枝结果为主，果台枝连续结果能力强。成花易，自花结实率低，异花授粉结实率高。

该品种综合性状表现良好，具有早熟、易丰产稳产、果实品质优、商品性好、抗逆性强等优点。

8. 秋月（图 5-9）

日本农林水产省果树试验站育成，亲本为（‘新高’×‘丰水’）×‘幸水’，1998 年杂交育成，2001 年进行品种登记。在全省均有种植，以徐州地区种植最多。

该品种树势强，树冠大，树姿较开张，圆锥形。1 年生枝灰褐色，枝条粗壮，枝条表面有蜡质；皮孔稍密，近长圆形，中等大小，灰白色。叶片大而厚，卵圆形或长圆形，表面有光泽，叶面深绿色，叶背浅绿色，叶基近圆形，叶尖略突出下垂；叶缘有钝锯齿，浅而稀，单齿，多为芒状；叶芽偏小，呈半楔形。花朵中大型，每花序有花 6~12 朵，花瓣白色，花萼浅粉红色。

果实略呈扁形，端正，平均单果重 450 g，横径 5.7 cm，纵径 5.5 cm。果肩平，果皮略呈青褐色，贮藏后变为黄褐色，外观好。果皮薄，有光泽，蜡质多；果点明显，近圆形，中大，稍密。果柄中长，萼片宿存，梗洼和萼洼中等大小。果肉乳白色，肉质细、酥脆，石细胞较少，汁液多，果心小，可食率 95% 以上，可溶性固形物含量 14.5%。

在丰县，3 月中旬萌芽，4 月初开花，9 月上旬果实成熟，11 月上旬落叶。

萌芽力弱，成枝力较强，一般发 2~3 枝，易形成短果枝，1 年生枝条甩放后可形成腋花芽。果台副梢抽生力中强，多为 1~2 个果台中长枝。适应性较强，抗寒力强，耐干旱；较抗黑星病、黑斑病。主要缺点：萼片宿存；树姿较直立，连续结果能力弱，4 年生和 5 年生骨干枝容易出现下部光秃；果实易木栓化，需适度早采。

图 5-9 ‘秋月’果实

9. 黄金梨(图 5-10)

图 5-10 ‘黄金梨’果实

韩国园艺试验场罗州支场用‘新高’×‘二十世纪’杂交育成的新品种,1984 年定名。在张家港、射阳、睢宁、丰县有种植。

该品种幼树树势强,结果后树势中庸,树冠开张。嫩梢叶片黄绿色,1 年生枝条绿褐色。叶片大而厚,呈卵圆形或长圆形,叶深绿色,叶缘锯齿极锐而密。花白色,平均每花序有花 8 朵,雌蕊发达,雄蕊退化,花粉量极少。

果实近圆形或稍扁,平均单果重 250 g。果皮黄绿色,贮藏后变为金黄色,果面洁净,果点小而稀。果梗粗长,梗洼深。萼片小,多脱落,间或宿存。果肉白色,肉质脆嫩,多汁,石细胞少,果心极小,可食率达 95% 以上,可溶性固形物含量 14%~16%,味清甜,有香气。较耐贮藏。

在扬中,2 月下旬花萌芽,3 月中下旬开花,9 月上中旬果实成熟,11 月落叶。

萌芽力和成枝力弱。以短果枝结果为主,成花容易,花量大,腋花芽结果能力强,改接后第 2 年结果。坐果率高,丰产。早实性强,定植后 2 年结果,花粉量极少,需配置授粉树。适应性较强,对肥水条件要求高,尤喜沙壤土;抗黑斑病、黑星病。

10. 秋荣(图 5-11)

日本鸟取大学园艺研究室育成,亲本为‘丰水’×‘奥嗄二十世纪’,自交可结实。1999 年扬州大学引种试栽。在南京、高邮有少量种植。

该品种树势强,树姿较开张,主干灰褐色。1 年生枝黄褐色,有弯曲性;皮孔中密较多,圆形;新梢绿色,有茸毛。叶片长椭圆形,内向,有光泽;先端渐尖,叶基截形,叶柄较长,叶缘具粗锐锯齿。花冠较大,直径 4.3 cm,花瓣椭圆形,白色,平均每花序有花 7.8 朵,有重瓣现象,雄蕊平均 17.3 枚,雌蕊平均 4.6 枚,花粉多。

图 5-11 ‘秋荣’果实

果实扁圆形或近圆形,平均单果重 305 g,横径 7.8 cm,纵径 7.2 cm。果面淡黄色,较粗糙;果点多,较明显,散生较大,锈色明显。果柄较短,梗洼中深,比较狭;萼洼中深,萼片基本脱落;果心中大,正形,靠近萼端 4~5 个心室。果肉黄白色,肉质细嫩,石细胞少,果汁特多,甜酸爽口,风味浓,品质上等,可溶性固形物含量14.2%~15.2%。

在高邮，2月中旬萌芽，4月上旬开花，8月下旬果实成熟，11月中旬落叶。

萌芽力和成枝力强，较易成花，自花结实率高。以短果枝结果为主，腋花芽也能结果，丰产性好，每花序坐果3~5个，高接成年大树，第2年就结果。苗木定植后，第2~3年开始结果，果实常温可贮藏15天左右。适应性强，对梨黑星病、轮纹病、黄化病等有较强的抗性，对土、肥、水生产管理要求比较高。

11. 爱宕（图5-12）

日本冈山县龙井种苗株式会社育成，亲本为‘二十世纪’×‘今村秋’，1982年杂交育成并命名，是砂梨系统中一个优良的中晚熟品种。在高邮、泗阳、射阳等地有栽植。

图5-12 ‘爱宕’果实

该品种树势较强，枝条粗壮，树姿直立，树冠中大，结果后半开张。1年生枝红褐色，多年生枝灰褐色，枝条表面无茸毛；皮孔小而稀，有灰白色突起。叶片大而厚，椭圆形，叶缘锯齿状。花白色，每花序有花5~8朵。

果实扁圆形，平均单果重415 g，纵径9.2 cm，横径10 cm。果梗粗短，梗洼中深，萼片脱落，萼洼狭深。果皮薄，黄褐色，果点较小、中等密度，表面光滑。果肉白色，肉质细脆，汁多，石细胞少，可溶性固形物含量13%，味酸甜可口，有类似‘二十世纪’的香味，品质中上。果实极耐贮运，窖藏可贮至翌年5月。

在盐城，3月下旬萌芽，4月初开花，9月下旬果实成熟，11月中旬落叶。

萌芽力强，成枝力中等，一般发3~4枝。各类果枝均能结果，以短果枝和腋花芽结果为主，花芽极易形成。早果性好，定植后第2年见果。坐果率极高，极丰产，稳产。对肥水条件要求较高，喜深厚沙壤土。较不抗黑斑病，抗寒性稍差。树体矮化，适宜密植，需防风。

12. 华山（图5-13）

韩国育成，亲本为‘丰水’×‘晚三吉’。在南京、徐州有少量栽培。

该品种树势强，树姿开张，生长速度快，成形快。叶片中大，长椭圆形，长11.5~18.5 cm，宽6.5~7.3 cm，较厚，叶色深绿，有白色茸毛，叶缘锯齿尖小。每花序花朵数为7朵，花瓣初期为浅粉红色，花瓣5枚，雌蕊明显高于雄蕊，花柱3~5枚，雄蕊20枚。

图5-13 ‘华山’果实

果实圆形，平均单果重 350 g。果皮薄，黄褐色。果心小，果肉乳白色，肉质细，松脆，汁液多，味甜，石细胞极少，可食率 94%，可溶性固形物含量 13.0%~15.5%，品质极佳。

在常熟，3 月上中旬萌芽，3 月底至 4 月初开花，8 月上中旬果实成熟，11 月下旬落叶。

萌芽力强，成枝力中等。幼树期以腋花芽结果为主，成龄期以短果枝结果为主，但果台枝连续结果能力一般。有较强的抗旱、抗寒和抗病性。

13. 喜水（图 5-14）

日本静冈县 1978 年育成，亲本为‘明月’和‘丰水’，高邮市果树实验场于 1996 年从日本引进。

图 5-14 ‘喜水’果实

该品种树势强，树姿直立，主干灰褐色。新梢绿色，有茸毛；1 年生枝暗红褐色，皮孔稀、大。叶片长椭圆形，平展，厚，有光泽；叶基截形，叶柄长，叶缘具粗锐锯齿。花冠中大，花白色，花粉多。

果实扁圆形至圆形，平均单果重 300 g，纵径 7.8 cm，横径 8.5 cm。果皮橙黄色；果点多，锈色；果面有不明显棱沟。果梗较短，梗洼浅狭；萼片脱落，萼洼广、大，呈漏斗形。果肉黄白色，几乎无石细胞，肉质细嫩多汁，味甜，香气浓郁，果心较小，品质极上，可溶性固形物含量 12.5%~13.5%。

在高邮，2 月下旬萌芽，4 月上中旬开花，7 月下旬果实成熟，11 月中旬果树落叶。

萌芽力和成枝力强，易成花。早期结果以长果枝、短果枝为主，成年后以短果枝结果为主，每花序坐果 1~3 个。适应性广，抗逆性强，耐粗放管理。

14. 若光（图 5-15）

日本千叶县农业试验场育成，亲本为‘新水’×‘丰水’，1992 年品种登记。

图 5-15 ‘若光’果实

该品种树势中庸偏弱，树姿较开张。多年生枝浅褐色，1 年生枝浅黄褐色，皮孔大、稀、长椭圆形；新梢绿色，有茸毛。叶片卵圆形或长圆形，叶色浅黄绿色，叶片平展、薄，有光泽；叶基截形，叶柄长，叶缘锯齿稀、钝。花芽短圆锥形，花冠中大，花白色，每花序平均有花 8.1 朵，花瓣粉红色，雄蕊平均 28 枚，花粉量大。

果实近圆形，平均单果重 280 g。果皮黄褐色，果面光洁，圆正，没有棱沟；果点小而稀、分布均匀；无果锈，外观极佳。果梗较长；萼片脱落，萼洼广、大，呈漏斗形。果心小，果肉乳白色，肉质致密，石细胞少，味甜，汁液多，微有香气，酸味少，可溶性固形物含量 11.6%~13.0%，品质上等。

在南京江浦地区，3 月上旬萌芽，4 月初盛花，7 月中旬果实成熟，11 月中旬落叶。

萌芽力强，成枝力弱，幼树期应采取中、重短截促发壮枝，成花容易，每花序坐果 1~3 个。短果枝及腋花芽结果性状均良好，果台枝连续结果能力强，但结果枝易衰弱，应注意更新复壮。梨黑星病、黑斑病等发生程度略轻，很少落果但早期落叶重，果实易开裂。对肥水条件要求较高，否则易造成树势衰弱。

15. 早酥

中国农业科学院果树研究所 1956 年杂交育成，亲本为‘苹果梨’×‘身不知’。1963 年在泗阳果园与桃源果园进行品种栽培试验。现分布于盐城、淮安、镇江、扬州、南通、苏州、无锡、常州及徐州等地。

该品种幼树树势强，结果后树势中庸，树姿半开张。在盛果期树高 5 m 左右，冠径 5.2 m，树冠呈圆头形。幼树枝多直立，树冠呈高圆锥形，随着树龄增长树姿逐渐开张。树皮纵裂，纹细，灰色，老枝灰褐色。主干棕褐色，表面粗糙；嫩梢粗壮，绿色，阳面带红色；1 年生枝红褐色，2 年生枝赤褐色。皮孔小、密。幼树生长旺盛，长枝可达 2 m 以上。芽大，圆锥形，离生，芽鳞褐色，有稀疏茸毛。叶长卵圆形，深绿色，平展，富光泽；先端渐尖，叶基圆形；叶缘具锐锯齿，刺芒稍内弯；叶柄长 3.7~5.1 cm；嫩叶紫红色，被白色茸毛。花蕾红色，花朵白色，初开时花瓣外缘具粉红晕，每花序平均有花 7.7 朵，雄蕊平均 21 枚。

果卵圆形，单果重 200~250 g，大果重可达 500 g，纵径 8.2 cm，横径 7.2 cm。果梗长，梗洼狭浅；宿萼，萼片扭曲半开张；萼洼浅、广，有棱沟，与梗洼棱沟相对应。果皮细薄，黄绿色，无锈，有光泽，果肩较平整。果肉白色，肉质细、松脆，石细胞少，汁多，味淡甜，有香气，可溶性固形物含量 11.8%，品质上等。

在高邮，3 月下旬萌芽，4 月上旬开花，8 月中下旬成熟，11 月上旬落叶。

萌芽力强，成枝力弱，一般发 1~2 枝，单枝树势强。幼龄期易形成腋花芽，成龄期以短果枝结果为主，果台枝连续结果能力弱。成花易，坐果多，生理落果轻，易出现大小年结果现象。果肉中常见缺素生理病斑即木栓斑，初见时果皮出现一深绿色圆点，皮下为褐色木栓化组织，随着果实增长，斑点逐渐下陷。适应性广，对气温要求不高，耐湿、耐盐碱，在微酸性土壤上表现亦好；较抗黑星病。

16. 胎黄梨

别名黄梨。

1993 年通过全国农作物品种审定委员会认定。1957 年自河北引进，主要分布于盐城、淮安和扬州等市。

该品种树冠呈自然半圆球形或圆头形，树皮灰褐色，纵裂。嫩梢绿色，密生白色茸毛；成熟新梢黄褐色或赤褐色；多年生枝灰褐色；皮孔较密，中大，圆形或椭圆形，灰白色；枝质较硬。腋芽小，贴生；花芽大，圆锥形，鳞片棕褐色，茸毛少。叶卵圆形，深绿色，富光泽；先端渐尖，叶基广圆形，叶缘锯齿浅锐；叶柄长 4.3 cm；嫩叶浅紫红色，密被同色茸毛。花朵较大，白色，蕾期红色，每花序有花 5~7 朵，雌蕊 3~4 枚。

果短椭圆形，整齐，平均单果重 158 g。果梗长 4.5 cm；梗洼浅小，周围有沟肋，具条锈；果肩微波状。脱萼；萼洼中深，较狭，有轮状锈，周围有皱褶。果顶平广，呈微波状。果皮较厚，洁净，黄色；果点黑色、圆形、小，分布均匀。果肉白色，肉质细脆，汁中多，味甜而略淡，微香，可溶性固形物含量 9.5%~10.5%。

在盐城，3 月下旬花萌芽，4 月中旬开花，9 月初果实成熟，11 月上旬落叶。

萌芽力强，成枝力中等，易抽生直立旺枝。以短果枝结果为主，果台枝连续结果能力弱，有大小年结果现象。适应性广，江苏省南北各地都有栽培，在 pH 值 8.0~8.5 土壤中，也能正常生长；耐旱、耐涝；较抗黑星病。多雨时易裂果。不耐贮运。

17. 鸭梨

别名鸭儿梨、雅梨、古安梨（连云港）。

原产于河北省，我国古老的白梨优良品种。何时传入江苏省，查无准确依据。

该品种成龄树高 5 m 左右，冠径 6~7 m，树冠呈自然半圆球形。幼树发枝少，枝条较软。主枝易开张。主干及大枝树皮纵裂，裂纹较细，灰色。嫩梢绿色，被白色茸毛，不久脱落；成熟新梢灰褐色，旺梢先端呈波状弯曲生长。皮孔稀疏，较大。易形成短枝。长枝基部芽不萌发，所以有枯秃脱节现象。鸭梨顶芽大，花芽亦大，叶芽、腋芽均较小，离生，芽尖略弯曲，尖端有毛，棕褐色微带红色。叶广卵圆形，质软，深绿色，少光泽，角质层薄，叶基截形或广楔形；先端呈长尾尖，扭曲量钩状；叶缘具锐锯齿，刺芒内倾；叶片平展，边缘呈波状；嫩叶，紫红色，有白色茸毛；展叶后红色渐褪转绿，茸毛亦渐脱落；叶脉明显，侧脉呈宽弧形向叶缘伸展；叶柄平均长 4.7 cm，最长达 7.2 cm。花白色，总状花序，每花序有花 5~8 朵，花梗较长，花瓣较小、较薄，雄蕊 20~22 枚。

果倒卵圆形，平均单果重 245 g，纵径 6.1~8.3 cm，横径 4.5~7.4 cm。果皮薄，绿黄色，成熟时为淡黄色，果面光滑，间有小锈斑；果点小，黄褐色，非正圆形。果梗斜生，长 4.5~5.6 cm，较软，基部肥大肉质；梗洼甚浅，一侧果肉突起，梗洼四周有放射状条锈。脱萼，萼洼深广，周围皱褶状，具浅棱数条。果肉白色，质脆细嫩，致密，味甜，石细胞小，微有香气，可溶性固形物含量

9.1%~12.0%,品质上等。

在徐州,3 月上旬萌芽,4 月初开花,9 月中下旬果实成熟,11 月中旬落叶。

萌芽力强,成枝力弱,一般发 1~2 枝。以短果枝结果为主,多单轴延伸成松散型短果枝群,初果期有少量腋花芽结果,短果枝结果同时能形成新的果台副梢,能连续结果,结果枝寿命一般为 6~8 年,较丰产稳产。自花结实率低,宜以'雪花梨''茌梨''酥梨''长把梨'或'蜜梨'等品种作授粉树。抗寒、耐旱、耐涝,较抗风,对肥水要求较高,对黑星病、轮纹病、干腐病和食心虫抵抗力弱。该品种花期早,花粉量大,在酥梨产区多作为授粉树而保留。

18. 茌梨

别名慈梨、莱阳梨。

引自山东。引入江苏省较早,而作为生产栽培则始于 1958 年,主要分布于徐州、淮安、盐城和扬州等地,南京、苏州、常州、无锡有少量栽培。

该品种树势强,树冠高大。25 年生树,高 4~5 m,冠径 6.5~7.0 m。幼树树冠紧密,枝多直立,结果以后树姿开张,呈自然半圆球形。树皮棕褐色,裂纹较细。嫩梢暗绿色,先端有白色茸毛,后脱落;成熟新枝绿色,2 年生枝赤红褐色,多年生枝棕褐色;皮孔大,圆形或椭圆形,灰褐色。芽圆锥形,大,离生,腋花芽 2~3 朵。叶大,长卵圆形,革质。深绿色,蜡质厚,富光泽;先端渐尖,叶基圆形;叶缘具锐锯齿,刺芒极短,不明显;叶柄长 4 cm 左右;嫩叶紫红色,密被白色茸毛,展叶后渐脱落。花大,白色,蕾期红色,初放时花瓣边缘微现粉红色,花梗长 5 cm 左右,每花序 4~5 朵花。

果卵圆形或纺锤形,常见一侧倾斜,平均单果重 230 g,纵径 8.7 cm,横径 6.8 cm。果皮绿色,成熟时黄绿色,果面凹凸不平;果点锈突起,深褐色,大而明显,间或扩大成锈斑;果面粗糙,少光泽。果梗锈褐色,粗硬,长 6~7 cm;梗洼浅,有小沟纹,有的果肩一侧略高,则果梗着生偏斜。宿萼,萼洼浅、小,周围有皱褶状棱沟,少数沟纹延至果顶,果顶则呈波状。果肉浅黄白色,质细脆,味浓甜,微香,汁多,石细胞小而少,可溶性固形物含量 16%,品质上等。

在盐城,3 月上旬萌芽,4 月中旬开花,9 月中下旬果实成熟,11 月中旬落叶。

萌芽力中等,成枝力较强,一般可发 4~9 枝。初果及盛果前期,以短果枝结果为主,中长果枝及腋花芽也能结果。树势转弱时,短果枝能连续结果,但寿命短,不易更新,结果部位易于外移。适应性广,耐旱、耐湿、耐盐碱;在多雨情况下,果锈较重;易感黑星病及食心虫。

19. 雪花梨

1960 年由河北定县、晋县引入,以扬州、连云港、淮安、盐城等市栽培较多。

该品种树势中庸。幼树树姿直立,成龄树开张呈圆头形。树皮灰褐色。嫩梢绿色带红晕,密生白色茸毛,后脱落;成熟新梢黄绿色,皮孔圆形或椭圆,较稀; 2 生枝灰褐色;多年生枝黑褐色。叶芽离生，圆锥形，较瘦长。叶椭圆形，平展，色深绿，富光泽；先端急尖，叶基广圆形，少数楔形；叶缘具粗锐锯齿，刺芒短，直出；叶背有稀疏茸毛；叶柄长 2.5~4.2 cm；嫩叶浅紫红色，叶背有稀疏黄色茸毛。花芽大，圆锥形，顶端尖，鳞片深褐紫色，茸毛中多。花白色，每花序有花 5~7 朵，花梗长 5.5~7.0 cm，雄蕊 20~28 枚。

果卵圆形或长卵圆形，平均单果重 230 g，纵径 7.5 cm，横径 6.8 cm。果皮较厚，黄绿色，有光泽；成熟时果面富蜡质，并转黄色；果点褐色，小而较密，呈不规则圆形，分布均匀。果梗长 5~7 cm，连接果肉部稍膨大；梗洼浅、中广，正圆，周围有不明显棱沟，并有锈斑；果肩呈微波状。脱萼，萼洼狭而深，四周呈微波状，有锈色轮纹。果肉乳白色，肉质致密细脆，味甜酸，汁多，微香，可溶性固形物含量 11.5%~13.5%，品质上等。

在扬州，3 月中上旬花萌芽，4 月上旬开花，9 月下旬果实成熟，11 月下旬落叶。

萌芽力强，成枝力中等，一般可发 3 枝。以短果枝结果为主，易形成腋花芽，腋花芽结果能力强，在形成产量与调节大小年结果方面起重要作用。果台枝能连续结果，持续丰产。花朵坐果率高。果实较耐贮运。适应性广，耐寒、耐旱、耐涝、耐盐碱；易感黑星病和遭受梨小食心虫危害。

20. 栖霞大香水梨

别名南宫茌梨、大香水、南宫祠梨。

1962 年自莱阳、栖霞两地引入。在盐城、扬州、徐州有少量栽培。

该品种树势中庸。20 年生树，高 6~7 m，冠径 8 m 左右，成年树树姿开张，呈自然半圆球形。幼树树势强，树皮棕褐色，纵裂，裂纹中粗。嫩梢黄绿色，先端有白色茸毛，不久脱落；成熟新梢暗褐色；2 年和 3 年生枝暗灰色；皮孔大而密，圆形或椭圆形，灰白色。侧芽小，略扁，长三角形，先端尖，多贴生。叶片较大，卵圆形或长卵圆形，先端突尖或渐尖，色绿，革质，富光泽，两侧向上反卷，呈波状；叶基广圆或广楔形；叶缘具浅锐锯齿，刺芒直出；嫩叶暗红色，多灰白色茸毛；叶柄长 4.8 cm。花白色，每花序有花 5~9 朵，一般 7 朵，花梗较长。

果椭圆形，大小较整齐，平均单果重 190 g，纵径 5.1~8.0 cm，横径 5.4~6.9 cm。果皮黄绿色，果面平滑，果粉薄，少光泽；果点色黑，大而密。果梗长 3.3 cm；梗洼浅圆、中深、较广，呈肋状，有条锈。脱萼，萼洼深广，圆整，果顶呈微波状。果心稍大，果肉白色，肉质松脆，汁多，味酸甜，少香气，石细胞小而少，可溶性固形物含量 12.4%，品质中上或上等。

在盐城，3 月上旬花萌芽，4 月中旬开花，9 月中旬果实成熟，11 月上旬落叶。

萌芽力较强，成枝力中等，一般发 3 枝。以短果枝及短果枝群结果为主，果台枝抽生能力及连续结果能力强。高产稳产，果实耐贮运。耐旱、耐涝、耐瘠薄；在 pH 值 8.5 左右、含盐量 0.15% 的盐碱地上能正常生长；对病虫抵抗力较强，对黑星病抗性略差。

21. 蜜梨

江苏称之为小蜜梨。

1958 年自河北昌黎引进。分布于盐城、连云港地区。

该品种树势强，树体高大，树姿较开张，呈半圆球形。24 年生树，高 6 m 左右，冠径 6.2 m。主干黑灰色，裂纹中等粗。嫩梢绿色，密生白色茸毛；新梢黄绿色，皮孔小，圆形，密生；多年生枝灰褐色。芽长椭圆形，离生，鳞片被土黄色茸毛。叶较大，长卵圆形，平展，叶基圆或广圆形；先端渐尖，向后钩卷；叶缘波状，锯齿细锐，刺芒直出；叶柄长 4~5 cm；嫩叶暗红色，密被茸毛。花白色，较大，直径 4 cm 左右，每花序有花 5~7 朵，雄蕊 25~28 枚。

果短圆柱形，平均单果重 70 g，纵径 5.2 cm，横径 4.6 cm。果皮薄，绿黄色，少数果实阳面微有红晕，果面较光滑，有少数小锈斑；果点褐色，小，密生。果梗长 5 cm；梗洼正圆，深广中等，有沟纹。脱萼，萼洼波状，中深，中广，有皱褶。果心中大，果肉白色，肉质细松脆，石细胞少，汁多味甜，可溶性固形物含量 11.5%~13.5%，品质中上。

在盐城，3 月中下旬萌芽，4 月上中旬开花，10 月中下旬果实成熟，11 月中下旬落叶。

萌芽力、成枝力均中等，一般可发 3 枝。以短果枝结果为主，有少数腋花枝结果。果枝能连续结果，成花较易，坐果率高，丰产。抗寒力强，耐涝、耐瘠；能抗食心虫，不抗黑星病，其他病害较轻；耐贮运。

22. 黄县长把梨

别名天生梨、长把梨、大把梨。

1958 年引自山东，分布于长江以北各地。

该品种树势强，树姿半开张，树冠呈自然圆头形。23 年生树，高 4.5 m，冠径 5.2~6.0 m。树皮灰褐色，纵裂，裂纹中粗。嫩梢绿色，先端密被白色茸毛；成熟新梢棕黄色，皮孔土黄色，中等大，分布均匀；1 年生枝淡黄棕色，2 年生枝棕褐色。叶卵圆形或长椭圆形，深绿色，叶面平滑、富光泽；初生嫩叶淡紫红色、密生白色茸毛；先端呈尖尾状，叶基圆；叶缘波状，具较长的刺毛状锯齿，刺芒长，直出；叶柄长 6.5~9.2 cm。花型大，白色，初开时花瓣边缘具粉红色晕，每花序有花 5~9 朵，多数 7 朵，雄蕊 18~21 枚。

果阔倒卵圆形，平均单果重 200 g，纵径 7.0~7.8 cm，横径 5.7~7.2 cm。果皮绿黄色，贮放后被蜡质；果面光滑无锈，果点小，分布均匀。果梗较软，长 5.3~6.6 cm；梗洼广、中深，周围有不规则隆起；果肩较宽，略偏斜。脱萼，萼洼圆整、广浅，有 5 条棱沟；果顶呈波状。果心小，果肉白色，质脆稍粗，味酸，经贮藏品质显著增进，肉质酥脆，汁多，酸甜，有微香，可溶性固形物含量 10.5%~14.6%，品质中上。

在连云港，3 月下旬萌芽，4 月中旬开花，9 月下旬至 10 月上旬果实成熟，11 月下旬落叶。

萌芽力和成枝力强，一般能发 3 枝以上。以短果枝结果为主，并有少量腋花结果。随着树龄增长，短果枝群结果比例逐渐增高。短果枝结果相对减少，而中长果枝和腋花芽结果比例相应增高。自花授粉率低，可以‘雪花梨’‘鸭梨’‘茌梨’‘大香水’等品种作授粉树。果实极耐贮藏，可贮至翌年5~6月。耐盐碱、耐旱、耐涝，抗风，在长江以北各地表现良好；易感黑星病和轮纹病。

23. 中梨1号

别名绿宝石。

中国农业科学院郑州果树研究所育成，亲本为‘新世纪’×‘早酥’，1982年通过杂交培育的可自花结实的优良早熟梨新品种。2005年通过国家林木品种审定委员会审定。

该品种树势较强。幼树树姿直立，成龄树树姿较开张，树冠圆头形，干性强，主干灰褐色，表面光滑。1年生枝黄褐色，平均长88 cm、粗1.5 cm，皮孔小，梢部少茸毛，无针刺，节间长5.3 cm，新梢及幼叶黄色；叶芽中等大小，长卵圆形；花芽心脏形。叶片长卵圆形，绿色，长12.5 cm，宽6.4 cm，革质，平展，叶背具茸毛；叶缘锐锯齿；叶柄中长、粗，多斜生。花冠白色，每花序有花6~8朵；果实5~6心室，种子中等大小，狭圆锥形，棕褐色；雄蕊27~28枚。

果近圆或扁圆形，平均单果重280 g，最大果重580 g。果面较光滑洁净，果点中等，果皮绿色。果梗长3.8 cm；梗洼中等深广；萼片脱落，少部分残存，萼洼中等深广，外形美观。果心中等偏小，果肉乳白色，肉质细嫩，石细胞少，汁液多，可溶性固形物含量12.0%~13.5%，风味香甜可口，品质上佳。果实冷藏条件下可贮藏2~3个月。

在南京江浦地区，3月初开始萌芽，3月中下旬开花，果实7月中下旬成熟，10月底11初落叶。

萌芽力强，成枝力中等，一般发1~2枝。结果较早，一般嫁接苗定植后3年即可结果，以短果枝结果为主，腋花芽也能结果，果台可抽生枝条1~2枝，连续结果能力强，平均每果台坐果1.5个，采前落果不明显，极丰产。缺点为叶片易日灼，果实裂果重。抗旱、耐涝、耐瘠薄。

24. 华酥

中国农业科学院果树研究所育成，亲本为‘早酥’×‘八云’，1977年通过种间远缘杂交育成，1999年通过辽宁省农作物品种审定委员会审定。

该品种树势中庸偏强，树冠圆锥形，树姿直立。4年生树，高2.8 m，冠径1.2 m，主干表面有片状剥落，枝干光滑，灰褐色。1年生枝黄褐色，多年生枝光滑、灰褐色。叶片卵圆形，嫩叶淡绿色，叶尖渐尖，叶基圆形，叶缘细锐锯齿具刺芒，叶柄平均长5.3 cm。花白色，花冠直径平均4.1 cm，花瓣圆形，平均每花序7.9朵花，雄蕊25.5枚，花药紫红色，花柱5个，少数6~7个。

果大，近圆形，平均单果重230 g，纵径6.5~7.2 cm，横径7~7.9 cm。果皮黄绿色，果面光洁、平滑有蜡质光泽，无果锈，果点小而中多。果梗长4.5 cm，梗洼深浅与广狭均中等。萼片脱落，偶有宿存；萼洼浅，有褶皱。果心小，果肉淡黄白色，酥脆，肉质细，石细胞少，汁液多，可溶性固形物含量 10%~11%，酸甜适度，风味较为浓厚，并略具芳香，品质优良。果实耐贮性较强，室温下可贮放 15 天。

在南京江浦地区，3 月上旬萌芽，3 月下旬开花，7 月上旬果实成熟，11 月中下旬落叶。

萌芽力强，发枝力中等。以短果枝结果为主，长中果枝及腋花芽均可结果。果台连续结果能力中等，平均每个果台坐果数 1.4 个，3 年生树开始结果。抗寒力较强，抗风力强。

25. 早美酥

中国农业科学院郑州果树研究所育成，亲本为'新世纪'×'早酥'，1982 年通过杂交育成，1998 年通过河南省农作物品种审定委员会审定，1999 年通过安徽省农作物品种审定委员会审定。

该品种树势强，树冠圆头形，树姿半开张，树冠大。主干及多年生枝青灰色，表面光滑。1 年生枝黄褐色，皮孔少，茸毛浓密，无针刺；新梢及幼叶具黄色茸毛。叶片长卵圆形，暗绿色，长 12.2 cm，宽 6.8 cm，平展，革质；叶柄平均长 3.5 cm，叶缘具粗锯齿，叶尖急尖，叶基圆形。花冠中等大，花白色，平均每花序有花 5~6 朵。

果近圆形或长卵圆形，平均单果重 250 g，纵径 8.3 cm，横径 7.5 cm。果面光滑洁净，蜡质厚，绿黄色，外观美；果点小而密，黄绿色，无果锈。果柄长 3.8 cm，梗洼浅而狭，萼片部分残存。果心较小，果肉白色，肉质细脆，采后半个月肉质松软，石细胞较少，汁液多，可溶性固形物含量 11%~12.5%，风味酸甜适度，品质上等。果实易发生褐心病等贮藏病害，冷藏条件下可贮藏 2~3 个月。

在南京江浦地区，3 月上中旬萌芽，3 月中下旬开花，果实成熟期为 7 月上旬，11 月上旬落叶。

萌芽力强，成枝力较低，一般发 2~3 枝。以短果枝结果为主。对轮纹病、黑斑病、腐烂病均有较好的抵抗能力。

26. 七月酥

中国农业科学院郑州果树研究所育成，亲本为'幸水'×'早酥'，1980 年杂交育成，1999 年通过安徽省农作物品种审定委员会审定。

该品种树势较强，树冠圆头形，树姿半开张。干性强，必须用人工撑、拉等方法才能使树姿开张。主干及多年生枝棕褐色，较光滑；1 年生枝红褐色。叶片狭椭圆形，深绿色，嫩叶绿黄色；叶柄平均长 6.1 cm；叶缘细锯齿而整齐，叶尖渐尖，叶基椭圆形。花冠中等大小，白色，每花序有花 7~9 朵，每朵花有花瓣 5~6 片，雄蕊 30 枚，雌蕊 6~7 枚，花药较多，浅红色。

果卵圆形或近圆形，平均单果重 270 g，纵径 7.6 cm，横径 7.8 cm。果皮翠绿色；果面洁净，较光滑，蜡质中多；果点较小而密。果梗长 3.5 cm，梗洼浅，中广。萼片多数脱落，稍有残存，萼洼中深、中广。果形整齐，外观好。果心小，果肉白色，肉质细、松脆，石细胞极少，汁液多，可溶性固形物含量 12.5%~14.5%，风味甘甜，微香，品质上等。

在丰县，3月初花萌芽，4月初开花，7月中旬果实成熟，10月中下旬落叶。

萌芽力强，成枝力中等，一般发1~2枝。果台枝抽生能力较弱，以短果枝结果为主，不易形成腋花芽，丰产性一般，大小年结果现象及采前生理落果不严重。适应性广，抗旱；抗病性中等，易感褐斑病及轮纹病。

27. 金花早

别名雪梨、金花盖顶。

原产于安徽歙县，1952年从歙县园艺场引入江苏，分布于宜兴、溧阳、茅麓和南京等地山区，盐城市亦有少量栽培。在歙县用纸袋套果，所以采收时果皮洁净细薄，色黄白，故称“徽州雪梨”。

该品种树势较强，树姿直立，树冠呈自然半圆头形或圆锥形。成龄树高5.1 m，冠径4.6 m，树皮灰黑色。新梢红褐色，1年生枝绿黄色。皮孔较大而稀，椭圆或长圆形，突起，黄褐色。叶片大，广卵圆形，平展；先端急尖，叶基圆形；叶缘锯齿浅锐，细而稀疏。花白色，每花序有花5朵左右，雄蕊19枚左右。

平均单果重150 g，果实纵径6.9 cm，横径6.1 cm。果面平滑，黄绿色，有光泽。自梗洼至果肩外有锈斑，故有“金花盖顶”之称。果点较大，淡褐色，圆形，分布不很均匀。果梗长2~3 cm，稍粗，梗洼广浅。果心中大，果肉绿白色，质细嫩松脆，汁多，味甜，并有香气，品质上等。

在溧阳，3月中下旬萌芽，4月初开花，8月下旬至9月上中旬成熟，11月下旬落叶。

萌芽力强，成枝力中等。以短果枝结果为主，中长果枝也能结果，果台枝能连续结果。耐旱、耐瘠，较抗病虫，但不抗风。叶片对农药敏感，易致药害。果实不耐久贮。

28. 软柄梨

别名软柄秋白梨、大叶尖顶梨。

1968年由原产地浙江嵊县引入，分布不广，仅沭阳、洪泽等地有少量栽培。

该品种树势强，树冠呈半圆球形。树干暗褐色，树皮粗糙，纵裂纹。嫩梢绿色，密生茸毛；成熟新梢黄色，皮孔小、密生；2年生枝灰褐色。叶大，阔卵圆形，色深绿，略扭曲；先端急尖或渐尖，叶基圆形，叶缘具刺芒的粗锯齿。花白色，蕾期粉红色，间或有重瓣者，每花序花朵少，仅2~5朵，多数2~3朵，雄蕊20枚左右。

果圆球形或短葫芦形，平均单果重140 g，纵径6.9 cm，横径6.7 cm。果皮黄绿色，果梗软，长5.4 cm，梗洼中深。宿萼，萼洼中深，周围肋状。果肉白色，质细脆，石细胞少，味甜酸，汁多，品质上等。果实不耐贮藏，贮后果肉松软，品质下降。

在洪泽，3月下旬萌芽，4月上中旬开花，9月下旬果实成熟，11月落叶。

萌芽力强，成枝力中等，一般发3枝。以短果枝结果为主。适应性强，耐旱、耐温，不耐涝，病虫害较轻。

29. 二宫白

早在 1919 年，由当时的江苏省第二农校和东南大学自日本引入，镇江、苏州等地均有栽培。1957 年后分布面积陆续扩大，分布于苏州、常州、无锡、镇江、南京、扬州、南通和盐城等地，徐州、淮安和连云港等地亦有少量栽培。

该品种树势中庸，树冠开张，枝条密度中等，树冠呈自然半圆形。30 年生树，高 4.5 m，冠径 5 m。幼树长势较强，树冠抱合。嫩梢绿色，先端密生白色茸毛，不久脱落；成熟新梢暗褐色，较软；多年生枝棕褐色。叶长卵圆形，深绿色，较大；先端渐尖，叶基圆形，叶缘锯齿粗锐。芽中大，赤褐色，离生，芽尖向内弯；花芽明显较大，长圆锥形。花型大，有重瓣现象，蕾期红色，盛开时白色，每花序有花 5~6 朵，雄蕊 21~24 枚。

果倒卵形，平均单果重 200 g，纵径 4.8~7.3 cm，横径 5.5~7.7 cm。果皮薄，光滑，富光泽，黄绿色，成熟时黄色，无锈或有小片状锈斑；果点小，较稀，淡黄灰色。果梗较软，周围有棱沟；果肩呈波状，一侧略高。脱萼，稀宿萼；萼洼深广，周围有棱沟；果顶呈微波状，较圆，广而平。果心小，果肉乳白色，质细，嫩脆，味甜，汁多，微香，石细胞少而小，可溶性固形物含量 10%~13.6%，品质上等。

在苏州，3 月中旬萌芽，4 月下旬开花，8 月中旬成熟，10 月下旬落叶。

萌芽力强，成枝力中等偏弱，一般发 2 枝。多短枝，以短果枝及短果枝群结果为主，果台枝能连续结果，无大小年结果现象。果实不耐贮运。适应性广，对土壤要求不严，山地、平地、滩地、盐碱地上均可栽培；抗风，对肥水要求高；病虫害少，但易感黑星病。

30. 新世纪

原产日本。江苏省自上海引入。分布于镇江、扬州、盐城、南通等地。

该品种树势中庸，树姿半张开，幼树生长强，枝多直立。5 年生树，高 3.2 m，冠径 2.7~3.8 m，主枝半开张，树冠呈圆头形。嫩梢油绿色，密生灰白色茸毛，不久脱落；成熟新梢黄绿色，较粗壮；2 年生枝灰黄褐色。芽中大，离生。叶大，长卵圆形或椭圆形，平展；叶基圆形，先端渐尖；叶缘具粗复锯齿，刺芒短；叶柄长 3.2 cm。花中大，白色，初放时有红晕，时或有重瓣者，每花序有花 5~9 朵，雄蕊 18~23 枚。

果实圆形至扁圆形，平均单果重 130 g，纵径 5 cm，横径 6.5 cm。果皮中厚，绿黄色或淡黄色，表面光滑，多小锈斑，较粗糙；果点小，密生。果梗长 2.4~3.4 cm；梗洼正圆形，中等深广。宿萼，萼洼圆整、中广、周围微有肋状。胴部圆浑。果心中大，果肉黄白色，质细脆，石细胞少，汁多味甜，无香气，可溶性固形物含量 13%，品质中上。

在江都，3 月中上旬萌芽，4 月中旬开花，8 月下旬果实成熟，11 月中下旬落叶。

萌芽力强，发枝力弱，一般发2枝。以短果枝及短果枝群结果为主，果台枝抽生枝条的能力较强，腋花枝较多，坐果率高，一般每花序可着2~3果，易丰产。适应性广，耐旱、耐涝、耐瘠、抗风；抗黑星病、黑斑病，虫害较少。不耐贮藏。

31. 西子绿

原浙江农业大学园艺系选育的品种，亲本为'新世纪'×（'八云'×'杭青'），1977年杂交，1996年通过品种鉴定。

该品种树势中庸，较开张，幼树生长旺盛，枝条直立，发枝早，分枝较少。树皮光洁，皮孔白色长圆形，少而稀。新梢绿色，有茸毛；1年生枝深褐色。叶片长椭圆形，绿色；叶柄长3.9 cm；叶缘锯齿稀浅，具刺芒；先端渐尖，叶基圆形；幼叶浅绿色，有白色茸毛，微卷。花径3.8 cm，花白色，每花序有花5~7朵，花瓣5枚，少数6~10枚；雄蕊28枚，花药淡粉红色。

果实近圆形至扁圆形，平均单果重190 g，纵径7.1 cm，横径8.1 cm。果皮黄绿色；果点小而少，无果锈；果面平滑，有光泽，有蜡质，外观极佳。果梗长4 cm，中等粗细，无肉梗，梗洼中深而陡。萼片脱落，萼洼浅而缓。果肉白色，肉质细嫩，疏脆，石细胞少，汁多，味甜，品质上等，可溶性固形物含量12%。较耐贮运。

在南京江浦地区，3月上旬萌芽，3月下旬开花，7月中下旬果实成熟，11月下旬落叶。

萌芽力和成枝力中等，一般发4~5枝，进入盛果期后树势渐缓，大量形成中短果枝。以中短果枝结果为主，定植第3年结果。在栽培时，宜选择土质好的地块，注意加强肥水管理，幼树适当增大分枝角度，修剪时注意疏果，增大果形，以达到丰产、稳产的目的。

32. 博多青

原产日本，20世纪20年代初由当时的江苏省第二农校和东南大学引入江苏，大量栽培于1960年前后。现分布于盐城、镇江、无锡、扬州、南通等地，徐州、淮阴、连云港亦有少量栽培。

该品种幼树生长势强，枝多直立，密集抱合，树冠呈圆头形；结果以后，树冠逐渐开张，枝条即现稀疏。20年生树，高3.8 m，冠径4.0~5.2 m。树皮灰褐色，皮纹细，光滑。嫩梢油绿色，密被灰黄色茸毛，不久脱落。芽大，长三角形，赤褐色，贴生，芽尖内弯。叶大，较厚，平展，富蜡质；长倒卵形或椭圆形，先端渐尖，叶基圆形；叶缘具锐锯齿，齿尖向内钩，刺芒短；嫩叶淡褐黄色，密被白色茸毛，展叶后脱落。花白色，花型较大，每花序有花6~8朵，雄蕊30枚左右。

果卵圆形，平均单果重215.2 g，纵径7.9 cm，横径7.8 cm。果面黄色；果皮平整光滑，无锈；果点灰黄色，圆形，中大，密度中等。果梗长3.4 cm，较粗，绿褐色，基部肥大肉质化；梗洼正圆形，较浅广，周围有沟纹；果顶平圆，稍宽。胴部整齐圆浑。萼片残存，萼洼浅平。果心大，果肉黄白色，肉质细，石细胞小且少，汁多味甜，微有香气，但果肉略绵，可溶性固形物含量13.4%，品质中等。

在建湖，3月下旬萌芽，4月上中旬开花，8月中旬果实成熟，11月下旬落叶。

萌芽力强，成枝力弱，一般发 2 枝。以短果枝结果为主，果台枝能连续结果，无大小年结果现象。适应性广，对土壤选择不严，对肥水要求高；不抗黑斑病、轮纹病。易裂果。

33. 太白

原产日本，20 世纪 20 年代初由当时的江苏省第二农校和东南大学引种，以南京、镇江、常州、盐城、南通等地栽培较多。

该品种幼树生长势强，枝梢直立；放任生长，树高可达 8 m 以上；整形树高 4 m 左右，冠径 3.0~3.5 m，树冠呈圆头形。树皮灰褐色，纵裂，粗糙。嫩梢油绿色，先端密生灰白色茸毛，不久脱落；2 年生枝黄褐色；成熟新梢绿褐色，枝条幼嫩部分有微棱，略有曲折性；皮孔圆形，特小、较密。芽大，三角形，赤褐色，离生，芽尖内钩。叶阔卵圆形或广椭圆形，深绿色，中厚，具蜡质；先端渐尖，多向下翻卷；叶基圆形；叶缘具粗锐锯齿，齿尖内钩；嫩叶淡紫红色，密被白色茸毛，展叶后脱落。花白色，中大，每花序有花 7~9 朵，多重瓣，雄蕊 20~29 枚。

果近圆形或扁圆形，单果重 100 g 左右，大果重可达 200 g 左右，纵径 4.7~5.2 cm，横径 5.7~6 cm。果皮绿色，平滑，富光泽，无果锈；果点小，中密，棕白色。果梗较粗，长 5.5 cm，基部膨大，肉质化；梗洼圆整，浅小。脱萼，萼洼平浅、圆整；果肩、果顶均较圆广。果心中大，果肉白色，质细脆，汁特多，味较甜，石细胞小而少，可溶性固形物含量 13.2%，品质上等。

在盐城，3 月下旬萌芽，4 月中旬开花，8 月下旬果实成熟，11 月中旬落叶。

萌芽力强，成枝力弱，一般只抽生 1 枝。以短果枝及短果枝群结果为主，短果枝连续结果年限一般为 7 年。果实不耐贮运。适应性广，在丘陵、平原、沙滩地、盐碱地、黏土、沙土上均能栽培，生长较好；对肥水要求高；病害较少，不抗黑斑病。

34. 菊水

原产日本，20 世纪 20 年代初由当时的江苏省第二农校和东南大学引入江苏并栽培推广。

该品种树势强，幼树直立生长，树冠抱合；结果后树势渐趋中庸，树冠开张，呈自然半圆球形；枝条密度中等。24 年生树，高 4.3 m，冠径 5.4 m。树皮灰褐色，较光滑。嫩梢油绿色，密被白色茸毛；成熟新梢黄褐色；皮孔显著，长圆形至短梭形，分布密度中等；多年生枝绿色。叶芽大，圆锥形，离生。叶长卵圆形，平展，较厚，深绿色，稍有光泽；叶基圆或心脏形，先端渐尖；叶缘具粗锐锯齿，刺芒开张直出；叶柄长 3~3.5 cm。花型大，白色，蕾期红色，花朵多重瓣者，每花序有花 8~10 朵，最多可达 14 朵，雄蕊 28~32 枚。

果偏斜扁圆形，平均单果重 110 g，纵径 4.4~5.4 cm，横径 5.7~6.7 cm。果皮黄绿色，贮放后呈黄色；肩部时有果锈；果点大，黄白色，显著，较粗糙。果梗长 3~4 cm，基部常膨大肉质化；梗洼中深，唇形，有 2 条对称的棱沟，果肩一侧略高。脱萼；萼洼较大，广浅，波状；果顶亦偏斜，此为‘菊水’果实特征。果心小，果肉乳白色，质细脆嫩，石细胞少，汁多味甜，可溶性固形物含量

13.4%,品质上等。

在苏州,3 月萌芽,4 月上旬开花,8 月下旬至 9 月上旬成熟,10 月下旬至 11 月上旬落叶。

萌芽力强,成枝力低,一般发 2 枝。以短果枝及短果枝群结果为主,果台副梢成花、坐果,无大小年结果现象。江苏省南北各地均有栽培,生长表现良好。但不耐瘠薄,不耐涝渍,也不耐盐碱。抗病虫力较强。

35. 赤穗

1960 年盐城地区从浙江省引进,继而扬州、南通、淮安和南京等市均相互引种。

该品种树势强,树姿半开张,树冠呈自然半圆球形。盛果期树高 4 m 左右,冠径 4.5 m。树冠稀疏;幼树生长势强,枝直立性强。嫩梢油绿色,先端密生灰白色茸毛,不久脱落;旺枝先端,具棱及曲折性;成熟新梢赤褐色;多年生枝赭褐色。皮孔圆形,小,黄白色,分布较稀。叶芽棕褐色,三角形,离生;叶长卵圆形,色绿,平展;先端呈尖尾状,叶基圆形;叶缘具复锯齿,刺芒短,开张;叶柄中长;嫩叶紫红色,密生白色茸毛,不久脱落。花芽较大,圆秃,芽鳞棕红色;花白色,每花序有花 7~8 朵,雄蕊 16~29 枚。

果圆形或扁圆形,平均单果重 150 g,纵径 6.3 cm,横径 7.0 cm。果梗中长;梗洼圆整,小、深,周围有 5 条明显棱沟延及萼洼。脱萼;萼洼正圆形、深广,四周有明显棱沟与梗洼相对应。果心中大,明显形成五瓢瓣状,果肉白色,质细脆,石细胞少,汁多,味甜,微香,可溶性固形物含量 11.7%,品质上等。

在盐城,3 月中下旬萌芽,4 月中旬开花,8 月下旬果实成熟,11 月下旬落叶。

萌芽力中等,成枝力弱,一般发 2 枝。以短果枝及短果枝群结果为主,短果枝连续结果能力强,无大小年结果现象。适应性广,在各种土壤上均有分布,耐旱、耐涝。感黑星病,轮纹病较轻。

36. 今村秋

别名重次郎。

20 世纪 20 年代初,由江苏省第二农校和东南大学引自日本。

该品种树势强,树冠开张,呈自然圆头形或半圆形。树高 5.5 m,冠径 6.2 m。枝条较稀疏,多短枝。树皮灰褐色,纵裂,纹粗。嫩枝油绿色,先端密生灰白色茸毛;新梢黄褐色;皮孔长圆形,中大,较稀;多年生枝灰褐色。芽大,长圆锥形,离生。叶大,较厚,深绿色,阔椭圆形;先端突尖,叶基圆形,叶缘具锐锯齿;嫩叶褐红色,被灰白色茸毛。花芽大,顶秃,红棕色。花型大,白色,蕾期红色,偶有重瓣者,每花序有花 5~7 朵,雄蕊 20~28 枚。

果短圆锥形或不正圆形,平均单果重 265 g,最大果重可达 500 g,纵径 7.9~9.0 cm,横径 8.2~9.2 cm。果皮粗糙,黄褐色,成熟时转红褐色;果点大,淡褐色,密生。果梗长 4.3 cm;梗洼圆、小、浅,周围有棱沟数条;果肩圆广,呈微波状。宿萼,萼洼狭、深,周围有数条棱沟,果顶呈波状。

果心大，果肉白色，肉质略粗、松脆，石细胞较多，汁多，味甜，可溶性固形物含量11%，品质中上。

在江都，3月中旬萌芽，4月中旬开花，9月下旬果实成熟，11月下旬落叶。

萌芽力强，成枝力弱，一般发2枝。以中、短果枝结果为主，果台能抽生2个副梢，但不能连年结果。短枝易形成花芽，易丰产，但大小年结果现象显著。果实耐贮运。在山地、平原、滩地、故道地区生长均良好，对肥水要求较高，宜以壮树壮枝壮芽结果，否则树体易衰。

37. 明月

1919年留学生回国时引入江苏省，1958~1962年曾大量发展。现以盐城、南通、镇江、南京和扬州等市较多。

该品种树势强，枝多直立，树冠抱合；成年树冠呈圆头形，树高6 m多，冠径7~8 m；树皮灰色，裂纹较细。嫩梢黄绿色，新梢绿色，老枝灰色；皮孔小，椭圆形，密生。叶芽大，圆锥形，离生。叶片大，较一般品种薄，平展，呈阔卵圆或椭圆形；先端渐尖，叶基圆形；叶缘锯齿大，不整齐，刺芒内倾；叶柄长5.5 cm；嫩叶橘黄色，茸毛稀。花白色，每花序有花5~9朵，多数7朵，雄蕊24~32枚。

果长圆形，平均单果重265 g，最大果重500 g，纵径7.7~9.5 cm，横径8.5~10.0 cm。果面黄褐色，阳面有时带赤褐色，果皮光滑；果点大，密生，土黄色。果梗长而粗，基部膨大；梗洼圆整，广而浅。多宿萼，萼片交叉闭合，萼洼深广。果心小，果肉黄白色，肉质细致，脆嫩，汁多，石细胞少，味甜，可溶性固形物含量11%，品质上等。

在盐城，3月上中旬萌芽，4月上中旬开花，9月下旬果实成熟，11月下旬落叶。

萌芽力强，成枝力中等，一般发2~3枝。中、短枝几乎都能形成花芽，以短果枝结果为主，果台枝不能连续结果。适应性广，抗寒、耐瘠、耐旱、耐涝。不抗黑星病和轮纹病，易遭吉丁虫危害。

38. 伏茄梨（Beurre Giffard）

别名伏洋梨、白来发。

20世纪30年代初，由当时的中央大学引自法国。1958年果树大发展期间又自山东引入，分布江苏省各市，现保留作巴梨授粉品种。

该品种树势强，枝细长而软，开张下垂。25年生树，高4 m，冠径6.8 m，树皮灰褐色，纵裂纹。嫩梢黄绿色，密生茸毛；成熟新梢黄褐色，阳面紫褐色；多年生枝灰褐色；皮孔小、稀，圆形或长圆形，灰白色，不明显。芽小，紫红色，贴生。叶色深绿，半革质，有蜡质，富光泽；叶柄软，叶片下垂；先端渐尖，叶基圆，叶近全缘或呈浅波状，有明显的线状托叶。花白色，每花序有花3~8朵，以4~5朵居多，雄蕊21~26枚。

果细颈葫芦形，平均单果重67 g，纵径6.7 cm，横径4.8 cm。果皮底色黄，阳面有红晕；果点小,紫红色或褐色;果面光滑,无锈斑;果梗短,长 2 cm 左右,无梗洼,果肩常一侧略高。宿萼,萼洼小、浅,有皱纹,果顶有不明显的沟纹。果心小,果肉白色,质细,石细胞少,稍经后熟,质细脆,酸甜可口,有浓香气,可溶性固形物含量 13.2%~15.0%,品质上等。

在连云港,3 月下旬萌芽,4 月中旬始花,7 月上旬果实成熟,11 月下旬落叶。

萌芽力强,成枝力中等,一般可发 3 枝,枝条较稠密。以短果枝及短果枝群结果为主,果台枝能连续结果,产量偏低,有大小年结果现象。适应性广,易感枝干轮纹病,不耐旱,也不耐涝。

39. 开菲

始引自何处,尚不明确。目前所栽,大多自上海引入,初至南通,之后全省都有栽培,而以南通、盐城和常州数量较多。

该品种树势强,幼树枝密直立。树冠呈圆锥形,盛果期呈圆头至半圆形,主干灰褐色,树皮粗糙。嫩梢红绿色,有灰白色茸毛;成熟新梢土黄色;多年生枝灰褐色。芽偏小,圆锥形,先端尖,鳞片紧,贴生。叶片比一般西洋梨大,倒卵圆形,深绿色,平展,革质,富光泽;先端渐尖,叶基圆形;叶缘有细锯齿,直出;嫩叶浅红色,茸毛稀;叶梗长 2~3 cm。花白色,蕾期粉红色,每花序有花 4~8 朵,雄蕊 18~21 枚。

果倒卵形或短纺锤形,平均单果重 190 g,最大果重 700 g,纵径 7.0~10.0 cm,横径 6.5~8.5 cm。果梗长 2.5~3.8 cm,梗洼浅狭、波状;宿萼,萼片扭曲,萼洼浅广、波状;果皮深绿色,几乎全被果锈覆盖,果面粗糙,凹凸不平;果点小,分布密度中等。果心小,果肉绿白色,质细,脆嫩,石细胞少,汁多,味酸甜,可溶性固形物含量 11.0%~12.5%,品质中上。

在海安,3 月初萌芽,4 月中旬开花,8 月下旬至 9 月上旬果实成熟,11 月下旬落叶。

萌芽力较强,成枝力中等,一般发 3 枝左右。萌发的短枝多,并都能形成花芽,以短果枝结果为主,果台枝能连续结果,极丰产。果实不耐贮藏。适应性广,江苏省各地均可栽培,但雨水偏多年份,果实风味稍差,并有裂果现象;易感轮纹病。

40. 康德(Le Conte)

别名孔德、莱康德。

20 世纪 20 年代初,由当时的东南大学引入江苏;50 年代发展时,多引自河南、安徽等地。分布遍及全省,淮安、徐州、南通、扬州和南京等市栽培较多。

该品种树势极强,枝多直立,树冠呈圆锥形或圆头形。20 年生树,高 5~6 m,冠径 7~8 m。嫩梢黄绿色,有茸毛;成熟新梢绿褐色;2 年生枝黄褐色;多年生枝灰褐色。皮孔小,稀,显著。叶中大,长卵圆形,较厚,平展,深绿色,富光泽;先端渐尖,叶基圆形,叶缘具细钝锯齿;叶柄长 2~4 cm。芽较大,尖长,棕黄色,向内钩,离生。花序与花朵均较其他洋梨品种大,花白色,每花序有花

3~9 朵，多数 5~6 朵，雄蕊 15~22 枚。

果短葫芦形，平均单果重 160 g，大小一致，纵径 7.0 cm，横径 6.5 cm。果皮较光滑，成熟时绿黄色，阳面偶有红晕；果点较大，锈褐色，小而密，显著。果梗长 2.5~3.5 cm，基部膨大；梗洼浅平，周围有锈，多皱褶。宿萼，萼片交叉闭合；萼洼浅广，周围呈微波状；果顶微显棱沟。果心小，果肉乳白色，肉质较粗，质脆，味淡酸甜，汁中等多，石细胞略多；经后熟则品质转佳，肉软腻，汁多，味浓甜稍酸，可口，有香气；可溶性固形物含量 11%~12%，品质中等。

在徐州，3 月中旬萌芽，4 月中旬开花，9 月上旬果实成熟，11 月下旬落叶。

萌芽力强，成枝力弱，一般只发 1~2 枝。以短果枝结果为主，果台枝能连续结果，较高产稳产；自然落果较重，果实不耐贮运。适应性强，耐旱，耐盐碱，但对肥水要求高。较抗病虫，但轮纹病较重。

41. 日面红（Flemish Beauty）

20 世纪 20 年代初，由当时的东南大学引入江苏。1958 年前后又从山东等地引种。分布较广，以徐州、连云港和淮安三市较多。

该品种树势强，树姿开张。25 年生树，高 5.6 m，冠径 6 m，树冠呈圆头形，枝条密度中等。新梢较软，黄褐色，阳面红色；2 年生枝暗褐色；多年生枝灰色。皮孔不显著，灰白色。芽尖，圆锥形，贴生。叶椭圆或圆形，较薄，革质，平展；先端渐尖，叶基圆形，叶缘有浅钝锯齿。花白色，每花序有花 3~7 朵，多数 5 朵，雄蕊 20~26 枚。

果短葫芦形或短卵圆形，平均单果重 183 g，纵径 7.8 cm，横径 6.6 cm。果面凹凸不平，黄绿色，阳面有红晕；果皮较厚，有碎块锈斑；果点小，离生，不显著。果肩呈微波状，多向一侧偏斜；宿萼，萼洼浅广；果顶较宽，呈微波状；果梗粗短，梗洼小、狭。果心小，果肉乳白色，肉质致密，脆嫩，经后熟果肉软腻多汁，味甜，有香气，石细胞少，可溶性固形物含量 10.2%，品质中上等。

在徐州，4 月初萌芽，4 月中下旬开花，8 月中下旬果实成熟，11 月中旬落叶。

萌芽力强，发枝力中等，幼树可发 3~4 枝，成年树发 2~3 枝，抽生短枝多。以 4 年和 5 年生基枝上的短枝结果为多。有采前落果现象，产量不高，果实不耐贮藏。适应性一般，易感轮纹病和干腐病，易遭食心虫危害。

42. 巴梨（Bartlett）

别名香蕉梨。

20 世纪 20 年代，由当时的东南大学引入江苏，1958 年后有大面积的栽培。分布遍及全省，以徐州、连云港、淮安等地为多，目前已遭淘汰。

该品种树主干与大枝灰褐色，树皮龟裂粗糙；幼树树势强，枝条稠密，长枝多，直立生长，结果以后，随着结果量与树龄增长，树势逐渐下降，树姿开张。嫩枝绿色；新梢黄褐色，阳面红色；

2年生枝灰黄褐色，阳面带红色；多年生枝暗灰黄色。皮孔小，灰褐色，扁圆形，较密。长枝先端两芽很靠近，所以枝端膨大成瘤状。芽中大，饱满；花芽大而圆秃，离生。叶革质，色深，富光泽，呈椭圆形间短卵圆形，平展；先端渐尖，叶基圆形，叶缘具钝锯齿；叶柄短。花白色，花瓣卵圆形，多重瓣；平均每花序有花6.5朵，雄蕊平均22.6枚。

果短葫芦形，平均单果重225 g，大果重可达500 g，纵径7.4 cm，横径7.8 cm。果面凹凸不平；果皮细薄，色黄绿，阳面有紫红晕；果点小，褐色，圆形，密生；经后熟则果皮全面黄色，有红晕。果梗粗，长2.5 cm；梗洼浅小，不规则圆形，四周有放射软条锈。宿萼，萼片交叉闭合；萼洼浅、小，肋状，周围有皱褶；果顶宽，不平整。果心小，果肉乳白色，肉质细，石细胞少，汁液少，味甜，采后即食欠脆嫩，味不佳，经后熟肉质软糯易溶，香味浓郁，甜酸适口，可溶性固形物含量11.2%~14.0%，品质上等。

在高邮，3月中下旬萌芽，4月中旬开花，9月上旬果实成熟，11月下旬落叶。

萌芽力强，成枝力中等，一般1年生枝先端能抽生3~4枝。始果期多为长果枝结果，长枝的顶芽、第二芽均可能是花芽，短枝都能形成花芽。一般无大小年结果现象。适应性强，江苏省南北各地都可栽培，要求排水良好的土壤，不耐旱，需肥较重；较易感轮纹病。

（三）育成品种

1. 苏翠1号（图5-16）

江苏省农业科学院育成，亲本为‘华酥’×‘翠冠’，早熟砂梨新品种。2003年配置杂交组合，2007年结果，2011年通过江苏省品种审定。目前浙江、福建、山东、河北等省引种栽培。

树势强，枝条较开张；1年生枝条青褐色，节间长度3.7 cm。叶片长椭圆形，长13.8 cm，宽7.6 cm；叶柄长2.5 cm；叶面平展，绿色；叶尖急尖，叶基圆形，叶缘钝锯齿。花芽容易形成，其中腋花芽比例26.6 %。每花序有花5~7朵，幼蕾浅粉红色；花瓣重叠，圆形；花药浅粉红色，花粉量多。

果实倒卵圆形，平均单果重260 g，大果重可达380 g。果面平滑，蜡质多；果皮黄绿色，果锈极少或无，果点小疏。萼片脱落，萼洼中；果梗直立，梗洼中等深度。果心小、中位，5心室；果肉白色，肉质细脆，石细胞极少或无，汁液多，味甜，可溶性固形物含量12.5 %~13.0 %。

在南京，3月中旬萌芽，3月下旬盛花，7月上中旬果实成熟，11月落叶。

成枝力中等，萌芽率88.6%，果枝率85.1%，其中长果枝16.6%、中果枝13.6%、短果枝70.8%。较抗黑斑病、锈病，生产中应注意加强果园排水，改善树体通风透光。易于成花，生产中应加大疏花疏果和肥水管理，花后可追一次肥，秋后施足基肥。

图5-16　‘苏翠1号’果实

该品种为极早熟砂梨品种，适宜全省栽培，在苏北栽培果面更优。

2. 苏翠 2 号(图 5-17)

江苏省农业科学院育成,亲本为‘西子绿’×‘翠冠’,早熟砂梨新品种。2003 年杂交,2011 年通过江苏省农作物品种审定委员会品种认定。

图 5-17 ‘苏翠 2 号’果实

树势强,枝条较开张;1 年生枝条红褐色,长果枝节间长度 4.5 cm。叶片卵圆形,长 13.4 cm,宽 8.4 cm;叶柄长 4.7 cm;叶面绿色;叶尖急尖,叶基圆形,叶缘钝锯齿。每花序有花 5~7 朵,幼蕾白色;花瓣重叠,圆形;花药浅粉红色,花粉量多;雌蕊高于雄蕊。

果实圆形,平均单果重 270 g,大果重可达 386 g。果面平滑,蜡质多;果皮黄绿色,套袋果淡黄色,果锈极少或无,果点疏。萼片脱落,萼洼中;果梗直立,梗洼中等深度。果心中位,5 心室;果肉白色,肉质细脆,石细胞极少或无,汁液多,味甜,可溶性固形物含量 12.0%。

在南京,3 月上中旬萌芽,3 月中下旬盛花,7 月下旬成熟,11 月落叶。

花芽易形成,连续结果能力强,坐果率高,为提高早期产量,新建梨园可进行计划密植。该品种树姿半开张,适合开心形及小冠疏层形。幼树要轻剪,多留辅养枝,对各级延长枝短截,对内膛小枝,斜生枝及水平枝可不剪,结果后逐年剪除。

该品种为优良鲜食早熟梨品种,可在江苏全省推广栽培。

3. 苏翠 3 号(图 5-18)

江苏省农业科学院育成,亲本为‘丰水’×‘爱甘水’。2003 年配置杂交组合,2013 年通过江苏省农作物品种审定委员会品种认定。

图 5-18 ‘苏翠 3 号’果实

树势强,枝条较开张;1 年生枝条褐色,长果枝节间长度 3.7 cm。叶片卵圆形,长 13.9 cm,宽 7.8 cm;叶柄长 4.5 cm;叶面抱合,绿色;叶尖渐尖,叶基圆形。每花序有花 5~7 朵,幼蕾浅粉红色;花瓣重叠,圆形。

果实扁圆形,平均单果重 273 g,大果重可达 445 g。果面平滑,果皮褐色,果点中、疏。萼片脱落,萼洼中;果梗直立,梗洼中等深度。果心中大,中位,5 心室。果肉淡黄色,肉质脆,石细胞极少,汁液多,味甜,可溶性固形物含量 13.2%。

在南京，3 月上中旬萌芽，3 月中旬盛花，8 月上旬成熟，11 月落叶。

成枝力中等，萌芽率 84.4%，果枝率 87.2%，其中长果枝 19.3%，中果枝 11.2%，短果枝 69.5%。花芽容易形成，其中腋花芽比例 27.4%，生产中应加强疏花疏果，加强肥水管理，促进树体生长。

该品种为优良的早熟砂梨品种，适宜江苏全省栽培。

4. 苏翠 4 号（图 5-19）

江苏省农业科学院育成，亲本为‘西子绿’ × ‘早酥’，2005 年配置杂交组合。

该品种树势较强，半开张，1 年生枝条红褐色，长果枝节间长度 3.6 cm。叶片卵圆形，长 12.3 cm，宽 7.2 cm，叶柄长 4.2 cm；叶面抱合，绿色；叶尖急尖，叶基圆形，叶缘锐锯齿。每花序有花 5~7 朵，幼蕾白色；花瓣重叠，圆形。

果实圆形，平均单果重 317 g，大果重可达 590 g。果面平滑光洁，蜡质多；果皮黄绿色，果锈少；果点小。萼片脱落，萼洼中；果梗直立，梗洼中等深度。果心小，中位，5 心室；果肉白色，肉质细脆，石细胞极少或无，汁液多，味甜，可溶性固形物含量 12.2%，综合品质上等 。

图 5-19 ‘苏翠 4 号’果实

在南京，3 月上中旬萌芽，3 月中旬盛花，7 月下旬 8 月上旬成熟，11 月落叶。

成枝力中等，萌芽率 82.5%，果枝率 83.7%，其中长果枝 17.6%、中果枝 12.1%、短果枝 70.3%。花芽容易形成，其中腋花芽比例 29.6%。早果丰产性好，易于栽培管理。由于成花容易，生产中应加强疏花疏果，加强肥水管理，促进树体生长。

该品种为优良的早熟砂梨品种，适宜江苏全省栽培。

5. 宁翠（图 5-20）

南京农业大学育成，亲本为‘八里’ × ‘奥嗄二十世纪’。1996 年通过杂交育成，2009 年通过江苏省农作物品种审定委员会鉴定。

该品种树势中庸，树冠较大，呈倒圆锥形；主干灰褐色，表面光滑；1 年生枝黄褐色，新梢及幼叶被黄色茸毛。叶片长卵圆形，叶缘中锯齿，花冠白色。

果实近圆形或长卵圆形，果大，平均单果重 270 g，最大单果重 380 g，纵径 6.5 cm，横径 7.2 cm。

图 5-20 ‘宁翠’果实

果皮绿黄色，果面果锈较少；果点中大，较密。梗洼浅而狭；萼洼中深，广度中等；萼片少部分残存。果肉白色，肉质细，石细胞少，酥脆（常温下采后 15 天肉质变软），汁液较多，酸甜适口，可溶性固形物质含量 11.0%~13.5%，品质上等。

在南京江浦地区，3 月中旬萌芽，3 月下旬开花，7 月下旬果实成熟，11 月落叶。

萌芽力强，成枝力较弱。以短果枝结果为主。

该品种品质优，抗病性较强。与现有栽培品种‘丰水’‘西子绿’等砂梨品种相比较，高抗黑星病和褐斑病。

6. 夏露（图 5-21）

南京农业大学育成，亲本为‘新高’×‘西子绿’。高抗旱中熟砂梨新品种。2004 年配置杂交组合，2013 年通过江苏省农作物品种审定委员会鉴定。

该品种树势中庸，树冠较大，呈倒圆锥形；主干灰褐色，1 年生枝棕褐色，表面较光滑，皮孔数量中等，枝条上无针刺；新梢及幼叶被黄色茸毛。叶片长卵圆形，叶缘具锐锯齿，花冠白色。

果实近圆形，果大，平均单果重 280 g，大果重可达 380 g，纵径 8.0 cm，横径 7.1 cm。果皮绿色，果锈无或少；果点中大、较密；梗洼浅而狭，萼洼中深、广度中等，萼片无残存。果心小，果肉白色，肉质细腻，石细胞少，汁液多，味甜，可溶性固形物含量 12%，品质上等。

图 5-21 ‘夏露’果实

在南京江浦地区，3 月上中旬萌芽，3 月中下旬开花，8 月上旬果实成熟，11 月下旬落叶。

萌芽力强，成枝力中等；以短果枝结果为主。该品种花粉败育，不能作为授粉树；需配置授粉树，可选择‘丰水’‘黄花’‘酥梨’等品种，田间坐果率高，容易丰产；树体抗病性、抗逆性较强，且对环境适应性更好，适应江苏等砂梨产区栽培。

该品种较其他常见早中熟砂梨品种成熟期早，且外观好、肉质细、品质优、丰产性好。

7. 宁早蜜（图 5-22）

南京农业大学育成，亲本为‘爱甘水’×‘丰水’。极早熟砂梨新品种。2001 年配置杂交组合，2013 年通过江苏省农作物品种审定委员会审定。

该品种树势中庸，树冠较大，呈倒圆锥形；主干灰褐色，表面较光滑，皮孔数量中等，1 年生枝黄褐色，枝条上无针刺，新梢及幼叶被黄色茸毛。叶片长卵圆形，叶缘具锐锯齿。花冠白色。

果实近圆形或扁圆形，果较大，平均单果重 220 g，纵径 6.8 cm，横径 7.9 cm。果皮褐色，果面无果锈，果点中大、较密；梗洼浅而狭，有 2 条较明显的棱沟向果顶延伸；萼洼中深，广度中等；萼片少部分残存。果心小，果肉白色，肉质细腻，石细胞少，汁液多，味甜，可溶性固形物含量 11.5%~13.5%，品质上等。

图 5-22 ‘宁早蜜’果实

在南京江浦地区，3 月中旬萌芽，3 月下旬开花，7 月中旬果实成熟，11 月落叶。

萌芽力强，成枝力较弱；以短果枝结果为主。自花授粉结实率低，需配置授粉树（可选择‘西子绿’‘中梨 1 号’等品种），田间坐果率高，容易丰产。与现有栽培品种‘爱甘水’‘幸水’‘西子绿’等早熟砂梨品种相比，耐高温高湿，对黑斑病、褐斑病、轮纹病等有较强抗性，抗逆性较强，能够较好适应于平地、丘陵栽培。

该品种较其他常见早熟砂梨品种成熟期早，且品质优、丰产性好，经济效益高。树体抗病性、抗逆性较强。

8. 宁霞（图 5-23）

南京农业大学育成，亲本为‘满天红’×‘丰水’。2004 年配置杂交组合，2013 年通过江苏省农作物品种审定委员会鉴定。

该品种树势中庸，树冠较大，呈倒圆锥形；枝条直立性较强，结果后逐渐开张；主干灰褐色，1 年生枝棕褐色，表面较光滑，皮孔数量中等，枝条上无针刺，新梢及幼叶被黄色茸毛。叶片长卵圆形，叶缘具锐锯齿。花冠白色。

果实扁圆或近圆形，果大，平均单果重 280 g，最大果重达 370 g，纵径 7.1 cm，横径 7.8 cm。果皮底色为绿色，阳面着鲜红色，着色面积大，果锈无或少，果点中大、较密；梗洼浅而狭，萼洼中深、广度中等，萼片无残存。果心小，果肉白色，酥脆，石细胞少，汁液多，酸甜适宜，有香气，可溶性固形物含量 12.5%~13.5%，品质上等。

图 5-23 ‘宁霞’果实

在南京江浦地区，3 月上中旬萌芽，3 月中下旬开花，8 月中旬果实成熟，11 月落叶。

萌芽力强，成枝力中等；以短果枝结果为主。需配置授粉树（可选择‘黄花’‘红酥脆’‘红香酥’‘酥梨’等品种），田间坐果率高，容易丰产。树体抗性较强，且对环境适应性更好。耐高温多湿，适合于平地、丘陵梨园的栽培。

该品种果实着色好，且风味浓郁，品质优，丰产性好。

9. 夏清(图 5-24)

南京农业大学育成,亲本为'新高' × '西子绿'。极早熟砂梨新品种。2004 年配置杂交组合,2015 年育成通过江苏省农作物品种审定委员会审定。

该品种树势中庸,树冠较大,呈倒圆锥形;主干灰褐色,1 年生枝棕褐色,表面较光滑,皮孔数量中等,枝条上无针刺,新梢及幼叶被黄色茸毛。叶片长卵圆形,叶缘具锐锯齿。花冠白色。

图 5-24 '夏清'果实

果实近圆形,果大,平均单果重 330 g,大果重可达 380 g,纵径 7.8 cm,横径 8.7 cm。果皮绿色,果锈无或极少,果点小且不明显,外形美观。梗洼浅而狭,萼洼中深、广度中等,萼片无残存。果心小,果肉白色,肉质细腻,石细胞少,汁液多,味甜,可溶性固形物含量 11.5%~12.0%,品质上等。

在南京江浦地区,3 月上中旬萌芽,3 月中下旬开花,7 月底果实成熟,11 月落叶。

萌芽力强,成枝力中等;以短果枝结果为主。该品种花粉败育,不能作为授粉树;需配置授粉树(可选择'丰水''黄花''金水 2 号''翠冠'等品种),田间坐果率高,容易丰产;耐高温高湿,抗性较强,适合于平地、丘陵梨园的栽培。

该品种成熟期早,且较其他常见早熟砂梨品种外观好、肉质细、品质优、丰产性好。

10. 宁酥蜜(图 5-25)

南京农业大学育成,亲本为'秋荣' × '喜水'。2004 年配置杂交组合,2015 年通过江苏省农作物品种审定委员会鉴定。

该品种树势中庸,树冠较大,呈倒圆锥形;主干灰褐色,1 年生枝青褐色,表面较光滑,皮孔数量较少,枝条上无针刺,新梢及幼叶黄绿色。叶片长卵圆形,叶缘具锐锯齿。花冠白色。树体抗性较强,且对环境适应性更好。

图 5-25 '宁酥蜜'果实

果实扁圆形,果大,平均单果重 310 g,最大果重达 390 g,纵径 6.7 cm,横径 8.9 cm。果皮黄褐色,果锈无或极少,果点较大;梗洼中深而广,萼洼中深、广度中等,萼片无残存。果心小,果肉浅黄色,肉质脆,石细胞少,汁液多,味浓甜,品质优,可溶性固形物含量 11.5%~12.5%。

在南京江浦地区,3 月上中旬萌芽,3 月下旬开花,7 月中下旬果实成熟,11 月落叶。

萌芽力强，成枝力中等；以短果枝结果为主。

该品种属于极早熟梨品种，且较其他常见及早熟砂梨品种风味浓、品质优、丰产性好；树体抗病性、抗逆性中等，适应江苏等砂梨产区栽培。

11. 红香蜜（图 5-26）

中国农业科学院郑州果树研究所育成，在江苏省鉴定。亲本为‘库尔勒香梨’×‘鹅梨’，1980 年通过杂交育成。

该品种树势强，直立性强，成年树冠近圆球形，树姿较开张。主干灰色，较光滑，1 年生枝灰褐色，枝条节间长 3.8 cm。叶片长卵圆形，长 12.9 cm，宽 7.6 cm，深色，微内卷；叶缘锐锯齿，叶尖突尖，基部椭圆形；叶柄长 6.1 cm。每花序有花 5~6 朵，每花有 5 片花瓣，花瓣长椭圆形，花冠粉红色，雌蕊 5~6 枚，雄蕊 29 枚。

图 5-26 ‘红香蜜’果实

果实近纺锤形或倒卵圆形，平均单果重 235 g，纵径 7.8 cm，横径 7.1 cm。果面光洁，无锈，底色黄绿色，阳面鲜红色晕；果点明显多、大，部分果实萼端突出具棱，萼洼深狭，萼片残存，梗洼浅狭，部分果柄具肉质化，柄长 4.5 cm。果心极小，果肉乳白色，肉质酥脆细嫩，石细胞少，汁液多，风味甘甜浓香可口，可溶性固形物含量 13.5%~14.0%。果实不耐贮藏，室温下可贮放 20~30 天；冷库或气调条件下，可贮放至翌年 3~4 月。

在南京江浦地区，3 月上旬萌芽，3 月下旬开花，9 月上旬果实成熟，11 月下旬落叶。

该品种抗逆性强，抗旱、抗寒，耐涝、耐瘠薄、耐盐碱。病虫害少，高抗梨黑星病、锈病、干腐病等；食心虫、蚜虫危害较少，只是在果实近成熟期因香味四溢，易遭受鸟类危害。

12. 龙都大鸭梨（图 5-27）

1984 年江苏省盐城市果树良种场发现，属于鸭梨的大果型优良芽变株系，后经江苏省农作物品种审定委员会审定。

该品种树势中庸偏强，幼树生长较强，树姿半开张，树冠呈圆锥形。主干灰色，新梢平均长 92.3 cm，皮暗褐色，皮孔长而密、暗黄色。叶面浓绿色，叶背面浅绿色。其他性状与鸭梨相似。

图 5-27 ‘龙都大鸭梨’果实

果实宽倒卵圆形，平均单果重 330 g，纵径 9.6 cm，横径 10.1 cm。果皮薄，采收时黄绿色，贮藏后变黄色，梗洼附近有锈斑；果面有 2~3 条较明显的浅棱沟，近果梗处有偏斜状突起；

果柄比鸭梨稍粗、短；萼片脱落。果心小，果肉白色，汁多味甜微酸，石细胞少，肉质特细而脆嫩，可溶性固形物含量 13.0%。果实耐贮运，常温下可贮藏 120~150 天。

在盐城盐都地区，3 月初萌芽，4 月上旬开花，8 月中下旬果实成熟，11 月上旬落叶。

萌芽力强，成枝力中等。以短果枝结果为主，果台副梢抽生能力和连续结果能力均强，平均每果台坐果 3~4 个，授粉品种主要有‘茌梨’‘雪花梨’‘砀山酥梨’。无采前落果现象，早果丰产性好。

13. 大果黄花（图 5–28）

1993 年，在南京市溧水县果园发现，黄花梨的大果型优良芽变株系，1999 年通过江苏省农作物品种审定委员会审定。

该品种树势中庸，树姿半开张；1 年生枝红褐色，新梢绿色，密布茸毛；皮孔圆形，分布较稀；平均节间长 4.2 cm。叶卵圆形，叶形大，叶色浓绿、有光泽，叶片较厚，蜡质多，叶面平展或微皱；叶基阔契形，叶缘为细锯齿，叶尖突尖。每花序花朵数少，花冠直径大，花瓣大，雄蕊数目多。

图 5–28 ‘大果黄花’果实

果实扁圆锥形，平均单果重 365 g，纵径 9.3 cm，横径 7.8 cm。果皮底色黄绿，完熟时红褐色，果面有肋状突起和黄褐色果绣，果点较多。梗洼较窄、较浅，萼片宿存。果心小，果肉乳白色，肉质酥脆，汁液多，细嫩，石细胞少，风味较甜，可溶性固形物含量 9.5%。

在南京，3 月上旬萌芽，4 月初开花，8 月中旬果实成熟，11 月上旬落叶。

该品种形成花芽多，坐果率高，果大，优质，高产。

14. 红巴梨

1974 年在江苏省连云港市云台区朝阳乡韩李村果园发现的‘巴梨’芽变种，其特征是枝红果红，故得名。1985 年通过省级鉴定。美国也有红巴梨品种，是‘巴梨’的红色芽变种，但与此处描述的‘红巴梨’不是同一个品种。

该品种树势中庸，树姿半开张；主干灰褐色，树冠比巴梨小，呈自然圆头形；幼树枝条直立，生长较强。7 年生树，高 2.6 m，冠径 1.8 m，树势比‘巴梨’弱。嫁接 3 年始果。嫩枝红色，尤以受光处枝条颜色更鲜艳；1 年生枝阳面为红色，阴面初为红色，而后转为绿色；2 年生枝多数为赤褐色。芽中大，圆浑，三角形，离生；先端第二芽紧挨顶芽，故梢端膨大如瘤状，新梢基部节间短。叶卵圆形或椭圆形，嫩叶红色，成叶深绿色，叶缘具粗钝锯齿，叶柄长 3.2 cm。花芽呈短圆锥形，较‘巴梨’略大，芽鳞略带红色。花白色，蕾期红色，每花序有花 6~8 朵，雄蕊 20

枚左右。

果短葫芦形，平均单果重 117 g。果皮薄，红色，阳面稍带黄绿色，随成熟度增高而红色变浓，鲜艳美观。果面凹凸不平，粗糙；果点小、少，分布密。果梗粗短，长 2.5 cm；梗洼浅、广。宿萼，萼洼浅小、肋状。果心小，果肉乳白色，采收时果肉脆，后熟果肉变软，易溶于口，肉质细，汁液多，石细胞极少，味甜，香气浓，可溶性固形物含量 12.9%，品质上等。

在连云港，3 月底萌芽，4 月中下旬开花，8 月中旬果实成熟，11 月下旬落叶。

萌芽力强，成枝力中等，一般发 2~3 枝。以短果枝结果为主，有少量长中果枝及腋花枝结果。适应性广，但不耐旱、不耐涝，易感轮纹病、干腐病。果实不耐贮藏。

二、次要品种简介

（一）地方品种

江苏省梨品种资源丰富（表 5–1），地方品种中有些分布范围小，或栽培数量少，或在优化品种组合过程中被更替，凡此均归入次要品种，列表示之（表 5–2）。

表 5–1　江苏省梨品种一览表

类型	名称	备注
地方品种	南京苹果梨、宿迁雪花梨、鸿门黄梨、泗阳鸭蛋青、海棠酥、伏鹅、睢宁硬枝青、平顶酥、水核子、棉花包、伏酥、蜜酥、紫盖子、沭阳江梨、睢宁软枝青、黄盖、自来始、江梨、睢宁青酥梨、沭阳贡梨、鸿门白梨、白玉瓶梨、睢宁雪梨、鸿门秋白梨、黄皮槎、白槎子梨、金坠子梨、小银白、大银白、黄香梨、泗阳马蹄黄、铁梨、睢宁蜜梨、木梨、水鲜梨、酥瓜梨、砀山马蹄黄、鸡瓜黄、歪尾巴糙梨、砀山鹅梨、青皮糙梨、砀山面黎、青皮早梨、罗汉脐梨、五爪龙梨、瓜瓤黄条梨、白金花梨、牛卵泡梨、溧阳秋半斤梨、小紫酥梨、红麻槎子、睢宁红梨、石嘴梨、小花梨、砀山酥梨 睢宁谢花甜、六月鲜、大山口黄梨、铜山秋白梨、泗阳谢花甜、灌南谢花甜、猪尾槎、光酥、水梨、双皮秋、侉蜜、洋毕秋、大把、洋秋、大头酥、沙糖包、团酥、黑叶子、秋头、甜大核、水葫芦、宿迁浆梨、线梨、宿迁青酥、豆花、酸橙子、坠把子、瓢把、红眼、平顶槎、短把青梨、靠山青、密梨、对酥、藏梨、甜橙子、瓜梨、团雪、长把青梨、酥鹅、淮阴青酥、猪咀、秋白霜、秋梨、侉槎子、六合甜、饭梨、红酥、麻果果、大山口黄梨、人头梨	计：106 份（55 + 51）
引进品种	丰水、翠冠、圆黄、黄冠、新高、幸水、翠玉、秋月、黄金梨、秋荣、爱宕、华山、喜水、若光 早酥梨、胎黄梨、鸭梨、茌梨、雪花梨、栖霞大香水梨、蜜梨、黄县长把梨、中梨 1 号、华酥、早美酥、七月酥、金花早、软柄梨、二宫白、新世纪、西子绿、博多青、太白、菊水、赤穗、今村秋、明月、伏茄梨、开菲、康德、日面红、巴梨 兴隆鹅梨、麻梨、秋白梨、宝珠梨、宾梨、甜窝梨、平头梨、兔头梨、蟹梨、水泡梨、冬果梨、芝麻梨、恩梨、夏梨、鹅梨、麻皮黄、油梨、花梨、西洋坞、卞家茌梨、小白酥梨、大花梨、小香水梨、长头梨、即墨胎子、库尔勒香梨、拉打秋梨、晋酥梨、锦丰梨、车头梨、窝梨、洋白梨、鼓梗梨、青丰梨、红梨、冬梨、杭青、水晶梨、	计：125 份（14 + 28 + 83）

续表

类型	名称	备注
引进品种	迥溪梨、平梨、早梨、五九香、猪嘴梨、鸭广梨、京白梨、木瓜梨、严州雪梨、细花麻壳、苍溪施家梨、金梅、管水蜜、黄樟梨、咸宁大黄梨、平头梨、细花蒲梨、紫云、八云、朝日、王冠、早生长十郎、金水 1 号、金水 2 号、新水、湘南、独逸、吾妻锦、雁荡雪梨、蒲瓜梨、祇园、真瑜、青龙、长十郎、江岛、二十世纪、早生赤、幸藏、黄蜜、晚三吉、三季梨、法兰西、佳白、红茄梨、瓢梨	
育成品种	苏翠 1 号、苏翠 2 号、苏翠 3 号、苏翠 4 号、宁翠、夏露、宁早蜜、宁霞、夏清、宁酥蜜、红香蜜、龙都大鸭梨、大果黄花、红巴梨	计: 14 份
失落品种	大五斤、麻酥、蚂蚁蛋、太平酥、薄叶胶州梨、红糖梨、糖酥、大普梨、面梨、水槎、小蜜梨、酒壶青、面屯子、秃头秋、明槎、糖包梨、桃梨、水芦头、粗渣、山青	计: 20 份

表 5-2　次要的地方品种简表

种	品种	产地	主要特征及特性
白梨	睢宁谢花甜	睢宁	果圆形，平均单果重 125 g；皮黄绿，有 2~3 道不明显沟纹；脱萼，果顶微波状；肉乳白色，质细脆，汁多味甜，品质中上；产量中等，较稳产，黑星病危害较重，7 月下旬至 8 月上旬成熟
	六月鲜	睢宁	果长圆形，平均单果重 100 g；皮黄绿；肉白色，质细脆，汁多，味淡甜，品质中等；产量较高，病虫害少，7 月下旬至 8 月上旬成熟
	大山口黄梨	金坛	树高大；果中大，品质差；抗病虫力强，7 月下旬至 8 月上旬成熟
	铜山秋白梨	铜山	果长圆形，平均单果重 200 g；皮黄绿色、薄，较美观；肉白色，质细嫩，汁多味甜有香气，品质中等；产量中等，抗风，虫害少，不耐贮藏，8 月上旬成熟
	泗阳谢花甜	泗阳	果扁圆形，平均单果重 120 g；皮细薄，绿色；脱萼；肉白色，质较细脆，汁多味酸甜，香气浓，品质中上；枝较软，对肥水反应敏感；产量中等，常有大小年结果现象，8 月上旬成熟
	灌南谢花甜	灌南	果长圆形或圆形，平均单果重 125 g；皮黄绿、薄，有片锈；脱萼或残存；肉乳白色，石细胞多，汁多味甜，香气淡，品质中等；树势中庸，产量中等，常有大小年结果现象，不耐贮藏，8 月上旬成熟
	猪尾槎	睢宁	果近圆形，平均单果重 150 g 以下；皮黄绿，较厚；肉白较粗，汁多，味酸甜，偏淡；产量中等，耐瘠、耐盐碱，抗病，较耐贮藏，8 月中旬成熟
	光酥	宿城	果卵圆形，平均单果重 125 g；皮黄绿，光滑；梗基部膨大，肉质化；脱萼；肉白，质细而松脆，汁多，味淡甜，品质中等；产量中等，采前裂果较重，不耐贮藏，8 月中旬成熟
	水梨	灌南	果圆形，平均单果重 143 g；皮黄绿，光滑，有片锈；肉绿白色，质较细，石细胞稍多，汁多味甜，品质中等；产量低，大小年结果现象重，8 月中旬成熟

续表

种	品种	产地	主要特征及特性
白梨	双皮秋	泗阳	果圆形;皮厚,淡黄色;味酸甜,品质中等;易落果,抗病虫,不抗风,8月中旬成熟
	侉蜜	宿迁	果圆锥形,单果重150 g左右;皮黄绿,较厚,果点粗大而显著;脱萼或宿萼;肉白,质细而脆嫩,石细胞少,汁多,酸甜可口,品质中上;产量较高,大小年结果现象重,轮纹病、黑斑病危害较重,不耐贮藏,8月中旬成熟
	洋毕秋	泗阳	果卵圆形;皮淡黄,果点小而明显;品质中下;叶大,圆形,叶面上卷,叶缘波状;树势弱,抗病虫,不抗风,8月中旬成熟
	大把	涟水、沭阳	果大,卵圆形;果点小而多,黄色;味甜,品质中下;8月下旬成熟
	洋秋	淮安	果圆形,灰黄色;肉青白色,质脆,品质中等;8月中旬成熟
	大头酥	睢宁	果椭圆形,平均单果重200 g;皮黄绿,果点大而稀;肉白,质较细,汁多味淡,品质中等;较丰产,对肥水要求不严,抗病虫,不耐贮藏,8月下旬成熟
	沙糖包	睢宁	果扁圆形,平均单果重150 g;皮黄绿色,较美观;肉白,质较细,汁多而甜,品质中上;产量中等,对肥水要求不严,耐贮运,8月中下旬成熟
	团酥	铜山	果圆形,平均单果重150 g;皮薄,黄绿色,果点较多、明显;肉青白色,质细脆,汁多味甜,略香,品质中上,产量较高,适应性强,较耐贮运,8月下旬成熟
	黑叶子（厚叶子）	宿城	果卵圆形,具不明显五棱,平均单果重230 g;皮绿,光滑有光泽,宿萼,萼闭合;肉白,细而致密,汁多味淡甜,品质中等;适应性强,对肥水要求不高,轮纹病较重,不耐贮藏,8月下旬成熟
	秋头	沭阳	果长圆形,平均单果重400 g;皮黄,粗糙;梗中长,宿萼;肉黄白,质粗,汁多,味淡甜,品质中下;产量中等,较稳产,抗性强,病虫少,8月下旬成熟
	甜大核（大麻槎子）	泗阳	果近圆形或倒卵圆形,肩略偏斜,平均单果重220 g;皮黄绿,粗糙有片锈;梗基部有瘤,脱萼或残存;肉绿白色,质粗,石细胞多,汁多味淡甜,香气淡,品质中等;丰产,稳产,特别耐瘠、耐盐碱,病虫少,8月下旬成熟
	水葫芦	宿城	果长圆形,小;皮黄绿色,果点卵圆形,大而多,明显,黄色;宿萼,肉白,质细而脆,汁多,味淡,品质中等;较丰产,大小年结果现象重,病虫少,8月下旬成熟
	宿迁浆梨（紫盖子）	宿迁	果椭圆形,略有五棱,果顶突起,平均单果重125 g,果肩锈斑如盖;肉白,质细致,汁多,酸甜可口,风味浓,香气少,品质中上;产量中等,较稳产,食心虫危害较重,不耐贮藏,8月底成熟

续表

种	品种	产地	主要特征及特性
白梨	线梨	新沂	果纺锤形,单果重 200~250 g;皮黄绿、薄,果点小;梗洼浅;肉白,质松脆,汁多,味浓甜,品质上等;丰产,适应性强,抗黑星病,食心虫危害重,能短期贮藏,8 月下旬至 9 月上旬成熟
	宿迁青酥	宿城	果卵圆形,具五棱,平均单果重 125 g;皮青绿,中厚,光滑;果肩一侧隆起,宿萼开张;肉青白色,细而脆嫩,汁多味甜,有微香,品质中上,产量较高,有大小年结果现象,病虫多,8 月下旬至 9 月初成熟
	豆花	灌南	果圆形,小;皮黄绿色,有片锈;肉白色,质粗,味淡甜,香气浓,品质中下;较丰产,大小年结果现象不显著,9 月初成熟
	酸橙子	铜山、泗阳等	果扁圆形,平均单果重 150 g;皮青黄色、薄,果点圆而小、较明显;肉青白色,质粗,汁多味酸;抗性强,产量中等,9 月上旬成熟
	坠把子	灌南	果葫芦形,平均单果重 140 g;皮绿,粗糙有片锈;宿萼,萼片直立;肉绿白,质中粗,石细胞中多,汁较多,味甜,品质中上;产量低,大小年结果现象重,9 月上旬成熟
	瓢把	灌南	树势强,开张,丰产,稳产;果葫芦形,中大,品质中上,9 月上旬成熟
	红眼	宿迁	果圆形,具五棱,平均单果重 145 g;皮绿,脱萼;肉白,质细而致密,汁多,味淡甜,有涩味,品质中等;高产,大小年结果现象重,9 月上旬成熟
	平顶槎	连云港	果扁圆形,平均单果重 207 g;皮黄绿,较粗糙,果点大,有片锈;梗洼中深,果肩平,脱萼,洼部皱状;果心中大,果肉绿白,质较细,石细胞少,汁多,品质上等;树势、萌芽力、成枝力中等,较丰产,大小年结果现象不明显,抗黑星病,耐旱、耐瘠,9 月上旬成熟
	短把青梨	连云港	果圆形,平均单果重 158 g,大果重可达 191 g;果点大,果梗短,有片锈,近果梗处多,两洼皱褶,脱萼;肉青白色,质脆中细,味甜稍涩,汁较多,石细胞中多,品质中等;较丰产、稳产,9 月上旬成熟
	靠山青	灌南	果扁圆或圆形,平均单果重 76 g;皮黄绿,光滑有片锈,脱萼;肉乳白色,质细松脆,汁多,味甜,品质中上;产量较高,大小年结果现象明显,耐涝力较差,9 月上中旬成熟
	密梨	睢宁和沭阳	果倒卵圆形,中大;果肩狭,紧靠果梗,果顶齐平;皮黄绿,细薄光滑,脱萼,极少宿萼;果肉乳白色,质细脆嫩,汁多味甜,有香气,品质上等;大小年结果现象不明显,抗风,易受黑星病和食心虫危害,9 月中旬成熟
	对酥	睢宁	果圆形,平均单果重 135 g;皮黄绿,阳面棕黄色,光滑有块锈,宿萼,萼片开张;肉黄白色,质致密,汁多,味酸甜,香气淡,品质中上;较丰产,大小年结果现象严重,抗性较强,9 月中旬成熟
	藏梨	宿迁	果葫芦形,平均单果重 155 g;皮黄绿,富光泽,脱萼;肉黄白,中粗,石细胞较多,味甜酸,稍涩,微香,品质中等;丰产、稳产,耐涝、耐盐碱,轮纹病危害轻,不耐贮藏,9 月中旬成熟

续表

种	品种	产地	主要特征及特性
白梨	甜橙子	泗阳	果扁圆或倒卵圆形,平均单果重 100 g;皮黄绿,有片锈,脱萼;肉乳白色,质粗,石细胞多,汁多味甜,品质中下;较高产,耐瘠,耐盐碱,病虫少,9 月中旬成熟
	瓜梨	涟水	果扁圆形,果面有 5 条沟纹;皮薄,黄绿色,粗糙,有片锈,脱萼;肉白,质粗,石细胞多,味甜,香气淡,品质中上;产量较低,较稳产,食心虫危害重,9 月中旬成熟
	团雪	灌南	果近圆形,平均单果重 200 g;皮薄,黄绿色,粗糙,有片锈,脱萼;肉白,质粗,石细胞多,汁中多,味甜,香气淡,品质中上;产量较低,食心虫危害重,9 月中旬成熟
	长把青梨	连云港	果圆形,平均单果重 144 g,大果重可达 200 g;皮青绿、厚,果点突起,果梗长 4 cm 以上,脱萼;果肩果顶微波状;肉青白色,细而致密,石细胞中多,淡甜,品质中等;较丰产,稳产,耐旱,不甚耐涝,较抗病虫,生理落果较重,9 月中旬成熟
	酥鹅(鹅酥)	淮安	果圆形或长圆形,单果重 190~262 g;皮黄白色,厚,粗糙,有片锈,宿萼或脱萼;果肉白色,略黄,质松脆,汁多,味甜微酸,稍涩,有香气,品质中上;较丰产、稳产,不抗风,耐旱涝和耐盐碱,9 月中下旬成熟
	淮阴青酥	淮安	果长圆形,中大;皮绿色,粗糙,脱萼;肉白,质疏松,味酸甜,品质中下;高产稳产,适应性中等,9 月下旬成熟
	猪咀	宿迁	果卵圆形;皮薄,黄绿色,光滑,有灰黑色斑点,果点中大、明显;肉青白色,质脆,汁多,味甜,品质中等;较抗病虫,抗风力差,耐涝,不耐贮藏,9 月下旬成熟
	秋白霜	睢宁	果卵圆形,单果重 150~200 g;皮较薄,黄绿色,果点小而密;肉质较粗,汁多,松脆,味偏酸,品质中等;较丰产,易出现大小年结果现象,耐贮运,9 月下旬成熟
	秋梨	泗阳	果长圆形,中大;皮黄绿,粗糙有片锈,宿萼;肉白,质中粗,味淡甜,品质较差;中产但较稳产,9 月下旬成熟
	侉槎子	宿迁	果圆形,平均单果重 255 g;皮青绿,厚而粗,果肩有块锈,脱萼;果肉黄白,质粗,石细胞多,汁多,味酸甜,微香,品质中等;丰产,较稳产,耐旱、耐涝、耐盐碱,抗病虫,有轻微裂果,不耐贮藏,9 月下旬成熟
	六合甜	茅麓	树势中庸;果短卵圆形,皮青绿色,成熟时阳面黄色,中厚,光滑,果点细,果梗中长,梗洼小、浅,果肩狭,果顶平宽,脱萼,萼洼中深、狭;肉质中粗,味淡甜略酸,品质一般; 8 月中旬成熟
	饭梨	溧阳	树势强,适应性广,抗病虫害,产量高,需后熟或煮熟方可食用,8 月下旬成熟

续表

种	品种	产地	主要特征及特性
白梨	红酥	睢宁	树势偏弱;单果重 180~220 g;皮黄褐色、厚,果点较大而稀;肉白色,较粗,汁多味淡,品质中下;适应性广,耐旱、耐涝、耐盐碱,不耐贮运,8 月下旬成熟
	麻果果	溧阳	树势中庸;产量高;皮青色,果点多;品质中等;易感黑星病, 8 月底成熟
	大山口黄梨	宜溧山区	树高大;果圆形,中大,平均单果重 160 g;皮黄绿色,上覆果锈;肉质粗,味淡甜,微涩,品质中上; 8 月中旬成熟
砂梨	人头梨	宜兴	树势强,树姿开张,果大,产量高,品质中上

（二）引进品种

江苏省自 20 世纪 50 年代末以来,陆续从省外大量引种。经过实践检验,有些品种已成为生产上的主栽品种。而有些品种不适应江苏省环境条件,有些品种综合性状不佳,有些品种因引入时间不长,其特征特性有待进一步观察研究。此类品种均归入次要品种,见表 5-3。

表 5-3　次要的引进品种简表

种	品种	来源	保存地	主要特征及特性	备注
白梨	兴隆鹅梨	河北兴隆及河北东北部	茅麓	果长椭圆形,平均单果重 180 g;果皮黄绿色,有片锈,果梗基部膨大呈肉质,宿萼,果肩与果顶均呈微波状;果肉味淡甜,品质上等;产量低,外观差,感黑星病严重; 8 月下旬至 9 月上旬采收	株数少,已渐淘汰
	麻梨	河北兴隆及河北东北部	南通	果圆形或短卵圆形,中大,平均单果重 146 g;果皮黄绿色,有片锈,果点突起,果肩波状,一侧偏斜,脱萼,果顶平整,果肩较宽;果肉质粗脆,味甜,品质中上;耐贮运,染病重; 9 月上旬采收	株数少
	秋白梨	河北东北部	茅麓	果短椭圆形,中大,平均单果重 130 g;果皮黄绿色,有片锈,梗洼小,有沟纹,果肩微波状,脱萼;肉质细脆,汁多味甜酸,品质中上;产量不高,大小年结果现象严重	
	宝珠梨	云南呈贡	茅麓	果圆形,中大,平均单果重 200 g;果皮浅黄绿色,果点大,褐色有条状果锈,果梗粗短,基部膨大呈瘤状,半肉质,梗洼狭浅,周围波状,宿萼,萼洼广浅;果肉白色,质嫩,有香味,甜酸适口; 8 月中旬采收	
	宾梨	湖北、河南	六合、仪征	果倒卵圆形,不整齐,中大,平均单果重 180 g;果皮黄绿色,有少量片锈,果梗基部肥大,脱萼;果肉绿白色,质细,品质中上等; 9 月上旬采收	

续表

种	品种	来源	保存地	主要特征及特性	备注
白梨	甜窝梨	山东莱阳	滨海	果长圆形，中大，平均单果重 180 g；果皮绿色，光滑无锈，果梗短，梗洼皱状，宿萼，萼洼皱褶；肉质粗，石细胞多，味较甜有香气，品质中上；有大小年结果现象，产量低，8 月下旬至 9 月上旬采收	可作授粉用，故保留少量
	平头梨	江西上饶	启东	果扁圆形，大，平均单果重 250 g，大果重可达 1 000 g；果皮薄，淡黄绿色，果点粗大，果梗基部肥大，肉质，宿萼，萼洼中深，狭；果肉白色，质细，石细胞稍多，味酸甜，品质中等；高产，8 月上旬至 9 月下旬采收，较耐贮运	少量栽培，未能发展
	兔头梨	莱阳	六合	果椭圆形，大，平均单果重 375 g；果皮厚，黄绿色，果点大，双洼深圆形，果肩果顶均平整；果肉乳白色，质松脆汁多，味甜酸，品质中下等；9 月下旬至 10 月上旬采收	逐渐淘汰，现存无几
	蟹梨	山东（百余年前郯城田某带入海州）	连云港鸿门果园	果纺锤形，平均单果重 144 g，大小一致；果皮浅黄绿色，平滑有光泽，无锈，果梗基部肥大，梗洼浅，波状，宿萼，萼洼肋状；果肉乳白色，质脆，汁多味甜，微有涩味，品质中等；9 月上旬采收	因品质差已渐淘汰
	水泡梨	山东（同上）	连云港鸿门果园	果葫芦形，平均单果重 81 g，大小一致；果皮绿色，光滑无锈，果点小，梗洼唇形，宿萼，萼片反卷，萼洼皱状；果肉绿白色，质细密，石细胞少，汁多，味淡甜，无涩，品质中等；8 月中旬采收	果小，市场欢迎度低
	冬果梨	兰州靖远	启东、扬州	果倒卵圆形，平均单果重 60 g；果皮黄色有片锈，皮薄，梗洼狭浅，有锈，脱萼，或残存；果肉白色，质细脆，汁多，味甜酸适口，品质中上等；耐贮藏，产量低	
	芝麻梨	云南丽江	淮安清江浦	果倒卵圆形，平均单果重 200 g；果皮绿色，后转黄色，有片锈，果点浅褐色，突起，果梗基部肥大，脱萼；果肉白色，质中粗，汁多，甜酸，但不浓，品质中等	
	恩梨	青岛	苏州	果短卵圆形，平均单果重 200 g；果皮黄绿色至黄色，果梗基部稍肥大，梗洼浅，有沟纹，脱萼，稀宿存；果肉白色，质细嫩脆，汁多，味甜酸适口，果心小，品质上等；病虫害较重；9 月中下旬采收	数量少
	夏梨	山西	苏州市郊	果倒卵圆形，平均单果重 130 g；果皮薄，橙黄色，果点小，锈色，果梗基部膨大，梗洼浅小，有沟纹，脱萼，少数宿存，而萼片开张，萼洼深广；果肉白色，质脆味甜，微香，品质中上等；不耐贮藏，易感病	数量少，已逐渐淘汰
	鹅梨	来源不详，绝大部分来自山东、河北	东海	果倒卵圆形，大，平均单果重 322 g；果皮褐色，粗糙，梗洼浅圆，宿萼，萼片直立，萼洼广浅，果心中大；果肉黄白色，质粗脆，味淡甜，汁多，品质中等；9 月下旬采收，不耐贮运	拟淘汰

续表

种	品种	来源	保存地	主要特征及特性	备注
白梨	麻皮黄	不明	苏州市郊	果扁圆形，平均单果重 150 g；果皮黄绿色，多果锈，果点褐色，大；果肉白色，质粗，味甜酸，有涩味，贮后风味转好	已渐淘汰
	油梨	山西	泗阳、南京	果扁圆形或圆形；果皮黄色，阳面有红晕，粗厚，果点细，黑褐色，果梗中长，梗洼周围有明显棱沟，脱萼；果肉白色，质粗，味酸甜，汁多，有香气，品质中下等；耐贮运	数量很少，已行淘汰
	花梨	不明	东海农场	果圆形，平均单果重 165 g；果皮绿至黄绿色，无锈，粗糙，梗洼浅平，正圆，宿萼，萼片直立，萼洼中深广；果肉白色，质粗，味酸甜，品质中等；9 月中旬成熟，不耐贮藏	不受市场欢迎，已行淘汰
	西洋坞	江西上饶	启东	果短卵圆形，平均单果重 300 g；果皮黄绿色，梗洼浅，周围有棱沟，脱萼或宿萼，萼洼深广；果肉白色，质脆嫩，味甜，汁多，有微香，品质中上等；黑星病、轮纹病较重	
	卞家荏梨	山东莱阳	泗阳	果圆锥形，平均单果重 120 g，大小不一致；果皮黄绿色，平滑有光泽；果肉质细，致密，味酸甜，汁多，品质中上等；8 月下旬采收	已渐淘汰
	小白酥梨	河北	盐城、淮安、南京、连云港等	果倒卵圆形，平均单果重 164 g；果皮黄绿色，富光泽，具果点锈，果梗细软，梗洼有条锈，脱萼，萼洼浅，有环锈；果肉质粗，味甜，汁多，品质中上等；9 月下旬成熟，较丰产，易发生大小年结果现象，果实不耐贮运，易感黑星病，不耐涝	适应性不广，在淘汰中
	大花梨	山东	连云港鸿门果园	果圆球形，平均单果重 225 g；果皮绿色，有锈斑，果面具 2~3 条棱沟，宿萼；果肉绿白色，质粗，石细胞多，味酸甜，汁多，微香，品质中上等；9 月中旬成熟，果不耐贮运	对综合管理要求严，已在淘汰中
	小香水梨	山东	盐城、淮阴、徐州等 9 个市均有	果卵圆形，平均单果重 160 g；果皮黄色，果顶稍突起，果面有 5 条棱沟，果梗长，梗洼浅，波状，宿萼，萼洼浅小；果肉质细松脆，易绵，味甜，汁多，有异味，品质中等；耐旱、耐涝，抗病虫，唯易感黑星病，易裂果；9 月下旬成熟	肉质易绵，不抗黑星病，已渐淘汰
	长头梨	山东	灌云县	果长椭圆形，平均单果重 185 g，大果重可达 350 g；果皮黄绿色，有片锈，果梗粗，梗洼浅，脱萼，稀宿萼；果肉质脆，石细胞多，味酸甜，品质中等；生理落果重，抗逆性强，适应性广；9 月下旬成熟，果实耐贮运	栽培少，品质欠佳，已渐淘汰
	即墨胎子	山东莱阳	徐州、淮安、南通、盐城等	果倒卵形，平均单果重 200 g，大果重可达 500 g；果皮绿色，果点大而密，有片锈，果梗基部膨大，脱萼，萼洼深；果肉质粗，石细胞多，味甜酸，微涩，品质中下等；适应力强，丰产，不抗风；9 月中下旬成熟，果实不耐贮运	宜庭院栽培

续表

种	品种	来源	保存地	主要特征及特性	备注
白梨	库尔勒香梨	新疆库尔勒沙依东园艺场	淮安、盐城	果倒卵形或纺锤形，平均单果重50 g；果皮黄绿色，少光泽，果梗基部肉质化，梗洼唇状，宿萼或脱萼；果肉质细，多汁，味甜，微香，品质中上等；耐寒，耐旱，不耐湿；8月下旬成熟	果小，低产，不宜推广
	拉打秋梨	山东莱阳	淮安、盐城、连云港等	果长圆形，平均单果重230 g；果皮绿色，无锈斑，脱萼；果肉质粗，汁多，味甜，微涩，品质中等；抗性强，产量低，易感黑星病；9月底成熟	
	晋酥梨	中国果树研究所	淮安、盐城、连云港等	果卵圆形，平均单果重237 g；果皮绿色，富光泽，脱萼，稀宿萼；果肉质细，脆嫩，石细胞少，汁多，味酸甜，浓香，品质上等；不抗黑星病，易遭食心虫危害；9月下旬成熟	少量试栽，综合性状有待进一步观察
	锦丰梨	中国果树研究所	常州、扬州	果扁圆形，平均单果重150 g；果皮黄绿色，有片锈，宿萼；肉质细脆，多汁酸甜，品质中上等；9月下旬成熟；采前落果重，不耐贮藏，对病虫害抵抗力较强	少量试栽，综合性状有待进一步观察
	车头梨	河南郑州	徐州、连云港、淮安、盐城等	果长圆形，平均单果重200 g；果皮黄绿色，有小锈斑，脱萼；肉质粗，石细胞多，味酸，淡甜，品质中等；9月中旬成熟，适应性广，不抗风，不抗病，果实耐贮藏	综合性状不及长把梨
	窝梨	山东莱阳	淮安、扬州、连云港等	果卵圆形，平均单果重126 g；果皮黄色，无锈斑，少光泽，脱萼；肉质粗，较脆，石细胞多，汁多，味酸甜，品质中下等；10月下旬成熟，适应性广，抗风，抗病虫，果实耐贮藏	宜在苏北地区栽植
	洋白梨	河北昌黎	徐州、淮安、扬州等	果倒卵形，平均单果重175 g；果皮黄绿色，具红晕，脱萼，梗洼一侧倾斜隆起；肉质细，汁多，味甜，微香，石细胞少，品质上等；9月上中旬成熟，适应性广，不抗病	栽培数量少
	鼓梗梨	山东莱阳	淮安、徐州、盐城、扬州等	果卵圆形，平均单果重185 g；果皮黄绿色，脱萼，稀存萼，萼洼有5条棱沟；肉质脆，石细胞多，汁液多，味酸微香，品质中等；9月上旬成熟，适应性广，稳产，果实耐贮藏	品质差，已渐淘汰
	青丰梨	浙江	盐城大丰	果倒卵圆形，平均单果重192 g；果皮黄绿色，光滑，小片锈，宿萼；果肉绿白色，质粗渣多，坚实酥脆，味甜微涩，经后熟质转佳；9月底成熟，品质中等，极耐贮藏，适应性强	栽培量少，1981年江苏省果品鉴定会定名为青皮梨
	红梨	辽宁兴城、河北昌黎	泗阳、涟水等	果椭圆形，平均单果重170 g；果皮深绿色，阳面具红晕，脱萼；肉细，脆嫩，石细胞少，味甜，汁多，品质上等；9月下旬成熟，抗性强，耐贮运	栽培数量少，可扩大栽培面积

续表

种	品种	来源	保存地	主要特征及特性	备注
白梨	冬梨	山东	赣榆	果长卵圆形,平均单果重 115 g;果皮黄绿色,粗糙,脱萼;果肉绿白色,质粗,石细胞多,味甜,汁少,品质中上等;10 月底成熟,适应性强,耐粗放管理,抗病虫能力强,生理落果重	未曾推广,数量极少
	杭青	杭州	南通、扬州、盐城及江南各市	果圆形,平均单果重 156 g;果皮绿色,光滑无锈,宿萼;果肉细致,脆嫩,石细胞少,味甜,汁多,微香,品质中上等;8 月中下旬成熟,果实易绵,不耐贮运,丰产,适应性广,抗病虫能力强,但易感轮纹病	果实易绵,不宜推广
	水晶梨	不详	射阳	果圆形,平均单果重 90 g;果皮黄绿色,脱萼;果肉松脆,质粗,石细胞少,味甜微酸,汁多,风味淡,品质中等;9 月上旬成熟,风土适应性强,抗黑星病、黑斑病,易裂果,丰产,稳产	品质差,易裂果,栽培少,不宜推广
	迥溪梨	安徽歙县园艺场	金坛、南京	果纺锤形,平均单果重 250 g;果皮黄绿色,平滑,有片锈,宿萼;果肉细致脆嫩,石细胞较多,味酸甜,汁多,微香,品质中上等;9 月上旬成熟,抗逆性强,但不耐涝	栽培数量少
	平梨	山东	滨海、涟水、泗阳、沭阳、新沂、睢宁、邳州	果阔倒卵形,平均单果重 159 g;果皮黄绿色,有片锈,果皮粗糙,脱萼;果肉粗,质脆,味酸甜,品质中等;9 月底成熟,较丰产,果实较耐贮运,适应性广,抗风、抗病,易遭食心虫危害	品质差,不宜推广
	早梨	江西上饶	东海、盐城	果短卵圆形,平均单果重 60 g;果皮黄白色,粗糙,脱萼;肉质粗,石细胞较多,味酸甜,汁多,品质中等;9 月上旬成熟,产量低而不稳,抗逆性不强	栽培量少,已在淘汰中
	五九香	中国农业科学院兴城果树研究所	泗阳	果纺锤形或长葫芦形,大,平均单果重 250 g;果皮绿黄色,外观好;采时果肉细脆,味甜,经数天果肉发软,果肉更细,味浓甜,汁特多,品质上等;8 月上中旬采收	
	猪嘴梨	辽宁西部、河北东北部	淮安市果林场	果纺锤形,平均单果重 170 g;果皮黄绿色,较粗糙,果点密显著,梗洼狭,有棱沟,宿萼,萼片开张,萼洼深,有明显棱沟,果顶突出,状如猪嘴故名;果肉乳白色,质细脆,微酸,汁多味甜,稍有香气,品质上等,不抗病;9 月下旬采收	未能发展
	鸭广梨	河北	盐城、徐州	果倒卵圆形,平均单果重 125 g;果皮暗绿色;果肉乳黄色,经后熟质细软,味甜香,品质上等;9 月上中旬采收,由于黑星病、轮纹病危害重,常致未及后熟即腐烂	
砂梨	严州雪梨	浙江	苏州、无锡、常州、镇江、南京、南通等	果短葫芦形,平均单果重 200 g;果皮黄绿色,果肩一侧略高,脱萼;肉质细致脆嫩,味淡甜,汁多,微酸,品质上等;8 月底成熟,风土适应性较强,不抗病虫	零散栽植

续表

种	品种	来源	保存地	主要特征及特性	备注
砂梨	细花麻壳	浙江	连云港、徐州、淮安、南通等	果扁圆形，平均单果重 150 g；果皮黄褐色，有少量片锈，脱萼或稀宿萼；果肉细，石细胞中多，质松脆，味甜，汁多，微涩，品质中上等；9 月上旬成熟，适应性广，易感黑星病	在苏南尚能适应
	苍溪施家梨	四川	常州、南京、南通、扬州、淮安等	果葫芦形，平均单果重 350 g；果皮黄锈褐色，粗糙，脱萼；果肉绿白色，质细，嫩脆，味甜，汁多，品质上等；9 月中旬成熟，产量低而不稳，适应性一般	综合性状欠佳，不宜发展
	金梅	浙江	启东	果圆锥形，平均单果重 89.5 g；果皮黄绿色，梗洼周围果肉有突起，萼洼有皱褶，果顶收缩，宿萼；果肉白色，质细味甜，品质中等，8 月下旬至 9 月上旬采收，果小产量低	果小，产量低，要淘汰
	管水蜜	浙江	启东	果圆形，小，平均单果重 85 g；果皮黄绿色，光滑无锈，果梗短，梗洼平圆，宿萼；果肉乳白色，质细脆，味甜，汁多，有苹果香味，抗逆力弱，病虫多；8 月下旬采收	果小，产量低，已渐淘汰
	黄樟梨	浙江	启东、扬州	果椭圆形或卵圆形，平均单果重 200 g；果皮锈褐色，薄，果点大，密，宿萼或脱萼，萼洼深广，果梗粗，基部肥大；果肉青白色，质细，甜味淡，汁多，微涩，贮放易失水皱皮，品质中下等；7 月下旬采收	数量很少，要淘汰
	咸宁大黄梨	贵州咸宁	高邮	果长圆形，平均单果重 250 g，大果重可达 500 g；果皮薄，淡黄褐色，成熟时转棕褐色，表面光滑，果梗稍长，梗洼中大，脱萼；果肉乳白色，质细脆，多汁，味甜酸适口，有微香，品质中下等，较耐贮运	
	平头梨	山东	东海农场	果长圆形，中大，平均单果重 170 g，大小一致；果皮黄绿色，粗糙，有片锈，果梗短，宿萼，萼片扭曲，萼洼皱褶；果肉白色，质粗，味酸涩，品质下等，不抗病虫；9 月中下旬成熟	已淘汰
	细花蒲梨	江西上饶	金坛	果近葫芦形，平均单果重 150 g，大果重可达 300 g；果皮粗厚，淡黄白色，果点多，梗洼浅平，宿萼，萼洼广浅；果肉白色，质细脆，汁多，味甜酸适口，品质上等，可贮放 20 天左右	可在长江两岸推广
	紫云	浙江	淮安	果圆形，小，平均单果重 75 g；果皮黄褐色，平滑，有片锈，梗洼不规则，脱萼；果肉黄白色，质致密，石细胞少，味甜，汁多，富香气，品质中上等；8 月中旬采收	果小，低产，在淘汰中
	八云	上海	大丰	果圆形或扁圆形，平均单果重 80 g，大小一致；果皮黄绿色，光滑无锈，梗洼正圆形，脱萼；果肉乳白色，内质细，石细胞少，味甜，汁多，有香气，品质上等，但树易早衰，产量很低；7 月下旬至 8 月中旬采收	已渐淘汰

续表

种	品种	来源	保存地	主要特征及特性	备注
砂梨	朝日	上海	扬州、盐城、南通等	果较小，平均单果重120 g；果皮黄褐色，果点大，有果锈，皮薄，光滑，脱萼；果肉白色，质细脆，味甜，汁多，微香，品质中上等；7月上中旬成熟	分布较广，但株数少
	王冠	上海	南通、盐城等	果小，平均单果重100 g，大果重可达200 g；果皮黄色，富光泽；肉质细，味甜，品质上等；7月下旬至8月上旬采收，不耐贮藏	
	早生长十郎	上海	启东	果卵圆形，大，平均单果重250 g，大果重可达300 g；果皮褐色，成熟时赭红色；果肉味甜，汁多，可口；9月下旬成熟，耐贮运	
	金水一号	湖北省果茶所	南通	果正圆形，较大，平均单果重160 g；果皮黄绿色，有光泽，梗洼周围有棱沟与锈斑，宿萼或脱萼；果肉脆，汁多味甜，品质中上等；9月上旬采收，稍耐贮藏	
	金水二号	湖北省果茶所	南通	果近圆形，平均单果重220 g，大果重可达330 g；果皮转黄绿色，稍迟，皮薄有光泽，果肩一侧突起，有锈斑，脱萼；果肉淡黄白色，肉质细，味甜，汁多，微香，品质上等；7月中下旬成熟，可贮存20天左右	
	新水	上海市农科院	南通、盐城、扬州、镇江等	果扁圆形，平均单果重130 g；果皮淡黄褐色；宿萼，萼洼深广；果肉乳白色，质细嫩脆，汁多味甜，品质中上等；8月上旬采收	
	湘南	湖南	南通、启东等	果圆锥形或圆形；果皮黄褐色，成熟后为红褐色，质细脆；果肉味甜酸，有涩味，品质中等；9月上旬采收，较耐贮运	江苏省栽培不多
	独逸	上海	苏州、盐城等	果扁圆形，平均单果重140 g；果皮深褐色，成熟时转赭红褐色，梗洼小，有沟纹直达果肩外；果肉白色，质细脆，味甜，汁多，果心小，品质中上等；9月上中旬采收	
	吾妻锦	浙江	扬州	果近圆形，中大，平均单果重150 g；果皮锈褐色，成熟后转棕褐色，果点黄褐色，明显，梗洼深，狭，脱萼；果肉白色，质细，味甜，汁多，有涩味	
	雁荡雪梨	浙江乐清县	南京、无锡、苏州、南通、盐城、淮阴等	果近圆形，平均单果重400 g，大果重可达700~1 000 g；果皮赤褐色，宿萼；肉质粗，松脆，石细胞多，味甜酸，微涩，品质中上等；9月底成熟，有裂果现象，耐贮运	果大，耐贮藏，但外观及其他性状差
	蒲瓜梨	同上	同上	果倒卵形，平均单果重339 g，大果重可达600 g；果面黄绿色，有小片锈，宿萼；肉质粗，松脆，味酸涩，品质下等；10月上旬成熟，极耐贮藏	质劣，已渐淘汰

续表

种	品种	来源	保存地	主要特征及特性	备注
砂梨	祇园	上海、杭州	江苏省各地	果扁圆形，平均单果重 125 g；果皮黄色，无锈，脱萼；肉质脆嫩，味甜，汁多，品质上等；8月中下旬成熟，果实不耐贮运	树冠紧凑，可密植，树势易早衰
	真瑜	日本	苏州、常州、镇江、南通、盐城等	果扁圆形，平均单果重 85 g；果皮锈红色，脱萼；肉质细，脆嫩，汁多，石细胞少，味浓甜，微香，品质上等；8月中旬成熟，适应性强，果实不耐贮运	果小，外观欠佳，所存不多
	青龙	原产日本，来源不详	泰州、盐城等	果扁圆形，平均单果重 130 g；果皮绿黄色，光滑，脱萼；肉质细嫩松脆，石细胞少，汁多，味浓甜，香气浓郁，品质上等；9月上旬成熟	栽培数量甚少
	长十郎	日本	全省各地	果近圆球形，平均单果重 156 g；果皮赤褐色，平滑，宿萼；肉质细，脆嫩，石细胞少，味浓甜，汁多，品质上等；9月上旬成熟	栽培数量逐渐减少
	江岛	日本	同上	果圆球形，平均单果重 190 g；果皮绿黄色，光滑无锈，脱萼；肉质细嫩，松脆，石细胞少，味甜，汁多，品质上等；8月中下旬成熟	低产，栽培数量逐渐减少
	二十世纪	日本	同上	果圆球形或扁圆形，平均单果重 109 g；果皮黄绿色，脱萼，洁净；肉质细致，松脆，味甜，汁多，品质上等；8月中旬成熟，果实不耐运输	综合性状差，已淘汰
	早生赤	浙江	启东	果近扁圆形，平均单果重 200 g，大果重可达 400 g；果皮红褐色，粗糙，脱萼；肉质细，致密，石细胞少，味甜，汁多，品质上等；9月下旬成熟，果实较耐贮运	树势易早衰，渐被淘汰
	幸藏	浙江	建湖、响水	果圆球形，平均单果重 70 g；果皮黄绿色，具红晕，脱萼，肉质细，味甜，汁多，品质中上等；9月中旬成熟	栽培数量少，在淘汰中
	黄蜜	浙江	徐州、连云港等	果短圆锥形，平均单果重 180 g；果皮赭褐色，果皮厚，宿萼；肉质细，味甜，汁多，品质中上等；9月中旬成熟	果实质差，不宜发展
	晚三吉	上海	盐城、南通、扬州及江南各地	果广卵圆形，平均单果重 200 g；果皮红褐色，脱萼，稀宿萼；果实肉质细，松脆，石细胞少，味甜酸，汁多，品质中上等；10月上旬成熟，耐贮藏	外观差，不抗病，故淘汰
	瓢梨	河北	灌南	果长葫芦形，平均单果重 180 g；果肉白色，软腻，味香甜，品质中上等；9月上旬成熟	
秋子梨	京白梨		各地有极少量植株	果扁圆形，平均单果重 65 g；果皮绿黄色，果面洁净，富光泽，果梗细长，多歪向一方，脱萼；肉质粗，较脆，味淡甜，品质中下等；8月上旬成熟，低产，有大小年结果现象，适应性差，不抗病	已淘汰殆尽
	木瓜梨	安徽歙县园艺场	金坛、南京	果近纺锤形；果皮黄绿色，粗糙有片锈，脱萼；果肉浅黄白色，质粗，松脆，汁多，味酸甜，微涩，品质中等；9月上中旬成熟，耐贮藏，适应性广，易受吸果夜蛾危害	栽培数量少

续表

种	品种	来源	保存地	主要特征及特性	备注
西洋梨	法兰西	郑州	徐州、淮安、无锡等	果短葫芦形，平均单果重 196 g；果皮黄绿色，有锈斑，果面凹凸不平，宿萼；果肉黄白色，质细，汁多，味甜微带酸涩，经后熟肉质软腻，有芳香，品质中等；9 月中旬成熟	
	佳白	安徽肥西县	海安	果短圆锥形，平均单果重 100 g；果皮光滑，黄绿色，阳面有红晕，果梗粗短，宿萼；果肉白色，采收时酸、硬，有香气；8 月下旬采收	
	糖包梨	辽宁	东海、海安	果葫芦形，平均单果重 120 g，大小一致；果皮黄褐色，光滑，有条锈，果梗中长，梗洼唇形，中深，宿萼，萼片反卷，萼洼有皱褶；果肉白色，质细致密，汁多，味甜，品质中上等；8 月下旬至 9 月上旬成熟	销售困难，已不发展
	红茄梨	来源不详	泗阳	果葫芦形，中大；果面红色；肉乳白色，质细脆嫩，味酸甜，风味浓；6 月下旬采收	
	三季梨	大连	泗阳、南通	长颈葫芦形，平均单果重 187 g；果面光滑，略有凹凸，色绿黄，无梗洼，有皱状突起，宿萼；果肉乳白色，石细胞少，汁多，质致密，经后熟肉质转软易溶，味酸甜，品质中上等；9 月下旬成熟，不耐贮运	

（三）失落品种

在众多的地方品种中，有些是 1958 年以前尚存甚至是主栽品种，而其后有些品种逐渐减少，直至失落无存。现列表备查（表 5-4）。

表 5-4　已失落的梨地方品种简表

种	品种	产地	果实性状
白梨	大五斤	宿迁	果卵圆形，果面有 2 条不明显沟纹；果皮黄绿，少有块锈，果点圆、明显、黄褐色，脱萼，萼洼中深、中广；果肉白色，石细胞少，质脆，多汁，味甜微酸，品质中上等；8 月中旬成熟
	麻酥	宿迁	果长圆形，肩微凸，不对称；果皮青绿色，较厚，果点圆、黄褐色，梗洼浅广，脱萼，萼洼中深而狭；果肉青白色，石细胞多，汁多，味酸甜，品质中等；8 月下旬成熟
	蚂蚁蛋	宿迁	果扁圆形；果皮黄褐色，有灰色锈斑，果点大而多、褐色，梗洼深广，脱萼，萼洼深而中广；果肉白色，致密，汁中多，味甜，品质中等；8 月下旬成熟
	太平酥	泗阳	果不正圆形；果皮较厚，黄绿色；果点大而多、圆褐色，梗洼深狭，脱萼，洼深、狭；果肉乳白色，石细胞少，汁多，味甜，有香气，品质中上等；8 月中旬成熟
	薄叶胶州梨	泗阳	果扁圆形；果皮薄，黄绿色；果点圆、黄白色、大而多，梗洼较深广，宿萼，萼洼浅广；果肉白色，石细胞多，味甜，汁多，品质中等；8 月中旬成熟

续表

种	品种	产地	果实性状
白梨	红糖梨	宿迁	果圆形;果皮厚,灰黄绿色;果点圆、灰白色,梗洼较深狭;脱萼,萼洼深广;果肉白色,质稍粗,味甜,汁多,品质中上等;8月中旬成熟
	糖酥	淮安	果长圆形,果面有4条沟纹;果皮较厚,先端黄绿;果点圆、灰褐色,梗洼浅狭;果肉白脆,味甜,汁多,有香味,品质中上等;8月中旬成熟
	大普梨	宿迁	果卵圆形;果皮厚,黄绿色;果点圆、灰白色;果肉青白色,脆而多汁,味酸甜,品质中等
	面梨	盱眙	果圆形;果皮薄光滑,黄绿色;果点圆、褐色,多而明显;果肉白色,质疏松,味甜,汁多,品质中等
	水槎	宿迁	果圆形;果皮薄,青绿色;果点圆、灰黄色,小而少,不明显;果肉质细,色白,味甜,汁多,品质中等
	小蜜梨	宿迁	果不正卵圆形;果皮厚,黄绿色;果点圆,明显,褐色;果肉白色,质较细,味酸甜可口,汁多,品质中上等
	酒壶青	泗阳	果卵圆形,大;果皮薄,有锈斑;果点大,圆形,明显;果肉细,汁多,味酸,品质中下等
	面屯子	泗阳	果卵圆形;果皮淡黄,果点小而明显,品质中下等
	秃头秋	泗阳	果椭圆形;果皮淡黄,有锈斑,果点小;果肉细,汁多,味甜,品质中等;8月下旬成熟
	明槎	泗阳	果卵圆形,果点明显,有锈斑;果肉细,汁多,味甜,品质中上等
	糖包梨	泗阳	果圆形,淡绿色,有锈斑,肉质粗,味酸,有香气,品质中上等,较耐贮藏;9月上旬成熟
	桃梨	泗阳	果卵圆形,大,黄白色;果肉青色,质细,味甜,汁多,有香气,品质中上等;8月下旬成熟
	水芦头	沭阳	果圆形;果皮黄绿色;果肉色白,石细胞多,汁中多,品质中下等;8月下旬成熟
	粗渣	沭阳	果圆形;果皮青绿色,果点多而小;果肉白色,味淡甜,汁多,石细胞多,肉质粗而多渣,品质下等
	山青	沭阳	果倒卵圆形;果肉绿白色,汁多,石细胞多,品质差

第四节　栽培技术要点

江苏梨栽培,在长期的生产实践中积累了丰富的经验,并有独特之处。

一、繁殖

江苏省各地种植梨树,皆以‘杜梨’或‘豆梨’为砧木嫁接繁殖。‘杜梨’资源丰富,嫁接亲和性强，对土壤适应性广，嫁接树生长发育良好，全省普遍用作梨砧。‘豆梨’耐盐碱和耐寒性能略差，嫁接树树体较小，在西南低山丘陵地区表现较好，为宜溧山区常用的梨砧。在砧木培育方式与嫁接方法上，20 世纪 50 年代以前与 50 年代以后有所不同，50 年代以前沿用民间传统方法，50 年代以后采用近代方法。

传统繁殖法的特点是“大砧老穗”“坐地劈接”。先挖取砧木的自然实生苗或根蘖苗，栽于定植地，培育“坐地苗”（直至嫁接成树，都不进行移植）；或直接利用多年生野生砧木植株，就地嫁接培养成树。砧木培养 2~4 年达到一定粗度时嫁接，嫁接时间在清明节前后，选用 2 年生以上带 1 年生枝条的壮枝作接穗，然后将砧木截断，截口削平后劈成 2~4 片，插入 2~4 个接穗。铜山、睢宁一带，也有利用不够劈接粗度的砧木，在夏季进行方块芽接的，群众称为“热粘皮”。

近代繁殖法的特点是先培育砧木实生苗，多露地直播育苗。种子经层积或催芽后播种。为避免春旱对幼苗出土的影响，多在播种前浇足底水，播种覆土后不再浇水。出苗后经移栽可促使须根发达。据江苏农学院（现扬州大学）试验，在幼苗 2 片真叶时，掐根移栽最好，缓苗期短，须根量多，苗木生长速度快。嫁接多采用“丁”字形芽接或切接。

20 世纪 50 年代末果树大发展时期，一度推广过根接和块接快速育苗，冬季室内嫁接后保温保湿，促使形成愈合组织，翌年春季移栽露地。

二、建园

20 世纪 50 年代末，江苏梨园大部分建立在沙荒瘦地、盐碱地或山岭薄地、沿海滩地，有机质含量极低，土壤结构很差。因此，防风固沙、保持水土、改良土壤是梨园建立的首要工作。在废黄河河床及冲积滩地的梨园，建园时都营造防护林带，并播种沙荒的先锋作物“沙打旺”，兼收防风固沙及开辟肥源之利。在沙层深厚又无板淤隔层的“火沙”土上和板淤隔层埋藏浅而厚的“包浆”土上，分别采用客淤掺沙和深翻破淤的方法，克服了春旱夏涝对幼树的威胁，保证了幼树的成活。低山丘陵梨园，土层浅薄，质地黏重，除了修筑梯田外，还在定植穴之间挖开连通沟，内铺粗石砾，以利排水。

1949 年后建园以稀植为主，栽植密度一般为每亩 15~22 株，即株距 5.0~5.5 m，行距 6~8 m。20 世纪 80 年代后，为提高早期产量，栽植密度加大，有采用行距 3~5 m，株距 2~4 m 的计划密植。近年来在徐州、连云港、镇江等地引进主干形栽培模式，采用行距 4~5 m，株距 0.7~1 m 的高密度栽培。

定植时间多在 11 月上旬或开春 3 月上中旬，其中 11 月上旬定植有利于根系伤口的愈合而为翌春生长打下基础，缩短缓苗期。

种植模式上，生产中以直接定植嫁接苗为主，近年扬州大学在仪征推广先行定植砧木，待砧木成活后秋季进行苗接建园。江苏省农业科学院也采用定植砧木，再高位嫁接建园，取得了较为理想的结果。

三、品种选择

江苏省梨品种资源丰富，除传统栽培的地方品种与20世纪20~30年代的引进品种外，20世纪50年代果树大发展后，又陆续从省外引进不少品种，全省梨品种总数已达200多个。

近年来，从国内外引进了一些新优品种，在生产中大面积应用，逐渐淘汰生产中老品种。早熟的‘翠冠’‘翠玉’‘爱甘水’‘若光’等品种在苏南地区得以大面积发展，中熟的‘黄冠’‘丰水’‘圆黄’等品种在徐州地区有较大面积，中晚熟的‘秋月’‘新高’‘爱宕’等品种也有一定面积的发展。省内选育的‘苏翠1号’‘苏翠2号’‘苏翠4号’‘夏露’等品种，在生产中发展较为迅速。

四、土壤管理

梨园土壤管理面临最大的问题是肥源。江苏省解决肥源的经验是扩种绿肥，农家种植绿肥的习惯只在夏季混播芝麻、绿豆（苏北）。20世纪60年代起推广冬绿肥苕子、箭舌豌豆、紫云英、蚕豆；夏绿肥印度豇豆、柽麻、田菁等，已收到理想的成效，尤其在沙荒瘦地、盐碱地，绿肥对土壤理化性状的改善非常显著。

冬耕深翻对丘陵山地和湖荡地区的梨园甚为必要。而在无板淤隔层的轻沙地上，深翻则跑墒严重，在冬春连旱年分不利于梨树生长。黄河故道地区的经验是种植宿根绿肥作物如紫花苜蓿，每3年更新1次；或播种苕子而不刈割或耕翻，令其“自生自灭”秸秆覆盖，自然落种繁殖。在土质极其黏重，通气性极差的地区（如连云港市），常结合深翻填入碎秸秆，有效改变了土壤中水、气、热的状况。山地梨园，每年扩穴深翻比年年树盘深翻佳，如结合施肥则更有利于根系的恢复生长与养分的积累。

在土壤耕作制度方面，目前生草、覆盖等制度在梨园生产上大面积推广。常用的草种有苕子、三叶草、高羊茅、黑麦草等，进行行内生草，行间树盘覆盖。利用麦秆、稻草秸秆覆盖在一些果园也有少量实施。

全省梨园施肥状况普遍存在肥料不足，施肥失时，配合不当等问题。绝大部分梨园的基肥只够集中沟施、穴施；施肥时期偏晚，大都在农村秋种之后，即12月甚至翌年春季；当前有机肥料缺乏，大都以复合肥、磷肥代替。追肥一般2次，即在萌芽前后和果实膨大期（也是花芽分化期），一般用速效氮素化肥和一定量的钾肥，用人畜粪尿的少。根外追肥则有数次，一般结合喷药施用尿素或单用磷酸二氢钾。

绝大多数梨园尚无灌溉条件，苏北的春旱与苏南的秋旱往往影响梨树的生长发育，目前所能采取的措施是覆盖或浅锄保墒。全省在夏季均多雨高温，梨园常出现不同程度的涝渍。深耕理墒，开沟排水是平原梨区的首要工作。

五、树体管理

1949 年以前，梨园一般采用坐地苗多接穗嫁接繁殖，树冠呈多主枝自然圆头形。1949 年后新建的梨园，梨树整形均沿用北方的疏散分层形，全树 7~9 主枝，树高 6~7 m。由于片面强调整形而疏忽了品种之间的差异，以致有些品种推迟进入结果期。经过在生产实践中总结经验，改变了树体结构，主枝仅留 5 个，树高控制在 5 m 左右。在诸多品种中，日本梨系统品种的整形应注意其特殊性，以往的教训是留的主枝过多，影响骨干发育；短果枝数量过多，结果后抽梢困难；树冠空间未能充分利用，而回缩更新效果又不显著，故而会导致树势早衰。因此，在整形过程中应多注意培养主枝、副主枝，即主枝留 3~5 个，多短截以增加分枝级数；骨干枝上保留的短果枝不可过量，以维持其生长优势。这样可为日后丰产及延长经济寿命打下良好基础。进入盛果期后，着重更新结果枝组，对维持树势非常重要。

对 1949 年前留下的一批老树，江苏农学院在徐州、淮阴两地设点进行老树更新试验，获得成功。更新的步骤是先养树，后更新，在更新的同时顾及结果。一般先施肥养树 1~2 年后，从最衰老的大枝着手较重的回缩更新。但不采取一次大回缩，而是保留较多的枝叶量，分段更新；回缩部位落在较壮的当头枝上；全树有计划地分期更新，使回缩更新不过多地影响结果量。

对 1949 年后（特别是 1958 年后）栽植的大批梨树，为防止结果部位外移、大枝枯秃，采取的措施是以小更新代替大更新，以勤换头（主枝头与枝组当头枝）来维持大枝的树势力；当小更新已不敏感时，即逐步回缩中干，以充实下层大枝的长势；在中干回缩的同时，下层大枝亦相应地适当回缩。在准备回缩的大枝上，预先自上而下分段地锯些伤口，然后逐步自上往下回缩，如此直至中干整个去除。

铜山、睢宁一带，果农往往在冬季将梨树发出的根蘖及靠近地表的浮根铲掉，称之为“削脚”，目的是减少消耗并引根下伸。

在树型构建上，20 世纪 90 年代，南通市启东引进了日本水平棚架栽培模式，并在省内推广应用。该种模式下以两主枝和三主枝上架为主。近年镇江市农业科学院开展了单主枝上架尝试，扬州大学还进行了双层棚架试验。21 世纪初，江苏省农业科学院在引进韩国“Y”形棚架栽培的基础上，创制出拱形棚架栽培模式，采用低主干，两主枝上架，顺应了梨树直立性向上长势，树体易于培养，便于机械化作业，大幅度提高优质果率。此外，南京农业大学提出了倒“个”形树形，即两主枝加一个中心干的树形，有效维持了树的树势，在生产中广泛应用。近两年，参照苹果的主干形整枝，梨上也进行了主干形栽培尝试，进一步减少级次，操作简便，技术易于初学者掌握。

六、病虫害防治

江苏省梨树病害以黑星病与轮纹病为重。黑星病发病早，春季萌芽时即进行防治，如防治过迟，则效果不佳。病重的园地，秋凉时节还应进行药剂防治，以控制越冬病原基数。有些病重园块，忽视了秋后的防治，往往是梨园病害恶性循环的主要原因。轮纹病的防治，普遍于冬季刮除病部，然后消毒。增强树势，是防病的首要措施。在 1969 年秋，江苏省曾流行锈水病，以涟水县最重，经原南京农学院试验，采取锯除病枯枝，彻底刮除患部，用 0.1% 升汞消毒，然后敷以鲜牛粪保护伤口，疗效显著。

梨树虫害，20 世纪 50 年代以梨星毛虫、梨疣蛾、食芽蛾、刺蛾等为多。随着农药品种的增多，这些害虫逐渐受到抑制。目前梨树的主要害虫有蚜虫、食心虫、梨花网蝽、梨木虱、梨潜皮蛾、金缘吉丁虫、天牛、梨圆蚧等，对这些害虫，只要防治及时，用药得当，基本均能控制。

（本章编写人员：何凤仁、王涛雷、严效桐、曹庆生、王璐、何卓人、姜以道、吕芳、吴巨友、蔺经）

主要参考文献

[1] 曹玉芬，刘凤之，胡红菊，等．梨种质资源描述规范和数据标准[M]．北京：中国农业出版社，2006.

[2] 柴明良，沈德绪．中国梨育种的回顾和展望[J]．果树学报，2003（5）：379-383.

[3] 蔺经，盛宝龙，李晓刚，等．早熟砂梨新品种‘苏翠 1 号’[J]．园艺学报，2013，40（9）：1849-1850.

[4] 蒲富慎，王宇霖．中国果树志第三卷·梨[M]．上海：上海科学技术出版社，1963.

[5] 盛宝龙，陆爱华，周建涛，等．江苏省梨生产现状及发展建议[J]．江苏农业科学，2002（4）：49-51.

[6] 王苏珂，李秀根，杨健，等．我国梨品种选育研究近 20 年来的回顾与展望[J]．果树学报，2016，33（增刊）：10-23.

[7] 王宇霖．半个世纪以来我国梨果产业与科技发展的回顾[J]．果树科学，1999，16（4）：239-245.

[8] 张绍铃，钱铭，殷豪，等．中国育成的梨品种（系）系谱分析[J]．园艺学报，2018（12）：2291-2307.

[9] 张绍铃，谢智华．我国梨产业发展现状、趋势、存在问题与对策建议[J]．果树学报，2019（8）：1067-1072.

[10] 张绍铃．梨学[M]．北京：中国农业出版社，2013.

第六章　苹果

/ 栽培历史与现状 / 种类
/ 品种 / 栽培技术要点

第一节　栽培历史与现状

江苏省苹果具有悠久的栽培历史。据宋乐史《太平寰宇记》(976~984)记载，海州及云台山有沙果和苹果，说明早在1 000年前江苏省即有苹果分布。宋绍熙三年(1192)的《吴郡志》写道："蜜林檎实味极甘如蜜，虽未大熟，亦无酸味。本品中第一，行都尤贵之。林檎虽硬大，且酣红，亦有酸味，乡人谓之平林檎，或曰花红林檎，皆在蜜林檎之下。"另据宋景定二年(1261)《建康志》和元至正四年(1344)《金陵新志》都记有'林檎'。到了明、清时期，江苏省许多府、县地方志的物产部分都有'柰''林檎''花红'和'苹果'的记载，几乎遍及全省各个生态地区，可见当时'林檎'等小苹果类在江苏省已普遍栽培。溧阳'茅尖花红'颇负盛名，已有300多年栽培历史，而'太湖洞庭山'栽培更早。据记载，'茅尖花红'1911年产量达20 t，1944年'茅尖花红''仪征花红'畅销宁、镇、扬一带，还远销安徽，深受群众欢迎。此后逐渐减少，到1980年，'茅尖花红'仅存14株，1982年又发展到54亩，而'仪征花红'已荡然无存。20世纪90年代初，吴县光福、横泾等乡新拓植'花红'4 000株，苗木来自浙江于昌，但现在基本被淘汰。

20世纪50年代初，徐州一带曾栽培过'中国苹果''苹果柰子''花红''歪梗子''林檎'等，后随西洋苹果的迅速发展而被淘汰。

江苏省明清时期各地方志所记载苹果树植物摘要见表 6-1。

表 6-1　江苏省明清地方志所记载苹果树植物表

志书名称	朝代年份	公元年份	记载种类	生态区
徐州志	明万历四年	1576	沙果	徐淮地区
丰县志	明隆庆三年	1569	柰、沙果	
邳州志	明嘉靖十六年	1537	花红	
铜山县志	清乾隆十年	1745	苹果、花红、沙果	
淮安府志	清光绪九年	1883	柰、苹果	
句容县志	明弘治九年	1496	林檎	宁镇扬地区
江浦县志	清雍正四年	1726	林檎	
宜兴县志	明万历十八年	1590	花红	
六合县志	清乾隆四十八年	1783	苹果、花红	
溧阳县志	明弘治十一年	1498	林檎	
仪征县志	明隆庆元年	1567	林檎	
常熟县志	明嘉靖十八年	1539	林檎	长江下游平原
江阴县志	明嘉靖二十六年	1547	林檎	
泰州志	明崇祯五年	1632	林檎	
靖江县志	清康熙二十二年	1683	林檎	
苏州府志	明洪武十二年	1379	林檎	太湖流域
太湖备考	清乾隆十五年	1750	林檎	
吴县志	明崇祯十五年	1642	柰、花红	
无锡县志	明万历二年	1574	花红	
通州志	明万历五年	1577	林檎	东部沿海
阜宁县志	清光绪十二年	1886	柰、花红、苹果	

西洋苹果的引种最早可追溯到 1919 年，当时的江苏省第二农校王太乙自日本引入‘红玉’‘祝光’‘旭’‘红魁’‘红绞’‘君袖’等十几个品种，栽于该校果园。1923 年当时的东南大学在该校成贤街园艺场原有少数苹果品种的基础上，建立太平门园艺场，自日本引进一批苹果品种。上述引种材料主要用于教学与科研。作为生产性苹果园，首推南京中山陵园果园，该园于 1928 年由王太乙自日本引入‘黄魁’‘红魁’‘丹顶’‘祝光’‘旭’‘元帅’‘祥玉’‘柳玉’‘红玉’‘青香蕉’‘国光’等。其次是 20 世纪 30 年代末赣榆县陈圩村栽植 50 亩苹果，有‘伏花皮’‘印度’‘青香蕉’‘磅’等品种。同期南通芦泾港自北方引入‘伏花皮’‘国光’。在南汇六灶（原属江苏），周某从威海、烟台等地引入‘黄魁’‘国光’‘凤凰卵’‘元帅’等 20 多个品种。20 世纪 40 年代末期，中央农业实验所（现江苏省农业科学院前身）亦引入苹果品种，1949 年全省苹果面积（包括生产、教学、科研单位）100 亩左右（不包括‘花红’等小苹果种类）。江苏省苹果砧木的引种多伴随苹果苗而自然引入，如 1927 年章守玉自日本带回‘道生’和‘乐园’苹果，保存于当时的

东南大学，为江苏省引进苹果矮化砧的最早记载。

苹果大规模引种始于1951~1953年建立8个大型国有果园之后，部分品种为重新引进。黄河故道的徐州市果园、泗阳果园和苏北苗圃分别自东北和山东烟台等地引入'红魁''黄魁''祝光''红玉''元帅''青香蕉''国光'等30多个品种，当时泗阳果园栽植近45亩。同年沿江两岸的仪征青山果园和镇江黄山园艺场分别拓植成片苹果园60亩和30亩。大丰县上海农场自山东引入苹果品种，为江苏省沿海盐碱地栽培苹果最早者。1953年徐州市果园在极端困难的条件下，大面积定植苹果600亩。连云港市鸿门果园自行育苗，繁殖了'金冠''红星''元帅''红玉'等品种，成苗于1954年定植140亩。此后苏南、苏北等陆续有少量栽植，至1957年全省苹果总面积约1 000亩。1958年农业部成立黄河故道果树技术指导委员会，并组织以曾勉为首的专家组赴黄河故道做发展果树生产的可行性考察。经广泛调查研究和充分论证，提出了周详的发展苹果、梨、葡萄等果树生产的可行性报告，本应在此基础上作出规划，分年实施，稳步发展，但是1958年，在"大跃进"运动的时代背景下，不考虑人力、物力和技术水平以及自然条件，盲目地从辽宁、山东、河北等地大量采购苹果苗，不仅淮河以北，而且长江以南也开始大量发展苹果，至1960年全省苹果已发展到50万亩。其后由于上述原因，使苹果面积大幅度缩减，至1965年仅存18万亩。在砧木方面，1951年连云港市鸿门果园播种'花红''海棠''山荆子'培育砧木。1954年开始，南京中山植物园陆续收集苹果砧木资源，包括花红(*M. asiatica*)、山荆子(*M. baccata*)、大果山荆子(*M. baccata* var. *macrocarpa*)、花环海棠(*M. coromaria*)、多花海棠(*M. floribunda*)、湖北海棠(*M. hupehensis*)、陇东海棠(*M. kansuensis*)、毛山荆子(*M. mandshurica*)、尖嘴林檎(*M. melliana*)、丽江山荆子(*M. roskii*)、夏氏多花海堂(*M. scheideckeri*)、紫叶苹果(*M. purpurea*)、西府海棠(*M. micromalus*)、三叶海棠(*M. sieboldii*)、锡金海棠(*M. sikkimensis*)、森林苹果(*M. sylvestris*)、变叶海棠(*M. torin goides*)、滇池海棠(*M. yunnanensis*)，以及，M_7、M_9、M_{11}、M_{12}等，并在此基础上开展了苹果砧木比较试验。1958年南京农学院自中国果树研究所引进M_1、M_4、M_5、M_7、M_9、M_{10}、M_{11}、M_{12}等8个株系，此后相继引入河南海棠、湖北海棠、西府海棠、森林苹果、红海棠、白海棠、黄海棠、紫太平、大秋果等28种乔砧或矮砧。1965~1967年由郑州果树研究所提供M_1、M_3、M_4、M_7自根砧的'祝光''金冠''元帅''国光'等品种的苗木，定植于徐州市果园和泗阳桃源果园，共拓植22.5万亩。20世纪70年代中期，江苏省生产、教学、科研单位引进M系、MM系和其他砧木，包括M_2、M_3、M_4、M_5、M_6、M_7、M_8、M_9、M_{11}、M_{13}、M_{26}、M_{27}、MM_{104}、MM_{107}、MM_{108}、MM_{109}、MM_{111}、MM_{114}，保加利亚18号，波兰矮砧P_1、P_2、P_{15}、P_{22}。此外还有平度柰子(*M. prunifolia*)、崂山柰子(*M. prunifolia*)、武乡海棠(*M. honanensis*)、锡金海棠(*M. sikkinensis*)、毛叶水栒子(*Cotoneaster submultiflorus*)、光叶水栒子(*C. glabrata*)。通过这次发展，使江苏省苹果栽培在短期内达到一定规模，并形成淮北苹果商品生产基地的雏形，但是引入的品种和砧木良莠不齐，适应性不一。

20世纪70年代初，苹果栽培规模有所恢复。1974年成立江苏省苹果矮化砧繁殖与利用研究专题协作组，对 M_2、M_3、M_4、M_7、M_9、M_{26}、M_{27}、MM_{106}、MM_{111} 等砧木做了比较试验，初步认为 M_7 自根砧和 M_9、M_{26} 中间砧表现较好，并在生产中逐步推广。此后又分别引进、示范、推广了 SH 系、M_9T_{337} 等优良砧木，进一步促进了矮化苹果的快速发展。这一阶段新栽苹果约 4 万亩，其特点是注意品种的选择，新栽品种以'金冠'为主，还有'祝光'等部分早中熟品种；选用西府海棠、平邑甜茶以及少量 M_7、M_9 为砧木，就地育苗。苗木质量、栽植标准和幼树管理均达到较高水平。在此期间，丰县大沙河果园、徐州市果园、宿迁市果园承担省下达的苹果新品种引种任务后，引进了一大批新品种，南京农学院园艺系也陆续引进新品种。经试验筛选后，先后在生产上推广了'富士''长富 2 号''秋富 1 号''辽伏''甜黄魁''伏翠''伏帅'等品种。70 年代初为提高苹果品种质量，在全省开展了苹果芽变选种，并成立了省协作组，在元帅系中选出了 8 个浓红优系，在当地繁殖推广。而促进江苏省苹果生产改观的，则是'富士'品种的引种、推广和发展。引进的'富士'品种，经 8 年观察比较，其综合经济性状超过'国光'，1980 年正式推广。

1982 年普查，全省有苹果品种 88 个，主栽品种为'金帅''国光''元帅''红星''红玉''祝光''倭锦'等，配套品种为'红魁''黄魁''丹顶''青香蕉''鸡冠''印度''伏花皮''大国光'等。20 世纪 80 年代初，徐州市果园从美国引进了系列早熟苹果品种，此后许多果园又陆续从日本、荷兰、英国、法国和国内一些研究所引进以早熟品种为主的品种数十个。至 1984 年，苹果一直稳定在 22 万亩左右，产量接近 7.5×10^4 t。1985 年农业部组建全国富士苹果推广试验示范协作组，江苏省农林厅也相应成立了省级协作组。1987 年富士苹果面积已达 30 万亩，约占苹果总面积的 40%，同年江苏省富士苹果引种示范推广课题通过了农业部组织的鉴定并于 1991 年获国家星火奖二等奖。矮化砧木也进一步得到发展，1987 年矮化砧园约为 3 000 亩，占苹果总

图 6-1　苹果矮化砧木快繁

面积的 0.4%（图 6–1）。富士苹果的引种成功使地处苹果次适宜地区的江苏找到了适宜的主栽品种，大大促进了江苏果树产业的发展。至 1989 年，江苏省苹果生产面积比 1985 年增长近 3 倍，达到 88 万亩，产量增长到 1×10^5 t 左右。这期间丰县生产的红富士苹果在 1985 年、1989 年、1994 年连续三届在全国晚熟水果评比中获得优质果品奖，大大促进了丰县乃至全国的红富士苹果快速发展。

1990 年后，对高速发展中品种安排不当、建园质量不高的园块主动进行了调整，到 1992 年，苹果栽培面积回落到 72 万亩，产量 1.2×10^5 t。在品种上，陆续筛选出‘麦艳’‘早捷’‘丰艳’‘嘎拉’‘皇家嘎拉’‘藤牧 1 号’‘珊夏’‘美国 8 号’等品种，后又淘汰了‘麦艳’‘早捷’，江苏省农林厅将‘新红星’的开发列入丰收计划，以‘新红星’为代表的短枝型苹果迅速扩大，其主栽品种有‘新红星’‘首红’‘艳红’‘超红’‘玫瑰红’‘金矮生’‘短枝富士’等。1993~1995 年又高速发展，1995 年面积比 1992 年增长 80%，达到 132 万亩，产量也以每年 15%~57% 的速度急速增长，达到 3.216×10^5 t。早熟及早中熟苹果成为江苏 20 世纪 90 年代中期苹果生产新热点。之后由于市场、管理、品种等原因，苹果面积开始迅速调整，1997 年面积比 1995 年减少 21.5%，为 103 万亩，其中富士苹果面积 43.5 万亩，占全省苹果的 41.9%，产量仍持续增长，达到 5.44×10^5 t，面积和产量居各种果树之首，分别占全省果树面积和产量的 41.9% 和 38.9%。在此期间，矮化砧苹果管理要求较高，矮化栽培面积增长缓慢。在此阶段，不断创新科技文化，1990 年丰县决定每年举办一次红富士苹果节，到 2018 年已举办了 29 届。1991 年丰县果品注册了“大沙河”牌商标，1994 年获得农业部“绿色食品”认证和江苏省首届名牌农产品认证等。1999 年，《中国果树志 · 苹果卷》出版，南京农业大学是副主编单位，盛炳成任副主编。

21 世纪初，引进发展了‘绿帅’‘岳帅’‘盛岗 58’和‘富士王’及加工制汁专用品种‘瑞丹’。到 2008 年，全省苹果晚熟品种仍占主导地位，富士系列品种占苹果面积的 70%，‘嘎啦’和‘金帅’占 25%，‘新红星’‘乔纳金’等品种占 5%。20 世纪 80 年代丰县果树研究所选育的早熟富士‘丰富 1 号’，2001 年通过江苏省农作物品种审定委员会审定，成为江苏第 1 个自主选育的优良苹果品种。随后又从‘弘前富士’芽变选育出‘苏富’，2007 年通过江苏省农作物品种审定委员会审定。南京农业大学自 20 世纪 70 年代中期开始杂交育种工作，选育出多个早熟、晚熟、抗病、红色、优质、耐贮优系。其中‘苏帅’品种 2011 年通过江苏省农作物品种审定委员会鉴定。该阶段，江苏省苹果进入面积和果品质量调整期，至 2012 年全省苹果面积为 48 万亩，产量为 5.86×10^5 t，此后面积和产量基本保持动态平衡，2015 年苹果面积 46 万亩，产量为 5.85×10^5 t。此期间，由于矮化自根砧苹果栽培模式的快速推广，为江苏省苹果发展提供了全新的发展思路。特别是在 2010 年后，M9T337 等优良矮化砧木及世界先进的矮化自根砧高纺锤形栽培系统的引进推广，大大推进了江苏省矮化苹果的发展（图 6–2）。

图 6-2　2015 年丰县苹果高纺锤形果园

第二节　种类

苹果属蔷薇科（Rocaceae）苹果属（*Malus*），江苏省有 10 多个种，多数为历年引进的栽培品种、观赏树木以及砧木资源，原有的野生资源不多。苹果属的 3 个组即真正苹果组、花楸苹果组以及移椇苹果组江苏省都有，但分布普遍、利用最多的是真正苹果组，其他 2 个组较少。

苹果组的主要形态特征是叶片不分裂，在芽中呈席卷状，果实内不具石细胞。可分为 2 个亚组：

一是苹果亚组，萼片宿存或脱落，花柱 5 个，果实以大型居多。该亚组在江苏保存的有苹果、花红、海棠果、海棠花、扁棱海棠、西府海棠以及新疆野苹果 7 个种。

二是山荆子亚组，萼片脱落，花柱 3~5 个，果小，直径常在 2cm 以下，果梗细长。本亚组在江苏保存的有山荆子、毛山荆子、湖北海棠、垂丝海棠等 4 个种。

花楸苹果组在江苏保存的有三叶海棠、陇东海棠、复叶海棠、河南海棠和滇池海棠等。在形态上与真正苹果组的最大区别在于叶片常有分裂，在芽中呈对折状；果实多圆形，无或少有石细胞；萼片脱落，少数宿存；花柱 3~5 个。

移椇苹果组在江苏省引种较少，多年来教学和科研单位保存的仅有尖嘴林檎 1 个种。这个种的主要特征是叶片不分裂或浅裂，在芽中呈对折状；果实球形；萼片直立，不易脱落；花柱4~5个。

江苏省黄河故道是江苏省苹果主产区之一，但由于其历史尚短，分布的苹果属植物仍以栽培种苹果组为主。至于砧木资源，该地区原有种类不多，目前生产上广泛应用的主要有引自山东和河北的山荆子系统以及海棠系统。其中多数为野生种，少数也有半栽培种。现就保存的主要种类分述于下：

（一）苹果（*Malus pumila*）

别名西洋苹果。分布甚广，为栽培种，是苹果属中最重要的1个种。乔木或小乔木，按生态类群又可划分为中国苹果和欧亚苹果2个大组。中国苹果起源于我国，演化历史已有2 000多年，保存在江苏的只有绵苹果。它的特点是树姿直立，果大，果形变化小，果皮很薄，肉质松绵，汁少味淡，品质一般。而欧亚苹果在世界范围内分布最广，其品种与品系近万个。它的特点是树姿开张，果大，果形多变，但以圆形和扁圆形居多，肉质致密，脆而多汁，品质优良。目前江苏已收集到的品种有100余个，其中属于主栽品种并深受消费者欢迎的有20余个，在用途上均以鲜食为主。

江苏省曾以苹果作为砧木，从实际效果看，嫁接亲和，愈合良好，前期生长尚无不良表现，但适应性减弱，对肥水要求较高，寿命短，易感病，现已很少采用。

此外，属于该种及其近缘杂种的矮生、半矮生类型，已作为矮化砧木，在省内各地广为应用，属于英国的M系和MM系的有M_1、M_3、M_4、M_5、M_6、M_7、M_8、M_9、M_{11}、M_{13}、M_{26}、M_{27}、MM_{106}、MM_{107}、MM_{108}、MM_{109}、MM_{111}、MM_{114}、M9T337，属于波兰的P系的有P_1、P_2、P_{16}、P_{22}。其中在生产中应用较为广泛的有M_7、M_9、M_{26}、MM_{106}、M9T337等矮化砧木。

（二）花红（*Malus asiatica*）

别名沙果、文林郎果。主产于我国北方，江苏分布不多，为栽培种，如‘仪征花红’‘洋白海棠’及溧阳‘茅尖花红’都属本种。它的特点是果小，扁圆形，果皮黄色或红色，梗洼陷入，萼片宿存。始果早，易丰产，适应性广。果实风味一般，作为季节果品有一定的栽培价值，除鲜食外尚可用于制干、制脯。此外，用作苹果砧木，嫁接亲和，能增强对温湿渍涝和盐碱的适应能力，但盛果期以后，根系变弱，树势衰退，如果管理不善，往往会缩短经济寿命。

（三）楸子（*Malus prunifolia*）

别名柰子、海红、海棠果。广泛分布于我国北方，江苏省原有的丰县‘柰子’也属此种，果小，卵圆形，果皮红色或紫红色，果面有浅棱，萼片宿存，萼洼隆起，果肉脆硬，风味酸甜。树势强，根系发达，抗旱、抗寒力强，但有些品系对盐渍化土壤适应能力较差。用作苹果砧木，嫁接亲和，愈合良好，在适宜地区表现始果早、产量高、寿命长。

（四）湖北海棠（*Malus hupehensis*）

别名野海棠、甜茶，具有无融合生殖特性。主产于我国南方，但山东也有。江苏省无原生种，各地现有的都是随栽培品种引入。形态上与山荆子近似，但嫩叶、花萼、花梗部呈紫红色，叶缘锯齿尖锐，花柱 3~4 个，萼片与萼筒等长或稍短，果皮黄绿色有红晕。江苏省常用作砧木，平邑‘甜茶’即为此种。喜温耐湿，也较抗盐，但不耐旱，与苹果品种嫁接亲和长势较好，黄河故道地区应用较多。

（五）扁棱海棠（*Malus robusta*）

别名八楞（棱）海棠。江苏省主要的苹果砧木，落叶小乔木，树高 7 m，树冠开张，树干褐色。叶卵圆形或椭圆形，长 5~10 cm、宽 3~6 cm，先端急尖，边缘有细钝锯齿。花器与海棠相似。果实扁圆形、有棱，果皮黄绿至红色或深红色；萼片半脱落。

该种与西府海棠较为接近，二者的主要区别为八棱海棠叶较宽，花白色，仅极少为淡粉红色，果较大，果棱明显，味酸甜。

（六）山荆子（*Malus baccata*）

别名山定子、山丁子。原产于我国东北、华北，落叶乔木，叶椭圆形有细锯齿，花红色或黄色，萼片脱落，果梗细长，成熟后果肉易绵软。

该种是北方苹果的主要砧木之一，结果早，易丰产，抗寒力很强，但根系较浅，有些类型对土壤酸碱度反应敏感。土壤 pH 值 7.6 以上时黄叶病严重。20 世纪 50 年代江苏省黄河故道地区曾用作苹果砧木，嫁接树幼龄期常有叶片黄化现象，结果以后往往出现“小脚”，有的甚至从接口处折断，显示在江苏不宜用作砧木。

（七）西府海棠（*Malus micromalus*）

别名子母海棠、小果海棠。原产于我国，以西北、华北为多。小乔木，叶片椭圆形或卵形，花瓣粉红色。果实扁圆或近圆形，横径约 2 cm，果皮红色，萼片多数脱落、少数宿存。河北怀来一带的‘八棱海棠’为其代表品种。对黄河故道风土的适应性强，用作苹果砧木嫁接亲和性好、长势均衡、根系旺盛，比较耐旱、耐涝、耐盐碱。为江苏省苹果的优良砧木，除种子繁殖外，亦可根插。

该种的来源有两种看法，一种认为由曲海棠花与山荆子杂交而成，另一种认为是山荆子与海棠果的杂交种。

（八）海棠花（*Malus spectabilis*）

别名海棠、海红。原产于我国，以华北、华东最多。小乔木，直立性强。叶长椭圆形或椭圆形，先端具渐尖头，叶基宽楔形，边缘有紧贴的钝锯齿，有时近于全缘。花蕾玫瑰红色，盛开时为粉红色。果实近球形，果皮黄色；萼突出，萼片基部肥厚，多数宿存；果梗细长，梗洼不陷。果味酸涩，不宜鲜食。

该种为杂合性种，种内变化较多，主要用于观赏。按花色分为白花海棠（别名梨花海棠）和红花海棠（别名朱砂海棠）两个类型。此外，在北方苹果产区也有用作砧木的。江苏省随着苹果发展曾有少量引进，对盐碱土有一定耐性。

（九）新疆野苹果（*Malus sieversii*）

别名塞威氏苹果。原产新疆，目前仍有大面积分布，多呈野生状态，乔木。叶片卵圆形至宽椭圆形，先端急尖，叶基楔形，叶缘锯齿粗钝。果实近球形，果皮黄绿色，果小皮薄，肉质松软，与沙果性状十分近似。由于长期处于野生状态，种内类型很多。自20世纪60年代开始，有些类型开始用作苹果砧木，嫁接苹果愈合良好，生长健旺，树冠高大，根系发达，有较强的耐寒、耐旱和耐盐碱能力，但引入内地后容易感病，盛果期产量较低。江苏省在生产上尚未应用。

（十）三叶海棠（*Malus sieboldii*）

别名山茶果。我国西北、西南最多，华东也有分布。小乔木或灌木。叶片卵圆形或椭圆形，先端渐尖，叶基宽楔形，边缘锯齿粗锐，部分叶片有3~5浅裂；花梗与萼筒外面均密被茸毛。果小，近球形，按果实性状还可分为2个类型：黄果三叶海棠须根较少，树势弱；而红果三叶海棠须根发达，树势强。山东、辽宁用作苹果砧木，嫁接后的表现因品种而异，特别是对肥水敏感的品种如'金冠'，容易出现早衰现象。以该种为砧木耐湿、耐涝，但不耐盐碱，抗旱力也较差，有的品种还出现"小脚"现象。江苏省以往从山东引进的苗木中有以此为砧木的，但数量很少。

（十一）河南海棠（*Malus honanensis*）

别名花叶海棠、茶叶树、武乡海棠和大叶毛茶。原产我国华北及西北一带，灌木或小乔木，根黑色，树皮粗糙。叶片卵圆形至宽卵圆形，先端急尖，叶基圆形或近截形，叶缘锯齿粗锐，通常有3~6浅裂。果小，近球形，果皮棕红色、有斑点。果梗细长，萼片宿存。用作苹果砧木，表现嫁接亲和性较好，并有矮化倾向，不同株系之间矮化效果差异很大。

（十二）陇东海棠（*Malus kansuensis*）

别名甘肃海棠。原产河南、陕西、甘肃一带，小乔木。叶片卵圆形，呈3~5裂，先端急尖，叶基圆形或楔形。果椭圆形，果皮淡红色，萼片脱落，果梗细长。其在西北有少量用作砧木的，嫁接后树植株矮小，但耐旱力强。

20世纪60年代江苏省科研部门作为资源材料曾有少量引进。

（十三）垂丝海棠（*Malus halliana*）

为我国传统的观赏树木，各地均有栽培。叶片椭圆形至长卵圆形，先端较长、渐尖，叶基宽楔形，叶缘有细钝锯齿。花粉红色，多重瓣，花梗细长、下垂。果实倒卵形，紫红色，果梗细长，萼片脱落。

该种喜温耐湿，不耐寒冷和干旱，经长期栽培，形成很多变种和类型，按花色划分：紫花类型，叶片厚而有光泽；白花类型，叶片厚而无光泽。分布于江苏省各地，主要用于观赏，用作苹果砧木能亲和，生长较快，但结果不良，易生根蘖，生产上很少应用。

第三节 品种

一、主要栽培品种

（一）引进品种

1. 早熟品种

1）辽伏

辽宁省果树科学研究所育成，亲本为‘老笃’×‘祝光’。1972 年由该所引入，20 世纪 70~90 年代全省都有栽培，但是其后由于果实小、大小不匀、味淡、肉松易绵、不耐贮运等原因逐渐被淘汰。

该品种树势中庸，树冠矮小，树姿半开张。多年生枝条被灰褐色，新梢紫褐色，皮孔多而大，嫩梢茸毛多。主干树皮粗糙，呈丝状裂。叶片较大而薄，浓绿色，椭圆形，先端渐尖，叶基圆形，叶缘复式钝锯齿，叶背茸毛中多。

果扁圆或短圆锥形，平均单果重 90 g，果面有明显棱线，果梗中长中粗；果面底色黄绿，阳面覆淡红色条纹；果肉黄白色或绿白色，肉质松脆，微有香味；风味甜，稍淡，可溶性固形物含量 8.5%~9.0%，品质中上，不耐贮运，存放 1 周果肉即发绵味淡。

在徐州市，3 月下旬萌芽，4 月上旬开花，6 月中下旬成熟，11 月中旬落叶。

萌芽力强，成枝力强，新梢上部极易形成腋花芽，结果早，2~3 年生树即开始结果。以短果枝、腋花芽结果为主，坐果率高，丰产稳产。适应性较强，具有抗高温高湿的特性，在江苏省长江流域仍表现生长正常，高产稳产。对粗皮病、轮纹病、白粉病有一定抗性。

2）华硕

中国农业科学院郑州果树研究所育成，亲本为‘美国 8 号’×‘华冠’，2014 年通过国家林木良种品种审定。

该品种树势中庸，树姿半开张。成年树主干呈黄褐色、较光滑；多年生枝条灰褐色，皮孔中大、圆形、密；1 年生枝条深褐色，皮孔小、椭圆形、中密，茸毛少，平均节间长 2.4 cm；叶片浓绿色、卵圆形，长 10.0 cm，宽 6.9 cm，叶面积 43.2 cm^2，中等大，叶背茸毛较少，叶姿斜向上；幼叶淡绿色，叶缘锐锯齿，刻痕深，叶尖锐尖；花为白色，中等大。

果实近圆形，平均果重 232 g，平均纵径 7.8 cm，横径 8.7 cm。果梗中长，平均为 2.4 cm。果实底色绿黄，果面着鲜红色，着色面积达 70%，个别果面可达全红。果面蜡质多，有光泽，无锈。果粉少，果点中、稀，灰白色。果肉绿白色，肉质中细、松脆，汁液多，可溶性固形物含量 13.1%，酸甜适口，风味浓郁，有芳香，品质上等。果实在室温下可贮藏 20 天以上，冷藏条件下可贮藏 2 个月。

在徐州地区，3月上旬萌芽，4月上旬盛花，7月下旬至8月初果实成熟，果实发育期110天左右，成熟期比'美国8号'晚3~5天，比'嘎啦'早7~10天。11月上旬落叶，营养生长期250~260天。

萌芽力中等，成枝力较低。幼树以中果枝和腋花芽结果为主，随树龄增大逐渐以短果枝或中果枝结果为主。坐果率高，生理落果轻，自然条件下，花序坐果率、花朵坐果率和平均花序坐果数分别为79.7%、35.2%和2.4。具有较好的早果性和丰产性。

该品种为早熟苹果品种，果实大，外观洁净，成熟后果面着鲜红色，而且肉质细，风味酸甜，有香味，品质优良。

3）信浓红（图6-3）

日本长野县果树试验场育成，亲本为'津轻'×'贝拉'，1999年从山东引种到丰县。

该品种树势强，树姿半张开，枝条节间短而粗壮；多年生枝条黄褐色，1年生枝条红褐色，皮孔长圆形，中密；节间长度2.8~3.2 cm；叶片长卵圆形，绿色，表面光滑，中厚，平均长11.6 cm，宽6.8 cm，叶缘钝锯齿，刻痕浅，叶尖渐尖，叶片平展，叶姿水平，叶柄长3.1 cm，幼叶淡绿色。花芽圆锥形，花白色，花瓣上端着淡粉色，花瓣较宽，花瓣边缘相互重叠，略带褶皱，每花序5朵。

图6-3 '信浓红'果实

果实圆形，果形指数0.86，中大，平均单果重206 g。果面底色黄绿，全面着鲜艳条纹红色，着色面积70%以上；果皮蜡质薄，果点小、稀少，果面光滑，外观漂亮；果实萼片宿存、闭合，萼洼中深、阔，梗洼深；果柄细、短，平均长度2.1 cm；果肉黄色，脆、甜，多汁，有香味，口感极佳，但是过熟易绵，可溶性固形物含量14.5 %，去皮硬度8.2 kg/cm^2。果实5心室，心室开放，8~10粒种子，种子褐色。耐贮性与'嘎拉'相当，自然条件下货架期可达2周左右。

在丰县，3月中旬萌芽，4月上旬盛花，7月下旬果实成熟。

萌芽力强，易成花，花序以叶丛花序为主。较丰产，长、中、短枝均可结果，以短果枝结果为主，占55%以上。自然授粉条件下，平均花序坐果率83.2%，花朵坐果率58%。

该品种成熟期比'藤牧1号'略迟，但比'嘎拉'早15天，是具有发展前途的早熟优良品种。

4）贝拉

美国新泽西州育成。20世纪80年代引入丰县种植，该品种树势强，树姿开张，树冠半圆形。

果实扁圆或近圆形，果形指数0.77，平均单果重150 g，最大果重180 g，底色绿黄，果面大部分紫红色，可全面着色，果点较多而大，果皮厚韧；果肉乳白色，肉质较细，松脆，多汁，甜酸，有香气，品质中上等，可溶性固形物含量12.4%，去皮硬度7.3 kg/cm^2，可滴定酸0.8%。室内可贮藏1~2周。

在徐州丰县成熟期为6月中下旬，果实成熟不一致。

萌芽力中等，成枝力较强，剪口下发长枝3个，短枝率平均为51.6 %。长、中、短、腋花芽果枝均能结果，但以短果枝结果为主，花序坐果率较低，约为30%，每果台坐果1.2个，采前落果轻，产量中等。

该品种为早熟苹果红色品种，果实较小，果肉乳白，肉质脆或稍疏松，丰产性好，品质优良。20世纪80~90年代在丰县有一定的栽培面积。

5）摩力斯

美国品种，由山东省农业科学院果树所引入。树势中庸，树姿半开张，树冠上分枝较稀。枝条粗壮，叶片长、大。

果实圆锥形，高桩，平均单果重250 g，最大单果重500 g。果面光洁无锈，底色黄绿，全面被红霞及不明显的细红条纹，充分着色后为浓红色。果点在果实顶部较多，果面部较少，果肩部稀疏，多为圆形，灰白色，显著。果顶部有明显的五棱突起。果皮较薄，稍韧。果心较小，果肉乳黄色，着色深处的皮下呈微红色，肉质中粗，较松脆，果汁多，酸甜适度，有香气，可溶性固形物含量13%。

在徐州市，3月上旬萌芽，4月上旬盛花，7月下旬到8月上旬果实成熟，果实发育期120天。

萌芽力强，成枝力中等。成花容易，有腋花芽结果习性，进入结果期早。定植后2~3年开始结果。成龄树以短果枝结果为主，坐果率中等，果台分枝力强，连续结果力强，较丰产。不耐贮藏，一般情况下，可放置20~30天。抗逆性较强，较抗腐烂病、斑点落叶病、轮纹病，耐盐碱，适应性广。

该品种果实大，外观美，成熟后果面着浓红色，是优良的中早熟品种，丰县曾经有一定栽培面积。

6）甜黄魁

辽宁省果树科学研究所育成，亲本为‘祝光’×‘黄魁’。1972年由该所引入，曾在徐州、淮安、连云港、盐城、扬州、镇江、南通等市均有零星栽培。

该品种树势强，树冠较矮小、树姿直立。多年生枝，暗绿褐色，嫩梢绿褐，主干树皮呈块状剥落。叶片较大，椭圆形，先端急尖，叶基圆形，淡绿色，叶缘锯齿多为单式，浅而尖。

果实短圆锥形，平均单果重90 g，果面淡黄绿色，熟后覆淡红色条纹，果肉绿白色，肉质松脆，味甜微香，可溶性固形物含量8.5%，品质中等。

在徐州市，3 月中下旬萌芽，4 月中旬开花，6 月下旬果实成熟，11 月中旬落叶。

适于密植，结果早，定植 2~3 年开始结果，腋花芽多，果台副梢连续结果力强，坐果率高，极少采前落果，较丰产；适应性广，抗旱力和抗病虫力较强，但对白粉病抵抗力弱。后因为果实风味偏淡、不耐贮、发绵快并随之开裂等原因逐渐被淘汰。

7）伏红

辽宁省果树科学研究所以‘红玉’×‘祝光’育成，盐城、徐州市郊及句容、丰县等地有少量栽培。

该品种树势中庸，树姿开张，枝条下垂，树冠呈乱头形，枝条分布较密，多年生枝灰褐色。新梢淡赤褐色，茸毛中密；皮孔中密、小、圆形；节间短，枝质较软；腋芽大，芽尖离枝，花芽中大、圆形。叶片小，较厚、纺锤形，叶缘具复式尖锯齿，先端突尖，叶基楔形，叶背茸毛中多，叶柄长、中粗，茸毛中多，托叶小。

果圆形或扁圆形，平均单果重 89 g；纵径 5.2 cm，横径 6 cm；果面底色黄绿，被深红色霞，覆断续粗条纹；果梗较长、中粗；梗洼中深、中广、缓；萼片宿存、中大、直立、闭合；萼洼小、广而浅；果心中大，中位；果肉黄白色，松软肉质较细。汁液较多，味偏酸，可溶性固形物含量 12%，有香气。硬度 7.63 kg/cm^2。

在丰县，3 月中旬萌芽，4 月中旬盛花，7 月中旬成熟，11 月中旬落叶。

萌芽力强，发枝多。以短果枝结果为主，有腋花芽结果的习性。采前落果严重，产量中等而较稳定。对肥水要求较高，不耐瘠薄，不耐旱，不抗风。对修剪反应敏感。

该品种着色较好，品质一般，不耐贮藏，成熟在‘祝光’之前。

8）伏翠

中国农业科学院郑州果树研究所育成，亲本为‘赤阳’×‘金冠’。徐州市、淮安、盐城和连云港等市均引种栽培。

该品种树势强，树冠半圆形，树姿开张。多年生枝灰褐色，1 年生枝红褐色，粗壮，较硬。叶片较大而厚，卵圆形，先端渐尖，叶色浓绿，有光泽，叶缘复式锐锯齿；叶背茸毛少。

果短圆锥形，平均单果重 140 g；果梗短，梗洼有片状锈；果皮黄绿色，较光滑；果肉绿白色，较细致而松脆，汁多、味甜，可溶性固形物含量 11.8%，品质上等，在室温可贮藏 15~20 天，不皱皮，不发绵。

在徐州市，3 月中旬萌芽，4 月中旬开花，7 月中下旬成熟，11 月中旬落叶。

枝条粗壮，初果期以长、中果枝结果为主，以后转以短果枝结果为主，树冠内外挂果较均匀。适应性强，在沙壤土或肥力较低的粉沙土上均能正常生长，较抗褐斑病、白粉病，果实成熟早，可避开炭疽病危害；枝干有轻微粗皮病危害。因其树势强，新梢停长后进行环状剥皮是促花的有效措施；多注意疏花疏果，合理留果。

该品种丰产性强，结果早，品质优，较耐贮藏。适应性强，便于栽培管理。

9）伏帅

中国农业科学院郑州果树研究所育成，亲本是‘长早旭’×‘金冠’。徐州、淮安、盐城、扬州、连云港、镇江等地均已引种栽培。

该品种树势强，树冠半圆形，树姿开张，生长旺盛。多年生枝赤褐色；新梢红褐色，茸毛少。叶片中大，较薄，卵圆形，叶缘具复式锯齿，叶色黄绿，叶背茸毛少。

果长圆锥形，平均单果重 120 g，果梗长，梗洼有片状锈；果皮黄绿色，较光滑，果粉较薄；果肉黄白色，肉质致密而脆，贮后呈韧性。果汁中多，风味甘甜而微酸，充分成熟时有芳香，可溶性固形物含量 12%~15.5%，可滴定酸 0.13%，品质上等。在室温的状况下，可存放 20 天不发绵。

在徐州市，3 月中旬萌芽，4 月中下旬开花，7 月下旬成熟，11 月中旬落叶。

长中短果枝及腋花芽均可结果，坐果率高。生理落果轻微，采前落果轻。适应性强，较抗褐斑病，幼果期空气湿度大时易生果锈。因树势强，需缓和树势，否则影响成花，春梢停长后（徐州地区 5 月下旬）主干进行环状剥皮是促花的有效措施。授粉品种以‘辽伏’‘甜黄魁’为宜。

该品种是综合性状较好的早熟品种，产量和耐贮性优于‘祝光’，品质优良。江苏省黄河故道、长江流域丘陵山区及城市郊区均可适当发展。

10）祝光

别名美夏、伏祝、伏香蕉。原产美国，20 世纪 20 年代初江苏省第二农校与东南大学引入江苏省。连云港、盐城、扬州、镇江等地也有少量栽培。

树冠大，树姿半开张，主干树皮深灰色，平滑、皱裂少；多年生枝灰褐色，皮孔大，极明显；新梢细硬直立，淡灰色，茸毛少；叶片中小，长椭圆形，先端渐尖，叶基近圆形，叶缘具复式钝锯齿；叶色深绿，有光泽，叶背茸毛多；叶柄细、短。

果近球形，平均单果重 140 g，果面平滑，底色黄绿，阳面有红霞及细红条纹，果点大，较显著；果梗细；萼洼广、深，外围平滑；果皮薄；果肉黄白色，肉质松脆汁多，味酸甜，香味淡，可溶性固形物含量 10.5%，品质中上。果实不耐贮藏，一般存放 7~10 天，久贮肉质变绵，果皮开裂，不堪食用。

在徐州市，3 月中旬萌芽，4 月中旬开花，7 月下旬成熟，11 月下旬落叶。

萌芽力强，成枝力强，树冠易郁闭。幼树长、中、短果枝和腋花芽均能结果，盛果期后以中短果枝为主，坐果率低，一般花朵坐果率为 5%~6%，果台枝连续结果力低，不易形成短果枝群。产量一般，大小年结果现象显著。适应性较强，较抗早期落叶病。不抗枝干轮纹病、白粉病、花腐病。

‘祝光’曾是江苏省黄河故道地区早中熟主栽品种，但因其坐果率低、产量不高、树易早衰、果实不耐贮运等缺点，栽培面积已逐渐缩减。

11）秦阳（图 6-4）

该品种是西北农林科技大学园艺学院果树所1989 年从‘皇家嘎啦’自然杂交实生苗中选出的苹果早熟新品种。2005 年 5 月通过陕西省果树品种审查委员会审定，并定名为秦阳。

图 6-4 ‘秦阳’果实

果实近圆形，平均单果重 198 g，最大果重245 g，纵径 6.73 cm，横径 7.86 cm，果形指数 0.86，果形端正。果实底色黄绿，着鲜红色条纹，色泽艳丽，光洁无锈，果粉薄，蜡质厚，有光泽，果点中大。果肉黄白色，肉质细脆，汁中多，风味酸甜，有香气。果肉硬度 8.32 kg /cm^2，可溶性固形物含量 12.2%，维生素 C 含量 7.26 mg/100 g，品质上等。

在徐州市，3 月中下旬萌芽，4 月上旬开花，7 月中下旬果实成熟，成熟期比‘藤木 1 号’晚 1 周，比‘美国 8 号’早 2 周左右，果实生育期 103 天，落叶期 11 月中下旬。

在自然授粉条件下，花序坐果率 93.3%，花朵坐果率 76.7%，果实成熟期不一致，无采前落果现象。抗病虫性好，高抗白粉病，早期落叶病和金纹细蛾，抗食心虫。

该品种为适宜在江苏省栽植的早熟品种。

12）安娜

原产以色列，由 A .Stein 育成，亲本为‘Red Hadassiya’ × ‘金冠’，1959 年杂交。中国农业科学院郑州果树研究所于 1984 年从美国引入。在江苏省徐州地区有少量栽培。

树冠近圆形，树姿开张，主干灰色，光滑，多年生枝灰褐色；1 年生枝红褐色，皮孔小，嫩梢多茸毛；叶片中大，椭圆形，平均长 8.3 cm，宽 4.4 cm，淡绿色；叶片平展，叶背茸毛多。每花序有花 4~5 朵，花冠粉红色。

果实圆锥形，果形端正，大小整齐，平均单果重 155 g，最大果重 215 g，纵径 7.0 cm、横径 7.5 cm；底色绿白，有鲜红晕和断续红条纹，着色面积 70% 以上；果面光洁无锈，有果粉；果点小，呈灰白色，不明显。梗洼中深，狭，陡；萼片宿存，小；萼洼中浅、中广，有不明显的五棱突起。果皮较薄，果心小，正位。果肉乳白色；肉质细、松脆，汁液中多，风味酸甜适度，有清香，品质中上或上等，可溶性固形物含量 12.7%。果实在室温下可存放 15 天左右。

在徐州市丰县，3 月上旬花萌芽，4 月上旬开花。由于花期较长，而致果实成熟期不一致，7 月上中旬果实陆续成熟，应注意分期采收，果实发育日数一般为 90~100 天。

萌芽力强，成枝力强，全树枝条分布中密。成花容易，早果性强，幼树易形成腋花芽，生长强健的苗木在圃地也能形成腋花芽；当年生枝条在春秋梢交界处以下的几个芽易形成叶丛树或短果树而结果。幼树以腋花芽结果为主，占总花芽量的58.1%，以后逐渐转为以短果枝结果为主。花序坐果率中等，自花结实能力低，平均每花序坐果1.5个，有轻微采前落果；较丰产。

该品种结果早，果实品质优良，外观好，丰产，适应性强，需冷量低，但进入盛果期后调节负载量，不可结果过多，否则树势衰弱，易罹病害。

13）藤牧1号

美国品种。1986年山东烟台从日本引入，20世纪90年代是黄河故道地区栽培面积最大的早熟苹果品种之一。

该品种在黄河故道地区表现为树姿较开张，幼树树势强，成枝力中等。苗木定植后3~4年结果，幼树以长果枝和腋花芽结果为主，进入盛果期短果枝比率增加；采前落果较为严重，果实成熟期不一致；丰产，大小年结果现象不明显。

果实圆形或扁圆锥形，果形端正，平均单果重180 g。果实底色绿黄，阳面有红晕，树冠顶部和外围果大部分着色，有红条纹。果皮光滑，果粉中等，蜡质多，果点较稀；果梗较短粗，淡绿色，陷入洼内平均长1.6 cm，果梗与果台结合部肥大；梗洼较深而窄，部分果实梗洼有锈；萼洼浅广，洼内有皱缩的棱沟，使果顶呈不规则的棱起。果皮厚，质脆；果心大，扁圆形；果肉浅黄白色，肉质中粗，松脆，去皮硬度9.0 kg/cm^2，汁液多，风味酸甜适度，有香味，品质上等，可溶性固形物含量11.9%。果实不耐贮，室温下可存放20~30天。

在黄河故道地区，盛花期4月上旬，果实成熟期7月上中旬，果实发育日数90天左右。

该品种在早熟品种中果实较大，果形端正，色泽鲜亮，风味好，而且结果早，丰产，较抗早期落叶病，适应性较强，但采前落果较为严重，果实成熟期不一致。

14）松本锦（图6-5）

日本品种，1998年从山东省胶州果树场引入江苏，在黄河故道地区有少量栽培的早熟品种。

该品种树势中庸，极易成花，坐果率高，嫁接后第2年定植，苗第3年开始结果，短果枝多，有腋花芽结果习性，自花坐果率较高，早果丰产性强，不裂果，无采前落果现象。

图6-5 ‘松本锦’果实

果实圆形或扁圆形，平均单果重400 g；果面浓红色，包括内膛果和贴地果都着色良好，果面洁净美观；果肉乳白色，肉质细脆，汁多，酸甜可口，可溶性固形物含量12.5%，可滴定酸0.44%，硬度5.2 kg/cm^2，品质中上。常温下可贮藏 28 天左右。

徐州地区 3 月下旬叶萌芽，4 月上旬为盛花期，7 月上旬果实开始着色，7 月下旬成熟，成熟期处于‘藤牧 1 号’和‘辽伏’之后、‘嘎拉’和‘美国 8 号’之前，果实生育期 95 天左右。

该品种适应性较强，但不抗斑点落叶病，应加强水肥管理和及时防治病虫害。是较适宜在黄河故道地区推广的优良早熟品种之一。

15）夏绿

日本青森县苹果试验场育成，亲本为‘北上’×‘710’（‘津轻’×‘祝光’）。幼树树势直立，成年树树姿开张，树冠中大，圆头形。树干光滑，褐色，多年生枝褐色，1 年生枝紫褐色，粗壮，茸毛多；皮孔大，多灰色，明显。枝条较硬，冠内枝条稠密。叶色深绿，叶面有光泽，椭圆形；叶片中大，平均叶长 7.7 cm，宽 4.9 cm；叶柄中长，平均 2.5 cm，叶柄基部紫红色，叶片平，叶缘锯齿锐，托叶较小。花冠中大，平均直径 4.8 cm，淡粉色，每花序 5 朵花。

果实扁圆形或圆形，平均纵径 5.3 cm，横径 6.6 cm，果较小，平均单果重 110 g，最大果重约 130 g，大小整齐。果实绿色或黄绿色，树冠外围充分成熟的果实，阳面略有淡红晕。果面光滑，有光泽，无锈，个别果有棱起；蜡质中等，果粉较少；果点中大，灰褐色，中多。果梗细长，平均为 2.8 cm；梗洼中深，中广，偶有锈斑。萼片宿存，中大，反卷；萼洼深，广。果皮薄脆，果心小；果肉乳白色，肉质中粗、疏松，可溶性固形物含量 10.8%，可滴定酸 0.33 %，去皮硬度 7.2 kg/cm^2；汁液多，风味酸甜适度，品质上等。

在丰县，3 月上旬萌芽，4 月上旬盛花，果实于 7 月上中旬成熟，果实成熟期不一致，果实发育日约 90 天，11 月中旬落叶，营养生长日数约 225 天。

开始结果早，高接树第 2 年开花结果，苗木定植后第 4 年开始结果；以短果枝和腋花芽为主，短果枝约占 48.2%，腋花芽约占 26.1%，果台枝连续结果力强，连续结果果台约占 89.1%；花序坐果率中等，为 25.5%。每花序平均坐果 1~2 个；初结果树生理落果较重，进入正常结果后，生理落果较轻，采前落果较少，丰产性强，稳产，大小年结果现象不明显。

该品种是一个优质早熟黄绿色苹果品种，但果实较小，色泽欠佳，不抗晚霜，对苹果斑点落叶病抗性弱，果实成熟不一致，可作为授粉品种搭配栽培。

16）早捷

美国纽约州农业试验站育成，亲本为‘Quinte’×‘七月红’。1989 年在江苏徐州通过引种鉴定，列为江苏北部推广的早熟品种。

树冠圆锥形，树资半开张，主干灰色，光滑，多年生枝绿褐色，1 年生枝红褐色，皮孔中大，不明显，嫩梢多茸毛。叶片大，椭圆形，叶平均长 10 cm，宽 6.5 cm，叶片黄绿，叶面多皱，叶背茸毛多，叶柄基部红色。每花序平均有花 4.4 朵，花冠白色。

果实偏扁圆形或近圆形，平均单果重 156 g，纵径 6.2 cm、横径 7.4 cm。底色绿黄，全面被有鲜红色连续宽条纹，外观美丽。果面光洁无锈，有光泽；有果粉；果点小，稀疏，灰白色，不明显；果梗较短，长 1.8~2.5 cm；梗洼中深、狭；萼片宿存、中大，反卷，萼洼浅、广、缓；果皮较薄，果心中大、正位。果肉乳白色，肉质细，松脆，去皮硬度 6.0 kg/cm^2，汁液中多；风味甜酸，有芳香，品质中上，可溶性固形物含量 11%~12.5%，可滴定酸 0.9%。果实采摘后可在常温存放 10 天左右。

在丰县，4 月上旬开花，6 月中下旬果实成熟，果实成熟期不一致，可以延续到 6 月下旬，果实发育日数约 70 天。

幼树树势强，随树龄增长树势渐趋中庸，以 M_7 为砧木的 6 年生树高 3.6 m，冠径 3.4 m，干周 29 cm；1 年生枝粗壮，平均长 57 cm，节间长 3 cm 左右。萌芽率 84%，成枝力中等，剪口下可发长枝 2.2 条。结果早，3 年生幼树开花株率 90% 以上，初果期以腋花芽结果为主，随树龄增长，逐渐转为以短果枝结果为主，4 年生幼树腋花芽占总花芽量的 58.1%，短果枝占 18.7%；花序坐果率较高，平均每果台坐果 1.9 个，有轻微采前落果，丰产性较强。

该品种结果早，较丰产。在早熟品种中外观较好，果实成熟期不一，应注意分批适时采收，防止采前落果；雨水多的地区还要注意防治早期落叶病。

2. 中熟品种

1）嘎拉

原产新西兰，由新西兰育种家基德（J. H. Kidd）育成，为‘Kidd's Oran ge Red’×‘金冠’的杂交后代，1962 年命名。

该品种树势中庸，树姿开张，枝条较软；1 年生枝条红褐色，皮孔较密，明显；叶片椭圆形，较小；每花序 5 朵花，花冠淡粉红色，直径 4.1 cm，雌雄蕊等长。

果实短圆锥形，部分为卵圆形，大小整齐，平均单果重 144.9 g，最大果重 190 g，纵径 5.8 cm、横径 6.7 cm。底色绿黄或淡黄，果面 1/2~2/3 着色，彩色为淡红晕，色调均匀，鲜艳，有少量细短断续红条纹，果实色泽常见嵌合现象。果面光洁，无锈；蜡质中等；果点中大，平，褐色，有淡黄色晕圈；果梗较细长，平均长 2.2 cm；梗洼中深，中广，稍陡，偶有锈斑。萼片宿存，较小，直立或反卷、闭，基部分离，果顶有五棱；萼洼较浅，中广。果皮脆韧，较薄；果心中等，正，中位。果肉淡黄色，肉质较细，松脆，稍硬，去皮硬度 7.7 kg/cm^2，汁液多；风味酸甜适度，有香气，可溶性固形物含量 13.4%。品质上等，较耐贮藏，但贮藏中有风味变淡趋势。

在徐州市，8 月上旬开始着色，8 月中下旬成熟，果实发育期 100 天左右，比红富士早熟 2 个月左右。

高接树 3 年开始结果，以短果枝为主要结果部位，有腋花芽；花序坐果率 35.3%，平均每花序坐果 1.8 个，较丰产。

该品种现为江苏省最主要的中熟品种，但该品种果实较小，着色较淡不甚理想，其芽变系‘皇家嘎拉’‘丽嘎拉’在江苏省发展迅速。

2）弘前富士（图 6-6）

在日本青森县北郡板柳町富士果园苗木中发现的易着色富士品种，1999 年 2 月从青森县野村园艺场引入丰县。

图 6-6 ‘弘前富士’果实

果实近圆形，果形指数 0.89，平均单果重 286.6 g，最大果重 351 g。着色鲜艳，果面呈条状浓红，富有光泽。果肉黄白色，脆而多汁，酸甜可口，可溶性固形物含量 13.5%，硬度 8.2 kg/cm^2。外观极似富士，但比‘长富 2’苹果等品种容易着色。品质上佳，常温下可贮藏 50 天左右。

在丰县，3 月下旬萌芽，4 月中旬盛花期，8 月底开始着色，9 月上中旬成熟。果实生育期 140 天左右，比一般‘富士’早熟 40~50 天。

该品种和普通富士品种相比，果实的商品率较高，成花容易、丰产稳产，但若结果过多，则抗干腐病能力不如‘富士’，抗其他病虫害能力较强。其他性状基本与富士苹果一致。是目前江苏省主要的中熟品种之一，适宜黄河故道及周边地区发展。

3）元帅

原产美国，系偶然实生苗，别名红元帅、红香蕉。20 世纪 50 年代初自河北昌黎引入江苏。徐州、淮安、扬州、盐城等市均有栽培。

树冠高大，树姿开张。主干皮色灰褐，表面光滑，少皱裂。多年生枝灰褐色，皮孔大、明显；新梢紫褐色，皮孔小而稀。叶片稍厚，深绿色，椭圆形，叶缘具粗钝复锯齿；叶背密生茸毛。

果长圆锥形，果面底色黄绿，阳面被鲜红彩霞及深红色条纹，江苏省多数年份不能充分着色；果皮厚而韧；果肉黄白色，质中粗；汁多味甜，具浓芳香；不耐贮藏，在常温下贮藏 20 天左右，肉质变绵发沙，味淡汁少，风味大减。

在徐州市，3 月中旬萌芽，4 月中下旬盛花，8 月底至 9 月初果实成熟，11 月上旬落叶。

适应性较强，树势强，叶片易罹早期落叶病，枝干轮纹病重，贮藏期果心易霉变，采前落果重。进入结果期较晚，坐果率低，果台枝连续结果能力差，有大小年结果现象。

该品种果实着色差，不耐贮藏，树冠高大，不易控制，产量不稳，现正被‘新红星’等短枝型芽变品种所取代。

4）红星

原产美国，为‘元帅’芽变。20 世纪 50 年代初由山东青岛市引入，为江苏省各苹果产区主栽品种之一。

树冠高大，呈圆头形，幼龄期树姿半开张，盛果期开张。主干树皮较平滑，呈块状剥裂。多年生枝灰紫色；新梢粗壮，紫褐色；嫩梢茸毛多。叶片中大，质厚，卵圆形，叶缘多稀疏的复式钝锯齿；叶色深绿，叶背密生茸毛；叶柄中长，紫红色。

果圆锥形，平均单果重 200 g。果梗中粒，长短不等；萼洼深，有皱褶；果顶有极明显的 5 个棱状突起；成熟时果面浓红色（在江苏省有些年份不能充分着色）；果皮厚，果点明显，果肉黄白色，肉质松脆，中粗。汁多、味甜，可溶性固形物含量 13.5%，有浓郁芳香，品质上等。常温下放置 1 个月，果肉即变松或发沙，风味大减；气调库贮藏可延长保鲜保脆期。

在丰县，4 月中旬盛花，8 月下旬至 9 月上旬果实成熟，果实发育期 130 天左右。

萌芽力强，容易形成叶丛枝；枝条开张角度小，对修剪反应敏感，成枝力强。进入结果期晚，定植后 5~6 年始花结果。以短果枝结果为主，采前落果重。丰产，有大小年结果现象，树势衰弱后不易恢复。自花结实率极低。

该品种果实美观，在江苏省有些年份成熟前气温高，果实不能充分着色，果肉易绵发沙，影响品质。

5）新红星

原产美国俄勒冈州，系‘红星’芽变。1970 年从北京植物园和山东省果树研究所引入江苏，徐州、淮安等市都有成片栽培。

树冠紧凑，树姿直立，树势中庸。主干树皮灰褐色，稍光滑，有少量小纵裂。多年生枝紫褐色，较光滑，皮孔大而密集；新梢紫褐色，粗短，节间短。叶片中大，质厚，长椭圆形，叶色深绿，有光泽，叶背茸毛多，叶缘具复式钝锯齿。

果圆锥形，平均单果重 180 g，底色黄绿，全面被深红色霞，颜色较暗；梗洼较深、广，果梗较粗；萼洼深，有极明显五棱；果肉绿白色，质中粗而脆，汁多，可溶性固形物含量 11.5%，着色较‘红星’早，品质优良。贮藏 1 个月果肉变绵发沙。

在徐州市，3 月中旬萌芽，4 月中旬开花，9 月上中旬成熟，11 月下旬落叶。

萌芽力强，成枝力弱，1 年生枝先端抽生 1~2 个长枝，其余全为短枝，树冠上长枝很少，多短果枝群，容易形成花芽，坐果率较‘红星’‘元帅’高，丰产稳产。对土壤肥水条件要求较高，喜土层深厚肥沃的沙壤土，适于密植，修剪以中度短截为主，并注意开张主枝角度。

6）红冠

别名雷帅，原产美国，为‘元帅’品种的浓红型芽变。20 世纪 50 年代初从河北昌黎引入江苏，徐州市果园、盐城市郊区果园有成片栽培。

树冠大，幼树直立，树势强，盛果期后树姿渐开张。主干树皮灰褐色，成块状剥裂。多年生枝紫褐色，新梢紫黑色，稍浓于‘元帅’，节间短，木质稍软；嫩梢茸毛中多。叶片中大，卵圆形或椭圆形，中厚，浓绿色；先端渐尖，叶基圆形，叶缘多为单式尖锯齿，托叶小。

果圆锥形，平均单果重 220 g，大小较整齐；果面底色黄绿，着色比‘元帅’早且浓，比‘红星’略鲜艳，充分着色时全面被浓红或紫红霞，没有条纹；萼洼深广，有 5 条明显的棱；果肉浅绿黄色，贮藏后呈黄白色，肉质松，中粗，汁液中多，可溶性固形物含量 11.5%，有香味，品质上等。

物候期同‘红星’，但着色早于‘元帅’及‘红星’，采收期一般在 8 月底至 9 月初。

进入盛果期以短果枝结果为主，坐果率较低。有大小年结果现象，生理落果和采前落果较重。不耐瘠薄，喜肥沃而排水良好的沙壤土，在低洼瘠薄土壤上生长不良，易早衰。粗皮病重，不抗瘤蚜和食心虫类害虫。对修剪反应敏感。

该品种果大，着色较早，色泽艳丽，但对栽培技术要求较高，需加强肥水供应。在江苏省有些年份不能充分着色，但曾是‘元帅’系主要品种之一。

7）首红

美国从‘新红星’选出的芽变品种，是全世界栽培最广泛的‘元帅’系第 4 代短枝型品种。现在是江苏省重要的主栽品种之一。

树体较小，树姿直立，树冠紧凑，短枝多，成花易，结果早，丰产稳产。

果实圆锥形，高桩，果形端正，5 棱突起明显，平均单果重 200 g。着色早，比‘新红星’早着色 2 周，鲜艳美观，在不同气候条件下，着色均好。果肉乳白色、肉质细、松脆、汁多、味甜、无涩味，风味在‘元帅’系中属上佳，品质上等。

成熟期比‘新红星’早 7~10 天，硬度稍大于‘新红星’，较耐贮藏。

‘元帅’系第 4 代短枝型品种还有‘艳红’‘魁红’等，以及‘首红’的芽变品种，即‘元帅’系第 5 代短枝型品种‘互里’‘阿斯’‘红鲁比’等。这些品种具有与‘首红’相似的优良性状，尤其是第 5 代芽变品种，果形更高桩，色泽更为鲜美。该品种以色艳、味美、高产和典型的短枝性状而被认为是‘元帅’系最优品种之一。

8）超红

为‘红星’的单枝芽变。除‘新红星’外，是‘元帅’系品种当中发展较多的一个品种。

幼树长势强，树姿直立，树冠紧凑，萌芽力强，1 年生枝暗紫红色，分枝角度较小；皮孔小，不明显。叶片长卵圆形，中等大，较细长，长 9.3 cm、宽 4.7 cm；叶色浓绿，叶面光滑，叶尖呈阔叶楔形，尖部中等长，先端向内弯曲，叶基近心脏形，叶片两侧向上微卷，无波状，叶缘锯齿钝，单齿，深而大，叶背茸毛多，叶柄粗，黄绿色，茸毛中多，托叶披针形。花较大，盛开后淡粉红色，花冠直径平均 4.6 cm，每花序 5~6 朵花，以 5 朵为多。

果实圆锥形，纵径 6.3 cm、横径 7.3 cm，平均单果重 170 g，最大单果重 260 g。底色黄绿，初上色时成片红晕，不显条纹，充分着色后，为鲜红色，有人称为樱桃红色，色泽鲜艳悦目。果面光滑，有光泽，无锈；蜡质多，果粉中等。果点小，白色或粉红色，有淡红晕圈，不太明显。果梗较长，平均长 2.6 cm；梗洼深，中广，无锈或偶有条锈。萼片宿存，中大，基部分离，先端反卷，闭合；萼洼中缓，周围有细皱，果顶 5 棱突出，明显；果皮较厚韧。初采时果肉绿白色，贮存后一般变为乳白色，肉质细，松脆，初采时去皮硬度 9.1 kg/cm^2，汁液中多，风味甜或酸甜，少涩味，微香，品质上等，风味与‘新红星’类似。可溶性固形物含量 11.0%。贮藏性能和‘元帅’系品种一样。以贮后 1~2 个月时风味最佳。

物候期与‘红星’基本相同。

该品种植株紧凑，结果早，易丰产，好管理，适于密植，但树势比‘首红’稍强，在土壤和管理条件稍差的情况下，比‘首红’生长表现好；果实具有着色早，着色全面，色泽鲜艳的特点。因此，在‘元帅’系着色较差和土壤、气候条件稍差的栽培条件下，选用‘超红’较选用‘首红’更为适宜。

9）艳红

美国马里兰州发现的‘红星’的短枝型芽变。20 世纪 80 年代从中国农业科学院果树研究所引入江苏。

该品种树势较强，树姿稍开张，树冠较直立。短枝性状突出，树体整齐。

果实圆锥形或短圆锥形，平均单果重 185 g，纵径 6.6 cm、横径 7.5 cm，果顶较宽；果实底色黄绿或绿黄；全面浓红或紫红色，有较明显的断续浓红条纹，着色艳丽。果皮光滑，有光泽，无锈；蜡质中多，果粉较少。果点中多，灰白色或褐色，有淡红晕圈。果梗粗，中长，平均长 2.2 cm；梗洼内无锈，深，中广。萼片宿存，较大，开或半开；萼洼深，中广，较陡，果顶有 5 个明显的棱。果皮厚韧；果心中大，中位，心室 5，萼筒漏斗形，与心室连通。种子淡褐色，较小，饱满，圆锥形，有絮状物。每果约有 6 粒。果肉绿白色，肉质中等，松脆，去皮硬度 7.1 kg/cm^2，汁液较多；风味淡甜，有香气，风味较红星稍逊，略有涩味，初采时品质中上，可溶性固形物含量 11.6%。贮藏性同‘新红星’等元帅系品种，在半地下果窖内贮藏 1~2 个月时风味最佳。

物候期和‘新红星’相同。

萌芽力强，萌芽率可达 79.2%。成枝力中等，1 年生延长枝剪后，剪口下平均可发 2.5 条长枝。幼树结果早，以短果枝结果为主，也有一部分中、长果枝，据调查 5 年生树，短果枝占 74.3%，中果枝占 12.9%，长果枝占 5.7%，腋花芽占 7.1%；自然坐果率低，花朵坐果率为 23.2%，每花序坐果 1~2 个。

短枝性状稳定，果实着色较早，色泽鲜艳，是适应性较强，较丰产的短枝型品种，可在‘元帅’系品种适宜栽培区栽培。

10）金冠（图 6-7）

别名金帅、黄香蕉、黄元帅。原产美国，1919~1923 年先后由江苏省第二农校与东南大学自日本引入，是江苏省分布最广的主栽品种之一。

该品种树势强，树姿略呈开张，主干皮色灰黑，呈丝状裂；多年生枝浅褐色；1 年生枝红褐色，皮孔中大，卵圆形多，节间突起。叶片椭圆形，先端渐突，叶基圆形，叶缘具复式钝锯齿，叶背茸毛少。叶芽小而尖，贴伏，茸毛很少；花芽较大，圆锥形，鳞片很紧。

果圆锥形，平均单果重 240 g，果面绿黄或金黄色；果点中大，较多，圆形，黄褐色；梗洼深而陡，周围有星状锈斑，果梗细长；萼洼较深，中广，周围略现 5 条脊状肋起，萼片大、直立、闭合；果皮薄，质韧。果肉乳黄色，致密而脆，汁多，酸甜适口，可溶性固形物含量 14.5%，品质上等，耐贮藏，但易皱皮。

图 6-7 ‘金冠’结果状

在徐州市，3 月中旬萌芽，4 月中旬盛花，9 月上旬果实成熟，11 月中旬落叶。

进入结果期早，初结果树以中长枝结果为主，腋花芽占一般比例，进入盛果期后，转为中短果枝结果为主，高产稳产，坐果率高。风土适应性较强，宜于土层深厚肥沃的沙土，幼树对干旱的忍耐力较差，幼果抗药力弱，易发生果锈，对褐斑病抵抗力较弱，对炭疽病、苹果瘤蚜、桃小食心虫抵抗力也较弱。

该品种是一个早结果、高产、稳产、优质的优良品种，适应性强，被誉为世界性品种，在江苏省各地表现均佳。树势易早衰、果锈重、贮藏易皱皮是其缺点。

11）金矮生

别名短枝金冠、矮金、奥维尔金矮生。原产美国，1960 年奥维尔在华盛顿州发现的‘金冠’的短枝型芽变。在黄河故道地区苹果产区栽培较普遍。

幼树树势强，枝条直立。萌芽力强，成枝力弱，成枝率比‘金冠’低 10% 左右。幼树结果特早，苗木栽后第 2 年自然成花株率最高可达 60%，第 3 年其自然成花株率最高可达 100%。主要以短果枝结果，其余为长、中果枝和腋花芽；果台枝抽生能力强，且大部分能形成花芽继续结果，短果枝寿命长，因此连续结果能力不亚于‘金冠’，丰产性强；若大量结果不加控制，则易形成大小年结果现象。

果实圆锥形，平均单果重 198 g，最大单果重 255 g，大小较整齐。果面黄绿或绿黄色，阳面稍带橙红晕。果面粗糙，少光泽；蜡质少，无果粉，无棱起，常有锈斑，果锈比‘金冠’稍重；果点大，较多；果梗细长，梗洼深，中广，洼内常有锈斑或片锈。萼片宿存，萼洼中深或较浅，稍狭，洼内呈肋状或皱状。果皮薄脆；萼筒长，圆锥形，果心小，中位。果肉黄白色，肉质中粗，松脆，初采时去皮硬度 7.5 kg/cm^2，汁液多，风味甜酸或酸甜适度，微有香气，品质中上等，可溶性固形物含量 13.2%，可滴定酸 0.4%。果实耐贮性不如‘金冠’，在半地下式果窖中贮存 2 个月后风味佳，但开始皱皮。

果实 8 月中下旬成熟，其他物候期与金帅相同，生理落果和采前落果均很轻。

该品种比‘金冠’树矮小，结果更早，适于同‘新红星’等短枝型品种搭配栽植，是‘新红星’良好的授粉品种。适应能力也较‘金冠’更强些。但‘金矮生’短枝性状不稳定，复原率较高，同时在黄河故道栽培果锈的发生也比‘金冠’要重。栽培中应加强肥水，注意疏花疏果，以保证果实质量和产量的稳定。

12）金光

陕西省果树研究所育成，亲本为‘红星’×‘黄魁’。1987 年通过审定。黄河故道地区曾有少量栽培。

该品种树势强，萌芽力、成枝力均强。苗木栽后 3~4 年开始结果，以短结果枝结果为主，并有少量中长果枝；和花期相同的‘秦冠’‘金冠’‘红玉’‘元帅’系品种均能相互授粉。产量较‘秦冠’‘金冠’低，属中等水平，与亲本‘红星’的产量相近或略低。

果实圆柱形，果形端正，平均单果重 220 g，最大果重 250 g，大小齐整。果面黄绿色，成熟后金黄色。果面洁净，光滑无锈；具果粉；果点多，果梗中长，细；梗洼深，中广，具少量果锈。萼洼深，中广，有明显 5 条棱突起，萼筒开。果心中大，果肉黄白色，肉质松脆，去皮硬度 5.4 kg/cm^2，汁液中多，味甜，有香气，品质中上等，可溶性固形物含量 13.6%，可滴定酸 0.1%。一般室温下果实贮藏 2 个月左右仍可保持风味，肉质脆，如继续贮藏，虽肉质仍脆，但风味变淡。

在黄河故道地区，3 月下旬萌芽，4 月中旬开花，果实成熟期在 8 月中旬。

该品种果实外观好且风味浓；适应性广，抗逆性强，生长旺盛，栽培中应注意促成短枝的形成，以提早结果，同时应注意疏花疏果，防止大小年结果现象。

13）信浓甜

日本长野县果树试验场育成，亲本为‘富士’×‘津轻’。

该品种树势强，树姿半开张，1 年生枝粗壮，秋梢很少。萌芽力强，成枝力强。

果实较大、圆形，果形端正，大小均匀，果形指数 0.87，平均单果重 325 g。果面光滑，浓红色，有条纹，有蜡质层和光泽，果点大而稀少，但不明显。果肉黄白色，肉质酥脆爽口，汁多，风味浓甜，有香味，品质极上，果心小，可食率高，可溶性固形物含量 14 %~15 %。

在丰县地区，3 月上旬萌芽，4 月中旬盛花，9 月中旬果实成熟，11 月中下旬落叶。

初果期以中、短枝结果为主，盛果期以短果枝结果为主；果台副梢少而短，连续结果能力强；

腋花芽结果能力强，花序自然坐果率90%以上，花朵坐果率65%左右，采前落果较轻，无裂果现象；自花结实率高，花粉量大；定植后3年开始结果，5年进入丰产期，丰产、稳产性好。

该品种为中晚熟品种，果实大、外观洁净、结果性状良好，而且适应性和抗病性强，极耐贮运，品质优良。

14）红祝

系'祝光'的枝变品种，从辽宁省果树科学研究所引进，在江苏省苹果产区曾有少量栽培。

该品种树势强，树姿开张。主干赤褐色，多年生枝灰褐色；1年生枝紫褐色，皮孔中大，圆形，黄白色，较稀，茸毛多。叶卵圆形或椭圆形，先端急尖，叶基圆形，叶缘具钝粗稀疏的单式锯齿；叶面稍皱，深绿色，有光，叶背密生茸毛；叶柄短。

果卵圆形或圆锥形，平均单果重150 g，较整齐；底色黄白，有红霞和红条纹，完熟时具片红，果点多而小，黄褐色；萼洼深而广，近萼处有瘤状突起和不明显的肋起，萼片大；果皮厚而韧；果肉白色，质较细而致密，汁液多，甜酸适度，可溶性固形物含量11%，品质中上，不耐贮藏。

在淮安市，3月中旬萌芽，4月中旬盛花，8月中旬果实成熟，11月上旬开始落叶。

萌芽力强，成枝力强，枝条细硬。结果早，长、中、短果枝均有，有少量腋花芽结果，不易形成短果枝群，丰产，但有大小年结果现象。对病害抵抗力强。适应性广，对土壤要求不严，对肥水要求不高。

该品种为着色较好的品种，外观美丽，品质好，结果早，能早期丰产，落果较轻，但大小年结果现象较重。

15）红玉

别名东洋红、老红玉。原产美国，系一古老品种，从可口香实生苗中选出。20世纪20年代初由江苏省第二农校及东南大学引入江苏，为当时主栽品种之一。徐州、淮安、盐城、连云港、扬州等地均有栽培。

树冠大，树姿开张，枝条柔软，有横生下垂性。主干皮色灰褐，较粗糙，呈丝状裂。多年生枝淡黄褐色，平滑；新梢黄褐色，茸毛多。叶片稍小，椭圆形，叶缘具粗大复式钝锯齿，叶背密生茸毛，叶柄细短。

果扁圆形或圆形，平均单果重165 g，果底色黄绿，充分着色时全面浓红色，美观；果皮平滑，有光泽；果梗细，梗洼周围有片状锈斑。果肉黄白色，肉质致密、脆，汁中多，初采时酸味大，味浓，有清香；贮藏至元旦前后，风味较佳，甜酸适口；可溶性固形物含量13.5%，品质中上。

在徐州市，3月中旬萌芽，4月中旬开花，8月下旬至9月上旬果实成熟，11月中旬落叶。

萌芽力强，成枝力强，隐芽萌发率低。初果期以中长果枝结果为主，并有大量腋花芽，盛果期转以短果枝结果为主。果台枝能连续结果，但寿命短。丰产，大小年现象不很显著。适应性较强，抗病力弱，易感炭疽病、白粉病和腐烂病，抗枝干轮纹病。

该品种丰产稳产，在黄河故道地区果实能充分着色，色泽美观，采后风味偏酸，经过贮藏后品质转佳，坐果率较低，炭疽病重，采前落果比较重。曾经为主要栽培品种之一。

16）奥查克金

美国品种。密苏里州 Mountain grove 果树试验站育成的品种，亲本为‘金冠’×‘H1291’(‘元帅’×‘Conrad’)，1970 年发表。曾经在徐州地区少量栽培。

2~3 年生枝灰褐色；1 年生枝灰褐色，皮孔凸，中密；叶色绿，中大，叶缘多锯齿，叶尖极尖。

果实圆形或圆锥形，平均单果重 160 g，纵径 6.0 cm、横径 7.0 cm，底色黄绿或绿黄，阳面稍有水红晕。果皮光滑，有光泽，无锈；蜡质少，果粉少；果点较多，平，褐色。果梗中短，平均长 1.7 cm；梗洼较深，稍狭，有条状锈。萼片宿存，直立，基部分离，闭或半开；萼洼较深，中广，陡，果顶有隆起。果皮较厚韧。萼筒中长，圆锥形，与心室连通；果心正，较小，对称，近梗端，心室 5；种子饱满，圆锥形，褐色。果肉淡黄色或黄白色，肉质中等，松脆，去皮硬度 7.2 kg/cm^2，汁液多，风味甜酸，味较浓，微有香气，品质中上等，可溶性固形物含量 11.0%，可滴定酸 0.6%。不耐久贮。

在丰县，4 月中旬盛花，花期持续 8~9 天，果实于 8 月下旬采收。

该品种果实外观类似于‘金冠’，果锈比‘金冠’稍少，结果习性与‘金冠’类似，较丰产且较易管理，果实成熟早于‘金冠’，可以提前上市，但其贮藏性与‘金冠’有类似的问题，室温下贮藏有皱皮现象。可以在‘金冠’适宜栽培地区试栽，也可作为其他品种授粉的品种进行栽培。

17）美国 8 号（图 6-8）

1984 年由中国农业科学院郑州果树研究所从美国引入我国。

幼树树势强，树姿较开张，结果后树势中庸。萌芽力中等，成枝力强。

果实圆形，果形指数 0.8，果实个大，大小整齐，平均单果重 240 g，最大果重 450 g，果面浓红，着色面积达 90% 以上，有蜡质光泽，果点较大。梗洼中深，果柄中长、中粗。果肉细脆，黄白色，汁多，有香味，甜酸适口，可溶性固形物含量 14%，品质上等。

在铜山地区，4 月初萌芽，4 月下旬开花，7 月中旬果实开始着色，8 月中旬果实成熟，采前不落果，货架期 20 天。果实发育期 115 天左右。室温下存放 15 天左右不发绵，风味不减。

图 6-8 ‘美国 8 号’果实

初结果树以腋花芽结果为主，成龄树以中、短果枝结果为主。定植第3年开始结果，平均株产2.5 kg，5年生树平均株产31 kg。适应性强，抗轮纹病、斑点落叶病、白粉病和炭疽病，抗寒性强。

18）信浓金

日本长野县果树试验场杂交育成，亲本为‘金冠’×‘千秋’。

该品种树势中庸，半开张，节间短、短果枝形成易，腋花芽少。枝干光滑。

果长圆形，果面光洁，有蜡质光泽，无果锈。平均单果重280 g，果皮浅绿黄至金黄色。果肉浅黄色，口感细嫩，多汁，口感极佳，果心特小，吃到种子也无渣，品质优良。果实久放不发绵，普通贮藏到来年春季，品质不变。

成熟期在9月中旬，可供应中秋、国庆节市场。

生理落果和采前落果很少，苦痘病等生理病害几乎不发生。对斑点落叶病的抗性也强于富士品种。枝干光滑，较抗轮纹病。栽培上注意掌握好采摘期，底色变黄便可采摘，采摘过早酸度偏大，过晚果面泛油。

3. 晚熟品种

1）陆奥

原产日本，亲本为‘金冠’×‘印度’，为三倍体品种。1974年自中国农业科学院果树研究所引进。徐州市郊、丰县、宿迁、泗阳等地有少量栽培。

树冠高大，半开张，新梢赤褐色，粗壮、直立生长；皮孔大、密、圆形；茸毛稀，节间长；叶芽较大、贴伏，花芽大、长圆形。叶片大、椭圆形、深绿色；叶缘具复式尖锯齿，先端突尖，叶基圆形；叶背茸毛中多；叶柄长、粗、茸毛中多；托叶中大。

果正圆形或椭圆形，平均单果重275 g，纵径7.8 cm，横径8.5 cm，大小不太整齐。果面底色绿或绿黄；果皮较光滑、厚、韧，果点小、圆形、中多；果梗中长，梗洼中大或较小、圆形、中深、陡或中缓；萼片宿存，大、长、闭合；萼洼圆形、浅、大；果心较小，中位，果肉黄白色，较粗、松，汁液较多，味酸甜，品质中上等，可溶性固形物含量11.5%，硬度8.0 kg/cm^2。较耐贮藏，常温下可贮藏到春节。

在丰县，3月中旬萌芽，4月中旬盛花，9月下旬成熟，11月上中旬落叶。

萌芽力中等，成枝力一般，长、短果枝均占40%左右。产量中等，没有明显的大小年结果现象。适应性强，较耐瘠薄，对炭疽病抗性差。对修剪反应较敏感。

该品种品质较好，大果型，受市场欢迎，曾在黄河故道地区有一定栽培面积。

2）玉霞

别名麻皮。原产美国，系偶然实生苗。20 世纪 20 年代初由东南大学引入江苏，徐州市郊及赣榆有少量栽培。

该品种树势中庸，树冠较小，树姿开张，枝条分布稠密。多年生枝浅褐色。新梢赤褐色，较直立生长；皮孔中密、中大、不正圆形，突起，节间短；叶芽中大、芽尖微离生，花芽较小、圆锥形。叶片卵圆形或椭圆形，深绿色；叶缘多复式尖锯齿，先端渐尖；叶背茸毛稀；叶柄中长、中粗；托叶小。

果圆形或椭圆形，平均单果重 170 g，大小整齐。果面黄绿色，果皮较光滑、厚而韧，果点较多、中等大；果梗较短，梗洼中广、深、缓，有锈斑；萼片开张；萼洼广、中深、中缓；果心小，中位；果肉乳黄色，肉质软、松、中粗。汁液中多，酸甜适度，有异香味，品质中上。

在徐州市，3 月中旬萌芽，4 月中下旬盛花，9 月下旬果实成熟，11 月中旬落叶。

萌芽力强，成枝力强。以短果枝结果为主，较丰产，有大小年结果现象。适应性较差，不耐瘠薄，易感染腐烂病，不抗风。对修剪反应较敏感。树冠较小，适合密植。

该品种较丰产，品质较好，易患腐烂病，色泽与外观不佳，不宜发展。

3）锦红

辽宁省果树科学研究所育成，亲本为‘红玉’×‘鸡冠’。1972 年自该所引入江苏，盐城市郊、丰县、句容、高邮等地曾有小面积栽培。

树冠开张，枝条分布中密。多年生枝绿黄色。新梢淡赤褐色，较细、多斜生；皮孔中多、小、圆形，茸毛密、节间短；叶芽小、贴伏，花芽中大，椭圆形。叶片中大、椭圆形、较厚、绿色；叶缘多单式钝锯齿，先端渐尖至突尖；叶基楔形，叶背茸毛中多；叶柄中长、中粗、茸毛中多。托叶小。

果近圆形，大小整齐，平均单果重 145 g，纵径 6.1 cm，横径 7 cm。果面底色黄绿，阳面浅红色，覆中粗条纹；果皮光滑、中厚、韧，果点小、中密、圆形、白色；果梗短、中粗；梗洼深而陡，圆形、小；萼片宿存，较大，开张；萼洼圆形、肋状、浅、较小；果心中大、近萼端，果肉白色，肉质细、致密，汁液中多，味酸甜，品质中上等，可溶性固形物含量 10%~11%。硬度 9.8 kg/cm^2，较耐贮藏，常温下可贮至春节。

在丰县，3 月中旬萌芽，4 月中旬盛花，9 月下旬成熟，11 月上旬落叶。

萌芽力中等，成枝力较强。以短果枝结果为主，并有相当数量的长果枝和腋花芽结果，产量较高。适应性中等，较耐瘠薄，抗病性较差，易感苹果炭疽病和白粉病，抗药性较弱，果锈稍重。

该品种结果较早、产量较高，但易感炭疽病，着色不理想，不宜发展。

4）国帅

中国农业科学院果树研究所育成，亲本为‘国光’×‘元帅’。1974 年引进。仅丰县有少量种植。

树势中庸，树冠开张，多年生枝灰褐色。新梢赤褐色，细，多斜生；皮孔中大，中密，圆形；茸毛密，节间短；叶芽小，贴伏，花芽小，圆形。叶片中大，椭圆形，较厚，深绿色；叶缘多复式钝锯齿，先端渐尖或突尖，叶基圆形；叶背茸毛中多；托叶小。

果球形或圆柱形，大小较整齐，平均单果重 138 g，纵径 6.1 cm，横径 7 cm。果面底色黄绿，彩色鲜红，覆中粗断续条纹；果皮较光滑，较薄而韧；果点小，中密，圆形，黄褐色；果梗短，中粗；梗洼圆形，小，中深而陡；萼片宿存，中大，闭合；萼洼不对称圆形，小，较浅；果心大，中位；果肉黄白色，肉质粗、松，汁液多，味淡甜，可溶性固形物含量 12%，有香味，品质中等。硬度 8.4 kg/cm^2，稍耐贮藏。

在丰县，3 月下旬萌芽，4 月中旬盛花，9 月下旬成熟，11 月初落叶。

萌芽力中等，成枝力中等。以短果枝结果为主，采前落果严重，产量偏低。适应性较差，抗病性弱，早期落叶病（圆斑为主）特别重，炭疽病重，不抗风，采前落果重。对肥水要求高，对修剪反应敏感。

该品种结果较晚，产量偏低，病害重，品质一般。

5）胜利

河北省昌黎果树研究所育成，亲本是‘青香蕉’×‘倭锦’。1972 年从该所引进。丰县、泗阳、宿迁、高邮、如皋等地有少量栽培。

树势较强，树冠开张，枝条分布中密或稠密。多年生枝赤褐色。新梢紫褐色、中粗、斜生；皮孔中大、中密、圆形、节间短、茸毛中多；叶芽中大、贴伏，花芽中大、圆锥形。叶片中大、椭圆形，浓绿色；叶缘多复式尖锯齿，先端渐尖，叶基圆形；叶背茸毛较少；叶柄中长、茸毛中多，托叶小。

果实短圆锥形，大小较整齐，平均单果重 198 g，纵径 6.6 cm，横径 8 cm。果面底色黄绿，阳面有红晕；果皮薄、粗糙，果锈重；果点中小、中密、圆形、黄褐色；果梗中长；梗洼中大、圆形、中深、较陡；萼片宿存、小、闭合；萼洼圆形、较缓，中深、中大；果心较小，中位；果肉黄白色，肉质脆、较致密、韧，汁液多，味甜、微酸，品质中上，可溶性固形物含量 14%。硬度 9.4 kg/cm^2，较耐贮藏，常温下可存放至翌年 2 月，久贮后果皮皱缩，但不绵。

在丰县，3 月下旬萌芽，4 月下旬盛花，9 月下旬成熟，11 月初落叶。

萌芽力中等，成枝力较强。各类结果枝所占比例：长果枝 37.5%、中果枝 13.6%、短果枝 47.3%、腋花枝 1.6%。丰产，产量稳定。采前落果轻。适应性较强，抗病性中等，抗药性弱，果锈重。对修剪反应不甚敏感。

该品种早果，丰产，稳产，品质好。虽耐贮，但贮后易皱皮，风味变淡。果锈重，影响商品价值。

6）秦冠

陕西省果树研究所育成，亲本是‘金冠’×‘鸡冠’。1972 年引入，徐州、淮安、盐城等地有少量栽培。

树势中庸，树冠中大，树姿开张，多年生枝灰褐色，皮孔较多，明显；新梢赤褐色，斜生，皮孔大明显；嫩梢茸毛多。主干皮色灰褐，光滑。叶片大，椭圆形，较厚，浓绿色；叶缘呈微波状，具复式尖锯齿。

果圆锥形，平均单果重 160 g，果面底色绿，被紫红色条纹，覆暗红霞，果点中大，浅灰白色；萼洼浅，有小棱起；果皮厚，坚韧；果肉黄白色，质较粗，松脆，汁液中多，采后贮藏半个月风味转佳，有芳香，酸甜适口，品质中上，可溶性固形物含量 13%，耐贮藏。

在徐州市，3 月中下旬萌芽，4 月中下旬开花，10 月初果实成熟，11 月下旬落叶。

成枝力强，进入结果期早，定植后 3 年开始结果。初结果树以长果枝和腋花芽结果为主，盛果期以短果枝结果为主，而腋花芽仍占一定比例。坐果率高，丰产，大小年结果现象不显著。适应性强，耐瘠薄，对褐斑病和白粉病抗性较强，不抗炭疽病，果实易罹蜜病。树冠较小，适宜密植。

7）倭绵

别名秋花皮、老倭绵、红金丝。系古老品种。20世纪20年代初由东南大学引入江苏，连云港、徐州、淮安、扬州、盐城等市尚有栽培。

树势强，树冠高大，树姿稍开张，主干皮色灰褐，皱裂少，呈块状剥落。多年生枝灰褐色，粗糙，皮孔小；新梢紫褐色，茸毛多，结果果台特别肥大是此品种的明显特征之一。叶片中大，椭圆形，深绿色；先端渐尖，叶基宽楔形，叶缘多单式钝锯齿；叶背茸毛浓密。

果短圆锥形至圆形，平均单果重 180 g；果梗较细，梗洼深，周围平滑，有少量片状锈；果实底色黄绿，全面被鲜红或深红色霞和紫红色断续条纹，果点不显著；果皮厚而韧；果肉白色，肉质粗、松软，汁中多，味酸甜，可溶性固形物含量 11%，品质中等，较耐贮藏，但贮藏过久则肉质变绵，风味减退。

在徐州市，3 月中旬萌芽，4 月中下旬开花，10 月上旬成熟，11 月中旬落叶。

萌芽力强，成枝力较强，分枝多。盛果期以短果枝结果为主，果台枝连续结果能力较强，产量中等，比较稳产。耐瘠薄和粗放管理，抗风耐旱，易染枝干轮纹病、白粉病、腐烂病和炭疽病，抗药力弱，果面常有锈。

适应性强，在瘠薄地上能获得一定产量，果形大，着色好，在江苏省淮北地区农村有一定的消费市场，曾在黄河故道地区有一定的栽培面积。

8）印度

别名甜香蕉、印度青、常青。20 世纪 50 年代初由河北昌黎引入江苏。徐州、淮安、盐城、连云港、扬州等地有少量栽培。

树势强，树冠大，树姿半开张，分枝较少。主干皮色青灰，表面较粗糙，呈块状剥裂。多年生枝灰褐色；新梢赤褐色，粗而直立，极明显。皮孔多而大较明显；叶片大而厚，长椭圆形，先端渐尖，叶尖向叶背弯曲，叶缘向上翘，稍呈抱合状，叶缘多复式尖锯齿，叶色深绿，叶面有皱纹，叶背密生茸毛。

果卵形圆形、扁圆形或长圆形，平均单果重 200 g，果面稍粗糙，光泽少，全面浅绿色，果点多而大，十分显著；果梗极短，基部肥大；果皮厚而韧，果肉黄白色，质中粗，硬而致密，常出现蜜病。汁少、味甘，无酸味，品质中上等，贮藏后风味渐佳，可溶性固形物含量 14%，耐贮藏。

在徐州市，3 月上旬萌芽，4 月中旬开花，10 月上旬成熟，11 月中旬落叶。

幼树较直立，进入盛果期后渐开张。主要以短果枝结果，坐果率高，果台枝连续结果能力弱，盛果期表现丰产，大小年结果现象显著，采前落果轻。是早花品种，开花期较一般品种早 2~4 天。适宜土层深厚肥沃的沙壤土，在盐碱地上有黄化现象。较抗山楂红蜘蛛和瘤蚜，不抗白粉病，果实贮藏期间易罹虎皮病。

该品种果实风味甘甜，为部分消费者所喜爱。果实耐贮，但肉质坚硬，外观不美，投产晚，曾经在黄河故道地区有一定的栽培面积。

9）鸡冠

别名红鸡冠。原产我国，1913 年发现于旅顺，是从偶然实生苗中选出的。20 世纪 50 年代初由辽宁熊岳引入。徐州、淮安、盐城、连云港、扬州等地均有一定栽培面积。

树势中庸，树姿开张。主干紫褐色，呈块状剥裂。多年生枝淡褐色，平滑；新梢紫褐色，较细；节间短，幼龄树生长旺盛的枝条，其节部呈现显著肥大；嫩梢茸毛少。叶片中大，椭圆形，先端渐尖，叶基圆形，叶缘具复式钝锯齿，叶面皱褶明显，深绿色，富光泽，叶背茸毛多。

果扁圆形，平均单果重 140 g，果面光滑，底色黄绿，有浓红色条纹和鲜红霞，果点小，明显；果皮厚韧。果肉浅黄白色，肉质致密，稍韧。汁中多，甜酸，品质中等，可溶性固形物含量 12%，耐贮运。

在徐州市，3 月上旬萌芽，4 月中下旬盛花，9 月下旬至 10 月初成熟，11 月中旬落叶。

萌芽力强，成枝力强，枝条斜生乃至下垂，树冠内枝条密生。以短果枝、中果枝结果为主，长果枝和腋花芽亦占一定比例，果台枝连续结果能力强。坐果率高，生理落果和采前落果轻，丰产、稳产，成熟较一致。适应性强，耐瘠薄，耐粗放管理，对腐烂病抗性较强，易感炭疽病，贮藏期间易感苦痘病和虎皮病。

该品种适应性强，树冠较矮小，耐粗放管理，高产稳产，耐贮运，只是品质较差，可保留，或作为加密品种。曾在黄河故道地区有一定的栽培面积。

10）大国光

此品种可能是‘国光’芽变种，20 世纪 50 年代初从山东青岛引入江苏。徐州、淮安、盐城、连云港、扬州等地都有零星栽培。

树势强，树冠高大，树姿半开张。主干皮色灰褐，表面粗糙，呈块状剥裂。多年生枝灰褐色、较平滑。新梢赤褐色，皮孔小，较明显；嫩梢茸毛较多。叶片大而薄，绿色，长椭圆形，叶缘多为复式尖锯齿，叶背密生茸毛，叶面有皱褶，富光泽。

果扁圆形，平均单果重 200 g；果面底色黄绿，被深红色霞和不明显的断续条纹；果梗稍细；梗洼深广，周围有片状锈；皮薄，果肉黄白色，肉质较细脆。多汁，可溶性固形物含量 12%，味酸甜，品质中上，经贮藏后风味转佳，但久贮果肉易绵，最佳食用期在春节前。

在徐州市，3 月下旬萌芽，4 月中下旬开花，9 月下旬至 10 月上旬采收，11 月中旬落叶。

萌芽力、成枝力均比‘国光’强，以短果枝结果为主，中长果枝也占一定比例。进入盛果期后单株产量极高，果台枝连续结果能力低，大小年结果现象极严重。适应性强，平地、山地和盐碱地生长表现均好，较抗褐斑病，易染腐烂病和炭疽病。

该品种单株产量极高，但如控制不好，则将显著地出现大小年结果现象，乃至隔年结果，并使树体衰弱，腐烂病盛发。曾在黄河故道地区有一定的栽培面积。

11）青香蕉

别名白龙，原产于美国。20 世纪 50 年代从山东烟台引进，在徐州、淮安、盐城、连云港等地有少量栽培，江阴、无锡、宜兴、高邮、江都及仪征亦有零星栽培。

树冠大，树姿开张，主干皮色灰黑，丝状纵裂。多年生枝棕褐色，多纵裂纹；1 年生枝粗壮，皮孔大而多，圆形、突起。叶片大，长椭圆形，先端渐尖或突尖，叶基楔形；叶面较平、有光泽；叶缘具粗大的复式钝锯齿，叶背茸毛多，叶柄粗。

果短圆锥形，平均单果重 220 g，果面淡绿色，果皮厚韧，果粉薄，果点中多，中大、圆形、褐色；梗洼中深，中广，周边有片状锈，一侧稍隆起；果肩倾斜；果梗绿褐色，粗短，基部常有肉瘤；萼洼中深、中广，周围有明显的 5 条肋状隆起；果肉黄白色，肉质致密。汁中多，味甜微酸，耐贮藏，贮藏后香气浓郁，品质上等，可溶性固形物含量 11%。

在徐州市，3 月上旬萌芽，4 月中旬盛花，9 月下旬果实成熟，11 月上旬落叶。

幼树在肥沃土壤上，萌芽力和成枝力均强，随树龄的增长，成枝力渐减弱。在瘠薄的土壤上，成枝力极弱。隐芽少，更新复壮困难。以短果枝结果为主，易形成短果枝群。适应性差，对肥水要求严，抗寒性差，花芽易受冻害，枝干轮纹病、腐烂病重，叶片易受瘤蚜危害，常出现花叶病。

该品种果实香气浓郁，风味好，耐贮藏。但适应性差，产量较低，大小年结果现象严重，不宜发展。曾在黄河故道地区有一定的栽培面积。

12）国光

别名小国光、万寿。1919 年由江苏省第二农校和 1923 年东南大学先后从日本引进。1952

年又从山东省引入江苏。20 世纪 50、60 年代是江苏省的主要晚熟品种。

该品种树势强，幼树树姿直立，进入结果期后，树姿渐开张，成龄树树高冠大，主干皮色灰褐，较光滑，呈块状剥裂；多年生枝淡褐色，皮孔中大，圆形，灰白色；1 年生枝赤褐色，皮孔中大，较密，圆形，明显。叶片大，卵圆形或椭圆形，先端渐尖，叶基圆形，叶缘具较稀复式锯齿；叶面较平，叶背密生茸毛；叶柄中粗，基部肥大，中长。

果扁圆形，平均单果重 125 g，纵径 6.0 cm，横径 7.0 cm；果面光滑，底色黄绿，被红晕或粗细不等的暗红色条纹，果粉较厚，果点多、中大，形状不规则；梗洼中深而广，有片状锈，果梗中粗，较短，萼洼浅而广，边缘微有皱褶及波状起伏，萼片中大，半开或开，反卷；果皮中厚，硬而韧，果心小或中大，中位；萼筒漏斗形，中长、中宽；果肉黄白色，质致密而脆。汁多，甜酸味佳，品质中上等。可溶性固形物含量 12.6%，风味浓、无香气，耐贮藏，贮后风味更佳。

在徐州市，3 月下旬萌芽，4 月下旬盛花，10 月上旬成熟，11 月上旬落叶。

幼树萌芽力低，成枝力弱，盛果期后萌芽力有所提高，隐芽寿命长，再萌发能力强。进入结果期晚，初结果树中长果枝占一定比例，盛果期后，以短果枝结果为主；坐果率较高。果台枝连续结果能力较强，采前落果轻。较耐旱，耐瘠薄；抗炭疽病、轮纹病，对腐烂病抵抗力弱，易染锈果病及褐斑病，成熟前遇雨易发生裂果。

幼树树势强，要注意轻剪缓放。盛果期后，应精细修剪，调节花芽与叶芽比例，以保持中庸树势。

该品种结果较晚，丰产较稳产，果实品质较好，耐贮藏，但采收前遇雨易裂果。炭疽病、腐烂病较重。曾在江苏省作为主栽品种发展。

13）富士

日本国农林省东北农业试验场育成，亲本为‘国光’×‘元帅’。1972 年从山东省果树研究所引入江苏省。1981 年后又从北京、辽宁等地引入着色系富士。徐州、淮安、连云港、盐城、扬州等地均有大面积栽培。

树势强，树冠较大，树姿开张。主干灰褐色，表面粗糙，呈块状剥落。多年生枝灰褐色，皮孔稠密、明显；新梢赤褐色，斜生，皮孔较多、中大。叶片中大，质中厚，椭圆形，叶面皱少，稍有光泽，叶背茸毛多，叶缘具整齐的单式锐锯齿。

果近圆形，稍呈斜状，平均单果重 200 g；果面平滑，底色黄绿，阳面有暗红色条纹。果点锈色，不大明显；果梗较细；果皮较厚而韧；果肉乳黄色，肉质松脆。汁多，味甜，微香，食之爽口，品质上等。可溶性固形物含量 14.0%。耐贮力与国光相似，可贮至翌年 5 月，经贮藏后，风味尤佳。

在丰县，3 月下旬萌芽，4 月中下旬开花，11 上旬成熟，11 月下旬至 12 月上旬落叶。

成枝力较强，进入结果期稍晚。初结果树以中长果枝结果为主，进入盛果期，短果枝逐年增多。坐果率高，果台枝连续结果能力低，丰产，有大小年结果现象。喜土层深厚肥沃的沙壤土，不耐瘠薄，要求有良好的肥水条件。抗果实炭疽病，裂果较轻，枝干和果实易罹轮纹病，不抗腐烂病。在江苏省 9 月中下旬开始着色，10 月下旬完全着色。栽培上须有良好的管理措施，如改善通风透光条件，保持中庸树势，控制负荷。适期采收，才能获得优质的产品。

该品种目前在江苏省温量指数偏高的情况下，能表现出其固有的风味，是优秀的晚熟品种。

14）长富 2 号

日本长野县园艺试验场在该县南安云郡三乡村选出的富士着色系芽变品种。1979 年从日本引进。

树势强，树姿直立。主干树皮浅灰褐色，粗糙，呈块状剥落。多年生枝浅褐色，皮孔密，椭圆形，极明显。1 年生枝赤褐色，较粗壮，直顺，皮孔较大，较明显，叶片中大，中厚，多为椭圆形，叶面皱少，稍有光泽，叶背茸毛多，叶缘锯齿中大。叶芽中等大，圆锥形，饱满，茸毛较多。花芽大，长卵圆形，先端较尖，鳞片紧，茸毛较多。花冠中大，淡粉红色，花粉多。长、中、短果枝及腋花芽均可结果，初结果树以长、中果枝结果为主，盛果期则以短果枝结果为主。

果实圆形或近圆形，平均单果重 220 g，最大单果重 340 g，大小整齐。果皮底色黄绿，全面被有鲜红色条纹，色泽比富士鲜艳。果面光滑，有光泽，蜡质多，果粉少，果点中大，明显。果梗长，中粗，梗洼中深、中广，萼洼中深、中广。果皮中厚，韧。果肉黄白色，肉质细脆，致密，汁多，酸甜适度，有香气，可溶性固形物含量 13.0%，去皮硬度 10.0 kg/cm^2，品质上等。果实耐贮藏，在一般贮藏条件下，可贮藏至翌年 5 月，在冷藏条件下，可贮藏到翌年 7 月末。

在徐州市丰县，4 月中下旬开花，10 月下旬至 11 月上旬果实成熟。

果实着色好，色泽艳丽，肉质细脆致密，酸甜适度，品质上等，极耐贮藏，但轮纹病较严重，抗寒性弱，有霉心病发生，是目前江苏省的主要栽培品种之一。

15）秋富 1 号

日本秋田县果树试验场从该县平鹿村醍醐山谷喜太朗果园中选出的富士着色系芽变品种。我国 1979 年从日本引进。

树势强，长、中、短果枝及腋花芽均可结果，花朵坐果率低于国光，一般每果台坐果 2~3 个。开始结果较早，定植后四五年开始结果，高接树第 3 年结果，丰产。

果实圆形或近圆形，平均单果重 200 g，最大单果重 360 g，大小整齐。果皮底色黄绿，全面被有浓红鲜艳条纹；果面平滑，有光泽，蜡质多，果粉多，果点中大，较稀，明显；果梗中长，中粗，梗洼中深，中广；果皮中厚、韧；果肉黄白色，肉质细而致密，汁多，酸甜适度，有‘元帅’苹果的芳香，可溶性固形物含量 15.9%，品质上等。果实极耐贮藏。

物候期与‘富士’基本相同，花芽、叶芽萌芽期比‘富士’稍早。在丰县，4 月中旬开花，10

月下旬至 11 月上旬果实成熟。

果实着色比‘富士’好，鲜艳，外观好，肉质细，酸甜适度，品质上等，极耐贮藏。在黏土地等排水不良地区，轮纹病严重，抗寒性弱。可以适当发展。

16）烟富 3 号

烟台市由‘长富 2 号’中选出的红富士优系，1997 年通过山东省农作物品种审定委员会的审定。生物学特性与‘长富 2 号’基本一致。

果实圆形至长圆形，端正，平均单果重 260 g。树冠上下、内外着色均好，片红，全红果比例 78%~80%，色泽浓红艳丽，光泽美观。肉质爽脆，汁液多，风味香甜，硬度 8.7~9.7kg/cm^2，可溶性固形物含量 14.0%。

果实发育期 190 天，10 月下旬至 11 月上旬成熟。果实贮藏性同‘长富 2 号’，综合性状优于‘长富 2 号’，是目前江苏省发展的主要富士系着色品种。

17）烟富 6 号

烟台市从惠民短枝富士中选出的短枝型红富士优系。

果形端正，圆形至长圆形，平均单果重 262 g，果实高桩，明显优于原品系。着色易，色浓红、深，全红果比例 80%。果面光洁，果皮较厚。果肉淡黄色，肉质致密、脆硬，汁多，味甜，可溶性固形物含量 15.2%，硬度 9.8 kg/cm^2，品质上等。

果实发育期 190 天，10 月下旬至 11 月上旬成熟。生理落果和采前落果轻。耐贮藏，在室温条件下可贮至翌年 3~4 月。

短枝性状稳定，树冠较紧凑，极丰产。是一个较抗碰压、适合于机械化分级的优良品系。在江苏省有一定栽培面积。

18）北斗

原产日本，由青森县苹果试验场育成，亲本为‘富士’ × ‘陆奥’，20 世纪 80 年代中期引进。

树姿开张，树冠圆头形。树干光滑，灰褐色，多年生枝灰褐色，皮孔大，多；1 年生枝红褐色，粗壮，茸毛极少，皮孔少，灰白色，圆形，极明显。叶深绿色，叶面有光泽，圆形，叶片大，平均叶长 8.1 cm，宽 6.1 cm，叶柄较短，平均为 2.0 cm，基部紫红色，叶背茸毛多，托叶长、圆、大。花冠大，直径平均 5.3 cm，花冠粉白色，每花序有 5 朵花，三倍体品种，$3n=3x=51$。不能作其他品种的授粉树。

果实圆形或近圆形，平均单果重 240 g，最大单果重 420 g；纵径 7.4 cm，横径 8.6 cm；底色黄绿；全面被有浓红色和隐显条纹，在西北黄土高原地区着色充分，在中部苹果产区果实着色差，甚至不着色。果面光滑，有光泽，无锈、无棱起；蜡质多，果粉较多。果点中大、少、褐色、无晕圈，极明显。果梗中长，平均 2.6 cm，中粗；梗洼中深、中广。萼片宿存，大，反卷；萼洼中深、广。果皮薄脆；果心大，种子大，每果约 10 粒。果肉黄白色，肉质细、松脆，初采时肉质比‘富士’疏松，汁液多；风味酸甜适度，香气浓，品质上等。可溶性固形物含量 14.6%。果实贮藏性中等，冷藏条件下贮至翌年 3~4 月。贮藏期间有霉心病。

在丰县，4 月中旬盛花，果实于 9 月中旬成熟。

幼树树势极强，成年树树势比富士苹果强，较陆奥苹果弱。果实易发生霉心病，对苹果斑点落叶病抗性弱，对苹果白粉病抗性稍强。

该品种结果早，较丰产，优质，果实较耐贮藏，鲜食风味好，适应性较强。缺点是果形不太好，果实成熟不一致。采前有落果，果实易发生霉心病，贮藏性不及‘富士’，枝干较易感染腐烂病；树体生长过旺，果实着色不良。曾在黄河故道地区有一定的栽培面积。

19）华冠

中国农业科学院郑州果树研究所育成，亲本为‘金冠’×‘富士’。

树冠近圆形，树姿半开张，主干灰色，较光滑；2~3 年生枝灰褐色。1 年生枝为淡红色，皮孔小，较密，嫩梢灰白色，有茸毛。叶片较大，色泽浓绿，椭圆形或卵圆形；叶缘两侧略向上卷，叶背茸毛较多。平均每花序 5~6 朵花，花冠粉红色。

果实圆锥形或近圆形，平均单果重 180 g，最大单果重 350 g，纵径 6.9 cm、横径 7.6 cm。底色黄绿，贮藏一段时间后呈金黄色；果面可有 1/3~3/4 鲜红色，有连续细红条纹，在着色条件好的地区可达全红。果面光洁无锈；果点稀疏，灰白色，不明显。果梗长 2~2.5 cm；梗洼深，狭窄，个别果实梗洼具有少量放射状果锈。萼片宿存，小；萼洼中深、中广，周围有不明显的 5 棱突起。果心小，每果种子 10 粒左右。初采时果肉黄白色，贮藏后变为淡黄色；肉质细而致密，去皮硬度 6.1 kg/cm^2，汁液多；风味甜微酸，有芳香，品质上等。可溶性固形物含量 14.4%，总糖 13%，可滴定酸 0.26%，维生素 C 6.1 mg/100 g。果实极耐贮藏，在室温条件下可贮存 180 天，贮后果实有蜡质；在冷藏条件下可贮放 210 天以上，贮藏后有异味。

在丰县，4 月中旬盛花，9 月下旬果实成熟。采前不落果，可以适当延期采收，以增加果实着色程度。

该品种适应性强，对地势和土壤要求不严，在山地、平原、黏土地、沙土地均能正常生长。结果早，坐果率较高，丰产，稳产，果实品质优良，耐贮藏。栽培中要注意疏花疏果，负载量太大则果实个小。该品种曾在黄河故道地区有一定的栽培面积。

20）华帅

中国农业科学院郑州果树研究所育成，亲本为‘富士’×‘新红星’。

树冠长圆形，树姿直立，紧凑。主干灰褐色，较光滑；2~3 年生枝灰褐色。1 年生枝红褐色，嫩梢部有灰色茸毛；皮孔较密、中大，近梢部为长椭圆形，中部和基部为圆形。叶片中等大，多为椭圆形，叶背茸毛中等稀疏，色泽浓绿，似‘新红星’。平均每花序 5 朵花，花冠粉红色。

果实短圆锥或圆锥形；平均单果重 210 g，最大单果重 610 g，纵径 7.6 cm、横径 8.3 cm，底色黄绿，贮后变为绿黄色；全面着红色，间具暗红色条纹。果面光洁无锈，有果粉；果点较密，呈灰白色，较明显。果梗长约 2 cm；梗洼深，中广。萼片宿存，小；萼洼中深、广，特大果的萼筒不闭合，萼洼周围有明显的 5 棱突起。果皮较厚韧，果心小；每果平均有种子 9 粒。果肉淡黄色；肉质中粗、松脆，去皮硬度 5.9 kg/cm^2，汁液多；风味酸甜适度，有‘元帅’系的芳香，品质上等。可溶性固形物含量 13.0%，总糖 11.2%，可滴定酸 0.22%，维生素 C 8.8 mg/100 g。

在丰县，盛花期 4 月中旬，果实成熟期 9 月底。

该品种适应性强，喜肥水，也耐瘠薄。抗寒性较‘富士’‘华冠’强，与‘元帅’系相同。果实具有‘元帅’系品种的外观、色泽和香味，果实肉质、风味和贮藏性优于‘元帅’系，且早果性和丰产性强；树体紧凑，适于矮化密植栽培。曾在黄河故道地区有一定的栽培面积。

21）千秋

由日本秋田县果树试验场育成，亲本为‘东光’（‘金冠’ × ‘印度’）× ‘富士’，20 世纪 90 年代初期在黄河故道地区进行试栽。

幼树树势强，树姿直立，结果树树势中庸，树姿开张，树冠中大，阔圆锥形。

果实圆形或近圆形，平均单果重 160 g，最大果重约 210 g，大小整齐。底色黄绿；在黄河故道地区，果面也能全面着色。果面光滑，有光泽，无果锈，无棱起；蜡质较多，果粉少，果点大，中多；果梗细长，中粗；萼片宿存，萼洼中深，中广。果皮薄脆，果心中大；果肉黄白色；肉质细，松脆，去皮硬度 7.2 kg/cm^2，汁液多，风味酸甜适度，微香，品质上等。可溶性固形物含量 13.6%，可滴定酸 0.47%。果实贮藏性中等，室温条件下贮存 1~2 个月，冷藏条件下可贮至翌年 2 月。适于鲜食。

在黄河故道地区，3 月下旬萌芽，4 月中旬盛花，8 月下旬成熟，11 月下旬落叶，营养生长日数 240 天。不耐高温环境，在 8 月多雨地区和排水不良的果园，梗洼易发生龟裂，对苹果斑点落叶病抗性弱。

萌芽力强，成枝力中等。开始结果较早，以短果枝结果为主，间有长、中果枝和腋花芽，部分果台枝可连续结果；花序坐果率低；丰产、稳产，但结果过多则果实偏小，风味偏淡，在栽培管理上要注意疏花疏果，合理负载。

该品种结果早，丰产、稳产，果红色优质，中晚熟品种，鲜食风味好，宜作授粉品种。缺点是果实贮藏期较短，在秋季多雨地区和排水不畅的果园，梗洼有裂果，对苹果斑点落叶病抗性弱。可在黄河故道地区适当发展。

22）乔纳金

美国纽约州农业试验站育成，亲本为‘金冠’×‘红玉’。

该品种树势强，萌芽力较强，枝条多斜生，结果早，果台枝有连续结果能力；花序坐果率较高，花朵坐果率中等，采前落果很少；丰产性强，大量结果后产量比较稳定，结果过量，又不进行疏果可造成大小年结果现象。

果实圆锥形或近圆形，平均单果重 250 g，最大单果重 400 g。底色绿黄或淡黄；果面可有 1/2~2/3 着色，有鲜红晕，条纹粗细不一，常呈现红色斑状，树冠外围的果可上满色，树冠内部的果不易着色。果面光滑，有光泽，无棱起；蜡质多，无果粉，无果锈。果点小，淡褐色或白色，有不明显的淡绿色晕圈。果梗中长、中粗；梗洼深，中广，无锈或有锈斑。萼片宿存，萼洼深、中广。果皮薄韧，果心中大；果肉乳黄或淡黄色；肉质中粗，松脆，初采时去皮硬度 7.3 kg/cm^2；汁液多；风味酸甜适度，香气类似红玉，品质上等。可溶性固形物含量 13.0%，可滴定酸 0.6%，贮藏性中等。

在黄河故道地区，3 月下旬萌芽，4 月中旬始花，9 月上旬果实成熟，果实发育日数一般为 135~140 天，11 月中下旬落叶，营养生长日数一般为 240~245 天。适应性和抗逆性较强，易感的病虫害有苹果轮纹病、苹果白粉病、苹果叶螨、苹果瘤蚜等。

该品种具有早果、丰产、果实品质好的特性，是既适合鲜食又可加工的优良品种。适应性较强，在黄河故道各苹果产区栽培均表现良好，主要缺点是果实着色较差。目前在黄河故道地区有一定的栽培面积。

23）新乔纳金

原产日本。1973 年青森县弘前市斋藤昌美发现的‘乔纳金’枝变种。

果形端正，近圆形或圆锥形，平均单果重 236.2 g，最大单果重 380 g，大小整齐。底色绿黄至淡黄；全面着色，色彩鲜红或浓红，着色比‘乔纳金’好，树冠内膛和下部的果着色也较好。果面平滑、有光泽，无锈，无棱起；蜡质多，果点小，果梗中长；梗洼较深，中广，洼内无锈。萼片宿存或残存；萼洼较浅，中缓。果皮薄韧；果肉黄白色，肉质松脆，粗细中等，初采时去皮硬度 7.7 kg/cm^2，汁液多；风味酸甜适度，味浓，有香气，品质上等，适于生食或加工。可溶性固形物含量 13.3%，可滴定酸 0.6 %。

该品种物候期与‘乔纳金’基本相同。

该品种是三倍体品种，具有早果、丰产、优质的特性，既适于鲜食又可供加工，而且果实着色比‘乔纳金’苹果好，在黄河故道等地区栽培中应注意控制树势，并注意对炭疽病、轮纹病、白粉病的防治。现有少量栽培。

24）王林

原产日本。由福岛县从实生苗中选出，在黄河故道地区有少量生产栽培。

幼树树势强，结果后生长渐缓和，以短、中果枝结果为主，间有腋花芽结果，果台枝连续结果能力弱，花序坐果率中等；丰产、稳产，但丰产性不及‘金冠’。

果实椭圆形或卵圆形，平均单果重 196.8 g，最大单果重 250 g，大小整齐。在黄河故道产区果面为黄绿色或绿黄色；果面光滑，少光泽，无棱起，无锈；蜡质中多，果粉薄；果点大，明显，中多，多突起，锈色，有灰白晕圈。果梗较短，平均长 1.9 cm，中粗；梗洼中深、中广，无锈，周围稍有波状起伏，萼片宿存；萼洼中深，稍狭，周围略有棱起。果心小，果肉乳白色，肉质细脆，初采时去皮硬度 8.1 kg/cm^2，汁液多；风味酸甜适度，有香气，品质上等。可溶性固形物含量 12.8%，可滴定酸 0.3%。果实耐贮藏，在半地下窖可贮至翌年 4~5 月，贮藏期间果实不皱皮。

在黄河故道地区，3 月下旬萌芽，4 月中旬盛花，9 月中旬果实成熟，果实发育日数 150 天，11 月中旬落叶，营养生长日数约 240 天。

在黄河故道产区，果实易感染苹果轮纹病，初结果树和旺树上结的果实有苦痘病发生，对苹果斑点落叶病抗性弱，生产中均需注意防治。

该品种是一个优质、晚熟品种，果面光洁无锈，果实比‘金冠’耐贮，且贮藏期间不皱皮；果实肉质、香气和丰产性不及‘金冠’；在黄河故道地区表现为果点较大，有采前落果现象，抗病性较弱，可作为生产栽培，或作为‘富士’系品种的授粉品种。

25）新世界

由日本群马县农业综合试验场北部分场育成，亲本为‘富士’×‘赤城’，在黄河故道地区的徐州丰县等地有一定的栽培面积。

果实长圆形，平均单果重 248 g，最大单果重 350 g，大小整齐。底色绿黄；全面鲜红至浓红，着色程度似‘富士’，色泽艳丽。果面光滑，有光泽，光洁无锈，无棱起；蜡质中多，果粉薄，果梗较粗，梗洼中深、狭。萼片宿存，萼洼中深、中广。果肉黄白色，肉质致密，汁液多；甜酸适度，味浓，稍有芳香，品质上等。可溶性固形物含量 14.2%，可滴定酸 0.3%。果实耐贮藏。

在丰县，9 月下旬果实成熟。适应性广，较抗斑点落叶病，白粉病等病害。

树势强，比‘富士’稍强，树冠较大，适宜稀植。萌芽力强，平均萌芽率为 74%；成枝力低。结果较早，以短果枝结果为主，约占 84%；花序坐果率高，平均为 81.4%，生理落果轻，丰产性强。

该品种结果较早，果实品质好，易着色，耐贮藏，但品质不如‘富士’，果较小。可在生产上进行适当推广。

26）澳洲青苹

别名史密斯。澳大利亚通过实生选育的鲜食和加工苹果品种。近年来，随着苹果浓缩果汁在世界上的畅销，该品种作为黄河故道地区推广的主要加工品种，得到了较快的发展。

果实圆锥形或短圆锥形，平均单果重 170 g，最大单果重 225 g，果实大小整齐。果面翠绿色，树冠外围的果向阳面可有少量褐红色晕。果面平滑，有光泽，无锈；蜡质较多，果粉少。果点多，果顶部密集，大多数为白色。果梗平均长 2.1 cm；梗洼深，中广，较缓，洼内无锈斑。萼片宿存，萼洼中深，较狭。果皮厚韧；果心较大。果肉绿白色；肉质中粗，紧密、硬脆，初采时去皮硬度 9.1 kg/cm^2，汁液较多；初采时风味酸或很酸，无香气，鉴于其初采时酸味重，鲜食品质评价不高，一般仅及中等，但贮藏后期风味转佳。可溶性固形物含量 11.8%，可滴定酸 0.6%。果实很耐贮藏，在 5~10 ℃的室内可贮至翌年 3~4 月；在冷藏条件下可以贮藏至 7~8 月，在当前栽培品种中属最耐贮藏的品种之一。

在黄河故道地区，3 月下旬萌芽，4 月中下旬盛花，10 月上旬成熟。

树势强，萌芽力较高，成枝力较强，有腋花芽；花序坐果率较高，较丰产，有大小年结果现象。采前落果少，贮藏期易感苦痘病；对黑星病抗性较差，对白粉病抗性比‘红玉’强。

该品种果实色泽翠绿，独具特色；耐贮性强，贮后风味好，可鲜食、加工兼用，国际贸易售价高。比较适合在黄河故道地区栽培，可建成生产基地提供外销产品和加工原料。

27）斗南

该品种由日本青森县和田市三蒲小太郎从‘麻黑 7 号’实生苗中选出。

树势中庸，树姿较开张，3 年生树，树干周 16.5 cm，冠径 2.2~2.4 m，树高 1.9 m。1 年生枝生长健壮，当年可达 1.5 m 以上，枝条红褐色，节间长 2.0~4.0 cm。皮孔椭圆形，灰白色，大且明显。叶片较大，卵形。每花序 5 朵花，花朵较小，花粉多。

果实圆锥形，果形正，平均单果重 360 g，最大单果重 450 g。着色鲜艳，全红，果点大而稀，果肉黄白色、汁液多，甜酸适口，有清香味，品质上等。可溶性固形物含量 16%，带皮硬度 12.4 kg/cm^2，较耐贮藏，普通贮藏窖可贮至翌年 4 月。

在丰县地区，3 月下旬萌芽，4 月中旬开花，10 月中旬果实成熟，果实生育期 180 左右，11 月中旬落叶。

萌芽力较强，成枝力强。易形成中短枝，以中短枝结果为主，腋花芽结果能力强。早果，丰产性能好，3 年生开花株率为 40%，花序坐果率高达 80% 以上。采前落果轻。适应能力强，抗寒、耐旱，耐贮藏。果柄中长、中粗。

该品种为晚熟苹果品种，抗病及抗寒能力佳，坐果率高，果大，果面光滑，口感好，具有较高的经济效益。

28）世界一

日本青森县苹果试验场育成，亲本为‘元帅’×‘金冠’。1980 年前后从日本引入接穗。

幼树树姿直立，成年树树姿开张，树冠中大。树干光滑，褐色，多年生枝紫褐色，皮孔多，中大，明显。1 年生枝红褐色，被有白膜，皮孔大且多，明显。叶片绿色，叶面有光泽，长椭圆形，叶片大，平均叶长 8.0 cm，宽 4.0 cm；叶柄中长，平均 2.4 cm，中粗，基部紫红色叶柄与母枝夹角小，叶缘两侧稍上卷，锯齿中大，钝，多单齿。叶背茸毛多。托叶小。花冠中大，淡粉色。

果实圆锥形或短圆锥形，平均单果重 350 g，最大单果重 580 g。底色黄绿；全面为暗红霞，有隐显条纹，树冠外围的果着色较好。果面光滑，有光泽，无果锈，无棱起；蜡质中多，果粉薄。果点较大，中多，锈色，稍突出，较明显。果梗长，平均长 3.6 cm，中粗；梗洼深，中广，有放射状锈斑。萼片宿存、中大、直立；萼洼中深，中广，果顶部稍有 5 个棱起。果皮厚韧；果心小，近顶位；种子中大，褐色。果肉黄白色，肉质中粗、松脆，汁液多；风味酸甜，有芳香，品质中等。可溶性固形物含量 14.0%，可滴定酸 0.3%。果实不耐贮藏，室温条件下可贮存 1 个月，冷藏条件下可贮至翌年 2 月。适于鲜食。

在丰县，3 月下旬萌芽，4 月中旬盛花，9 月下旬果实成熟，果实成熟期一致，发育日数约 150 天，11 月中旬落叶，营养生长日数约 220 天。

萌芽力强，成枝力强，果台抽枝力较强，1 年生枝粗壮，冠内枝条较多。开始结果稍晚，苗木定植后 5~6 年开始结果，以中、短果枝结果为主，间有腋花芽结果，果台枝连续结果能力差；坐果率较低，生理落果中等，采前落果较重，丰产能力中等，大小年结果现象较明显。

该品种缺点是坐果率低，采前落果较重，产量不太高，且有大小年结果现象；果实品质一般且不耐贮藏；对苹果斑点落叶病抗性弱。

（二）选育品种

1. 苏帅（图 6-9）

南京农业大学 1976 年以‘印度’为母本、‘金帅’为父本杂交选育而成，2011 年通过江苏省作物品种审定委员会审定。

植株较直立至半开张，树干棕绿色，树皮块状裂，1 年生枝赤褐色，皮孔圆形，中大中多。叶卵圆形，浓绿色，叶绿呈波状微向内卷。单锯齿，较浅钝。

图 6-9 ‘苏帅’结果状

果实圆锥形，较端正，平均单果重 241 g，最大单果重 400 g。纵径 8.4 cm，横径 8.8 cm。果实肩部稍歪斜，底色黄绿，无彩色。果皮光滑无锈，果点小，分布较密。果梗短，微有梗锈，梗洼中广，中深到深，萼洼深广，果顶 5 棱突起明显。果肉淡黄色，质较细脆，去皮硬度 20 kg/cm^2，香气浓，甜酸适口，风味较浓，品质上等。可溶性固形物含量 10.5%，可滴定酸 0.3%，贮藏性中等，在常温下可贮藏 30 天左右，果面不皱皮。

在黄河故道地区，3 月中旬萌芽，4 月上旬始花，9 月中旬果实成熟。果实发育期 155 天左右，11 月下旬落叶，植株营养生长约 250 天。

树冠紧凑，枝条粗壮，14 年生树干周 46 cm，新梢长 50 cm 左右，萌芽率高达 88.9%，成枝力较弱为 2.7 个，3~4 年生始果。以中短果枝结果为主，长、中、短果枝比例为 10.5%、50% 和 39.5%。坐果率高，无采前落果，丰产稳产。

该品种对炭疽病、轮纹病和早期落叶病抗性强，不裂果，对黄河故道地区有良好的适应性。缺点是果肉较软，果实成熟期比‘金帅’稍晚。适宜在高温多雨、烂果病严重的地区推广发展，也可作为高温多雨地区育种的重要种质资源。

2. 丰富 1 号（图 6-10）

1997 年丰县林果局发现的‘富士’早熟芽变品种，2001 年通过江苏省农作物品种审定委员会品种审定，并命名。

树势中庸，叶片为淡绿色，叶片薄。枝条黄褐色，稍短。花雄蕊基部变为红色早，浓红色。原品种叶片为绿色、中厚，枝条浅褐色、中长，花雄蕊变红色晚、淡红色。其他植物学特征与原品种相同。

果实长圆形，果形指数 0.87，平均单果重 270 g，最大单果重 390 g。果实底色黄白色，开始着色早，果实 8 月中旬开始着红色，呈红晕，色泽艳丽，郁闭树冠内膛果着色欠佳，果面光洁，果点小且色淡。果肉黄白色，肉质细、脆，汁液多，有香气，风味比原品种浓。可溶性固形物含量 14.8%，可滴定酸含量 0.34%，果实硬度 9.9 kg/cm^2。果实比‘富士’耐贮藏。

图 6-10 ‘丰富 1 号’果实

萌芽力、成枝力、1 年生枝平均节间长与‘富士’相近。‘丰富 1 号’生长结果习性与‘富士’十分相似。开始结果早，长、中、短果枝和腋花芽所占的比例也与‘富士’相近。有采前落果，较丰产，1998 年株产 190 kg。

在丰县，3 月中旬萌芽，4 月上中旬开花，6 月初新梢停止生长，8 月中旬果实开始着色，着色期明显早于‘富士’，10 月初成熟，果实成熟期比原品种提早 20~30 天，11 月中下旬落叶。

该品种对缺钙比较敏感，容易发生缺钙引起的生理性病害。

3. 丰帅

1991 年由徐州市果树研究所、南京农业大学共同选育的‘金帅’芽变品种，2011 年通过江苏省作物品种审定委员会审定。

树势强，树姿直立。主干色泽黄褐色，主干树皮特征为丝状纵裂。1 年生枝色泽为黄绿色。叶片中等大小，叶片形状为阔椭圆形，叶片色泽为绿色，叶片厚，叶片呈抱合状态，叶背茸毛中等。与‘金帅’基本一致。

果形长圆锥形，平均单果重 196 g，最大单果重 307 g。果形指数 0.9，果形端正，萼洼处有轻微的 5 棱突起。果面黄绿色，光洁，果锈极少，果面腊质少，有果粉。果点大小中等，稀疏，突起，淡褐色，无晕圈。梗洼较深，广狭度中等，果柄长。萼片宿存，萼洼浅，广狭度中等。果皮薄、脆。果肉黄白色，肉质松脆，细腻多汁，风味甜酸，无香气，无异味。可溶性固形物含量 11.5%，品质上等，可滴定酸 0.491%。带皮硬度 22.5 kg/cm^2，去皮硬度 19.5 kg/cm^2，果心小。果实室内常温贮藏 2 周后，果面变黄，果皮变皱，果肉松软，有浓郁香气。

果实成熟期 9 月中旬，属中熟品种。

9 年生树干周 52 cm，树高 3.3 m，冠径 3.6 m。1 年生枝平均长 30.18 cm，节间平均长 1.98 cm，平均粗度 0.61 cm。萌芽率 55.2%，中等；成枝力 2.6 个，弱。以中短果枝结果为主，短果枝比率 70.83%，中果枝 29.17%。叶片平均纵径 7.6 cm，横径 5.54 cm。花蕾为浓红色，花瓣为浅粉红色。花冠平均直径为 3.72 cm，比‘金帅’小。连续结果力强，采前落果轻，大小年结果现象不明显，极丰产。

4. 苏富（图 6-11）

徐州市果树研究所选育，是‘弘前富士’的芽变品种，2007 年 9 月通过江苏省农作物品种审定委员会审定。

树势强，叶大而厚，叶色浓绿，枝条粗壮，其他性状与‘弘前富士’基本一致。

图 6-11 ‘苏富’果实

果实近圆形，平均单果重 326 g，最大单果重 489 g，果形指数 0.9，果形端正，大小整齐，果个大，果柄粗、中长，梗洼深浅中等，萼片宿存、闭合，萼洼深浅中等，果面光洁，略有 5 棱突起，蜡质多较厚，果粉多，果点略大、稀疏、略突、颜色淡黄色、明显。果实底色黄绿色，果面鲜红色，色泽艳丽，片状着色。梗洼处略有条锈，果皮较厚，韧度大，易运输。果心小，果肉白色，肉质致密、细脆、汁液多。带皮硬度 9.8 kg/cm^2，去皮硬度 8.3 kg/cm^2，可溶性固形物含量 14.8%，可滴定酸 0.31%，甜酸适口，有芳香味，风味佳，无异味。耐贮性好，在室温条件下可贮藏到翌年 3 月。优质中晚熟鲜食品种。

该品种结果早、丰产性好、较耐贮藏，适宜在黄河故道地区发展。

二、次要栽培品种

江苏省自 20 世纪 50 年代开始陆续引进苹果品种，一直延续到现在。20 世纪 60~80 年代是引种高潮期，期间大量引进国内外优新品种。经过长期的试种观察和品种比较试验，有些品种已经成为生产上的主要栽培品种或配套品种；有些品种在历史上曾经有少量栽培，但逐渐被其他优良品种取代；有些品种不适宜当地的生态环境；有些品种性状或者特性存在缺陷，不适宜推广发展。现将这些品种列表见表 6–2。

三、矮化砧木品种

1. M_2（东茂林 2 号）

原名道生苹果，别名英国乐园，是个古老类型，英国东茂林试验站选育为半乔化砧。1965 年由中国农业科学院郑州果树研究所引入，保存于徐州市果园。

枝条硬而直立，较粗壮，节间短，新梢褐色，密被灰色短茸毛，皮孔大而密。叶片较大，长卵圆形，平展，浓绿色，叶脉常突起，叶缘锯齿中等大而钝，叶背有茸毛。果扁圆形，绿黄色，平均单果重 80 g。

苗期生长旺，枝条粗壮，萌芽力强，成枝力强，压条繁殖成活率中等，生根较晚且根量少，但分株栽植成活良好。与主栽品种如‘金冠’‘红星’‘国光’等嫁接亲和，但有“小脚”现象。耐瘠薄土壤，在沙地表现不如山地。较耐旱，嫁接树表现提早结果。徐州市果园以 M_2 嫁接‘国光’，5 年生树结果株率达 75%。

M_2 嫁接苹果，树体比 M_7 稍大，根系入土深、牢固、耐旱，适宜在瘠薄土壤上嫁接结果迟的品种。

2. M_4（东茂林 4 号）

原名霍尔斯金道生（Holstein Doucin），别名荷兰道生、黄色道生。英国东茂林试验站选育。1965 年由中国农业科学院郑州果树研究所引入，保存于徐州市果园。

枝条直立、中粗、节间中短，嫩梢密生灰色茸毛；成熟新梢绿褐色，常有灰白色条纹，皮孔大，圆形，少而稀。叶片中大，卵圆形或广卵圆形，叶缘略内褶，具复式锯齿，齿大而钝，叶背茸毛多。果扁圆形，果皮黄色或淡绿色，平均单果重 35 g。

苗期树势中庸，萌芽力强，成枝力强。压条繁殖易生根，根多而较粗，繁殖力较强。与一般品种嫁接亲和，但因其停止生长早，芽接时间应比其他品种适当提前。

表 6-2 次要栽培品种名录

品种	树姿	果实大小	果形	果实色泽	肉质	风味	汁液	品质	采收期（旬 / 月）	贮藏性	丰产性	备注
黄魁	直立	中	短圆锥形	黄白色	松软	酸、微香	中多	中下等	上 /7	不耐贮藏	中	易裂果
理想	开张	中	扁圆形	底色黄绿，被深红霞，覆粗条纹	松软	甜酸、香	中多	中等	上中 /7	不耐贮藏	中	采前落果重
早金冠	直立	小	圆形	金黄色	松软	甜、稍淡	中多	中上等	中 /7	10 天	偏低	果锈重
红魁	半开张	中	扁圆形	底色黄绿，被粉红霞，微现深红粗条纹	细软	酸、微香	中多	中下等	上 /7	7 天	低	
伏花皮	开张	中	扁圆形	底色黄绿，具断续粉红粗条纹	中粗、松软	酸、浓香	多	中等	中 /7— 中 /8	不耐贮藏	较丰产	
六月鲜	半开张	小	近圆形	底色绿黄，被鲜红霞和深红条纹	中粗、松软	甜酸	中多	中等	中 /7	不耐贮藏	低	
丹顶	半开张	中	卵圆形	底色绿黄，浓红	中粗、松软	酸、微香	少	中等	下 /7— 上 /8	不耐贮藏	中	病重
旭	开张	较大	扁圆形	底色绿，被紫红色霞	松软	甜酸、香	多	中等	中 /8	不耐贮藏	丰	采前落果重
拉宝	半开张	较大	扁圆形	底色黄绿，被紫红色霞	松软	甜酸、香	多	中等	中下 /8	不耐贮藏	较低	
祥玉	直立	大	短圆锥形	底色黄绿，阳面具红晕	粗松	甜酸有异香	中多	中等	下 /8	较耐贮藏	丰	不抗病
艾达红	直立	较大	扁圆形	底色黄绿，彩色片红	粗松	酸、微甜	多	中等	下 /8	较耐贮藏	中	不抗病，外观美
凤凰卵	开张	大	卵圆形	底色黄绿，阳面具淡红色晕	中粗、疏松	甜酸	中多	中等	中 /8	不耐贮藏	较丰	果易绵，烂果病重
红绞	开张	中	扁圆形	底色黄绿，全面被浓红霞及条纹	致密	甜酸	中多	中等	上 /9	较耐贮藏	丰	不抗病
新红玉	开张	中	近圆形	底色黄绿，阳面被紫红色霞	致密、韧	较酸	多	中等	上中 /9	较耐贮藏	丰	对腐烂病抗、性强
孟诺尔	半开张	较大	短圆锥形	底色黄绿，被暗红或鲜红色霞	中粗脆	甜酸	中多	中等	上中 /9	较耐贮藏	低	不耐瘠、抗药力弱

续表

品种	树姿	果实大小	果形	果实色泽	肉质	风味	汁液	品质	采收期（旬/月）	贮藏性	丰产性	备注
橘苹	开张	中	扁圆形	底色黄绿，被暗红色霞，覆断续条纹	粗松	甜酸	多	中等	下/9	不耐贮藏	低	易感炭疽病
红国光	半开张	小	扁圆形	底色黄绿，彩面鲜红	致密	甜酸	多	中上等	下/9	耐贮藏	丰	
克鲁斯	半开张	小	圆形或圆锥形	果面底色绿，被鲜红霞，覆淡红粗条纹	中粗、松	较酸	中多	中下等	中下/6	不耐贮藏	中	
白粉皮	半开张	小	扁圆形	底色黄白，富果粉，少数果实阳面具淡红色晕	肉质疏松	甜酸	中多	中等	中下/6		中	
瑞香	半开张	小	扁圆形或圆形	果面底色黄绿，浓红色霞，覆断续条纹		酸甜	中多	中上等	中/7	不耐贮藏	中	对修剪反应不甚敏感
伏锦	开张	小	近圆形	果面底色黄绿，覆鲜红条纹；果皮光滑，有光泽，较厚而韧		酸甜	中多	中等	中/7	不耐贮藏	中	对修剪反应不甚敏感
早生旭	开张	小	圆形	果面黄绿色，全面着色	松软	甜酸	中多	中等或中下等	中/7			
伏香	半开张	小	圆形	果面底色绿或绿黄，具淡红或深红色晕，覆暗红条纹	松软	酸甜	中多	中等	下/7	不耐贮藏	低	对修剪反应敏感
花嫁		中	扁圆形	底色黄绿，全面被鲜红霞和深红条纹	松软	甜酸	多	中等	下/7	不耐贮藏	中	耐寒，较抗腐烂病，耐瘠薄
早生旭	开张	小	扁圆形	果面黄绿色，全面着色，暗红，覆深红色中粗条纹	松软	甜酸	中多	中等或中下等	中/7	不耐贮藏	丰	较耐瘠薄，抗药性强
秋祝	半开张	大	圆锥形	果面底色黄绿，阳面覆红色条纹	疏松	甜酸	中多	中等	上/8	不耐贮藏	中	有大小年结果现象，易罹枝干病害

续表

品种	树姿	果实大小	果形	果实色泽	肉质	风味	汁液	品质	采收期（旬/月）	贮藏性	丰产性	备注
金丰	半开张	大	圆形或圆锥形	果面底色黄，阳面微显红晕	细而韧	甘甜	少	中上等	中/8	较耐贮藏	中	对修剪反应较敏感
秋艳	开张	较大	短圆锥形或近圆形	果面底色黄绿，阳面有淡红色晕	中粗、松软	酸甜	中多	中等	中/8	不耐贮藏	中	较耐瘠薄，苹果炭疽病较重
秋红	开张	较大	扁圆形	果面底色黄绿，被鲜红色霞，果皮光滑	中粗、松脆	酸甜	中多	中等	中/8	不耐贮藏	丰	对某些农药敏感
国庆	开张	中大	扁圆形	果面底色绿黄，覆淡红色断续条纹	致密	淡甜	少	中等	中/8	不耐贮藏	丰	
处署红	开张	中大偏小	圆形	果面底色黄绿，被鲜红霞，覆断续红条纹	较致密、硬	甘甜	少	中等	上/9	稍耐贮藏	中	对修剪反应较敏感
甜帅	半开张	较大	近圆形或扁圆形	果面底色黄绿，被紫红色霞或全面着色	中粗，较脆	甘甜	中多	上等	上/9	较耐贮藏	低	不耐瘠薄，苹果炭疽病重
红生	开张	小	圆形或近圆形	果面底色黄绿，有暗红色晕或条纹	细、软、易绵	甘甜	少	上等	下/8	不耐贮藏	较丰	对修剪反应不甚敏感
迎秋	半开张	大	长圆形	果面底色黄绿，被鲜红色霞，覆断续红条纹	中粗、松、易绵	酸甜	中多	中等	下/8	稍耐贮藏	中	对修剪反应敏感
狮子山一号	开张	较大	长圆形	果面底色黄绿，有暗红色晕，果皮粗糙有条锈	致密	甘甜	中	中上等	下/8—上/9		低	
甜红玉	开张	小	扁圆形	果面底色黄绿，全面鲜红色，覆细红条纹	绵、致密、软	甘甜	少	中上等	中/9	较耐贮藏	低	对修剪反应敏感
青旭	半开张	中大	扁圆形	果面底色绿，个别果阳面有红晕或断续红条纹	较细软，易绵	甘甜	多	中上等	上/9	稍耐贮藏	较丰	
青丰	开张	中大偏小	扁圆形	果面底色绿或绿黄，被暗红色晕，覆断续条纹	松脆	甘甜	中多	中上等	上/9	较耐贮藏	较丰	

续表

品种	树姿	果实大小	果形	果实色泽	肉质	风味	汁液	品质	采收期（旬/月）	贮藏性	丰产性	备注
露香	半开张	中大	扁圆形	果面底色黄绿，浓红色霞	细、致密	甜、微酸	多	中上等	上/9	较耐贮藏	较丰	对修剪反应较敏感
王铃	开张	较大	圆柱形	果面黄绿色，成熟后金黄色，果皮较光滑、质韧	较细、软	甜，略有酸味	中多	中上等	上/9	较耐贮藏	丰	
向阳红	半开张或开张	大	短圆锥形	果面底色绿黄，阳面鲜红色，覆断续红色细条纹	松、脆	甜，微酸	多	上等	上/9	较耐贮藏	低	对修剪反应敏感
红丰	开张	大	近圆形	果面底色黄绿，全面鲜红色并有浓红条纹	细、致密	甘甜	中多	中上等	上/9	较耐贮藏	较丰	
南浦1号	半开张	中大偏小	圆形	果面底色黄绿，被深红色霞或条纹	细、致密	甜酸	中多	中上等	下/9	稍耐贮藏	中	对修剪反应一般
延光	半开张	大	圆形或圆锥形	果面黄绿色，鲜红，果皮较粗糙	细脆	酸甜	中多	上等	下/9	较耐贮藏	中	对修剪反应不甚敏感
富丽	开张	较大	圆锥形	果实底色黄绿，被紫红色霞，覆断续红条纹	较粗、松	甜，微酸	中多	中上等	中/9	较耐贮藏	中	抗病性较好，抗药性较差，对修剪反应一般
东光	开张	中大	圆锥形或长圆形	果面黄或金黄色，淡红晕，果皮较光滑，中厚，质韧	松脆	酸甜	中多	中上等	下/9	较耐贮藏	丰	
青冠	开张	较大	卵圆形	果面绿色或绿黄色，果皮粗糙，较薄，韧	细、松软	甘甜	中多	中上等	下/9	较耐贮藏	中	
华农1号	开张	中大偏小	扁圆形	果面底色黄绿，被暗红色霞，覆紫红色断续条纹	较粗、软	甘甜	中多	中等	下/9	较耐贮藏	丰	

续表

品种	树姿	果实大小	果形	果实色泽	肉质	风味	汁液	品质	采收期（旬/月）	贮藏性	丰产性	备注
葵花	开张或半开张	较大	球形或扁圆形	果面底色绿黄，成熟后金黄色，个别果实阳面具红晕	细、较致密	酸甜	中多	上等	下/9	较耐贮藏	丰	对修剪反应不甚敏感
长红	半开张	中大偏小	卵形或椭圆形	果面底色黄绿，覆暗红色条纹	松软	酸甜	中多	中上等	下/9	耐贮藏	丰	
赤阳	开张	大	圆锥形	果面底色绿或黄绿，阳面有红晕，覆暗红色断续条纹	粗、松	甘甜	中多	中上等	下/9	较耐贮藏	丰	果锈严重，贮藏期后有异味
惠	半开张或开张	中大	长圆形	果面底色黄绿，被鲜红霞，覆暗红断续条纹	松、脆	酸甜	多	上等	下/9	较耐贮藏	丰	
烟青	半开张	中大	圆锥形	果面绿色，果皮光滑，厚而韧	细、致密	酸甜	中多	中上等	下/9	较耐贮藏	较丰	
醇露	开张	较大	短圆锥形或近圆形	果面底色黄绿，果实成熟后全面呈浓红色，并具有紫红色断续条纹	致密、脆	甜酸	中多	中等	下/9	极耐贮藏	丰	
红斜子	开张	中大	扁圆形	果面底色绿，有紫红色条纹，果皮光滑无锈	中粗，致密、脆	甜而淡，稍酸	中多	中等	下/9	耐贮藏	较丰	
甜帅	半开张	中大	短圆锥形	果面底色黄绿至绿黄，充分着色时全面为暗紫红色	较韧、中粗	甘甜	中较多	上等	下/9	较耐贮藏	中	
早黄	开张	中偏小	扁圆形	黄绿色	松软	微酸	少	中等	上/7	不耐贮藏	中	
六月红	半开张	中偏小	扁圆形	底色黄绿，全面浓红色	松、中粗	甜酸	中多	中等	上/7	不耐贮藏	较低	
早杂一号	半开张	中	短圆锥形	底色黄绿，浓红色断续粗条纹	较细、脆	甜酸、有涩味	较多	中等	上/7	稍耐贮藏	低	

续表

品种	树姿	果实大小	果形	果实色泽	肉质	风味	汁液	品质	采收期（旬 / 月）	贮藏性	丰产性	备注
迦南果	开张	中	卵圆形	底色黄绿，粉红色霞	松软	酸甜	少	中上等	底 /7	不耐贮藏	较丰产	
贝挠尼	开张	中	卵圆形	底色黄绿，浓红色条纹	细、松	甜酸、味浓	中多	中上等	上 /8	不耐贮藏	较低	
兰州一号	半开张	中	扁圆形	底色黄白或黄绿，鲜红色断续粗条纹	细、软	酸甜	多	中上等	中 /8	不耐贮藏	中	
八月酥	开张	中	扁圆形	底色黄绿，暗红色霞	脆、细	酸甜	多	上等	中 /8	不耐贮藏	丰产	
云红	开张	中	圆锥形	底色黄绿，深红色霞覆断续粗条纹	较细、脆、松	甜	中多或较多	中等或中上等	下 /8	稍耐贮藏	中	
一斗金	直立	中	扁圆形	底色黄绿，橙红色霞	脆、致密	甜酸、有药味	中多	中上等	底 /8	较耐贮藏	中	
可口香	开张	大	近圆形、扁圆形	底色绿黄，浓红色霞	松、软	甜酸适口	中多	上等	上 /9	耐贮藏	中	
烟红	直立	大	圆锥形	底色黄绿，全面浓红	细、脆	甜、香	多	上等	上 /9	较耐贮藏	丰	
狮子山二号	开张	中	斜扁圆形	黄绿，红条纹	较细、密	甜酸	多	中等	上中 /9	较耐贮藏	低	
湖北 16 号	半开张	较大	长圆形	金黄色	粗、松脆	甜	中	中上等	上 /9	较耐贮藏	较丰	
卢比	直立	中	圆锥形或短圆形	底色黄绿，全面紫红色	粗、松	酸甜	中多	中等	中 /9	较耐贮藏	中	
森马兰	半开	中	扁圆形	底色黄绿，淡红色晕	粗、松	甜酸	中多	中等	中 /9	较耐贮藏	低	有隔年结果习性
翠秋	半开张	中	扁圆形、长圆锥形	黄绿色	粗、松	甜	中多	中等	上中 /9	较耐贮藏	中	

续表

品种	树姿	果实大小	果形	果实色泽	肉质	风味	汁液	品质	采收期（旬/月）	贮藏性	丰产性	备注
八一二二	半开张	中	扁圆形或圆锥形	底色绿或绿黄色，阳面有红晕	较致密、韧	酸甜	较少	中等	中/9	较耐贮藏	中	
短枝金冠	较直立	中	圆锥形	黄或黄绿色	中粗、松	酸甜	多	中上等	中/9	较耐贮藏	丰产	
斯帕坦	半开张	较小	圆形	底色黄绿，深红色霞	细、脆	甜、微酸	中	中等	中/9	较耐贮藏	较低	
大珊瑚	开张	大	扁圆形	底色黄绿，淡红色条纹	致密	甜酸	中	中等	下/9	耐贮藏	丰产	
香国光	半开张	中	扁圆形	底色黄绿，暗红色条纹	细、松脆	甜酸、浓香	较多	中等	下/9	较耐贮藏	低	结果晚
英格光	半开张	中	扁圆形	底色黄绿，浓红色霞	中粗、松	酸甜	多	中等	上/10	耐贮藏	中	有大小年结果现象，适应性强
新国光	半开张	中	扁圆形	底色黄绿，深红色条纹	细、密	甜酸	中	中上等	上/10	耐贮藏	丰	
五月红	半开张	小	圆锥形	底色黄绿，具鲜红色晕	细	酸甜、香	中多	中上等	中/7	不耐贮藏	低	采前落果重
比斯吉	开张	较小	椭圆形	底色黄绿，具鲜红色霞	较细	酸甜	中多	中上等	下/7	不耐贮藏	低	生理和采前落果重
黄金星	开张	小	圆形	底色绿，色彩鲜红	中粗、疏松	淡、酸	中多	中等	中/8	不耐贮藏	丰产	
翠红	半开张	中大	长圆形	底色黄绿，阳面深红色	细、脆	甜	多	上等	中/9	稍耐贮藏	低	易受药害，锈重
桂花香	半开张	中大	扁圆形	绿色	中粗、韧	淡甜、香	多	中等	下/9	稍耐贮藏	较低	果实有桂花香气，病重
延风	半开张	中大	圆锥形	底色绿黄，粉红色霞和断续条纹	较细、脆	甜、香	中多	上等	下/9	较耐贮藏	丰	果实大小不整齐，外观欠佳
大金星	开张	大	扁圆形	底色黄绿，色彩暗红	中粗	酸甜	多	中等	下/9	较耐贮藏	较丰产	大小年结果现象严重

耐旱力较弱，喜比较潮湿的土壤。自根砧嫁接苹果树根系浅，不抗风，有歪斜、倒伏现象。较耐瘠薄，在地下水位较高的地方也能适应。M_4 嫁接迟结果品种‘红星’，4~5 年生树开花株率并不高，但 6~7 年生时旋即转入盛果期。

M_4 是半乔化砧，嫁接树树体比 M_7 大，可在瘠薄地作中间砧，表现结果较早，较丰产。徐州市果园 12 年生‘祝光’M_4 自根砧树平均树高 3.5 m，冠径 4.2 m；12 年生‘金冠’平均每亩产 3.9 t。

3. M_7（东茂林 7 号）

英国东茂林果树试验站育成。1965 年由中国农业科学院郑州果树研究所引入，徐州市果园、丰县大沙河果园和宿迁果园已作中间砧应用于生产。

植株生长中庸，枝条细长而软，很少抽生副梢，节间较长。成熟新梢褐色，茸毛少，皮孔小，圆形，明显，较稀；多年生枝基部偶有气根，但比 M_4 少。叶片较小而薄，卵圆形，微有光泽，浓绿色，锯齿锐，叶缘偶有深裂；叶背茸毛较少；叶柄细，基部淡红色。果扁圆形，皮色淡黄，平均单果重 50 g。

苗期生长较旺，枝条如鞭状，萌芽力低，成枝力较弱，压条繁殖生根容易，根系发达，繁殖系数高，嫁接亲和力强。

耐旱力较强，适应性广，耐瘠薄。适于嫁接树势强的品种，无论作自根砧或中间砧均表现结果早、产量高，并有良好的矮化效应。徐州市果园用 M_2、M_4、M_7、M_9、MM_{106} 嫁接‘金冠’‘富士’，3 年生开花株率均以 M_7 最高，5 年生‘富士’每亩产 1.5 t。

M_7 为半矮化砧，在黄河故道地区表现结果早、产量高、适应性强，对主栽品种均有提早结果和提高品质的效应；根系深，无倒伏、歪斜现象，可列为主要矮化砧木型号发展。注意引进无病毒的营养系应用于生产。

4. M_9（东茂林 9 号）

原名黄色梅兹乐园，1879 年法国从‘乐园’的自然实生苗中选出。1972 年由中国农业科学院郑州果树研究所引入，保存于徐州市果园。徐州、丰县、宿迁、兴化等地果园已应用于生产。

植株生长旺盛，枝条粗壮，绿褐色，有短茸毛，节间短，木质较脆。成熟新梢黄褐色，皮孔小而稀，白色。叶片长卵圆形，较大而厚，浓绿色，有皱褶，叶脉下陷，有光泽，叶缘波状，具粗钝锯齿；叶背茸毛较多；叶柄粗短。果实扁圆形，皮色黄绿，平均单果重 34~100 g。

苗期生长粗壮，枝短，萌芽力低，成枝力弱，当年新梢受刺激易萌发副梢。根皮层厚，压条生根困难，繁殖率低，与一般品种嫁接亲和（个别品种表现不亲和），接后“大脚”现象明显，固地性差。不甚耐旱，不耐涝，易遭田鼠啃食树皮。对肥水条件要求苛刻。提早结果和矮化效应显著，适宜嫁接生长强的品种。徐州市果园 10 年生 M_9 中间砧‘富士’，树高 1.8 m，冠径 3 m。M_9 为矮化砧，性喜土层深厚的沙质壤土，适宜密植，嫁接生长强品种，表现早结果、早丰产，果实品质有所增进；分布较浅，固地性差，有倾斜、歪倒现象，需要良好的栽培技术和肥水条件。为江苏省重要的矮化砧木。

5. M_{26}（东茂林 26 号）

东茂林试验站 1929 年由 $M_9 \times M_{16}$ 杂交育成，1959 年推广。1974 年由中国农业科学院郑州果树研究所引入，保存于徐州市果园。徐州、丰县等地果园已应用于生产。

植株生长强，枝条硬而直立，粗壮，节间短。嫩梢红褐色，具白色茸毛；老枝深褐色，皮孔圆形或椭圆形，上稀下密，较明显。叶片较厚，呈卵圆形或长卵圆形，深绿色，有光泽，叶背密生白色茸毛。果扁圆形，皮色绿黄，平均单果重 95 g。

萌芽力强，成枝力强，壮枝当年能形成较多短枝，强壮新梢当年易萌发短副梢。根系较脆弱，有歪倒现象，与主要栽培品种嫁接亲和，用作中间砧，有砧段增粗现象。

耐旱性较差，嫁接在 M_{26} 上的品种比 M_7 砧早结果，较 M_9 砧丰产，所结果实较整齐。

M_{26} 嫁接树树体小于 M_7 的嫁接树，是半矮化砧木中树体最矮小的，固地性好于 M_9，但仍有树体歪倒现象。树体大小不整齐，易罹枝干轮纹病和颈腐病。需要良好的肥水条件，为江苏省推广的主要矮化砧木。

6. MM_{106}（茂林—梅顿 106 号）

由‘君袖’$\times M_1$ 杂交育成。1972 年由中国农业科学院郑州果树研究所引入，保存于徐州市果园。少量应用于生产。

植株生长强，新梢斜生，成熟新梢红褐色，多白色茸毛，皮孔不明显。叶片较大，卵圆形，平展有光泽，叶缘具复锯齿；叶柄长，托叶大。

压条、扦插生根良好，繁殖力较强，萌芽力强，成枝力强，不生根蘖。

较抗枝干轮纹病，易染白粉病，适宜嫁接树势强的品种，嫁接亲和，固地性强，树势健壮，耐瘠薄，可在土壤肥力较低的山地应用，与 M_7 比较，结果期迟，早期产量较低。MM_{106} 为半矮化砧，适应性强，嫁接树树体较整齐，无倾倒现象，在黄河故道地区有无推广价值尚需继续试验观察。

7. M_9T_{337}

荷兰木本苗木植物苗圃检测服务中心从 M_9 选出来的 M_9 矮化砧木优系，2008 年由中国农业部从意大利引进。

该砧木具有良好的苗圃性状，除了压条易繁殖外，还能春季利用硬枝进行扦插生根，苗木生长整齐，叶片略小，易萌发二次枝。生产上利用该砧木，将 2 年生自根砧成品苗于 60~70 cm 处短截，培育成带分枝的大苗，建园成形快、结果早，通常 2~3 年即形成可观产量。M_9T_{337} 矮化砧苹果树根系较深，适应性强。

丰县梁寨镇引进 M_9T_{337} 自根砧大苗建园，按照（1.5~2）m × 4 m 株行距定植并设立支架，2年结果。该砧木比 M_9 矮化程度高 20%，易压条繁殖，但对肥水条件要求较高。高纺锤树形果园多采用这种矮化砧。

8. SH 系砧木

山西省农业科学院果树研究所由‘国光’ × ‘河南海棠’杂交育成，2000 年引入江苏省。

树体矮化、半矮化。一般树高为 2.5~3.5 m，树势中庸，树体结构紧凑，具有较强的矮化、控冠能力，可实施矮密栽培，每亩栽植 80~110 株。果实着色成熟早，色泽艳丽，含糖量高，硬度大，风味浓郁，品质优异，耐贮藏。

开花结果早，易成花。一般定植当年即可成花，2 年生开花结果株率可达 100%，且花量大，具有腋花芽结果习性。与‘富士’‘元帅’‘金冠’系等优良品种和‘山定子’‘八棱海棠’等基砧嫁接表现出良好的亲和能力。

早期丰产性能强。一般定植 3 年即有经济产量，亩产 500 kg 左右，5~6 年进入盛果期，亩产可达 1 500~2 000 kg。抗逆性强，适应性广。具有较强的耐寒、耐旱、抗抽条和抗倒伏能力。

SH 系苹果矮化砧木具有矮化、早果、丰产、果实品质优异、抗逆性强、适应性广、砧穗亲和性好、易繁殖等特点。

第四节　栽培技术要点

江苏省苹果大面积栽培始于 20 世纪 50 年代，80 年代是江苏省苹果面积的快速发展期，果园管理主要借鉴北方果区的管理经验。随着生产实践的深入，广大果农和果树工作者根据当地自然条件的特点，不断改进栽培技术、积累经验，生产水平逐渐提高，先后涌现一批苹果高产园块。主要技术措施如下：

一、繁殖

苹果苗木繁殖采用嫁接繁殖的方法，乔化砧木宜选用八棱海棠、湖北海棠等，矮化砧木宜选用 M_9T_{337}、M_9、M_{26}、SH 系砧木等，推荐使用矮化自根砧繁育的苹果大苗用于生产。

二、建园

平地、低缓丘陵（坡度小于 15°）和坡度在 25° 以下的山地均可建园。配备必要的排灌系统、道路系统和附属建筑物，按株行距挖深宽 0.8~1.0 m 的定植沟或穴，乔化树株行距一般为

（4~5）m×（5~6）m，短枝型、矮化中间砧株行距一般为（2~3）m×（4~5）m，矮化自根砧株行距一般为（1.2~2）m×（3~5）m。苹果园一般需要配备授粉树，授粉树的配比比例一般为（4~5）：1。近几年苹果栽培提倡单植化栽培技术，即主栽培品种只有 1 个，授粉品种为苹果的专用授粉树海棠。

三、土壤的改良与管理

（一）改土

江苏省黄河故道地区是江苏省最重要的苹果栽培区域，在旱、涝、碱、沙、瘠等诸多不利因素影响下，经过数十年的改造，原来一片沙滩的黄河故道地区现在已经变成江苏省的绿色长廊，其中苹果作为黄河故道地区的主要栽培树种起到了关键作用。

黄河故道冲积土，表层系松散的沙性土，地下 40 cm 左右常有不同厚度的胶泥层（黏盘层），气、水不透，根系局限于表层难以下伸，雨季易于积涝伤根。定植时挖大穴、深坑，或在果树行株间挖深沟以打破胶泥层。新沂炮车果园 1977~1979 年开沟深翻结合施肥，连续进行 3 年之后调查，深翻后根系垂直分布，从 20 cm 加深到 30~60 cm；根量 0~20 cm 较少，20~30 cm 占 23%、30~40 cm 占 34%，40 cm 以下占 43%。东北部沿海低山丘陵区，建园时大部分结合修筑梯田进行深翻改土，完善了水土保持工程。东海县岗地果园地表下有不透水的铁锰结核层，经深翻打破并挖出结核层，回填表土，起到深翻改土的作用。

连云港市孔望山北麓原是一片瓦碱地，pH 值 6.8~8.5，土壤含盐量 0.02%~0.09%。1957 年孔望山果园改碱定植苹果，其后获得连年丰产的效果。其具体改碱措施为开沟排碱、绿肥覆盖、覆土压碱、引水洗碱、换土除碱。

（二）果园生草覆草

果园生草采用生草法或自然生草法。

生草法宜选用白三叶草、毛叶苕子、鼠茅草（图 6–12）、黑麦草（图 6–13）、紫花苜蓿等草种，于行间生草，树盘下留出 1 m 的营养带，采取清耕、覆盖或者免耕的方法。

自然生草法即让果园土壤自然生长出杂草而培养优势杂草，同时去除一些深根性、高秆的杂草，并控制其生长，草高 20~30 cm 时刈割一次，覆盖于树盘。

果园覆草法：用麦草、稻草、秸秆及野草、树叶、麦糠、稻壳等有机物，幼树覆盖树盘，成龄树覆盖行内，密植园全园覆盖。常年保持覆盖厚度在 20~25 cm，每年冬季加覆 1 次。

（三）施肥

苹果树全年施基肥 1 次，追肥 2~3 次。有条件的果园基肥施用量按“斤果斤肥”以上的标准施用，并在有机肥中加入一定量的氮、磷化肥。追肥分别在开花前后、6 月幼果开始膨大期、花芽分化前及采果后施入；以速效性的尿素、磷酸铵、磷酸氢二铵、氯化钾、硫酸钾、腐熟人畜粪尿及饼肥等为主。此外，结合喷药每年根外追肥数次，常用 0.3%~0.5% 尿素或 0.2%~0.4% 磷酸

图 6-12 丰县高纺锤形苹果园行间生草（鼠茅草）

图 6-13 丰县高纺锤形苹果园行间生草（黑麦草）

二氢钾。

（四）排水和灌水

江苏省雨量充沛，大部分地势低平，排涝防渍工作十分重要，一般均采取深沟高垅予以解决。苏北地区常出现春旱，通常一年灌水 2~3 遍，灌水时期分开花前后、幼果发育期、采果后施基肥时；一般多进行沟灌、漫灌，个别也有喷灌或滴灌的，灌溉用水多取自机井，部分引用河水。

四、树体管理

（一）整形修剪

20 世纪 50 年代，江苏省开始发展苹果种植时缺乏实践经验，曾一度沿用外省整形修剪技术规程，偏重造型，修剪量大，导致幼树徒长，延迟进入结果期。60 年代有些果园搬用“省工修剪法”，只放不截，形成外围结果，产量一度上升，由于内膛空秃，产量旋即下降。通过多年生产实践，才逐步掌握适应江苏省自然条件的整形修剪技术，修剪经验也渐趋成熟。

乔化苹果树树形主要为小冠疏层形，第一层 3 个主枝，每个主枝上着生 1~2 个侧枝；第二层留 2~3 个主枝，留 1 个侧枝或无明显的侧枝。层间距 80 cm 左右，层内枝距 15~25 cm，主枝开角 70° 左右，干高 40~50 cm，树高 3~3.5 m。幼树整形过程重点培养第一层主枝，控制中干、层间过渡枝、主枝背上枝及第二层以上主枝的强势生长，同时充分利用辅养枝轻剪长放，缓和树势，促生分枝，以利适龄结果。

矮化或短枝型苹果主要采用细长纺锤形树形，干高 50 cm 左右，树高 2~3 m（一般为 2.5 m），冠径 1.5~2.0 m（一般为 1.75 m）。中心干自由延伸，其上均匀分布 15~20 个侧枝，各侧生枝不分层次，平均 12~15 cm 着生 1 个，呈水平生长，下部侧生枝略长，上部侧生枝略短，全树细长，树顶部呈锐角，主干延长枝和侧生枝自然延伸，常不短截，整个树冠呈细长纺锤形。修剪的主要目的是调节生长和结果的关系，实现优质、丰产稳产。各地常按植株生长结果状况及品种特性进行修剪。

2010年以来，随着矮化自根砧苹果树的推广应用，树形又在细长纺锤形的基础上，通过提干、进一步加大主枝的角度等，演变为高纺锤形树形（图6–14），目前是苹果矮化自根砧苹果树栽培的主要树形，该树形的基本结构为：干高70~90 cm，树高3.5~4.0 m，其上分布结果枝30~40个，无明显分层，外观呈纺锤形。主枝基角大于120°，冠径1.6~2.0 m。下部小主枝枝轴略长0.8~1.3 m，上部小主枝枝轴略短，其上直接着生以下垂生长为主的中、小枝组。同时为适应果园管理省力化、机械化的要求，大力推广宽行密植等技术措施。

图6–14 丰县高纺锤形苹果树树形

（二）保花保果与疏花疏果

江苏省苹果花期常遇低温、阴雨、风沙等不良天气而影响坐果。生产上常采取人工辅助授粉和壁蜂授粉的措施以提高坐果率，效果显著，另外机械授粉等方法也有应用。此外，花期喷硼、花前花后喷尿素、花枝环剥及回缩、疏蕾疏花、果台副梢摘心等方法也有应用。为了调整果实负载量，克服大小年结果现象，提高果品质量及商品等级率，合理疏花疏果十分必要，此项工作现已经普及，但还有少数果园花前复剪、人工疏果、按负载量定果等不到位，造成果实品质与发达地区还有一定差距。果实套袋技术现在主要有套纸袋和塑膜袋两种模式，但纸袋推广面较小，塑膜袋已经基本普及。

五、病虫害防治

江苏省雨水充沛，湿热同季，病虫害较重。对生产危害大的病害有轮纹病、早期落叶病（褐斑病、斑点落叶病等）、腐烂病、炭疽病、锈果病等，其次如白粉病、花叶病、银叶病、根腐病（白绢病、紫纹羽病等）及缺素症亦有发生。主要害虫有蚜虫、红蜘蛛、金纹细蛾、梨小食心虫、天牛、刺蛾、苹果小卷叶蛾、金龟子、梨花网蝽、桃小食心虫等。病虫害防治采取“预防为主，综合防治”的方针。综合防治的主要内容包括加强肥水、修剪等栽培管理，彻底清园及化学防治等。化学防治全年以防病为主，年喷药次数一般在10次左右。药剂防治效果好的果园一般都重视在彻底清园的基础上，做好病虫预测预报，缩短喷药周期，提高喷药质量。

经多年研究探索，主要病虫害在生产中已可有效控制，克服了丰产不丰收，增产不增收的被动局面。但枝干病害及生理缺素症等的防治尚未引起重视,而银叶病及病毒病害则有待进一步研究解决。

（本章编写人员:盛炳成、吴国祥、苏育民、王涛雷、卫行楷、邹定生、许良华、渠慎春、朱守卫、高付永、王玮、徐秀丽）

主要参考文献

[1]陆秋农, 贾定贤. 中国果树志·苹果卷[M]. 北京:中国农业科技出版社,1999.

[2]王璐. 江苏省志·园艺志[M]. 南京:江苏古籍出版社,2007.

[3]盛炳成. 黄河故道地区果树综论[M]. 北京:中国农业出版社,2008.

[4]章镇. 园艺学各论[M]. 北京:中国农业出版社,2004.

[5]河北省农林科学院昌黎果树研究所. 河北省果树志第三卷·河北省苹果志[M]. 北京:农业出版社,1986.

第七章　山楂

/ 栽培历史与现状 / 种类

/ 品种 / 栽培技术要点

第一节　栽培历史与现状

山楂是我国特产果树，在全国六大山楂栽培区中，江苏北部属“山东苏北”栽培区。江苏省山楂集中分布在徐州、淮安、宿迁、连云港等地，又以淮河以北为多，其他地区少有成片栽培。在云台山区、盱眙丘陵、铜山、新沂、镇宁、宜溧低山丘陵尚有野生山楂生长。

江苏省山楂栽培历史以宿迁最为悠久，明万历五年（1577）的《宿迁县志》中，山楂即已列入土产卷药材类。清嘉庆《宿迁县志》中，始将山楂列为果类，在本地物产中占有一定地位。清代末年宿迁山楂生产盛极一时，其“水晶楂糕”曾被选送南洋劝业会展出，并于1929年荣获巴拿马国际博览会金奖。历史上宿迁山楂多为农户家前屋后小片栽植，一般一亩左右，多者十亩左右，主要集中在黄河故道沿岸的支口、蔡集、皂河三乡及相邻一带，逐渐形成产区。20世纪30年代末，全县有成片山楂530~600亩，年产150 t以上，据当时县志记载，山楂糕行销江南、安徽等地，并远销国外，即此一项年销数一般在500担以上。后受战争影响，累遭破坏，到1949年全县仅产山楂60 t。20世纪初，南京市浦口区顶山乡桃园村农民王家富、高太继自原籍鲁中山区引进山楂，共栽3亩，成为苏南山楂经济栽培的先驱，但果实品质逊于北部产区。

1949年后，江苏省山楂虽得到一定的恢复和发展，但规模不大，仍以小片栽植为主。据左大勋等 1962 年《江苏果树综论》记载，全省仅宿迁有成片山楂，面积 530 亩，年产 125 t 以上。此外，淮安市盱眙县、徐州市新沂市、南京市浦口区和连云港市郊区也有小片栽培。

20 世纪 80 年代后期，山楂被列为主要果树而大面积发展，1983 年全省山楂 6 900 多亩，年产 84.3 t；1986 年达 13 万亩，年产 376 t；1987 年又发展到 23 万亩，年产 864 t，其面积仅次于苹果、梨，跃居第三位。主要分布在黄河故道和陇海丘陵山区，其中以赣榆、铜山最多，其他主栽地区，如盱眙、沭阳、灌南、东海、新沂等地，都达 1 万亩左右。后因市场供过于求，面积逐年下降。2015 年，江苏省山楂栽培面积为 7 662 亩，产量达 6 035 t。

第二节　种类

山楂属于蔷薇科山楂属（*Crataegus* L.）落叶乔木，本属植物我国产 16 种，作果树栽培用仅 2~3 种。据江苏省中国科学院植物研究所调查，江苏省有山楂（*C. pinnatifida*）、湖北山楂（*C. hupehensis*）和野山楂（*C. cuneata*）3 种。该所曾引进云南山楂（*C. scabrifolia*），但 1982 年全省果树资源普查时，仅查得山楂和野山楂 2 种。山楂有 2 个变种，一是山楂大果变种（*C. pinnatifida* var. *natifi*），二是山楂无毛变种（*C. pinnatifida* var. *psilosa*），江苏省生产中主栽品种均属这 2 个种。

第三节　品种

一、地方品种

1. 宿迁铁球

别名麻球。主要分布在宿迁市支口乡，目前最大树龄 80 余年，是宿迁名特产“水晶楂糕”的主要原料，在 1984 年全国山楂品种鉴评会上被列为优良加工品种。

树干暗褐色，树皮粗，具块状裂纹。1 年生枝褐色，有光泽，皮孔小，中密，椭圆形，灰白或黄色；2 年生枝灰褐色；3 年生枝褐灰色，无刺，皮孔较稀，椭圆形，灰白色。叶片长 9.2 cm，宽 8.3 cm，三角状卵形，中裂或深裂，基部截形，先端短突或长突尖，叶缘具粗锐重锯齿，基部全缘，叶面无毛，叶脉密布短茸毛。叶柄平均长 4.3 cm，粗 0.12 cm，多茸毛。花芽圆形略尖，紫褐色，较大。伞房花序，总花梗长 3.3 cm，密布短茸毛，每花序通常有花 13~18 朵，常有副花序。花朵较大，花冠直径平均 2.4 cm；花瓣白色，圆形或椭圆形；花粉中多。

果实近圆形或倒卵圆形，具 5 棱。平均单果重 8.6 g，最大单果重 11.5 g，纵径 2.6 cm，横径 2.7 cm。果皮紫红色，有光泽，果粉少。果点较明显，中大，圆形，黄色。梗洼稍深，果梗长 1.2 cm，基部稍肥大，密生短茸毛。果顶平，5 棱突起明显，萼片开张反卷，三角形，浅红色，茸毛少，萼筒小，漏斗形。果心中等偏大，近萼端对称，心室 5 个，倒心脏形。种子中大，平均 4.8 粒，种仁率 63%。皮硬度 17.1 kg/cm^2，味酸，稍有甜味。可溶性固形物含量 11.8%，可滴定酸含量 3.5%，果胶含量 1.8%，平均可食率 83.9%。

3 月下旬萌芽，4 月下旬现蕾，5 月始花，花期 7~10 天。5 月下旬为落果高峰，10 月中旬果实成熟，11 月下旬落叶，营养生长期约 240 天，果实生育期约 165 天。

树势强，树姿半开张，树冠较紧凑，13 年生树高 5.3 m，冠径 5.9 m。新梢年均生长量 16.2 cm，萌芽率 60%，成枝力较强。内膛徒长枝较多，自然更新能力较强，根系分布较浅，根蘖萌生力中等。自然授粉坐果率 24%，幼树定植后 3~4 年开始结果，8~10 年进入盛果期。以短结果母枝结果为主，占总母枝数 77.6%，中长结果母枝居次，占 17.5%，每母枝平均有结果枝 3.2 根，平均坐果 10.4 个。果枝以中果枝为主，约占果枝总数的 60.4%，果枝长 12.7 cm，粗 0.38 cm，平均坐果 5 个，最多 12 个。盛果期树株产 100 kg 左右，采前基本不落果。

该品种丰产稳产，耐贮藏运输；抗性强，食心虫危害较轻；适应性强，耐瘠薄；品质上等，因其果肉色红，为加工“水晶楂糕”的优质原料。

2. 宿迁大绵球

别名面球。调查树最大树龄 120 年生，主要分布在宿迁市支口乡。

树干灰褐色，树皮细，碎块裂。1 年生枝红褐色，有光泽，无茸毛，皮孔稀，中大，椭圆形，灰白色或黄白色；2 年生枝灰褐色；3 年生枝褐灰色，无刺，皮孔较稀，椭圆形，灰白色。叶片长 10.4 cm，宽 8.4 cm，卵圆形或广卵圆形，裂刻浅至中深；基部楔形下延，先端渐尖，叶缘锯齿钝圆，基部全缘，叶背、叶面光滑无毛。叶柄长 5.0 cm，无毛。花芽圆形略尖，暗褐色，较大。总花梗长 2.5 cm，每花序通常有花 14~17 朵，最多 55 朵，无副花序，花梗无毛。花朵中等大小，花冠平均直径 1.8 cm，花瓣白色，圆形或椭圆形。花粉中多。

果实扁圆形，具 5 棱。平均单果重 9.5 g，最大单果重 13 g，纵径 2.4 cm，横径 3.0 cm。果皮鲜红，有光泽，果粉少，果点小而稀，圆形或椭圆形，黄色，中等。梗洼广、浅，果梗长 1.3 cm，基部稍肥大，有的有瘤状突起，光滑无毛。果顶平，有不明显的 5 棱突起，萼片平展开张，三角形，绿色，无毛。萼筒小，圆锥形。果心小，近萼端对称，倒心脏形，心室 5 个。种子中大，平均 4.6 粒，种仁率 35%。果肉厚，橙黄色，肉质细，松软绵面，带皮硬度 11.3 kg/cm^2。风味稍淡，微酸稍甜，可溶性固形物含量 10.2%，可滴定酸含量 2.3%，果胶含量 1.2%，平均可食率 89.5%。

3月下旬萌芽，4月下旬现蕾，5月始花，花期7~10天，5月下旬生理落果，9月下旬果实成熟，11 月下旬落叶，营养生长期约 240 天，果实生育期约 145 天。

树势强，树姿开张，树冠高大，在粗放管理下，14 年生树干周 59.6 cm，树高 5.3 m，冠径 8.4 m，新梢年均生长量 20.9 cm。萌芽率 57.7%，成枝力较强，自然授粉坐果率 16.3%，内膛徒长枝多，自然更新能力强，根系分布浅，根蘖萌发力中等。幼树定植后 3~4 年开始结果，7~8 年进入盛果期。以短结果母枝结果为主，占总母枝数的 85.8%，中长结果母枝居次，占 11.75%，每母枝平均有结果枝 2.6 根，平均坐果 11.1 个。果枝以中果枝结果为主，约占果枝总数的 53.7%，长果枝占 22.4%。结果枝长 9.6 cm，粗 0.36 cm，平均坐果 5.7 个，最多 17 个。盛果期树株产 100 kg 以上，高者 200~400 kg，但采前落果较重。

该品种生长旺盛，丰产，较稳产，果实品质优良，抗性、适应性均强，但果实易绵软，锈斑较重，食心虫危害亦重，贮藏性一般，为鲜食加工兼用优良品种。

3. 淮阴 1 号

实生树，1960 年定植于原淮阴县果林场。

树势强，树姿开张，23 年生树干周 50 cm，树高 3.3 m，冠径 6.2 m。1 年生枝黄绿色；2 年生枝灰白色，无茸毛，皮孔稀，椭圆形，灰褐色；3 年生枝灰白色，无刺。叶片长 9.6 cm，宽 8.0 cm，长椭圆形，多为中裂；基部楔形下延；先端渐尖，叶缘具粗锐锯齿。叶面、叶背均无毛。叶柄长 3.5 cm，无毛。总花梗光滑无毛，无副花序。花朵较大，花冠平均直径 2.5 cm，花瓣白色，圆形或椭圆形。花粉多。

果实扁圆形，平均单果重 7 g，纵径 2.3 cm，横径 2.8 cm。果皮紫红色，有光泽，果点中大，突出果面，显著，灰褐色。果梗长 1.6 cm，基部有瘤状突起，梗洼深。萼片半开张反卷，三角形，绿色，无毛，萼筒中大，近半圆形。果心中等大小，近萼端对称，平均有种子 5.5 粒，种仁率 18.1%。果肉黄白色，肉质松软绵面，味稍淡，微酸稍甜，平均可食率 81.9%。

3 月底萌芽，5 月上旬开花，9 月下旬果实成熟，11 月中下旬落叶，营养生长期约 230 天，果实生育期约 145 天。

自花授粉坐果率 18%。根蘖萌发力弱。开始结果较晚，一般 13 年生进入盛果期。中果枝结果为主；果枝长 9 cm，粗 0.4 cm，平均坐果 3 个，最多 9 个。粗放管理下，最高株产 50 kg。

该品种适应性强，特别耐贫瘠，丰产性中等，果实绵软，品质一般，不耐贮运。

4. 淮阴 2 号

实生树，1960 年定植于原淮阴县果林场。

1 年生枝绿色，阳面带红褐色；2 年生枝灰白色，无毛，皮孔近圆形，中等高度，灰白色；3 年生枝灰褐色，无刺。叶片长 10.2 cm，宽 8.7 cm，长椭圆形，基部楔形下延。先端渐尖，叶缘具粗锐锯齿，叶柄长 4.4 cm，茸毛多。总花梗密布短茸毛，无副花序。花朵较大，花冠直径 2.5 cm，花瓣白色，椭圆形。花粉多。

果实近圆形，平均单果重 4.5 g，最大单果重 6 g，纵径 2.2 cm，横径 2.3 cm。果皮大红色，无光泽，果点中等大小，少而散生，突出果面，灰白色。果梗长 2 cm，梗洼隆起，基部瘤状。萼片三角形，宿存，半开张，反卷，茸毛多。萼筒中大，圆锥形。果心对称，心室 5 个，平均有种子 5 粒，种仁率17%。肉质细，较硬而滑糯，味微酸带苦，平均可食率83%。

3月底萌芽，5月上旬开花，10月上旬果实成熟，11月中下旬落叶，营养生长期约230天，果实生育期约153天。

树势中庸，树姿半开张，23年生树干周59 cm，树高5.2 m，冠径5.5 m，开始结果较早，自然授粉坐果率16%。中果枝结果为主；果枝长9.0 cm，粗0.45 cm，平均坐果5个，最多7个。

该品种抗性和适应性很强，但果小且带苦味，品质较差，产量低。

5. 淮阴3号

实生树，1960年定植于原淮阴县果林场。

1年生枝淡绿色，阳面微红；2年生枝灰白色，无毛，皮孔椭圆形，中等密度，灰褐色；3年生枝灰白色，刺中多。叶片长7.2 cm，宽7.2 cm，菱状卵形，中裂；基部楔形下延，先端短尖，叶缘锯齿钝圆。叶表面无毛，叶脉密布短茸毛。叶柄长3.9 cm，无毛。总花梗密布短茸毛，无副花序，花朵中大，花冠平均直径2 cm，花瓣白色，椭圆形。

果实扁圆形，平均单果重3.2 g，最大单果重5.5 g，纵径1.9 cm，横径2.4 cm。果皮黄色，无光泽，果点小，散生，灰褐色；果梗长3.0 cm，枝洼广浅；萼片半开张反卷，绿色，无毛，三角形。萼筒近半圆形，较大。果心大，对称，长三角形，心室5个，平均有种子5粒，种仁率24%。果肉黄白色，肉质细，较硬，微酸味苦，平均可食率76%。

3月底萌芽，5月上旬开花，10月上旬果实成熟，11月中下旬落叶，营养生长期约230天，果实生育期约153天。

树势中庸偏弱，树姿开张，23年生树干周49.0 cm，树高3.9 m，冠径4.1 m。自然授粉坐果率7%。中果枝结果为主，果枝长8.0 cm，粗0.49 cm，平均坐果8个，最多11个。根蘖萌发力中等。

该品种抗性强，适应性广，果小，品质差，产量中等，生产上无甚价值，唯果皮黄色，在山楂中少见。

6. 淮阴4号

实生树，1960年定植于原淮阴县果林场。

1年生枝绿色，阳面红色；2年生枝灰白色，无毛，皮孔近圆形，中等密度，灰褐色；3年生枝灰褐色，刺中多。叶片长椭圆形，深裂；长11.0 cm，宽7.2 cm，基部楔形下延，先端短尖，叶缘具粗锐锯齿；叶面无毛，叶背稀有毛，叶脉密布长茸毛。叶柄长4.2 cm，少有毛。总花梗光滑无毛。花冠平均直径1.9 cm，花瓣5枚，椭圆形，白色，花粉多。

果实近圆形，平均单果重4.7 g，最大单果重5.4 g。纵径1.9 cm，横径2.1 cm。果皮红色，无光泽，果点小，灰褐色。梗洼广、浅，果梗基部有瘤状突起；萼片三角状卵形，半开张，反卷，红色，多毛，萼筒中大，漏斗形。果心较大，对称，心室卵圆形，平均有种子4粒，种仁率2%。果肉绿白色，质细硬，滑糯，酸味浓，有涩味，平均可食率 80%。

4 月上旬萌芽，5 月上旬开花，10 月上旬果实成熟，11 月中下旬落叶，营养生长期约 220 天，果实生育期约 155 天。

树势中庸偏弱，树姿直立，树冠紧凑，23 年生树干周 38 cm，树高 4.4 m，冠径 3.4 m。自然授粉坐果率 14.5%。中果枝结果为主；果枝长 6.0 cm，粗 0.87 cm，平均坐果 7 个，最多 12 个。结果早，根蘖萌发力强。

该品种适应性广，抗逆性强，果虽较小，但品质较好，耐贮藏，适于加工，丰产性好，有一定利用价值。

7. 淮阴 5 号

实生树，1960 年定植于原淮阴县果林场。

1 年生枝黄绿色；2 年生枝红褐色，无毛，皮孔密，近圆形，灰白色；3 年生枝灰白色，无刺。叶片长椭圆形，全裂；长 9.1 cm，宽 8.2 cm，基部楔形下延，先端短尖，叶面无毛，叶脉密生短茸毛。叶柄长 4.8 cm，少有毛。总花梗光滑无毛，无副花序。花朵大，花冠平均直径 2.3 cm，花瓣白色，椭圆形。花粉多。

果实扁圆形，平均单果重 4.5 g，纵径 1.3 cm，横径 2.2 cm。果皮橙红色，无光泽，果点小，多而显著，突出果面，灰褐色。果梗长 1.5 cm，基部肥大，梗洼广、浅。萼片三角形，开张，反卷，绿色，少有毛，萼筒圆锥形。果心中大，对称，心室长三角形，平均有种子 5 粒，种仁率 18%。果肉绿白色，肉质硬，酸味浓，平均可食率 82%。

4 月上旬萌芽，5 月上旬开花，10 月中旬果实成熟，11 月下旬落叶，营养生长期约 230 天，果实生育期约 165 天。

树势强，树姿开张，23 年生树干周 46 cm，树高 3.5 m，冠径 6 m。自然授粉坐果率 9.5%，中果枝结果为主；果枝长 9.5 cm，粗 0.52 cm，平均坐果 5 个，最多 8 个。根蘖萌发力弱。

该品种适应性强，果小，品质一般，较丰产，无甚利用价值。

8. 淮阴 6 号

实生树，1960 年定植于原淮阴县果林场。

1 年生枝绿色；2 年生枝紫褐色，无毛，皮孔椭圆形，分布稀疏，灰白色；3 年生枝黄褐色，无刺。叶片菱状卵形，中裂，长 7.3 cm，宽 7.2 cm，基部楔形下延，先端渐尖，叶缘锯齿细锐；叶面无毛，叶背有稀茸毛。叶柄长 4.5 cm。总花梗密布短茸毛，无副花序。花朵中大，花冠平均直径 1.9 cm，花瓣椭圆形，白色。

果实近圆形，平均单果重 3.9 g，纵径 1.9 cm，横径 2.1 cm，果皮紫红色，无光泽，果点小，少而散生，突出果面，灰褐色。果梗长 1.5 cm，梗洼广、浅。萼片三角形，开张，反卷，绿色微红，有少量茸毛。萼筒近圆形，较大。果心中大，对称，心室长三角形，平均有种子 4 粒，种仁率 16%。

3 月底萌芽，5 月上旬开花，9 月下旬果实成熟，11 月中下旬落叶，营养生长期约 230 天，果实生育期约 145 天。

树势中庸，树姿开张，23 年生树干周 37 cm，树高 4.5 m，冠径 4.7 m。自然授粉坐果率 9%，中果枝结果为主；果枝长 8.5 cm，平均坐果 5.3 个，最多 8 个。开始结果早，根蘖萌发能力弱。

该品种适应性强，果小，品质一般，产量低，利用价值低。

9. 淮阴 7 号

实生树，1960 年定植于原淮阴县果林场。

1 年生枝绿色；2 年生枝灰白色，无毛，皮孔近圆形，中等密度，灰褐色；3 年生枝青灰色，无刺。叶片长椭圆形，中裂或深裂，基部楔形下延，先端渐尖。叶面无毛，叶背有稀毛。总花梗密布短茸毛，无副花序，花朵中大，花冠平均直径 2.0 cm，花瓣白色，椭圆形。花粉多。

果实近圆形，平均单果重 4.1 g，最大单果重 6.0 g，纵径 2.2 cm，横径 2.2 cm。果皮紫红色，有光泽，果点小，多而显著，黄褐色；果梗长 2.5 cm，基部有瘤状突起，梗洼广、浅；萼片三角形，半开张，反卷，绿色，萼筒中大，半圆形。果心较大，对称，心室 5 个，平均有种子 4 粒。果肉粉红色，肉质细较硬，味酸稍甜，品质较好，平均可食率 80%。

3 月下旬萌芽，5 月上旬开花，9 月下旬果实成熟，11 月中下旬落叶，营养生长期约 230 天，果实生育期约 145 天。

树势中庸偏强，树姿半开张，23 年生树干周 39 cm，树高 5.4 m，冠径 4.2 m。自然授粉坐果率 10.5%。中果枝结果为主；果枝长 9.5 cm，粗 0.35 cm，平均坐果 5 个，最多 8 个。根蘖萌发力弱。

该品种适应性强，果实品质较好，特别是果肉红色，适于加工，耐短期贮藏，果较小，产量一般，生产上可适当利用。

10. 淮阴 8 号

实生树，1960 年定植于原淮阴县果林场。

1 年生枝黄绿色；2 年生枝灰白色，皮孔近圆形，密度稀，灰褐色；3 年生枝灰褐色，无刺。叶片长椭圆形，中裂；长 9.3 cm，宽 8.7 cm，基部楔形下延，先端短尖，叶缘粗锐锯齿，叶面无毛，叶背有稀疏短茸毛。叶柄长 4.4 cm，有少量茸毛。总花梗有稀疏茸毛，无副花序。花朵大，花冠平均直径 2.65 cm，花瓣白色，圆形或椭圆形。花粉多。

果实倒卵圆形，平均单果重 4.2 g，最大单果重 5.7 g。纵径 1.6 cm，横径 2.8 cm。果皮橙红色，有光泽，果点小，少而散生，灰褐色。果梗长 2.1 cm，基部肥大，梗洼隆起；萼片三角形，开张，平展，萼筒圆锥形。果心中大，对称，心室倒卵圆形，平均有种子 5 粒，种仁率 19%。果肉绿白色，肉质细而较硬，味酸稍甜，平均可食率 81%。

4 月萌芽，5 月上旬开花，9 月下旬果实成熟，11 月中下旬落叶，营养生长期约 220 天，果实生育期约 145 天。

树势强，树姿直立。23 年生树干周 55 cm，树高 6 m，冠径 4.9m。自花授粉坐果率 4%。自然授粉坐果率 16%。中果枝结果为主；果枝长 9.9 cm，平均坐果 5.5 个，最多 8 个。根蘖萌生力中等。

该品种适应性强，品质一般，产量中等，果小，利用价值低。

二、引进品种

1. 大绵球（图 7–1）

主产于山东费县、平邑等地，1982 年宿迁自山东引进。

图 7–1 ‘大绵球’果实

1 年生枝黄褐色，新梢先端鲜红色；多年生枝浅灰色。叶大，浅裂，叶面光亮花白色，广被茸毛。每花序有花 18~24 朵，自然授粉坐果率高达 64%。

果实圆形，果肩略收缩，幼果无毛，平均单果重 13.5 g。果皮薄，橙黄色或橘红色，果点中大，中密；梗洼深广，四周有小疣状皱，果梗较长；萼片小，绿黄色，闭合，萼尖弯向筒内。果肉乳黄色，有时微红，松绵，甜酸适中，品质中上。

树势强，萌芽力、成枝力均强，成形快，结果早，连续结果能力较强，采前落果较重，极不耐贮藏。抗风，耐贫瘠，山地、沙荒生长均宜。

该品种果大，肉质细，风味好，丰产稳产，适应性强，成熟期早，是很有发展前途的优良品种，但是采前落果较重，极不耐贮藏。

2. 大金星（图 7–2）

图 7–2 ‘大金星’果实

主产于山东临沂、蒙阴、日照、福山等地，据介绍，系与‘红瓤绵’同一品系或品种。1975 年徐州市郊区金山果园自泰安引进，为江苏省主栽品种。

1 年生枝红褐色，平滑有光泽，皮孔灰白色，圆形或纺锤形，较小，中密；多年生枝褐色，个别有刺。树干暗灰色，树皮翘裂。叶大而厚，广卵圆形，叶基宽楔形，长 14.5 cm，宽 7.7 cm，有光泽，6~9 裂；缺刻浅，裂隙小，裂叶先端钝尖，叶缘具不规则单锯齿，叶柄中长，托叶小，阔镰形；叶背沿主侧脉有毛。总花梗及分花梗密生茸毛，每花序有花18~24朵，花白色，萼片广被茸毛。

果实扁球形，果肩略收缩，果顶平，具5棱，纵径2.6 cm，横径3.5 cm，平均单果重13 g。果皮深红，果点大而密；萼片开或闭，紫红色，萼筒深广；果梗中长，基部具红色肉瘤，梗洼广浅；果肉白色或粉红色，果心较小；肉质致密滑糯，酸味强。可溶性固形物含量11.3%，可滴定酸含量3.9%，果胶含量2.7%，平均可食率84.5%，出干率35.9%。

树势强，枝粗壮，成龄树树姿开张。萌芽力中等，成枝力较强，一般定植2~3年结果，8~10年进入盛果期，连续结果力强，适应性强，自然落果轻。

该品种果大，色艳，品质上等，丰产稳产，耐贮藏，是鲜食加工兼用的优良品种。

3. 敞口（图7-3）

主产于山东益都、临朐等地。20世纪80年代初由连云港和宿迁先后引进，为江苏省主栽品种之一。

1年生枝红褐色，有光泽，皮孔灰白色，纺锤形，中密；多年生枝灰褐色。叶片广卵形，平展，7~9裂，叶背沿主侧脉疏生短茸毛；先端锐尖，叶缘锯齿粗大，叶基楔形；叶柄中长。总花梗及分花梗密生茸毛，每花序有花15~18朵。

图7-3 ‘敞口’果实

果实扁球形，果顶宽平，具5棱，果肩略收缩。平均单果重10 g。皮色大红，果点小而密；果梗中长，基部渐粗，疏生茸毛。多数脱萼，萼筒宽广，深陷，呈倒圆锥形。果皮薄，果肉白色有青条纹，少数粉红。味甜酸爽口，风味佳，品质上等，10月中旬成熟。可溶性固形物含量11.1%，可滴定酸含量3.8%，果胶含量2.9%，平均可食率89.1%，出干率36.9%。

树势强，萌芽力中等，成枝力强。幼树枝条直立，结果后渐开张。定植3年开始结果，7~9年进入盛果期。自然落果轻，连续结果能力强，适应性强，但日烧病较重。

该品种果大，质优，丰产，耐贮藏，是加工的优良品种，特别适于制干，色泽艳丽，素有“桃花片”之称。

4. 大货（图7-4）

主产于山东泰安、历城等地，20世纪80年代初由赣榆、东海、宿迁等地相继引进。

1年生枝红褐色，皮孔中小，较稀；多年生枝银灰色。叶片近卵形，7~9浅裂，叶基广楔形或钝圆形，先端突尖。

图 7-4 ‘大货’果实

果实圆形或扁圆形，果顶平，有小皱，平均单果重 18 g，果皮较厚，大红色，果点中大而密。果梗中长，脱萼或宿萼，闭萼。果肉色白有青筋，肉质较粗硬，糯性，酸味轻，香气淡。平均可食率 91%，含水率是现有品种中最高者，不宜制干。10 月上旬成熟。

树势强，萌芽力中等，成枝力较强。抗日烧病，耐贫瘠，适应性强，落果轻，大小年结果现象不明显，很耐贮藏。

该品种果大，丰产稳产，但品质较差。

5. 槎红子

主产于山东平邑。20 世纪 80 年代初由连云港赣榆、海州等地相继引进。

1 年生枝灰褐色，皮孔椭圆形，较稀，大小不整齐。叶片卵圆形，稍扭曲，5~7 裂；先端锐尖，叶缘具锐锯齿。每花序有花 12~19 朵。

果实长圆形或正圆形，平均单果重 7.5 g，大小整齐。果顶平，有棱。果皮暗红，厚韧粗糙，果点大而密，果梗粗短。萼片小。肉色黄白，质致密，酸味轻，略带苦涩味，出干率 42.4%。10 月上旬成熟。

树势强，树姿直立，枝条稀疏，萌芽力弱，成枝力强。结果晚，落果轻，抗逆性强，耐贮运，不宜鲜食，最宜干制。

该品种比较丰产，果形中等偏大，果实品质较差，适宜干制，可适当发展。

6. 大糖球

产于山东费县、平邑等地。20 世纪 80 年代初由连云港赣榆、东海等地先后引进。

1 年生枝黄褐色至红褐色，皮孔较小而稀。叶片宽卵形，叶基楔形，先端钝尖，7~9 裂。

果实长圆形，胴部至果肩渐收缩，果顶具 5 棱。平均单果重 15 g。果皮红色，果点中大，锈黄色，圆形，多而密。萼片小，紫红色，反卷，萼筒长倒圆锥形，深陷果心。果肉黄白色，质松绵，酸味轻，品质一般。10 月中旬成熟。

树势强，树姿半开张，萌芽力中等，成枝力强。

该品种枝量多，幼树结果早，果大，较丰产，但果实品质较差，不耐贮藏，易感轮纹病，有大小年结果现象，不适宜大量发展。

7. 绛县红果

产于山西绛县。20 世纪 80 年代初由淮安、宿迁引进，栽培面积较大。

1 年生枝红褐色；多年生枝银灰色。叶片大，三角状卵形，5~7 裂，叶基截形，叶缘锯齿粗锐，先端短尖。每花序有花 18~32 朵。

果实长圆形或近圆形，5 棱突起。平均单果重 7.6 g，纵径 2.8 cm，横径 2.6 cm。果皮朱红色，光滑，果点明显，灰褐色。果梗短，梗洼中深，萼洼浅广，宿萼。果肉粉红，肉质致密，酸甜，可溶性固形物含量 8.1%，有香气，品质中上。10 月上旬成熟。

萌芽力强，成枝力强，适应性广，定植 3 年开始结果，坐果率高，耐贮藏，是加工良种。

该品种品质较好，虽较丰产，但果形稍小，因而不受群众欢迎。

8. 燕瓤红（图 7-5）

产于河北隆化、兴隆等地和天津北部郊县。南京市 1964 年引进，栽于栖霞和浦口地区。

1 年生枝红褐色，有光泽；多年生枝灰褐色。叶片较大，阔圆形，6~8 裂，裂刻深，叶背沿主脉密生茸毛。叶柄较短，中粗，托叶大。

图 7-5 ‘燕瓤红’果实

果实圆形或倒卵圆形，果肩一侧稍耸起，果顶平，具不明显的 5 棱，有细皱褶，间生肉瘤。平均单果重 8 g。果皮薄，紫红色，果点中大，较密，褐色，稍突起。果梗中长，较粗，梗洼狭深。果肉粉红色，近皮和果心处紫红色，肉质较硬，细腻，酸甜适口，品质上等，平均可食率 88.6%。10 月上旬成熟。

该品种树势强，适应性强，在南京表现良好，结果早，连续结果力强，丰产，耐贮藏，特别适于制罐，外观诱人。制汁色泽艳丽，稳定性好。

第四节 栽培技术要点

一、育苗

常选野山楂和本砧作山楂砧木。挖取根蘖培育砧苗，或挖取直径 0.5 cm 的根条，剪成 15 cm 左右根段扦插培育砧苗，然后枝接成山楂苗木。20 世纪 80 年代末，为适应山楂大发展的需要，一般建立专业苗圃播种培育砧苗。也有从外地购进自根苗，以供嫁接。

山楂播种培育砧苗必须严格处理好种子，其关键是：第一，在果实初上色期采收；第二，用开水烫种，捞起后薄摊在水泥地上暴晒，促使种壳开裂，有的需要白天暴晒，夜晚温水浸泡，反复多次；第三，低温沙藏 3 个月以上。这样处理才能保证当年播种当年出苗，否则要经两冬一夏才能出苗。

砧苗育成后，按常规嫁接方法，培育嫁接苗。

二、建园

山楂栽培多取砧木直接定植，2~3年后就地嫁接建园。20世纪80年代末大部分新建山楂园，苗木是从山东、山西、辽宁等省调进，因商品苗木质量差，所以栽植成活率低。少部分园块自行繁殖良种苗木栽植，保证了建园质量。

以往栽植密度较稀，每亩14株左右，且多正方形栽植。20世纪80年代末，普遍实行合理密植和计划密植，采用长方形栽植，一般每亩33~57株；最高密度每亩110株。丘陵山地建园多选用东南坡和北坡，东北坡次之。栽植时期以晚秋为好，翌年发根早，成活率高，幼树生长好。

三、管理技术

山楂种植管理一直粗放，基本不修剪或仅疏除干枯死枝，树冠呈自然圆头形或丛状形，大枝密集，徒长枝丛生，通风透光不良，内膛光秃严重。部分农户有结合施肥深刨山楂园的习惯，但大部分不刨地、不施肥、不灌水，树势普遍较弱。病虫害防治仅限于蛀干和食叶害虫，多采用人工捕捉或“火燎”的原始方法，采收多是震摇树体和棍棒敲砸。由于管理粗放，致使山楂结果晚，产量低而不稳，果实品质差，虫果严重，有的虫果率高达80%以上。随着山楂生产的发展，栽培技术也发生了根本变化，主要管理措施如下：

（一）施肥

重施基肥，适时追萌芽肥和采前肥，施肥数量视树龄大小和结果多少而定，适量混施磷肥和钾肥。

（二）修剪

采用疏散分层小冠形或纺锤形。幼树以夏剪为主，冬夏剪结合；定植后第1~2年通过冬季短截，夏季摘心，以促发枝，要求全树枝量达到50根以上。第3年后实行轻剪多留，除骨干枝按要求短截外，冬剪时基本不短截、不疏枝；萌芽时拉枝，配合环割，以缓和枝势，防止旺长；夏季加强剪梢，以控制背上直立旺枝和徒长枝，改善通风透光条件。对生长健壮、枝量达50根以上的植株进行主干或大枝环剥，促使成花结果。盛果初期树，对多余大枝、密生枝、交错重叠枝实行分年疏除或回缩，以改善冠内光照条件。此外，还要培养枝组，疏除外围过密枝。进入盛果期后疏除间外围枝和密生枝，控制徒长枝外，还要及时回缩长放枝组；做好枝组的更新复壮；注意调节花量，克服大小年结果现象。

（三）保花保果

从初花到盛花期喷布25~30 mg/L赤霉素或100 mg/L EF生长促进剂，结合喷布0.3%尿素和硼砂，提高坐果率。

（四）病虫害防治

山楂病虫害基本与苹果病虫害类似，但危害程度大不相同。据观察，江苏省山楂幼树的主要害虫是金龟子、蚜虫、刺蛾；成龄树的主要害虫是危害花和幼果的小卷蛾、桃蛀螟、梨小食心虫，危害叶片的是星毛虫、舟形毛虫、卷叶蛾类、梨网蝽、红蜘蛛、介壳虫、芳香木蠹蛾等。山楂苗木和幼树的主要病害是白粉病和褐斑病，成龄树的主要病害是果实日烧病。除苗期受白粉病危害较重外，一般不会造成大的损失。山楂对铜离子比较敏感，幼果易受药害，进行药剂防治时应注意。

（本章编写人员：罗经才、王璐、浦鉴忠、常有宏、蔺经）

主要参考文献

[1]江苏省地方志编纂委员会. 江苏省志·园艺志[M]. 南京：江苏古籍出版社，2003.

[2]盛炳成. 黄河故道地区果树综论[M]. 北京：中国农业出版社，2008.

第八章　桃

/ 栽培历史与现状 / 种类
/ 品种 / 栽培技术要点

第一节　栽培历史与现状

江苏桃树栽培历史悠久，全省各地几乎均有分布。据海安县青墩出土文物考证，距今 6 000 余年的新石器时期已有桃树分布。根据文献记载和 20 世纪 80 年代初的果树普查，江苏省栽培桃树以邻接古代中原地区的徐淮平原为早。据徐州市相关史志记载，汉代已有桃树栽培，距今 1 500 年以上。普查所见徐州、淮安两市农家传统栽培的桃树品种，如'五月红''六月鲜''油光桃''大白桃''小白桃''血桃'等，其特征特性属北方硬肉桃类型，与河南、山东的传统栽培品种相似，名称也大多雷同。按照历史的变迁过程，上述品种可能先由河南、山东传入徐州市的丰县、沛县、邳县、铜山、新沂、睢宁，而后传入泗阳、淮阴、涟水、灌南等地，徐淮平原遂形成江苏省最早的桃产区。与徐州毗邻的连云港市，在宋代已有桃树品种的记载，农家零星栽培桃树，云台山则有野生毛桃分布。

江苏省长江下游地区是水蜜桃主要产区，但栽植桃树的历史迟于徐淮地区。据常州市《溧阳县志》和《弘治志》（1487）记载，'十月桃''乌金桃'为当地名产。又据武进《王氏宗谱》记述，400 多年前的镇江卫指挥使王洛在武进横山建"横麓山居"，曾在周围遍植桃、李、杏、梅等诸般名果。又据《武进阳湖县合志》记载："清道光年间，大宁、通江二乡（即今郑陆、三河口沿江一带）之桃在县内颇具盛名。”1926 年，仅通江乡就产‘红沙桃’100 t，可见常州市的溧阳、武进等地在 500 多年前已开始种植桃树，及至清道光年间（约 1830 年）栽培已很普遍，品种均为硬肉桃，如‘野鸡红’‘大红袍’‘陆平’等。至于水蜜桃的栽植，始于 20 世纪 20 年代初，系当时武进县潘家乡牌楼下村的段梦陶（清光绪年间秀才）引入浙江奉化‘玉露’水蜜桃、上海‘龙华’水蜜桃和山东‘肥城佛桃’，建园于潘家秦皇山南麓。除‘肥城佛桃’外，水蜜桃引种皆成功而闻名，并逐渐扩展到周围的周桥、雪埝桥等地。1928 年，雪埝桥塘南小学教师金光跃在无锡县胡埭乡胥山湾开辟水蜜桃园，相继传至无锡新渎一带种植。20 世纪 30 年代后，常州市的水蜜桃迅速发展，特别是农家小片桃园纷纷建立，至 1949 年仅当时的武进县即有近千亩桃园，全市桃产量达 112.5 t。

苏州市是江苏省水蜜桃的古老产区，主要分布于吴江、吴中、张家港、常熟、昆山、太仓等地。地方品种有‘早白肚桃’‘吴江红’‘吴江白’‘太仓水蜜’等，栽植于湖滨、江畔、稻田和丘陵山地。清康熙三十一年（1692），《苏州府志》已有水蜜桃的记载，说明苏州市水蜜桃的栽培已有 300 多年的历史。乾隆年间，金友理所著的《太湖备考》中载有“桃最美者名水蜜桃，出武山”。嘉庆十八年（1813），褚华所著的《水蜜桃谱》中记述了苏州市的‘太仓水蜜’‘太仓早蟠桃’‘上海水蜜桃’等优良品种及栽培经验。

无锡市是江苏省最著名的水蜜桃产区，但其栽植历史距今不到 100 年，始于 20 世纪 20 年代初，由上海引入‘龙华蟠桃’和浙江奉化引入‘玉露’，后又经学者殷植从日本引进‘白凤’‘传十郎’‘冈山白’等品种。‘白花水蜜’为无锡市桃树生产的代表品种，但其来源不明。据 1955 年江苏省有关单位联合调查证实，最早引种栽培桃树的有 5 种来源：

其一，当时的无锡县新渎区马鞍乡胥山湾刘慕久，从武进县潘家乡牌楼下村和段梦陶桃园引入水蜜桃的接穗进行繁殖，名‘小红花’。而段梦陶的桃树品种为来自浙江奉化的‘玉露’水蜜桃。

其二，殷植从日本带回‘传十郎’‘冈山白’‘白凤’等品种，先种植在杨湾，后逐渐传开。

其三，张锡畴自浙江奉化取得‘玉露’水蜜桃品种后，先在新华乡繁殖。

其四，周福安于 1922 年从宜兴传入‘陆平’桃，在马鞍乡繁殖发展。

其五，另有引自太湖农场、上海大华农场等处的桃树品种。

由此可知，无锡水蜜桃源自上海与浙江奉化。至 20 世纪 50 年代中期，水蜜桃品种已发展到 30 多个。

无锡市桃的成片栽植，起源于锡西片的胡埭、杨墅、阳山、藕塘、洛社、张余及锡南片的南泉、雪浪、嶂、大浮一带，其中以当时的新渎区栽培历史最久，品种最多，面积最大。该区的胥山湾户户栽桃而致富，被誉为“金山湾”，在当地农村经济占有重要地位。由于抗日战争中上海、浙江奉化和宁波等桃产区的逐渐衰败，战后市场均被无锡水蜜桃所代替，从而更刺激了当地桃树的发展。据 1954 年统计，仅无锡西部新渎一地栽培面积即达万亩左右。陆平村是宜兴桃的主要产区。‘陆平’桃最初由安徽省传入宜兴归迳乡陆平村栽培，称为“团核老”“团花篮”，1949年前已名扬大江南北。主要品系有‘桃花篮’‘野鸡红’‘头堡红’‘二堡红’‘大白桃’，泛称‘陆平’桃，其中以‘桃花篮’品质最优，外形美，果形大，味甜而脆。

宁镇扬丘陵地区，在1949年以前几乎各地都有硬肉桃的栽培。清雍正四年（1726），《古今图书集成》中汇辑了江宁、六合、常熟、江阴、扬州等地的桃树品种。根据这些品种的特征特性，与安徽省的一些桃树品种相似，因而推测这些品种可能来自安徽。根据中央大学《园艺》创刊号奚铭己的《蓺桃志要》，自1921年起从国内外引进77个品种，并均进行过详细的观察记载，在此后的教学科研和推广中发挥了重要作用。1928年建立中山陵园果园时，王太乙又从日本引入‘西洋黄肉’‘冈山白’等10多个品种。南京市场上的陵园水蜜桃曾经名盛一时。1936年曾勉在《园艺》第二卷上指出：“桃在南京栽培很盛。品种有‘硬桃’‘二水硕桃’‘二红桃’‘紫皮紫壳’‘平嘴’‘六月团’‘大白壳’‘小白壳’8个。”但这些品种或果形小，或品质差，多供桃贩小卖之用而缺乏市场竞争力。又据南京市《江宁府志天章二篇》（清光绪年间）中赞摄山的桃，诗曰：“山中亦有桃，夭夭而丽丽。”可知南京市的江宁、六合栽培桃的历史已有150余年，当时桃的栽培已较普遍并为广大群众所珍赏。1949年以前多以户为单位分散栽培，品种多系早熟硬肉桃，如‘莳桃’‘火珠’‘吊枝白’‘六月团’‘二红桃’‘酥红’，仅有少数农户栽培水蜜桃。市郊大部分在太平门外蒋王庙乡（即今玄武区白马、板仓、蒋王庙、樱驼村等处）、乌龙乡（现尧化门上安泉、下安泉、北家边、南家边、西风头等村）以及中央门外迈皋桥、燕子矶等地。在浦口的顶山乡、沿江乡，六合的瓜埠镇，江宁的汤山镇，溧水的云鹤乡、和风乡，江浦的城东乡、汤家乡均有零星栽培。成片种植的先后有当时的东南大学（1921~1927）成贤街园艺场和太平门园艺场、金陵大学汉口路果园以及中山陵园果园。品种以太平门园艺场最为丰富，为江苏省桃树品种资源汇集和生产推广奠定了基础。

镇江市桃树栽培较早，在唐代即已有咏桃之诗歌，明代则有蟠桃栽培的记录。迄今桃树仍为该市的优势树种，原多零星栽植，1951年始建国营黄山园艺场，大面积拓植桃树，并取得高产而名闻省内外。该场从‘小红花’园中选出晚熟优良品种‘迎庆’，为市场上晚熟桃之佼佼者，目前仍有少量栽培。

扬州市桃树栽培记载始见于清嘉庆年间，并有“种类甚多，惟沙桃佳”的记载及其性状描述。20世纪70年代，扬州地区农业科学研究所在桃树品种选育工作中，培育出‘早甜桃’及以“扬桃”为代号的新品种、品系，促进了该市桃品种的更新。

南通市在明嘉靖年间（1540）已有桃树栽培，至今有400多年历史。清光绪年间有如皋县东南产桃极盛的记载，除四旁零星栽植外，少数地主庄园亦有小面积成片栽植，如海安县的花庄和李庄乡、海门县、南通市郊等。品种有‘五月红’‘红桃’‘莳桃’‘金桃’‘白壳桃’‘绿油光桃’‘紫油光桃’和‘龙华蟠桃’‘梅蟠桃’等。在抗日战争之前，南通、海门等地曾为江苏省主要的桃产区之一，后因战争破坏而逐渐衰败。

盐城市位居海滨，成陆时间较短，水害与盐碱较重，历史上仅有少量桃的栽培，且无优良地方品种资源。成片发展桃树始于20世纪50年代中期，品种多引自南京、无锡、上海等地，其引进品种多为南方硬肉桃及江苏省选育的早熟水蜜桃以及黄桃。

1949年以后，江苏果树事业迅速发展。1951年，苏南行署分别建立了苏州洞庭西山的西山园艺场、镇江市的黄山园艺场和南京市的南京农场等，种植了大片桃树并引进了不少名贵品种。1952年，苏北行署邀请南通农学院师生调查了徐州、淮阴、泰州和南通4个专区的果树生产情况；同年冬季筹建了徐州、泗阳、六合和仪征4个国营果园，并从山东、河北等地引进了'肥城佛桃''天津水蜜''深州蜜桃'以及苏南的'上海水蜜'和蟠桃等。1953年苏南、苏北行署合并后，江苏省农林厅设立了专业机构，各地新建了许多大型国营果园，大面积成片栽植桃树，繁殖、示范推广优良品种苗木，培训技术人员，深入各地调查研究，指导群众栽培管理技术和制订果树发展方案，从而促使桃树生产迅速发展。如无锡市1955年已有桃园2万亩，产鲜桃8 860.6 t，除大量远销上海和苏南各大中城市外，上海泰康食品公司还加工制罐，远销我国香港、澳门地区及东南亚多地，使无锡水蜜桃蜚声海外。常州市武进县1949年水蜜桃面积1 000亩，至1956年发展到2 000亩，产桃1 370.6 t（仅雪堰、潘家两地收购加工桃607.5 t），比1949年增加了10多倍。

1958年"大跃进"时各地纷纷引种桃树，栽培面积猛增。如无锡市郊区建立了太湖茶果场等大型桃园，仅新渎一区即栽培桃树10 330亩。1960年徐州市桃树面积已达2万余亩；苏北其他地区形成了宿迁、泗阳、淮阴、涟水及灌南等集中产区；南通市达5 000余亩，并从无锡引入'白花''红花''玉露''白凤'和蟠桃以及从山东、河北等地引入北方品种。宁镇扬丘陵地区新建的众多国营果园以及农业社、队也大量发展桃树，如南京市雨花区夹岗果园、栖霞区马群果园等，桃园面积一度达到7 000余亩。

20世纪50年代末至60年代初，各地盲目发展，由于品种杂乱、管理不善、上市集中、价格过低等原因，更在"以粮为纲"的片面方针引导下，各地桃树大量被砍。如无锡市当时规定老桃区每户只允许留1株"自留桃"，其余全部挖除，使老桃区桃树在短期内几乎绝迹。南通市1961年仅存2 000亩。宜兴归迳公社的'陆平'桃1949年尚有900余亩，此期仅剩36亩。

20世纪70年代后期，随着改革开放和市场需求，各地从国内外引进优良品种，江苏省内科研单位则推出了'雨花露''扬州早甜桃'等早熟品种，桃树生产逐渐开始恢复和发展。据1982年普查，全省桃树面积5.24万亩，产量2.98×10^4 t。20世纪80年代中期以后，许多产地开始注意调整品种结构，科研单位育成的新品种也不断推向生产，使鲜果上市时间由原来集中在7~8月逐步提前延后至6~9月；同时，得益于罐藏加工桃的兴旺，桃产业发展迅猛，1987年全省桃树面积20.74万亩，1990年创历史新高，达到24.55万亩，产量1.075×10^5 t，品种集中于早熟类，面积最大的是'雨花露'。进入20世纪90年代，桃的生产步入调整阶段。早熟品种量大、上市过于集中，风味淡、品质差；同时受国际市场的影响，罐桃出口受阻、生产滑坡、面积剧降。1995年全省桃树种植面积下降到16.7万亩，至2000年逐渐恢复到22.8万亩。

蟠桃是江苏省名特果品，苏州、太仓、无锡、南通等地早有栽培，如前面提到的‘太仓早蟠桃’等。20世纪50年末60年代初，南京、扬州、徐州、连云港等地引种了‘陈圃蟠桃’‘白芒蟠桃’‘玉露蟠桃’等品种，虽然风味甜、品质佳，但由于产量低、果顶易坏烂，始终没有发展起来。20世纪70年代扬州农业科学研究所育成了‘124蟠桃’，20世纪90年代江苏省农业科学院园艺研究所推出了‘早硕蜜’‘早魁蜜’，一些单位还引入了‘早露’‘农神’等蟠桃新品种，逐渐在省内扩大种植。进入21世纪，蟠桃新品种不断推出，在保持原有优良风味品质的基础上，显著改善了果顶坏烂的缺点，丰产性也得到大幅提升，栽培面积逐步增加。尤其江苏省农业科学院园艺研究所推出了油蟠桃新品种‘金霞油蟠’，填补了江苏油蟠桃品种的空白，为避雨设施栽培提供了新的桃果类型。

江苏罐桃生产起步较早，20世纪60年代引进了‘爱保太’‘西洋黄肉’‘菲利浦’等欧美黄桃品种，在南通市建立了5个生产基地。20世纪70年代开始，随着国际贸易对罐藏黄桃需求的增加，罐桃生产得到发展，从大连农业科学研究所以及日本、美国引入一批黄桃新品种，如‘丰黄’‘连黄’‘罐桃5号’‘罐桃14号’‘明星’‘金童5号’‘金童6号’‘金童7号’等，江苏省农业科学院园艺研究所则先后推出了成熟期配套的系列品种，如‘金旭’‘金晖’，在连云港、南通、南京等地建立生产基地。20世纪80年代末罐桃生产达到了高峰，1990年全省加工黄桃栽培面积1.82万亩，产量9 509 t，其中徐州市面积和产量均居全省之首，分别达到7 006亩和5 455 t；连云港市面积5 000亩（第二位），产量1 060 t（第三位）；南通市面积3 000亩（第三位），产量2 250 t（第二位）。20世纪90年代以后，受国际市场的影响，外销不畅，罐桃生产急剧滑坡，1997年全省罐藏黄桃面积仅剩2 700余亩，产量2 564 t。进入21世纪，加工桃市场有所好转，产品由原来的制罐为主，拓展到冷冻桃片、桃汁等，“黄肉”“白肉”品种均可作为原料，栽培面积相对稳定，连片栽培区主要集中在徐州、连云港、宿迁等地。

油桃在南通、徐州、连云港等地早有记载，但多以农家零散种植为主。20世纪80年代中期开始引进来自意大利、美国等国的品种，如‘毕加索’‘NJN76’‘早美光’等，在徐州、昆山、镇江等地种植，但由于风味较酸，销售不畅，加之裂果严重，商品果率低，所以未能在生产上推广应用。20世纪90年代以后，‘曙光’‘华光’‘早红珠’等我国自主培育的第一代甜油桃品种相继育成，借助设施栽培的兴起，全省许多地方开始引种甜油桃品种，并成为江苏省设施栽培的主要品种。2000年镇江象山果树所等单位育成了早熟品种‘金山早红’，2001年江苏省农业科学院园艺研究所育成了晚熟品种‘霞光’，以及我国第二代油桃品种的推出，如‘中油桃4号’‘中油桃5号’‘中农金辉’等，开始了江苏油桃的规模生产，也使得江苏省的设施桃面积不断扩大，至2015年底，江苏设施桃面积7.12万亩。除了油桃品种外，‘春美’‘春雪’等普通桃品种也成为设施桃的主要品种。

进入21世纪，随着新一轮农业产业结构调整，江苏的桃树生产得到了迅猛发展。2004年全省桃树种植面积47.1万亩，与2000年的22.8万亩相比，翻了一番，产量达到3.265×10^5 t；

2010 年面积 52.6 万亩，产量 4.490×10^5 t；“十三五”期间面积和产量持续上升，2015 年分别达到 67.95 万亩、6.117×10^5 t 的高峰。传统产区如无锡等地的水蜜桃产业不断壮大，成为当地的支柱产业，为农村经济发展、农业增收、农民致富做出了重要贡献，成为江苏高效农业的典型代表。以‘阳山水蜜桃’为代表的惠山区共有桃树面积 3.2 万亩，其中盛产 2.6 万亩，2015 年总产 2.9×10^4 t，销售额 5.5 亿元。周边的常州雪堰、潘家以及苏州的张家港等地，水蜜桃产业也得到了快速发展，尤其避雨设施使得油桃、油蟠桃在该地区成功种植，并成为一大亮点，‘凤凰水蜜桃’获得了国家地理标志保护；昆山、吴江等地的鲜食黄肉桃丰富了当地桃果类型，产品成功打入上海市场。徐州‘新沂水蜜桃’更是异军突起，栽培面积发展到 3.5 万亩，产量 5×10^4 t，获得国家绿色食品认证、国家地理标志保护、全国优质桃评比金奖，知名度不断提高，并被冠以“南有阳山，北有新沂”的美誉。其他地区的桃产业也得到了长足的发展，如宿迁泗阳的桃树面积在短短几年内发展到 3.5 万亩；南通的紫油桃、连云港的黄桃形成了地方特色。无锡阳山、苏州张家港、常州雪堰创建了农业部桃标准园。

桃的栽培模式也在不断变化中。从原来长期延续的挖坑种植（长、宽、深皆 60~80 cm），到 20 世纪末的开挖定植沟（宽、深皆 60~80 cm），现在平原地区提倡堆土起垄（垄宽 1.2 m 左右，高 30 cm 左右），起到降渍防涝、增加土壤通透性的作用。种植密度由传统的稀植为主 [（3~4）m×（4.0~4.5）m]，向多元化分化，如苏北地区的密植栽培 [（1~2）m×（2~4）m]，早期效益高，但盛果期后树冠郁闭，难以操作管理，果实品质差，病虫危害严重；目前新建果园推荐采用宽行种植（行距 5~6 m），不仅便于机械通行操作，而且改善通风透光，有利于提高果实品质。整形修剪方面，在传统三主枝“自然开心”形的基础上，出现了两主枝“Y”形、“主干”形、“一边倒”等树形，以适应露地、设施等不同的栽培管理方式；从传统的短梢修剪（枝枝动剪），逐渐转向长枝修剪（疏枝为主），以适应劳动力紧缺以及用工成本上升的现状。

江苏为我国桃主要产区，栽培水平较高，品种资源丰富，江苏省农业科学院建有国家果树种质南京桃资源圃。根据全国果树科研规划（1962~1972）任务，1965 年春商定，在南京设置全国桃原始材料圃；1981 年农业部下达与江苏省农业科学院联合，并由江苏省农业科学院园艺研究所承建国家果树种质桃、草莓圃（南京）任务；1985 年农业部科技司与江苏省农业科学院正式签订建圃协议，资源圃于 1988 年建成并通过农业部验收。在农业部专项资金的支持下，2003 年资源圃进行了第一次改扩建，2015 年第二次改扩建，改善提升了资源圃的软硬件设施，规模也有所扩大，至 2015 年底，保存国内外桃种质资源 645 份，其中国外资源 210 份，国内资源 435 份。2001 年，《中国果树志 · 桃卷》出版，江苏省农业科学院为主编单位，汪祖华任主编。2008 年国家桃产业技术体系启动，江苏省农业科学院俞明亮被遴选为研究室主任，江苏省农业科学院马瑞娟和余向阳、扬州大学徐敬友和纪兆林以及南京农业大学陈超被遴选为岗位科学家，江苏省农业科学院宋宏峰被遴选为南京综合试验站站长。

第二节　种类

桃属于蔷薇科（Rosaceae）李属（*Prunus*）桃亚属（*Amygdalus*）。在桃亚属中，与普通桃（*Prunus persica*）密切相关，且与之杂交后可以产生可育种子的近缘种包括光核桃（*P. mira*）、甘肃桃（*P. kansuensis*）、山桃（*P. davidiana*）、新疆桃（*P. ferganensis*）、陕甘山桃（*P. potaninii*）。在江苏栽培与分布的主要为普通桃，蟠桃、油桃、寿星桃、碧桃、垂枝桃均是普通桃的变种。

（一）蟠桃（*P. persica* var. *compressa*）

主要特征为果实扁平形。

（二）油桃（*P. persica* var. *nectarina*）

主要特征为果皮光滑无毛。

（三）寿星桃（*P. persica* var. *densa*）

主要特征为树形矮小，以庭院种植或盆栽观赏为主。

（四）碧桃（*P. persica* var. *duplex*）

主要特征为花重瓣，观赏性好。

（五）垂枝桃（*P. persica* var. *pendula*）

主要特征为枝条下垂。

桃原产我国，长期繁衍，因品种繁多而具有多样性与复杂性。国家果树种质南京桃资源圃，收集保存了来自国内外的桃种质资源 645 份（至 2015 年底），江苏生产栽培的桃品种约 200 个。按树体高度，桃有乔生和矮生之分；按树形，可分为柱形、直立形、开张形、垂枝形、紧凑形和矮化形；按果形，可分为圆桃与蟠桃；按其果面茸毛有无，可分为有毛桃与油桃；按果肉色泽，可分为白肉、黄肉、绿肉与红肉；按肉质，可分为溶质（软溶质、硬溶质）、不溶质、硬肉（完熟后果肉发绵）、硬质（果肉始终不软）；按肉核关系，可分为离核与粘核，等等。

上述各种类型的桃，在江苏省内均有栽培或保存于国家果树种质南京桃资源圃。

第三节　品种

《江苏省果树资源普查统计资料》（1982）记载了 235 个品种，大部分品种已不再在生产中应用，有的甚至已经失传，少部分品种仍在生产中应用。

一、地方品种

1. 白花水蜜（图 8–1）

图 8–1 ‘白花水蜜’果实

晚熟桃品种，也是无锡水蜜桃的代表品种，最早发现于无锡新渎区马鞍乡的胥山湾，系上海水蜜桃后裔。该品种品系较多，以‘平顶白花’品质最优。20 世纪后期在全省大部分产区均有栽培，目前以无锡产区为主，而且面积逐年缩小。

树姿较开张。1 年生枝阳面红褐色，长果枝平均节间长度 2.44 cm。叶片卵圆披针形，长 16.40 cm，宽 4.41 cm，叶柄长 1.02 cm，叶面平展，绿色，叶尖渐尖，叶基楔形，叶缘钝锯齿，蜜腺肾形，2~3 个。花蔷薇型，花冠直径 4.06 cm，花瓣粉红色。花药浅黄色，无花粉。萼筒内壁绿黄色，雌蕊高于雄蕊。

果实椭圆形或卵圆形，平均单果重 150 g，大果重可达 450 g，纵径 7.20 cm，横径 6.76 cm，侧径 7.05 cm。果顶圆或微尖，两半部不对称，稍有大小面，缝合线浅，梗洼狭而深。果皮底色乳黄色，阳面浅红色，着色较少。茸毛短而细密，果皮厚韧、易剥离；果肉乳白色，肉质细腻，为硬溶质，近核处红色；纤维少，汁液中等。风味甜，香气浓，含可溶性固形物 13%~15%，可溶性糖 8.40%，可滴定酸 0.15%，维生素 C 6.90 mg/100 g。粘核，核椭圆形。

在苏南地区，2 月下旬萌芽，3 月底盛花，4 月上旬末花，花期偏迟，有利于避开晚霜危害，8 月上旬果实成熟，果实发育期 126 天，10 月底开始大量落叶，11 月中旬落叶终止，年生育期 250 天左右。

树势强，各类果枝均能结果。复花芽为主，无花粉，种植时需配置授粉树，并辅以人工点粉；开花期遇不正常天气时，常造成产量不稳定，正常气候条件下自然坐果率 17.9%。对病虫害的抵抗能力较强，较抗桃炭疽病和细菌性穿孔病，对流胶病抗性中等，注意防治疮痂病。

该品种为异质性白肉桃，利用其作为亲本材料，育成了‘雨花露’‘朝晖’‘朝霞’‘霞晖 5 号’‘锦绣’等 20 多个品种，是重要的育种亲本材料。由于无花粉，产量不稳，目前栽培面积越来越小。

2. 红花水蜜

该品种可能系无锡市于 20 世纪 20 年代初从浙江奉化引入的‘玉露水蜜’，但习惯上视为无锡地方品种，‘红花水蜜’即无锡地方品种名，且有‘大红花’‘小红花’等不同品系。主要分布在无锡、苏州等市。

树势强，枝和节间均较短，花芽多，花深粉红色，故名红花。花药鲜红，花粉多。果形圆整而略呈圆筒状，果顶平，缝合线浅，两半部较匀称。果实大小中等，平均单果重 100 g。果皮淡黄绿色，有红色细斑点，果顶及缝合线处有红霞，皮易剥离。果肉乳白色，近核处鲜红或深红，肉质柔软细密，易溶，纤维少，汁液多，有香气，风味浓甜，可溶性固形物含量 13.5%~14.5%，品质优。粘核。

该品种自然坐果率 38.7%，丰产稳产，果实成熟期 7 月底至 8 月上旬。过熟后易烂，耐贮运性较差。

原始的‘红花水蜜’已难以找到，目前无锡、张家港等地种植的“红花”与原品种存在一定的差异。

3. 锡蜜（图 8-2）

无锡地方品种，在无锡大浮乡东山头村原名旭蜜，1964 年时仅存 4 株，于当年品种评选会时更名‘锡蜜’，无锡、苏州、南通等市均曾有分布。

树势强，树形较直立，枝粗壮，长果枝平均节间长度 2.33 cm。叶宽披针形，长 16.61 cm，宽 4.42 cm，叶柄长 0.90 cm，叶面平展，绿色，叶尖渐尖，叶基楔形，叶缘钝锯齿，蜜腺肾形，2 个。花蔷薇型，花冠直径 4.43 cm，花瓣粉红色；花药橘黄色，有花粉；萼筒内壁绿黄色，雌蕊与雄蕊等高或稍高于雄蕊。

图 8-2 ‘锡蜜’果实

果实近圆形，大小中等，平均单果重 151 g，大果重可达 220 g，纵径 6.18 cm，横径 6.40 cm，侧径 6.03 cm。果皮淡青绿色，果顶部微红，外观艳丽。果肉白色，肉质柔软多汁，味酸甜，具芳香，品质中等，含可溶性固形物 10%~12%，可溶性糖 5.47%，可滴定酸 0.57%，维生素 C 5.11 mg/100 g。粘核，核椭圆形。

盛花期在 3 月下旬，6 月中下旬果实成熟，果实发育期 85 天；核易开裂，自然坐果率 45.2%，较丰产稳产。

该品种成熟期较早，果形较大，香气浓，缺点是含酸量稍偏高，影响风味品质，肉质太软，且皮薄，极不耐放。目前已很少栽培。

4. 陆平（图 8-3）

别名陆林，原产宜兴市归迳乡陆平村，陆林为陆平之谐音，非品种名，为当地所产各种硬肉桃品种的称呼，国家果树种质南京桃资源圃保存的种质名称为陆林，南方硬肉桃类型。原分布在苏州、无锡、常州等 9 个市，曾是江苏省栽培面积较大的硬肉型品种，现在已经很少生产栽培。

图 8-3 ‘陆平’果实

树姿较直立。1 年生枝阳面红褐色，长果枝平均节间长度 2.16 cm；叶片卵圆披针形，长 14.0 cm，宽 3.70 cm，叶柄长 0.86 cm，叶面平展，绿色，叶尖渐尖，叶基楔形，叶缘钝锯齿，蜜腺肾形，2~4 个。花蔷薇型，花冠直径 3.49 cm，花瓣粉红色；花药橘黄色，有花粉；萼筒内壁绿黄色，雌蕊稍低于雄蕊。

果实卵圆形，果顶圆凸，缝合线中深，两半部稍不对称。果个大，平均单果重 125 g，大果重可达 400 g，纵径 6.21 cm，横径 5.90 cm，侧径 6.05 cm。果皮绿白色，有红色晕斑。果肉白色，肉质硬脆，充分成熟时易发绵，具以核为中心的粉红色放射状线，汁液较少，风味甜，含可溶性固形物 10.6%~14.0%，可溶性糖 8.67%，可滴定酸 0.39%，维生素 C 7.13 mg/100 g。离核，核椭圆形。

在南京地区，3 月初萌芽，3 月下旬盛花，花期持续 5~7 天，果实 7 月上中旬成熟，果实发育期 98 天以内，10 月下旬开始大量落叶，11 月中旬落叶终止，年生育期 263 天。

树势强，生长健壮，萌芽力与发枝力均强，树冠内枝条较密集。长果枝、中果枝、短果枝、花束状果枝各占 40.4%、20.7%、26.7% 和 12.2%，各类果枝均能结果。花芽起始节位为第 3~5 节，多单花芽，自然坐果率 43.5%，极丰产，盛果期每亩产量可达 1 480 kg。

该品种是一古老的南方硬肉桃品种，果实品质中等，耐贮性好，适应能力强，较耐粗放管理，丰产，适宜交通不便地区种植，但易受桃炭疽病危害。

5. 野鸡红（图 8-4）

图 8-4 ‘野鸡红’果实

苏南地方品种，属硬肉桃类，主要分布在镇江、常州、无锡等市。该品种品系多，如‘尖嘴野鸡红’‘圆野鸡红’‘小野鸡红’‘大野鸡红’等，不同品系间在果实大小、形状、成熟期等性状表现略有差别。

树姿开张。1 年生枝阳面红褐色，长果枝平均节间长度 3.02 cm；叶片卵圆形或长椭圆披针形，长 15.73 cm，宽 4.60 cm，叶柄长 1.22 cm，叶面平展，绿色，叶尖渐尖，叶基楔形，叶缘钝锯齿，蜜腺肾形，2~4 个。花蔷薇型，花冠直径 4.08 cm，花瓣粉红色；花药橘红色，有花粉；萼筒内壁绿黄色，雌蕊稍高于雄蕊。

果实卵圆形，个较小，平均单果重 122 g，纵径 6.22 cm，横径 5.88 cm，侧径 6.02 cm。果顶圆凸或尖圆，两半部较对称，缝合线、梗洼中深。果皮底色乳白色，果面全面着深红色，果实成熟一致。茸毛中密，果皮中厚、易剥离。果肉红色，肉质硬脆。纤维中等，汁液较少；风味酸甜或甜，含可溶性固形物12%,可溶性糖10.10%,可滴定酸0.29%。离核,核椭圆形。

在南京地区,3月下旬盛花,花期持续1周,6月下旬果实成熟,果实发育期90天,3月初萌芽,10月下旬开始落叶,11月上中旬落叶终止,年生育期257天。

该品种树势较强,抗逆性强,在镇江、溧阳、宜兴一带仍有栽培。由于其果肉红色,抗氧化能力较高(1 186.04 ± 46.05 μg Trolox/g),近年来备受关注。

6. 太仓水蜜

别名朱砂红,系太仓地方品种,在历史上曾负盛名,主要分布在太仓市南郊乡。

树势强,树姿开张。枝粗壮,长枝较多,枝条分布均匀。长果枝结果为主,花芽多着生在长果枝中上部,多复花芽。叶狭披针形,较大,叶色深。花为蔷薇型,粉红色,有花粉。

果实圆形,果顶部圆平。缝合线中浅,两侧基本对称,果大小中等,平均单果重126 g。果皮底色白色,有红色斑点,茸毛较稀,皮厚度中等,熟时易剥离。果肉乳白色,近核处浅红,肉质软溶,纤维中等,味甜酸,可溶性固形物含量8.4%~11.6%,汁液中等,有香气,品质中等。核半离。

果实成熟期在7月下旬,该品种适应性较强,较抗病虫,结实能力强,丰产。果实外观较美,但风味偏酸。

7. 牛脚壳蟠桃

无锡、常州一带地方品种,果形似牛蹄,故名。

树冠开张度大,近盘形,树势中庸,枝条节间短,花芽着生部位低。叶披针形,叶缘有皱褶。花形大。果实扁平形,形似牛蹄,果顶凹入,两半部大小不对称,缝合线一边厚而凸,另一边薄而平。果实较大,平均单果重100 g,大果重可达160 g。果梗特短,果皮青白色,果顶部有红霞,皮厚韧,易剥离。果肉白色,近核处同色,肉质细软,汁液多,味甜,可溶性固形物含量10%~12%,微有香气,品质上等。粘核。

果实成熟期在7月中下旬,成熟时果实的两半部以及果顶部和底部成熟度不一致,顶部先熟而底部尚生,从而影响食用品质,也影响运输。

该品种属蟠桃类,较稀少,且品质优良,被认为是桃中珍品。唯产量低、果实各部位成熟度不一致、不耐运输是其缺点。

8. 一线红(图8-5)

淮阴地方品种,属硬肉桃类,分布于徐淮地区。国家果树种质南京桃资源圃保存的‘一线红’来源于安徽宣城,与此品种性状相似。

树势强,树姿半开张,叶片长椭圆披针形,叶色黄绿,蜜腺肾形,花芽尖,茸毛多。果实卵圆形,顶部尖圆,梗洼小而深,缝合线浅,两半部不对称,平均单果重100 g,大果重可达120 g。果

图 8-5 ‘一线红’果实

皮黄绿色，沿缝合线处有一条红线着色，因此而得名。果皮薄，不易剥离。果肉白色，肉质细脆，汁中多，可溶性固形物含量 11%~12%。离核。

3 年生始果，5 年生进入盛果期，产量中等。花芽从第 4 节开始着生，优良花芽分布在果枝中上部，以短、中果枝结果为主，生理落果中等。果实成熟期为 7 月中旬，成熟一致，能存放 7 天。

该品种适应性强，抗霜、耐旱力强，但抗病力和耐涝性差。

9. 莳桃

曾是南京郊区及镇江、扬州沿江一带的主要地方品种，无锡、淮安等市也有分布，属硬肉桃类。南京的‘莳桃’根据其成熟期分为‘头水莳桃’和‘二水莳桃’，镇江的‘莳桃’又叫‘酸桃’。各市志对‘莳桃’性状的记述不尽一致，如南京、镇江的‘莳桃’为果顶凹、白肉；而扬州、无锡、淮安的‘莳桃’果顶凹而有突起、红肉，其性状颇似南京之‘硕桃’。因此，各地的‘莳桃’或系同名异物。

根据《南京市志》，南京的‘莳桃’树势中庸，树姿半开张，以长、短果枝结果为主，长果枝花芽分布在 30 cm 以内。果实大小中等，近圆形，果顶微凹，缝合线浅，果皮底色黄绿，阳面深红色，并有小红点，茸毛少，剥皮难。果肉绿白色，近果皮处红色，近核处有红线，肉质紧脆，味甜酸，汁液少，品质中下。粘核。在南京成熟期为 6 月上中旬。

10. 五月红

分布于苏北各市及南京、镇江等地，属硬肉桃类。有关‘五月红’的性状，多数市志的描述大体一致。唯南通的‘五月红’果实为长圆形、顶平凹；南京的‘五月红’为白肉，应为同名异物。

根据《淮阴市志》，该品种树姿较直立，叶片狭披针形。果实大小中等，平均单果重 90 g，果实圆形，果顶有尖突，缝合线较深，两侧不对称，果皮浅黄绿色，缝合线两侧及顶部深红色。果肉暗红色，肉质脆，汁少，味甜酸，可溶性固形物含量 8%~9%，品质中等。离核。南通的‘五月红’，果顶圆平略凹入，果个较大，平均单果重 165 g，6 月下旬果实成熟。

树势中庸偏强，5 年生进入盛果期，长、中、短果枝都有，优良花芽着生于枝条中部，果实成熟期为 6 月初，较耐贮运。

该品种适应性强，较耐粗放管理。

11. 平顶红

宿迁地方品种，泗阳县郑楼乡施庄村种植。

树势强，树姿半开张。叶宽披针形，色暗绿。有蜜腺。果实中大，平均单果重 93 g，大小较整齐，果形圆，顶部平圆，缝合线中深，两侧不对称；果皮白色，有粉红霞，皮易剥离，茸毛中多；果肉暗红色，汁多味甜，肉质软溶，纤维少，香气淡，可溶性固形物含量 10%，品质中上。离核。

3 年生始果，复花芽多，始生部位为第 6 节，以长、中果枝结果为主，优良花芽着生在结果枝中、上部，生理落果中等。果实成熟期为 6 月下旬，成熟一致，能存放 5 天。

该品种适应性强，耐旱，抗风，抗寒，较耐涝，耐盐碱力弱，抗病力中等，但易感染褐腐病和遭受桃蛀螟危害。

12. 冬桃

别名冻桃、雪桃，徐州市沛县地方品种。

树势强，树姿较开张，新梢细长，绿红色，叶较小而色略浅。果圆形或不正圆形，顶部平而微凹。果实较小，平均单果重 70 g，大果重可达 100 g；果皮底色黄绿色，阳面着红色，茸毛稀；果肉淡黄白色，近核处深红色，味带苦涩，品质不佳。半离核，常见裂核或有双仁现象。

生长旺，幼树二次枝发生量多，树冠易郁闭。3 年生、4 年生开始结果，以中、长果枝结果，盛果期以短果枝、花束枝为主，生理落果轻，坐果率高，无采前落果，成熟期为 11 月中旬，可迟至 12 月中旬采收。果实发育前期如遇旱而后期多雨，易发生裂果。

该品种较耐瘠薄土壤，耐寒性强，抗病性较强，果实极晚熟而耐贮藏，对调节市场供应具有一定意义。但果形偏小、品质不佳，已很少栽培。

13. 中湖景（图 8-6）

无锡产区主栽中熟水蜜桃品种。

树姿较开张。1 年生枝阳面红褐色，长果枝平均节间长度 2.20 cm；叶片宽披针形，长 17.11 cm，宽 4.19 cm，叶柄长 1.21 cm，叶面平展，绿色，叶尖渐尖，叶基楔形，叶缘钝锯齿，蜜腺肾形，2 个。花蔷薇型，花冠直径 4.66 cm，花瓣深粉红色；花药橘红色，有花粉；萼筒内壁绿黄色，雌蕊与雄蕊等高或稍高于雄蕊。

图 8-6 ‘中湖景’果实

果实圆形，平均单果重 201 g，大果重可达 355 g，纵径 6.98 cm，横径 7.21 cm，侧径 7.73 cm。果顶圆平，两半部较对称，缝合线中而明显，梗洼中深。果皮底色乳白色，果面着细点红晕和斑纹，外观美丽。茸毛密度中等，果皮中厚、难剥离；果肉白色，夹带红丝，近核处放射状红丝，肉质致密，为硬溶质。纤维、汁液中多。风味甜，有香气，含可溶性固形物12.0%~14.5%，可溶性糖 9.60%，可滴定酸 0.26%。粘核，核椭圆形。

在无锡地区，3 月下旬盛花，花期持续约 1 周，7 月下旬果实成熟，果实发育期 117 天；3 月上旬萌芽，落叶期在 10 月中旬至 11 月中旬，年生育期 254 天。

树势较强，生长健壮，各类果枝均能结果，幼树以长、中果枝结果为主。花芽着生部位第 2~3 节，复花芽多，自然坐果率 43.0%，丰产稳产。

该品种果实在梅雨后成熟，风味甜，肉质致密，软熟后柔软多汁，具有传统水蜜桃的甜香风味，品质佳。

14. 晚湖景（图 8-7）

无锡产区主栽晚熟桃品种。

树姿开张。1 年生枝阳面红褐色，长果枝平均节间长度 2.41 cm。叶片大，长椭圆披针形，长 17.96 cm，宽 4.98 cm，叶柄长 1.19 cm，叶面平展，绿色，叶尖渐尖，叶基楔形，叶缘钝锯齿，蜜腺肾形，2~3 个。花蔷薇型，花冠直径 4.00 cm，花瓣深粉红色；花药橘红色，有花粉；萼筒内壁绿黄色，雌蕊与雄蕊等高或稍高于雄蕊。

图 8-7 ‘晚湖景’果实

果实圆形，平均单果重 212 g，大果重可达 436 g，纵径 6.98 cm，横径 7.00 cm，侧径 7.47 cm。果顶圆平微凹，两半部较对称，缝合线中等，梗洼中深。果皮底色乳白色，果面着红晕、斑纹。茸毛密度中等，果皮较厚、难剥离；果肉白色，近核处着红丝，肉质致密，为硬溶质。纤维中等，汁液中多。风味甜，有香气，含可溶性固形物 13.2%，可溶性糖 11.16%，可滴定酸 0.21%。粘核，核卵圆形。

在无锡地区，3 月下旬盛花，花期持续约 1 周，8 月上中旬果实成熟，果实发育期 135 天。3 月上旬萌芽，10 月中旬开始大量落叶，11 月中旬落叶终止，年生育期 256 天。

树势较强，生长健壮，各类果枝均能结果，幼树以长、中果枝结果为主。盛果期树徒长性果枝、长果枝、中果枝、短果枝、花束枝比例分别为 2.8%、29.8%、24.8%、30.7%、11.9 %。花芽着生部位第 2~4 节，复花芽多，自然坐果率 39.0%，丰产性好。

该品种果实成熟晚，肉质致密，较耐贮运。果实成熟后期水分供应不均衡时缝合线处易出现发青软熟现象。

15. 启东油桃

启东地区农家品种，在当地曾零星少量栽植。

图 8-8 ‘启东油桃’10 年生树干

树姿开张。1 年生新梢阳面红色，长果枝平均节间长 2.52 cm。叶为宽披针形，长 16.3 cm，宽 3.74 cm，叶柄长 1.18 cm，先端渐尖，基部楔形，叶缘钝锯齿。蜜腺 3~4 个，肾形。花蔷薇型，花冠直径 3.60 cm，花瓣粉红色；花药橘红色，有花粉；萼筒内壁绿黄色，雌蕊与雄蕊等高。

果实圆形，平均单果重 108 g，大果重可达 214 g，纵径 6.27 cm，横径 5.96 cm，侧径 6.05 cm。果顶圆平，缝合线中深，两半部不对称。果皮绿白色，顶部、腹部两侧有少量红色斑点晕，可剥离。果肉白色，有少量红丝，纤维中粗、量多，汁液中多，完全成熟时果肉绵。风味酸多甜少，含可溶性固形物 10%，可溶性糖 5.56%，可滴定酸 0.71%，维生素 C 6.83 mg/100 g。离核，核面粗，倒卵圆形。

树势中庸，萌芽力与成枝力弱。以中、短、花束枝结果为主。花芽起始节位高，多单花芽，花芽呈三角形。坐果率与产量均中等，果实裂果和采前落果现象较重。

在南京地区，3 月下旬盛花，6 月下旬果实采收，果实发育期约 95 天。3 月初叶芽开放，11 月中旬落叶终止，生育期 268 天。

该品种为早熟油桃品种，品质差，不耐贮运，且有裂果现象，商品性较低，采前落果严重。12 年生树体几乎无流胶，流胶病抗性能力强（图 8-8）。

除此之外，还有其他一些地方品种（表 8-1）。

表 8-1 其他地方桃品种

编号	品种名称	当地名	保存地或分布	主要特征及特性	备注
1	吴江红		吴江	大果形，近圆形，顶部圆而微凹，缝合线浅，两侧对称。果皮淡黄绿色，有红霞和红色细点；果肉乳白色，肉质柔软，纤维稍多，汁液多，甜酸适中，品质中等，半离核。成熟期 7 月下旬	吴江地方品种
2	吴江白		吴江	果大小中等，圆形而稍扁，顶部微凹，果皮底色黄绿，易剥离；果肉乳白色，近核处紫红色，肉质柔软，纤维中等，汁液较多，风味酸甜而浓，品质中等，离核。成熟期 7 月下旬	吴江地方品种，南京桃资源圃保存
3	金钱蟠桃		武进潘家	果实扁平形，小如金钱，故名。肉白色，味极甜，风味浓，品质上等。成熟期 7 月下旬，产量偏低	《常州市志》列为地方品种，南京桃资源圃保存

续表

编号	品种名称	当地名	保存地或分布	主要特征及特性	备注
4	盛泽蟠桃		吴江盛泽	果实扁平形，平均单果重 146 g。果肉白色，肉质松软，风味甜浓，可溶性固形物含量 14%。7 月下旬成熟，产量不高，果顶易烂	《中国果树志·桃卷》
5	头堡红		宜兴张渚	果形较小，肉硬脆，味淡甜。成熟期 6 月上旬	宜兴地方品种，陆平桃中一品系
6	二堡红		宜兴张渚	果形较‘头堡红’大，平均单果重 80 g，肉质硬脆，味甜，品质上等。成熟期 6 月中下旬	宜兴地方品种，陆平桃中一品系
7	三堡红		宜兴张渚	小果形，平均单果重 65 g，肉质脆，味甜。成熟期 6 月底至 7 月初	宜兴地方品种，陆平桃中一品系
8	五月桃		溧阳、吴中、无锡	果大小中等，果形有圆形、卵圆形之分，顶尖均突起，肉色紫红，肉质脆，味酸甜，品质中等。成熟期 6 月中下旬	按果形可分为圆形和卵圆形不同品系
9	杨桃		宜兴张渚、官林	果大小中等，平均单果重 110 g，肉质硬脆，品质上等。成熟期 6 月上旬	宜兴地方品种
10	早甜桃		溧阳新昌、戴埠	果形圆整美观，肉白色，肉质脆，味极甜。成熟期 6 月下旬	
11	迟甜桃		溧阳新昌、戴埠	肉质脆，味甜。成熟期 7 月中旬	
12	莳里白		武进潘家	果形中大，近圆形或卵圆形，果皮黄绿色，成熟时泛白色，果肉白色，质脆，汁液多，味甜，品质中上，粘核。成熟期 7 月初	《常州市志》记载
13	莳里白		昆山淀西乡、陈墓乡	果形较大，平均单果重 160 g，尖圆形，缝合线两侧对称。果皮底色白，向阳面粉红，果肉暗红色，近核处同色，汁液少，味甜酸，品质中等，离核。成熟期 6 月下旬	根据《苏州市志》，品种引自无锡
14	六月白		句容、丹徒	果大小中等，平均单果重 95 g，卵圆形，顶尖圆，无突起，皮色黄绿，彩色红。果肉白色，近核处同色，肉质脆，汁液少，味甜，品质中上，半离核。成熟期 7 月上中旬	镇江市列为地方品种
15	二发早		丹阳白龙寺等地	果大小中等，平均单果重 100 g，椭圆形，两侧不对称，果顶平圆，果皮黄绿色，彩色浅红，果肉白色，近核处同色，肉质脆，汁液中多，味甜，品质中上，粘核。成熟期 6 月下旬至 7 月初	镇江市列为地方品种
16	早小花皮		句容浮山乡	果形中小，平均单果重 80 g，心脏形，肉色暗红，肉质硬，汁液中少，味浓甜，品质中上。成熟期 6 月下旬	镇江市列为地方品种

续表

编号	品种名称	当地名	保存地或分布	主要特征及特性	备注
17	晚小花皮		句容浮山乡	果形中小，平均单果重 85 g，心脏形，肉色暗红，肉质硬，汁液中少，味甜，品质中上。成熟期 7 月上旬	镇江市列为地方品种
18	火珠	火驹	栖霞区马群	果实大小中等，平均单果重 90 g，成熟时全果红色，果肉亦红色，肉质较细，汁液少，采后易发绵。成熟期 6 月下旬，丰产	南京市地方品种，南京桃资源圃保存
19	六月团		南京	果实圆球形，顶部具钝尖突，缝合线明显，平均单果重 90 g。果皮黄绿色，顶部及缝合线红色，果肉白色，近皮部红色，风味酸甜适中。成熟期 6 月底至 7 月初	南京市地方品种，南京桃资源圃保存
20	酥红	苏红	南京市各区	果长圆形，中等大小，先端有乳状突起，梗洼深而广，缝合线稍深，果皮黄绿色，果肉乳白色，近核处淡紫红色，肉质脆，汁液少，味酸稍甜，品质中下，离核或半离核。成熟期 7 月初	南京市地方品种，南京桃资源圃保存
21	花山蜜桃	火油桃	高淳蒋山、花山一带	小果形，果皮嫩绿色带红晕，外观艳丽，肉质清脆，肉色白里带红，含糖量高，可溶性固形物含量 12%~13%，有特别香味，品质在早桃中居优。成熟期 5 月底至 6 月上旬	
22	古柏早生		高淳古柏乡、丹徒高桥	果实卵圆形，平均单果重 120 g，肉白色，肉质软，汁液多，味酸甜，品质中上。成熟期 6 月中旬	高淳地方品种
23	关公脸	血桃	灌南县果园、铜山县房村镇、大丰县等	果中等大，圆形，顶尖突起，缝合线中深，两侧对称，果皮紫红色，茸毛多，果肉紫红色，肉质脆，汁液中多，味酸甜，品质中等，离核。成熟期 7 月中旬	《淮阴市志》列为地方资源，可能引自中央大学太平园艺场
24	青桃		金湖县果园	果形较大，卵圆形，顶部尖有圆突起，缝合线中深，两侧不对称，果皮底色浅绿，彩色暗红，皮薄易剥，果肉浅绿色，近核处同色，肉质脆，汁液中多，味甜，品质上等，半离核。成熟期 7 月中旬	《淮阴市志》列为地方资源，可能引自中央大学太平园艺场
25	大甜桃		淮安市果园	果形较大，平均单果重 150 g，圆形，顶部尖圆，缝合线浅，果皮黄绿色，顶部及阳面红色，果肉白绿色，肉质脆，汁液中多，味甜，品质中上，离核。成熟期 7 月中旬	《淮阴市志》列为地方资源，可能引自中央大学太平园艺场；《中国果树志·桃卷》记载同名品种为南京农家栽培品种，硬肉桃

续表

编号	品种名称	当地名	保存地或分布	主要特征及特性	备注
26	大叶白花桃		淮安市果园	果圆形或卵圆形，有顶部圆尖及圆平两个品系，缝合线两侧对称，果皮底色浅黄，近果尖处有红点，果肉白色，质脆，味淡甜，稍有苦味，熟后肉易松绵。成熟期6月下旬至7月上旬	《淮阴市志》列为地方资源，可能引自中央大学太平园艺场
27	六月鲜		灌南县三口良种场	果中大，平均单果重100 g，尖圆形，顶部突起，果皮底色浅绿，彩色红，艳丽，剥皮难，果肉暗红色，近核处同色，肉质硬溶，汁液多，味甜，香气浓，品质上等，半离核。成熟期7月上旬	江都沙洼果园的'六月鲜'，白肉，平顶，水蜜桃型
28	青湖边		宿迁南蔡乡	果实较大，圆形，顶部微尖，果皮半边青绿色，半边红色，汁液多，品质上等。成熟期6月下旬	
29	白湖边		宿迁南蔡乡	果实较大，圆形，顶部尖，果皮底色绿，彩色红，果肉红色，汁液多，品质上等。成熟期6月下旬	
30	秋半斤		盱眙县龙山林场、河桥乡	果实大，平均单果重275 g，果皮浅绿色，向阳面红色，果肉黄白色，肉质脆，水分少，味甜，品质上等。成熟期8月中下旬	成熟期、果实大小与《中国果树志・桃卷》以及南京桃资源圃保存同名品种（原产南京）记载不一致
31	甜中早		沭阳县李恒苗圃	果实中大，圆形，顶部圆平，果皮色浅绿色，阳面浅红色，肉白色，近核处浅红色，味甜，品质中等。成熟期6月下旬至7月上旬	宿迁市地方品种
32	血皮带		淮安茭陵乡	果实较小，圆形，果皮底色浅绿，彩色深红，果肉浅绿色，质脆，汁液中多，味甜酸，品质中下。成熟期6月中下旬	淮安市地方品种
33	胡子赖		涟水县梁岔镇、河网乡	品质中等。成熟期7月下旬至8月上旬	淮安市地方品种
34	弯尖桃		新沂炮车镇	果中等大，平均单果重100 g，果顶尖长而弯向一侧，果皮紫红色，果肉淡红色，味淡甜不酸，离核。成熟期6月底至7月初	
35	秋里白		滨海县果林、临淮乡	果实中大，果皮绿白色，成熟时果尖微红，树势中庸，不抗病。成熟期7月中旬	
36	大元白		建湖县恒济、山河乡	果实大，果皮绿白色，缝合线浅，果肉乳白色，品质中等，树势强，丰产。成熟期7月中旬	

续表

编号	品种名称	当地名	保存地或分布	主要特征及特性	备注
37	二红桃		建湖县恒济、山河乡	果实中大,果皮黄色,缝合线深,有红晕,品质中下,树势中庸,抗逆性中等。成熟期7月中旬	
38	早李光桃		原苏州吴县	果实圆形或稍椭圆形,果个小,平均单果重54 g,大果重可达67 g。果顶圆,有一小尖突。果肉乳白色,为软溶质;风味酸浓微甜;离核。8月上中旬果实采收,果实发育期122天;有裂果现象	《中国果树志·桃卷》记载
39	晚李光桃		原苏州吴县	果实圆形或稍椭圆形,果个小,平均单果重60 g;果顶圆,有一小尖突,果肉乳白色,为软溶质,风味酸浓微甜,离核。8月中下旬果实采收,果实发育期133天;裂果严重	《中国果树志·桃卷》记载,南京桃资源圃保存
40	紫油光桃		启东等地	果皮紫色,果肉似毛桃,带红丝,离核,平均单果重75 g。7月中旬成熟,较丰产	《南通市果树志》记载。南京桃资源圃保存的紫油桃来自如皋、海安等地,在当地有20多年的大树,据当地老人回忆,在他们很小的时候就有这类桃果,很可能就是原来的'紫油光桃'
41	红桃		南京	果实圆形或宽心脏形,平均单果重154 g,大果重可达240 g;果肉紫红色,肉质硬脆,风味酸浓;半离核。6月下旬果实采收,果实发育期78天	《中国果树志·桃卷》记载,南京桃资源圃保存
42	白毛园		南京	果实椭圆形,果顶圆,两半部不对称;平均单果重132 g;果肉白色,软溶质,风味甜多酸少,可溶性固形物含量12.8%。半离核。7月中旬果实采收,果实发育期109天,无花粉	南京桃资源圃保存
43	水白桃		南京	果实卵圆形,平均单果重143 g,大果重可达258 g。果顶圆凸,缝合线中深,不正,缝合线处稍带浅绿色。果肉白色,肉质硬脆、致密,纤维少;风味酸,可溶性固形物含量12.9%。半离核。7月上旬果实采收,果实发育期93天	南京桃资源圃保存

除了表8-1中列出的品种外,还曾有'小红桃'(高淳)、'鹅蛋'(六合)、'脆蜜'(六合)、'小红炮'(溧水)、'大白桃'(江浦)、'杏桃'(江浦、六合、连云港)、'蜜桃'(溧水)、'芒种桃'(高淳、

溧水)、'紫皮紫壳'(南京栖霞区)、'秋奎'(秋魁,南京栖霞区)、'四月桃'(吴中、溧阳)、'白肚桃'(吴中)、'白桃'(吴江)、'大红桃'(吴江)、'郎鲜'(吴江)、'黄皮'(红星一号,张家港)、'小青桃'(张家港)、'毛里红'(常熟)、'歪嘴酸'(南京)、'味润桃'(无锡)等品种。

二、引进品种

(一)白肉桃

1. 白凤(图 8-9)

原产于日本,20 世纪 20 年代初自日本引入,曾是江苏中熟桃主栽品种,目前仍有一定的栽培面积。

图 8-9 '白凤'果实

树姿半开张。1 年生枝阳面红褐色,长果枝平均节间长度 2.58 cm;叶片长椭圆披针形,长 15.95 cm,宽 3.78 cm,叶柄长 0.80 cm;叶面平展,绿色,叶尖渐尖,叶基楔形,叶缘钝锯齿,蜜腺肾形,2~4 个。花蔷薇型,花冠直径 4.28 cm,花瓣粉红色;花药橘黄色,有花粉,量多;萼筒内壁绿黄色,雌蕊与雄蕊等高。

果实近圆形,平均单果重 114 g,大果重可达 235 g,纵径 6.29 cm,横径 6.36 cm,侧径 6.80 cm。果顶圆平微凹,两半部较对称,缝合线浅,梗洼中广。果皮底色乳白色,果面着红色条纹和晕;茸毛密度中等,果皮中厚、易剥离;果肉乳白色,近核处有少量红色线,肉质细密,为硬溶质;纤维中等,汁液中多;风味甜,有香气,含可溶性固形物 11.5%,可溶性糖 7.89%,可滴定酸 0.23%,维生素 C 5.16 mg/100 g。粘核,核椭圆形。

在南京地区,3 月下旬盛花,花期持续约 1 周,7 月中旬果实成熟,果实发育期 95 天左右。3 月初萌芽,10 月底开始大量落叶,11 月中旬落叶终止,年生育期 253 天。

树势中庸偏强,生长健壮。6 年生树徒长性果枝、长果枝、中果枝、短果枝、花束枝比例分别为 0.9%、32.1%、16.1%、47.7%、3.2%,各类果枝均能结果。长果枝花芽起始节位为第 2~3 节,复花芽多,自然坐果率 32.8%。早果性好,丰产稳产。

该品种适应性广,抗逆性强,果实品质优良,芽变频率高,变异较多。果形偏小,栽培上需尽早疏花疏果,并加强肥水管理。

2. 玉露(图 8-10)

从浙江奉化引入,江苏各市均曾栽培,由于肉质过于柔软,因此新发展的桃园已不再种植。

树姿较开张。1 年生枝阳面红褐色,长果枝平均节间长度 2.74 cm;叶片长椭圆披针形,长 15.66 cm,宽 4.11 cm,叶柄长 1.07 cm,叶面平展,绿色,叶尖渐尖,叶基楔形,叶缘钝锯齿,蜜腺肾形,2~4 个。花蔷薇型,花冠直径 4.55 cm,花瓣粉红色;花药橘黄色,有花粉;萼筒内壁绿黄色,

图 8–10 ‘玉露’果实

雌蕊与雄蕊等高或稍高于雄蕊。

果实圆形，平均单果重 138 g，大果重可达 195 g，纵径 6.33 cm，横径 6.35 cm，侧径 6.00 cm。果顶圆平微凹，两半部较对称，缝合线浅，梗洼中深。果皮底色乳黄色，果面着浅红色细点晕；茸毛密度中等，果皮中厚、易剥离；果肉乳白色，近核处红色，肉质细腻，柔软，为软溶质；纤维少，汁液多；风味甜香，含可溶性固形物 15.0%，可溶性糖 8.05%，可滴定酸 0.21%，维生素 C 6.78 mg/100 g。粘核，核椭圆形。

在南京地区，3 月下旬至 4 月初盛花，8 月上中旬果实成熟，果实发育期 123 天。2 月下旬萌芽，10 月底开始大量落叶，11 月中旬落叶终止，年生育期 253 天。

树势中庸偏强，生长健壮，各类果枝均能结果。以复花芽为主，自然坐果率 37.9%，丰产稳产。流胶病抗性中等，对其他病虫害抵抗能力较强。

该品种风味佳，品质优，是软溶质水蜜桃的代表，但肉质过于柔软，所以极不耐贮运，且果肉易褐变。有较多品系，如‘平顶玉露’‘尖顶玉露’‘早玉露’‘晚玉露’等。

3. 砂子早生（图 8–11）

日本品种，1979 年从上海、浙江引入，南京、镇江、无锡、苏州等市均有少量栽培。‘源东白桃’‘安农水蜜’与此品种性状近似。

图 8–11 ‘砂子早生’果实

树姿较开张。1 年生枝阳面红褐色，长果枝平均节间长度 2.41 cm。叶片长椭圆披针形，长 15.79 cm，宽 4.02 cm，叶柄长 0.83 cm。叶面平展，绿色（秋叶红色），叶尖渐尖，叶基楔形，叶缘钝锯齿，蜜腺肾形，2~4 个。花蔷薇型，花冠直径 3.93 cm，花瓣粉红色；花药黄色，花粉不稔；萼筒内壁绿黄色，雌蕊高于雄蕊。

果实近圆形，平均单果重 159 g，大果重可达 283 g，纵径 7.10 cm，横径 6.94 cm，侧径 7.21 cm。果顶圆凸，两半部较对称，缝合线浅，梗洼中深。果皮底色乳白色，顶部着红色细点、晕；茸毛较稀，果皮中厚、易剥离；果肉乳白色，肉质致密，过熟时易“沙质化”；纤维少，汁液中等；风味甜微酸，含可溶性固形物 10.1%，可溶性糖 7.59%，可滴定酸 0.16%，维生素 C 5.63 mg/100 g。半离核，核椭圆形。

在南京地区，3 月下旬盛花（花期偏晚），6 月下旬果实成熟，果实发育期 80 天。3 月初萌芽，10 月底开始大量落叶，11 月中旬落叶终止，年生育期 256 天。

树势强，树冠大。6年生树徒长性果枝、长果枝、中果枝、短果枝比例分别为0.7%、42.8 %、25.7%、30.8%。花芽起始节位第3~4节，单复花芽混生，自然坐果率20.8%。

该品种在早熟品种中果形较大，适应性与抗逆性良好，但花粉不稔，自花不实，且易落果，影响产量，栽植时需配置授粉品种，面积已很少。

4. 仓方早生（图8-12）

日本品种。20世纪70年代引入江苏，在新沂种植的‘中国砂红’等与此品种性状近似。

树姿较开张。1年生枝阳面红褐色，长果枝平均节间长度2.53 cm。叶片长椭圆披针形，长15.25 cm，宽3.75 cm，叶柄长0.96 cm。叶面平展，绿色，叶尖渐尖，叶基楔形，叶缘钝锯齿，蜜腺肾形，2~4个。花蔷薇型，花冠直径4.37 cm，花瓣粉红色；花药黄色；萼筒内壁绿黄色，雌蕊高于雄蕊。

图8-12 ‘仓方早生’果实

果实圆形，平均单果重167 g，大果重可达503 g，纵径6.87 cm，横径6.90 cm，侧径7.17 cm。果顶圆平，两半部较对称，缝合线浅，梗洼中等，果形整齐端正；果皮底色乳白色，果顶及阳面覆盖有红色晕，茸毛中等，果皮中厚，难剥离。果肉白色，带红丝，近核无色，肉质致密，纤维较粗，汁液中等，为硬溶质；风味甜，有香气，含可溶性固形物10.6%，可溶性糖7.87%，可滴定酸0.17%，维生素C 4.74 mg/100 g。粘核，核较大，椭圆形。

在南京地区，3月底至4月上旬盛花，花期偏迟，果实7月上旬成熟，果实发育期91天。3月上旬萌芽，落叶期在10月中旬至11月中旬，年生育期250天。

树势强，萌芽力、成枝力和副梢形成果枝能力均较强，结果枝较粗而长。6年生树徒长性果枝、长果枝、中果枝、短果枝、花束枝比例分别为0.8%、19.7 %、20.1%、56.2%、3.2%。花芽起始节位第2~3节，单复花芽混生，自然坐果率20.7%，产量中等偏低，一般每亩产量在1 000~1 400 kg。

该品种早熟、果大、质优、耐贮运，在早熟桃中属风味较浓品种。对细菌性穿孔病、流胶病的抵抗力较强。缺点是花粉不稔，种植时需配授粉树，并视天气情况进行人工授粉，以确保产量。

5. 春蕾

上海市农业科学院园艺研究所于1974年利用幼胚组织培养技术培育而成，1985年定名。20世纪80年代引入江苏，曾广为栽培，引入时代号为‘沪005’。

树势强，树姿较开张。1年生枝阳面红色，长果枝平均节间长度2.36 cm。叶片长椭圆披针形，绿色，叶尖渐尖，叶基楔形，蜜腺肾形，2个。花蔷薇型，花冠直径4.74 cm，花瓣粉红色；花药橘黄色，有花粉；萼筒内壁绿黄色，雌蕊与雄蕊等高。

果实卵圆形，平均单果重 72 g，大果重可达 120 g，纵径 6.07 cm，横径 5.12 cm，侧径 4.90 cm。果顶尖圆，先于其他部位果肉成熟，两半部不对称，缝合线中，梗洼中深。果皮乳白色，果顶部着少量红点；茸毛中等，皮易剥离；果肉白色，肉质松软；纤维和汁液中等；风味甜淡，含可溶性固形物 8.9%，可溶性糖 7.32%，可滴定酸 0.26%，维生素 C 7.21 mg/100 g。半离核，核卵圆形。

在南京地区，3 月下旬盛花，5 月底果实成熟，果实发育期 57 天。2 月下旬萌芽，落叶期在 10 月下旬至 11 月上中旬，年生育期 249 天。

树冠较大，成枝力强。各类果枝均可结果，但以长、中果枝结果为主。花芽起始节位第 2~3 节，复花芽多，自然坐果率 39.6%，丰产性好。

该品种果实成熟早，虽为当时国内最早成熟的水蜜桃品种，但果个小，果顶先熟易坏，目前已不再种植。

6. 春美

中国农业科学院郑州果树研究所育成，2008 年通过河南省品种审定。新沂等地种植的‘突围’与此品种性状近似。

树势中庸，树姿较开张。1 年生枝阳面浅紫红色，中果枝平均节间长度 2.24 cm；叶片长椭圆披针形，叶面平展，绿色，叶尖渐尖，叶基广楔形，蜜腺肾形，2~3 个。花蔷薇型，花瓣粉红色；花药橘黄色，有花粉；萼筒内壁绿黄色，雌蕊与雄蕊等高或稍高于雄蕊。

果实圆形，平均单果重 175 g，大果重可达 310 g。果顶圆，两半部较对称，缝合线浅，梗洼中深。果皮底色白色，果面大部分着鲜红色或紫红色，艳丽美观；茸毛密度中等，果皮中厚，难剥离；果肉白色，肉质较致密，硬溶质；纤维中等，汁液中多；风味甜，有香气，可溶性固形物含量 12.1%~14.3%。粘核，核椭圆形。

在徐州新沂，4 月上旬盛花，花期 5~7 天，6 月下旬果实成熟，果实发育期 82 天左右。3 月上旬萌芽，10 月下旬开始落叶，年生育期 230 天左右。

树势强，萌发率较高，成枝力较强。以中果枝结果为主，各类果枝均能结果，丰产性好。较抗细菌性穿孔病，花芽抗寒能力强。

该品种为早熟、全红、大果型优良品种，风味甜；果肉硬度高，较耐贮运；着色早，注意采收成熟度。

7. 春雪（图 8–13）

美国品种，2003 年通过山东省品种审定。以色列‘特早红’‘澳红脆’等品种性状与该品种近似。

树姿较开张。1 年生枝阳面红褐色，长果枝平均节间长度 2.48 cm。叶片长椭圆披针形，长

15.30 cm，宽 4.00 cm，叶柄长 1.00 cm，叶面平展，绿色，叶尖渐尖，叶基楔形，叶缘钝锯齿，蜜腺肾形，2~4 个。花蔷薇型，花冠直径 4.13 cm，花瓣粉红色；花药橘黄色，有花粉；萼筒内壁绿黄色，雌蕊与雄蕊等高。

果实近圆形，平均单果重 165 g，大果重可达 264 g，纵径 6.62 cm，横径 6.81 cm，侧径 7.11 cm。果顶圆凸，两半部较对称，缝合线浅，梗洼中深。果皮底色白色，果面全红，深红色；茸毛短密，果皮不能剥离；果肉白色，随着成熟度的提高或存放时间的延长，红色素增加；肉质硬脆，纤维少，汁液中等；风味甜，可溶性固形物含量 12.1%。粘核，核小，卵圆形。

图 8–13 ‘春雪’结果状

在南京地区，3 月中下旬盛花，花期持续 5~7 天，6 月下旬果实成熟，果实发育期 88 天。3 月上旬萌芽，11 月中旬落叶终止，年生育期 262 天。

该品种树势较强，萌芽力和成枝力强。枝条易成花，长、中、短果枝均能结果，自然坐果率 43.2%，早果丰产性好。不抗流胶病，建园时注意地下水位，并加强肥水管理。

8. 拂晓（图 8–14）

江苏丘陵地区镇江农业科学研究所从日本引进的品种。1986 年南京桃资源圃曾引进日本品种‘晓’（Akatsuki），与‘拂晓’性状近似。

图 8–14 ‘拂晓’果实

果实圆形或扁圆形，平均单果重 225 g，大小较整齐。果顶浅凹，缝合线明显，果梗短。果皮底色白色，易着色，鲜红。果肉白色，近核处稍带红色，汁液多，可溶性固形物含量 12%~15%，口感爽甜。粘核。果实耐贮运，常温下可存放 1 周左右。

该品种树势中庸，幼树期生长旺，枝梢直立，结果后逐渐开张，以中、短果枝结果为主。花芽分化容易，复芽多，结果早，定植第 2 年平均单株产量 2.2 kg。花蔷薇型，有花粉，花粉量多，自花结实率高，生理落果少。有双胚果现象，无裂果。

在镇江地区，3 月上中旬萌芽，4 月上旬开花，花期 3~5 天。6 月底至 7 月初果实着色，7 月中旬果实成熟，果实发育期 105 天左右，11 月下旬落叶。

该品种果形中等大小，主要特点为肉质致密，耐贮性较好，风味品质佳。

9. 新川中岛

日本品种。21 世纪初引入江苏，徐州新沂一带栽培较多。

树姿较开张。1 年生枝阳面红褐色，长果枝平均节间长度 2.51 cm。叶片宽披针形，长 16.59 cm，宽 3.97 cm，叶柄长 0.94 cm，叶面平展，绿色，叶尖渐尖，叶基楔形，叶缘钝锯齿，蜜腺肾形，2 个。花蔷薇型，花冠直径 4.36 cm，花瓣粉红色；花药黄色，花粉不稔；萼筒内壁绿黄色，雌蕊高于雄蕊。

果实圆形或稍扁形，中等大小，平均单果重 188 g，大果重可达 298 g，纵径 6.63 cm，横径 6.93 cm，侧径 7.35 cm。果顶圆平，两半部较对称，缝合线浅，梗洼深广。果皮底色乳黄色，果面着浅红色细点、晕，外观美丽；茸毛较少，果皮中厚，难剥离；果肉白色，肉质致密，为硬溶质，近核处红色；纤维中等，汁液中多；风味甜，含可溶性固形物 13.1%，可溶性糖 7.87%，可滴定酸 0.32%。粘核，核椭圆形。

在南京地区，3 月下旬至 4 月初盛花，花期偏迟，8 月上旬果实成熟，果实发育期 129 天左右。2 月下旬萌芽，落叶期在 10 月下旬至 11 月上中旬，年生育期 248 天。

树势较强，树体健壮，萌芽力强，成枝力强，复花芽居多。初果期树以长中果枝结果为主，盛果期后以中短果枝结果。自然坐果率 16.3%，种植时需配置授粉树，花期气候条件不好的情况下，最好实施辅助授粉，以确保产量。

该品种果实成熟较晚，果实中等大小，果形圆正整齐，肉质硬，耐存放；流胶病抗性中等。

（二）黄肉桃

1. 丰黄（图 8-15）

大连市农业科学研究所自‘早生黄金’实生苗中选育而成。1974 年从该所引入江苏省。南京、扬州、南通、淮安、连云港等市均曾栽培。

树姿开张。1 年生枝阳面红色，长果枝平均节间长度 2.59 cm。叶片长椭圆披针形，长 15.90 cm，宽 4.01 cm，叶柄长 0.89 cm，叶面平展，绿黄色，叶尖渐尖，叶基楔形，叶缘钝锯齿，蜜腺肾形，2 个。花蔷薇型，花冠直径 4.85 cm，花瓣粉红色；花药橘黄色，有花粉；萼筒内壁橙黄色，雌蕊与雄蕊等高或稍高于雄蕊。

图 8-15 ‘丰黄’果实

果实长圆形，平均单果重 132 g，大果重可达 246 g，纵径 6.36 cm，横径 5.90 cm，侧径 5.95 cm。果顶圆平，缝合线浅，两半部较对称，梗洼深广；果皮橙黄色，向阳面从顶部到缝合处有暗红色斑点状红晕和较明显的斑纹；果面茸毛中等，不能剥皮；果肉橙黄色，肉内带有红色素，近核处果肉红色，在高温干旱、日照强的情况下，或采收成熟度过高时，果肉红色素增加，不利于制罐。纤维少，汁液中等；肉质细韧，为不溶质；风味酸多甜少，有香气，含可溶性固形物 10.5%，可溶性糖 7.70%，可滴定酸 0.38%，维生素 C 7.49 mg/100 g。粘核，核较大，椭圆形。

在南京地区，3 月中下旬盛花，7 月中旬果实成熟，果实发育期 104 天。3 月上旬萌芽，落叶期在 10 月下旬至 11 月中旬，年生育期 251 天。

树势强，树冠较大，发枝力强。盛果期长、中、短果枝结果性能均佳，生理落果中等。花芽起始节位为第 4~5 节，复花芽多，较丰产。

该品种在江苏适应性良好，加工成品呈金黄色，汤汁清，块形整齐，肉较厚，肉质致密，软硬适中，甜酸适口，香气较浓。为减少果肉红色素，宜在七成半熟时采收，经后熟再加工。

2. 连黄（黄露）

大连市农业科学研究所自‘早生黄金’实生苗中选育而成。1974 年从该所引入江苏省。南京、扬州、南通、淮安、连云港等市均曾栽培。

树姿较开张，1 年生枝阳面红色，长果枝平均节间长度 2.53 cm。叶片长椭圆披针形，长 15.89 cm，宽 4.04 cm，叶柄长 0.84 cm，叶面平展，绿黄色，叶尖渐尖，叶基楔形，叶缘钝锯齿，蜜腺肾形，2~4 个。花蔷薇型，花冠直径 4.06 cm，花瓣粉红色；花药橘黄色，有花粉；萼筒内壁橙黄色，雌蕊高于雄蕊。

果实椭圆形，平均单果重 170 g，大果重可达 350 g，纵径 6.92 cm，横径 6.55 cm，侧径 6.70 cm。果顶圆，缝合线浅，两半部较对称，梗洼中狭。果皮橙黄色，向阳面有暗红色晕和明晰粗条纹；果面茸毛较多，难剥皮。果肉橙黄色，微带红色，果顶及缝合线处红色较重，肉质细韧，近核处有红晕；纤维少，汁液较多；味酸多甜少，含可溶性固形物 11.5%，可溶性糖 7.80%，可滴定酸 0.42%，维生素 C 7.75 mg/100 g。粘核，核椭圆形。加工成品呈金黄色至橙黄色，肉厚而整齐，肉质致密，软硬适中，甜酸适口。

在南京地区，3 月中下旬盛花，7 月中旬果实成熟，果实发育期 112 天，稍迟于‘丰黄’。3 月上旬萌芽，落叶期在 10 月下旬至 11 月中旬，年生育期 251 天。

树势强，树冠大，发枝力强。花芽起始节位第 4~5 节，幼龄树单花芽多，随树龄增大复花芽增多。新梢生长旺盛，易抽生二次枝，幼树期易徒长，生理落果较重，前期产量偏低，进入盛果期迟。

该品种曾是重要的黄肉桃品种，加工、鲜食均可，随着新育成品种以及引进品种的栽培，该品种栽培面积已很少。

3. 罐桃 5 号

日本品种，20 世纪 70 年代从大连、浙江等地引入。

树姿较开张。1年生枝阳面红色。长果枝平均节间长度2.47 cm。叶片长椭圆披针形，长16.37 cm，宽3.96 cm，叶柄长1.00 cm，叶面平展，绿黄色，叶尖渐尖，叶基楔形，叶缘钝锯齿，蜜腺肾形，2~4个。花蔷薇型，花冠直径3.94 cm，花瓣粉红色；花药橘黄色，有花粉；萼筒内壁橙黄色，雌蕊与雄蕊等高。

果实近圆形，平均单果重151 g，大果重可达268 g，纵径6.35 cm，横径6.46 cm，侧径6.84 cm。果顶圆平，缝合线浅，两半部较对称，梗洼中深；果皮黄色，有红色晕和斑点；茸毛较多，果皮较厚，不能剥离。果肉橙黄色，近核处有少量红丝，较韧，纤维中等，汁液较少，为不溶质；风味酸多甜少，含可溶性固形物10%，可溶性糖7.74%，可滴定酸0.44%，维生素C 6.33 mg/100 g。粘核，核小，倒卵圆形。

在南京地区，3月中下旬盛花，7月中下旬果实成熟，果实发育期为107天。3月上旬萌芽，落叶期在11月上中旬，年生育期256天。

树势强，树冠高大。6年生树徒长性果枝、长果枝、中果枝、短果枝、花束枝比例分别为0.3%、19.2%、23.5%、45.9%、11.1%。花芽起始节位第3~4节，复花芽为主，生理落果在核硬前后较重，产量中等偏上，进入盛果期较迟。

该品种加工品质优良，制罐后块形圆整，核窝小，肉厚，色泽金黄明亮，组织细韧，酸甜适中，汤汁清，有香气。但抗病性较差，易感染炭疽病、疮痂病等病害。

4. 弗雷德里克（图8-16）

美国品种，原代号为‘NJC83’，生产上称之为‘83’，主要的制罐加工品种。1984年引入江苏。

图8-16 ‘弗雷德里克’果实

树姿半开张。1年生枝阳面红色，长果枝平均节间长度2.52 cm。叶片长椭圆披针形，长13.87 cm，宽3.61 cm，叶柄长0.76 cm，叶面平展，黄绿色，先端渐尖，基部楔形；蜜腺肾形，2~4个。花蔷薇型，花冠直径3.81 cm，花瓣粉红色；花药橘黄色，有花粉；萼筒内壁橙黄色，雌蕊与雄蕊等高。

果实近圆形，平均单果重154 g，大果重可达210 g，纵径6.42 cm，横径6.78 cm，侧径6.98 cm；果顶圆平稍凹入，缝合线浅，两半部较对称；果皮橙黄色，果面1/4着玫瑰红晕，茸毛较密，皮不能剥离；果肉橙黄色，近核处与果肉同色，肉质细韧，汁液中等，纤维少，不溶质；风味酸多甜少，有香气，含可溶性固形物10.3%，可溶性糖7.98%，可滴定酸0.55%，维生素C 6.04 mg/100 g。粘核，核倒卵形。

在南京地区，3月下旬盛花，平均花期7天左右，果实7月中旬成熟，果实发育期104天。3月上旬萌芽，落叶期在10月下旬至11月上中旬，年生育期261天。

树势强，生长健壮，6 年生树徒长性果枝、长果枝、中果枝、短果枝、花束枝比例分别为 0.4%、28.3 %、23.9%、36.4%、11.0%。花芽起始节位较高（第 5 节），单花芽和复花芽混生，自然坐果率 39.4%。抗冻力较强，丰产性好，2 年生树即可结果，盛果期每亩产量可达 2 000 kg 以上。

该品种果实圆整，肉质细韧，无红色，加工适应性好，成品色香味皆优，鲜食风味也较浓，是一个优良的中熟罐藏黄桃品种，目前仍是主要的制罐品种之一。

5. 金童 5 号

美国品种，原代号为‘NJC3’，1984 年引入江苏。

树姿半开张。1 年生枝阳面褐色，长果枝平均节间长度 2.36 cm。叶长椭圆披针形，长 14.43 cm，宽 4.15 cm，叶柄长 0.73 cm，叶面平展，黄绿色，先端渐尖，基部楔形；蜜腺肾形，2 个。花铃型，花冠直径 2.19 cm，花瓣深红色；花药橘黄色，花粉多；萼筒内壁橙黄色，雌蕊稍高于雄蕊。

果实圆形，平均单果重 157 g，大果重可达 215 g，纵径 6.40 cm，横径 6.93 cm，侧径 6.87 cm。果顶圆或有小凸尖，缝合线中，两半部较对称；果皮黄色，果面 1/3 着深红色晕，茸毛中等，皮不能剥离；果肉橙黄色，皮下微红色，汁液中等，纤维少，不溶质；风味甜酸，有香气，含可溶性固形物 11.4%，可溶性糖 7.05%，可滴定酸 0.45%，维生素 C 6.70 mg/100 g。粘核。

在南京地区，3 月中下旬盛花，7 月下旬果实成熟，果实发育期为 112 天。3 月上旬萌芽，落叶期在 11 月上中旬，年生育期 254 天。

树势中庸，6 年生树长果枝、中果枝、短果枝、花束枝比例分别为 22.3%、14.4%、45.0%、18.3%。花芽起始节位第 4 节，复花芽为主，丰产性好。

该品种为优良的中熟加工品种，加工成品块形整齐，金黄色，汤汁清，肉质细而柔韧，酸甜适中，有香气，加工适应性好。

6. 金童 6 号

美国品种，原代号为‘NJC15’，1984 年引入江苏。

树姿较开张。1 年生枝绿色，背部红褐色。长果枝平均节间长度 2.54 cm；叶片长椭圆披针形，长 15.61 cm，宽 3.88 cm，叶柄长 1.01 cm，叶面平展，绿黄色，叶尖渐尖，叶基楔形，叶缘钝锯齿，蜜腺肾形，2~4 个。花铃型，花冠直径 2.11 cm，花瓣深红色；花药橘黄色，有花粉；萼筒内壁橙黄色，雌蕊与雄蕊等高或稍高于雄蕊。

果实近圆形，平均单果重 151 g，大果重可达 233 g，纵径 6.46 cm，横径 7.08cm，侧径 7.19 cm。果顶圆平，缝合线浅，两半部较对称，果形整齐，梗洼中深；果皮黄色，果面着深红色晕；茸毛中等，果皮中厚，不能剥离。果肉橙黄色，近核处微红色或无红色，肉质细韧，汁液中等，纤维少，为不溶质；酸多甜少，含可溶性固形物 11.3%，可溶性糖 7.59%，可滴定酸 0.59%，维生素 C 7.44 mg/100 g。粘核，核椭圆形。罐头成品块形整齐，金黄色，核窝小，汤汁清，肉质细而柔软，酸甜适中，有香气。

在南京地区，3 月中下旬盛花，8 月初果实成熟，果实发育期为 120 天。3 月上旬萌芽，落叶期在 11 月上中旬，年生育期 254 天。

树势较强，树冠大。6 年生树徒长性果枝、长果枝、中果枝、短果枝、花束枝比例分别为 0.4%、24.9%、24.5%、36.2%、14.0%。花芽起始节位第 6 节，复花芽为主，丰产性好，盛果期每亩产量可达 2 000 kg 以上。

该品种为优良的晚熟加工品种，产量高，加工适应性好。

7. 锦绣

上海市农业科学院园艺研究所育成，20 世纪 80 年代后期引入江苏。

树姿较开张。1 年生枝阳面红褐色，长果枝平均节间长度 2.69 cm。叶片长椭圆披针形，长 17.10 cm，宽 4.41 cm，叶柄长 1.05 cm，黄绿色，叶尖渐尖，叶基楔形，叶缘钝锯齿，蜜腺肾形，2 个。花蔷薇型，花冠直径 4.12 cm，花瓣浅粉红色；花药橘黄色，有花粉，量多；萼筒内壁橙黄色，雌蕊与雄蕊等高或稍高于雄蕊。

果实椭圆形，平均单果重 180 g，大果重可达 328 g，纵径 7.08 cm，横径 6.75 cm，侧径 7.20 cm。果顶圆，两半部较对称，缝合线浅，梗洼深广。果皮底色金黄色，套袋果很少着色；茸毛中等，果皮较厚，易剥离；果肉金黄色，肉质致密，为硬溶质，近核处红色；纤维中等，汁液中多；风味甜微酸，香气浓，含可溶性固形物 14.0%，可溶性糖 10.04%，可滴定酸 0.41%，维生素 C 9.41 mg/100 g。粘核，核椭圆形。

在南京地区，3 月下旬至 4 月初盛花，花期偏迟，8 月中下旬果实成熟，果实发育期 136 天；2 月下旬萌芽，10 月下旬开始大量落叶，11 月中旬落叶终止，年生育期 253 天。

树势中庸偏强，生长健壮。徒长性果枝、长果枝、中果枝、短果枝、花束枝比例分别为 3.5%、35.1%、26.1%、31.3%、4.0%。花芽起始节位第 2~3 节，复花芽多，自然坐果率 28.2%。丰产性好，一般每亩产量可达 1 500 kg 以上。流胶病抗性中等，较抗桃炭疽病。2015 年冬季 −10 ℃的低温、2016 年春季的倒春寒导致江浙多地‘锦绣’减产 50% 以上，有的果园甚至减产 70%。

该品种成熟晚，肉质致密，既能鲜食又能加工制罐或冷冻桃片，是一个优良的晚熟黄肉桃品种。

8. 黄金冠

聊城大学生命科学学院和山东平邑县果业局选育，2006 年通过山东省鉴定，连云港、徐州等地种植较多。

该品种树势中庸。1 年生枝黄绿色，近基部阳面泛红色。叶片长椭圆披针形，深绿色；花铃型，花冠直径 3.44 cm，浅粉红色或近粉白色，有花粉，花粉量多；萼筒内壁橙黄色，雌蕊与雄蕊等高。

果实近圆形,平均单果重 167 g,大果重可达 245 g。果顶圆平,梗洼深而中广,缝合线浅,两半部较对称。果皮金黄色,无红晕,外观靓丽。果肉黄色,近核处无红色素,不溶质,不褐变,甜酸适口,香气浓,含可溶性固形物 13.8%,总糖 9.75%,可滴定酸 0.67%。粘核,果核小。

在连云港赣榆,4 月上旬盛花,7 月底 8 月初果实开始采收,加工可采期 15 天左右。

树姿开张,进入结果期后当年生枝条自然斜生下垂。花芽起始节位低,自花授粉坐果率高。在一般管理条件下,定植后 3~4 年丰产,盛果期产量每亩可达 2 500 kg 以上,丰产稳产。

该品种罐藏加工综合性状良好,原料利用率高。抗干旱,耐瘠薄,高抗穿孔病。

(三)油桃

1. 曙光(图 8–17)

中国农业科学院郑州果树研究所育成。1998 年通过河南省品种审定。

图 8–17 ‘曙光’果实

树姿较开张。1 年生枝阳面红褐色,长果枝平均节间长度 2.33 cm;叶片长椭圆披针形或卵圆披针形,长 15.71 cm,宽 4.49 cm,叶柄长 0.79 cm,叶面平展,绿黄色,叶尖渐尖,叶基楔形,叶缘钝锯齿,蜜腺肾形,2~3 个。花蔷薇型,花冠直径 4.50 cm,花瓣粉红色;花药橘黄色,有花粉;萼筒内壁橙黄色,雌蕊高于雄蕊。

果实圆形,平均单果重 115 g,大果重可达 200 g,纵径 5.85 cm,横径 6.02 cm,侧径 6.08 cm。果顶圆平微凹,两半部较对称,缝合线浅,梗洼中广。果皮底色浅黄色,全面着鲜红至紫红色,有光泽,艳丽美观;果皮较厚,不易剥离;果肉黄色,清脆爽口,硬溶质;纤维少,汁液中多;风味甜香,含可溶性固形物 10.2%,可溶性糖 7.95%,可滴定酸 0.23%,维生素 C 8.04 mg/100 g。粘核,核椭圆形。

在南京地区,3 月中下旬盛花,花期 4~6 天,6 月 10 日左右果实成熟,果实发育期 68 天。3 月上旬萌芽,11 月中旬落叶终止,年生育期 256 天。

树势中庸偏强,幼树生长较旺,萌芽力和成枝力均强。盛果期树以中、短果枝结果为主,自然坐果率 20.9%,丰产性好。

该品种果实成熟早,外观着色美丽,品质优良,但成熟度高时顶部果肉易先熟,注意采收成熟度。曾是江苏省主要的早熟油桃品种。

2. 中油桃 4 号(图 8–18)

中国农业科学院郑州果树研究所育成。2003 年通过河南省品种审定。

图 8–18 ‘中油桃 4 号’果实

树姿较开张。1 年生枝阳面红褐色，叶片长椭圆披针形，叶面平展，绿黄色，叶尖渐尖，叶基楔形，叶缘钝锯齿，蜜腺肾形，2 个。花铃型，花药橘黄色，有花粉；萼筒内壁绿黄色，雌蕊与雄蕊等高。

果实椭圆形至近圆形，平均单果重 135 g，大果重可达 200 g。果顶圆，两半部较对称，缝合线浅而明显，梗洼中深。果皮底色浅黄色，全面着鲜红色，有光泽，艳丽美观，成熟度一致；果皮中厚，难剥离；果肉黄色，肉质细而紧密，硬溶质；纤维中等，汁液中多；风味甜，香气较浓郁，可溶性固形物含量 11%~15%。粘核，核较小。

在徐州地区，4 月上旬开花，花期 5~7 天，果实 6 月中旬成熟，果实发育期约 75 天。3 月上旬萌芽，10 月下旬开始落叶，年生育期 240 天左右。

树势较强，生长健壮，萌发力和成枝力均较强。早果性强，在一般管理水平下，第 2 年始果，第 3 年即可丰产。自花授粉坐果率高，一般年份均在 45.0% 以上，属极丰产品种。

该品种在徐州地区以设施栽培为主，果实成熟早，外观着色好，品质优，较耐贮运。目前还有‘中油桃 4 号’芽变，果个比原品种大。

3. 沪油桃 018（图 8–19）

上海市农业科学院林木果树研究所育成，2004 年通过上海市品种审定。

树姿较开张。1 年生枝阳面红褐色，长果枝平均节间长度 2.49 cm。叶片长椭圆披针形，长 15.70 cm，宽 4.20 cm，叶柄长 1.00 cm，叶面平展，绿黄色，叶尖渐尖，叶基楔形，叶缘钝锯齿，蜜腺肾形，2~4 个。花蔷薇型，花冠直径 4.40 cm，花瓣粉红色；花药橘黄色，有花粉；萼筒内壁橙黄色，雌蕊与雄蕊等高或稍高于雄蕊。

图 8–19 ‘沪油桃 018’果实

果实椭圆形，平均单果重 146 g，大果重可达 232 g。果顶圆凸，两半部较对称，缝合线浅，梗洼中深。果皮底色黄色，阳面有斑点和条纹的紫红色；果皮较厚，不易剥离；果肉黄色，肉质致密，为硬溶质；纤维中等，汁液中多；风味甜香，可溶性固形物含量 10%~12%。粘核。

在南京地区，3 月 20 日以后盛花，花期持续 7~10 天，6 月下旬果实成熟，果实发育期 85 天左右。3 月上旬萌芽，10 月下旬开始大量落叶，11 月中旬落叶终止。

树势强，幼龄树以中长果枝结果为主，进入盛果期各类果枝均能结果。以复花芽为主，坐果率高，丰产稳产。

该品种为早熟油桃，果个大，肉质硬，风味浓，露地栽培时果皮稍粗糙、果面果点多，影响外观品质。

（四）蟠桃

1. 白芒蟠桃（图 8-20）

原产于上海，南京、苏州、镇江、无锡等市均有少量栽培。

树姿开张，较低矮。1 年生枝阳面红褐色，长果枝平均节间长度 2.16 cm。叶片长椭圆披针形，长 16.38 cm，宽 4.46 cm，叶柄长 0.91 cm，叶面平展，绿色，叶尖渐尖，叶基楔形，叶缘钝锯齿，蜜腺肾形，2~4 个。花蔷薇型，花冠直径 4.44 cm，花瓣粉红色；花药橘黄色，有花粉；萼筒内壁绿黄色，雌蕊低于雄蕊。

图 8-20 ‘白芒蟠桃’果实

果实扁平形，平均单果重 120 g，纵径 4.49 cm，横径 7.65 cm，侧径 7.91 cm。果顶显著凹陷，两半部不对称，腹部较突出，缝合线深，梗洼浅广。果皮黄绿色，顶部密布红色小点；茸毛中多，果皮韧，易剥离；果肉乳白色，近核处紫红色，肉质细而致密，柔软；纤维中等，汁液中多；风味浓甜，有芳香，含可溶性固形物 12.5%，可溶性糖 6.10%，可滴定酸 0.25%，维生素 C 4.36 mg/100 g。粘核，核扁平形。

在南京地区，3 月中下旬盛花，7 月中下旬果实成熟，果实发育期 112 天。3 月初萌芽，落叶期在 10 月中下旬至 11 月上旬，年生育期 251 天。

树势中庸，枝条较短，以短果枝结果为主，花芽多数着生在果枝中下部。生理落果较重，产量偏低，且易感染炭疽病、缩叶病。风味品质佳，曾被评为蟠桃之最佳品种。

2. 早露蟠桃（图 8-21）

北京市农林科学院林业果树研究所于 1978 年杂交育成，1989 年定名，2007 年通过北京市品种审定。

树姿较开张。1 年生枝绿色，阳面红褐色，长果枝平均节间长度 2.48 cm。叶片长椭圆披针形，长 16.18 cm，宽 4.13 cm，叶柄长 0.86 cm，叶面平展，绿色，叶尖渐尖，叶基楔形，叶缘钝锯齿，蜜腺肾形，2~4 个。花蔷薇型，花冠直径 4.05 cm，花瓣粉红色；花药橘红色，有花粉，花粉量多；萼筒内壁绿黄色，雌蕊与雄蕊等高。

果实扁平形，平均单果重 103 g，大果重可达 165 g，纵径 4.11 cm，横径 6.75 cm，侧径 7.73 cm。

图 8-21 ‘早露蟠桃’果实

果顶显著凹陷，缝合线深，两半部较对称；果皮底色白色，果面 1/4 以上具玫瑰红晕；茸毛中等，果皮易剥离；果肉乳白色，近核处微红，肉质柔软；纤维少，汁液多；风味甜，有香气，含可溶性固形物 10.6%，可溶性糖 7.16%，可滴定酸 0.22%，维生素 C 7.35 mg/100 g。粘核，核扁平形。

在南京地区，3 月中旬盛花，5 月底 6 月初果实成熟，果实发育期 63 天。3 月初萌芽，10 月中旬大量落叶，11 月上旬落叶终止，年生育期 249 天。

树势中庸。以中长果枝结果为主。花芽起始节位低，复花芽多，抗冻力较强，丰产性良好，2 年生树即可结果，盛果期每亩产量可达 1 500 kg 以上。

该品种为特早熟蟠桃品种，果形整齐美观，味甜，产量高。

3. 银河

美国农业部位于加利福尼亚州的 Parlier 试验站 2003 年育成，同年由江苏省农业科学院园艺研究所引入我国，现江苏主要桃产区均有栽培。

树姿较开张，枝条偏软。1 年生枝绿色，阳面红褐色，长果枝平均节间长度 2.47 cm。叶片宽披针形，长 18.76 cm，宽 4.27 cm，叶柄长 1.33 cm，叶面平展，绿色，叶尖渐尖，叶基楔形，叶缘钝锯齿，蜜腺圆形，2~4 个。花铃型，花冠直径 2.99 cm，花瓣深红色；花药橘红色，有花粉，花粉量多；萼筒内壁绿黄色，雌蕊与雄蕊等高或稍高于雄蕊。

果实扁平形，平均单果重 152 g，大果重可达 321 g，纵径 4.21 cm，横径 7.97 cm，侧径 8.24 cm。果顶显著凹陷，缝合线深，两半部较对称；果皮底色白色，果面 3/4 以上具玫瑰红晕，成熟果实几乎全面着色，且红色加深；茸毛中等，果皮难剥离；果肉白色，皮下微红，肉质致密，果肉软化较慢；纤维中等，汁液多；风味甜，含可溶性固形物 12.5%，含可溶性糖 9.98%，可滴定酸 0.23%。粘核，核扁平形。

该品种花期偏早，一般在 3 月中旬，持续 1 周左右；7 月上旬果实成熟，果实发育期 112 天。3 月初萌芽，11 月上旬大量落叶，11 月中旬落叶终止，年生育期 277 天。

树势中庸偏弱。各类果枝均能结果，花芽起始节位低，以复花芽为主，丰产稳产，盛果期每亩产量可达 1 500 kg。

该品种果个大，果面较平整，着色好，肉质致密，较耐存放。

除此之外，还有其他一些引进品种（表 8-2）。

表 8-2 其他引进桃品种简介

序号	品种名称	品种来源	种植地	主要特征及特性
1	五月鲜（五节香香儿桃）	河北、北京	常州、徐州、盐城	树势强，顶端优势明显，树姿直立，以中、短果枝结果为主。果枝上复花芽多，着生部位低。节间短，无花粉，有采前落果现象，喜肥沃土壤，易受介壳虫危害。 果实中等大，长圆形，果顶尖突起。果皮浅黄白色，不易剥离。果肉白色，肉质脆，味酸甜，汁液较多，离核，有裂核现象。品质中等，耐运输，6 月底至 7 月初成熟
2	早上海水蜜	上海	南京、淮安、镇江	树势中庸，树姿开张，发枝力中等，以中、长果枝结果为主，生理落果轻，大小年结果现象不明显，较丰产。 果实大小中等，圆形，较整齐，顶部圆平，两半部对称。果皮浅黄色，易剥皮。果肉乳黄色，近核处白色，肉质柔软多汁，味甜微酸，有香气，半离核。品质好，6 月下旬至 7 月初成熟
3	上海水蜜	上海	连云港	树势强，树姿开张，发枝力中等，以中、长果枝结果为主，花粉量少，自花不实，需配置授粉树。适应性广，丰产。综合性状优良，为世界著名的育种种质资源。 果实中等大，平均单果重 125 g，椭圆形，果顶圆，顶部稍凹，有小尖，不突出果面。果皮黄绿色，阳面有少量红晕，皮易剥离。果肉乳白色，近核处紫色，肉质柔软多汁，味甜，粘核。品质上等
4	大久保	日本	盐城、淮安、连云港、无锡、徐州	幼树生长较旺，进入盛果期树势中庸，树姿开张，枝条容易下垂，以中、长果枝结果为主，复花芽多，花期偏迟，花粉多，坐果率高，丰产。 果实较大，平均单果重 150 g，外形美观，近圆形，顶圆微凹，两侧不甚对称。果皮浅黄色，质厚韧，易剥离。果肉乳白色，肉质致密，汁液多，味甜，离核。较耐运输。是鲜食和加工兼用的中熟优良品种
5	肥城桃（肥城佛桃）	山东肥城（我国传统名贵品种）	徐州、连云港、苏州、无锡	树势强，树姿较直立，幼树生长旺盛，以短果枝结果为主，且多单花芽，结果枝多较细弱。抗逆性差，对肥水条件要求高，产量低。 果实大，平均单果重 180 g，圆形或扁圆形，顶端微有突起。果皮厚，熟后易剥离。果肉乳白色，肉质致密，柔软多汁，味甜，有芳香，品质上等，粘核。9 月中下旬成熟，耐贮运
6	小林	日本	南京、徐州、盐城	树势强，树姿开张，以中、短果枝结果为主，坐果率高，较丰产。 果实圆形或稍呈扁圆形，顶端圆平。果皮乳黄色，易剥离，外观美，整齐。风味较甜，但有酸涩味，稍有芳香，肉质软溶，裂核。品质中等，南京地区 7 月上旬成熟
7	冈山白（白香水蜜）	日本	淮安、徐州、无锡	树势中庸，树姿开张，复花芽多，较丰产，结果后易衰老。抗逆性较弱。 果实大，圆形或长圆形，顶端微凹。果皮黄白色，果肉白色，近核处同色，肉质致密，属硬溶质，味浓甜，芳香，粘核。品质上等，8 月上旬成熟

续表

序号	品种名称	品种来源	种植地	主要特征及特性
8	麦香	北京	徐州	树势强，树姿半开张，果枝复花芽多，花粉多，结实率高，较丰产。 果实中等大小，近圆形，果顶圆，果尖微突。果皮淡黄绿色，薄而易剥。果肉乳白色，肉质细，柔软多汁，味酸甜，粘核。6月中旬成熟。缺点为易软尖，不耐贮运
9	庆丰（北京26号）	北京	徐州	树势强，树姿半开张，花芽起始节位较低，花粉多，坐果率高，丰产。 果实中等偏大，长圆形，果顶微凹。果皮淡黄绿色，较厚，成熟后易剥离。果肉乳白色，肉质较致密，柔软多汁，味甜，近核处微酸，粘核。6月中旬成熟
10	早香玉（北京27号）	北京	镇江	树势强，树姿半开张，以长、中果枝结果为主，多复花芽，较丰产。 果实中等偏小，近圆形，顶端稍凹。果皮黄白色，中厚，完熟时易剥离。果肉白色，肉质致密，细软多汁，味甜，有浓郁香气。6月中下旬成熟
11	早凤（垛子1号）	北京	镇江	树势强，树姿半直立，树冠大，坐果率高，较丰产。 果中等大，椭圆形，底部较大，顶部圆而稍凹。果皮淡黄绿色，较厚，易剥离。果肉白色微绿，软溶，味甜多汁，粘核。6月中旬成熟
12	早艳（北农早艳）	北京	镇江	树势强，树姿半开张，长、中、短果枝都能结果，花芽起始节位低。抗蚜力较强。 果中等大，椭圆形或近圆形，果顶或有凹陷。果皮底色浅黄绿，果面大部分被鲜红霞。果肉绿白色，稍有红色，致密，完熟后柔软多汁，味甜，有香气，粘核。6月下旬成熟
13	冈山500号（早生白桃）	日本	镇江	幼树生长旺盛，树姿较直立，进入结果期后，逐渐开张，树势缓和。 果中等偏大，椭圆形，果顶圆平。果皮浅绿白色，易剥离。果肉白色，微黄，肉质细致多汁，味香甜，酸涩，粘核。7月中下旬成熟，不耐贮运
14	传十郎	日本	无锡	树势较强，树姿开张，以中、长果枝结果为主，复花芽多，花芽起始节位低，较丰产。 果中等偏大，椭圆形，果顶圆平。果皮白里泛黄，质韧易剥。果肉乳黄色，柔软多汁，味甜酸，香气浓，离核。7月中下旬成熟
15	橘早生	日本	南京	树势强，树姿开张，枝条稀疏，丰产。 果实中等偏大，圆而稍扁，果皮底色白绿，较易剥离。果肉乳黄色，微绿，核周淡绿带有红色，肉质软，易溶，味偏酸，半离核。7月上旬成熟

续表

序号	品种名称	品种来源	种植地	主要特征及特性
16	吊枝白（六月白）	安徽	淮安、苏州、南京、连云港、徐州	树势强，树姿半开张，枝条直立，发枝多，树冠大，果枝较纤细，以长果枝结果为主，果枝中、上部花芽结果较佳，丰产。果中等大，近圆形，两半部不对称，果顶圆凸。果皮乳黄色，难剥离。果肉白色，肉质硬脆，味酸甜，离核。7月上中旬成熟，南方硬肉桃优良品种
17	平碑子（平伯子）	安徽	南京、盐城、扬州、镇江	树势较强，树姿开张，侧枝多，以长、中果枝结果为主，复花芽多，优质花芽在果枝中下部。果较小，卵圆形，果顶圆凸。果皮青白色，难剥离。果肉白色，肉质硬脆，汁液较少，味甜，有香气，离核。6月下旬至7月上旬成熟，南方硬肉桃品种，抗病性强。 《中国果树志·桃卷》记载为南京市郊农家品种，南京桃资源圃保存
18	一点红	浙江	苏州	树势中庸，树姿半开张，以中、短果枝结果为主。 果中等偏小，近似心脏形，果顶尖圆，两半部对称。果面有大红点，故名。果皮难剥离。果肉淡红色，近核处暗红色，汁液中多，味甜有香气，粘核。7月上中旬成熟，不耐贮运
19	北农1号	北京	南京	树势强，树姿开张，自花结实力强，丰产，果实酸甜，汁液多。6月下旬至7月上旬成熟
20	北农2号	北京	镇江	树势强，树姿半开张。花粉不稔。 果中等大小，卵圆形。果皮底色浅黄色，果肉乳白色，硬溶质，味甜。6月底成熟
21	夏白桃		镇江	果中等大，长椭圆形。果皮乳黄色，果肉乳白色，味酸甜，肉质脆，品质中上。6月下旬至7月上旬成熟
22	白香桃	上海	苏州	树势强，树姿半开张，枝条分布均匀，较密，以中、长果枝结果为主，果枝中、上部结果较多，复花芽多。 果中等偏小，卵圆形，两半部不对称。果皮底色白，果肉乳白色，软溶质，汁液中等，味酸甜，偏淡，香气浓，半离核。6月中下旬成熟
23	塔桥	浙江	无锡	树势中庸，树姿开张，花粉多。果实中等偏大，圆形或扁圆形。果皮乳黄色，果肉乳白色，肉质柔软多汁，味甜，香气浓，粘核。7月上旬成熟
24	庐桃（庐州水蜜）	安徽	南京、灌南县白皂果林场	果中等大，心脏形，顶部凹陷而顶尖突起。果面被红霞，果皮难剥离，肉色浅绿，近核处浅红，汁液中多，味淡甜，品质中等。7月上旬成熟
25	雪雨露	杭州	南京	树姿开张，复花芽多，以长果枝结果为主。 果实长圆形或圆形，果顶平，平均单果重109 g，大果重可达175 g；果皮浅绿白色带红晕；果肉白色，质柔软；可溶性固形物含量11%~14%，粘核。6月中旬成熟

续表

序号	品种名称	品种来源	种植地	主要特征及特性
26	冈山早生	日本	镇江、苏州、无锡、南通	树势中庸，幼果期偏旺，树姿较开张，发枝力中等。 果实广圆形，缝合线浅，平均单果重 115 g，两半部对称；果皮黄白色，易剥离；果顶稍突起，微现红晕；果肉白色，近核处微红，肉质柔软，略有纤维，汁多味甜，微酸，可溶性固形物含量 10% 左右，离核。6 月中下旬成熟
27	布目早生	日本	徐州等地	树势强，树冠较大，树姿较开张。 果实近圆形，平均单果重 150 g，两半部对称；果皮乳白色，果顶及阳面有红霞，易剥离；果肉白色，近顶微红，软溶质，汁多味甜，可溶性固形物含量 10.5%，半离核。6 月中旬成熟，果实发育期 75 天
28	大团蜜露	上海南汇	苏州、南通等地	树势强，发枝力强，幼树生长较直立。 果实近圆形，果顶圆平；平均单果重 209 g，两半部较对称；果皮乳白色，着浅红霞，难剥离；果肉白色，近核处红色，硬溶质，风味甜，可溶性固形物含量 13.2%，品质佳，粘核。7 月中下旬成熟，果实发育期 118 天。该品种花粉不稔，需配置授粉树
29	满城雪桃	河北满城	徐州、宿迁	树势强，树冠较直立。果实近圆形，果顶尖圆，果梗特短，平均单果重 250 g，大果重可达 535 g。果皮底色白，向阳处微红；果肉白色，肉质细脆，甜酸可口，略有芳香。核小，半离核。10 月下旬至 11 月上旬成熟
30	美香	美国	镇江、徐州、南京	树势中庸偏强，树姿较开张，复花芽多，长果枝结果为主，花期偏迟。 果实圆形，平均单果重 201 g；果顶圆平，缝合线浅，两半部对称，果形圆正；果皮乳白色，着色较好；果肉白色，肉质致密，为硬溶质，较耐存放；纤维中等，汁液中等，可溶性固形物含量 12%~14%，粘核。8 月上中旬成熟
31	农林 90 号	日本	新沂、镇江、南京	果实圆形，平均单果重 185 g，大果重可达 336 g；果顶圆平，缝合线浅，两半部较对称；果皮乳白色，着浅红色晕；果肉白色，肉质致密，为硬溶质；纤维中等，汁液多，可溶性固形物含量 12.6%，粘核。7 月中旬果实成熟
32	早美	北京	徐州	果实圆形，平均单果重 81 g，大果重可达 142 g；果顶圆平，缝合线浅，两半部较对称；果皮乳白色，果面几乎全红；果肉白色，肉质较硬；纤维中等，汁液多，可溶性固形物含量 10.5%，粘核。6 月初果实成熟
33	早凤王	河北	徐州、苏州	果实圆形，平均单果重 170 g，大果重可达 377 g；果顶圆平，缝合线浅，两半部较对称；果皮乳白色，果面着红色；果肉白色，肉质硬，耐存放；纤维、汁液中等，风味甜，可溶性固形物含量 11.0%，粘核。6 月下旬果实成熟。花粉不稔，树势强

续表

序号	品种名称	品种来源	种植地	主要特征及特性
34	燕红	北京	徐州	果实圆形,平均单果重 170 g,大果重可达 342 g;果顶圆平,缝合线浅,两半部较对称;果皮绿白色,果面着暗红色;果肉白色,肉质硬,耐存放;风味甜,可溶性固形物含量 11.0%,粘核。8 月中旬果实成熟
35	京玉（北京14号）	北京	徐州、连云港	树势较强,以中、长果枝结果为主。花芽抗冻力强,生理落果少,丰产性良好。果实发育期约 115 天。花为蔷薇型,花粉量多。 果实椭圆形,平均单果重 195 g,大果重可达 233 g。果顶圆微凸,果皮底色浅黄绿色。果肉白色,缝合线处有红色,近核处红色,肉质松脆;风味甜,离核。果大,品质好,丰产,耐贮运,鲜食加工兼用。由于完熟后品质下降,需在八成熟时及时采收
36	京红	北京	无锡	果实圆形,平均单果重 141 g,大果重可达 217 g。果顶圆平,两侧较对称;果皮乳白色,阳面及缝合线处着红晕,茸毛中等。果肉乳白色,软溶质,纤维少,汁液多;风味甜,可溶性固形物含量 10.7%,粘核。果实于 6 月下旬采收,果实发育期 82 天
37	春蜜	河南	徐州、宿迁等地	果实近圆形,平均单果重 150 g,大果重可达 278 g。完全成熟时果面全红,着色艳丽;果肉白色,硬溶质,风味甜,含可溶性固形物 11.5%,可滴定酸 0.44%,粘核。果实发育期 70 天左右
38	中华寿桃	山东	徐州、张家港、溧阳等地	极晚熟品种。果实近圆形,果顶有小突尖;果个较大,果面着暗红色;果肉白色,硬溶质,风味甜,粘核
39	映霜红	山东	徐州、宿迁等地	极晚熟品种,在宿迁等地 10 月份成熟。果实圆形,较端正,平均单果重 200 g。果皮底色黄绿色,着玫瑰红晕;果肉白色,风味甜,粘核。有裂果现象
40	爱保太	美国	南通、扬州、南京	树势强,树姿半开张,幼树呈直立状,树势接近南方水蜜桃,以长、中果枝结果为主,生理落果轻。适应性强,丰产性能好。 果实大,椭圆形;果皮橙黄色,阳面呈红色,质韧易剥离;果肉橙黄色,肉质致密,近核处深玫瑰红色,汁液中多,纤维少,味酸多甜少,可溶性固形物含量 10%,离核。8 月中旬成熟
41	西洋黄肉	美国	南京、南通	树势强,树姿半开张,发枝量多,枝条分布均匀,以中、长果枝结果为主,适应性较强,抗病力亦强,丰产性好。 果中等大,平均单果重 110 g,广卵圆形;果皮橙黄色,阳面有红晕,易剥离;肉色黄,近核处深玫瑰色,汁液中多,味酸甜,风味浓而香,肉质较致密,离核。鲜食品质优于'爱保太'。8 月上中旬成熟

续表

序号	品种名称	品种来源	种植地	主要特征及特性
42	橙香	大连	常州	树势强,树姿开张,副梢发枝能力强,复花芽多,以中、长果枝结果为主,丰产。 果中等大,平均单果重 120 g,长椭圆形,果顶圆凸。果尖微凹,果皮底色黄绿或橙黄,向阳面有红色斑纹和条纹,皮易剥离;果肉橙黄色,近核处黄色,肉质松软,味酸甜微涩,汁液较多,具清香,可溶性固形物含量 10.7%,品质中等,离核。7 月上旬成熟
43	露香	大连	南通	树势强,树姿开张,发枝力强,以中、长果枝结果为主,自花结实力强,较丰产。 果中等大,平均单果重 130 g,果实圆形或长卵圆形;果皮底色橙黄色,有光泽,阳面呈红色斑纹和条纹;果肉橙黄色,质柔软,纤维略粗,味酸甜,香味较浓,汁液中多,品质中等,离核。7 月上旬成熟
44	橙艳	大连	南通	树势强,生长旺盛,发枝力强,树姿半开张,以长果枝结果为主,产量中等。 果实短椭圆形或近圆形,平均单果重 165 g,大果重可达 400 g,果顶隆起或平圆,梗洼广深;果皮橙黄色,阳面呈暗红色晕,果面茸毛中多,难剥皮。果肉橙黄色,阳面果肉有少量红晕,不溶质,纤维略粗,汁液中多,味酸甜,有香气,可溶性固形物含量 10.5% 左右。粘核,核中等大。果实 7 月下旬成熟
45	明星	日本	南通	树势强,树姿半开张,枝细长而密生,复花芽多,自花结实率高,丰产。 果实圆整,中等大,平均单果重 110 g,果顶圆而微凹陷,缝合线浅而明显,两半部对称。果皮橙黄色,阳面有红晕,果皮茸毛中少,难剥离。果肉金黄色,无红色素,肉质细而致密,为不溶质,纤维少,汁液中少,味甜酸,有香气,可溶性固形物含量 10% 左右。核小,粘核。果实在 7 月底至 8 月初成熟,耐贮运
46	罐桃 14 号	日本	南京、南通	树势强,树姿直立,幼树长势较旺,以中、长果枝结果为主。 果实椭圆形,平均单果重 135 g,果顶圆而微凹;果皮橙黄色,阳面有红色斑纹,茸毛中多,皮难剥离;果肉橙黄色,近核处无红色,肉质细而致密,为不溶质,风味甜酸,有香气,可溶性固形物含量 11% 左右。粘核,果实 8 月上旬成熟。加工品质优良,金黄色,有光泽,软硬适度,香味浓,汁液清,色味俱佳
47	菊黄	大连	徐州、连云港	果实圆形,平均单果重 170 g,大果重可达 213 g;果顶圆平凹入,缝合线浅,两半部较对称;果肉黄色,近核处稍有红晕,不溶质;风味酸甜,可溶性固形物含量 11%。加工成品金黄色有光泽,块形完整,汁液清,肉质致密,甜酸适口,桃香浓。花铃型

续表

序号	品种名称	品种来源	种植地	主要特征及特性
48	锦香	上海	苏州	果实圆形，平均单果重 193 g，大果重可达 270 g。果皮底色金黄，着色约 25%，茸毛少。果肉金黄色，可溶性固形物含量 9.2%~11.0%，风味甜微酸，香气浓，粘核。果实发育期为 80 天，花粉不稔
49	中油桃 11 号（中油桃 518、极早 518）	河南	徐州等地	油桃。果实近圆形，平均单果重 85 g，大果重可达 120 g。果皮光滑无毛，底色乳白，80% 果面着玫瑰红色，有光泽，艳丽美观。果肉白色，粗纤维中等，软溶质，清脆爽口。风味甜，有香气。汁液中多，含可溶性固形物 9%~13%，总糖 7.79%，可滴定酸 0.37%，品质良好。粘核。花铃型，自花结实，产量中等。果实发育期 50~55 天
50	华光	河南	徐州等地	油桃。果实近圆形，平均单果重 110 g，大果重可达 140 g。果皮光滑无毛，底色乳白，60% 果面着玫瑰红色，果皮稍粗糙，多雨年份存在裂果现象。果肉白色，纤维中等，硬溶质，风味甜，汁液中多，可溶性固形物含量 10.7%，品质良好。粘核。花蔷薇型，自花结实。6 月上旬成熟，果实发育期 69 天
51	早红宝石	河南	徐州、镇江等地	油桃。果实近圆形，平均单果重 110 g。果皮黄色，果面大部分着红色，成熟不一致，果点较多；果肉黄色，软溶质，风味甜，可溶性固形物含量 10%，粘核。6 月上旬成熟，果实发育期 79 天
52	丹墨	北京	徐州、镇江等地	油桃。果实圆正，稍扁，平均单果重 85 g。果顶圆平，缝合线浅，两半部对称；果面大部分着深红色，着色不均匀。果肉黄色，皮下红色较多，硬溶质；风味甜，可溶性固形物含量 10%~12%，粘核。6 月上旬果实成熟
53	早红珠	北京	徐州、镇江等地	油桃。果实近圆形，平均单果重 83 g。果皮底色乳白色，果面大部分着红色；果顶圆平，先于其他部位成熟，多雨年份存在裂果现象。果肉白色，软溶质，风味甜，可溶性固形物含量 10.8%，粘核。6 月上旬成熟，果实发育期 71 天
54	瑞光 2 号	北京	徐州等地	油桃。果实近圆形，平均单果重 142 g。果皮底色黄色，果面着深红色，果皮较粗糙，不能剥离，多雨年份存在裂果现象。果肉黄色，纤维中粗，硬溶质，风味甜，可溶性固形物含量 13%，口感佳。粘核。花铃型，有花粉。6 月下旬成熟，果实发育期 90 天
55	中油桃 5 号	河南	徐州等地	油桃。果实近圆形，平均单果重 145 g，大果重可达 230 g。果皮底色乳白，80% 果面着玫瑰红色，果肉白色，风味甜，汁液中多，可溶性固形物含量 9%~13%，品质优良。自花结实，极丰产。6 月上旬成熟，果实发育期 70 天
56	中农金辉	河南	徐州、宿迁等地	油桃。果实椭圆形，果顶圆凸；平均单果重 173 g，大果重可达 252 g。果皮底色黄色，80% 果面着红晕，两半部对称，果皮不能剥离；果肉橙黄色，肉质硬溶质，纤维中等，汁液多，风味甜。可溶性固形物含量 12%~14%。粘核

续表

序号	品种名称	品种来源	种植地	主要特征及特性
57	NJN76	美国	徐州等地	油桃。果实圆形，果顶圆平，平均单果重 135 g。果皮底色黄色，果面着红晕；果肉黄色，不溶质，风味酸多甜少，可溶性固形物含量 10.6%，粘核。7 月上旬成熟，果实发育期 87 天。花铃型，由于风味偏酸，基本没有发展
58	毕加索	意大利	苏州、徐州等地	油桃。果实扁圆形，平均单果重 92 g。果皮底色黄色，果面大部分着红晕，成熟一致；果肉黄色，风味酸多甜少，可溶性固形物含量 11%。7 月上旬成熟，果实发育期 103 天。20 世纪 80 年代引入，由于风味偏酸，基本没有发展
59	陈圃蟠桃	上海	南京、连云港、苏州	蟠桃。树势中庸，树姿开张，枝干横展，以中、短果枝结果为主，复花芽多。果中等大，果顶呈波浪状，顶洼深陷，两半部不对称；果皮黄绿色，果顶密布玫瑰红斑点，皮厚韧，易剥离。果肉乳白色，风味甜，近核微涩，粘核。7 月中下旬成熟
60	离核蟠桃	杭州	苏州、无锡	蟠桃。树势中庸偏强，树姿半开张，以中、短果枝结果为主，复花芽多，自花结实力强，坐果率高。果中等大，两半部不对称。果皮黄绿色，顶部有深红色晕，易剥离。果肉乳黄色，近核处紫红，纤维少，柔软多汁，风味甜浓，有香气。核极小，离核。7 月底至 8 月初成熟
61	长生蟠桃（长形蟠桃）	浙江	南京	蟠桃。树势中庸，树姿开张，以中果枝结果为主。果实大，果皮乳黄色，有红色纹晕，质韧易剥离；果肉乳白色，近核处或带淡粉红色，肉质软溶，汁液多，风味甜，粘核。果实成熟度均匀，7 月中下旬成熟

此外，北京市农林科学院林业果树研究所育成的‘瑞蟠’系列蟠桃在徐州、宿迁等地均曾有栽培，但面积很少。山东等地的极晚熟品种曾在无锡、常州等苏南地区引种试栽，基本没有成功。南京六合从河南引进了‘青叶冬桃’‘红叶冬桃’，果实在上市后的综合经济效益并不理想。目前，徐州、宿迁等地仍然在试种北方的一些极晚熟品种，结果等待观察。

三、育成品种

（一）白肉桃

1. 早花露

江苏省农业科学院园艺研究所 1978 年从‘雨花露’自然授粉实生苗中选育而成的早熟水蜜桃，1985 年定名，1992 年通过江苏省农作物品种审定委员会审定。全国南北方桃主产区广为应用。

树姿开张。1 年生枝阳面红褐色，长果枝平均节间长度 2.68 cm。叶片长椭圆披针形，长 15.61 cm，宽 3.93 cm，叶柄长 0.82 cm，叶面平展，绿色，叶尖渐尖，叶基楔形，叶缘钝锯齿，蜜腺肾形，2 个。花蔷薇型，花冠直径大（4.62 cm），花瓣粉红色；花药橘黄色，有花粉；萼筒内壁绿黄色，雌蕊与雄蕊等高。

果实近圆形，平均单果重 86.5 g，大果重可达 125 g，纵径 6.18 cm，横径 5.85 cm，侧径 5.87 cm。果顶圆平微凹，缝合线浅，两半部较对称，梗洼中浅。果皮底色乳黄色，顶部密布玫瑰红色细点或形成鲜艳红晕；茸毛稀少，果皮易剥离；果肉乳白色，肉质柔软；纤维稍粗，汁液多；风味甜，稍涩，有香气，含可溶性固形物 11%，可溶性糖 6.85%，可滴定酸 0.15%，维生素 C 5.43 mg/100 g。半离核，核不碎裂，卵圆形。

在南京地区，3 月上旬萌芽，3 月下旬盛花，花期持续 5~7 天，5 月底至 6 月初果实采收，果实发育期 56~58 天；10 月中旬开始落叶，11 月中旬落叶终止，年生育期 267 天。

树势较强，树体健壮，发枝力中等。各类果枝均能结果，幼树以长、中果枝结果为主。6 年生树徒长性果枝、长果枝、中果枝、短果枝、花束枝比例分别为 0.9%、40.0 %、18.3%、37.7%、3.1%。花芽起始节位第 3 节，以复花芽为主，自然坐果率 33.5%。成花能力强，1 年生成苗定植后当年即能形成花芽，第 2 年少量结果，5 年生进入盛果期，每亩产量 900~1 250 kg。早果性好，丰产稳产。

该品种果实成熟早，果形圆正，外观美丽，唯果形偏小，风味偏淡，有微涩。抗性较强，病虫果少，未发现感染炭疽病现象，细菌性穿孔病危害较轻。

2. 扬州早甜桃

江苏里下河地区农业科学研究所（原扬州地区农业科学研究所）1965 年育成，亲本为‘五云’×‘扬桃 2 号’（‘玉露’×‘夏白’），1985 年参加扬州地区早熟桃品种鉴定会，在全省选送的 34 个品种中被评为第一名。

树姿较开张。1 年生枝绿色，向阳面暗红色，长果枝平均节间长 2.61 cm。叶片卵圆披针形，长 16.0 cm，宽 4.5 cm，叶面微呈波浪形，绿色，叶尖渐尖，基部广楔形，叶缘钝锯齿；蜜腺肾形，2~3 个；花为蔷薇型，花冠直径 3.27 cm，花瓣粉红色；花药橘红色，花粉量多；萼筒内壁绿黄色，雌蕊与雄蕊等高。

果实卵圆形，平均单果重 133 g，大果重可达 180 g，纵径 6.47 cm，横径 5.97 cm，侧径 6.32 cm。果顶圆，微突起，缝合线浅，两半部稍不对称；果皮乳白色，顶部稍有玫瑰红晕；茸毛中等，皮难剥离；果肉白色，稍带红色，完全成熟时，果肉红色素多；纤维中粗，汁液多；风味甜，含可溶性固形物 8.0%~15.5%，可溶性糖 7.93%，可滴定酸 0.24%，维生素 C 5.20 mg/100 g。粘核，核椭圆形。

在扬州地区，3 月中旬萌芽，3 月底始花，4 月初盛花，花期约 7 天，4 月上旬展叶，果实于 6 月 7 至 10 日开始成熟，至 6 月中旬采收结束，果实发育期 70 天左右。

树势强，萌芽力和成枝力均较强。其中徒长性果枝、长果枝、中果枝、短果枝、花束枝比例分别为 0.5%、41.2 %、25.0%、31.7%、1.6%，各类果枝均能结果，但以长、中果枝结果为主。花芽起始节位为第 2~3 节，复花芽多，自然坐果率 40.2%，丰产稳产，5 年生树单株产量 37 kg。在南京地区，3 月下旬盛花，6 月中旬果实采收，果实发育期约 75 天；3 月初萌芽，落叶期在 10 月底至 11 月中旬，生育期 247 天。

该品种成熟早，果实较耐贮运，属南方硬肉桃类型。目前已很少栽培。

3. 金山早露（图 8-22）

镇江市润州区多种经营管理局在 1983 年品种资源调查时，于七里甸乡 13 年生桃园中选出，为芽变产生的早熟优良单株，1985 年命名，1992 年通过江苏省农作物品种审定委员会审定。

图 8-22 ‘金山早露’果实

树姿开张。1 年生枝绿色，向阳面暗红色，长果枝平均节间长 2.80 cm。叶片卵圆披针形或长椭圆披针形，长 16.52 cm，宽 4.24 cm，叶柄长 1.00 cm，叶面较平坦，绿色，叶尖渐尖，基部广楔形，叶缘钝锯齿；蜜腺肾形，2~4 个；花为蔷薇型，花冠直径 4.09 cm，花瓣粉红色；花药橘红色，有花粉；萼筒内壁绿黄色，雌蕊与雄蕊等高。

果实椭圆形，平均单果重 122 g，大果重可达 165 g，纵径 6.31 cm，横径 6.13 cm，侧径 6.25 cm。果顶圆平，缝合线较浅，两半部基本对称；果皮黄绿色，阳面有红晕；茸毛多，皮易剥离；果肉白色，肉质柔软；纤维少，汁液多；风味酸甜，有香气。含可溶性固形物 10.4%~11.0%，可溶性糖 9.34%，可滴定酸 0.12%，维生素 C 7.99 mg/100 g。半离核，核倒卵圆形。

在镇江地区，3 月中旬末萌芽，4 月上旬盛花，6 月上旬至旬末果实采收，果实发育期为 65~68 天。

树势较强，发枝中等偏多，枝条分布较均匀。6 年生树徒长性果枝、长果枝、中果枝、短果枝和花束枝分别为 2.2%、37.2%、20.6%、27.2% 和 12.8%。复花芽多，花芽起始节位第 3~4 节，优质芽位于枝条中上部，以中、长果枝结果为主，自然坐果率 28.9%，采前落果轻，定植后第 3 年结果，第 5 年进入盛果期，株产可达 60~70 kg。

该品种适应性较强，成熟早，介于‘早花露’与‘雨花露’之间，丰产稳产。

4. 雨花露（图 8-23）

江苏省农业科学院园艺研究所 1963 年杂交育成，亲本为‘白花水蜜’×‘早上海水蜜’，1975 年定名，1982 年获农牧渔业部技术改进一等奖，1991 年通过江苏省农作物品种审定委员会审定，1992 年通过全国农作物品种审定委员会审定（GS14001—1991）。

树姿开张。1 年生枝向阳面红色，长果枝节间长 2.75 cm。叶片宽披针形或长椭圆披针形，长 16.65 cm，宽 4.28 cm，叶柄长 0.91cm，叶尖渐尖，叶基楔形，叶缘钝锯齿；蜜腺肾形，2~3 个。花蔷薇型，粉红色；花药橘红色，有花粉；萼筒内壁绿黄色，雌蕊稍低于雄蕊。

图 8-23 ‘雨花露’果实

果实长圆形，平均单果重 125 g，大果重可达 200 g，纵径 6.41 cm，横径 6.26 cm，侧径 6.17 cm。果顶圆平，缝合线凹入过顶，形成两小峰，两半部对称；果皮底色乳黄色，果顶着淡红色细点形成晕；茸毛短，量中等，果皮厚度中等，易剥离；果肉乳白色，肉质柔嫩多汁；风味甜浓，富有芳香，含可溶性固形物 10.8%~12.0%，可溶性糖 7.53%，可滴定酸 0.13%，维生素 C 5.38 mg/100 g。半离核，核卵圆形。

在南京地区，3 月下旬盛花，平均花期 7 天，6 月中旬果实采收，果实发育期为 75~78 天。10 月中旬大量落叶，11 月上旬落叶终止，年生育期 249 天。

树势中庸，树冠较大。徒长性果枝、长果枝、中果枝、短果枝和花束枝分别为 5.4%、12.1%、21.5%、35.5% 和 25.5%，各类果枝结果性能均好，但以中、长果枝为主。花芽起始节位第 3 节，复花芽多，坐果率高。结果早，定植后第 2 年结果，盛果期每亩产量 1 680 kg。

该品种适应性广，成熟早，果形较大，品质优，早果丰产，抗蚜虫能力较强，感染细菌性穿孔病较轻。曾是我国栽培最为广泛的桃品种，目前仍有少量种植。

5. 云露

扬州大学农学院园艺系 1984 年杂交育成，亲本为‘雨花露’ × ‘冈山早生’，1998 年通过江苏省农作物品种审定委员会审定。

树姿较开张，花蔷薇型，有花粉。

果实椭圆形，平均单果重 91 g，大果重可达 148 g。果顶平，缝合线浅，果形端正，两半部对称。果皮黄绿色，阳面着鲜红晕，外观艳丽，易剥皮。果肉乳白色，完熟时略有红色，肉质细腻，汁液多，纤维少，风味甜带微酸，有的年份后味略涩，有香气，粘核。含可溶性固形物 7.8%~10.4%，可溶性糖 5.96%~7.10%，可滴定酸 0.19%~0.28%。

在扬州地区，平均始花期 4 月 2 日，盛花期 4 月 6 日，终花期 4 月 9 日。果实发育期 51~61 天，平均 55 天，成熟期稍早于‘早花露’和‘春蕾’。

树势中庸，以长、中果枝结果为主，结果枝占总枝量的 80.4%，徒长性果枝、长果枝、中果枝、短果枝、花束状果枝比例分别为 7.7%、40.3%、27.4%、15.8%、8.8%。花芽起始节位第 3 节，花芽占总芽数的 44.7%，复花芽占总芽数的 58.6%，自然坐果率 24.8%。在正常栽培管理条件下，定植第 2 年开始结果，第 4 年平均株产 11.7~18.3 kg，盛果期亩产 1 500~2 000 kg。

该品种果实成熟早，适应性及抗病性较强，无裂核、裂果现象。

6. 霞晖1号(图8-24)

江苏省农业科学院园艺研究所1975年杂交育成,亲本‘朝晖’×‘朝霞’,1988年定名,1992年通过江苏省农作物品种审定委员会审定,1996年获农业部科技进步三等奖。

图8-24 ‘霞晖1号’果实

树姿较开张,1年生枝粗壮,长果枝平均节间长度2.74 cm。叶片长椭圆披针形,长16.65 cm,宽4.28 cm,叶柄长0.85 cm,叶面平展,绿色,叶尖渐尖,叶基楔形,叶缘钝锯齿,蜜腺肾形,2~4个。花蔷薇型,花冠直径大(4.61 cm),花瓣粉红色;花药黄色,花粉不稔;萼筒内壁绿黄色,雌蕊高于雄蕊。

果实卵圆形,平均单果重128 g,大果重可达215 g,纵径6.45 cm,横径6.01 cm,侧径6.08 cm。果顶圆形,缝合线浅,两半部较对称,梗洼中深;果皮乳黄色,顶部有玫瑰红晕,果顶先熟;茸毛中等,皮易剥离;果肉乳白色,软溶质;纤维较粗,汁液多;风味甜,香气浓,含可溶性固形物10.1%,可溶性糖5.96%,可滴定酸0.08%,维生素C 6.36 mg/100 g。粘核,核卵圆形,有裂核现象。

在南京地区,3月下旬盛花,花期稍偏迟,持续8天,6月上旬至中旬果实采收,果实发育期为68天。3月上旬萌芽,大量落叶期10月下旬,11月上旬末落叶终止,年生育期约254天。

树势强,发枝力中等偏强。6年生树徒长性果枝、长果枝、中果枝、短果枝、花束枝比例分别为1.4%、56.0 %、16.3%、21.1%、5.2%,各类果枝均能结果,花芽成花率高,自然坐果率28.8%,产量中等。3年生树株产量2.95 kg,4年生树株产量可达21.8 kg,产量最高单株为32.5 kg,一般盛果期每亩产量1 500 kg。

该品种果实大、外观美、品质佳,商品性好,经济价值高。唯花粉不稔,自花不能结实,种植时需配置授粉树。以‘晖雨露’与‘雨花露’等作授粉树,可获得丰产。

7. 新美

1992年新沂市果树站在港头镇史圩村桃园中偶然发现,2001年通过江苏省农作物品种审定委员会审定。

树姿半开张,新梢淡绿色,叶为披针形,微卷曲,长16.9 cm,宽5.0 cm,叶色浓绿。花蔷薇型,花瓣粉红色,花粉不稔。

果实圆形,平均单果重209 g,大果重可达526 g,纵径7.5 cm,横径7.3 cm,侧径7.3 cm。缝合线中浅,两半部基本对称;果皮乳白色,阳面具红霞,茸毛少而短;果肉乳白色,肉质紧密,汁液中多,味甜,可溶性固形物含量11.0%~15.7%。充分成熟或经贮藏后果肉变软,汁液多,糖分降低。粘核,核椭圆形。

在苏北地区，3 月中旬萌芽，4 月初始花，4 月 5 日至 6 日盛花，4 月 8 日左右终花，花期 1 周左右。果实于 6 月 20 日成熟，6 月 25 日前后采收结束，果实发育期 75 天，比‘砂子早生’早熟 5 天左右。10 月底大量落叶，年生育期 235 天左右。

树势强，发枝力中强，扩冠成形快，较易成花，各类枝条比例相近，长、中、短果枝（包括花束状果枝）分别为 27.7%、37.5%、34.8%。花芽节位低，第 3 节起多为复花芽，少有单花芽。定植后第 2 年开花株率 95% 以上，3 年生树一般亩产 430 kg，4 年生树亩产 1 250 kg，5 年生、6 年生的树亩产能稳定在 2 000 kg 左右。

该品种果实成熟早，无采前落果和裂果现象。无花粉，需配置授粉树或进行辅助授粉，较抗缩叶病。曾在徐州、山东临沂等地种植。

8. 朝霞

江苏省农业科学院园艺研究所 1963 年杂交育成，亲本‘白花’ × ‘初香美’，1975 年定名，1978 年获江苏省科技成果奖，1994 年通过江苏省农作物品种审定委员会审定。

树姿开张。1 年生枝绿色，阳面红色，长果枝节间长 2.34 cm。叶片宽披针形，长 16.51 cm，宽 3.98 cm，叶柄长 0.92 cm，叶面平展，叶尖渐尖，叶基楔形，叶缘钝锯齿；蜜腺肾形，2~4 个。花蔷薇型，花冠直径 4.36 cm，花瓣粉红色；花药橘红色，花粉不稔；萼筒内壁绿黄色，雌蕊与雄蕊等高。

果实圆形至椭圆形，平均单果重 150 g，大果重可达 173 g，纵径 6.22 cm，横径 6.19 cm，侧径 6.21 cm。果顶圆平凹入，缝合线浅，两半部较对称；果皮乳黄色，顶部有玫瑰红细点晕；茸毛短，量中等，果皮韧性较强，易剥离；果肉白色，肉质细而致密，为硬溶质；纤维中等，汁液中多；风味甜或酸甜，香气中等，含可溶性固形物 10%~11%，可溶性糖 6.62%，可滴定酸 0.25%，维生素 C 5.93 mg/100 g。粘核，核小，卵圆形。加工成品乳白色，汤汁清，块形完整，甜酸适口，富有芳香。

在南京地区，3 月下旬盛花，平均花期 7 天，6 月下旬果实采收，果实发育期约 79 天。3 月上旬萌芽，10 月中旬大量落叶，11 月上中旬落叶终止，年生育期约 254 天。

树势中庸偏强，树冠大。发枝力中等。6 年生树徒长性果枝、长果枝、中果枝、短果枝、花束枝比例分别为 1.8%、48.4 %、23.7%、22.8%、3.3%。花芽起始节位第 3 节，复花芽多，自然坐果率 41.2%。5 年生树株产 34.3kg，盛果期每亩产量达 1 500 kg。

该品种早熟，品质上等，鲜食与加工兼用，耐贮运。

9. 银花露（图 8-25）

江苏省农业科学院园艺研究所 1963 年杂交育成，亲本‘白花’ × ‘初香美’，1994 年通过江苏省农作物品种审定委员会审定。

树姿开张。1 年生枝绿色，阳面红色，长果枝平均节间长度 2.74 cm；叶片长椭圆披针形，长

16.65 cm，宽 4.28 cm，叶柄长 0.85 cm，叶面平展，绿色，叶尖渐尖，叶基广楔形，叶缘钝锯齿，蜜腺肾形，2~4 个。花蔷薇型，花冠直径 4.48 cm，花瓣粉红色；花药黄色；萼筒内壁绿黄色，雌蕊高于雄蕊。

图 8–25 ‘银花露’果实

果实圆形，平均单果重 135 g，大果重可达 240 g，纵径 6.39 cm，横径 6.31 cm，侧径 6.40 cm。果顶圆，缝合线浅，两半部较对称；果皮乳黄色，着玫瑰红细点晕；茸毛短，果皮易剥离；果肉乳白色，软溶质；纤维中等，汁液多；风味甜香，含可溶性固形物 8.8%~11.2%，可溶性糖 5.92%，可滴定酸 0.12%，维生素 C 6.02 mg/100 g。粘核，核卵圆形。

在南京地区，3 月下旬至 4 月初盛花，6 月下旬果实成熟，果实发育期约 81 天。3 月上旬萌芽，11 月中下旬落叶，生育期 251 天。

树势强，枝条分布均匀。6 年生树徒长性果枝、长果枝、中果枝、短果枝、花束枝比例分别为 0.4%、33.6 %、33.6%、30.2%、2.2%，各类枝条均能结果。花芽起始节位为第 3 节，复花芽多，自然坐果率 32.3%，盛果期亩产 1 250~1 500 kg。

该品种早熟，品质上等，抗性强。但花粉不稔，栽植时需配置授粉树。目前仍是无锡桃主要早熟品种之一，当地称之为‘朝阳’。

10. 早白凤

无锡太湖茶果良种场 1965 年从白凤丰产园中选出。亦有认为是上海沈巷果园发现的‘白凤’早熟变异。无锡桃产区曾有栽培。

树势中庸，树姿开张，各类枝条分布均匀，类似‘白凤’。花瓣淡红泛白，有花粉。果实圆形，中等偏小，平均单果重 90 g。果顶圆平，果皮色白泛青，顶部有红晕，易剥皮；果肉乳白色，肉质致密，汁多而甜，无酸味，微香，可溶性固形物含量 10%。粘核。

据 1983 年观察，始花期 4 月初，盛花期 4 月上旬。终花后抽发一次新梢，约在 5 月上中旬抽发二次新梢。果实 6 月 20 日左右成熟。

该品种早熟，坐果率极高，能连年丰产，1983 年梅园茶果场一队的 10 年生树单株产果 60 kg（每亩 40 株）。缺点是叶片易遭蚜虫危害，同时果形逐年变小。

11. 曙光水蜜

镇江市园艺站 1982 年从润州区七里甸镇曙光村白凤桃园中选出的芽变，1992 年通过江苏省农作物品种审定委员会审定。

树姿开张，叶片广披针形，叶缘波浪状，质厚深亮；花蔷薇型，有花粉。

果实圆正，平均单果重 162 g，大果重可达 350 g。果皮底色绿白色，着红色，成熟时皮易剥离；果肉白色，近核尖处略带红丝；溶质，汁液多，味甜，有芳香，可溶性固形物含量 11%~12%。粘核。

树势强，成枝力强，优质花芽分布于中长果枝中部，花芽起始节位第 4 节，坐果率高。种植后第 2 年开花，第 3 年平均亩产 310 kg，第 4 年平均亩产 1 012 kg，第 7 年平均亩产 1 500 kg。

该品种果实成熟早，一般 6 月 20 日至 30 日成熟。

12. 扬桃 2 号

扬州地区农业科学研究所 1957 年杂交育成，亲本‘玉露’×‘夏白’。曾在 1981 年江苏省镇江地区早熟桃品种鉴定会的 48 个品种中被评为第二名。

树姿半开张。枝粗叶大，枝条萌芽力中等，成枝力强。中、长果枝的花芽一般分布在中、下部，多为复花芽，花芽占总芽量的 67%。花为蔷薇型，花瓣粉红，花粉量多。

果形卵圆形，缝合线浅，两侧对称，顶部尖圆，有突起，平均单果重 150 g，大果重可达 220 g。果皮底色黄绿，顶部有粉红彩霞，茸毛中等，熟后易剥皮。肉色粉红，近核乳白色，肉质细韧可溶，汁液多，味甜微酸，可溶性固形物含量 11.5%~13.0%。品质上等。5~6 年达盛果期，每亩产量 1 750 kg。对该品种幼树宜拉开主枝角度缓和树势，增施磷肥、钾肥，以促使早期形成花芽结果。

在扬州地区，3 月中旬萌芽，4 月上旬展叶，3 月底始花，4 月初盛花，花期约 7 天，果实 6 月 25 日开始成熟，6 月底至 7 月初采收结束。

该品种成熟较早、果形较大、品质较好、产量较高。果实可适当提早或延迟采收，较耐贮运。

13. 扬桃 5 号

扬州地区农业科学研究所 1963 年杂交育成，亲本‘五云’×‘白凤’。曾在 1981 年参加江苏省镇江地区早熟桃品种鉴定会的 48 个品种中被评为第一名。

树姿开张，节间短，平均 1.5 cm。叶阔披针形，深绿色。花蔷薇型，花瓣粉红，花粉发育不完全。

果形圆正，顶部圆平稍凹，果实比‘白凤’大，平均单果重 140 g，大果重可达 210 g。果皮底色乳黄色，顶部有红霞；果肉乳白色，肉质细致，为软溶质，汁液多，味甜并有芳香，可溶性固形物含量 13%，无酸味，品质佳。粘核，核较小，仅占果重的 5%。

在扬州地区，3 月中旬末萌芽，4 月上旬展叶，4 月初始花，4 月上旬后期盛花，4 月上旬末终花，果实 6 月下旬成熟。

树势中庸偏强，萌芽力与成枝力均强，中长果枝的花芽一般从第 2 节开始着生，花芽分布满枝，多为复花芽，花芽占总芽量的 86%。花粉发育不完全，须配置授粉品种，容易丰产。一般定植后第 2 年开始结果，3~4 年投产，5~6 年达盛果期，每亩产量 1 750 kg。

14. 绿道（图 8–26）

江苏农林职业技术学院于 2003 年从日本品种‘良媛’（‘良姬’）中发现的早熟芽变，2013 年通过江苏省农作物品种审定委员会鉴定。

树势中庸，树姿开张。花蔷薇型，有花粉。果形圆整，平均单果重 220 g，大果重可达 370 g。果顶微凹，缝合线较深。果皮着色鲜红，美观，完熟果易撕皮。果肉红色至黄白色，近核处为黄白色。肉质柔软，汁液多，风味浓郁，可溶性固形物含量 12%~14%。粘核，果核肩部较突起，单核重 8.2 g。

图 8–26 ‘绿道’果实

在句容地区，果实 6 月下旬至 7 月初成熟。3 年生树亩产 500 kg，成年树亩产 1 500~2 000 kg。

15. 霞晖 5 号（图 8–27）

江苏省农业科学院园艺研究所 1981 年杂交育成，亲本为‘朝晖’×（‘玉露’×‘早生水蜜’），2003 年通过江苏省级鉴定。全省桃产区均有种植。

树姿开张。1 年生枝阳面红褐色，长果枝平均节间长度 2.87 cm；叶片长椭圆披针形，长 17.60 cm，宽 4.19 cm，叶柄长 1.07 cm，叶面平展，绿色，叶尖渐尖，叶基楔形，叶缘钝锯齿，蜜腺肾形，2~6 个。花蔷薇型，花冠直径 4.43 cm，花瓣粉红色；花药橘黄色，花粉量多；萼筒内壁绿黄色，雌蕊与雄蕊等高或稍高于雄蕊。

果实圆形端正，平均单果重 178 g，大果重可达 270 g，纵径 6.37 cm，横径 6.77 cm，侧径 7.06 cm。果顶圆平，两半部较对称，缝合线浅，梗洼中深。果皮底色乳黄色，果面 60% 以上着玫瑰红霞；茸毛密度中等，果皮中厚，易剥离；果肉乳白色，肉质细腻，为软溶质；纤维中粗，汁液多；风味甜，有香气，含可溶性固形物 11%~13%，可溶性糖 9.09%，可滴定酸 0.15%，维生素 C 8.14 mg/100 g。粘核，核椭圆形。

图 8–27 ‘霞晖 5 号’果实

在南京地区，3 月中下旬盛花，花期偏早，持续 5~7 天，7 月初果实成熟，果实发育期 95 天。3 月初萌芽，10 月下旬开始大量落叶，11 月中旬落叶终止，年生育期 254 天。

各类果枝均能结果，幼树以长、中果枝结果为主，进入盛果期以中、短果枝结果为主。徒长性果枝、长果枝、中果枝、短果枝、花束枝比例分别为2.3%、41.9 %、18.7%、23.3%、13.8%。花芽着生部位第2节，以复花芽为主，占总花芽的68.7%，自然坐果率40.1%。早果性好，3年生树株产10.5 kg，4年生树株产可达22 kg，盛果期亩产1 500 kg左右，丰产稳产。

该品种果形圆正，外观美丽，风味口感极佳。花粉量多，坐果率高，注意尽早严格疏花疏果，以增大果个。

16. 霞脆（图8–28）

江苏省农业科学院园艺研究所1992年杂交育成，遗传背景复杂，亲本含有'雨花2号''白花水蜜''桔早生''朝霞'，2003年通过江苏省科技成果鉴定，2013年通过江苏省农作物品种审定委员会鉴定。目前在江苏、山东、四川、云南、甘肃、河南、广西等10余个省的桃主产区均有种植。

图8–28 '霞脆'果实

树姿开张。1年生枝阳面红褐色，长果枝平均节间长度2.55 cm。叶片长椭圆披针形，长17.19 cm，宽4.46 cm，叶柄长1.03 cm，叶面平展，绿色，叶尖渐尖，叶基楔形，叶缘钝锯齿，蜜腺肾形，2~4个。花蔷薇型，花冠直径4.06 cm，花瓣粉红色；花药橘黄色，有花粉；萼筒内壁绿黄色，雌蕊与雄蕊等高或稍高于雄蕊。

果实近圆形，平均单果重210 g，大果重可达485 g，纵径6.90 cm，横径6.61 cm，侧径7.20 cm。果顶圆或微凸，两半部较对称，缝合线浅，梗洼中深。果皮底色乳白色，果面60%以上着红霞，外观美丽；茸毛密度中等，果皮中厚，不能剥离；果肉白色，肉质硬脆，属硬质桃；纤维中等，汁液中多；风味甜，几乎感觉不到酸味，含可溶性固形物11.5%，可溶性糖9.53%，可滴定酸0.10%，维生素C 10.81 mg/100 g。粘核，核小，椭圆形。

在南京地区，3月下旬盛花，花期持续约1周，7月上旬果实成熟，果实发育期95天左右。3月初萌芽，落叶期在10月中旬至11月中旬，生育期253天。

树势中庸，各类果枝均能结果，幼树以长、中果枝结果为主。盛果期树徒长性果枝、长果枝、中果枝、短果枝、花束枝比例分别为3.6%、22.0 %、16.4%、19.0%、39.0%。花芽着生部位第2~3节，以复花芽为主，自然坐果率39.5%。成花能力强，1年生成苗定植后当年即能形成花芽，第2年开始结果。早果性好，丰产稳产。流胶病抗性中等，无缩叶病发生。

该品种的主要特点为果实留树时间长，果肉硬度高，不易变软，室温下放置10天能保持较好的商品性。缺点是果实表面不够平整。

17. 新白凤

无锡阳山生产园中选出，来源不详。现为无锡主栽中熟水蜜桃品种，常州、苏州、新沂、宿迁等地均有栽培。

树姿开张。1年生枝阳面红褐色，叶片长椭圆披针形，长14.58 cm，宽3.98 cm，叶柄长0.90 cm，叶面平展，绿色，叶尖渐尖，叶基楔形，叶缘钝锯齿，蜜腺肾形，2~4个。花蔷薇型，花冠直径3.94 cm，花瓣粉红色；花药橘红色，有花粉；萼筒内壁绿黄色，雌蕊与雄蕊等高或稍高于雄蕊。

果实圆形，平均单果重204 g，大果重可达361 g，纵径7.40 cm，横径6.99 cm，侧径7.16 cm。果顶圆平，两半部较对称，缝合线浅，梗洼中深。果皮底色乳白色，顶部着玫瑰红细点晕，茸毛密度中等，果皮中厚，难剥离；果肉白色，肉质细腻，为硬溶质；纤维中等，汁液中多；风味甜，有香气，含可溶性固形物11.3%，可溶性糖10.12%，可滴定酸0.26%。粘核，核卵圆形。

在无锡地区，3月上旬萌芽，3月下旬盛花，7月上中旬果实成熟，10月下旬开始大量落叶。

该品种树势中庸，盛果期后树势减弱，枝条较软，斜生下垂。坐果率高，丰产稳产。果实大，但不抗枝枯病。

18. 湖景蜜露（图8-29）

别名晚白凤，无锡市河埒乡（原园乡）湖景村果农邵阿盘于1964年在桃园中发现，1977年定名，1993年通过江苏省农作物品种审定委员会审定。

树姿开张。1年生枝阳面红褐色，长果枝平均节间长度2.26 cm。叶片宽披针形，长17.60 cm，宽4.17 cm，叶柄长1.03 cm，叶面平展，绿色，叶尖渐尖，叶基楔形，叶缘钝锯齿，蜜腺肾形，2~4个。花蔷薇型，花冠直径4.69 cm，花瓣粉红色；花药橘红色，有花粉，量多；萼筒内壁绿黄色，雌蕊与雄蕊等高或稍高于雄蕊。

果实圆形，平均单果重160 g，大果重可达291 g，纵径6.68 cm，横径6.96 cm，侧径7.31 cm。果顶圆平微凹，两半部较对称，缝合线浅，梗洼中狭。果皮底色乳黄色，近缝合线处有淡红霞；茸毛密度中等，果皮中厚，易剥离；果肉白色，肉质柔软，组织致密，为硬溶质；纤维少，汁液多；风味甜，有香气，含可溶性固形物12.2%~14.0%，可溶性糖11.51%，可滴定酸0.32%，维生素C 8.94 mg/100 g。粘核，核椭圆形。

图8-29 ‘湖景蜜露’果实

在无锡地区，3月底至4月初始花，4月初盛花，4月上旬末花，7月下旬果实采收，果实发育期113天；3月上旬萌芽，11月中旬落叶终止，生育期249天。

树势强，枝条分布均匀；花芽起始节位第

2~3 节，复花芽多，自然坐果率 39.9%，丰产稳产。流胶病抗性中等，较抗枝枯病。

该品种品质优，肉质致密，采收期较长，丰产稳产，是优质的中熟桃品种。

19. 朝晖

江苏省农业科学院园艺研究所 1962 年杂交育成，亲本‘白花’×‘橘早生’，1974 年定名，1992 年通过江苏省农作物品种审定委员会审定。

树姿开张。1 年生枝粗壮，长果枝节间长 2.63 cm。叶片宽披针形或长椭圆披针形，长 17.0 cm，宽 4.0 cm，叶柄长 1.1 cm，叶面平展，叶尖渐尖，叶基楔形，叶缘钝锯齿；蜜腺肾形，2~4 个。花蔷薇型，花冠直径 4.39 cm，花瓣粉红色；花药黄色，无花粉；萼筒内壁绿黄色，雌蕊高于雄蕊。

果实圆形，平均单果重 205 g，大果重可达 375 g，纵径 6.13 cm，横径 6.25 cm，侧径 6.56 cm。果顶圆平或微凹，缝合线浅，两半部较对称；果皮乳黄色，有玫瑰红细点及锈斑纹，茸毛中等，皮厚且韧性强，可剥离。果肉乳白色，肉质致密，为硬溶质；纤维少，汁液中等；风味甜，有香气，含可溶性固形物 11.2%~13.0%，可溶性糖 8.64%，可滴定酸 0.23%，维生素 C 5.95 mg/100 g。粘核，核卵圆形。制罐成品乳白色，色泽均匀，块形大而圆整，肉厚、核窝小，肉质致密，味甜有香气，汤汁澄清，加工性状良好。

在南京地区，3 月下旬盛花，花期持续 7~9 天，7 月中旬果实采收，果实发育期约 105 天。3 月上旬萌芽，10 月中旬开始落叶，11 月中旬落叶终止，年生育期 253 天。

树势强，树冠较大。萌芽率高，发枝力强，各类果枝均能结果。花芽起始节位第 4 节，复花芽多，自然坐果率 27.9%，早果性好，在邳州地区栽植后第 2 年坐果株率可达 70%，株产 5.1 kg，5 年生树每亩产量 1 750~2 156 kg。

该品种果实大，外观美，品质优，结果早，丰产性强，适应性广，栽植时需配置授粉树。

20. 霞晖 6 号（图 8-30）

江苏省农业科学院园艺研究所 1981 年杂交育成，亲本为‘朝晖’×‘雨花露’，2004 年通过江苏省科技成果鉴定，2013 年通过江苏省农作物品种审定委员会鉴定。目前在江苏、浙江、上海、云南、四川、山东等地的桃主产区均有种植。

树姿开张。1 年生枝阳面红褐色，长果枝平均节间长度 2.61 cm。叶片长椭圆披针形，长 17.30 cm，宽 4.12 cm，叶柄长 0.90 cm，叶面平展，绿色，叶尖渐尖，叶基楔形，叶缘钝锯齿，蜜腺肾形，2~3 个。花蔷薇型，花冠直径 4.12 cm，花瓣粉红色；花药橘黄色，有花粉，量多；萼筒内壁绿黄色，雌蕊与雄蕊等高或稍低于雄蕊。

果实圆形，平均单果重 211 g，大果重可达 373 g，纵径 6.87 cm，横径 6.67 cm，侧径 7.00 cm。果顶圆微凹，果面平整，两半部较对称，缝合线浅，梗洼中深。果皮底色乳黄色，果面着玫瑰红霞，几乎全红，外观美丽；茸毛密度中等，果皮中厚，易剥离；果肉乳白色，肉质细腻，为硬溶质，近核

图 8-30 ‘霞晖 6 号’结果状

处与肉色相同；纤维中等，汁液中多；风味甜，有香气，含可溶性固形物 12.3%，可溶性糖 9.34%，可滴定酸 0.21%，维生素 C 6.50 mg/100 g。粘核，核椭圆形。

在南京地区，3 月下旬至 4 月初盛花，花期持续约 1 周，7 月中旬果实成熟，果实发育期 108 天左右。2 月下旬萌芽，10 月底开始大量落叶，11 月中旬落叶终止，年生育期 250 天左右。

树势强，各类果枝均能结果，幼树以长、中果枝结果为主。6 年生树徒长性果枝、长果枝、中果枝、短果枝、花束枝比例分别为 2.3%、41.9 %、18.7%、23.3%、13.8%。花芽着生部位低，以复花芽为主，占总花芽的 72.2%，自然坐果率 38.0%。成花能力强，1 年生成苗定植后当年即能形成花芽，第 2 年少量结果，第 3 年株产 10 kg 左右，第 4 年株产可达 23 kg，早果性好，丰产稳产。花后 35 天疏果，每亩留果 10 000 个左右，产量控制在每亩 1 500 kg 左右。

该品种为中熟水蜜桃品种，果形圆整，外观美丽，风味香甜，品质优良，优化了江苏中熟桃品种结构组成。适应能力强，早果丰产。流胶病抗性中等，对其他病虫害抵抗能力较强。

21. 雨花 2 号（图 8-31）

江苏省农业科学院园艺研究所 1977 年从‘西姆士’×‘菲力浦’的自然实生后代群体中选育而成，2001 年通过江苏省农作物品种审定委员会审定，2003 年获得农业部植物新品种权保护。

树姿较开张。1 年生枝阳面红褐色，长果枝平均节间长度 2.68 cm；叶片长椭圆披针形，长 17.53 cm，宽 4.43 cm，叶柄长 1.16 cm，叶面平展，绿色，叶尖渐尖，叶基楔形，叶缘钝锯齿，蜜腺肾形，2 个。花蔷薇型，花冠直径 4.43 cm，花瓣粉红色；花药黄色，花粉不稔；萼筒内壁绿黄色，雌蕊高于雄蕊。

果实圆形，平均单果重 236 g，大果重可达 295 g，纵径 7.31 cm，横径 7.37 cm，侧径 7.93 cm。果顶圆平或微有小突起，两半部较对称，缝合线浅，梗洼中深。果皮底色乳黄色，果面着玫瑰红晕；茸毛中多，果皮中厚，较难剥离；果肉乳白色，肉质细腻，为硬溶质，近核处有红丝；纤维少，汁液中等；风味甜，有香气，含可溶性固形物 12.0%，可溶性糖 9.64%，可滴定酸 0.24%，维生素 C 6.99 mg/100 g。粘核，核椭圆形。

在南京地区，3 月下旬至 4 月初盛花，花期持续 5~7 天，7 月底果实成熟，果实发育期 115 天。

3 月上旬萌芽，落叶期在 10 月下旬至 11 月中旬，年生育期 250 天。

树势强，生长旺盛，枝条萌发力和成枝力均强。盛果期树徒长性果枝、长果枝、中果枝、短果枝、花束枝比例分别为 0.3%、35.0 %、19.0%、15.4%、30.3%。花芽着生部位低，以复花芽为主，自然坐果率 20.8%。

该品种肉质致密，较耐贮运，但花粉不稔，种植时需配置授粉树，花期天气不良时需进行辅助授粉。

图 8-31 ‘雨花 2 号’果实

22. 晚硕蜜

江苏省农业科学院园艺研究所 1956 年杂交育成，亲本‘晚熟水蜜’×‘肥城桃’。1974 年在江苏省晚熟桃鉴评会上被评为优良。在无锡、苏州、如东等地种植。

树姿较开张。1 年生枝红褐色，长果枝平均节间长 2.78 cm。叶片卵圆披针形，长 16.12 cm，宽 4.11 cm，叶柄长 0.90 cm，叶尖渐尖，叶基广楔形，叶缘钝锯齿；蜜腺肾形，2~4 个。花蔷薇型，花冠直径 4.47 cm，花瓣粉红色；花药橘红色，花粉量多；萼筒内壁绿黄色，雌蕊与雄蕊等高。

果实圆形，平均单果重 175 g，大果重可达 280 g，纵径 6.84 cm，横径 6.83 cm，侧径 7.67 cm。果顶圆平，缝合线浅，两半部较对称，梗洼中深；果皮底色绿白色，很少着色；果肉白色，近核处玫瑰红色，肉质柔软，为软溶质；纤维中等，汁液多；风味甜浓，香气亦浓，含可溶性固形物 13.0%~15.2%，可溶性糖 6.33%，可滴定酸 0.15%，维生素 C 6.55 mg/100 g。粘核，核较大，椭圆形。

在南京地区，3 月下旬至 4 月初盛花，8 月上中旬果实采收，果实发育期 126 天。落叶期在 10 月中下旬至 11 月中旬，年生育期 251 天。

树势中庸，各类果枝均能结果，复花芽多，较丰产。

该品种果实成熟迟，风味与品质佳，但采前落果较重。

23. 新白花（图 8-32）

江苏省农业科学院园艺研究所 1964 年从‘白花’自然授粉实生苗中选出，1975 年定名，1994 年通过江苏省农作物品种审定委员会审定。

树姿较开张。1 年生枝红褐色，长果枝平均节间长 2.60 cm。叶片长椭圆披针形或宽披针形，长 16.22 cm，宽 3.67 cm，叶柄长 0.90 cm，叶尖渐尖，叶基部楔形，叶缘钝锯齿，蜜腺肾形，2~4 个。花蔷薇型，花冠直径 4.04 cm，花瓣粉红色；花药黄红色，无花粉；萼筒内壁绿黄色，雌蕊高于雄蕊。

果实圆形，腹部突出，平均单果重 140 g，大果重可达 284 g，纵径 6.34 cm，横径 6.46 cm，侧径 6.62 cm。果顶圆形或稍隆起，缝合线明显，两半部不甚对称；果皮乳黄色，稍有粉红色晕；

图 8–32 ‘新白花’果实

果肉乳白色，近核处玫瑰红色，肉质致密，为硬溶质；纤维中等，汁液多；风味甜浓，有香气，含可溶性固形物 13.0%~16.5%，可溶性糖 9.95%，可滴定酸 0.21%，维生素 C 6.83 mg/100 g。粘核。

在南京地区，3 月下旬至 4 月初盛花，8 月中旬果实采收，果实发育期约 127 天。3 月上旬萌芽，落叶期在 10 月中旬至 11 月中旬，年生育期 261 天。

树势中庸，发枝力中等。枝条分布均匀，各类果枝均能结果。花芽起始节位为第 3~4 节，复花芽多，自然坐果率 32.3%，产量中等。

该品种果实大，品质佳，但花粉不稳，需配置授粉树，存在采前落果现象。

24. 徐蜜

1988 年由果农赵荣义在徐州市贾汪区大泉镇宗庄村‘白花’桃中发现的自然实生变异，1998 年通过江苏省农作物品种审定委员会审定。

树姿较开张。1 年生枝条光滑、绿色，阳面暗红色，平均节间长度 1.70 cm。叶片大，较平展，浓绿，有光泽，披针形，长 16.3 cm，宽 3.8 cm，叶柄短，约 0.85 cm。蜜腺肾形，2~3 个。花蔷薇型，花瓣粉红色，花冠直径 3.9 cm。雌蕊与雄蕊等高或略低于雄蕊，花粉量多。

果实近圆形，平均单果重 197.3 g，大果重可达 436 g。果顶圆平，缝合线较浅，两半部基本对称，梗洼狭、中深；果皮乳白色，阳面着红色晕，茸毛少而短；果皮中厚，韧性强，不易与果肉分离；果肉乳白色，近核处紫红色，肉质细脆，硬溶质，汁液多，完熟后肉变软，风味浓郁，为纯正冰糖味，有香气，含可溶性固形物 20.7%，可溶性糖 17%~19%，可滴定酸 0.17%，维生素 C 3.42 mg/100 g。粘核。室温条件下可存放 10~15 天，较耐贮运。

在徐州地区，3 月 10 日左右萌芽，4 月 8 日始花，4 月 10 日至 12 日盛花，4 月 15 日终花。8 月 20 日至 9 月 5 日果实陆续成熟，果实发育期 130~140 天。10 月下旬落叶，年生育期 250 天左右。

树势强，发枝力中等偏强。各类枝条分布较合理，其中长果枝、中果枝、短果枝比例分别为 40.2%、15.0%、24.8%。花芽起始节位低，一般在枝条基部第 2~3 节。成花容易，自然坐果率 40%，能自花授粉。第 2 年平均亩产 265 kg，第 3 年平均亩产 685.2 kg，第 5 年平均亩产 1 635.6 kg。

该品种适应性较强，较抗寒。在坡地、平原均表现出早果、丰产稳产。对蚜虫、叶螨抗性较强，较抗细菌性穿孔病、流胶病。抗旱力强，耐涝能力稍差。

25. 秋香蜜

扬州地区农业科学研究所 1957 年杂交育成，亲本‘玉露’×‘大蟠桃’。1974 年经江苏省晚熟桃鲜食品种选育会议鉴定，被评为 80 分以上，于 1974 年、1975 年、1976 年和 1977 年，经南方罐藏桃品种选育会议和全国罐藏桃品种选育会议鉴定，皆被评为晚熟罐藏白桃一级品种。

叶阔披针形，绿色。花为蔷薇型，花瓣粉红，花粉量多。

果实圆形，大而端正，平均单果重 150 g，大果重可达 263 g。果皮底色乳白，彩色微红，皮易剥离。可溶性固形物含量 14% 左右，品质优。粘核，核较小，仅占果重的 3.4%。经全国罐藏加工鉴定的结果，425 g 的每罐可装 4~5 片，果肉乳白均匀，汁液多，有光泽，肉厚，块大整齐，肉质细致紧密，软硬适度，风味甜酸适口并有浓郁香味，汤汁透明。

在扬州地区，3 月中旬萌芽，4 月上旬展叶，4 月初始花，4 月上旬末谢花，8 月上旬果实开始成熟，至 8 月中旬采收结束。

树势强，树姿开张，枝条萌芽力强，成枝力中等。中、长果枝一般从第 2 节开始着生花芽，节间长约 2 cm，花芽分布全枝，多为复花芽，坐果率高，丰产。一般定植后第 2 年开始结果，第 3、4 年可以投产，第 5、6 年达盛果期，平均亩产 1 500 kg。

该品种果大端正，形色美观，核小、肉厚、色白。目前已很少栽培。

26. 霞晖 8 号（图 8-33）

江苏省农业科学院园艺研究所 2001 年杂交育成，亲本为‘朝晖’×‘瑞光 18 号’，2012 年通过江苏省农作物品种审定委员会鉴定。目前已在江苏、浙江、云南、四川、山东等省逐渐推广种植。

树姿开张。1 年生枝阳面红褐色，长果枝平均节间长度 2.52 cm，叶片长椭圆披针形，长 16.90 cm，宽 4.19 cm，叶柄长 1.21 cm，叶面平展，绿色，叶尖渐尖，叶基楔形，叶缘钝锯齿，蜜腺肾形，2~4 个。花蔷薇型，花冠直径 4.12 cm，花瓣粉红色；花药橘黄色，有花粉，量多；萼筒内壁绿黄色，雌蕊与雄蕊等高。

果实圆形，平均单果重 246 g，大果重可达 390 g，纵径 6.87 cm，横径 6.67 cm，侧径 7.00 cm。果顶圆平或稍突，缝合线浅，两半部较对称，成熟较一致，梗洼中等；果皮底色乳黄色，果面 80% 以上着红色，外观美；果面茸毛中等，果皮厚度中等，难剥离；果肉白色，成熟度高时带红丝，肉质细密，为硬溶质，近核处稍有红色；纤维中等，汁液中多；含可溶性固形物 13.4%，可溶性糖 10.15%，可滴定酸 0.21%。粘核，核椭圆形。

图 8-33 ‘霞晖 8 号’结果状

在南京地区，3 月初萌芽，3 月底或 4 月初盛花，花期 1 周左右。8 月上中旬成熟，果实发育期 132 天。10 月底或 11 月初开始落叶，11 月中旬落叶终止，年生育期 262 天。

树势强。花芽起始节位为第 2~3 节，花芽与叶芽比为 1.96∶1.00，复花芽多。7 年生树徒长性果枝、长果枝、中果枝、短果枝、花束状果枝比例分别为 0.6%、39.1%、12.0%、23.2%、25.1%，各类果枝均能良好结果，自然坐果率 33.3%。定植后第 2 年即开花结果，第 5 年亩产 1 500 kg 以上，丰产性好。流胶病抗性中等，蚜虫及细菌性穿孔病发生较轻，无缩叶病发生，果实无褐腐病、炭疽病危害。

该品种 8 月初开始成熟，果面着色好，外观美丽；果肉硬度高，软化速度慢，较耐存放；风味香甜，品质优良，优化了江苏晚熟桃品种结构组成。

27. 晚白蜜

扬州市农业科学研究所 1957 年杂交育成，亲本‘五云’×‘白凤’，1978 年获江苏省科技成果奖。

树姿开张，长果枝平均节间长 2.1 cm。花蔷薇型，花瓣粉红色，花粉不稔。

果实圆形，平均单果重 160 g，大果重可达 207 g；果皮乳白色，韧性强；果肉乳白色，近核处与肉色同，肉质细软，汁液多，为硬溶质。可溶性固形物含量 12%~16%。粘核，核小。罐藏加工成品乳白色，有光泽，汤汁清，肉质致密，软硬适度，风味酸甜适口，香气浓。

在扬州地区，3 月中旬萌芽，4 月上旬展叶，4 月初始花，4 月上旬末终花。8 月中旬果实开始成熟，至 8 月下旬采收结束。

树势强，枝条萌芽力、成枝力均中等。以中、长果枝结果为主。花芽起始节位为第 2 节，多复花芽。

该品种为晚熟鲜食与罐藏兼用白桃，品质中上，果实较耐贮运，配置授粉树后亦易丰产。

28. 迎庆

20 世纪 60 年代镇江黄山园艺场一队在小红花园实生苗中选出的单株培育而成，1995 年通过江苏省农作物品种审定委员会审定。

树姿半开张，长果枝节间长 2.25 cm。叶片长椭圆披针形，长 17.0 cm，宽 4.25 cm，叶柄长 1.0 cm，叶面平展，深绿色，叶尖渐尖，叶基广楔形；蜜腺肾形，2~4 个。花蔷薇型，花冠直径 3.96 cm，花瓣粉红色；花药橘红色，有花粉；萼筒内壁绿黄色，雌蕊稍高于雄蕊。

果实圆形，平均单果重 164 g，大果重可达 347 g，纵径 6.90 cm，横径 6.42 cm，侧径 6.68 cm。果顶圆平微凹，缝合线浅，两半部较对称，梗洼中广；果皮乳黄稍带绿，果面有时着红晕；茸毛长而粗，量中等，皮厚且韧性强，成熟后可剥离；果肉白色，近核处玫瑰红色，肉质柔软；纤维较粗，汁液多；风味甜浓，含可溶性固形物 12.0%~16.2%，可溶性糖 7.23%，可滴定酸 0.28%，维生素 C

9.18 mg/100 g。粘核,核较大,椭圆形。

在南京地区,3 月下旬盛花,花期偏早,平均花期 8 天,9 月上中旬果实采收,果实发育期 145~165 天。3 月上旬萌芽,落叶期在 10 月中旬至 11 月上旬,年生育期 248 天。

树势中庸偏强,发枝力中等,果枝粗壮,长果枝、中果枝、短果枝、花束枝分别为 5.5%、22.6%、29.7%、42.2%,以中、短果枝结果为主。花芽起始节位为第 3~4 节,复花芽多,但花芽较疏,丰产性好,自然坐果率 26.1%,采前落果较重。

该品种成熟迟,果大,品质上等,耐贮运,可作为延长鲜桃供应的配套品种。

(二)黄肉桃

1. 金花露(图 8-34)

江苏省农业科学院园艺研究所杂交育成,亲本为'白花水蜜'×'初香美',1994 年通过江苏省农作物品种审定委员会审定。

树姿开张。1 年生枝红褐色,长果枝节间长度 2.50 cm。叶片长椭圆披针形,长 16.81 cm,宽 4.40 cm,叶柄长 0.61 cm;叶腺肾形,2~4 个;叶尖渐尖,叶基楔形,叶缘钝锯齿;花蔷薇型,花冠直径 3.85 cm,花瓣粉红色;花药白色,花粉不稔;萼筒内壁橙黄色,雌蕊高于雄蕊。

图 8-34 '金花露'果实

果实圆形,平均单果重 158 g,大果重可达 202 g,纵径 6.11 cm,横径 6.25 cm,侧径 6.46 cm。果顶圆平,微凹,缝合线浅,两半部较对称,果皮金黄色,有少量玫瑰红晕,茸毛中等,易剥离。果肉金黄色,肉质细,汁液多,软溶质。风味甜香,含可溶性固形物 10.9%,可溶性糖 6.82%,可滴定酸 0.12%,维生素 C 7.20 mg/100 g。半离核,核椭圆形。

在南京地区,3 月下旬盛花,6 月底果实采收,果实发育期 81 天左右。3 月初萌芽,10 月底开始落叶,11 月中旬落叶终止,年生育期 252 天。

树势强,发枝力强,各类果枝均能结果。复花芽多,花芽起始节位为第 2~4 节,自然坐果率 31.9%。

该品种为早熟、大果、优质鲜食黄桃,栽植时需配置授粉品种,花期遇阴雨天气产量会受到一定影响。

2. 金陵黄露（图 8-35）

江苏省农业科学院园艺研究所 2004 年杂交育成，亲本为‘霞晖 7 号’×（‘锦绣’×‘黄金蟠桃’），2015 年通过江苏省农作物品种审定委员会鉴定。苏南、苏北均有种植。

图 8-35 ‘金陵黄露’结果状

树姿开张。1 年生枝红褐色，长果枝节间长度 2.53 cm。叶片长椭圆披针形，长 17.75 cm，宽 4.04 cm，叶柄长 0.85 cm；叶腺肾形，2~4 个；叶尖渐尖，叶基楔形，叶缘钝锯齿。花蔷薇型，花冠直径 3.75 cm，花瓣粉红色；花药橘红色，有花粉，花粉量多；萼筒内壁橙黄色，雌蕊与雄蕊等高或稍高于雄蕊。

果实圆形，平均单果重 226 g，大果重可达 383 g，纵径 6.99 cm，横径 7.14 cm，侧径 7.42 cm。果顶圆平，缝合线浅，两半部较对称，梗洼中等；果皮底色黄色，果面 60% 以上着红霞；果面茸毛中多，皮中厚，难剥离；果肉黄色，纤维中等，汁液中多，硬溶质；风味甜香，含可溶性固形物 12.1%，可溶性糖 9.5%，可滴定酸 0.27%。粘核，核椭圆形。

在南京地区，3 月下旬盛花，花期 5 天左右，6 月下旬果实成熟，果实发育期 92 天左右。3 月初萌芽，10 月底开始落叶，11 月下旬落叶终止，年生育期 277 天。

树势中庸，萌芽力、成枝力均中等。长、中、短果枝均能结果，幼树以中、长果枝结果为主，4 年生树徒长性果枝、长果枝、中果枝、短果枝、花束枝比例分别为 3.0%、60.5%、23.0%、12.0 %、1.5%。花芽起始节位第 2~4 节，复花芽多，自然坐果率 39.7%，结果性能良好。

该品种成熟较早，丰产性好，丰富了江苏省鲜食黄肉桃品种。果实着色早，发育后期膨大速度快，不宜早采。

3. 金晖（图 8-36）

江苏省农业科学院园艺研究所 1977 年杂交育成，亲本为‘罐桃 5 号’×‘丰黄’，1988 年通过江苏省级鉴定并命名，1992 年通过江苏省农作物品种审定委员会审定并获农业部科技进步一等奖。

树姿较开张。1 年生枝红褐色，长果枝节间长 2.60 cm。叶片宽披针形，长 16.91 cm，宽 4.20 cm，叶柄长 0.97 cm，绿黄色，叶面稍有皱，叶尖渐尖，叶基楔形，叶缘钝锯齿；蜜腺肾形，2 个。花蔷薇型，花瓣粉红色，花冠直径 4.53 cm；花药橘红色，有花粉，花粉量多；萼筒内壁橙黄色，雌蕊稍高于雄蕊。

果实椭圆形，平均单果重 148 g，大果重可达 190 g，纵径 6.70 cm，横径 6.20 cm，侧径 6.53 cm。果顶圆平微凹，缝合线浅，两半部较对称；果皮金黄色至橙黄色（色卡 6~8），茸毛短且密，皮不能剥离；果肉金黄色至橙黄色（色卡 6~8），近核处有少量红丝，肉质细韧，富有弹性，为不溶质；纤维细少，汁液中等；风味甜酸适中，有香气，含可溶性固形物 11.2%~12.6%，可溶性糖 7.18%，可滴定酸 0.49%，维生素 C 7.46 mg/100 g，类胡萝卜素 1.14 mg/100 g。粘核，核椭圆形。加工成品金黄色至橙黄色（色卡 7~8），形态长圆形，汤汁清，肉质适度有韧性，风味甜酸适中，香气浓。

图 8-36 ‘金晖’果实

在南京地区，3 月下旬盛花，平均花期 6~8 天，7 月中旬果实采收，果实发育期 108 天。3 月上旬萌芽，11 月中下旬落叶终止，年生育期约 255 天。

树势强，树冠较大，发枝力及成枝力均较强。盛果期树徒长性果枝、长果枝、中果枝、短果枝、花束状果枝比例分别为 2.7%、26.3%、27.9%、27.5%、15.6%。花芽起始节位第 2~3 节，复花芽多，自然坐果率 36%。5 年生树平均株产 34 kg，最高株产 79 kg。

该品种肉质韧，耐贮运，加工性能良好，细菌性穿孔病感染较轻，适应性广。

4. 金莹（图 8-37）

江苏省农业科学院园艺研究所 1977 年杂交育成，亲本为‘金丰’×‘罐桃 5 号’，1994 年通过江苏省农作物品种审定委员会审定，并获外经贸部科技进步二等奖。

树姿较开张。1 年生枝阳面红褐色，长果枝节间长 2.76 cm。叶片宽披针形，叶片长 16.73 cm，宽 4.22 cm，叶柄长 1.08 cm，绿黄色，叶尖渐尖，叶基楔形，叶缘钝锯齿；蜜腺肾形，2~4 个。花蔷薇型，花瓣粉红色，花冠直径 4.25 cm；花药橘红色，有花粉，花粉量中等；萼筒内壁橙黄色，雌蕊与雄蕊等高。

果实圆形略扁，平均单果重 148 g，大果重可达 221 g，纵径 6.12 cm，横径 6.48 cm，侧径 6.49 cm；果顶圆平，两半部较对称；果皮金黄色，不能剥离；果肉金黄至橙黄色（色卡 7~8 级），近核处有少量红丝；果肉为不溶质，汁液中等；风味酸多甜少至酸甜适中，有香气；含可溶性固形物 8.8%~13.6%，可溶性糖 7.84%，可滴定酸 0.52%，维生素 C 11.12 mg/100 g，类胡萝卜素 1.56 mg/100 g。粘核，核小，椭圆形。果实加工制罐容易，耐煮性好，罐头成品时果肉橙黄色，块形完整，肉质致密，甜酸适中，有香气。

图 8-37 ‘金莹’果实

在南京地区，3 月中下旬盛花，7 月下旬果实采收，果实发育期 120 天左右。3 月初萌芽，11 月下旬落叶，年生育期 265 天。

树势较强，萌芽力、成枝力均中等。各类果枝均能结果，以中、长果枝结果为主。长、中、短果枝分别为 58.5%、24.2%、13.3%，自然坐果率 38.2%。

该品种易栽培，肉质致密，耐贮运，加工性能较好。

5. 扬桃 40 号

扬州地区农业科学研究所于 1957 年杂交育成，亲本'玉露'×'迟种水蜜'，1975 年参加第五次全国罐藏桃品种选育会议，列为晚熟罐藏黄桃良好品种。

树姿开张。叶宽披针形，花蔷薇型，花瓣粉红，花粉量多。

果实椭圆形，大而端正，顶部圆，顶凹和梗洼较深，平均单果重 145 g，大果重可达 228 g。果皮底色金黄，盖色稍有粉红晕，茸毛少，皮细薄，易剥离。果肉金黄色，厚度 2.6 cm，肉质细致，甜味浓，无酸味，有香气，可溶性固形物含量 12%~13%，品质佳。粘核，核小。罐藏成品果肉厚，金黄色，质地细软，甜酸适口，有香味。

在扬州地区，3 月中旬萌芽，4 月上旬展叶，4 月初始花。8 月上旬果实开始成熟，至 8 月中旬采收结束，果实发育期 115~118 天。

树势强，枝条萌芽力与成枝力均强，结果枝的花芽一般从第 2 节开始着生，多为复花芽，坐果率高，丰产。一般定植后第 2 年开始结果，3~4 年投产，5~6 年达盛果期，平均亩产 1 750 kg。

该品种果实金黄色，大而美观，为鲜食与罐藏加工兼用的黄桃品种。

6. 金丰

江苏省农业科学院园艺研究所 1963 年杂交育成，亲本'西洋黄肉'×'菲力浦'。1974 年定名，1979 年获江苏省科技成果三等奖。

树姿半开张。1 年生枝红褐色，长果枝节间长 3.09 cm。叶片宽披针形，长 16.51cm，宽 3.9 cm，叶柄长 1.1 cm，叶尖渐尖，叶基部楔形，叶片平展，叶缘钝锯齿；蜜腺肾形，2~4 个。花铃型，深红色，雌蕊与雄蕊等高，花粉量多。

果实圆形，腹部微突，平均单果重 134 g，大果重可达 215 g，纵径 5.81 cm，横径 6.20 cm，侧径 6.24 cm。果顶圆，缝合线浅，两半部较对称；果皮金黄色至橙黄色（色卡 6~7），顶部及腹部着红色细点晕；茸毛稀少，果皮不易剥离；果肉金黄色至橙黄色（色卡 7~8），缝合线皮下处稍有红丝，近核处微红，肉质致密，为硬溶质；纤维少，汁液中少；风味甜酸适中，香气中等，含可溶性固形物 9.6%~12.1%，可溶性糖 8.70%，可滴定酸 0.47%，维生素 C 7.87 mg/100 g，类胡萝卜素 1.55 mg/100 g。粘核，核小，卵圆形。加工成品黄色至橙黄色，有光泽，汤汁清，肉质紧密细致，软硬适度，风味酸甜适中，有香气。

树势中庸偏强，树冠高大，萌芽力与成枝力均强。徒长性果枝、长果枝、中果枝、短果枝、花束状果枝比例分别为 3.4%、27.6%、29.7%、27.6%、11.7%，以长、中果枝结果为主。花芽起始节位第 4 节，以复花芽为主，自然坐果率 39%，丰产性好。

在南京地区，3 月下旬至 4 月初盛花，花期持续 8~10 天，8 月中下旬果实采收，果实发育期 135 天。3 月上旬萌芽，11 月上中旬落叶，11 月下旬落叶终止，年生育期 250 天。

该品种为晚熟黄肉桃品种，以加工制罐为主。

（三）油桃

1. 金山早红（图 8–38）

镇江市京口区象山果树研究所 1995 年在早红宝石引种圃中发现的芽变，2000 年通过江苏省农作物品种审定委员会审定。

图 8–38 ‘金山早红’果实

树姿半开张。新梢淡绿色，成熟枝红褐色，长果枝平均节间长 2.80 cm。叶片长椭圆披针形，长 16.61 cm，宽 4.36 cm，叶柄长 0.81 m，绿黄色，叶尖渐尖，叶基楔形，叶缘钝锯齿；蜜腺肾形，2 个。花蔷薇型，花瓣粉红色，花冠直径 4.53 cm；花药橘红色，有花粉，花粉量多；萼筒内壁橙黄色，雌蕊高于雄蕊。

果实近圆形，平均单果重 174 g，大果重可达 340 g，纵径 6.7 cm，横径 6.9 cm。果顶圆平下凹，缝合线浅，两半部对称；果皮底色黄色，果面着宝石红色，皮不能剥离；果肉黄色，肉质细脆，为硬溶质；纤维中多，汁液多；风味甜，香气浓，含可溶性固形物 12%~13%，可滴定酸 0.04%，维生素 C 4.46 mg/100 g。粘核，核近圆形。

在镇江地区，3 月上中旬萌芽，3 月底初花，4 月初盛花，4 月下旬第 1 次生理落果，5 月上旬至中旬第 2 次生理落果，新梢进入快速生长，大量发生二次枝。5 月上旬幼果硬核前膨大生长，5 月 25 日开始着色，果实随着色面迅速膨大，5 月 30 日开始采收，6 月 5 日至 8 日为采收盛期，着色面积一般占 97%，6 月 8 日后开始软熟，6 月 10 日采收结束。

树势强，在精细管理条件下，定植第 2 年亩产 550 kg，第 3 年亩产可达 1 500 kg，早果、丰产。

该品种果实成熟早，着色好，外观亮丽，风味甜，为早熟油桃优良品种。

2. 紫金红 1 号（图 8–39）

江苏省农业科学院园艺研究所 1999 年育成，系‘曙光’‘早红 2 号’‘华光’‘瑞光 3 号’等油桃的混合自然实生种子胚培而成，经分子标记鉴定，亲本极有可能是‘早红 2 号’。2007 年通过江苏省农作物品种审定委员会审定。

树姿开张。1 年生枝阳面红褐色，长果枝平均节间长度 2.41 cm。叶片长椭圆披针形，长 16.10 cm，宽 4.42 cm，叶柄长 0.92 cm，叶面平展，绿黄色，叶尖渐尖，叶基楔形，叶缘钝锯齿；蜜腺

图 8-39 ‘紫金红 1 号’果实

圆形，2 个。花蔷薇型，花冠直径 3.90 cm，花瓣粉红色；花药橘红色，有花粉；萼筒内壁橙黄色，雌蕊高于雄蕊。

果实圆形，平均单果重 125.4 g，大果重可达 200 g，纵径 6.07 cm，横径 5.98 cm，侧径 6.25 cm。果顶圆平或微凹，缝合线浅，两半部对称，梗洼中广。果皮底色黄色，果面 80% 以上着红色，顶部有少量果点，外观美丽；果皮中厚，难剥离；果面成熟一致，不存在果顶先熟或腹部先熟现象；果肉黄色，果顶皮下偶有少量红色素，肉质硬脆爽口，完熟后柔软；纤维中等，汁液中多；风味甜，含可溶性固形物 11.5%，可溶性糖 10.38%，可滴定酸 0.28%。粘核，核近圆形，无裂核现象。

在南京地区，3 月中旬始花，3 月下旬盛花，果实 6 月上旬成熟，果实发育期 80 天左右。3 月上旬萌芽，10 月底开始大量落叶，11 月中旬落叶终止，年生育期 250 天左右。

树势中庸，树体健壮，萌芽力和成枝力均较强。4 年生树徒长性果枝、长果枝、中果枝、短果枝、花束状果枝比例分别为 3.9%、55.3%、13.7%、21.3%、5.8%。花芽起始节位第 2~3 节，复花芽多，成花率高，定植当年即形成花芽，3 年生树平均株产 25 kg。2007 年虽然花期遇到低温，但自然坐果率仍达 36.6%，产量每亩 1 600 kg。

该品种果实成熟早，外观美丽，采收期较长，丰产稳产。多雨地区露地栽培存在裂果风险。

3. 紫金红 2 号（图 8-40）

江苏省农业科学院园艺研究所 1999 年杂交育成，亲本为‘霞光’×‘早红宝石’，2010 年通过江苏省农作物品种审定委员会审定。

树姿开张。1 年生枝阳面红褐色，长果枝平均节间长度 2.52 cm。叶片长椭圆披针形或卵圆披针形，长 16.50 cm，宽 4.70 cm，叶柄长 0.86 cm，叶面平展，绿黄色，叶尖渐尖，叶基楔形，叶缘钝锯齿；蜜腺肾形，2 个。花蔷薇型，花冠直径 4.03 cm，花瓣粉红色；花药橘红色，有花粉；萼筒内壁橙黄色，雌蕊高于雄蕊。

果实圆形，平均单果重 174.2 g，大果重可达 243 g，纵径 6.68 cm，横径 5.80 cm，侧径 7.00 cm。果顶圆平，缝合线浅，两半部较对称，梗洼中广；果皮光滑无毛，底色黄色，着色艳丽，近全红；果肉黄色，硬溶质，纤维少，汁液中多；含可溶性固形物

图 8-40 ‘紫金红 2 号’果实

13.3%,可溶性糖 9.34%,可滴定酸 0.21%。粘核,核倒卵圆形。

在南京地区,3 月下旬始花,花期持续 5~7 天,6 月下旬果实成熟,果实发育期 95 天左右;3 月上中旬萌芽,11 月初开始大量落叶,11 月中下旬落叶终止,年生育期 258 天左右。

树势中庸,树体健壮。6 年生树徒长性果枝、长果枝、中果枝、短果枝、花束状果枝比例分别为 0.3%、31.1%、23.2%、39.5%、5.9%,各类果枝均能结果。复花芽多,成花率高,自然坐果率 36.2%,结果性能良好。种植后第 2 年即有少量结果,盛果期亩产 1 500 kg 以上,早果丰产。

该品种果形圆正,外观美丽,风味甜香,口感极佳。多雨地区露地栽培存在裂果风险。

4. 紫金红 3 号(图 8-41)

江苏省农业科学院园艺研究所 2005 年杂交育成,亲本为'W31'×'紫金红 1 号',2016 年通过江苏省级鉴定。

树姿开张。1 年生枝阳面红褐色,长果枝节间长度 2.62 cm。叶片长椭圆披针形,长 14.97 cm,宽 4.43 cm,叶柄长 0.71 cm,叶面平展,绿黄色,叶尖渐尖,叶基楔形,叶缘钝锯齿;蜜腺圆形,2 个。花蔷薇型,花冠直径 4.12 cm,花瓣粉红色;花药橘红色,有花粉;萼筒内壁橙黄色,雌蕊稍高于雄蕊。

图 8-41 '紫金红 3 号'结果状

果实圆形,平均单果重 165 g,大果重可达 264 g,纵径 5.74 cm,横径 6.33 cm,侧径 6.52 cm。果顶圆平微凹,缝合线浅,两半部较对称,梗洼深度和广度中等。果面光滑,无茸毛,果皮底色黄色,80% 以上着红色,有的年份几乎全红,果面成熟一致;果肉黄色,肉质硬脆爽口,完熟后硬溶质;纤维中等或较少,汁液中多;风味甜香,含可溶性固形物 9.5%~15.0%,可溶性糖 8.84%,可滴定酸 0.34%。粘核,核椭圆形。

在南京地区,3 月上旬萌芽,3 月中旬始花,3 月下旬盛花,6 月中旬开始采收,果实发育期 79~87 天。3 月初萌芽,落叶期在 10 月下旬至 11 月中旬,年生育期 260 天左右。

树势强。5 年生树徒长性果枝、长果枝、中果枝、短果枝、花束状果枝比例分别为 0.4%、45.1%、15.9%、24.4%、14.2%。花芽起始节位第 2~3 节,复花芽多,自然坐果率 48.2%。1 年生成苗定植后当年即能形成花芽,第 2 年开花,少量结果,第 3 年正常结果,5 年生树进入盛果期,丰产稳产。

该品种果实留树时间长(10 天左右),果肉软化速度慢,较耐存放,果形圆正,外观美丽,商品性好。

5. 霞光(图 8-42)

江苏省农业科学院园艺研究所 1987 年杂交育成,亲本为 82-56-10 [(‘白花’ × ‘兴津油桃’)同胞间杂交] × ‘Fantasia’,2001 年通过江苏省农作物品种审定委员会审定。2003 年获得农业部植物新品种权证书,更名为‘灵光 1 号’。

图 8-42 ‘霞光’果实

树姿较开张。1 年生枝绿色,阳面红褐色,长果枝节间长 2.53 cm。叶片长椭圆披针形,长 17.10 cm,宽 4.30 cm,叶柄长 0.99 cm。叶片平展,叶尖渐尖,叶基楔形,叶缘锯齿钝;蜜腺肾形,2~4 个,多为 2 个。花蔷薇型,花冠直径 4.32 cm,花瓣粉红色;花药橘红色,有花粉;萼筒内壁橙黄色,雌蕊与雄蕊等高或稍高于雄蕊。

果实近圆形,平均单果重 140 g,大果重可达 230 g,纵径 6.22 cm,横径 5.98 cm,侧径 6.06 cm。果顶圆平,两半部较对称,缝合线浅;果面光滑无毛,果皮底色黄色,果面着玫瑰红细点组成晕;果皮韧性较强,难剥离;果肉黄色,肉质细、致密,为硬溶质,近核处红色;纤维中等,汁液较多;风味甜浓,有香气,含可溶性固形物 14%~18%,可溶性糖 12.75%,可滴定酸 0.22%,维生素 C 7.28 mg/100 g。粘核,核卵圆形。

在南京地区,3 月下旬盛花,8 月上旬果实成熟,果实发育期 122 天,3 月上旬萌芽,10 月下旬大量落叶,年生育期约 254 天。

树势中庸偏强。幼树生长较旺盛,发枝力较强。徒长性果枝、长果枝、中果枝、短果枝、花束枝比例分别为 3.0%、30.4%、24.5%、21.3%、20.8%,各类果枝均能结果,以长、中果枝结果为主。花芽着生部位第 2~3 节,复花芽多,自然坐果率 30.5%,丰产性良好。

该品种果实成熟晚,品质佳,耐贮运。多雨地区存在裂果风险,果实表面果点较多,果皮稍粗糙。

(四)蟠桃

1. 早魁蜜(图 8-43)

江苏省农业科学院园艺研究所 1985 年杂交育成,亲本为‘晚蟠桃’ × ‘扬州 124 蟠桃’,1997 年通过江苏省农作物品种审定委员会审定。

树姿较开张。1 年生枝较粗壮,长果枝节间长 2.45 cm。叶片长椭圆披针形,长 16.90 cm,宽 4.80 cm,叶柄长 0.99 cm,叶色深绿,叶尖渐尖,叶基楔形,叶缘钝锯齿;蜜腺肾形,2~3 个。花蔷薇型,花瓣粉红色,花冠直径 3.86 cm;花药橘红色,有花粉;萼筒内壁绿黄色,雌蕊与雄蕊等高或稍低于雄蕊。

图 8-43 ‘早魁蜜’果实

果实扁平形，平均单果重 130 g，大果重可达 200 g，纵径 4.20 cm，横径 6.49 cm，侧径 7.13 cm。果顶显著凹陷，缝合线中等，两半部较对称；果皮乳黄色，果面有红晕，茸毛中等，皮易剥离；果肉白色，肉质柔软，为软溶质；纤维中等，汁液多；风味甜浓，有香气，含可溶性固形物 12%~15%，可溶性糖 11.30%，可滴定酸 0.12%，维生素 C 7.47 mg/100 g。粘核。

在南京地区，3 月中下旬盛花，花期持续 7 天，6 月底至 7 月初果实采收，果实发育期 95 天左右。3 月初萌芽，10 月下旬大量落叶，年生育期 260 天。

树势强，萌芽力、成枝力均强。各类果枝均能结果，但以中、长果枝结果为主。6 年生树徒长性果枝、长果枝、中果枝、短果枝、花束状果枝比例分别为 3.9%、32.3%、18.6%、29.3%、15.9%。花芽起始节位第 3~5 节，复花芽多，自然坐果率 16%。1 年生成苗定植后当年即能形成花芽，第 2 年开花，少量结果，第 3 年正常结果，5 年生树进入盛果期，盛果期每亩产量为 1 250 kg 以上。

该品种早熟，品质优，幼树生长较旺。

2. 扬州 124 蟠桃（图 8-44）

扬州地区农业科学研究所 1957 年杂交育成，亲本为‘大斑红蟠桃’×‘早生水蜜’，1974 年定名，1978 年获江苏省科技成果奖，1986 年列为江苏省名特优品种。

图 8-44 ‘扬州 124 蟠桃’果实

树姿开张。长果枝平均节间长 1.9 cm。叶片宽披针形，长 15.70 cm，宽 4.60 cm，叶柄长 0.75 cm，叶尖渐尖，叶基尖形，叶缘钝锯齿；蜜腺肾形，2~3 个。花蔷薇型，花冠直径 4.09 cm，花瓣粉红色；花药橘红色，花粉量多；萼筒内壁绿黄色，雌蕊低于雄蕊。

果实扁平形，平均单果重 153 g，大果重可达 229 g，纵径 4.21 cm，横径 7.65 cm，侧径 7.08 cm。果顶凹陷，缝合线中，两半部对称，梗洼深广；果皮乳黄色，有红色彩霞，皮易剥离；果肉乳白色，成熟一致，肉质细致，为软溶质；纤维中等，汁液多；风味甜浓，无酸味，有香气，含可溶性固形物 13.1%，可溶性糖 10.23%，可滴定酸 0.21%，维生素 C 7.61 mg/100 g。粘核，核极小，扁平形。

在扬州地区，4 月上旬盛花，7 月下旬果实采收，果实发育期 109 天。年生育期 249 天。

树势中庸，发枝力强。各类果枝均能结果，花芽易形成，坐果率高，属蟠桃中的丰产品种，一般每亩产量可达 1 250 kg 左右。

该品种果形较大，端正美观，肉厚核小，品质优。

3. 玉霞蟠桃（图 8-45）

江苏省农业科学院园艺研究所 2000 年杂交育成，亲本为‘瑞蟠 4 号’×‘瑞光 18 号’，2012 年通过江苏省农作物品种审定委员会审定。

树姿较开张。1 年生枝阳面红褐色，长果枝平均节间长度 2.48 cm。叶片长椭圆披针形，长 14.74 cm，宽 4.37 cm，叶柄长 1.10 cm，叶面平展，绿色，叶尖渐尖，叶基楔形，叶缘钝锯齿；蜜腺肾形，2~4 个。花蔷薇型，花冠直径 3.90 cm，花瓣粉红色；花药橘红色，有花粉；萼筒内壁绿黄色，雌蕊与雄蕊等高或稍高于雄蕊。

图 8-45 ‘玉霞蟠桃’结果状

果实扁平形，平均单果重 174 g，大果重可达 337 g，纵径 4.83 cm，横径 7.82 cm，侧径 8.31 cm。果顶显著凹陷，果心小，基本不裂顶；缝合线中深，两半部较对称，成熟较一致，梗洼浅而广；果皮底色绿白色，果面 80% 以上着红色或暗红色；果皮厚，不易剥离；果肉白色，纤维少，汁液中多，为硬溶质；风味甜，香气中等，含可溶性固形物 11.5%~14.8%，可溶性糖 9.37%，可滴定酸 0.18%。粘核，核扁平形。

在南京地区，3 月初萌芽；3 月下旬盛花，花期 1 周左右。7 月下旬果实成熟，果实发育期 120 天。10 月底或 11 月初开始落叶，11 月中旬落叶终止，年生育期 257 天。

树势较强。5 年生树徒长性果枝、长果枝、中果枝、短果枝、花束状果枝比例分别为 0.5%、32.3%、16.5%、35.7%、15.0%，自然坐果率 25.3%，产量中等。

该品种果个大、品质优，避雨设施内表现更好。

4. 金霞油蟠（图 8-46）

江苏省农业科学院园艺研究所 2000 年杂交育成，亲本为‘霞光’×‘NF’，2008 年通过江苏省级鉴定。目前已在江苏、浙江、上海、山东等地种植。

树姿较开张。1 年生枝阳面红褐色，长果枝平均节间长度 2.72 cm。叶片长椭圆披针形，长 16.70 cm，宽 4.90 cm，叶柄长 0.90 cm，叶面平展，绿黄色，叶尖急尖，叶基楔形，叶缘钝锯齿；蜜腺肾形，2~4 个。花蔷薇型，花瓣粉红色；花药橘红色，有花粉；萼筒内壁橙黄色，雌蕊高于雄蕊。

图 8-46 ‘金霞油蟠’果实

果实圆形，平均单果重 138 g，大果重可达 235 g。

果顶凹陷，果心小或无果心，两半部较对称，缝合线浅，梗洼中广。果皮底色黄色，果面着玫瑰红霞；果皮中厚，成熟度高时能剥离；果肉黄色，肉质硬脆爽口，完熟后柔软，为硬溶质；纤维中等，汁液中多；风味甜浓，有香气，含可溶性固形物14.5%，可溶性糖12.25%，可滴定酸0.28%。粘核，核扁平形。

在南京地区，3月中旬始花，3月下旬盛花，花期偏早，果实7月20日左右成熟，果实发育期约114天。2月底至3月初萌芽，11月上旬落叶，年生育期250天左右。

树势强，各类果枝均能结果，幼树生长较旺，以长、中果枝结果为主。花芽着生部位低，以复花芽为主，坐果率较高，丰产性良好。

该品种为油蟠桃新品种，果面平整，风味甜浓，口感极佳。露地栽培存在裂果风险，而避雨设施则基本可以解决裂果问题。

5. 紫金早油蟠（图8-47）

江苏省农业科学院园艺研究所2003年杂交育成，亲本为‘早丰甜’×‘金霞油蟠’，2011年通过江苏省农作物品种审定委员会审定。

树姿较开张。1年生枝阳面红褐色，长果枝平均节间长度2.68 cm。叶片长椭圆披针形，长16.39 cm，宽3.93 cm，叶柄长1.18 cm；叶面平展，绿黄色，叶尖渐尖，叶基楔形，叶缘钝锯齿；蜜腺肾形，2~4个。花蔷薇型，花瓣粉红色；花药橘红色，有花粉；萼筒内壁橙黄色，雌蕊稍高于雄蕊。

图8-47 ‘紫金早油蟠’果实

果实扁平形，平均单果重120 g，大果重可达158 g。果顶明显凹陷，果心小或无果心。缝合线中深，两半部较对称，果肉较厚，成熟度一致，梗洼浅而广。果皮底色黄色，果面光洁，80%以上着红色，艳丽美观。果肉黄色，硬溶质，纤维少，汁液中等，风味甜香，含可溶性固形物12.7%，可溶性糖9.67%，可滴定酸0.17%，品质优良。粘核，核扁平形，浅棕色。

在南京地区，3月上旬萌芽，3月下旬盛花，花期1周左右，6月中旬果实成熟，果实生育期87天。11月初开始落叶，11月中下旬落叶终止，年生育期265天。

树势强，早果，丰产性好，自然坐果率32.5%，5年生树徒长性果枝、长果枝、中果枝、短果枝、花束状果枝比例分别为2.7%、52.5%、18.3%、23.2%、3.3%，各类果枝均能良好结果。

该品种为早熟油蟠桃新品种，果面较平整。露地栽培存在裂果风险，而避雨设施则基本可以解决裂果问题。

除此之外，还有其他一些桃育成品种（表8-3）。

表 8-3　其他桃育成品种主要性状

序号	品种名称（亲本）	果形	果皮		果重 /g		果肉			固形物含量 /%	核粘离	成熟期	选育单位	其他
			底色	彩色	平均	大果	色泽	质地	风味					
1	扬州 513（砂子早生 ×4 号）	圆	乳黄	红	90	134	乳白	软溶	甜浓	11.5	半离	早	江苏里下河地区农业科学研究所	
2	早香露（五云 × 冈山早生）	圆	乳黄	微红	100	130	乳白	软溶	甜微酸	11.0	粘	早	江苏里下河地区农业科学研究所	花粉不稔
3	钟山早露（白花 × 初香美）	圆	乳白	红晕	100	136	乳白	软溶	甜酸适中	10.4	半离	早	江苏省农业科学院园艺研究所	
4	黄山早露（雨花露芽变）	长圆	乳黄	红晕	110	135	乳白	软溶	甜	10~12		早	镇江市黄山园艺场	
5	霞晖 2 号（朝晖 × 朝霞）	扁圆	乳黄	红晕	137	215	乳白	软溶	甜	11.0	粘	早	江苏省农业科学院园艺研究所	
6	霞晖 3 号（朝晖 × 朝霞）	圆	乳黄	浅红	106	168	白	软溶	甜	9.3	粘	早	江苏省农业科学院园艺研究所	花粉不稔
7	霞晖 4 号（朝晖 × 朝霞）	圆	乳黄	浅红	127	199	白	软溶	甜	9.0	粘	早	江苏省农业科学院园艺研究所	花粉不稔
8	雨花 3 号（不详）	长圆	乳黄	浅红	150	282	白	硬溶	甜	10.6	粘	早	江苏省农业科学院园艺研究所	花粉不稔
9	雪香露（白花 × 初香美）	圆	乳白	浅红	108	172	白	软溶	甜多酸少	9.3	半离	早	江苏省农业科学院园艺研究所	
10	芒夏露（白花 × 初香美）	圆	乳白	浅红	121	133	白	软溶	酸多甜少	10.3	半离	早	江苏省农业科学院园艺研究所	
11	白香露（白花 × 初香美）	圆	乳黄	细点	131	186	乳白	软溶	甜	9.4	半离	早	江苏省农业科学院园艺研究所	
12	扬州 3 号（五云 × 夏白）	圆	乳白	无	140	250	乳白	硬溶	甜	12.0	半离	早	江苏里下河地区农业科学研究所	

续表

序号	品种名称（亲本）	果形	果皮		果重 /g		果肉			固形物含量 /%	核粘离	成熟期	选育单位	其他
			底色	彩色	平均	大果	色泽	质地	风味					
13	早香蜜（扬 106× 冈山早生）	卵圆	乳白	无	120	178	乳白	软溶	浓	14.0	离	早	江苏里下河地区农业科学研究所	花粉不稔
14	扬桃 4 号（五云 × 魁玉）	圆	乳黄	微红	116	137	乳白	软溶	甜	10~12	半离	早	江苏里下河地区农业科学研究所	
15	扬桃 1 号（五云 × 白凤）	圆	乳黄	红晕	122	170	乳白	软溶	甜	12.0	粘	早	江苏里下河地区农业科学研究所	花粉不稔
16	霞晖 7 号［朝晖 ×（玉露 × 早生水蜜）］	圆	乳黄	红	190	301	白	硬溶	甜	12.6	粘	中	江苏省农业科学院园艺研究所	
17	雨花 1 号（玉露 × 雨花露）	圆	乳黄	浅红	139	187	白	软溶	甜	13.7	粘	晚	江苏省农业科学院园艺研究所	
18	早脆蜜（扬 52× 冈山早生）	椭圆	乳白	无	145	253	粉红	硬溶	甜浓	10~14	粘	中	江苏里下河地区农业科学研究所	花粉不稔
19	早白蜜（五云 × 夏白）	圆	乳白	无	150	223	乳白	硬溶	甜微酸	10~16	半离	中	江苏里下河地区农业科学研究所	
20	扬州 97 号（五云 × 白凤）	圆	乳白	无	120	179	乳白	硬溶	甜浓	10.0~14.5	粘	中	江苏里下河地区农业科学研究所	花粉不稔
21	扬州106号（五云 × 早生水蜜）	圆	乳黄	粉红	140	231	乳白	软溶	甜浓	12~15	粘	中	江苏里下河地区农业科学研究所	花粉不稔
22	扬州 123 号（大斑红蟠桃 × 早生水蜜）	卵圆	绿白	粉红	140	339	乳白	软溶	甜浓	12~15	粘	中	江苏里下河地区农业科学研究所	
23	白蜜蟠桃（白花 × 白芒蟠桃）	扁平	乳黄	红晕	100		乳黄	软溶	甜浓	14.8		中	江苏省农业科学院园艺研究所	

续表

序号	品种名称（亲本）	果形	果皮		果重 /g		果肉			固形物含量 /%	核粘离	成熟期	选育单位	其他
			底色	彩色	平均	大果	色泽	质地	风味					
24	早硕蜜（白芒蟠桃 × 朝霞）	扁平	乳黄	浅红	95	164	白	软溶	甜	11.2	粘	早	江苏省农业科学院园艺研究所	花粉不稔
25	金旭（罐桃 5 号 × 丰黄）	圆	黄	浅红	120	169	黄	不溶	酸多甜少	11.5	粘	中	江苏省农业科学院园艺研究所	
26	金橙（西洋黄肉 × 菲利浦）	圆	橙黄	浅红	157		黄	硬溶	酸多甜少	11.9	粘	晚	江苏省农业科学院园艺研究所	
27	金艳（菲力浦 × 罐桃 5 号）	圆	黄	浅红	117		黄	硬溶	酸多甜少	13.1	粘	晚	江苏省农业科学院园艺研究所	
28	扬州 52 号（肥城 × 早生水蜜）	圆	乳黄	红晕	180	322	乳白	硬溶	甜	10~15	粘	晚	江苏里下河地区农业科学研究所	
29	扬州 45 号（白花 × 大斑红蟠桃）	圆	绿白	微红	150	216	乳白	软溶	甜浓	15~16	粘	晚	江苏里下河地区农业科学研究所	
30	迟园蜜（晚熟水蜜 × 肥城）	圆	青白	无	170	244	乳白	软溶	甜浓	16~18	粘	晚	江苏省农业科学院园艺研究所	
31	扬州 61 号（肥城 × 迟种水蜜）	圆	乳黄	无	140	262	乳白	硬溶	甜浓	15~20	粘	极晚	江苏里下河地区农业科学研究所	
32	早红露（63-17-1 × 77-1-29）	圆	白	红	127	204	乳白	硬脆	甜	11.7	粘	早	江苏省农业科学院园艺研究所	留树时间长
33	点花白凤	圆	白	红	200	450	乳白	硬溶	甜	12.3	粘	中	无锡产区	花粉不稔
34	阳山大红花	圆	白	红	205	450	乳白	硬溶	甜	12.8~14	粘	中	无锡产区	
35	大湖景	扁圆	白	红	230	450	乳白	硬溶	甜	13~16	粘	中晚	无锡产区	花粉不稔
36	早白花	圆	白	红	200	410	乳白	硬溶	甜	11.6	粘	晚	无锡产区	
37	晚白花	圆	白	红	216	430	乳白	硬溶	甜	12.7	粘	晚	无锡产区	

此外，无锡产区还有‘青皮湖景’‘红皮湖景’等品种名称，均为老百姓称呼，具体来源不详。

四、砧木资源

江苏桃树生产主要用毛桃为砧木进行嫁接繁殖。

毛桃[*P. persica*（L.）Batach.]，树姿直立，耐湿热，适应我国南部地区土壤气候，与桃嫁接亲和性好。虽然连云港云台山有野生毛桃分布，但江苏省嫁接用的毛桃种子主要来自浙江、安徽等地。

针对南方雨水多、夏季高温高湿、流胶病严重等问题，江苏省农业科学院园艺研究所开展了耐涝、抗流胶病砧木的筛选工作，并取得了初步的成效。

第四节　栽培技术要点

一、建园

土壤质地以沙壤土为好，pH 值 6.5 左右，盐分含量 0.1% 以下，地下水位在 1.0 m 以下。桃树存在重茬忌地现象，最好不要在老桃园以及李、杏、樱桃等核果类果树园地上建园。苏南平地桃园行间沟深 50~80 cm，桃园四周的主沟渠深度达到 1 m 以上，并能确保雨季将水排出桃园。

二、种植模式

目前新建桃园建议采用宽行距种植，以利于机械行走。行距 5~6 m，3~4 主枝“自然开心”形株距为 3~4 m，两主枝“Y”形（图 8-48）株距为 2 m。目前，江苏省主要的种植方式为单行种植和双行种植（图 8-49），行间开挖排水沟。双行种植的行中间部分地面稍高（似馒头状），

图 8-48　两主枝“Y”形幼树

图 8-49　双行种植

以利于排水。

除了常规露地栽培以外，苏北的日光温室促成栽培（图 8–50）提早了桃果市场供应，而苏南的避雨设施栽培（图 8–51）则使得油桃、油蟠桃成功种植，并得到了较快的发展。

图 8–50　日光温室促成栽培

图 8–51　避雨设施栽培

三、栽植

平地桃园采用起垄栽培（图 8–52）。于栽植前一年秋冬季全园耕翻，依据行距在种植点两侧堆土起垄，缓坡平地、地下水位高的地区，垄宽 1.2 m 左右，垄高 30.0 cm。丘陵岗地、地下水位低的地区，垄的高度可以适当降低。土质黏重的地区，起垄前全园撒施稻壳、秸秆、锯末、树皮、菇渣等有机物料和每亩 2 000 kg 的腐熟农家肥改良土壤。肥力较低的沙壤土地区，按照每株 50~80 kg 腐熟农家肥的用量撒施在种植行，增加土壤肥力。

秋季桃树落叶后至翌年春季萌芽前均可栽植，尽量提早栽植时间。苗木定植前剪去损伤根

图 8–52　起垄覆膜

和过密、过长根。地膜栽植后嫁接口高于地面 5 cm，在树干周围做直径 1 m 的树盘，灌水浇透，覆土保墒，或行内覆盖地布保湿防草。

栽植后即定干，定干高度为60~80 cm，剪口下 20~30 cm 内有 5 个以上饱满芽。在离树干 5 cm处，垂直插入直径 2 cm 左右的竹竿等物，用于绑缚固定苗木，防止歪斜。推荐平地（垄高 + 干高）80 cm 左右，缓坡地（垄高 + 干高）70 cm 左右。

四、土肥水管理

1. 土壤管理

采用行间生草（图 8-53）、行内清耕或覆盖管理制度。自然生草，保持桃园优势草种群，及时去除恶性杂草和高秆杂草。人工种草，可以选用的草种有黑麦草、毛叶苕子、鼠茅草等，以秋季播种为宜。行内覆盖有机物料或地布均可，覆盖地布的秋冬季需将地布揭开，利于黏重土壤通气。

图 8-53 桃园行间生草

2. 肥水管理

基肥于秋季 10 月底前施入，以腐熟有机肥为主，混加少量氮肥、磷肥和钾肥。可采用撒施后耕翻以及条状沟施等方法，沟深 20~40 cm，以达到根系主要分布层即可。撒施与沟施交替进行，利于根系在土层的均匀分布。早熟品种尤其要注重秋施基肥。

根据品种、树龄、树势等确定追肥的时间、用量、次数。幼龄树少量多次，以氮肥为主。结果树果实发育前期以氮肥为主，果实发育后期以磷肥和钾肥为主。推荐使用缓控释肥，减少追肥次数，或采用水冲肥管道灌溉，提高利用效率。

桃树不耐涝，整个生长季需要保持沟渠通畅，雨季或雨水相对集中时应及时排水。萌芽开花期、幼果膨大期如遇干旱应及时灌水，果实发育中后期注意均匀、适度灌水。条件许可的情况下，尽量使用滴灌或微喷等管道进行灌溉，省水省力。

五、整形修剪

1. 主要树形

江苏桃树栽培以传统的三主枝“自然开心”形为主，两主枝“Y”形、“主干”形等则是近年才逐渐在生产中应用。

“自然开心”形：干高 40~50 cm，三主枝在主干上分布均匀、错落有致，避免朝正南方向，主枝开张角度 30° 左右，每个主枝配置 2~3 个侧枝，侧枝开张角度 45° 左右。四主枝树形，主枝均伸向行间，主枝开张角度 30° 左右，近主干部位培养小型枝组，上部直接着生结果枝。

两主枝“Y”形：干高 50~60 cm，两主枝向行间方向延伸，两主枝间夹角 50° 左右。主枝上直接着生结果枝、结果枝组（近主干部位）。

2. 修剪技术

冬季修剪采用长枝修剪（图 8–54），以疏剪、缩剪和长放为主，基本不进行短截。减少修剪用工，维持树体营养生长和生殖生长的平衡，增强抵御自然灾害（如早春晚霜）的能力。去强留弱，骨干枝上每 15~20 cm 保留 1 个结果枝，同侧枝条之间的距离一般在 40 cm 以上，所留果枝以斜上、斜下方位为主，少量的背下枝，尽量不留背上枝。以中、长果枝为主，留枝量控制在每亩 6 000 枝左右，短于 5 cm 的花束枝和大于 60 cm 的徒长枝原则上大部分疏除。加强夏季修剪，保持树体通风透光。

图 8–54 冬季长枝修剪

六、花果管理

1. 辅助授粉

花期如遇低温、阴雨天气和不利于昆虫、风等传粉时，最好进行人工辅助授粉，以提高坐果率，增加产量。建议种植有花粉的自花结实品种。设施栽培时，花期注意通风，棚内温度不能高于 25 ℃。

2. 合理负载

疏花：大蕾期至初花期，疏除枝条顶部和基部花，保留枝条中部两侧花。花后疏剪细弱结果枝、过密枝，调整花量。

疏果：花后 20~40 天开始，根据品种特性分一次或两次进行。一次疏果量过多，容易产生裂核果。

留果量：根据品种果实大小确定留果量，一般长果枝留果 2~3 个，中果枝留果 1~2 个，短果枝留果 1 个，盛果期每亩留果量 8 000~10 000 个。

3. 果实套袋

定果后及时套袋，套袋前喷一遍杀虫剂、杀菌剂，边喷边套，间隔不超过 3 天。根据不同品种、不同熟期与市场需求选择果袋类型与颜色，果袋应具有良好的透气性，且在果实成熟前后不破损。

七、果实采收

根据品种特性、贮运条件、销售方式分批采收。有条件的生产者，尽量将采收的桃果进行预冷（2~4 ℃），延长销售时间，减少损耗。

八、病虫害防治

江苏省桃树主要病害有流胶病、细菌性穿孔病、缩叶病、褐腐病、炭疽病、疮痂病等，主要虫害有蚜虫、梨小食心虫、叶蝉、桃蛀螟、红颈天牛、潜叶蛾、红蜘蛛、桑白蚧等。

贯彻“预防为主，综合防治”的植保方针和有害生物综合治理的基本原则，以保护果园生态环境，发挥自然因素控害作用为基础。优先采用农业防治、生物防治和物理防治措施，如田间挂杀虫灯、诱盆、迷向等，必要时选用高效、低毒、低残留农药，将病虫危害控制在经济允许水平之下。

（本章编写人员：王业遴、汪祖华、陈云志、张鸣、陆忆祖、孙养尊、洪致复、华克衡、吴海令、马瑞娟、张斌斌、俞明亮）

主要参考文献

[1] 陈贤仪，邹美华．南通市果树志[M]．南通：南通市农业局，1988.

[2] 江苏省地方志编纂委员会．江苏省志・园艺志[M]．南京：江苏古籍出版社，2003.

[3] 马瑞娟，张斌斌，蔡志翔，等．不同桃砧木品种对淹水的光合响应及其耐涝性评价[J]．园艺学报，2013，40（3）：409-416.

[4] 牛良，刘淑娥，鲁振华，等．早熟桃新品种——春美的选育[J]．果树学报，2011，28（3）：540-541.

[5] 盛炳成．黄河故道地区果树综论[M]．北京：中国农业出版社，2008.

[6]汪祖华,庄恩及.中国果树志·桃卷[M].北京:中国林业出版社,2001.

[7]许建兰,马瑞娟,俞明亮,等.中熟蟠桃新品种'玉霞蟠桃'[J].园艺学报,2013,40(6):1205-1206.

[8]阎永齐,芮东明,毛妮妮,等.5个日本水蜜桃品种在江苏镇江引种试验[J].中国果树,2011,(3):32-34.

[9]俞明亮,马瑞娟,许建兰,等.晚熟桃新品种'霞晖8号'[J].园艺学报,2014,41(3):593-594.

[10]俞明亮,马瑞娟,杜平,等.早熟油桃新品种——紫金红1号的选育[J].果树学报,2008,25(1):134-135.

第九章　杏

/ 栽培历史与现状 / 种类
/ 品种 / 栽培技术要点

第一节　栽培历史与现状

杏原产中国,栽培历史悠久,在 3 500 余年前载于诸典籍。《大戴礼记 · 夏小正》(公元前 2100 至公元前 1600)记载,"正月,梅、杏、杝桃则华 …… 四月,囿有见杏",因为囿是古代帝王畜养禽兽的林园,所以推测杏在中国的栽培历史有 3 500 年以上。《礼记 · 内则》(汉、唐时期,公元前 2~8 世纪)记载了 12 种"人君宴食所加遮羞"的水果,杏被列入珍贵果品。《嵩高山记》(东汉时期)记载"东北有牛山,其山多杏 …… 百姓饥饿,皆资此为命,人人充饱"。《全唐诗话》(唐朝)也有"君爱兰水上,种杏近成田"。《管子》(685)有"五沃之土,其土宜杏"。《齐民要术》(533~544)也有"文杏实大而甜"的记载。此外《山海经》(前 3 世纪)、《广志》(3 世纪)、《西京杂记》(5 世纪)、王桢《农书》(1313)、《本草纲目》(1590)、《群芳谱》(1621)等都有关于杏树品种的记载。

江苏栽培杏的历史比较悠久。在考古中,连云港西汉霍贺墓以及铜山西汉第六代楚王刘注墓中均出土了炭化的杏核,距今已有 2 000 多年。据淮安市考证,有文字记载的杏树栽植时间为明万历五年(1577);据清道光十年(1830)《铜山县志》卷四记载,果属中将杏排在各果的第四位,即桃、李、柰、杏、梨、枣、梅、柿、栗 ……,说明清代杏树在铜山县果树栽培中已经占有一定地位。

杏树在江苏除平原有成片栽培外，农家房前屋后也种植广泛，尤其是丘陵山区的群众，历来有栽杏的习惯。1949 年前后，在徐州、连云港、南京、苏州等地都有一定的栽培规模，淮安市黄河故道堤岸上曾广植杏树，1953 年产量 153 t。20 世纪 50 年代末至 60 年代初，徐州、连云港等地曾有过较大面积的发展，但在 1960~1962 年，各地杏树面积又大量减少，品种资源流失也较严重。1979 年以后，杏树种植才开始慢慢恢复。至 1982 年，全省杏树面积约 1 900 亩，产量 2 015 t。此后，随着果树种植面积的整体增加，杏树的种植发展也突飞猛进；1991 年，全省杏树面积 8 300 亩，产量却只有 590 t。由于优良品种少，管理粗放，杏树开花不结果现象十分普遍，生产效益一直不高，到 1997 年全省杏树面积仅有 3 000 亩，产量 1 140 t，主要分布于徐州、连云港和宿迁，这 3 个市的杏树面积为 2 500 亩，产量 1 050 t，分别占全省面积和产量的 83% 和 92%；历史上曾为主要杏产区的南京郊区、苏州吴中区的东山和光福以及句容亭子等地，1997 年杏树面积仅 510 亩，约占全省面积的 17%。随着‘凯特’‘金太阳’等丰产性相对较好的国外品种的引进与生产应用，促进了全国以及江苏杏树的发展。2003 年全省杏树面积 35 925 亩，结果面积 25 005 亩，产量 3 736 t。2005 年杏树面积虽有下降（33 390 亩），但产量上升至 6 274 t，规模栽培品种以‘金太阳’‘凯特’为主。随后的几年，栽培面积趋于稳定，产量有所上升。2011 年全省杏树面积 31 866.2 亩，产量 18 720.4 t；2013 年面积 30 647 亩，产量 14 144 t，面积与 2012 年基本持平，但产量减少了 4 374 t，主要原因是 2013 年春季的异常气候，温度变化大，导致花受冻，坐果不良。近年来由于天气原因，使得种植杏树效益较低，种植面积下降很快。至 2015 年，全省杏树面积下降至 24 334 亩，产量 12 434 t，主要分布在徐州、连云港、宿迁和淮安地区。

江苏曾经有丰富的杏品种资源，但流失严重。1960 年在淮安市普查到的‘大鸡腰杏’‘小鸡腰杏’‘毛银杏’‘大玉杏’‘包大杏’‘油皮杏’‘麻雀蛋杏’‘白玉杏’‘鳔胶杏’‘毛柰杏’等，徐州市的‘梨杏’‘磨盘杏’‘香杏’等，在 20 世纪 90 年代已经消失。20 世纪 80 年代全省调查的杏品种（品系）约有 59 个，包括苏州市的‘金刚拳杏’，连云港市及盐城市的‘梅杏’，连云港市的‘胭脂红杏’，徐州市的‘峪杏’‘鸡蛋杏’‘大杏’‘巴斗杏’‘伊庄荷包杏’，南京市的‘苹果杏’等优良品种，在生产中大多被‘金太阳’‘凯特’等自交亲和的新品种取代，存留的地方老品种不足 20%，且大多为零星分布的老树。

第二节　种类

杏为蔷薇科（Rosaceae）果树，国际上将其划归在李属（*Prunus*），中国则单独列为杏属（*Armeniaca*）。按照《中国果树志 · 杏卷》，全世界杏属植物共有 10 个种，中国有 9 个种，分别为普通杏（*A. vulgaris*）、西伯利亚杏［*A. sibirica*（L.）Lam.］、辽杏［*A. mandshurica*（Maxim.）

Skv.]、藏杏[*A. holosericea*(Batal.)Kost.]、紫杏[*A. dasycarpa*(Ehrh.)Borkh.]、志丹杏[*A. zhidanensis* Qiao C.Z.]、梅[*A. mume* Sieb.]、政和杏(*A. zhengheensis* Zhang J.Y. et Lu M.N.)、李梅杏(*A. limeixing* Zhang J.Y. et Wang Z.M.)。

江苏省栽培的杏树种类仅有一种,即普通杏,分为野生种和栽培种两类。

1. 野生种

落叶小乔木,枝条灰白色。皮孔明显,白色,近圆形。有坚硬针枝。新梢紫红色。叶片小,叶面绿红色;叶缘锯齿红色、圆钝,先端急尖,叶基楔形;叶背有少量茸毛,叶缘茸毛较多;叶片无蜜腺。

2. 栽培种

高大落叶乔木,树姿多数开张,树冠自然圆头形。主干深灰褐色,树皮粗糙。叶片大,绿至深绿色,叶面光滑无毛;叶缘锯齿钝,先端急尖或渐尖,叶基楔形至圆形;叶片有1~2个蜜腺,少数3~4个或无蜜腺。2年生枝黄褐色至红褐色,新梢多为紫红至红褐色。果实长圆形或近圆形,果梗短,大小依品种而异;果皮多数橙黄色,少数橙红色、黄白色或黄绿色。核肉关系有粘核、半粘核和离核。核仁有甜、苦之别,多为苦仁。

根据用途、特征特性等,杏可以分为诸多种类。按照用途,可分为鲜食杏、加工杏、兼用杏、仁用杏,仁用杏又可以分为甜仁(大扁杏)和苦仁(西伯利亚杏、辽杏、藏杏和普通杏的野生类型,统称山杏)。按照果面茸毛的有无,可以分为有毛杏和油杏。此外,杏的果实形状有扁圆形、圆形、卵圆形、椭圆形、心脏形、不规则圆形等;果皮颜色有白、蛋黄、黄、绿黄、绿、橙黄、橙红、红、紫红等;果肉质地有沙面、软溶质、硬溶质、韧、脆等。

第三节 品种

一、传统品种

1. 麦黄杏

主要分布在徐州市郊及铜山、连云港市郊和宿迁等地,是苏北地区主要栽培品种之一,多数为实生繁殖后代。

树冠圆头形,树姿开张,幼树较直立。主干树皮粗糙,灰褐色或深褐色;2年生枝红褐色;结果枝红褐色或黄褐色,有光泽,多数斜生,茸毛少。叶片长椭圆形,叶面光滑;先端渐尖,叶基心脏形,叶缘具单式钝锯齿;叶柄长3.5 cm左右,红色或深褐色;蜜腺1~2个。花芽一般从第3、4节开始着生。

果实圆形至长圆形,顶端微突呈尖圆。缝合线明显、两侧对称。果梗短。果皮底色橙黄,着红晕,易剥离。果肉黄至橙黄色,软溶质。汁液多,纤维中多,较粗;酸甜适口,风味较浓,品质中等。粘核，有离核变异，仁苦。

树势中庸，20 年生树高 6.0 m，冠径 4.5 m，干高 1.2 m，干周 47 cm。萌芽率中等，成枝力弱，以短果枝结果为主，大小年结果现象不明显，产量较高。5 月底至 6 月初成熟，成熟期一致，不耐贮运。适应性较强。

该品种果实成熟早，对调节初夏鲜果市场供应有一定作用。

2. 鸡蛋杏

主要分布在铜山，是较有名的地方品种。

树冠圆头形，树姿开张，主干棕褐色。树皮粗糙，枝条分布较密，2 年生枝红褐色间有灰白条纹。叶片中大，阔卵圆形；先端渐尖，叶基圆形，叶缘锯齿粗、较整齐；叶面光滑，叶色深绿；叶柄暗红；蜜腺 2 个。

果实广卵圆形。平均单果重 22 g，纵径 3.8 cm，横径 3.2 cm，侧径 3.6 cm。缝合线较深，两侧不对称，梗洼广深。果顶圆平，果皮底色黄，着桃红晕。茸毛细、短、密，果皮难剥离。果梗长 0.3 cm，粗 0.3 cm。果肉橙黄色，肉厚 0.8~0.9 cm。汁液中多，肉质绵，稍粗，纤维较少。味甜，香气较浓。可溶性固形物含量 9%，品质中上。离核，核长卵圆形，先端急尖；纵径 2.6 cm，横径 1.3 cm，侧径 1.9 cm；鲜核褐色，背缝线两端有凹沟，核面较粗糙，核纹程度中浅，无裂核。仁皮黄白色，仁苦。

树势中庸，20 年生树高 5.5 m，冠径 8 m。萌芽率中等，成枝力中弱，以短果枝结果为主。果实成熟度较一致。

该品种成熟期较早，果形较大，美观，但流胶病较重。

3. 关爷脸杏

别名关公脸、关老脸、关羽脸、大红娘、大红袍、大荷包杏，主要分布在铜山、宿迁，是当地著名的地方品种。

树冠半圆头形，树姿直立。主干较光滑，皮色深灰褐。枝条分布较密，2 年生枝红褐色；结果枝绿黄色；新梢长 35 cm，粗 0.4 cm。叶片大，近圆形或卵圆形，较薄；叶缘单锯齿，较整齐；叶面光滑，叶色深绿，嫩叶黄绿色，叶柄紫红色，延伸至中脉 1/3；蜜腺 2 个。花芽小，顶端尖，第 2、3 节开始着生。

果近圆形。平均单果重 14.3 g，纵径 2.9 cm，横径 2.8 cm，侧径 3.1 cm。缝合线较浅，顶部尖圆。果皮底色黄，着桃红晕。果皮易剥离，果面茸毛短、细、较稀。果梗长 0.3 cm，粗 0.2 cm。梗洼较浅。果肉橙黄色，肉厚 0.6~0.7 cm。汁液较多，肉质绵，纤维较少。味酸甜，无香气。可溶性固形物含量 9.0%，品质中等。离核，椭圆形，先端圆；纵径 2.3 cm，横径 1.3 cm，侧径 1.9 cm。鲜核褐色，背缝线两端有沟纹，核面较光滑，无裂核。仁扁圆形，仁皮黄白色，一侧有 3 道明显沟纹，味苦。

树势强，20 年生树高 6.5 m，冠径 6m，干高 1.4 m，干周 66 cm。萌芽力强，成枝力中强，以短果枝结果为主。初花期 3 月底，盛花期 4 月初，果实 6 月初成熟，成熟较一致，采收期延续 2~3 天。耐寒，耐涝，抗病虫力较差。

该品种果实成熟早，色泽美观，风味好，适应性强，生理落果较轻，自花结实力中等，大小年结果现象不明显。

4. 八宝杏

睢宁县有栽培，优良地方品种。

树冠圆头形，树姿半开张。以短果枝结果为主，自花结实力较强，生理落果轻。在肥水条件充足的情况下，大小年结果现象不明显。果实成熟期不一致，需分期采收，采收期延续 10 天左右。盛花期 4 月上旬，果实始熟期 6 月下旬，落叶期 11 月中下旬。抗寒力强，耐干旱，抗风力中等。叶片易黄化。

果实椭圆形。平均单果重 25 g，最大横径 4.0 cm，平均 3.5 cm。果顶平圆，缝合线浅，两侧对称。果皮底色橙黄，阳面着粉红色晕。茸毛少，果皮薄、易剥离。果肉淡黄色，汁液中多，纤维中多，硬溶质。风味甜酸可口，香味较浓。可溶性固形物含量 11.0%。离核，核仁味甜。

该品种适应性强，生长较快，结果早，果实品质好，鲜食加工兼用。

5. 伊庄荷包杏

铜山伊庄乡有栽培。南京、连云港、淮安等地均曾栽培‘荷包杏’。

树冠圆头形，树姿开张。主干灰白色，树皮较光滑。枝条分布密，2 年生枝红褐色。叶片大，阔卵圆形；先端渐尖，叶基圆形；叶面光滑；叶色黄绿；叶柄绿色；蜜腺 2 个。

果实扁圆形。平均单果重 29 g，纵径 3.8 cm，横径 3.4 cm，侧径 3.8 cm。缝合线不明显，梗洼中深、中窄。果顶圆，中心有尖突。果皮底色深黄，果面着红晕和斑点，茸毛极短、细、密。果皮韧性中等，易剥离。果肉橙黄色，汁液中多，肉质较细，稍绵，纤维少。风味浓甜，微酸，无香气。可溶性固形物含量 13.5%，品质上等。离核；核扁球形，先端渐尖；纵径 2.0 cm，横径 1.1 cm，侧径 2.0 cm；鲜核深褐色，腹缝线中浅、细，两侧有沟；核纹细密，无裂核。仁皮黄白色，仁饱满，味苦。

树势较强，20 年生树高 8 m，冠径 8 m，干高 1.5 m，干周 83 cm。萌芽率低，成枝力中等。以短果枝、花束状果枝结果为主，成熟期较一致。

该品种果形大，品质好，风味佳，适宜生食。

6. 羊屎蛋杏

别名小草杏。主要分布在徐州、连云港，淮安也有少量栽培。

树冠圆头形，树姿开张。主干灰褐色，树皮较粗糙。枝条分布密，2 年生枝红褐色。叶片小，椭圆形，先端急尖，叶基楔形，叶缘波状，叶面粗糙，叶柄绿色。蜜腺 2~3 个，红褐色。

果实小，长圆形。缝合线浅，不明显。果顶圆，微凹。果面黄色。果肉淡黄色，肉厚 0.5~0.6 cm。可溶性固形物含量 7%，品质极差。离核，核长椭圆形，先端急尖；鲜核褐色，腹缝线凹沟不明显；核面光滑，无裂核。仁皮黄白色，仁苦。

树势强，20 年生树高 5 m，冠径 4 m，干高 1.9 m，干周 46 cm。萌芽力强，成枝力中等。以短果枝、花束状果枝结果为主。生理落果轻，果实成熟较一致，采收可延续 4~5 天。适应性、抗逆性均强。

该品种类型多，变异大。丰产，抗逆性强，适应性广，但果形小，品质差，宜作砧木和仁用。

7. 杏梅（图 9–1）

别名梅杏。分布在徐州市郊、铜山、射阳、泗洪、连云港板浦镇等地。为实生繁殖后代。

图 9–1 ‘杏梅’果实

树冠半圆形或自然圆头形，树姿半开张。主干不光滑，灰褐色。2 年生枝灰白色至黄褐色；皮孔小而密，呈圆形；结果枝紫红色。叶片长椭圆形；先端渐尖，叶基楔形，叶缘锯齿圆钝；叶面光滑，叶色深绿；叶柄长 1.5 cm；蜜腺 1 个，绿色。

果实大，圆球形或近圆球形。平均单果重 53 g，最大可达 83 g。顶部尖圆，缝合线明显。果面黄色。汁液多，果肉韧，风味酸甜，浓香，品质上等。离核，仁苦。

树势中庸，8 年生树高 3.0 m，冠径 3.5 m，干高 1.0 m，干周 32.0 cm。以短果枝、花束状果枝结果为主。丰产性能较好。萌芽力强，成枝力弱。大小年结果现象不明显。3 月中旬萌芽，3 月下旬至 4 月初开花，果实 6 月下旬至 7 月上旬成熟，10 月上旬落叶。

该品种果形大，外观美，品质好，风味浓，较耐贮运。抗逆性、适应性均较强，病虫害少，丰产稳产。花期晚，不易受晚霜危害。

8. 巴斗杏（图 9–2）

别名香杏。徐州有一定的栽培数量，是有名的甜仁品种。

树冠圆头形，树姿半开张。主干灰褐色，具不规则纵裂纹。枝条分布稀，2 年生枝紫褐色。叶片中等大，较厚，椭圆形；先端急尖，叶基圆形，叶缘较整齐；叶面光滑，叶色深绿；叶柄暗红

图 9-2 ‘巴斗杏’结果状

色；蜜腺 2 个。

果实近球形至卵圆形。平均单果重 23 g，纵径 3.4 cm，横径 3.1 cm，侧径 3.3 cm。果顶尖圆，有突尖，缝合线浅，不明显。果皮底色乳黄，着红晕及红色斑点；茸毛细、密、短，果皮韧，难剥离。果梗长 0.6 cm，梗洼窄、中深。果肉深黄色，肉厚 0.9 cm 左右。汁液少，纤维较少，肉质稍绵，风味甜，微香。可溶性固形物含量 13%，品质上等。离核，核扁圆形，先端尖圆；纵径 2.1 cm，横径 1.1 cm，侧径 1.7 cm；鲜核深褐色，腹缝线较宽，核纹一面稍粗，另一面较细，无裂核。仁皮黄白色，仁甜。

树势弱，35 年生树高 9 m，冠径 6 m，干高 1.8 m，干周 93 cm。萌芽率中等，成枝力弱。以短果枝结果为主，成熟期不一致，采收期可延续 10 天。

该品种外观美，品质好，仁甜，鲜食加工兼用。

9. 江宁苹果杏（图 9-3）

江宁淳化有栽培，南京地方珍稀良种，1985 年被列为南京农业名特优资源。

树姿开张。主干粗糙，树皮条状深裂。多年生枝呈灰褐色或褐色；1 年生枝阳面红褐色，背面浅黄色或黄褐色，节间长 2.1 cm，皮孔中大。叶片阔圆形，长 7.05 cm，宽 6.76 cm；先端突尖，叶基楔形或圆形，叶缘钝锯齿；叶面深绿色，有光泽；叶柄紫红色，长 3.4 cm。

图 9-3 ‘江宁苹果杏’果实

果实扁圆形，似苹果。平均单果重 70 g，最大可达 85 g，纵径 5.1 cm，横径 5.2 cm，侧径 5.2 cm。果顶圆平微凹，缝合线浅而明显，两侧对称，梗洼深广。果皮底色橙黄，少部分着红色。茸毛少，皮稍厚，易剥离。果肉橙黄色，汁液多，纤维粗，肉质松软，风味甜，香气淡。可溶性固形物含量 12%。离核，核扁圆形；核面光滑，仁苦。

树势强，在江宁，50 年生树高 10 m，冠径 13.1 m，干周 149 cm。萌芽率、成枝力中等，以短果枝和花束状果枝结果为主。3 月中旬始花，3 月下旬盛花，花期 10 天左右。果实 6 月上旬成熟，果实发育期约 65 天。

该品种适应性强，耐湿，丰产；果实大，外形美，品质优。

10. 菜籽黄杏

铜山刘集乡有少量栽培。

树冠圆头形，树姿直立。主干较光滑，皮色深灰。枝条分布稀疏，2年生枝褐色。叶片大小中等，近圆形；先端渐尖，叶基圆形，叶缘较整齐；叶面光滑；叶片与叶柄均为绿色；蜜腺1~2个。

果实圆球形。平均单果重15 g，纵径3.1 cm，横径3.1 cm，侧径3.1 cm。缝合线较明显，顶部圆，梗洼中深。果皮底色黄绿，茸毛短、细、密。果皮质韧，较难剥离。果梗长0.2 cm，粗0.2 cm。果肉黄白色，厚0.9~1.0 cm，汁液多，纤维少，肉质韧，风味酸甜，无香气。可溶性固形物含量11%，鲜食品质优。离核，核椭圆形，先端尖圆；纵径1.9 cm，横径0.9 cm，侧径1.4 cm；鲜核褐色，核面较平滑，无裂核。仁皮黄白色，仁苦。

树势中庸偏弱，20年生树高5.5 m，冠径3.5 m，干高2.2 m，干周30 cm。萌芽率低，成枝力弱，以短果枝结果为主，生理落果不明显。果实6月上旬成熟，成熟期整齐集中。抗逆性强。

该品种丰产性能好，果梗不易脱落，抗风，肉厚、核小，品质优良，适宜加工。有裂果现象，花期较早，必须注意预防晚霜危害。

11. 早桃杏

铜山有少量栽培。

树冠圆头形，树姿开张。主干棕褐色，树皮粗糙。枝条分布稀，2年生枝黄褐色。叶片小，椭圆形；先端渐尖，叶基楔形；叶面光滑，叶色深；叶柄暗红色；蜜腺1~3个。

果实椭圆形至卵圆形。平均单果重12.4 g，纵径3.2 cm，横径2.7 cm，侧径2.6 cm。缝合线中深，较明显，两侧不对称，梗洼中广，较深。果顶尖圆，果皮底色黄，着桃红晕。茸毛短、细、密，果皮难剥离。果肉橙黄色，汁液少，纤维粗多，肉质绵，风味淡甜而微苦，无香气。可溶性固形物含量10%，品质中下等。离核，核椭圆形，先端急尖；鲜核褐色，背缝线光滑，腹缝线两侧有两条棱状突起，有核纹，无裂核。仁皮黄白色，仁苦。

树势中庸偏弱，20年生树高6 m，冠径7m，干高2.0 m，干周79 cm。萌芽率中等偏低，成枝力弱，以短果枝结果为主，采前落果重。6月上旬果实成熟，成熟期不一致。

该品种果实小，病虫害严重，品质差。

12. 白果杏

铜山有少量栽培。

树冠开心形，树姿开张。主干灰褐色，树皮较粗糙，皮孔不明显。枝条分布较密，2年生枝红褐色。叶片中大，近圆形；先端渐尖，叶基圆形，叶缘较整齐；叶面较光滑，叶色绿；叶柄暗红色；蜜腺2~3个，红色。

果实近圆球形。平均单果重12.6 g，纵径3.3 cm，横径2.9 cm，侧径3.3 cm。果顶尖圆，缝合线浅，梗洼窄、较浅。果皮底色黄白，着桃红色细点。茸毛较长，中密，果皮较易剥离。果肉黄白色，肉厚 0.7~0.8 cm，成熟度均匀。汁液多，纤维中多、粗，肉质绵。风味较甜，无香气。可溶性固形物含量 11%，品质中上等。离核，核阔卵形，先端圆；纵径 2.2 cm，横径 1.1 cm，侧径 1.7 cm；鲜核褐色，背缝线基部有沟纹，腹缝线两侧各有一棱状突起；核面较粗糙，核纹浅，无裂核。仁皮黄白色，仁苦。

树势中强。萌芽力强，成枝力中等，以短果枝结果为主。6 月初开始成熟，成熟不一致。

该品种果实大小整齐，品质较好。

13. 干壳子杏

铜山有少量栽培。

树冠圆头形，树姿开张。主干灰褐色，树皮粗糙。枝条分布密，2 年生枝红褐色，有光泽。叶片小，椭圆形；先端急尖，叶基圆形，叶缘较整齐；叶面光滑，叶色深绿；叶柄正面暗红色；蜜腺 2 个。

果实阔卵圆形，平均单果重 14.3 g，纵径 3.3 cm，横径 2.9 cm，侧径 3.0 cm。缝合线中深、明显，两侧不对称，梗洼广、中深。果顶部尖圆，果面黄色。茸毛短、细、较密，果皮难剥。果肉淡橙黄色，成熟整齐，汁液中多，纤维中多，肉质松绵，味甜酸，微苦，无香气。可溶性固形物含量 9%，品质中下等。离核，核倒卵圆形，先端急尖；纵径 2.2 cm，横径 1.0 cm，侧径 1.5 cm；鲜核褐色，背缝线光滑，腹缝线凹沟明显，核纹极浅、细，无裂核。仁皮黄白色，仁苦。

树势强，20 年生树高 5.5 m，冠径 8 m，干高 1.9 m，干周 80 cm。萌芽力强，成枝力强，以短果枝结果为主，成熟较一致。

该品种丰产、离核，但品质差。可作为药用取仁品种。

14. 大麦杏

句容亭子乡有少量栽培。

树冠圆头形，树姿开张。枝条较密，新梢红褐色，无茸毛，节间短。叶片大，长椭圆形；叶缘锯齿细，叶基圆形，先端渐尖。

果实圆形，较大。平均单果重 35 g，较整齐。果皮底色橙黄，果梗短。果肉淡黄色，汁液多，风味甜。可溶性固形物含量 11%，品质上等。

树势强，萌芽力强，成枝力中等。以短果枝结果为主，落果轻。果实成熟期 6 月上中旬。抗旱性强，抗涝力中等，较耐粗放管理，病虫害少。

该品种果实较大，产量高。

15. 小麦杏

句容亭子乡有少量栽培。

树冠圆头形，树姿半开张。枝条致密，新梢红褐色，光滑无毛，节间短。叶片中大，卵圆形，中等厚；叶缘锯齿细、钝，先端渐尖，叶基圆形。

果实扁圆形，较整齐。平均单果重 40 g。果皮底色橙黄，无锈斑。果梗短。果肉淡黄色，肉质细，汁液中多。可溶性固形物含量 9.5%，味较甜，品质中等。

树势强，萌芽力强，成枝力中等。以短果枝结果为主。果实成熟期 6 月上中旬。抗旱性强，耐瘠薄，病害少。

该品种抗性较强，丰产。

16. 小白杏

分布在宿迁，为实生繁殖后代。

树姿半开张。主干不光滑，皮色黑褐。结果枝较密，绿黄色，有光泽。叶片较薄，深绿色；叶柄浓绿色。

果实近圆球形。平均单果重 18 g，纵径 3.1 cm，横径 3.3 cm，侧径 3.0 cm。果顶突起，缝合线不明显。果皮底色黄白，阳面着紫红色斑点，茸毛少，果皮难剥离。果肉橙黄色，肉质细软，汁液中多，味甜酸，香气浓。可溶性固形物含量 10%，品质中等。粘核，核小，圆形，鲜核红色。

该品种果实 5 月下旬成熟，抗逆性一般，耐涝。

17. 大白杏

徐州、淮安、连云港等地有少量栽培。

树冠圆头形，树姿开张。主干棕褐色，树皮粗糙。枝条分布较密，2 年生枝红褐色。叶片小，近圆形，色深绿；先端急尖，叶基圆形，叶面较光滑；叶柄暗红色；蜜腺 1~2 个。

果实近圆球形，平均单果重 19 g，纵径 3.1 cm，横径 2.9 cm，侧径 3.1 cm。果顶圆、微凹，缝合线浅。果梗长 0.4 cm，粗 0.2 cm，梗洼较深。果面底色黄，着桃红色晕及小红点。果皮茸毛短、细、较密，较易剥离。果肉黄白色，肉厚 0.7~0.8 cm。汁液中多，纤维特多，肉质松绵。风味酸甜，无香气。可溶性固形物含量 10%，品质下等。离核，核椭圆形，先端尖圆；纵径 2.1 cm，横径 1.1 cm，侧径 1.7 cm；鲜核灰褐色，干核白色，腹缝线两侧饱满；核面有微凸花纹，无裂核。仁皮黄色间褐色条纹，仁苦。

树势中强，25 年生树高 4.5 m，冠径 4.5 m，干高 45 cm。以短果枝结果为主，果实着生于枝条中部。

该品种果形中大，纤维多，成熟期不一致。

18. 甜杏

铜山伊庄乡有少量栽培。

树冠圆头形，树姿半开张。主干暗灰色，树皮粗糙。枝条分布密度中等，2年生枝红褐色，有光泽。叶片中等大，近圆形；先端急尖，叶基楔形，叶缘平展，具复锯齿；叶柄微红；蜜腺0~2个。

果实圆球形，平均单果重15.2 g，纵径3.2 cm，横径3.1 cm，侧径3.2 cm。果顶圆而略尖，缝合线较明显。果皮底色橙黄，着不明显的红晕及斑点，果面茸毛短、细、密。果皮质韧，不易剥离。果梗长0.3 cm，梗洼浅、小。果肉橙黄色，肉厚0.6~0.7 cm，汁液较多，纤维少，肉质柔软，风味酸甜，无香气。可溶性固形物含量14.5%，品质上等。离核，核椭圆形，先端尖圆；纵径2.0 cm，横径1.0 cm，侧径1.5 cm；鲜核灰褐色，背缝线两端沟纹不明显，腹缝线两侧较凹；核面较光滑，无裂核。仁皮黄白色，顶端红棕色，仁苦。

树势强，10年生树高8 m，冠径8.3 m，干高1.1 m，干周80 cm。萌芽率低，成枝力中等，以短果枝结果为主。

该品种较丰产，适宜加工。

19. 绵杏

铜山有少量栽培。

树冠窄圆头形，树姿半开张。主干灰褐色，树皮较粗糙。枝条分布中密，2年生枝红褐色。叶片中大，椭圆形；先端渐尖，叶基圆形，叶缘较整齐；叶面光滑；叶柄暗红色；蜜腺1~2个。

果实长卵形。平均单果重21 g，纵径3.4 cm，横径2.5 cm，侧径2.7 cm。果顶尖圆、绿色，缝合线较浅，梗洼窄、中深。果面橙黄色，茸毛较长、细、稀，果皮难剥。果肉橙黄色，肉厚0.6~0.8 cm，汁液多，纤维粗、多，肉质绵，风味酸甜、较浓，微苦，无香气。可溶性固形物含量11%，品质中等。离核，核长卵形，先端渐尖；纵径1.4 cm，横径0.9 cm，侧径1.3 cm；鲜核褐色，背缝线两端有凹沟；核纹细、浅，无裂核。仁皮黄白色，仁苦。

树势中强，20年生树高6.5 m，冠径5 m，干高1.5 m，干周48 cm。萌芽率、成枝力中等，以短果枝结果为主，生理落果较轻，果实成熟较一致。

该品种适应性强，抗蚜虫能力弱。

20. 水葫子杏

铜山有少量栽培。

树冠窄圆头形，树姿半开张。主干棕褐色，树皮粗糙。2年生枝褐红色。叶片中等大，近圆形；先端渐尖，叶基圆形，叶缘波状；叶面光滑，叶色深绿；叶柄紫红色；蜜腺2个。

果实近圆球形，平均单果重13 g，纵径3.2 cm，横径2.7 cm，侧径2.8 cm，缝合线浅。果顶尖圆，不明显。果皮底色黄，着桃红色晕。茸毛短、细稀，果皮较难剥离。果梗长0.4 cm，粗0.3 cm，梗洼浅。果肉橙黄色，肉厚 0.6~0.7 cm。汁液较多，纤维细、中多，肉质绵，风味淡甜，微酸，无香气。可溶性固形物含量 8%，品质中等。离核，核椭圆形，先端渐尖；纵径 2.4 cm，横径 1.1 cm，侧径 1.6 cm；鲜核褐色，背缝线两端有凹沟，腹缝线沟纹不明显；核面光滑，无裂核。仁皮黄白色，仁苦。

树势中强，20 年生树高 5.5 m，冠径 4.0 m，干高 1.5 m，干周 49 cm。萌芽力强，成枝力中强，以短果枝结果为主。

该品种果实成熟早，成熟期较一致，大小整齐，汁液较多，抗蚧能力较弱。

21. 蛤蟆杏

铜山有少量栽培。

树冠圆头形，树姿半开张。主干深灰褐色，树皮粗糙。枝条分布稀，2 年生枝黄褐色。叶片大，近圆形；先端急尖，叶基圆形；蜜腺 2 个。

果实椭圆形，平均单果重 21 g，纵径 3.9 cm，横径 3.1 cm，侧径 3.4 cm。果顶平圆，缝合线中浅、较明显，梗洼中深。果皮底色黄，着桃红色晕。茸毛短、细、较密，果皮难剥离。果肉黄色，肉厚 0.7~0.8 cm，汁液较多，纤维较少，肉质脆。风味酸甜，无香气。可溶性固形物含量 11.5%，品质中等。半粘核，核长卵圆形，先端急尖；纵径 2.9 cm，横径 1.0 cm，侧径 1.5 cm；鲜核褐色，背缝线上有较深点纹，腹缝线上沟纹不明显；核纹极浅细，无裂核。仁皮黄白色，仁苦。

树势中强，20 年生树高 5 m，冠径 4.5 m，干高 1.5 m，干周 52 cm。萌芽率与成枝力中等，以短果枝结果为主。果实 6 月上旬成熟，成熟期整齐一致，采收期延续 4~5 天。

该品种果形较大，果肉较厚，汁液较多。

22. 牛心杏

徐州有少量栽培。

树冠圆头形，树姿开张。主干黑褐色，树皮粗糙。枝条分布较密，2 年生枝褐色。叶片较大，近圆形；先端急尖，叶基心脏形，叶缘锯齿较整齐；叶面光滑，叶色黄绿；叶柄暗红色。蜜腺 2 个。

果实阔椭圆形，似牛心形。平均单果重 25 g，纵径 3.7 cm，横径 3.0 cm，侧径 3.5 cm。果顶平圆，缝合线较明显。果面黄色，茸毛短、较密。果皮质韧、难剥离。果梗长 0.6 cm，粗 0.2 cm，梗洼中深。果肉黄色，肉厚 0.6 cm。汁液中多，纤维较多，肉质松绵。风味甜酸，无香气。可溶性固形物含量 11%，品质中上等。离核，核阔椭圆形，先端尖圆。纵径 2.6 cm，横径 1.1 cm，侧径 2.0 cm。鲜核褐色，背缝线先端有凹沟，腹缝线两侧饱满；核面较光滑，无裂核。仁皮黄褐色，仁苦。

树势中强，25 年生树高 5 m，冠径 4.5 m，干高 1.5 m，干周 50 cm。萌芽率较低，成枝力中等，以短果枝、花束状果枝结果为主，果实着生于枝条上部。生理落果较轻，果实成熟较一致。

该品种果形较大，丰产。适应性较强，但大小年结果现象严重。

23. 水碗杏

徐州有少量栽培。

树冠圆头形，树姿较开张。主干灰褐色，较粗糙。枝条分布较稀，2 年生枝暗灰色。叶片中大，近圆形；先端急尖，叶基圆形，叶缘整齐；叶面光滑；叶柄紫红色；蜜腺 1~2 个。

果实近圆球形。平均单果重 15 g，纵径 2.8 cm，横径 2.9 cm，侧径 3.0 cm。果顶部平圆，缝合线较明显。果皮底色黄绿，着桃红色晕。茸毛短、细、密，果皮质韧。纤维中多，风味酸甜。可溶性固形物含量 9%，品质中上等。半离核，核阔椭圆形，先端尖圆。纵径 1.8 cm，横径 1.1 cm，侧径 1.5 cm。鲜核褐色，背缝线不明显；核面较光滑。仁皮黄白色，仁苦。

树势强，12 年生树高 7 m，干高 2.1 m，干周 56 cm。萌芽率低，成枝力弱，以中果枝、短果枝结果为主，生理落果不明显。4 月初盛花，6 月初果实成熟。适应性一般，耐旱、耐盐碱，对病虫抵抗力较强，不抗风。

该品种耐粗放管理，病虫害较少，果实宜于加工，经济寿命较长。大小年结果现象明显。

24. 老鸹嘴杏

徐州有少量栽培。

树冠自然圆头形，树姿半开张。主干灰褐色，较光滑，皮孔不明显。枝条分布中密，2 年生枝褐色，无光泽。叶片中大，椭圆形；先端渐尖，叶基圆形；叶面光滑，叶色浓绿；叶柄绿色、微红；蜜腺 2~3 个，紫色。

果实卵圆形，较整齐。平均单果重 17.5 g，纵径 3.5 cm，横径 2.8 cm，侧径 3.3 cm。果顶尖圆，缝合线较明显。果皮底色绿黄，茸毛短、细、密，果皮质韧、难剥离。果梗长 0.4 cm，梗洼较浅。果肉绿黄色，肉厚 0.6~0.7 cm。汁液多，纤维中多，肉质柔软，风味甜酸。可溶性固形物含量 9%，品质中等。离核，核椭圆形，先端尖圆；纵径 2.4 cm，横径 1.1 cm，侧径 1.8 cm；鲜核褐色，腹缝线两侧较饱满，核面光滑。仁皮黄白色，仁苦。

树势中庸，12 年生树高 6 m，冠径 5.3 m，干高 1.7 m，干周 54 cm。以短果枝结果为主，大小年结果现象不明显，生理落果轻。4 月初盛花，6 月上旬果实成熟。适应性一般，抗寒力中等，耐旱、耐盐碱，抗病虫能力较强，但不抗风。

该品种较耐粗放管理，病虫害较少，但产量不高。

25. 白脸杏

徐州有少量栽培。

树姿直立。主干暗灰色，树皮较光滑。2 年生枝褐色，有光泽。叶片中大，椭圆形；先端渐尖，叶基圆形；叶面光滑；叶柄暗红色；蜜腺 2~3 个。

果实倒卵圆形，平均单果重 17.2 g，纵径 3.4 cm，横径 2.9 cm，侧径 3.4 cm。果顶部尖圆，缝合线较浅。果皮底色黄白，着桃红色晕，并有小红点。茸毛短、密，果皮质韧，较难剥离。果梗长 0.4 cm，梗洼广、较浅。果肉黄白色，肉厚 0.6~0.7 cm。汁液较多，纤维少，肉质柔软，风味酸甜适口，无香气。可溶性固形物含量 13.5%，品质上等。离核，核椭圆形，先端圆；纵径 2.2 cm，横径 1.1 cm，侧径 1.7 cm；鲜核淡褐色，背缝线果梗端有沟纹，腹缝线两侧饱满、有沟纹；核面较光滑，无裂核。仁皮黄白色，仁苦。

树势中庸，8 年生树高 7.5 m，冠径 5.0 m，干高 1.2 m，干周 55 cm。以短果枝结果为主，成熟期较一致，贮运性较差，对蚧、蚜虫抵抗力较弱。

该品种果实品质优良，鲜食、加工均宜。

26. 大红嘴杏

灌南陈集乡王口村有少量栽培。

树姿开张。叶片长椭圆形，叶色黄绿。一般自第 6 节开始着生花芽。

果实椭圆形。平均单果重 24.7 g。果顶微凹，缝合线中深，两侧不对称。果面、果肉均为橙黄色，汁液中多，风味酸甜、偏淡、微香。可溶性固形物含量 13.3%，品质中等。离核。

树势中庸。以花束状果枝结果为主，自花结实能力强，大小年结果现象不明显。果实成熟期不一致，6 月上旬开始采收，可延续到 6 月中旬，持续 8 天左右。抗逆性、适应性较强，较耐涝。

该品种果实较大，外观美。

27. 青皮烂杏

铜山及连云港有少量栽培。

树冠圆头形，树姿直立。主干灰褐色，树皮较粗糙，2 年生枝红褐色。叶片中小，近圆形；先端渐尖，叶基圆形，叶面光滑，叶色深绿；叶柄紫红色，并延伸至主脉 1/2 处。

果实阔卵圆形。果顶凹，缝合线较明显。果皮底色绿，品质好。离核，核卵圆形，先端急尖；纵径 2.5 cm，横径 1.1 cm，侧径 1.7 cm；鲜核褐色，腹缝线凹沟不明显，背缝线有凹沟；核面较粗糙，核纹浅，无裂核；仁皮黄白色，仁苦。

树势中庸，20 年生树高 4.5 m，冠径 3 m，干高 1.9 m，干周 43 cm。萌芽力强，成枝力较强，以短果枝结果为主，成熟期较一致。

该品种适应性强，抗风，果实品质好，但不耐贮运。

28. 铜山大杏

铜山伊庄乡、三堡镇等地有少量栽培。

树冠圆头形，树姿开张。主干暗灰色，树皮较粗糙。枝条分布稀，2 年生枝红褐色。叶片大，近圆形；先端急尖，叶基圆形；叶面光滑；叶柄绿色；蜜腺2个。

果实近圆球形。平均单果重40 g，纵径4.1 cm，横径3.8 cm，侧径4.0 cm。果顶圆，缝合线不明显。果皮底色黄，茸毛细、密。果皮质韧，难剥离。果梗长0.5 cm，梗洼广、较浅。果肉黄白色，肉厚0.6~0.8 cm。汁液较多，纤维少，肉质柔软，风味酸甜，无香气。可溶性固形物含量11%，品质中上等。离核，核倒卵圆形，先端尖圆；纵径2.6 cm，横径1.3 cm，侧径2.0 cm；鲜核褐色，腹缝线两侧饱满；核面果梗端有放射状条纹，无裂核。仁皮黄白色，仁苦。

树势中庸，萌芽率低，成枝力中等，以短果枝结果为主。成熟期不一致，采收期可延续15天左右。

该品种果大、丰产，但易受蚜虫、蚧危害。

29. 精丝杏

铜山汉王、刘集乡有少量栽培。

树冠圆头形，树姿半开张。主干暗灰色，树皮粗糙。枝条分布稀，2年生枝红褐色，有光泽。叶片中等大，椭圆形至阔卵圆形；先端渐尖，叶基圆形；叶面光滑；叶柄微红。

果实阔卵圆形，平均单果重9 g，纵径2.7 cm，横径2.7 cm，侧径2.6 cm。果顶圆，有乳头状突起，缝合线浅，不明显。果皮底色黄绿，着点状红斑；茸毛短、密；质韧，难剥离。果梗长0.4 cm，梗洼窄、中深，近圆形。果肉黄色，肉厚0.5~0.6 cm。汁液中少，纤维中多，肉质中粗，味酸，香气淡。可溶性固形物含量11%，品质中等。半粘核，核卵圆形，先端渐尖；纵径2.0 cm，横径1.0 cm，侧径1.5 cm；鲜核深褐色，腹缝线处果肉粘核，两侧沟窄，两边有棱，背缝线无明显突起；核面有浅纹，核纹细密，无裂核。仁皮黄白色，仁饱满，味甜。

树势强，20年生树高9 m，冠径7.5 m，干高2.2 m，干周93 cm。萌芽率中等，成枝力较强，以短果枝结果为主。成熟期一致。

30. 泗洪大杏

分布在泗洪车门乡，选自实生后代。

树姿开张。叶片卵圆形。花芽始生于第2节，优良花芽多分布于果枝中下部。

果实长圆形，平均单果重62 g。果顶圆平，缝合线浅，两侧对称。果皮底色橙黄，易剥离，肉色与近核处色泽均为橙黄色。汁液多，纤维少，软溶质，风味甜酸适度，微香，品质中上等。粘核。

树势中庸。盛花期3月下旬，6月中旬果实成熟，成熟期不一致，11月上旬落叶。耐寒，耐旱，抗风力弱，抗病虫能力中等。

该品种果形大，产量一般。

除此之外，在1982年的果树普查中，还列举了‘大麦黄杏’（南京、淮安）、‘拳杏’（南京）、‘水杏’（徐州）、‘三月黄’（徐州）、‘小黄杏’（徐州）、‘太阳红’（徐州）、‘大桃杏’（连云港）、‘金鸡烂’（连云港）、‘小杏’（连云港）、‘火杏’（淮安）等品种。

二、近年发展品种

1. 金太阳（图 9-4）

美国品种，1993 年引入我国，在江苏多个地区均有栽培。

树势中庸，树姿开张，树体较矮。多年生枝皮面粗糙；1 年生枝红褐色，粗壮，节间短，平均长 1.8 cm，嫩梢红色。叶呈卵圆形，叶基圆形或截形，叶色深绿；叶面光滑有泽，叶先端突尖，叶缘锯齿中深而钝，较整齐；叶柄中粗，长 3.2 cm，基部有 4 个圆形蜜腺。花芽肥大，饱满。花蕾期花瓣红色，初开时先端粉红色，盛花时浅粉色。

图 9-4 ‘金太阳’果实

果实圆形，平均单果重 47.5 g，大果重 73.5 g。果顶圆，果面平整，缝合线浅，两侧对称。果皮底色乳黄，阳面着玫瑰红晕，外观美丽。茸毛中多，果皮厚度中等，不易剥离。果肉金黄色，硬溶质，汁液多；风味甜，近皮果肉微酸。可溶性固形物含量 12.5%。离核，核椭圆形。

在南京地区，3 月中旬盛花，花期 10 天左右，果实 5 月底至 6 月初成熟，果实发育期 70 天左右；2 月中旬萌芽，10 月下旬开始大量落叶，11 月中旬落叶终止，年生育期 260 天左右。

以短果枝结果为主；完全花比例高，达 90%，自然结实率 13.6%~40.0%。结果早，丰产性好。

该品种果实成熟早，外观美丽，风味香甜，品质优良；自然结实率较高，丰产稳产。

图 9-5 ‘凯特’果实

2. 凯特（图 9-5）

美国品种，1991 年引入我国，在江苏多个地区均有栽培。

树势较强，树姿较直立，树体高大。多年生枝皮面粗糙；1 年生枝红褐色，粗壮，节间中等，平均长 2.1 cm，嫩梢红色。叶呈卵圆形，叶基圆形或截形，叶色深绿；叶面光滑有泽，叶先端突尖，叶缘锯齿中深而钝，较整齐；叶柄中粗，长 3.5 cm，基部有 3~4 个圆形蜜腺。花芽肥大，饱满。花蕾期花瓣红色，初开时先端粉红色，盛花时浅粉色。

果实椭圆形，平均单果重 89.0 g，大果重 130 g。果顶圆平，两侧对称，缝合线浅。果皮底色乳黄，阳面少量着玫瑰红晕，外观美丽。茸毛中多，果皮厚度中等，不易剥离。果肉金黄色，硬溶质，汁液多，风味甜，近皮果肉微酸。可溶性固形物含量

12.0%。离核,核椭圆形。

在南京地区,3 月中旬盛花,花期 10 天左右,果实 6 月上旬成熟,果实发育期 80 天左右;2 月中旬萌芽,10 月下旬开始大量落叶,11 月中旬落叶终止,年生育期 270 天左右。

以短果枝结果为主;完全花比例高(85%),自交结实率 24.3%,自然结实率 23.8%。

该品种果实成熟早,果形大,品质优良;结实率较高,丰产稳产。

3. 玛瑙杏(图 9-6)

美国品种,1987 年引入我国,在苏北地区有栽培。

树势中庸,树姿较开张。多年生枝皮面粗糙;1 年生枝红褐色,粗壮,节间中等,平均长 1.9 cm,嫩梢红色。叶呈卵圆形,叶基圆形或截形,叶色深绿;叶面光滑有泽,叶先端突尖,叶缘锯齿中深而钝,较整齐;叶柄中粗,长 3.0 cm,呈红色,基部有 3~4 个蜜腺,圆形。花芽肥大,饱满。

图 9-6 ‘玛瑙杏’果实

果实卵圆形,平均单果重 58.9 g,大果重 75.0 g。果顶圆平,果面平整,两半部对称,缝合线浅。果皮底色乳黄,阳面少量着玫瑰红晕,外观美丽。茸毛中多,果皮厚度中等,不易剥离。果肉金黄色,硬溶质,汁液多,风味甜,近皮果肉微酸。可溶性固形物含量 13.3%。离核,核椭圆形。

在南京地区,3 月中旬盛花,花期 1 周,果实 6 月中旬成熟,果实发育期 80 天左右;2 月中旬萌芽,10 月下旬开始大量落叶,11 月中旬落叶终止,年生育期 270 天左右。

树体生长健壮,以短果枝结果为主;完全花比例高达 90%,自交结实率低,自然结实率 12%~50%。

玛瑙杏为早熟品种,品质优良,丰产稳产,但果形较小,种植利用较少。

4. 金福杏(图 9-7)

从徐州铜山的巴斗杏园中发现的变异优株,2005 年通过江苏省科技厅成果鉴定。

树势较强,树姿较直立,树体高大。多年生枝皮面粗糙;1 年生枝红褐色,粗壮,节间中等长度,平均 2.1 cm,嫩梢红色。叶呈卵圆形,叶基圆形或截形,叶色深绿;叶面光滑有光泽;叶先端突尖,叶缘锯齿中深而钝,较整齐;叶柄中粗,长 3.5 cm,呈红色,基部有 3~4 个圆形蜜腺。花芽肥大,饱满。花蕾期花瓣红色,初开时先端粉红色,盛花时浅粉色。

果实近圆形,平均单果重 98.5 g,大果重 148 g;纵径 5.75 cm,横径 5.43 cm,侧径 5.13 cm。果皮中厚,果皮底色橘黄,树冠外围果向阳面着红晕,外观较美。果肉浅黄色,汁液多,甜酸适口，风味浓。可溶性固形物含量12.3%，最高14.6%。核扁平形，半粘核；核仁甜，出仁率38.7%。

在徐州地区，3月中旬盛花，花期4~6天，果实5月下旬成熟。在南京地区，3月中旬盛花，花期持续1周，果实5月下旬成熟，果实发育期65天左右；2月中旬萌芽，10月下旬开始大量落叶，11月中旬落叶终止，年生育期270天左右。

图9-7 ‘金福杏’果实

树势较强，以短果枝结果为主；完全花比例较高，自交结实率低，自然结实率较高。

该品种为早熟大果形品种，综合了‘金太阳’的早熟和‘凯特杏’的大果形特点，外观美丽，风味香甜，品质优良，丰产稳产。

第四节 栽培技术要点

江苏省杏树栽培历史悠久，过去多数为实生繁殖，散生栽培，管理粗放。当前，杏树栽培逐渐走上商业化，如采用嫁接苗、合理搭配品种相互授粉、选择适宜树形并进行整形修剪等。

一、苗木繁育

杏树的实生繁殖已经很少使用，目前以嫁接繁殖为主。嫁接用砧木主要采用本砧和毛桃砧，少量使用李、梅作砧木。通常采用1年生砧木进行芽接，芽接时期在5~6月。

二、建园

杏树喜光，耐干旱瘠薄，但不耐涝，花期易受晚霜危害，建园时需要考虑地下水位和春季晚霜的危害。地下水位高、夏季降雨量大的地区，应先规划好园区的排水设施，并采用起垄栽培。经常有晚霜的地区，不适宜种植杏树。其次，杏树品种的合理配置是保证丰产、稳产的关键，选择与主栽品种具有良好亲和性、花期一致、花粉量大、果实经济价值较好的品种作授粉品种。目前生产上推广的优良品种，大多可以互相授粉，1个作业小区内可配置品种3个左右。

杏树栽植可分为春季栽植和秋冬季栽植。春季栽植在土壤解冻后，杏苗发芽前进行；秋冬季栽植，从秋末到初冬，栽植的时间较长，伤根容易愈合。

合理的栽植密度，是获得早产、高产的前提。栽植密度与立地条件、品种和砧木特性及管理水平有关，通常采用（3~4）m × 5 m的株行距，每亩种植40株左右。栽植后，需浇足定根水，干旱地区在定植后要多次补水；有条件的可以在基部做个树盘，用塑料薄膜、地布或稻草覆盖保湿。

三、整形修剪

杏树一般修剪为自然开心形或自然圆头形。幼树期 2~3 年的整形以培养骨架为主，去除内膛直立枝条，每株选留 3~5 个主枝，每年需要短截主侧枝的延长枝，一般情况下，强枝轻剪，弱枝重剪，一般剪去原枝头的 1/3~2/5。幼树应避免过重修剪，多留小枝，以加速成形，提早结果。按照品种特性进行树形的培养，'金太阳' 等树势中庸的品种注意抬高主枝角度，'凯特杏' 等树势较强的品种则需适当开张主枝角度。

杏树修剪常用的方法有长放、短截、回缩和疏枝。总体原则是保持树体各部位的通风透光。3 年生杏树开始挂果，此时以长果枝结果为主，可适当长放枝条，使其提早结果。4 年生杏树需培养结果枝组，选留角度较平、短枝较多的结果枝组作为永久性结果部位，其余枝组按照树体的空间位置合理选留。老杏树的修剪需考虑结果枝组的更新，可采用重回缩等方式刺激新枝的萌发，再利用新枝培养结果枝组，一般锯去原长度的 1/3~1/2，短截徒长枝和新萌发的枝条培养结果枝组，恢复树冠。

四、土肥水管理

幼树期，可在行间留草或套种豆科类作物，并通过刈割或秸秆还田等方法，增加土壤有机质含量。

杏树全年施用一次基肥、一次追肥即可满足养分需求。基肥在秋季 10 月份施入，以腐熟有机肥为主，深度为 30~50 cm。追肥在花后 1 个月施入，以氮磷钾复合肥为主。

杏树对水分供应十分敏感，缺水时枝叶生长缓慢，但如果水分过多会造成土壤缺氧，影响根系生长和养分吸收，严重时会造成烂根，甚至死亡。因此，加强杏园的排灌管理是丰产的重要措施之一。杏树萌芽至谢花后 2 周对水分需求量较大，果实膨大至采果前应注意灌水量和灌水次数，采果后要适当控水，以防枝梢旺长，促进花芽发育充实。

五、花果管理

杏树花量大，但其自然坐果率低，落花落果现象严重，可采取配置授粉品种、高接花枝、果园放蜂等措施，花期如遇低温、阴雨、大风等不良天气，需进行人工辅助授粉，以提高坐果率；尤其注意晚霜冻花，加强防范。但如果坐果过多，则会加重生理落果，造成树体营养的浪费，还会导致果实变小，风味变劣，商品价值下降，并加重大小年结果现象，因此需注意疏果，适当控制产量。

六、病虫害防治

江苏杏树主要病害有褐斑病、叶斑病、流胶病、杏疔病等，主要害虫有球坚蚧、桑白蚧、蚜虫、梨小食心虫、象鼻虫、杏仁蜂等。以防为主，增强树势，并采用物理、生物等措施，有效控制病虫危害。

（本章编写人员：马凯、唐杏华、俞明亮、马瑞娟、沈志军、宋宏峰）

主要参考文献

[1]张加延，张钊．中国果树志·杏卷[M]．北京：中国林业出版社，2003.

[2]江苏省地方志编纂委员会．江苏省志·园艺志[M]．南京：江苏古籍出版社，2003.

第十章　梅

/ 栽培历史与现状 / 种类
/ 品种 / 栽培技术要点

第一节　栽培历史与现状

梅原产我国，栽培历史悠久。《尚书》《诗经》《尔雅》《山海经》《西京杂记》等典籍中均有记载。1975 年，我国考古学家在河南安阳殷墟遗址中发掘出的食器铜鼎内有炭化的梅核，表明在 3 200 年前的商代我国已有梅栽培。1972 年在湖南长沙马王堆一号汉墓中的陶罐内发现保存完好的梅核和核干，部分果核上还残留着黑褐色果肉。同时出土的竹简上记有梅、脯梅和元梅字样，脯梅和元梅都是当时用梅果制成的加工品，说明自商、周至西汉时期，长江流域广大地区已存在梅的栽培和加工。

根据 1960 年在吴江县梅埝发掘出的核果类果核推断，早在 6 400 年前当地和附近地区已有这类果品。《吴县志》记载吴县（现苏州吴中区）梅栽培始于唐朝。《花镜》谓："古梅多著于吴下、吴兴、西湖、会稽、四明等处，每多百年老干。"我国梅花之盛，莫过于苏州邓尉和杭州超山，邓尉山梅林数十里，素有"香雪海"之称。宋范成大《梅谱》记述了栽于石湖范村的 12 个梅种质资源，即江梅、直脚梅、早梅、官城梅、消梅、重叶梅、绿萼梅、百叶湘梅、红梅、鸳鸯梅、杏梅、蜡梅，其中江梅、直脚梅、早梅、官城梅、杏梅和消梅可结实食用，其他主要用于观赏，而蜡梅属于蜡梅科植物，不属于蔷薇科李属梅类。江梅、直脚梅为实生梅，其他为嫁接繁殖的地方品种。

明文震亨《长物志》及明清地方志如《太湖备考》《苏州府志》和《吴县志》等都记载了桃、梅、李、枣、柑橘、枇杷等数十种果树。此外,《昆山县志》载,明永乐年间(1403~1424)"皇帝恩赐千灯浦少乡山七十亩免税种梅花",后称梅花山,现经修缮保存供游览。又如清嘉庆十五年刻本重修的《扬州府志》卷六十之"物产"部分的"果之属"记载:"果有……桃、李、梅、杏、石榴、枣、银杏等二十二种果树",可见梅在江苏省长江南北早有分布,唯苏州洞庭东山、西山和光福邓尉山梅事最盛,成为我国著名梅产区,经久不衰。南京东郊的梅花山和无锡西郊的梅园均为规模很大的梅林,但均以观花为主,少有产量。根据以上史料记载,梅是江苏省传统果树,作为商品生产栽培则始于明末清初。

梅是我国亚热带地区特产果树,性喜温暖湿润气候,不耐严寒。苏、浙、滇、闽、粤等省的梅产区年平均气温为 15~22 ℃;1~3 月开花期很少有 −5 ℃以下低温出现,有利于开花坐果,形成我国主要的梅经济栽培区。就江苏而言,主要有吴中梅区和宜溧梅区两个主要产区。吴中梅区主要分布在吴中东山、西山(现金庭)和光福一带沿太湖的低山丘陵,为梅的老产区。20 世纪 80 年代开始,基于新品种的引进以及南京农业大学褚孟嫄教授的推动,江苏梅产区逐渐扩大,新发展的宜溧梅区亦分布在太湖沿岸山区的低坡地带,包括镇江、溧阳、溧水、高淳等局部植被水系资源优越的低山丘陵。长江以北的扬州、盐城、连云港等市虽有分布,但面积极小,仅占全省的 0.1%,多作观赏栽培,作果梅栽培的,虽然开花,但易受晚霜低温危害,结果寥寥,产量低下,经济效益不高。

江苏省果梅(民间也称青梅)栽培分布集中在北纬 31°~31° 45′,东经 119°~120° 5′,年平均气温 14~16 ℃的狭小区域内,境内有繁茂的针阔叶混交林的低山丘陵和丰富的水资源(如太湖、滆湖、长荡湖、石臼湖和固城湖等),气候温暖湿润,适宜梅树生长,只要注意品种选择、搭配和加强栽培管理,平均亩产量可达 500 kg。江苏省苏南果梅生产的发展除具有适宜的自然环境以外,与当地发达的果品加工业有密切的关系。梅的多种加工品深受苏、锡、沪、杭一带广大消费者的喜爱,形成地方性的加工特色"苏式"蜜饯,还远销日本和东南亚诸国,也是促进梅产业发展的一个主要原因。

江苏果梅在 1978 年以后得到了较快发展。1982 年全省果梅面积大约 1 万亩,其中吴县 9 500 亩。1984 年开始,宜兴、溧阳、溧水、句容等地相继发展果梅,引进外省和国外品种 20 多个进行试栽。1989 年全省果梅面积已达 3.58 万亩,是 1949 年以前(165 亩)的 217 倍,产量超 2 600 t。1989 年开始受外贸的影响,梅鲜果的收购价格每千克仅有 0.5 元,导致种植面积有所缩减,1995 年下降至 2.5 万亩,1997 年恢复至 3.2 万亩,其中吴县 1.16 万亩,宜兴 1.11 万亩,溧水 0.7 万亩,溧阳 0.23 万亩。2002 年,宜兴果梅种植面积达 1.5 万亩,年产量超 1 700 t,取代了苏州传统产区而成为江苏最大的果梅种植区。

2011 年在宜兴成立的苏浙皖青梅专业合作联社对江苏果梅产业起到了一定的促进作用,梅果收购价基本处于每千克 3~4 元,种植户所获经济效益颇丰。随着梅加工品由出口转型为国内销售，以及人们对梅果实保健价值的认识，果梅产业进入稳步发展阶段。据省农委统计，2012 年江苏省果梅面积 1.74 万亩，产量 5 587 t，产值 112.6 万元；2013 年面积 1.67 万亩，产量 5 592.8 t，产值 127.38 万元；2014 年面积 1.53 万亩，产量 5 268.1 t，产值 1 244.68 万元；2015 年面积 1.61 万亩，产量 3 788 t，产值 1 350 万元。

梅果实含酸量高，不适于鲜食，最早作为类似于醋的调味品，而后被加工成话梅、乌梅等多种加工品，以便保存和长时间利用。改革开放以来，梅胚作为梅加工的半成品出口到日本等国，虽然一度成为重要的出口创汇农产品，但价格波动较大，产生的经济效益不稳定。近年来，由于自主研发了精深加工品，产品销售也逐渐转为国内市场。目前江苏果梅加工企业主要有南京龙力佳农业发展有限公司、宜兴市明珠食品有限责任公司和南京傅家边科技园集团有限公司等。主要以自产青梅鲜果为原料，生产盐渍梅半成品，以及脆梅、梅酒、青梅片、青梅精等产品（图 10-1）。

图 10-1　青梅深加工品

从 20 世纪 80 年代开始，南京农业大学较系统地开展了果梅品种资源的调查和引选工作，基本摸清了江苏省的地方品种和优株，引进种质资源 40 多份，筛选出了适宜江苏种植的果梅品种，并牵头成立了全国果梅协作组，褚孟嫄任组长。1999 年，《中国果树志 · 梅卷》出版，南京农业大学为主编单位，褚孟嫄任主编，章镇任副主编。2001 年 1 月 27 日办事机构“梅品种国际登录中心顾问组”成立，褚孟嫄被聘请为顾问，主要负责审核世界各地果梅申请国际登录方面的工作。2009 年农业部批复南京农业大学为依托单位建设国家果梅种质资源圃，2011 年建成并通过验收。截至 2015 年底，保存果梅种质资源 130 份。

第二节　种类

梅属于蔷薇科（Rosaceae）李属（*Prunus*）植物。根据用途可分为果梅和花梅两大类。生产上，果梅主要根据果实颜色分为青梅类、红梅类和白梅类。

一、植物学分类

梅种下分为 7 个变种和 1 个变型。

（一）品字梅（*P. mume* var. *pleiocarpa*）

别名双套梅、三学士、五子梅，日本称座轮梅。

（二）小梅（*P. mume* var. *microcarpa*）

别名消梅、早梅、炒豆梅。果小，结实性好。

（三）刺梅（*P. mume* var. *pallescens*）

别名厚叶梅，叶厚纸质，枝刺很多。包括木里野梅和冕宁野梅。

（四）长梗梅（*P. mume* var. *cernua*）

果梗较长，分布于云南、越南和老挝北部。

（五）杏梅（*P. mume* var. *bungo*）

梅与杏天然杂交种，核点较浅，明显肿大的花托。

（六）毛梅（*P. mume* var. *goethartiana*）

叶背、叶柄及萼片密生柔毛，枝刺多。

（七）蜡叶梅（*P. mume* var. *pallidus*）

叶片两面被白粉呈蜡白色，分布于西藏林芝通麦山谷。

（八）常绿梅（*P. mume* f. *sempervirens*）

梅的变型，秋季没有明显落叶现象，花叶同时存在。

二、果实色泽分类

（一）青梅类

果实未熟或将熟时为青绿色，完熟时为黄绿色，味酸或稍苦涩，品质上等，宜制糖青梅、青梅酒。成熟期在6月上旬，介于白梅类和红梅类之间。

（二）红梅类

果实未熟时青绿色，但阳面已着红晕，将熟与完熟时红色程度相继加深为紫红色，约占果面的2/3，肉质细脆而清酸，品质上等，约在6月中旬成熟，宜加工话梅、陈皮梅等非绿色加工品，丰产性较好。

（三）白梅类

果实未熟时果面为绿色，将熟或完熟时为黄白色，质粗，味苦、核大、肉薄、品质最劣，约在5月上中旬成熟。

第三节　品种

一、地方品种

1. 大嵌蒂梅（图10-2）

主产吴中东山、西山，优良的地方品种。

树势中庸，树冠开张半圆形。分枝力弱，大枝稀少，粗壮；结果枝密，以短果枝结果为主。叶倒卵形或广圆形，基部广楔形，先端长尾尖，常歪向一边；叶柄细长紫红色；托叶小；叶质厚；锯

图 10-2 ‘大嵌蒂梅’果实

齿较细,不规则,大小相间。花中大,花瓣 5~6 枚,5 枚居多,圆形,白色间有少量红色条纹,花姿平展,时有反卷或纵卷,瓣缘微皱,二瓣连接或稍重叠;萼片中大,长圆形,淡紫红色,基部连合。雄蕊长,45~54 枚。

果椭圆形或圆形,中等大。5 月 20 日采收,平均单果重 25.3 g,横径 3.3 cm,纵径 3.7 cm,6 月初采收可达 35 g 以上。缝合线宽浅,两侧略不对称。果面深绿色,阳面被暗红晕,柔毛疏生。果肩宽圆,蒂部陷入深而广,果梗细短嵌入,故名。果顶宽微凹,果尖稍凸。肉质细脆致密,肉厚 1.1 cm,汁少,淡酸,无苦味,品质佳。核中等大,圆形丰满,平均重 2.9 g;淡褐色,表面光滑,核质坚硬,凹点密,细小圆形。

该品种不完全花比例较高,果实肉质致密,少酸。宜制作各种蜜饯,亦可鲜食,不宜加工糖青梅。

2. 红花梅

江苏省各梅区均有分布,但数量不多。

树冠半圆形。1 年生枝阳面红色。结果枝细短较密。花中等大。花瓣白色,圆形,基部突出,边缘纵卷,皱褶密而明显,偶有 1~2 深缺裂。萼片较大,圆形或长圆形,淡紫红色。

果圆形略长,大小整齐,平均单果重 22.2 g,大者可达 25.0 g 以上,纵径 3.5 cm,横径 3.3 cm。缝合线细浅甚不明显;两侧扁,较对称。果面黄色,阳面多紫红色晕,色泽鲜艳,柔毛密。果肩圆平,蒂部浅小。果实黄熟时味酸,香气浓。6 月中旬成熟。核较大,圆形,侧径扁,坚硬,浅棕红色。

该品种着色早(幼果时已着色),色泽鲜艳,坐果率高,较丰产,唯肉薄、核稍大。适宜加工盐渍梅。

3. 桃梅

主产吴中洞庭西山,其他各地很少栽培。别名寿桃梅,因果形似寿桃而得名。南京农业大学于 1983 年从江苏吴县东山镇引种试种。

树势中庸,树冠自然圆头形或自然开心形。叶广菱形,深绿色;基部广楔形,先端渐尖,锯齿钝浅;叶柄细长,紫红色。花白色,花瓣圆形,稍纵卷或平展;萼片中等大,圆形,基部连合,紫红色。花期 3 月上旬,完全花比例为 85%。

果长圆形或倒卵圆形,大小不整齐。平均单果重 21.0 g,大者可达 30 g 以上,纵径 3.7 cm,横径 3.6 cm。缝合线细而深,两侧大小较对称。果面着深红色晕,柔毛疏生。果肩狭窄,蒂部圆小,梗洼中深。果顶圆,顶点突出。肉质致密,汁少,微酸,果胶多。核大,长圆形,侧径较扁，果实可食率 88.1%。

该品种坐果率高，较易丰产稳产，但品种性状一致性较差，品质欠佳，一般仅宜加工梅胚和话梅。

4. 大青梅

主产吴中光福和洞庭西山，为当地主栽品种。

树势强，树冠高大，分枝多。1 年生枝青色。叶大，圆形，先端渐尖，质薄，浅绿色。花大，花瓣圆形稍长，白色或淡绿白色，偶有少量红色斑点，边缘纵卷少皱褶；萼片长圆形，淡紫红色，基部分离。雄蕊中等长，一般 50~57 枚。3 月下旬盛花，比一般品种晚 3 天左右。

果圆形或椭圆形，较大，5 月下旬采收时平均单果重 30.4 g，大者可达 35 g 以上。平均纵径 4.1 cm，横径 4.0 cm。缝合线浅而明显。未熟时果面深绿色，阳面稍着红晕，柔毛少。果肩平斜，梗洼深广。果顶微凹。果肉深绿色，平均厚 0.9 cm，肉质致密，脆嫩，味清酸可口。核圆而饱满，黄白色，核点稀，大而深，核质疏松。

以中短果枝结果为主，坐果率低，不甚丰产。果皮细薄，肉质脆嫩，味清酸，宜加工糖青梅、青梅干和果酒。

当地青梅多系实生繁殖。根据果实大小可分为大、中、小三种，以中小形青梅产量最高。15 年生树株产可达 25~40 kg 以上。

5. 黄豆梅

树势较强，树冠半圆形。骨干枝少，角度开张。以中长果枝结果为主。花小，花瓣圆形，白色，时有红色斑点或条纹，边缘纵卷，近全缘少缺裂。萼片圆形，基部分离。雄蕊较长。

果小，圆形，整齐，果面黄色。平均单果重 7 g，纵径 2.3 cm，横径 2.2 cm。表面光滑，柔毛稀少。果肩宽平，梗洼圆浅，果顶钝圆。缝合线明显。肉薄，汁少，成熟期晚，在 6 月下旬。核圆形，较小。

该品种树势较强，单枝坐果率高，因果小肉薄，可食率低（不足 20%），栽培数量极少，可作为授粉品种配置。

6. 鸭蛋梅（图 10-3）

主产吴中光福。

树势强，树冠整齐，顶部分枝多而粗壮，角度开张。

果大而整齐，广卵圆形，平均单果重 23.4 g，纵径 3.8 cm，横径 3.3 cm，曾采到 50 g 以上大果。果肩窄，梗洼浅平，果顶稍圆，两侧略有大小，缝合线浅，不明显，两侧略不对称。果面阳面着暗淡红色晕，柔毛密。

图 10-3 ‘鸭蛋梅’果实

肉黄色，味酸苦。核大，平均重 4.4 g。

该品种果大、丰产为其特点，但品质不佳，栽培较少。

7. 白梅

主产吴中光福。

果圆形略长，中等大，纵径 3.8 cm，横径 3.3 cm，平均单果重 30 g。缝合线明显，两侧对称。果面深橙黄色，柔毛少，阳面有红晕。梗洼广而浅，果顶圆钝，并有突起。果肉黄色，味酸，不宜鲜食。

8. 消梅

树姿开张，枝多叶茂。幼枝带浓紫红色，性直立。

果卵圆形，平均单果重 20.5 g，纵径 3.2 cm，横径 2.8 cm。果面黄绿色，柔毛中多。果顶渐尖，果肩圆钝，蒂部深而广。肉厚 0.6 cm，黄色，柔嫩多汁。品质佳，宜鲜食。粘核，核较大。

该品种为一古老品种，宋时即有栽培，现仅光福一带有之，数量极少，汁多，肉质柔嫩，酸味少，是当地优良的鲜食品种。

9. 东山李梅（图 10-4）

图 10-4 ‘东山李梅’果实

主产吴中东山。因其抽梢习性和形成大量花簇状果枝而得名。

树势强，树冠圆头形，枝态直立。花瓣白色，偶洒粉红斑点，5 瓣，枝多花密；花量大，在东山完全花比例 95% 以上，在南京地区存在空心花。

果实圆形，平均单果重 24.8 g，纵径 3.4 cm，横径 3.7 cm，侧径 3.3 cm，果实可食率 88%。缝合线细、浅、明显，两侧对称。果皮暗绿色，阳面略着红晕。果核圆形。

该品种枝多花密，花质好，坐果率高，有采前落果现象。

10. 早花（图 10-5）

主产吴中东山、西山。系实生变异优株。

树势较弱，树姿开张，自然开心形。盛花期在 2 月初，较其他当地品种早；花瓣白色，5 瓣；完全花比例 90% 左右。果实卵圆形，平均单果重 13.3 g，纵径 2.8 cm，横径 2.9 cm，侧径 2.7 cm，可食率为 85.0%。缝合线粗、中深、明显，两侧不对称。果皮黄绿色，阳面呈淡褐红色。果核大、圆形。

图 10-5 ‘早花’果实

该品种花期特别早而且长，是花果兼用的优良品种。

11. 之枝梅（图 10-6）

图 10-6 ‘之枝梅’果实

主产吴中东山，因其枝条曲折向上而得名。

树势强，直立高大。花质好，花瓣白色，5 瓣，边缘皱；完全花接近 100%。果实歪椭圆形，纵径 3.1 cm，横径 2.9 cm，侧径 2.7 cm，平均单果重 13.8 g。缝合线明显，两侧不对称。果皮绿色。果核椭圆形。

该品种枝态特别，可作花果兼用品种。果实偏小，成熟迟，丰产性一般。

其他梅地方品种见表 10-1。

表 10-1 江苏省梅地方品种表

序号	品种	果重 /g	大小（纵径 / 横径 / 侧径）/cm	果形、皮色	成熟期	产地
1	大雪梅	10.1	2.7/2.4/2.7	扁圆形，果皮黄色	7 月上旬	东山
2	小雪梅	7.0	2.4/2.2/2.4	扁圆形，果皮黄色	8 月上旬	东山
3	石梅	11.8	2.7/2.5/3.1	圆锥形，紫色	—	光福
4	小话梅	13.0	3/2.7/2.8	圆形，暗紫红色	6 月中旬	光福、东山
5	大桃尖	48.5	4.2/3.7/4.4	椭圆形，黄色	6 月中旬	西山
6	小桃尖	33.7	3.4/3.3/3.9	桃形，深紫红色	7 月中旬	西山
7	杏梅	37.5	4.2/3.2/4.0	圆形，黄褐色	6 月下旬	西山
8	东山李梅	24.8	3.3/3.6/3.3	圆形，暗绿色	6 月中旬	东山
9	南红	18.2	3.1/3.3/3.1	圆形，阳面呈红晕	6 月上中旬	西山
10	太湖 1 号（图 10-7）	17.3	3.0/3.1/3.0	圆形或扁圆形，绿色	6 月中旬	东山
11	太湖 3 号（图 10-8）	20.9	3.2/3.0/3.3	短椭圆形，黄色	6 月中旬	东山
12	小青	16.0	2.9/3.1/3.9	圆形，绿色	6 月中旬	东山
13	大嵌蒂梅	24.1	2.9/3.0/2.7	椭圆形或扁圆形，绿色	6 月上中旬	东山、西山
14	开蒂	33.4	3.7/4.0/3.7	扁圆形，淡黄绿色	6 月中旬	西山
15	绿萼	17.1	2.4/2.6/2.4	圆形，绿色	6 月中旬	江苏
16	杏李	25.5	3.8/3.4/3.3	椭圆形，黄色	6 月中旬	江苏
17	早花	13.3	2.8/2.8/2.6	广圆锥形，黄绿色	6 月中旬	东山、西山

续表

序号	品种	果重 /g	大小（纵径 / 横径 / 侧径）/cm	果形、皮色	成熟期	产地
18	之枝梅	13.8	3.0/2.9/2.6	歪椭圆形，绿色	6 月中旬	东山
19	黄豆梅	8.5	2.3/2.5/2.4	圆形或短椭圆形，杏黄色	6 月中旬	西山
20	绿梅	16.0	2.6/2.9/2.7	圆形或扁圆形，绿色	6 月中旬	西山
21	红光梅（图 10-9）	23.9	3.2/3.3/3.1	圆形，阳面呈红晕	6 月中旬	西山
22	小绿萼	20.1	3.3/3.0/2.9	倒卵形，绿色	6 月中旬	西山
23	江苏青梅	17.5	2.9/3.1/2.8	圆形或扁圆形，黄色	6 月上旬	江苏
24	南农 2 号（小青梅）	17.4	3.1/3.1/3.0	圆形或歪圆形，绿色	6 月中旬	西山
25	太湖大青梅	24.1	3.3/3.5/3.2	圆形或椭圆形，绿色	6 月上旬	东山、西山、光福
26	鸭蛋梅	23.4	3.5/3.2/2.8	广卵圆形，绿色	—	光福
27	叶里丰	14.0	2.8/2.8/2.5	短椭圆形，黄色	—	苏州吴中区
28	大红花梅	27.0	3.6/3.7/3.4	圆形或短椭圆形，深绿色	—	苏州吴中区
29	江苏苹果梅	21.8	3.2/3.3/3.3	圆形稍扁，绿色	6 月上旬	江苏
30	江苏石梅	12.0	2.2/2.3/2.2	圆形，绿色	6 月中下旬	江苏
31	江苏桃梅	21.0	3.5/3.2/3.0	倒卵形或长椭圆形，深绿色	6 月下旬	江苏
32	太湖 2 号	24.0	3.4/3.5/3.3	圆形或扁圆形，淡黄色	—	西山
33	小嵌蒂梅	10.0	2.7/2.9/2.6	圆形或扁圆形，暗绿色	6 月上中旬	东山、西山
34	小丰梅	14.0	2.6/2.8/2.7	圆形，深绿色	—	东山

注：1~7，根据曾勉、杨家骃、吴绍锦等（1959 年）调查资料。其他参考《中国果树志 · 梅卷》记载和国家果梅资源圃（南京）观测的数据。

图10-7 ‘太湖1号’果实

图10-8 ‘太湖3号’果实

图10-9 ‘红光梅’果实

二、引进品种

1. 叶里青（图 10-10）

引自浙江余杭，为当地主栽品种。有‘大叶叶里青’和‘小叶叶里青’两个品系。

图 10-10 ‘叶里青’果实

树势强，树冠圆头形。枝密较硬直，1 年生枝阳面微红。叶长椭圆形，先端急尖，淡绿色，幼叶紫红色。花瓣白色，谢花前转为粉红色。异花授粉亲和性强，产量高，易过量结果。

果椭圆形，两侧稍扁。平均单果重 21.8 g，纵径 3.6 cm，横径 3.3 cm。果顶窄圆，顶点平或稍凹，柱痕突起，梗洼狭浅，缝合线深。果面暗红色，底色淡绿；柔毛少。肉质松脆，汁多，味酸微苦。宜加工咸梅干、糖青梅。

该品种大叶系产量较低。

图 10-11 ‘小叶猪肝’果实

2. 小叶猪肝（图 10-11）

引自浙江余杭。江苏苏州、南京等市均有栽培。

树势中庸，新梢红褐色。叶长椭圆形至倒卵形；先端长尾状，叶缘锯齿钝尖，粗细不等。花淡红色。

果圆形或椭圆形。平均单果重 18.9 g。缝合线深而明显，两侧稍扁而对称。果顶圆，顶点微凹，果肩丰圆，梗洼浅狭，果面紫红色，柔毛密。肉质脆，汁多，微苦。

该品种花期稍迟，抗病性强，适应性广，丰产，稳产。宜加工话梅、陈皮梅等。具有发展前景。

3. 大叶猪肝（图 10-12）

主产浙江余杭。江苏有少量引种栽培。

图 10-12 ‘大叶猪肝’果实

树势强，树姿较直立，枝梢短缩。叶长椭圆形或倒卵形，上部宽大，下部楔形，先端长尾尖，边缘锯齿粗而钝；叶色深绿。

果圆形或卵圆形。平均单果重 24.5 g。缝合线极浅，两侧稍扁。果肩宽圆，梗洼广而浅；果顶尖圆，并有小突起。果面底色黄绿，阳面紫红，色似猪肝；柔毛疏生。肉质细致，汁少，有苦味。宜加工话梅、陈皮梅等。5 月下旬至 6 月上旬采收。

该品种果实成熟时易遭日灼，发生干瘪和落果现象，产量低，不宜发展。

4. 细叶青（图 10-13）

图 10-13 ‘细叶青’果实

主产浙江萧山，从实生树中选出，现为宜溧梅区主栽品种。

树势强，树冠开张，结果后易下垂。叶倒卵形，先端急尖，锯齿钝，叶色浅。花白色，单瓣。

果稍扁圆，果顶平，一侧微耸；缝合线中深，两侧不对称，梗洼圆大，深度中等；果面绿黄色。5 月中旬采收时平均单果重 15.5 g。果皮薄，柔毛少。肉质脆，汁多。较丰产稳产，适宜加工糖青梅、青梅酒。

该品种自花结实率低，可用‘小叶猪肝’和‘叶里青’作为授粉树。

5. 南高（图 10-14）

日本主栽品种，1965 年正式定名。江苏 1982 年引进。

图 10-14 ‘南高’果实

树势强，树姿开张。枝条发生量多，一年生枝较粗硬，中短果枝结果性能良好。叶中等大，椭圆形；先端突尖。花白色，单瓣，花粉量多。花期较江苏省地方品种迟 5~7 天。

果长圆形，两侧稍扁；果顶圆形；果面绿黄色，密生柔毛，阳面有暗红晕。核小。

该品种结果枝量发生多，中短果枝结果性能良好，但自交结实率低，须配置授粉树，以‘白加贺’为好。后期落果严重，抗病性较差。果实品质好，适宜制腌梅。

6. 白加贺（图 10-15）

图 10-15 ‘白加贺’果实

日本古老著名品种，有许多品系，江苏引进其中一中等果形品系，现有少量栽培。

树势强，树姿开张，树冠下部稍下垂。枝粗长，稍密，新梢淡绿色。叶椭圆形。花白色，单瓣；萼片淡红色，几乎无花粉。

果椭圆形，平均单果重 25 g。果顶圆，柔毛少，果面黄绿色，阳面稍有红晕，缝合线浅。果肉较厚。6 月中旬成熟。

外观、品质均好，是日本制作腌梅的主要品种，上等鲜果亦用于腌制青梅。

该品种生长较快。自花结实率极低，必须配置授粉树；抗病力较弱，果实易感疮痂病。

7. 莺宿（图 10-16）

日本近年栽培比较普遍的品种。江苏省 20 世纪 80 年代引进，现南京、宜兴等地有少量栽培。

树势强，枝粗密，稍直立，易形成短果枝，新梢淡绿色。花淡桃红色，单瓣，花型较大。花粉多，发芽率高，较丰产，授粉品种以林州小梅等为好。

果圆形或短椭圆形，平均单果重 26.0 g。缝合线浅，果面浓绿色，阳面微显红晕，柔毛少。果肉厚，利用率高达 92%，酸味强。6 月中旬成熟。外观和品质均优，宜加工梅酒和青梅制品。采后转黄缓慢，耐贮性强，抗疮痂病。

图 10-16 ‘莺宿’果实

该品种幼树生长旺盛，长、中、短果枝均能结果，较丰产稳产。

8. 东青（图 10-17）

主产浙江上虞，从实生树中选出，宜溧梅区主栽品种。

图 10-17 ‘东青’结果状

树势中庸，树冠开张。花粉量多，结果后易下垂。叶短椭圆形。花白色、单瓣，偶洒粉红斑点。

果实圆形，大小整齐，平均单果重 34.9 g，纵径 3.7 cm，横径 4.1 cm，侧径 3.4 cm。缝合线浅，两侧较对称。果皮深绿色。易丰产稳产，适宜加工糖青梅、青梅酒、脆梅等各种梅制品。

该品种抗逆性强，适应性广。

9. 长农 17（图 10-18）

主产浙江长兴，从实生树中选出，宜溧梅区主栽品种。

树势强，树冠开张，结果后易下垂。叶倒卵形。花白色、单瓣，花粉量大。

果实圆形，大小整齐，平均单果重 22.4 g，纵径 3.3 cm，横径 3.5 cm，侧径 3.3 cm。缝合线浅，两侧不对称。

图 10-18 ‘长农 17’果实

果皮深绿色。适宜加工糖青梅、青梅酒、脆梅等各种梅制品。

该品种自花授粉坐果率高,易丰产稳产。

10. 青丰(图 10-19)

主产浙江萧山,从'细叶青梅'或'大叶青梅'中选出的自然变异优株。宜兴和南京地区有栽培。

树势强,树姿紧凑,树冠开张。叶圆形,幼叶黄绿色。花白色,单瓣,花粉量多。

果实扁圆形,大小整齐,平均单果重 35.1 g,纵径 3.8 cm,横径 4.2 cm,侧径 3.8 cm。缝合线浅,两侧较对称。果皮绿色。适宜加工糖青梅、青梅酒、脆梅等各种梅制品和鲜食。

该品种抗性强,始果早,花质好,坐果率高,易丰产稳产。

图 10-19 '青丰'结果状

三、育成品种

南红(图 10-20)

南京农业大学褚孟嫄、黄雪春从吴中西山小红花实生梅群体中选出的优株,原名南农 1 号,1994 年通过江苏省品种审定委员会审定,定名为南红。

图 10-20 '南红'果实

树势强,树姿开张,树冠扁圆形。花瓣白色,5~6 瓣,密生;完全花比例 72.3%。自花坐果率为 1.6%。

果实圆形,大小较整齐,平均单果重 18.2 g,纵径 3.1 cm,横径 3.3 cm,侧径 3.1 cm,可食率为 87.2%。缝合线粗、中深、明显,两侧较对称。果实成熟时,阳面多呈红晕。果核椭圆形。

该品种花期较早,花粉量大,丰产稳产,除自身具有经济价值外还可作授粉树。

第四节 栽培技术要点

一、苗木繁育与品种选择

江苏省梅树曾经以实生繁殖为主,其后代变异大,良莠不齐,现保存的老梅园中,低产树占相当比例，影响产量，而且果实大小不整齐，严重影响了果实的商品性和加工性能。可以通过多头高接换种，改接优良品种解决这些问题。改接时期可在春季 2 月下旬至 3 月上旬，或秋季 8 月下旬至 9 月上中旬。春季枝接，接换枝的直径以 5 cm 以下为好，有利接口愈合；秋季芽接可利用当年徒长枝或二年生强枝，成活率较高。采用多头高接，3~4 年后即能恢复树冠。

新建梅园应选用优良品种，梅果以供加工为主，一般不宜鲜食，可根据加工要求选择相应品种，除注意品种的丰产性能外，在加工性状上，要注意选用皮薄、性韧，肉质致密，无苦味或少苦味，核小，果肉利用率 85% 以上，且两端无尖突的品种。一般青梅类品种，宜加工糖青梅、脆梅、盐渍梅和梅酒，红梅类品种则宜加工各种话梅、盐水梅等。

二、建园

梅树虽较耐寒，但性喜温暖气候，从开花到幼果期间遇低温极易受冻。因此，作为经济作物栽培时应选择温暖、无强劲寒风侵袭的阳坡或平地，以减轻花器和幼果冻害。土壤以土层深厚、疏松，地下水位低，pH 值为 6 左右的微酸性壤土为宜；pH 值小于 4.5 或大于 7.5 时，梅树生长不良，甚至死亡。江苏省的苏南宜溧丘陵山区和太湖沿岸的低山丘陵适宜发展果梅。长江以北一般不宜栽培果梅，但可以作为园林观赏树种种植应用。

梅树对工业及城市的有毒气体尤其是氟化物比较敏感，受污染的梅树会迅速衰败，严重的甚至死亡。因此，大气污染严重的地方不宜栽植梅树，建立果梅生产基地时，应远离人口密集、废气排放量大的地区，选择无污染、大气清洁的地区。

梅树兼具果用和观赏价值，因此，建园时可考虑采用果茶间作的栽培模式，可以大幅度提高经济效益（图 10–21）。

图 10–21　梅茶间作的栽培模式

三、整形修剪

梅树常用自然开心形整枝，要求选留 3~4 个主枝，角度开张，分布均衡，各主枝上分别培养 1~2 个副主枝，同时应注意培养侧枝和小枝组，增加结果枝数量，提高产量（图 10–22）。

图 10–22 梅园修剪常采用的树形（自然开心形）

梅树以中短果枝结果为主。结果枝结果能力与长度有关，据调查，长度为 3 cm 以下的结果枝，结果能力最弱；3~20 cm 的结果枝，结果能力强，结果数量多；20 cm 以上的结果枝虽能结果，但结果数量少。

修剪时着重培养中短果枝和结果枝组。一般长枝不短截，多在中下部抽生中短果枝；长枝短截后，下部往往不易形成中短果枝。中长果枝先端的叶芽能抽生短果枝连续结果，而短果枝抽生生长枝的能力很弱，因此要注意结果枝的更新修剪。在江苏省苏南地区，一般 7 年生树选留 3 500~4 000 个结果枝，株产可达 35~40 kg。

四、施肥

梅树对钾的要求较高，三要素配合（N：P：K）以 1：0.5：0.8 比较适宜。一般全年施肥 3~4 次，要求基肥早施（9~10 月），梅树的生理活动早，基肥早施对花芽发育、开花、萌芽、抽梢有利。根据果实发育需要追肥 2~3 次，分别于 4 月中旬和 5 月中旬，追施速效肥，促进果实发育；如在 5 月 20 日前后采收嫩梅果加工，则需增加 4 月份的追肥量。6 月果实采收后，应及时追肥，以迅速恢复树势，有利花芽分化。

五、采收与加工

江苏地区梅果实在 5 月上旬硬核期结束后陆续进入采收期，根据加工品的不同采收期也不同。一般分为嫩梅采收期、青梅采收期和黄梅采收期。嫩梅采收期在核硬化结束1周以内，一般用于加工糖青梅；青梅采收期一般是果实青绿才退，果实充分膨大，底色开始转黄，主要用于梅胚、话梅、梅酒以及一些精深加工品等；黄梅采收期一般果实底色黄，肉软且香，红梅类果实阳面着红色，主要用于加工蜜饯、果酱、乌梅等产品。梅果实发育为典型的双S曲线，在硬核期结束后进入第2次迅速膨大期，迟采1天，可增产5%左右。

江苏地区梅果实加工主要有两家企业，位于宜兴的明珠食品有限公司，主要加工梅胚，以出口日本为主；位于溧水的南京龙力佳农业发展有限公司，主要生产糖青梅（脆梅）、梅酒和青梅精等精深加工品，以国内市场销售为主。

六、病虫害防治

梅树的害虫主要有蚜虫、食心虫、刺蛾、避债蛾、天牛、桑白蚧、球坚蚧等；病害主要有疮痂病、炭疽病、褐腐病、干腐病等。病虫害防治应以防为主，防治结合，加强管理，增强树势。秋冬季进行树干涂白，春季萌芽前喷施2~3度石硫合剂，4月份喷施50%多菌灵800倍液或50%甲基托布津1 000倍液，可有效防治病害。

（本章编写人员：章鹤寿、陆忆祖、高志红、倪照君、侍婷）

主要参考文献

[1]褚孟嫄.中国果树志·梅卷[M].北京：中国林业出版社，1999.

[2][宋]范成大.梅谱[M].程杰校注.郑州：中州古籍出版社，2016.

[3]江苏省地方志编纂委员会.江苏省志·园艺志[M].南京：江苏古籍出版社，2003.

[4]詹一先.吴县志[M].上海：上海古籍出版社，1994.

第十一章　李

/ 栽培历史与现状 / 种类
/ 品种 / 栽培技术要点

第一节　栽培历史与现状

据文献记载推算，江苏栽培李已有 500 多年的历史，各地明清志书所记物产都记载有李，如《溧阳县志·明弘治》(1487)记载了麦熟李、玉黄李、鳝头李、桃红李等品种；明嘉靖《通州志》："梅、桃种类不一，李、杏、柿、枣、橙、榴、银杏、枇杷、樱桃、梨。"清雍正十一年(1733)《铜山县志》中所述，当地民间栽培的果树就有桃、梨、李、枣、梅、柿、栗、核桃、葡萄等 20 多种，可见当时栽培之盛。

李树在江苏曾经分布普遍，以农家房前屋后零散种植为主，少有成片栽培。20 世纪 80 年代，溧阳和吴县的东山、西山栽培相对较为集中；南京、六合、扬州、高邮、无锡、徐州、铜山、连云港等地亦有小面积栽种。

溧阳曾经是江苏李树经济栽培最主要的区域之一。据说在太平天国以前已有相当的规模。1949 年前，因屡遭战乱，所剩无几。1949 年后，李树栽培逐渐恢复与发展。1962 年，李树栽培面积由不足 100 亩扩大到 450 多亩；1978 年以后，栽培面积继续扩大，李果加工业也得到相应发展。除广泛种植于农户家的房前屋后外，集中分布在新昌、横涧、戴埠、平桥等地，栽培管理较为精细，年总产量 700 t 左右，每亩产 450~500 kg，且有不少高产园区。主要栽植在丘陵下部缓坡地段，呈带状分布；平原较干燥的旱地上也有成块李园。1949 年前以‘黄果李’为多（由吴县传入），因果实偏小，品质略差，逐渐被淘汰；后来发展的主要品种是‘嘉庆子’；‘槜李’种植已达百余年，但发展缓慢，未形成商品生产。此外，还有‘早庆子’‘红心李’等品种。

吴县（今苏州吴中区）东山、西山的李树栽培早于溧阳，尤以 1949 年前为盛。多在果园边缘或其他果树行间栽植，成片栽培的极少。栽培管理亦较粗放。20 世纪 50 年代初，面积曾有 495 亩，后被经济效益高的柑橘所替代，1984 年减小到 70 亩。品种有‘嘉庆子’‘黄果李’以及实生的‘石李’‘大叶头李’等。

南京六合区东王一带有 300~500 年的李树栽培历史。农户房前屋后及成片种植的李树长达 2.5 千米，所产地方名优李果，清代作“贡品”进献宫廷，但几经破坏，现已寥寥无几。六合瓜埠果园是 20 世纪 50 年代初期建立的全省较大的国营果园，当时有李树 900 余亩，品种有‘早黄李’‘红心李’‘紫李’等，以‘早黄李’最为出名，后因授粉树配置不当被砍伐而衰败。

徐州、铜山一带李树的栽培历史悠久，但以零星栽植为主，均系地方实生品种，1949 年所剩无几。20 世纪 60 年代初开始从北方引进‘玉皇李’品种，80 年代又从北京房山县引进‘牛心李’、‘离核李’等品种。1983 年徐州市果园从沈阳引进‘美丽李’等良种试种，少量发展。

靖江果园、高邮果园，无锡、南京、镇江、连云港等市郊区以及新沂、东海、宜兴、滨海等地的成片李树，面积较小，均不足 15 亩，多为 20 世纪 60 年代以后种植，苗木从浙江和江苏省老产区购进，品种有‘早黄李’‘黄果李’‘红心李’‘槜李’‘嘉庆子’‘红果李’‘美人李’等。江苏里下河地区农业科学研究所 1982 年从云南泸西县引进‘金沙李’‘玫瑰李’等试种，这些李品种的引入，为江苏李树生产的发展奠定了基础。80 年代中后期，江苏省农业科学院园艺研究所参加全国李杏资源考察协作组，对广东、福建、江西、浙江、广西、贵州、云南、湖南、湖北、四川南方 10 省 45 个县的李资源进行了考察，收集李资源 110 份，并被列为中国李树种质资源中心之一，李资源圃保存了以南方李为主的李种质资源 150 余份。

据 1982 年果树资源普查统计，全省李树总株数 21.93 万株，总产量 1 041 t。其中，成片栽培面积 2 835 亩（16.96 万株，表 11-1），结果面积 2 175 亩，产量 738 t，平均每亩产量 339 kg；散生李树 4.97 万株（占总株数 22.8%），结果树 2.68 万株，产量 303 t（占总产量 29.1%），平均单株产量 11.3 kg。

表 11-1　1982 年江苏省各市李树成片栽培生产情况

市	面积 / 亩	产量 /t	重点产区	主要品种
常州	1 521	488.7	溧阳新昌、横涧、戴埠、平桥	嘉庆子（占 90% 以上）、黄果李、红心李、槜李
苏州	459	83.7	吴县东山和西山、光福	嘉庆子、黄果李、柰子、石李

续表

市	面积/亩	产量/t	重点产区	主要品种
徐州	340.5	23.3	铜山三堡、汉王、市郊区、邳县、新沂	玉皇李、牛心李、黄李、灰子
连云港	151.5	60.4	朝阳街道、新海新区、东海县	玉皇李、红心李
无锡	141	45.7	大浮、阳山、宜兴分水岭	嘉庆子、红心李、早黄李
南京	139.5	15.8	六合瓜埠果园、郊区、江浦县、汤泉	早黄李、红心李、紫李、青李
扬州	40.5	12.2	高邮果园、地区农业科学研究所	早黄李、红心李、红李、紫李
淮阴	16.5	—	清江果园、灌南、沭阳	玉皇李、红心李、黄玉李
镇江	12	0.6	市郊区蒋乔、黄山园艺场、句容浮山果园	嘉庆子、黄李、小紫皮
南通	10.5	—	启东、海门、海安	红果李、黄果李、美丽李、红心李
盐城	3	—	大丰、滨海	紫红李、红美人李、红心李

江苏李的生产长期处于波动状态。20 世纪 80 年代初江苏省农业科学院园艺研究所引进了日本品种‘大石早生’，在省内多地试种，‘玉皇李’‘早黄李’等品种也在生产中应用，李树生产得到了一定的发展。1990 年，全省李树面积发展到 13 300 亩，产量 2 270 t。但以地方老品种为主的李树生产与其他果品相比缺乏市场竞争力，加之产量不稳，面积逐年下降，至 1997 年全省李树面积下降至 4 006 亩，产量 1 174 t，主要分布在徐州、连云港和苏州等市，其面积分别占全省李树面积的 39%、27% 和 17%。2000 年，李树栽培面积恢复到 9 105 亩，产量 2 938.5 t。1999 年，《中国果树志 · 李卷》出版，南京农业大学为副主编单位，褚孟媛任副主编。

进入 21 世纪，江苏李树栽培面积继续上升，2003 年达到 13 455 亩，超过 1990 年的 13 300 亩，产量 2 654 t，主要集中在徐州铜山、连云港东海和常州溧阳，品种以‘大石早生’‘玉皇李’‘牛心李’为主。2005 年，李树栽培面积略有下降（10 425 亩），产量则上升至 3 698 t。2006 年，李树栽培面积达到历史最高的 13 800 亩，产量 3 944 t，主要分布于苏北的徐州、连云港、淮安，栽培面积为 6 525 亩，产量 2 634.5 t，分别占全省李树栽培面积和产量的 47.3% 和 66.8%；苏南李树栽培面积为 2 475 亩，产量 243 t，分别占全省李树栽培面积和产量的 17.9% 和 6.16%，平均亩产 98.2 kg，显著低于苏北的 403.7 kg。近年来，春季异常气候频繁发生，授粉坐果受到较大影响，产量不稳，导致李树栽培面积持续下降，2013 年为 9 823 亩，产量 5 563.4 t，2015 年下降至 8 900 亩，产量 4 575.8 t。

第二节 种类

李为蔷薇科(Rosaceae)李属(*Prunus*)植物,全世界共计有30个种,分布于南北半球气候温和地带。其中作为果树栽培的有10个种,这10个种原产于欧、亚、美三大洲。中国栽培的有8个种,依原产地分为东亚系、欧亚系及北美系3类。

一、东亚系

(一)中国李(*P. salicina*)

别名嘉庆子、嘉应子、山李子。原产长江流域,各地均有栽培,西北、西南山区仍有野生,为中国栽培李的基本种。

中国李为落叶小乔木,高6~9 m,树冠扁球形。树皮灰褐色,起伏不平。小枝平滑无毛,成熟新梢呈黄褐色,有的具刺。叶小,长倒卵圆形,先端渐尖或急尖,基部楔形。侧脉6~10对,与主脉成45°角急剧地弯向先端,叶缘具圆钝锯齿;叶面绿色有光泽,叶背浅绿无毛。叶柄带微红色,有腺或无腺。花束状果枝极易形成。花通常3朵并生,小型,白色,萼为长倒卵形,花瓣5个。果实较大,为圆形、长圆形或心脏形等。缝合线明显,梗洼深。果皮色黄或紫红,有光泽,无果粉或具果粉。果皮薄而韧,肉色黄或紫红,致密,多纤维,多汁,有酸味,微涩,熟则多甘味。粘核或离核,核小,卵形,一侧有棱脊,另一侧具槽沟,表面粗糙。一般供鲜食用,亦供加工。该种适应性强,对土壤要求不甚严格。生长迅速,早实,产量较高,果实较耐贮藏。

(二)杏李(*P. simonii*)

别名红李、秋根子。原产中国华北。属于本种的品种有'香扁''杏梅'等。

杏李树形较小,树姿直立,枝密生。叶为广披针形,叶面浓绿,平滑富光泽,叶背灰绿,中脉突出,叶缘具圆钝锯齿,两侧摺合反卷为其显著特征。叶柄短而粗,有蜜腺4个,较大,呈圆形。花小,粉白色,每花芽开放1~2朵花。果实扁圆形,果梗粗而特短,梗洼深而广,有锈,果面淡紫红色,被蜡质果粉。果皮韧,稍有苦味感,肉黄色,多汁,韧而坚实,有特殊香气。粘核,圆形,饱满,表面粗糙。

(三)乌苏里李(*P. ussuriensis*)

原产中国东北和苏联乌苏里。植株矮小或灌木状,枝多刺。

二、欧亚系

(一)欧洲李(*P. domestica*)

别名洋李。原产新疆伊犁、西亚和欧洲。本种为欧洲栽培的基本种。果实基部多有乳头状突起。

（二）樱桃李（*P. cerasifera*）

别名樱李。原产中国新疆、中亚、巴尔干半岛、高加索等广大地区。在欧洲是李、桃、杏和其他核果类果树的优良砧木。中国已引入本种的变种红叶李（*P. cerasifera* var. *atropurea*）作观赏树木。

（三）黑刺李（*P. spinosa*）

别名刺李。原产欧洲、北非和西亚等地。灌木，多刺。可做桃、杏、李的矮化砧木。

三、北美系

（一）美洲李（*P. americana*）

原产北美。乔木，树冠天幕形。久经栽培，品种较多。与中国李杂交育成许多优良品种。

（二）加拿大李（*P. nigra*）

原产加拿大和美国。小乔木，树冠呈宽圆锥形。

江苏是中国李的产地之一，品种资源丰富。经济栽培的有 2 个种，即中国李和杏李；另有中国李的 1 个变种柰子。以上 8 种李种质资源在江苏省农业科学院李资源圃均有保存。

第三节 品种

一、地方品种

1. 石李

别名红皮紫李、野李子。为苏州市吴中区（原吴县）洞庭山古老品种。因果实偏小，味酸涩，20 世纪 60 年代之后被逐渐淘汰，东山白沙村等仅存少量植株。可用作‘嘉庆子’的砧木。

树势极强。叶倒卵形，宽而短，叶缘有极细的锯齿。

果实小，圆形略扁，平均单果重 21.7 g，缝合线浅，两侧对称，果顶部稍窄，微洼，果肩较顶部大，梗洼深广。果皮暗紫红色，果点细密，果粉甚厚；果肉黄绿色，纤维多，味酸带涩。果实成熟期为 7 月上旬。

2. 大叶头李

吴中洞庭山栽培较早的品种，保存于东山白沙村，数量很少。实生繁殖。果大且丰产，但因品质不佳已渐淘汰。

树势中庸。叶长倒卵形，锯齿细密。果实大，平均单果重 34.4 g；圆球形或圆锥形，果顶及果肩均平广，缝合线浅，两侧大致对称。果肩较顶部大而圆钝，梗洼广深。果梗短。果皮暗紫红色，被白色果粉。顶部渐尖，顶端凹入。果肉黄绿色，纤维较多，略带酸味。核大，扁椭圆形，表面平整。成熟早，7 月上旬采收。

3. 黄果李

吴中洞庭山栽培历史较久的重要品种，无锡、溧阳等地引种栽培，均曾占有相当比例。因果实偏小，品质逊于‘嘉庆子’，20 世纪 60 年代之后渐少，仅东山白沙、无锡马山、溧阳横涧金山里等地有少量栽培。

树势强，树姿开张。叶略小呈倒卵形，色浓绿。

果实球形略扁，中等大小，平均单果重 25 g，果形端正，缝合线两侧大小微有差异。果顶平，果肩略小于果顶；梗洼深广。果面黄绿色，被白色果粉，着红晕；果肉血红色，近核处色更浓，质韧稍硬。粘核，核椭圆形。7 月上中旬采收。

该品种果形大小和品质虽不及‘嘉庆子’，但较‘大叶头李’‘石李’适应性强，极丰产（单株产量可达 100 kg），上市早、成熟较一致。鲜食加工兼用。

4. 嘉庆子（图 11-1）

别名庆子李（扬州）、红心李（无锡）。系古老品种，主产于溧阳及吴中洞庭山。溧阳新昌、横涧、载埠等丘陵地带广泛种植，是‘嘉庆子’的主要产地；吴中东山有少量分布；无锡引进种植于大浮、马山、阳山一带，面积很小；溧水渔歌、镇江市郊及扬州里下河农业科学研究所有少量引种。

图 11-1 ‘嘉庆子’果实

树势强，树姿半开张，树冠自然半圆形。多年生枝褐色。叶片暗绿色，倒卵圆形，先端渐尖，基部楔形，叶缘锯齿细密。

果实扁圆形而略斜，中等大小，整齐度一致，平均单果重 30 g。果顶平或不正。缝合线较浅，两侧大小不匀称。果肩圆浑、饱满，梗洼窄浅。果梗较长。果面底色黄绿色，着暗红色晕，被白色果粉，果点细密不显著。果肉鲜红色，近核处深红色，肉质柔韧；风味酸甜，稍有涩味，汁液中多，有香气，品质中上等。可溶性固形物含量 10%~12%。粘核，核小，扁卵圆形。

前期以中、短果枝结果为主，盛果期后花束状果枝结果最多。自花结实力强，产量较高，丰产性较好，栽培管理粗放时，大小年结果现象严重。2 月中下旬萌芽，3 月中下旬盛花，7 月上中旬采收，10 月中下旬落叶。

该品种曾经是溧阳一带主栽品种，分布广，产量高，寿命长，品质优良，鲜食、加工俱佳，深受栽培者欢迎。较耐瘠薄，平地、山地均可栽培。球坚蚧、食心虫危害严重，果实生长后期雨多易裂果。

溧阳产区新昌茅尖村曾经发现了‘嘉庆子’的变异类型——‘早庆子’，其特征、特性基本与‘嘉庆子’相同，唯果实成熟较早，6月下旬即可采收，故名‘早庆子’。

5. 青李

产于南京六合区东王，仅小面积种植。

树势中庸，树姿开张，树冠较小。枝红褐色。叶片倒卵形，两侧略向上反卷，锯齿细密，叶柄色微红。

果实扁圆形，中等大，平均单果重 38 g。果顶平略显突起，缝合线浅平。皮色黄绿，果粉厚。果肉黄绿色，质脆，味甜酸，略有涩味，充分成熟肉质转软，味变甜，汁液多。离核，核较小。

9 年生树冠径 2.2 m，高 2.4 m。成枝力中等，以短果枝结果为主，能连续结果 3~5 年。花期 3 月底至 4 月初；成熟期 7 月上旬。抗逆性、耐旱力中等，耐瘠薄，丰产，稳产。

该品种果实肉质脆酥，口感较好，微香，品质中等。以加工为主，兼可鲜食。

6. 紫皮李

产于南京六合区东王，栽培数量极少。

树势中庸，树姿开张，呈自然开心形；树冠较小，成年树冠径 2.8 m，高 3 m。主干光滑，呈黄褐色，裂纹稍粗。新梢绿褐色，阳面赤褐色。叶片较细长，倒卵形，锯齿均匀，叶色深绿，表面富蜡质，叶柄平均长 1 cm。

果实扁圆形或卵圆形，中大，平均单果重 31 g，大果重 42 g。果顶不平，微凹，缝合线中深。果皮紫红色，富果粉。果肉浅黄色，肉质柔韧，口感稍差，可溶性固形物含量 11%，品质中等。粘核。

以短果枝结果为主，结果枝寿命 2~3 年。产量中等。花期 3 月底至 4 月初，成熟期 7 月初，采收期 1 周。

该品种果实偏小，结果密集，易遭桃蛀螟等食心虫危害。主要用于加工。

7. 早黄李（图 11-2）

别名南京黄李（扬州、无锡）、黄李（镇江）、水蜜李（无锡）、黄玉李（淮安清江果园）。1994 年通过江苏省农作物品种审定委员会认定。

最早于 20 世纪 50 年代初由六合瓜埠果园从金陵大学实习农场引进种植，取得较好的经济效益。60 年代高邮、无锡郊区大浮、镇江、淮阴等地相继引种栽培。

树势强，树姿开张，树冠呈多主枝自然开心形。

图 11-2 ‘早黄李’结果状

嫩梢细长，绿色，阳面红褐色，1 年生枝条呈黄褐色，皮孔小而多。叶片短椭圆形或倒卵圆形，较薄，平展；叶脉明显；叶缘具较细的复锯齿；叶背无茸毛，叶基宽楔形。花 3 朵簇生，花蕾绿白色，花瓣白色，半圆形，花冠直径 2.0~2.5 cm，花粉多，但自花不实。

果实圆球形，中等大小，平均单果重 36 g，大果重 50 g。顶圆平或略有突起，缝合线浅，两半部基本对称。果梗长 1.4 cm。果皮光滑，底色嫩黄色，阳面着红晕（江苏省农业科学院保存的早黄李果面无着色），富果粉。果肉淡黄色，柔软多汁，味甜，微香。可溶性固形物含量 10%。粘核，核扁卵圆形。品质上等。

10 年生树高 4.5 m，冠径 5.4 m。大小年结果现象不明显。以短果枝及花束状果枝结果为主，20 年生大树长、中、短和花束状等类果枝比例分别为 4.9%、16.5%、29.8%、48.8%。无明显采前落果，果实成熟度较一致。

在南京地区，花期 3 月中下旬，6 月中旬果实成熟期。

该品种适应性广；果形较大，外形美观，品质优良，为优良的早熟品种。充分成熟后柔软多汁，不耐贮运，可在城镇近郊发展。

8. 红李（图 11-3）

连云港、扬州有栽培，数量少。

树势中庸，树姿半开张。新梢绿色，无茸毛，皮孔多，较小。叶片长倒卵圆形，叶面皱褶；叶色淡绿色，较薄；先端突出，叶基广楔形，叶缘具复锯齿。

果实圆球形，平均单果重 50 g，大果重 63 g。顶圆微凸，缝合线浅，两侧匀称，一侧略大。果皮底色浅绿渐变成嫩黄色，成熟时满红，覆薄层果粉。果点小，浅褐色，不明显。果梗细长，约 1.5 cm。皮易剥离，肉色浅黄，皮下及近核处红色；充分成熟后肉质软溶，细微，纤维少，味甜，

图 11-3 ‘红李’结果状

略有香气。可溶性固形物含量10%~11%。粘核。品质上等。

萌芽力强，成枝力中等；以花束状果枝为主，无生理落果现象。

在高邮，3月中下旬开花，7月中旬果实成熟，11月上旬落叶。

该品种抗旱、抗病虫能力强，适应性广。果实较大，外观美，品质优。

9. 灰子

徐州铜山古老的地方品种，农户房前屋后广为种植，因适应性强、病虫害少、易管理而被群众喜爱。灰子有几个类型，其果形和成熟期有明显差异。

树势强，树姿半开张。叶片短披针形或长倒卵圆形，表面浓绿色，有光泽。叶基楔形，叶柄较长，具蜜腺3~4个。

果实圆球形，较大，平均单果重55.2 g。果顶圆平，顶尖微凹，缝合线浅。成熟果实紫红色，酸甜可口，风味浓，品质佳。4月上旬开花，7月中旬成熟。

二、引进品种

1. 红心李（图11-4）

原产浙江诸暨，别名大青皮、花皮李。于19世纪末引入洞庭山、溧阳一带，20世纪60年代以后，苏南各地陆续栽植，以溧阳、宜兴、南京、无锡、高邮一带分布较多。该品种在浙江、安徽、湖南均有栽培，有400余年的栽培历史。

图11-4 ‘红心李’果实

树势中庸，树姿半开张，树冠呈自然半圆形。树皮裂纹呈条状。1年生枝红褐色，稍有光泽，皮孔中大，较密，近圆形，间有条形，灰白色。叶片倒卵圆形，叶色浓绿，叶脉明显；叶基楔形，锯齿细钝，先端急尖。

果实扁圆形略斜，较大，平均单果重54.4 g。果顶平，缝合线较浅而明显，两侧大小不匀称。果皮底色暗绿色，果顶着暗红色晕，阳面具紫红彩纹或全面紫红，果点细密，被灰白色果粉，较薄。成熟初期果肉绿色，近核处有红色放射状线，成熟度高时果肉全部呈紫红色。硬熟期肉质松脆爽口，味鲜甜，品质佳。充分成熟后，肉质软韧，汁液中多，风味更佳。可溶性固形物含量9.2%，品质中上等。半粘核，核小。溧阳栽培的红心李，依其果实形状分为尖顶红心李和平顶红心李2个类型。

萌芽率较高，成枝力中等，枝条多而直立。以短果枝及花束状果枝结果为主。自花结实力强，丰产，大小年结果现象不明显。采前久旱遇雨有裂果现象。

在南京地区，3月下旬展叶，3月中下旬盛花，7月上旬果实硬熟，7月中下旬完熟，11月下旬落叶。

该品种适应性强，果实风味佳，是鲜食、加工兼用的优良品种，其加工品“加应子”在国内外市场十分畅销。

2. 槜李

别名醉李，为浙江著名品种。以品质佳而闻名。江苏省溧阳、吴中、无锡等地有少量种植。溧阳所植‘槜李’来自浙江嘉兴，栽培历史百年左右，集中在横涧金山里村。

树势中庸，树姿开张，树冠呈自然开心形。多年生枝褐色，节间较短。叶宽倒卵形，暗绿色；中脉、叶柄浅红色。叶面有皱褶，先端渐尖，叶缘锯齿钝。

果实扁圆形，果大，比较整齐，平均单果重 50 g。缝合线浅，两侧不对称。果皮薄，暗紫红色，被蜡粉。果肉淡橙黄色，完熟后浆液极多，味清甜，有香气。可溶性固形物含量 11%~17%，品质极上等。粘核。

萌芽率较高，成枝力弱，短枝密生，长枝稀少。以花束状果枝结果为主。自花结实能力差，生理落果轻。适应性不强，不耐涝渍、不耐瘠。树冠较小，适宜密植。

在溧阳，3月上旬萌芽，3月下旬盛花，果实成熟期在6月下旬至7月上旬，落叶期10月上旬。

该品种对栽培管理水平要求较高，对肥水条件要求严，未能满足时则树势偏弱，产量较低。

3. 玉皇李（图 11-5）

20 世纪 60 年代从北方引进。苏北分布较广，从徐州、新沂到连云港都有栽培，以徐州市郊、铜山较集中。1993 年通过江苏省农作物品种审定委员会审定。

树势强，树姿开张。多年生枝黑褐色，主干老皮纵裂；1 年生枝黄褐色，阳面带褐色，光亮，皮孔中多，圆形。新梢绿色。叶片长倒卵形，较大；叶基楔形，先端渐尖，叶缘锯齿钝、宽；叶色深绿，光亮，叶缘向上反卷，叶柄细短。花 2~3 朵簇生。

果实圆形，较大，平均单果重 55 g。果顶微突起，果肩部圆，梗洼中深；缝合线宽浅，两侧稍不对称。果皮黄色，果尖微着玫瑰色晕，表面平滑，果点不明显，果粉薄。果肉黄色，肉质致密，味甜，香气浓。可溶性固形物含量 14.5%。粘核，核长圆形。7 月中下旬果顶见红即可采收。

图 11-5 ‘玉皇李’果实

萌芽力强，成枝力强，以多年生枝或 2 年生枝的花束状短果枝结果为主，对修剪不敏感，自然坐果率 14.2%。耐瘠薄，晚霜对花有一定的冻害，大小年结果现象不明显。成熟期雨后易裂果。

该品种丰产、稳产，品质好，外观美，耐贮运，鲜食与加工兼用。

4. 玉兰李

20 世纪 60 年代从北方引进。苏北分布较广，从徐州、新沂到连云港都有栽培，以徐州市郊、铜山较集中。

树势强，树姿开张，树冠较大。多年生枝黑褐色，主干老皮纵裂。新梢绿色。1 年生枝黄褐色，阳面带褐色，光亮，皮孔中多，圆形。叶片长倒卵形，较大，叶基楔形，先端渐尖，叶缘锯齿钝宽均匀。叶色深绿，光亮，叶缘向上反卷，叶柄细短。花 2~3 朵簇生。

果实圆形，较大，平均单果重 55 g，果顶微突起。果肩部圆，梗洼中深。缝合线宽浅，两侧稍不对称。果皮黄色，果尖微着玫瑰色晕，表面平滑，果点不明显，果粉薄。果肉黄色，肉质致密，味甜，微酸可口。粘核，核长圆形。果实经过后熟，全面转为玫瑰红至紫红色，品质上等。7 月中下旬果顶见红即可采收。

萌芽力强，成枝力强，以多年生枝或 2 年生枝的花束状短果枝结果为主。耐瘠薄，晚霜对花有一定的冻害。成熟期雨后易裂果。对修剪反应不敏感。耐瘠薄，大小年结果现象不显著。

在铜山，3 月下旬至 4 月上旬开花，7 月上中旬果实着色，7 月底采收。

该品种丰产、稳产，品质好，外观美，耐贮运。鲜食与加工兼用。

5. 牛心李

别名西瓜李、水果李（北京）。1980 年从北京房山引进，仅在徐州市郊区和铜山有小面积栽培。

树势强，植株高大。新梢绿色，皮孔明显、突起；1 年生枝黄褐色，有纵裂纹。叶片大，呈长倒卵圆形或椭圆形，先端急尖，叶基楔形，叶缘锯齿细；叶片平展，较薄；叶色暗绿，具光泽；叶柄短，长 1.2 cm。

果实心脏形，果大，平均单果重 68 g，大果重 80 g。果顶微突起，果肩宽圆，缝合线浅，不甚明显。果皮底色绿黄色，具片状红晕时采收，3~5 天后，果皮全转紫红色。果肉橙黄色，肉质柔软多汁，味甜，纤维较多，香气浓，品质上等。粘核，核卵圆形，核尖有空腔。

在铜山，4 月上中旬开花，7 月下旬果实成熟，11 月中旬落叶。

该品种适应性强，耐粗放管理；果实大，外观美，品质优良。与‘离核李’相互授粉坐果率高，丰产稳产。晚霜严重年份有冻花现象出现。在铜山推广后，普遍反映良好。

6. 离核李

1980 年从北京房山引入，栽于徐州市郊区及铜山。引入时误称为晚红。

树势中庸，树姿开张。主干灰褐色，多年生枝褐色，无光泽；1 年生枝绿褐色，无茸毛，皮孔圆形，不明显。叶纺锤形；先端渐尖，叶基楔形，叶缘具细锐锯齿；叶色浅绿，带红晕；叶背主脉及叶柄颜色鲜红。花 2~3 朵簇生，白色。

果实圆球形，平均单果重 60 g，大小整齐。果顶圆浑，果肩平整。果皮薄，采收后 3~4 天皮色紫红色，果粉薄。果肉橙黄色，肉质软腻，浆汁多，纤维少，浓香，味甜微酸，品质上等。离核。

萌芽力强，成枝力弱，易形成花束状果枝，枝组更新能力较弱。与'牛心李'相互授粉坐果率高。丰产性能较强，负载量控制不严时易出现大小年结果现象。适应性广，对肥水要求较严，管理不善易流胶，易受顶芽卷叶蛾危害。个别年份晚霜危害有冻花现象。

在铜山，4 月上旬开花，7 月上旬果实成熟，11 月中旬落叶。

该品种树冠紧凑，适于密植或加密栽植，丰产，品质好，鲜食、加工均宜。

7. 大石早生（图 11–6）

日本品种，别名早红李。1981 年引入江苏省农业科学院园艺研究所，1997 年通过江苏省农作物品种审定委员会审定。

图 11–6 '大石早生'结果状

树势强，树姿半开张。幼树生长旺盛，分枝多，结果后树势变缓。多年生枝褐色。叶片椭圆形，暗绿色；先端渐尖，基部楔形，叶缘锯齿细密。

果实卵圆形或心脏形，平均单果重 47.2 g，大果重 106 g。果顶尖，果皮较厚，底色黄绿色，着鲜艳红色；果粉中厚，灰白色。果肉黄色；质细，松软，汁液多；有放射状红色条纹，味甜稍酸，有香气。可溶性固形物含量 11.5%。粘核，核小。

在南京地区，2 月下旬花芽膨大，3 月中旬始花，3 月下旬盛花，果实 6 月上旬成熟，果实发育期 70 天左右。10 月下旬开始落叶，年生育期 260 天左右。

萌芽力强，成枝力中等，以短果枝和花束状结果枝为主。易成花，花量大，自花结实率低，需配置授粉树。

该品种果实成熟较早，外观美丽，综合经济性状优良。

8. 红良锦（图 11–7）

日本品种，亲本'马莫斯'×'大石早生'。

树势强，萌芽力强，成枝力中等。幼树以长果枝结果为主，盛果期以短果枝和花束状果枝结果为主。早实丰产性好，3 年生树开始挂果。自花不结实，适宜的授粉品种为'大石早生'和'美丽李'。

图 11–7 '红良锦'果实

果实圆形稍扁，平均单果重 78.9 g，大果重 90 g 以上。果皮底色黄绿色，果面着紫红色，果点多，果粉中等，外观艳丽。两半部对称，整齐度好。果肉淡黄色，肉质硬脆，纤维细，汁液中等，香气浓郁，风味甜酸。可溶性固形物含量 12.6%，鲜食品质好。粘核，核小，倒卵圆形。

在南京地区，3 月中旬始花，6 月上旬果实着色，6 月下旬果实成熟，果实发育期 95 天左右。

该品种果大、丰产性好，是优良的早熟品种。

9. 总理李（图 11-8）

美国品种，原名 'Ozark Premier'，密苏里州果树试验站育成，亲本 '伯班克'（'Burbank'）× '蜜思李'（'Methley'）。

图 11-8 '总理李' 果实

树势中庸，树姿开张。4 年生树平均干径 21.2 cm，树高 274 cm，冠径 320 cm，平均新梢长 67.3 cm。以中短果枝结果为主。自花结实率低，配置授粉树后坐果率可达 16.2%，丰产性好。

果实圆形或近圆形，大而整齐，平均单果重 72 g，大果重 96 g。果顶圆平，梗洼中深，缝合线浅，两半部较对称。果皮底色黄色，果面 90% 以上着紫红色，果粉中等；皮薄，韧度强，完全成熟后易剥离，不裂果。果肉淡黄色，肉质松脆，肉厚 1.9~2.0 cm，粗纤维少，汁液多。可溶性固形物含量 12.9%。粘核，核小，倒卵圆形。成熟果实在常温下可存放 1 周以上，较耐贮运。

在南京地区，2 月中旬花芽膨大，3 月中旬始花，花期 5~6 天，6 月底至 7 月上旬果实成熟，果实发育期 105 天左右；2 月下旬萌芽，3 月下旬展叶，11 月上旬落叶。

该品种综合性状优良，开花迟，可避开春季低温冻害。

10. 玫瑰皇后（图 11-9）

美国品种，原名 Queen Rosa，美国农业部 Fresno 试验站育成，亲本 'Queen Ann' × 'Santa Rosa'，美国加州十大李主栽品种之一。

树势强，枝条直立，成枝力强，短枝量多。花较大，每花芽 2 朵花，以花束状果枝结果为主。早实丰产性较强，3 年生树开始挂果，第 5 年进入盛果期。自花不结实，可选用 '圣玫瑰' 作为授粉品种。

果实圆形，平均单果重 70.3 g，大果重 78 g 以上。果顶平，缝合线浅。果皮底色黄绿色，果面着红色或紫红色，色彩艳丽；果粉薄。两半部对称，整齐度好。果肉乳白色，肉质松脆，纤维细，香气淡，风味甜，汁

图 11-9 '玫瑰皇后' 果实

液多。可溶性固形物含量14.2%,鲜食品质好。粘核,核极小,圆形。

在南京地区,3月中旬始花,6月下旬果实着色,7月中旬果实成熟,果实发育期115天左右。

该品种抗寒、耐旱、早实丰产、果大,常温下可贮存1周左右,是优良的早中熟品种。

11. 太阳李(图11-10)

日本品种,亲本不详。

树势强,树姿半开张。成枝力强,1年生枝条细而长。花中等大小,每花芽多2朵花。3年生树开始结果,第6年可达盛果期,以花束枝结果为主。自花不结实,可选用'大石早生'作为授粉品种。

图11-10 '太阳李'结果状

果实圆形,平均单果重66.4 g,大果重86 g。果顶圆凸,缝合线浅。果皮底色黄绿色,果面着玫瑰红色,色彩鲜艳,果粉中,外观漂亮。两半部对称,整齐度好。果肉淡黄色,肉质硬脆,纤维中等,汁液中等,风味甜酸适中。可溶性固形物含量13%。粘核,核中等大,椭圆形。

在南京地区,3月中旬始花,6月下旬果实着色,7月下旬成熟,果实发育期120天左右。

该品种适应性较强,较抗细菌性穿孔病,果实外观艳丽、品质极佳,采前落果轻,留树时间长,耐贮运,常温下可贮存7~10天,是优良的中熟品种。

12. 红布霖

美国品种,别名伏里红李。

树势强,生长量大,成枝力强。幼树树姿直立,结果后逐渐开张。早果性强,2年生树即可挂果,第5年达到盛果期。幼树以中长果枝结果为主,成年树以短果枝和花束枝结果为主。

果实圆形,平均单果重87 g,大果重123 g。果顶平,缝合线浅。果皮底色黄绿色,果面着紫红色,色彩艳丽,果粉薄,外观好。两半部较对称。果肉淡黄色,肉质硬脆,纤维中等,汁液中等,香气淡,风味甜酸适口。可溶性固形物含量14%,鲜食品质佳。离核,核小,倒卵圆形。

在南京地区,3月中旬始花,7月上旬果实开始着色,8月上旬果实成熟,果实发育期130天左右。

该品种花粉量大,自然坐果率10%左右,连续结果能力强,丰产性好,采前落果轻;果实留树时间长,耐贮运,常温下可贮存10天以上,是优良的晚熟品种。

除了以上列出的李品种之外,还有其他一些李品种(表11-2)在江苏种植。

表 11–2　江苏种植的其他李品种

品种（品系）	原名或当地名称	种植地点	主要特征及特性	备注
榇子	**榇李**	吴中光福窑上村、太湖潭东村，启东市王鲍，江苏里下河地区农业科学研究所	树姿半开张。一年生枝自然斜生，黄褐色。花白色，每簇 1~2 朵。叶倒卵圆形或披针形。果实扁圆形，平均单果重 40 g；果顶平，缝合线深，两侧较对称；成熟果紫红色，果粉薄，皮中厚，肉质细，香气较浓，可溶性固形物含量 11%，可食率 96.6%。6 月底采收。以短果枝结果为主，采前落果轻，抗性强，耐瘠薄，但易遭蚜虫危害	《中国果树志・李卷》称之为‘**榇子**’，江苏省农业科学院李资源名录为‘光福柰’
黄皮李	黄李	南京市郊区	树势强，树姿开张。当年生枝绿色，较粗壮。叶片宽披针形、绿色、光亮。果实圆球或扁圆形，中等大，平均单果重 47.3 g，最大果重 59.0 g；果皮黄色，光滑，肉质脆、汁液多，风味酸甜，无香味。各类果枝结实率皆强，自花结实能力较强，无大小年结果现象，果实始熟 6 月 25 日，大量上市于 7 月 2 日至 8 日。适应性较强，易遭蚜虫危害	引自浙江。《中国果树志・李卷》称之为‘南京黄皮李’，原产南京
南京水晶		南京市	果实扁圆形，平均单果重 20 g；果皮暗紫色，果粉厚，果肉红色，甜多酸少，品质中等。树姿直立，采前落果较重	《中国果树志・李卷》记载
启东美丽		启东	果实圆形，平均单果重 36 g，最大果重 70 g；果面红色，果肉乳白色，肉质致密，味酸甜，品质中等。7 月上旬果实成熟，果实发育期约 90 天。该品种较耐粗放管理，易成花，产量高且稳产	《中国果树志・李卷》记载
金沙李		江苏里下河地区农业科学研究所，江苏省农业科学院园艺研究所	树姿开张。新梢绿色，无茸毛，皮孔小。叶片阔披针形，大，绿色，无茸毛，叶缘复锯齿。以花束状枝结果为主，果实 7 月中旬成熟，果肉有褐色木栓斑	1982 年由云南省泸西县引入
玫瑰李		江苏里下河地区农业科学研究所，江苏省农业科学院园艺研究所	树姿开张。新梢绿色，皮孔密。叶小，长披针形，绿色，叶面有皱褶，先端突尖。果实圆球形略高，皮黄色，有玫瑰红晕，易剥皮，肉黄色。6 月下旬成熟，平均单果重 24 g。风味酸甜，汁液中多，无涩味。粘核。适应性，丰产性一般。树势强，树冠较大，树形为自然开心形，主干粗糙，树皮块状裂	引自云南昆明

续表

品种（品系）	原名或当地名称	种植地点	主要特征及特性	备注
美丽李	东北美丽李，窑门李	启东有少量栽培	树势强，树姿开张。树冠较大，树形为自然开心形，主干粗糙，树皮块状裂，暗灰色。叶片倒卵形，叶基楔形，先端渐尖，叶脉绿白色，叶缘锯齿浅、细、钝。果实扁圆形，平均单果重 50 g；果顶平，缝合线中深，两侧较对称；果皮紫红色，果粉薄。果肉乳白色，质细密，味酸甜，汁液多，有香气，无涩味，风味佳，可溶性固形物含量 8%~10%，可食率 97.7%。粘核。7 月上旬成熟。以短果枝和花束状果枝结果为主，自花结实率高，成熟前遇雨有裂果现象	原产吉林省德惠县窑门 栽培历史近百余年，曾是东北地区主栽培品种之一
红果		启东、海门较多，如东、如皋、海安等地有零星分布	树形从状，树冠小，树姿开张。叶片倒卵圆形，叶基楔形，先端渐尖，叶色浓绿，叶柄与新梢夹角 45 度。果实近圆形，平均单果重 40 g，果顶圆，缝合线浅而明显，两侧不对称。果皮紫红色，粉中厚，皮较厚。果肉淡黄绿色，肉质细，风味甜而微酸，果汁较多，有香气，品质中等。粘核。自花结实率高，丰产，基本无大小年结果现象	引自浙江
黄果		仅启东、海门两地有少量分布	树性、树姿、叶形、叶色与红果李相仿，叶片较宽，叶柄稍长，与枝条夹角稍大（60~70°）。果实圆形，平均单果重 36 g，两侧对称，皮黄绿色，阳面微红晕，果皮薄。肉黄白色，肉质松，风味甜而清香，汁液多。粘核。与‘红果李’混栽时，果面易着淡红色。适应性与‘红果李’相仿，但品质优于‘红果李’。7 月上旬果实成熟，果实发育期约 90 天	引自浙江
紫红李		大丰有少量栽植	树姿开张。新梢棕红色，节间较短。叶小，椭圆形，深绿色，有光泽。果实椭圆形，平均单果重 34 g，果皮底色翠绿，成熟时紫红色；果肉黄绿，肉质致密，汁液中多，无香气，品质中等。粘核。6 月底至 7 月初采收上市。果实成熟不一致。自花结实，适应性强，耐盐碱，耐瘠薄	
红美人李	此品种名待考证	滨海有少量栽植	果实长圆形，果皮红色，肉淡黄色	原产浙江诸暨，1963 年由上海农场引进

续表

品种(品系)	原名或当地名称	种植地点	主要特征及特性	备注
香蕉李		徐州市果园	树冠半圆形,当年生枝条能形成花束状果枝,自花结实率高,可达30%~50%,早果性好,丰产稳产。果实近圆形,平均单果重 50 g,外形美观,底色黄绿,着红霞,后熟后变紫色,皮薄;果肉黄色,质脆汁多,味酸甜,香气浓,可溶性固形物含量 21%。核小。可食率 94%,鲜食、加工兼用,良种。徐州 7 月中旬开始采收,7 月下旬成熟	1983 年从沈阳引种
大芙蓉		铜山汉王	树势强,树姿开张,适应性及抗性强,产量高。果实扁圆形,果大,平均单果重 50 g。果皮淡红色,较厚,外被灰白色蜡质较多。肉深红色,致密,清脆多汁,甜酸适口,品质上等。徐州于 7 月下旬后果面转红,为加工无核加应子的原料	引自福建永泰
红李		淮阴、涟水梁岔	树势中庸,树姿开张。果实扁圆形或圆形,果大,平均单果重 75 g;果顶尖圆,果皮厚,底色黄绿,暗紫红色,果肉淡橙黄色,经 4~5 天后熟果肉变软,汁液多,有芳香。粘核。品质优,产量低。7 月中旬成熟。果实易染轮纹病	来源不明
麦黄李		淮阴、沭阳桑墟乡条河果园	果实近圆形,平均单果重 35 g,黄色,汁液多,味酸。7 月下旬成熟	来源不明
紫李		盱眙县沙桥乡	果实中大,果皮紫红色,果肉淡黄色,品质上等。7 月上旬成熟	来源不明
靖安朱砂李		南京	果实扁圆形,平均单果重 42 g,大果重 59 g;果皮底色绿色,着暗紫红色,果肉紫红色,甜酸风味,品质中上等。树势较强,树姿半开张,采前落果轻,枝干不抗细菌性穿孔病	原产江西靖安
鸡血李		南京	果实心形,平均单果重 52 g,大果重 61 g;果皮底色黄绿色,着紫黑色,果肉红色,肉质软,酸甜风味,品质优良。不抗蚜虫	原产广西南丹

续表

品种（品系）	原名或当地名称	种植地点	主要特征及特性	备注
美国红心李		南京、徐州等地	果实心脏形，果大，平均单果重 60 g；果面棕红色，果点大而明显，果肉鲜红色，风味甜，鲜食品质上等。7 月上旬果实成熟，果实发育期约 100 天	美国加州十大主栽李品种之一
盖县大李		南京、徐州等地	果实近圆形，果大，平均单果重 73 g；果皮底色黄绿色，着紫红色，果肉黄色，酸甜风味，香气较浓，品质较好。不抗细菌性穿孔病，易遭蚜虫危害	原产美国，由日本传入中国
青脆李		常州、苏州	果实圆形，平均单果重 53 g；果皮底色黄绿色，着紫红色，果肉红色，肉质松软，风味甜酸，香气浓	引自云南昆明
黑宝石		徐州、连云港	果实扁圆形，果顶平；果大，平均单果重 96 g；果皮底色绿黄色，全面着紫黑色，果肉淡黄色，肉质硬脆，风味酸甜。离核。易感细菌性穿孔病。7 月下旬果实成熟	为美国加州十大主栽李品种之首
黑琥珀		徐州、连云港	果实扁圆形，果顶平；平均单果重 71 g；果皮底色绿黄色，全面着紫黑色，果肉淡黄色，近皮部红色，肉质松软，风味酸甜。离核。易感细菌性穿孔病，不抗蚜虫。7 月中旬果实成熟	美国品种
大石中生		南京、扬州	果实心脏形或近圆形，平均单果重 61 g；果皮底色绿黄色，大部分着红色，果粉少；果肉淡黄色，肉质松软，风味甜。粘核。7 月上旬果实成熟	日本品种
月光李		南京	果实卵圆形，果顶圆凸，梗洼深；平均单果重 55 g；果皮底色黄色，大部分着红色，果粉薄；果肉橙黄色，肉质松软，风味甜。离核。7 月上旬果实成熟	日本品种
西瓜李		徐州等地	果实心脏形，果大，平均单果重 75 g；果皮底色淡绿色，果面大部分着暗红色，果粉中厚；果肉红色，肉质硬脆，风味甜酸。粘核。7 月下旬至 8 月上旬果实成熟	原产河北

除此之外，铜山还有‘白李’‘红皮李’‘辫李’等品种。在1982年的果树资源普查中，还记载了‘涩李’（南京）、‘花皮’（南京）、‘鸡心李’（无锡）、‘黄肉李’（无锡）、‘黄李’（徐州）、‘红皮李’（徐州）、‘朱红李’（徐州）、‘南京紫李’（苏州）、‘南京黄李’（苏州）和‘红星李’（苏州）等品种。

三、选育品种

华秀（图 11-11）

东海县牛山果树综合实验场2012年育成，秋姬李芽变。2013年通过江苏省农作物品种审定委员会鉴定。

树势强，树姿半开张。萌芽力强，成枝力中等。多年生枝及主干春季银灰色，深秋浅褐色。1年生枝浅褐色，皮孔小而少，平均粗度0.8 cm，节间长2.5 cm。新梢红色，停长梢变为绿色。叶片卵形，深绿色，叶基楔形，叶缘锯齿钝而小。花芽较大，橙色，顶部较尖。

图 11-11 ‘华秀’结果状

果实圆形，平均单果重150 g，大果重220 g。缝合线浅。果面全紫黑色，果粉厚。果肉黄褐色，完全成熟时紫红色，肉质细密多汁。可溶性固形物含量15%，风味佳。果实硬度大，耐贮运。离核，核小。

在东海，2月中旬萌芽，3月中旬现蕾，3月下旬始花，4月上旬盛花，4月中旬末花，7月20日前后果实成熟，11月上旬落叶。年生育期270天，果实发育期110天左右。

成花早，自花结果。初结果树以长果枝和中果枝结果为主，盛果期以短果枝和花束状结果枝为主。

该品种为早中熟李品种，综合经济性状优良。

第四节 栽培技术要点

李的树势强，适应性广，栽培管理比较容易。江苏省民间习惯于宅旁隙地分散栽种。

一、苗木繁育

曾经采用嫁接、分株、实生等方式，目前以嫁接繁殖为主。嫁接繁殖所用砧木以毛桃为主，极少量使用本砧，但毛桃砧木存在小脚现象。嫁接时期以夏季芽接（5~6月）为主，当年即可成苗；少量采用秋季芽接或春季枝接。

二、建园

李园应选择土壤保水性较好、避风而冷空气不易沉积的地段。在土壤贫瘠的丘陵地栽植株行距为 3 m × 4 m，每亩 55 株；土壤肥沃的平原地带株行距为 4 m × 4 m 或 3 m × 5 m，每亩 40~45 株。有些品种树冠较紧凑，可以适当密植，以提高单位面积产量。大部分李品种自花不结实，应配置与主栽品种花期相遇、花粉量大、亲和性好的品种作授粉树，以 2~3 个品种混栽较为适宜。

三、土肥水管理

幼树期，可在行间生草或套种豆科类植物，并通过刈割或秸秆还田等方法增加土壤有机质含量。成年树，可在冬季进行全园深翻，促进土壤熟化，改良土壤理化性状。

基肥以有机肥为主，于秋季（10 月）每株施有机肥 20~30 kg、复合肥 1 kg；追肥可在花后、果实膨大期及采后施入，前期以速效氮肥为主，后期加施磷肥、钾肥，以利于提高果实品质。

四、整形修剪

李树的树形以自然开心形或自然圆头形为主，主枝 3~4 个，侧枝 6~7 个。幼龄树生长旺盛，成枝力强，适当轻剪。夏季修剪抹去背上芽、丛芽，当新梢长约 50 cm 时进行摘心，促使其多分枝，尽早扩大树冠。冬剪时对主侧枝轻度短截，剪除直立枝、重叠枝、弱枝，培养结果枝组。盛果期修剪主要针对有碍骨干枝及影响内膛光照的枝条进行缩剪或疏除，以防结果枝外移，对于下垂骨干枝要及时回缩更新。对于盛果期李树而言，花束状果枝是结果的基础，如何促进花束状果枝的形成是修剪的主要目的。

五、花果管理

李花量大，但坐果率低，尤其在花期气温不稳定的情况下或阴雨天，需要采取适当措施以提高坐果率，如花期放蜂等。坐果多的年份，则需要疏果；疏果可在花后 20~30 天进行，最迟在硬核期完成。合理控制产量，有利于增大果个，减轻大小年结果现象。

六、病虫害防治

江苏李的主要病害有细菌性穿孔病、流胶病、褐腐病、炭疽病，虫害主要有蚜虫、红蜘蛛、红颈天牛、蚧、金龟子等。加强果园综合管理，增强树势，改善通风透光，重点防治蚜虫和细菌性穿孔病。

（本章编写人员：王盛寅、陈国强、俞明亮、宋宏峰、沈志军、马瑞娟）

主要参考文献

[1]张加延,周恩.中国果树志·李卷[M].北京:中国林业出版社,1998.

[2]江苏省地方志编纂委员会.江苏省志·园艺志[M].南京:江苏古籍出版社,2003.

[3]季余金,周文波,周立勤.华秀李的性状表现及栽培技术要点[J].落叶果树,2015,47(3):25-27.

第十二章　樱　桃

/ 栽培历史与现状 / 种类
/ 品种 / 栽培技术要点

第一节　栽培历史与现状

世界上经济栽培的樱桃有 4 个种，即中国樱桃、欧洲甜樱桃、欧洲酸樱桃和毛樱桃。其中，中国樱桃和毛樱桃果小，品质一般或较差，通称为“小樱桃”；欧洲甜樱桃和欧洲酸樱桃以及两者的杂交种，果大，肉质丰满，品质优良，通称为“大樱桃”。

中国樱桃原产中国，已有 2 500~3 000 年的栽培历史，是中国最为重要和古老的栽培果树之一。据记载，1965 年，中国的考古工作者曾在湖北江陵战国时期的古墓中出土过樱桃核。北宋贾思勰的《齐民要术》中对樱桃的栽培有了详细记述：“二月初，山中取栽；阳中者，还种阳地；阴中者，还中阴地。”《礼记》（公元前 1 世纪）就有“仲夏之月，羞以含桃，先荐寝庙”的记载，古代所称含桃即指樱桃。

中国樱桃起源于中国西南部，沿长江流域扩散，北至华北各省，南至华中及两广，皆有中国樱桃分布，尤以浙江、山东、河南、江苏、陕西、四川、安徽、河北最多。东北北部、内蒙古、西北寒地栽培者多为毛樱桃。江苏省以连云港市云台山区栽培面积最大，产量最多。据乾隆年间的《云台山志》记载，明代台山东磊朱樱已成为云台山三十六景之一，谓“云台樱桃处处皆佳，东磊尤盛，四月间火珠万点，错落山林，远近游人，不独意观，且恣饱食。”苏州吴县（今吴中区）洞庭山樱桃在唐代就有“吴樱桃”之称，久负盛名。宋《吴郡志》载“今之品高者出常熟县，色微黄，名蜡樱，味尤胜。”据清《太湖备考》记载“樱桃佳者名樱珠，质圆小而味甘，出东山丰圻。”主要品种有总柄樱桃和紫樱桃两大类，总柄樱桃有大叶总柄、小叶总柄和胡椒总柄3种，紫樱桃有大果紫樱桃（别名青壤种）、小果紫樱桃和糯樱（糯米樱）3种。根据《东山镇志》记载，民国前期洞庭东山樱桃仍不少，后因产量低，效益不高，逐渐淘汰，20世纪40年代包括‘糯米樱’在内的大多数品种在洞庭东山、西山已绝迹。根据文献记载，南京樱桃栽培或始于明初，20世纪40年代玄武湖、太平门、晓庄、燕子矶一带普遍栽培，其后逐渐衰落，以至濒临绝迹。80年代恢复发展，燕子矶乡有成片栽植，为了抢救濒于断种的‘东塘樱桃’，采用半木质化枝带叶扦插育苗，3年时间从仅存的3株3年生幼树培育出9 000株新苗，建园108亩。扬州的樱桃，根据《古今图书集成》草木典记载，北宋广陵已有樱桃，现仍有零星栽植。近年来徐州市丰县、铜山汉王等地成片种植樱桃，宜兴、宿迁、泗阳、南通、射阳、六合等地均有零星分布。1980年全省成片栽植樱桃共1 950余亩，计8万余株，产量超50 t。1982年普查，全省有樱桃品种10个，其中主栽品种2个。

甜樱桃自19世纪末引入中国以来，栽培面积不断扩大，特别是进入21世纪后，随着消费市场的扩增，栽培区域逐渐由传统地区向南发展。江苏省引进甜樱桃栽培最早的为国立中央大学，于20世纪20年代初首先将甜樱桃引入该校太平门园艺场进行试栽。但一直以来栽培面积并不大，主要因为江苏位于长江中下游，与传统的甜樱桃产区相比气候差异明显，冬季气温偏高、夏季高温多雨，因此甜樱桃一直没能较好地生长和结果，主要表现为畸形花多、坐果率低等。50年代，南京中山植物园引种甜樱桃，基本失败。1985年徐州市果园引种甜樱桃，获得成功。90年代，连云港市云台区多种经营管理局承担市科委下达的樱桃丰产栽培课题，经过3年努力，使当地10年生花而不实的甜樱桃开花结果。之后，在连云港赣榆等地大力发展甜樱桃，进而南京六合、常州、无锡、盐城等地也有小面积引种，这些地区一般采用避雨栽培等技术才能较好开花坐果。早期引进的甜樱桃品种主要有‘红灯’‘那翁’和‘大紫’等，21世纪初，徐州丰县、连云港等地从山东、河南等地引进了20多个优新甜樱桃品种进行试种，发现‘早大果’‘先锋’‘布鲁克斯’等品种表现较好。至2015年底，江苏省甜樱桃面积约1.5万亩。其中，连云港市栽培面积最大，达1.26万亩，占全省的62.10%，为甜樱桃适宜栽培区；徐州、淮安、盐城、宿迁等地，栽培面积较少，为次适宜区；南京、南通、常州、无锡等地，栽培面积少，为不适宜区。在长江以北，甜樱桃栽培面积较大，主要是由于这些地区靠近传统甜樱桃产区，气候条件与其相似，甜樱桃成活率、坐果率较高；而长江下游地区，由于年均气温过高，冬季低温不足，不利于甜樱桃的坐果，导致栽培面积小。近年来，随着避雨栽培、遮阴、滴灌等设施栽培技术的应用以及低需冷量与自交亲和品种的应用，原来不适宜种植甜樱桃的地区也能够做到经济栽培，而且效益较高（图12-1）。

毛樱桃、山樱桃以及本属之郁李、麦李在江苏宜溧山区、太湖沿岸低山丘陵、云台山区和盱眙等地均有零星分布，是重要的野生果树资源和园林植物，可作为培育新品种的种质资源和嫁

图 12–1　设施樱桃

接用的砧木,有待开发利用。

"十三五"以来,江苏樱桃稳步发展,产值持续上升。2012 年全省樱桃面积 22 132.5 亩,产量 3 351.6 t,产值 4 975.6 万元;2013 年面积 24 429 亩,产量 4 061 t,产值 6 498.13 万元;2014 年面积 29 036.9 亩,产量 3 423.1 t,产值 7 385.3 万元;2015 年面积 26 527.9 亩,产量 4 024.6 t,产值 9 661.28 万元。

第二节　种类

樱桃属蔷薇科(Rosaceae)李属(*Prunus* L.)樱桃亚属(Cerasus),有 120 多种,原产于中国的有 76 种,江苏省与果树有关的樱桃树种为以下 5 个种。

(一)中国樱桃(*P. pseudocerasus*)

灌木或小乔木,易生根蘖,树高可达 6~8 m。嫩梢无茸毛或稍有茸毛。叶呈广卵圆形至长椭圆形;先端渐尖,基部圆形,叶缘重锯齿,齿尖有腺;叶面无毛,叶背在叶脉上微被茸毛。花白色,每花序有 3~6 朵花。

果实较小,呈球形,直径 1.2~1.8 cm,果梗较长,果皮红色或淡黄色,离核。江苏省 5 月上中旬成熟,花期易遭晚霜危害,耐寒力较甜樱桃弱。中国樱桃萌芽力强,成枝力中等,果枝均为腋花芽。

(二)甜樱桃(*P. avium*)

乔木,树势强,生长旺盛,枝条直立,树皮暗灰褐色,有光泽。叶大较厚,卵圆形或长卵圆形;

先端渐尖叶缘有重锯齿，齿尖有腺；叶背有茸毛，叶柄上有 1~3 个蜜腺。1 花序中 1~4 朵花，花白色，萼红色，向外反转。

果实较大，质软或脆，味甜或微苦。离核或粘核，一般 5 月下旬成熟。成枝力弱，隐芽寿命长，根蘖萌芽力差。在中国辽宁大连、山东烟台栽培面积较大。江苏省徐州、连云港已引种成功，正在发展之中。其他产区也在不断引用尝试。

（三）山樱桃（*P. serulata*）

亦名青肤樱。高大乔木，树皮光滑，深栗褐色。小枝无毛。叶卵圆形至卵圆披针形；先端渐尖，边缘有单锯或重锯齿，齿尖具芒；叶背无毛；嫩叶呈绿褐色。1 花序中有 3~5 朵花，花白色至粉红色。果实卵圆形，深紫色。

耐寒、抗旱，可作樱桃砧木，扦插易生根。据徐州市果园反映有根癌病，云台山区零星分布。

（四）毛樱桃（*P. tomentosa*）

灌木，树冠丛状形，树姿开张，鳞片状开裂，枝条灰褐色。冬牙尖卵形，褐色，外被茸毛。叶片小，叶面多皱有毛，叶背密被柔毛。1 个花序中有花 1~2 朵，花白色至淡粉红色。

果实球形或椭圆形，果梗极短；果深红色或白色，果面光滑或有浅肉，味甜酸，多汁，可供食用和加工。是樱桃抗寒育种的良好亲本，也可作为桃树的矮化砧木。

（五）酸樱桃（*P. vulgaris*）

小乔木或灌木，树姿开张，树干皮孔横生；叶缘重锯齿，叶柄有 2~4 个腺体；1 花序中有花 2~4 朵，花白色，萼片有腺齿；果实圆形或扁圆形，果皮红色，果肉红色或淡黄色，果小味酸，粘核，供加工制品。树性耐寒抗旱，对土壤适应性强，栽培品种仅有‘毛把酸’樱桃。

第三节　品种

一、中国樱桃

（一）地方品种

1. 东塘樱桃（图 12-2）

主产南京，为当地优良品种之一。连云港、吴中东山等地均已引种栽植。

树高 5~8 m，树势强，干直立，树丛生。2 年生枝栗褐色，果枝粗短。叶广椭圆形；先端尖短，基部圆而稍狭，微歪斜，两侧不对称；叶质厚，叶面平滑，有光泽，暗绿色，嫩叶青色，叶背色淡；沿叶脉疏生茸毛细；重锯齿，形尖，向外展开；叶柄较粗长，有茸毛，叶基有明显 2 枚腺体。1 花序有花 3~5 朵，花型大，花瓣近圆形，白色，先端粉红色。萼片三角形，先端圆钝，色绿微红；萼筒浅，呈钟状，青绿色。花梗短粗，呈绿色，二者均有粗短茸毛。

图 12-2 ‘东塘樱桃’结果状

果大，平均单果重 2.2 g。果球形稍扁，基部较宽，梗洼广浅，先端钝圆。果顶微凹、果面不平，有光泽，缝合线平，呈现不明显的紫色纵线条纹。果梗粗短而直，青绿色，毛长而密。果皮浓红色，有浅黄色斑点。果肉黄白色，质稍脆，汁液多。可溶性固形物含量 17%，甜酸适度，品质上等。核短椭圆形，基部圆钝，特别肥厚，表面粗糙，黄白色，背缝线有细沟纹，腹部线明显突出，离核。5 月上旬果实成熟，为江苏省发展推广的中国樱桃优良品种。现栽培面积为 220 亩，占全省中国樱桃面积的 13.80%。

2. 垂丝樱桃（图 12-3）

产地南京。树冠矮，不整齐，树枝细弱开展，2 年生枝灰褐色。叶片长椭圆形；先端长尖，基部呈广楔形或近似圆形，叶片质薄平滑、色浓绿，嫩叶红色，有光泽，叶背淡绿色；沿脉疏生茸毛；锯齿粗尖，分裂甚深；叶柄有明显 2 枚腺体。1 个花序有花 3~4 朵，花白色，基部淡红色。萼片、萼筒均呈红色，有细茸毛。花梗特长，细软下垂，因而得名。

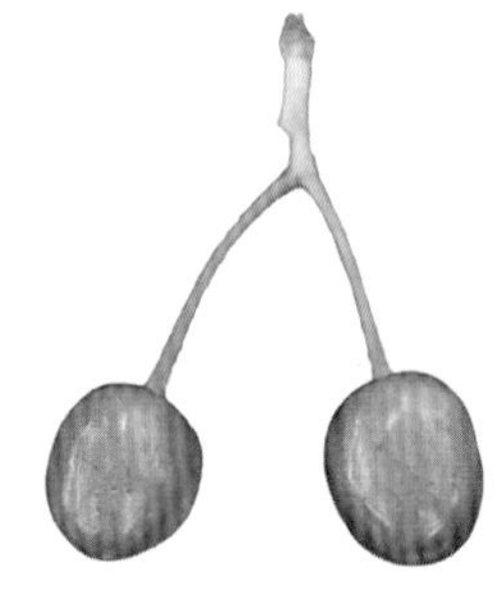

图 12-3 ‘垂丝樱桃’果实

果实心脏形，先端微尖，平均单果重 1.5 g。果皮与果肉均淡红色，色泽鲜艳，柔软多汁，风味甜，品质佳。4 月底至 5 月初成熟。

3. 细叶

产地南京。树势中庸，树冠整齐，枝条均匀。2 年生枝灰褐色。叶倒卵形或长椭圆形，色稍淡；叶柄腺体不明显。

果实扁圆形，顶部圆钝，顶端稍突起。果梗较‘东塘樱桃’细长。果皮黄色，阳面浓红色，果点深黄，大而密生。甜酸适度，品质中上等。成熟期较‘东塘樱桃’迟数天，5 月中旬成熟上市。可与‘东塘樱桃’搭配适当发展，以延长供应期。

4. 银珠樱桃

产地南京。树势较弱，树高 3~5 m，树姿开展，树冠呈半圆形，树条和根蘖萌发均弱。叶长椭圆形或椭圆形，叶色黄绿；叶柄有 2 枚圆形蜜腺。花小，色白，中部有红色纵纹；花梗较短，色青带红色，有茸毛。

果尖圆形，两侧稍扁，果顶微尖；果皮薄，琥珀色，阳面红色；果肉淡黄，汁多味淡，品质中等，成熟期 5 月上中旬。目前已不发展。

5. 短把

产地连云港云台山区。树势中庸，树高 3~5 m。枝干灰褐色，2 年生枝银灰色，当年生枝绿色，略带红色条纹。新梢生长量小。叶长 7.5 cm，宽 4.5 cm，椭圆形或长椭圆形；先端长尖，基部圆形，两侧对称；叶柄有蜜腺 2 枚。花瓣边缘红色，花萼红色。

果较大，平均单果重 1.8 g。可溶性固形物含量 11%。5 月初成熟，早熟，丰产，大小年结果现象不明显，品质上等，为当地群众乐于发展的品种。

6. 毛腿

产地连云港云台山区。树势强，树高 5~6 m，树干灰褐色。枝条直立，2 年生枝紫褐色，当年生枝绿色。叶长 8.5 cm，宽 5 cm，主脉两侧稍不对称；叶色较深，有光泽；先端长尖，锯齿粗；叶柄、叶背有稀疏茸毛，叶柄带红色，2 枚蜜腺明显。花白色，花瓣边缘带红色，花和叶同时开展。

果球形，平均单果重 1.6 g。果顶渐尖，果皮红或橙红色，味甜酸，汁液多。可溶性固形物含量 12.1%。5 月上旬成熟，较‘短把’晚 4~5 天。品质中上等，为当地主栽品种。

7. 白玉

产地连云港云台山区。树势中庸，树高 3~4 m，树姿开张。枝干灰褐色，2 年生枝银灰色，当年生枝绿色。叶较大，长椭圆形或圆形；基部广楔形，叶尖微歪；叶柄带红色。花白色，花瓣边缘带红色，花萼红色。

果心脏形，平均单果重 1.7 g。果梗较长，缝合线明显。果皮薄，黄色，少数阳面带红晕。果肉淡黄色，汁液多，味酸甜，风味偏淡。可溶性固形物含量 11%，品质中下等。成熟期 5 月下旬，为晚熟品种。现存株数不多。

8. 红宝石（图 12-4）

产地徐州徐庄镇，地处吕梁山区自然环形窝地盆地小气候，有 1 000 多年的栽培历史，是当地圣人窝樱桃的主栽品种之一。

树势强，树干灰褐色。枝条直立，2 年生枝银灰色，当年生枝条绿色。叶长 7.6 cm，宽 4.4 cm，主脉两侧稍不对称，有锯齿。花白色，花期 3 月上旬。

果实近心形，直径 1.5~2.0 cm，平均单果重 1.7 g。果面光洁，呈鲜红色，晶莹剔透，汁液多，味酸甜。可溶性固形物含量 19.4%，品质上等。成熟期为 4 月底至 5 月初。

该品种易丰产，对栽培环境要求较高。

图 12-4 ‘红宝石’果实

（二）引进品种

1. 黑珍珠

中国樱桃的芽变优株，1993 年重庆南方果树研究所选出，因成熟时果皮紫红发亮而得名。

果实大，平均单果重 4.5 g。果形近圆形，果顶乳头状。皮中厚，蜡质层中厚，果实紫红色，充分成熟时呈紫黑色，外表光亮似珍珠。果肉橙黄色，质地松软，汁液中多，风味浓甜，香味中等。可溶性固形物含量 17.4%。品质极佳。半离核，可食率 90.3%。南京地区 5 月初成熟。

该品种在位于南方的重庆育成，适应高温高湿环境，抗病力强，不裂果，采前落果极少。溧阳在 2002 年试种成功，并在省内推广栽培。

2. 短柄樱桃

浙江诸暨传统中国樱桃品种。因其果柄较短而得名，近年来引进江苏表现良好。

树势强，树冠开张，树形为杯状形。萌芽力和成枝力较弱。叶片较大，广卵形至长卵形；先端渐尖，边缘有大小不等锯齿。总状花序，花 3~6 朵，花瓣白色。盛花期为 3 月中旬，自花结实，以中短果枝结果为主。

果形扁圆形，果实较大，平均单果重 2.8 g。可溶性固形物含量 13.8%，可食率 89%，品质上等。果实成熟期为 5 月初。

该品种自花结实率高，丰产，抗逆性强，是果形较大的中国樱桃品种。

二、甜樱桃

江苏栽植的甜樱桃均为引进品种。

1. 那翁（图 12-5）

别名黄樱桃、大脆，为黄色、硬肉、中晚熟甜樱桃优良品种。

果长心脏形，果大，平均单果重 6.3 g。果皮黄色，阳面有红晕，皮薄而韧，不易剥离。果肉黄白色，致密，脆嫩，味极甜。可溶性固形物含量 18.5%。5 月底成熟。产量高，品质好，半离核，鲜食、加工兼用。成熟期有裂果现象，尤以多雨地区为重。较抗寒，对土肥水条件要求较高。为连云港地区引进较早的甜樱桃品种之一，近年逐渐被其他甜樱桃品种代替，栽培面积逐年减少。

图 12-5 ‘那翁’结果状

2. 大紫(图 12-6)

图 12-6 ‘大紫’结果状

别名红樱桃，为中熟甜樱桃优良品种。

果实阔心脏形至阔卵形，较大，平均单果重 5.1 g。果顶微凹或近平圆，果梗较长，细软。果色鲜红完全成熟时紫色，着色均匀；果皮薄，易剥离。果肉柔软多汁。可溶性固形物含量 16.8%。离核。5 月下旬成熟。品质上等，产量中等。耐旱性和耐贮运性较差。

该品种为连云港地区引进较早的甜樱桃品种之一，近年逐渐被其他品种代替，栽培面积逐年减少。

3. 红灯(图 12-7)

由大连市农业科学研究所育成，并于 1973 年通过鉴定，为甜樱桃优良品种。

树势强，生长旺盛，树条粗壮，幼树易徒长，进入结果期较一般品种晚。叶片特大，在枝条上呈下垂状，阔椭圆形，叶长 17 cm，宽 9 cm。先端渐尖，叶基圆形，叶深绿色有光泽，复锯齿大而钝。叶质厚，叶面平展，叶柄上有 2 枚大型蜜腺。

图 12-7 ‘红灯’果实

果实肾形，整齐，纵径 2.2 cm，横径 2.8 cm，平均单果重 9.6 g。果皮紫红色，鲜艳有光泽。肉质较软，肥厚多汁，风味酸甜。含可溶性固形物 17.1%，可溶性糖 14.5%。5 月下旬成熟。核圆形，较小，半离核。耐贮运，为早熟丰产优良品种。

该品种适应性强，是江苏最早引进的甜樱桃品种，目前仍为连云港等地的主栽品种。

4. 早大果(图 12-8)

图 12-8 ‘早大果’果实

1997 年从乌克兰引进的甜樱桃品种，原代号乌克兰 2 号。

树势中庸，树姿开张，枝条不太密集，中心干上的侧生分枝基角角度较大。1 年生枝条黄绿色，较细软；结果枝以花束状果枝和长果枝为主。

果实广圆形，平均单果重 10.5 g，最大果重 18.0 g。果柄长，较粗，果皮果肉果汁均为深红色。果肉软而多汁，味酸甜。可溶性固形物含量 17.9 %，略高于‘红灯’。鲜果品质较好，适于鲜食。果实发育期 35 天左右，成熟期比‘红灯’早 3~5 天，属早熟品种。

该品种成熟早，果实较大，品质优良，是引入江苏较早的早熟甜樱桃品种，较适宜在江苏栽培。

5. 先锋（图 12-9）

加拿大培育的中熟品种。在丰县、南京和常州等地有种植。

树势强，树姿较直立，树冠紧凑，萌芽力强。花粉量大。

果实肾脏形，平均单果重 9.1 g。果皮紫红色。果肉肥厚、脆硬。可溶性固形物含量 16.3%，可食率 91%。耐贮运，果实发育期 55 天。

该品种抗性强，结果早，丰产性好，品质优良。但在江苏有裂果和畸形果现象。

图 12-9 ‘先锋’果实

6. 美早（图 12-10）

图 12-10 ‘美早’果实

引自美国的早熟优良品种。在丰县、南京和常州等地有种植。

树势强，树姿半开张，生长旺盛。萌芽力强、成枝力较强。

果实为宽心脏形，纵径 2.4 cm，横径 2.7 cm，平均单果重 11.5 g，大果重 13.4 g。果皮全面紫红色，有光泽，色泽鲜艳，果柄短粗。肉质硬脆，成熟不变软，肥厚多汁，风味酸甜可口。可溶性固形物含量 17.6%。核卵圆形，中大。果实大小均匀，抗裂果，极耐贮运。果实发育期 50 天左右。

该品种果实较大，畸形果少，但在江苏坐果率较低。

7. 龙冠

系中国农科院郑州果树研究所培育并通过审定的甜樱桃新品种。在丰县、连云港和盐城等地有引种栽培。

树势强，抗逆性强。

果实宽心脏形，平均单果重 6.8 g，最大可达 12 g。果面呈宝石红色，充分成熟后为浓红色，晶莹亮泽，艳丽诱人。果肉及汁液呈紫红色，汁液中多，甜酸适口，风味浓郁，品质优良。含可溶性固形物 14.5%，可溶性糖 11.75%，可滴定酸 0.78%，维生素 C 45.70 mg/100 g。有较强的自花结实能力，自花坐果率在 25% 以上，产量高而稳定，盛果期（6 年）亩产可达 1 200 kg。江苏地区 4 月上旬开花，5 月中旬果实成熟，果实发育期 40 天左右，成熟期较为一致。

该品种坐果率较高，在江苏适应性良好。

8. 布鲁克斯（图 12-11）

图 12-11 ‘布鲁克斯’结果状

美国品种。在丰县和昆山有引种栽培。

果实扁圆形，果大，平均单果重 9.4 g，最大可达 13 g。皮色鲜红，果肉紫红色，风味极甜。可食率 93.8%。显著特点是早熟、短柄、色紫、肉硬、味甜、丰产。适合大棚栽培。

该品种耐贮运。比‘红灯’晚熟 3 天。花期同‘红灯’，自花不结实，需配置授粉树。是目前需冷量较短的大樱桃品种，在南京和昆山等地引种表现良好，坐果率较高，较适宜南方地区栽培。

除此之外，江苏还引进了其他一些甜樱桃品种（表 12-1）。

表 12-1 江苏引进的其他甜樱桃品种

编号	品种名称	引进国家	主要表现
1	佐藤锦（图 12-12）	日本	果小，作为授粉品种
2	萨米脱（图 12-13）	加拿大	晚熟品种，畸形果多
3	桑缇娜	加拿大	早熟品种，果实偏小
4	雷尼尔（图 12-14）	美国	晚熟品种，坐果率低
5	拉宾斯（图 12-15）	加拿大	主要作为授粉品种
6	水晶（黄玉）	美国	丰产性好，果小
7	红丰	烟台	果小，品质佳，但裂果

图 12-12 ‘佐藤锦’结果状

图 12-13 ‘萨米脱’果实

图 12–14 ‘雷尼尔’果实

图 12–15 ‘拉宾斯’果实

第四节 栽培技术要点

一、苗木繁育

中国樱桃、酸樱桃和毛樱桃常用分株、压条、扦插、埋根等法繁殖。甜樱桃多用嫁接法繁殖。

中国樱桃进入盛果期，基部隐芽易萌发，春季培土，次春将已生根的萌条切离母体定植；连云港市云台山地区主用此法繁殖。扦插繁殖以半木质化的绿枝扦插为主，并采用喷雾设施。

甜樱桃一般采用嫁接繁殖。砧木可用草樱桃、‘毛把酸’、马哈利樱桃、青肤樱等。青肤樱容易繁殖，亲和力强，成活后生长发育良好，但根浅不耐旱，易染根癌病；马哈利樱桃多用实生繁殖，出苗率高，根系发达，结果早，有矮化作用，抗旱耐寒性均好，在我国大连、昌黎及欧美各国应用比较普遍，但在黏重土壤上栽植容易早衰。草樱桃中的‘大叶草樱’根系发达，扦插容易成活，抗根癌病。大连市农业科学研究所自英国引进的矮化砧木‘寇尔特’(colt)，树体矮小，丰产，亲和力强，伤口愈合良好，为20世纪80年代较理想的甜樱桃砧木。21世纪初，先后引进了‘大青叶’等乔化砧木、‘ZY’系半矮化砧木以及‘吉塞拉’系列矮化砧木。经过筛选发现，与树势较强的砧木相比，矮化砧木嫁接的品种更适于江苏尤其是苏中和苏南的高温多湿气候，便于管理和形成高质量的花芽。

二、建园和栽培方式

（一）建园

樱桃园选用山坡中部和开阔地段；山地北坡和西北坡以及春季气温回升缓慢之处，有延迟开花，避免霜冻之效；樱桃根系浅，易倒伏，不宜栽于山顶、风口和迎风面处。甜樱桃要选择透气性好，水位较低的土壤，在连云港等苏北地区可采用露地栽培（图 12–16，图 12–17），在苏中和苏南地区最好采用避雨设施（图 12–18）和遮阴栽培，减少烂根而致植株死亡，同时可以提高坐果率和减轻畸形果的发生（图 12–19）。

图 12-16　大樱桃露地栽培（连云港）

图 12-17　大樱桃露地栽培（丰县）

图 12-18　大棚栽培大樱桃（徐州）

图 12-19　大樱桃畸形果

（二）品种选择

中国樱桃除了传统的‘东塘樱桃’和‘垂丝樱桃’等品种外，新引进的‘黑珍珠’表现也很好。不同品种间甜樱桃的丰产性和适应性差异较大，20 世纪 80 年代以‘那翁’‘大紫’的产量水平最高；在土质较差之处，可选择适应性广、树势强的‘大紫’；在果实发育期土壤水分变动大的地区，不宜选择易裂果的‘滨库’‘先锋’等品种。目前在江苏表现较好的甜樱桃品种有：‘美早’‘早大果’‘布鲁克斯’‘先锋’‘龙冠’等。甜樱桃多数品种自花不结实，需配置授粉品种。

（三）密度

樱桃的栽植密度应根据品种、砧木、土壤条件与管理水平而定。甜樱桃的株行距一般为 4 m × 6 m，中国樱桃和酸樱桃通常为 4 m × 5 m，亦可采用计划密植进行建园。

三、土肥水管理

樱桃根系浅，集中分布层在地面下 20~30 cm。樱桃园采用树盘覆草，可以减轻根系遭受旱灾，保持土温，特别是早春和初夏更为有利。冬季土壤深翻对促进根系发育和加深根系在土壤中的分布有良好作用。

樱桃施肥，除秋施基肥为增加冬季树体贮藏养分，并在果实发育期和花芽分化期等关键时期追肥外，盛花期喷施磷酸二氢钾、尿素或硼酸可以提高坐果率。

樱桃既不抗旱，又不耐涝。江苏省苏北地区樱桃生长结果季节正值旱季，而夏季雨水集中，因此及时灌水和排涝均为重要。萌芽期、果实发育期、采果之后以及封冻之前等关键时期，均应灌水以利枝叶生长、果实发育和减轻春寒冬冻危害。

四、整形修剪

樱桃的树形因种类而不同，中国樱桃一般为自然形整枝，常利用萌蘖更新树冠。甜樱桃刚引进江苏时，多采用传统的主干疏层形，近些年也有采用纺锤形（图 12–20）和篱壁形的树形。

樱桃的修剪方法主要有缓放、短截、疏枝、缩剪和摘心，修剪方法应根据樱桃种类、品种、树龄、树势以及肥水条件的不同综合考虑。

图 12–20　大樱桃纺锤形树形（徐州）

五、病虫鸟害防治

樱桃的主要虫害有红颈天牛、金缘吉丁虫、桑白蚧，病害主要有根头癌肿病和流胶病。

1. 红颈天牛

樱桃的主要枝干害虫。幼虫在 6~7 月蛀入木质部。防治方法：① 成虫羽化期（6 月上旬）树干涂白，防止产卵；② 6~7 月捕杀成虫；③ 8~9 月人工掏杀幼虫，或用毒签塞入虫孔，毒杀幼虫。

2. 金缘吉丁虫

幼虫危害枝干的韧皮部和浅木质部，严重时可致死大枝。防治方法：① 7~8 月成虫羽化盛期，利用成虫趋光性，夜间进行灯光诱杀，或每隔 12 天喷 500 倍 50% 辛硫磷，连续 4~5 次；② 4~5 月用快刀割开皮层，杀死幼虫。

3. 桑白蚧

幼虫刺吸树液，危害 2~3 年生枝。防治方法：① 用毛刷或麻袋布擦除成虫；② 6 月幼虫孵化期喷施拟除虫菊酯类。

4. 根头癌肿病

嫁接苗在接口部分或大根基部发生癌肿（图 12-21），使树势衰弱，结果不良。防治方法：① 选用草樱桃、马哈利樱桃等抗病性强的砧木；② 休眠期刮去被害部肿癌，用 5 度石硫合剂消毒；③ 严格苗木检疫制度，苗圃发现病情应易地建圃。

图 12-21　樱桃癌肿病

5. 流胶病

病虫危害、修剪不当、涝害、冻伤、日灼等均能引起樱桃树流胶（图 12-22）。防治方法：① 冬剪或春剪时剪去病虫枯枝，刮除病部后，涂 5 度石硫合剂；② 合理施肥，增强树势，提高抗病力。

另外，樱桃成熟时，应采用防鸟网（图 12-23）防止鸟害，保护果实。

图 12-22　樱桃流胶病

图 12-23　樱桃园防鸟网

（本章编写人员：詹祥吉、邓芝禄、高志红、倪昭君、陈苏、王万许、杨玲）

主要参考文献

[1] 江苏省地方志编纂委员会 . 江苏省志·园艺志[M]. 南京：江苏古籍出版社，2003.

[2] 詹一先 . 吴县志[M]. 上海：上海古籍出版社，1994.

[3] 陈涛，李良，张静，等 . 中国樱桃种质资源的考察、收集和评价[J]. 果树学报，2016，33（8）：917-933.

第十三章　枣

/ 栽培历史与现状 / 种类
/ 品种 / 栽培技术要点

第一节　栽培历史与现状

枣起源于中国，栽培历史悠久，为中国古老的栽培果树树种之一。《诗经》有“八月剥枣”之句，可见枣在中国已有 3 000 多年的栽培历史。枣具有栽培简单、管理方便、适应性广及营养价值高等特点，在中国南北方均可栽培。同时，由于枣具有耐旱、耐瘠薄等特性，在荒山坡地等丘陵山区开发综合利用上具有独特的优势和巨大的发展潜力。目前，在全国范围内，北方栽培面积大，南方以零星栽培或小面积栽培为主。

枣在江苏的栽培历史久远，有“长江流域栽培枣树与栽培稻谷一样源远流长”之说。清乾隆五十年（1785 年）《泗洪合志》中曾记载了泗洪枣树栽培的一些名贵品种，例如‘泗洪上塘大枣’‘泗洪沙枣’等。民国五年（1916 年）《丹徒县志》曾记述‘马牙枣’、酸枣两种。

江苏枣树栽培遍及各市、县（区），其中以太湖洞庭东山、西山，西南丘陵的宜兴、溧阳，南京近郊及洪泽湖沿岸的泗洪、盱眙、洪泽等地较为集中。中华人民共和国成立后，江苏枣树先后有 3 个发展过程：其一在 20 世纪 40 年代末至 70 年代初，江苏省始有大面积成片枣园建设，仅镇江丹徒就从山东、河南等地引进枣苗 12 万株；其二在 20 世纪 70 年代末至 90 年代末，由于“文化大革命”和枣疯病的双重危害，枣树生产遭到很大摧残，曾名噪一时的泗洪‘上塘大枣’在此期间被大量砍伐而濒临绝种，直至1982年才开始有所恢复。20世纪80年代初，盱眙从河南新郑引进枣苗数万株。据1982年果树资源调查统计，全省有枣树48.3万株，成片枣园2100亩，年产枣4 800 t，主要分布在镇江、淮阴、徐州、连云港、苏州、无锡等地。据《江苏省统计年鉴》，20世纪90年代，全省年产枣稳定在2 000 t。其三在21世纪初至今，随着'沾化冬枣''梨枣'等枣品种的引进和'泗洪大枣'的推广应用，江苏省枣树种植面积有所扩大。至2005年全省年产枣 1×10^4 t，2008年全省年产枣达到 3.8×10^4 t。但由于'沾化冬枣''梨枣'和'泗洪大枣'等枣品种存在坐果率低或裂果严重等问题，2008年以后，枣树栽培面积逐步缩减，2011年全省枣树面积5.4万亩。2010~2015年全省年产枣产量稳定在 1×10^4 t左右，主要分布在宿迁、徐州、连云港、淮安、南京、镇江、常州、无锡、苏州等地。江苏枣树的栽培方式多为露地栽培，21世纪以来，泗洪、淮安、海门等少数地区枣树种植户采用了塑料大棚避雨栽培方式进行枣生产，也有种植户采用日光温室或塑料大棚开展了枣树促成栽培。

第二节　种类

枣（*Ziziphus jujuba* Mill.）为鼠李科（Rhamnaceae）枣属（*Ziziphus* Mill.）植物，全世界枣属植物共约50种，中国约有10种，而在栽培上较为重要的有2种，即普通枣和酸枣，江苏省均有栽培应用。

（一）普通枣（*Z. jujuba*）

高大乔木，树冠卵圆形，树皮褐色，纵裂。枝条红褐色，光滑无毛，具刺，一侧直立，长达3 cm，另一侧反曲成钩状。小枝绿色，成"之"字形弯曲。叶片长圆状卵形至卵状披针形，偶有卵圆形，长2~6 cm，先端急尖或圆钝，基部偏斜，三出脉明显，边缘有圆钝细锯齿。叶柄长1~5 mm。花2~3朵，簇生于叶腋，有短梗；花瓣黄绿色，花盘裂明显。核果卵球形至长圆形，长1.5~5.0 cm，暗红色至近黑色，有短梗；核近纺锤形，有锐尖头。

根据普通枣的果形分类，一般可分5种类型：

一是长枣类。果大，长圆形或长菱形，皮厚，味淡汁少。主要用于干制，如'马牙枣''长红枣'等。

二是铃枣类。果大，近圆形至短圆形，皮粗肉厚，品质中等。适宜加工蜜枣，如'圆铃枣''疙瘩枣'等。

三是小枣类。果较小，长圆形至圆形，皮薄，肉厚，质细，味甜，品质上等。宜鲜食或制干，如'金丝小枣'。

四是无核枣类。果小，长圆形至圆柱形，果核退化成膜状。含糖多，品质上等。如'无核枣'。

五是葫芦枣类。果中大,有缢痕如葫芦形。肉质松,汁多味甜,可作脆枣。如‘葫芦枣’。

(二)酸枣(*Z. spinosus*)

多刺灌木,丛生,高 1~3 m。枝条紫红,叶片长椭圆形或卵状披针形,长 1.5~3.3 cm,比普遍枣叶稍小,两端较圆钝,边缘锯齿细密。核果,近球形,偶为长圆形,直径 0.7~1.5 cm,味酸。核近球形,先端圆钝。

第三节　品种

一、地方品种

1. 上塘大枣

别名上塘贡枣。是泗洪枣的优良品种之一,分布于泗洪上塘和魏营等地。

树冠圆头形,树姿开张,枣头紫褐色,托刺少。叶片卵状披针形,绿色。花序着生于枣吊上第 2~12 节,其中以第 5 节结果最多。花浅黄色。

果大,平均单果重 71 g,纵径 4.5 cm,横径 4 cm。成熟时果皮紫红色,果顶凹,果皮中厚。果肉黄白色,肉质松软,汁液少,味甜。宜鲜食,亦可加工蜜枣和罐头。

萌芽期 4 月中旬,开花期 5 月下旬,果实采收期 9 月中旬,成熟期 9 月下旬,落叶期 11 月中旬。

树势中庸,每枣股平均抽生枣吊 3~4 个,枣吊平均长 23 cm,14 节左右。自然落果程度中等,裂果较轻,25 年生树株产 35 kg,大小年结果现象不明显。

该品种果大、色艳,品质好,鲜食、加工均宜,耐旱力较强,抗风力较弱,耐贮藏性差。可以推广。

2. 泗洪沙枣

是泗洪枣的优良品种之一,主要分布在泗洪。

树冠圆头形,树姿半开张,枣头紫褐色,托刺少。叶片卵圆形,深绿色,叶缘有锯齿。树枝着生枣股较多。每枣股平均抽生枣吊 4 个,枣吊平均长 23 cm,15.7 节。每花序上着花 4~5 朵,浅黄色。

果短圆形,较大,平均单果重 12 g,果实大小不整齐。成熟时紫红色(图 13-1);果肉厚 1.3 cm 左右,肉质致密,味甜,核小,品质极佳。

图 13-1　‘泗洪沙枣’果实

图 13-2 ‘泗洪沙枣’结果状

萌芽期 4 月中旬，开花期 5 月下旬，9 月中下旬成熟。

树势较弱，成枝能力亦较弱。自然落果程度轻，40 年生树株产可达 50 kg，丰产，无裂果现象（图 13-2）。

该品种耐旱、耐涝，丰产，无裂果，有发展前景。

3. 泗洪铃枣

分布于泗洪、泗阳、沭阳、洪泽、盱眙等地。

树姿开张，枝多下垂，1 年生枝棕褐色，节间长，皮孔较大，黄褐色，明显突出，分布较密，托刺少。叶片形小质薄，卵圆形，深绿色；叶基广圆，先端圆钝。枣股平均持续年限 5.2 年，抽生枣头能力较弱；枣吊平均长 13.9 cm，平均 10.4 节。花量中等，每花序着花 3~7 朵，花浅黄色。

图 13-3 ‘泗洪铃枣’果实

果实短圆形，平均单果重 8 g，纵径 3.1 cm，横径 2.1 cm。果面不平整，果皮厚，质韧，充分成熟时紫红色（图 13-3）。肉质紧密，较粗，味甜，汁少，可溶性固形物含量 31%~34%，干制率 60%~62%。核较大，短纺锤形，核纹较粗、深，多无种仁。最宜加工乌枣和红枣，乌枣含可溶性糖 73.8%，含可滴定酸 0.75%，干红枣含可溶性糖 74%~76%，含可滴定酸 0.8%~1.4%，品质上等。本品种因果形大小而有大铃枣与小铃枣不同品系之分。

图 13-4 ‘泗洪铃枣’结果状

萌芽期 4 月下旬，展叶期 5 月上旬，开花期 6 月上中旬，采收期 8 月下旬，成熟期 9 月上旬，落叶期 10 月下旬。

树势中庸。坐果不稳定，落果期长，程度严重。果实转入白熟期即味甜，可提前采收，成熟期遇雨不裂果（图 13-4）。

该品种适应性强，较耐盐碱和瘠薄，无论在黏壤土、沙土、砂砾土上生长都较好。果实鲜艳美观，不裂果，鲜食、加工均宜，有发展前景。

4. 白蒲枣

别名牙枣（丹徒）。分布于苏州、无锡、镇江一带，集中产于苏州洞庭东山、西山。

树姿开张，干性较强。叶片狭长，质厚，富光泽，先端渐尖。枣股寿命长。花量多。

果实长圆形，颇似长红枣，中大，平均单果重 13.5 g。果皮较薄，光洁；肉质较松，味淡，品质中上（图 13-5）。

萌芽期 4 月下旬，展叶期 5 月上旬，开花期 6 月上中旬，8 月中旬果实进入白熟期（图 13-6），即可采收、加工。

树势较强，在肥水管理良好的情况下，丰产稳产。

该品种鲜食或加工蜜枣均佳，抗病虫能力较弱，对肥水条件要求较严，可于苏南地区发展。

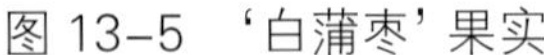

图 13-5 ‘白蒲枣’果实

图 13-6 ‘白蒲枣’结果状

5. 冷枣

分布于南京市郊。

果实长倒卵圆形，中大，平均单果重 8.5 g。果皮薄，赭红色；未充分成熟时，肉质细脆多汁，甜酸适口，味甚浓，鲜食极佳，品质上等。果实含可溶性糖 20.4%，含可滴定酸 0.3%。

树势较强，枝条较直立。成枝力强，丰产、稳产。

萌芽期 4 月下旬，展叶期 5 月上旬，开花期 6 月上中旬，9 月上中旬成熟。

该品种为南京优良的地方鲜食品种，果实不宜干制，可于城市郊区发展。

6. 长木枣

分布于盱眙、洪泽、泗阳、沭阳等地。

树姿开张，树冠圆锥形。枝条细软下垂；1 年生枝黄褐色，皮孔较大，微凸，暗黄色，托刺少，细短，枣头微曲。枣股平均持续年限 8 年。叶片大，阔卵圆形，先端圆钝，基部广圆，黄绿色，叶缘锯齿大、浅钝。每枣股能抽生 3~4 个枣吊；枣吊平均长 16.4 cm，11 节，节间较长；花序着生于枣吊第2~15节，花量多，每花序着花3~16朵，较丰产。

果长椭圆形，中大，平均单果重10 g，纵径3.4 cm，横径2.4 cm，大小整齐。果皮较厚，成熟时鲜红色，果点不明显；果肉厚，坚实致密，汁多，可溶性固形物含量34%左右。核大，核纹粗而浅，核壳厚，多无种仁。干制率57%~59%，干制红枣形大，美观，皮色深红，皱纹略深，肉质饱满，富弹性，含可溶性糖75%~80%，浓甜，极耐贮运，品质上等。

4月下旬萌芽，5月上旬前后展叶，6月上旬开花，9月上旬果实成熟，但8月下旬即可采收。10月下旬落叶。

树势中庸。果皮转红后遇雨果肩部易发生裂纹。

该品种果大，形美，是适宜南方栽培的干制红枣与加工蜜枣的品种。但适应性较差，喜肥沃、深厚土质。

7. 大木雕

主要分布于洪泽。

树姿开张，树冠为圆头形，枣头紫褐色，托刺较多，皮孔细长。叶片长椭圆形，中大，质薄，叶缘锯齿浅而钝，先端圆钝。叶柄较短。抽生长枝的能力较强，枣股平均持续年限3~4年，每枣股抽生枣吊3~4个，枣吊平均长21.6 cm，13节，节间较长，花序着生于第3~13节，以第7~10节为多。

果实圆锥形，果大，大果单重可达30 g，顶端平，果梗长，梗洼深而广。成熟后果皮红色；果肉黄白色，质松脆，肉厚、汁少、性绵，味甜而香，品质中上等。核呈现菱形，先端尖。

树势中庸。自然落果较轻，大小年结果现象不明显。

萌芽期4月中旬，展叶期4月下旬，开花期6月上旬，果实采收期8月下旬，成熟期9月上旬，落叶期10月下旬。

该品种适应性较强，在黏土、沙土地生长均良好，无裂果现象，抗逆性亦较强。是主要的优良蜜枣原料。

8. 猪牙枣

主要分布于洪泽。

树姿开张，树冠圆头形，枣头灰绿色，皮孔细而密。叶片小，长椭圆形，深绿色；叶柄细长；叶缘有波状钝锯齿，先端圆钝。枣股数量较多，花序着生于枣吊第2~13节上，以第6~8节为多。

果实长圆形或卵圆形，中大，平均单果重7.5 g。成熟时赭红色，果顶平，果皮厚。肉质脆，味甘甜，品质中上等。核大，较圆。

4月下旬萌芽，5月下旬开花，8月下旬采收，9月上旬果实成熟，10月中下旬落叶。

树势中庸，自然落果重，大小年结果现象不明显，丰产性能较好。适应性较强，但果实成熟期遇雨裂果较重。

该品种果形较大，品质中上等，宜鲜食和加工。

9. 车轱辘

主要分布于洪泽。

树姿开张，枝条粗壮。叶片长，深绿色，长椭圆形；先端窄，锯齿稀而浅，叶面平展，叶柄歪向一边。枣股平均持续年限6年；枣吊平均长为28 cm，14节，节间长。花序着生于枣吊第2~13节上，以第5、6节为多。

果实长圆形，粗短，肩短突起，梗洼深广，果面有一纵沟，犹如将果实分为两半，故得此名。平均单果重10 g。果皮薄，阳面有红晕。肉质松脆，汁液中多，味甘甜，品质中上等。

萌芽期4月底，展叶期5月中旬，花期6月初，果实采收期8月下旬，成熟期9月上旬，落叶期10月下旬。

树势较弱。大小年结果现象不明显，落果较轻。

该品种果实品质好，耐旱、耐涝力较强，但果形小，抗枣疯病能力弱，不宜发展。

10. 小木枣

主要分布于洪泽。

树姿开张，树冠圆头形，枝多下垂。枣头紫褐色，无托刺，长枝形成能力强。叶片卵状披针形，深绿色。枣股平均持续年限6年；枣吊平均长15 cm，15节，节间短；花序着生于枣吊第3~7节，以第7节结果为多。

果实长圆形，果小，平均单果重5.7 g。果皮绿白色，成熟后紫红色，有光泽，果顶突起，果皮薄。肉细质脆，味甜，核小，品质中上等。

萌芽期4月底，展叶期5月中旬，开花期6月初，果实8月中旬可采收，8月下旬完全成熟。

树势中庸。自然落果轻，大小年结果现象不明显。丰产。

该品种果实成熟早，丰产性能好，抗逆性强。宜鲜食和干制红枣。

11. 南京大木枣

主要分布于南京近郊及高淳等地。

树体较大，树姿开张，多自然圆头形，树干灰褐色，树皮裂纹粗浅，纵条状。皮孔小，较密。针刺少或退化。叶片较小，卵圆形，深绿色。枣股短小，抽生枣吊3~5个，枣吊平均长13 cm。

果实梨形或倒卵形，平均单果重10 g。果皮紫红色，有光泽。果肉疏松，汁液少，味淡，鲜食品质差。果核较大，近圆锥形。

萌芽期4月底，展叶期5月中旬，开花期6月初，9月上旬完全成熟。

树势强，结果较晚，产量中等。

该品种适应性强，抗枣疯病。果实较大，宜制蜜枣。

12. 南京牛奶枣

主要分布于南京近郊。

树体较大，树姿较开张，树冠自然圆头形，树干灰褐色，树皮裂纹粗，较深，纵条状。皮孔中等大，较密。针刺少或退化。叶片较小，长卵圆形，黄绿色。枣股短小，抽生枣吊 3~5 个，枣吊平均长 17 cm。

果实倒卵形，果面较平整，平均单果重 8.5 g。果皮棕红色。果肉质地松软，汁液少，味较甜，鲜食品质不良。果核细小，纺锤形。

萌芽期 4 月底，展叶期 5 月中旬，开花期 6 月初，9 月上旬完全成熟。

该品种适应性一般，树势较强，产量不高。宜制蜜枣。

二、引进品种

1. 沾化冬枣

引自山东，分布于全省各地。

树体中等大，树姿开张，树冠多呈自然半圆形，枝叶较密。幼树生长健旺，树姿直立，干性较强；成龄树长势稳健，树冠开张，主干暗灰色、纵裂。1 年生枝紫红色，较光亮，棘针退化，短而细小；皮目较小、微凸、灰白色，分布均匀。多年生枝灰褐色，棘针全部脱落。叶片长椭圆形；叶尖钝圆，两侧向叶面纵卷；叶色深绿。花量较多。

果实近圆形，平均单果重 20 g。果面平整光洁，果皮薄而脆，完全成熟红色；果肉白色，质细脆，汁多味甜，果肉厚。果核小。鲜食品质极上（图 13-7）。

4 月下旬萌芽，5 月下旬开花，6 月上旬盛花，果实 10 月上中旬成熟，11 月上旬开始落叶。

树势中庸偏强。早实丰产性较强，坐果率较高，落果轻（图 13-8）。

图 13-7 ‘沾化冬枣’果实

图 13-8 ‘沾化冬枣’结果状

该品种适应性较强,抗旱耐涝,耐瘠薄,抗枣缩果病、炭疽病,较抗枣疯病,不裂果。鲜食品质优,发展潜力大。

2. 梨枣

引自山东,20世纪90年代末和21世纪初,南京郊区、溧阳、金坛、宜兴、连云港等地有成片种植,后因该品种成熟前裂果较重,现零星种植。

树体中等大,树姿开张,树呈自然半圆形。树干灰褐色,裂纹小条块状。枣头棕红色,较粗壮。多年生枝条灰褐色,枝面粗糙。叶片较大,深绿色;卵状披针形,基部圆或广楔形;先端渐尖。枣股圆柱形,抽生枣吊3~4个。花特多,每个枣吊着花序8~10个,中部节位着花15朵以上。

果大,多数为梨形,果面不平,纵径3.6~3.9 cm,横径3.1~3.4 cm,平均单果重16.5 g,最大单果重55 g,大小不很整齐。果皮薄,淡红色;肉厚,绿白色或乳白色,质地松脆,汁液中多,味甜,略具酸味。核中等大,长纺锤形。

4月下旬萌芽,5月下旬开花,6月上旬盛花,果实9月上中旬成熟,11月上旬开始落叶。

树势中庸,结果能力强,丰产。

该品种鲜食品质较优,适应性较强,抗旱耐涝,耐瘠薄。但易裂果,不宜在江苏大面积发展。

3. 金丝小枣

引自山东,徐州、盐城、南京、镇江等地有少量栽植。

树姿开张。1年生枝黄棕色,阳面棕红色,皮孔小,分布稀。幼树和徒长的新梢上有托刺,后渐脱落,弱枝常无托刺。叶片较大,深绿色;卵状披针形,基部圆或阔楔形;先端渐尖。花量多,每花序着花3~15朵。

果小,类型较多,其中以椭圆形和倒卵形者居多,平均单果重7.0 g。果皮薄,鲜红色,光亮美观;肉质致密,汁较多,味甘美,可溶性固形物含量34%~38%。核小,纺锤形。干红枣深红光润,果皮坚韧,皱纹细浅;果肉饱满富有弹性,极耐贮运,干制率55%~58%,含可溶性糖74%~80%,味清甜,品质极佳。

4月下旬萌芽,5月下旬开花,6月上旬盛花,果实10月上中旬成熟,11月上旬开始落叶。

树势较弱,落果轻,丰产,喜肥沃壤土或黏壤土。在雨水充沛的苏南地区栽培,树势较强,成熟期遇雨易裂果,烂果较多,唯抵抗盐碱能力很强。

该品种鲜食、干制兼用,最适制干红枣。结果早,产量高,对肥水要求较严。

4. 灰枣

引自河南新郑,分布于盐城等地。

树姿开张,枝粗而稀,多年生枝灰色,皮粗糙。新梢红褐色。叶片较小,长圆形,深绿色,中等厚,叶缘有波状锯齿,先端圆钝;叶柄中长。枣股较大,平均持续年限5年,可抽生枣吊3~5个,枣吊长14 cm左右。花量较多,花着生于第3~10节,以第6节结果最多。

果中大,长椭圆形,平均单果重9.2 g,大小整齐。果皮中厚,棕红色,富韧性;果肉厚,汁少。核较大,纺锤形。干制红枣皱纹较粗,肉质富有弹性,品质上等。

5月初萌芽,5月上旬展叶,6月中旬开花,9月上旬采收,9月中旬果实成熟,11月下旬落叶。

树势中庸,成枝力中等。不耐旱,易患枣疯病、枣锈病。

该品种抗性较差,可作为干制红枣品种应用。

5. 长红枣

别名躺枣、长枣、大枣等,为典型的长枣类品种。从山东引进,分布于连云港、徐州等地。

树势中庸,树姿直立,干性强,树冠圆头形。成枝力中等。1年生枝深褐色,皮孔稀少。叶片卵状披针形,狭长而厚;先端渐尖,基部楔形;叶面平滑光亮,深绿色。抽生枣头的能力较弱,枣头灰褐色,托刺中多且长。每枣股平均抽生枣吊3~5个,枣吊平均长13.5 cm,9~10节。花序着生于枣吊第2~9节,以第5节结果为多,每花序有3~4朵花。

果实圆柱形,平均单果重9.0 g,最大20 g以上,大小不整齐。果皮中厚,赭红色;果肉黄白色,质脆,汁中多,可溶性固形物含量31.7%,干制率45%~47%。核中大,纺锤形。品质上等。

萌芽期4月中旬,展叶期4月下旬,开花期6月上旬,采收期8月下旬,成熟期9月下旬,落叶期10月下旬。

该品种适应性强,耐旱,耐瘠,较抗枣疯病,耐粗放管理。丰产,成熟期遇雨不裂果。可制红枣。

6. 朱来红

自山东宁阳引进,分布于淮安等地。

树势较强,树姿开张,枣头灰褐色,托刺中多。叶片卵状披针形,深绿色。枣股平均持续年限3~4年,每枣股平均抽生2~4个枣吊,枣吊平均长13.4 cm,8节左右。花序着生于第4~6节,其中以第5节结果较多,每花序3~5朵花,花浅黄色。

果实长圆形,中大,果顶凹,平均单果重7.6 g。果肉黄白色,肉质脆,汁液少。果核大。品质中上等。

4月中旬萌芽,4月下旬展叶,6月上旬开花,8月下旬采收,9月中旬果实成熟,10月下旬落叶。

该品种适应性较强,落花落果较轻,丰产,宜制红枣。

7. 灵宝大枣

别名圆枣、疙瘩枣。引自河南灵宝、新郑一带，分布于南京等地。

树姿直立，干性强，枝粗壮。1年生枝红褐色，针刺发达。枣吊长20 cm左右，节间短。叶片厚，长卵形，叶基宽，先端渐尖，叶色浓绿。

果大，短圆柱形，平均单果重19 g，最大30 g以上，大小较整齐。果面有不明显的5棱突起，果皮中厚，深红色，有不规则的黑点，梗洼广而浅。鲜枣肉厚，质细，汁少，含可溶性糖23.4%~26.5%，干制率50%。核大，近圆形，核面不光滑，多数含有不饱满的种仁。干红枣皱纹粗而浅，肉质粗松，含可溶性糖70%~75%，味甜较淡，品质中上等。

果实9月下旬成熟。

树势强，树体高大，幼树结果迟，成枝力中等，落果程度轻，大小年结果现象不明显。

该品种适应性较强，耐旱，抗逆性较强，果大而匀，外形美观，肉质粗松，味较淡，产量不高。

8. 相枣

别名圆枣、大圆枣。引自山西运城一带，分布于南京等地。

树姿开张，枝条稀而下垂。叶较小，长卵圆形，叶缘锯齿较锐，叶色深绿。花少，每花序着花3~4朵。

果大，圆形，大小不匀，梗洼窄，较深，平均单果重22 g。果皮薄，深红色，平滑、光亮、美观，果点大。果肉厚，质细较硬，汁少，可溶性固形物含量33.8%。干制率40%，干红枣含可溶性糖73.5%。核较大，短纺锤形，核纹粗。

树势中庸，成枝力中等。落花落果轻，丰产，稳产。抗逆性中等，喜肥沃壤土，果实成熟前遇雨不裂果。

本品种在南京生长良好，成熟期烂果少，较丰产，果面富有光泽，外观较好，唯肉质较疏松，味较淡。

9. 无核枣

别名空心枣。多产于山东、山西、河北等地，在江苏分布于南京等地。

树姿开张，枝叶形态与‘金丝小枣’相似。

果小，圆柱形，侧面稍扁，中部稍细，平均单果重4.6 g，最大10 g以上，大小很不均匀。果皮薄，鲜红色，富韧性。果肉细致，较松软，汁少，可溶性固形物含量33.3%，干制率53.8%。干红枣含可溶性糖75%~78%。核多数退化成不完整的膜片，种仁多不发育，果内形成一个无核的空腔。品质上等。

9月上中旬成熟。

树势较弱，生长、开花结果习性与金丝小枣相似，唯成枝力稍弱，枝干稍直立，树冠稀疏，产量不高。对肥水条件要求较严，在南京等地，因雨量充足，长势转强，果实能充分成熟，裂果和烂果少，果面多锈斑，无光泽。

该品种在原产地无核，引入江苏省后出现种核，且品质有所下降。可适量栽培。

10. 蜂蜜罐

引自陕西大荔，分布于南京、泗洪等地。

树姿直立，高圆头形。二次枝与枣头分枝角度小，枣头赤褐色，皮孔密度中等，托刺短。叶长卵圆形，色深，叶面富光泽；主侧脉明显；叶缘锯齿浅而钝。

果实短圆柱形，果肩平，果顶微凹，柱痕显著；梗洼较深广；平均单果重 7.5 g。果皮薄，浅红褐色，果点中多。果肉浅绿色，含可溶性糖 70.6%。核较大。

4 月中旬萌芽，5 月中下旬开花，8 月底至 9 月上旬果实成熟期。

树势强，枝条生长强健。抗性强，较抗枣疯病。成熟期多雨易裂果。

该品种适应性强，结果早，产量高而稳，品质极优，可作为优良鲜食品种发展。

11. 龙须枣

别名龙枣、龙爪枣、蟠龙枣等，为观赏枣品种。引自山东，江苏零星种植。

树体小或较小，树姿开张，树冠自然圆头形或自然半圆形。树干灰褐色，裂纹较浅。枣头紫红和紫褐色，有光泽。枝条形状弯曲不定，或蜿蜒曲折前伸，或盘曲成圈生长，或上或下，或左或右。节间长 8~11 cm。叶片小，深绿色，卵状披针形；叶片厚。枣股圆柱形，较细弱，抽生枣吊 3~4 个，枣吊细长，也左右弯曲。花少，每个枣吊着花 25~30 朵。

果实小，扁柱形，果面不平，单果平均重 3.1 g，最大单果重 5 g，纵径 2.6 cm，横径 1.3 cm，大小较整齐。果皮厚，红褐色。果肉绿白色，质地较粗硬，汁液少，甜味淡，无酸味。核细小，长梭形。鲜食品质差。

4 月中旬萌芽，6 月初开花，果实 9 月下旬成熟，11 月上旬开始落叶。

树势较弱，结果早，结果能力中等，且不稳定，产量较低。

该品种适应性良好，果实小，品质较差，实用价值低，但树体矮小，枝形奇特，有很高的观赏价值，可庭院栽培或制作盆景（图 13-9）。

图 13-9 ‘龙须枣’盆栽结果树

12. 胎里红

别名老来变。引自河南，江苏零星种植。

树体中等大，树姿开张，树冠自然圆头形。树干褐色，表皮粗糙。叶片中等大，绿色；卵状披针形；叶片中厚。枣头紫褐色，生长旺盛。枣股圆柱形，抽生枣吊 3~4 个，枣吊粗长。花多。

果实中等大小，长圆形，果面平，平均单果重 7 g，纵径 3.4 cm，横径 2.5 cm，大小较整齐。果皮中厚，幼果为紫红色，以后逐渐减退，至白熟期转变为绿白色，略具红晕，随果实成熟度递增，色泽又渐加深，至完熟期，转为赭红色（图 13–10）。果肉绿白色，质地松软，汁液中多，味淡。核中等大，长纺锤形。

图 13–10 ‘胎里红’果实

4 月中旬萌芽，6 月初开花，果实 9 月上旬成熟，11 月上旬开始落叶。

树势较强，较丰产，采前落果和裂果均较轻。

该品种适应性良好，肉质松软，品质中等，可制作蜜枣，花朵和幼果均呈红色，有观赏价值（图 13–11）。

图 13–11 ‘胎里红’结果状

另外，还有一些品种在江苏省有少量种植（表 13–1）。

表 13-1　其他枣品种性状简介

品种	原产地	分布	果形	单果重 /g	品质	成熟期	用途	备注
雁来红		淮安					鲜食、干制	曾保存于江苏省植物研究所
鸭枣							鲜食、干制	曾保存于江苏省植物研究所
大马牙枣		洪泽、沭阳	长椭圆形	22.0	上等	9 月上旬	鲜食、加工	
小马牙枣		洪泽、沭阳	长椭圆形	8.0~9.0	中上	9 月上旬	干制	
窝铃枣		泗洪	长圆形		上等	9 月中旬		保存于泗洪上塘乡
酸枣		洪泽、盱眙	长圆形	22.0	下等	8 月下旬		
团铃枣		泗洪、涟水	短圆柱形			8 月中下旬	鲜食、加工	
蚂蚁枣		泗洪	长圆形	22.0	中等	8 月中下旬	加工	
白皮酥枣	南京	盱眙	圆形		上等	9 月上旬	鲜食、加工	
雷枣		盱眙	圆形		中上	9 月上旬		
面枣		盱眙、洪泽	圆形		中等	8 月下旬		
锥把枣		泗洪	圆锥形		中上	8 月下旬		
鸭蛋枣		淮安	长圆形		上等			
秋枣		淮安	长圆形		上等	9 月		
玉枣		淮安	长圆形		上等	8 月下旬		
蜜枣		淮安	长圆形		上等		鲜食	
羊屎枣		淮安	长椭圆形	1.5~2.0	下等	9 月中旬		
红枣	洪泽						鲜食、干制	曾保存于江苏省植物研究所

续表

品种	原产地	分布	果形	单果重 /g	品质	成熟期	用途	备注
洪泽木枣	洪泽						鲜食、干制	曾保存于江苏省植物研究所
马洪枣	洪泽						鲜食、干制	曾保存于江苏省植物研究所
水团枣	苏州						鲜食、干制	曾保存于江苏省植物研究所
阜平大枣	河北						鲜食、干制	曾保存于江苏省植物研究所
疙瘩枣	河北						鲜食、干制	曾保存于江苏省植物研究所
官滩枣	山西						鲜食、干制	曾保存于江苏省植物研究所
灌阳长枣	广西						鲜食、干制	曾保存于江苏省植物研究所
鸭蛋枣	陕西						鲜食、干制	曾保存于江苏省植物研究所
九月寒	安徽						鲜食、干制	曾保存于江苏省植物研究所
骏枣	山西						鲜食、干制	曾保存于江苏省植物研究所
乐陵木枣	山东						鲜食、干制	曾保存于江苏省植物研究所
铃铛枣	安徽	淮安	长圆形	15.0	上等	8月下旬	鲜食、加工	保存于泗洪上塘乡
密云小枣	北京						鲜食、干制	曾保存于江苏省植物研究所
赞皇大枣	河北	南京	长圆形	15.0~17.0	上等		鲜食、加工	
大圆铃枣	山东宁阳	徐州、淮安、连云港	扁圆形	7.1	上等	9月中旬	干制	保存于灌南六塘乡
小圆铃枣	山东宁阳	徐州、淮安、连云港	长圆形	4.8	上等	9月中旬	干制	保存于灌南六塘乡
山东泡红	山东	淮安	卵圆形	4.5	上等	8月下旬	鲜食	保存于洪泽淮河乡

续表

品种	原产地	分布	果形	单果重 /g	品质	成熟期	用途	备注
保德小枣	山西						鲜食、干制	曾保存于江苏省植物研究所
分县圆枣	陕西						鲜食、干制	曾保存于江苏省植物研究所
秤锤枣	湖北						鲜食、干制	曾保存于江苏省植物研究所
冻枣	山东						鲜食	曾保存于江苏省植物研究所
繁昌长枣	安徽						鲜食、干制	曾保存于江苏省植物研究所
南关大枣	广西						鲜食、干制	曾保存于江苏省植物研究所
南京枣	浙江						加工（蜜饯）	曾保存于江苏省植物研究所
平南大枣	广西						鲜食、干制	曾保存于江苏省植物研究所
商河圆铃枣	山东						鲜食、干制	曾保存于江苏省植物研究所
沙坡头大枣	宁夏						鲜食、干制	曾保存于江苏省植物研究所
宜城圆枣	安徽						加工（蜜饯）	曾保存于江苏省植物研究所
中卫红枣	宁夏						鲜食、干制	曾保存于江苏省植物研究所
中阳木枣	山西						加工（蜜饯）	曾保存于江苏省植物研究所
蜜蜂杞	安徽						鲜食	曾保存于江苏省植物研究所

三、选育品种

1. 泗洪大枣

图 13–12　33 年树龄的‘泗洪大枣’树

别名霸王枣。

1982 年从江苏省传统枣乡泗洪上塘贡枣中选出的大果型生食、加工兼用优良枣品种（图 13–12），1996 年该品种通过江苏省农作物品种审定委员会审定。泗洪大枣除在江苏栽培外，浙江、上海、山东、安徽、湖南、湖北、江西、新疆等地引进该品种进行栽培。

树势较强，树冠较开张。枣头生长旺盛，枣头色泽为紫红、被白粉，当年生枣头有短刺，枣头皮孔大小中等、较稀、开裂。二次枝和枣股发生多，枣股母枝长度 31.5 cm，枣股上无刺。平均每个枣股抽生枣吊 3.2 个，二次枝自然生长节数 5 节，基部 3 节长枣吊。枣吊平均长 21 cm。叶片卵形、较厚；叶色深绿；叶尖渐尖、钝；叶基广楔形，锯齿浅、较稀；无茸毛。

图 13–13　‘泗洪大枣’果实

果实卵圆形，平均单果重 50 g，最大果可达 107 g，纵径 5.7 cm，横径 5.9 cm（图 13–13）。成熟时果皮深红色。肉质酥脆，汁液较多，风味甘甜，可溶性固形物含量为 30.5%，品质优。成熟期遇雨不裂果，不落果。

萌芽期 4 月 11 日，初花期 5 月 28 日，盛花期 6 月 4~10 日，果实成熟期 9 月中旬，枣吊脱落期 11 月中下旬。

生长快，一般当年栽植，2 年见果，4~5 年进入丰产期，亩产鲜果 1 500 kg 以上，自然落果情况轻，采收前不裂果。但自然坐果率低，丰产性较差，生产栽培中以该品种实生后代“862”作授粉树，可明显提高‘泗洪大枣’的坐果率。

该品种果形大，肉质松脆，口感佳，适应性强，较抗枣疯病，是抗病性较强的优良品种（图 13–14），可在长江流域地区重点推广发展。

图 13–14　‘泗洪大枣’结果状

2. 金坛酥枣

常州金坛经济作物研究所选育的珍珠枣芽变品种，2011 年通过江苏省农作物品种审定委员会鉴定。

树势中庸，树姿开张，干性强，成枝力中等。3 年生枣树高 2.5~3.5 m，冠径 2.5 m 左右。幼树生长健旺，主干和多年生枝褐白色；老树皮外表粗糙，有纵行网状裂纹。当年生枝成熟部分棕红色，较粗壮，大部分枝条表面被白色浮皮，平均枝条长 60 cm，节间长 3~5 cm，皮孔较小，圆形，稍突，呈灰白色。针刺少，2 年生及以上年龄的枝条几乎无刺。每枣股可抽生 3~11 个枣吊，每枣吊上有 8~18 张叶片。叶片深绿色，有光泽，较大，阔卵状披针形；叶长平均 6.2 cm，宽 3.2 cm，叶尖长，渐尖，叶缘波状锯齿较细。聚伞花序，着生叶腋间，每个花序 3~5 朵小花，花量中等，蜜盘发达，花径 6~7 mm。

图 13-15 ‘金坛酥枣’果实

果实长圆形，平均果重 13.8 g，最大果重 25.1 g，纵径平均 2.86 cm，横径 2.17 cm，大小整齐，果面平整光洁。果肩圆，梗洼大，有一明显褐色环。果皮平滑，光亮艳丽，皮细薄富韧性，白熟期浅绿白色，着色后呈棕红色，果点细小，平滑，不明显。果肉白色，厚，质地致密脆嫩，汁液较多，无渣，味甜，无涩味，口感极佳（图 13-15）。可溶性固形物含量白熟期为 22.1%、脆熟期为 24.3%、完熟期为 27.6%。鲜食品质上等。

在金坛地区，4 月上旬至中旬发芽，5 月中旬始花，5 月下旬至 6 月上旬为盛花期，8 月中旬果实进入白熟期，8 月下旬开始着色进入脆熟期，9 月上中旬为完熟期。生育期 130 天左右，果实发育期 80 天左右。

该品种早实丰产性强。定植当年少量开花，第 2 年部分结果，第 3 年全部结果并形成产量，平均株产 8.9 kg，第 5 年平均株产 13.4 kg，坐果稳定，稳产，管理到位无大小年结果现象（图 13-16）。

该品种适应性、抗逆性较强。对土壤要求不严，较耐干旱、耐瘠薄，与金坛地区其他枣树品种相比，在果实生长中后期遇到短期干旱不会发生落果，也不会发生果实水分抽干现象。较抗枣黑腐病、枣缩果病。成熟期遇长时间降雨有少量裂果。

图 13-16 ‘金坛酥枣’结果状

第四节 栽培技术要点

一、园地选择

枣树喜光，耐旱、耐瘠、耐盐碱，适应性较强，但不耐涝，在丘陵、平原瘠地、庭院宅旁，只要排水良好，均可栽培。选择土层厚，肥力高，阳光充足，排灌水方便，透气性良好的近中性沙壤土或稍带黏性的土壤建园，有利于枣树生长结果，提高品质。

二、苗木繁育

繁殖方法有分株、扦插、嫁接等。嫁接苗生长较快，结果较早，常用酸枣或本砧作为砧木。

三、栽培方式

传统的枣树栽培方式为露地栽培，为提高坐果率，降低鲜枣裂果率，稳定鲜枣的产量和品质，可采用避雨栽培方式（图 13–17）进行枣生产。此外，为使枣鲜果成熟期提早，提前上市销售，也可采用日光温室或塑料大棚开展枣树的早期保温促成、后期避雨栽培方式。

图 13–17　枣树避雨栽培

四、栽植密度

栽植密度应根据地势、土壤、品种特性而定，一般行距 3~4 m，株距 2~3 m，每亩 55 ~110 株。

五、土壤管理

每年冬季前进行枣园土壤深翻 1 次，深度为 15~20 cm，耕翻后耙平。生长季尤其是雨季树盘应及时中耕除草，松土保墒。枣园行间可间作矮秆作物或绿肥，不间作高秆作物，间作物应离主干 1 m 以上。

六、施肥

以有机肥为主,化肥为辅,保持和增加土壤肥力及土壤微生物活性,所施用的肥料不应对枣园环境和枣品质产生不良影响。果实采后施入基肥,萌芽期、盛花初期、果实迅速膨大期进行追肥。

七、水分管理

在发芽前、开花前、果实膨大期和果实成熟期各浇水 1 次,雨季清理畦沟、排水沟、出水沟,达到雨停不积水。

八、整形修剪

生产上常采用疏散分层形和开心形 2 种树形,在落叶后至第 2 年萌芽前进行冬季修剪,主要采用疏枝、短截、回缩、落头等修剪方法,在枣头生长减缓时的 6 月进行夏季修剪,主要采用疏枝、摘心、拉枝、环剥、抹芽、除根蘖等修剪方法。

九、花果管理

枣树虽然花量大,花期长,但坐果率低,仅 1% 左右。提高坐果率的方法:一是天旱时花期喷清水;二是喷布生长调节剂或微量元素,如喷浓度为 10~15 mg/kg 的赤霉素或 50~100 mg/kg 的硼砂溶液;三是枣园放蜂;四是开甲,即主干环割或主干环剥;五是枣头摘心,花期对旺长枣头摘心以控长;六是在枣园内同时种植 2~3 个枣品种,配置与该品种相适应的具有较强亲和力的授粉品种。

十、病虫害防治

危害枣树的主要病害有枣锈病、炭疽病、枣疯病、缩果病、烂果病等,主要虫害有枣尺蠖、枣瘿蚊、红蜘蛛、枣黏虫、桃小食心虫、枣叶壁虱、刺蛾等。病虫害的综合防控,首先要通过改善枣园生态环境,提高枣园通风透光度和培植健壮的树体等措施来提高枣树自身的抗病能力;其次可采取以杀灭病原菌、虫源为重点的冬季清园和萌动期铲除等农业防治措施,同时采用低毒高效农药进行化学防治。对于枣疯病目前尚无有效的防治药剂,发现枣疯病须及时彻底地挖除病株和病根蘖,消除病源,并经常性地随时检查,发现病株立即铲除。

十一、采收

采收适期因食用和加工目的不同而异,加工用枣在白熟期采收,鲜食枣在脆熟期和完熟期采收。采收方法一般采用手摘法，采果时备好采果用具，防止机械伤害，保证果实完整。

（本章编写人员：王金才、王松华、吴伟民）

主要参考文献

[1]陈卫平，马飞．提高泗洪大枣坐果率的研究[J]．江苏农业科学，2008（6）：156-157，159.

[2]刘辉，凌霖，肖平．“金坛酥枣”的选育及生物学特性[J]．中国南方果树，2012（2）97-98.

[3]曲泽洲，王永蕙．中国果树志·枣卷[M]．北京：中国林业出版社，1993.

[4]吴伟民．鲜食枣品种评价与关键栽培技术[J]．南京农业，2006（4）：29-31.

[5]於朝广．江苏省优质枣品种[D]．南京：南京农业大学．

第十四章　葡　萄

/ 栽培历史与现状 / 种类
/ 品种 / 栽培技术要点

第一节　栽培历史与现状

江苏葡萄栽培起于何时，尚待稽考，但据一些古籍和地方志记载，至少已有 400 年历史。明万历五年（1577）《宿迁县志》已有葡萄的记述。明王世懋所著《学圃杂疏》（1587）多处言及江苏的果树，如“葡萄虽称凉州，江南种亦自佳，有紫水晶二种……”清光绪十一年（1875）陈作霖所著《金陵琐志五种》也提到南京有葡萄栽培。

自明清以来，江苏省地方志如《铜山县志》《常熟县志》《扬州府志》《泰兴县志》《镇江府志》《丹徒县志》《六合县志》《太湖备考》《苏州府志》等记述的物产中都有葡萄。民国《宿迁志》载“半埠店一带黄河、运河堤坡有葡萄多处，每处连接甚远，共有二三百架，皆为小黑葡萄……他处人家多单株种植，多为大葡萄……全县葡萄可二三千架”。由此可见，明清以来江苏省一些地区葡萄栽培已甚普遍。

1949 年以前，江苏省农林院校陆续从国内外引种果树，其中最早是 1919 年江苏省立第二农校（今苏州农林职业技术学院）王太乙自日本引入‘玫瑰香’‘黑罕’‘甲州’‘甲州三尺’及‘华盛顿女士’（Lady Washington）等品种，还从外省引入‘北京红’‘牛奶’等，这是欧亚种和欧美杂种葡萄引入江苏省的开始。1923 年国立中央大学农学院太平门实习果园建立后，王太乙、章守玉、奚铭已先后从日本、法国及中国北方诸省广泛引进大批葡萄品种；1928 年中山陵园果园创办后，又从日本引入‘爱地朗’‘康拜尔早生’‘花叶白鸡心’‘康可’‘底拉洼’‘甲州三尺’‘玫瑰香’‘金后’等品种进行生产栽培。1930 年和 1934 年金陵大学农学院先后在汉口路园艺场和尚庄农场种植葡萄。当时有关单位引入品种虽然不少，但推广面积不大。1949 年，全省果树面积仅有 7.3 万亩，其中葡萄不足 105 亩。

1949 年后，果树生产迅速恢复与发展。1953 年全省葡萄面积为 270 亩，1957 年发展到 2 835 亩，当时栽培的主要是鲜食品种‘玫瑰香’。为了适应果树生产的发展，20 世纪 50 年代开展了大规模的引种工作。中国农业科学院江苏分院（今江苏省农业科学院）就曾引入 296 个品种；扬州地区农业科学研究所也收集了 100 多个品种；南京中山植物园 1954 年广泛收集国内外葡萄的种质资源，从 1959 年开始葡萄抗黑痘病育种研究，进行亲本的抗病性筛选。以‘玫瑰香’‘黑罕’等为母本，野生种刺葡萄、蘡薁葡萄为父本进行杂交，然后对 6 个组合的杂种后代进行黑痘病菌人工接种试验，证明其后代普遍表现倾向父本的抗病性。同时对 17 种野生葡萄进行抗黑痘病能力的测定，结果表明，原产地不同的葡萄品种在南京的栽培条件下其抗病性有很大差异，为南方葡萄育种工作提供了基础资料，后来在生产上起到了一定的作用。但数次大规模葡萄引种，终因陷于盲目而失败。例如 1955 年南京自山东调入 40 万株‘龙眼’葡萄，由于贮存失误，苗木大量死亡而失败。再如 1958 年从保加利亚引入大批插条在徐州、淮阴、盐城和扬州等地大量繁殖、栽植，而引入的品种不适应江苏省夏季高温多湿的条件，产量低、糖分含量低、病虫害严重，导致生产的酒质量差，销路不畅，因此被砍伐殆尽。

1958~1961 年，江苏省黄河故道地区开发果树生产，新建了上百个果园。在栽植的树种中，葡萄占有较大比重，以鲜食和加工兼用品种‘保加利亚’为主，多用于酿酒。1961 年全省葡萄面积达到 6 万亩。

1962 年后的 10 余年间，由于葡萄品种‘保加利亚’不适应江苏省夏季高温多湿条件以及种植业方针的偏颇等原因，不少葡萄园改种苹果或毁园种粮，葡萄面积锐减，到 1975 年全省葡萄面积仅剩 6 000 亩。

1975 年后，因市场需要，葡萄收购价格有所提高；加之一些高产、抗病品种的推广，如鲜食品种‘白香蕉’‘康拜尔早生’及酿造品种‘白羽’‘北醇’等，农民种植葡萄的积极性有所提高，葡萄栽培面积也逐年扩展。至 1982 年全省葡萄面积已达到 2 万亩，产量 5 359 t。其后，丰县、连云港及宿迁又相继建立酿造葡萄生产基地，栽培面积各有 1 万多亩。1984 年后，无锡、镇江及南通等市相继扩大鲜食葡萄‘巨峰’的栽培面积。1986 年全省葡萄成片栽培面积达 4.8 万亩，加上庭院零星栽培的，共有将近 6 万亩。

1986 年以后，全省各地陆续引进‘巨峰’及‘巨峰’系大粒鲜食品种，葡萄面积迅速发展，苏南以无锡、苏州、常州等地葡萄发展较快。苏北以东海石梁河镇为代表，主栽‘巨峰’，发展面积一度超过 8 000 亩，曾经被称为“江苏葡萄第一镇”。‘藤稔’葡萄果粒巨大，落花落果轻，栽培容易，当时经济效益很好，有些地区和农户亩产值可达2万~3万元。江阴璜土、武进礼嘉、无锡蠡园等地发展成为葡萄栽培重镇，成为农业结构调整的典范。

1990年以后，江苏省各地主要发展品种还是以‘藤稔’为主。但句容春城（现茅山镇）引进日本葡萄栽培技术，利用丘陵山区稀植和X整形技术，通过控产提质，生产优质的‘巨峰’葡萄，对江苏葡萄产业提升起到积极作用，最终也形成江苏省鲜食葡萄以‘藤稔’‘巨峰’两个主栽品种的格局。

20世纪90年代初，江苏省生产及科研部门开始欧亚种葡萄引种试验，‘红地球’‘美人指’‘黑大粒’‘圣诞玫瑰’‘瑞必尔’‘森田尼无核’等一批欧亚种品种引入江苏，并进行避雨栽培试验，获得成功。

1997年全省葡萄面积4.8万亩，其中葡萄酒原料基地进一步萎缩，仅1.48万亩，以‘藤稔’‘巨峰’为主的鲜食葡萄进一步增长，达3.55万亩，全省葡萄产量6.2×10^4 t。

20世纪90年代末，苏南各地陆续采用大棚避雨方式种植葡萄，再次掀起了江苏葡萄种植的热潮。此时恰逢全国性的加快农业结构调整时期，农业结构调整和科技项目的注入，推进了江苏省葡萄品种、技术和生产的发展。南京农业大学、江苏省农业科学院及张家港市神园葡萄科技有限公司先后从日本等地引进葡萄新品种，包括‘夏黑’‘翠峰’‘红高’‘黄玉’‘红罗莎里奥’‘高蓓蕾’‘濑户’‘白罗莎里奥’‘魏可’‘巴西’‘黑峰’‘安芸皇后’‘信浓乐’等品种，其中‘夏黑’葡萄因成熟早、品质优、无核，抗病性较强，栽培相对容易，2000年以后，全国开启了‘夏黑’葡萄发展热潮，江苏也成为了全国各地提供葡萄新品种的重要种源地。

2004年，中国农学会葡萄分会与南京农业大学共同主办的第四届全国南方葡萄学术研讨会在镇江和南京江心洲举行，会议主题为“控制产量提高葡萄品质”，这次会议也是全国学习江苏葡萄控产提质理念的开端。江苏省农林厅组织南京农业大学、江苏省农业科学院等单位筹备成立江苏省葡萄协会，2004年底经江苏省民政厅批准正式成立江苏省葡萄协会。

到2005年底，全省葡萄种植面积15.4万亩，产量1.16×10^5 t，其中徐州3.2万亩，产量3.1×10^4 t；连云港3.2万亩，产量1.7×10^4 t；常州2.3万亩，产量1.9×10^4 t；无锡2.2万亩，产量1.9×10^4 t；南京1.2万亩，产量1.3×10^4 t，其他各市面积为0.2万~0.6万亩，苏南优质葡萄的生产已成为江苏省高效农业规模化的亮点。2005年全省葡萄产值突破10亿元，平均亩产值达6 000多元，欧亚种优质葡萄品种大棚避雨栽培，东陇海线早熟品种日光温室促成栽培，“X”形棚架栽培模式，全园控制产量套袋栽培等在全国处于领先水平；打响了“神园”“继生”等葡萄品牌；形成了以葡萄为载体的观光农业典型，如南京市江心洲葡萄节等，葡萄已形成集观光、休闲、科普、体验于一体的观光农业产业。

2007年，在南京江宁引进葡萄根域限制和“H”形栽培模式，试验获得成功并在全省及全国适宜地区推广应用。

2008年，国家现代农业葡萄产业技术体系成立，江苏省农业科学院为国家葡萄产业技术体系南京综合试验站站长技术依托单位。2011 年,南京农业大学为国家葡萄产业技术体系岗位科学家技术依托单位。

2011 年,全省葡萄栽培面积 38.1 万亩,其中以避雨栽培为主设施葡萄面积 15.2 万亩,产量 4.51×10^5 t。句容成为全省葡萄生产最大的基地县,面积达 3.9 万亩,产量 5.8×10^4 t。面积超万亩县(区)的还有江阴 3.0 万亩,武进 2.8 万亩,铜山 2.0 万亩,东海 1.9 万亩,常熟 1.1 万亩。

2012 年葡萄品种'阳光玫瑰'在江苏引种成功,成为继'巨峰''藤稔''夏黑'之后的又一个主要栽培品种。

2014~2015 年,江苏省农业委员会在灌南连续召开葡萄"三品发展"现场会,推进江苏葡萄产业提档升级。截止到 2015 年底,全省葡萄栽培面积 56.6 万亩,产量 6.05×10^5 t,已成为中国南方鲜食葡萄栽培的重点省份。

第二节 种类

葡萄属(*Vitis*)属于葡萄科(Vitaceae),全属约有 70 余种。江苏省葡萄属的种和变种有 11 个,除在生产上栽培利用的欧洲种、美洲种及欧美杂交种外,尚有一些野生种类。

本属植物为落叶藤本,常具卷须,茎髓部褐色,单叶互生,常具分裂。花两性或单性,野生种类以雌雄异株为主。多数花朵集合成圆锥花序,与叶片对生。萼片 5,小形或缺失。花瓣 5,顶部连合,开花后花冠成帽状脱落。花盘着生于雌蕊周围,由 5 个蜜腺组成。雄蕊 5,离生。子房 2 室,每室具 2 胚珠。浆果,多汁,含 2~4 粒种子,种子梨形或卵球形,有长喙;种皮坚硬,腹面有沟,背面有合点。

(一)刺葡萄(*V. davidii*)

藤本。小枝密生皮刺,刺直生或先端弯曲,长 2~4 mm。叶宽卵形,长 7~10 cm,宽 4~14 cm;先端短,渐尖,有或间不明显的 3 浅裂,基部心形,边缘有细锯齿;叶面绿色,无毛,叶背灰白色,除主脉具腺毛和柔毛外,余均无毛;叶柄长 3~10 cm,疏生皮刺。圆锥花序与叶对生。花青绿色。浆果圆形,紫黑色,直径 1~1.5cm。花期 5 月,果熟期 8~9 月。味淡,核大,皮厚,品质差。

江苏省野生种,分布于宜兴、溧阳等地山坡杂木林中,极耐水湿。太湖洞庭西山过去曾引入栽培,当地称"白葡萄"。在洞庭西山生长极强健,枝壮叶大,蔓长 15 m 左右。抗病性强,虫害轻,不易裂果和落果,寿命长,但大小年结果现象显著。扦插一般不易成活,目前已无生产栽培。

(二)秋葡萄(*V. romanetii*)

别名洛氏葡萄、腺葡萄。藤本。幼枝和叶柄密生柔毛和腺毛。叶宽卵形或卵圆形,长 8~12 cm,宽 7~11 cm;先端有不明显的 3~5 浅裂或不裂,基部心形,边缘浅齿有短刺尖;叶面稍有毛,叶背被黄棕色柔毛或腺毛。花淡黄绿色。浆果熟时紫黑色,球形,直径约 1 cm。花期 5 月,果熟期7~8月。

野生于句容宝华山一带，生长于山坡灌木丛中。该种是南方野生种，20世纪20年代洞庭山曾有栽培，当地称“紫葡萄”，果实比刺葡萄小，早熟，品质差，大小年结果现象显著，寿命不及刺葡萄。扦插不易成活。优点是耐湿热、抗病。

（三）毛葡萄（*V. quinquangularis*）

别名五角叶葡萄。藤本。幼枝、花序、叶柄及叶背密被灰白色茸毛。老枝棕褐色。叶长8~12 cm，宽7~10 cm，不裂或有不明显的3~5个钝角，三角或五角状卵形；先端短尖，基部浅心形，边缘有波状锯齿；叶面仅主脉上有毛，叶背密被灰白色或锈色茸毛。花序长10 cm左右，花小，黄绿色。果小，平均直径6 mm；圆形，紫黑色。花期6月，果熟期8~9月。

江苏南北山区均有分布，生长在沟边或林边阳光充足之处。据南京中山植物园观察，抗黑痘病能力强。

（四）桑叶葡萄（*V. ficifolia*）

藤本。幼枝、叶柄和花序密生灰白色或锈色茸毛，后渐脱落。叶宽卵形，长4~13 cm，宽1~10 cm；多数3浅裂，少数深浅或不裂，基部宽心形或近截形，边缘有小锯齿；叶面无毛或脉上稍有毛，叶背密被灰白色或锈色茸毛。圆锥形花序，长5~15 cm，分枝开展。浆果球形，成熟时黑色。花期4~5月，果熟期8~9月。

分布于江苏南北各地，生于山坡或各地丛林中。

（五）蘡薁（*V. thunbergii*）

别名董氏葡萄。细长藤本。幼枝、花序和叶柄被灰白色或锈色茸毛。叶宽卵形，长4~8 cm，宽3~5 cm；3深裂，中央裂片较大，侧生裂片2裂或不裂；叶面疏生短毛，叶背密被灰白色或锈色茸毛。圆锥形花序长5~8 cm。浆果紫色，果平均直径1 cm。花期4~5月，果熟期7~8月。

主要分布在长江以南，以阳光充足的山沟或河岸最多。南京中山植物园曾用作抗黑痘病试验，认为该种是抗病育种有价值的材料。

（六）葛藟（*V. flexuosa*）

细弱藤本。枝条细长，幼枝被灰白色茸毛，不久脱落成无毛。叶宽卵形或三角状卵形，长4~12 cm，宽3~10 cm；不分裂，先端短尖，基部宽心形或近戟形，边缘有不整齐波状短宽粗锯齿；叶面无毛，叶背主脉上有柔毛，脉腋间有簇毛。圆锥形花序，长6~10 cm，花序轴有白色茸毛。果小，直径约0.8 cm，黑色，味极酸，不堪食用。花期5月中旬。

该种在连云港市云台山及苏南丘陵山区均有分布。在洞庭山用作葡萄砧木，表现生长健壮，丰产。南京中山植物园用作抗黑痘病试验，认为抗病能力不及刺葡萄和蘡薁。

该种尚有一变种小叶葛藟（*V. flexuosa* var. *parvifolia*），叶小，长和宽约4.5 cm。

（七）网脉葡萄（*V. wilsonac*）

藤本。枝蔓粗大强健，幼枝被茸毛。叶片宽卵形，叶硬纸质，宽7~15 cm；幼时带红色；基部心形至亚心形，叶柄洼广开，先端短渐尖，波状锯齿有短尖头；叶面初被茸毛以后脱落，叶背叶脉显著并被茸毛如蛛网状。圆锥花序细长，有梗，长 15~20 cm，常有 2 个花序并生现象；6 月上旬开花。果粒着生稀疏，圆形，蓝紫色，鲜艳，直径 1.8~2.0 cm，味甜，成熟晚，一般 9 月下旬至 10 月上旬成熟。

从立地条件观察，该种喜光，不耐湿，一般都生长在阳光充足，排水良好的地带，在 500 m 以上的山坡或谷地有分布。

（八）华东葡萄（*V. pseudoreticulata*）

藤本。枝无毛，卷须二叉分枝。叶片心形、五角心状形或肾形，长 4.4~10 cm，宽 5.8~10.5 cm；先端急尖或钝，通常不分裂，间有不明显 3 浅裂，边缘有牙齿状锯齿；叶面近无毛，叶背沿脉有淡褐色短柔毛，有或无白粉，基出脉 5 条，侧脉 4~5 对，在叶背稍隆起，三级和四级脉近平，脉网不明显；叶柄长 3~5 cm。圆锥形花序长 6~16 cm，常自下部分枝，有稀疏丝状毛和短柔毛。花期 4 月下旬至 5 月上旬。果小，黑色。本种与网脉葡萄极为近似，但网脉葡萄叶片质地较厚，为硬纸质，其中脉、侧脉以及三级脉和四级脉或为两面隆起，形成明显的脉网，为其主要区别。

江苏省宜兴、句容及连云港的云台山有分布，适应性强，耐湿热。

（九）欧洲葡萄（*V. vinifera*）

藤本。幼枝无毛或有柔毛，树皮片状剥落，卷须间歇性。叶卵圆形，长 7~15 cm；基部狭心形，3~5 裂，裂深可达叶片中部，两侧微靠或重叠，边缘有粗锯齿；两面无毛或叶背脉上有短柔毛。圆锥花序扩大。浆果球形或椭圆形，果皮薄，果肉与果皮不易分离，味甜多汁，有芳香。

该种原产欧洲地中海、黑海和高加索中亚一带，是葡萄栽培上最重要的一种。江苏省引入栽培的如‘玫瑰香’‘黑罕’‘金后’‘白羽’‘佳利酿’‘红玫瑰’等均属该种。多数品种品质优良，但抗寒性和抗病性均较差，在苏南高温多湿气候条件下病害严重。

（十）美洲葡萄（*V. labrusica*）

强大藤本。枝上每节均具卷须或花序。幼叶密被茸毛，叶片大而厚；全缘或 3 裂，叶背密生灰白或褐色毡毛，锯齿钝。果粒具特殊香气。果皮与果肉易分离，而核与果肉不易分离。

原产北美，树势强，适应性强，比欧洲葡萄抗寒、抗病和耐湿。目前生产上引入栽培的有‘爱地朗’‘康可’等。

第三节 品种

一、鲜食品种

1. 夏黑(图 14-1)

原名 Summer Black。欧美杂交种,三倍体,日本品种,1998 年引入江苏。

新梢黄绿色,有少量茸毛,直立生长;1 年生成熟枝条红褐色。幼叶浅绿色,带淡紫色晕;叶片上表面光滑有光泽,叶背面密被丝状茸毛。成龄叶片特大,近圆形;叶片中间稍凹,边缘突起;叶 5 裂,裂刻深,叶缘锯齿较钝,呈圆顶形。叶柄洼矢形。两性花。

果穗大,圆锥形或有歧肩;平均穗重 420 g;果穗大小整齐,果粒着生紧密。果粒近圆形,自然粒重 3.5 g,经赤霉素处理后可达 7.5~12.0 g。果皮紫黑色,果实容易着色且上色一致,成熟一致。果粉厚,果皮厚而脆。果肉硬脆,无肉囊,可溶性固形物含量 20%;有较浓的草莓香味;无核。品质优良。

图 14-1 ‘夏黑’果实

在江苏 3 月下旬至 4 月上旬萌芽,5 月上旬开花,7 月下旬果实成熟,从萌芽至果实成熟约需 110 天。

树势强,芽眼萌发率 85%,成枝率 95%,每个结果枝着生 1~2 个花序。隐芽萌发枝结实力强。

该品种早熟,优质,抗病,丰产,耐贮运性良好。

2. 维多利亚

欧亚种,罗马尼亚品种,1996 年引入我国。

新梢绿色,具极稀疏茸毛,半直立,节间绿色;成熟后枝条呈黄褐色。幼叶黄绿色,边缘稍带红晕,具光泽,叶背茸毛稀疏。成龄叶片中等大,黄绿色,叶中厚,近圆形,叶缘稍下卷。叶片 3~5 裂,上裂刻浅,下裂刻深;锯齿小而钝。叶柄黄绿色,叶柄与主脉等长,叶柄洼开张宽拱形。两性花。

果穗大,圆锥形或圆柱形;平均穗重 630 g;果穗稍长,果粒着生中等紧密。果粒大,长椭圆形,无裂果;平均果粒重 9.5 g,横径 2.3 cm,纵径 3.2 cm,最大果粒重 16.0 g。果皮绿黄色,中等厚。果肉硬而脆,味甘甜爽口,品质佳;可溶性固形物含量 16.0%,含酸量 0.37%。果肉与种子易分离,每果粒含种子以 2 粒居多。

在盐城地区 3 月中下旬萌芽,5 月 22 日始花,盛花期 5 月 26 日,8 月上旬果实成熟,成熟后在树上挂果期长。

树势中庸，结果枝率高，结实力强，每结果枝平均果穗数 1.3 个。副梢结实力较强。

该品种成熟早，抗灰霉病能力强，抗霜霉病和白腐病能力中等。果实成熟后不易脱粒，较耐运输。

3. 矢富罗莎

原名 Yamomi Rosa，别名粉红亚都蜜。欧亚种，日本品种，1994 年引入我国。

新梢绿色附带有紫色，无茸毛。幼叶背面光滑，叶片绿带紫红色。成熟叶片中等大；叶片厚，心脏形，3~5 裂，裂刻深；叶缘锯齿较锐，叶柄洼开张。叶柄长。枝蔓中等粗，节间中等长，成熟时紫褐色。

果穗圆锥形；单穗重 450~650 g，最大单穗重 1 500 g。果粒长椭圆形，粒重 8~10 g。果皮粉红至紫红色，着色均匀，成熟度一致，美观度好。果肉硬，有清香味；可溶性固形物含量 14%。

在苏南地区 4 月上旬萌芽，5 月中下旬开花，7 月中下旬成熟，从萌芽至浆果成熟约 110 天。

树势强，芽眼萌发率高，果枝率高，每个果枝平均有花序 1.3 个。副梢结实力中等。坐果率高，抗逆性强。根系发达，主根多，入土深，抗干旱，耐瘠薄，生长旺盛，丰产稳产。

该品种成熟早，果粒大，坐果好，产量高，品质佳，抗病，丰产；果实不裂果，不易掉粒，耐贮运；货架期长，常温室内贮藏可长达 2 周。但其抗黑痘病、霜霉病的能力较差。

4. 京亚

欧美杂交种，由中国科学院北京植物园从黑奥林实生苗中选育的早熟品种，1992 年通过鉴定。

果穗圆锥形或圆柱形，较大，有副穗；平均穗重 480 g；果粒着生较紧密，大小整齐。果粒椭圆形，平均粒重 9.5 g。果粉厚。果皮厚，较韧，蓝黑色或紫黑色。果肉稍软，汁多，风味酸甜稍偏酸；可溶性固形物含量 15% 左右，可滴定酸含量 0.9%。每果粒含种子 2~3 粒。

在苏南地区 3 月底萌芽，5 月中旬开花，7 月上中旬果实成熟，从萌芽至成熟需 110 天左右。

树势中庸，芽眼萌芽率 80%，结果枝占芽眼总数的 55%，平均每个结果枝着生花序 1.6 个。早果性良好，隐芽萌发力中等，夏芽副梢成花力弱。

该品种早熟、丰产性好、抗病性强。唯果实风味偏酸，生产上要注意采用增施磷钾肥、结果枝环剥、延迟采收等降酸栽培技术，提高果实品质。'京亚' 在设施栽培中易形成花芽，适应性良好，是进行温室、大棚促成栽培较多的一个品种。

5. 红芭拉多

原名 Benibaladu。欧亚种，日本品种，2010 年前后引入江苏。

新梢嫩叶微紫色，梢条呈紫红色。叶片 5 裂深、心脏形；中等大小；叶洼深 V 形；叶缘锯齿深，叶色深；幼叶正反面无茸毛。枝条叶柄阳面紫红色。叶腋易抽发新条，长势中等。

果穗圆锥形，平均穗重 600 g。果粒椭圆形，大小均匀，着生中等紧密，平均粒重 11 g。果皮薄，鲜红色。有少许果粉，果肉脆；无香味，口感爽脆清甜；可溶性固形物含量为 17%~23%。

在苏南地区避雨栽培，一般 3 月底至 4 月初萌芽，5 月中旬见花，花穗中等，坐果率高。一般促成避雨栽培，在 6 月底至 7 月初成熟采摘。

花芽分化容易，结果母枝下端形成优质花芽率较高。

该品种不易裂果，不掉粒，耐贮运，挂果期长，早果性、丰产性、抗病性均好。

6. 金手指

原名 Gold Finger。欧美杂交种，日本品种。

果穗圆锥形；果穗大，整齐，穗长 20~25 cm，穗宽 13.5~16.0 cm，平均穗重 450 g，最大穗重 750 g。果粒着生适中，弯形或尖长椭圆形，黄白色。果粒中大，纵径 2.9~3.9 cm，横径 1.3~2.2 cm，平均粒重 5.9 g，最大粒重 8.2 g。果皮薄而脆，无涩味。果粉薄。果肉脆，无肉囊，果汁中等。浓甜，有蜂蜜香味。每果粒含种子 0~3 粒，多为 1~2 粒，有瘪籽。种子与果肉易分离。无小青粒。可溶性固形物含量 18%~21%。

在苏南地区，3 月下旬至 4 月上旬萌芽，5 月中旬开花，7 月下旬至 8 月上旬成熟，从萌芽至浆果成熟所需天数为 120 天左右。

树势中庸，隐芽萌发力中等，芽眼萌发率 90%~95%，枝条成熟度一般。结果枝占芽眼总数的 85%~95%。每果枝平均着生果穗数为 1~2 个。隐芽萌发的新梢结实力强。

该品种成熟期早，抗病性强，栽培简单。

7. 醉金香

别名茉莉香。欧美杂交种，四倍体，辽宁省农业科学院果树研究所选育而成。

新梢绿色，茸毛少。幼叶绿色，叶表面略有光泽，叶片下表面有茸毛。成龄叶特大，心脏形，3~5 裂，裂刻深，叶面绿色、粗糙，具泡状突起，叶背茸毛居多。叶柄洼矢形，叶柄长，紫色。枝条成熟后为浅褐色，节间长，粗壮。两性花。

果穗大，圆锥形；平均穗重 800 g，最大可达 1 800 g；果穗紧凑。果粒大，平均粒重 13 g，最大粒重 19 g；果粒呈倒卵形，充分成熟时果皮呈金黄色，成熟一致，大小整齐，果脐明显。果粉中多。果皮中厚，果皮与果肉易分离，果肉与种子易分离，果汁多，香味浓，品质上等；含可溶性糖 16.8%，含可滴定酸 0.61%。

在苏南地区，3 月下旬萌芽，5 月上中旬开花，8 月上中旬成熟。

该品种适宜无核化栽培。

8. 巨峰

原名 Kyoho。欧美杂交种，四倍体，日本品种，1959 年引入我国。

果穗大，圆锥形；平均穗重 455 g；果粒着生稍疏松或紧密。果粒大，圆形或短椭圆形，平均粒重 9.2 g，最大粒重 13.0 g。果皮黑紫色，中等厚。果粉厚。果肉软，黄绿色，有肉囊，味甜，有草莓香味。果皮与果肉、果肉与种子均易分离。果刷短，成熟后易落粒。果实含可溶性糖 16.5%，含可滴定酸 0.71%。每果粒含种子 1~2 粒。

在长江中下游地区 3 月底萌芽，5 月中旬开花，7 月中旬果实开始着色，8 月中旬果实成熟，从萌芽到成熟 130~140 天，中熟品种。

树势强，萌芽率 96.6%，结果枝占总芽眼数的 58%，结果系数为 1.65，副芽、副梢结实力均强。

该品种抗病力和适应性强。生产上要严格控制产量，加强综合管理，培养中庸稳定的树势，应用综合技术防止落花落果，促进着色，提高果实质量。

9. 藤稔

原名 Fujiminori。欧美杂交种，日本品种，1986 年引入我国。

果穗较大，圆锥形，或短圆柱形；平均果穗重 450 g；果粒着生中等紧密。果粒近圆形，果粒大，平均粒重 15.5 g。果皮厚，紫黑色。果肉多汁，味酸甜，稍有异味。可溶性固形物含量 16%。每果有种子 1~2 粒，品质中等。

在苏南地区 3 月底萌芽，5 月中旬开花，8 月上中旬成熟，从萌芽到果实完全成熟需生长 130 天左右。

树势较强或中庸，萌芽力强，但成枝力较弱，花芽容易形成，结果枝占新梢总数的 70%，平均每结果枝有 1.6 个花序，较丰产。

该品种适应性强，较抗病，但易感染黑痘病、灰霉病和霜霉病。

10. 巨玫瑰

欧美杂交种，四倍体，大连市农业科学院园艺研究所选育，2002 年通过审定。

新梢绿色带有紫红色条纹，茸毛中等。1 年生枝条直立，红褐色，并有褐色细条纹；节间中等长，枝条成熟度好。幼叶黄绿带有紫褐色，叶面有光泽，叶背茸毛密，叶边缘呈桃红色。成龄叶片大，心脏形；叶片中等厚，绿色；叶缘波浪状；叶面平滑，无光泽；叶背有混合毛，中等多；5 裂刻，上侧裂刻深，下侧裂刻中等深，锯齿大，中等锐。叶柄长，叶柄洼闭合，椭圆形，卷须间隔着生。两性花。

果穗大，圆锥形；平均果穗 510 g。果粒大，椭圆形，平均粒重 9 g，果粒整齐。果皮紫红色，中等厚。果粉中等。果肉软，多汁，果肉与种子易分离，无明显肉囊，具有较浓的玫瑰香味；可溶性固形物含量 18%，品质上等。每果粒含种子 1~2 粒。

在苏南地区 3 月底萌芽，5 月中旬始花，8 月中下旬果实成熟，从萌芽到浆果成熟需 140 天，为中熟品种。

树势中庸，枝条成熟良好。结实力强，芽眼萌发率 82.9%，结果枝率 63.2%，每个果枝平均花序数 1.72 个，副梢结实力强。早果性、丰产性好，不裂果、不落粒。

该品种生长旺盛，丰产，对葡萄白腐病、炭疽病、黑痘病和霜霉病等抗性较强，品质优良。

11. 阳光玫瑰（图 14-2）

原名 Shine Muscat。欧美杂交种，日本品种，2009 年引入江苏。

图 14-2 ‘阳光玫瑰’果实

幼叶黄绿色。成龄叶片深绿色、近心形、大而厚；叶浅裂；叶缘叶背有白色茸毛；叶片前期平展，后期叶缘略向后翻。叶脉浅绿色，粗壮突起。叶柄较长，浅红色，长度略小于中脉。新梢长势旺，节间较长。两性花，每结果枝着生 1~2 个花序，第一花序着生在第 3~5 节上，第二花序着生在第 4~6 节上。1 年生成熟枝条黄褐色，有条纹，冬芽饱满。

果穗中等偏大、圆锥形，平均穗重 550 g。果粒着生紧密，大小较整齐。果粒椭圆形，平均粒重 7.5 g。经赤霉素两次处理，果实最大可达 20 g。果皮中等厚，呈黄绿色至黄色；不易剥离，可食用。果粉薄。果肉厚且硬，口感脆，酸味少，无涩味，有玫瑰香味；可溶性固形物含量 18%~25%。成熟后挂果期长。

大棚避雨栽培 3 月底萌芽，5 月中旬开花，8 月中旬果实开始软化，8 月下旬开始成熟。

该品种根系发达，树势强，抗旱、抗涝能力强。萌芽率 82%，成枝率 81%，花穗枝率 80%，每根结果枝平均花穗数 1.7 个，枝条成熟度好，结实力强，容易形成花芽，结果系数 0.84。定植第 2 年开始结果，第 3 年进入稳产期。

该品种总体表现抗病性强，对葡萄灰霉病、白粉病、白腐病及霜霉病有较强的抗性。

12. 黄玉

原名 Ougyoku。欧美杂种，日本品种。

果穗圆锥形，大；穗长 18~22 cm，穗宽 13~16 cm，平均穗重 500 g；果穗大小整齐，果粒着生较松。果粒椭圆形或倒卵圆形，白黄色，大；平均粒重 10 g。果粉厚。果皮厚而韧，无涩味。果肉稍脆，味甜，有浓郁草莓香味；可溶性固形物含量 18%~20%。每果粒含种子 2~3 粒，多为 2 粒，种子与果肉易分离，无小青粒。鲜食品质上等。

4 月上旬萌芽，5 月中旬开花，8 月中旬浆果成熟，从萌芽至浆果成熟需 125~140 天。

树势强，隐芽萌发力强，芽眼萌发率为 90%~95%，成枝率为 98%，枝条成熟度好。结果枝占芽眼总数的 90%~95%。每果枝平均着生果穗为 1.4~1.6 个。隐芽萌发的新梢结实力强。

该品种中熟，品质优，抗病力强，易栽培。注意幼果期水分供应，防止日灼病。

13. 红富士

1982 年引入江苏省，南通、无锡、苏州、镇江、南京、徐州和连云港等地均有少量栽培。

新梢绿色带浅褐色，茸毛少。1 年生枝蔓紫褐色，有明显条纹。叶片卵圆形，稍厚，略有皱褶；5 浅裂，锯齿三角形；叶面无毛，叶背有茸毛；叶柄洼开张，宽拱形。

果穗疏松，圆锥形，较大；平均穗重 387.5 g，长 20.5 cm，宽 11.0 cm，有副穗。果粒平均重 7.2 g，倒卵形，黄绿带暗红色。果肉多汁，草莓香味浓，果皮薄。可溶性固形物含量 16%，含可滴定酸 0.65%。每果粒含种子 2~3 粒。

萌芽期 3 月下旬，始花期 5 月上旬，果实成熟期 8 月中下旬，落叶期 11 月中旬。

树势强，抗灰霉病和黑痘病能力强，抗旱能力弱，结果枝占总芽眼数的 57.6%，结果系数 1.5。

该品种穗形美观，果实风味比‘巨峰’好。缺点是在江苏南部着色不良，采收后易落粒。果皮薄，不耐贮运，必须轻采轻放和选用适当的包装材料。可在城郊栽培。

14. 美人指（图 14-3）

图 14-3 ‘美人指’果实

原名 Manicure Finger。欧亚种，日本品种，1994 年引入我国。

果穗中到大，圆锥形，无副穗；平均穗重 580 g，最大穗重可达 1 850 g。果粒大，细长形，平均粒重 11 g，最大果粒纵径超过 5 cm，果形指数 3。果粒先端鲜红色，光亮，基部色泽稍淡，外观艳丽；果皮与果肉难分离；皮薄但有韧性，不易裂果。果肉细脆，口味甜美爽脆；含可溶性糖 17.5%，含可滴定酸 0.45%。果实耐贮性好。

在苏南地区 4 月上旬萌芽，5 月中下旬开花，8 月下旬成熟。

树势强，芽眼萌发力强，成枝率高，果枝率中等，每果枝平均 1.1 个花序。

该品种抗病性较弱，枝条成熟较晚。宜采用平棚架栽培，中、长梢修剪，以缓和树势，并采用控氮、控水、生长期多次摘心等措施促进花芽形成。

15. 白罗莎里奥

原名 Rosario Bianco。别名比昂扣。欧亚种，日本品种。

果穗多为圆锥形，果穗大；穗长 17~21 cm，穗宽 12~15 cm，平均穗重 450 g；果穗大小整齐；果粒着生中等，无小青粒。果粒短椭圆形，黄绿色，纵径 2.3~3.7 cm，横径 2.3~2.8 cm，平均粒重 8.5 g，最大粒重 14 g。果粉厚。果皮薄而韧。果肉脆，汁多，绿黄色，味甜；可溶性固形物含量 20.5%。每果粒含种子 1~4 粒，多为 2 粒。种子梨形，中等大，褐色，喙中等长而较尖。种子与果肉易分离。鲜食品质上等。

在苏南地区，4 月中旬萌芽，5 月中下旬开花，8 月底至 9 月上旬浆果成熟。

树势强，隐芽萌发力差，芽眼萌发率为 60%~70%，枝条成熟度好，结果枝占芽眼总数的 80%，每果枝平均着生果穗数为 1.2~1.4 个，夏芽副梢结实力强。

该品种树势强，萌芽迟，易徒长，浆果晚熟，抗病力中等，在栽培中应注意控制树势。

16. 红罗莎里奥

原名 Rosario Rosso。欧亚种，日本品种。

果穗圆锥形，大；穗长 17~21 cm，穗宽 15~18 cm，平均穗重 515 g；果穗大小整齐，果粒着生紧密。果粒椭圆形，淡红色或鲜红色，大，纵径 2.3~3.0 cm，横径 1.8~2.4 cm，平均粒重 7.5 g，最大粒重 11 g。果粉厚。果皮薄而韧，半透明，种子清晰可见，无涩味。果肉脆，无肉囊，汁多，绿黄色，味甜，略有玫瑰香味；可溶性固形物含量 20.5%。每果粒含种子 2~3 粒，多为 2 粒。种子与果肉易分离。鲜食品质上等。

在苏南地区，4 月上中旬萌芽，5 月下旬开花，8 月下旬至 9 月上旬浆果成熟。从萌芽至浆果成熟需 138~154 天。

树势中庸，隐芽萌发力强，芽眼萌发率为 75%~80%，成枝率为 75%，枝条成熟度好。结果枝占芽眼总数的 80%，每果枝平均着生果穗数为 1.3~1.6 个。隐芽萌发的新梢结实力强。

该品种在昼夜温差小的地区着色较难，抗病力比其他欧洲品种强，贮藏、运输性良好。应注意控制产量，疏花疏果，增施磷钾肥，控制营养生长。

17. 魏可

原名 Wink。欧亚种，日本品种，1999 年引入江苏。

新梢淡紫红色；新梢生长自然弯曲；梢尖及幼叶黄绿色，无茸毛，有光泽。幼叶略带淡紫色晕；叶片上表面有光泽，下表面叶脉上有极少量丝状茸毛。成龄叶片中大，心脏形，叶片裂刻中深，叶缘锯齿形。1 年生成熟枝棕红色。两性花。

果穗圆锥形，大小整齐，较大，平均穗重 750 g；果粒着生较密。果粒大，椭圆形，平均粒重 10.5 g。果皮中厚，紫红色至紫黑色，具韧性。果肉脆，无肉囊，多汁，果汁绿黄色，味甜；可溶性固形物含量 20% 以上，品质优良。

在苏南地区，5 月中旬开花，9 月下旬果实成熟。

树势强，芽眼萌发率 90%，成枝率 95%，结果枝率 85%，每果枝平均 1.5 个果穗。芽萌发力强，易形成花。

该品种为极晚熟鲜食品种，丰产性强，果实成熟后可挂在树上延迟采收。由于该品种容易形成花芽，栽培中应注意合理调整负载，防止产量过高影响果实品质；果实在成熟期水分供应不均匀时易形成裂果，生产上应予注意。

18. 信浓乐

原名 Shinano Smile。欧美杂交种，四倍体，日本品种。

果穗圆锥形，大；平均穗重 575 g；果穗大小整齐，果粒着生紧；无小青粒。果粒倒卵形，单性果的果粒为圆形，鲜红至红褐色，平均粒重 16.3 g，纵径 2.8~3.7 cm，横径 2.4~3.2 cm。果皮厚而韧，稍难与果肉分离，无涩味。果粉厚。果肉硬脆，多汁，无肉囊，味浓甜爽脆；可溶性固形物含量 19.5%。种子与果肉易分离。每果粒含种子 1~3 粒，多为 1 粒。鲜食品质上等。

4 月初萌芽，5 月中旬开花，8 月下旬至 9 月上旬成熟。

树势中庸，芽萌发力中等，芽眼萌发率 70%~75%，成枝率 95%，枝条成熟度大，但成熟不一致。结果枝占芽眼总数的 68%。每果枝平均着生果穗数为 1.3~1.5 个。隐芽萌发的新梢结实力弱。

该品种为中晚熟品种，抗病力强，栽培管理与‘巨峰’相似。在昼夜温差小的地区着色偏淡，或不上色，旺长树易出现无核果，应注意保持中庸树势。

19. 红地球

原名 Red Globe。欧亚种，美国品种，1986 引入我国。

果穗长圆锥形，极大；果穗松散或较紧凑，平均穗重 600 g；果粒着生紧密，果刷拉力大，不落粒。果粒圆形或卵圆形，平均果粒重 13 g。果皮中厚，色泽鲜红或暗紫红色。果粉明显。果肉硬、脆、味甜；含可溶性固形物 17%，含可滴定酸 0.65%。

在苏南地区，4 月上旬萌芽，5 月中下旬开花，9 月中旬成熟。

树势较强，结果枝率为 70%，每果枝平均着生果穗数为 1.3 个，丰产性强。

该品种不裂果，果刷粗长，不脱粒，果梗抗拉力强，极耐贮运。但新梢易贪青，老熟差，抗寒力弱、抗病性弱，尤其易感黑痘病、霜霉病、白腐病和日灼病及根部病害。

20. 无核早红

欧美杂交种，三倍体，河北省农林科学院昌黎果树研究所育成，1998 年通过审定。

新梢绿带紫红色。幼叶绿色；叶缘具紫红色，表面有光泽；幼叶叶背茸毛极密，叶面茸毛密。成龄叶片较大，近圆形；3~5 裂，上裂刻深，下裂刻浅，叶背茸毛中密。叶柄洼拱形或矢形。1 年生成熟枝红褐色，横截面近圆形，表面有条纹。两性花。

果穗中大，圆锥形；平均穗重 190 g。果粒紫红色，平均粒重 4.5 g。果粉及果皮中厚。果肉肥厚、脆；可溶性固形物含量 14.3%。

在苏南地区，3 月下旬萌芽，5 月中旬开花，7 月中下旬成熟。

树势强，1 年生植株主蔓平均直径 1.90 cm，年生长量 358 cm。结实力强，每结果枝平均结果穗 2.43 个，容易结二次果。

该品种早熟、大粒、无核、丰产性强，抗病性与‘巨峰’相近，适宜露地及保护地栽培。

21. 希姆劳特

原名 Himrod Seedless。欧美杂交种，美国品种，1982 年引入江苏。

新梢绿色或黄绿色，近成熟时略带紫红色；老熟枝较其他品种松脆。叶片绿色，表面光滑，背面有少量灰色茸毛，叶片较大，5 裂，裂刻深，上裂刻更深。叶柄洼少数矢形，多数闭合重叠。叶缘锯齿短、钝。

平均穗重 750 g，最大可达 1 470 g；果穗紧凑。果实近圆形，平均粒重 4.5 g。皮厚，易剥离，无核。可溶性固形物含量 17. 5%，味甜，略有香气。

在苏南地区，3 月上旬开始萌芽，4 月底至 5 月上旬初花，5 月中旬果实进入迅速膨大期，6 月底至 7 月中旬果实充分成熟。

树势中庸，节间中长，平均萌芽率 62.8%，平均果枝率 55%，每果枝上平均花序数为 2.2 个，花序多着生在结果枝的第 2~7 节，坐果率为 52.3%，副梢结实力弱。结果枝芽眼占总数的 70.4%，每个结果枝上平均结果穗 1.57 个，新梢结果系数为 1.38。果穗着生在果枝上第 4~5 节为多。

该品种极早熟、无核，但果粒较小。在江南高温多湿地区栽培表现出抗病力较好，较抗霜霉病、灰霉病、白腐病及黑痘病。

22. 康拜尔早生

原名 Campbell Early，别名康拜尔、早熟康拜尔。欧美杂交种，美国品种。20 世纪 20 年代引入南京，70 年代徐州、扬州、淮阴、镇江、南通等地均有栽植。

树势强，新梢生长量大。结果枝占芽眼数的 60%，结果系数 2~3。新梢绿色，有茸毛。1 年生枝蔓带条红褐色。叶片心脏形，厚而大，深绿色，3 浅裂或无裂；叶背有浓密的黄褐色毡毛，叶缘锯齿钝圆。叶柄短，微红色，叶柄洼矢形。卷须间隙性。两性花。

果穗紧密，中等大，圆锥形，带副穗，紫红色；平均穗重 150 g。果粒近圆形，平均粒重 2.7 g。果肉黄绿色；果皮与肉易分离，有肉囊，味甜酸，具草莓香味；可溶性固形物含量 11.5%~14%，可滴定酸含量 0.6%。每果粒含种子 1~4 粒；果肉与种子不易分离。品质中等，易落粒。

在苏南地区，3 月上旬开始萌芽，4 月底至 5 月上旬初花，8 月初果实成熟。

该品种为鲜食、制汁兼用品种，还可酿制中档白葡萄酒。抗黑痘病能力强，抗寒力和抗病力均强，但不耐旱。

23. 康太

‘康拜尔早生’的芽变品种。1986 年引入江苏。

新梢绿色，密生茸毛。幼叶叶缘有胭脂红色。成叶叶片大，圆形或心脏形，叶面平展，具有粗糙网纹，叶背密生黄褐色毡毛。锯齿圆钝，叶柄洼开张，呈矢形。卷须间隔性四分叉。两性花。

果穗大，圆柱形；平均穗重 290 g，穗长 14.6 cm，穗宽 8.2 cm；果粒着生紧密着色容易，且一致。果粒大，整齐，平均粒重 5.1 g，粒纵径 2.0 cm，横径 1.9 cm。果皮厚韧，黑紫色。果粉多。果皮与果肉不易分离，有较松肉囊。果肉软，多汁，果汁无色，具草莓香味；含可溶性固形物 14.8%~15%，含可滴定酸 0.3%。

在苏南地区，3 月上旬开始萌芽，4 月底至 5 月上旬初花，7 月底果实成熟。

树势强，丰产，结果枝率 82.5%，结果系数 2.4。结果早，抗病力强，对黑痘病和霜霉病的抗性较‘巨峰’强。

该品种果粒比亲本‘康拜尔早生’大，成熟期略早，丰产。以短梢修剪为主，喜肥水。扦插生根能力较差。

24. 乍娜

原名 Zana、Cardinal，别名绯红、卡地纳尔。欧亚种，阿尔巴尼亚品种，1975 年引入中国。

新梢绿色，带紫色条纹，并有稀疏的茸毛。幼叶紫红色，有光泽，叶背有稀疏茸毛。成龄叶片中等大，心脏形；叶边缘向上翘，叶缘锯齿大而钝，5 裂，上侧裂刻深，下侧裂刻浅；叶面光滑，叶背有刺状和丝状混合茸毛。叶柄长，洼拱形，淡紫色。卷须间生。

果穗大，长圆锥形；平均穗重 750 g，最大穗重 1 200 g；果粒着生中等紧密。果粒大，近圆形；平均粒重 8.4 g，最大粒重可达 17 g，纵径 2.3~2.5 cm，横径 2.2~2.5 cm。果皮红色或紫红色，中等厚。果粉薄。肉质细脆；可溶性固形物含量 15.5%，可滴定酸含量 0.5%，果味清爽。每果粒含种子 1~4 粒，以 2 粒者居多，种子中等大。

在苏南地区，3 月上旬开始萌芽，至 5 月上旬初花，8 月上旬成熟。

树势较强，萌芽晚。结果枝占芽眼总数的 65% 左右，每果枝平均着生 1.6 个花序。副梢结实力中等，早果性强，幼树易丰产。

该品种生长旺盛，对黑痘病、霜霉病、毛毡病抗性较弱。花期遇雨或低温易形成大小粒；成熟前土壤水分不均匀，易发生裂果，生产上必须注意防治。'乍娜' 在设施中栽培表现十分突出，需寒量较低，花芽容易形成，早熟性明显，丰产，病害明显减轻。

25. 早生高墨

别名紫玉，欧美杂交种，日本品种。

树势强，枝条成熟早，花芽易分化，结实性能好，几乎每个新梢都可以形成 2 个花序。两性花。

果穗大，均匀紧凑；平均穗重 450 g，大者可达 800 g；有光泽，外观美丽。可溶性固形物含量 16%~17%，肉质较硬，品质风味均优于 '巨峰'。

苏南地区 7 月下旬成熟。果实上色快，成熟期比 '巨峰' 早 15~20 天，成熟一致，成熟时不脱粒，不裂果。

该品种抗病性强，较耐贮运，商品率高，丰产。栽培上要注意保持架面通风透光，留梢不宜过密，坐果后应适时施用氮肥，早施磷、钾肥，以促进果实迅速膨大和上色。同时要严格控制负载量，一般亩产量以 1 000 kg 为宜。以利于早熟和稳产。若负载量过重，则品质降低，成熟推迟，将失去早熟品种的意义。

26. 奥古斯特

欧亚种，罗马尼亚品种，1998 年引入江苏。

果穗大，呈圆锥形或圆柱形；平均穗重 800 g，最大穗重 1 500 g；果粒着生中等紧密，颗粒长椭圆形，粒大；平均粒重 8.3 g，最大粒重 12.5 g。果皮绿黄色，充分成熟金黄色，光亮美丽，外表漂亮。果肉厚而脆，味甜清香；可溶性固形物含量 15%，品质好。果实硬度大，耐压力强，不掉粒，耐贮运，商品性好。

在苏南地区，3 月中旬萌芽，5 月上旬初花，8 月上旬成熟。

该品种适应性广、丰产性好，有很强的多次结果能力。结果新梢以 2 个花穗为多，花穗一般在新梢第 6 节产生。主梢生长旺盛，副梢萌发率高，花期遇低温易产生小粒，成熟期遇雨（或浇水）会大量裂果。

27. 金星无核

原名 Venus。欧美杂交种，美国品种。1982 年由美国引入南京。

果穗中等大，圆锥形或圆柱形，有副穗；平均穗重 370 g。果粒圆形或短椭圆形，平均粒重

4.2 g。果皮紫黑色，中等厚。果粉厚。果皮与果肉易分离。果肉略软，多汁；含可溶性固形物16%~19%，含可滴定酸0.9%。品质一般。无核或有残存的种子。果实完熟后品质较好。

在苏南地区，3月底萌芽，5月上中旬开花，7月中旬成熟。

树势强，萌芽率90%，结果枝率86%，每果枝平均有1.6个花序。坐果率高，无落花落果现象。副梢易形成花芽，栽植后第2年即可挂果，早果性、丰产性强。对黑痘病、霜霉病及白腐病抗性较强，抗寒性强。

该品种易形成花芽，应通过抹芽、疏枝、疏果穗来调节产量，疏穗后结果枝与营养枝比保持在1.5∶1.0左右，每亩产量在1 500~1 700 kg。果粒偏小，可采用赤霉素处理增加粒重，处理时间是盛花末期及盛花后10~14天，用赤霉素各处理1次，浓度为50~100 mg/L，蘸穗或喷布。‘金星无核’与其他品种混栽时易形成种子，应注意单品种集中栽植；抗潮湿，抗病，栽培容易。

28. 紫珍香

欧美杂交种，四倍体，辽宁省农业科学院园艺研究所育成，1992年通过审定。

植株树势强，芽眼萌发率为76%，结果枝率为57%，每个结果枝平均着生果穗1.56个，副梢结实力中等，丰产性能好。

果穗呈圆锥形，一般穗重450 g；果粒着生中等紧密。果实长卵圆形，果皮紫黑色，果粒大，平均粒重10 g。果肉软，不易裂果，有玫瑰香味；可溶性固形物含量14.5%~16.0%，含可滴定酸0.7%，出汁率78%。

在苏南地区，3月底萌芽，5月上中旬开花，7月上中旬成熟，从萌芽到采收需120天左右。

该品种适应性强，枝条成熟度好，生长旺盛，抗病性强，适合在排水良好的沙壤地上栽植，篱、棚架整形，中、短梢修剪。对水肥敏感，应加强肥水管理，多施有机肥；雨季须及时排水，高温干旱季节应及时灌水，防止果实发育不良。

29. 先锋

原名Pione。欧美杂交种，日本品种，1978年引入中国。

果穗圆锥形，中等大小；果穗长约18 cm，宽12 cm，平均穗重360 g。果粒圆球形或宽卵圆形；平均粒重10 g。果皮中厚，紫红色。果粉厚。果肉稍脆无明显肉囊，果汁中多，略带香味；可溶性固形物含量16%，可滴定酸含量0.65%。每果粒含种子1粒，品质优良。

在苏南地区，3月底萌芽，5月中下旬开花，8月下旬成熟，从萌芽到果实成熟需130天左右。

自根苗生长较弱，嫁接苗树势中庸。芽眼萌发率60%，结果枝占眼总数的54%，每果枝平均有1.5个花序，早果性好，副梢结实力弱。单性结实力强，易诱导形成无核果实。抗黑痘病力较强，但易感染霜霉病、炭疽病。果实成熟期水分供应不均时易产生裂果。

该品种是‘巨峰’系中品质较好的一个品种，自然生长状况下果粒大小差异较大，坐果率较差。用赤霉素处理不仅能提高坐果率,增大果粒,而且容易诱导形成优质的无核果实,但必须采用配套的无核化栽培技术才能获得良好的效果,其中包括采用嫁接苗增强树势,开花前花序整形,花期、花后 2 次赤霉素处理,果实套袋等系列技术。同时栽培中要及早防治病害,合理调控土壤水分,防止果实裂果。

30. 翠峰

原名 Suiho。欧美杂交种,日本品种。

果穗多为圆柱形,中等大;平均穗重 460 g,最大穗重 760 g;果穗大小整齐,果粒着生紧密,无小青粒。果粒长椭圆形,黄绿色或黄白色;果粒大,平均粒重 12 g,大者可达 20 g。果皮薄而脆,果粉中等。果实硬度中等,酸味中,无香气。种子与果肉易分离。可溶性固形物含量 16%~17%。鲜食品质中上等。

在苏南地区,3 月底至 4 月上旬萌芽,5 月中旬开花,8 月中旬浆果成熟,从萌芽至浆果成熟所需天数为 130~140 天。

树势强。隐芽萌发力中等,芽眼萌发率 70%~75%,枝条成熟度差。结果枝占芽眼总数的 70%。每果枝平均着生果穗数为 2~3 个。隐芽萌发的新梢结实力中等。

该品种抗病性较弱,适宜设施栽培。花期使用赤霉素处理,花后进行膨大处理,可得到极大粒无核果实。注意该品种有日灼现象发生,加以预防。

31. 黑奥林

原产日本,1983 年引入江苏省,徐州、连云港、无锡、镇江、南京、南通等地均曾有栽培。

新梢绿色,有茸毛。1 年生枝蔓红褐色。叶片卵圆形;大而厚,略有皱褶;5 浅裂,锯齿大、钝三角形;叶面光滑,叶背多茸毛,叶柄洼开张。

果穗大,圆锥形;平均穗重 522 g,长 17.5 cm,宽 13.8 cm;有副穗;穗形整齐,较松。果粒近圆形,平均粒重 9.2 g。果皮厚,黄绿带暗红色。果粉中等厚。果肉脆,多汁,酸甜,稍有草莓香味。每果粒含种子 1~3 粒。

在徐州地区,4 月初萌芽,4 月底至 5 月初始花,8 月下旬至 9 月上旬果实成熟。

树势强,结果枝占芽眼总数的 58.8%,结果系数 1.3。

该品种酸度低,酸甜可口,在苏南地区生长旺时落花落果严重,抗病性不太强,易感炭疽病和白腐病。

32. 戈尔比

原名 Gorby,欧美杂交种,日本品种。

果穗圆锥形,大;平均穗重 600 g,最大穗重 850 g;果穗大小整齐,果粒着生紧密,成熟一致,无小青粒。果粒大，短椭圆形，粉红至鲜红色。平均粒重 11 g，最大粒重 16 g。果皮厚而韧，无涩味。果粉厚。果肉硬脆，无肉囊，汁多，味浓甜，有酒香味；可溶性固形物含量 17%~20%。鲜食品质上等。种子与果肉易分离。

在苏南地区，3 月底至 4 月上旬萌芽，5 月中旬开花，8 月中旬浆果成熟。从萌芽至浆果成熟所需天数为 120~140 天。

树势强，隐芽萌发力中等，芽眼萌发率 50%~60%，成枝率 95%，枝条成熟度中等。结果枝占芽眼总数的 40%~50%，每果枝平均着生果穗数为 1.6~1.8 个。隐芽萌发的新梢结实力弱。

该品种在栽培上施肥要早，开花期注意防治灰霉病，宜采用长势平缓的架式，注意控制氮肥。该品种有无核化倾向，易出现落花落果及无籽果现象，生产上需进行无核化栽培。

33. 峰后

欧美杂交种，北京市农林科学院林业果树研究所选育而成。

新梢绿色，茸毛密；新梢半直立，节间绿色带红色条纹；成熟枝条红褐色，表面有细槽；节间中等长，冬芽鳞片色深。幼叶黄绿色，厚，叶片上表面有光泽，茸毛稀疏。成龄叶中等大小，心脏形，厚，绿色；5 裂，裂片相互略有重叠，叶片表面光滑；叶背有稀疏茸毛。叶柄短于主脉；叶柄洼开张，椭圆形。两性花。

果穗较大，短圆锥形或圆柱形；平均穗重 400 g；果粒着生中等紧密。果粒短椭圆形，平均粒重 12.8 g，明显大于‘巨峰’。果皮紫红色，果皮厚。果肉较硬，质地脆，略有草莓香味；可溶性固形物含量 17.8%，可滴定酸含量 0.58%，糖酸比高，口感甜。每果粒含种子 1~3 粒。果实不裂果，果刷抗拉力强，耐贮运。

在苏南地区，4 月初萌芽，5 月中旬开花，8 月中下旬果实成熟，成熟期比‘巨峰’稍晚，中晚熟品种，成熟后可挂树保存至 9 月底，不落粒、不裂果。

树势强，萌芽力强，平均萌芽率 75%，果枝率 50.8%，每个结果枝有 1.5 个花序。副梢结实力中等，丰产性一般。

该品种对穗轴褐枯病和炭疽病、灰霉病抗性较弱，生产上要注意及早防治。

34. 多摩峰

原名 Tamayutaka。欧美杂交种，日本品种。

果穗经整理可达 350~400 g。浆果短圆形，大粒，平均粒重 13 g。果皮黄绿色。可溶性固形物含量 17%~18%。多汁、半脆肉型。

8 月上中旬成熟，比‘巨峰’略早熟。

该品种适于无核化处理，方法为盛花期用 25 mg/L 的 GA_3 溶液处理，花后 10~15 天再用 25 mg/L 的 GA_3 溶液处理 1 次。

35. 安芸皇后

原名 Aki Queen。欧美杂交种，日本品种。

果粒倒卵形，平均粒重 13 g。果皮红色。可溶性固形物含量 18%~20%。最大特点是品质优、风味浓。

树势强，与‘巨峰’相似，果穗比‘巨峰’略小，落花落果比‘巨峰’略重。

成熟期与‘巨峰’相同，为中熟品种。

该品种无核化处理后，坐果稳定。

36. 伊豆锦

原名 Izunishiki。欧美杂种，日本品种。

果穗圆锥形，中等大或大；果粒着生中等紧密。果粒短椭圆形，平均粒重 12.5 g，最大可达 20 g。果皮紫黑色。

成熟期 8 月上中旬，比‘巨峰’略早，为中熟品种。

该品种进行无核化栽培，更能表现出该品种的特性。

37. 黑峰

原名 Darkridge。欧美杂交，四倍体，日本品种。

果穗 400 g 左右。果粒短椭圆形，平均粒重 11.5 g。果肉肉质比‘巨峰’硬，有草莓香味；可溶性固形物含量 19%。落花落果少，很少有裂果。

成熟期与‘巨峰’相同。

该品种树势强，抗病性强。

38. 里扎马特

原名 Rizamat。欧亚种，苏联品种，我国于 20 世纪 70 年代和 80 年代先后从苏联和日本引入。

果穗圆锥形，特大，果穗子稍松散；平均穗重 850 g，最大穗重可达 2 500 g；有时果粒大小不整齐。果粒长椭圆形，平均粒重 12 g，最大粒重 20 g。果皮薄，成熟后果皮鲜红色至紫红色，外观十分艳丽；果皮与果肉难分离。果肉脆，细腻，清香味甜；果肉中有一条明显的白色维管束；果实含可溶性糖 14%~16%，含可滴定酸 0.45%，品质佳。

在苏南地区，4 月上旬萌芽，5 月中下旬开花，8 月上中旬果实成熟，从萌芽到果实成熟需 125 天左右。

树势强，萌芽率 78%，果枝率 45%，每个果枝平均花序数为 1.13 个，结果枝抽生部位较高，花序多着生在第 5 节以上。副梢结果能力弱，产量中等。

该品种对水肥和土壤条件要求较严。管理不善易出现大小年结果现象和果实着色不良，应及时进行果穗整形和疏果。抗病性较弱，易感染白腐病和霜霉病。成熟期雨水多时果粒易裂果。夏季修剪时应适当多保留叶片，防止果实发生日灼。采收后果实不耐贮藏和运输。

39. 高蓓蕾

原名 High Bailey。欧亚种，日本品种。

果穗圆锥形，特大；平均穗重 700 g；果穗大小整齐，果粒着生紧密。果粒倒卵形，大，紫黑色，纵径 2.8~3.4 cm，横径 2.1~2.5 cm，平均粒重 12 g。果粉厚。果皮厚而韧，稍有涩味。果肉脆，无肉囊，果汁多，绿黄色，味甜，略有玫瑰香味；可溶性固形物含量 18%~19%。每果粒含种子 1~3 粒，多为 2 粒，种子与果肉易分离。鲜食品质上等。

在苏南地区，4 月上中旬萌芽，5 月中下旬开花，8 月中下旬浆果成熟。从萌芽至浆果成熟需 130~140 天。

树势强。隐芽萌发力强，芽眼萌发率为 95%，成枝率为 98%，枝条成熟度好，结果枝占芽眼总数的 90%，每果枝平均着生果穗数为 1.2 个，隐芽萌发的新梢结实力中等。

该品种果穗大，易着色，不脱粒，裂果少，抗病力强，味甘甜，爽口，极丰产，易栽培，要严格疏花疏果。

40. 达米娜

原名 Tamina。欧亚种，罗马尼亚品种，1996 年引入中国。

果穗大，圆锥形；平均穗重 560 g，最大可达 1 100 g，果粒着生紧密。果粒大，圆形或短椭圆形；平均粒重 8.5 g，最大可达 14.5 g。果皮紫红色，中厚。果粉厚。果肉硬度中等，具浓郁的玫瑰香味，品质极佳；可溶性固形物含量 16.5%。果肉与种子易分离，每果粒含种子 1~3 粒。

在苏南地区，4 月上旬萌芽，5 月中下旬开花，8 月中下旬果实成熟。

树势强，萌芽力、成枝力高，每个结果枝平均果穗数 1.4 个，结实力强，丰产。枝条成熟度好。

该品种坐果率高，果穗紧，果粒大，色泽美观，玫瑰香味浓，品质佳，丰产，果实耐贮运，抗病性较强。

41. 玫瑰香

原名 Muscat Hamburg。欧亚种，原产英国，英国斯诺（Snow）于 1860 年用‘黑汉’与‘白玫瑰香’杂交育成。

在中国有近 100 年的栽培历史。20 世纪 20 年代初由中央大学引进。此后，徐州、连云港、淮阴、扬州、镇江、盐城等地陆续栽植，直至 20 世纪 50 年代前期仍为江苏省主栽葡萄品种，迄今还有少量栽培。

果穗中等大或大，圆锥形；平均穗重 350 g，长 18 cm，宽 11 cm；果粒着生疏散或中等紧密。果粒中小，椭圆形或卵圆形，平均粒重 4.5 g，纵径 2.3 cm，横径 1.9 cm。果皮黑紫色或紫红色。果粉较厚。果皮中等厚、韧，易与果肉分离。果肉黄绿色，稍软、多汁，有浓郁的玫瑰香味。可溶性固形物含量 18%~20%，可滴定酸含量 0.5%~0.7%，出汁率 76%，果味香甜。每果粒含种子 1~3 粒，以 2 粒者较多；种子中等大，浅褐色，喙较长，呈圆形。

在苏南地区，4 月上旬萌芽，5 月中下旬开花，8 月中下旬成熟。

树势中庸。成花力强，结果枝占芽眼总数的 75%，平均每结果枝着生 1.5 个花序，果穗多着生于第 4、5 节。副梢结实力强，1 年内可连续结果 2~3 次。

该品种根系较抗盐碱，抗寒性强，但抗病性稍弱，梅雨季节易感染黑痘病和霜霉病，着色期至成熟期易感染白腐病、炭疽病等病害，营养不足时易落花落果，并出现大小粒及生理性病害“水罐子病”。

42. 森田尼无核

原名 Centennial Seedless，别名无核白鸡心。欧亚种，美国品种，1987 年引入中国。

果穗大，平均穗重 620 g，果粒着生中等紧密。果粒中等大，鸡心形，黄绿色；自然生长条件下平均粒重 4.5 g，经过赤霉素处理后可达 8.0 g。果皮薄而韧。果肉硬而脆，果汁中多，略有香味，味甜；可溶性固形物含量 16%，可滴定酸含量 0.6%。无种子。

在苏南地区，4 月上旬萌芽，5 月中旬开花，7 月底成熟。

树势强，芽眼萌芽力强，结果枝率高，结果枝率 52%，每结果枝平均有花序 1.2 个，产量较高，抗病力中等，较抗霜霉病，但不抗黑痘病和白腐病，春季幼叶易受绿盲蝽危害。

该品种适应性强，丰产，品质优良，栽培中要防止生长过旺影响花芽分化和果实生长。在设施栽培中表现良好。

43. 白香蕉

别名青圆葡萄、凯旋。欧美杂交种，20 世纪 60 年代引入江苏，徐州、淮阴、连云港、扬州、镇江、无锡、南京、南通等地曾有栽植。

新梢黄绿色，密生茸毛，1 年生枝蔓黄褐色。叶片大而薄，心脏形；浅 3 裂，叶面粗糙，叶背密生白色茸毛；叶边缘平展，锯齿钝，叶柄短，微红色。叶柄洼开张成矢形。卷须间隔性。两性花。

果穗大，圆锥形；平均穗重 450 g，果粒着生中等紧密。果粒黄绿色，椭圆形；平均粒重 4.8 g，大小一致。皮薄。果肉有肉囊，草莓香味浓，味酸甜；可溶性固形物含量 13%~14%。种子大，不易与果肉分离。

树势强，结果枝占总芽数的 55%。结果系数为 2，副梢结实力强，抗黑痘病，耐湿，抗寒力中等。

该品种丰产,抗寒、抗病和抗湿力均强,但采前生理落粒重,应及时采收以减轻落粒程度。

44. 黑汉

原名 Black Hamburg,别名黑罕、黑汉堡、红大粒、红圆粒、假玫瑰香。欧亚种,德国品种。南京在 20 世纪 20 年代初由中央大学引入该校园艺实习场栽培,并作为生产品种之一进行推广。连云港、扬州、南京、镇江及南通等市曾均有栽植。

新梢黄绿带褐色,1 年生枝蔓黄褐色。叶片大,近圆形,浅 5 裂;叶柄洼闭合,椭圆形;叶面光滑,叶背茸毛稀叶缘锯齿钝圆。卷须间隔性。两性花。

果穗中大,圆锥形;平均穗重 300 g,最大穗重 500 g;果粒着生极紧。果粒近圆形,平均粒重 3.7 g。皮薄,黑紫色。果肉软而多汁,味甜,无香气;可溶性固形物含量 15%~17%,可滴定酸含量 0.4%。每果粒含种子 1~3 粒。

8 月上旬新梢开始成熟,成熟期一致。

树势中庸,结果枝率 75%。结果系数为 1.8。

该品种适应性强,丰产、稳产;成熟一致,无香味,品质中等;抗炭疽病、白腐病能力在欧亚种中较强,但日灼较重。为鲜食、酿造兼用品种。

45. 玫瑰露

原名 Delaware,别名底拉洼。欧美杂交种,美国品种,20 世纪 20 年代由中央大学从日本引入南京,曾经在连云港、扬州、镇江、无锡等市推广栽植。

新梢紫红色,茸毛稀。1 年生枝蔓暗褐色,细而弱,节间短。叶片肾形,3~5 裂;叶背茸毛密,色黄。叶柄洼开张,叶面光滑。卷须间隔性。

果穗小,圆柱形;平均穗重 140 g;果粒着生紧密;带副穗。果粒小,近圆形,平均粒重 1.4 g。果皮薄,玫瑰红色。果肉有肉囊,味浓甜;可溶性固形物含量 16%~18%,可滴定酸含量 0.6~0.8%。每果粒含种子 3 粒者居多,果肉与种子不易分离。

树势中庸偏弱,结实力强,结果枝占总芽眼数的 64%,结果系数为 2.8。副梢结实力强,适应性广。结果系数高,要适时疏穗;浆果易受日灼,可保留果穗附近的副梢及叶片以避日晒。

该品种味极甜,采收期长,耐贮运。除鲜食外,酿造、制汁均宜。抗病力、耐湿力均强,能适应苏南高温多雨的气候条件,但穗粒小、产量偏低。

46. 香悦

欧美杂交种,四倍体。

果穗短圆锥形,平均单穗重 620 g;果粒着生紧凑、牢固,不脱粒。果粒大,圆球形,整齐有序,平均粒重 12 g,最大粒重可达 18 g。果皮厚,蓝黑色。果粉多。果肉细致,软硬适中,多汁,味香,桂花香型;可溶性固形物含量16%~17%,品质上等。不裂果,不脱粒,耐贮运。

树势强,对霜霉病、白腐病、黑豆病、炭疽病有很强的抗性,适应范围广。

47. 红义

原名Beniyoshi。欧美杂交种,日本品种,1999年引入中国。

果穗圆锥形,大;平均穗重575 g,最大穗重690 g;果穗大小整齐,果粒着生紧密。无小青粒。果粒倒卵形,单性果果粒圆形,鲜红至红褐色,平均粒重16.3 g,最大粒重21.0 g。果皮厚而韧,稍难与果肉分离,无涩味。果粉厚。果肉硬脆,多汁,无肉囊;果汁浅红色;味浓甜爽脆;可溶性固形物含量18%~20%。每果粒含种子1~3粒,多为1粒。种子与果肉易分离。鲜食品质上等。

在苏南地区,4月上旬萌芽,5月中旬开花,8月中旬浆果成熟。从萌芽至浆果成熟所需天数为120~130天。

树势中庸。隐芽萌发力中等。芽萌发率70%~75%,成枝率95%,枝条成熟度大,但成熟不一致。结果枝占芽眼总数的68%。每果枝平均着生果穗数为1.4个。隐芽萌发的新梢结实力弱。

该品种栽培管理与‘巨峰’相似。在昼夜温差小的地区着色偏淡。旺长树易出现无核果,应注意保持中庸树势。

48. 莫利莎无核

原名Melissa。欧亚种,美国品种。1999年引入中国,在江苏有少量栽培。

果穗圆锥形,有歧肩;果粒着生中等紧密。果粒较大,平均单粒重5.5 g;果粒黄绿色,充分成熟时呈金黄色,长椭圆形,果脐明显。果皮中厚,不易与果皮分离。果肉硬脆,肉质细,味甜,具悦人的玫瑰香味,品质佳;可溶性固形物含量16%,可滴定酸含量0.6%。无核。果实耐贮运性良好。

在苏南地区,4月上中旬萌芽,5月中旬开花,8月底果实成熟。

树势强,萌芽力强,但成枝力略低,结果枝着生于结果母枝第3节以上。

该品种对白腐病抗性较差,生产上要注意及早防治。

49. 红高

原名Benitaka。欧亚种,巴西品种。2000年引入中国,在江苏有少量栽培。

果穗大,圆锥形,有副穗;平均穗重625 g;果粒着生紧密。果粒大,短椭圆形;平均粒重9 g。果皮浓紫红色,厚。果粉中等。果肉脆,汁多;果汁黄绿色,味甜,有较浓的玫瑰香味;可溶性固形物含量14%~16%。每果粒含种子2粒。鲜食品质中等。

在苏南地区,4月上旬萌芽,5月中旬开花,9月上旬果实成熟,从萌芽至成熟需160天左右。

树势中庸,萌芽率90%,成枝率95%,每个结果枝着生1.2个果穗,隐芽萌发力强,隐芽萌发枝结实力中等。

该品种品质优良，果实容易上色，成熟后不落粒，耐贮藏和运输。

50. 高妻

原名 Takatsuma。欧美杂交种，日本品种。

果穗大而紧密，多为圆锥形；平均穗重 600 g。果粒特大，短椭圆形；平均粒重 15 g，疏花疏果后平均粒重可达 18~20 g。完全成熟后果皮呈纯黑色，果粉多，果皮厚，不裂果。果肉中等软硬，草莓香味浓郁；可溶性固形物含量 18%~21%，含酸量低，品质优良。每果粒含种子 2~3 个，种子大。果刷粗长，果柄与果实结合紧密，不易脱落，不裂果，耐贮运。

在苏南地区，3 月底萌芽，5 月中旬开花，8 月下旬成熟。

树势中庸，芽眼萌发率 65%，结果枝占芽眼总数的 55%，每果枝平均坐果穗 1.5 个，副梢结实力弱。

该品种早果性强，丰产，抗病。

51. 红宝石无核

原名 Ruby Seedless，别名大粒红无核、鲁贝无核，欧亚种。美国品种，1987 年引入中国。

新梢紫红色，无茸毛。1 年生成熟枝条黄褐色，双分杈或有三分杈。幼叶厚，黄绿色，有光泽，幼叶上、下表面均无茸毛。成龄叶片较厚，深绿色，心脏形，叶缘稍向上翘，呈漏斗状，5 裂，上下侧裂中等深。叶片上表面光滑，茸毛少，叶背无茸毛；叶脉黄绿色；叶柄紫红色，叶柄洼呈闭合椭圆形。节间较长。叶缘锯齿大，稍钝。卷须间隔着生。

果穗大，圆锥形；平均穗重 850 g，最大可达 1 500 g；有歧肩；穗形紧凑。果粒较大，卵圆形；平均粒重 4.2 g，果粒大小整齐一致。果皮薄，亮红紫色。果肉脆，味甜爽口；可溶性固形物含量 17%，可滴定酸含量 0.6%。无核。

在苏南地区，4 月初萌芽，5 月中旬开花，9 月底果实成熟。

树势强，萌芽力强，每个结果枝平均着生花序 1.5 个，丰产，早果性好。果穗大多着生在第 4~5 节上。

该品种抗病性较弱，适应性较强，对土质、肥水要求不严。果实耐贮运性中等。

52. 甲斐乙女

原名 Kaiotome。欧亚种，日本品种。

果穗圆锥形，有副穗，大；平均穗重 450 g，最大穗重 570.5 g；果穗大小整齐，果粒着生紧密。果粒短椭圆形，鲜红色，大；平均粒重 10.5 g，最大粒重 13 g，纵径 2.8~3.2 cm，横径 2.3~2.6 cm。果粉重。果皮中等厚，脆，无涩味。果肉厚，汁多，味甜。可溶性固形物含量 19%~21%。每果粒含种子 1~2 粒,多为 2 粒,子易与果肉分离。鲜食品质上等。

在苏南地区,4 月上旬萌芽,5 月中旬开花,9 月中旬浆果成熟。

树势极强。隐芽萌发力强。芽萌发率为 98%,成枝率为 98%,枝条成熟度好。结果枝占芽眼总数的 95%。每果枝平均着生果穗数为 1.3~1.5 个。

该品种稍有裂果,着色困难。

53. 瑞必尔

原名 Ribier。欧亚种,原产地和来源不详。

果穗较大,圆锥形或圆锥形带副穗;平均穗重 400 g,最大穗重 1 000 g;果穗大小整齐,果粒着生中等紧密。果粒椭圆形,蓝黑色,中等大;平均粒重 5.7 g,纵径 2.3 cm,横径 2.1 cm。果粉果皮均厚。果肉肥厚而脆,汁较多,味酸甜,风味浓;可溶性固形物含量 16.9%,可滴定酸含量 0.50%~0.65%。每果粒含种子 2~3 粒,种子中等大,棕褐色,易与果肉分离。鲜食品质中上等。果实耐贮运。

在苏南地区,4 月上旬萌芽,5 月中旬开花,9 月上中旬浆果成熟。

树势强。芽眼萌发率为 54.3%,枝条成熟度较好。结果枝占芽眼总数的 53.9%。每果枝平均着生果穗数为 2.1 个。结实力强,丰产。副芽结实力较强,副梢结实力强。

该品种适应性较强,抗病力中等,抗感黑痘病力弱,耐寒,对土质和肥水要求不严,早果性好,应控产栽培和加强病害防治。

54. 圣诞玫瑰

原名 Christmas Rose。欧亚种,美国品种。

果穗大,长圆锥形;穗长 30.0 cm,穗宽 24.2 cm,平均穗重 882 g,最大穗重 3 200 g;果穗大小较整齐,果粒着生较紧密。果粒长椭圆形,深紫红色,大;纵径 2.8 cm,横径 2.2 cm,平均粒重 7.3 g,最大粒重 10 g。果粉薄。果皮中等厚而韧,与果肉较易分离。果肉细腻,硬脆,汁中等多,风味浓,味酸甜,稍有玫瑰香味;可溶性糖含量 15%~16%,可滴定酸含量 0.5%~0.6%。果刷大、长。每果粒含种子 2~4 粒,多为 2~3 粒,种子卵圆形,中等大,红棕色,易与果肉分离。鲜食品质上等。

在苏南地区,4 月上中旬萌芽,5 月中下旬开花,9 月下旬浆果成熟。从萌芽至浆果成熟需 150~155 天。

树势较强。隐芽萌芽力较强,萌发的新梢结实力中等。副芽萌发中等,萌发的多为发育枝。芽眼萌发率为 65%~75%。结果枝率为 77%。每果枝平均着生果穗数为 1.4 个。夏芽副梢结实力中等。

该品种抗霜霉病和白腐病力较强,抗黑痘病力弱。注意防治黑痘病等病害。

55. 亚历山大

原名 Muscat of Alexandria，是一个古老的麝香葡萄品种，在世界分布较广。1892 年自西欧引入中国山东烟台。

果穗多为分枝形，亦有圆锥形；或带小副穗，大或中等大；平均穗重 434.6 g，最大穗重 705.5 g；穗形不整齐，果粒着生疏密不一致。果粒较大，椭圆形或倒卵圆形，黄绿色或金黄色；纵径 1.8~2.8 cm，横径 1.5~2.5 cm，平均粒重 6.3 g，最大粒重 9.6 g。果皮薄。果粉厚。果肉致密而爽脆，汁中等多，味甜，有浓玫瑰香味。每果粒含种子 1~4 粒，多为 2~3 粒。鲜食品质极优。用它制成的罐头，果皮浅绿色，肉质较软，味酸甜，有玫瑰香味，果粒有少量裂果和果皮皱缩。

在苏南地区，4 月上旬萌芽，5 月中旬开花，9 月中下旬浆果成熟。

树势中庸或弱。隐芽萌发力强，萌发新梢结实力强，副芽萌发力弱，芽眼萌发率为 47.2%~54.8%。结果枝占芽眼总数的 23.0%~40.6%，每果枝平均着生果穗数为 1.4~1.9 个。夏芽副梢结实力强。

该品种抗寒力弱，抗病虫害力中等或弱，果穗不抗炭疽病，抗黑痘病和白腐病力中等，抗毛毡病力较弱，叶片较易遭受二星叶蝉危害，易发生日灼病，开花时遇阴雨易落花落果。

56. 黑玫瑰

原名 Black Rose。欧亚种，美国品种，1986 年引入我国。

成龄叶片心脏形，中等大，薄，光滑；叶片 5 裂；锯齿钝，两侧凸。叶柄洼开张拱形。两性花。

果穗大，圆锥形；平均穗重 812 g，大穗可达 2 500 g；果粒着生中等紧密。果粒大，长椭圆形，黑紫色；平均粒重 8 g，最大粒重 12 g。果粉和果皮较厚。果肉硬而脆，汁液多，味酸甜，略有玫瑰香味；可溶性固形物含量 17.0%，可滴定酸含量 0.8%。每果粒含种子 4 粒，易与果肉分离。品质上等。

在苏南地区，4 月初萌芽，5 月中旬开花，8 月底浆果成熟，从萌芽到浆果成熟需 150 天。

树势强。芽眼萌发率为 80.6%，每果枝平均着生果穗数为 1.4 个。

该品种品质优良，抗病性中等，有日灼病发生，有轻微裂果现象。

57. 意大利

原名 Italia。欧亚种，意大利品种，1955 年引入中国。

新梢黄绿色，有茸毛。1 年生成熟枝条褐色，上有红色条纹。幼叶黄绿色，有光泽。成龄叶片中等大，心脏形；深 5 裂，叶面平滑，叶背有丝状茸毛；叶缘向上卷，锯齿锐；叶柄紫红色，长于中脉；叶柄洼开张圆形或拱形。卷须间隔着生。两性花。

果穗圆锥形，大；平均穗重 830 g；果粒着生中等紧密。果粒大，椭圆形，果粒黄绿色；平均粒重 6.8 g，纵径 2.6 cm，横径 2.1 cm。果粉中等厚。果皮中厚。果肉脆，味甜，有玫瑰香味；可溶性固形物含量 17.0%，可滴定酸含量 0.7%，品质极佳。每果粒含种子 1~3 粒，种子与果肉易分离。

苏南地区 4 月上旬萌芽至成熟需 160 天左右，果实成熟期一致。

树势中庸。芽眼萌发率高，结果枝占总芽眼数的 15%，每果枝平均着生 1.3 个花序，果穗着生于第 4~5 节。

该品种穗大、粒大，果穗美观，品质优良，果实耐贮运。较抗白腐病和黑痘病，但易感染霜霉病和白粉病。

58. 克伦生无核

别名克里森无核、克瑞森无核、绯红无核、克伦生无核、淑女红。欧亚种，美国品种，1998 年引入中国。

新梢红绿色，有光泽，无茸毛。幼叶紫红色，叶缘绿色。成熟叶片中等大小，绿色，深 5 裂。

果穗中等大小，有歧肩，圆锥形；平均单穗重 500 g，最大穗重 1 500 g。果粒亮红色，充分成熟时为紫红色，上有较厚白色果霜；平均粒重 4 g，环剥和赤霉素的应用可使果粒重增加到 6~8 g。果肉浅黄色，半透明肉质，果肉较硬，不易与果肉分离，风味甜；可溶性固形物含量可达 19%，糖酸比大于 20 : 1。采前不裂果，采后不落粒，品质极佳。

树势强，幼龄期丰产性较差。抗病性较强，易感白腐病和黑痘病。外观漂亮，品质好，耐运耐贮。

59. 金后

原名 Golden Queen，别名黄金种、金皇后，欧亚种，英国品种。20 世纪 20 年代引入南京，徐州、淮安、连云港、扬州、无锡、南通市曾均有栽培。

新梢褐色，茸毛中密。1 年生枝蔓深褐色。叶片中大，心脏形，3 裂，裂刻中深；叶柄洼闭合，短，微红色；叶面有网状皱纹，叶背面密生灰白色茸毛。叶缘略上弯，锯齿大而钝。卷须间隔性。两性花。

果穗大，果粒着生紧密，圆锥形；平均穗重 292 g。果粒大，卵圆形，黄绿色，平均粒重 6.4 g，最大粒重 8.5 g。果肉稍脆，味淡甜、无香味。可溶性固形物含量 14%~15%。每果粒含种子 1~3 粒。品质中上等。

树势强。结果枝占总芽眼数 64~75%；结果系数 2。浆果成熟期较一致。耐湿、抗病力中等。

该品种丰产，耐湿，较抗病，但稍感黑痘病和白粉病。

60. 龙眼

别名秋紫、红葡萄、紫葡萄、红圆子。欧亚种，是中国古老品种，20 世纪 20 年代引入南京。连云港、徐州和宿迁等地有少量栽培。

新梢绿色，1 年生枝蔓暗红色，节间极长，有紫红色条纹。叶片大而厚，5 裂，叶面有光泽，叶背无毛，边缘向下弯曲。叶柄短，叶柄洼开张成宽拱形。卷须间隔性。两性花。

果穗大而美观，圆锥形，带歧肩；平均穗重 500 g，果粒着生中等紧密。果粒大，单粒重 4~6 g，近圆形。果皮红紫色。果肉稍脆，味淡甜，无香气；可溶性固形物含量 14%~15%。鲜食和酿造均宜。

树势较强，结果枝占总芽眼数的 40%，每结果枝上结 1~2 个果穗。

该品种适应性强，丰产，耐旱，但抗病性弱，易染炭疽病、黑痘病和白腐病。

61. 皇家秋天

原名 Autumn Royal，别名秋皇家无核、无核皇后、八月皇家。欧亚种，美国品种，1998 年引入中国。

新梢绿色，无茸毛。1 年生成熟枝条褐色。幼叶薄，红绿色；叶缘向上弯曲，呈漏斗状，无茸毛，有光泽。成叶中等大，心脏形，5 裂，裂刻深；叶缘锯齿锐；叶表面、背面均无茸毛。叶柄红色，叶柄洼宽拱形。

果穗圆锥形，平均穗重 1 250 g；果粒排列松散至紧。果粒大，卵圆形或椭圆形；平均粒重 8.5 g。果皮厚，紫色至黑色。果粉多。果肉硬而脆，半透明，味清甜；可溶性固形物含量 17%。有时有残核。品质上等。果刷长，果粒着生牢固，不脱粒，极耐贮运。

9 月中下旬成熟，可在树上挂至 10 月底，品质更佳。

该品种抗病性较强，但易感白腐病。枝条极脆，易折断。

62. 夕阳红

欧美杂交种，四倍体，辽宁省果树研究所选育。

新梢绿色，有茸毛。幼叶绿色，带紫红色晕；叶片上表面有光泽，下表面有茸毛。成龄叶心脏形，叶片大，绿色；叶片下表面有少量刺状茸毛，3~5 裂，上裂刻深，下裂刻浅，叶缘锯齿锐。叶柄洼开张，拱形。叶柄长，浅紫色。枝条生长直立，粗壮。两性花。

果穗大，长圆锥形，无副穗；平均穗重 850 g，最大穗重 1 500 g；果穗大小整齐，果粒着生紧密。果粒大，椭圆形；平均粒重 13 g。果皮紫红色，中厚。果粉中厚。果肉较软，无明显肉囊，汁多，味甜，有明显的玫瑰香味；可溶性固形物含量 16%，可滴定酸含量 0.88%。每果粒中种子多为 2 粒，种子大。果实成熟后不落粒。

在苏南地区，4 月初萌芽，5 月中旬开花，8 月底果实成熟。

树势强，芽眼萌发率77%，结果枝占芽眼总数的46%，每果枝平均有1.4个花序。夏芽副梢结实力强，早果性好，丰产性强。

该品种生长旺盛，易形成花芽，抗病性较强，对白腐病抗性较差，生产上应予以足够重视，及早进行防治。

63. 夏至红

欧亚种，二倍体，中国农业科学院郑州果树所育成，2007年引入江苏。

果穗圆锥形，无副穗；平均单穗重650 g，最大穗重1 000 g；果粒着生紧密。果粒椭圆形，平均单粒重8.5 g，最大粒重15.0 g。成熟果粒为紫红色至紫黑色，果粉多。果梗拉力强。果皮中等厚。果肉绿色，肉脆，硬度中，风味清甜，略有玫瑰香味。可溶性固形物含量16% ~17%。品质上等。不脱粒，水分管理失调有裂果。

在苏南地区，7月上旬果实开始成熟。

树势中庸偏强，新梢树势中庸，副梢萌发力中等偏强。

该品种早熟，花芽分化好，果粒牢固，耐贮运。果粒小，上色不典型，风味一般。

64. 鄞红

别名甬优1号。欧美杂交种，四倍体，浙江宁波品种，2000年左右引入江苏。

果穗单歧肩圆锥形，着生疏松，大小粒严重。果粒椭圆形，平均粒重5.9g，最大粒重11.2 g。果粒紫黑色，果粉中等厚。果皮厚，有涩味。肉软多汁。可溶性固形物含量16%~21%。每果粒含种子1粒，有无核果。

在苏南地区，4月上旬萌芽，5月中旬开花，8月下旬浆果成熟。

树势中庸。夏芽副梢结实力强。芽眼萌发率为88.46%，每果枝平均着生果穗数为1.3个。

该品种果粒大，味甜，肉质肥厚，丰产，抗病性好，但上色困难，有大小粒现象，不抗灰霉病。

65. 高千穗

欧亚种，二倍体，日本品种，1993年引入江苏。

果穗中大，平均穗重500 g。果粒长卵圆形，平均果粒重6.5 g，果皮厚，紫红至紫黑色，着色一致。果肉脆有玫瑰香味。可溶性固形物含量18%~21%，最高达23%。品质上等。

在苏南地区，4月上旬萌芽，5月中旬开花，9月中下旬成熟。

该品种树势强，肉质硬，极丰产，抗病力较强，果实极耐贮运。果粒小，种子多。

66. 黑彼特

原名 Black beet，别名黑色甜菜。欧美杂交种，四倍体，日本品种，2009 年引入江苏。

果粒短椭圆形。平均果粒重 16 g，最高可达 20 g 以上。果粉多。果皮厚，上色好，易去皮，去皮后果肉、果芯留下红色素多。果肉质硬爽，多汁美味；可溶性固形物含量 16%~17%。

在苏南地区，7 月上中旬开始成熟。

该品种粒大，色深，丰产，抗病。果肉硬，风味一般，不耐贮运。

67. 濑户

欧亚种，二倍体，日本品种，2001 年引入江苏。

果穗圆锥形，无副穗，果穗大；穗长 24.5~28.0 cm，穗宽 13.5~18.0 cm，平均穗重 625 g，最大穗重 875 g；果粒着生中等紧密，有小青粒，果穗大小整齐。果粒大，扁圆形，黄绿色，成熟一致；平均粒重 7 g，最大粒重 11 g；用赤霉素处理 2 次可获得 14~16 g 的无核果。果皮薄而脆，无涩味。果粉中等。果肉厚，无肉囊，果汁中等，绿黄色，味甜；可溶性固形物含量 18%~19%。每果粒含种子 1~4 粒，多为 3 粒。种子与果肉易分离。鲜食品质上等。

在苏南地区，4 月上中旬萌芽，5 月中旬开花，8 月中旬成熟。

该品种果粒大，皮薄肉脆，甘甜爽口，丰产。有轻微裂果，不耐贮运，抗病力差。

68. 早生内奥玛斯

欧亚种，二倍体，日本品种，在张家港、句容等地有少量栽培。

平均穗重 525 g。果粒圆形，单粒重 6~8 g。果粒绿黄色，充分成熟金黄色，浓玫瑰香。品质极佳。不裂果，不掉粒。

在苏南地区，7 月上中旬开始成熟。

该品种果实早，甜，有香味，丰产，耐贮运。果粒小，皮有涩味。

69. 京香玉

欧亚种，二倍体，中国科学院植物研究所北京植物园育成，在张家港、宜兴等地有少量栽培。

果穗双歧肩圆锥形，平均穗重 463.2 g，最大可达 1 000 g。果粒着生中等紧密，椭圆形，黄绿色，平均粒重 8.2 g，最大粒重 13 g。果皮中等厚，肉脆，酸甜适口，有玫瑰香味。每果粒含种子 1~3 粒。成熟期可溶性固形物含量 14.5%~15.8%，可滴定酸含量 0.61%。品质中等。

该品种粒大，有香味，坐果好，丰产，但味道淡，不抗炭疽病。

70. 爱神玫瑰

欧亚种，二倍体，北京市农林科学院林业果树研究所育成，在南京、苏州、无锡等地有少量栽培。

果穗圆锥形带副穗，小或中等大；穗长 14.6 cm，穗宽 10.0 cm，平均穗重 220.3 g，最大穗重 390 g；果穗大小整齐，果粒着生中等紧密，有小青粒。果粒中等大，椭圆形，红紫色或紫黑色，平均粒重 2.3 g，最大粒重 3.5 g，纵径 1.8 cm，横径 1.6 cm。果皮中等厚，韧，略有涩味。果粉中等厚。果肉中等脆，汁中等多，味酸甜，有玫瑰香味。可溶性固形物含量 17%~19%，可溶性糖含量 16.2%，可滴定酸含量 0.71%。种子不发育，有瘪籽。鲜食品质上等。

在苏南地区，3 月下旬萌芽，5 月中旬开花，7 月下旬成熟。

该品种早熟，有玫瑰香味，皮薄，丰产。

二、酿造品种

1. 宿晓红

原名小黑葡萄。20 世纪 80 年代改用现名。为宿迁市古老地方品种。据《宿迁县志》记载，1910 年宿迁古运河半埠店一带有栽培。目前最大树龄 80 余年。从 1984 年起该市洋北、晓店、南蔡等乡均有大面积栽培；睢宁县亦有少量发展。

1 年生枝蔓紫红褐色，节间长。叶片 3 裂或 5 裂，裂刻中深；叶面光滑，叶背沿叶脉有稀疏灰白色茸毛；叶片平均长 12.4 cm，宽 13.1 cm，叶柄平均长 10.0 cm，叶柄洼开张。卷须间隔性。

果穗圆锥形，松散，中等偏小，偶有副穗；平均穗重 100 g，最大可达 150 g 左右，一般长 10~15 cm，最长达 18 cm。果粒小，圆形；果粒直径 1.1~1.5 cm。果皮紫黑色，中厚。肉软汁多，味甜酸，有特殊香气；含可溶性糖 14%~17%，可滴定酸 1.5%~2.0%，出汁率为 68%~70%。

树势强，结果枝占芽眼数的 68%，结果系数 3.4，结果枝的第 2~6 节着生果穗，但多着生于第 4 节，易感染白粉病，偶感黑痘病，梨星毛虫危害严重。抗寒力强，适应性广。

该品种曾在宿迁栽培面积较大，栽培历史悠久，是酿造红葡萄酒的优质品种。其酒体完整，呈现深红宝石色，澄清透明，果香浓郁，果香和酒香协调，具有特殊风味。所酿红葡萄酒曾于 1971 年和 1981 年两次被评为江苏名酒，荣获省优质产品奖；在第一次全国葡萄栽培和葡萄酿酒技术协作会议上被列为黄河故道地区重点发展的优良酿造品种。

2. 北醇

中国科学院北京植物园 1954 年以‘玫瑰香’× 山葡萄育成。1960 年引入江苏。淮阴、连云港、徐州、南通等地曾均有栽培。

新梢黄绿色，1 年生枝蔓黄褐色。叶片大，5 裂，上侧裂深。叶柄洼开张，广拱形；叶面光滑，叶背有灰黄色短刚毛，主脉分叉处有浅紫色斑点，微向外突起。

果穗圆锥形，带副穗，中等大；穗重 180~850 g。果粒近圆形，平均粒重 1.95 g。果皮中厚，紫黑色。肉质软，果汁淡紫红色，甜酸味浓；含可溶性糖 16.1%~20.4%，含可滴定酸 1.2%，出汁率 75%~77%。每果粒含种子 2~3 粒，品质中等。

树势强，结果枝占芽眼数的 87%，结果系数 2。丰产。抗性强，抗寒，抗黑痘病和白粉病，不抗炭疽病和房枯病。

该品种为酿制红葡萄酒品种，酒色深宝石红，酒香味一般，适于酿制中档酒，现已淘汰。

3. 白羽

别名尔卡齐杰里、白翼、苏 58。欧亚种，原产格鲁吉亚，1965 年引入江苏，连云港、徐州、淮安等地栽培面积最大。

新梢细、直立，紫红色，有细长茸毛。1 年生枝蔓深褐色，副梢较少而弱。叶片中大，心脏形；3~5 裂，锯齿锐而密；叶面网状皱褶，无毛，叶背茸毛较稀，杂生刚毛，灰白色。叶柄洼开张，矢形。卷须间隔性。两性花。

果穗中等大，圆柱形，带副穗；平均穗重 249 g，穗长 15.5~17.5 cm。果粒着生较紧密，成熟一致。果粒近椭圆形，黄绿色；平均粒重 2.2 g，纵径 1.6 cm，横径 1.5 cm。果皮薄而坚韧。果粉少。肉软味甜；可溶性固形物含量 15.7%~17.3%，可溶性糖含量 14.0%~15.5%，可滴定酸含量 0.9%。每果粒含种子 3~4 粒。品质上等。

树势中庸，萌芽率 71.5%，结果系数 1.2~1.7。较耐寒，霜霉病较重。较丰产，抗黑痘病。

该品种可酿制优质干白葡萄酒。

4. 佳利酿

原名 Carignane，别名加里娘、康百耐、德国红、佳酿。欧亚种，原产西班牙，20 世纪 60 年代引入江苏省，在黄河故道地区曾有大面积栽培，为丰县、邳州主栽品种，其他如淮安、宿迁、连云港亦有栽培。

新梢绿色，有茸毛。1 年生枝蔓棕褐色，节大色褐，有条纹。叶大，心脏形，5 裂，叶面粗糙略向上皱缩；叶背稀生丝状长毛；叶柄洼开张，矢形。卷须间隔性。两性花。

果穗较大，圆锥形，有歧肩或不明显；穗重 273~660 g。果粒长圆形，中等大，着生极紧密，成熟不一致，平均粒重 2.4 g。果皮紫黑色。果粉多。肉软汁多，味酸甜；含可滴定酸 1.0%~1.4%。含可溶性固形物 17.5%，含可溶性糖 13.5%~14.5%，出汁率 70%~81%。每果粒含种子 2~4 粒。品质中上等。

树势强，萌芽力强，结实力强，结果系数 2.1，幼树进入盛果期早，丰产。再次结实率高，结果系数 2.4。但大小粒现象较明显。

在栽培上要注意增施磷肥、钾肥和夏修等措施，提高植株抗寒能力。修剪以中短梢修剪为主。

该品种极丰产,肥水满足时,7 年生树每亩产 5 t。抗病力较强,特别是抗炭疽病。管理不当及个别年份有冻芽现象。是黄河故道地区酿造优质酒的原料之一,亦宜制汁、鲜食。可以保持和适当发展。

5. 红玫瑰

原名 YepBeH MyckaT,别名红玫瑰香、契尔文玫瑰。欧亚种,原产保加利亚,1958 年起在徐州、邳州、丰县、宿迁、泗阳、涟水、淮阴、淮安、东海、连云港等地普遍栽培。

新梢紫红色,有茸毛。1 年生枝蔓浅褐色。叶形圆,中大;叶面平滑,叶背密生茸毛,5 浅裂,锯齿钝;叶柄洼紧闭。卷须间隔性。两性花。

果穗长圆锥形,中等大;穗长 15~18 cm,宽 9~12 cm,平均穗重 400 g;果粒着生紧密。果粒圆形,中等大,平均粒重 2.5 g。果皮薄,粉红色。果汁多,有玫瑰香味;出汁率 73.2%,含可溶性糖 12.4%~13.5%,含可滴定酸 0.6%~0.8%。每果粒含种子 2~3 粒。

树势中强,枝条较直立。结实力强,结果系数 1.5~1.8,宜短梢修剪。

该品种丰产,生长健壮,副梢抽生能力弱,可密植。抗病力中等,白腐病、毛毡病重,抗寒能力一般,可酿制白葡萄酒,兼鲜食。

6. 赤霞珠

原名 Cabernet Sauvignon。欧亚种,原产法国,1982 年由山东引入,淮阴、宿迁、徐州有栽培。

新梢绿色,带有紫色条纹,无茸毛。1 年生枝蔓褐色,节间短而粗。叶片中大,心脏形;5 裂,裂刻中深;叶面深绿色,叶背有黄白色茸毛,叶柄洼开张;叶柄与中脉等长,叶背,叶脉与叶柄微带粉红色。卷须间隔性。两性花。

果穗中等大,圆锥形;平均穗重 200 g;果粒着生中等紧密。果粒小,近圆形。果皮厚,紫黑色。果粉厚;多汁,味酸甜,有草香味;含可溶性糖 17%,含可滴定酸 0.7%~0.8%。每果粒含种子 2~3 粒。果实成熟一致。品质上等。

树势强,结果枝率为 36.9%,结果系数 1.8,产量一般。

该品种品质上等,可酿制优质的单品种酒,酒质极佳。适宜在丘陵山地或排水良好的沙土栽培,前期产量较低,宜于密植。以中、长梢修剪为主。抗病力中等。在苏北地区表现产量低,抗病性不强。

7. 意斯林

原名 Italian Riesling，别名意大利里斯林、贵人香。欧亚种，原产意大利和法国。1965年引入，宿迁、徐州等地有少量栽培。

新梢浅绿色，附有深紫色条纹，顶端粉红色。1年生枝蔓淡褐色，有紫色条纹。幼叶黄绿色，叶面、叶背皆有茸毛。成龄叶片心脏形，叶面光滑，叶背有茸毛，边缘上翻，5裂，上侧裂中深，下侧裂浅，锯齿锐而密。成龄叶柄洼开张，拱形，叶柄紫红色，短于中脉。两性花。

果穗小，圆柱形，有副穗；一般穗重 140~180 g；果粒着生紧密，成熟一致。果粒小，近圆形，平均粒重 1.4 g。果皮薄，淡绿色，带有锈斑。果粉中厚。果汁淡绿色，味芳香。含可溶性糖17%，含可滴定酸 0.8%，出汁率为 75%~80%。每果粒含种子 2~3 粒。

树势中庸。结果枝占芽眼总数的 80%，结果系数 1.6~1.8。生长弱，枝蔓直立，宜篱架栽培，短梢修剪。适应沙壤土，喜肥水，易管理，唯易感染霜霉病。所酿制的白葡萄酒，酒体丰满，清香爽口，味纯正浓厚，是酿制高级白葡萄酒的优良品种之一。

该品种适应性强，树势中庸，枝条直立，易于管理，所酿之酒品质极优，果香浓郁，是酿制干酒、香槟和制果汁的优良品种，可以推广。

8. 法国蓝

原名 Blue French。欧亚种，原产奥地利，1965年引入江苏省，徐州、宿迁、连云港有少量栽培。

新梢深绿色，附有紫红色，有茸毛。1年生枝蔓浅红褐色，有土黄色条纹。叶近卵圆形，3~5浅裂；叶面光滑，有光泽，叶背无茸毛，稀生刚毛，锯齿钝，叶缘略向背面反卷。叶柄粗，短于中脉，有紫红色条纹，叶柄洼开张，窄拱形。卷须间隔性。两性花。

果穗中等大小，双歧肩圆锥形；平均穗重 200 g；着生中等紧密。果粒近圆形，平均粒重 1.6 g。果皮厚，蓝黑色。果粉多。肉软汁多，味酸甜；可溶性固形物含量 17%，可溶性糖含量 13%~15%，可滴定酸含量 0.7%。每果粒含种子 2~3 粒。

树势中庸，芽眼萌发率 70%，结实力强，结果系数 1.8，抗黑痘病、炭疽病，较抗白粉病，易感霜霉病。

宜用篱架栽培，可密植，以中、长梢修剪为主。

该品种为酿造红葡萄酒的最佳原料之一，酒色宝石红，酒质佳，具香气。适应性广，产量中等，抗病力较强。

9. 季米亚特

别名奇美亚特、吉美亚。欧亚种，原产保加利亚，1958 年引入江苏省，徐州、连云港有栽培。

新梢红绿色，具茸毛，幼叶表、背面均有茸毛。1年生枝蔓黄褐色。叶片心脏形，深绿色，5裂；叶背茸毛密，锯齿大。叶柄洼闭合，裂缝形，微红。卷须间隔性。两性花。

果穗双歧肩圆锥形，平均穗重 400 g；果粒大小较整齐。果粒绿黄色。果粉薄。果肉黄白色，多汁较软，酸甜适度，有香味；含可溶性糖 13%，品质中等。每果粒含种子 1~3 粒。

树势中庸。在连云港地区萌芽期 3 月下旬至 4 月上旬，花期 5 月下旬，浆果成熟期 8 月上旬，完熟期 8 月下旬，新梢开始成熟期 8 月下旬。抗寒性与抗病性均差。

该品种为酿造、鲜食兼用品种，果穗、果粒较大，产量高。酒质中等。易染白腐病、房枯病。抗寒性差。不适宜在高温多湿地区栽培，在江苏省属于淘汰品种。

10. 巴米特

别名巴明。欧亚种，原产土耳其，1958 年起在宿迁、泗阳、涟水、淮阴、淮安，徐州及连云港等地大面积栽培。

新梢绿色带红，茸毛稀疏。1 年生枝蔓褐色。叶片心脏形，浅 5 裂；锯齿中等锐，叶背密生混合毛，灰白色。叶柄洼为闭合缝形。卷须间隔性。两性花。

果穗中等大，圆柱形；平均穗重 420 g；果粒着生极紧密。果粒近圆形，平均粒重 2.3 g。果皮浅玫瑰色，薄。果粉薄。果肉黄白色，汁多，味甜；含可溶性糖 12% 以下，含可滴定酸 0.5%，出汁率 70%。每果粒含种子 2~3 粒，种子与果肉易分离。

树势强，结果系数 2。丰产。易感白腐病。在淮阴萌芽期 4 月中旬，花期 5 月中下旬，果实完熟期 8 月底。

该品种为酿造、鲜食兼用品种。果皮薄，易裂果，酸度低，酒质中等，丰产。但抗病性差，不适宜大面积栽培。

11. 黑赛必尔

原名 Seibel Noir。欧美杂交种，原产法国。1966 年引入江苏省，宿迁、徐州、连云港等地有栽培。

新梢绿色，有稀疏茸毛，1 年生枝蔓褐色，节间短。叶片小近圆形，无裂刻或浅 3 裂，锯齿圆钝，叶面平滑，叶背无毛，叶脉上有稀少丝状毛。叶柄与中脉等长或稍长，微红色。卷须间隔性。两性花。

果穗中等大，圆锥形；平均穗重 170 g。果粒中等大，着生紧密。果皮中厚而韧，紫黑色。果粉厚。果肉汁多味酸；含可溶性糖 17%，出汁率 70%。

树势强，结果枝占总芽数的 65%~75%。结果系数 2.3。在宿迁，萌芽期 4 月上旬，花期为 5 月中旬，浆果成熟期 9 月上旬。

该品种为酿造加色品种，酒质一般，较丰产。抗病性和抗寒力强。副梢抽生较弱，适宜密植，因结实力强，颇受栽培者欢迎。

三、砧木品种

1. SO4

德国从冬葡萄和河岸葡萄杂交后代中选育出的葡萄砧木品种。中国从法国引入。

新梢被白色茸毛,边缘具桃红色。新梢截面棱形,枝条节处呈紫色。幼叶古铜色,上有丝状茸毛。成龄叶中大,叶片楔形,黄绿色,叶边缘内卷。叶柄洼幼叶时为“V”形,成龄叶时变为“U”形或拱形,叶脉基部呈桃红色,叶柄及叶脉上有短柔毛。新生枝条较细,成熟枝条深褐色,有棱,枝上无毛,芽较小而尖。卷须长,常分为三杈。雄性花。

本品种是一种抗根瘤蚜和抗根结线虫的砧木,耐盐碱,抗旱、耐湿性显著,生长旺盛,扦插易生根,并与大部分葡萄品种嫁接亲合性良好。

是世界各国广泛应用的抗根瘤蚜、抗根结线虫砧木,生长旺盛、易扦插繁殖,嫁接亲合性良好。抗旱、抗湿,结果早,产量较高,嫁接品种成熟期略有提早现象。SO4 作为欧美杂交种四倍体品种的砧木时有“小脚”现象。

2. 5BB

法国用冬葡萄与河岸葡萄的自然杂交后代中经多年选育而成的葡萄砧木品种,中国由美国引入。

梢冠弯曲,密被茸毛,边缘呈现桃红色。幼叶古铜色,叶片被丝状茸毛。成龄叶大,楔形,全缘,主脉叶齿长,叶边缘上卷,叶柄洼拱形,有毛,叶脉基部桃红色;叶背无毛;叶缘锯齿拱圆宽扁。雌性花。果穗小,果粒小,黑色,不可食。新梢多棱,成熟枝条米黄色,节部色深,枝条棱角明显,芽小而尖。

抗根瘤蚜,抗线虫,耐石灰性土壤。植株生长旺,1 年生枝条长而且直,副梢抽生较少,产枝力高,扦插生根率高,嫁接成活率高。在田间嫁接部位靠近地面时,接穗易生根和萌蘖。

引入我国时间不长,在各地记载中表现出明显的抗旱、抗南方根结线虫和生长快、生长量大的特点,用其做鲜食品种的砧木,生长结果表现良好。但该砧木与部分品种嫁接有不亲合现象,而且抗湿、抗涝性较弱,生产上要予以重视。

3. 贝达

原名 Beta。原产美国,为美洲葡萄和河岸葡萄的杂交后代。

新梢绿色,有粉红附加色,具稀疏灰白色茸毛。成龄叶片较大,叶片较薄,全缘或 3 浅裂,叶面较光滑,叶背有稀疏的灰白色短茸毛,叶缘锯齿锐,叶柄洼矢形。卷须间隔性。两性花。

果穗较小,圆柱形或圆锥形;平均穗重 142 g;副穗小,果粒着生较紧密。果粒近圆形,平均粒重 1.75 g。皮紫黑色,较薄,果肉味酸,有草莓香味。可溶性固形物含量 15.5%,可滴定酸含量

2.6%，出汁率 77.4%。生食品质不佳。东北个别地方用它酿制红葡萄酒，陈酿后品质尚可。

树势强。结果枝占芽眼总数的 61.6%，每一结果枝上的平均果穗数为 1.7 个，产量中等。从萌芽到果实充分成熟和生长日数为 120 天左右，为中早熟品种。贝达适应性强，抗病、抗湿力强，特抗寒。枝条扦插容易生根，与欧洲品种或欧美杂交种品种嫁接，亲和性良好，是较好的抗寒、抗涝砧木。

该品种抗寒性显著强于一般欧亚种品种和欧美杂交种品种，果实风味欠佳，不宜作为鲜食品种。但其抗寒性强，且与栽培品种嫁接亲和性良好，作为鲜食品种砧木时有明显的"小脚"现象，而且对根癌病抗性稍弱，栽培时应予重视；作为葡萄砧木还有明显的抗湿、抗涝特性。因此，'贝达'作为抗湿砧木也有良好的应用价值。

4. 华佳 8 号

上海农业科学院园艺研究所用原产中国的野生葡萄（华东葡萄）与'佳利酿'杂交培育而成的专用砧木品种，1999 年通过品种审定，是中国培育的第 1 个葡萄砧木品种。

新梢黄绿色，梢尖及幼叶被灰白色茸毛，幼叶表面平滑，有光泽。成龄叶中大，心脏形，绿色，叶片 3~5 裂，上裂刻中深，下裂刻浅，叶缘锯齿双侧直，叶柄洼窄拱形，基部成 U 形。1 年生成老熟枝条黄褐色。雌性花。果穗小，圆锥形，有歧肩。果粒小，平均单粒重 1.6 g。果皮紫黑色。成龄植株为高大藤本，生长健旺。

枝条生长旺盛，成枝率高。1 年生成熟枝条扦插出苗率达 50% 左右，其根系发达，生长健壮，抗湿、耐涝。用其作砧木与'藤稔''先锋'等品种嫁接，成活率高，嫁接苗无明显大小脚现象，且嫁接苗有明显乔化现象和早果、早丰产现象。

该品种是适合我国南方地区应用的一种乔化性砧木，宜作为'巨峰'系品种和其他葡萄品种的砧木，尤其适合嫁接一些树势较弱的品种。

四、育成品种

1. 钟山红（图 14-4）

欧亚种。南京农业大学选育，系'魏可实生'后代中选育的晚熟品种。

树势强，梢尖半开张，黄绿色，无茸毛，有光泽。新梢淡紫色，生长自然弯曲；节间背侧青绿色，腹侧青紫色。枝条棕色。幼叶黄绿色，带淡紫色晕，上表面有光泽，下表面叶脉上有极少量丝状茸毛，有光泽。成龄叶片大，心脏形；叶片大多 4 裂刻，中等深，上裂刻基部多为矢形，下裂刻基部多为三角形；叶片锯齿圆顶形。叶柄洼多为矢形，基部椭圆形。芽眼萌发率为 80%~95%。结果枝占芽眼总数的 80% 以上。每果枝平均着生果穗数为 1.8 个。结实力强，丰产。副芽结实力较强，副梢结实力强，二次果能正常成熟。早果性好，一般定植后第 2 年即可结果。

图 14-4 ‘钟山红’果实

花丝短且反卷，花粉不育，自然结实出现严重的大小果现象。花期及花后用低浓度 GA_3 等处理后，果实纵径 3.2 cm，横径 2.7 cm。果粒椭圆至卵圆形，果顶略有凹陷，果粉果皮均厚，可剥皮。果肉肥厚而脆，汁较多，味酸甜，风味浓；可滴定酸含量 0.44%~0.65%，可溶性固形物含量 22%~23%，最高达 25%。果穗经 GA_3 处理后呈圆锥形或圆锥形带副穗，较大，穗长 25~30 cm，穗宽 14~16 cm，整穗后平均单穗重 600 g，最大单穗重 1 200 g。果粒着生中等紧密。

4 月上旬萌芽，5 月中旬开花，9 月中旬至 10 月上旬浆果成熟，晚熟可至 10 月下旬。从萌芽至浆果成熟需 130~160 天。

该品种适应性较强，抗病力中等，抗黑痘病力弱，尤其要加强黑痘病的防治。在南方地区选择地下水位在 100 cm 以下的地块或丘陵地，采用避雨栽培方式栽培。土壤水分过多易引起裂果，但比‘魏可’轻。幼果出现日灼现象，适宜水平棚架栽培方式。成花容易，丰产，亩产量应控制在 2 000 kg 以下，产量过高影响着色，推迟成熟。修剪以中、短梢修剪为主。花期用 25 mg /L GA_3 处理 1 次，花后 10 天再用 25 mg/L GA_3 +（2~5）mg/L CPPU 处理 1 次，经处理后果粒大小均匀，果实无核率达 95%~100%。

2. 紫金早生（图 14-5）

欧美杂交种，二倍体。由江苏省农业科学院园艺研究所选育，系‘金星无核’经秋水仙素诱变选育而来。2014 年育成，2015 年 11 月通过江苏省茶花果品种鉴定专业委员会鉴定。

图 14-5 ‘紫金早生’果实

树势中庸。新梢节间腹侧颜色绿色。幼叶黄绿色，叶面、叶背茸毛极密。成龄叶片中等大小，叶片近三角形，3 裂，裂刻较浅，叶柄洼为轻度重叠，锯齿长度短，锯齿形状两侧凸，正面主脉上花青苷显色无或极弱，背面主脉间匍匐与直立茸毛极密。卷须分布不连续。两性花。

果穗圆锥形，较整齐，中等大；平均穗长 16.6 cm，穗宽 9.4 cm，平均穗重 317.4 g。果粒圆形或短椭圆形，着生较紧密，大小均匀，紫黑色；平均果粒重 5.2 g。果粉厚，有光泽。果皮中等厚。果穗、果粒成熟较一致，不裂果。果肉较软，多汁，味酸甜，具有较浓玫瑰香味。可溶性固形物含量 17.2%,可滴定酸含量 0.66%。瘪籽,鲜食品质中等。

在南京地区露地栽培,3 月下旬萌芽,5 月上旬开花,6 月下旬浆果始熟,7 月中旬果实充分成熟。从萌芽到果实充分成熟需 112 天,属早熟品种。

该品种高抗霜霉病,可进行露地栽培、设施避雨栽培或日光温室、塑料大棚设施促成栽培。

3. 黑美人(图 14-6)

欧亚种,系张家港市神园葡萄科技有限公司从美人指的实生后代中选育而来。2013 年 12 月通过了江苏省农作物品种审定委员会鉴定。

图 14-6 ‘黑美人’果实

新梢黄绿色,梢尖全开张,梢尖茸毛无着色。幼叶黄绿色,上表面有光泽,下表面无茸毛。成龄叶片五角形,叶片 5 裂,上裂刻中等浅,基部“U”形;叶柄洼基部闭合,“U”形。两性花。

果穗长圆锥形,大小整齐;平均穗重 850 g;果粒着生紧凑。果粒长椭圆形,蓝黑色;纵径 3.5~4.0 cm,横径 2.0~2.5 cm,平均粒重 9.5 g,最大粒重 13 g。果粉厚。果皮薄。果肉较软。可溶性固形物含量 16%~17.5%。每果粒含种子 1~3 粒。

在苏南地区,3 月下旬至 4 月上旬萌芽,5 月上中旬开花,8 月下旬浆果开始成熟。

树势强。隐芽萌发力中等,芽眼萌发率 95%,成枝率 90%,枝条成熟度中等。每果枝平均着生果穗数 1.7 个。丰产稳产性好,着色容易,易管理。

4. 小辣椒(图 14-7)

欧亚种,二倍体。由张家港市神园葡萄科技有限公司于 2007 年用‘美人指’(Manicure Finger)作母本,‘独角兽’(Unicorn)作父本杂交选育而来。2013 年 10 月通过江苏省茶花果品种鉴定专业委员会审定。

图 14-7 ‘小辣椒’果实

树势强,新梢红棕色。梢尖全开张,梢尖茸毛无着色。幼叶红棕色,上表面有光泽,下表面无茸毛。成龄叶片楔形,下表面有茸毛,叶片 5 裂,上裂刻深,基部“V”形,叶柄洼基部开张,“V”形。两性花。

果穗呈圆锥形,大小整齐;平均穗重 450 g。果粒着生紧凑。果粒弯束腰形,红色至紫红色,外观极美。平均粒重 6.5 g，最大可达 9.0 g，果实纵径 3.0~4.0 cm，横径 1.0~1.5 cm。果粉薄，果皮薄而韧。果肉硬脆；可溶性固形物含量 16%~19%。每果粒含种子 2~4 粒。

5. 早夏香（图 14-8）

欧美杂交种，三倍体。由张家港市神园葡萄科技有限公司于 2011 年采用‘夏黑’早熟芽变选育而成。2015 年 12 月通过江苏省农作物品种审定委员会鉴定。

图 14-8 ‘早夏香’果实

新梢黄绿色，梢尖开张，茸毛较密，新梢节间腹侧绿色，带红色条纹，新梢节间背侧绿色；卷须分布半连续。幼叶绿色，幼叶上表面无光泽，无茸毛；幼叶下表面无光泽，茸毛稀。成龄叶形近圆形，中等大，中等厚，叶表面有较浅突起，叶片 3 裂，上裂刻浅，基部“V”形；下裂刻浅，基部“V”形。锯齿双侧凸，叶柄洼开张，“U”形。两性花。

果粒近圆形，自然粒重 3.5 g 左右，用夏黑大果宝处理后粒重 9~12 g。果皮较厚。果粉厚。肉质较硬，无籽，有浓郁草莓香，味酸甜，汁少；可溶性固形物含量 17.7%~23%。

成熟期比夏黑早 10~15 天。

树势中庸偏强。隐芽萌发力中等。芽眼萌发率 95%，成枝率 98%，枝条成熟度好。每果枝平均着生果穗数 1.5 个。隐芽萌发的新梢结实力强。

6. 园玉（图 14-9）

欧亚种，二倍体。由张家港市神园葡萄科技有限公司于 2007 年采用‘白罗莎里奥’作母本、‘高千穗’作父本选育而来。2013 年 12 月通过江苏省农作物品种审定委员会鉴定。

新梢红棕色。梢尖全开张，梢尖茸毛着色浅。幼叶黄绿色，上表面有光泽，下表面无茸毛。成龄叶片楔形，下表面茸毛极疏，叶片 5 裂，上裂刻极深，上裂刻基部“U”形。叶柄洼基部闭合，“U”形。两性花。

果穗平均重 650 g，最大超过 2 000 g；果粒整齐，着生紧密。果粒短椭圆形，黄绿色，粒重 9~12 g。果粉中等。果皮薄。肉软汁多，味甜，有玫瑰香味；可溶性固形物含量 17%~18%。外观光洁亮丽，品质优异，耐贮运。

图 14-9 ‘园玉’果实

树势中庸。隐芽萌发力中等。芽眼萌发率 90%,成枝率 60%,枝条成熟度好。每果枝平均着生果穗数 0.7 个。隐芽萌发的新梢结实力弱。

7. 藤玉(图 14-10)

欧美杂交种,四倍体。由张家港市神园葡萄科技有限公司于 2000 年采用‘藤稔’作母本、‘紫玉’作父本选育而来。2015 年 12 月通过江苏省农作物品种审定委员会鉴定。

图 14-10 ‘藤玉’果实

新梢绿色,梢尖开张,茸毛密。新梢节间背腹侧皆绿色。幼叶黄绿色,上、下表面皆无光泽,茸毛皆稀。成龄叶片心脏形,大,厚。5 裂,上裂刻深,基部“U”形;下裂刻浅到中等深,基部“V”形。叶柄洼开张窄拱形,基部“V”形。锯齿双侧直或双侧凸皆有。上表面有泡状突起。两性花。

果穗重 500~800 g。果粒圆形,平均粒重 13.5 g。果皮黑色。果肉较肥厚;可溶性固形物含量 17%~20%。品质优。

在张家港地区,3 月下旬萌芽,5 月上旬开花,7 月下旬至 8 月上旬浆果完全成熟,从萌芽至浆果成熟需 120~130 天。

树势强。芽眼萌发率为 83.3%,结果枝占芽眼总数的 66.7%,每果枝平均着生果穗数 1.25 个。

8. 园意红(图 14-11)

欧亚种,二倍体。由张家港市神园葡萄科技有限公司于 2000 年采用‘大红球’作母本、‘意大利’作父本选育而来。2010 年 11 月通过江苏省农作物品种审定委员会鉴定。

图 14-11 ‘园意红’果实

树势中庸。隐芽萌发力中等。芽眼萌发率 90%,成枝率 60%,枝条成熟度好。每果枝平均着生果穗数 0.7 个。隐芽萌发的新梢结实力弱。新梢黄绿色,有红色条纹,有少量茸毛。梢尖开张,黄绿色,有少量茸毛。幼叶黄绿色,有光泽。成龄叶片卵圆形,无茸毛。大多叶片中间凹,边缘突起。叶片 4 裂刻,裂刻中,基部矢形。锯齿圆顶形,大小不一。叶柄洼大多矢形,部分闭合、椭圆形。枝条横截面扁圆形,枝条棕褐色。两性花。

果穗大,平均穗重 650 g;果粒着生较松。果粒近圆形,鲜红到紫红色;平均粒重 8.9 g,最大粒重 12 g。果粉薄。

果皮中厚，无涩味。果肉脆，果汁浅黄色，味甜；可溶性固形物含量17%~18%。鲜食品质上等。

9. 园野香（图 14-12）

欧亚种，二倍体。由张家港市神园葡萄科技有限公司于2000年采用‘矢富萝莎’作母本、‘高千穗’作父本选育而来。2010年11月通过江苏省农作物品种审定委员会鉴定。

图 14-12 ‘园野香’果实

新梢黄绿色，带红色条纹。梢尖开张。幼叶黄绿色，有光泽，着红色色晕，幼叶背面有少量刺毛。成龄叶片小，纵径10~12 cm，横径10~12 cm，近圆形；叶片背面有少量茸毛和刺毛；4裂刻，裂刻极深。成熟枝条棕褐色。两性花。

果穗圆锥形，中等大，大小整齐；平均穗重450 g；果粒着生较松。果粒中大，椭圆形，鲜红到紫红色；平均粒重6.5 g，最大粒重9 g。果粉薄。果皮厚。果肉脆硬，有浓郁的玫瑰香味；可溶性固形物含量18%~19%。果粒着生牢固，不裂果，不落粒。

树势强。隐芽萌发力中等。芽眼萌发率95%，成枝率90%，枝条成熟度中等。每果枝平均着生果穗数1.9个。隐芽萌发的新梢结实力中等。

10. 百瑞早

欧美杂交种，无核葡萄品种‘8611’植株芽变产生。2015年12月通过江苏省农作物品种审定委员会鉴定。

果穗圆锥形，大小整齐；平均穗长23 cm，穗宽13 cm，平均穗重1 400 g；果粒着生紧凑。果粒红色圆形，无核；纵径2.5 cm，横径2.3 cm，平均粒重9.2 g，最大粒重13 g。果粉少。果皮薄。果肉软；可溶性固形物含量14.5%。

在徐州地区，3月20~28日萌芽，5月13~17日开花，7月3日左右浆果成熟，为极早熟品种。

树势强。隐芽萌发力中等。芽眼萌发率95%，成枝率90%，枝条成熟度高。每果枝平均着生果穗数1.7个。隐芽萌发的新梢结实力一般。

11. 钟山翠（图 14-13）

欧美杂种，‘翠峰’自交种子实生选种培育而成，三倍体品种。2012年11月通过江苏省农作物品种审定委员会鉴定。

果穗圆锥形，较大；穗重600~800 g；果粒着生密度中等。果粒长椭圆形，经GA_3处理后果实平均粒重 25.6 g。果穗和果粒均比‘翠峰’重。果粉中等厚。果皮薄而脆,黄绿或黄白色,外观美,果皮和果肉不易分离。果肉较硬,味酸甜;可溶性固形物含量 16%~18%。风味佳,品质优。无核。鲜食品质中上等。

图 14-13 ‘钟山翠’果实

在南京地区,4 月上旬萌芽,5 月 15 日左右开花,8 月下旬至 9 月上旬浆果成熟,为中晚熟品种。

树势中庸,隐芽萌发力中等。芽眼萌发率 90%,成枝率 90%,枝条成熟度中等。每果枝平均着生果穗 1.5 个。

具有‘翠峰’的血统,栽培技术要点与其母本相似,在多雨的南方地区,采用避雨大棚或温室促成栽培。

该品种为三倍体品种,需通过 GA_3 处理促进坐果和膨大,进行二次处理,第一次在盛花末期用 GA_3 12.5 mg/L 溶液浸蘸花穗。10~15 天后再用 25 mg/L GA_3+0.5 mg/L CPPU 浸蘸果穗。

第四节 栽培技术要点

一、苗木繁殖

江苏各地在生产上通常采用扦插法和嫁接法繁殖葡萄苗,也有少数单位采用组织培养法繁殖(包括脱毒葡萄苗)。葡萄的扦插育苗有两种方法:一是硬枝扦插育苗,即利用成熟的一年生枝进行扦插。为提高硬枝扦插成活率,常采用 50~100 mg/kg 的激素如萘乙酸(NNA)、吲哚乙酸(IAA)、吲哚丁酸(IBA)等处理扦条,也可在激素处理的基础上进一步通过电热催根法提高插条基部温度来促进扦条生根。对于未经催根处理的插条,可在 2~3 月进行扦插;对于经催根处理的插条,可在当土层 10 cm 内土温稳定在 10 ℃以上时(一般为 3~4 月)进行。二是嫩枝扦插育苗,即选较为粗壮、半木质化的嫩梢作插条,插条长 2~3 个芽,并保留 1~2 个叶柄和相当于插条叶面积 1/4 的叶片,剪去其余叶片和叶柄。嫩枝扦插的管理重点是遮阴和供水。

葡萄的嫁接育苗也有两种方法,一是硬枝嫁接,二是绿枝嫁接。在休眠期或伤流期前后利用成熟的木质化枝条与砧木进行嫁接,称为硬枝嫁接;在葡萄枝梢生长期,利用当年生长的半木质化枝条与砧木嫁接称为绿枝嫁接。江苏省用于嫁接的葡萄砧木品种主要有‘SO4’‘5BB’‘贝达’等。

二、园地选择和规划设计

江苏各地凡土层达 50 cm 以上,pH 值 5.1~8.5 的平原地区、丘陵岗地、海涂、河滩地及黄河故道地区的黄泛冲积土均可栽植。丘陵岗地坡度超过 15° 以上的要修筑梯田；海涂及盐碱地应注意淋盐洗碱，使含盐量降到 0.2% 以下，再进行栽植。一般来说，园地地形开阔、阳光充足、通风良好、地下水位 0.8 m 以下、土壤 pH 值 6.5~7.5 的地块较适宜建立葡萄园。根据园地条件、面积、栽培方式和栽培架式进行葡萄园规划设计，园地面积较大的划分小区，小区间留作业道，配套道路、排灌系统、水土保持工程等基础设施。

三、栽培方式

江苏省葡萄栽培的方式有露地栽培、避雨栽培、先期促成栽培后期避雨栽培、设施根域限制栽培。避雨栽培是在葡萄开花前在葡萄棚面上增设避雨设施，将结果部位与雨水遮断，而达到控制病虫害、改善果实品质等为主要目的的一种栽培方式（图 14–14）。促成栽培是在设施条件下，通过人工调控温度、湿度、光照等因素，提供葡萄在自然条件下难以满足的气候因子，以达到提早成熟目的的栽培方式。设施根域限制栽培是在设施条件下，利用物理的方法将葡萄的根系范围控制在一定的容积内，通过控制根系的生长来调节地上部的营养生长和生殖生长过程的一种栽培方式。

图 14–14　葡萄避雨栽培

四、栽培架式与整形修剪

葡萄栽培的架式主要有篱架、双十字“V”形架、“Y”形架和水平棚架。

江苏省常用葡萄树形和整形方式有篱架和棚架两种，以篱架为主。

（一）篱架整形

1. 多主蔓扇形

20 世纪 50~70 年代，江苏各地葡萄都应用中国北方的多主蔓扇形整枝。这种树形枝蔓分布较灵活，骨干枝更新也容易，在北方埋土防寒方便；但在南方，出现缺点较多，如：结果部位低，下部通风透光差，病害严重，树势上强下弱，结果部位上移较快。

2. 双层双臂水平式整形

由于多主蔓形整形不适于高温多湿地区，20世纪80年代后逐渐改用双层双臂水平式整形。实践证明，培养这种树形的关键是维持上、下层主蔓之间树势的平衡，避免出现上强下弱或下强上弱的现象。为此，整形的要领是第2层（上层）双臂必须从基部培养，而不宜在第1层（下层）主蔓上培养。两层主蔓分别在2年内培养，以免造成上强下弱或下强上弱的不良后果。

3. 篱棚架整形

苏南地区栽培‘巨峰’系品种，幼树阶段采用有干扇形篱架，逐步过渡到棚架。其简化模式即：独干形（第1年），有干自然扇形篱架（第2、3年），有干自然扇形篱棚架（第4、5年），棚架（第5年）。

（二）棚架整形

1. 水平小棚架主蔓形

小棚架架高2 m。定植当年将苗木剪留4~5个芽。翌春选留2~3个新梢作主蔓，并将这些新梢按平行方向引缚在架面上，使每蔓间保持50 cm的距离。其后，根据需要，合理配备侧蔓，直到布满架面。这种棚架在启东、海门、无锡、镇江等地均有应用。因架面离地面高，通风好，果穗离地面较远，可减轻病害；如保持架面枝叶不过密，则可提高果实品质，是苏南地区较好的架式之一。

2. 扇面棚架整形

连云港水库堤坝上采用此种整形。定植1~2年整形时，利用幼树生长旺势，培养2~3个副梢主蔓作放射状分布，并逐年增加副主蔓和侧蔓，直至布满架面。

3. 连续小棚架

宿迁运河堤岸的果农，大多于堤坡、房前屋后栽植‘宿晓红’。以杂树作支柱，利用其枝蔓本身连接，搭成连续棚架。即将多个主蔓离地面100~120 cm处，用绳捆束，促其直立，然后将主蔓水平均匀向各个方向呈放射状引出，分别绑在树干（支柱）上，再陆续将长蔓沿四周圈围，构成“框架”。其蔓上所发出的枝蔓再向四周引缚在框架上编成网眼，即完成棚架整形。

4. 水平棚架“X”形整形

句容茅山镇、无锡市滨湖区蠡园乡吸取日本的经验，采用密度1.5 m × 5 m，平均每亩86.7株水平棚架“X”自然整形计划密植栽培，3年后间伐，每亩保留48株。这在高温多湿的苏南地区是有应用前景的架式之一。

5. “H”形整形

采用4~6 m行距，6~12米或以上株距，培养4主蔓成“H”形分布，主蔓上单边18~20 cm均匀分布结果母枝，采用极短梢修剪方式（图14–15）。培养6个主蔓形成双“H”形的方式为“WH”形整形（图14–16）。

图 14–15 “H” 形整形的‘美人指’结果状

图 14–16 ‘夏黑’“WH” 整形结果状

6. “一” 字形整形

日本称为“一” 文形，2.5~3 m 形距，12 m 以上株距，一主干，在架面下 20 cm 处分支培养 2 个长主蔓，主蔓上单边 18~20 cm 均匀分布结果母枝，采用极短梢修剪方式，可视为半个“H” 形。

（三）修剪

1. 冬季整形修剪

从秋季自然落叶至翌年春季伤流到来之前进行。冬季修剪时选择木质化程度较高、基部粗度在 0.5~0.8 cm 且芽眼饱满的枝条，根据品种结果习性进行短梢或中长梢修剪。

2. 夏季修剪

萌芽期抹除副芽、隐芽、不定芽。疏去过密新梢,使新梢间距为15~20 cm。将新梢分批绑扎固定在架面上。当新梢有8~10叶时反复摘心,除去花序以下的副梢,花序以上的副梢留1~2叶反复摘心。

五、花果管理

花前1周至初花期,去副穗,将过大的主穗剪除肩部1~3个小穗,主穗上过长的小穗剪除一部分,使果穗整齐。剪除迟开花果穗、小果穗,一般每结果枝留1个穗,每亩留穗1 500~2 500个。落花后15~20天,疏去过密的果粒和小果粒,根据品种果粒大小,每穗留果50~80粒。于果穗整理后进行果实套袋。从2000年开始,江苏推广利用穗尖3~5 cm花穗结果技术。

六、植物生长调节剂使用

江苏在葡萄生产中常应用的植物生长调节剂有赤霉素类和细胞分裂素类,如赤霉素和氯吡脲。植物生长调节剂的使用方法分为全穗浸蘸3~5秒和喷淋果穗,以全穗浸蘸为好。使用时期一般在盛花前后2~3天和盛花后15天左右(即生理落果后5~7天)。盛花前使用的植物生长调节剂主要作用是将果实处理成无核,如赤霉素等。盛花后使用的植物生长调节剂主要作用是增大果粒。

七、病虫害防治

江苏夏季高温多湿,葡萄病虫害严重,主要病害有黑痘病、灰霉病、白腐病、炭疽病、白粉病、霜霉病等;主要虫害有二星叶蝉、透翅蛾、红蜘蛛等。

综合各地生产经验,对病虫害的防治必须从增加树势入手,开展综合防治。具体措施如下:

1. 加强树势管理　控制氮肥的施用,防止徒长,维持健壮的树势,是抗病的基础。而营养生长与生殖生长的协调,又是增强树势的前提条件。健壮树的主要树相指标以巨峰品种为例:开花前第一或第二新梢长度在80 cm,第七片叶单叶面积在180 cm^2,7月中旬果实转色期90%新梢停止生长。计划密植园应及时间伐,以改善通风透光条件。冬季彻底清除病叶、病枝、病果并集中烧毁或深埋土中,减少病源。

2. 抓住关键时期喷好药　12月至翌年3月上旬,即在修剪后萌芽前喷1次3~5度石硫合剂。从展叶到果实转色前(从4月上旬至7月中旬)防治的重点是霜霉病、灰霉病、黑痘病等。新梢10~15 cm长时应喷施1次药。在转色期至成熟期,高温高湿,果实病害蔓延快,如炭疽病、白腐病等,应喷施1~2次药。采果后落叶前霜霉病进入暴发期,应喷施1~2次药。设施避雨栽培和促成栽培时,加强灰霉病和白粉病的防治。

(本章编写人员:徐喜楼、黄安保、端木义夫、华志平、靳文光、陶建敏、吴伟民、徐卫东)

主要参考文献

[1]江苏省地方志编纂委员会.江苏省志·农林志[M].南京:江苏凤凰科学技术出版社,2016.

[2]江苏省地方志编纂委员会.江苏省志·园艺志[M].南京:江苏古籍出版社,2003.

[3]盛炳成.黄河故道地区果树综论[M].北京:中国农业出版社,2008.

[4]周军,陆爱华,陶建敏,等.葡萄优质高效栽培实用技术[M].南京:江苏凤凰科学技术出版社,2015.

第十五章　柿

/ 栽培历史与现状 / 种类
/ 品种 / 栽培技术要点

第一节　栽培历史与现状

柿原产我国长江流域及其以南地区，江苏省柿树栽培广录史籍。宋《太平寰宇记》（976~984）记海州与云台山柿树时，即谓“柿有盖柿、牛心柿二种”，已有品种之分，距今已达 1 000 余年。明清之季，现存记载尤多，明代正统三年（1438）《彭城志》、弘治七年（1494）《徐州志》卷一、嘉靖年间《通州志》与《海门县志》、万历四年（1576）《徐州志》卷二、万历五年（1577）《宿迁县志》、天启元年（1621 年）《如皋县志》以及清代嘉庆十五年（1810）《扬州府志》卷六十一、光绪《丹徒县志》均有柿树记载。此外，古老柿树并不鲜见，泗洪县车门乡朱尚村李道报家尚存清光绪年间所植柿树，树龄已逾百年；另外仪征、滨海、东台、大丰、响水等县（市、区）均有树龄在百年的古老柿树，可见江苏省柿树栽培历史悠久，分布广泛。

20 世纪初，全省柿以太湖果区的洞庭山以及海门、铜山、东海、赣榆、泗洪等地比较集中，又以太湖西山石公乡、东河乡及东山后山乡最多。抗日战争时期，徐淮地区柿树面积居全省之冠，其中铜山曾达 2 265 亩，仅该县夹河乡义安村就有柿园 450 余亩，年产柿果超过 250 t；民国《宿迁县志》也有“九月柿子乱赶集”的记载。而在洞庭西山，多以散生为主，柿在果品总产值中占 31.4%，居首位。但到 1949 年，由于长期战乱，省内柿树毁坏严重，全省面积仅余 498 亩。

中华人民共和国成立后,柿树产区有了明显变化。1950~1981 年,柿树一直处于缓慢的恢复和发展中,1961 年,全省仅有成片柿 1 995 亩。1982 年省果树资源普查,成片柿面积为 3 180 亩,散生柿 66.7 万株;产量 9 800 t,其中成片柿园 620 t,散生树 9 180 t,散生树产量是成片园的 14.8 倍。到 1982 年南通柿的生产规模已跃居全省首位,年产柿果 4 468 t,占全省柿果总产量的 44%,其中成片面积仅 500 亩,而散生柿树有 38 万株,产量 4 323 t。历史上主产柿的徐淮地区和苏州洞庭山生产规模已渐减小,其中徐州仅有成片柿 465 亩,年产量(含散生)56.2 t;淮阴仅有成片柿 350 亩,年产量 85 t。苏州洞庭山面积和产量下降更为明显,仅有成片柿 63 亩,产量 67.2 t。盐城、连云港、南京等地柿的生产规模大致和徐州市相当。

20 世纪 80 年代后期是全省柿栽培面积快速发展时期。主要原因:一是伴随着沿海滩涂的开发,柿树作为一个耐盐的适生果树得以大规模发展;二是柿树作为优良的庭园果树和林网果树发展迅速。1990 年全省柿树面积 2.23 万亩,是 1982 年的 9 倍;年产量 1.3×10^4 t,比 1982 年增长 36%,其中盐城面积最大,产量最高。到 1994 年,全省柿树面积达到历史上最高水平,为 5.9 万亩,年产量 4.07×10^4 t。之后面积又进入了调整期,到 1997 年,全省柿树面积(包括甜柿)为 5.4 万亩,产量创历史最高水平,达到 7.5×10^4 t,仍以盐城面积最大,产量最高。栽培模式也由原来的散生栽培为主转变为规模化栽培模式为主,栽培树形也由原来的自然圆头形转变为小冠疏层形为主,大大推动了产业的快速发展。特别是 1982 年江苏果树资源普查时,南通又发掘出矮生型优良品种“小方柿”,经江苏省农作物品种审定委员会审定,成为我国发现的第一个具有矮生性状的柿珍贵资源,大大推动了柿产业的快速发展,该品种成为全省栽培最多的品种。

2000 年后柿树面积进入稳定发展期,至 2012 年全省柿树栽培面积达到 8.2 万亩,产量为 1.04×10^5 t。之后柿树栽培面积进入了调整期,随着‘太秋’‘阳丰’等一些优质甜柿新品种的引进和推广,甜柿栽培面积逐渐扩大,而涩柿栽培面积由于市场影响有所减少,至 2015 年全省柿树栽培面积达到 8.0 万亩(其中甜柿 1.2 万亩),产量达到 1.18×10^5 t。

20 世纪 20 年代初由“国立中央大学”自日本引入‘富有’‘次郎’等甜柿品种,植于南京太平门园艺场。1928 年南京中山陵园果园又从日本引入甜柿品种,布点试种。20 世纪 80 年代中后期,南京农业大学、江苏省农林厅、江苏丘陵地区镇江农业科学研究所先后从日本引进甜柿品种,分别在南京农业大学、溧水、如东、海安、句容、铜山和镇江市润州区设立生产试验示范点。至 1997 年,全省以镇江市发展甜柿最多,面积达 1 590 亩,主要分布在句容、丹徒、扬中和郊区,但因投产不多,还未形成生产规模。21 世纪初又先后从日本引进了‘太秋’‘甘秋’‘早秋’等 10 余个品种。与此同时为解决富有系甜柿品种的砧木问题,先后从山东、安徽、湖北等地引进了不同生态类型的君迁子,同时引进了大别山小果甜柿、牛眼柿、台湾豆柿、浙江柿等野生柿资源,经过多年的嫁接筛选,初步筛选出了可以和富有系列品种亲和的广适性砧木。2010 年后由于甜柿新品种的引进、广适性砧木的开发和甜柿高效栽培相关配套技术的示范推广,大大促进了江苏省甜柿的快速发展,至 2015 年全省已经发展到 1.2 万亩以上。

柿树干性挺直，树冠开张，叶片光洁，入秋叶色转红可与枫叶媲美，果实鲜丽悦目，颇有观赏价值，适宜园林绿化和庭院栽植，既绿化美化环境，又有一定的经济效益。近年来，江苏省甜柿及四旁散生涩柿柿树发展迅速，在昆山市千灯镇、丰县梁寨镇等地出现多条柿树大道。

第二节 种类

柿是柿树科（Ebenaceae）柿属（*Diospyros*）植物。柿属约500种，广布于热带和亚热带地区，我国有56种，以广西至辽宁以南最盛。

柿属是落叶或常绿乔木或灌木，叶互生，雌雄异株或杂性同株，花白色或黄色，雌花常单生，雄花成聚伞花序，花萼及花冠多为4裂，雄花通常8~16朵，子房4~12室，花柱2~6个。江苏省常见的有5个种。

（一）柿（*D. kaki* L.）

原产我国，江苏省长江南北均有栽培。落叶乔木，高4~9 m，树冠呈自然圆头形，主干暗褐色，树皮呈鳞片状开裂。幼枝有茸毛。叶质肥厚，倒卵形、广椭圆形或椭圆形，先端面被短茸毛。花有雌花、雄花和两性花。花冠钟状，黄白色。萼片大，4裂。花呈聚伞花序，约3朵，雄蕊16~24枚；雌花常单生，有退化雄蕊8枚，花柱自基部分离。果形大，果径3~7 cm或更大。形状为扁圆、长圆、卵圆或方形，常具有4~8条纵沟纹或1道缢痕，成熟时果皮橙红色或黄色，果实9~11月成熟。

（二）君迁子（*D. lotus* L.）

别名黑枣、软枣。江苏省连云港、徐州、盐城等市有少量分布。落叶乔木，树高5~10 m，树皮暗灰色，方块片状深裂。枝条灰褐色，幼枝具灰色茸毛。叶椭圆形或长椭圆形，表面密生茸毛，后即脱落，背面灰白色或苍白色。单性花，雌雄异株或同株，雄花2~3朵簇生，有雄蕊16枚；雌花单生。萼4裂，花冠壶状，4裂，果实较小，直径1.0~1.5 cm，呈现圆形或长圆形，熟时蓝黑色，花期5~6月，10~11月果实成熟；果可食用。树性抗寒，适应性强，是江苏省柿的常用砧木。该种由于自然杂交，产生了多种类型，有待筛选和合理利用。

（三）油柿（*D. oleifera* Cheng.）

别名漆柿、绿柿或椑柿。苏州洞庭山栽培最多，宜兴、溧阳、无锡、南京、启东等地也有栽培。

落叶乔木，树高5~10 m，树皮灰褐，光滑，不开裂。幼枝密生茸毛，初为白色，后渐变浅棕色。叶质较薄，长卵形或长椭圆形，表面及背面均密生淡棕色茸毛，尤以背面为密。花单性，雌雄花同株或异株。果为大型浆果，直径4.5~7.0 cm，扁圆形或卵圆形，无光泽。幼时密生茸毛，老时毛少并有胶物渗出。橙黄色或淡绿色。果可食用，但主要用于提取柿漆（柿涩）。可用作柿的砧木。

（四）浙江柿（*D. glaucifolia* Metcalf.）

江苏省宜溧山区有分布。落叶乔木，树高 4~10 m，树皮灰褐色，枝梢、叶片及果实光滑无毛。叶多为椭圆形或卵状披针形，先端短尖，基部钝圆，光滑无毛，叶面深绿色，有光泽，背面苍白色。叶柄红色，长 1.5~2.5 cm。花单性，雄花红白色，聚伞花序，雌花单生或 2~3 朵聚生于叶腋，花梗极短。萼 4 浅裂，呈三角形，有疏毛。浆果球形，熟时橘红色，果面有白霜，直径 2~3 cm，果实可制柿漆。可用作柿砧，但易罹根头癌肿病。

（五）老鸦柿（*D. rhombifolia* Hemsl.）

分布于江苏省南部各地山区。落叶灌木或小乔木，树高 2~4 m。树皮褐色，有光泽；枝细而微曲，有刺枝，平滑无毛。叶纸质，菱形或倒卵形，先端短尖或钝，基部狭楔形；表面无毛，叶背疏生短茸毛。果小，卵球形，直径约 2 cm，果面无毛，果顶尖突有长茸毛；果面具蜡质，有光泽，果梗细长。萼 4 裂，长椭圆形，先端略尖，具直脉纹。可作砧木用。

江苏省柿品种 50 余个。品种群的划分方法很多，仅依果实能否在树上完成脱涩和果实形状划分。

（1）依果实在树上能否自然脱涩划分

① 涩柿。柿果成熟时，可溶性单宁含量 0.5% 以上，食用时具有涩感，需人工脱涩或加工后方能食用，江苏省多数品种属此类。

② 甜柿。柿果成熟时，果实中的单宁几乎能全部转化为不溶性，一般可溶性单宁含量在 0.5% 以下，树上自然脱涩，可直接采摘食用，如‘富有’‘次郎’‘阳丰’等品种。

（2）依果实形状划分

① 长柿。果实纵径大于横径，有椭圆形、卵圆形、圆锥形等类型，如‘高桩方柿’等品种。

② 圆柿。果实横断面呈现圆形，纵横径相近。有圆形、馒头形、球形、心脏形等，如‘牛心柿’等品种。

③ 扁柿。果实横径大于纵径。有扁圆形、扁方形等类型，如‘铜盆柿’等品种。

④ 方柿。果实横断面近方形或有四棱，纵横径略相等，如‘大方柿’‘小方柿’‘大四瓣柿’‘小四瓣柿’等品种。

⑤ 托柿。如‘莲花柿’‘磨盘柿’等品种。

第三节　品种

一、地方品种

地方品种全部为涩柿类。

1. 小方柿

别名小四瓣、四丫红。南通、盐城等地分布较多。

树冠开张，呈自然圆头形，矮生型品种。枝条红褐色。叶片阔椭圆形，叶色黄绿，有光泽。雌性花，花冠乳黄色，柱头略高于花冠。结果后枝条先端下垂。

果四棱形，平均单果重 135 g，纵径 5.9 cm，横径 6.2 cm。近成熟时橙黄色，完熟时深红色，萼片不重叠，基部连合。果皮薄，较易剥离，纤维少而细，浆液多，无核或偶有核。风味甜，可溶性固形物含量 17%，易脱涩，橙黄色时采收，在室温 20 ℃左右时放置 5~7 天即可脱涩，品质上等，主要用于鲜食。

树势中庸，发枝力中等，栽后 2 年始果，连续结果能力强，结果母枝抽生结果枝 3~4 个。坐果率高，无大小年结果现象，连年丰产。

在南通地区，3 月中旬萌芽，4 月中旬展叶，5 月下旬盛花，9 月下旬至 10 月上旬果实成熟。

较耐寒、耐湿、耐旱、耐瘠薄，对土壤适应性强，耐粗放管理，自然更新能力强，果实品质优良，色泽美观，深受栽培者、消费者欢迎。

2. 大方柿

主要分布在南通、盐城等地。在通州市骑岸镇一带原名“金盆月”，如东县别名“金瓜黄”，在盐城市大丰区别名“奶油柿”。

树体高大，幼树树姿直立，进入盛果期后树冠半开张。老枝褐色，无茸毛。叶片椭圆形，黄绿色，略有光泽。雌能花，花冠乳黄色，柱头略高于花冠。

果形扁圆，略呈方形，平均单果重 195 g，纵径 5.6 cm，横径 7.7 cm。近成熟时色泽橙黄，成熟时橙红色，果皮极薄，易剥。果肉纤维中等，肉质较细，汁液多，风味甜，品质优良。可溶性固形物含量 18.4%，无核或偶有核。果实橙黄色时采收，在常温（20 ℃）下放置 5~7 天可自行脱涩，主供鲜食。

树势强，发枝力中等，栽后 2~3 年始果，5 年后进入盛果期，结果母枝抽生结果枝 2~3 枝，坐果率较低，尤其在花期和幼果期雨水过多，则落花落果严重，易出现大小年结果现象。

在如东县，3 月中旬萌芽，4 月中旬展叶，5 月下旬盛花，10 月上旬果实成熟。

适应性强，耐瘠薄、耐盐碱，果大，品质较‘小方柿’优，唯落果严重，适宜发展。

3. 扁柿

为仪征市地方品种，主要分布在仪征北部低岗丘陵。

树势强，树姿开张。树冠呈半圆头形。枝条灰褐色。发枝力中等，定植后 2~3 年始果，5 年左右进入盛果期。结果母枝平均长 10~20 cm。叶片斜生，呈长椭圆形，叶色浓绿，光泽度中等。雌能花，花冠乳黄色，柱头低于花冠，萼片基部连合。

果扁圆形，平均单果重 100 g。果皮黄色，不易剥皮。果肉纤维中等，质地黏，汁液多，风味甜，可溶性固形物含量 16%。种子少或无，易脱涩。适宜鲜食，品质中上等，较稳产。

在仪征市，3 月中旬萌芽，4 月上旬展叶，5 月下旬盛花，9 月下旬果实转色，10 月上旬果实成熟。

适应性广，耐瘠薄，耐干旱，对土壤选择不严。耐粗放管理，可在丘陵山区适当发展。

4. 铜盆柿

主要分布于镇江、苏州、无锡、南京、扬州等地。

树冠开张，呈自然圆头形。枝条灰褐色，分布密，新梢茸毛疏，芽尖明显裸露。叶片平展，椭圆形，叶色浓绿，光泽度中等。花冠淡黄色，偶有雄花，柱头与花冠等长。

平均单果重 180 g。橙红色，成熟后皮易剥离。萼片基部连合，果肉纤维中等，汁液多，风味甜，可溶性固形物含量 13%。种子少，易脱涩，适于软食，品质中上等。

树势强，发枝力强，定植后 4~5 年始果，8~10 年生进入盛果期，结果母枝抽生结果枝 3~5 枝，结果枝平均结果 0.6 个，生理落果较重，大小年幅度约 50%。

在镇江地区，3 月下旬萌芽，4 月中旬发芽，5 月下旬盛花，6 月中旬新梢停长，9 月上旬果实转色，9 月下旬果实成熟。

抗旱，耐涝，耐瘠薄，生理落果严重，有大小年结果现象。但果大，产量高，可以适当发展。

5. 朱砂红

在南通、徐州等地分布较多，有大果型与小果型两个类型。两种类型的植株形态特征、生物学特性差异很小，而其果形与大小相差较大。大果型的果实为高桩四棱形，而小果型则为卵圆形。

树姿半开张。枝条灰褐色，先端较细。叶阔椭圆形，叶色深绿。雌能花，花冠乳黄色，柱头略高于花冠。

大果型，平均单果重 165 g。近成熟时蜡黄色，果面光亮，成熟时朱红色。汁液多，风味极甜，品质优良，可溶性固形物含量 19.6%。无核或偶有核，在常温（20 ℃左右）下放置 5~7 天可自然脱涩。主要作为鲜食。

树势强，发枝力中等，栽后 5~6 年始果，结果母枝抽生结果枝能力较强，一般为 2~3 枝，生理落果较重，有大小年结果现象。

在如东县，3 月中旬萌芽，4 月中旬展叶，5 月下旬盛花，9 月下旬至 10 月中旬果实成熟。

适应性强，耐瘠薄，耐粗放管理。果较大，色泽朱红，风味极佳，大果型有发展前途。

6. 托柿

别名莲花柿，徐州市地方品种。铜山汉王、三堡等乡有栽培。

树体高大，树姿开张，树冠圆头形。枝条分布较密，1年生枝紫铜色，皮孔较密。叶片小而厚，阔椭圆形，先端钝尖，基部圆形，叶色浓绿。雌能花、花冠黄白色。

平均单果重 169 g，最大单果重 300 g。果面有“十”字形沟纹，果实基部缢痕较浅，果基肩平圆，梗洼广而中深。萼片平，果皮橙黄色至橘红色，果形美观，果皮厚不易破损。味甜、无核，品质上等。

树势较强，萌芽力、成枝力均为中等，定植后 4~5 年始果，7~8 年进入盛果期。以中长果枝结果为主，产量高，但大小年结果现象较明显。

在徐州地区，4 月初萌芽，4 月下旬展叶，5 月下旬至 6 月上旬盛花，10 月初果实成熟，11 月中旬落叶。

适应性强，抗旱、抗病虫，栽培管理容易，较丰产，单性结实，果实易脱涩，果肉较硬，是鲜食、加工兼用的优良品种。

7. 牛心柿

在江苏省各市均有栽培。

树势强，树姿半开张，树冠呈圆头形。2 年生枝上一般只抽生 1 枝，枝条细弱，皮褐色，皮孔圆形突出，较密。叶倒卵形，先端急尖，叶色浅绿。

果实心脏形，果顶渐尖，果肩近方形，平均单果重 125 g。成熟时果皮橙红色。果肉汁液多，味甜，纤维少，品质中上等。

萌芽力强，成枝力较弱，定植后 5~6 年始果，以长果枝结果为主，生理落果重，连续结果能力弱，大小年结果现象明显。

在徐州地区，4 月初萌芽，4 月中下旬展叶，5 月中旬盛花，10 月中旬果实成熟，11 月初落叶。

适应性广，抗旱，耐涝，抗病，耐贮运。

8. 瓮柿

别名大四瓣、四瓣柿。主要分布在徐州、淮安、南通等地。

树姿直立，枝条粗壮，褐色，皮孔大。叶椭圆形，较厚，深绿色，略有光泽。雌能花，花冠乳黄色，柱头高于花冠。

果实有四棱，平均单果重 310 g，纵径 6.30 cm，横径 8.50 cm。果皮薄，易剥离，近成熟时果橙黄色，成熟时橙红色。果肉纤维多而粗，汁液中等，无核，风味淡甜，可溶性固形物含量 13.40%，品质中上等。不易自然脱涩，需人工处理。

树势较强，落花落果重，坐果率较低，丰产性能一般。有大小年结果现象。

在如东县，3 月中旬萌芽，4 月中旬展叶，5 月底至 6 月初盛花，10 月下旬至 11 月上旬果实成熟。

适应性较强，耐瘠薄，耐粗放管理，果极大，产量一般，晚熟，可适当发展。

二、引进品种

（一）涩柿类

1. 八月黄

引自山东郯城，主要分布于南京市六合地区。

树姿开张，枝条棕黄色。叶片椭圆形，有光泽，具两性花，花冠乳黄色，柱头低于花冠。

果实扁圆四棱形。平均单果重 100 g，纵径 4.1 cm，横径 6.6 cm。果顶平，稍隆起，由顶部至中部有浅沟。萼片小，微相重叠或向上翘卷。果皮橙红色，剥皮难，果肉橙黄色，汁液少，风味甜，易脱涩，品质中等。可溶性固形物含量 11%。

树势中庸，发枝力强。栽植后 5 年始果，结果母枝抽生结果枝 2 枝，结果枝平均结果 3 个。

在南京地区，4 月初萌芽，4 月中旬展叶，5 月中旬盛花，9 月上旬果实转色，9 月下旬果实成熟。

适宜鲜食或制作柿饼，较受市场欢迎。

2. 磨盘柿

别名盖柿，引自山东、山西、天津蓟县等地。江苏省各市均有栽培。

树冠高大，圆锥形，幼树树梢直立，树冠不开张，枝稀疏粗壮，皮色棕黄。叶大而厚，阔椭圆形，先端渐尖，基部楔形，叶柄粗短。花为雌能花，花冠乳黄色，柱头高于花冠。

果实扁圆形，平均单果重 250 g，最大单果重 450 g。因果实中部缢痕明显，形若磨盘，故名。果顶平或凹，果基部圆，梗洼广深。萼片大而平，基部连合。果梗附近呈肉环状，具多数皱纹。果皮橙黄色至橙红色。果肉松，纤维少，汁液多，味甜，无核或偶有核。

在南京地区，4 月上旬萌芽，4 月下旬展叶，5 月中旬盛花，10 月上旬果实转色，10 月下旬成熟，11 月中旬落叶。

适应性强，最喜肥沃土壤，抗旱、抗寒，寿命长，较抗圆斑病。果大，丰产性能好，品质好，较耐贮运，但对肥水条件要求高，是值得推广的优良品种。

（二）甜柿类

1. 禅寺丸

原产日本川崎市，是日本最古老的甜柿品种。1920 年从日本引入我国，江苏省 1980 年前后引入，雌雄同株，不完全甜柿，为甜柿授粉品种。

树势中庸，树形开张，节间短，皮孔较明显。叶长卵形，新叶黄绿色微褐。

果短圆筒形，平均单果重 140 g。果皮暗红色，无纵沟，胴部有线状棱纹，果柄长，果肉内有密集的黑斑，种子多，种子少于 4 粒的果实不能自然脱涩。果皮粗，具显著龟甲纹理，果顶微凹，果粉多。肉质脆，汁液多，甜度高，可溶性固形物含量 17%，品质中上等。耐贮性一般，丰产性能好。

在昆山市，初花期 5 月 9 日左右，盛花期 5 月 12 日左右，果实 9 月下旬开始转色，10 月中旬果实成熟。

开始结果早，采前落果少。大小年结果现象较明显。耐寒性较强，早果性好，丰产稳产。有雄花，且花粉量大，一般作为授粉品种，不作主栽品种。雄花通常着生在弱枝上，故作授粉树时，当树形形成之后可不修剪。实生苗可作富有系品种的砧木。

2. 次郎（图 15-1）

原产于日本静冈县，为完全甜柿品种，1920 年前后由日本引入，表现出极强的适应性，从南到北均宜栽培，是目前我国栽培面积最大、分布最广泛的甜柿品种。

图 15-1 ‘次郎’果实

树势强，树姿较直立，分枝角度小，1 年生枝粗壮，节间短，分枝多而密。叶易密聚，嫩叶呈特殊的淡黄绿色，叶片抗风和抗寒力强，落叶迟。早果性强，极丰产，无明显大小年结果现象，自花结实，无雄花。

果方扁圆形，平均单果重 210 g，最大单果重 332 g，纵径 6.8 cm，横径 9.2 cm，果形指数为 0.74。可溶性固形物含量 18.7%。果皮薄，光泽亮丽，浅橙黄色。熟后果顶橙红色，采下不需脱涩即可食用，果肉橙黄微红，质地松脆，甘美爽口，品质上等。在 0~3 ℃条件下，可贮藏 3 个月以上。货架期长，室内可贮藏 35 天。

在昆山市，一般 3 月下旬至 4 月上旬萌芽，抽生春梢，4 月下旬现蕾，5 月上旬始花，5 月中旬盛花，花期持续 20 天左右。10 月上旬果实转色，下旬成熟，果实成熟时已完全脱涩，11 月中下旬落叶。

萌芽力强，成枝力强，树冠形成较快。花芽易形成，早实、丰产。

对土壤要求不严，以 pH 值 5.5~7.5 的沙质壤土为最佳，平原、山坡、地堰四旁均能栽培，且生长良好。喜光照，较为耐寒、耐旱、抗病虫，栽植容易，管理简便。不易感染炭疽病，抗药害能力也强。在多雨地带栽培比‘富有’容易。

3. 前川次郎

为‘次郎’的早生枝变品种，完全甜柿，1987 年由南京农业大学从日本引入。

株型矮，株高一般不超过 3 m，雌雄同株，一般上部雌花、下部雄花，萼片 4 枚，扁心脏形，斜伸，基部分离。髓大，形正，成熟时实心，心室 8 个，线形。心皮在果内合缝成三角形，果内无肉球，种子 0~1 粒，栽植不需要配置授粉树。

果扁方形，平均单果重 230 g，最大单果重可达 310 g。果实橙红色，果皮较‘次郎’光滑，果粉多，无蒂隙。纵沟不明显，无锈斑，无缢痕。十字沟深，果顶广平微凹，脐凹，花柱遗迹粒状。蒂洼浅、广，果肩凹，棱状突起不明显，皱纹少。果柄粗，较长。柿蒂较大，方圆形，褐绿色，略具方形纹，果梗附近环状突起。果实横断面方圆形，果肉橙色，黑斑小而少，肉质脆而致密，软化后黏质略带粉质。纤维较少，汁液少，味甜，口感无涩味。可溶性固形物含量 20%，维生素 C 含量 6.13 mg/100 g，可溶性单宁含量 0.20%，品质上等。耐贮性较强，自然条件下保鲜期 1 个月以上不变软。加之萼片呈海绵状便于包装和长途运输，宜鲜食。

在新沂市，10 月上旬开始着色，10 月中旬果实成熟，较‘次郎’提早 7~10 天成熟。

喜光喜湿润，耐旱不耐水渍，在酸性土、中性土及钙质土中均适宜生长，平地和山坡岗地均可。在土层深厚肥沃的地方生长更快、产量更高。气候适应范围广，与君迁子亲和力强。

4. 富有

原产日本，江苏省各地少量引种，完全甜柿。

树势强，树姿开张，树冠形成快。6 年生树，平均株高 2.25 m。冠径 4.88 m，干周 39.50 cm，树形为自然开心形。1 年生结果枝粗而长，呈褐色，节间长 2.83 cm。叶片大，呈椭圆形，微向内褶，互生，基部叶片常呈勺形。叶柄微红色，长 2.17 cm。嫩叶黄绿色，老叶浓绿，有光泽，落叶期转红色。无雄花，雌花单生，一般着生在粗壮的结果枝上。结果枝长 33.50 cm。单性结实能力较弱，须配置授粉树或进行人工授粉。种子少。嫁接苗定植后第 3 年开始挂果，第 5 年开始进入盛产期，无明显大小年结果现象。

果实扁圆形，果顶稍平，丰满，平均单果重 220 g，纵径 5.5 cm，横径 8.0 cm。果皮光滑，较薄，果粉多。肉质松脆，软化后黏质，汁中等，可溶性固形物含量 18%，可食率 91%，褐斑小而少，味甘甜，品质优。果实在树上完全自然脱涩。成熟时果色鲜艳，橙红色，完熟后深红色。成熟鲜果硬度大，抗挤压，耐贮运。采后自然存放，硬果期达 18~20 天，货架期长，商品价值高。

在昆山市，一般 4 月下旬现蕾，5 月上旬始花，5 月中旬盛花，5 月下旬终花，10 月下旬至 11 月上旬果实成熟，11 月下旬落叶。

抗逆性较强，树势强，较耐旱，抗病能力相对较强，病虫害较少。栽培适应性强，与君迁子亲和力差。与‘禅寺丸’嫁接亲和性好。萌芽迟，抗晚霜能力强。果梗粗而短，抗风力强。易感落叶病、炭疽病、根癌病等。耐瘠薄，对土壤要求不严格，在丘陵山地长势良好。

5. 兴津 20

为日本培育的完全甜柿品种，1997 年我国从日本引入。雌花着生多，无雄花。

树势中庸，树体健壮，枝条萌芽力强，树姿开张，树冠呈自然圆头形。虫媒花。1 年生结果枝褐色，平均长 21 cm，每个结果母枝平均抽生 2~4 个结果枝。与君迁子嫁接亲和力强，大小年结果现象不明显，单性结实能力强，生理落果和采前落果均轻。心室 8 个，线形，萼片 4 枚，较大，心脏形，斜伸，基部联合。心皮在果内合缝呈线形，果内无肉球，种子 2 粒。

果实方心形，果顶平。横断面方圆形，平均单果重 191 g，最大单果重 230 g，纵径 6.5 cm，横径 7.1 cm。果面橙黄色，果皮细腻，果粉中多，无网状纹，果面无裂纹。果肉橙黄色，肉质脆硬。自然条件下放置 6 周后变软（软后果皮不皱缩），变成软柿后肉质软黏。汁液多，味浓甜，可溶性固形物含量高达 20%。在树上自然脱涩，耐贮藏，品质上等，宜脆食。

在新沂市，10 月上旬果实开始着色，10 月中下旬果实成熟，果实发育期 165 天。

树势强，进入结果年龄早，坐果率高，早期落果少，大小年结果现象不明显，丰产耐贮，品质优。需配置授粉树，授粉不良易出现落果。营养过旺也容易落果。

耐瘠薄，抗干旱，耐涝，对土壤条件要求不严。在年平均气温 13 ℃以上的地区均可以生长，但冬季要有 800~1 000 小时 7.2 ℃以下的低温才能通过休眠。宜选含盐量 0.03% 以下、pH 值 5.0~7.5、土层深厚、有灌溉条件且排水方便的地块建园。

6. 上西早生

日本从‘松本早生’变异单株中选出品种，1989 年从日本引入我国。属完全甜柿的‘富有’系品种。

树姿稍直立，枝条粗短，节间短。叶较小，嫩叶黄绿色，落叶褐色。花芽着生数量多，全株仅有雌花。

果实扁圆形，平均单果重 280 g。果皮朱红色，果粉多。果顶广圆，十字沟浅，无纵沟，无缢痕。果肉橙黄色，褐斑小而稀，种子少，肉质密，汁少，味甜，可溶性固形物含量 15% 以上，无涩味，品质佳。

在新沂市，10 月上中旬果实成熟。

树势中庸，生理落果较少，丰产稳产，但高温期成熟着色稍差。与君迁子嫁接亲和力较强。

7. 阳丰

为日本杂交选育品种选出的新品种，亲本为‘富有’×‘次郎’，属完全甜柿。在日本 1990 年进行品种登录，同年从日本引入江苏省。

树姿半开张，有明显层性，休眠枝上皮孔较明显。无雄花，雌花量大，极易成花，坐果率特别高，生理落果轻，单性结实较强，早结果丰产性好。髓大，正形，成熟时实心。心室 8 个，线形。心皮在果内合缝呈三角形，果内无肉球，种子 2~4 粒。

果实扁圆形，平均单果重 190 g，最大单果重 310 g。成熟时果面橙红色，果顶浓红色，外观艳丽迷人。果肉橙红色，肉质硬，味浓甜，甘美爽口，可溶性固形物含量 17.4%，品质特佳。易脱涩，耐贮性强，宜鲜食。采后自然条件下存放 20 天后即变软。

在昆山市，初花期 5 月 8 日左右，盛花期 5 月 12 日左右，果实 9 月下旬开始转色，10 月中旬果实成熟。

树势中庸，开始结果早，前期、后期落果都少，抗病力强，适应性广。极丰产，品质优，果大，着色好，是目前综合性状最好的甜柿品种之一。

与君迁子嫁接亲和力较强，抗病，较不抗旱。果实外观良好，污损果少，果顶部不裂果，单性结果力高，不需要配备授粉树，可大量发展。

8. 太秋（图 15-2）

为日本杂交育种选出的新品种。亲本为‘富有’×‘IIiG-16’[‘次郎’×‘兴津 15 号’(‘晚御所’×‘花御所’)]，属完全甜柿。1998 年从日本引入江苏省。

树势较强，枝条萌芽力强，树姿开张，树冠呈自然圆头形。1 年生结果枝粗，平均长 35 cm，每结果母枝抽生 3~7 个结果枝，雌雄同株异花。高接当年少数开花，第 2 年开始挂果。定植苗木第 2 年开花，第 3 年开始结果。

图 15-2 ‘太秋’果实

平均单果重 256 g，最大单果重 350 g。果橙红色，无纵沟，无缢痕，果面有线状条纹，横断面方圆形。种子尖卵圆形，饱满，每果 1~2 粒。果肉色泽均一，褐斑少，味特浓特甜，肉质酥脆，细嫩汁多，可溶性固形物含量 18%。品质极佳。较耐贮运，室内常温下可存放 15~17 天。

在昆山市，4 月上旬萌动抽发春梢，5 月上旬始花，5 月中旬盛花，10 月上旬果实成熟。生理落果少，丰产。栽培上应避免出现雄花着生多，雌花着生少的现象。雌花着生多则树势强。

结果早，大小年结果现象不明显。需配置‘禅寺丸’等品种作授粉树。生理落果和采前落果均轻。与君迁子嫁接亲和力极差，与本砧或本地野柿中一些类型亲和力很强，抗病虫能力强，是日本近年育成的少有的大果，优质，完全甜柿品种。可生产高档优质甜柿果品。

9. 夕红

为日本1970年杂交育种选出的品种。亲本为‘松本早生富有’×‘F-2’(‘次郎’×‘晚御所’)。属完全甜柿,2001年前后从日本引入江苏省。

树姿半开张,成龄树高2.5 m左右,主干高50~70 cm,冠径2.5 m。萌芽力强,成枝力强,枝条粗且长,节间长,皮孔明显而突起,呈长椭圆形,分布密度中等,枝梢呈褐色,盛果期结果枝占64.7%、生长枝占32.7%、徒长枝占2.6%。幼叶黄绿色,成龄叶墨绿色,椭圆形,叶片基部较阔,叶片入秋变红,叶柄微红色。单雌花,有雄花,种子极少,偶见1~2粒,但种子较大,褐色,呈短三角形,无核果实现象较普遍。

果扁圆形,平均单果重240 g,最大单果重300 g。果皮浓红色,比‘富有’‘次郎’皮色更红,艳丽美观,果肉褐斑少,肉球无,肉质细。可溶性固形物含量20%,果肉汁多味甜脆,在树上能完全脱涩,无涩味,无蒂隙。风味品质优良,货架期长,约16天。

在昆山市,4月上旬萌芽,盛花期在5月中旬,6月中旬进入幼果迅速膨大期,8月上旬开始萌发二次新梢,9月中旬进入果实膨大期,10月果实开始渐渐由绿转红,11月上旬成熟。属晚熟品种,果实生育期160天,落叶期在11月中下旬,营养生长期210天。

树势中庸,单性结果力强。早期生理落果少,有后期落果现象,雌花着生少的情况下,栽培上要注意保果措施。适应性强,植株抗寒、抗病虫能力强,抗旱性稍差。污损果少,果顶裂果也少,易生产无核果,适宜在江苏发展。

10. 早秋(图15-3)

为日本杂交育种选出的新品种。亲本为‘伊豆(いず)’×‘109-27’{[‘兴津2号’(‘富有’×‘晚御所’)]×[‘兴津17号’(‘晚御所’×‘袋御所’)]}。在日本2003年进行品种登录,属完全甜柿,2004年从日本引入江苏省。

树姿较开张。叶片大,长卵形,雌花着生多,雄花着生少。

平均单果重250 g,最大单果重280 g,大小较整齐,扁圆形。果皮浓橙红色,果肉橙红色,味极甜,肉质酥脆致密,果汁多。无肉球,褐斑极少,无涩味,无蒂隙,污损果率极低,种子3~4粒,果顶裂果极少。软化后外观火红色,汁液多,味浓甜。可溶性固形物含量18%,口感极好,品质极佳。

图15-3 ‘早秋’果实

树势中庸,新梢生长量大,二次梢生长旺盛,果实和新梢营养竞争可导致早期落果,栽培上应采取措施防止。

雌花开花期同‘伊豆’,在昆山市,初花期5月

9日左右，盛花期5月12日左右，果实9月上旬开始转色，9月下旬果实成熟。早期落果较少，单性结实力差，需配置授粉树或人工授粉促进种子形成。

丰产性好，适应性广，抗逆性强，较抗圆斑病、角斑病，抗炭疽病能力弱，特别是大量发生二次新梢的情况下，炭疽病发病较重，应采取必要措施进行防治和预防。早果丰产，高接第二年开始结果，硬果期2周左右，耐贮运，超早熟，果个大，色泽好，品质优，市场前景好，适宜江苏省发展。

11. 甘秋（图15-4）

为日本杂交育种选出的新品种。亲本为‘新秋’×‘18-4’［‘富有’×‘兴津16号’（‘晚御所’×‘花御所’）］。在日本2005年品种登录，属完全甜柿，2005年从日本引入江苏省。

树姿较开张，树体健壮，枝条萌芽力强，成叶叶片中大，叶片椭圆形，叶片厚，深绿色。雌花着生多，有少量雄花着生，成枝力强，萌芽力强，单性结果能力强，种子形成较多，生理落果少，结实稳定。

图15-4 ‘甘秋’果实

平均单果重248 g，呈较高的扁圆形。果实橙红色，肉质致密，横断面方圆形至圆形，果顶部较果实底部早熟。果顶裂果少，无蒂隙。果汁多，无涩味，无肉球，褐斑少。肉质酥脆爽口，风味极好。可溶性固形物含量22%，耐贮藏，常温下可保存17天以上。

在新沂市，3月下旬芽鳞片开裂，4月上旬萌芽，4月中旬展叶，4月下旬现蕾，5月中旬初花期，5月下旬盛花期，9月中旬果实顶部着色变黄，10月上中旬果实成熟，果实发育期135~145天，11月中旬落叶。

树势中庸，单性结果能力强，种子一般4粒，生理落果少，结实稳定。适应性强，抗旱耐涝，抗寒性强，抗圆斑病，抗柿蒂虫，不抗炭疽病。适宜江苏发展。

12. 贵秋

由日本果树研究所于1984年选育，亲本为‘伊豆’×‘安芸津5号’（‘富有’×‘兴津16号’）。在日本2003年品种登录，2004年引入我国栽培。

树姿介于开张和直立之间，新梢较粗，叶片大，雌花多，雌花花期较‘松本早生富有’晚，雄花少，种子形成力较高，4粒种子较为常见，但种子大多中途退化。早果性强，栽植后第2年结果，平均单株产量1.20 kg，第4年进入丰产期。

果实扁平形，平均单果重350 g。果皮橙红色，细腻，无锈斑，果面有蜡质光泽，外观漂亮；果肉稍硬，汁液丰富，可溶性固形物含量 17%，肉脆，无涩味，耐贮运。果顶裂果极少，污损果很少。果实肉质处于致密和粗之间。果肉稍硬，采后存放数日食用时硬度适中，风味更佳，常温下货架期 15 天左右。

在昆山，4 月上旬萌芽，5 月上旬进入初花期，5 月中旬为盛花期，9 月初果实顶部着色变黄，10 月上中旬果实成熟，果实发育期 135~145 天，11 月上旬落叶。

树势中庸，早期落果较少，随年份和区域不同果实采前有树上软化现象发生。适于夏秋季气温高的区域栽培，一般在'松本早生富有''富有''次郎''前川次郎'的适栽地发展，适应性和抗逆性强，栽培中无明显病虫害发生。

13. 孙何甜柿

从安徽合肥引进，保存在泗洪县车门乡孙何村。

树冠自然半圆形，树姿开张。平均单果重 150 g。果色橙红，果面有 4 条浅纵沟，风味甜，汁多，果实在树上自然脱涩，品质上等。

在泗洪县，3 月下旬萌芽，5 月中旬开花，11 月上中旬果实成熟，11 月下旬落叶。

江苏省栽植的其他柿品种见表 15-1 和表 15-2。

表 15-1　其他涩柿品种名录

品种（品系）	主要特征特性	保存地点
牛头柿	果大，圆锥形。果面有 4 条浅纵沟，果皮橙红色，成熟后易剥皮，纤维少，汁液多，味甜，无核，品质上等。丰产，10 月中旬成熟	泗洪县上塘乡响桥村
梅花大柿	果大，扁圆形。果面有 4 条纵沟，果皮橙红色，肉质软，汁液多，无核，品质上等。11 月上旬成熟	泗洪县梅花乡王迁村
长方柿	平均单果重 128 g，纵径 5.5 cm，横径 5.7 cm，方形，果顶平，有 4 棱，萼平展。果浅橙红色，纤维较多，可溶性固形物含量 15%	南京市雨花台区板桥
红叶柿	中型果，平均单果重 128.5 g，扁圆形，纵径 4.8 cm，横径 6.9 cm。果浅橙黄色，富光泽，果顶平，微陷，具 4 条浅棱，萼平展，味甘甜，无核或偶有核	溧水共和乡山村
牛眼柿	果圆形，果顶平圆，顶洼浅，无纵沟。9 月下旬至 10 月上旬成熟	盱眙县古城林场
大红叶柿	果扁圆形，黄色，果顶平，微凹，果面有明显纵沟。9 月中下旬成熟	灌南县北洋乡果林场
无核高桩柿	果四棱形，极大，平均单果重一般大于 200 g。橙黄色，成熟后易剥皮，纤维中等，汁液多，风味极甜。9 月下旬成熟。可溶性固形物含量 14.5%，无核，适于鲜食	句容市袁巷镇、天王镇

续表

品种（品系）	主要特征特性	保存地点
竖头红	果卵圆形，平均单果重 97 g。皮薄，较易剥皮，有核，品质中等，大小年结果现象不明显，丰产性能好	启东市三八果园、海复果园
四角柿	果中大，扁圆形，有 4 条沟纹，果肩四角有大小突起。浅橙红色，味甜，无核。落花落果轻，丰产	如东市
二黄柿	果较小，色泽橙黄，皮薄，易剥皮，纤维细，汁液多，品质优，无核。可溶性固形物含量 19%，落花落果轻，丰产	如皋市
高脚方柿（棉花包）	树姿半开张，树势强。果大，平均单果重 250 g。橙红色，果实纵径略大于横径，种子大而长，品质上等。丰产性能一般	启东市、如东市
高桩柿	果中大，平均单果重 120 g，四棱形。色泽朱红，易剥皮，果肉纤维少，质地黏，汁液多，味甜，可溶性固形物含量 13.5%，核少，品质上等。9 月中旬成熟。抗性强，生理落果轻，成熟早	句容市袁巷镇、天王镇
蟹壳青柿	树势强，发枝力中等，有采前落果现象，成熟时果肩和果顶成熟不一致，皮极薄，不耐运输。 果大，扁长方形，平均单果重 197 g。色泽橙红，果肩部分为青色，易剥皮，果肉纤维中等，汁液多，风味极甜，可溶性固形物含量 19.5%	南通市各县（市、区）
灰柿	果小，扁圆形，平均单果重 98.5 g。橙红色，萼片反卷，种子 4~6 粒，可溶性固形物含量 12%，味浓甜，品质上等。9 月中下旬成熟，抗病、丰产、稳产	南京市六合区
四棱柿	果实大，四棱形，平均单果重 200 g，萼片平展。果实橙黄色，不易剥皮，纤维中等，汁液多，风味甜，可溶性固形物含量 12.2%，种子少，品质上等。9 月下旬成熟。生理落果中等，大小年结果现象严重	镇江市润州区莲花洞
摘家烘	果实较小，扁圆形，平均单果重 94.5 g。浅橙黄色，果顶平，无纵沟，种子 1~3 粒，纤维中等，味淡甜，易剥皮，生理落果轻，可溶性固形物含量 14%。9 月下旬成熟	南京市六合区
小面柿	果大，卵圆形，平均单果重 180 g。橙红色，萼深裂，平展，脱涩较慢，品质中等	南京市六合区瓜埠果园
水柿	果中大，高桩四棱形，平均单果重 184 g，纵径 5.8 cm，横径 6.9 cm，顶平，中心微凹	南京市浦口区同心社区
浦口水柿	果面有浅纵沟，萼片平，果顶光滑，有时有环状锈纹，橙红色，可溶性固形物含量 18%，无核	
大柿	果大，高桩扁圆形，平均单果重 29.2 g，纵径 6.5 cm，横径 8.5 cm。果皮较粗糙，果顶平，中心微凹，果顶至萼洼有浅棱，萼平展，可溶性固形物含量 15%	南京市江宁区陆郎镇

续表

品种(品系)	主要特征特性	保存地点
合盘柿	果中等大小,平均单果重 177 g,纵径 5.3 cm,横径 6.6 cm。果皮薄,较易剥皮,纤维中等,汁液多,品质上等,无核,可溶性固形物含量 17.3%。落花落果严重,丰产性能差	启东市

表 15-2 甜柿品种名录

品种(品系)	主要特征特性	保存地点
早生富有	平均单果重 200 g,比'富有'柿稍扁平。单性结实能力强,成熟期比'富有'早约 20 天	如东市果树良种繁育场
骏河	果扁圆形,平均单果重 200 g。果皮橘红色,肉质细,松脆,褐斑少,甜味浓,品质佳。11 月中旬成熟。单性结果能力强,贮藏性好,抗炭疽病	如东市果树良种繁育场

第四节 栽培技术要点

一、苗木繁育

柿的繁殖一般用君迁子作砧木,并有用油柿者。君迁子种子发芽率高,幼苗生长快,根系分布浅,侧根量和须根量多;耐旱、耐寒、耐盐碱,能适应沿江、滨海和沙滩地区的土壤气候条件。君迁子与柿嫁接后地上部分生长旺盛,苗木粗壮,移栽后容易成活。

油柿幼苗树势强,根系分布较柿浅,细根发达,对树势强的品种,有矮化和提早结果的作用,苏州洞庭东西山应用较广。

君迁子一般用种子繁殖,种子经沙藏处理后,春季 2~3 月播种,采用宽窄行条播,宽行 50~60 cm,窄行 20 cm,也可用等行距播种,行距 25~35 cm。出苗后按株距 10~12 cm 定苗。每公顷播种量 75~90 kg,如用营养钵、塑膜小棚育苗,出苗后再行移栽,可节约种子 1/3~1/2。

接穗一般选用优良品种的成年树树冠外围生长健壮的结果母枝或发育枝,徒长枝不可选用。

一般用枝接和芽接。枝接在 3 月下旬至 4 月上旬进行,以切接为主,少数采用劈接。接穗应在落叶后采集保存于湿沙中,保持接穗新鲜。由于柿树含单宁高,因而操作迅速和壅土保湿是提高成活率的关键。另外 7~9 月也可以采用嫩枝嫁接方式进行,成活率较高。

芽接多在夏秋季进行,江苏省普遍采用嵌芽接、"工"字形接、"T"形接、方块芽接等。以嵌芽接法应用最广。

二、定植

江苏省秋季气候温暖，故落叶后移栽苗木根系有较长时间恢复生长，利于成活。春植在2月中旬至萌芽前均可。随挖随栽，少伤根系，可以提高成活率。经长途运输时应蘸根浆，到达目的地后即行栽植。

三、肥水管理

柿树以健壮结果母枝为主，结果母枝越粗壮，抽生结果枝越多，坐果也越可靠，因此需重视施用基肥，一般以果实采收后施入为宜，早施基肥能提高树体贮藏营养水平，有利于花芽分化，为翌年枝叶生长、开花、坐果打下良好基础。

四、花果管理

江苏柿的第1次生理落果一般在6月上旬（落花后10天左右）开始；第2次落果在6月下旬至7月上旬，落果数量多，多数品种以后不再脱落，个别品种如蟹壳青等在8月下旬至9月下旬还出现采前落果。

防止和减轻柿树生理落果的根本措施是加强肥培管理，综合防治病虫害，增强树势，提高树体营养贮藏水平。此外，合理修剪，改善通风透光条件；实行环割、绞缢，以及应用生长调节剂，均可减轻生理落果，提高坐果率。

1. 环状剥皮

环剥以在5月底至6月初为宜。环剥除在主枝、副主枝部进行外，也可在结果母枝基部或着生结果母枝的基枝中部进行。剥皮宽度在0.3~0.8 cm，视枝干粗度而定，深达木质部。环剥过迟或过宽则难以愈合，将致树势衰弱甚至枯死。

2. 喷施生长调节剂

在盛花期喷施赤霉素等植物生长调节剂，以提高坐果率减轻落果。

五、整形修剪

大多数柿树品种树势强，中心干明显，宜采用变则主干形（图15-5）和自然圆头形（图15-6）。

1. 变则主干形

定干高度60~80 cm，无明显的中心干，在主干上着生3~5个主枝，斜向上40~50° 自然生长，主枝上分层着生3~4个侧枝，侧枝间相互错开，均匀分布。根据生产管理需要也可以将变则主干形树冠作为以后的永久性树冠。

图 15-5 变则主干形

图 15-6 自然圆头形

2. 自然圆头形

干性较弱的品种，树姿开张，则宜采用自然圆头形。自然圆头形整形时，因中心主干不明显，可在主干距地面 50~70 cm 上方培养 4~5 个向外斜生、长势相近的主枝，主枝间保持 10~15 cm 的间距，错落分布。再在各主枝上分生 2~3 个副主枝，构成树冠骨架。

柿树修剪以冬剪为主，对幼树的修剪，主要是选配主枝、副主枝，开张主枝角度，建造树冠骨架，积极培养结果枝组，使之适龄结果。进入初果期后，健壮的 1 年生枝多数是优良的结果母枝，不宜短截。第 2 年抽梢结果后，如枝梢充实，先端能形成混合芽，可任其继续结果；如枝梢发育不充实，不能形成混合芽，可在结果部位以下的饱满芽处短截，促发新枝；对着生过密、过弱的枝梢要适当疏剪，或在原结果母枝基部留 2~3 芽短剪。进入盛果期，结果母枝日益增加，除去弱留强外，可选部分粗壮枝梢于基部留 2~3 芽短截，作为预备枝，使之连年结果。对内膛渐趋衰老的枝组，在 2、3 年生部位缩剪，促进更新。当柿树衰老时，可在衰老大枝的 5~7 年生部位进行较重的回缩，促使隐芽大量萌发新枝。

六、病虫害防治

柿的主要病害有柿角斑病、柿圆斑病等，主要虫害有柿蒂虫、刺蛾、介壳虫等。病虫害防治采取“预防为主，综合防治”的方针，加强肥水、合理修剪、合理负载等栽培管理，清园处理及化学防治等。化学防治以防病治虫为主，药剂防治效果好的果园一般都重视在彻底清园的基础上，做好病虫预测预报，缩短喷药周期，提高喷药质量。

七、采收与脱涩

柿的采收适期因果实的食用方法不同而异。用作软柿鲜食的,在果皮由黄转红时采收;用作脆柿鲜食的,宜在果皮转黄时采收。

涩柿刚采下时不能立即食用,经脱涩处理后方可食用。脆柿常用脱涩方法有温水脱涩法、石灰水浸渍法和二氧化碳脱涩法;软柿常用脱涩方法有熏烟脱涩、酒精脱涩、乙烯利脱涩等。

(本章编写人员:秦怡锦、姜志峰、金一平、渠慎春、韩成钢、孙权、王玮)

主要参考文献

[1]盛炳成.黄河故道地区果树综论[M].北京:中国农业出版社,2008.

[2]江苏省地方志编纂委员会.江苏省志·园艺志[M].南京.江苏古籍出版社,2003.

[3]章镇.园艺学各论[M].北京:中国农业出版社,2004.

第十六章　石榴

/ 栽培历史与现状 / 种类
/ 品种 / 栽培技术要点

第一节　栽培历史与现状

中国石榴栽培历史悠久，不同时期，各有别名，如安石榴、若榴、丹若、天浆、金罂和金宠等。据史籍记述推断，石榴是在公元前 119~ 公元前 115 年之间由中亚传入我国的。西晋张华在《博物志》载："张骞出使西域，得涂林安石国榴种以归，故名安石榴。"后人均从此说。如《艺文类聚》《酉阳杂俎》《群芳谱》《图经本草》等古籍，对石榴在汉代由西域传入之说，皆肯定无疑。随着近代果树资源考察的进展，有人认为我国也是石榴原产地之一。如段盛良等（1985）在我国怒江、澜沧江和金沙江两岸，海拔 1 600~3 000 m 的山坡上，发现野生石榴林，最大树龄估计有 300 余年，经确认为我国栽培石榴的原种。

江苏石榴栽培历史溯源，古籍文献尚未见详细记载，但从有关资料推断，栽培石榴当在 3 世纪中叶以前。如王子年《拾遗记》载："吴主偕潘夫人游昭宣之台，志意幸惬，既尽醋醉，唾于玉壶中，侍婢泻于台下，得火齐指环，挂石榴枝上。"史载孙权死于公元 251 年，葬于南京。据此，南京栽植石榴，迄今已有 1 700 余年。

相传东晋时期晋元帝迁都建康（今南京），曾兴建建康宫、营造华林园，广植花木，宫墙内石榴成行，迄今也有 1 600 余年。

至于石榴成为地方特产，一些地方志书都有记载，如清雍正十一年（1733 年）《铜山县志》物产篇中就在 21 种果品中记有石榴。清代徐州一带民谣："黄里石榴砀山梨，义安柿子压满集……"，道出了石榴、柿，梨等果树早已形成规模生产。黄里现归萧县，原属徐州。义安在铜山境内，柿子、石榴种植颇多，现仍是铜山石榴的主要产区，且在长期栽培、选育过程中，形成一些优异品种，如民间盛传徐州刺史曾以软籽石榴作为贡品，软籽石榴遂称"贡榴"。

苏州吴县（现吴中区）石榴栽培，早在清末民初就很广泛，规模与产量在桃、梅、柑橘与银杏之前。到 20 世纪 30 年代末，蚕丝业不景气，故多废桑园改种石榴，石榴生产曾盛极一时，年产量一度超过 2 000 t。中华人民共和国成立前生产状况虽逐年下降，但到 1949 年之后仍有一定规模，1962 年保存面积尚近 1 000 亩，产量近 1 000 t。1966~1976 年"文化大革命"期间，石榴生产受到极大影响，到 1979 年，全县石榴面积仅有 180 亩，产量不过 60 t。

石榴耐旱，尤其耐涝，江苏省各石榴产区均无旱涝之虞。南京燕子矶乡石榴园，曾于 1954 年被淹达 90 多天，经排涝抢救，第 2、3 年又都陆续恢复生长、结果。对土壤适应性强，既耐瘠薄，又耐酸耐盐碱（适应范围 pH 值 4.2~8.4，含盐量 0.3%~0.5%）。贾汪、铜山、邳州，都是利用土层最浅薄的砾石丘陵种植石榴。有的石榴园基岩裸露，几乎不见土壤，但石榴根系却能穿过风化母岩而下伸，植株仍能正常生长、结果。

据 1982 年全省果树资源普查统计，全省石榴成片面积为 1 855 亩，成片和散生的总株数为 14.7 万株，石榴产量 402.6 t。其中徐州市 1 464 亩，总株数 11.1 万株，分别占全省的 78.9% 和 77.2%，是江苏省最大的石榴基地。另一基地是苏州市，规模不大，面积、总株数分别占全省的 10.8% 和 8.0%，但生产效益好，产量高，年产 132.4 t，占全省的 32.90%。徐州、苏州两市的石榴重点产区分别为铜山和吴县。

散生栽植的比成片栽培的株数多，产量高。石榴栽培遍及全省，大都栽植在农家庭院、四旁隙地、城市园林等处，成为全省最为分散的果树（表 16–1）。有些市县，散生栽植石榴比成片栽培的管理好，单产高。以徐州市为例，散生栽植的单株产量比成片栽培的高 2 倍以上（表 16–2）。再次是老弱植株居多。从 1982 年成片栽培的石榴园分析，幼树、盛果期树、老弱树，分别占总株数的 10.3%、30.6% 和 59.1%。这表明在生产上存在发展不快、管理不善、收益不高的不景气状况。

苏南石榴产量高于苏北。据 1982 年统计分析，全省平均株产 2.8 kg，苏州市为 14.9 kg，徐州市为 1.5 kg。苏州市（代表苏南）高于全省约 4 倍，高于徐州（代表苏北）约 9 倍。

表 16–1　1982 年全省石榴成片、散生比较表

栽植方式	株数 / 株	占比 /%	产量 / t	占比 /%
合计	144 107	100	402.6	100
成片	60 167	43.9	180.9	44.9
散生	83 940	56.1	221.6	55.1

表 16-2 1982 年徐州市石榴产量统计表

栽植方式	株数 / 株	产量 /t	株平均产量 /kg
合计	105 509	153.2	2.6
成片	41 765	23.8	0.6
散生	63 744	129.4	2.0

1985 年后，原集体弃管的石榴园分包给专业户，生产大有起色。如铜山县大泉乡鹿楼村的石榴园，包给专业户之后，数十年未曾结果而隐没在荆棘丛中的石榴树全结了果，平均年产石榴 50 t 左右，最高年份达 100 t，平均亩产 200 kg。

20 世纪 90 年代，江苏省果树大发展，石榴在丘陵山区和坡岗地成片面积和散生都发展迅速，尤其是徐州市铜山县把石榴作为振兴山区经济的特色产业而规模开发。

21 世纪初期，随着江苏大规模开发丘陵山区，石榴生产进一步得到快速发展。2011 年全省石榴面积 78 821 亩，是 1982 年的 42.5 倍；石榴产量 28 928.7 t，是 1982 年的 71.9 倍。其中徐州市 74 244 亩，占全省的 94.2%，产量 27 107 t，占全省的 93.7%。而徐州市石榴生产主要集中分布于贾汪和铜山，2011 年面积分别达 56 376 亩和 16 578 亩，产量分别为 23 176 t 和 3 180 t。

2015 年全省石榴面积 82 481 亩，产量 28 430.9 t。据徐州市铜山区统计，2015 年铜山石榴总株数达 52.3 万株，其中成片 28.3 万株，散生 24.0 万株（表 16-3）。成片石榴园株数超过了散生石榴株数，规模化生产程度提升。"十二五" 期间，江苏省石榴面积产量十分稳定。

表 16-3 2015 年徐州市铜山区石榴产量统计表

栽植方式	株数 / 株	产量 /t	株平均产量 /kg
合计	523 010	2 405.59	4.5
成片	282 800	1 604.89	5.7
散生	240 210	800.70	3.3

石榴为中秋、国庆节的应节鲜果，而江苏省能赶上此时应市的品种极少。应因地制宜推广集中连片种植，调整优化品种结构，优先发展早熟良种，打造地方特色品牌，形成占领市场、商品性能强的品种组合。

第二节 种类

石榴隶石榴科（Punicaceae）石榴属（*Punica*），全科仅 1 属 2 种。其中石榴 Pumixagranatum，中国普遍栽培。另一种 Punicaprotopunica，产自索克特拉岛（印度洋），野生种，无栽培。

一、变种类型

石榴经过长期的栽培、繁殖和选育，在花果和树体形态方面不断出现新类型。

有6个石榴变种类型：重瓣的花果两用石榴；果皮深紫色的紫皮石榴；可食期极早的谢花谢石榴；种核细小或酥软的软籽石榴；榴花盛开后又在萼筒中心再次现蕾，继续开花的重台石榴；花果树体均较矮小的矮石榴。这些类型和其他众多类型，据植物分类学家的鉴定认为都是石榴（原种）的天然变异，大部分已作为石榴的变种（Varietas）或变型（Forma）正式命名发表，流传久远，有的虽不符合《国际植物命名法规》（1978），但为照顾习惯，本书暂从旧例，将江苏省果石榴的若干变种类型归类如下：

（一）白石榴（银榴）（*P. granarum* var. *albescens*）

花白色，单瓣，果石榴。

（二）重瓣白石榴（珍珠石榴）（*P. granarum* var. *multiplex*）

花白色，重瓣，花果两用。

（三）重瓣红花果石榴（千瓣大红）（*P. granarum* var. *pleniflora*）

花较原种大，红色或朱红，重瓣，花果两用。

（四）黄石榴（金榴）（*P. granarum* var. *flavescens*）

花橙黄色或淡黄色，单瓣，花果两用。

（五）重瓣黄花果石榴（*P. granarum* var. *flavescens*）

花大，橙黄色，重瓣，以观赏为主，花果两用。

（六）紫石榴（黑榴）（*P. granarum* var. *atropurpurea*）

花鲜红，果皮深紫色，有光泽，花果两用。

（七）矮石榴（海石榴）（*P. granarum* var. *nana*）

花果枝叶均小，单瓣，花红色、黄色、白色，以观赏为主，花果两用。

二、栽培品种分类

江苏省计有 43 个品种（含新类型和优选单株），各地品种命名大多以果皮色泽、成熟早晚、果实大小、籽粒性状为依据。同物异名或同名异物者多，亟须甄别廓清。各地品种（类型）命名分类依据见表 16-4，石榴品种按果皮色泽分类见表 16-5。

表 16-4　江苏省石榴品种分类依据表

分类依据		性状
果实性状	果皮色泽	青皮、白皮、黄皮、褐皮、紫皮、铁红、红皮（大红、深红、粉红 ……）
	果实大小	大型（＞250 g），小型（＜150 g），中型（151~249 g）
	果皮厚薄	厚皮（胴部皮厚＞2.1 mm），薄皮（胴部皮厚＜2 mm）

续表

分类依据		性状
籽粒性状	籽粒颜色	红籽、粉红籽、白籽、绿籽、紫籽
	种子性状	硬籽 / 软籽、大籽 / 小籽 / 微粒酥籽
	果汁风味	甜、酸、酸甜、酸苦
果实成熟期（月 / 旬）		早熟（8/ 中以前），中熟（8/ 下 ~9/ 中），晚熟（9/ 下以后）
主要用途		果石榴、花石榴、花果兼用、药用
花朵色泽		单色（红、黄、橙、白 ……）；复色（嵌条、洒金、镶边）
花瓣组合形式		单瓣、复瓣、重瓣、重台（楼子花）

表 16-5　石榴品种按果皮色泽分类表

果皮色泽		品种（品系）名称
1. 青皮类		‘青壳’（宁），‘南京铁皮’（宁），‘谢花甜’（徐）
2. 黄皮类		‘冰糖籽’（徐、宁），‘玉石子’（宁）
3. 白皮类		‘三白石榴’（徐、宁），‘白皮谢花甜’（徐），‘水晶石榴’（锡、苏）
4. 红褐类		‘铜皮’（徐、宁），‘虎皮’（苏）
5. 褐皮类		‘岗榴’（徐），‘徐州铁皮’，‘罕石榴’（徐），‘二铜皮’（徐、宁）
6. 紫皮类		‘紫皮石榴’（徐）
7. 红皮类	大红	‘火皮’（宁），‘红石榴’（淮），‘大红袍’（徐）
	深红	‘深红石榴’（宁）
	粉红	‘粉铜皮’（宁），‘净皮甜’（宁）
	胭脂红	‘胭脂红石榴’（宁）
	朱砂红	‘朱砂红石榴’（宁）

石榴为江苏省重要的特色果品，品种资源较为丰富，但长期以来，未曾充分发掘利用。石榴在长期栽培过程中，品种类型必然发生分离现象。引种驯化、实生繁殖、气候特异等都可能使某一品种出现性状上的某些变异而成为变种类群。例如，‘二铜皮’‘大红袍’等品种在铜山有早熟、晚熟、味酸、味甜、大果、小果等具显著差异的变种类型（品系、品种群）；‘二铜皮’‘马牙’等品种，又各有软籽型（种核极小、种核松酥可以嚼咽）单株。可通过普查评选审定，选出优良品系，繁殖推广。

对已经查明的珍稀特异品种，亟须开发利用。如软籽石榴，重瓣花果兼用石榴，观赏医药兼用的紫石榴等，应加快繁殖推广，使之成为石榴的特异系列品种。

第三节 品种

一、主要品种

1. 大红袍(图 16-1)

分布于铜山区大彭、柳泉,贾汪区大泉。

干性强,树冠多为单干圆头形。枝条灰褐色,刺状枝特多。叶披针形,叶缘多呈现波状。花红色。

果较大,球形,无棱,平均单果重 325 g,最大单果重 500 g。果皮薄,火红色,有斑点,无果锈,籽粒大而脆甜,外种皮(果肉)红色,汁液多,品质上等。

树势强,萌芽力强,坐果率高,丰产。抗逆性强,耐旱耐涝、耐石灰岩土壤,但不耐贮藏。

在铜山、贾汪,4 月上旬萌芽,5 月上旬开花,花期持续到 7 月中旬,枝条速长期在 5 月中旬至 7 月上旬,果实 8 月底至 9 月初成熟。

图 16-1 ‘大红袍’结果状

2. 铁皮

别名大青皮甜，南京和徐州均有成片栽培。

树体高大，多年生枝灰白色，1 年生枝浅灰色。叶片倒卵形，浓绿色。

果大，平均单果重 400 g，最大单果重 900 g。梗洼平，果皮具片状锈斑，每果有籽粒 500~600 粒，百粒重 30 g。外种皮鲜红色，味甘，可溶性固形物含量 14%，品质上等。产量高，9 月下旬采收。

3. 铜皮

别名铜壳石榴，为南京地区主栽品种之一。

树体高大，多年生枝深灰色，1 年生枝浅灰色。叶宽披针形，少数倒卵形。

果大，平均单果重 210 g，最大单果重 400 g。果皮较薄，光滑，底色黄绿，阳面或全果为红铜色，美观。籽粒大，外种皮水红色，汁多味甘。品质上等。

树势强，坐果率高，产量高，极耐贮藏，可贮藏至翌年 4 月。

在南京市，4 月初萌芽，头批花 5 月上旬，二批花 5 月底至 6 月中旬，三批花 8 月上旬，9 月下旬成熟。

4. 粉铜皮

别名粉红石榴、净皮甜，为南京主栽品种之一。

树体高大，多年生枝褐色，1 年生枝浅褐色。叶片披针形，淡绿色。

果实较大，平均单果重 350 g，最大果重 500 g；果皮粉红色，光亮洁净，外表美观；籽粒大而核小，汁多味甘，甜酸适中，品质上等。

树势强，适应性强。

在南京市，4 月初萌芽，头批花 5 月上旬，二批花 5 月底至 6 月中旬，8 月底至 9 月中旬成熟。

5. 青皮

别名青壳石榴，俗称搪瓷口，分布于南京，现存植株很少。

树体较小，树冠不开张，多年生枝灰色，1 年生枝浅灰色。叶片长椭圆形或披针形，淡绿色。

果实明显有 6~7 条棱，底部微突，果皮光洁，底色黄绿，阳面有红晕。平均单果重 310 g，最大单果重 500 g。籽粒大，百粒重 28 g，外种皮淡红色或粉红色，汁多味甜，可溶性固形物含量 16%，品质上等。

该品种 8 月下旬至 9 月上旬采收，不裂果，耐贮藏。

6. 孬石榴

地方俗名，孬读 máo，喻巨大，笨重。分布于铜山区。

树冠圆头形，树姿开张。1 年生枝灰绿色，针刺较多。叶片较小，长椭圆形，全缘，波状。花较大，红色。

果大，球形，有 3 条棱，平均单果重 400 g，最大单果重 700 g，萼筒长而敞开。籽粒大，外种皮红色，汁多味甘，品质上等。

树势较强，萌芽力强，成枝力中等。大小年结果现象明显。9 月上中旬成熟，耐贮藏。适应性强，耐瘠薄，抗食心虫能力强。

7. 二铜皮（图 16-2）

为徐州市主栽品种之一，分布较广。

树冠扁圆头形，树姿开张，枝条稀疏，灰褐色，针状枝较少。叶片椭圆形，宽而短，叶缘向背面翻卷。花瓣粉红色。

果较大，球形，有棱，平均单果重 275 g，最大单果重 500 g。果皮较厚，褐红色，微有锈斑。外种皮粉红色，汁液多，味较甜，品质上等。

树势中庸，成枝力弱，无大小年结果现象，丰产。9 月中旬成熟，耐贮藏。耐旱、耐瘠薄、抗冻、抗病虫能力强。

图 16-2 ‘二铜皮’果实

8. 冰糖籽

别名冰糖冻、白冰糖。主要分布于南京和贾汪大泉、铜山大彭一带。

树冠圆头形，树姿开张，枝条灰褐色。叶片椭圆形。花瓣卵圆形，白色。

果扁圆形，无棱，平均单果重 175 g，最大单果重 400 g。果皮厚，青色，光滑无锈斑。外种皮白中透红。种壳较脆，味甜汁多，风味佳，品质上等。

树势强，萌芽力强，成枝力弱，枝条稀疏。大小年结果现象明显，8 月底至 9 月初成熟，耐旱、耐涝，抗病虫力弱。

9. 大马牙甜

主要分布于贾汪大泉一带。

树体高大，树高 5 m 左右，冠径一般大于 5 m。树姿开张，在自然生长下多呈自然圆头形。萌芽力强，成枝力弱，针刺状枝较多，枝条瘦弱细长。骨干枝扭曲严重，其上瘤状突起较大，呈黑灰色，粗糙。多年生老皮呈块状脱落，脱皮后干呈灰白色，皮孔多而匀。新梢呈灰色或灰白色，叶片倒卵形。一般叶长约 6 cm，叶宽约 2.5 cm，枝条上部叶片呈披针形，一般叶长 6~8 cm，叶宽 2~3 cm，叶片较厚，浓绿色。叶基渐尖，叶尖急尖具短尖，并向背面横卷。叶柄较短，约为 0.4 cm，鲜红色，较细。萼嘴短小，半闭合，萼片 6 枚，较小。花瓣 6 片，互生呈瓦片状存于萼筒内，水红色。果面光滑，青黄色，果实中邦有数条红色花纹，上部有红晕，中下部逐渐减弱，具有光泽。萼洼基部较平或稍凹。

中长枝结果，平均单果重 450 g，最大单果重 1 400 g。果皮厚 0.45 cm，心室 14 个，每果有籽 350~640 粒，百粒籽重 60 g，皮重约占 42.1%。籽粒粉红色，有星芒，透明、特大，味甜多汁，形似马牙，故名马牙甜。可溶性固形物含量 16%，核较硬，百粒核重 59 g，可食部分约占 57.9%。

晚熟品种，10 月中旬成熟，易丰产，品质极高。适应性强，适宜大量发展。

10. 蒙阳红

主要分布于贾汪大泉一带。

灌木，树姿开张。多年生枝黄褐色，当年生枝紫褐色，新梢及其幼叶淡红色。叶对生，长圆披针形，先端急尖，全缘，绿色具光泽。花有钟状花和筒状花两种类型，着生于新梢顶端或叶腋，花瓣红色，6~8 片呈覆瓦状排列。萌芽力和成枝力均强，树冠成形快。当年抽生的长枝或徒长枝在整个生长季内均不停长，1 年生枝可达 1.5 m 以上，且随着生长，在枝条的中上部各节叶腋抽生二次枝，二次枝生长旺盛时，又抽生三次枝，个别三次枝还能抽生四次枝。春季的一次枝和初夏生长的二次枝均可作为结果母枝，但以枝梢粗度大于 0.5 cm、长度在 30 cm 以下的封顶枝结果最为理想。

果实特大，近球形，果实横径 7.7~9.3 cm，平均单果重 512 g，最大单果重 1 255 g。果皮鲜红色，果面洁净且具光泽，艳丽美观。籽粒大肉厚，晶莹呈鲜红色，平均百粒重 54 g，汁多，味甜微酸，可溶性固形物含量 17.2%，可滴定酸 0.43%，每 100 g 可食部分含维生素 C 12.7 mg。核半软，口感好，营养价值高，品质极佳。

在贾汪，4 月上旬萌芽，5 月上旬开花，花期持续到 7 月中旬，枝条速长期在 5 月中旬至 7 月上旬，果实成熟期为 9 月中下旬，10 月下旬落叶，全年生育期 170~175 天。

早果丰产性强，抗旱耐瘠薄，病虫害少，无论栽培在土层较深厚的平原，还是土壤贫瘠的山区丘陵，均能生长良好。冬季在 −17 ℃的气温下，除个别停长晚的新梢有轻微冻害外，大都能安全越冬，适应性强。

二、次要品种

1. 白花石榴

分布于宿迁南蔡乡和嶂山林场。

树冠长圆头形，丛生而开张。新梢黄绿色，无刺。叶片披针形。花黄色。

果扁圆形，平均单果重 215 g；果皮较厚，淡黄色，有果锈，萼片直立。籽粒大，质硬，外种皮白色，汁多味甘，品质上等。

树势强，萌芽力中等，中长枝较多，耐旱，耐涝，抗病虫，较丰产，9 月中旬成熟。

2. 火皮

别名红壳石榴、大红皮甜、大红袍甜，为南京主栽品种之一。

树体高大，枝条直立，浅灰色。叶片大，长椭圆形，少数近披针形。

果球形，有明显纵棱 5~6 条，萼筒粗长，平均单果重 360 g，最大单果重 590 g。果皮较厚，红色至鲜红色，有不规则褐色斑点，阳面多为紫色。籽多，质硬，百粒重 22 g。外种皮暗红色。品质中上等。

树势强，连续结果能力强。8 月下旬至 9 月初采收，采前遇雨易裂果，不耐贮藏，易受桃蛀螟危害。该品种上市早，商品价值高。

3. 大红石榴

仅宿豫区有少量分布。

树冠圆锥形，单干，较直立。新梢绿褐色，无棱无刺。叶长椭圆形，先端钝圆，全缘。花红色，多 3 朵簇生。

果近圆球形，平均单果重 250 g。果皮红色，无锈，萼片直立。隔膜较薄，籽粒大，外种皮淡红色，汁多，味甜，微酸，品质上等。

树势强，坐果率低，产量中等，抗逆性强，病虫少。9 月中旬成熟。

4. 水晶石榴

别名雪籽石榴，分布于吴中、无锡。

树势弱，树冠长圆形，丛状。花红色，2 朵簇生。

果长圆形，有 5~6 棱，平均单果重 80 g。果皮薄，淡黄色，光滑，萼筒粗大，隔膜厚。籽粒大，质地软，外种皮白色透明，汁多味甜，核较小，品质上等。10 月初上市。

该品种不甚丰产，易裂果，果形小，唯品质良好。

5. 大红种石榴

别名寿州种、大种，分布于吴中。

树冠圆头形，丛状。花红色。

果大，略现 5~6 棱，平均单果重 300 g。果皮黄白色，有淡红晕，光滑，锈点较细，隔膜薄。籽粒大，质地酥松，外种皮淡红色，汁多味甘，品质上等。

树势强，成熟较晚，耐贮藏。

6. 小红种石榴

分布于吴中、无锡等地。

树冠圆头形，丛状。红花色，2 朵簇生。

果长圆形，有不明显棱，平均单果重 150 g。果皮黄红色，厚而粗糙，有果锈，隔膜薄。籽粒略小，质地软，外种皮淡红色，汁液多，品质上等。

产量较高，不易裂果。

7. 薄皮大籽

别名大马牙，铜山有栽培。

树冠为半圆形，树姿开张。枝条灰褐色，针刺枝特别少。叶片披针形，全缘。花红色。

果扁圆形，无棱，平均单果重 225 g，最大单果重 400 g。果皮很薄，锈褐色。外种皮红色，籽粒较大，较硬。

树势较强，寿命长，老树容易更新。产量较高，品质上等。8 月底至 9 月上旬成熟。该品种易受桃蛀螟危害，成熟期遇雨容易裂果，不耐贮藏。

8. 谢花甜

分布于贾汪大泉、铜山柳泉、夹河一带。

树冠圆头形，较开张。枝条灰褐色，稀疏下垂，针状枝较少。叶倒卵形，狭长，叶缘波状，浅绿色。花红色。

果实扁圆而小，平均单果重 125 g。果皮青色，果锈较重。籽粒较小，外种皮乳白色，汁液中多，风味尚甜，品质中上等。

树势弱，坐果率低，大小年结果现象严重。该品种最大特点是果实 9 月初成熟，但可食期早，7 月中下旬即可采收。可少量栽培，调节市场供应。

9. 红石榴

分布于泗洪县车门乡一带。

树冠圆头形，树姿开张。新梢绿褐色，无刺。叶披针形，全缘。花红色。

果球形，平均单果重 195 g。果皮红色，无锈。萼片闭合，心室隔膜较厚。籽粒中大，质硬，外种皮淡红色，汁多味甘，品质上等。

树势强，萌芽力强，大小年结果现象不明显。抗逆性强。果 9 月下旬成熟。

10. 虎皮

分布于吴中。

树势强，树冠圆头形，枝条多直立。花红色，3 朵簇生。

果长圆形，平均单果重 150 g。果皮薄，红色，无果锈，隔膜薄。籽小，质硬，外种皮鲜红色，汁液中等，味稍酸，品质中等。9 月底上市。

11. 青种

别名小种，苏州、无锡一带分布较广。

果倒卵形，平均单果重 247 g。果皮厚，黄白色，有淡红晕，少锈斑，外观好。萼筒短小，外种皮深红色。早熟丰产，品质中等，易裂果，不耐贮藏。

12. 白皮甜

南京市燕子矶华石山有少量栽培。

树体矮小，枝条直立，分布均匀，多不抽生二次枝。多年生枝灰白色。叶片向上纵卷，易识别。果皮白色，平均单果重 180 g，萼筒粗、长，萼片抱合，外种皮乳白色，甘甜。8 月下旬至 9 月初成熟。

该品种长势较弱，喜肥，不耐瘠薄，品质上等。

三、淘汰品种

1. 青石榴

分布于泗洪县车门乡一带。

树冠圆头形，树姿开张。新梢绿褐色，具 4 棱，无刺。叶披针形，全缘。花红色。

果球形，平均单果重 125 g。果皮较薄，青色，萼筒长，萼片反卷。籽粒小，汁少，品质中等，10 月上旬成熟。

树势强，抗逆性强，稳产，但产量不高，果实小，风味一般。

2. 小红石榴

分布于宿豫区王集、南蔡一带。

树冠长圆形，树姿开张，新梢绿褐色，有刺。叶披针形，全缘。花红色。

果球形，平均单果重 129 g。果皮红色，无锈，萼片直立。隔膜薄，籽粒小，质硬，外种皮淡红色。汁多，味酸甜，有涩味，可溶性固形物含量 9%，品质下等。产量中等。

3. 酸石榴

类型较多，果形大小不一，果色红、青皆有，其共同特性是较为耐寒，抗逆性强。味酸，就其酸度而言，又有明显的强弱之分，据铜山果农介绍，酸度较强者可以代醋，烹调时置于菜中，别具风味。

四、珍稀品种

1. 牡丹石榴

分布在贾汪区汴塘镇、大泉镇，少量栽植。是珍贵的自然变异地方品种，亲本不详。

树姿开张，成枝力强。叶大宽厚，长披针形，叶柄短。花期从5月始花至10月，长达5个月，达到了花果同期、同树，成年树花量达千朵以上。花冠大，状如绣球牡丹，平均花径8.3 cm，最大15.5 cm，重瓣，色大红，间有黄、粉红色，极美观，且花型多样，有的里红外粉；有的里粉外红；有的花中开花；还有些花，枯后又从枯花中长出新花蕾，继续开放，颇有喜庆吉祥之气。

果大，近圆形或扁圆形。皮光洁，黄中透红，厚0.3~0.5 cm，萼片5~8裂。籽粒红色，粒大、肉厚、汁多，味甜微酸，风味佳，可溶性固形物含量17%~19%，富含糖、维生素及多种微量元素。

9月下旬成熟。适应性强，抗旱耐瘠，以短枝结果为主，结果枝组多为单轴式。结果早，牡丹石榴可赏花、可食果，喜温暖，能耐短期低温。较耐瘠薄和干旱，怕水涝，生育季节需水较多。喜肥沃、疏松壤土或沙壤土。喜光线充足，在阴处开花不良。主要用于园林观赏。

2. 重台石榴

南京燕子矶‘铜皮’的突变单株，在花瓣凋萎前，从萼筒中部又可再次孕蕾，每花可连续开花2~3次。花鲜红，重瓣，下层花瓣120~140枚，上层花瓣数更多，有180~210枚。花后有一部分可以结果，果形及风味与‘铜皮’相仿，产量较低。当地亦称其为宝塔榴。

3. 紫石榴（图16-3）

铜山区夹河乡有4株成年大树，据称引自外地，花红色。果中型，深紫黑色，富有光泽，具观赏价值，9月下旬成熟，风味良好，为观赏与食用兼用品种。

图16-3 ‘紫石榴’果实

4. 宿城冬石榴

分布于连云港市宿城乡，11 月初成熟，风味浓甜。为该市果树资源中的珍稀品种。

5. 软籽石榴

南京市燕子矶虽有软籽石榴园，连片栽植，可惜均毁于战火。铜山柳泉乡、夹河乡尚有零星栽培。果皮黄绿色，阳面有红晕。外种皮厚，味甜，品质优良，籽软可食。为一名贵古老品种。

6. 玉石子

南京市优良品种。果中大，平均单果重 175 g，果皮薄，皮黄。籽粒大，外种皮色白，汁液多，风味浓，香甜可口。过去外销南洋群岛，备受海内外市场欢迎。1982 年普查仅存 2~3 株，亟须繁殖推广。

7. 玛瑙子

南京市优良珍品，果大型，平均单果重 325 g，果皮薄。籽粒特大，外种皮肥厚，柔软多汁，味极香甜，成熟较迟，通常在 10 月上旬采收，不耐贮藏。

江苏省其他石榴品种名录见表 16–6。

表 16–6　江苏省其他石榴品种名录

编号	品种（品系）	原名或地方名	保存地点	主要特征特性
1	粉糖籽	冰糖石榴	南京燕子矶渡师石村	果小，果面光洁，黄绿色，汁多味甜爽口，品质极优，长势弱，产量低
2	三白石榴	白皮甜	南京燕子矶渡师石村、贾汪大泉和铜山柳泉	花乳白色，果小，皮淡黄白色，籽粒白色，故名‘三白石榴’，长势弱，产量低
3	重瓣三白石榴	—	南京燕子矶渡师石村	花黄白色，重瓣，花瓣基数 40~50 枚，果小，黄白色，形似‘三白石榴’
4	重瓣铜皮	—	南京燕子矶渡师石村	花红色，重瓣，基数 40~50 枚，果实似‘铜皮’
5	重瓣粉铜皮	—	南京燕子矶渡师石村	花粉红色，重瓣，基数 50~60 枚，果似‘粉铜皮’
6	紫皮	—	铜山夹河	丛生小灌木，枝条开张。果实深紫红色，富光泽
7	大铜皮	—	铜山夹河	果实圆形有棱，果皮绿褐色，有锈斑
8	二红袍	—	铜山夹河	干性较强，圆头形。果实火红色，萼筒敞口

续表

编号	品种（品系）	原名或地方名	保存地点	主要特征特性
9	红花石榴	—	宿豫王集乡王集村	花红色，果大，圆形，底色黄，阳面红色，皮中厚，籽粒中大，淡红色，汁稍少，味淡无涩味，花多，花期特长，坐果率低，9 月中旬至 10 月上旬陆续成熟
10	沭阳 1 号	—	沭阳县李恒乡	果实大，平均单果重 450 g，果皮浅黄色，成熟后果实开裂，籽粒粉红色，味酸甜，9 月下旬成熟
11	青红皮	—	涟水县梁岔乡、河网乡	长势良好，较耐瘠薄，品质中等，9 月上旬成熟

第四节 栽培技术要点

一、种苗繁育

石榴易于繁殖，扦插、压条、嫁接、实生、分株等均可应用，尤以扦插和分株应用最广。吴中果农还曾应用枝接法繁殖石榴良种，这是全省用嫁接方法繁殖石榴的唯一地区。压条繁殖数量有限，常用于少量优良单株。至于实生苗目前虽少应用，但在铜山、贾汪大面积石榴林中时有发现，可能与果实自然坠落或鸟类啄食携带有关，群众称为“自生棵”，长势均较旺盛，花果变异也多，铜山、贾汪石榴的资源丰富，与此不无关系。

扦插繁殖技术要点如下：

① 选健壮 2 年生发育枝，剪截 30~40 cm 长，在 3 月下旬插于苗床。或选 1 年生健壮枝条，在 11 月下旬至 12 月进行扦插，成苗率与树势较春插者更佳。

② 扦插苗床要求土壤疏松深厚、排水良好、避风向阳，以有利于幼苗生根抽枝。土质黏重时，需施足有机肥或掺以沙砾改土。

③ 扦插苗的管理关键是控制水分，以保墒最为重要，雨季防涝，旱季防干。扦插苗的施肥，一般在 7~8 月伏旱期间结合抗旱，酌情施以稀薄粪水。但 9~10 月间要控制肥水，使苗木尽快停止生长。

二、建园与栽植

石榴的适应性与抗逆性较强，江苏省山区、荒地、碱地及海涂盐渍地均可栽植。但在绝对低温低于 −15 ℃的地区，要注意选用具有良好小气候条件的地理位置建园。

石榴对土壤要求不高，尤其适宜含沙性或砾质的土壤，对如石灰岩风化土、砂岩风化土、砾质片岩风化土和油沙土、山红土、山黄土等土壤反应均较良好。

石榴为喜光树种，栽植密度株行距以 4 m × 5 m 较为适宜，通常用 2 年生苗。石榴树适当深栽利于生长，结果好。

三、整形修剪

长期以来，石榴树都是放任生长，形成灌木状树形或多主干自然半圆形树冠。这类树形往往通风不良，光照较差，内膛容易枯秃，造成平面结果，产量不高。有些果农还沿用"脱裤子"的老式剪法，把主干中下部侧枝全部疏除，人为地加剧内膛光秃而外围枝过于集中，使石榴光照差，树冠的有效容积大为减少，此乃许多石榴园低产的重要原因。

20 世纪 80 年代末，南京燕子矶渡师石村对幼树采用变则主干形，定干高度为 100~120 cm，整形带 60 cm，在干高 50~60 cm 处选定第 1 主枝，然后每隔 20 cm 向上选留 1 个主枝，全树留 3~4 个主枝，力求分布均匀，开张角度适中。其余侧枝和根际萌蘖一律疏除。当年冬季剪去主枝先端 1/3 左右，对强旺主枝重截，使各主枝均衡生长；第 2 年生长期间，注意开张角度，调整延伸方向，并随时清除主干和根际萌蘖；第 2 年冬修时，在继续剪截主枝的同时，配置副主枝，力求错落有序，充分利用空间，以加快成形及早期结果（图 16–4）。

图 16–4　冬季石榴园

石榴为喜阳性树种，修剪时要随时注意控制徒长枝，勿使扰乱树形，妨碍通风透光，影响结果枝组正常发育；对根际萌蘖和内膛横生枝、重叠枝、下垂枝、交叉枝和病虫枝等，及时删除，使树冠内外枝条分布均匀，透光良好。树势衰退后，注意控前促后，刺激下部发生壮枝，促使更新复壮。

四、土肥水管理

石榴虽耐瘠薄，但为优质高产，仍须加强肥水管理。基肥多在采收后立即施用，一般以厩肥、塘泥等为主，成年树每株施厩肥 100 kg（也有施用沤制过的饼肥），并在基肥中掺拌少量复合肥或骨粉等。施肥方法为开沟深施。追肥多在初花前，用腐热的稀薄人粪尿，或者结合病虫害防治，于药液中掺入 0.2%~0.3% 的尿素、硼酸、磷酸二氢钙或过磷酸钙浸出液等进行根外追肥，有些农户还用营养液进行树冠喷布，收效良好。

山地石榴园缺乏水源，遇旱时应着重于保墒抗旱。除在坡上修筑简易梯田、鱼鳞坑进行水土保持外，宜在行间种植绿肥、牧草作覆盖植物，或割草覆盖树盘。入伏前，结合中耕除草，随时将杂草覆盖于树冠下，方法简便，保墒效果亦佳。

五、花果管理

石榴花期长，花蕾多，但是正常花的数量很少，一般只有 5%~10%；在加强综合管理的基础上，对于雌蕊败育的退化花，必须疏除，以减少树体消耗，提高正常花的结实力和果实品质。

石榴以第 1 批花（俗称“头花”）发育最好，坐果率高，果形大，能充分表现该品种应有风味；而第 2 和第 3 批花（俗称二花，三花或末花）多数是“公花”“尖屁股花”（退化花），间有少量正常花，即使坐果，果形也小且风味差。因此在头花坐果后，每株成年树约留 200 个果实（时间多在 5 月下旬前后），对第 2 和第 3 批花，往往见蕾就疏，这对当年产量和树体生长均有良好效应。

六、病虫害防治

除袋蛾、刺蛾外，石榴以桃蛀螟的危害性最大，可使幼果早落，造成空果、裂果甚至诱发果实干腐病，后果严重。桃蛀螟前期寄主以桃、梨、山楂、玉米、向日葵等为主，直到 7 月上中旬（第 3 代幼虫）才使榴果造成损失。铜山果农用黏泥堵塞石榴萼筒，封闭该虫产卵处，果实危害大为减轻。但这种方法只能作为综合防治的一个措施，其他措施如清园、诱杀、喷药等，也应重视。

介壳虫危害较为普遍，一般在 5 月，检视幼虫孵化超过半数时，喷布狂杀蚧 800 倍液效果很好；但当幼虫泌蜡成壳后则往往收效不大，因此必须抓住防治关键时间，力求喷布均匀。在冬季修剪时刮除越冬虫体，减少虫口密度。

常见病害有疮痂病、褐斑病及干腐病等。以干腐病的危害最重，引起花、果腐烂。防治措施除冬季清除病枝、病果和生长前期使用波尔多液保护外，应同时注意防治蛀果类害虫以减少侵染伤口。果实套袋，既可防止病虫危害，又能增进果实品质。

七、采收贮藏

石榴大多分期采收。有的先将大果采下出售，让小果继续生长；有的为把石榴贮藏到春节前后出售，则将大果留在树上，使其充分成熟，而将不拟贮藏的果实采下出售。对于不耐贮藏或采前遇雨较易裂果的品种，往往提前采收。由于这时果梗尚未形成离层，多用剪刀剪下果实。充分成熟的果实不仅易于采摘，而且品质和耐贮运性等方面都好，所以晚熟品种总要延至 10 月上旬以后采摘，所谓“寒露三朝吃老货”。

石榴的贮藏方法有窖藏和冷库贮藏两类。在室外选高燥坡地挖窖贮藏，窖口小而内膛大，有如坛形。商品化生产一般冷库贮藏。石榴采收后分级装箱预冷，预冷温度为 1 ℃，预冷时间 12~24 小时。冷库温度稳定在 1~2 ℃，空气相对湿度控制在 80%~90%，贮藏时间长达 4~6 个月。

（本章编写人员：吴绍锦、杨家骃、詹祥吉、邓芝禄、陆爱华）

主要参考文献

[1]江苏省地方志编纂委员会．江苏省志·园艺志[M]．南京:江苏古籍出版社，2003.

[2]左大勋，汪嘉熙，张宇和．江苏果树综论[M]．上海:上海科学技术出版社，1964.

[3]盛炳成．黄河故道地区果树综论[M]．北京:中国农业出版社，2008.

[4]中国科学院南京中山植物园．太湖洞庭山的果树[M]．上海:上海科学技术出版社，1963.

第十七章　无花果

/ 栽培历史与现状 / 种类
/ 品种 / 栽培技术要点

第一节　栽培历史与现状

无花果原产于中东和西亚地区，是世界上最古老的栽培果树之一，其驯化历史至少有 4 000 年，在《圣经》和《古兰经》中均有记载。无花果何时传入中国，已无从确考。据有关资料介绍，我国新疆在汉代已种植无花果，约在唐代传入陕、甘一带，其引种路线是通过波斯、阿富汗到新疆的北方古丝绸之路。但我国沿海地区的现存无花果则可能是通过海上丝绸之路引入的。

我国最早提到无花果的文献为唐代段成式的《酉阳杂俎》(860)，书中称其为“阿驿”“底珍树”；“无花果”的名称最早见于南宋江少虞《宋朝事实类苑》(1145)引北宋张师正《倦游杂录》：“木馒头，京师亦有之，谓之无花果。”明初周王朱橚的《救荒本草》(1406)，描述了“紫果”类型的品种。之后，李时珍的《本草纲目》(1578)、王象晋的《群芳谱》(1621)、兰茂的《滇南本草》等典籍，有关无花果的品种特征、繁殖与栽植技术及其药用价值均有述及；至清初，陈淏子在《花镜》(1688)中，全面而精辟地阐述了种植无花果之利。

无花果的栽培遍及欧洲、亚洲、美洲和非洲各地，栽培最多的国家是土耳其，其次是埃及、阿尔及利亚、摩洛哥、伊朗等国。多数国家种植只供当地消费，但主产国则生产果干或果酱以供出口。我国的无花果南北皆有栽培，尤以新疆南部的和田、阿图什、喀什，甘肃的文县、武都，陕西的汉中地区，山东的烟台、威海、青岛，上海郊区，福建福州和平潭县，广东韶关，广西柳州，浙江杭州等地为多。

江苏何时始种无花果，已无从确考。宋《太平寰宇记》记载海州、云台山有“无花果”种植。明嘉靖《通州志》、清《太湖备考》、清道光《铜山县志》中均有无花果种植的记载，说明宋代以来已有无花果栽培。从原有黄果和紫果类型的资源分析，可能引自南方或胶东等地，均系零星散植。20 世纪 50 年代南京中山植物园做过初步调查和品种描述，1958 年大丰农场报道了无花果在沿海滩涂耐盐栽培情况，1980 年以前没有形成商品性生产。

20 世纪 80 年代初期，为配合沿海滩涂综合开发利用（国家科研项目）的开展，王业遴首先在南京农业大学创建了无花果科研组，1983 年开始对无花果开展了引种观察、耐盐筛选、逆境生理、栽培技术、营养药用价值及加工利用等研究，筛选出适合不同含盐量与抗寒性的品种，总结出适合盐地生境的配套栽培技术，在南通如东沿海滩涂设立了试验示范点。同时，江苏丘陵地区镇江农业科学研究所从日本引进无花果优良品种和先进栽培技术，并在镇江句容建立了优质丰产示范园。1986 年全省无花果栽培面积有 240 亩。

1988 年江苏省农林厅提出了加工、销售与生产基地同步开发的思路。随后南京农业大学无花果科研组研制出果脯等多种加工工艺，为无花果的推广提供了技术支持；南通如东于 1991 年建立了以生产无花果果脯为主要产品的果品加工厂，1992 年果脯开始试销日本，当年出口超过 80 t；句容白兔镇种植无花果近 100 亩，以鲜食为主。随后，无花果逐步在南京郊区、句容、金坛、溧阳、武进、高邮、东台、大丰、射阳、江都、泗洪等地推广，1992 年全省栽培面积约 3 000 亩，加工企业 5~6 家。1994 年栽培面积达 12 390 亩，产量达 1 760 t。因加工能力所限，到 1997 年栽培面积缩减为 5 400 亩，产量 1 430 t。

进入 21 世纪，全省无花果栽培面积进一步萎缩，2011 年全省仅有 1 649 亩，产量 1 659 t。2015 年有所增加，栽培面积 5 430 亩，产量 4 000 t，主要分布于苏州张家港、常熟、太仓、吴江，常州新北，镇江句容、丹徒，扬州广陵，南通如皋、如东、通州，连云港灌云等。主要生产经营模式有合作社 + 农户、企业基地、大户等；主要栽培品种有‘布兰瑞克’（Branswick）、‘玛斯义·陶芬’（Masui Dauphine）、‘绿抗一号’（绿康）、‘金傲芬’（A212）、‘波姬红’（A132）等。虽然江苏省无花果产业规模不大，但产品价格和种植、加工效益有较大提高，如南京、苏州、扬州等地无花果鲜果田头批发价一般为每千克 20 元以上，干果（片）每千克 200 元以上。无花果一般 3~4 年生进入盛果期，每亩产鲜果 1 t 以上，销售收入可达 1.5 万元以上。无花果加工附加值高，据估算，加工 1 t 无花果产品，利润在 1 万元以上。

第二节 种类

无花果为桑科（Moraceae）榕属（*Ficus*）落叶小乔木或灌木。该属约有 2 000 种，遍布于全世界，其中作为栽培的无花果（*F. carica* L.）在热带、亚热带和中温带地区的许多国家都被视为一种珍贵的果树。另有一些种，如薜荔（*F. pumila*）等，果实虽可食，但或不可口或商品价值低或仅用于制作凉粉。另外，也有将榕属的一些种也叫作"无花果"，如"海南无花果"（青果榕）、"大叶无花果"（掌叶榕）等，这些实际上已不属于栽培无花果的范畴。

一、按授粉关系和花的类型分类

（一）野生无花果类型（The caprifig type）

小亚细亚及阿拉伯等地的野生种，为栽培种的原始种。性型为雌雄同体（两性体），每年开花 3 批，第 1 批有雄花和虫瘿花，在北半球，果于初夏成熟，称为夏果（Mammoni）；第 2 批花有雄花、虫瘿花和雌花，于秋季成熟，称为秋果（Mamme）；第 3 批花有雄花和虫瘿花，于翌年春季成熟，称为春果（Profichi）。野生无花果的花序托易干瘪，有膜片，味劣，但为无花果小蜂（*Blastophaga psenes*）提供了居所，这种蜂相应的 1 年也有 3 个生活周期。有些野生无花果的无性系保存下来，只是作为无花果小蜂的传粉源，为某些品种的花授粉，其余则保留用于育种。

（二）真无花果类型（The prope type）

该类型为雌性体，根据结果习性分为 3 个类型。

1. 斯密尔纳型（Caducousor Smyrna figs）

自古在小亚细亚斯密尔纳（Smyrna）地方栽植，故名。着雌性花，需由无花果小蜂传粉后才能坐果，栽培中需配置授粉树。第 1 批花不结果或极少结果，且易脱落。以第 2 批花着生秋果为主。含有较多能育种子，种子细小，含油脂，果实制干后具特殊香味，品质好，为制干果专用型。

2. 白圣比罗型（Intermediate or San Pedro figs）

别名中间型，第 1 批花为单性结实，结果良好，似普通型；第 2 批花需经无花果小蜂传粉才能坐果，似斯密尔纳型，故名中间型。授粉的果实含有能育种子，但第 1 批结果以及未授粉的第 2 批果实可能没有种子，或仅有单性小核果。

3. 普通型（Persistent or common figs）

该类型为单性结实，各国的主要栽培品种均属此类型。第 1 批果或有或无，第 2 批果为产量的主要构成部分。两批果实均有单性小核果。

江苏省生产上栽培的无花果皆为普通型，其他类型虽有引入，但因缺少无花果小蜂授粉而无法在生产上应用。

二、按果实用途分类

（一）鲜食用品种

果大，品质优良，耐贮运，外观美。如‘玛斯义 · 陶芬’（Masui Dauphine）、‘绿抗一号’‘宁选一号’等。

（二）加工用品种

1. 罐头用品种

肉质紧密，果皮黄色，无种子，果大小均匀。如‘布兰瑞克’（Brunswick）、‘卡多太’。

2. 果脯、蜜饯用品种

产量高，果实大小均匀、适中，肉质紧密，果皮黄色、黄绿色或红色，如‘布兰瑞克’‘红果一号’。

3. 药用品种

某方面的药用价值高，如‘布兰瑞克’。

三、按果实成熟采收期分类

（一）夏果用品种

夏果能成熟，但秋果在发育期中脱落。如‘紫陶芬’‘白圣比罗’等。

（二）秋果用品种

夏果着生少，但秋果易于着生、成熟。如‘布兰瑞克’‘玛斯义·陶芬’‘蓬莱柿’‘紫果一号’等。

（三）夏秋果兼用品种

夏果着生较少，但能完熟且有一定产量。秋果易着生，成熟，如‘金傲芬’‘波姬红’‘绿抗一号’‘绿抗二号’‘宁选一号’等。

第三节　品种

一、主要品种

1. 布兰瑞克（图 17-1）

普通型，原产法国，引入时间不详。南京、扬州、南通和盐城等市曾有栽种。如修剪适当有少量夏果，以秋果为主。

树冠呈自然圆头形或丛生形，树势中庸，树姿半开张。树干灰白色，多年生枝褐色。叶中等大，掌状 5 裂，裂刻极深，裂条极窄，多具重裂，叶基具叶距，叶色绿。叶面粗糙，叶背茸毛少，叶质较硬。

图 17–1 ‘布兰瑞克’果实

夏果少，长倒圆锥形，成熟时绿黄色，最大单果重 140 g。秋果倒圆锥形或倒卵形，部分果形不正，果梗附着部常膨大肉质化，平均单果重 50 g。成熟时绿黄色，无果颈。果孔大、敞开，成熟时不开裂，果肋不明显。果实中空，果肉淡粉红色，可溶性固形物含量 16% 以上，风味香甜，品质上等。

在南京，4 月上旬萌芽，中旬展叶新梢始长，11 月上中旬落叶。夏果成熟期一般为 7 月上中旬，秋果始见于 6 月上旬，成熟期始于 8 月中下旬，发育期约 70 天，果实供应期 60 余天。

分枝习性弱，枝条上部坐果多，连续结果能力强，丰产性强。耐盐力强，在含盐量 0.3%~0.4% 的土壤上生长结果正常；耐寒性强，江苏省境内皆可露地越冬。

该品种果实大小适中，品质良好，不仅可供鲜食，而且加工适性广。适宜制果脯、蜜饯、罐头，亦可加工果酱或饮料。适应性强，是江苏省重点推广的优良品种之一。

2. 玛斯义·陶芬（图 17–2）

普通型，原产美国加利福尼亚州，1985 年由江苏丘陵地区镇江农业科学研究所从日本引入。南京周边及句容等地有种植，夏秋果兼用，以秋果为主。

树势中庸，枝条软而开张，树冠较小。树干灰白色，多年生枝灰绿色。叶中大，5 裂，裂刻中深，裂片上重裂多，叶基具叶距。叶色深绿，质薄，叶面较光滑，顶芽红色。

图 17–2 ‘玛斯义·陶芬’果实

夏果长卵圆形或卵圆形，较大，平均单果重 90 g，最大单果重 150 g，果皮绿紫色，果颈短，果梗较长。秋果倒圆锥形，中大，平均单果重 80 g。果颈短而扁，果孔大、敞开，成熟时紫褐色，皮薄，裂果少，纵肋明显。果肉桃红色，肉质粗，含水量多，可溶性固形物含量 13% 左右，较甜，品质中上等。

自然休眠不明显，春季萌芽早。在南京，3 月下旬至 4 月上旬萌芽，4 月上中旬展叶，中旬末进入新梢生长期，自然落叶少，经霜冻后叶片干枯，后脱落。夏果一般在 7 月上中旬成熟，秋果成熟始期为 8 月下旬，果实供应期 50 余天。

树势强，易分枝，枝量多，生长量大，极易结果，丰产性强。

该品种果大，丰产，适于鲜销而不适于加工。耐寒性弱，江苏省栽培需冬季防寒保护。长江以北地区种植，即使冬季枝干裹草，芽亦会受冻，翌春仍有萌芽并能结果，但因坐果晚而导致近四分之一的果实在秋季温度下降前未成熟。同时，因其耐盐性与抗寒性不强，江苏省以南部地区种植为宜。

3. 绿抗（图 17-3）

‘绿抗一号’，普通型，别名绿康，来源不详。南京周边及吴江、溧阳、如东和东台等地有种植。夏秋果兼用，以秋果为主。

树冠呈自然圆头形，树势强，树姿半开张。树干光滑，多年生枝灰褐色。叶片较大，掌状 5 裂，裂刻中深，裂片基本无重裂，叶基多无叶距。叶色绿，质厚，叶面较粗糙，叶背茸毛多，叶柄较长。

夏果极少。秋果大，短倒圆锥形，平均单果重 70 g，最大单果重 100 g，果成熟时色泽浅绿，具粗短果颈和短果梗。果孔小、敞开，成熟时不开裂，果肩部有裂纹。果点多、大，白色，果纵肋明显。果实中空，果肉紫红色，可溶性固形物含量 16% 以上，风味浓甜，品质上等。

图 17-3 ‘绿抗一号’（上）和‘绿抗二号’（下）果实

在南京，4 月上旬萌芽，4 月中旬初展叶，4 月中旬末新梢开始生长，11 月中下旬落叶。夏果于 4 月中旬初现，7 月上旬成熟，秋果 6 月底始见，8 月下旬开始成熟，果实发育天数约 60 天，果实供应期 50 余天。

枝条粗壮，分枝较少，枝条上中部结果多，树势过强时结果减少。耐盐力极强，在含盐量 0.4% 的土壤上生长发育正常。耐寒力中等。该品种果大质优，鲜食和加工皆宜，可加工成果脯、蜜饯、果酱和饮料等。

与‘绿抗一号’在生长特性上相近的还有‘绿抗二号’，区别在于：①‘绿抗二号’叶裂刻比‘绿抗一号’深，裂片也较窄，中裂片成匙形。②‘绿抗二号’果形为倒圆锥形，果形指数比‘绿抗一号’大，且基本无果颈，部分果顶面呈三棱形。

4. 金傲芬（图 17-4）

普通型，原产美国加利福尼亚州，1998 年引入我国山东省林业科学院（代号 A212），2010 年前后引入江苏省栽培。夏秋果兼用，以秋果为主。

图 17-4 ‘金敖芬’果实

树冠呈开心形，树势强，树姿开张。树干光滑，灰褐色，新梢颜色为红绿色。叶较大，掌状 5 裂，裂刻较深，裂叶具重裂，叶基心形，叶色浓绿。

秋果大，呈卵圆形，平均单果重 90 g。果实成熟时色泽浅黄，有光泽，果棱明显，果孔微开，果纵肋明显，果梗较长。果肉黄色，致密，细腻甘甜，可溶性固形物含量 17%~20%，鲜食风味极佳，品质极佳。

在镇江地区，3 月底至 4 月上旬萌芽，4 月上中旬展叶，新梢始长期 4 月中下旬。夏果始现于 4 月上中旬，成熟始期 7 月中旬；秋果始现于 6 月上中旬，成熟始期 8 月上中旬。11 月上中旬开始落叶。

分枝少，有多次结果习性，坐果部位始于第 2 节或第 3 节，极丰产。

该品种果大，丰产，可鲜食亦可加工。较耐寒，适宜江苏省栽培。

5. 波姬红（图 17-5）

普通型，原产美国得克萨斯州。1998 年引入我国山东省林业科学院（代号 A132），2010 年前后引入江苏省栽培。夏秋果兼用，以秋果为主。

图 17-5 ‘波姬红’果实

树冠呈自然圆头形，树势中庸，健壮，树姿开张，新梢红褐色。叶片较大，多为掌状 5 裂，裂刻深而狭，基出 5 脉，叶缘具有不规则波状锯齿。叶基心形，叶色深绿，叶柄黄绿色。

果实长卵圆形或长圆锥形，秋果平均单果重 75 g，颜色鲜艳，条状褐红或紫红，有蜡质光泽，果肋较明显，果梗短。果肉微中空，浅红或红色，味甜汁多，可溶性固形物含量 16% 以上，品质极佳。

在镇江地区，3 月底至 4 月上旬萌芽，4 月上中旬展叶，新梢始长期 4 月中下旬。夏果始现于 4 月上中旬，成熟始期 7 月上中旬；秋果始现于 6 月上中旬，成熟始期 8 月上中旬。11 月上中旬开始落叶。

分枝力强，始坐果部位在第 2 节或第 3 节，极丰产。

该品种果实味甜质优，为鲜食优良品种，亦可加工，耐寒性和耐碱性均较强。可在江苏省推广。

6. 红果一号

普通型，来源不详。在南京周边及大丰、如东和东台等地农家有零星种植。夏秋果兼用，以秋果为主。

树冠呈自然圆头形，树势中庸，树姿开张。树干灰褐色，多年生枝淡褐色。叶较小，掌状 5 裂，裂刻中深，裂片上基本无重裂，叶基阔心形，无叶距。叶色暗绿，叶面较粗糙，叶背茸毛多，叶柄较长。

秋果倒圆锥形，中等大小，平均单果重 45 g。成熟时底色黄绿，阳面呈暗红色。无果颈，果梗长，稍弯。果孔大、敞开，成熟时不开裂，果纵肋不明显。果实中空，果肉粉红色。可溶性固形物含量 17% 以上，味甜，口感细，品质上等。

在南京，4 月上旬萌芽，4 月中旬展叶和新梢始长，11 月中下旬落叶。秋果 6 月中旬出现，8 月中旬成熟，果实发育天数约 60 天，秋果供应期长达 60 余天。

具一定分枝能力，当年能抽生 2 次枝，枝条上、中、下各部均能坐果，连续结果能力强。

该品种果实味甜质优，鲜食、加工皆可，可加工成果脯、蜜饯、果酱和果汁等。丰产性好，耐盐性较强，耐寒性亦强，可在江苏省适度推广。

7. 紫果一号

普通型，来源不详。南京周边及涟水、泗洪、如东、东台和丹阳等县市农家庭院有零星种植，夏果极少，为秋果品种。

树冠呈丛生形或多主枝半圆形，树势中庸，树姿开张。多年生枝褐色，树干灰褐色。叶中等偏小，掌状 5 裂，裂刻较深，裂片上具重裂部分。叶基有叶距，叶色暗绿，叶质较硬，叶面粗糙，叶背茸毛少。

秋果呈球形，中等大小，平均单果重 40 g。成熟时紫黑色，阴面为暗绿色。果颈细短，果梗短，横切面呈三角形。果孔大，敞开而陷入果顶，大部分果成熟时沿果孔边缘径向开裂，一般为 3~4 个裂口。果纵肋不明显，果肉琥珀色，可溶性固形物含量 15% 左右，风味较甜，汁液较多，口感细，品质中上等。

在南京，4 月上旬萌芽，4 月中旬展叶和新梢始长，11 月中旬落叶。秋果始见于 6 月中旬，成熟始期 8 月中旬，果实发育天数约 60 天，果实供应期约 70 天。

生长迅速，分枝性极强，每年能抽生大量二次梢，枝粗，节间短，枝条不充实。易结果，连续结果能力强，如修剪不当，内膛因光照差而结果少。

该品种口感好，宜鲜食，但因易裂果而降低了商品性能；亦可制作果酱、果脯、蜜饯。耐盐性和耐寒性均为中等。在有加工条件的地方可适当种植，不宜大面积发展。

8. 黄果二号

普通型，来源不详。南京周边及如东、海门等地农家有零星种植。夏秋果兼用，以秋果为主。

树冠呈圆头形，树势中强，树姿半开张。多年生枝灰褐色，树干灰白色，新梢顶芽红色。叶中等大，掌状 5 裂，裂刻极深，裂片较窄（比‘布兰瑞克’稍宽），多具重裂。叶基有距，叶色绿，叶面粗糙，叶质较硬。

秋果倒卵形，具不明显 4 棱，果中大，平均单果重 48 g。成熟时浅黄色，果颈不明显，果梗长，可溶性固形物含量 16%，风味甜，肉质较粗，品质中上等。

在南京，其物候期与‘布兰瑞克’相似，但秋果成熟始期比‘布兰瑞克’晚 15~20 天。

该品种不易抽生二次枝，一般在枝条中上部结果，成熟晚，丰产性中等。耐盐性和耐寒性强，可在海涂地区适当推广。

9. 紫果二号

普通型，来源不详。南京、如东等地农家有零星种植。夏果极少，为秋果品种。

树冠呈自然圆头形，树势中弱，树姿开张。树干和多年生枝灰褐色。叶较小，掌状 5 裂，裂刻较深，裂叶具重裂。叶基平截形，无叶距，叶绿色，叶面较光滑，叶背茸毛少，叶质软。

果长倒卵形，果形不正，畸形果多，果小，平均单果重 30 g。成熟时紫红色，果颈长，稍弯，果梗极短，果孔大，敞开并突出果顶，果纵肋较明显。果实中空，果肉淡粉红色，可溶性固形物含量 15%。风味酸甜，口感粗，有香味，品质中等。

在南京，4 月上旬末萌芽，4 月中旬展叶和新梢始长，11 月中下旬落叶。秋果始见于 6 月中旬，成熟始期 8 月中旬，果实发育天数约 60 天，果实供应期 70 天左右。

生长偏弱，不易分枝，节间短，树体矮小。枝条上、中、下部皆可坐果，有隔节坐果现象，丰产性较差。耐盐性不强，耐寒力中等，不宜大面积推广。

二、次要品种

20 世纪 80 年代以来，南京农业大学无花果科研组自国内外陆续引进了无花果种质资源 100 余份（品种和类型），曾进行观察、比较和鉴定，但因主客观原因未在生产上推广。部分性状良好的品种见表 17–1。

表 17-1　部分无花果品种果实特性及成熟期

品种	果实性状						成熟期	
	平均单果重 / g		果形		色泽	品质	夏果（月 / 旬）	秋果（月 / 旬）
	夏果	秋果	夏果	秋果				
棕色土耳其（Brown Turkey）	—	50	—	卵圆形	淡褐	上等	—	8/ 中 ~10/ 下
白热那亚（White genoa）	80~150	50~60	卵圆形	倒圆锥形	淡褐	上等	7/ 上 ~7/ 中	8/ 中 ~10/ 下
卡多太（Kadota）	50	30~60	卵圆形	倒圆锥形	黄绿	上等	7/ 上 ~7/ 中	8/ 中 ~10/ 下
紫陶芬（ViolleteDauphine）	100~150		阔倒圆锥形	—	亮紫	上等	6/ 下 ~7/ 中	—
蓬莱柿（Horaishi）	—	60~70	短卵圆形	倒圆锥形	紫红	上等	—	8/ 下 ~10/ 下
白亚得里亚（White Adratide）	—	50~60	—	卵圆形	紫红	上等	—	8/ 底 ~10/ 下
新疆早黄	—	40~60	—	扁圆形	黄绿	上等	—	8/ 底 ~10/ 中
白依斯其亚（Ischia White）	—	20~30	—	球形	绿褐	上等	—	8/ 中 ~10/ 下
宁选一号	80~120	60~80	—	倒圆锥形	淡绿	上等	7/ 中	8/ 下 ~10/ 下

第四节　栽培技术要点

一、苗木繁育

普通无花果多用扦插繁殖，辅以分株、压条等。扦插多用硬枝，常于晚冬或早春剪取直径 1~1.5 cm 并已充分木质化的 1 年生枝条进行沙藏；到春季（3 月下旬至 4 月上旬）扦插时剪成长 15 cm 左右（含 2~3 个芽）的插条，用促根类植物生长调节剂（萘乙酸或吲哚丁酸）处理后扦插。苗床一般以排水良好的沙性土壤为宜。扦插时，插条上部一芽露出地面，保持土壤潮湿。插后约 1 个月即能生根，妥善管理成活率可达 95%~100%。待苗高 10 cm 左右时，追一次速效氮肥。苗长到 40~50 cm 时进行摘心，以促进壮苗。

无花果亦可进行绿枝扦插。绿枝扦插在 6~7 月间进行，利用夏季修剪下的萌蘖枝等，2~3 节为一段，带半叶并用高浓度的促根类植物生长调节剂速蘸插条基部，插入苗床中，喷雾并遮阴，成活率可达 80%~90%。

无花果育苗连作障碍较为严重，重茬后扦插成活率仅为 30%~40%，长势较弱，需实行轮作制度。

二、建园

无花果定植时期以春季（3 月下旬）较为常见，近年来生产上也常在小麦、油菜收割完毕腾茬后，用营养钵苗进行栽植。栽植前，开挖定植沟或定植穴，定植沟一般适用于较为平整的土地或需要重点考虑排水的园地，岗坡地一般开挖定植穴；定植沟深 40~50 cm，宽度 50~60 cm，定植穴深 20~50 cm，直径 50 cm。定植沟或定植穴内施农家肥，与土拌和，每亩用量为 2~3 t。

露地栽植密度应根据不同品种的树势，可采用计划密植的方式；一般定植时株行距为（2~2.5）m×（2.5~3）m，封行后隔株隔行间伐，使株行距成为（4~5）m×（5~6）m；10 年生无花果园的每亩株数控制在 65~75 株。保护地栽培大棚跨度一般为 6~8 m，垄面宽度为 2.0~2.5 m，每亩定植 300~400 株。

无花果忌地现象十分严重，重茬育苗、连作新植或补栽，则植株生长发育受阻，甚至导致死亡。所以，建园时要高度重视定植质量，加强管理，保证成活率，提高一次性成园率。老园淘汰后，应改种其他农作物，不能重茬建园。

三、土肥水管理

1. 土壤管理

要达到高产优质的目的，应不断改良土壤，增施基肥，改善土壤结构，使土壤疏松，通气，保水，促进根系发育。

盐地栽培采取行间生草（或种间作物）与树盘覆草相结合的土壤管理措施，可抑制返盐，降低土壤含盐量。山区采用覆草和种草相结合的土壤管理制度，可改善墒情，保持水分，在雨季又可防止水土流失。在低洼易涝、降水多的地块，除建园时要选在地势高处外，排水系统要完备，栽植时应作深沟高垄，以利排水。

2. 施肥管理

无花果生长量大，需肥量也大。在贫瘠的土壤上，除施基肥外，还应按时追施速效性肥料。基肥以猪羊厩肥为佳，于秋季 11 月份施入；土壤追肥 1 年 2 次，5 月以氮肥为主，促进长枝；6~10 月，以叶面追肥为主，应重点补充磷钾肥和中微量元素肥料，以促进果实增大和提高果实品质。

当无花果新梢顶端生长缓慢，叶片不易增大、叶色发淡、成熟果实直径逐渐变小时，则表明需要追肥。在多雨地区，以及疏松土壤上追肥次数应相应增加。成年园每公顷施氮肥 90~120 kg，磷肥 120~150 kg，钾肥 60 kg，旱时应结合灌水进行施肥。

3. 水分管理

为提高产量，在生长期需行灌水。春季萌芽前后，如干旱则会影响萌芽长枝，应适时灌水；

在7~9月旺长季节，如缺水，轻则落叶，或使果实变小，重则落果，影响产量，故应及时灌溉。对具有连续结果能力的品种，如‘布兰瑞克’和‘棕色土耳其’等，须经常保持土壤湿润，才能高产。

四、整形修剪

1. 整形

无花果树形可采用开心形、自然圆头形、“X”形、“一文字”形等。在栽植时，一般定干高度30~100 cm，以后根据不同树形选留3~6个主枝，骨干枝截留50~60 cm，促进分枝，以形成合理的树冠骨架和留足结果母枝。

2. 生长期修剪

在生长期，应及时去除根蘖、萌条和徒长枝，以保持通风透光。及时摘心，以控制旺长，促进分枝，增加枝量，提高果量。

3. 休眠期修剪

（1）修剪时期　‘布兰瑞克’等耐寒品种，可于12月下旬至3月上旬之间进行冬季修剪；‘玛斯义·陶芬’‘波姬红’等耐寒性较弱的品种，适宜于2月上旬至3月上旬气温开始回升时修剪，修剪过早，树体易受冻害；修剪过晚，伤流期开始后树液流失较为严重。

（2）修剪类型　根据结果习性的不同，可分成两大修剪类型：一是不耐修剪类型。这类品种枝条生长松散，分枝特多，如‘紫果一号’等。如重剪则新生枝更多，不结果，降低产量。还有以夏果为主的品种，因夏果着生在枝条顶端，也不宜重剪，否则影响产量。但为了更新结果母枝，须适当回缩。二是耐修剪类型。这类品种有的更新能力强，即使地上部分全死去，抽出的新枝仍可结果；有的分枝能力不强，通过较重短截后，可促进分枝。如‘布兰瑞克’‘玛斯义·陶芬’‘棕色土耳其’等。对幼旺树和成年树的主、侧枝的延长枝短截时可留长些，对结果母枝则可较重短截。修剪时还应去除枯枝、病虫枝及扰乱树形的枝条。

五、果实管理

1. 幼果期管理

疏除畸形果；及时防治疫病等病害；保持土壤湿度，增加果实细胞膨压；叶面喷施硼肥，促进幼果的发育。

2. 果实膨大期管理

在自然成熟前7天左右，无花果果实开始显著膨大。采用疏枝和摘叶等措施，保持树体的光照通风条件，为果实上色提供良好的小环境；合理控制土壤含水量，避免土壤水分剧烈变化，防止因含水量过高或忽高忽低而导致裂果。

3. 成熟期管理

适时采收，一般于清晨到上午9:00前完成采收和预冷工作；提前做好防鸟工作，通过架设防鸟网、安装驱鸟器、悬挂驱鸟彩条等方法，防止鸟害。采摘时，将病果去除干净，带出果园，防止病果上的病菌在果园内继续传播；上一批漏采的过熟果也须去除干净，带出果园，防止金龟子、马蜂、果蝇的滋生。

在果实进入膨大期后，用乙烯利（浓度 200~500 mg/L）或植物油处理果实，根据季节不同，可使无花果提前 3~10 天成熟。此外，摘除坐果节位的叶片，促使该部位形成乙烯，亦能促进果实成熟。但经过催熟的果实，在采摘后有加速软化的趋势，不利于运输和销售。

采收时期可依产品用途不同而异。如当地鲜销，宜在八成熟时，即着色已足但未软化时采收；如外运，除了良好的包装和冷藏条件外，采收应以接近八成熟为宜；如为加工所需，成熟度可低些。但制果酱、果酒、果醋等产品时，成熟度越高的果实，加工出的产品品质越优良。

无花果叶片及果梗含有白色浆汁（内有蛋白质分解酶），加上叶片表面的茸毛，如黏附在采摘人员的皮肤表面，易造成皮肤红肿、起水疱、指沟出血等现象。因此，采收人员操作时应带医用橡胶薄手套，外面再套上棉纱手套，既可避免损伤果皮，亦可防止浆汁沾及皮肤而疼痒不适。

4. 入冬前果实管理

江苏地区深秋第 2 次轻霜后，果实停止生长，形成未熟果，如果不及时采收，果实容易干枯在树上，会给第 2 年病害防治带来困难。此时应将所有未熟果全部采摘，根据成熟度不同分别加工成蜜饯、代用茶等产品。

六、病虫害防治

病害主要有疫病、角斑病、锈病、白绢病和日灼病等。综合防治的方法：一是合理修剪，及时间伐和疏枝，保持果园和树体的通风透光。二是及时清除病果和病枝，阴雨天不要进行修剪、绑枝等农事操作，以免病菌扩散；做好冬春季清园消毒工作。三是雨季到来前，全园喷施波尔多液一次；夏秋季降雨持续超过 3 天，天晴后及时喷施杀菌剂并注意交替使用。四是 5 月下旬喷施三唑酮类杀菌剂防治锈病，初发病时撒施五氯硝基苯防治白绢病。

虫害主要是天牛类害虫，有桑天牛和黄斑星天牛。这类害虫危害很大，甚至造成毁园。防治方法：成虫羽化期前，全园喷施氯氰菊酯微胶囊悬浮剂；人工捕捉成虫和挖卵；在幼虫蛀道内用铁丝捅杀；在排粪孔处钻孔，将吡虫啉等杀虫剂注入，或注入桐油，使幼虫窒息而死；全园释放管氏肿腿蜂（*Scleroderma guani*）进行生物防治；使用防虫网进行物理防治。

（本章编写人员：朱友权、王金才、姜卫兵、郭强）

主要参考文献

[1] 江苏省地方志编纂委员会. 江苏省志·园艺志[M]. 南京：江苏古籍出版社，2003.

[2] 董启凤. 中国果树实用技术大全·落叶果树卷[M]. 北京：中国农业科技出

版社,1998.

[3]马凯,张素贞. 无花果栽培与利用[M]. 南京:南京大学出版社,1992.

[4]吴耕民. 中国温带落叶果树分类学[M]. 北京:农业出版社,1984.

[5]周中建,姜卫兵,马凯. 无花果名实辨析·园艺学进展[M]. 北京:农业出版社,1994.

[6]王业遴,姜卫兵,马凯,等. 江苏海涂地区盐地无花果栽培体制初探[J]. 江苏农业科学,1999,(3):54-56.

[7]王业遴,马凯,姜卫兵. 江苏省海涂地区创建无花果基地初探[J]. 海洋与海岸带开发, 1989,(2):44-47.

[8]姜卫兵. 无花果主要品种介绍[J]. 山西果树,1990,(4):27.

[9]马凯,凌志奋,唐燕,等. 无花果绿枝扦插繁殖技术[J]. 中国果树,1997,(3):32,38.

第十八章　猕猴桃

/ 栽培历史与现状 / 种类
/ 品种 / 栽培技术要点

第一节　栽培历史与现状

江苏省野生猕猴桃资源较少，1961 年在宜兴湖汊茗岭山区找到 10 株野生中华猕猴桃，20 世纪 70 年代在连云港云台山大涧沟旁土壤肥沃湿润的半阴坡下采集到中华猕猴桃果实标本，平均单果重仅 15 g。江苏省中国科学院植物研究所于 1954 年开始收集猕猴桃属（*Actinidia*）资源，主要从浙江、安徽引入了中华猕猴桃（*A. chinensis*）、软枣猕猴桃（*A. arguta*）、毛花猕猴桃（*A. eriantha*）、狗枣猕猴桃（*A. kolomikta*）、紫果猕猴桃（*A. purpruea*）（2007 年第 4 次分类修订时归软枣猕猴桃）和对萼猕猴桃（*A. valvata*）等。1960 年后相关研究中断，引进的品种也不复存在。20 世纪 70 年代末，随着江苏猕猴桃产业的逐渐复苏，相关科研院所又加强了猕猴桃种质资源的收集和评价利用工作。

江苏省猕猴桃新品种选育工作始于 20 世纪 60 年代，南京中山植物园对种子播种而来的中华猕猴桃进行了生物学特性观察，从中选出安徽‘黄山 56 号’和浙江‘黄岩 3 号’2 个优良单株，最大单果重可达 50.2 g，6 年生株产达 9 kg，这 2 个优株并未开发利用，已不复存在。1975 年，徐州市果园从北京植物园引进美味猕猴桃（*A. chinensis* var. *deliciosa*）实生苗 30 株。1978 年，徐州市果园又从河南省西峡县林业科学研究所、河南省信阳地区林业科学研究所引进一些果实具软毛的猕猴桃实生苗，并从实生单株中选出一批优良株系，其中‘徐州 75-4’‘徐州 80-1’2 个优系经多点试栽，表现综合性状优良，遗传性相对稳定，经专家鉴定，分别命名为‘徐香’和‘徐冠’。由于‘徐香’果实品质优良、抗逆性较强等优点，在我国猕猴桃产区广泛栽培，当前仍是主栽品种之一。近几年，江苏省农业科学院园艺研究所、江苏省中国科学院植物研究所、江苏丘陵地区镇江农业科学研究所、扬州杨氏猕猴桃研究所、海门三和猕猴桃服务中心等科研单位及育种者加快了猕猴桃新品种的选育，并选育出‘海艳’‘杨氏金红 50 号’等猕猴桃新品种在生产上推广应用，获得了良好的经济效益。

江苏省猕猴桃规模化栽培始于20世纪80年代。1981年，徐州市果园建猕猴桃试验园10亩，取得栽种第 3 年总产量达到 3.5 t、第 4 年达到 7.8 t 的早期丰产实绩。1984 年，全省 11 个单位组成猕猴桃引种栽培试验协作组，引种园、生产园遍及徐州、淮阴、南通、连云港、无锡、镇江、苏州、扬州、南京、盐城等地，面积在 1 000 亩以上。近几年，随着农业产业结构调整和经济发展加快以及消费者对猕猴桃优质果品的日益需求，江苏省猕猴桃产业作为一项朝阳产业，并作为休闲采摘旅游业的有益补充，发展比较迅猛。2011 年猕猴桃栽培面积达 5 513 亩，产量达 3 398 t，其中扬州栽培面积最大，为 1 988 亩，产量为 1 503 t，南通面积仅次于扬州，为 1 966 亩，但其产量高于扬州，为 1 604 t。截至 2015 年，全省猕猴桃栽培面积 2.2 万亩，产量 8 000 t，与 2011 年相比，4 年内栽培面积增加了近 4 倍。随着产业的迅速发展及消费需求的变化，与 20 世纪 90 年代前后相比，目前江苏栽培的猕猴桃品种更加丰富多样，除品质优良、适生性好的‘徐香’‘海沃德’等传统品种外，‘海艳’‘红阳’‘金魁’‘金艳’‘华优’‘华特’等优新品种已有区域性规模化栽培。全省猕猴桃的栽培主要分布在扬州邗江槐泗镇和江都樊川镇、苏州相城黄埭镇、海门三和镇、如皋桃源镇、南京六合、连云港赣榆等，主要是私营企业和专业合作社在从事猕猴桃种植，也有少量农户种植。另外，在生产过程中，猕猴桃在江苏形成具特色鲜明和市场竞争力的生产方式，如扬州宏大猕猴桃开发有限公司进行有机生产，宜兴金丰果园对‘红阳’猕猴桃进行优质生产，南京六合绿航生态农业有限公司结合休闲观光采摘进行宽行式规范化生产等。随着人们对安全优质果品需求的日益增长和消费能力的增强，猕猴桃产业规模仍将呈上升趋势。

第二节　种类

根据李新伟等（2007）第 4 次对猕猴桃属植物进行的修订，全世界猕猴桃属植物有 54 个种、21 个变种，除尼泊尔猕猴桃（*A. strigosa*）和日本白背叶猕猴桃（*A. hypoleuca*）为周边国家特有种外，中国自然分布的猕猴桃属有 52 个种，其中有 44 个种为本国特有。江苏自然分布的有软枣猕猴桃、中华猕猴桃、对萼猕猴桃和梅叶猕猴桃（*A. macrosperman* var. *mumoides*）4 个种或变种，软枣猕猴桃分布在连云港低山丘陵地区，其余 3 个少量分布在宜兴、江宁的丘陵林缘和灌木丛中。随着城市化进程的加速，上述4种（变种）与曾有自然分布的狗枣猕猴桃、葛枣猕猴桃（*A. polygama*）、大籽猕猴桃（*A. macrosperma*）一样，日趋消亡，难觅踪迹。

目前江苏栽培利用的是中华猕猴桃，该种有中华猕猴桃原变种、美味猕猴桃变种和刺毛猕猴桃变种，其中美味猕猴桃变种、中华猕猴桃原变种栽培利用最多。

（一）中华猕猴桃原变种（*A. chinensis* var. *chinensis*）

果实和枝蔓被柔软短茸毛，后期茸毛常脱落呈光滑或残留稀疏短柔毛，叶片倒阔卵形，先端大多呈截形和中间微凹（图18-1）。结果枝一般偏短，叶、花、果比美味猕猴桃变种小。果近球形或扁圆形，外被柔软茸毛，果肉多为黄色或绿色，也有黄肉红心类型。

图18-1 中华猕猴桃叶片

（二）美味猕猴桃变种（*A. chinensis* var. *deliciosa*）

果实及枝叶被有刺毛状长硬毛，特别是幼嫩枝叶上密生明显的长硬毛，后期有的即使脱落，也仍可见硬毛残迹。叶片常为阔卵形或倒阔卵形，先端突尖（图18-2）。果实多数偏长，刺毛状的长硬毛一般不脱落。结果枝较长，叶、花、果比中华猕猴桃原变种大。新西兰从中国引入猕猴桃资源培育出世界闻名的品种‘海沃德’即属于该变种。

图18-2 美味猕猴桃叶片

（三）软枣猕猴桃（*A. arguta*）

1年生枝多为灰色，无毛或被稀疏白色茸毛，皮孔明显，长梭形。叶片纸质，卵形或长圆形，正面深绿色，背面浅绿色，叶缘锯齿密。叶柄绿色或浅红色。雌花花药多为箭头状，暗紫色。果实多为卵圆形或近圆形，无斑点。未成熟果实绿色，近成熟果实紫红色、浅红色或黄绿色，无毛。果顶圆，或具喙。果肉绿色或翠绿色，味甜略酸，多汁，适于鲜食或加工。

（四）对萼猕猴桃（*A. valvata*）

1年生枝淡绿色，皮孔不明显。叶近膜质，绿色，倒卵形或长卵形，叶缘有细锯齿，叶正、背表面均无毛。果实卵球形，无斑点，成熟时橙黄色，顶端有尖喙，果实具辣味。

（五）梅叶猕猴桃（*A. macrosperman* var. *mumoides*）

1年生枝浅绿色，光滑，皮孔线性，白色，稀疏。叶片纸质，长椭圆形或披针形，绿色。叶缘锯齿明显、小，有淡绿色或浅褐色小尖刺。叶柄浅绿色，被稀疏浅褐色短刺毛。雌花花药长椭圆形，黄色。果实近球形，果皮绿色，无毛，果点黄棕色。果肉绿色，酸味浓，不涩不辣，肉质脆。

第三节 品种

一、引进品种

1. 红阳(图 18-3)

图 18-3 ‘红阳’果实

原名‘苍猕 1-3’，别名红心奇异果、红心猕猴桃，是四川省自然资源研究所与苍溪县农业局从河南省野生中华猕猴桃资源实生后代中选育而成，1997 年通过四川省品种审定。由于鲜果横剖面沿果心有紫红色线条呈放射状分布，似太阳光芒四射，故名‘红阳’（图 18-4）。

图 18-4 ‘红阳’果实剖面

早熟二倍体猕猴桃品种，植株树势较弱，萌芽力强，成枝力较弱。单花为主，多着生在结果枝的第 1~5 节，每果枝结果 1~5 个。自然成熟果实中等偏小、整齐，纵径、横径约 4.0 cm，植物生长调节剂适度处理平均单果重可达 80 g，最大单果重可达 130 g。果实为短圆柱形兼倒卵形，果顶、果实基部凹，果皮薄，呈绿褐色，茸毛柔软、易脱落。果肉翠绿色，横切面红、黄、绿相间，色彩悦人。果实甜浓酸淡，清香爽口，可溶性固形物含量 18.5% 左右，品质极优。

江苏地区一般在 9 月上中旬成熟。该品种不抗溃疡病。花期较早，一般为 4 月中旬前后，遇“倒春寒”易造成减产。另外，夏季高温干旱天气会影响果实花青素的形成，导致果心不表现红色或红色偏淡（图 18-5）。

图 18-5 ‘红阳’果实果心红色变淡

2. 金艳(图 18-6)

由中国科学院武汉植物园以毛花猕猴桃为母本、中华猕猴桃为父本杂交选育而成，是第一个用于商业栽培、种间杂交选育的四倍体猕猴桃新品种，2009 年获得中国植物新品种权保护，2010 年通过国家品种审定。

树势强，枝梢粗壮。果实长圆柱形，果顶微凹，果蒂平（图 18-7），果大而均匀，美观整齐，平均单果重 105 g，最大单果重 141 g，丰产性突出。果皮黄褐色，果面光滑、密生短茸毛，

图 18-6 ‘金艳’结果状

图 18-7 ‘金艳’果实

果点细密，红褐色。果肉金黄色，维生素 C 含量高，达 105.5 mg/100 g 鲜果肉。肉质细嫩多汁，风味香甜可口，可溶性固形物含量 14.0%~20.0%。果实硬度大，为 18.0~20.9 kg/cm^2。极耐贮藏，货架期长，常温下贮藏 3 个月好果率仍超过 90%。

江苏地区成熟期一般为 9 月下旬至 10 月上旬。目前，该品种在江苏已引种试栽，反应普遍较好。

3. 华优（图 18-8）

由陕西省农村科技开发中心、周至猕猴桃试验站、西北农林科技大学园艺学院等单位，与陕西省周至县马召镇群兴村九组居民贺丙荣共同实生选育而成（母本不祥），2007 年 1 月通过陕西省果树品种审定。

树势强，果枝光滑无毛，短、中、长枝均可结果，以中、长结果枝为主。果实椭圆形，平均单果重 100 g。果面棕褐色或黄褐色，茸毛稀少，细小易脱落。果皮厚，较难剥离。果肉呈黄绿色或淡黄色，质细汁多，果味酸甜，香气浓郁，可溶性固形物含量 17% 左右。

图 18-8 ‘华优’果实

江苏地区一般 9 月底前后初成熟。

4. 华特（图 18-9）

由浙江省农业科学院园艺研究所从野生毛花猕猴桃实生选种而成，2008 年获得中国植物新品种权保护。

果实长圆形，果面密布白色长茸毛，易剥皮。果肉绿色，果实较大，植物生长调节剂适度处理后平均单果重 94.0 g，最大单果重 132.2 g。可溶性固形物含量 14.7%，可滴定酸 1.24%，维生素 C 含量 62.84 mg/100 g 鲜果肉，酸甜可口，风味浓郁。花卵圆形，淡红色，观赏价值较高（图 18–10）。植株长势强，适应性广，抗逆性强，耐高温、耐涝、耐旱、耐土壤酸碱度的能力均比中华猕猴桃品种强。结果性能好，各类枝蔓甚至老蔓也可萌发形成结果枝。丰产稳产，嫁接后第 3 年株产可达 4.9 kg，第 4 年、第 5 年株产分别达 16.0、30.5 kg。华特猕猴桃可食期长，贮藏性好，常温下可贮放 1 个月，冷藏可达 3 个月以上。

江苏南京地区一般 5 月中旬开花，10 月中下旬成熟。

图 18–9 ‘华特’果实

图 18–10 ‘华特’花

5. 海沃德（图 18–11）

1904 年新西兰从我国湖北省宜昌引入野生美味猕猴桃通过实生选种而成，是世界主栽品种之一。1982 年，徐州市果园从中国科学院北京植物园引入。

图 18–11 ‘海沃德’果实

生长健壮，新梢棕褐色，茸毛多。叶片大，阔心脏形，先端凹入，叶色浓绿，有光泽。叶缘具刺芒状针刺。结果母枝第 5~11 节抽生结果枝，每结果母枝平均抽生结果枝 3 个，结果枝第 3~7 节着生果实。花黄褐色，花柱直立，花瓣广圆形，6 枚，花期晚。果实圆柱形，茶褐色，密被褐色长硬毛，难以脱落。果形大，平均单果重 80 g，最大单果重 125 g。果肉翠绿色，肉质细，汁液较多，风味佳，果实极耐藏，后熟期长，但不一致。可溶性固形物含量 14%~16%，维生素 C 含量 80~100 mg/100 g 鲜果肉。

江苏徐州地区 1984 年萌芽期为 3 月 29 日，开花期为 5 月 19~23 日，采收期为 10 月下旬，落叶期为 11 月中下旬。

在江苏省的适应性相对好，叶片无黄化现象，适宜的授粉品种（雄株）为'陶木里'（Tomuri）。

6. 金魁

由湖北省农业科学院果树茶叶研究所从野生猕猴桃'竹溪2号'中实生选育而来，1993年通过湖北省农作物品种审定，曾用名'鄂猕猴桃1号'。

果实梯形，有棱脊。果皮褐黄色，被硬糙毛，毛易脱落，果肉翠绿色。自然结实平均单果重99.1 g，最大单果重125.2 g；果实翠绿色，整齐度高，充分成熟时风味浓郁，汁液多，甜酸可口。

植株生长旺盛，抗旱、耐涝、抗冻能力强，抗溃疡病，在江苏地区有很好的适应性。

在南京地区2016年萌芽期为3月15日，开花期为5月1~12日，果实采收期为11月中旬，应在充分成熟时采收，早采收的果实酸味较重，影响果实的可食性。

7. 香绿（图18-12）

由日本香川县农业试验场府中分场（现为府中果树研究所）富井正夫等从'海沃德'实生苗中选育而成，1987年在日本品种登录，登录号1446。1992年3月由江苏省海门市三和猕猴桃服务中心引种试栽。

图18-12 '香绿'果实

树势强，叶片大，近心形，叶面绿色有光泽。果实倒圆柱形，果实大小较为整齐，平均单果重70 g，果顶稍大于果实基部。果皮密生褐色短茸毛，且不易脱落。果肉翠绿色，汁液多，香甜味浓，可溶性固形物含量18%。较耐贮藏，在室温下可存放45天左右。

8. 布鲁诺（图18-13）

别名长果，是新西兰苗圃商人布鲁诺·贾斯（Bruno Just）1920年偶然发现的优良实生单株，1930年推广栽培，1980年引入中国。

图18-13 '布鲁诺'果实

树体生长较快，定植后第3年可投产。果实为长卵形或长圆柱形，果肉翠绿色，果心小，平均单果重70 g，适量使用植物生长调节剂单果重可达100 g。果皮褐色，被褐色粗长硬毛，不易脱落。果实耐贮运，风味浓，可溶性固形物含量 15%~18%。

江苏南京地区 5 月上旬开花，10 月底前后果实成熟，是极佳的鲜食与加工兼用型品种。

9. 马图阿

新西兰于 1950 年从美味猕猴桃实生后代中选育而成的优良授粉品种（雄株），可作为‘布鲁诺’‘蒙蒂’‘艾伯特’等品种的授粉树。定植后第 2 年就可开花，花期早，花期相对较长，15 天左右。花多，花粉量大，花粉活力强。

10. 陶木里

新西兰于 1950 年从一个果园里选出的授粉品种（雄株），可作‘海沃德’‘徐冠’的授粉树。

花期相对较晚，与‘海沃德’同步。花量大，花期相对集中，一般 5~10 天。

11. 磨山 4 号

中国科学院武汉植物园于 1984 年从江西武宁县野生资源中选育出的优良雄性单株，2006 年通过国家品种审定。

株形紧凑，植株长势中等，1 年生枝皮孔突起，较密集。花为多歧聚伞花序，每花序有花 4~5 朵。一般 4 月下旬开始初花，5 月中旬结束，花期长达 20 天左右。花多，花粉量大，花粉育性强。

二、选育品种

1. 徐香（图 18–14）

原代号‘徐州 75–4’，1975 年徐州市果园从北京植物园引入的美味猕猴桃实生苗中选出，1988 年 10 月在全国猕猴桃基地果实鉴评会上获优良品种希望奖，1990 年通过品种鉴定，1992 年通过江苏省品种认定。是目前全国猕猴桃主栽品种之一。

图 18–14 ‘徐香’果实

生长旺盛，新梢黄褐色。叶片大，倒卵形，叶面绿色有光泽，背面密被灰绿色短茸毛，先端突尖或凹，基部楔形。花单生或 3 花聚伞花序，花径 5.1~5.7 cm，花瓣多数 5 枚。结果母枝第 3~8 节抽生结果枝，一般抽生 4 个，结果枝第 2~6 节着生果实，平均每果枝坐果 4 个。果实圆柱形，平均单果重 90 g，最大单果重

137 g，3 年生平均产量 280 kg/ 亩，4 年生平均产量 1 350 kg/ 亩。果皮黄绿色，皮薄，易剥离，梗洼平齐，果顶微突，果肉绿色，汁多。可溶性固形物含量 15.3%~19.8%，维生素 C 含量 994~1 230 mg/kg 鲜果肉，可滴定酸 1.42%，总糖 12.1%。果肉细致，具有草莓香等多种香味，酸甜适口。果实后熟期 15~20 天，货架期 15~25 天，自然保鲜 30 天左右，冷库贮存（0~2 ℃）3 个月以上。

江苏徐州地区 1984 年萌芽期为 3 月 27 日，开花期为 5 月 15~18 日，采收期为 10 月上中旬，落叶期为 11 月上旬。

适应性强，在沿海及黄淮平原碱性土壤条件下生长正常，早实、丰产（图 18–15）、稳产，品质优良，味甜浓香。

图 18–15 ‘徐香’丰产结果状

2. 徐冠（图 18–16）

原代号‘徐州 80–1’，1980 年徐州市果园从北京植物园引入的‘海沃德’实生苗中选出，1988 年 10 月在全国猕猴桃基地县果实鉴评会上获优良品种希望奖，1990 年通过品种鉴定，1992 年通过江苏省品种认定。

图 18–16 ‘徐冠’果实

植株生长强旺，新梢褐色，密生红褐色茸毛。多年生枝深褐色，有明显椭圆形皮孔，节间长，平均 5.6 cm。叶片大，叶面深绿色，叶缘刺毛状，叶厚，富有光泽，背面密生绿褐色茸毛，叶先端突尖，基部心形。花冠大，多单花，花瓣倒卵圆形，花瓣 6~8 枚。果实长圆柱形，平均单果重 110 g，最大单果重 180.5 g。果皮黄褐色，皮较厚，易剥离，果肉翠绿色，质细汁多，切片整齐，酸甜适口，具清香。可溶性固形物含量 15%，有机酸、总糖分别为 1.24%、7.6%，维生素 C 含量 1 070~1 200 mg/kg 鲜果肉。采后果实硬度为 15 kg/cm^2 以上。果实后熟期为 15~30 天，货架期为 15~20 天，果实较耐贮运。

适宜棚架栽培，结果初期以徒长性结果枝和长果枝为主，占结果枝总数的 55%，中果枝占 33%，短果枝仅占 12%，每果枝平均坐果 3.3 个，多单花，无副蕾，采前有轻微落果现象。

江苏徐州地区 1984 年萌芽期为 3 月 27 日，开花期为 5 月 18~24 日，果实采收期为 10 月中旬，落叶期为 11 月中旬。果大、整齐，丰产性和维生素 C 含量超过‘海沃德’。

3. 杨氏金红 1 号（图 18-17）

1999 年扬州杨氏猕猴桃研究所以‘红阳’为母本、‘中华雄株 13 号’为父本杂交选育而成，2011 年通过江苏省林木品种审定委员会审定，2014 年 11 月获中国植物新品种权保护。

果实圆柱形，果皮浅黄褐色，果面中上部光滑，脐部毛被细短软稀，果脐凹，丰产，平均单果重 90 g，最大单果重 115 g。果形整齐一致，果肉黄，沿果轴的子房呈红色放射状（图 18-17），可溶性固形物含量 17%~20%。肉质细，有韧性，香甜、味浓、爽口。

扬州地区 9 月下旬采收，自然保鲜 2 个月，冷库贮存 5 个月。

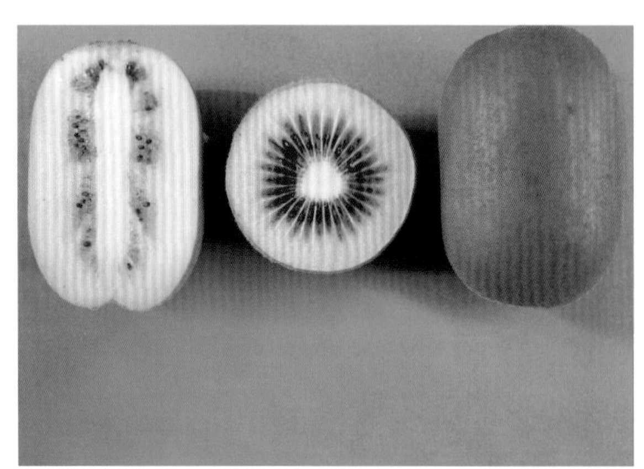

图 18-17 ‘杨氏金红 1 号’果实

4. 杨氏金红 50 号（图 18-18）

1999 年扬州杨氏猕猴桃研究所以‘红阳’为母本、‘中华雄株 13 号’为父本杂交选育而成，2013 年通过江苏省林木品种审定委员会审定，2015 年 11 月获中国植物新品种权保护。

图 18-18 ‘杨氏金红 50 号’果实

植株生长健壮，树势强，易种易管，叶片厚而黑，耐高温、耐干旱，适应性强。果实圆柱形，端正，整齐一致。果皮光滑，果皮淡浅黄绿色，果心鲜红，肉色淡黄，脐顶微凸、圆钝。平均单果重 104 g，最大单果重 164.3 g，可溶性固形物含量 17%~20%，干物质 18%~21%。果实维生素 C 含量高，糖酸比适中，香气浓，品质极优。耐贮藏，自然保鲜 4 个月，冷库贮存 6 个月。

江苏扬州地区 10 月中旬采收。早期产量高，在正常管理条件下，定植后 3 年结果，4~5 年进入盛果期。

5. 杨氏金辉 7 号（图 18-19）

1999 年扬州杨氏猕猴桃研究所以‘红阳’为母本、‘中华雄株 13 号’为父本杂交选育而成，2015 年通过江苏省农作物品种审定委员会审定，2016 年 1 月获中国植物新品种权保护。

图 18-19 ‘杨氏金辉 7 号’果实

树势强健，耐旱，适应性强；果实圆柱形，果皮淡黄（图 18-19），中上部光滑，中下部毛被细短软稀，果脐平、丰产，平均单果重 115 g，最大果重 150 g。果形整齐一致，果肉黄，可溶性固形物含量 17%~19%。肉质细，有韧性，味甜、微酸。

江苏扬州地区 10 月上旬采收，自然保鲜 3 个月，冷库贮存 6 个月。在有“倒春寒”地区栽植，萌芽后易受霜冻危害，需适时采取防冻保护措施。

6. 海霞（图 18-20）

由江苏省农业科学院园艺研究所与江苏省海门市三和猕猴桃服务中心共同选育而成，是‘金桃’嫁接在‘海艳’植株上发现的芽变四倍体猕猴桃新品种，2015 年通过江苏省园艺学会组织的专家鉴定。

图 18-20 ‘海霞’果实

具有中华猕猴桃品种的特点，果实外观青绿色，有稀短茸毛，果实圆柱形，果肉黄色，沿果轴子房呈红色放射状。平均单果重 84.5 g，最大单果重 120 g。果肉质细、汁液多、香甜、品质好、香气浓、可溶性固形物含量 18.5%~20.5%。

江苏海门地区果实 9 月下旬成熟，自然保鲜 2 周，冷库贮存 3 个月，较耐贮藏。结果性状稳定，丰产性好，耐热、耐涝性强。

7. 海艳（图 18-21）

原代号‘海选 1 号’，1991 年江苏省海门市三和猕猴桃服务中心从实生猕猴桃中选育而成，亲本不详，2010 年 9 月通过江苏省农作物品种审定委员会审定。

果实长圆柱形，用植物生长调节剂适度处理后平均单果重 90.0 g，最大单果重 120.0 g。果皮青褐色，有短茸毛。果心细柱状，乳白色，质软可食。果肉翠绿色，肉质细，汁液多，有香气，风味甜，品质好。可溶性固形物含量 18.20%，总糖 11.69%，可滴定酸 1.07%。在江苏省海门市果实 8 月中下旬至 9 月上中旬成熟，果实发育期 90~100 天，属于极早熟猕猴桃品种。

目前，该品种主要在江苏海门三和镇及周边乡镇推广种植，在山东、安徽、上海、四川等 10 多个省市也有推广应用，累计栽培面积达 1.5 万亩。

图 18-21 ‘海艳’果实

第四节 栽培技术要点

一、建园

1. 园地选择

应选择地势相对较高、背风、向阳，灌水条件好，排水通畅的地块进行建园。园地作业区一般长 100~150 m、宽 40~50 m，园区田间配置工作房、作业道路等，有可供利用的洁净水源等。

2. 土壤要求

土壤种类以含有机质丰富的沙壤土和轻壤土为好，土壤 pH 值在 5.5~6.8。中壤土、重壤土地块可以通过增施有机质进行土壤改良，或者通过箱框式进行基质限根栽培。

3. 防风林建设

园区四周，尤其是主迎风面建设防风林或人造防风墙。构建绿色人造防风墙时，可选择枸杞、荆棘等灌木，距猕猴桃 2~3 m 进行栽种，高度不低于 2.0 m。也可选择水杉树、银杏树等落叶乔木作为防风林，距猕猴桃 6~8 m 进行栽种。

4. 苗木选择

以野生美味系猕猴桃种子实生苗作为砧木进行嫁接育苗。嫁接苗的基本要求为：侧根分布均匀、舒展而不卷曲，且没有缺失或劈裂伤，侧根数量不少于 4 条，每个侧根的长度不低于 20 cm、粗度不低于 0.4 cm；苗的木质化程度好，高度不低于 70 cm，茎干粗度不低于 0.7 cm，主茎上无皱皮和新损伤；嫁接品种的饱满芽不少于 4 个；砧穗结合部良好，粗细基本一致；无病虫害。另外，在建园时，可优先定植实生苗，再就地高位嫁接优良品种。

二、栽植

1. 定植前准备

非基质栽培地块需在入冬前开挖宽 0.8~1.0 m、深 0.6~0.8 m 的定植沟。挖沟时，把表土与底土分开放。挖好后，先在沟底撒一层 10~15 cm 厚的有机质如稻麦秸秆、切碎的玉米秸秆、落叶、锯末等，再填入表土 10~15 cm，放一层含有厩肥、饼肥等有机肥混合的肥土，最后填入底土。春季解冻后，对全园土壤进行粉碎，在定植沟上覆表土起垄。同时，开挖 0.3~0.4 m 深的畦沟和 0.5~0.8 m 深的排水沟。

2. 搭架

在定植前进行搭架，多采用“T”形架或平棚架，架面高度可根据操作人员的身高或观光采摘需求进行设计，一般高于地面 1.6~2.0 m。

3. 授粉树配置

栽植时须注意配置授粉树（雄株），目前主要有 3 种配置方式：一是生产园全部种植雌株，雄株按照雌株数的 1/10~1/8 另择地块集中种植，开花时采花取粉，进行人工授粉，也可购买花粉进行人工授粉；二是雌雄株按 8∶1 配置比例进行混栽，如图 18–22，通过风、昆虫等授粉；三是生产园全部种植雌株，并在雌株上嫁接 1~2 根雄枝。

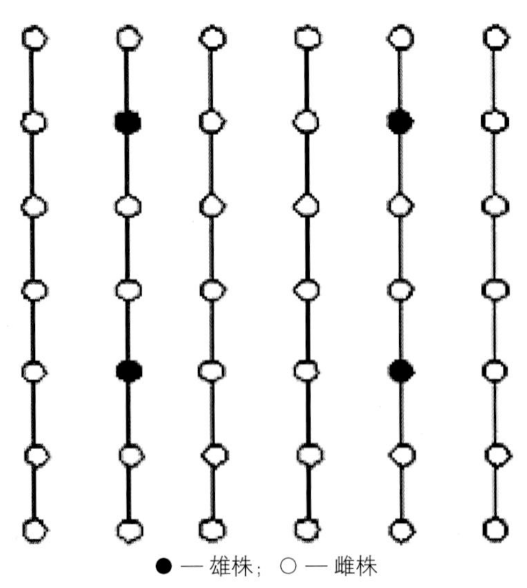

图 18–22　猕猴桃雌雄株按 8∶1 混栽示例

4. 定植

一般在春季解冻后至猕猴桃萌芽前进行，以 2 月下旬至 3 月上中旬为宜。定植时，根系及根系以上 3~5 cm 主干埋入土中，根系需均匀平铺。定植后浇足定根水，覆细土，用秸秆或黑色薄膜覆盖幼苗树盘。株距一般为 3~6 m，行距为 3~4 m，山坡地可适当加大栽植密度。为提高早期产量，可在株间加栽临时株，随树龄增长，控制临时株生长，适时间伐。

三、整形修剪

1. 幼树

苗木定植后应及时立支柱以利于绑缚新梢。如采用单主干双主蔓树形，一般萌芽后选留 1 个树势强的枝蔓，及时绑缚在立柱上，使其笔直向上生长；长至离架面 10 cm 时摘心，以促发分枝；从分枝中选留 2 个相向生长的强枝向两边引缚，形成 2 个主蔓；当相邻 2 株的主蔓交接时，将主蔓短截以促发二级分枝，并沿主蔓方向斜向上引缚；冬季整形修剪时，对未上架的幼年树回缩短剪至粗壮饱满芽处，已上架的树选留 2 个相向生长、长势较强的枝蔓作主蔓培养，剪去长势较弱的枝条。

2. 成龄树

在春、夏季时主要采取抹芽、疏枝、摘心、掐尖等措施。① 抹芽：从萌芽期开始，整个生长周期均可进行，抹除着生位置不当的芽，对主干上萌发的潜伏芽全部抹除，保留着生于主蔓上作为下年更新枝的芽；② 疏枝：新梢上有花序开始出现时进行，及时疏除细弱枝、过密枝、病虫枝、双芽枝及不能用作下年更新的徒长枝等；③ 摘心：开花前，对强旺的结果枝在花序以上 7~8 张完全展开叶处进行摘心，以促进坐果和增大果实；④ 掐尖：夏季对长势旺的新梢可以进行掐尖处理，以控制枝条旺长，增加养分积累。

冬季修剪一般在落叶后至翌年 2 月进行，以短截结果母枝为主，一般徒长性结果母枝在结果部位以上留 5~7 个芽剪截；中、长果枝留 3~4 个芽；短枝以疏剪为主，每平方米架面留

2~4 个结果母枝为宜。疏除过密的细弱枝、并生枝。对连续结果 3 年以上的枝组应选择其中下部抽生、较充实的枝蔓进行更新修剪。

四、花果管理

1. 授粉

雌雄株混栽园区可依靠风力授粉、田间昆虫自然授粉或放蜂授粉（图 18–23），也可辅以人工授粉，单一雌株种植园区应进行人工授粉。授粉时间宜在上午 9 时和下午 3 时前后进行。人工放蜂从开花初期开始，一般每亩猕猴桃园放置活动旺盛的工蜂不少于 6 000 只。人工授粉从雌花始花至花期结束分 3~5 次进行，采集当天刚开放、花粉尚未散失的雄花，用雄蕊点涂雌花柱头，每朵雄花可授粉 7~8 朵雌花，也可采集将要开放的雄花，25~28 ℃下干燥 11~15 小时，收集花粉贮于低温干燥处。授粉时，用毛笔蘸取花粉点涂刚开放的雌花柱头，也可将花粉用滑石粉稀释 20~40 倍，用电动喷粉器对雌花进行喷粉。

图 18–23　蜜蜂授粉

2. 疏花

疏蕾一般在侧花蕾分离后 2 周左右开始，根据结果枝的强弱保留花蕾数量，强壮的长果枝留 10~12 个花蕾，中庸的结果枝留 4~6 个花蕾，短果枝留 2~4 个花蕾。疏花时，疏除部分长势弱小、发育不良、受病虫害危害的花朵，同时可结合树势和产量目标，适当疏除部分过多的花朵，以减轻疏果工作量。

3. 疏果

疏果在花后 10 天左右进行，一般按 5~6 片叶留 1 个果或按结果枝类型留果，徒长性结果枝留 3~4 果，中、长果枝留 1~2 果，短果枝留 1 果或不留果，同时，疏果时应疏除畸形小果，尽可能保留大果。疏除授粉受精不良的畸形果、扁平果、伤果、小果、病虫果等，结合树势和产量目标，疏除部分过多的果实。

4. 植物生长调节剂的使用

一般在花后 10~15 天用 1 次 5~10 g/kg 的氯吡脲加 20~50 g/kg 的赤霉素进行浸泡或喷布幼果。

5. 果实套袋（图 18–24）

一般在谢花后 20~40 天进行果实套袋，选用透水、透气良好的猕猴桃专用纸袋。设施栽培、防鸟措施较好的猕猴桃园区可不套袋。

图 18-24　果实套袋

五、土肥水管理

土壤管理一般结合秋冬季施基肥进行，通过深翻进行改土；春、夏季可通过中耕3~4次以保持土壤疏松。施基肥多在果实采收后到落叶前进行；追肥一般在开花前至果实采收前20天左右进行，根据树势情况喷施4~6次。基肥以有机肥为主，一般为每株混施充分发酵的人蓄粪等杂肥15~20 kg、饼肥10 kg、钙镁磷肥1~2 kg。追肥可选择0.1%~0.3%尿素、0.1%~0.2%磷酸二氢钾、0.5%钙肥、0.2%硼砂、0.2%~0.3%硫酸亚铁等进行叶面喷施，花期前以硼肥、铁肥为主，坐果后以氮肥、磷肥、钾肥搭配，采果前以钾肥、钙肥为主。整个生育期一般需补水4~6次，具体视天气情况而定，一般萌芽期及花期前后各1次，果实膨大期灌水2~3次，越冬前补水1次；果实采收前20天左右停止补水。田间一般采取滴灌或微喷方式补充土壤水分，也可结合追肥进行。猕猴桃极不耐涝，遇连续阴雨或强降水天气，应采取有效的排水措施，田间不能有超过5小时以上的积水。

六、病虫害防治

江苏省虽然栽培猕猴桃的历史尚短，树体对病虫害的抗性也相对较强，但随着猕猴桃种植年限的延长，猕猴桃溃疡病（图18-25）、炭疽病、蒂腐病（图18-26）、日灼（生理性病害）、叶蝉、蚧壳虫、螨类虫害等会逐步加重。防控病虫害的主要措施有：冬季修剪时可疏除病枝、有虫枝，刮除主干病斑，用硬毛刷、钢丝刷或竹片刷掉枝条上的越冬虫卵，并彻底清园，顶芽始萌芽期喷施3~5波美度石硫合剂；少施氮肥，适当控制产量，增强树势，及时去除老叶、

图 18-25　弥猴桃溃疡病

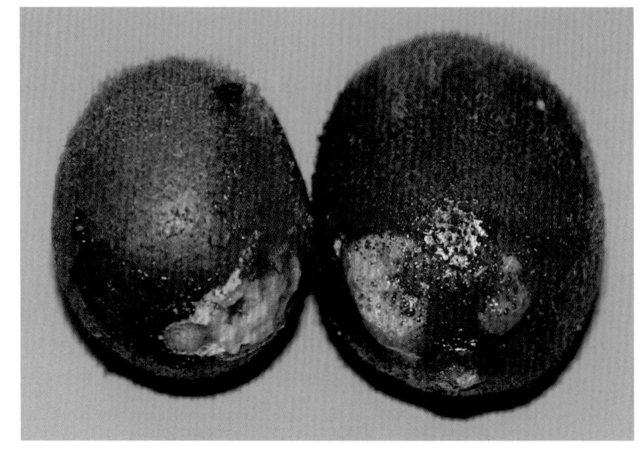
图 18-26　弥猴桃蒂腐病

病叶、病果；保护和利用瓢虫、寄生蜂、食虫鸟等害虫天敌，利用糖醋诱蛾、捕虫灯等诱杀害虫，可架设防虫网；喷施甲基托布津可湿性粉剂、嘧菌酯悬浮剂等杀菌剂和阿维菌素苯甲酸盐乳油、苦参碱等杀虫剂进行防治。

七、采收

果实采后需经过 10~30 天的后熟期，通过后熟，果实变软，风味转佳。一般以晴天露水干后或阴天进行采收，果实发育程度以可溶性固形物含量达 6.5%~7.5% 为采收适期，早熟品种一般在 9 月上中旬采收，晚熟品种在 10 月中下旬采收。采收时，采收者需戴手套，使用专用的猕猴桃采收容器，做到轻摘轻放。

（本章编写人员：卫行楷、朱友权、赵密珍、钱亚明）

主要参考文献

[1] 黄宏文，钟彩虹，姜正旺，等．猕猴桃属分类资源驯化栽培[M]．北京：科学出版社，2013.

[2] 黄宏文．中国猕猴桃种质资源[M]．北京：中国林业出版社，2013.

[3] 朱鸿云．猕猴桃[M]．北京：中国林业出版社，2009.

[4] Li X W，Li J Q，Soejarto D D. New synonyms in Actinidiaceae from China [J]. Acta Phytotaxonomica Sinica，45（3）: 633-660，2007.

第十九章　草莓

/ 栽培历史与现状 / 种类
/ 品种 / 栽培技术要点

第一节　栽培历史与现状

草莓（*Fragaria* spp.）是宿根多年生草本植物，因其多年生习性，习惯上归为果树而非蔬菜。目前世界（含中国）栽培的草莓绝大多数属于八倍体凤梨草莓（*F.* ×*ananassa*），而森林草莓（*F. vesca*）和麝香草莓（*F. moschata*）在欧洲有少量栽培。凤梨草莓由智利草莓（*F. chiloensis*）和弗州草莓（*F. virginiana*）两个八倍体野生种偶然杂交而来，是栽培果树起源最为清晰的栽培种，至今不足 300 年历史。我国引入凤梨草莓最早始于 20 世纪初，《中国果树志 · 草莓卷》述及，最早的文字记载见《北满果树园艺及果实的加工》（哈尔滨铁道局，1938）：1915 年由一个侨民从俄罗斯帝国的莫斯科引入 5 000 株‘胜利（Victoria）’草莓栽培于黑龙江省亮子坡；1918 年又由一个铁路司机从高加索引入该品种到黑龙江省一面坡栽培。同时期有外国传教士将凤梨草莓品种引入上海宝山区张建浜一带栽培，法国神父从法国引入草莓品种到河北正定天主教堂栽培，后来的‘保定鸡心’‘正定大丰屯鸡心’即源自该教堂；此时期或者更早，还有山东青岛也从国外引入草莓栽培。抗战全面爆发前，地处江苏南京的中央大学农学院、金陵大学农学院也从国外引入了栽培草莓品种进行筛选和栽培。1949 年以前，全国草莓基本上没有形成商品化生产栽培。

江苏省无草莓属植物的自然野生分布。生产栽培的凤梨草莓引入江苏省最早可追溯到20世纪20年代东南大学农科[1]引种凤梨草莓于该校园艺场供学生农事试验之用；1947~1948年中央农业实验所[2]从国内引入凤梨草莓品种栽于该所，引入具体品种无从史考。20世纪50年代，位于江苏省的华东农业科学研究所在草莓引种、选种方面相当活跃，1953年从国外引入自然授粉的草莓种子中选育出‘紫晶（华东4号）’‘金红玛（华东8号）’和‘五月香（华东9号）’等3个品种并推广到南京、上海、杭州、武汉等地，现已流失（表19-1）。后来又从波兰引入‘雷基奈’（Regina）‘印特姆’（Idum）‘高潮’（Climax）等品种进行试栽。这个时期江苏省草莓栽培形式与全国一样，均为露地栽培，而且还作为间作物栽于林下以集约利用土地，1958年南京晓庄林场通过精细管理，达到了平均亩产662.5 kg，当属高产。这一时期，省内出现了3个草莓的地方品种，分别是‘马群1号’‘徐州10号’和‘西岗5号’，具体来源不详。草莓的加工也有一定的发展，1966年南京罐头食品厂草莓酱产量达25 t。

表19-1 江苏省不同时期草莓主要栽培品种简表

时期	品种	特性	备注
20世纪50年代中期至60年代中期	‘紫晶’‘金红玛’‘五月香’	果实小、风味淡	已流失
20世纪70年代后期至80年代初期	‘保定鸡心’‘烟台大鸡冠’‘上海宝山’‘韦斯达尔’‘戈雷拉’‘宝交早生’‘春香’	果实中大、风味酸甜	‘保定鸡心’‘烟台大鸡冠’‘上海宝山’已流失
20世纪80年代中期至90年代	‘宝交早生’‘春香’‘硕丰’‘硕蜜’‘硕露’‘硕香’‘明宝’‘丰香’‘马歇尔’‘全明星’‘哈尼’	果实大、风味酸甜或甜	‘明宝’‘丰香’适合促成栽培
21世纪初至今	‘丰香’‘明宝’‘甜查理’‘红颊’‘章姬’‘宁玉’‘宁丰’‘紫金久红’	果实大、风味甜香	均为促成栽培品种

改革开放以来，中国草莓产业逐渐进入加速发展的快车道，江苏省的草莓产业也随之得到快速发展，高产栽培案例、栽培方式模式创新以及加工产品出口创汇的典型时有出现：1981年，连云港赣榆墩尚乡牛河村创造了2 000 kg/亩的高产纪录；无锡市郊区园艺中心、南京市栖霞区马群乡应用塑料大棚促成栽培技术，春节前后至4月初陆续有鲜果上市；连云港罐头食品厂每

1 该校是1921年在南京高等师范学校基础上组建的综合性大学，1928年更名为国立中央大学，农科随更名为农学院。

2 华东农业科学研究所的前身，现为江苏省农业科学院。

年加工近百吨草莓酱；南通市海门青龙港冷冻厂的速冻草莓和常熟市碧溪乡的速冻草莓均有一定数量的出口；句容县酒厂酿制的中国草莓酒获得了江苏省新产品优秀奖；江苏丘陵地区镇江农业科学研究所在省内首创草莓冬熟栽培案例。

果树设施促成栽培发端于草莓，也推动了草莓产业的发展，通过设施促成栽培使草莓提早到12月上中旬上市并持续至翌年4月底，成为重要的反季节果品。江苏省草莓的设施栽培始于20世纪80年代初，从地膜覆盖、小拱棚覆盖逐步发展为中棚、大棚加地膜覆盖，最多的可达4层覆盖，淮北地区还相应发展了日光温室加地膜覆盖的栽培方式。1981~1982年，江苏省农业科学院园艺研究所段辛楣等在南京市西岗果牧场进行了草莓覆盖栽培试验，采用地膜覆盖加小棚的形式使草莓开采期比露地栽培提早了18天，收获天数也有所延长。1985年，江苏丘陵地区镇江农业科学研究所对小拱棚栽培草莓进行了调查，一般比露地增温10 ℃左右，雨雪天增温约2 ℃，草莓花期提前15天，采收期比露地栽培提早10~15天。1986~1987年，全省除大面积推广地膜覆盖栽培和小拱棚加地膜覆盖的早熟栽培外，又进行了塑料大棚草莓促成栽培试验。赵亚夫等首先利用春性短低温型品种‘静宝’‘明宝’‘丰香’‘女峰’于10月定植（应力争9月下旬结束），成活缓苗后覆盖地膜，于10月底至11月初夜间气温低于5 ℃的时间满20~50小时后对大棚覆膜保温，12月下旬始果，并延续结果至与露地草莓上市的时间相邻接。同年，徐州郊区利用3个塑料大棚，9月8日定植‘明宝’草莓，10月28日覆膜扣棚，11月6日铺地膜，12月上旬严寒来临前扣中棚，12月中旬盖草帘，到翌年1月浆果开始成熟，比露地提前3个半月上市。1999年江苏丘陵地区镇江农业科学研究所从日本引进了高架基质栽培草莓新技术，在该所实验园试种成功。该技术集高效、观光及科普于一体，采用镀锌钢管作为骨架，以草炭、稻壳等为栽培基质，滴灌调控肥水，辅以蜜蜂传粉和选用高产优质品种，属于省力化的栽培新模式，是未来的发展趋势之一。

1987年底，全省草莓栽培面积约3.0万亩，产量4 000~5 000 t，2000年栽培面积5.25万亩。自2001年起，除个别年份外（2007~2009年面积和产量波动较大），栽培面积处于总体快速增长态势，至2013年，栽培面积21.3万亩，其中设施栽培面积18.0万亩，占84.6%，总面积位居全国第4位，产量3.77×10^5 t，在东南沿海地区一枝独秀，成为全国五大草莓主产区之一。2015年栽培面积27.4万亩，产量4.69×10^5 t，其中设施栽培面积23.6万亩，占86.1%，比例进一步提高。全省十三个地级市均有草莓的商业化栽培，其中徐州、连云港、南通、泰州、南京、镇江、无锡等市规模较大；重点地区有：徐州邳州、新沂、铜山、贾汪，连云港东海、赣榆，南通如皋、海门，泰州兴化、姜堰，南京溧水，镇江句容，苏州常熟，无锡宜兴，常州溧阳，盐城盐都等。设施促成栽培的主要品种有‘红颊’（Benihoppe）‘章姬’（Akihime）‘明宝’（Meiho）‘宁玉’‘丰香’（Toyonoka）‘甜查理’（Sweet Charlie）等（表19-1）；露地栽培的主要品种有‘宝交早生’（Hokowase）‘哈尼’（Honeoye）‘全明星’（All Star）‘戈雷拉’（Gorella）‘达赛莱克特’（Darselect）等。

江苏省草莓产业发端、起步、发展离不开科学技术的支撑。1981 年江苏省农业科学院承建了国家草莓种质资源圃,至今保存草莓种质资源 400 余份(含野生草莓资源),并育成了'硕丰''硕蜜''硕露''硕香''春旭''宁玉''宁丰'和'紫金久红'等品种,其中'硕丰'和'硕香'曾发挥较大作用,如今少有栽培(表 19-1);2010 年选育的'宁玉'以其极早熟、丰产、抗病虫等特点在全省范围有一定量的栽培并推广到全国。20 世纪 80 年代后期,江苏丘陵地区镇江农业科学研究所赵亚夫研究员从日本引入'宝交早生''明宝'等品种,并以句容为中心,利用塑料大棚开展'明宝'促成栽培实验与示范推广,推动了江苏省草莓产业的发展。1986 年江苏丘陵地区镇江农业科学研究所建立草莓脱毒实验室,培育出 2 万多株脱毒原种苗,但因价格较高等诸多原因未能推广。20 世纪 90 年代,江苏省农业科学院、中国药科大学和南京农业大学等单位均先后成功地通过草莓茎尖培养获得和繁殖脱毒苗,脱毒种苗质量明显优于常规苗,生产上试种获得了明显的增产效果。1984 年春,成立了全省草莓生产、加工综合技术试验、推广协作组。2010 年,成立了江苏省草莓协会,首任会长为张正干。

第二节 种类

江苏省草莓属植物有 1 个栽培种凤梨草莓(*F.* ×*ananassa*)和 16 个野生种,其中二倍体种有 10 个:森林草莓(*F. vesca*)、绿色草莓(*F. viridis*)、黄毛草莓(*F. nilgerrensis*)、裂萼草莓(*F. daltoniana*)、西藏草莓(*F. nubicola*)、五叶草莓(*F. pentaphylla*)、东北草莓(*F. mandshurica*)、日本草莓(*F. nipponica*)、瑕夷草莓(*F. yezoensis*)、饭沼草莓(*F. iinumae*);四倍体种有 3 个:东方草莓(*F. orientalis*)、西南草莓(*F. moupinensis*)、伞房草莓(*F. corymbosa*);六倍体种 1 个:麝香草莓(*F. moschata*);八倍体种有 2 个:弗州草莓(*F. virginiana*)和智利草莓(*F. chiloensis*)。除凤梨草莓用于生产外,其余野生种均保存位于江苏省农业科学院的国家草莓种质资源圃内。

江苏省栽培的草莓品种均属于凤梨草莓。该种植株生长健壮,叶柄、匍匐茎、花序梗均粗。叶密生,羽状三小叶,叶片大,正面几无毛。花序多低于或平于叶面,花型大,每花序有花 5~15 朵。果大,圆锥形为主,也有圆形、楔形等,果色鲜红或暗红,果肉白至粉红色,萼片平贴或平离。

第三节　品种

一、引进品种

1. 保定鸡心

引自河北省保定，一度曾是江苏省徐淮地区主栽品种，20 世纪 80 年代前期栽培面积有 1 050 亩，以连云港赣榆最多。

株态较开张，分枝力强，长势强，抗逆性强。叶片大，近圆形。花序与叶面等高或略低于叶面，每花序 10~21 朵花，花型大。

果实长圆锥形至圆锥形或不规则楔形，第一级序平均单果重 25 g，最大单果重 50 g。果面平整或有棱沟，果色深红，有光泽。肉红色，汁液亦红色，味酸甜，有香气。5 月中下旬成熟，采收期持续 20 天左右。耐贮运性一般，除鲜食外，可制酱、制汁。

2. 烟台大鸡冠

引自山东烟台市郊黄务乡套口村。20 世纪 80 年代初期为苏南地区的主要栽培品种之一，面积达 5 000 亩，尤以南京市郊县居多。

植株长势、分枝力、抗逆性均较强，抽生匍匐茎能力亦强。叶片大，叶面多皱，叶背覆茸毛。花序与叶面等高，每花序 15~24 朵花，花型大。

果形扁，颇似鸡冠，第一级序平均单果重 23 g，最大单果重 40 g。果色鲜红，果肉粉红色，汁多。可溶性固形物含量 9.5%~10%，略有香气，味酸。果皮薄，肉柔软，不耐贮运。5 月中旬成熟，除鲜食外，制酱、酿酒均宜。

3. 宝交早生（图 19-1）

日本品种，20 世纪 70 年代末期引入江苏，苏南地区栽培较多，其中句容、溧阳、宜兴和常熟均有相当规模的商品生产基地，全省栽培总面积曾达 2.25 万亩。目前在如皋、常州露地栽培用于速冻出口和鲜食。

图 19-1　‘宝交早生’结果状

株态较开张，长势较强，分枝力中等。叶椭圆形，匙状。花序低于叶面或与叶面等高，每花序 10~21 朵花，花型中到大。

果实圆锥形，肩部有颈，萼片反卷贴于果肩，种子黄绿色至红色，陷入果面，局部果面无籽。果鲜红色，果形中大，第一级序平均单果重 25 g，最大单果重 40 g。果肉白色，髓心稍空，果汁红色，香甜可口，可溶性固形物含量 9% 左右，品质优良。5 月初成熟，不耐贮运。成熟期遇雨易发果实灰霉病，夏季高温干旱时易罹叶枯病与日灼，在苏南地区若无遮阴，灌水设施则难以安全保苗越夏。

适应性强，既适合露地栽培，亦可供秋末、冬季及早春保护地栽培；既适合鲜食，又适宜加工。

4. 韦斯达尔

1976 年中国农业科学院品种资源所从波兰引入，1979 年引入江苏省，曾在徐州、南京、苏州等地试种，有少量栽培面积。

株态小而较开张，分枝力、抗逆性均较强。叶片小，椭圆形，质薄，深绿色，叶柄细长。花序低于叶面，每花序 10~11 朵花，花型小，坐果率高。

果实圆锥形，果顶微圆，橙红色。第一级序平均单果重 15 g，最大单果重 22 g。果肉、果汁皆白色，肉质细腻，香气特浓，可溶性固形物含量 13%~14%，种子形小，黄绿色，平嵌于果面。风味极佳。5 月初成熟。

匍匐茎抽生能力强，茎细长，株型小，适于密植，是品质最优良的早熟鲜食品种。授粉不良时，常出现瘦长畸形小果。

5. 戈雷拉

中国农业科学院品种资源所 1977 年从比利时引入，1979 年引入江苏省，曾经徐州、南京、苏州试种认为是有发展前途的中熟大果品种。

株态紧凑，分枝力中等，叶椭圆形，中大，叶色浓绿，叶质硬，叶面富有光泽，叶柄粗短，匍匐茎抽生能力强，株型小，可密植，比‘宝交早生’可加密 1/4~1/3。花序与叶面等高或低于叶面，花梗粗壮，茸毛多，每花序平均 13.8 朵花，花型大，坐果率高。

果大，宽楔形，不规则，果面多有棱沟。第一级序平均单果重 23 g，最大单果重 58 g。果面暗红色，果肉白色，质细，髓心稍空。酸甜适度，可溶性固形物含量 9%，品质中上等。5 月中旬成熟。

抗寒、丰产、适应性强，适于南方黏性土壤栽培。

6. 春香

日本品种，1978 年由日本大阪引入广州，后沈阳农业大学进行了推广，1982 年起经南京、苏州试种，曾认为适合苏南栽植而推广，是‘宝交早生’的最佳搭配品种。

株态较开张，分枝力中等，叶片较大，椭圆形，花序低于叶面，每花序平均 12.5 朵花。

果实圆锥形，部分有果颈。第一级序平均单果重 20 g，最大单果重 32 g。果色鲜红，果肉与果汁为白色。味香甜，可溶性固形物含量 10%，品质上等。种子黄绿色。萼片反卷。5 月上旬始熟，果皮薄，果肉柔软，不耐贮运。

可作露地栽培，也适于促成栽培，是较好的早熟鲜食品种。

7. 上海宝山

上海宝山张建浜乡多年栽种的地方品种，在苏州曾有一定的栽培面积，经南京试种，反映较好。

株态较开张，长势强，分枝力中等，叶椭圆形，叶片厚，绿至黄绿色。花序与叶面同高，花朵多，平均单株着花 28.5 朵。

果实圆锥形，果色深红。第一级序平均单果重 17 g，最大单果重 27 g。肉质柔软，多汁，可溶性固形物含量 9%，品质中上等。

果皮薄，耐贮运性稍差。适应性广，一般每公顷产量可达 7.5 t。

8. 马歇尔（图 19-2）

美国品种，从实生苗中偶然选出，1890 年发表。引入中国时间不详。

植株长势中庸，株态较开张，叶片较小、平展，叶黄绿色，无光泽，缺刻较深。匍匐茎较细，发生能力中等。花冠小，花序低于叶面，每株平均 4~5 个花序，每花序 18~21 朵花。

果实近圆球形，较整齐，平均单果重 8 g。果面平整，果面粉红色，种子凹入果面。果肉浅红色，髓心小，白色。果肉细软，甜酸适中，可溶性固形物含量 8.5%，稍有香气，汁液多。萼片易去除。

图 19-2 ‘马歇尔’果实

在南京地区，2 月 28 日萌芽，3 月 14 日展叶，4 月 1 日始花，5 月 3 日开始采收。

丰产性好，抗灰霉病、白粉病，较耐寒，但不耐旱及高温，适合露地栽培。目前在江苏省如皋仍有栽培，主要用于速冻加工。

9. 全明星（图 19-3）

美国农业部马里兰州农业试验站以‘MDUS4419’和‘MDUS3185’杂交选育而成，1981 年发表。1980 年引入我国。

植株长势强，株态直立，株冠大，匍匐茎繁殖能力强。叶片椭圆形，深绿色，叶脉明显。每株有花序 2~3 个，花序梗直立，低于叶面。种子黄绿色，突出果面，数量少。

果实橙红色，长椭圆形，不规则。果大，第一级序平均单果重 20 g，最大单果重 30 g。不同序级果实大小差别较小。果形整齐，有光泽，外观鲜艳。硬度大，耐贮性强，在常温下可贮藏 2~3 天。果肉淡红色，酸甜适口，汁多，有香味。可溶性固形物含量 6.7%，适合鲜食，也可制酱。

图 19-3 ‘全明星’果实

在南京地区，2 月 28 日萌芽，3 月 23 日展叶，4 月 4 日始花，5 月 3 日开始采收。

休眠深，需冷量 500~700 小时。抗病性强，能抗叶斑病和黄萎病等。适宜中小拱棚和露地栽培。目前在连云港有栽培。

10. 明宝（图 19-4）

日本兵库县农业试验场 1973 年以‘春香’为母本、‘宝交早生’为父本杂交育成，1978 年品种登录，1982 年引入我国。

图 19-4 ‘明宝’结果状

植株长势中庸，株态较直立。叶中等偏大，长圆形，较厚，叶色较绿，柔软，无光泽。花序梗斜生，低于叶面，每株一般有 3 个花序，每花序平均 7 朵花。匍匐茎发生数比‘宝交早生’稍少，根系发达。

果实短圆锥形或圆锥形，中等大，平均单果重 11 g，最大单果重 20 g。果面鲜红，稍有光泽。果肉白色松软，果心不空，汁液多，风味酸甜，有独特的芳香味。可溶性固形物含量 9.4%~12.4%。果实耐贮性差。

在南京地区，2 月 18 日萌芽，3 月 11 日展叶，3 月 21 日始花，5 月 3 日开始采收。

早熟品种，休眠浅，需冷量 70~90 小时。抗灰霉病、炭疽病及白粉病，适宜促成栽培。该品种是 20 世纪 90 年代至 21 世纪初句容、东海等草莓产区促成栽培的主要品种。

11. 丰香（图 19-5）

日本农林水产省蔬菜茶叶试验场 1973 年以‘绯美子’与‘春香’杂交育成，1984 年品种登录，1985 年引入我国。

株态较开张，叶片大而近圆，叶厚且浓绿，植株叶片数少，发叶慢。匍匐茎发生量较多，平均每株抽生匍匐茎 14 条，匍匐茎较粗，皮呈淡紫色。发根速度较慢，根系吸肥力强，以粗的初生根居多，细根少。坐果率高，花器大，花粉量多，第一花序花数平均 16.5 朵花，第二花序平均 11 朵花。

图 19-5 ‘丰香’结果状

果实短圆锥形或圆锥形，整齐，美观，平均单果重 13 g，最大单果重 25 g。果面鲜红色，较平整，富有光泽。果肉淡红或白色，汁多肉细，空洞很小，富有香气，风味甜酸适中，可溶性固形物含量 8%~13%。果肉较硬且果皮较韧，耐贮运。

在南京地区，2 月 18 日萌芽，3 月 10 日展叶，3 月 19 日始花，5 月 3 日开始采收。

早熟品种，需冷量 50~70 小时，休眠浅，耐热、耐寒性均较强。抗白粉病力很弱，适宜促成栽培。该品种为 20 世纪 90 年代至 21 世纪初江苏省乃至全国草莓促成栽培的主要品种。

12. 甜查理（图 19-6）

美国佛罗里达大学海岸研究和教育中心于 1986 年以‘FL 80-456’（1981 年选出的抗炭疽病优系）为母本、‘派扎罗’（Pajaro）为父本杂交育成。2000 年引入我国。

图 19-6 ‘甜查理’果实

植株长势强，株态直立。叶片近圆形较厚，叶色绿，叶缘锯齿钝，叶柄粗壮有茸毛。每株有花序 3 个，花序低于叶面。

果实圆锥形，大小整齐，畸形果少，表面红色有光泽。果大，第一级序、第二级序平均单果重 16 g。果肉橙红色，髓心大小中等、空洞小，肉质松，香浓，味甜，可溶性固形物含量达 8.1% 以上。果实硬度中等。

在南京地区，2 月 28 日萌芽，3 月 4 日展叶，3 月 8 日始花，5 月 3 日开始采收。

早熟品种，丰产，抗灰霉病性稍差，适宜促成、半促成、露地栽培。中国南方、北方均可栽培，目前在邳州、贾汪、盐城等地区有栽培。

13. 达赛莱克特（图 19-7）

法国达鹏种苗公司 1995 年由‘派克’与‘爱尔桑塔’杂交育成。20 世纪 90 年代后期引入我国。

植株长势强，株态较直立。叶片近圆形，叶色绿，有光泽，叶缘锯齿钝。每株有花序 1~2 个，花序斜生，低于叶面。

图 19-7　'达赛莱克特'果实

果实圆锥形，果形端正、整齐。果大，第一级序单果重 26 g。果面红色，有光泽，果肉红色，髓心大小中等，空洞小。肉质韧，味甜酸适中，可溶性固形物含量 6.7%~9.0%。果实硬度好，耐贮运。适宜鲜食与加工。

在南京地区，2 月 28 日萌芽，3 月 28 日展叶，4 月 4 日始花，5 月 3 日开始采收。

中早熟品种，休眠期较'全明星'短，适宜半促成栽培和露地栽培。目前在连云港地区有栽培。

14. 哈尼（图 19-8）

美国纽约州农业试验站于 1979 年杂交育成，亲本为'Vibrant'和'Holiday'，1979 年正式命名发表，1983 年引入我国。

图 19-8　'哈尼'果实

植株长势较强，株态半开张，株高中等紧凑。叶片椭圆形，叶色深绿，较厚，叶片光滑，质地硬，茸毛多。每株有花序 2~3 个，每序着花 6~11 朵，低于叶面。匍匐茎发生早，繁殖力强，每株抽生匍匐茎 20 个。

果实圆锥形，较整齐，鲜红至紫红色，有光泽，并有纵棱。第一级序果平均单果重 20 g，最大单果重 35 g。果肉橘红色，硬度大，髓部空，味甜酸，略有香味，可溶性固形物含量 8.5% 左右。种子黄绿色，中等大，分布中等，陷入果面中深。

在南京地区，2 月 28 日萌芽，3 月 11 日展叶，4 月 6 日始花，5 月 3 日开始采收。

早熟性品种，适应性强。对叶斑病、病毒病等抗性较强，对黄萎病较敏感。目前在连云港地区有露地栽培。

15. 红颊（图 19-9）

别名红颜。日本静冈县农业试验场 1994 年以'章姬'与'幸香'杂交育成的草莓新品种，2002 年品种登录，1999 年引入我国。

植株长势强，株态直立。叶大绿，匍匐茎抽生能力不强，花序平于叶面，花茎粗壮直立。

果实长圆锥形，比'章姬'短，果形整齐，有光泽，外形美观。平均单果重 14 g，比'章姬''幸香'大。果面红色，果肉浅红色，果实空洞极小，香味清淡。果肉细腻，味浓，含糖量高，可溶性固形物含量 10%。果实硬度比'章姬'硬，耐贮运。

南京地区2月18日萌芽,3月8日展叶,3月21日始花,5月8日开始采收。

顶花芽分化比‘章姬’迟3~4天;耐低温能力强,在冬季低温条件下连续结果性好,但耐热耐湿能力弱,不抗炭疽病和白粉病;土壤干燥,施肥过多,萼片会出现焦枯现象。

适宜促成栽培,目前在江苏省乃至全国为促成栽培的主要品种。

图19-9 ‘红颊’果实

16. 章姬(图19-10)

日本静冈县民间育种家荻原章弘1985年用‘久能早生’与‘女峰’杂交育成,1992年品种登录,1997年引入我国。

植株长势强,植株高大,株态直立,平均株高30 cm。叶形呈长圆形,叶片大而厚,叶片数少,叶色浓绿,有光泽。匍匐茎抽生能力强,繁殖系数高于‘丰香’,平均每株抽匍匐茎18条,匍匐茎粗,呈白色。花序低于叶面,柄粗蕾大,花芽分化容易且分化时间早,花轴较长,单株平均花序4个,每花序小花平均12.6朵,成花率、坐果率都高。休眠程度浅,需冷量50~100小时,花芽分化对低温要求不太严格,花芽分化比‘丰香’早1周左右;植株耐寒能力强,不抗炭疽病。

图19-10 ‘章姬’结果状

果实长圆锥形或长纺锤形,果形端正,畸形果少。平均单果重15~20 g,最大单果重48 g。果色鲜红色,富有光泽,果肉细腻、较软,淡红色,髓心充实,粉白色,甜度高,酸味淡,可溶性固形物含量11%~14%。

南京地区2月20日萌芽,3月8日展叶,3月21日始花,5月3日开始采收。

早熟品种。果实偏软,耐贮运性较差,不宜长距离运输,宜选择在交通发达且具有消费需求的城郊栽培,同时做到适时采收;植株耐高温能力弱,易感炭疽病,繁苗时应做到遮阴和控制水分;另外,对白粉病、灰霉病的抗性强于‘丰香’,但在栽培中仍需加强防治。

适宜促成栽培,目前在徐州铜山、连云港东海有一定的栽培。

二、选育品种

1. 紫晶

华东农业科学研究所20世纪50年代中期选出的优良品种,曾在南京、上海、杭州、武汉等市推广种植。

植株长势强，分枝多。果实大，楔形，紫红色，有光泽，果面有棱沟。种子黄色，突出果面。果肉红色，质松软，髓心稍空，汁液红色，中多，可溶性固形物含量9%。5月中旬成熟。

2. 金红玛

华东农业科学研究所20世纪50年代中期选育，曾在南京、上海、杭州、武汉等市推广。

植株长势较强。果实中大，短卵形，表面光滑，有光泽，果顶周围黄白色。果肉鲜红色至橙红色，风味佳，香气浓，种子黄白色，萼片附近几无种子。5月上旬成熟。

3. 五月香

华东农业科学研究所20世纪50年代中期选育，曾在南京、上海、杭州、武汉一带推广。

植株长势强。果实中大，圆锥形，鲜红色，果面平整，髓心稍空。酸中略甜，香气浓，可溶性固形物含量9.2%。5月上旬成熟。

4. 硕丰（图19–11）

江苏省农业科学院园艺研究所自‘MDUS4484’和‘MDUS4493’杂种后代中选育而成。1993年通过全国农作物审定委员会审定。在江苏、山东、河北、辽宁等省的草莓主产区均有种植。

植株矮壮。分枝力较强，匍匐茎抽生迟，但抽生能力强。叶圆状扇形，深绿色，叶柄粗短。单株花序2~3个，每花序25~30朵花。

图19–11 ‘硕丰’果实

果短圆锥形，平均单果重15 g，最大单果重50 g，果面橙红色，种子突出果面。果肉红色，质紧密，浓甜微酸，可溶性固形物含量10%~11%。皮厚韧，较耐贮运。5月中旬成熟。该品种丰产，优质，抗逆性强。宜鲜食，并适于加工制罐及速冻。

5. 硕露（图19–12）

江苏省农业科学院园艺研究所自‘Scott’和‘Beaver’杂种后代中选育而成。1993年通过全国农作物审定委员会审定。

图19–12 ‘硕露’果实

植株长势强，叶柄粗短，叶色深绿。

果圆锥形，先端尖，肩部狭，鲜红色。果肉细韧，味甜微酸，可溶性固形物含量10.6%，耐贮运性好。

5 月上旬成熟。

6. 硕蜜（图 19–13）

江苏省农业科学院园艺研究所自美国引入杂交种子后代育成。1993 年通过全国农作物审定委员会审定。

植株长势强，株丛较大。叶中大，长圆形，叶片厚，深绿色。花冠大，花序低于叶面，每花序平均有花 10.5 朵。

果实近纺锤形，果面平整，鲜红色，光泽度高。果实大，平均单果重 17 g，最大单果重 30 g。果肉橙红色，质细韧，种子黄绿色，平嵌于果面。果实韧性，较耐贮，加工性能亦佳。5 月上旬成熟。

图 19–13 ‘硕蜜’果实

7. 硕香（图 19–14）

图 19–14 ‘硕香’结果状

江苏省农业科学院园艺研究所于 1987 年以‘硕丰’为母本、‘春香’为父本杂交育成，1996 年通过江苏省农作物品种审定委员会审定。

植株长势强，株态直立。叶圆形，绿色，叶片厚，光泽中等。花序梗较直立，平于叶面，每株平均花序数 3 个，每花序 7~9 朵花。

果实圆锥形至短圆锥形，整齐度好，商品果率高。果面平整，果色深红，光泽度高。果大，第一、第二级序平均单果重 18 g。果肉深红色，髓心空小或无，肉质细，品质优良，风味浓甜、微酸，可溶性固形物含量 10%~11%。果实硬度较大。

南京地区 2 月 23 日萌芽，3 月 16 日展叶，4 月 4 日始花，5 月 7 日开始采收。

该品种丰产性能好，耐热性强。对灰霉病、炭疽病具较强抗性，对叶斑病抗性中等。适宜半促成栽培。

8. 春旭（图 19–15）

江苏省农业科学院园艺研究所于 1988 年以‘春香’为母本、‘波兰草莓香’为父本杂交育成，2000 年通过江苏省农作物品种审定委员会审定。

植株长势中庸，株态直立较开张。叶片长圆形，绿色，中厚，翻卷呈匙形，表面光滑有光泽。花序梗较直立，平于或高于叶面，露地栽培时每株着生花序 2~3 个，低温需求量低于 40 小时，休眠期短，适合促成栽培。

果实长圆锥形，果面鲜红，光泽度高。第一、第二级序平均单果重 15 g，最大单果重 49 g。种子小细密，分布不太均匀，略凹于果面。果实柔软，果肉红色，髓心小，白色，成熟度高时为红色。肉质细，汁液多，香气浓，风味甜，品质优，微酸，可溶性固形物含量 11%。

图 19-15 ‘春旭’果实

在南京地区，2 月 28 日至 3 月 2 日萌芽，3 月 3~6 日展叶，4 月 4 日左右始花，5 月上旬开始采收。

该品种丰产性能好，连续结果能力强。夏季耐高温能力以及冬季耐低温能力都很强。抽生匍匐茎能力很强，繁苗时需控制苗圃的出苗数。

9. 雪蜜（图 19-16）

江苏省农业科学院园艺研究所于 1996 年将日本宫本重信先生赠送的草莓试管苗（品种不详）经组培诱变选育而成。2003 年通过江苏省科技厅组织的专家组鉴定。曾在江苏泰州、安徽等草莓产区种植。

图 19-16 ‘雪蜜’结果状

植株长势中庸偏强，半直立。叶片大，近椭圆形，中等厚，边向上，深绿，单株着生 7~8 片叶，叶片粗糙，叶柄长 16 cm 左右，叶梗基部稍红褐色。花序梗斜生，平于或低于叶面，每花序 7~9 朵花。休眠浅，较抗白粉病。

果实圆锥形，较大，第一、第二级序平均单果重 22 g，最大单果重 45 g。果形整齐，果面平整，红色，光泽度高，果基无颈无种子带。花萼较大，单层，平离，主萼先端缺裂。种子分布稀且均匀，平于果面，颜色红、黄绿兼有。果实韧性较强，果肉橙红色。髓心橙红，大小中等，无空洞或空洞小。香气浓，酸甜适中，品质优，可溶性固形物含量 11.5% 左右。

早熟品种，植株较大，定植时可适当稀植，一般株行距为 20 cm × 25 cm 左右。

10. 紫金 1 号（图 19-17）

江苏省农业科学院园艺研究所于 1997 年以‘硕丰’为母本、日本品种‘久留米’为父本杂交育成，2010 年获中国植物新品种权保护。

植株长势强，株态直立。叶面颜色黄绿色，光泽度中，匍匐茎数量少。花序平于叶面，花冠直径中小，花瓣相接。

果实短圆锥形，果面平整略有棱。果实大。果实颜色红色，色泽均匀，光泽度中等，种子凹入果面，果实萼片翻卷。果肉红色，空心程度中。

图 19-17 ‘紫金 1 号’果实

在南京地区作露地栽培，于当年的 9 月底至 10 月上旬定植，翌年的 3 月 28~31 日初花，4 月下旬果实转白，5 月上中旬进入果实采收期，采收期在 20 天左右。

丰产性好，一般每亩在 1 500 kg 左右。中熟品种，抗病能力强，还具有果实味酸甜浓、肉质稍软、除萼容易、植株直立等优良加工特性，是适于半促成和露地栽培的优良品种。

11. 宁玉（图 19-18）

江苏省农业科学院园艺研究所于 2005 年以‘幸香’为母本、‘章姬’为父本杂交育成。2010 年通过江苏省农作物品种审定委员会审定。

图 19-18 ‘宁玉’结果状

植株长势强，株态半直立。叶片椭圆形，大而厚，叶色绿。花中大，冠径 2.9 cm 左右。耐热耐寒，抗白粉病，较抗炭疽病。

果实圆锥形，大小均匀整齐，第一、第二级序平均单果重为 20 g。果面红色，光泽度高，果肉红色，髓心橙色。风味极佳，甜香浓，酸味淡，可溶性固形物含量 10.7%，硬度好。

在南京地区大棚促成栽培，9 月上旬定植，第一花序 10 月中旬始花，11 月下旬果实开始成熟。

促成栽培极早熟，丰产，抗病虫性强，适宜我国大部分地区促成栽培，目前已在江苏、四川、贵州、湖南、湖北、浙江、上海、安徽、山东等地生产栽培。

12. 宁丰（图 19-19）

江苏省农业科学院园艺研究所于 2005 年以‘达赛莱克特’为母本、‘丰香’为父本杂交育成。2010 年通过江苏省农作物品种审定委员会审定。

图 19-19 ‘宁丰’果实

植株长势强，株态开张。叶片圆形，叶色绿，花大，冠径 3.2 cm 左右。耐热耐寒性强，抗炭疽病，较抗白粉病。

果实圆锥形，外观整齐漂亮，大小均匀一致，第一、二级序平均单果重为 22 g，最大单果重 48 g。果色红，光泽度高，果肉橙红色。风味香甜浓，可溶性固形物含量

9.2%，硬度高于‘明宝’，果实大小均匀度高于‘红颊’，外观优于‘丰香’。

在南京地区大棚促成栽培，9 月上旬定植，第一花序 10 月中旬始花，11 月下旬果实开始成熟。

早熟，丰产，抗病虫性强，适宜我国大部分地区促成栽培，目前已在江苏、贵州、湖南、湖北、浙江、上海、安徽、山东等地种植。

13. 紫金香玉（图 19-20）

江苏省农业科学院园艺研究所于 2008 年以‘高良 5 号’为母本、‘甜查理’为父本杂交育成，2012 年通过江苏省农作物审定委员会鉴定。

图 19-20 ‘紫金香玉’结果状

株态适中，半直立，树势强。在南京地区大棚栽培 1 月份的株高 11 cm，冠径 25 cm。叶片绿色，叶面粗糙，厚，圆形或椭圆形，叶片长 7.5 cm，宽 6.7 cm。叶柄长 8.2 cm 左右。花冠直径 3.2 cm，雄蕊平或稍低于雌蕊，花粉萌芽率高，授粉均匀。平均花序长 13.5 cm，分歧少，基本只有一个分支。每花序 10~12 朵花。匍匐茎抽生能力强。

果实圆锥形，整齐，果面红色略深。平均单果重 19 g，亩产量达 2 060 kg。肉质细，风味甜，可溶性固形物含量 11.4%，硬度 2.19 kg/cm^2。耐热性强，抗炭疽病、白粉病，育苗容易，适合我国大部分地区促成栽培。

在南京及周边地区促成栽培，于 9 月上旬定植，10 月中旬显蕾，10 月下旬始花，11 月底果实初熟，与目前主栽品种‘章姬’‘红颊’相当。11 月中下旬第二序显蕾，12 月初第三序显蕾。

14. 容美（图 19-21）

江苏省丘陵地区镇江农业科学研究所以‘红颊’为母本、‘明宝’为父本杂交育成，2011 年通过江苏省农作物品种审定委员会的审定，2016 年获中国植物新品种权保护。

图 19-21 ‘容美’果实

植株长势中庸，株态呈半开张型。匍匐茎发生数较多，能连续现蕾，结果能力较强。中抗草莓炭疽病，适合露地育苗。

果实长圆锥形，平均单果重 24 g。果面红色，果肉边缘有红色分布，中心呈白色，可溶性固形物含量 10%~12%，酸甜适口，果实硬度 3.8 kg/cm^2。

15. 容莓3号(图19-22)

江苏省丘陵地区镇江农业科学研究所以‘甘王’的实生后代为母本、‘红颊’为父本杂交育成，2015年通过江苏省农作物品种审定委员会审定。

果实短圆锥形，果面红色，平均单果重25 g，属大果型草莓。果肉浅橘红色，髓心有中空现象。果实耐贮运，货架期长。可溶性固形物含量12.6%，有机酸含量0.39%，固酸比为32.3，肉质细腻，口感清甜。果实发育天数短，12月上中旬果实成熟，熟期早，亩产量2 216 kg。高抗炭疽病。繁苗系数为1∶28。

图19-22 ‘容莓3号’结果状

16. 宁露(图19-23)

江苏省农业科学院园艺研究所于2006年以‘幸香’为母本、‘章姬’为父本杂交育成。2011年通过江苏省农作物品种审定委员会审定。

植株长势强，株态半直立。叶片绿色，叶面粗糙，叶片厚，椭圆形。花较大，花瓣相接，花瓣长宽相同。雄蕊平或稍高于雌蕊，花粉萌芽力高，授粉均匀。花序稍低于叶面，匍匐茎浅红色，数量多。

图19-23 ‘宁露’结果状

果实圆锥形，萼心状态稍凹。果实外观整齐漂亮，果面红色，光泽度高，色泽均匀。果基无颈无种子带，种子分布稀且均匀。果面平整，坐果率高，畸形果少。果肉橙红色，髓心白色，无空心，肉质细，风味佳，甜香浓。在南京地区可溶性固形物含量10.3%，硬度1.6 kg/cm^2。其风味与‘丰香’相当，稍逊于‘红颊’，优于‘甜查理’。

极早熟，适合我国大部分地区促成栽培。在南京周边地区，8月底定植，10月上旬显蕾，10月中旬始花，11月上旬果实初熟。11月中旬第二序显蕾，11月底第三序显蕾。

适应性强，耐热性强，在长江流域地区高温高湿的夏季繁殖系数高，长势与繁苗率明显优于‘红颊’，与‘丰香’相当。中抗炭疽病和灰霉病，高抗白粉病。

17. 紫金久红(图19-24)

江苏省农业科学院园艺研究所于2009年以‘久59-SS-1’为母本、‘红颊’为父本杂交育成。2015年通过江苏省农作物品种审定委员会审定。

植株长势强，株态适中，半直立。在南京地区设施栽培条件下1月份的株高13.5 cm，冠径

图 19-24 '紫金久红'结果状

31.2 cm。叶片绿色、叶面粗糙、厚、椭圆形，叶片长7.5~8.0 cm，宽 7.2 cm。叶柄长 10.8 cm 左右。花冠直径 3.1 cm，雄蕊平或稍低于雌蕊，花粉萌芽率高，授粉均匀。平均花序长 15.8 cm，每花序 9~12 朵花。匍匐茎抽生能力强。

果实圆锥形、楔形，第一、第二级序平均单果重20.2 g。果面平整，红色，光泽度高，外观整齐。果基无果颈无种子带，种子分布稀且均匀。果肉橙黄色，肉质韧。风味甜，香味浓郁，可溶性固形物含量 11.3%，总糖 7.68%，可滴定酸 0.46%，维生素 C 80.5 mg/ 100 g。硬度高，耐贮运，全年平均硬度为 2.04 kg/cm^2；丰产性好，坐果率高，畸形果极少。

在南京及周边地区促成栽培，9 月上旬定植，10 月中下旬显蕾，11 月初始花，12 月上旬果实初熟。与目前主栽品种'红颊'相当。11 月下旬第二序显蕾，12 月中下旬第三序显蕾。

该品种耐热，育苗容易；耐寒，冬季不易矮化；对炭疽病和白粉病抗性明显优于'红颊'和'章姬'。已在江苏、河南种植推广。

18. 容宝（图 19-25）

江苏省丘陵地区镇江农业科学研究所以'红颊'自交后代为母本、'明宝'自交后代（各株系混合花粉）为父本杂交育成。2015 年通过江苏省农作物品种审定委员会审定。

图 19-25 '容宝'结果状

果实圆锥形，平均单果重为 20 g。果皮橘红色，果肉白色，可溶性固形物含量 11.8%，有机酸含量 0.47%，固酸比为 24.5，肉质细腻，口感香甜。果实发育天数短，12 月上旬果实成熟，熟期早，连续结果能力强，亩产量 2 370 kg，高抗炭疽病。繁苗系数高达 1 ∶ 223.5。

19. 宁红（图 19-26）

江苏省农业科学院园艺研究所于 2005 年以'甜查理'为母本、'达赛莱克特'为父本杂交育成。2015 年获中国植物新品种权保护。

植株长势强，株态直立。叶面绿色，光泽度强，匍匐茎数量多，花序低于叶面，花冠中等大小，花瓣相接。

果实大，短圆锥形，整齐，深红色，光泽度高。果实种子突出果面，果实硬度高，果肉红色，髓心中大。

适宜在江苏、上海、安徽、浙江等长江流域区域半促成或露地种植。在南京地区作露地栽培，于当年的9月上中旬定植，翌年的3月底至4月初始花，4月下旬果实转白，4月底进入果实采收期，采收期在20天左右。丰产性好，亩产量1 500 kg左右。

图 19-26 ‘宁红’果实

20. 紫金红（图 19-27）

江苏省农业科学院园艺研究所于2005年以‘红颊’为母本、‘优系03-01’为父本杂交育成。2015年获中国植物新品种权保护。

长势中庸，株态开张，冠径32 cm。叶色浅绿，叶柄长11 cm，中心小叶椭圆形，中等厚，基部楔形，平整程度中等，光泽度中等，匍匐茎数量较多。花序斜生，平于叶面，花瓣粉红色，中等大小（图 19-28）。

图 19-27 ‘紫金红’结果状

图 19-28 ‘紫金红’花

果实长圆锥形，果形整齐，果面红色，平整，色泽均匀，光泽度较高。种子分布均匀，密度中等，种子凹或平于果面。果肉浅粉色，无空心。果实硬度中，风味甜，可溶性固形物含量8.5%~13.7%。成熟期中等，适合鲜食兼观赏。

21. 紫金四季（图 19-29）

江苏省农业科学院园艺研究所于2006年以‘甜查理’为母本、‘林果’为父本杂交育成，2011年通过江苏省农作物品种审定委员会审定。

株态半直立，株高 10 cm 左右，冠径 23 cm 左右。叶片绿色，叶面粗糙，厚，近圆形，叶片长 6.2 cm，宽 6.0 cm；叶柄长 7.5 cm，叶柄叶面茸毛多。花冠径 3.2 cm，雄蕊平或低于雌蕊，花粉萌芽力高，授粉均匀。花序平均长 10.3 cm，无分歧，直立粗壮，花序平或高于叶面。

图 19-29 ‘紫金四季’果实

果实圆锥形，红色，光泽度高，外观整齐漂亮。果基无颈无种子带，种子分布稀且均匀。果肉全红，肉质韧，风味佳，酸甜浓。果面平整，坐果率高，畸形果少。在南京及周边地区，设施促成栽培。整个生产期平均可溶性固形物含量 10.4%，硬度佳，为 2.19 kg/cm^2。夏季结果期可溶性固形物含量 10.3%，硬度佳，为 2.36 kg/cm^2。

日中性草莓，夏季亦可正常开花结果。整个结果期可从 11 月下旬至翌年 8 月。促成栽培于 9 月上旬定植，10 月中旬显蕾，10 月中下旬始花，11 月下旬果实初熟，始花期和初熟期与‘丰香’相当。耐热，抗炭疽病、白粉病、灰霉病和枯萎病。

第四节 栽培技术要点

一、设施栽培

1. 园地选择

选择开阔、阳光充足、通风良好、土壤 pH 值 5.5~6.5、质地疏松、肥力较好的田块，需配备排灌设施，道路通畅。

2. 设施的选择

设施类型主体有双层塑料大棚（图 19-30）、日光温室等。应根据冬季温度、光照等选择适宜的设施，苏南、苏中地区可选择双层塑料大棚，苏北地区宜选择日光温室。

图 19-30 双层塑料大棚

3. 定植前准备

（1）土壤消毒 在 7~8 月间进行，具体见本节中“连作土壤处理技术”相关内容。

（2）施肥和作垄 结合土壤翻耕，每亩施入腐熟农家肥 2 000~3 000 kg、氮磷钾复合肥（15 ∶ 10 ∶ 15）30~40 kg、过磷酸钙 40 kg 作基肥。施肥翻耕后作垄，垄高 20~35 cm，垄面宽 50~70 cm，沟宽 30~40 cm。作畦工作在定植前 10 天左右完成。基肥若在土壤处理时已施入，则作垄前无需再施。

4. 定植

一般在 8 月底至 9 月上中旬进行定植，以花芽形态分化开始为定植的最适宜时期。露地栽培可延迟到 9 月下旬定植，每亩定植 6 500~7 500 株。

5. 定植后管理

（1）土肥水管理　定植后的 1 周内，每天补水确保成活，遇晴天高温时盖遮阳网降温保湿。定植 1 个月后追肥 1 次，覆地膜前再追肥 1 次。一般在 10 月 20 日左右覆地膜，覆膜后通过膜下滴管进行补肥补水，追肥关键期是果实膨大期、果实转红期。整个生长结果期追肥 4~6 次。

（2）温湿度管理　一般 10 月下旬至 11 月初，当平均气温 16 ℃左右时扣棚膜；当气温降至接近 0 ℃时用小棚或中棚覆盖，双层保温；当气温进一步降低时，再在外棚面上覆盖草帘、无纺布等保温材料。当棚内温度过高时，应掀起棚膜通风降温，尽量保持棚内温度不低于 5 ℃、不超过 30 ℃。保温初期，棚内相对空气湿度控制在 85%~90%；开花期，棚内相对空气湿度控制在 40% 左右；果实膨大和成熟期，相对空气湿度控制在 60%~70%。

（3）病虫害防治　按照“预防为主，综合防治”的方针，以农业防治为基础，化学防治为辅。关键时期是定植后的 9 月初至 10 月底。扣棚后，重点是随时摘除老（枯）叶、加强肥水调控以提高植株的抵抗力，同时采取通风降湿等措施来抑制病害发生。露地栽培防治的关键时期是定植后 1 个月内和翌年开花前。

二、种苗繁育

目前，江苏省草莓种苗大多是自繁自用，育苗社会化、产业化、规模化程度低，仅少数草莓种植大户进行商业化育苗，一般规模为 10~20 亩。

1. 田间育苗技术

（1）圃地选择　远离草莓鲜果生产基地，地势高且平坦，排灌方便，土质疏松、肥沃、通气性好的前一年未栽过草莓的园地。

（2）母株选择　选择品种纯正，根系发达、无病虫害的优良植株。

（3）母株定植　3 月中下旬至 4 月初定植，定植密度根据品种的繁殖力而定，一般每亩 500~800 株。定植后及时摘除母株花蕾（序）、枯黄老叶、病叶。

（4）子苗整理　母株抽生匍匐茎后，每隔 3~5 天检查 1 次匍匐茎生长情况，疏理匍匐茎，使其伸展均匀，摘除老叶、去除后期抽生过密的匍匐茎，以利通风透光。

（5）肥水管理　每隔 15~20 天浇施 1 次 0.2%~0.3% 尿素或氮、磷、钾复合肥，8 月中旬后停止使用氮肥，追施一次 0.2% 磷、钾肥。水分管理以保持土壤湿润而不积水为原则，连续阴雨天气应及时清沟排水。

（6）病虫害防治　育苗期病害主要有炭疽病、枯萎病、白粉病，虫害主要有蓟马、蛴螬、斜纹夜蛾等。采取以防为主，综合防治的策略，前期出现炭疽病、枯萎病，母株应及时拔除，并针对性地选择相应化学药剂进行防控。

2. 基质育苗

（1）育苗设施　塑料大棚、盆、营养钵（穴盘）、滴管、喷灌等设施（图 19–31）。

图 19–31　穴盘基质育苗

（2）母株选择与定植时间　选择无病菌感染的健康植株，3 月中下旬至 4 月初定植于装有基质的花盆，促发匍匐茎。

（3）采苗上钵　6 月中下旬至 7 月上旬，将子苗引入营养钵（穴盘），约 10 天后，子苗在营养钵中生根成活后切离母株，或切取子苗直接插入营养钵（穴盘）中。

（4）钵苗管理　及时摘除子苗抽生的匍匐茎和病叶、老叶，15 天后叶面喷施 1 次 0.3% 尿素，以后每隔 10 天叶面喷施 1 次复合肥，在定植前 20 天停止使用氮肥。水分管理应掌握营养钵中育苗基质保持湿润。

（5）病虫害防治　同田间育苗。

三、连作土壤处理

连作草莓会出现植株矮小、病害加重等现象，严重影响产量和品质，是草莓生产中的关键性问题之一。主要从降低病原菌基数、增施有机肥、平衡土壤营养和调节土壤理化性状等方面加以解决，常用的经济、环保型连作土壤处理技术是利用太阳能、施入有机物料、覆盖薄膜、辅助灌水进行土壤高温消毒。

设施草莓收获期结束后，挖除带病植株，将余下植株的茎叶割下，均匀置于垄沟，再挖除植株的根系，然后将大棚（温室）密闭对土壤及棚内环境进行 1 周的太阳能高温消毒；撤除棚膜，将未腐熟的有机物料如菜籽饼、豆饼、玉米秸秆等均匀撒施在棚内（有机物料量可按照基肥量），灌水，水位接近垄面，用拖拉机进行翻耕，整平土面，水位高于土表 1~2 cm，盖棚膜并密封，处理 30~45 天，期间土表干燥时，要进行补水保持土壤湿润；8 月上中旬揭棚膜通风，完成土壤处理。

四、架式基质栽培

架式基质栽培（图 19–32）是指不用土壤而用基质，植株栽植于离地面有一定高度的架台上的栽培槽中的一种栽培方式。

图 19–32　高架基质栽培（左：生长状况；右：结果状况）

1. 高架基质栽培特点

改善劳动姿势，减轻劳动强度，实现省力化；更换新基质可避免土传病虫害，克服连作障碍；延长采收期，提高产量；充分和合理地利用设施内的空间，实现栽培的立体化、工厂化；提高观赏性，方便游客自采。

2. 高架基质栽培的设施与设备

包括温室或大棚、架台、栽培槽、泵和管道等。由于架台、栽培槽的结构及其架构材料不同存在多种多样的形式，各地在研制开发中可以根据当地取材的实际情况进行设计，以降低成本。栽培基质通常用草炭、蛭石、锯末、树皮、炭化稻壳和椰子壳等 2~3 种按一定比例混合配置。

3. 高架基质栽培的配套技术

（1）品种选择　选择株态直立、休眠浅、耐低温、坐果率高、优质高产抗病的促成栽培品种。

（2）定植　花芽形态分化开始后定植，定植株距一般 15~20 cm。

（3）营养液的管理　经常灌浇营养液，使基质保持湿润，一般每天上下午各一次。草莓生长的不同阶段对营养的吸收有所差别，因此对营养液也需要适时更换配方。

（4）环境因子调节　设施内最好用暖风机加温，将送风管铺设在架台内，架台外用薄膜包覆，尽量使基质保持一定温度，有利植株生长。在密闭的设施内，二氧化碳不足常影响光合作用，补充二氧化碳，使其浓度达 0.1%~0.15%，产量提高明显。其他管理同普通促成栽培。

（本章编写人员：傅昌元、吕素英、赵密珍、乔玉山）

主要参考文献

[1]邓明琴,雷家军.中国果树志·草莓卷[M].北京:中国林业出版社,2005.

[2]赵密珍,钱亚明,王静.草莓优质品种及配套栽培技术[M].北京:中国农业出版社,2010.

[3]赵密珍,吴伟民,王壮伟,等.设施促成草莓新品种——'紫金香玉'的选育[J].果树学报,2014,31(6):1172-1174.

[4]赵密珍,王壮伟,钱亚明,等.草莓新品种'紫金四季'[J].园艺学报,2012,39(6):1207-1208.

[5]Darrow G. The Strawberry: History, Breeding and Physiology [M]. New York: Holt, Rinehart and Winston, 1966.

第二十章　板栗

/ 栽培历史与现状 / 种类
/ 品种 / 栽培技术要点

第一节　栽培历史与现状

板栗为中国特产，是世界栗属果树之珍品。长江中下游许多省市都有野生栗自然分布，如江苏省宜兴、溧阳、句容、南京和盱眙等丘陵山区较为常见，群众泛称野栗子、毛栗子、糠皮栗子、重阳栗子等。内中又有油栗、毛栗，早熟、晚熟之分，类型众多，形态各异。

板栗是中国利用最早的果树之一，古代曾与桃、杏、李、枣合称“五果”。西安半坡村仰韶文化遗址中发现有大量栗坚果遗迹，证明早在 6 000 年前人类就开始食用板栗。1951 年南京博物院在江苏湖熟文化遗址中发现了距今 3 600 年前用来炼铜和烧制陶器用的栗炭和栎炭。1986 年，南京博物院在高淳下坝乡发掘东汉墓，发掘到野板栗墓葬品，表明栗树在江苏省内很早就已被利用。

《诗经》最早记载了板栗的栽培。《诗经·郑风·东门之墠》“东门之栗，有践家室”，说明板栗栽植在整齐排列的房屋旁。《诗经·鄘风·定之方中》“树之榛栗”，即指栽培榛子和板栗。公元前 1 世纪《史记·货殖列传》“秦燕千树栗，…… 此其人皆与千户侯等”，表明当时板栗已经成为广为栽植的经济树种。公元 1 世纪《西京杂记》“初修上林苑，…… 出昆仑山栗四，侯栗、榛栗、瑰栗、峄阳栗”。据考证，侯栗、瑰栗分别为陕南、冀北所产，榛栗即今之锥栗，峄阳栗产于今江苏邳州。

秦汉隋唐期间，南方经济文化日渐繁荣，南迁者多，促进了长江流域和江南各地的经济发展，板栗生产也随着社会需要而倍受重视。史载北宋、辽代曾设置专门管理栗园的机构，如“南京栗园司”“典南京栗园”等。又如陆玑《诗疏》“栗，五方皆有之，周、秦、吴、扬特饶”，这里“周、秦”泛指西北，“吴、扬”泛指东南，而“吴、扬”首府均在江苏境内。可见这一时期，江苏板栗生产已饶有名气。范成大《吴郡志》（1192）载有“顶山栗，出常熟顶山，比常栗甚小，香味胜绝……此栗与朔方易州栗（今河北易县）相类，但易（州）栗壳多毛，顶（山）栗壳莹净耳”，推测此栗与目前黄油栗类型渊源相同。在此后 1 000 多年的漫长岁月中，历经宋、元、明、清，江苏省板栗经久不衰，尤其宜溧山区和洞庭山区，在嫁接方法、品种选育、修枝、治虫、土肥水管理和采收、贮藏等方面都有发展且具特色，迄今仍负盛名。

据江苏明、清两代地方志的记载，当时板栗的分布远不止现在的范围。其中有记载的尚有盐城、泰州、扬州等地的板栗栽培，如今已不复存在。江苏宜兴、溧阳山区早在 20 世纪初到 1937 年以前，丰年板栗产量早有 1 000 t（溧阳，1913）与 1 500 t（宜兴，1936）的记录。中华人民共和国成立初期，溧阳的收购量仍有 600 t（《苏南特产汇编》，1951）。而且宜兴从 1949~1954 年每年栗子总产量都在 650 ~700 t，1955 年达到 1 098.7 t。

据老果农回忆，抗日战争以前，南京的幕府山、燕子矶、笆斗山、乌龙山、栖霞山一带，遍植栗树，百龄老栗树比比皆是，结果累累。当时有 2 个早熟品种青刺栗（极早熟）和早庄（早熟）都是中秋节日的应时珍品，远近闻名。其中早庄栽培较多，品质更胜一筹，具清香，商品名冠以“桂花栗”之称。抗日战争期间，江苏省板栗栽培受到严重摧残，宁镇丘陵和宜溧产区受到严重破坏，剩下的栗园也都严重失管，以致一蹶不振。

1949年以后江苏板栗生产发展几经起伏。1953年全省板栗种植面积2.15万亩，总产919.6 t。据江苏省商业厅统计，20 世纪 50 年代全省每年出口板栗 250 ~300 t，占当时全国出口总量的 18.5%~22.2%，体现出江苏板栗生产的优势。

1978 年以后，板栗良种和栽培技术的迅速推广，促使板栗栽培由传统的粗放管理向现代栽培方向发展，全省板栗生产出现了一个前所未有的热潮。1980 年全省板栗出口量上升到 586 t，较 20 世纪 50 年代增长 1 倍，但只占全国出口总量的 2.6%。1982 年全省板栗种植面积达到 4.9 万亩，较 1953 年扩大 1.28 倍；产量 2 171 t，较 1953 年增长 1.36 倍。平均每年以扩大 900 亩和增长超 400 kg 的速度持续递增，取得稳步发展的良好形势。宜兴、吴县、溧阳于 1980 年和 1987 年先后被林业部授予全国板栗生产基地县的光荣称号，面积超 1 万亩，总产超 500 t，1991 年栗园面积已扩大到 16.5 万亩。现将溧阳、宜兴、吴县的板栗生产概况择要剖析，以见一斑。

（一）溧阳

1949 年全县栗园面积仅剩 2 100 亩，总产 320 t，单产每亩 153.3 kg。1982 年栗园面积 10 200 亩，总产 308 t，单产每亩 33.3 kg。1949 年后经 33 年的恢复和发展，面积扩大近 5 倍，总产尚未恢复,单产仍以 1949 年每亩 153.3 kg 为全县最高纪录。全县总产有 4 次超过 1949 年,其余 29 年的平均值只有 1.9 t,而单产记录则一蹶不振。1950 年和 1951 年全县平均亩产分别为 106.7 kg 和 113.3 kg,随后 4 年(1952~1955 年)便下降到每亩 50 kg。而从 1956~1982 年的 27 年中,全县平均单产仅有 4 次超过 53.3 kg(平均每 7 年出现 1 次)。其余 24 年的单产,按全县逐年平均只有 26.7 kg。

(二)宜兴

板栗是宜兴的传统栽培果树,面积占宜兴市各类果树总面积的 67.3%。同时,板栗在无锡市各种果树中比重居第一位(占 35.3%)。据《无锡市果树品种志》载,1949 年宜兴尚保留栗园 13 005 亩,总产 656 t。连同 1949 年后历次拓植扩展的面积在内,1982 年共有栗园 10 905 亩,产量 538 t,面积产量均未恢复到 1949 年的水平。值得深思的是,板栗总产在 1955 年以前曾连年增产,连续 7 年(1949~1955 年)保持 655~1 095 t,7 年平均达 739.4 t。可是从 1956~1982 年的 27 年中全县总产有 11 次降至 155~275 t,只有 8 次突破 500 t(平均每隔 3.5 年出现 1 次),即使从 8 个超 500 t 的丰产记录计算,平均也只有 638 t,较 20 世纪 50 年代初期仍少约 100 t。如与抗战以前(1936 年)总产超过 1 500 t 相比,差距更大。

(三)太湖沿岸吴县东山栗区(今苏州吴中区东山)

洞庭东西山地区大规模人工栽培板栗始于唐代。20 世纪初期板栗是洞庭山的传统果树,栽培管理一向比较细致,1949 年单产每亩 26.7 kg。1950 年吴县种植板栗 1 228 亩,产量 125.4 t。1983 年果树资源调查时,全县平均单产每亩 86.7 kg。另据中国科学院南京中山植物园记载(1960 年):“1907~1912 年间吴县东山板栗产量最多时曾达 130.5 t,在东山当时的 14 种果树总产中板栗居第 4 位。到 1956 年,东山板栗产量降至 28.8 t,退居第 10 位。”据《吴县果树资源调查报告》,1983 年全县板栗种植面积较 1974 年减少 40.8%,降至 4 440 亩,而全县板栗产量降至 391.5 t,仅占全县果品总产量的 1.4%。另据《苏州市果树品种志》载,1986 年全市板栗种植面积又较 1983 年下降了 3%,产量减少 39%。21 世纪初板栗有较快发展,2005 年板栗种植面积 6 227 亩,产量 265 t。2010 年吴中区板栗种植面积 6 115 亩,产量 445.1 t,产值 445.1 万元。2015 年板栗种植面积 6 127 亩,产量 576 t,产值 420.5 万元。

20 世纪 90 年代末至 21 世纪初,板栗生产发展达到高潮。据《中国农业年鉴》(1983~2010 年)主要地区林产品产量及《江苏统计年鉴》(2000~2010 年)林业生产情况统计,1982~1991 年,江苏省板栗产量保持在 2 000~3 000 t,平均为 2 370.9 t;1992 年全省板栗产量突破 3 000 t,为 3 300 t;至 1997 年,江苏省板栗总产量为 7 980 t,相比 20 世纪 90 年代初翻了一番。20 世纪 90 年代末期,邳州也有成片的日本油栗栽培。进入 21 世纪,全省板栗产量有了质的飞跃,突破 10 000 t 大关,2000 年板栗产量达 13 514 t;2000 年之后,板栗产量逐年上升,2009 年板栗产量达到历史最高点 29 356 t。

2010 年开始,随着江苏经济的快速发展和结构调整,板栗产量迅速下滑,但总产量仍保持

在 2×10^4 t 左右。据江苏省农业委员会提供行业数据统计分析，2012 年江苏省板栗种植面积为 23.53 万亩，比上年减少 620 亩，总产量为 1.91×10^4 t，比上年减产 825.95 t，总产值为 1.25 亿元，比上年增加 305.22 万元。2013 年江苏省板栗全年种植面积为 23.48 万亩，比上年减少 560 亩，总产量为 1.89×10^4 t，比上年减产 212 t，总产值为 1.17 亿元，比上年减少 794 万元。2014 年江苏省板栗种植面积为 2.27 万亩，比上年减少 7 883.2 亩，总产量为 2.2×10^4 t，比上年减产 3 157.7 t，总产值为 1.72 亿元，比上年增加 5 540.26 万元。2015 年江苏省板栗种植面积为 2.20 万亩，总产量为 2.17×10^4 t，总产值为 1.67 亿元，比上年增加 5 540.26 万元（图 20-1、图 20-2）。

2005 年，《中国果树志 · 板栗 榛子卷》出版，江苏省中国科学院植物研究所为主编单位，张宇和、柳鎏为主编。

图 20-1 高接换种板栗园

图 20-2 江苏新沂成龄板栗园

第二节 种类

栗为壳斗科（Fagaceae）栗属（*Castanea*）植物。全属有 10 余种，分布于北半球温带。江苏省有板栗、茅栗和锥栗 3 种。

（一）板栗（*C. mollissima*）

落叶乔木，树高达 20 m。树皮深灰色，成年树呈不规则纵裂；新梢密生短茸毛。叶卵状椭圆形或椭圆状披针形，长 7~18 cm，宽 4~6 cm，先端短尖或骤渐尖，基部近圆或宽楔形，常一侧斜而不对称，新叶基部狭楔形，边缘有锯齿，齿端芒状，叶背有灰白色星状短茸毛或近无毛；托叶卵形，长 1.0~1.5 cm，被长毛及腺毛。

花单性，雌雄同株，雄花序直立，为圆柱状柔荑花序，生于枝条上部，序轴被毛，每个花序有雄花数十朵到百余朵不等；雌花序着生在结果枝先端雄花序的基部，雌花含胚珠 3~9 枚，能发育成坚果的常为 1~3 个。壳斗球形，具分枝针刺，刺密生星状毛，内包坚果 2 个，偶有 1 个或 3 个；

坚果半球形或扁球形，直径 1.5~4.5 cm，褐色或赤褐色，种皮易剥离，内质细密，味甜质佳。花期 5 月，果熟期 9 ~10 月。该种对胴枯病抵抗力强，易染白粉病。

果肉甜美，富有营养，可生食或熟食。木材坚硬耐水，心黄边淡，属优质材。壳斗和树皮富含单宁酸。叶可饲蚕。

另外，宜溧山区和宁镇山区一带还分布着野生栗，是板栗的野生种，与板栗栽培品种嫁接亲和良好，能使树体矮化。野生栗为落叶小乔木，新梢密生短茸毛。叶中等大，长椭圆形，叶背具星状毛，叶缘锯齿粗而不整齐。结果枝灰褐色，皮孔不明显，顶端着生两性花序，每个两性花序可着生 1~3 朵雌花，雌花距雄花序基部甚近。总苞与坚果均较茅栗大，苞刺粗硬，常呈明显的鹿角状分枝，单粒重 3~5 g。萌芽期比栽培种早 3~5 天，坚果成熟比晚熟品种迟 1 周左右。

（二）锥栗（*C. henryi*）

落叶大乔木，树高达 30 m。小枝带紫褐色，光滑无毛。叶披针形至卵状披针形，长 10 ~23 cm，宽 2~7 cm，先端长渐尖，通常呈尾状，基部宽楔形或近圆形，一侧偏斜，边缘有浅锯齿，齿端具线状长尖，两面无毛，幼叶叶背疏被毛及腺点。雄花序生于小枝中下部叶腋，雌花序生于小枝上部叶腋。壳斗近球形，具刺，连刺直径 2.5~4.5 cm，刺的基部具毛；坚果单生，圆卵形或圆锥形，直径 1.0~1.5 cm，顶端尖，有伏毛。花期 5~7 月，果期 9~10 月。

产于苏南山区，生于土壤肥厚、排水良好的山坡。

该种常列入用材树种，但坚果风味甘美，亦可用作果树栽培。在宜溧山区和茅山地区曾有发现野生锥栗的报道。江宁青龙山、南京西岗果牧场和句容东进林场有连片栽培，苏州洞庭西山堂里亦有零星栽植。

（三）茅栗（*C. seguinii*）

落叶小乔木，常呈灌木状，株高 4~6 m。小枝暗褐色，有短茸毛。叶片长椭圆形或椭圆状倒卵形，长 6.5~14 cm，宽 2.5~5.5 cm，先端短尖或渐尖，基部宽楔形至圆形或耳垂状，有时一侧偏斜，边缘疏生粗锯齿，齿端尖锐或短芒尖，叶面无毛，叶背有黄色鳞片状腺点，幼叶叶背疏被单毛。雄花序直立，生于枝条上部，3~5 朵花簇生；雌花序常生于雄花序基部。壳斗近球形，具针刺，刺上有疏柔毛，通常有坚果 3 个，偶有 1 个，或 4~5 个；坚果较小，扁球形，直径 1.0~1.5 cm，褐色。花期 5~7 月，果期 9~11 月。

该种主要分布于宜溧山区的较高部位，六合竹镇和连云港云台山亦有分布，喜阳耐瘠。

茅栗与板栗嫁接不亲和，因此，不能用作板栗砧木。坚果虽小，但味甜可食或酿酒。壳斗和树皮含单宁酸，可作丝绸的黑色染料。木材坚硬耐用，宜制作农具。

第三节 品种

一、地方品种

（一）主要品种

1. 九家种（图 20-3）

原产苏州市洞庭西山。由于优质、丰产、果实耐贮性强，当地有“十家中有九家种”的说法，因此得名。无锡、南京、徐州、连云港等市均有栽培。1974 年由原江苏省植物研究所初选出，2019 年通过江苏省品种审定，是江苏省的主栽品种，并已在亚热带产区广泛推广，是全国著名的优良品种。

该品种树形较小，树冠紧密，呈圆头形至倒圆锥形。结果母枝长 20 cm 左右，粗 0.8 cm，节间短，约 0.9 cm，分枝角度较小；皮孔圆形，细而密；混合芽卵圆形，小，披灰褐色茸毛；叶椭圆形，先端急尖，基部钝形至微心脏形，长 16.4 cm，宽 7.1 cm，灰绿色，两侧略向上翻卷；叶片较厚，锯齿直向；叶柄中等长。雄花序较短，长 8 cm，每一结果枝平均着生 15 条，小花簇密集。

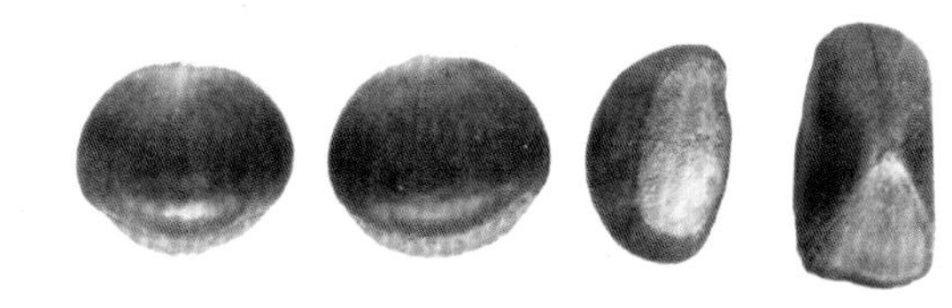

图 20-3 ‘九家种’坚果

球果较小，重 65.8 g，长 8.0 cm、宽 6.5 cm、高 5.7 cm，呈扁椭圆形；刺束稀，长 1.0 cm，分枝点低，分枝角度大；球苞皮厚 0.20 cm，平均每苞含坚果 2.6 个。

坚果椭圆形，果顶平或微凸，果肩浑圆；中等大，平均单果重 12.3 g，高 2.55 cm，宽 3.32 cm，厚 2.18 cm；果皮褐色，光泽中等；果面茸毛较少，分布在果肩部；接线平直，或成小波状；底座中等大，射线尚明显。坚果大小较整齐；果肉质地细腻甜糯，较香；根据 5 年的测定结果，果肉平均含水率 43.0%，干物重中含总糖 15.76%，淀粉 45.71%，蛋白质 7.63%，淀粉糊化温度 59.0 ℃。果实较耐贮藏。

在南京地区，萌芽期 4 月上旬，展叶期 4 月中旬，雌花初花期 5 月下旬，盛花期 6 月上旬，终花期 6 月中旬；雄花初花期 6 月中旬，盛花期 6 月中下旬，终花期 6 月下旬；果实成熟期 9 月中旬。在宜兴 4 月初萌芽，雄花盛花期 6 月上旬，雌花柱头分叉期 5 月底，果实成熟期 9 月中旬。

该品种属优良品种，丰产。出籽率高，品质佳，耐贮藏，适于炒食。树冠矮小紧凑，适合密植，要注意防虫和肥水管理。桃蛀螟危害严重。在徐州栽培初果期空苞较多，而且总苞未熟先裂，易遭病虫危害。

2. 焦扎

原产江苏宜兴、溧阳及安徽广德，以宜兴太华为最多，历史上是宜溧山区的主栽品种。因球苞成熟后局部刺束变褐色，成一焦块状，故名焦扎。1974 年由原江苏省植物研究所初选出，1993 年通过江苏省品种认定，为江苏省主栽品种之一，并已推广到亚热带产区广泛栽培。

树冠圆头形，树姿半开张。结果母枝长，平均 29 cm，粗 0.6 cm，节间长 1.1 cm；皮孔圆形，大而较密；混合芽圆卵形，披黄褐色茸毛；叶椭圆形至长卵状椭圆形，质地稍厚，叶基部楔形，先端渐尖，叶色浓绿，长 17.3 cm，宽 6.3 cm，叶缘锯齿浅，内倾，叶背茸毛密。雄花序短，平均 8 cm；每一结果枝上花序约 19 条，下部数节雄花序有自枯现象。

总苞大，平均重 100 g，长 8.7 cm，宽 7.9 cm，高 5.7 cm，长椭圆形，刺束粗硬，刺束长 2.1 cm，密度中等，成熟时部分刺束呈现枯褐色；球苞皮厚 0.36 cm，平均每苞含坚果 2.3 粒，出籽率 35%。

坚果大，平均单果重 23.7 g，高 3.09 cm，宽 3.85 cm，厚 2.27 cm，椭圆形，果肩浑圆，果顶微凸，果皮紫褐色，有光泽，茸毛多，均匀分布胴部以上，接线较直；底座中等大，栗粒大而明显；种仁淡黄色，果肉含水率 49%，干物重中含总糖 15.58%，淀粉 49.28%，蛋白质 8.49%，淀粉糊化温度 61.6 ℃；剥皮易，肉质致密，糯性，味甜，香浓，品质优良。

在南京地区，萌芽期 4 月上旬，展叶期 4 月中旬，雌花初花期 5 月中下旬，盛花期 6 月上旬；雄花初花期 6 月中旬，盛花期 6 月下旬；果实成熟期 9 月下旬。在宜兴，萌芽期 4 月初，雄花盛花期 6 月中旬，雌花柱头分叉期 6 月初，果实成熟期 9 月上旬，落叶期 10 月底。

该品种产量稳定，果形大，为优良晚熟菜用栗。耐贮运，抗逆性较强，但产量中等，成年树大小年结果现象严重。

3. 青扎（图 20-4）

原产江苏宜兴、溧阳，现为江苏省主栽品种。1974 年由原江苏省植物研究所初选出，1993 年通过江苏省品种认定，为江苏省主栽品种之一，并已推广到亚热带产区广泛栽培。

树冠较开展，呈半圆头形，树姿半开张；结果母枝长约 14 cm；新梢灰褐色，混合芽大，叶片椭圆形，先端渐尖，叶基卵圆形，长 2.1 cm，宽 9 cm，叶色浓绿，叶缘锯齿粗，叶背茸毛密。雄花序平均长 13.9 cm，每一结果枝平均着生 14 条。

图 20-4 ‘青扎’果实

总苞椭圆形，重 90 g，长 9.7 cm，宽 8.2 cm，高 7.2 cm，呈短椭圆形；刺束细长而密集，长

1.7 cm;球苞皮厚 0.37 cm,平均每苞含 2.4 个坚果,出籽率 31%。

坚果大,平均单果重 16 g,椭圆形,果顶平,果肩平广,外侧面弧度大,中部隆起,上下对称,高 2.80 cm,宽 3.45 cm,厚 2.29 cm;外果皮棕褐色,无光泽,纵线不甚明显,茸毛短而少,集中分布在果顶处;底座稍大,接线直。种仁淡黄色,果肉含水率 44.8%,干物重中含总糖 14.81%,淀粉 45.73%,蛋白质 7.43%,淀粉糊化温度 56.5 ℃;种皮易剥,肉质粳而脆,味甜,品质中上等。

连续结果力强,易自然更新。在宜兴,萌芽期 4 月上旬,雄花盛花期 6 月上旬,雌花柱头分叉期 6 月初,果实成熟期 9 月下旬。

该品种属中晚熟优良品种,丰产性能良好,幼树结果早,成年树高产稳产,耐贮藏,抗旱,抗球坚蚧,耐瘠薄。为优良的炒食和菜用的兼用品种。

4. 短扎

原产江苏宜兴、溧阳。球苞刺束短而稀疏,故名短扎。1976 年开始由原江苏省植物研究所进行比较试验,1993 年通过江苏省品种认定,为江苏省主栽品种,并已推广到亚热带其他地区,栽培广泛。

树形开展,树冠呈圆头形;结果母枝粗壮,较长;叶椭圆形,大,长 19.5 cm,宽 7.7 cm,浅绿色,叶缘锯齿粗,叶背茸毛疏。

总苞短椭圆形,重 98.3 g,长 9.8 cm,宽 8.3 cm,高 7.8 cm,呈短椭圆形;刺束短而稀疏,长 1.9 cm,球苞皮厚 0.37 cm,出籽率高。

坚果平均单果重 12.5 g,椭圆形,果顶平或微凸,果肩平,高 2.96 cm,宽 3.50 cm,厚 2.33 cm,果皮赤褐色,有光泽;茸毛短,分布于全果,以果肩以上为多;底座中等大,接线平直。种仁淡黄色,果肉含水率 43.8%,干物重中含总糖 17.71%,淀粉 48.11%,蛋白质 7.97%,淀粉糊化温度 54 ℃,肉质细腻,味甜,淡香,品质中上等。

树势较强,成枝力中等,大小年结果现象明显。果实成熟期 9 月下旬左右。

该品种出籽多,较丰产,适应性强,适合菜用和加工用。

5. 处暑红

原产江苏宜兴、溧阳,是当地最古老的早熟品种。由于果实成熟期早,形容在处暑节气可成熟,故名。1981 年通过品种区域试验鉴定,1993 年通过江苏省品种认定,为江苏省主栽品种之一,并已广泛推广到亚热带产区,为配套良种中的重要品种之一。

树冠开展,半圆头形,树姿开张;结果母枝粗壮,较长;新梢细长,1 年生枝紫红色。叶片大,长椭圆形,长 19.5 cm,宽 7.7 cm,先端渐尖,叶基广楔形,叶缘锯齿向外,叶背茸毛疏。雄花序平均 9 条,长 17.1 cm,小花簇排列疏松,每一结果枝平均着生 13 朵。

球果大，重 100 g 以上，长 10.0 cm，宽 7.5 cm，高 7.0 cm，呈椭圆形；刺束长而密，长 2.0 cm，硬性；每个总苞平均有坚果 2.3 粒，出籽率 34%。

坚果大，椭圆形，平均单果重 17.9 g，高 3.1 cm，宽 3.6 cm，厚 2.2 cm；果面平或微凸，果肩浑圆，果皮赤褐色，光泽中等，茸毛短而少，仅分布在果顶附近，其他部分有稀疏分布；底座中等大，接线直，栗粒大。种仁淡黄色，果肉含水率 49%，干物重中含总糖 16.42%，淀粉 46.31%，蛋白质 8.7%，淀粉糊化温度 61 ℃；皮易剥，味较甜，质地偏粳性，品质中上等，不耐贮藏。

在南京地区，萌芽期4月上旬，展叶期4月中旬，雌花盛花期6月上旬，雄花初花期6月上旬，盛花期 6 月上中旬，终花期 6 月中旬；果实成熟期 9 月上中旬。在宜兴，萌芽期为 4 月初，雄花盛花期 5 月底，雌花柱头分叉期 5 月下旬，果实成熟期 9 月上旬。

该品种属早熟菜用栗，丰产稳产。此外雄花序长，花粉量大，花期较早，可兼作授粉品种。

6. 重阳蒲

原产宜兴、溧阳一带，为当地主栽品种，镇江、扬州等地有少量栽培。1974 年被评为江苏省优良品种之一。

树冠较低矮，半圆头形，树姿开张。枝梢粗壮，平均 20 cm 以上，1 年生枝赤褐色。叶卵状椭圆形，质软，叶色浅绿，叶缘锯齿粗而密，叶背茸毛密。出籽率 34%。

球果长椭圆形，长 8.6 cm，宽 7.8 cm，高 7.0 cm，刺束较软而密，长 1.7 cm。

坚果椭圆形，平均单果重 16.7 g，高 2.9 cm，宽 3.6 cm，厚 2.4 cm，外侧面弧度较小，果顶平，果肩平广，果皮赤褐色，有光泽，茸毛多，集中于胴部以上。底座较小，接线略下凹。种仁淡黄色，粳性，味甜，品质极优。

树势较强，成枝力中等。每结果母枝抽生结果枝 3~4 枝，每结果枝有雌花 1~2 朵，连续结果能力和自然更新能力均强。在宜兴，4 月初萌芽，6 月上旬雄花盛开，雌蕊柱头分叉期 6 月上旬，10 月上中旬果实成熟。

该品种果粒中大，比较整齐，外形美观，晚熟，耐贮，抗逆性强，丰产稳产。抗旱，耐贫瘠，抗病虫力较强。

7. 大底青（图 20-5）

原产宜兴、溧阳等地，为当地主栽品种，南京有零星分布。坚果成熟时，苞刺仍青绿，故名大底青。1974 年被评为江苏省优良品种之一，作为晚熟的菜用栗供应市场。

树冠紧凑，呈圆头形，树姿半开张。枝梢短，1 年生枝灰褐色，节间长 1.6 cm，皮孔稀而大，近圆形。叶椭圆形，先端急尖，基部广楔形，长 18.8 cm，宽 7.2 cm，黄绿色；锯齿内向。

总苞大，长椭圆形，重 105 g，长 10.1 cm，宽 7.7 cm，高 6.2 cm，中间微凹；刺束长，粗硬，着生密度中等。球苞皮厚 0.44 cm。

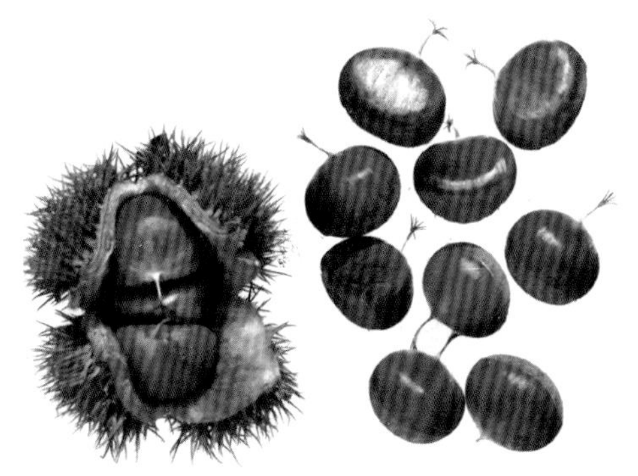
图 20-5 ‘大底青’果实

坚果大，椭圆形，平均单果重 26 g。果座特大，占果面弧度 1/3 以上，坚果成熟时，苞刺仍青绿；果皮赤褐色，有光泽，茸毛长，密生，集中于坚果上半部。种仁淡黄色，粳性，味甜，品质良好。果肉含水率 50.3%，干物重中总糖 15.05%，含淀粉 53.66%，蛋白质 9.0%，淀粉糊化温度 59.5 ℃。果肉浅黄色，肉质细腻，品质良好。

树势强，成枝力弱。每结果母枝抽生结果枝 2~3 枝，结果枝平均着生雌花 2.6 朵，连续结果力强，无大小年结果现象。在宜兴，4 月上旬萌芽，5 月底花蕊柱头分叉，6 月上旬雄花成型，9 月底果实成熟。

该品种为晚熟菜用栗，整齐美观，空蒲率低，丰产稳产，适应性强。抗旱，耐瘠，抗天牛。

8. 铁粒头

原产宜兴，以茗岭、太华两乡栽培最多，镇江、淮安亦有零星栽培。该品种已发现 3 个类型，以‘青毛铁粒’最多，‘青毛铁粒’又因成熟期早于其他类型，别名早铁粒。另有‘毛铁粒’‘镜铁粒’等。1974 年被评为江苏省优良品种之一。

树冠高，圆头形，树姿半开张，枝条短。叶中等大，叶缘锯齿粗，叶背茸毛稀。雄花序较多，平均每枝 12 条。总苞短轴流形，中大，刺束密、软而直立。出籽率 37.1%。

坚果小，平均重 8.6 g，圆形，果肩尖削，果顶显著突出，果皮紫黑色，无光泽。种仁黄白色，肉质细腻，味甜，糯性，品质上等。‘晚铁栗’果面有光泽，别名镜铁栗，外观美，风味更佳。

树势与成枝力均强。每结果母枝抽生结果枝 3~4 枝，果支雌花量平均 1.6 朵。连续结果能力强。在宜兴，萌芽期 4 月上旬，雄花盛花期 6 月初，雌花柱头分叉期 5 月底，果实成熟期 9 月中旬。

该品种属优良中熟品种，适于炒食，可与北方食种栗媲美。丰产稳产，结果性能好，出籽率高。贮藏性较差，耐瘠薄，不抗天牛和球坚蚧，易遭栗实象甲危害。

9. 沭阳油栗

沭阳选育出的新类型，在当地成年栗园中有一定的种植。优良母株保存于沭阳县新河乡周圈村。

树势强，树姿开张，成枝力强。叶披针椭圆形，浅绿色，有光泽，叶背无茸毛。总苞椭圆形，刺束短而粗硬。每个总苞平均有坚果 2.6 粒，出籽率 47%。坚果平均单果重 20 g，椭圆形，紫黑色，果皮薄，无茸毛，有光泽。种仁淡黄色，糯性，风味甜，品质上等。果实 10 月上旬成熟。

丰产、稳产，质优，出籽率高，果枝能连续结果，为当地优良晚熟品种，炒食、菜用均宜。

（二）次要品种

1. 早庄

原产南京乌龙山和燕子矶，系当地古老品种。

树势较强，树冠圆球形。枝条节间短，皮孔大而密。叶椭圆形，叶基宽楔形，先端渐尖，总苞椭圆形，苞壳稍厚，刺束长硬直立。坚果近球形，果肩浑圆，果顶微凸，平均单果重 13.2 g。赤褐色，果顶有稀疏茸毛，种仁淡黄色，风味甜糯，品质上等。9 月初果实成熟。

该品种早熟、丰产、优质，抗病虫，可丰富中秋节日市场，是一个需加以保护的早熟种质，现仅有少量残存，亟须开发应用。

2. 南京薄壳

原产南京乌龙山，系当地古老品种，目前有零星分布。

树势强，成枝力强，果枝率高。树冠长圆头形，叶色淡绿，雄花序较短。总苞椭圆形，刺束密长而软。苞壳极薄，出籽率高达 60% 左右。坚果在江苏省薄壳类型中最大，平均单果重 20 g。坚果正面近似圆球形，侧面半圆形，上下对称，果肩饱满，顶端微尖，基部浑圆，果皮赤褐色，富光泽。种仁淡黄色，糯性、味甜、品质最优。与‘宜兴薄壳’‘沭阳薄壳’和吴县的‘稀毛薄壳’‘稀刺毛栗’等均有明显差别。9 月下旬果实成熟。

该品种素以丰产、稳产、优质著称，尤其出籽率之高，居全省品种之冠。缺点是不耐贮藏。雄花有部分自枯现象，作为丰产性状可供育种材料用。

3. 槎湾栗（查湾栗、早中秋）

原产苏州洞庭东山，为当地主栽品种。

树势强，树冠长圆形。新梢赤褐色，皮孔较大，成枝力强。叶大，椭圆形。总苞短椭圆形，中等大，刺束密度中等，每个总苞有坚果 2 粒，中果多不发育，边果内侧呈弧形突起。坚果大，平均单果重 19.6 g，椭圆形，果肩平广，果顶略凹，果皮赤褐色，有光泽，茸毛短而稀，果座小。9 月上中旬果实成熟，耐贮藏，鲜食、熟食均佳。

4. 早栗（六月白）

原产苏州洞庭东西山。

树势中庸，树姿半开张，树冠扁圆头形。叶大，叶缘锯齿粗大。总苞广椭圆形，刺束长，着生中密。坚果宽椭圆形，平均单果重 14 g，淡赤褐色，有光泽，茸毛短，密布于果肩及胴部。种仁风味淡，品质中等，不耐贮藏，8 月底果实成熟。

5. 宜江薄壳

宜兴的太华、茗岭和溧阳龙潭林场有零星分布。

树姿开张，树冠半圆头形。叶小，卵状椭圆形，浅绿色，叶缘锯齿长尖，叶背茸毛密。总苞小，肾形，苞壁薄，刺束稀。出籽率40%。坚果红褐色，有光泽，大小整齐，平均单果量16.7 g，茸毛集中在果顶。种仁肉质细腻，味甜，香浓，品质优良。9月中旬果实成熟。发枝力弱，丰产性差。

该品种为中熟菜用栗，是优良授粉品种。出籽率高，坚果美观，贮藏性差。

6. 倒挂蒲（早挂蒲）

宜兴太华、茗岭有零星分布。

树姿开张，树冠半圆形，发枝力中等。叶椭圆形，浓绿，叶缘锯齿粗疏，尖钝，叶背茸毛密生。总苞刺束稀，出籽率40%。坚果肾状扁圆形，红色，平均单果重14.3 g，大小不整齐，茸毛集中于果顶。种仁糯性，风味淡，香味少，品质中等。9月中旬果实成熟。

该品种因总苞倒悬于结果枝而得名。产量一般，不耐贮藏，连续结果能力及自然更新能力均强，用作育种材料。

7.灶家蒲（灶家菩）

原产溧阳，龙潭林场有少量栽培。

树姿半开张，树势中庸，成枝力弱。叶长椭圆形，浅绿色，叶缘锯齿粗，内倾，叶背密被茸毛。总苞长椭圆形，刺束密生，细硬。出籽率34%。坚果椭圆形，红褐色，光泽中等，平均单果重16.7 g，茸毛少，分布果顶附近。种仁淡黄色，粳性，香味浓，风味一般，品质中等。9月下旬果实成熟。

外形美观，空蒲率低，连续结果能力弱，抗旱力强，大小年结果现象明显，不甚丰产。

8. 沭阳大红袍

实生树，沭阳县龙庙乡赵庄村果园有栽培。

树势中庸，树姿半开张，1年生枝灰褐色，成枝力中等。每结果母枝抽生结果枝3~4枝，每结果枝有雌花5~6朵，连续结果能力中等。叶长椭圆形或披针状椭圆形，叶色浓绿，叶缘锯齿粗，叶背茸毛稀。

总苞大，椭圆形，刺束长，粗硬。每总苞有坚果2粒，出籽率35%，空蒲率30%以上。坚果椭圆形，紫褐色，果肩以上被有茸毛，平均单果重13~15 g，大小不整齐。产量一般，大小年结果现象明显。种仁淡黄色，肉质粗松，味甜，香气淡，品质中等。

在沭阳，4月上旬萌芽，4月中旬展叶，5月上中旬开花，9月中下旬果实成熟。

该品种抗风力强，抗旱、耐涝，耐瘠力中等。

9. 茧头栗

原产苏州洞庭东山，当地有少量栽培。

树势中庸，树姿直立，树冠高圆头形。叶大，卵圆形叶缘锯齿呈刺状。总苞椭圆形，中部较狭，形似蚕茧故名。总苞中大，刺束细短，密生。每总苞有坚果 3 粒，坚果椭圆形，暗赤红色，平均单果重 3.8 g，茸毛稀而长，品质中等。

该品种喜肥沃土壤，产量高。

10. 白胡子

原产镇江句容，句容磨盘林场和袁巷乡有少量栽培。

树姿开张，树冠圆头形，成枝力中等，叶长椭圆形，浅绿色，叶缘锯齿粗，内倾，叶背茸毛疏。总苞短椭圆形，较小，刺束短而稀，果实成熟时泛白。出籽率 35%。坚果椭圆形，灰褐色，果面密被白色短茸毛，故名白胡子。种仁乳黄色，质地粗松，风味淡，品质中下等。8 月中旬果实成熟，有大小年结果现象。

该品种果实成熟早，抗逆性强。

11. 双仁栗

系沭阳古老地方品种。

树势强，树姿开张，成枝力强。叶椭圆形，叶缘锯齿粗，叶面叶背均密被茸毛。总苞短椭圆形，刺束细长，柔软，密生。每总苞含坚果 2 粒，出籽率 54%。坚果椭圆形，黑褐色，平均单果重 27.8 g，果面茸毛较密。种仁淡黄色，糯性，质地粗松，味甜，香浓，品质优良。10 月中旬果实成熟。

该品种坚果大，不甚丰产，抗逆性差。

12. 白毛栗

原产苏州洞庭山，东西山有零星分布。

树势中庸，树姿开张，树冠高圆头形。叶大，椭圆形，叶缘锯齿细而疏，内倾。总苞短椭圆形，刺束细，疏生。每总苞有坚果 2~3 粒。坚果椭圆形，中大，果面密被灰白色茸毛，故名白毛栗。种子肉质粗松，粳性，品质差，耐贮藏。10 月中下旬果实成熟。

系江苏省成熟最晚的品种，抗逆性强，但果实品质差，当地多用作砧木。

13. 稀毛薄壳

原产苏州洞庭西山，石公乡有零星分布。

树势较强，树姿半开张，分枝多，成枝力强，连续结果能力强。总苞椭圆形，苞壁薄，刺束稀。总苞三籽率较高，坚果中大，果肩圆钝，果顶微凹，基部浑圆，果面茸毛稀，集中分布于果肩。种仁风味一般，品质中等。

该品种以连年丰产、出籽率高著称。

14. 短毛焦扎

系焦扎的古老品系，宜溧山区分布广泛。

树势强，树姿半开张，成枝力弱。雄花序及刺束均较原种短。坚果大，大小整齐，单果重18~25 g。品质优良，产量中等，大小年结果显著，连续结果能力弱。成枝力低，雌花偏少。

该品种抗风，抗旱，耐瘠，耐贮。

15. 桂花栗

原产无锡市郊区，中熟品种，树势强，树姿直立，产量较高，品质较好。

16. 镜铁粒

别名金铁粒、晚铁粒。

原产宜兴太华乡和茗岭乡一带，为‘铁粒头’的优良变型。目前只有少量植株夹杂在大片栗园之中，无成片栽培。

树体高大，强健直立，与‘铁粒’易于区别。叶片较小，椭圆形，先端圆钝。枝条短，节间短，每果枝可结蒲 2~3 个，较丰产。果壳紫红色，有光泽，外观美，坚果平均单果重 7.5 g，肉质甜糯、细腻，耐贮藏。最宜炒食，风味可与“北栗”媲美。在开发炒栗市场方面具有竞争优势。

17. 茶栗

原产宜兴茗岭乡，散生。

树势开张。叶色浓绿，叶背多茸毛。坚果平均单果重 12 g，扁圆形，整齐，暗红色，有光泽。出籽率 35%，风味甜糯，品质上等。果枝连续结果能力强，丰产，稳产，抗病虫。是极早熟、优质丰产的珍稀种质。

该品种与‘处暑红’比较，可食期早且品质更佳。目前尚无成片栽培。

18. 苞尔齐

原产镇江句容。现磨盘林场和袁巷乡有少量栽培。

树姿半开张，树冠圆头形，叶片浅绿色，叶背茸毛稀疏，叶缘锯齿粗。总苞大，扁椭圆形，刺束细长、软、密。总苞结果实平均 2.5 粒。出籽率 40%，外观整齐。坚果平均单果重 13.9 g，椭圆形，红褐色，茸毛集中于果顶附近，富光泽，种仁黄色，肉质细腻，味极甜，香气浓，品质优异。9 月下旬果实成熟，树势中庸，成枝力中等，大小年现象不明显。

该品种成熟期一致，刺束长短整齐，故名苞尔齐（别名苞儿齐）。丰产性能好，品质优，耐瘠薄，适于岗坡薄地栽种。

19. 沭阳大红栗

系沭阳的古老品种，当地成年栗园有分布。淮阴市已选出优良单株，保存于沭阳县新河乡周圈村堆东组。

树势中庸，树姿开张，成枝力弱。叶披针状椭圆形，浓绿色，锯齿细，叶背无茸毛。总苞短椭圆形，刺束细而疏。出籽率43%。坚果近球形，红褐色，有光泽。种仁黄色，糯性，肉质致密，风味一般，香味较浓，品质上等。果实10月上旬成熟。

该品种出籽率高，大小年结果现象不明显。虫害轻，耐贮藏，雄花序早期枯落，是一个具有优良经济性状的晚熟品种，在开发炒栗市场中，占有重要地位。

20. 小金漆栗

原产吴中东山，植株数量很少，零星分布。

树势中庸，树姿开张，树体不高，有矮化趋势。枝条皮孔细而密。叶椭圆形，较小，总苞小，坚果小，果座也小。果面紫褐色，茸毛极少，富有光泽。

该品种外观小巧玲珑，较美观，肉质细腻甜糯，品质极佳，可与良乡‘甜栗’媲美。过去因其果粒小，售价不高，因而未能发展。目前零星分散，不易形成商品，需继续选优。

21. 超茶

系宜兴农家品种，在西渚横山水库附近有少量分布。由于嫁接成活率低，尚未大量栽植。

树势强，枝条粗短，结果枝平均长度不足20 cm。果壳浅赤褐色，全果密布细短茸毛，无光泽，外观不美。肉质糯性，香甜细腻，品质极优。出籽率40%。连年大量结果。性状优于‘茶栗’，故名“超茶”。是改进江苏省中熟品种组合，提高竞争力不可多得的优良种质，亟须抢救保护和开发应用。

22. 南京青刺

原产南京乌龙山、燕子矶一带，系当地古老品种。因成熟时苞刺尚青翠而得名。

树势强，大枝开张，树冠扁圆形，枝、叶形态与‘早庄’相似，但总苞壳薄、刺软，成熟期早于早庄1周左右。果农将总苞上部剪去，露出坚果，而总苞下部恰如果盘，托以坚果，四周留有翠绿苞刺，连苞出售，可供观赏。坚果赤褐色，有光泽，果粒较大且出籽率极高，备受消费者和果农喜爱。

目前无大规模栽培，仅少量散生于农家庭院，产量高且早熟，是当前最早熟的品种资源之一，但不耐贮藏。

（三）淘汰品种

1. 大藤青（塌藤青）

原产宜兴，宜兴太华乡有零星分布。

树姿开张，树冠半圆头形，成枝力弱。总苞大，成熟前易开裂。坚果黑褐色，茸毛分布于上半部，肉质粳性，风味淡，品质差，产量低，不耐贮。连续结果与自然更新能力均差。

2. 油毛栗

原产苏州洞庭山，以洞庭西山较多。

树势中庸，树姿半开张，枝稀疏。低产，坚果易霉变，极不耐贮。

3. 油光栗（油光子）

原产溧阳戴埠，龙潭林场有栽培。

树势不强，成枝力弱。总苞小，刺束粗硬，密生。坚果有光泽，产量中等，大小年结果现象严重，肉质粗松，贮藏性差，抗病力弱。

4. 宜兴大红袍

与沭阳大红袍为同名异物，特分别冠以地名，以示区别。1937 年以前由省外引入，栽培历史较久，宜兴太华乡有零星分布。

树姿开张，叶色浅绿，叶背茸毛密。雄花序较少，属少花类型。坚果大，平均单果重 21 g，整齐，红褐色，光滑无毛，有光泽。9 月中旬果实成熟。果肉粳性，风味淡，最易生虫或霉变。丰产较差，不耐贮藏。

5. 吴县重阳栗

原产苏州洞庭山，西山石公乡有栽培。

树势中庸，果实 10 月中旬成熟，坚果小，平均单果重 5.5 g，三角状卵圆形，果顶尖削，外观不美，品质一般，产量低，成熟晚，当地已很少栽培。

6. 毛蒲

原产宜溧山区，成年大树分布较广，新建园已不栽培。

树姿开张，枝条稀疏，成枝力低，不能连续结果。苞壳厚，刺长，出籽率 24%，9 月中旬成熟，不耐贮藏。成年树大小年结果现象明显。空苞率高达 36%。肉质粗粳，风味淡薄，品质中下等。

该品种抗旱、耐瘠，幼树结果较早，可用作育种材料。

7. 乌毛焦扎

原产宜溧山区，南京有少量栽培。

苞壳黑褪色，茸毛密而长，因之得名。坚果大，平均单果重 20 g，肉质粳性，味淡薄。象甲危害较重，虫果率达 50%~80%。果壳发乌，外观不美。虽为晚熟品种，但耐贮力极差。该品种树势强壮，枝条粗长，较耐瘠薄。

8. 黄毛软扎

原产宜溧山区。在成年大树中分布较广，新建园栽培较少。

树势不旺，果枝虽多，但空苞率高，尤其在干旱条件下，空苞率可达 50% 左右。苞刺浅黄色，密而软。内膛徒长枝容易成为结果母枝，内外均可结果。坚果大小不匀，小粒占 2/3，肉质粳性，味淡薄，不耐贮藏。成年主干易内朽，不抗风，易倒伏。

9. 溧阳迟栗

来源不明，当地以嫁接繁殖，溧阳龙潭林场有栽培。

树姿半开张，树势中庸，成枝力弱。叶片肥大。总苞椭圆形，中等大小。苞刺粗、硬而密。坚果偏小，椭圆形，不甚整齐，紫褐色，无光泽。茸毛遍布果面。种仁粗松，粳性。风味中等。

该品种成熟迟（10 月上旬），空苞率高。果枝连续结果力弱，大小年结果现象明显。坚果不耐贮藏。

10. 二庄

原产南京市郊区乌龙山一带。

树势弱，新梢细而短。坚果小型，紫褐色，无光泽，涩皮难剥离，肉质粳，风味淡，品质差，产量低，病虫害多。

11. 高条

原产南京市乌龙山一带。

树势强旺，新梢粗长，叶片肥大。坚果平均单果重 17 g。果壳无光泽，茸毛密布全果。种仁含水量较多，风味淡薄，肉质粳性，品质中下等，贮藏期间坚果容易霉烂或僵硬。

12. 大苞

原产南京市栖霞山。

树势强旺。总苞中等大，坚果三角形，果肩瘦削，果顶锐尖，可食率低。种佳，含水量较大，粳性，味甜淡，10 月上中旬果实成熟，不耐贮藏。

13. 小毛栗

原产沭阳县龙庙乡赵庄果园。

树冠直立，树势强旺，总苞与果粒均小，空苞率平均达 30%，有大小年结果现象，产量低，品质中等。

14. 厚壳栗

原产沭阳县新河乡周圈村堆东组。

树冠半开张，总苞与坚果均较小，种仁乳白色，皮涩较难剥离，质地粗松，肉质粳性，风味淡薄，产量低而不稳。

15. 尖嘴蒲

原产溧阳横涧、戴埠等地，龙潭林场有栽培。

树姿开张，叶椭圆形，浓绿色，有光泽，叶缘锯齿细，叶背茸毛密。总苞大，尖顶，扁椭圆形（横径大于纵径）。刺束粗硬而密。出籽率 35%。坚果平均单果重 17.9 g，椭圆形，整齐，浅红褐色，茸毛集中分布在果肩以上。种仁粳性，香味淡，品质中等。果实 9 月下旬成熟。树势中庸，成枝力弱。连续结果能力弱。丰产性能差，大小年结果现象明显。

16. 猪嘴蒲

原产宜兴。太华乡有零星栽植。

总苞长椭圆形，纵径大于横径。顶端呈奶头状突起。刺束稀疏，可见蒲壳。坚果较大，平均单果重 21 g，肉质糯，品质良，产量中等。成熟较早，9 月上中旬开始采收。

二、引进品种

1. 燕山早丰

原产河北省迁西县杨家峪村。

树冠高圆头形，分枝角度中等，树姿半开张，树干皮色深褐，皮孔小而不规则。结果母枝长 34.9 cm，粗 0.71 cm，节间 1.23 cm；混合芽长圆形，中等大，深褐色。叶片长椭圆形，先端渐尖，长 18.1 cm，宽 7.78 cm，叶正面色浓绿，有光泽，背面密被灰白色星状毛；叶姿波状，叶厚；锯齿较大，内向；雄花序较短，长 10.3 cm，斜生，每一结果枝平均着生 3.4 条。

球果小，重 47.2 g，椭圆形；刺束密度及硬度中等，刺长 1.42 cm，斜生，色泽黄绿；球苞皮厚

0.29 cm,“十”字形开裂;平均每苞含坚果 2.8 个。

坚果扁椭圆形,茸毛较多,平均单果重 7.6 g,果皮深褐;底座中等大,接线月牙状,有粟粒;果肉黄色,质地细腻,味甜香,熟食品质上等。含水率 48.47%,干物重中含总糖 19.67%,淀粉 51.34%,粗蛋白 4.43%。

该品种树势强健,早实丰产,嫁接口愈合较好,果实品质优良,成熟期早,适合炒食,抗逆性较强。

2. 燕红

原产北京市昌平区黑山寨乡北庄村南沟。因原产在燕山山脉,坚果颜色鲜艳呈红棕色,故名燕红。

树形中等偏小,树冠紧凑,分枝角度较小,枝条硬,较直立,树形呈圆头形。结果母枝长 21 cm,粗 0.47 cm;平均有完全混合芽 3.5 个,混合芽较小,呈扁圆形,皮孔较大,圆形,密度中等。叶片长 16.5 cm,宽 6.3 cm,长椭圆形;叶色深绿,质地硬而厚,较平展。雄花序长约 15 cm,每花序着生小花 350 余朵,每结果枝着生约 9 条,雄花枝着生约 4 条。

球果平均重 45 g,长 7.1 cm,宽 6.1 cm,高 5.2 cm,呈椭圆形,球苞皮厚 0.24 cm;刺束稀,长 1.5 cm,分枝点高,分枝角度大;平均每苞有坚果 2.4 个。

坚果重 8.9 g,果面茸毛很少,分布在果顶和果肩部分,果皮深红棕色,油亮美观。坚果大小整齐,美观,质地糯性,细腻香甜。坚果经贮藏 3 个月后,干物重中含总糖 20.25%,粗蛋白 7.07%,脂肪 2.46%。

该品种树冠紧凑,丰产性较好,品质优良,适于炒食。

3. 燕山短枝

原产河北省迁西县韩庄,由于枝条短粗,树冠低矮,冠形紧凑,果粒整齐,品质优良,在生产上已推广。

树冠紧凑,圆头形,母树 30 年树高 6 m,冠径 5.5 m。嫁接幼树结果母枝长 21.5 cm,粗 0.67 cm,节间短,果前梢中等;混合芽圆形,大,芽尖褐色。叶椭圆形,叶片肥大,长 19~25 cm,宽 8.5~10 cm,叶色浓绿,有光泽;水平着生,叶姿波状,锯齿大小中等,直向。雄花序长 13.5 cm,每果枝着生 7 条,斜生。

球果中等大,重 67.64 g,椭圆形;刺束密而硬,长 0.88 cm,斜生;球苞皮厚 0.37 cm,呈“一”字形开裂;平均每苞含坚果 2.8 粒。

坚果平均单果重 9.2 g,扁圆形,皮色深褐,光亮,茸毛少;底座大小中等,接线平直或呈小波。坚果整齐,充实饱满,果肉含水率 49%,干物重中含总糖 21.7%,淀粉 39.9%,粗蛋白 5.89%。栗果糖炒后风味品质(香、甜、糯)均为上等。

该品种树冠紧凑，冠形低矮，适宜密植栽培；坚果整齐，品质优良，耐贮藏。

4. 红栗

原产于山东泰安市麻塔区大地村。因嫩梢、叶片及总苞刺束先端均带紫红色，而以叶脉及叶柄较为明显，是山东栽培数量多的品种之一，江苏省徐州、南京、连云港有少量栽培。

树势强健，树姿开张，树冠圆头形。结果母枝长 40 cm，节间长 2.9 cm；幼枝红褐色，新梢紫红色，皮孔扁圆形，白色，中密。混合芽高三角形，中大；叶卵状椭圆形，先端渐尖，基部微心脏形，长 19.5 cm，宽 8.4 cm；叶面绿色，叶缘红色，叶姿下垂；锯齿直向至内向，中部齿距 1.5 cm 左右。雄花序长 16.4 cm，斜生，每结果母枝平均着生 8.6 条。

球果中型，重 55 g 左右，椭圆形；球苞皮厚 0.27 cm，成熟时“十”字开裂或 3 裂；平均每苞含坚果 2.6 个；刺束长 1.4 cm，中密，红色。

坚果近圆形或椭圆形，平均单果重 9 g；果皮浅红褐色，光泽美观，接线波状，底座较小，栗粒明显。果肉质地糯性，细腻香甜；含水率 46.6%，干物重中总糖 15.2%，淀粉 58.8%，脂肪 3.8%，蛋白质 10.3%。

在徐州 10 月初果实成熟。

在江苏省苏北栗区和南京一带表现尚好，对胴枯病、红蜘蛛和浮尘子有抗性。但进入结果期较迟，对肥水条件要求较高，易受蚜虫危害。由于枝、叶、苞刺色泽别致，具有一定的观赏价值。

5. 垂枝栗 2 号

原产于山东省临沂市郑旺乡大尤家沭河滩地栗园，因树枝下垂，得名垂枝栗。

树冠半圆头形，枝下垂，结果母枝长 28.5 cm，灰绿色；叶椭圆形，先端渐尖，基部楔形，长 16 cm，宽 6 cm；锯齿小而整齐，直向或内向。

球果高椭圆形，重 54 g，刺束较稀而硬，长 1.2 cm，球苞皮厚 0.37 cm，每苞平均含坚果 2.7 个；“一”字形或“十”字形开裂。坚果红褐色，油亮美观；平均单果重 9.6 g，底座小。

该品种丰产，树干旋曲盘生，枝条下垂，既是栽培良种，又可作风景树种，为稀有种质资源。

6. 红光（二麻子）

原产山东省莱西县店埠乡东庄头村，为山东最早的无性系良种，已有 70 余年栽培历史。连云港市东海县有少量栽培。

幼树生长旺，树姿直立，结果后长势渐趋缓和，树姿逐渐开张。叶长椭圆形，叶基楔形，先端渐尖，叶片两侧上翘，先端向叶背弯曲。总苞椭圆形，中部凹陷，刺束稀，短而硬。出籽率 40.5%。坚果平均单果重 11 g，椭圆形，果底较大，漆褐色，富光泽。种仁肉质细腻，味甜，品质良。

耐贮藏，在连云港市10月上旬成熟。

该品种丰产稳产，适应性强，喜大肥大水。抗病虫能力较强，江苏省苏北栗区可酌情发展。树冠紧凑，适于密植，果枝分布均匀，前期产量不高。

7. 金丰（徐家1号）

原产山东省招远县纪山乡徐家村，为山东省果树研究所1977年从实生树中选出，定名金丰，20世纪80年代初引入，连云港赣榆有少量栽培。

幼树生长强旺，树冠紧凑直立，成年树长势中等，树冠较开张。叶片长椭圆形，叶基楔形，先端急尖，浅绿色，锯齿粗，叶背茸毛密。总苞椭圆形，刺束长、粗、硬、密。每总苞平均有坚果2.5粒，出籽率50%。坚果平均单果重15.6 g，扁椭圆形，深褐色，有光泽。种仁糯性，香甜，品质优。在赣榆9月中旬成熟。

该品种树冠紧凑，适于密植，成花易，始果早，丰产、稳产、优质，连续结果能力强，自花结实率高。较耐旱、耐瘠，抗虫力和耐盐碱力较差。

8. 魁栗

浙江省地方品种，因坚果较大而得名。南京、盐城有栽培。

树势中庸，树冠开张。叶呈倒卵状椭圆形。出籽率高，坚果平均单果重17 g。9月中下旬成熟。

魁栗分枝多，产量高，大小年结果现象不显著，肉质粳性，适宜菜用，不耐贮藏。

9. 新杭迟栗

安徽广德新杭乡地方品种，江苏省植物研究所引入，句容有少量栽培。

树势旺盛，新梢粗壮。坚果紫红色，有光泽，平均单果重20.9 g，果大，美观，产量较稳，耐贮藏。不耐旱，缺水叶片易黄，果粒显著变小。

10. 蜜蜂球

产于安徽舒城等地，因着生刺苞成簇状，犹如巢上的蜂群，得名蜜蜂球。

树冠紧凑圆头形，树型中等，成龄树树势旺盛；结果母枝长18.5 cm，粗0.7 cm；新梢灰绿色，茸毛较少；混合芽半圆近三角形，中等大小，芽尖紫褐色。叶片椭圆形，长19.5 cm，宽8.2 cm，质厚，浓绿色，锯齿较深，叶面微波状皱褶，有光泽，叶片水平状着生，每结果枝平均着生刺苞2.2个。

刺苞椭圆形，单苞质量65.5 g，刺束绿色，较稀，软硬中等；丛果性很强，平均每苞含坚果2.4个，坐果成簇。

坚果椭圆形，红棕色，顶微凹，平均单果重13.5 g，果面茸毛较少，仅分布于中上部；底座小，接线平直，粒小，射线明显，大小整齐，果肉细腻，干物重中含淀粉45%，总糖13.8%，粗蛋白4.18%。

该品种成熟期早，在中秋节前上市，丰产稳产，坚果品质较好，贮藏性较差。

11. 六月爆

原产于湖北罗田县。

树势较强而直立，叶卵状椭圆形。结果母枝平均长18.3 cm，粗0.67 cm，每结果枝平均着生刺苞1.1个。雄花序平均长13.9 cm，刺束稀疏，斜生。苞壳较薄，出实率45%。

坚果椭圆形，黑褐色，光泽暗，茸毛多，平均单果重18 g，含水量51.49%，干物重中含糖14.44%，蛋白质5.39%。

该品种果实成熟期早，早期丰产性较差，易受桃蛀螟危害，果实不耐贮藏。

12. 八月红

原产于湖北罗田县平湖乡黄家湾村祝家冲板栗园。

树冠圆头形，树势中庸，树姿开张；枝梢开张，灰褐色，1年生枝中粗，有茸毛，新梢灰绿色，节间平均长1.6 cm。叶片长椭圆形，绿色，光滑，向上弯曲，平均长16.56 cm，宽6.54 cm，叶基楔形，叶缘锯齿较浅，中等大小。雄花序长11.15 cm，每结果枝平均着生2.5朵雌花。

球苞近球形，较大，每苞平均含坚果2.82粒，出实率48%。

坚果深红色，有光泽，外观美，果肩稍窄，腰部肥大，基部较宽，底座较小，顶部茸毛较多，平均单果重14.5 g。栗仁金黄色，味甜，干物重中含蛋白质3.50%，总糖14.85%，粗脂肪1.60%，淀粉48.64%。该品种果肉爽脆可口，品质上等。

三、选育品种

1. 尖顶油栗（图20-6）

江苏省中国科学院植物研究所柳鎏1961年进行全国板栗资源普查时，从实生树中筛选出的优良单株。1975年开始在江苏邳州、新沂进行区域试验，2017年通过江苏省级品种审定。

树冠开展，呈圆头形，树势中庸；枝条细软，常下垂；结果母枝长29 cm，粗0.59 cm，节间长1.4 cm；皮孔圆形，密度中等；混合芽圆卵形，芽鳞赤褐色，略披淡褐色茸毛。

图20-6 ‘尖顶油栗’果实

叶披针状椭圆形至椭圆形，先端渐尖，基部楔形，锯齿内向，长约 16.5 cm，宽 6.0 cm；雄花序细长，平均 13 cm，每一结果枝着生 12 条。

球果高椭圆形，侧面观呈梯形，重 59 g，长 7.6 cm，宽 6.3 cm，高 6.1 cm；刺束稀而开展，长 1.3 cm；球苞皮薄，厚度 0.23 cm。

坚果长三角形，果顶显著突出，果肩瘦削，果中等大，平均单果重 10.8 g，高 2.92 cm，宽 2.05 cm，厚 1.91 cm；果面茸毛极少，外果皮紫红色，富光泽；底座小。果肉含水率 48.6%，干物重中含总糖 22.41%，淀粉 40.37%，蛋白质 6.21%，淀粉糊化温度 57.2 ℃。肉质细腻，糯性，风味香甜，品质极佳。

在南京地区，萌芽期 4 月上旬，展叶期 4 月中旬，雌花出现期 5 月中旬，初花期 5 月下旬，盛花期 5 月末，雄花初花期在 6 月初，盛花期 6 月上中旬，终花期 6 月中旬；果实成熟期 9 月底。

该品种坚果大小整齐，果形玲珑，色泽鲜艳，极美观。果实抗病虫能力强，极耐贮藏，是优良的晚熟炒食型品种。

2. 溧阳处暑红

1987 年在溧阳市龙潭林场发现的优良单株，2018 年获得江苏省林木良种委员会良种审定。

树势强，树冠开张，球苞大，结果母枝抽生果枝 1.5~2.0 根，占母树抽生果枝的 50%。球苞大，平均 116 g，出籽率 34%，每个球苞内有坚果 2.3 粒，平均每千克 56 粒。

花期 6 月上旬，果期 8 月下旬至 9 月上旬，属早熟品种。果形整齐，外果皮红褐色，有光泽，果肉细腻，香甜味美，具丰产、稳产、耐旱、耐瘠薄等性状。

表 20-1 江苏板栗优良单株简介

类型	编号	优株名称	选育单位	保存地点	主要特征及特性
有性系单株	1	长花类嘴蒲	溧阳龙潭林场	溧阳龙潭林场	总苞形似尖嘴，雄花序特长故名。平均单果重 18.5 g，种仁粳性，味甜，香味浓，品质优。丰产，连续结果能力强，耐贮。9 月下旬成熟
	2	沭阳薄壳	沭阳新河	沭阳新河	坚果椭圆形，平均单果重 18.2 g。肉质粗松，粳性，香气淡，品质中等，连续结果能力强。10 月中旬果实成熟，较丰产
	3	黑林一号	连云港赣榆	赣榆黑林	坚果近球形，平均单果重 11 g，大小整齐，红褐色，有光泽。种仁糯性，味甜，香味浓，品质优。9 月中旬成熟，丰产、优良、稳产；适应性强，对土壤和肥水要求不高
	4	红林三号	连云港云台山区	云台山区红林	坚果整齐均匀，肉质细糯，风味香甜，出籽率 41%。9 月下旬成熟，树势强健，抗栗瘿蜂、天牛和白粉病
	5	陈果一号（陈楼一号）	邳州陈楼果园	陈楼果园	坚果近球形，平均单果重 12 g，紫褐色。种仁糯性，味甜，有香气，品质优，耐贮藏。9 月底成熟，较丰产，耐瘠薄，抗桃蛀螟和胴枯病

续表

类型	编号	优株名称	选育单位	保存地点	主要特征及特性
有性系单株	6	炮车二号	徐州新沂	炮车果园	坚果椭圆形，平均单果重10.8 g，浅褐色，茸毛少。种仁糯性，味甜，品质优，耐贮藏。10月初成熟，早果，丰产，稳产，耐瘠薄，抗桃蛀螟
	7	沭河七号	徐州新沂	沭河果园	坚果中小，平均单果重7.3 g，肉质细糯，味极甜，香味浓，耐贮藏。9月下旬成熟，抗病虫，耐涝
	8	大桂花栗	苏州常熟	常熟虞山林场	坚果大，平均单果重17 g，产量高，品质好，香味一般。9月下旬成熟。
	9	大蒲早油栗	苏州常熟	常熟虞山林场	坚果近球形，平均单果重16 g，紫褐色，富光泽，种仁糯性，味极甜，香味淡。9月下旬成熟
	10	三粒头毛栗	苏州常熟	常熟虞山林场	坚果紫褐色，平均单果重15 g，肉质甜糯，细腻，味浓香
	11	双干栗	苏州常熟	常熟虞山林场	坚果近球形，平均单果重13.5 g；种仁甜糯，细腻，浓香。9月下旬成熟，树势强健，丰产、优质
	12	明栗1号（连1号）	连云港云台山区	云台山区红林	坚果红褐色，平均单果重25 g。9月下旬成熟，抗栗瘿蜂力特强
	13	矮生栗（连3号）	连云港赣榆	赣榆黑林	干性极弱，植株近灌木状，大枝拱悬
	14	矮生栗（连3号）	连云港赣榆	赣榆黑林	干性弱，树体矮小，枝较开张，微拱悬
	15	淡红油栗	苏州常熟	常熟虞山林场	坚果红褐色，有光泽，肉质细腻、甜糯，香味淡，品质上等。9月下旬成熟
	16	稀毛长蒲	苏州常熟	常熟虞山林场	坚果球形，红褐色，茸毛遍布全果，肉质味甜，品质上等。9月下旬成熟
	17	长毛红肉	苏州常熟	常熟虞山林场	坚果较小，平均单果重11 g，紫褐色，茸毛集中于果肩以上，丰产，优质
	18	锦西栗	镇江润州	润州蒋桥乡	适应高温多湿气候，抗逆性也较突出
	19	宿城1号	连云港	连云港宿城	高产、稳产，坚果种仁风味好，品质上等。抗风，耐瘠，抗病虫
	20	汪子头7号	徐州	徐州	坚果大小整齐，外观美，品质优，丰产
	21	新农8号	徐州	徐州	坚果外观和整齐度方面稍逊于‘汪头7号’，但坚果肉质细腻，甜糯，风味极好
无性系单株	22	铁粒头3—1	无锡宜兴	宜兴太华	坚果整齐，均匀，肉质细腻，味香，适宜炒食。抗风、耐旱，适应性、抗逆性均强

续表

类型	编号	优株名称	选育单位	保存地点	主要特征及特性
无性系单株	23	青毛软扎（民望1号）	无锡宜兴	宜兴太华	坚果大小均匀，平均单果重 11.5 g，色泽鲜艳，肉质香甜细糯。连年高产，抗风，耐旱，抗病虫
	24	焦扎3号	无锡宜兴	宜兴太华	最大优点是单株产量高
	25	处暑红001号	常州溧阳	溧阳龙潭林场	坚果整齐美观，肉质细腻，味甜。较‘处暑红’提前3~5天成熟，耐旱、抗虫
	26	大底青309号	常州溧阳	溧阳龙潭林场	坚果较‘大底青’更大，平均单果重 25 g，最大单果重 32 g，深赤褐色，有光泽，美观整齐，肉质细腻，甜糯。丰产，稳产。10月上旬成熟
	27	大底青603号	常州溧阳	溧阳龙潭林场	坚果性状与‘大底青 309’相似，但香味稍淡，单株产量也稍低于‘大底青 309’
	28	青毛软扎（民望2号）	无锡宜兴	宜兴太华	坚果大小整齐，美观，平均单果重 11.3 g，肉质细腻，甜糯，味好，品质优。丰产，稳产，抗逆性强

第四节　栽培技术要点

一、苗木繁育

多采用本砧嫁接，嫁接方法主要有芽接和枝接，生产中以枝接为主。

二、授粉树配置

板栗自花结实率低，需配置授粉品种。一般按照 1 ：（2~4）的比例进行隔行配置为宜。

三、树形

主要采用自然开心形和主干疏层形。丰产树形的选用，依品种长势和立地条件而异。对于长势强旺的品种、类型，如‘处暑红’‘青扎’等，宜采用主干疏层形；长势中庸或偏弱的品种，如‘九家种’‘六月爆’等，可以采用自然开心形；平原或土壤肥沃的地区宜用主干疏层形；丘陵山区或土壤瘠薄、肥培条件差的地区宜采用自然开心形（图 20–7）。

四、肥水管理

（1）施肥　采果后结合深翻施入基肥，成年树一般每株施有机肥 50~100 kg，并拌施过磷酸

图 20-7　盛果期结果树

钙 1 kg。根据板栗生长与结果习性，每年可追肥 2~3 次，其中以芽前期和壮果肥最为重要。

（2）水分管理　板栗虽较耐旱，但适时灌水仍为增产的必要措施。夏季板栗果实发育期间需水量大，如遇干旱须及时灌水。

五、病虫害防治

主要病害有栗疫病、白粉病、赤斑病、炭疽病等；主要虫害有栗剪枝象甲、红蜘蛛、栗大蚜、栗瘿蜂、金龟子、天牛、透翅蛾、栗绛蚧。果实的主要病害为多种真菌危害所致的板栗实腐病；果实的害虫主要有栗实象甲、桃蛀螟、栗实蛾等。加强树体管理、提高栽培树势，综合运用物理、生物、化学等方法进行防治。

（本章编写人员：吴绍锦、庄振焕、浦鉴忠、尤润林、张福生、王兰春、刘朝芝、朱灿灿、贾晓东、翟敏）

主要参考文献

[1]张宇和，柳鎏．中国果树志·板栗 榛子卷[M]．北京：中国林业出版社，2005.

[2]柳鋆.江苏省板栗区划的研究.南京中山植物园研究论文集[C],1982.

[3]国家林业局.中国农业年鉴(1983~2014)[M].北京:中国农业出版社,2015.

[4]江苏省统计局.江苏统计年鉴(2001~2010)[M].中国统计出版社,2011.

[5]柳鋆,周久亚,刘勤.板栗现代栽培技术[M].南京:江苏科学技术出版社,1998.

[6]沈广宁.中国果树科学与实践·板栗[M].西安:陕西科学技术出版社,2015.

[7]朱灿灿,耿国民,周久亚,等.21世纪栗属植物产业发展及贸易格局分析[J].经济林研究,2014,32(4):184-191.

[8]曹均.2013全国板栗产业调查报告[M].北京:中国林业出版社,2014.

第二十一章　银杏

/ 栽培历史与现状 / 种类

/ 品种 / 栽培技术要点

第一节　栽培历史与现状

银杏，别名白果、公孙树、鸭脚子。起源于 3 亿多年前古生代二叠纪早期，经不断分化和繁衍，至距今 1.8 亿年的侏罗纪时，银杏类植物有 20 多属 150 多种，广泛分布于欧洲、亚洲、大洋洲和南北美洲等地区。距今 200 多万年的第四纪冰川浩劫后，银杏以一科（银杏科 Ginkgoaceae）、一属（银杏属 *Ginkgo*）、一种（*Ginkgo biloba*）孑遗幸存在中国，成为举世公认的“活化石”。中国非常重视银杏资源的保护、利用、发展及银杏文化的弘扬。

江苏栽培银杏历史悠久，为银杏资源、生产和消费大省。银杏自古以来就受到江苏人民的喜爱和尊崇，具有深厚的文化底蕴和栽培基础。江苏徐州汉画像石中已见银杏叶的婀娜多姿，唐代即始银杏栽培，至宋代银杏已遍布大江南北和江淮大地，银杏的种核用栽培亦趋形成。至明清时期，江苏银杏分布更为普遍，全省各地均有栽培。据左大勋等（1964）查考《铜山县志》等 17 种江苏明清地方志，其物产项中见 13 处关于银杏的记载，银杏栽培遍及徐淮平原及太湖沿岸丘陵与长江下游平原地区。目前，苏南、苏中、苏北地区皆见千年银杏树的苍劲雄姿（图 21–1、图 21–2，表 21–1）。全省传统的银杏产区进一步加强银杏的产业结构调整、优化及品牌建设，新兴的银杏产区进一步加强银杏资源的多元化开发利用，不仅形成了银杏的规模生产，而且建设有创汇增收的银杏基地(图 21-3、图 21-4),成为江苏省颇具特色和竞争力的产业。银杏先后成为泰州、徐州、扬州、盐城和连云港等市的市树,并于 2007 年在全国率先通过全省投票评选被确定为江苏省省树。

图 21-1　江苏省泰州中学北宋年间栽植的银杏树

图 21-2　扬州市文昌中路石塔寺的千年银杏树

表 21-1　江苏省部分古银杏树资源分布

编号	树址	树龄 / 年	树高 /m	主干周粗 /m	冠径 /m	资料来源
1	南京市秦淮区江南水泥厂	1 210	20.0	6.0	19.0	《江苏古树名木名录》(江苏省绿化委员会办公室,2013)
2	南京市溧水区石湫上方村	1 800	19.0	6.3	12.0	《江苏古树名木名录》(江苏省绿化委员会办公室,2013)
3	扬州市文昌中路石塔寺	1 030	16.0	4.7	25.3	
4	泰兴市城西镇金沙村皂角组	1 000	22.8	6.1		《中国果树史与果树资源》(孙云蔚,1983)
5	泰州中学	980	23.3	4.6	23.8	
6	泰州市姜堰区姜堰镇古田大桥南侧	1 000	15.0	4.1	14.1	
7	泰州市姜堰区顾高镇大千佛寺	1 000	25.0	7.1	27.4	
8	泰州市姜堰区大伦镇护国寺	1 000	21.1	6.5	19.0	

续表

编号	树址	树龄/年	树高/m	主干周粗/m	冠径/m	资料来源
9	邳州市四户镇白马寺村	1 400	19.2	4.6	18.4	
10	淮安市淮安区东岳庙	1 000	25.0	4.8	20.0	《江苏古树名木名录》(江苏省绿化委员会办公室,2013)
11	连云港市连云区宿城悟道厣原址西侧	1 100	23.5	5.2	20.0	《江苏古树名木名录》(江苏省绿化委员会办公室,2013)
12	连云港市连云区宿城悟道厣原址东侧	1 100	20.0	4.5	19.0	《江苏古树名木名录》(江苏省绿化委员会办公室,2013)
13	连云港市连云区中云林场院内(原崇善寺)	1 284	32.0	2.0	37.5	《江苏古树名木名录》(江苏省绿化委员会办公室,2013)
14	连云港市连云区中云林场院内(原崇善寺)	1 284	32.0	3.3	22.0	《江苏古树名木名录》(江苏省绿化委员会办公室,2013)
15	东台市富安镇204国道	800	20.0	2.5	18.0	
16	如皋市高明镇卢庄村	1 500	30.0	8.1	12.0	《江苏古树名木名录》(江苏省绿化委员会办公室,2013)
17	如皋市九华镇赵元村初级中学	1 300	30.0	8.1	12.0	《江苏古树名木名录》(江苏省绿化委员会办公室,2013)
18	海安市曲塘镇碧水华庭	660	20.0	5.2	12.8	《江苏古树名木名录》(江苏省绿化委员会办公室,2013)
19	海安市曲塘镇原都天庙	660	23.5	5.3	23.2	
20	苏州市石湖景区南望	2 000	23.0	6.3	14.0	《江苏古树名木名录》(江苏省绿化委员会办公室,2013)
21	苏州市石湖景区宁邦寺	980	25.0	3.5	27.0	《江苏古树名木名录》(江苏省绿化委员会办公室,2013)
22	昆山市开发区建管所前	1 000	30.0	3.0	18.0	《江苏古树名木名录》(江苏省绿化委员会办公室,2013)
23	昆山市开发区建管所前	1 000	30.0	3.0	18.0	《江苏古树名木名录》(江苏省绿化委员会办公室,2013)
24	无锡市灵山景区祥符寺	860	10.0	6.5	16.0	《江苏古树名木名录》(江苏省绿化委员会办公室,2013)

续表

编号	树址	树龄 / 年	树高 /m	主干周粗 /m	冠径 /m	资料来源
25	宜兴市周铁镇洋溪村师渎小学	1 700	16.0	6.7	16.0	《江苏古树名木名录》(江苏省绿化委员会办公室,2013)
26	宜兴市周铁镇双桥村	1 700	18.0	3.4	15.0	《江苏古树名木名录》(江苏省绿化委员会办公室,2013)
27	常州市武进区横山桥镇大林寺	1 200	20.0	2.9	14.0	《江苏古树名木名录》(江苏省绿化委员会办公室,2013)
28	镇江新区姚桥镇华山村	1 500	30.0	5.7	17.0	《江苏古树名木名录》(江苏省绿化委员会办公室,2013)
29	镇江新区大路镇武桥村长征村五神庙北侧	1 000	15.0	5.7	16.0	《江苏古树名木名录》(江苏省绿化委员会办公室,2013)
30	宿迁市宿城区项里大酒店	650	15.0	2.4	12.0	《江苏古树名木名录》(江苏省绿化委员会办公室,2013)

注:主干周粗指胸高处主干周长。

图 21–3　扬州大学银杏种质资源创新基地

图 21-4　邳州市银杏早果密植丰产园

目前，江苏省银杏种植面积已达 52 500 hm^2，年产银杏种核和干青叶均占全国产量的 1/2，分别达到（2.5~3.0）$\times 10^4$ t 和（2.0~2.5）$\times 10^4$ t，分别占世界年产量的 45% 和 40%。其银杏栽培面积以泰兴、邳州和苏州吴中为最大，姜堰、江都、东台、大丰、宜兴等地也有较大面积的成片栽培，其他县（市）多为散生栽植，或作四旁绿化和风景园林配置。

泰兴地处苏中，银杏栽培历史悠久。据《泰兴县志》记载和现存古银杏树龄测算，泰兴银杏栽培历史可追溯到 1 400 多年前，结实大树多为家前屋后和围庄林栽植。1950 年，泰兴银杏年产量 265 t。20 世纪 60 年代泰兴银杏栽培以宜堡、口岸较为集中，村前村后共有成片银杏 80 hm^2，产量超 200 t（左大勋，1964），1970 年增至 600 t，1980 年上升到 1 050 t。随着银杏种核外销量剧增，收购价高，银杏栽培经济效益显著，引起各方重视，促进了银杏生产的发展。到 1985 年，泰兴全县栽培银杏共 21.87 万株，1980~1985 年 6 年平均年产量为 1 265.6 t，加上姜堰、泰州、江都，扬州全市银杏总产量为 1 800 t，居全省之首。1990 年泰州市银杏年产量猛增到 2 650 t，每年以 5.6% 的递增率上升；至 2015 年，全市定植银杏树 630 万株，银杏种核年产量达到 8 000~10 000 t。根据《原产地域产品保护规定》，国家质量监督检验检疫总局通过了对泰兴白果原产地域产品保护申请的审查，批准自 2004 年 8 月 31 日起对泰兴白果实施原产地域保护（公告 2004 年第 113 号）。

邳州地处苏北，银杏栽培历史悠久，徐州汉画像石记载着其对银杏的尊崇，港上镇原广福寺和四户镇白马寺的古银杏树龄已达 1 400~1 500 年。清代邳州银杏已“出门无所见，满目白果园。

屈指难尽数，何止株万千。根蟠黄泉下，冠盖峙云天。干粗几合抱，猿猱愁援攀”。20世纪60年代，邳州银杏主要分布在沂河、武河沿岸的港上、铁富、白埠和邹庄等地，陈楼、官湖和邳城有零星分布。抗战前全市有结果银杏树 4 万余株，年产银杏 1 250 t 左右。后因战争等原因，银杏生产屡遭破坏，产量不断下降，到 1965 年，年产量仅为 250~300 t。1966 年以后因雄株大量被砍伐，影响授粉受精，产量再次下降，1971~1978 年平均年产量仅 144.7 t。1979 年后推广人工授粉技术，并加强栽培管理，产量逐年上升，1979~1984 年的平均年产量上升到 280 t。1982 年江苏省果树资源普查时，邳州共有成片银杏 47.8 hm^2（5 776 株），散生银杏 116 942 株，产量 226.13 t。1984 年后，邳州银杏产业快速发展，银杏产量一直稳定在 500 t 以上，1984 年高达 535 t，成为全国 5 个超过 500 t 的县之一。至 2015 年，邳州银杏成片园 17 300 hm^2，四旁栽植银杏 800 万株，银杏年产量达到 3 800~4 000 t。

苏州吴中区的洞庭东西山是苏州的银杏主产区，19 世纪末银杏生产曾有较大发展。东山的银杏主要分布在杨湾、槎湾、涧桥一带；西山以东河、石公等地较多。20 世纪 60 年代初，银杏总面积约 65 hm^2（东山栽培面积略大于西山），年产银杏种核 150 t。洞庭东西山银杏多栽于房舍附近的平缓地，山坡地极少，发展余地不大，在当地果树生产中不占重要地位。据统计，1955~1956 年银杏栽培面积仅占该地果树总面积的 5.1%，后由于银杏外销量不断增加，面积逐年上升，银杏栽培的经济效益日渐提高，苏州银杏生产获得较快发展。至 1983 年，苏州全市银杏成片栽培面积为 87 hm^2，共有银杏 1.8 万株，年产银杏种核 340.85 t。目前，苏州市银杏栽培面积达到 224 hm^2，银杏种核产量达到 362.8 t，产值 167.4 万元。

银杏种核为重要干果。银杏种仁不但含有碳水化合物、蛋白质、氨基酸、脂肪、糖类、矿物质、粗纤维、胡萝卜素、维生素等营养成分，而且含有银杏类黄酮、银杏萜内酯等生物活性成分。银杏种仁采用烤、炒、蒸、烧、炖、煮等方法加工食用，或进一步加工成系列食品，不仅可延缓人体衰老，而且可“入肺经、益脾气、定喘咳、缩小便”，具“降痰、消毒、杀虫”功能，历来被视为珍贵贡品和馐馔佳肴及重要出口创汇产品。银杏根中含有碳水化合物、蛋白质、脂肪、多缩戊糖、糖纤维和矿质元素等成分；树皮中含有白果内酯（bilobalid）A、白果内酯 B、白果内酯 C、白果内酯 M 和生物碱。银杏树木材坚实，材质细致、质密光泽、纹理细腻，纤维富弹性，干缩性小，不易变形、反翘和开裂，易加工，素为建筑、工业模型、家具、工艺雕刻和纺机滚筒等不可多得的珍贵用材。银杏枝干挺拔高耸，雄伟壮观，夏日叶色翠绿，葱茏可爱，入秋叶色转黄，光泽闪烁，是优美的观赏和绿化树种，且枝及木材中含有白果酮、2，5，8- 三甲基二氢萘烯、萘嵌戊烯、油酸、亚油酸、芝麻素（sesamin）等；其叶片不仅具极高的观赏价值，而且富集银杏类黄酮（flavonoid）、银杏萜内酯（ginkgolides）、白果内酯等具生物活性成分，具有重要的医药和保健价值。银杏种实主要由种核和外种皮组成。银杏出核率约为 26%，江苏省每年废弃银杏外种皮（5.0~7.0）$\times 10^4$ t。其外种皮中含有水溶性多糖类物质（ginkgo biloba polysaccharide，GBPS），呈淡黄色粉末状，主要由多糖、二糖、葡萄糖、果糖及维生素等组成，另含有氨基酸、蛋白质、微量元素、苷类及类黄酮、萜内酯 A、萜内酯 B、萜内酯 C、萜内酯 M、聚戊二烯醇、长链苯酚、氢化白果酸、白果醇（ginnol）、白果酚（ginkgol）等。其多糖物质具有药理作用，酚酸类物质具有病虫害抑制作用。

银杏产业正实施安全、高效、标准化经营（图 21–5），银杏的产前、产中、产后的产业链不断延伸，利用银杏特色资源打造的多业态景观正成为靓丽的风景。银杏种核食用、叶片和外种皮源保健及药用、银杏盆景及木材雕刻作工艺品用，以及银杏树的观赏价值和改良生态环境等必将在经济建设、社会建设、生态建设和文化建设中发挥越来越大的作用，具有广阔的发展前景。

银杏是江苏省重要的干果类树种，原江苏农学院长期从事银杏研究工作，中国果树志编委会选定江苏农学院为《中国果树志·银杏卷》副主编单位，何凤仁任副主编。

GB

中华人民共和国国家标准

银杏种核质量等级

图 21–5 《银杏种核质量等级》国家标准

第二节 种类

银杏（*Ginkgo biloba* L.）为裸子植物门（Gymnospermae）或银杏门（Ginkgophyta）、银杏纲（Ginkgopsida）、银杏目（Ginkgoales）、银杏科、银杏属、银杏种。其 *biloba* 意为二叉分歧（bilobate），银杏叶脉通过二叉分歧形成了其特有的叶片形状。

银杏雌雄异株，雄花（图 21–6）别名小孢子叶球，呈柔荑状花序，其轴上着生花药（小孢子囊），无柄或有柄。花粉（小孢子）有气囊或无气囊，多为风媒传粉，精细胞（雄配子）大都不能游动或少有能游动。

雌花别名大孢子叶球，由胚珠、珠托和珠柄组成，分别发育成种实、种托和种柄（图 21–7）。

图 21–6 银杏雄花

图 21–7 银杏雌花

一、植物学分类

根据银杏树树冠形状，叶片形状、斑纹和色泽，以及枝条着生状态等形态特征，将银杏分成6个变种。

（一）塔形银杏（*G. biloba* var. *fastigiata*）

亦称帚冠银杏，大枝向上，树冠呈塔形或圆锥形。

（二）垂枝银杏（*G. biloba* var. *pendula*）

小枝下垂。

（三）裂叶银杏（*G. biloba* var. *taeinata*）

叶形大，有深缺刻的中裂。

（四）斑叶银杏（*G. biloba* var. *variegata*）

叶上有黄色斑纹。

（五）黄叶银杏（*G. biloba* var. *aurea*）

叶黄色。

（六）叶籽银杏（*G. biloba* var. *epiphylla*）

叶片上着生胚珠。

二、栽培学分类

1935年，曾勉研究了浙江诸暨的银杏，将银杏分为3种类型。

（一）梅核银杏类

① 大梅核，产于浙江诸暨；② 桐子果，产于广西兴安；③ 棉花果，产于广西兴安；④ 算盘果，产于广西兴安。

（二）佛手银杏类

① 家佛手，产于江苏泰兴；② 洞庭皇，产于江苏吴中洞庭西山；③ 卵果佛手，产于浙江诸暨；④ 长柄佛手，产于浙江诸暨；⑤ 金果佛手，产于浙江诸暨；⑥ 圆底佛手，产于浙江诸暨；⑦ 橄榄佛手，产于广西兴安；⑧ 枣子佛手，产于广西兴安。

（三）马玲银杏类

① 大马玲，产于浙江诸暨；② 中马玲，产于浙江诸暨；③ 青皮果，产于广西兴安；④ 黄皮果，产于广西兴安。

1989年，何凤仁针对银杏种核的形状特征提出“综合分类法”，即根据银杏种核外形和种核其他相关的遗传种性，将银杏种核分为长子类、佛指类、马铃类、梅核类和圆子类5种类型（图21–8，表21–2）。

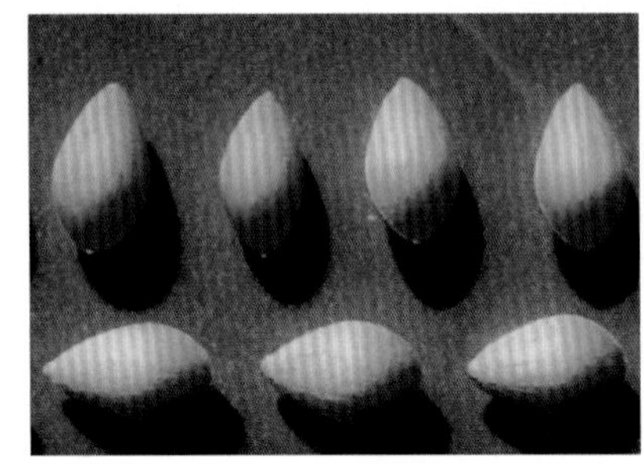
佛指

马铃

梅核

长子

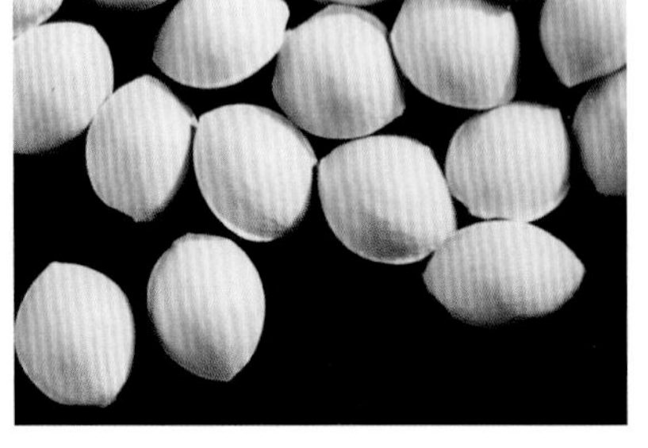
圆子

图 21-8 银杏种核的 5 种类型

表 21-2 银杏种核的类型及其分类特征

种核类型	种核形状	种核长宽比	种核纵横轴线相交点	种核先端	核棱及其他特征	种托
长子	长形，似橄榄或长枣	>1.7	纵轴中点处正交	秃尖，无突起孔迹，略凹陷	有明显棱，不成翼状	正托
佛指	长卵圆形，上宽下窄	1.5~1.7	纵轴由下往上 2/3 处	圆钝，孔迹常呈一小尖突起，亦有孔迹平或内陷成一小线圆	有明显棱，近尾端不明显，不呈翼状	不正托
马铃	宽卵形，上宽下窄，上部圆铃状膨大，腰部明显有中缢状，似马铃膨大	1.2~1.5	纵轴由下往上 3/5 处	圆秃，孔迹呈小尖突起	有明显棱，核宽处棱稍宽，有不明显翼	正托
梅核	近圆形或广椭圆形，似梅核	1.2~1.5	纵轴中点处正交，将种核分成 4 象限	孔迹相合成尖，不突起，顶端圆正	有明显棱，无明显翼	正托
圆子	近圆形或扁圆形	<1.2	纵轴中点处正交，四象限大小相等	孔迹小，不突起或略凹陷	有明显棱，核中部宽处棱有翼	正托

目前，全国银杏长子类、佛指类、马铃类、梅核类和圆子类的核用品种主要分布在江苏、山东、广西、浙江、贵州、湖北等地，其中梅核类分布范围较广。

第三节 品种

一、地方品种

1. 长金坠

别名长白果、大金坠。主要分布在江苏邳州港上、铁富等地。

种实长椭圆形，最宽处在中间稍偏向顶部，纵径大于横径，先端钝。珠孔迹仅留一小点。种托圆，直径 0.5 cm 左右，突于外种皮，四周不凹陷，种托面与四周呈凹凸不平。种柄长 3.7 cm，稍弯曲，外种皮橙黄色，外薄敷白粉，梭状分泌腔。种实长 3.1~3.9 cm，一般在 3.6 cm 左右，宽 2.30~2.74 cm，单粒重 9.91~14.3 g，出核率 26%。

种核长椭圆形，前端稍圆，较大的种核平均长 3.09 cm，宽 1.51 cm，厚 1.28 cm，小的平均长 2.27 cm，宽 1.2 cm，厚 1.2 cm。种核前端钝尖，维管束迹汇合处有小尖，最宽处在两线中点稍偏前。两侧棱明显而整齐，中部略宽，近尾端处因核壳稍厚而棱不明显。种核无背腹厚薄之分，两维管束迹明显，相距小于 0.2 cm。大的种核平均单粒重 3.2 g，小的平均重 2.81 g。

新梢平均长 27 cm。外围枝有叶 10~15 片，节间平均长 2.5 cm。叶片较小，平均长 4.2 cm、宽 6.4 cm，多呈三角形。短枝有叶 4~8 片，一般 4~6 片，叶平均长 5 cm，宽 7.4 cm，叶柄长 6.1 cm。叶多呈扇形，少数呈三角形。

大孢子叶球多为双胚珠，嫁接树偶有 3~4 个胚珠，根蘖树偶有 5~6 个胚珠。平均珠柄长 2.4 cm，珠托直径 2.2 cm，胚珠直径 2.0 cm。常结 1 个种实，大年树授粉良好时，可结双种实。

树势中庸，叶色稍淡，夏季尤甚，可见叶缘枯黄。成枝力弱，一般多发 1 枝，偶有 2~3 枝，幼龄期可发 6~7 枝，短枝较多。一般 5~6 年生方见结实，30~60 年生树单株产量可达 35~50 kg。

在邳州港上，3 月下旬萌芽，4 月上旬展叶，4 月中下旬小孢子叶球成熟散粉；大孢子叶球 4 月下旬成熟，4 月下旬至 5 月上旬新梢生长转旺，6 月上中旬新梢停止生长，9 月底采收。

该品种为大粒型品种。如控制结果量，增施肥水，则每千克可达 300 粒，但其种核大小变化较大，需进一步选优。

2. 橄榄果

因种实、种核均似橄榄而得名，亦称橄榄佛手，别名大钻头、中钻头、小钻头。主要分布于江苏苏州洞庭山。

种实长倒卵圆形,上端稍钝圆,顶端中央下凹,留有黑色小尖,为珠孔迹;中部最宽,下部较窄,平均单粒重9.55 g,大者可达10 g以上;平均长3.17 cm,宽2.34 cm,大小均匀。外种皮橙黄色,满敷薄白粉;种柄平均长 2.85 cm,与种实接合处宽约 0.37 cm,种托圆形、长圆形或椭圆形,多数为长圆形,并下陷于外种皮内,种柄呈弯曲斜生,出核率 24.68%。

种核长倒卵圆形至长纺锤形。顶端宽尖,珠孔迹呈小尖突起,下部窄,维管束迹较小,两束迹相距一般为 0.22 mm,常二者合成一个。两侧有明显棱,下部不明显,有背腹之分,背圆而宽,腹平而薄。种核平均单粒重 2.92 g,长 2.63 cm,宽 1.45 cm,厚 1.36 cm,出仁率 77.4%,品质一般。

大孢子叶球一般都为双胚珠,也有 3~4 个胚珠。平均珠柄长 1.8 cm,胚珠基部直径 0.22 cm,珠托直径 0.3 cm,显著大于其他品种,授粉孔呈唇状。

30 多年生树,高 9 m,达到 150 年生时树高 17.5 m。中心干通直,主枝开张角 50° 左右,干高 1.8 m,胸径 40~61 cm。根系一般深 1.5~2.5 m,水平分布较远,为树冠的 1.5~2.0 倍。

新梢平均长 25.7 cm,基径粗 0.51 cm,节间长 2.51 cm。长枝有叶 13~16 片,平均叶面积 19.7 cm^2;短枝叶有 4~9 片,平均叶面积 25.6 cm^2。叶缘多有凹凸不平的缺裂,基本上都为中裂,裂刻深 3 cm,此叶片特征十分明显。短枝上叶平均长 3.3 cm,宽 6.8 cm,叶柄长 4 cm。

树势中庸。成枝力稍弱,幼龄期可发 5~6 枝;盛果期发 1~3 枝,多数发 1 枝。萌芽力强,为 86%。短枝较粗壮,2 年生短枝,多数能形成大孢子叶球。大年株产可达 100 kg 左右,一般株产达 50 kg。有大小年结果现象,大年产量明显较高,导致大小年产量差别加大。5~20 年生短枝,结实能力强,每大孢子叶球一般仅 1 个胚珠形成种实。

该品种为较好的长果型品种,可选育核大单株。注意肥水管理,调节种实负载量,控制大小年,增大种核,提高品质。

3. 佛指(图 21-9)

因种核形如佛的指甲而名,别名佛子、家佛子、家佛指,亦有称佛手的,是泰兴主栽的传统优良创汇品种。

图 21-9 ‘佛指’种核

种实长卵圆形,由中上部横径最宽处自先端渐趋圆钝,顶端钝尖,顶有一孔迹,平或稍下凹,种实一般长 2.7 cm,宽 1.9 cm,大的长 3.8 cm,宽 2.6 cm。平均单粒重 8.25 g,大的可达 13.8 g。成熟时外种皮橙黄色,满敷白粉,种托圆形或椭圆形,不正托,稍偏斜。种实亦略有弯斜,种托小,一般直径 0.7 cm。种托面及四周凹凸不平,并略陷入外种皮。一般双胚珠,多结 1 个种实。种柄直,但种实偏斜于一侧。

种核长卵圆形,核壳较薄、光亮,乳白色。一般长 2.3 cm,宽 1.49 cm,厚 1.2 cm,单粒重 2.8~3.3 g,大粒每千克为 300~360 粒,出核率 28%~30%。种核两侧有棱,最宽处以下不明显,棱边无翼状。孔迹小而平或凹成一缺口，维管束迹小，相距不到 0.2 cm，有时可合成一束迹。出仁率 78.0%~83.3%。

种仁卵圆形，圆浑，长 2.32 cm，宽 1.62 cm，外有纸质薄膜。上半截紧贴种仁，褐红色；下半截粉褐色，稍厚。

大孢子叶球一般为双胚珠，偶有 3~5 个胚珠，最多可见 8 个胚珠，通常只结 1~2 个种实。胚珠比其他品种大，种实亦大。珠托不正，略有偏斜，胚柄比叶柄略短，大粒种柄一般长 4 cm 左右。

成年树（嫁接树）高 8~10 m，冠径 6~8 m，树冠广椭圆形，25 年生以后结实渐多，60~70 年生树年平均产量 50~75 kg，最高可达 300 kg，但易形成严重的大小年结果现象。

根系垂直分布，一般在 2 m 左右，水平分布为冠径的 1.5 倍。大年时，须根死亡量大于新生量，须引起重视。

成年树新梢长度一般不超过 30 cm，25 年生树新梢长 26.8~40.3 cm，大多数树的新梢平均长 25.15 cm。每年先端只发 1~2 枝，未结实的幼树生长较旺，一般可发 7~8 枝，先端枝长达 70 cm 以上，亦较粗壮。叶片一般无中裂，或不明显，其深度不及其他品种。成年树短枝通常有叶 5~7 片，多者 14 片；长枝有叶一般 11~12 片，较其他品种叶片小。

萌芽力强，除基部芽不萌发外，其余的芽均抽生成短枝。由于短枝多，故易丰产。大树常见一、二大枝上结实，翌年又另一、二大枝结实的现象，如此更替结实，故较稳产。

植株一般 3 月下旬萌芽，3 月底至 4 月初露绿，小孢子叶球绽放，4 月上中旬芽全开放，大孢子叶球出现，4 月 20 日前后胚珠授粉孔吐水旺盛，进入授粉最适期，4 月底至 5 月初为终止期。4 月中旬新梢开始生长，4 月下旬新梢进入旺盛生长期，5 月下旬至 6 月初进入生长高峰期，7 月上旬停止生长。5 月上中旬出现大孢子叶球脱落，至 6 月初为第 1 次落果高峰，7 月上旬出现第 2 次落果高峰，以后仍有少量落果。于 9 月中旬后，外种皮转黄，10 月上旬采收。

该品种品质优良，引种栽培几乎遍布江苏全省各地。

4. 七星果（图 21-10）

由泰兴选出，以香、糯、味甜著称，为多年来一直繁殖推广的品种。

种实长椭圆形，一般长 2.72 cm，宽 2.09 cm，大者长 3.3 cm，宽 2.6 cm。自种实横径最宽处向先端渐次缩小，比‘佛指’圆浑而尖。珠孔下凹，无小尖突起。种托正托，稍大，直径 0.8 cm 左右，向外种皮下凹陷。种柄宽厚，上下粗细相差明显。

图 21-10 ‘七星果’种核

种核卵圆形，下半部比‘佛指’稍圆，每一核壳背腹部都有或多或少的明显凹陷小孔，故名“七星果”。两维管束迹明显分开，相距比‘佛指’稍大，自上到下有明显的棱，但不成翼状。孔迹突起成小尖，也有平的。种核大小均匀，大的种核平均长 3.0 cm，宽 1.75 cm，厚 1.5 cm，单粒重 3.3~3.9 g，出核率 26% 左右。

种仁长椭圆形，长 1.88 cm，宽 1.22 cm，厚 1.05 cm，上端圆钝，下端稍宽，品质优于‘佛指’。出仁率 80% 左右。

大孢子叶球的胚珠柄略短而细，珠托柄亦短。胚珠基部被珠托包围，露出的胚珠少于‘佛指’，亦相对较钝。珠托正托，径宽 3.4~4.1 cm。每枝上形成的大孢子叶球一般不超过 4 个，多数为 2~3 个。

44 年生嫁接树高 10.7 m，冠径 8.5 m，干高 1.7 m，胸径 40 cm。

新梢平均长 24.1 cm，基径粗 0.6 cm。叶色较深，不厚，多扇形叶，少截形叶。同一枝上扇形叶的两侧边缘有一定的弧度。叶片大小差异较小，长 3.7~4.8 cm，宽 8.1~8.3 cm，叶面积 19.7~23.9 cm^2。叶片有明显中裂，裂口整齐，裂口上下多直狭，叶缘较平整，缺裂很少。叶柄比‘佛指’细短，同一枝上各叶片的叶柄长短差异小。

萌芽期为 3 月下旬，胚珠成熟吐水旺期为 4 月下旬，10 月下旬成熟采收。

该品种出核率和出仁率略低于‘佛指’，而种核大小、核壳色泽与外形、种仁风味、品质均高于‘佛指’。

5. 扁佛指

别名蝙蝠子，多数为嫁接树，亦有部分根蘖树，在泰兴有野佛指之称，江都、姜堰有少量分布栽培。

种实椭圆形，前端比大‘佛指’品种稍尖，下端稍宽浑。种柄长 5 cm 左右，比‘佛指’稍短，种柄较‘佛指’宽厚，种托较大，较圆，不正托，稍有偏斜。平均单粒重 10.4 g，大者可达 13 g，小者 7.8 g，长 3.2~3.4 cm，宽 2.2~2.4 cm。孔迹为一小尖突起。外种皮橙黄色，满敷白粉，白粉层较厚。出核率 25% 左右。

种核卵圆形，平均长 3 cm，宽 1.85 cm，厚 1.35 cm。背厚腹薄，略扁，最宽处以上宽度渐减，前端稍尖，下半截较宽。两维管束迹明显，比‘七星果’小，比‘佛指’大，有时呈鸭尾状。尖端钝圆，孔迹有小尖突起。两棱自上至下均明显，中部稍宽，但不成翼状。外观较大，而种仁不甚饱满。核壳较厚，出仁率一般 78.00%~80.35%。大粒种核每千克 320~340 粒，鲜有达到 300 粒者。

种仁椭圆形，先端渐尖，有小尖突起，下端渐尖。种仁长 2.3~2.5 cm，宽 1.62~1.74 cm，内种皮上半截红褐色部分与下半截粉红、白色部分几乎相等。

大孢子叶球可见 3 个以上的胚珠，多的可达 7 个以上，但胚珠愈多，结实愈少，大年期双胚珠皆发育成种实者颇多。

树势强，主干粗，枝亦较粗。枝条生长较强，60~70 年生树平均枝长 31.7 cm，有叶 14 片以上。

叶片大、厚、色深，平均叶长 5.2 cm，宽 7.1 cm，有明显中裂，叶缘有凹凸的浅缺，多为扇形与截形叶。50 年生树高 9.4 m，胸径 6.8 cm，冠径 12 m。成枝力稍强，一般可发 5~6 枝。幼龄期多的可发 9~10 枝，树冠开张且形成较快。发枝力随树龄增大而减弱，特别是大年以后发枝量明显减少，成龄期树冠为广卵圆形或长圆形。老龄期树冠为圆头形至自然半圆形。短枝萌发多，一般短枝有叶 6 片以上，易成花，较丰产。50 年生左右的树，产量可达 50 kg。

在泰兴，3 月下旬萌芽，4 月下旬珠孔吐水，持续时间较长。7 月上旬新梢停止生长，10 月上旬成熟采收。

该品种质细性糯，可进一步选育大粒单株。

6. 野佛指

邳州有少量嫁接树分布，在港上已初选出种核较‘佛指’大的优株。

种实卵圆形或椭圆形，平均单粒重 11.95 g，长 3.03 cm，宽 2.51 cm，橙黄色，满敷白粉。种托圆形，略凹陷于外种皮中，直径 0.98 cm，正托。平均种柄长 3.3 cm，略歪偏且弯曲。种实顶端圆秃平整，孔迹凹陷。平均出核率 25.77%。

种核长卵圆形，单粒重 2.58~3.09 g，平均长 2.74 cm，宽 1.94 cm，厚 1.52 cm，背厚而腹薄。种核最宽处至先端渐秃圆，先端有明显核尖，两线相交处的两侧棱边稍宽，但不成翼状，至最宽处稍下渐次转狭，终至不明显。种核最宽处向下渐缩小成长椭圆形。两束迹较大，并相连，略成鸭尾形。核壳平均厚 0.54 mm，出仁率 77.49%。

种仁卵圆形至长椭圆形，平均单粒重 2.39 g，长 2.32 cm，宽 1.36 cm，厚 1.5 cm。内种皮上半部为棕红色膜，下半部为带粉红的白色膜，上下两者长度基本相等。

1 年生枝棕灰色，皮光滑，新梢平均长 25 cm，节间长 2.5~3.0 cm。芽稍大，贴生。叶较小、较厚，长 5.2 cm、宽 7.0~7.5 cm，色较深。叶柄长 6~7 cm，多扇形叶。叶缘呈波状浅裂，中裂不明显。

树势中庸，树冠开张，中心主干偏弱。50 年生树高 10 m，冠径 8 m，主枝 5~6 个，树冠丰满。萌芽力、成枝力较强，嫁接幼树可发 8 个以上长枝。嫁接后 3~4 年始果，进入盛果期，树势减弱，仅发 1~2 枝，余均为短枝。结果多年以后，轴枝先端、长枝顶芽亦萌发短枝。50 年生树株产 75 kg，百年大树大年可达 150~250 kg。

在邳州，3 月中旬萌芽，4 月初露绿，4 月中旬叶初绽渐全展，4 月下旬新梢开始生长，5 月中旬新梢开始旺盛生长，6 月上旬新梢停止生长。4 月下旬初珠孔吐水旺盛，5 月初落花，10 月上旬种实成熟采收。10 月下旬叶黄，11 月中旬落叶。

该品种肉质细，无苦味，炒食、煮食均较香甜，品质中等。可进一步优选出新的大粒型品系，以用于核用生产栽培。

7. 佛手（图 21–11）

在苏州洞庭东西山栽培历史悠久而普遍。别名大佛手、中佛手、小佛手、家佛手、大长头、小长头、洞庭佛手、风尾佛手。

图 21–11 ‘佛手’种核

种实宽卵圆形，先端尖，孔迹突起，平均单粒重 11.5 g，长 3.41 cm，宽 2.83 cm。平均种柄长 3.04 cm，宽 0.36 cm。种托直径平均 8.5mm，正托，托下陷于外种皮中。种柄略弯曲，斜生。外种皮橙黄偏黄色，满被果粉。出核率约 23%。

种核长卵圆形，上端较宽圆，渐尖。珠孔迹为一稍大尖顶突起。种核平均单粒重 2.34 g，长 2.6 cm，宽 1.75 cm，厚 1.42 cm。种核下半部较狭长，两侧自上至下侧棱明显，棱脊直，近尖处不上翘，横径宽处棱脊较宽，微呈翼状，两束迹分开。

种仁长卵圆形，平均单粒重 1.87 g，长 2.08 cm，宽 1.42 cm，厚 1.32 cm，出仁率 78%。内种皮上下两半基本对等。

结实能力较强，枝梢除基部盲节外，皆能萌发成短枝，其 2~3 年生短枝都能结实，大年时多数为双果。据章鹤寿调查，每一大孢子叶球的单胚珠占 28.57%，双胚珠占 68.57%，三胚珠以上占 2.86%。

新梢平均长 23.52 cm。叶片中裂明显，平均长 5.5 cm，宽 7.68 cm，多扇形叶，较厚，叶色较深。

树势及萌芽力、发枝力强。苏州洞庭东山长有 400~500 年生大树，枝繁叶茂，有的尚未发生第 2 次自然更新。100 年生左右的大树高 12 m，干高 1.64 m，胸径 80.2 cm，树冠半圆头形，主枝开张，外围枝下垂，冠径 14.7 m。其发枝量较多，幼龄期可发 8 枝以上。

苏州洞庭东西山春季气温上升早于苏北，‘佛手’3 月中旬末萌芽，4 月中旬末胚珠授粉孔吐水旺盛，4 月下旬授粉期终止，4 月底大量雌花脱落，6 月下旬出现第 2 次结实脱落高峰，9 月上旬采收。落叶较迟，一般到 11 月底至 12 月初落尽。

该品种品质优良，肉质细，无苦味，香糯，为传统创汇优良品种。可进一步选育大粒、品质更好的品系。

8. 洞庭皇（图 21–12）

着生在苏州西山梅园村，是从‘佛手’中选出的优良单株，经繁殖而成株系。据调查，该株树龄为 500 多年，树高约 15 m，干高 4 m 左右，干径 147 cm，冠径 11.2 m，树冠自然半圆形，外围枝下垂，年产种核 100 kg 左右。

种实长椭圆形，前端稍秃圆而顶稍尖，顶部中央凹陷，自中上部最宽处渐向先端秃圆，秃处缩小，向下则渐缩成小圆筒形。种托不正圆，直径 0.67~0.78 cm，微凹陷于外种皮。外种皮橙黄色，满被白粉。种实平均单粒重 11.84 g，长 2.91 cm，宽 2.39 cm；种实柄长 3.1 cm，柄径粗 0.27 cm。

种核长椭圆形，平均单粒重 2.59 g，长 2.47 cm，宽 1.63 cm，厚 1.36 cm。平均种壳厚 0.43 cm，上端宽圆，渐尖，下半部长狭，尾端两束迹突起，常相近而似鸭尾，当地农民称为"双眼"。从先端到尾端两侧棱明显，最宽处的棱略宽，但不成翼状，无背腹之分，出核率很低，平均仅为 21.88%。

图 21-12 '洞庭皇'种核

种仁长椭圆形，出仁率 80.38%，稍高于一般品种。种仁平均重 2.08 g，长 2.11 cm，宽 1.38 cm，厚 1.24 cm，内种皮上下两截的长短基本相等。

萌芽力较强，一般短枝在 2 年生枝形成大孢子叶球，5~8 年生枝更易形成大孢子叶球，30 年生以上的短枝少见结实，产量不稳，有大小年结果现象。发枝力弱，一般强枝可发 1~2 枝，生长量不超过 20 cm。叶片平均长 4.9 cm，宽 7.1 cm。叶柄平均长 5.9 cm。叶缘中裂不深，叶色较浅。

该品种质细腻糯甜，无苦味，具香味。在加强对母株保护的基础上，应进一步加强繁殖，优选出出核率高的品系。

9. 鸭屁股（图 21-13）

苏州洞庭东山有少量分布保存。

种实长卵圆形，顶部较圆，顶秃尖，胴部较肥大而渐向基部缩小。种托椭圆形或长圆形，四周略凹入外种皮内或与之齐平。外种皮淡棕黄偏黄色，满敷果粉。种实平均单粒重 11.5 g，长 3.11 cm，宽 2.48 cm。种柄平均长 3.51 cm，基部粗 0.32 cm。

图 21-13 '鸭屁股'种核

种核广卵圆形，先端渐狭而偏，略向上翘，顶尖部常为一小凹入口。两侧棱明显，但至下端不明显，从种核最宽处到顶端，棱边稍宽扁，并略向上翘，使核顶部如鸭屁股故名。末端两束迹明显，相连呈一"鸭尾"。种核平均重 2.28 g，大者可达 2.5 g 以上，长 2.37 cm，宽 1.5 cm，厚 1.26 cm，出仁率 80.18%。

叶中等厚，叶面多皱折，淡黄绿，无明显中裂，叶缘多波状凹凸，较浅。叶片平均长 4.68 cm，宽 6.68 cm，多扇形，两侧形成的开张角为 90° ~ 120°。叶柄细长，平均长 5.7 cm，一般长 4.1~6.8 cm。

120~150 年生树，树皮灰黑色，皮纹纵裂又横向断裂，由四大主枝构成树冠，主枝径粗

25.5~55.4 cm，平均树高 19 m，冠径 16 m，干高 0.38 m，胸径 95.5 cm。萌芽力强，树势及其发枝力均较强，一般可发 6~8 枝，其外围枝仍能发 1~3 枝。

结果性能良好，着生大孢子叶球的短枝，平均有种实 3.15 个，多下挂枝，短枝一般结双实，有种实 4 个以上的占 34.6%，成年树株产种核 175~200 kg。

该品种虽丰产，但种核较小，可作为种质资源保存利用。

10. 邳县马铃（图 21-14）

在邳州占总株数的 17%，苏州、泰兴、姜堰、东台等地有少量栽培。

种实倒卵圆形，顶端及上半部大如马铃前身，先端有尖，留有授粉孔迹；下半截有不明显收缩中缢，种托略向外种皮中凹陷。单粒重 8.14~10.29 g，长 2.93~3.03 cm，宽 2.19~2.51 cm。种柄直立，长 2.99~4.20 cm，与种托相连处径粗 0.31~0.39 cm。种托正托，直径 0.88~0.91 cm，四周及表面凹凸不平。外种皮橙黄色，满敷白粉，皮薄，出核率 27.0%~32.9%。

种核宽倒卵圆形，中部有不明显缢状缩痕，形似马铃而得名。上端宽圆，有尖状珠孔迹。两侧有明显棱，其中部稍宽但不显著。末端为两维管束迹，两束迹间为木质，似小鸭尾巴。种核单粒重 2.50~3.38 g，平均长 2.55 cm，宽 1.9 cm，厚 1.4 cm。

新梢平均长 22.3 cm，基径粗 0.4 cm，多扇形叶，而上部则多三角形叶。短枝叶稍大，多数为扇形叶，少数截形叶。叶片质厚，色深，一般长 4.5~5.0 cm，宽 7.0~7.5 cm。叶柄长可达 7 cm，一般长 5.4 cm。

树势较强，萌芽力强，成枝力中弱，外围枝下垂。幼树抽生 3~8 枝，成年结果树发 1~2 枝，多数发 1 枝，多短枝且较粗壮，易形成大孢子叶球，一般每大孢子叶球可结双实。有大小年结果现象。种核大小差异悬殊，大的粒重可达 5 g，小的仅 2.2 g，甚至更小。40 年生树高 8 m，主干高 1.92 m，胸径 27 cm，冠径 7 m 多，株产一般 35~50 kg。

图 21-14 ‘邳县马铃’种实和种核

在邳州，3 月中旬末萌芽，4 月初破绽，4 月上旬展叶、大孢子叶球显现，4 月中旬叶全展并抽生新梢，4 月中下旬胚珠成熟，5 月初出现胚珠脱落，5 月中旬新梢旺长，6 月初新梢停止生长，6 月中旬胚珠脱落旺盛，7 月上旬开始硬核，10 月初采收，10 月下旬叶转黄，11 月上旬落叶。

该品种种核大，质细、糯香、微有苦味，品质中上等，抗逆性、抗病虫能力均较强，在夏季干旱高温时叶缘发黄较轻，已进一步选出优良单株。

11. 圆底果

为根蘖树或实生树，江苏宜兴、溧阳、南通等地有零星分布。

种实卵圆形，平均单粒重约 11.8 g，长 2.85 cm，宽 2.62 cm，顶渐圆钝，中央略下凹，有一授粉孔迹。种托略凹陷入外种皮中。种实胴部宽处偏向上部，其下有不明显收缩痕，但无明显缢纹。外种皮黄色，满敷白粉，皮虽稍厚，但可隐见透明的棱状分泌腔。种柄平均长 3.76 cm；种托圆形，正托，平均直径 0.88 cm。每株柄上多结 1~2 个种实，平均出核率 21.97%。

种核平均长 2.32~2.48 cm，宽 1.75 cm，厚 1.4 cm，每千克为 402~412 粒，可列入大粒型品种，顶端钝圆，无急尖，有授粉孔迹，下半部收缩，略现中缢。两维管束迹小，相距 0.15 cm 左右，两侧有棱，中部棱稍宽，但不成翼状，中下部不明显，有背腹之分。种核单粒重 2.45~2.68 g，出仁率约 74%。

100 多年生根蘖树，树高 16 m，主干直立，主枝开张角 60° 左右，层性明显，先端下垂，少下挂技，冠径 11 m 多。根系深 1.5 m 左右，水平分布为冠径的 1.5~2.0 倍。

新梢平均长 27.17 cm，最长达 33.5 cm，基径粗 0.47 cm，节间长 3.83 cm。叶平均长 5.1 cm，宽 6.7 cm，多三角形叶及扇形叶，叶面积平均 26.9 cm^2，大者达 32 cm^2。少数叶片有中裂，深 1 cm 许。叶缘波状缺裂，平均叶柄长 5.15 cm。短枝有 5 片叶以上，多扇形叶，少截形叶；叶片长 5.9 cm，宽 7.8 cm，叶面积 30.6 cm^2，大者可达 38.0 cm^2，叶缘有波状缺裂，部分叶片有中裂，深 0.7 cm 左右。叶柄平均长 6.16 cm。

树势较强，萌芽力强，成枝力弱。成年结果树一般发 1 枝，少数发 2~3 枝。3 年生以上短枝结实能力强，易形成大孢子叶球。大孢子叶球多双胚珠，少数 3 个以上胚珠，以双胚珠最多，能结实 2~6 个。无大小年结果现象。100 年生左右的大树，株产约 34 kg。

该品种分布较广，变异亦多，出仁率偏低，可予保存选优。

12. 梅核果

主要分布于邳州、南通、宜兴等地，有大梅核、小梅核，统称梅核果。

种实短椭圆形，平均单粒重 9.3 g，长 2.58 cm，宽 2.4 cm，顶部凹入。外种皮较厚，淡黄色，满敷厚白粉，种皮下隐现透明棱形分泌腔。种柄直，长 4.0~5.3 cm，近种托处柄径粗 0.15~0.20 cm。种托多为圆形，平均直径 0.82 cm。种柄上多双种实，出核率约 21.1%。

种核椭圆形，单粒重 1.89~2.10 g，平均长 2.1 cm，宽 1.64 cm，厚 1.08 cm。先端尖，尾部有束迹，明显分开，相距 0.14~0.22 cm。两侧二棱明显，末端不显著，有背腹之分，腹部略平，平均出仁率 75%。

大孢子叶球绝大多数为双胚珠，3~4 个以上亦属常见。珠柄长 2.3~2.6 cm，种托平均直径 0.26 cm，正托，圆形；胚珠平均直径 0.19 cm，授粉孔唇状。

新梢平均长 25.97 cm，基径粗 4.2 mm，节间长 3.9 cm。长枝有叶 10~14 片，叶柄长 5.4~7.0 cm，扇形叶最多，有少数三角形及截形叶，叶片平均长 5.1 cm，宽 6.35 cm，叶面积 24.7 cm^2。短枝叶多 3~4 片，少数 5 片以上，叶片多扇形，有少数截形叶，叶片平均长 6.2 cm，宽 7.2 cm，叶面积

33.6 cm^2。叶柄平均长 7.14 cm，叶缘波状，有不同深度缺裂，叶片有中裂，一般裂深 2 cm 左右，短枝上少数叶片有中裂，其裂深 0.8 cm 左右。

树势中强，萌发率高达 83%，发枝力弱，成年树多发 1 枝，短枝多。130 年生树高 10.5 m，根系深不及 2 m，中心干通直，主干胸径 60.8 cm，主枝开张角 65° 左右，长势旺盛，层性明显，侧枝分布均匀，冠径 10.6 m，株产 19.7~26.0 kg。

在邳州，3 月下旬萌芽，4 月初破绽，4 月上中旬展叶，4 月下旬胚珠成熟，5 月上旬大孢子叶球开始脱落，6 月中旬为脱落盛期，9 月下旬采收，11 月中下旬落叶。

该品种适应性强，分布广，但产量不高，种核小，出仁率低，可通过杂交育种和实生选育等途径选育优良品系。

13. 邳县梅核

有大梅核、小梅核之分，群众常与前述梅核果相混淆，统称梅核，实系两个品种。邳县大梅核是从'邳县梅核'中选出的。

种实圆形或短椭圆形，先端渐钝，顶端下凹，有小授粉孔迹，下半部圆钝稍小，一般单粒重 6~7 g。种托直径 0.65~0.80 cm，种柄长 2.86 cm，着生种托处直径 0.28 cm。种柄端直，种托正托，不规则圆形。种实平均长 2.8 cm，宽 2.4 cm，外种皮黄色，被厚白粉，表皮下隐现透明棱状分泌腔，出核率 25%。

种核椭圆形，前端稍宽圆，后端略狭圆，顶端中凹成小缺口，末端维管束迹明显，两迹相距 0.18 cm，有时二者为木质连成一稍大突起，或连成鸭尾形。两侧棱明显，上半部棱稍宽，但不成翼状，下半部棱稍狭，仍明显。无背腹之分。种核平均长 2.44 cm，宽 1.88 cm，厚 1.36 cm，出仁率 78%。

100 年生根蘖树，生长旺盛，树高 13~15 m，主干胸径 45 cm，中心干与主枝长势相差悬殊，层性明显，主枝开张角一般小于 45°，冠径 12 m 左右。

新梢平均长 25 cm，基径粗 0.50 cm，节间长 3.0~3.5 cm。长枝多扇形叶，上部有少许三角形叶和截形叶。叶片较大，平均长 4.2 cm，宽 6.1 cm。叶柄平均长 5.2 cm。短枝叶多为 5 片以上，多扇形叶与截形叶，平均长 5.2 cm，宽 8 cm，叶面积 30.8 cm^2，大于长枝叶。叶缘波状浅缺裂，有中裂，其深 1 cm 以上。树龄愈小，枝条生长愈旺，叶片中裂愈深，叶色愈浓。抗旱力较强，夏季高温时期较少发生叶缘枯黄现象。

萌芽力强，生长旺盛，树势与成枝力均较强，幼龄期可发 6~8 枝，盛果期发 1~3 枝。根蘖树在肥培管理较好情况下，12 年生左右始果，实生树 20 多年生始果，有大小年结果现象。50 年生树株产可达 50 kg。

在邳州，3 月中旬萌芽，3 月下旬末破绽，4 月上旬展叶，出现大孢子叶球，4 月中旬展叶、抽生新梢，4 月中下旬胚珠成熟，4 月下旬末大孢子叶球开始脱落，5 月中旬至 6 月上旬新梢生长旺盛,6 月上旬至中旬新梢停止生长,6 月中旬大孢子叶球脱落旺盛,7 月上旬核壳开始形成,9 月下旬采收,10 月下旬叶转黄,11 月中下旬落叶。

该品种抗逆性强,夏季干旱高温时叶缘一般不发黄转枯,其种核小,种仁糯香而微苦,品质一般,正优选中。

14. 郯城金坠(图 21-15)

别名狮子头、锥子把金坠子、郯城梅核。因产地原为一乡,区划调整时一半土地为邳县管辖,故仍沿用原名'郯城金坠',是郯城金坠中较小的一种,为梅核类品种。

图 21-15 '郯城金坠'种核

种实长圆形或近圆形,先端圆钝,前部渐尖;平均长 2.7 cm,宽 2.3 cm。种托小,圆形,直径 0.57 cm,四周及表面凹凸不平,不陷入外种皮中。种柄平均长 3.4 cm,末端稍弯曲;外种皮橙黄色,薄敷白粉。种实平均单粒重 9.9 g,出核率 28.4%。

种核为梅核形,先端圆,渐尖,珠孔迹突起成一小尖。尾端两维管束迹小而近,相距为 1.8~2.0 mm,有的二者相合成一束迹。种核长 1.98~2.27 cm,宽 1.64~1.85 cm,厚 1.26~1.3 cm,平均单粒重 2.81 g,两侧有明显棱,中部稍宽,背腹稍有厚薄之分,出仁率 78%。

新梢生长较强,平均长 35 cm,有叶 12 片以上,多的可达 17~19 片,节间长 2.8 cm。叶片较大,平均叶长 5.2 cm,宽 7.1 cm,多三角形叶,中部有少数扇形叶。短枝有叶 10 片以上,多数 6 片左右,多扇形叶,有 1~2 片截形叶,叶片平均长 45.7 cm,宽 7.8 cm,叶色较深,叶柄长 4~6 cm。

树势强,60 年生树高 18.1 m,干端直,主干胸径 57.7 cm。下层主枝开张角 60° ~70°,层性明显,树冠圆头形,冠径 12.3 m。成枝力中等,一般外围发枝 2~3 个,叶色深。

萌发力、结实力皆强,短枝多,2 年生短枝即可形成大孢子叶球,6 年生以上容易形成大孢子叶球。大孢子叶球有双胚珠,也有 3~6 个胚珠,胚珠较小,基部直径约 2 mm,一般结 1~2 个种实。平均珠柄长 2.6 cm,珠托径 2.2 mm,珠托柄较短。大年种核明显较小,易丰产,株产 80 kg。

在邳州港上港中村,3 月下旬萌芽,4 月上旬破绽,4 月中旬小孢子叶球开始散粉,4 月下旬胚珠成熟,4 月中下旬新梢开始生长,4 月底至 5 月初授粉期结束,5 月上旬至 6 月中旬新梢旺长,6 月中下旬新梢停止生长,9 月底采收,11 月中旬开始落叶。

该品种夏季干旱时,结实多的树亦少见叶转枯黄。粒小,每千克 440~600 粒或更多,宜改接其他优良品种。

15. 珍珠子

别名早果子，为小粒型梅核品种。邳州、南通、连云港、宜兴、溧阳等地均可见及。

种实小，短椭圆形，先端圆钝，中央珠孔迹处略向下陷，上下端圆弧基本相同。种实平均长 2.14 cm，宽 1.98 cm，外种皮橙黄色，外敷白粉。种柄平均长 3.3 cm，略弯曲。种托正托，直径 0.79 cm，微下陷于外种皮中。平均单粒重 7.5 g，出核率 23%。

种核较小，广椭圆形，先端略尖，珠孔迹有一突尖，基部略圆浑，平均单粒重 1.78 g，长 2 cm，宽 1.42 cm，厚 1.23 cm。无背腹之分，两侧棱从上到下均明显，但不成翼状。两维管束迹相距较远，为 0.25~0.30 cm，无鸭尾状相连的木质化部分。内种皮淡嫩绿色，较厚，易剥，上下半截基本相等。种仁糯性较好，略有苦味，出仁率约 76%。

胚珠基部直径 2.5~2.8 mm，大孢子叶球多双胚珠，尚少见多于三胚珠者，珠托直径 2.5~2.7 mm，较小，胚珠为扁壶形，授粉孔圆孔状。

新梢平均长 23 cm，基径粗 0.4 cm，节间平均长 2.48 cm。短枝生长较好，顶芽发育亦好，着生 5 片叶以上的短枝占总短枝数的 59%。短枝有叶 7 片以上，叶片平均长 5 cm，宽 7.1 cm，多数为扇形叶。长枝有叶 10~12 片，扇形最多，截形叶次之，三角形叶最少，以自下而上第 5~8 片叶最大，平均长 3.9 cm，宽 5.6 cm，叶色深，多数叶片无中裂。

树势强，50 年生树高超 10 m，干高 1.6 m，胸径 36 cm，主枝直径 6~10 cm，主枝开张角 80°~90°，冠径 8 m。树冠卵圆形，树皮淡褐色，纵裂，裂纹较浅。根系深 2 m 左右，根系水平分布为冠径的 1.5 倍。萌芽力强，成枝力中等，幼龄期发 5~8 枝，成龄期发 1~3 枝，3 年生以上短枝一般可结种实 4~6 个，老树可结 1~3 个，有大小年结果现象，株产 50 kg 左右。

该品种种核小、早熟，对土、肥、水要求不高，抗逆性与抗病虫害能力均较强，有广泛适应性，可通过进一步单株选优，选出核大、质优、早熟的优良品系，以优化目前江苏省银杏核用品种结构。

16. 龙眼（图 21-16）

种实圆球形，状似龙眼而得名。邳州、宜兴等地栽培较多，其他银杏产区亦有分布。泰兴宣堡 300 多年生‘龙眼’植株，树高 20 m，干高 8 m，胸径 95.5 cm，层性明显，结果枝下垂，冠径 13.1 m，株产 100~150 kg，最高达 300 kg 以上。

种实顶端圆钝，中心有一凹陷，呈圆形或“一”字形，中有小授粉孔迹。外种皮红、橙、黄色，外敷厚白粉，表皮下隐约可见透明梭形分泌腔。种实平均单粒重 15.8 g，直径 2.7 cm，大者直径可达 3.1 cm，两侧各有一条不很明显的棱沟。种托正托，不规则圆形，直径 0.7~0.8 cm。种柄长 3.1~4.0 cm，种柄与种托相连处稍粗且扁宽。出核率约 24%。

种核圆形或近圆形，单粒种核重约 2.1 g，直径 1.6~2.2 cm，厚 1.4~1.5 cm。珠孔迹尖，先端突尖，末端维管束迹相距较远，大而显著，两维管束迹有时由木质形成一大颗粒或鸭尾状，上下左右都对称。两侧各有棱，中部明显增宽，但不成翼状。平均核壳厚 0.76 cm，种仁饱满，内种皮上端棕褐色部分占 2/3 多，味糯香甜，品质较好。平均出仁率 67.2%。

图 21-16 ‘龙眼’种核

萌发力强，短枝寿命长，30 年生以上短枝仍能形成大孢子叶球，并形成 2~3 个胚珠，以 2 个居多。有大小年结果现象，小年粒大，每千克 460~480 粒；大年粒小，每千克 600 粒以上。

叶片多扇形及三角形，中裂明显，尤以旺枝、幼树、萌蘖上的叶片中裂深，几乎将叶片分成两半。成年树、老年树一般叶裂深 1.0~1.5 cm。叶片平均长 4.3 cm，宽 6 cm，叶柄长 3.4~4.5 cm，叶色深，质较厚，平均叶面积 21.6 cm^2，叶片相对较大。长枝叶片小，短枝叶片大，短枝叶片平均长 5.4 cm，宽 7.2 cm，叶面积 29.2 cm^2。

树势强，成枝率高，一般幼树可发 8 枝以上，成年树发 1~3 枝，老年树发 1 枝。老龄树新梢一般长 20 cm 左右，发枝亦少。

在泰兴，3 月下旬萌芽，4 月中旬展叶，大孢子叶球出现，4 月下旬胚珠成熟，4 月底至 5 月初落花，5 月中旬至 6 月中旬第一次落果，以后陆续有落果，9 月中旬到 10 月上旬采收，11 月中旬落叶。

该品种属圆子类，抗逆性强，种仁糯性，少苦味，较香甜，品质较好，但种核较小，有待进一步优选。

17. 邳县大龙眼（图 21-17）

分布于邳州白埠乡等地，现存 200 多年生树，下挂枝数量少，产量仍在 50 kg 以上。

种实圆球形，上下端基本对称，上端圆宽，中心凹陷，中有一小授粉孔迹，或不明显。基部为正圆形，种托四周凹凸不平，略下陷入外种皮内。种托正托，平均直径为 0.92 cm，种柄直立，长 4.2 cm。外种皮橙黄色或偏红色，厚敷白粉。种实单粒重 13~15 g，直径 3.09~3.12 cm。平均出核率 22.5%。

图 21-17 ‘邳县大龙眼’种实和种核

种核圆形，直径 2.12~2.57 cm，厚 1.47 cm。上下对称，上半部圆钝，上端有小尖。两侧上下有明显宽棱，横径最宽处以下的棱特宽，呈翼状。下端两维管束迹大而明显，二者相距 0.35 mm，中部木质化形成鸭尾状，或基部圆形而不见鸭尾状。背部略圆，腹部略扁，平均单粒重 3.37 g，每千克 297 粒。平均种仁重 2.26 g，长 2 cm，宽 1.5 cm，厚 1.2 cm。平均出仁率 67.2%。

新梢平均长 27.4 cm，基径粗 0.43 cm，节间长 3.0~3.3 cm。长枝叶片稍小，上部多三角形叶，下部多扇形叶，偶有截形叶。叶片长约 4.4 cm，宽约 6.2 cm，平均叶面积 18 cm^2。短枝叶数多为 8 片以上，根蘖树短枝叶数多在 6 片以上。叶片较厚，叶色较深，叶脉较粗，多为扇形叶，少数截形叶。叶片平均长 5.3 cm，宽 8.0~9.5 cm，叶面积 27.9 cm^2，叶柄长 2.7 cm 左右。叶缘波状有浅缺，叶片有中裂，深 1.5~2.0 cm，强旺枝上叶片中裂明显。

树势强，萌芽力强，结实寿命长。幼龄树成枝力强，发枝 8~9 个，盛果期树可发枝 1~3 个，短枝易形成大孢子叶球，较丰产，易出现大小年结果现象，平均株产 40~50 kg，高者可达 100 kg。45 年生树高 7 m，冠径 11 m，主干胸径 26.4 cm，主枝开张角约 50°，株产 30 kg 左右。

在邳州，3 月下旬初萌芽，4 月初破绽，4 月中旬初展叶，大孢子叶球出现，4 月中旬叶全展，4 月下旬胚珠成熟，新梢生长，5 月上中旬新梢迅速生长，5 月底至 6 月上旬新梢停止生长，6 月上旬开始落花，7 月上旬种核木质化，10 月上旬采收，10 月底叶片转黄，11 月上旬落叶。

该品种抗逆、抗病虫性能较强，适应性广。种仁质细性糯、微甜，品质优，江苏全省可推广栽培。

18. 大圆铃

分布于邳州港上等地。

种实圆形或近圆球形，单粒重 11.8~15.7 g，平均长 3.1 cm，宽 2.96 cm。种托小，直径约 0.81 cm，表面凹凸不平，四面下陷，四边不整齐，正托。顶部有微尖，或平或呈圆凹形，珠孔迹有小尖，基部较平阔。外种皮橙黄色，薄敷白粉。种柄长约 3.1 cm，出核率 23.9%~25.7%。

种核为圆形，核尖突出成小尖，平均核长 2.1 cm，宽 1.97 cm，厚 1.2 cm。两侧有棱，明显，自顶至基部均可见，中部以下棱边宽成翼状。基部两束迹相距 0.3 cm 左右，较远，不相连。核壳末端较厚，种核单粒重 2.97~ 3.75 g。平均出仁率 77.8%。

生长旺盛，外围可发枝 2~3 枝，外围新梢长约 31 cm，有叶 11~16 片，节间长 3 cm 左右，长枝中上部多三角形叶，中部及中下部为扇形叶，少数截形叶。叶片有明显中裂，中下部叶片中裂较深。短枝一般有叶 5~8 片，或达 12 片，叶片较大，长约 5 cm，宽约 7.2 cm。

30~40 年生树，树高 8~12 m，树冠圆头形或自然平圆头形，冠径 10 m 左右。大枝开张，生长较旺，主枝间、主干与主枝间生长差异较小。短枝抽生第 2 年即可形成大孢子叶球，第 3 年结实，以 5~20 年生短枝结实能力最强。大孢子叶球多数为双胚珠，均能结实，亦有 3~4 个胚珠或 4~8 个胚珠，但结实很少。大孢子平均珠柄长 2.4 cm，直径 0.2 cm。

在邳州港上，4 月上旬萌芽破绽，4 月上中旬发叶与大孢子叶球出现，4 月下旬胚珠成熟吐水，7 月上中旬核壳形成，9 月下旬成熟采收，11 月中旬落叶。

该品种核形较大，结实多，易高产、稳产，但品质及可食利用率中等，可通过单株选优进一步选出优良品系。

19. 圆珠

别名大圆头、小圆头、大圆珠、小圆珠。分布于苏州洞庭山、邳州、宜兴、溧阳、南通等地。

种实近圆球形，先端浑圆，中央圆凹或呈"一"字形，珠孔迹突起成小尖，中部圆形。种实平均长 3.03 cm，宽 3.17 cm，重 12.3 g。外种皮橙黄色，外敷果粉。种托不正圆，表面与边缘凹凸不平，稍下陷。种柄长 2.57 cm，末端略弯曲。大孢子叶球多数双胚珠，亦有 3~6 个胚珠，结实单果多，但双果亦占相当比重。珠柄长 2.2~4.5 cm，珠托直径 0.23 cm，珠托柄较一般宽，与珠托直径几乎同宽，珠托柄长 0.21 cm。出核率 23.7%。

种核广椭圆形，平均重 2.2 g，长 2.20~2.47 cm。先端圆钝，珠孔迹微尖，下端两束迹明显，相距约 0.53 cm。背腹基本同厚，两侧棱较宽，中前半部呈翼状，顶端与末端具狭棱。

幼龄树发枝力强，叶片较大，下挂枝细弱；双胚珠多，虽有 3~6 个胚珠，但限于授粉而单果较多。

200 年生树树干端直，树高近 20 m，主干胸径 1.02 m，冠径 7.1 m，树冠宽圆筒形，大枝先端下垂，根系深 1.5 m 左右，枝粗在 0.4 cm 左右，平均长 21.4 cm 左右。叶片较大，一般叶宽可在 8 cm 以上，叶长 4.4~6.8 cm，有中裂，中裂深浅与枝龄及生长强弱有关，强枝深，老枝、短枝浅。叶色较深，叶柄长 4.4 cm 左右。

在苏州洞庭山，该品种物候期与'佛手''洞庭皇'等大体相近，但其 3 月中旬萌芽，表现稍早，4 月 20 日左右吐水，9 月上旬种实采收。

该品种适应性强，由于种核小而发展受到限制。

20. 糯米银杏

分布于宜兴张渚、茗岭、太华等地的山岙中。因雄株较多，一般不进行人工授粉，总产量 10 t 左右。

种实近球形，前部宽圆，顶端平，珠孔迹微凹入，平均单粒重 8.23 g，长 2.8 cm，宽 3 cm。外种皮橙黄色，偏深带红，厚敷白粉。种柄直或上端略弯，长 2.7~3.3 cm。珠托较小，近圆形，正托，四周下陷入外种皮中。出核率 24%。

种核圆球形，平均长 2.23 cm，宽 2.31 cm，厚 0.71 cm，重 1.9~2.0 g，先端略向一侧偏斜，珠孔迹处为一尖突，棱自上至下均可见。基部两维管束迹相距较远，突起明显，多数两束迹间无明显的木质化。背腹无明显厚薄之分。出仁率约 78%。

大枝先端均能抽枝，新梢平均长 24.7 cm，基径粗约 0.5 cm，有 13~17 片叶，叶长 4.6~6.4 cm，宽 9~11 cm，有明显中裂，裂口深达叶长一半，多数深 1 cm 左右。短枝叶片中裂不明显，叶柄长 4.2~4.8 cm。

萌芽力强，发枝力较强，有 5~11 枝。短枝结果能力强，结果短枝一般可形成 2 个大孢子叶球，均能结成种实，甚至可成串结实，从而出现大小年结实现象。大孢子叶球多双胚珠，偶有3~4个胚珠，最多可至8个。胚珠较小，珠托直径与胚珠相近或稍宽，珠托柄径粗0.2 cm左右，珠柄长2.7~3.3 cm，授粉孔形似喙状。

植株多为根蘖树，根系深1.7 m左右，树高16 m多，主干端直，胸径约78 cm，层性明显。主枝与中心干粗细相差悬殊，树冠圆头形，冠径6 m左右。株产一般50 kg左右，最高不超过100 kg。

在宜兴张渚，3月中旬萌芽，3月下旬到4月初破绽露绿，4月上旬展叶，4月中旬大孢子叶球成熟，4月中旬新梢生长，4月下旬至5月下旬新梢旺盛生长，8月下旬至9月上旬采收，11月中下旬落叶。

该品种适应性强，种仁饱满，香糯可口，无苦涩味，品质较好。种核芯小，在播种育苗的种核选用中受到限制。

二、引进品种

1. 海洋皇

原产广西灵川海洋乡，1986年由江苏农学院引入接穗，分发至泰兴、邳县等地繁殖。

种实椭圆形，平均单粒重13.8 g，长3.44 cm，宽2.8 cm。种实先端圆钝，顶端中央下凹，中有一珠孔迹。外种皮淡橙黄色，满被白粉，较厚。平均种柄长4.09 cm，种托小，直径0.5 cm，略凹陷入外种皮中，正托，柄略弯曲。出核率24.68%。

种核长椭圆形，单粒重大者可达4.23 g，小者仅2.2 g，平均重3.4 g，一般核长2.64 cm，宽2.0 cm，厚1.67 cm。种核顶部宽圆，中央有珠孔迹突起，尾端两维管束迹大而明显，相距2.5~3.3 mm，两维管束迹常木质相连，成小鸭尾形。种核两侧有棱，棱边狭窄，中下部近末端即不明显，有背腹之分，背部圆浑，腹部稍平缓。种核壳稍厚，种仁饱满，单粒重1.7~3.2 g，出仁率77.42%。

大孢子叶球多为双胚珠，偶有3个或以上胚珠，常1个胚珠发育成种实。胚珠基部直径0.18 cm，种托直径0.2 cm，种柄长2 cm。

萌芽率可达86%左右，树势一般，成枝力中等偏弱，盛果期树能发1~4枝，常发1~2枝。新梢平均长31.5 cm，基径粗0.7 cm，节间长3.2 cm，一般有叶14~16片，三角形叶多于扇形叶，叶面积平均20.6 cm^2。短枝有叶3~7片，最多达9片，平均长5.9 cm，宽8.0 cm，平均叶面积26.9 cm^2，多扇形叶，仅最上一片为三角形叶，叶片少有中裂，叶色较深。结实短枝率一般不超过25%，以5~20年生短枝结实为主，每短枝结实3~5个，种实大小均匀。

130年生树，高18 m，干高1.5 m，胸径89 cm，树冠圆头形，中心干端直，层性明显，主枝以79°角开张，冠径13.5 m，树皮褐色，皮纹纵裂，株产125 kg。

该品种种核大，品质较好，如满足其生长发育条件，则每千克种核可达236粒，商品价值高。

2. 甜心(图 21-18)

2012 年 12 月 26 日国家林业局授予‘甜心’植物新品种权,证书号第 566 号。2014 年由扬州大学从山东引进。该品种从‘泰山大龙眼’中选出,平均出核率 26.4%,百粒核重 285 g,每千克 351 粒,味香、糯,无苦味。该品种引进后,3 月 14 日芽膨大,3 月 18 日萌芽,3 月 23 日展叶,4 月 10 日新梢开始生长,新梢伸长始盛期、旺盛期、盛末期分别为萌芽后 23 天、46 天、60 天,主要生长天数 37 天;新梢增粗始盛期、旺盛期、盛末期分别为萌芽后 25 天、48 天、61 天,主要生长天数 36 天;叶片面积增长始盛期、旺盛期、盛末期分别为萌芽后 18 天、52 天、73 天,主要生长天数 55 天。

图 21-18 ‘甜心’种核

3. 金兵卫

日本主栽品种,主要产于日本爱知县中岛郡,2013 年由扬州大学引进。7 月中旬成熟采收,为早熟大粒品种。种核卵圆形,核形指数为 1.26,种核壳淡黄色,外观良好,出核率和出仁率分别约为 27.88% 和 74.00%,单粒重最大可达 3.9 g,较耐贮藏。引种后表现为生长旺盛,坐果率较高,品质较好。

4. 岭南

日本主栽品种,主要产于日本大分县大野郡,2013 年由扬州大学引进。种核近圆形,9 月下旬开始成熟采收,为中晚熟大粒品种。出核率和出仁率分别约为 25.77% 和 79.03%,种核平均单粒重 3.54 g,耐贮藏。引种后表现丰产质优。

5. 黄金丸

日本主栽品种,2013 年由扬州大学引进。种核圆形,9 月下旬开始成熟采收,为中晚熟大粒品种。出核率和出仁率分别约为 22.87% 和 73.76%,种核平均单粒重 3.18 g,耐贮藏。引种后表现早实、丰产、大粒、优质。

6. 藤九郎

日本主栽品种,主要产于日本岐阜县本巢郡,2013 年由扬州大学引进。9 月中下旬成熟采收,为晚熟大粒品种。种核核形指数为 1.17,种核壳色淡黄,外观良好,出核率和出仁率分别约为 27.74% 和 80.80%,种核单粒重最大可达 4.5 g,贮藏性能好。引种后表现为生长旺盛,叶大而厚,坐果率高,品质好。

三、选育品种

1. 宇香（图 21-19）

原代号为‘铁富 3 号’，由邳州市银杏科学研究所采用实生选种育成。1995 年通过江苏省农作物品种审定委员会审定。

树势强，4 月中旬开花，9 月底至 10 月初种实成熟，比原品种晚 10 天；叶厚而大，单叶面积比对照大 6.76 cm^2，4 年生最高株产 5.65 kg；抗逆性强，适合全国银杏适栽地栽培。栽培中注意解决授粉问题，春夏秋 3 次施肥，注意排涝，幼树春夏多道环割促花。

图 21-19 ‘宇香’叶片和种实

种实倒卵圆形，出核率 28.7%。种核宽卵形，出仁率 80.20%，粒大，种核平均单粒重 3.45 g，每千克 300~360 粒。种壳光滑洁白，外形美，品质优，无苦味，生食回味稍甜，熟食糯性好，香味浓。1990 年获全国银杏品种展示鉴评会第一名。

该品种早果性好，出核率和出仁率较高，对银杏蓟马和叶枯病有较强抗性。

2. 亚甜（图 21-20）

原代号为‘铁富 2 号’，由邳州市银杏科学研究所采用实生选种育成。1995 年通过江苏省农作物品种审定委员会审定。

树势较强，成熟期比‘宇香’略早，叶厚而大，单叶面积比对照大 2.27 cm^2，5 年生树最高株产 1.5 kg；抗性较强，适宜全国银杏适栽地栽培。栽培中注意解决授粉问题，春夏秋 3 次施肥，注意排涝，幼树春夏多道环割促花。

图 21-20 ‘亚甜’叶片和种实

种实倒卵圆形，出核率 29.37%。种核宽卵形，出仁率 78.94%，粒大，种核平均单粒重 3.18 g，每千克 300~360 粒。种壳光滑洁白，外形美观，品质优，稍苦或感无苦味，熟食糯性好，香味浓。1990 年在全国银杏品种展示鉴评会被评为优良品种。

该品种结果较早，出核率和出仁率高于一般品种，成熟期比‘宇香’略早，适宜全省各地栽培。

3. 佛香

由邳州市银杏科学研究所育成。2007 年通过江苏省林木品种审定委员会认定。

果壳光滑洁白，种仁少有苦味，品质上等，每千克 300~360 粒，出核率 26.30%，出仁率 78.79%。

该品种抗逆性强，产量高，12 年后丰产园亩产持续超过 500 kg。可种叶兼用。

4. 大金果

由邳州市银杏科学研究所育成。2007 年通过江苏省林木品种审定委员会认定。

属大果品种，果壳光滑洁白，种仁无苦味，外形美，品质上等，每千克 300~360 粒，出核率 26.10%，出仁率 78.50%。

该品种抗逆性强，大小年结果现象不明显，产量高，13 年后丰产园亩产持续超过 500 kg。

5. 银杏品种优良单株

扬州大学从 20 世纪 50 年代起对泰兴市的银杏品种、类型、分布、产量、生物学特性等进行了调查，遍及全省和全国银杏主要产区。对发现的优良单株进行测定和比较分析，决选出 13 株银杏核用优良单株（表 21-3）。

表 21-3　银杏核用品种优良单株

优良单株编号	品种	来源	树龄/年	树高/m	主干周粗/m	冠径/m	核形指数（L/D）	出核率/%	出仁率/%	粒重/kg
JSYX-1	佛指	泰兴	80	16.4	2.19	13.85	1.30	27.72	81.92	410
JSYX-2	佛指	泰兴	80	19.5	3.16	17.65	1.36	27.34	80.60	378
JSYX-3	佛指	泰兴	130	22.0	3.16	17.56	1.27	26.48	82.88	408
JSYX-4	七星果	泰兴	80	13.7	2.21	12.25	1.38	24.87	81.19	332
JSYX-5	佛指	泰兴	95	15.1	2.50	16.80	1.34	27.32	81.70	401
JSYX-6	佛指	泰兴	80	15.6	2.64	13.30	1.35	27.89	75.78	394
JSYX-7	小佛指	苏州	125	20.3	3.34	18.60	1.34	24.80	73.82	311
JSYX-8	洞庭皇	苏州	130	18.2	4.47	20.80	1.23	23.43	78.34	337
JSYX-9	大佛手	苏州	60	10.0	1.99	13.55	1.27	22.12	75.76	286
JSYX-10	大佛手	苏州	60	18.0	2.13	13.90	1.26	22.53	80.97	265
JSYX-11	大马铃	邳州	75	13.2	1.69	11.40	1.17	28.83	80.15	296

续表

优良单株编号	品种	来源	树龄/年	树高/m	主干周粗/m	冠径/m	核形指数(L/D)	出核率/%	出仁率/%	粒重/kg
JSYX-12	大佛指	邳州	60	10.0	1.78	12.40	1.31	26.83	77.66	398
JSYX-13	大龙眼	邳州	90	13.4	1.79	13.75	0.98	23.66	78.77	307

第四节　栽培技术要点

一、苗木繁殖

银杏苗木繁殖主要有根蘖繁殖、种子繁殖、嫁接繁殖和扦插繁殖等方式。银杏大面积育苗一般采用种子繁殖，即选用优良种核，按照每亩播种量 160 kg 左右的标准确定用种量，经消毒灭菌、层积催芽等处理后，开沟播种，1 年生苗可达 10~15 cm，3 年及以上生的实生苗可作嫁接核用品种的砧木。

二、立地条件与栽植

银杏喜温暖湿润气候条件，喜湿润、疏松、通气的土壤，怕涝渍，宜排水、保水良好的沙壤土。生产中应选择温、光、降水等气象因子适宜的区域发展银杏。银杏核用栽培既可成片发展，又可房前屋后、河堤地旁栽植。银杏苗木的定植可在秋冬和春季进行。栽植时，必须按照雌株∶雄株为 30∶1 配置授粉树，且雄株须定植在授粉时雌株的上风处，以便于进行自然传粉受精。

三、土肥水管理

银杏根系垂直分布一般不超过 2 m，根群主要分布在 20~80 cm 的土层。银杏的土壤管理：一是改良土壤质地，使土层深厚；二是调节土壤的酸碱度和提高土壤肥力；三是防止土壤污染，以满足银杏安全、优质生产需要。

银杏可分 3 次施肥：一是 10 月中旬，即采收后半个月，以土施厩肥或人粪尿为主；二是翌年 3 月上中旬，即花前 1 个月，以人粪尿为主；三是 6 月中下旬，即种实迅速膨大前半个月，土施人粪尿并结合叶面喷肥。3 次施肥量分别占全年的 3/5、1/5、1/5。萌芽、开花、新梢生长和种实膨大期需水量大，新梢生长期和种实膨大期尤甚，5 月下旬、6 月上旬和 7 月中下旬应及时供水。

四、人工辅助授粉

图 21-21 银杏人工辅助授粉

在银杏雌雄株比例失衡、花期不遇、花粉亲和力差以及授粉期气候条件不宜等情况下，需进行人工辅助授粉（图 21-21）。江苏省银杏产区一般在谷雨（4 月 20 日）前后 3 天进行授粉。授粉时，采集饱满充实、绿中泛黄的雄花烘取花粉，如雌株树体矮小，且花量不多，则采用点授法；如雌株树冠高大，且授粉任务大，则可按花粉∶砂糖∶硼砂∶水为 1∶1 000∶10∶10 000 配成花粉液喷雾授粉。30 年以上生单株年产种核 50 kg 的大树，5 g 花粉即可；5~7 年生的嫁接树，1 g 花粉可供喷雾授粉 3~5 株。

五、种核产量调节与控制

银杏树应根据气候环境、立地条件、栽植密度、嫁接高度、结果多少和栽培管理水平选择相应的树形，并根据银杏枝芽生长习性和结实要求进行修剪，保持良好的通风透光条件，培养高产、稳产、优质的树冠骨架。应充分利用结果空间，调节枝类比与养分分配，增加有效枝叶，并根据负载量调节施肥时期与授粉时间，及时疏花疏果，调节和控制大小年结果现象，延长结果盛期，达到早果、丰产、优质、高效的目的。

六、整形修剪

目前，银杏核用树形多采用开心形、纺锤形和自然圆头形。开心形多用三大主枝，每主枝配备 2~3 个侧枝，主枝间同级侧枝同侧分布，不同级侧枝相互错开，侧枝上直接培养大、中、小型结果枝组，同时注意培养主枝的背上枝组，内膛多配备大型枝组，中部适当配备中型枝组，外围多配备小型枝组，使主枝生长与结果、内膛与外围、上部与下部协调平衡；自然圆头形不留中央主枝，疏除并生枝、重叠枝，自然形成圆头形；纺锤形配备 5~7 个近水平生长、长度不足 1.5 m 的主枝。全树高 3.5 ~4.0 m，主枝上下错开，其上均匀配备各类枝组，主枝大小由下往上逐渐递减。不同树形的不同发育阶段，应根据其树势和负载量及生长发育空间运用相应的修剪技术进行调节。

七、树体保护与病虫害防治

银杏木质一旦裸露，极易腐烂，因此一切伤口、剪口均需修剪平整，并注意消毒、保护。

银杏的主要病害有叶枯病、叶斑病、苗期颈腐病等，弱树有时会发生黄叶病，有些地区还出现缺钾、缺铁、缺锌的生理病害。虫害有白蚁、超小卷叶蛾、樟蚕、天牛、木蠹蛾、金龟子、蓟马、刺蛾等。近年来，银杏病虫危害有加重趋势，防治应以增强树势、预防为主。发生病虫危害时应采用综合技术措施，需要化学防治时选用高效低残毒农药品种，并采用适宜的剂量和施药方法。

八、种实采收与种核贮藏保鲜

盛花后 150~160 天，种实由青转黄，由硬变软，外被白粉增多时采收。

银杏种实采后多采用堆积腐熟，去除外种皮，取出种核。将种核漂洗干净后晾干发白，再继续在常温条件下室内存放 8~10 天，使生命活动减缓，减少种核养分的消耗和水分损失。然后将种核装入麻袋置于冷库中，调节控制温度在 4 ℃ ±1 ℃，空气相对湿度 70%±10%，每 30 天抽样检查种核的霉烂率、失重率和种仁萎缩度，适时调节温度和相对湿度，随用随取，可贮藏 8~10 个月。置冷库贮藏前用 ^{60}Co γ 射线 100~112 Gy 剂量辐照，可显著抑制种核中胚芽的生长速度和长度，减少种仁的养分和水分消耗，提高种核的食用品质和商品品质。

（本章编写人员：何凤仁、杨家驷、钱炳炎、褚生华、陈鹏、王莉、李卫星、张传丽、陈娟）

主要参考文献

[1]何凤仁，赵有为．泰兴银杏的调查[J]．苏北农学院学报，1957，(1)：39-49.

[2]何凤仁．银杏的栽培[M]．南京：江苏科学技术出版社，1989.

[3]郭善基．中国果树志·银杏卷[M]．北京：中国林业出版社，1993.

[4]陈鹏．银杏苗木配套繁殖[Z]．北京：国家农业部电影电视中心，江苏农学院电教中心，中央电视台，1992.

[5]陈鹏．中华人民共和国国家标准：银杏种核质量等级[S]．北京：中国标准出版社，2006.

[6]江苏省绿化委员会办公室．江苏古树名木名录[M]．北京：中国林业出版社，2013.

[7]陈鹏，何凤仁，钱伯林，等．中国银杏的种核类型及其特征[J]．林业科学，2004，40(3)：66-70.

[8]陈鹏，韦军，余碧钰，等．银杏外种皮的开发利用[J]．植物杂志，1996，(3)：13.

[9]李卫星，甄珍，陈鹏，等．银杏雄株叶片和花粉主要类黄酮成分含量分析[J]．中国农业科学，2010，43(13)：2775-2783.

[10]张传丽，陈鹏，仲月明，等．银杏类黄酮 O- 甲基转移酶基因克隆与表达分析[J]．园艺学报，2012，39(2)：355-362.

第二十二章　核桃

/ 栽培历史与现状 / 种类

/ 品种 / 栽培技术要点

第一节　栽培历史与现状

中国是核桃起源中心之一，有 2 000 年以上的栽培历史。目前核桃在中国主要分布在新疆、甘肃、青海、宁夏、陕西、山西、河北、北京、辽宁、天津、河南、山东、安徽、湖北、湖南、四川、贵州、云南、广西、西藏等 20 多个省（区、市）。《徐州志·卷二》（1576）有关于核桃的记载，其他地方史志也有所记述，说明江苏栽培核桃已有 400 多年。但江苏核桃栽培零散，未有规模化商品生产。

1958 年后在发展果树栽培的热潮中，曾向新疆、山西等地大量引种核桃，成片栽植，出现了万亩核桃园（如泰兴市北新公社的万亩核桃园）。江苏省中国科学院植物研究所（南京中山植物园）曾经引入一些核桃品种，并以枫杨为砧木嫁接成活（图 22-1）。但当时的盲

图 22-1　南京中山植物园中以枫杨为砧木嫁接的核桃树

目发展，违反了适地适树、因地制宜的自然规律，加上管理不善，生产效益低，许多核桃园或更换树种或荒弃衰败。到 1982 年果树资源普查时，江苏全省成片核桃只有 2 055 亩。据 1990 年中国各省核桃产量调查统计，江苏省核桃总产量 4 t，占全国产量的万分之一，全国排名第 23 位。其后，农村实行家庭联产承包责任制，由于核桃收益不高，仍继续被淘汰，现已所剩无几，仅在部分地区有零星栽植（图 22-2 至图 22-4）。近年来核桃在江苏省内的生产面积、产量和产值情况见表 22-1。

图 22-2　泰州高港核桃种植园

图 22-3　连云港核桃种植园

图 22-4　扬州仪征核桃种植园

表 22-1 江苏省核桃生产面积及产量产值统计表

年份	总面积 / 亩	总产量 /t	总产值 / 万元
2012	13 452	921	3 590
2013	24 843	4 494	6 264
2014	29 844	6 751	4 670
2015	36 000	9 000	5 000

第二节 种类

核桃属（*Juglans*）植物共有 20 个种，中国现有 9 个种，其中 4 个为引进种。原产的 5 个种分别为核桃、核桃楸、麻核桃、野核桃和漾濞核桃，江苏省有前 4 个种。

（一）核桃（*J. regia*）

别名胡桃、羌桃。

落叶乔木，树高可达 30 m。树冠广圆形；树皮银灰色，老树皮呈不规则纵裂；小枝无毛。羽状复叶，小叶 5~9 片，少数 13 片，椭圆形或倒卵圆形，先端急尖或圆钝，全缘，无毛或叶背脉腋间有少量簇毛。单性花，雌雄同株；雄花为柔荑花序，长 10~15 cm，着生于 1 年生枝条的中下部；雌花着生在新梢的顶端，多数有 2~3 朵花簇生，也有单生或 10~15 朵以上串状着生的。果实为假核果，呈球形或椭圆形，无毛，绿色；内果皮（核壳）木质化，表面多皱纹或呈刻沟状。可食部分乃内果皮包裹的子叶和胚。

核桃适应性强，江苏全省各地均能生长；对土壤选择要求不高，但以肥沃的含石灰质轻质壤土最适宜。

（二）核桃楸（*J. mandshurica*）

别名山核桃、山楸、楸子。

落叶乔木，高可达 20 m。树冠广圆形；树皮深灰色，纵裂；小枝具腺毛。小叶 15~23 片，长 7~18 cm，长圆形至卵状长圆形，先端渐尖，边缘具细锯齿，叶背被腺柔毛。总柄有褐色腺毛，柄极短。雄花为柔荑花序，长 10 cm 左右；雌花为穗状花序，有花 5~10 朵。果近球形或卵形，先端尖，绿色，有腺毛；核长圆形，先端锐尖，缝合线隆起，有 6~8 条棱；核壳厚，内具骨质厚隔膜。

生长迅速，抗寒、耐旱、耐涝。材质细致，不翘不裂。出仁率低，含油分多，油味香美，可作核桃砧木。

（三）麻核桃（*J. hopeiensis*）

别名河北核桃。

乔木，高可达 20 m。树皮银灰色。小叶 7~15 片，椭圆形至长卵圆形，长 10~23 cm，全缘或具浅锯齿，叶背脉腋间有簇毛。雌花序有花 5 朵。果球形，腺毛稀疏或无，略现 4 棱，直径 4~5 cm；核有 8 棱，先端突出，核壳厚，皱纹多，内具骨质厚隔膜。

种仁小，不堪食用，可作核桃砧木。

（四）野核桃（*J. cathayensis*）

别名华核桃、铁核桃、山核桃。

乔木，高可达 25 m。嫩梢绿色，被腺毛。羽状复叶，小叶 9~17 片，长 8~15 cm，呈长卵圆形，先端渐尖，叶缘锯齿细；叶面具稀疏柔毛；叶背中肋及叶柄密被腺毛。雄花序长 20~35 cm。每果序有果 6~10 个。核卵圆形，顶端尖，有 6~8 棱。

壳厚，仁小，食用价值不高。可作核桃砧木。

第三节　品种

江苏省栽培或保存的核桃资源均为引进品种。

1. 阿克纸皮

1978 年从新疆阿克苏扎木台造林试验站引进，实生繁殖。涟水蒋庵有少量植株。1985 年靖江市再次引种繁殖。

坚果卵圆形，较大，平均纵径 4.3 cm，横径 3.6 cm，单果重 12.2 g。顶端尖，基部圆形或略平，缝合线平。壳面平滑，刻沟少而浅，壳厚度 0.4 mm，薄如纸，故名。内褶壁薄，取仁极易，出仁率 67.2%，仁饱满，味甜，品质上等。

树势强，萌芽力中等。实生繁殖 5~7 年开始结果，以中短枝结果为主，较丰产。在涟水，3 月下旬萌芽，4 月中下旬开花，9 月中下旬成熟，10 月下旬至 11 月初落叶。

该品种早实，适应性强，较抗寒，缺点是在贮运时易破损。

2. 露仁核桃

1978 年从新疆阿克苏扎木台造林试验站引进，实生繁殖。涟水蒋庵有少量植株。1985 年靖江市再次引种繁殖。

坚果椭圆形，平均纵径 3.8 cm，横径 3.0 cm，单果重 7.6 g。顶端尖突，基部稍平，缝合线突起。壳厚 0.5 mm，壳局部退化，有孔，核仁外露可见，故名。内褶壁薄，取仁容易，出仁率 65.4%，仁甜饱满，品质上等，产量中等。

树势强，枝条较软。萌芽力中等，成枝力弱，枝条稀。

在涟水，3 月下旬萌芽，4 月中下旬开花，9 月中旬成熟，10 月底落叶。

该品种因壳薄，露仁易遭鸟害，不耐运输，耐寒与耐旱力较差。成熟期遇雨，种仁易烂。

3. 隔年核桃

种子 1974 年引自新疆库车、阿克苏，实生繁殖。涟水石湖果园、城东林场以及宿迁市果园有少量栽培。

坚果长圆形，平均纵径 4.2 cm，单果重 16 g。顶端突出，基部圆形或稍平。壳面平滑，刻沟浅，缝合线突起，壳厚 1.4 mm。取仁易，可取全仁，出仁率 48.5%，味稍甜，品质上等。

树势中庸，萌芽力强，成枝力中等，几乎每节都能抽生短枝。实生繁殖 2~4 年结果，以中短枝结果为主。每果枝坐果 1.1 个，自然落果较轻，产量中等。

在涟水，3 月下旬萌芽，4 月中下旬开花，9 月上中旬成熟，11 月上旬落叶。

该品种适应性强，耐湿，较抗黑斑病。

4. 长薄壳

种子 1978 年引自新疆和田、阿克苏，实生繁殖。分布于涟水、沭阳和靖江等地。

坚果长圆形，平均纵径 3.9 cm，单果重 14.6 g。果顶端微尖，基部圆形或稍平。壳面较平滑，刻纹浅，缝合线稍突出，壳厚 1.2 mm，内褶壁膜质。可取全仁，出仁率 55.6%，品质上等。

萌芽力与成枝力均中等，短枝较多。实生繁殖 5 年始果，以中短枝结果为主。每果枝平均坐果 1.1 个，较丰产。

在涟水，3 月下旬萌芽，4 月中旬开花，9 月中下旬成熟，10 月下旬至 11 月上旬落叶。

该品种壳薄易取仁，品质佳，抗逆性强。

5. 丰产薄壳

种子引自新疆库车、和田，实生繁殖。分布于涟水、靖江等地。

坚果卵圆形，平均纵径 3.8 cm，单果重 15.4 g。顶端尖点突出，基部圆形稍平。壳面平滑，刻纹浅，壳厚 1.1 mm。可取全仁，出仁率 58.6%，品质上等。

树势中庸，萌芽力中等，成枝力弱。实播 5~7 年结果，以短枝结果为主，持续结果能力中等，侧枝形成结果枝能力稍强，果多双生。每果枝平均坐果 1.5 个，较稳产，丰产，12 年生单株产果 23.8 kg。

在涟水，3 月下旬萌芽，4 月中旬开花，9 月中旬成熟，10 月中下旬落叶。

该品种抗逆性强，适应性强。

6. 粗皮薄壳

种子引自新疆喀什，实生繁殖。分布于涟水、泗阳、洪泽、靖江等地。

坚果长圆形，平均纵径 3.3 cm，单果重 15.5 g。果顶小，微尖，基部圆形。壳面较粗，刻纹深，分布密，缝合线稍突起，壳厚 1.1 mm。易取仁，可取全仁或半仁，出仁率 54.8%，品质中上等，仁较香。

成枝力较强，长枝多。实生繁殖 5~7 年始果，以中短枝结果为主，顶芽持续结果能力较强。

在涟水，3 月下旬萌芽，4 月中旬开花，9 月中旬成熟，10 月中下旬至 11 月上旬落叶。

该品种适应性强，耐寒、耐旱，抗黑斑病。

7. 中绵核桃

种子引自山西、新疆，实生繁殖。盱眙、泗阳、洪泽等地有少量栽培。

坚果卵圆形，平均纵径 3.3 cm，单果重 13.6 g。壳面较平滑，刻纹浅，缝合线稍突起，顶部突出，壳厚 1.8 mm。内褶壁较发达，隔膜革质，可取半仁至 1/4 仁，出仁率 43.4%，品质中等。

树势强，萌芽力低，成枝力中等，实播 7~8 年开始结果，长枝多，以中长枝结果为主，顶芽持续结果能力一般，产量中等。

在涟水，3 月下旬至 4 月初萌芽，4 月中旬开花，9 月中旬成熟，10 月中下旬落叶。

该品种适应性较强，较耐寒、耐旱，易感染黑斑病（图 22–5）。

图 22–5　核桃黑斑病

8. 木马核桃

种子引自新疆，实生繁殖。涟水有零星栽培。

坚果长圆形，较大，平均纵径 4.8 cm，横径 4.1 cm，单果重 22.7 g。顶端具小尖。壳面较平滑，缝合线平，易开裂，壳厚 1.8 mm。隔膜较薄，核仁饱满，易取仁，出仁率 48.3%，品质较佳。

树势强，萌芽力、成枝力均中等。实生繁殖 7~8 年结果，以中短枝结果居多，产量中等。

在涟水，3 月下旬萌芽，4 月中旬开花，9 月中下旬成熟，10 月下旬落叶。

该品种耐寒、耐旱。

9. 夹仁核桃

种子引自新疆、陕西，实生繁殖。洪泽、涟水、连云港等地均有少量栽培。

坚果大，长圆形，平均纵径 4.2 cm，单果重 20.4 g。壳厚 2.4 mm，取仁易，出仁率 41%，品质中等。

萌芽力中等，成枝力弱。实生繁殖 6~7 年始果，以中短枝结果为主，顶端坐果率高。平均每果枝坐果 2.2 个，较丰产。

在涟水，3 月下旬萌芽，4 月中旬开花，9 月上中旬成熟，10 月下旬至 11 月上旬落叶。

该品种耐寒、耐旱力中等，黑斑病较重。

10. 夹核桃

引自山西、新疆，实生繁殖。盱眙、洪泽、涟水、泗阳、灌南、苏州等地有零星栽培。

树势较强，萌芽力中等，成枝力低。实生繁殖 6~8 年始果，以短枝结果为主，产量较低。

在涟水，3 月下旬至 4 月初萌芽，4 月中旬开花，9 月中下旬成熟，10 月下旬落叶。

该品种适应性强，较抗病。

11. 汾阳绵核桃

1958 年从山西汾阳引进，实生繁殖。泰兴北新曾有栽培。

坚果卵圆形，平均单果重 12.5 g，大小不整齐。壳面刻纹深而明显，缝合线浅，稍突出，顶部尖点小，壳较厚。内褶壁明显，隔膜窄而硬，取仁较易，出仁率低于 50%。生食微涩，炒熟后香，品质一般。

树势中庸，萌芽力中等，成枝力强。实生繁殖 10 年始果，以短枝结果为主，自然落果重，产量低，且大小年结果现象严重。

在涟水，3 月下旬萌芽，4 月初展叶，4 月底开雄花，4 月中旬至下旬开雌花，9 月下旬成熟，11 月中旬落叶。

该品种始果期迟，耐旱、不耐涝，黑斑病重，虫害亦重。

12. 球核桃

自山西引入，实生繁殖。盱眙、灌南、涟水、沭阳等地有零星栽培。

坚果小，球形或卵圆形，平均纵径 2.9 cm，单果重 14.3 g。壳面粗糙，刻纹深，分布密，果顶稍突出，壳厚 2.3 mm。内褶壁发达，隔膜骨质，厚而坚硬，取仁难，取碎仁，出仁率 35.7%，品质差。

树势较强，萌芽力低，成枝力中等，多长枝结果。实生繁殖 8~10 年始果，侧枝不易死亡，产量较低。

在涟水，3 月下旬萌芽，4 月中下旬开花，9 月中下旬成熟，10 月中下旬落叶。

该品种适应性强，耐寒、耐旱，比较抗病。

另外，自 1974 年以来，涟水李文雄陆续从新疆引进核桃品种，在繁殖、栽培过程中进行性状调查和优选，共优选出 8 个性状优良的实生单株，命名为‘涟新 7801’‘涟新 7802’‘涟新 7805’‘涟新 7808’‘涟新 7811’‘涟新 7812’‘涟新 8001’和‘涟新 8002’。

第四节　栽培技术要点

一、适地栽培

江苏省部分地区可以栽培核桃，生产上应特别注意选择地势较高，没有水涝的土地栽培。在雨水丰沛、地势低洼的地区，核桃易徒长、多病，导致产量低，经济效益差，不宜成片栽培，晚实核桃更是如此。对于早实核桃（如新疆隔年核桃）经单株选优后可在部分地区适量栽培，并配置授粉品种，实行集约化栽培。'长薄壳''丰产薄壳'和'粗皮薄壳'较适合在江苏推广。

二、土肥水管理

冬翻改土，施足基肥，花前和硬核期两次追肥，并辅以根外追肥（锌、锰、铜、硼）防治缺裂症，注意降渍排涝，花前遇旱时进行灌溉。

三、修剪

为避免引起伤流，结果树修剪时期宜在采收后到叶片变黄前、幼树在春季展叶以后。通常采用疏散分层形，培养好主枝、副主枝，保持良好的从属关系，建造牢固的骨架（图 22-6）。处理好背下枝和下垂枝，为避免出现枝条"倒拉"现象及背上和上部枝的死亡现象发生，要及时缩剪及疏除，并注意抬高开张角度。培养大、中型结果枝组，充分利用辅养枝和徒长枝；分期处理轮生枝、并生枝、交叉枝、重叠枝，避免大砍大锯。

图 22-6　核桃树体培养

四、病虫害防治

江苏省核桃主要病害有黑斑病、枝枯病，虫害主要有云斑天牛、刺蛾和金龟子等。发芽前喷1次波美2°石硫合剂，在雌花开放前后和幼果期各喷1次石灰倍量式波尔多液，或喷1 500倍50%甲基托布津可湿性粉剂。天牛要注意捕杀成虫，控卵和虫孔堵毒签熏杀。

五、采收

当核桃外果皮转为淡黄色、部分开裂、个别核桃脱落时即为采收适期（图22–7）。采后堆放3~5日，随时翻动，以免总苞腐烂污染坚果果壳。脱苞后的湿核桃应在3小时内水洗、漂白，先晾干后再晒干。

图22–7 待采收的核桃

（本章编写人员：王福林、陈应觉、李文雄、郭忠仁、贾晓东、朱灿灿、翟敏）

主要参考文献

[1]郗荣庭，张毅萍．中国果树志·核桃卷[M]．北京：中国林业出版社，1996.

[2]裴东，鲁新政．中国核桃种质资源[M]．北京：中国林业出版社，2011.

[3]靳学强，张树振，王晋安．优质核桃栽培新技术[M]．北京：华夏翰林出版社，2013.

[4]柳鎏，孙醉君．中国重要经济树种[M]．南京：江苏科学技术出版社，1986.

[5]郗荣庭．核桃（中国果树科学与实践）[M]．西安：陕西科学技术出版社，2015.

[6]任成忠．中国核桃栽培新技术[M]．北京：中国农业科学技术出版社，2013.

[7]中国科学院中国植物志编委．中国植物志第21卷[M]．北京：科学出版社，1979：30–37.

第二十三章　长山核桃

/ 栽培历史与现状 / 种类
/ 品种 / 栽培技术要点

第一节　栽培历史与现状

长山核桃，别名美国山核桃、薄壳山核桃，1905 年前后由传教士从美国带来少量种子，种植于江阴市，这是中国最早的美国山核桃引种记载。从 20 世纪 20 年代起，南京等地曾多次从国外引进种子与苗木，同时也从已经结实的美国山核桃树上采种、育苗并推广。南京、江阴、苏州、淮安、海州、扬州等地现均存有数十年生的大树，其中以南京地区最为集中（图 23-1、图 23-2），数量最多。1975 年，南京地区 10 年生以上的大树达 12 900 余株，江阴、宜兴均有成片栽培，镇江、无锡、盐城、如皋、射阳等地则有零星栽植。

图 23-1　孤植于南京中山植物园内的美国山核桃

长期以来，江苏省有关单位和学者，在美国山核桃的引种、育种和繁殖推广等方面，不断取得进展。叶培忠早在 1942 年即

图 23-2　南京中山植物园内的美国山核桃行道树

对江阴的美国山核桃进行调查研究，认为美国山核桃适宜在中国栽培，并对其中的大果丰产单株采种繁殖。孙宏宇在20世纪40年代末至50年代初对南京地区11~52年生的104株美国山核桃进行比较观察和分析鉴定，选出3个在丰产性、果形和品质方面都比较突出的实生单株，进行繁殖推广。20世纪70年代以来，江苏省中国科学院植物研究所和南京林业大学都曾对南京的美国山核桃进行了调查、鉴定和选育，开展了生物学特性的观察和试验研究，并就生产上存在的问题进行了探讨，对促进美国山核桃栽培及发展起到了一定作用。近10年来，江苏省农业科学院、南京林业大学、江苏省中国科学院植物研究所等单位先后开展了品种筛选、容器育苗、早果丰产技术等研究。

2010年以后，美国山核桃产业发展进入一个新的快速上升期，种植面积迅速上升，种植户种植热情高涨，出现了一批规模化、良种化的种植园区，其中以私人企业投资为主，且多有科研院所、大专院校的产学研帮扶技术团队，形成了产业发展的强劲势头。据不完全统计，2019年全省薄壳山核桃种植面积达18万亩，年产干果约50 t。目前，省内各市均有薄壳山核桃种植，其中尤其在南京市六合区周边、宿迁市泗洪县、连云港市东海县、句容市、常州市武进区、宜兴市等地出现了一批重点推广地区。

第二节　种类

长山核桃（*Carya illinoensis*），为胡桃科（Juglandaceae）山核桃属（*Carya* Nutt.）植物。山核桃属约有15种，主要分布在北美洲。亚洲东部产4种，分别为山核桃（*C. cathayensis*）、湖南山核桃（*C. hunanensis*）、贵州山核桃（*C. kweichowensis*）和越南山核桃（*C. tonkinensis*），这些均原产于中国。山核桃属分为裸芽山核桃组和镊合芽鳞山核桃组。裸芽山核桃组，冬芽裸露，不具芽鳞；复叶具5~7枚小叶；外果皮有或无翅状纵脊，山核桃、湖南山核桃、贵州山核桃和越南山核桃属于本组。镊合芽鳞山核桃组，冬芽具4~6芽鳞，镊合状排列；复叶具5~17枚小叶；外果皮通常有突起纵脊，美国山核桃属本组。

第三节 品种

一、引进品种

1. 波尼(Pawnee)

引自美国。1963年杂交,1984年发布,亲本为'Mohawk'×'Starking Hardy Giant'。雄先型,雌雄花期部分相遇,自花结实能力较强,雌花(图23-3)开花期及雄花散粉期在5月上旬。坚果椭圆形(图23-4),果形指数1.85,果顶钝尖,果基圆,横切面扁平,平均单果重7.10 g,出仁率57.10%,易脱壳。种仁金黄色,脊沟宽,脊沟靠果基部分深裂。该品种早实,有大小年结果现象。抗病性中等。

图23-3 '波尼'雌花序

图23-4 '波尼'果实

2. 马罕(Mahan)

原产美国密西西比州。由实生苗选出,亲本不详。雌先型,雌花(图23-5)开花期为4月下旬至5月初,雄花(图23-6)散粉期在5月上旬,雌雄花不相遇,自花不结实。坚果长椭圆形,

图23-5 '马罕'雌花序

图23-6 '马罕'雄花序

个极大（图 23–7），果形指数 2.24，果顶尖，果基圆，平均单果重 11.36 g，出仁率 56.4%，出油率 62.45%。种仁次脊沟深，基部开裂，有时基部不饱满（图 23–8）。早实丰产，有超负载倾向，坚果成熟晚，易脱壳，口感好。抗病性稍弱。

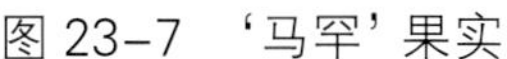
图 23–7 ‘马罕’果实

图 23–8 ‘马罕’种仁

3. 威斯顿（Western）

引自美国。1924 年命名，实生选育。雌先型，雌雄花期 5 月上旬至中旬，自花不能结实，必须配置授粉树（如‘波尼’‘马罕’‘切尼’‘艾略特’），嫁接后 4~5 年可结果。坚果长椭圆形，果形指数 1.98，果顶锐尖，果基尖，平均单果重 7.5 g，出仁率 51.9%，出油率 63.7%，风味香甜。10 月中下旬成熟，中熟品种。耐热、抗旱，易感病。

4. 肖肖尼（Shoshoni）

美国农业部美国山核桃试验站选育。1972 年命名。生长旺盛，具有腋花芽结果习性。雌先型，雌花期 5 月上旬，雄花散粉期 5 月中旬，自花不能结实，必须配置授粉树（如‘波尼’‘马罕’‘切尼’‘艾略特’），早果性强，嫁接后 3 年始果。坚果短椭圆形，果形指数 1.37，平均单果重 7.9 g，出仁率 55.0%，出油率 73.9%。10 月中旬成熟，中熟，成熟集中，易于采收。易感黑斑病、疮痂病。

5. 威奇塔（Wichita）

美国农业部美国山核桃试验站选育。1959 年命名，亲本为‘Halbert’×‘Mahan’。雌先型，雌花期 5 月上旬，雄花（图 23–9）散粉期 5 月中旬，自花不能结实，必须配置授粉树（如‘波尼’‘马罕’‘切尼’‘艾略特’）。嫁接后 4 年结果。坚果长椭圆形（图 23–10），果形指数 2.08，顶尖较锐而不对称，果基尖，平均单果重 7.7 g，出仁率高，达 64.2%，出油率 66.2%。果实外形美观，果形较大，结果早，易脱壳，口感好。易感疮痂病。

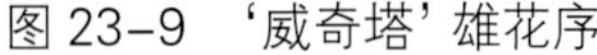

图 23-9 ‘威奇塔’雄花序

图 23-10 ‘威奇塔’果实

6. 莫克(Mohawk)

引自美国。雌先型,雌雄花期相近,因而能自花结实。坚果椭圆形,长 4.3 cm,宽 2.4 cm,大果型品种。果顶和果基钝圆,横断面稍显扁平。坚果外壳粗糙,有暗条纹。平均单果重 11.3 g,出仁率 59%。果仁金黄色至浅褐色。早实性强,丰产性好。大小年结果现象较为明显。易受冻害,尤其是大年之后更甚。较抗疮痂病。

7. 阿帕奇(Apache)

美国农业部美国山核桃试验站选育。1962 年命名,亲本为‘Burkett’ × ‘Schley’。雌先型。坚果卵椭圆形,果顶尖,果基钝,横断面圆形,平均单果重 10.2 g,出仁率 59%。种仁金黄色,基部明显裂开,壳薄,易于取仁。中熟品种。易感痂疮病。在美国,该品种的种子常用来培育砧木。

8. 巴顿(Barton)

美国农业部美国山核桃试验站选育。1953 年命名,亲本为‘Moore’ × ‘Success’。雄先型。坚果长,果顶钝,果基尖,横断面圆形,坚果基部的缝合线色暗,平均单果重 9.6 g,出仁率 57%。种仁金黄色,次脊沟较深,易脱壳。中早熟品种。

9. 卡多(Caddo)

美国农业部美国山核桃试验站选育。1968 年命名,亲本为‘Brooks’ × ‘Alley’。雄先型。坚果椭圆形,趋橄榄形,果基、果顶锐尖,平均单果重 6.85 g,出仁率 53%。种仁金黄色,脊沟宽,品质优。早实丰产。易感痂疮病。

10. 凯普费尔(Cape Fear)

引自美国。1941 年命名,'Schley'的实生后代。雄先型,雄花散粉较早。坚果椭圆形,果基、果顶钝尖,果壳条斑重,横断面圆形,平均单果重 10.2 g,出仁率 54%。种仁乳黄色至金黄色,脊沟宽,次脊沟深。早实、丰产,有时结果过多,应注意控制结果量,保证品质。叶子易感真菌性病害而导致落叶,对痂疮病抗性中等。适于高密度栽培。

11. 切尼(Cheyenne)

美国农业部美国山核桃试验站选育。1970 年命名,亲本为'Clark(Tex.)'×'Odom'。雄先型,雌雄花期部分相遇,自花不易结实。果形中等狭长,卵椭圆形,果形指数 2.14,果顶尖,果基圆钝,横断面圆形,平均单果重 7.9 g,出仁率 59%,出油率 72%。种仁淡乳黄色,脊沟宽而浅,易脱壳,品质好。抗痂疮病能力一般。早实丰产,树体小,适宜于密植栽培模式。

12. 契卡索(Chickasaw)

美国农业部美国山核桃试验站选育。1972 年命名,亲本为'Brooks' × 'Evers'。雌先型。坚果卵圆形,果顶尖,果基钝圆,横断面圆形,平均单果重 6.9 g,出仁率 55%。种仁金黄色,易脱壳。易感痂疮病,易受冻害。

13. 契可特(Choctaw)

美国农业部美国山核桃试验站选育。1959 年命名,亲本为'Success' × 'Mahan'。雌先型。坚果卵圆形至椭圆形,果顶钝,果基尖,横断面圆形,平均单果重 12.3 g,出仁率 58%。种仁乳黄色至金黄色,脊沟浅,壳极薄,易脱壳。

14. 德西拉布(Desirable)

引自美国。1948 年命名,亲本为'Success' × 'Jewett'。雄先型。坚果椭圆形,果基、果顶钝圆,果实横断面圆形,果壳粗糙,平均单果重 11.6 g,属大果型品种,出仁率 54%。种仁金黄色,脊沟宽,易脱壳。丰产,品质优良。抗痂疮病能力差。

15. 埃利奥特(Elliott)

引自美国。1925 年命名,实生选种而来。雌先型。坚果卵椭圆形,果顶锐尖,果基圆,坚果横切面圆形,坚果较小,平均单果重 6.9 g,出仁率 53%。种仁金黄色,脊沟宽,基部深裂,种仁饱满,壳厚中等,易脱壳,品质优良。萌芽早,易受早霜危害。结果较晚,大小年结果现象明显,产量中等。抗痂疮病。种子经常作砧木用。

16. 詹姆斯(James)

由美国密苏里州的乔治吉姆实生选种而育成。1898年命名。坚果长椭圆形，果顶尖，果基钝圆，平均单果重6.5 g，出仁率53%。壳薄，极易脱壳，是真正的"纸皮"品种。易感痂疮病。

17. 堪萨(Kanza)

美国农业部美国山核桃试验站选育。1955年杂交，亲本是'Major'×'Shoshoni'。雌先型。坚果较小，卵圆形，果顶尖，果基钝圆，横断面圆形，平均单果重6.0 g，出仁率54%。种仁金黄色，易脱壳。早实丰产，抗痂疮病。果实发育期短，适于北方栽培，与'波尼'可互作授粉树。

18. 金奥瓦(Kiowa)

美国农业部美国山核桃试验站选育。1976年命名，亲本为'Mahan'×'Odom'。雌先型。坚果长椭圆形，果基、果顶钝，横断面圆形，平均单果重11.9 g，出仁率58%。种仁金黄色，脊沟宽。晚熟品种。早实丰产，易感痂疮病。

19. 梅杰(Major)

引自美国。1908年命名，实生选种而来。雄先型。坚果近于圆形，果基、果顶钝，平均单果重5.9 g，出仁率49%。种仁乳黄至金黄色，脊沟宽而浅，品质优，易脱壳。早熟品种。抗痂疮病。

20. 莫尼梅克(Moneymaker)

在美国得克萨斯州实生选种而来。1896年命名。雌先型，雄花散粉期居中。坚果卵椭圆形，果基、果顶钝圆，横断面圆形，平均单果重7.4 g，出仁率50%。种仁浅棕色，主脊沟浅，次脊沟明显，具皱纹。果壳中等，易脱壳。早熟，较丰产，稳产。抗痂疮病，幼树易受冻害。

21. 佩鲁奎(Peruque)

引自美国。1953年命名，实生选种而来。雄先型。坚果卵圆形，果顶钝，果基阔圆，平均单果重5.6 g，出仁率59%。种仁金黄色，脊沟狭窄，基部深裂，品质优良，壳极薄。早熟品种。在适宜的土壤条件下，极丰产。抗痂疮病。

22. 波西(Posey)

引自美国。1911年命名，实生选种而来。雌先型。坚果卵圆形，果顶尖，果基钝，缝合线突起，平均单果重7.2 g，出仁率54%。种仁浅棕色，次脊沟明显。扩繁较难。早熟品种。抗痂疮病，抗霜冻。

23. 施莱(Schley)

引自美国。1898 年命名,'Stuart' 的实生后代。雌先型。坚果长椭圆形,果基、果顶锐尖,果形不对称,平均单果重 8.0 g,出仁率 62%。种仁脊沟较窄。易感痂疮病和溃疡病,抗蚜虫能力差。

24. 肖尼(Shawnee)

美国农业部美国山核桃试验站选育。1968 年命名,亲本为 'Schley' × 'Barton'。雌先型。果基、果顶钝,平均单果重 9.5 g,出仁率 57%。种仁金黄色,脊沟窄,果壳薄,易脱壳。抗痂疮病能力差。

25. 西奥克斯(Sioux)

美国农业部美国山核桃试验站选育。1962 年命名,亲本为 'Schley' × 'Carmichael'。雌先型。坚果长椭圆形,果基、果顶锐尖,坚果较小,平均单果重 6.5 g,出仁率 55%。种仁颜色美观,浅黄色,饱满充实,种仁脊沟窄,坚果品质优良,壳薄。有隔年结果现象,易感痂疮病。

26. 巨星寒(Starking Hardy Giant)

1950 年命名,由美国密苏里州的乔治吉姆实生选种而育成。雄先型。坚果长椭圆形,果基、果顶钝圆,横断面圆形,平均单果重 5.9 g,出仁率 58%。种仁脊沟窄,基部裂口窄,壳薄,易脱壳。早熟品种。

27. 斯图尔特(Stuart)

1722 年命名,实生选种而来,是美国最著名的品种,久经考验,曾长期作为标准品种。雌先型。坚果中等偏圆,近卵形,果形指数 1.59,果顶钝,果基圆钝,横断面圆形。平均单果重 9.3 g,出仁率 46%,出油率 72%。种仁充实饱满,壳厚 1.25 mm,脱壳性中等。丰产性极好,进入丰产期后产量远高于其他品种,稳产,但结果较晚。抗霜冻,抗风,抗痂疮病。

28. 萨塞斯(Success)

引自美国。1903 年命名,实生选种而来。雄先型。坚果卵椭圆形,果顶钝、不对称,果基钝圆,横断面圆形,果顶部的黑色条斑重,壳厚中等,平均单果重 9.4 g,出仁率 50%。种仁棕黄色或金黄色,脊沟宽而浅。较丰产,但易感黑斑病,叶和果实易感痂疮病。

29. 特贾斯(Tejas)

美国农业部美国山核桃试验站选育。1973 年命名,亲本为 'Mahan' × 'Risien'。雌先型。

坚果长椭圆形，果基、果顶尖，横断面圆形，平均单果重 8.5 g，出仁率 54%。种仁脊沟宽而浅，壳薄，易脱壳。极易感痂疮病。

30. 金华

1980 年由浙江省亚热带作物研究所选出，母本树位于金华市幼儿园（原为美国医生开办的福育医院）内。雌先型。株产果 15 kg，坚果卵圆形，平均纵横径 4.2 cm × 2.4 cm，果顶尖，果基钝圆，平均单果重 9.9 g，壳厚 10 mm（图 23–11），出仁率 54.2%，出油率 78.7%。果仁浅黄色，充实，易取，肉质细密，有香气，品质优良。5 月上旬开花，10 月中旬果熟。丰产。

图 23–11 ‘金华’果实

31. 绍兴

1980 年由浙江省亚热带作物研究所选出，母本树位于浙江绍兴龙寇山茶牧场内。雌先型。株产果 15 kg，坚果近圆形，大小中等，平均纵横径 3.6 cm × 2.2 cm，单果重 7.0 g，壳厚 11 mm，出仁率 47.3%，出油率 73.8%，品质优良。5 月上旬开花，10 月中旬果熟。较丰产。

32. 碧根源 3 号

引自江西省峡江美国山核桃研究所的美国山核桃无性系，原编号 25 号。果用经济林品种。雌先型。果实椭圆形，平均单果重 8.7 g，出仁率 55.6%。果长 4.3 cm，缝径 1.8 cm，腹径 2.1 cm，属于中型核果。果仁金黄色，口感清香。花期 5 月上旬，果实 10 月下旬成熟。适应性强，生长快，具有早实、稳产的优良特性。

二、选育品种

1. 鼓楼

1957 年由浙江农学院园艺系选出。母本树在南京市鼓楼区附近，故名。树龄 52 年，树高 20.6 m，树势中庸，树姿半开张，1 年生枝下部紫褐色，先端灰白色，皮孔大，圆形，黄褐色。羽状复叶，有小叶 11~17 片，色深绿。总苞 4 棱呈微突起。坚果大，长椭圆形，平均纵横径 4.9 cm × 2.1 cm，单果重 7.7 g，果面淡黄褐色，壳厚 0.9 mm，出仁率 50.6%，出油率 63.9%。果仁味甘美，香气浓，品质优良。5 月中下旬开花，10 月下旬果实成熟。丰产。

2. 莫愁

1957 年由浙江农学院园艺系选出。母本树在南京市莫愁路一宅院内，故名。雌先型。树龄 52 年，树高 24.3 m，树势强，树姿开张，1 年生枝粗壮，暗绿褐色，皮孔为椭圆形或长条形，黄褐色；羽状复叶有小叶 11~15 片，色浓绿。总苞 4 棱呈翼状突起。坚果大，广椭圆形，平均纵横径 3.8 cm × 2.5 cm，单果重 7.8 g，果面褐色，壳厚 1.3 mm。果仁肥大，肉质致密，味甘美，有香气，品质良好。出仁率 42.3%，出油率 68.4%。5 月中旬开花，10 月下旬至 11 月上旬成熟。丰产。

3. 钟山

1957 年由浙江农学院园艺系选出。母本树在南京市中山陵园。树龄 27 年，树高 9 m，树势强，生长旺盛，1 年生枝粗壮，淡黄褐色，嫩梢密被灰黄色茸毛，皮孔大，椭圆形，黄褐色，叶色深绿。总苞 4 棱呈翼状突起。坚果中等大，长卵形，平均纵横径 3.8 cm × 2.3 cm，单果重 7.0 g，果面黄褐色，壳厚 0.9 mm。果仁极肥厚，味甘美，香气浓，肉质细嫩，品质优良。出仁率 54.3%，出油率 73.4%。5 月中旬开花，10 月下旬至 11 月上旬成熟。较丰产。

4. 钟山 25

1974 年由江苏省植物研究所选出，母本树在南京中山植物园内。雌先型。树龄 15 年，树高 8.5 m，树势强，树姿开张，树皮呈块状剥裂；羽状复叶有小叶 9~13 片，叶色黄绿。坚果较大，长方柱形，平均单果重 9.8 g，果顶平，果肩宽，纵棱明显，果面土黄色，果顶有粗黑条斑延及坚果中部，并稀布黑色斑点，壳厚 0.9 mm。果仁肥厚，质致密，味甘美，有香气，品质优良。出仁率 45%，出油率 74.2%。5 月上中旬开花，10 月中下旬果熟。丰产，但大小年结果现象明显。

5. 钟山 26

1974 年由江苏省植物研究所选出，母本树在南京中山植物园内。雄先型。树龄 15 年，树高 8 m，树势中庸，树姿半开张，发枝力弱，叶色黄绿。坚果大，长椭圆形，纵棱明显，果面黄灰色，有粗黑条斑自果顶延及中部，并稀布黑色斑点，壳厚 0.9 mm。果仁饱满，肉质脆嫩，香甜，品质优良。出仁率 47.6%，出油率 77.5%。5 月中旬开花，10 月下旬果熟。丰产性不强，果大而含油率高为其主要特点。

6. 钟山 35

1974 年由江苏省植物研究所选出，母本树在南京中山植物园内。雄先型。树龄 17 年，树高 12 m，树势强，树姿较开张，发枝力强，树皮光滑，裂纹细，叶浓绿色。坚果中等大，平均单果重 8.3 g。果面暗灰色，果顶集中有黑色细条斑，壳厚 1 mm。果仁饱满，质细嫩，味甘美，香气浓，品质优良。出仁率 47%，出油率 70.3%。5 月上旬开花，10 月下旬果熟。较丰产，大小年结果现象不明显。是‘钟山 25’的良好授粉树。

7. 南京 1(板仓)

1979 年由南京林产工业学院和南京市苗圃管理处选出，母本树在南京太平门外板仓村。雌先型。树龄 30 年，树高 12.6 m，树势较强，树姿开张，总苞较厚，4 棱隆起。坚果平均纵横径 4.3 cm × 1.8 cm，单果重 6 g，纺锤形，果面褐色，果顶有黑色条纹和斑点，并延及坚果中部，壳厚 0.8 mm。果仁充实、易取，肉质致密，味甘美，富香气，品质优良，出仁率 57.6%，出油率 74.4%。5 月中下旬开花，9 月下旬到 10 月上旬果熟。早实，较丰产。

8. 南京 2

1979 年由南京林产工业学院和南京市苗圃管理处选出，母本树在南京紫金山北麓。雌先型。树龄 30 年，树高 12.8 m，树势较强，树姿开张，总苞较薄，4 棱微突起。坚果大，平均纵横径 4.0 cm × 2.3 cm，单果重 7.5 g，最重达 12 g，柱状椭圆形，果肩浑圆，果顶钝尖。果面浅灰褐色，有光泽，果顶有黑色窄条纹，并延至坚果中上部，间有稀疏小斑点，壳厚 0.8 mm。果仁的 2 片子叶常发育不均衡，一侧子叶常较另一侧的短 0.2~0.6 cm，是其突出特点。仁易取，质细嫩，味浓甜，有芳香，品质优良，出仁率 51.4%，出油率 71.6%。5 月中下旬开花，10 月下旬果熟。

9. 南京 9(南林)

1979 年由南京林学院和南京市苗圃管理处选出，母本树在紫金山北坡。雌先型。30 年生树，树高 12.8 m，树冠开张，树势较强，叶片小。坚果大，总苞较薄，平均纵横径 3.99 cm × 2.28 cm，单果重 7.53 g，最重达 12 g，长椭圆形，果肩钝尖，果顶钝圆。果面浅灰褐色，有光泽，有稀疏斑点，壳厚 0.84 mm。果仁充实，肉质细嫩，味甘美，有香气，品质优良，出仁率 51.4%，出油率 71.58%。花期 5 月中下旬，果实 10 月下旬成熟。结果早，丰产性能好。

10. 南京 137(园丁)

1979 年由南京林产工业学院和南京市苗圃管理处选出，母本树在中山陵园。雄先型。30 年生树，树高 16.7 m，树势强，树姿开张，叶片窄，弯曲，厚，色浓绿。坚果中等大，平均纵横径 3.5 cm × 1.8 cm，单果重 5.2 g，椭圆形，果肩钝尖，果顶尖。果面浅灰褐色，有光泽，果顶条纹粗黑，并延及坚果中下部，壳厚 0.8 mm。果仁充实、易取，黄白色，质细嫩，味甘美，有香气，品质优良，出仁率 50.5%，出油率 71.0%。花期 5 月中下旬，果实 10 月中旬成熟。丰产，但大小年结果现象明显。

11. 南京 138(培忠)

1979 年由南京林产工业学院和南京市苗圃管理处选出，母本树在中山陵园。雄先型。树龄40年，树高19.2 m，树势强，树姿开张，叶片小，总苞较薄，4棱微突起。坚果中等大，平均纵横径3.5 cm×2.0 cm，单果重5.7 g，最重达8.3 g，广卵形，果肩圆，果顶尖，果面土黄色，顶端有深褐色粗条纹，并延伸及坚果中部，壳厚0.7 mm。果仁较充实，易取，质细嫩，味甜，有芳香，品质优良，出仁率44.2%。5月中下旬开花，10月中下旬果熟。丰产。

12. 南京148（石城）

1979年由南京林产工业学院和南京市苗圃管理处选出，母本树在南京市莫愁路一宅院内。雌先型。树龄33年，树高21 m，树势强，树姿较开张，总苞薄，4棱微突起。坚果大，平均纵横径3.9 cm×2.1 cm，单果重7.8 g，卵圆形，果肩圆，着梗处稍突起；果顶两侧向内切而成扁形尖，并且略向一边歪斜，为其特征。果面淡褐色，具深褐色条纹，延及坚果中部，并有稀疏的小斑点，壳厚0.8 mm。果仁浅黄色，充实，易取，肉质致密，味甘美，香气浓，出仁率56.7%，出油率72.5%。5月中下旬开花，10月中下旬果熟。丰产。

13. 绿宙1号

选自早期从美国引进种植的美国山核桃实生树。果用经济林品种，雌先型。平均单果重7.8 g，出仁率47.8%，出油率78%，果形指数为2.1。南京地区雌花花期5月上旬，雄花散粉期5月中旬。早实，丰产，稳产，抗逆性强。

14. 茅山1号

2010年由江苏省农业科学院园艺研究所选出，母本树在江苏丘陵地区镇江农业科学研究所院内。雄先型。树高9.6 m，树势中庸，树姿半开张，老皮灰色，纵裂后片状剥落，奇数羽状复叶，有11~17片小叶。坚果短圆形，基部浑圆，平均单果重8.8 g，壳厚1.1 mm。果仁饱满，味香甜，出仁率48.7%。5月上中旬开花，10月下旬成熟。自花结实，适合农田林网及庭院栽植。

第四节 栽培技术要点

一、容器育苗

实生繁殖后代大都具有不同程度的变异，一般用于砧木培育。

1. 种子处理

应选择新鲜、充分成熟、饱满、无病虫的种子。美国山核桃没有明显的休眠期，可随采随播，也可进行层积处理。处理前对种子表面进行消毒，用5 000倍的高锰酸钾液浸泡10分钟，然后用流水冲洗种子表面的高锰酸钾。

如不层积，消毒后的种子在清水中浸泡5天，每天换水；然后做催芽苗床，利用地热线进行高温催芽，保持基质温度35 ℃；7~10天后种子露出胚根，即可挑出播种。层积处理，沙藏温度为2~3 ℃，2~3个月，层积前种子浸泡2~3天，每天换水，播种前可进行高温催芽，种子露出胚根，即可挑出播种。

2. 容器及基质

选择无纺布或控根容器，1~2年生容器苗应选择直径20 cm、高度25 cm的规格。基质按园土:泥炭:珍珠岩:有机肥为4∶3∶1∶2（体积比）的比例配制，每立方米基质中加4 kg控释肥（APEX 21-7-8）、10~12 g代森锌。

3. 嫁接繁殖

嫁接砧木多用本砧。美国山核桃由于叶柄基部隆起，皮层厚难于削取盾形芽片，故多用方块芽接法。嫁接时间为每年的6月至9月底。选取优良品种1年生达到半木质化的枝条作为接穗，现采现用，注意保湿。选取直径0.8 cm以上的砧木进行嫁接，用宽1 cm的塑料条严密包扎，在切口的右下角可以留1个“放水口”，以利于排水。

枝接多采用皮下接法，嫁接适期在3月底至4月上中旬。关键是接穗在嫁接前的妥善保存及嫁接时绑扎要严密。将休眠的枝条两侧各削一刀，形成双面楔，包膜封蜡，妥善保存。在生长季节，将生长旺盛的2~3年生美国山核桃砧木或木质化枝条横切至木质部，在切口以上进行斜切，长度3 cm，宽度视接穗粗度而定。将处理好的穗枝解开薄膜，然后垂直插入砧木切口处，用农用长效无滴膜从下至上绑缚，萌芽后及时剪掉嫁接口以上部分的叶片，促进生长。

二、建园

选择气候适宜、土层深厚、水分充足或灌溉条件良好的地点建园。起苗定植宜在11月至翌年3月间进行。1~2年生苗可以裸根移植，但根系要完整，主根至少要保留20 cm长，并保全其上的小侧根和须根。推荐采用容器苗建园，后期长势均一，且产量有保证。株行距（6~8）m×（8~10）m，即以每亩8~10株为宜。为提高早期产量可计划密植，每亩栽植28~44株，视树冠交叉情况，逐步移栽或间伐。美国山核桃雌雄异花，散粉期与可授期可能不遇，因此建园时必须合理配置品种，主栽品种与授粉品种的比例为（4~5）∶1，保证授粉。

三、肥水管理

幼年树对肥料要求不严格，一般每年在晚秋株施0.25~1.00 kg磷钾复合肥。成年树每年的施肥量按氮、磷、钾三要素计，每亩需纯氮6.7~8.0 kg，纯钾3~4 kg，以及相当数量的磷。氮肥宜在休眠期施用，均匀地撒在树的投影位置，春季树体开始生长后不宜施用氮肥，否则容易造成种仁生长过剩而外壳生长不足，落果。开花后的美国山核桃还应增施锌肥，施用方法是叶面喷施，一般是授粉后每隔3周喷施1次。

早春追施速效氮肥，有助于促进雌花的分化和成熟，增加有效花的比重，使得开花整齐，减少落花与结果。

7~8月是坚果发育的关键时期，即果壳硬化期，胚开始发育。此时坚果生长迅速，亟需水分、养分的供应，即处于“充水”阶段，如水分不足，则易引起大量落果而严重影响当年产量，故此期遇旱应及时灌溉。

四、整形修剪

美国山核桃顶端优势显著，幼树生长旺盛，整形应根据株行距、品种特性和立地条件而定。在株行距较大、直立性强、立地条件好的情况下，可采用疏散分层形；对开张性强和立地条件差的情况，可采用自然开心形。

疏散分层形树形培养：定植后选留合理高度定干，在抽生枝条中选留第1层主枝，以后随着中央领导干的生长，每年选留1层主枝。一般第1~2层间距为120~150 cm，第2层以上间距为80~100 cm。在有6~9个主枝时（树龄13~15年，树高5 m以上），重截中央领导枝，以改善内膛光照条件而稳定结果部位。

自然开心形树形培养：在定干高度以上按不同方位留出长势一致的2~4个枝条做主枝，主枝选定后要选留一级侧枝，每个主枝可留2个左右侧枝；一级侧枝选定后，再在其上选留二级侧枝，注意调节各主枝间的平衡。

五、采收与贮藏

美国山核桃成熟的标志是外果皮（总苞）开始干燥变褐，并于顶端沿4条棱线开裂，坚果自然脱落。一般当植株上有1/3的坚果自然脱落时，即为采收适期。采收时可用竹竿将树上的果实敲落，收集摊放于室内，堆厚15~20 cm，待外果皮全部开裂，即可取出坚果，洗净晾干。

采收的坚果在室温下保存如不超过5个月，则发芽力仍相当强。随着贮藏时间的延长，生命力与品质便逐渐下降，8个月以后将失去发芽力。长期贮藏必须在低温环境，在0~5 ℃条件下可贮藏1年而不影响发芽力；在 −15 ℃条件，可保存2年，颜色不发暗，不影响发芽力。

（本章编写人员：郭忠仁、贾晓东、翟敏）

主要参考文献

[1] Thompson T E, Young F. Pecan Cultivars-Past and Present[M]. Taxas: The Texas Pecan growers Association Inc, 1985.

[2] Worley R E. Compendium of pecan production and research[M]. Ann Arbor: Edwards Brothers Inc, 2003.

[3] Stein L A, McEachern G R, Nesbitt M L. Texas Pecan Handbook [M]. Taxas: Texas A griLife Extension Service Extension Horticulture Texas A&M University Colle ge Station, 2012.
[4] 中国科学院中国植物志编委. 中国植物志第21卷[M]. 北京:科学出版社, 1979: 38-42.
[5] 贾晓东,王涛,张计育,等. 美国山核桃的研究进展[J]. 中国农学通报, 2012,28(4): 74-78.
[6] 柳鎏,孙醉君. 中国重要经济树种[M]. 南京:江苏科学技术出版社,1986.
[7] 裴东,鲁新政. 中国核桃种质资源[M]. 北京:中国林业出版社,2011.
[8] 张计育,李永荣,宣继萍,等. 美国和中国薄壳山核桃产业发展现状分析[J]. 天津农业科学,2014,20(9): 47-51.
[9] 莫正海,张计育,翟敏,等. 薄壳山核桃在南京的开花物候期观察和比较[J]. 植物资源与环境学报,2013,22(1): 57-62.

第二十四章　柑橘

/ 栽培历史与现状 / 种类
/ 品种 / 栽培技术要点

第一节　栽培历史与现状

江苏柑橘栽培历史悠久，根据《禹贡》(公元前 3 世纪)载，“淮海惟扬州 …… 厥包橘柚，锡贡”。唐宋时柑橘生产已相当发达，新《唐书 · 地理志》(1606)“苏州吴郡，雄。土贡：…… 柑、橘、藕、鲻皮、鲊、昔、鸭胞、肚鱼、鱼子、白石脂、蛇粟”。白居易诗“浸月冷被千顷练，苞霜新橘万株金”，说明唐代吴县东西山已有成片橘园。《文昌杂录》(1085)“南方柑橘虽多，然亦畏寒，每霜亦不甚收。惟洞庭霜虽多，即无所损。询彼人云，洞庭四面皆水也，水气上腾，尤能辟霜，所以洞庭柑橘最佳，岁收不耗，正为此尔”。古时洞庭即指今苏州东西洞庭山，可见古人早已有利用山水自然条件栽培柑橘的丰富经验。宋代苏轼(1037~1101)的《洞庭春色》赋“安定郡王以黄柑酿酒，名之曰洞庭春色”。范成大《吴郡志》载有绿橘、平橘、塘南橘、脱花早红等 10 余个柑橘品种。综上所述，唐宋时对于柑橘栽培技术、品种、加工等方面均有相当研究，有些经验当今仍有参考价值。据明正德四年(1504)翰林侍续马所作《横麓山居记》记载，武进县有成片柑橘栽培。此时，启东、海门部分农民在宅旁零星种植实生福橘、柑子等，还有沿江农民栽种枳橙(当地称香圆)、金柑等。

至明代金柑已广泛种植，王象晋《群芳谱》(1621)载“金橘生吴粤、江浙、川广间”。《本草纲目》(1578)、《花镜》(1688)、《苏州府志》(1691)都有记载"金柑圆者为金豆,稍长者曰牛奶柑,常熟沙头最盛"。据此,早在17世纪前长江沿岸的常熟、太仓等地金柑栽培已很著名。此外,《太湖备考》(1750)、《常熟县志》《泰兴县志》《六合县志》等地方志的物产部分均有关于金柑的记载,可见明清时期江苏省金柑栽培以长江沿岸各市县为主,栽培面积不详。《扬州府志》《江都县志》载"果有……柑橘、柚、枳、香圆……"。1949年以前扬州是历代王朝政治、经济、文化、商业中心之一,官僚政客、商绅、文人雅士以庭前宅内种橘、艺橘为乐事。农村在屋前竹林背风向阳处有少量金橘、宽皮橘类栽培。到20世纪40年代前期形成大面积栽培。

1949年以后,江苏省柑橘生产得到发展。1958年,长江沿岸柑橘从少量引种到大规模成片栽培,大大超越柑橘的适应范围,南京、扬州、镇江、常州等地柑橘经济栽培未获成功。20世纪60年代后期开始,柑橘得到快速发展,形成"柑橘热"。1970年全省柑橘产量4 170 t,1974年达到9 180 t。20世纪70年代中后期开始,太湖沿岸低山丘陵推广了防寒栽培,柑橘面积迅速扩展,1978年柑橘面积达1.3万亩,1979年1.7万亩,产量1.47×10^4 t。栽培范围东起启东,北达大丰,西至南京。无锡市沿太湖一带于1979年冬至1980年春连片种植3 600亩。至1992年全省柑橘面积约6.8万亩。

20世纪90年代中后期全国柑橘产量迅速增长,又形成柑橘栽培热,江苏主产区苏州市1992年柑橘栽培面积达到历史最高(5.5万亩),全省在1997年一度达到7.2万亩。但随着交通运输条件大大改善,南方和四川柑橘大量涌入江苏市场,价格一跌再跌,柑橘难卖,导致全省柑橘生产大幅度调减,1999年全省柑橘栽培面积锐减到4.8万亩。2011年全省柑橘栽培面积5.21万亩,产量2.89×10^4 t,苏州、无锡分布最多,其中苏州以3.5万亩高居首位。2012年栽培面积5.18万亩,产量4.6×10^4 t,产值1.03亿元。2013年栽培面积4.4万亩,产量3.92×10^4 t,产值1.09亿元。2014年栽培面积4.11万亩,产量4.04×10^4 t,产值1.17亿元。2015年栽培3.9万亩,产量3.64×10^4 t,产值0.88亿元。其中苏州仅存2.4万亩,产量2.2×10^4 t,并呈逐年递减的趋势。无锡市柑橘栽培面积2 700亩,产量3 400 t。镇江市栽培面积3 928亩,产量2 944 t。

江苏柑橘主要分布在太湖沿岸丘陵常绿果区和太湖沿岸平原圩区,柑橘区划中属于亚热带边缘柑橘混合区北缘地区亚区。

太湖沿岸丘陵常绿果区包括东太湖和西太湖两部分。由于太湖水体调节,冬季以太湖为中心,始终存在着一个温度分布的暖中心。东太湖有洞庭东西山、光福、胥口、太湖等乡镇,是江苏省柑橘栽培的传统产区,栽培柑橘历史悠久,经验丰富,生产水平高。吴县(现属于苏州吴中)从1952年开始,未出现 -9 ℃以下的低温。西太湖有无锡的大浮、马山、雪浪、南泉,宜兴的洑东,武进的雪埝、潘家等乡镇。西太湖沿岸柑橘栽培滞后于东太湖,经常出现 -9 ℃以下的低温,属可种植区。

太湖沿岸平原圩区以吴江为主,包括太仓、常熟、张家港一带。由于西北寒流经过太湖水体后才达吴江,故冻害远较无锡一带轻。

苏州吴县1956年柑橘栽培面积为3 069亩,产量2 202 t。1983年制定了常绿果树基地建设规划,以发展温州蜜柑为主,高标准建设柑橘生产基地2.57万亩。到1990年柑橘栽培面积达2.89万亩。同时吴江平原圩区大力发展温州蜜柑,面积达1.8万亩。基本改变了老品种一统天下的局面,以'早红''黄皮''料红''福橘'为主的地方品种栽培面积降至55%,温州蜜柑面积占37%。2011年苏州市吴中区柑橘栽培面积2.14万亩,产量1.54×10^4 t,产值2 398万元。2012年降至2.02万亩,其中地方品种仅20%左右。为保护地方柑橘资源,苏州市吴中区政府于2013年启动了'洞庭红橘'的保护、利用与开发项目,并建立了红橘保护区(图24-1)。2015年吴中区栽培面积仅1.44万亩,产量7 175 t。

图24-1 红橘保护区(东山)

江苏柑橘除宽皮橘外,还有少部分香橙和金柑。

20世纪初,南通市开始引种金柑,以启东栽培较早。据考证,1902年启东大兴从上海崇明引入金柑接穗,逐步繁殖推广。盐城大丰白驹镇20世纪40年代前期在庭院种植的白驹福橘,性较耐寒。1949年以后到20世纪70年代末,橙年产基本稳定在570~880 t。80年代因销售及橙皮加工不景气,面积逐步减少。江苏金柑主要集中在启东,至20世纪60年代中期,金柑栽培面积达100亩以上,年产金柑约50 t,除内销外,还远销香港等地。之后,海门、如皋等地也有发展,面积约50亩,年产金柑约25 t。经1963年冻害后启东金柑栽培大幅度缩减,到1982年产量仅5.6 t。

1958年前吴县园艺场从启东引进金柑,栽培面积30亩,1961年产金柑约10 t,由上海市外贸公司组织外销,出口香港等地。随后,苏州市上方山果园也曾引种金柑,面积仅15亩,产品主要供应苏州市场,1979年产量13.1 t。

20世纪80~90年代，全省金柑没有继续发展，到1997年金柑产量几乎排不上位置。现仅作庭院观赏和园艺景观零星种植。此外，江苏省的科研、教学单位如江苏省植物研究所、南京农业大学、苏州农业职业技术学院等也曾少量种植金柑，供科研和教学之用。

第二节　种类

柑橘类果树属芸香科（Rutaceae）柑橘亚科（Aurantioideae），主要栽培的有枳属（*Poncirus*）、金柑属（*Fortunella*）和柑橘属（*Citrus*）。

一、枳属

本属只有一种，即枳，别名枸橘、枳壳。原产中国长江流域，分布于湖北、安徽、河南、江苏等地。江苏以泗阳、东海、新沂、泗洪等地最多，其他各地零星分布。

落叶性，灌木状小乔木，三出掌状复叶，枝条多刺。先开花后出叶，花白色，为纯花芽，单生。果圆球形或倒卵形，果面有茸毛，果皮柠檬黄色，瓤瓣6~8瓣。果肉富黏性，汁胞苦辣，不堪生食，9~10月成熟。每果种子30多粒，卵形，子叶白色，多胚。幼果作药用，种子播种育苗，用作柑橘砧木。

枳耐寒，能耐 –20 ℃的低温，用作柑橘砧木，能增强接穗耐寒力并促进矮化，早结果，丰产，提高品质以及抵抗脚腐病等。但不耐石灰质碱性土，在碱性土上易出现缺素病。

枳有大叶、小叶、大花、小花等类型。

枳易与其他柑橘杂交，有枳橙、枳柚等，能抗衰退病。枳橙以‘卡里佐（Carrizo）’和‘特洛亚（Troyer）’表现好，枳柚以‘仕去麦洛（Citrumelo）’表现好。

二、金柑属

金柑属为灌木或小乔木，常绿。单身复叶，叶小而厚，叶背叶脉明显，翼叶小。花小，白色，一般6~8月开花，1年内开花、结果3次。果小皮厚，肉质化，味甜或酸有香气，瓤瓣3~7瓣。种子卵形，表面平滑，子叶绿色，多胚或单胚。金柑属早春先抽生枝条，然后在新抽枝条的叶腋间分化花芽，开花结果。

金柑属有山金柑、罗浮、圆金柑、长叶金柑4个种，以及金弹和长寿金柑2个杂种。

金柑（金弹 Fortunellacrassifolia）原产我国，系圆金柑与罗浮的杂种。江苏省启东、苏州东山镇的绿化村和“五七”农场栽培较多，年产量100~500 t。

树冠小，圆头形。树高1.5~3.0 m，枝较粗长，针刺细短或无。叶阔披针形，边缘呈波纹状，叶面有光泽，色绿，叶脉不明显，叶肉厚，叶背淡绿色。花蕾小，圆形，一叶腋间着生2~3朵。果实椭圆形或倒卵形,金黄色,果面光滑,油胞大而平生,分布均匀。果皮是主要食用部分,柔韧不易分离,白皮层较厚,果胶多。瓢瓣5~7瓣,瓢衣薄,柔软。皮甘,果肉较酸,宜鲜食,也可制药,加工蜜饯、糖水罐头。可溶性固形物含量13.2%~16.5%。种子3~7粒,多胚,子叶浅绿色。

以夏梢为主,约占70%,春梢和秋梢各占11%~13%。树势强,耐寒,结果早,丰产稳产。每亩产量153~186 kg,可适当发展。

砧木用枳或蟹橙。蟹橙砧树势强,生长旺,果大,结果良好,丰产;枳橙砧表现不良,生长过旺,树冠直立,枝多刺,产量低,不宜应用。

三、柑橘属

常绿小乔木,单身复叶,除枸橼外,叶有叶翼和节,叶脉明显,子房8~18室,通常为10~14室,种子单胚或多胚,子叶一般为白色,橘类浅绿色。

(一)林翼橙类

全世界已发现有6个种,4个变种。我国只有2个种,即红河橙、大橙。1个变种为大翼厚皮橙。

(二)宜昌橙类

有宜昌橙、香橙、香圆3个种,香橙、香圆在江苏省有少量分布。

(三)枸橼类

有枸橼、柠檬、檬、绿檬4个种。

(四)柚类

有柚、葡萄柚。

(五)橙类

有甜橙和酸橙2个种,甜橙(脐橙、哈姆林)和酸橙(代代)有少量分布。

(六)宽皮柑橘类

江苏省主要栽培品种均属此类。地方品种有‘早红’‘黄皮’‘料红’‘福橘’‘朱橘’等。引进种类以温州蜜柑为主,有少量‘椪柑’‘南丰蜜橘’‘黄岩本地早’‘黄岩早橘’等。

第三节 品种

一、地方品种

1. 早红(图24-2)

别名洞庭红、早橘子,中秋节前后果顶转红,抢早采收上市,故别名洞庭一点红。苏州吴中

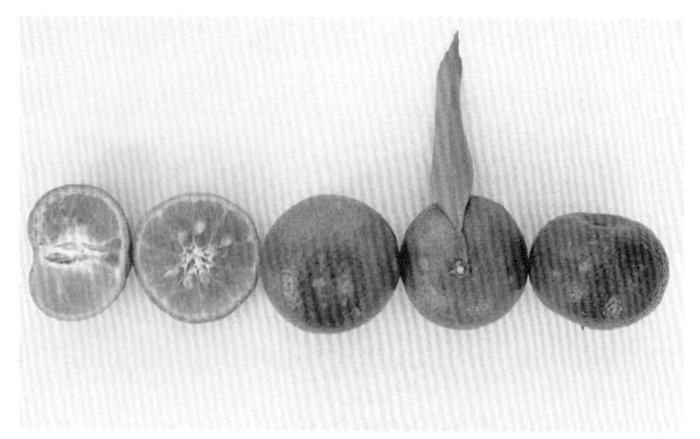

图 24-2 ‘早红’果实及其剖面

区古老地方品种，主要分布于吴中区洞庭山一带。

树势中庸，树冠高大整齐，呈尖圆头形或圆头形，枝干开展，枝条细长软，较稀疏。叶片纺锤形至菱状椭圆，两端尖，较对称，略下披；叶缘锯齿不明显，微波状；翼叶不发达；叶面绿色，侧脉不明显，光滑，叶背黄绿色，侧脉突出。花单生，以有叶花枝结果为主。结果母枝以春梢为主，占 67%，夏梢占 33%。不耐贮藏，较耐寒，丰产稳产，25 年生树，单株产量 150~250 kg。叶片对低温和干旱较敏感，易卷曲，条件改善后即能恢复，可作抗寒和灌溉的指示树。在苏州地区，4 月底至 5 月初开花，10 月上中旬成熟。

果扁圆形，小，平均单果重 53 g，果皮橙红色，果面平滑光亮，油胞密，平生或凹入，果顶宽凹，蒂部有时有短乳头状突起，皮较薄，易剥离。瓤瓣 7~10 瓣，中心柱中等大，果汁少，橙黄色，风味淡甜，渣较多，食后略有苦味，品质中等。可溶性固形物含量 9.5%~15.0%。每果含种子 3~20 粒，多胚，子叶绿色，卵形，外种皮乳白色，内种皮淡棕色，合点淡紫褐色。

该品种有 3 个品系：

（1）早熟早红（早早红） 9 月底成熟。果皮薄而紧，扁圆形，平均单果重 35 g，汁较少，味淡甜，种子 10~20 粒，多瘪籽。

（2）细皮早红　成熟期 10 月上旬。果实扁圆形或高扁圆形，皮细薄而光亮，平均单果重 45 g，种子少，平均 7~15 粒，品质较好。优良单株有 6 号、10 号等。

（3）粗皮早红　枝条较粗硬而直立，俗称硬条早红。成熟期稍迟，果皮厚而松，平均单果重 63 g，种子 13~20 粒。

2. 黄皮橘（图 24-3）

别名麻汤团、马塘头、米橘。江苏省长江两岸均有分布。

树势强，枝梢整齐，软而密生。树冠呈圆头形，叶片纺锤形，较对称，叶片较‘早红’短而稍宽。结果母枝春梢、夏梢各占 50% 左右。

图 24-3 ‘黄皮橘’果实

果实整齐美观，扁圆形，中等大，平均单果重 67 g，果皮淡橙黄色，果面鲜亮细致，油胞平凹，大而稀疏。瓤瓣 7~10 瓣，汁多，渣中等，风味淡甜，有香气，品质良好，可溶性固形物含量 10%~12%。种子 5~20 粒，单多胚混合型，子叶绿色，个别白胚。成熟期 10 月下旬，是优良的地方中熟品种。

该品种自花结实率和坐果率高，丰产稳产，丰产期长，较耐寒，抗风力强。不耐贮藏，适宜鲜销。高温季节对石硫合剂较敏感，易受药害。

有下列品系：

（1）早黄皮　10月上中旬成熟。果形中小，稍扁，皮较宽，平均单果重58 g，味淡甜或酸甜，易失水，品质中下等。

（2）细黄皮　果实鲜橙黄色，果皮光亮细而紧，油胞平生或微凹。果形较小，平均单果重55 g，汁多，渣中少，味较甜，种子10~12粒，品质中上等。

（3）粗黄皮　果实淡橙黄色，果面油胞大，凹点深而多，果皮粗。果形较大，平均单果重73 g，味较甜，种子20粒以上。丰产。本品系栽培最广，蟹橙砧表现良好。

此外，尚有介于细黄皮和粗黄皮之间的品系，特点是：果实扁圆形，果皮细紧，油胞较密，平生；味浓甜，汁液多，种子13~15粒，品质优良；产量高。

3. 福橘（图24-4）

栽培历史始于宋代，现主要分布于苏州吴中区。

树冠小、整齐、圆头形，枝干开展，枝条细短，密生。叶小，长卵圆形，质厚，叶面深绿色，油胞紧密，突出明显，叶背黄绿色，侧脉不明显，叶缘具波状锯齿，不甚明显，翼叶不发达。花单生或丛生，中等大，花瓣5枚，白色，半开张或全开张，雄蕊15~18枚，常3~5枚连合。结果母枝以春梢为主（幼年树以夏梢为主），大年树占90%，小年树占70%。

图24-4 ‘福橘’果实

果实扁圆形，橙红色，平均单果重90 g。果皮较厚，易剥离，白皮层较厚，油胞密，平生或微突，凹点圆大明显。瓤瓣肾形，8~10瓣，排列整齐，中心柱空虚。渣多，汁液中等，果汁橙黄色，味较甜少酸，可溶性固形物含量9.8%~11.0%。种子20~36粒，卵圆形，基部扁长，外种皮乳白色，内种皮淡棕色，合点紫色，多胚，子叶绿色。成熟期10月底至11月上旬。

该品种果大美观，品质中上等，适应性广，耐寒性强，生长缓慢，嫁接幼树较丰产，成年树不甚丰产，大小年结果现象显著，果实易失水，不耐贮藏。

有2个品系：

（1）浑福　叶小，色稍淡。果实高扁圆形，单果重70~80 g，果面细致，果皮较薄。中心柱小，汁较多，味浓甜，渣中多，较丰产，稍耐贮藏。

（2）扁福　叶大色深，叶质厚。果大，扁圆形，单果重 90~110 g，果面粗糙，皮厚。汁少，渣多，味淡甜，产量较低。

该品种生长迟缓，抗寒性、抗病性强，可作砧木。福建省漳州地区果树所引为抗病砧木，表现良好。产量低，种子多，不耐贮藏，易遭花蕾蛆危害。

4. 料红（图 24-5）

别名了红、晚橘子，已有百年的历史，为洞庭山的特有品种，曾是当地的主栽品种。

树势强，树冠高大，呈高圆头形或圆头形，枝干粗壮，斜生，不如‘朱红橘’挺直。叶片长卵圆形，质硬，基部宽圆，叶缘锯齿不明显，叶色比‘朱红橘’淡、比‘早红橘’深，叶柄较长，叶脉较密。花丛生或单生，叶腋间常呈球性结果（称橘球）。

图 24-5　‘料红’果实

果实扁圆形，蒂部和果顶凹入，平均单果重 85 g。果皮淡橙红色，果面较粗糙，油胞凹入，不及‘早红’光亮，顶端无乳头状突起，果皮易剥离。中心柱空虚，瓤瓣 7~10 瓣，风味酸甜，较浓，汁中等，淡橙黄色。贮藏后品质提高，可溶性固形物含量 10%~12%。种子 7~25 粒，长卵圆形，顶部圆钝，基部长而狭，外种皮乳白色，内种皮淡褐色，合点暗紫色，多胚，子叶绿色。成熟期 11 月中上旬。

除普通料红品种外，尚有 2 个品系：

（1）早熟系　成熟期 10 月底至 11 月初，比普通‘料红’早半个月左右。果实扁圆形，淡橙红色，果皮较细紧，平均单果重 48 g；汁中多，渣中少，味较甜，品质优，优良单株有‘早料红 4 号’‘早料红 5 号’。

（2）大果系（大头料红，图 24-6）　果实高扁圆形，成熟较晚，11 月中旬成熟。果大皮松，淡橙红色，平均单果重 108 g，瓤瓣肥大脆嫩，种子 15~25 粒，不耐贮藏。树冠整齐，生长缓慢，幼树以夏梢为主要结果母枝，成年树以春梢母枝为主。叶片较小，长卵圆形，深绿色，叶质厚，叶缘锯齿不明显。栽培不多。

图 24-6　‘大头料红’果实

此外，尚有‘黄果料红’品种，味酸淡甜，不耐贮藏。

‘料红’较耐寒，坐果率高，丰产，果实中等大小，甜酸适度，耐贮运，一般可贮藏至春节供应市场，深受消费者欢迎。唯大小年产量差别大，是其缺点。

5. 朱橘(图 24-7)

该品种在苏州市吴中区原来栽培面积占第 4 位,因成熟期较晚,栽培面积日趋减少,渐被‘料红’取代。

图 24-7 ‘朱橘’果实

树势强,树冠不整齐,呈不规则高圆头形,枝干粗壮,直立硬挺,小枝发生较多,细而直立。叶卵状长椭圆形,叶缘锯齿不明显,两侧易向内纵卷,叶面叶脉明显,叶与枝条着生角度小。以夏梢母枝为主,春梢发生数量虽多,但有效母枝少。果实多集中在树冠上部和枝条顶端。

果实扁圆形,朱红色,果顶往往有乳头状突起,平均单果重 65 g。果皮稍粗,橘络少,紧贴白皮层,果皮易剥离,中心柱较‘料红’小,瓤瓣 7~9 瓣。果汁橙黄色,味酸甜,品质中等,可溶性固形物含量 11%~11.5%。种子 13~22 粒,长卵圆形,多胚,子叶绿色。成熟期 11 月中下旬。

该品种寿命长,耐寒,大小年幅度较小,成熟晚,耐贮藏,是当地最晚采收的品种,常因采收迟,树势未恢复,容易导致寒害。

该品种过去沿用实生繁殖,变异较多。无论果实大小,色泽,乳凸大小、宽窄,品质等方面单株间差异大。

6. 青红橘(图 24-8)

别名洋红、漆红,栽培历史较长,但数量少,零星分散于农家以及小片柑橘园中。

图 24-8 ‘青红橘’果实

树势强,树冠圆头形,枝条整齐,密而柔软,略有下披性,有短刺。叶片略宽,菱状椭圆形、椭圆形或卵状椭圆形。花较小,半开张,花瓣长舌状或带状;雄蕊 15~16 枚,花丝常 3~9 枚联合成片状或基部联合成筒,不易离散。

果实扁圆形,暗橙红色,熟前现青红色斑块,故名。果面较粗,油胞突出,果皮厚,易剥离,中心柱空虚,平均单果重 50 g。瓤瓣 8~10 瓣,汁渣中等,味甜似红糖味,可溶性固形物含量 11%~11.6%。种子 25 粒左右,多胚,子叶绿色。成熟期 11 月上旬。

该品种耐寒性较强,贮藏性差。产量一般,大小年结果现象显著。有大果、小果两个类型。

二、引进品种

1. 兴津(图 24-9)

系日本国立园艺试验场兴津分场，于 1940 年在宫川上用枳的花粉授粉后的珠心胚苗选育而成。

图 24-9 ‘兴津’果实

树势强，生长旺盛，是早熟温州蜜柑中树势较强的品种。发枝力强，分布均匀，较直立，丛生枝少。叶中大，狭椭圆形，先端渐尖，基部楔形，质厚，色深绿。

果实中大，扁圆形，平均单果重 130 g。顶部平圆，基部狭平，柱点中大。蒂部稍隆起，不如‘宫川’明显。果实深橙黄色，鲜艳，富光泽，风味浓，可溶性固形物含量 10.1%~11.0%，瓤衣薄，微具香气，细嫩化渣。成熟期 10 月中下旬。

该品种产量高，果形整齐，着色一致，品质优良。

2. 宫川(图 24-10)

原产日本福冈县山门郡，系宫川谦吉氏从温州蜜柑的枝变中选出。1939 年传入黄岩，1958 年引入江苏省。

图 24-10 ‘宫川’果实及其剖面

树势中庸，树姿开张，大枝稀少，弯曲延伸，常有 2~3 枝后生枝突出树冠，形成单位枝序。小枝细短，丛生。叶片小，菱状椭圆形，先端渐尖，基部楔形。

果大，圆锥状扁圆形，平均单果重 167 g，蒂渐隆起明显，肩部一侧稍高，果皮橙黄色，较薄，油胞大，微突出，或平生。瓤衣薄，质柔软，化渣，汁液多，味浓甜，品质较优，产量高，可溶性固形物含量 11.9%~14%。10 月中下旬成熟。

3. 黄岩早橘(图 24-11)

别名黄岩蜜橘、洞庭蜜橘、西山大橘，为实生驯化树。

图 24-11 ‘黄岩早橘’果实

树势强，树冠参差不齐，大枝少而粗壮，直立硬挺，向上呈曲线延伸。实生树针刺粗短、坚硬，先端突尖；嫁接树嫩枝有时有刺。长梢生长健壮，易形成独立单位枝序。

果实大，扁圆形，浅橙黄色，皮细薄、平滑，油胞小、密生，平均单果重 115 g，果梗粗短。瓤瓣 9~14 瓣，肾形，中心柱大，汁液中多，渣中少，味甜，品质上等，可溶性固形物含量 9.6%~12.6%。种子 10~20 粒，短圆，种皮乳白色，多胚。成熟期 10 月中下旬。

该品种具有果大、美观、进入结果期早、成熟早、丰产、稳产、较耐寒等优点，但不耐贮藏。在黄岩有大型、高桩、早黄、少核等品系。江苏省大部分为大果型，品质优良。

4. 椪柑

别名冇柑、汕头蜜橘、卢柑。苏州市吴中区有小面积栽培，多为实生驯化后的嫁接树。

树势强，树冠高大，直立，分枝角度小，老树开张，主干有棱。叶片长椭圆形，叶缘有波纹皱褶，叶面光亮，叶脉不明显。翼叶小，线状。

果实大，高扁圆形，平均单果重 150 g。顶洼宽广，蒂部四周广平或隆起，棱沟明显。果皮淡橙黄色，较厚，易剥离。表面油胞突起，小而密生。瓤瓣肥大，长肾形，9~12 瓣，中心柱空虚，汁多味甜，脆嫩爽口，富香气，可溶性固形物含量 12.6%~13%。种子 9~13 粒，少核单株仅 5~7 粒。11 月中旬成熟。

该品种生长迅速，结果早，产量高，品质极佳。耐旱、抗病性较强，适应性广。耐寒性中等稍强，是晚熟的优良、耐贮品种，小气候条件较好的地区可以少量栽培。

5. 南丰蜜橘（图 24-12）

别名金钱蜜橘、贡橘。苏州市吴中区有小面积栽培。

树势强，树冠较开张，呈半圆形，主干光滑，枝梢稠密，长而细。叶片小，卵状椭圆形，略内卷，叶色较深。

图 24-12 ‘南丰蜜橘’果实

果实小，扁圆形，平均单果重 30 g。果顶宽平或微凹，有时有脐，果皮极薄，淡橙黄色，油胞小而密，平生或微突。中心柱较小，瓤瓣 10~11 瓣，瓤衣薄，汁胞细嫩多汁，味浓甜，富芳香，可溶性固形物含量 10.8%~15.2%。种子 0~4 粒，或无核。11 月上旬成熟。

该品种较耐寒，品质极佳，但产量中等，隔年结果现象明显。有大金钱和小金钱 2 个品系。小金钱无核，品质极优，吴中区洞庭东山有少量栽培，其他地区极少。

6. 黄岩本地早（图 24-13）

别名天台山蜜橘。1949 年前江苏省有实生驯化树，1949 年后再次引入，苏州市吴中区有零星分布。

图 24-13 ‘黄岩本地早’果实及其剖面

树势强，树冠宽大，整齐，圆头形，分枝多而密，夏梢丛状抽生。叶椭圆形，先端渐狭，叶缘锯齿宽圆明显，叶色浓绿，有光泽。

果实扁圆形，平均单果重 90 g。果皮较粗，橙黄色，果肩两侧高低明显，果顶部常有疣状突起，柱痕明显，油胞密而微突出。瓤瓣 9~11 瓣，半圆形，汁胞柔软化渣，汁多味甜，富香气，品质优，可溶性固形物含量 11%~13%，适宜鲜食、加工。种子 10~20 粒，多胚。成熟期 10 月下旬至 11 月上旬。

耐寒性强，抗病耐湿，唯耐旱性和抗药性较差。幼树易落花而不结实，结果迟。采用对旺枝环割、绞缢和断根等方法可提高坐果率。20 世纪 80 年代末在实生树中选出‘本地早 2 号’‘本地早 14 号’等优良单株，具有果大美观，早期结果性能好，丰产等特点，已在省内繁殖推广。

可分为大叶、小叶、早黄、少核和丰产等品系。大叶系叶大色浓，果大，扁圆形，果皮较粗，果面疣状突起多；中心柱较大，产量高。小叶系树势较弱，叶小，细长而尖，果实小；果皮细滑，中心柱较小；种子少，品质优良，唯产量较低。

7. 槾橘

20 世纪 70 年代引进。现已少有种植。

树势强，树冠圆头形，开张，分枝较少，枝粗长，参差不齐。叶广椭圆形，常向叶背反卷，叶面油胞突起，两侧支脉隆起，形成皱缩形状。花较小，半开张。

果实较大，高扁圆形，平均单果重 115 g，深橙黄色。果皮厚而松，易剥离，中心柱大，瓤瓣较大，6~10 瓣，柔软多汁，味甜而较酸，贮藏后品质增进。种子 10~13 粒。单胚，子叶绿色。11 月中下旬成熟。

结果性能好，早产丰产，耐贮藏。耐寒性较差，大小年结果现象明显。

8. 龟井

原产日本大阪府泉北郡山泷村龟井氏果园。1936 年传入黄岩，1958 年引入江苏省。

树势弱，树冠矮小，大枝多，小枝细短，丛生，幼树结果早。

果实高扁圆形，果面较粗糙，油胞突起，果实大小中等，平均单果重 100 g，深橙黄色，萼片宽短，果肩平宽。果顶平，柱点中大，汁液多，可溶性固形物含量 9%~11.1%。10 月中旬成熟。

成熟早，风味浓甜，品质优，结果早。唯树势较弱，产量较低，宜加强肥水管理，增强树势。

9. 松山

系日本爱媛县北宇和郡立间地方从尾张枝变中选出。1958 年引入江苏省。

枝梢比较直立。果较大，扁圆形，平均单果重 101 g，果皮厚 1.6~2 mm，裂果少。汁液多，味浓甜，品质上等，可溶性固形物含量 13.1%~14.4%。10 月中旬成熟。

结果早，为优良品系。应控制结果量，加强肥水管理，增强树势，防止早衰。

10. 立间（图 24-14）

系日本爱媛县北宇和郡立间地方从尾张枝变中选出。

树势稍强，小枝多丛生。叶小，菱状椭圆形，先端渐尖，基部楔形，质薄，色深。

果大，扁圆形，较扁平，平均单果重 154 g。果皮薄，光滑，有光泽，橙黄色，油胞小，微突出或平。白皮层薄，瓤瓣 8~13 瓣，肾形，较整齐。汁胞橙黄色，瓤衣薄，柔嫩化渣，风味浓甜，品质上等。有返祖现象。

图 24-14 ‘立间’果实

11. 南柑 4 号

系日本爱媛县北宇和郡药师寺从尾张温州蜜柑中选出。

树势强。果实扁圆形，大小均匀，平均单果重 100 g，果面较光滑，风味浓甜。成熟期 11 月中下旬。

在江苏省各橘区表现较好，丰产稳产，适宜鲜食和加工。

12. 尾张

别名改良温州，原产日本爱知县。1958 年引入前吴县园艺场。以后江苏省各地相继引进。

树势强，植株高大，树冠圆头形，大枝开张，枝粗长，节间较长。叶片大，长椭圆形，叶基特大，先端尖圆，质厚，色浓绿。

果实扁圆形或高扁圆形，大小中等，平均单果重 110 g，果皮稍粗。瓤瓣整齐，排列紧密，瓤衣厚而韧。果肉汁多，甜酸较浓，可溶性固形物含量 9.7%~11.1%。无核或偶有少核。成熟期 11 月中下旬。

产量高，品质良好，耐运，适宜鲜食和罐藏加工。

13. 山下红（图 24-15）

图 24-15 ‘山下红’果实

由日本选育，宫川温州蜜柑早生枝变。于 20 世纪 90 年代引入中国，2005 年引入江苏省。

树势中庸。果实扁圆形，平滑度中等，平均单果重 180 g，果皮薄，红橙色，可溶性固形物含量 11.7%，可食率 68.5%，出汁率 58%。成熟期 11 月下旬。

特耐贮运，留树贮藏至翌年 2 月不浮皮。丰产性极好，早果性极强，也是盆栽柑橘的优良品种。

14. 天草（图 24-16）

图 24-16 ‘天草’果实

别名象山红。为‘清见’橘橙和‘兴津早生 14 号’的杂交后代再与佩奇橘杂交而成，1993 年日本育成。20 世纪末、21 世纪初引入中国，2001 年从浙江象山引入江苏。

树势中庸，树姿较开展；枝叶茂密，幼树或高接树的初期，具小刺，成年后逐渐消失。叶片椭圆形，深绿色。

果实扁圆形，果形整齐，中等大，平均单果重 192 g。果面光滑，红橙色，富光泽；皮薄，包着紧，剥皮稍难，果皮有‘克里迈丁’和‘甜橙’的混合香气。果肉紧，瓤衣薄，化渣，汁多，无核，有香气，风味浓，品质优良，果实可溶性固形物含量 11.3%~12.5%，可食率 83%。10 月中下旬开始转色，11 月下旬至 12 月上旬成熟。

该品种高接在温州蜜柑上，长势旺，投产早，坐果率高。果形美观，无核质优，丰产稳产，适应性强，较抗衰退病、溃疡病和疮痂病。

15. 不知火（图 24-17）

图 24-17 ‘不知火’果实

俗称丑橘。原产日本，为清见橘橙和‘中野 3 号’椪柑的杂交种。1992 年由日本引入中国试种，2003 年引入江苏。

树势中庸或偏弱，较直立；枝梢较硬，密生，较细而短，具小刺。

果实高扁圆形，大，纵径 7.5 cm，横径 8.5 cm，平均单果重280 g。果蒂部常有短颈领，果基有放射状沟纹。果面橙黄色或橙色，油胞粗，果皮中等厚，剥皮难易介于橙与橘之间。果肉脆嫩多汁，瓤壁薄而脆，甚化渣，风味浓郁，品质优良。果实可溶性固形物含量14.1%，可食率78%，无核。12月下旬至翌年3月成熟。

高糖高酸、无核质优、易剥皮，成熟期较晚，耐贮运，供应期长，抗逆性强，适应性广。

16. 秋辉（图24-18）

是‘鲍威尔（Bower）’橘柚 × ‘坦普尔（Temple）’橘橙的杂种后代，2005年引入江苏省。

果实高扁圆形，平均单果重120 g，果皮红色，果面光滑，易剥离，油胞大而稀，突出，果肉细软，汁多化渣，可溶性固形物含量11.1%，可食率77.69%，出汁率60.65%。11月中下旬成熟。

图24-18 ‘秋辉’果实

17. 山金柑

别名山橘、山金橘、山金豆、香港金柑。南京农业大学作为矮化砧研究试材。

常绿多刺小灌木。枝纤细，幼时有棱角。叶卵状椭圆形，叶面深绿色，脉纹微现，叶背淡绿色，网脉不明显；叶柄具窄叶翼，无关节。花短宽，腋生；花瓣白色，雌蕊具短花柱和中空柱头，子房3~4室，每室2胚株。果小如大豆，球形，直径1.0~1.5 cm，熟时橙红色；汁胞小而少，纺锤形，汁少，味酸苦。种子卵形，多胚，为天然四倍体。变种有金豆，为二倍体，叶较大而薄，果形较扁。

果实作蜜饯或糕点调料，多作观赏栽培。

18. 罗浮

别名金枣、金橘、牛奶金柑、长实金柑。20世纪50年代末期，南京中山植物园、吴县园艺场、苏州农业学校曾引种栽培。

常绿灌木，树冠半圆形，枝细，密生，无刺，嫩枝有棱角，淡绿色。叶披针形，叶缘波状，网脉两面均不显。果实大小在金柑属中仅小于‘长寿金柑’，长卵圆形或倒卵形。果皮较光滑、较厚，金黄色，油点密生，有香气。果肉淡金黄色，子房4~5室，微酸有汁，有香气，品质不及‘金弹’。种子3~4粒，卵圆形，子叶深绿色。为单胚、多胚混合型，性较耐寒。

果实生食或制蜜饯。可作盆栽。

19. 长叶金柑

别名长叶金橘。

常绿灌木，无刺，小枝稍有棱角。叶长披针形，长达10~15 cm，先端圆钝，微凹，基部楔形，叶柄长 6~19 mm，上部有窄叶翼。花常 2 朵至数朵腋生，有短梗。果实球形，暗橙色，直径 1.8~2.5 cm，果皮薄而光滑，油胞多而大，瓤瓣 5 瓣，汁胞柔软。种子卵圆形，长 15 mm，扁平，先端钝，基部急尖，子叶绿色。耐寒力差。

20. 圆金柑

别名罗纹、圆金橘。苏州太湖洞庭山、扬州、南通、启东等地有少量栽培。

常绿灌木，多分枝，枝上有刺，叶长卵形至长圆披针形，长 2.5~5.0 cm，先端尖，全缘，叶柄长约 2 mm，有叶翼。花 1~2 朵腋生，有短梗，下垂。果实圆球形，直径 2.0~2.5 cm，果面较粗糙，果皮薄，橙黄色，4~7 室，果汁微酸，品质较差。种子 1~3 粒，卵形。性较耐寒。

果小，可食或作蜜饯。适于盆栽观赏。

21. 长寿金柑

别名月月橘、寿星橘。南京、扬州、苏州、南通、启东等地均有栽培。

常绿灌木，枝梢无刺，叶短椭圆形，先端圆，基部稍尖，全缘。花小，萼带紫色。果实倒卵圆形，顶端凹入，基部微尖，果皮淡黄色，较薄，油胞大，稍突出，有香气，果肉味酸，5~7 室。种子小，卵圆形，子叶绿色。

能四季开花结果，且大小果实并存，一般多盆栽以供观赏。

22. 金弹（图 24-19）

别名金弹子。该品种为金柑类中品质最优者。南通启东、苏州吴中区东山栽培较多。

常绿灌木或小乔木，树势强，树冠圆头形。枝条密生，粗壮，有短刺，节间短。叶厚，阔披针形，先端钝尖，基部宽楔形，叶柄有狭线形叶翼。叶表面有光泽，深绿色，叶背绿白色，网脉不明显。叶缘波状，有微锯齿或无。叶片向叶面稍呈内卷。花单生于叶腋间，白色。较耐寒。

图 24-19 ‘金弹’果实

果稍大，短椭圆形，果面光滑，橙黄色，油胞圆而大，平生，有香气。果皮较厚，柔韧。瓤瓣 5~7 瓣。果肉淡黄白色，汁少，皮甘，肉味甜酸，品质佳。种子歪卵形，先端有皱纹，6~9 粒，子叶绿色。早期花坐果率低，一般占结果数 15%~30%，果形较大；中期花坐果率高，为 70%~85%，果形稍小；晚期花所结果实一般无实用价值，且易受冻害。

在苏州市吴中区，11 月下旬至 12 月上旬果实成熟。

砧木用枳或蟹橙。蟹橙砧树势强，生长旺，果大，结果良好，丰产；枳橙砧表现不良，生长过旺,树冠直立,枝多刺,产量低,不宜应用。

该品种为江苏省金柑的主栽种,苗木自浙江引入,属‘宁波金弹’,果形较‘长安金弹’为小。有大叶金弹、小叶金弹2种类型。前者生长旺,果形大,产量高,品质佳;后者叶狭小,叶色浓,节间短,果形短小,产量较低。

23. 四季橘

别名四季柑、金橘(各地通称)、橘子(广东)、叶橘、金光橘(广西)。

小乔木,树冠圆头形,紧凑,分枝多而直立。新梢中上部具棱,基部圆形。叶倒卵状椭圆形或椭圆形,先端钝尖,基部楔形;叶面深绿色,背面淡绿色,主脉明显,侧脉模糊;叶缘上半部具浅钝齿;翼叶线形。单花或丛生,白色,四季橘花器雄蕊花瓣比较多(多者达7瓣),雌蕊退化花可达37.5%。

果扁圆形或近圆形,平均单果重14 g;顶部平凹,柱点居中;基部平,具放射状细沟4~5条,短而窄,有的果实不明显;果面光滑,橙色,油胞点平生或微凹;果皮很薄,易剥离,味甜可食;瓤瓣6~9瓣,以8瓣居多,肾形;中心柱半空虚;果肉橙黄色,汁胞纺锤形,柔软,易破裂,味尖酸。种子10粒左右,倒卵形,饱满,基嘴微尖,2~7胚,子叶绿色。一年开花3~4次,以春夏季开花为多。

该品种因树体紧凑,周年开花,果实挂树贮藏性能良好,常用于盆栽及庭院栽培,供观赏用,果实也可制作蜜饯。

24. 佛手

别名佛手柑、五指柑、十子柑、五子柑等。在中国种植历史悠久,长江流域及长江以南各地均有零星种植,苏州地区多作盆栽。

树势强,树体开张,自然半圆头状或伞形。枝梢粗壮,较软,披垂性强,有粗壮短刺,幼嫩枝叶紫红色。叶片较薄、偏大,椭圆形、长椭圆形或倒卵状椭圆形;先端圆钝或钝圆,有凹口或凹口模糊或突尖;基部广楔形、钝圆形或圆形;无翼叶或翼叶极狭(模糊)。总状花序3~6朵,有单生,花蕾有紫红色斑块或紫红色。

果实中大至特大,火矩形、半握拳形或拳形,平均单果重550 g。果顶部分裂,呈轮生、长短不等的肉质状“指”,每个“指”圆柱形,斜生、直立或弯曲,渐尖,先端钝或尖突,多数花柱宿存;果实基部较狭平或钝圆,多数果有明显短颈,蒂周围有6~10条放射状切沟或浅沟;果实表面粗糙,柠檬黄色至浅橙黄色,有光泽,有浅而较小的瘤状隆突和分布不均的皱褶或皱褶极少;油胞大,凹入或微突出;无瓤瓣或偶在“指”的基部有瓤瓣痕迹或发育较好的小瓤瓣。有果汁,很酸,无异味。无种子。

1年抽梢3~4次,结果枝以春梢为主,以当年春、夏、秋三季梢开花较多,成果率也较高。3

月下旬至4月中旬抽梢，4月中下旬开第1次花。果实10月中下旬成熟。

该品种四季开花，果实香气浓郁、形态特殊，很早以前就用于观赏，是优良的观赏植物，也是中国重要的中药材。

三、砧木品种

1. 蟹橙（图24-20）

别名大橙子、洞庭蟹橙。早在宋代即已栽培，现零星分布于苏州市吴中区洞庭山。

树势强，枝干粗壮，直立硬挺，针刺长。叶片纺锤状椭圆形，叶质柔软，色暗绿，叶柄长，叶翼不明显。雄蕊约20枚，彼此连合，不分离。

图24-20 ‘蟹橙’果实

果实高扁圆形，鲜橙黄色，果大，平均单果重137 g。果顶有金钱状环圈，蒂部平，四周有明显的放射沟，直连顶部，果皮松厚，表皮层和白皮层均较厚。瓤瓣9~10瓣，浅黄色，中心柱宽。味甜酸，汁胞柔软，汁多，有特殊香味，果胶质多，可食用，可溶性固形物含量8.0%~12.2%。果瓤打浆可作为糖果饮料的添加剂。种子13~22粒，小，大小不一。单胚、多胚混合型，大胚白色，小胚浅绿色。果皮油胞大，富含香精油。据分析，果皮含油量高出柑和甜橙皮2~3倍。果皮加工“陈皮”“红绿丝”等蜜饯。

‘蟹橙’较耐寒，耐旱，是良好的砧木，嫁接‘早红’‘料红’‘黄皮’‘黄岩早橘’‘甜橙’‘金柑’以及温州蜜柑系列等具有耐寒、抗旱、丰产的品种，具有果实增大等优点。

该品种根据果实形状可分为圆形和扁形2种。圆形种皮紧，瓤瓣宜食用，甜多酸少。扁形种果皮粗松，凹点明显，味较酸。

2. 蜜橙（图24-21）

别名小橙、香橙。栽培历史悠久。

树势较强，干性强。树姿开张，成层而生。枝条粗长茂密、斜出，上具尖针刺。叶较小，长卵圆形，质较薄，先端略向下卷。叶柄长，翼叶不明显。

图24-21 ‘蜜橙’果实

果实小，平均单果重55 g，扁圆形、淡黄色，顶部有金钱环纹。果皮稍紧，略粗，味甜可食，故名‘蜜橙’。瓤瓣9~10瓣，中心柱较空。汁胞汁多渣少，皮甘肉酸。种子中等大，3~9粒，短圆形，种皮白色，基套大，淡紫褐色，大胚白色，小胚绿色，单胚、多胚混合型。

3. 真橙(图 24-22)

别名橙子、香橙。

树冠尖圆头形,主干褐色,枝条细短,斜生,具针刺。叶片卵状椭圆形,先端渐尖,叶质厚。叶面浓绿色,侧脉不明显;叶背黄绿色,侧脉明显而突出;叶缘锯齿不明显。翼叶发达,倒卵形。花丛生或单生于叶腋,白色,萼片黄绿色,花丝 24~28 条。基部互相连合,在长度 1/2 处彼此分离。

图 24-22 ‘真橙’果实

果实高扁圆形,平均单果重 80 g,柠檬黄色,顶端圆钝,蒂部四周有短放射沟。果面油胞凹入,细密,凹点大而深。果皮尚易剥离,瓤瓣 9~11 瓣,肾形。味酸,不甚食用。种子 20~25 粒,短圆形,肥大饱满,表面光滑,外种皮乳黄色,内种皮浅棕色,合点极大,紫红色,单胚、多胚混合型,大胚白色,小胚绿色。

10 月下旬至 11 月上旬成熟。

耐寒性强,耐旱,生长快,用作砧木。

4. 代代(图 24-23)

树冠半圆形,树姿半开张,枝有刺。叶长椭圆形,全缘,先端钝,基部圆形,叶面浓绿光滑,叶背淡绿,质地厚,叶翼较长。

图 24-23 ‘代代’果实

果实扁圆形,橙红色,果形较大,平均单果重 170 g,果顶平,柱端有浅沟 10 余条,基部突出,萼片肥厚宿存,果梗粗。果面较粗糙,油胞粗大,突起较明显,具芬芳味。果皮较厚,海绵层白色,韧而难剥离。瓤瓣 9~11 瓣,中心柱较充实,果味酸。种子 25 粒左右,椭圆形,外种皮白色,内种皮灰黄白,合点紫灰色,多胚,子叶白色。

12 月下旬成熟。

果实味酸,不宜生食,多作药用;果皮含香精油,多用于提取香精油。可作砧木,一般盆栽观赏。

5. 细皮香圆

主产苏州市吴中区洞庭山。

植株高大，树冠圆头形，骨干枝开展。枝条密生，细长柔软，并具下披性，针刺少，幼枝下部被茸毛。叶片长椭圆形，宽大，先端渐尖，基部阔楔形。叶色深，叶面墨绿色，叶黄绿色，两面侧脉明显，叶质柔软，略有下披性。叶翼心脏形，宽 1.1~2.9 cm。

果实鲜黄色，倒卵圆状短椭圆形，顶部圆钝，有乳头状突起，蒂部圆钝，果蒂浅凹，四周有短的放射沟数条。果面光滑，无皱襞，油胞平生或微凹，浓芳香。平均果皮厚 1.0 cm，黄皮层较厚，不易剥离；瓤瓣 10~12 瓣，瓤衣厚而韧，橘络少。中心柱充实，汁胞细长，纺锤形。果汁淡黄色，味酸苦，香气浓。种子 90 余粒，大，卵形，光滑，外种皮灰黄色，内种皮褐色，合点鲜紫红色，多胚，子叶白色。

6. 扁香圆

树冠不整齐，扁圆形，主干灰褐色，皮纹粗糙，骨干枝稀疏，开展。枝条短，少针刺，幼枝不被茸毛。叶片卵状椭圆形，狭长，先端渐尖，基部圆钝或广楔形，肥厚柔软。叶面深绿色，有光泽，侧脉内凹，叶背黄绿色，侧脉突出。叶缘锯齿不明显，翼叶心脏形。

果实扁圆形，柠檬黄色，赤道部特别大，不甚规则，平均高 7.4 cm，宽 9.9 cm。果顶圆钝，有圆状、乳头状突起，柱点小，稍凹入；有长短不等的放射沟 5~8 条，浅而宽；果面平滑细致，油胞稀疏，圆大而凹入，具香气，但不及‘细皮香圆’浓，皮厚 1.06 cm，黄皮层厚 1 mm，不易剥离。瓤瓣 13~14 瓣，排列整齐；瓤衣厚而韧，橘络少；中心柱充实，汁胞肥大，短纺锤形，果汁浅黄色，味酸苦，香味浓，不堪生食。种子 80 余粒，扁卵圆形，略具棱纹，顶部圆钝，基部扁阔，不具弯嘴；外种皮乳白色，内种皮柠檬黄色，合点淡紫红色，多胚，子叶白色。11 月上旬成熟。

7. 粗皮香圆（图 24–24）

主产苏州市吴中区洞庭山。

树冠高耸直立，主干灰褐色，皮纹细。枝条茂密，粗短而硬挺，无茸毛，具针刺。叶卵状长椭圆形，基部圆钝，先端渐尖。叶质厚硬，叶面深绿色，无光泽，叶背面绿色，两面侧脉不明显；翼叶心脏形。

图 24–24 ‘粗皮香圆’果实

果实近圆球形，柠檬黄色，色较深，平均高 9.5 cm，宽 10.0 cm，顶部凹入，有不甚明显的浅环，柱点凹入，无乳头状突出，蒂部圆钝，凹入。果面具光泽。果皮粗糙，厚 1.8 cm，不易剥离。瓤瓣 11~12 瓣，排列不整齐。中心柱充实，汁胞长纺锤形，汁灰黄色，味酸，有香气，不堪食用。种子 85 粒左右，长卵圆形，具网纹；外种皮淡黄色，内种皮褐色，合点紫褐色；多胚，子叶白色。

8. 癞皮香圆

树形与‘粗皮香圆’相似，不同的是骨干枝较开张，树冠呈尖圆头形，枝条粗短硬，具长针刺，幼枝无茸毛。叶片长椭圆形，先端渐尖，基部楔形，较‘粗皮香圆’略小，基部较狭，叶质厚硬，有光泽。叶面浓绿色，侧脉不明显；叶背油绿色，侧脉明显。叶缘锯齿不明显，叶翼狭心脏形。

果实纺锤状短椭圆形，黄橙色，顶部圆钝，顶端凹入，无印圈，柱点深凹如小漏斗，基部较狭，凹如浅盂。果面极粗糙，皱襞如癞，无芳香，皮厚 1.5 cm，不易剥离。瓤瓣 10 瓣，排列整齐，瓤衣厚硬，橘络少。中心柱充实，果汁黄色，味极酸，具特殊香气。种子 80 余粒，发育充实的约占半数，卵圆形略扁，较‘粗皮香圆’光滑，基部具棱角，先端扁而宽，并略向一面弯曲；外种皮淡黄色，内种皮褐色，合点紫色；多胚，子叶白色。11 月上旬成熟。

第四节　栽培技术要点

江苏省橘区处于柑橘生产的北缘地区，经常受到周期性冻害。长期以来人们选择太湖周围比较好的小气候种植柑橘，但仍受冻害的威胁，因此除选择有利地形外，必须采取一系列抗寒栽培措施，以增强柑橘的耐寒性，减轻冻害，提高产量和品质。

一、品种选择

北缘地区必须选择耐寒品种。冻害为 1 级左右的品种有温州蜜柑系列品种以及‘福橘’‘本地早’‘小叶金弹’‘黄皮橘’等。其中温州蜜柑以早熟品系耐寒力强，受冻轻，在 1~2 级，尤以‘兴津’‘宫川’‘松山’表现较好，受冻当年仍能继续开花结果；其次为‘南柑 4 号’‘南柑 20 号’等，抗寒力尚强，受冻当年也能少量结果。因此，在选择品种时，可以考虑以早熟耐寒的温州蜜柑品系为主，搭配中熟品系和当地品种，如‘黄皮 5 号’等。

二、选用耐寒砧木

枳是最耐寒的柑橘砧木之一，目前江苏省多以枳作为金柑和温州蜜柑砧木，嫁接树生长良好。

三、大苗定植

洞庭东西山群众种植柑橘，均用 3 年生以上大苗，带土移栽。根据冻害调查结果，小苗不如大苗耐寒。大苗定植能提早结果，这已成为幼树丰产的主要措施之一。另外，采用大砧高接，其冻害较小砧低接轻。

四、合理密植

柑橘早期树体小，土地不能充分利用，单位面积产量低，如果提高密度，计划密植，可使早期产量提高。等树冠相接后，将间栽树缩剪或间伐，使留下的永久树能获得足够空间与光照。通常每亩多在 100 株以上。

五、整形修剪

橘树形一般为自然圆头形，结果部位皆在树冠外围。采用自然开心形，主干 2 个或 3 个，树冠中央开心，可以透光，内膛光照好，小侧枝能结果，因此树冠表面呈波浪形，内外皆能结果。秋季，留二叶短截三次梢，则二次梢上结果正常。同时留二叶短截，实为戴帽修剪，先端抽枝不旺，长只有 10~15 cm，不因抽枝而影响二次梢果，且外围枝条用此法修剪可使树冠扩大缓慢，能缓和封行速度。

六、保花保果

柑橘落花落果原因很多，有树势过弱或生长过旺，生长和结果矛盾；有花器发育不全成为畸形花，坐果率很低等，应分别对待。树势衰弱引起落果，应加强肥水供应，采用根外施肥，如萌芽时、谢花后、第 1 次生理落果期，喷布 0.5% 尿素。对生长过旺的温州蜜柑，在春季抽梢时适当抹除春梢，可提高坐果率；在 6 月至 7 月中旬抹除夏梢，或夏梢留二叶摘心，可提高坐果率。此外盛花期喷 0.2% 硼酸，谢花后喷 0.05 mg/kg 赤霉素，对直立旺枝进行环割，都能提高坐果率。这些措施需综合应用。

七、适时施肥

该地区对梢类有“二促二控”措施，即施肥促进发春梢和早秋梢，控制夏梢和晚秋梢。采果后施一次猪羊灰（厩肥），萌芽时施 1 次氮肥，5 月底至 6 月初施稳果肥，8 月结合抗旱浇稀粪水。采果后施肥最为重要，除恢复树势，增强抗寒性外，还有缩小大小年产量差别的作用。

八、保护早秋梢

早秋梢为温州蜜柑幼年树主要结果母枝，占总枝数的 80% 左右。8 月下旬早秋梢开始抽生时，正是潜叶蛾发生时期，需要及时防治。每隔半个月喷 1 500 倍液敌杀死 1 次，以喷嫩芽为主，至 9 月下旬停止喷药，共喷药 3 次。保证早秋梢正常生长，对越冬防寒和翌年丰收有很大作用。

九、防寒

（一）冻前灌水

可以增强土壤含水量，提高土壤温度。在冻后天气转晴、气温骤增、土壤水分蒸发和叶片蒸腾量加大时，可以缓和或减少柑橘生理失水，以减轻冻害。灌水时期应在冻前10天左右，灌水量依树龄大小而定，以灌透为原则。

（二）根际培土

培土以加厚土层，增高土壤温度，保持土壤水分，改善土壤环境，保护柑橘根颈、根系安全越冬。

（三）主干涂白、束草涂白

在江苏省橘区广泛用于成年橘树的防寒，利用白色反光，橘树枝干在白天不致吸热过多，可缩小昼夜温差，防止树干皮层受冻开裂，减轻橘树冻害。橘农多于11月间选晴朗天气，用涂白剂对橘树主干和骨干枝进行涂白，涂刷务必周到；如涂刷2次，则防寒效果更好。

（四）树冠覆盖

既可减少因平流降温引起的寒潮危害，又可减轻因辐射降温造成的霜冻危害。可采用中高密度遮阳网、塑料薄膜等。覆盖前要彻底防治螨类，并浇水抗旱。翌春天气转暖后，及时拆除覆盖物。多用于柑橘幼树防寒。

（五）熏烟

在洞庭东山橘区应用久远，多用于成年橘树的防寒。采用熏烟造雾，可以延缓辐射散热，减轻霜冻危害，其增温效果一般为2~3 ℃。

（六）喷布抑蒸保温剂

苏州市果树科学研究所曾应用于橘园，防寒效果良好。

（七）束叶

冬季对成年橘树常用草绳将大枝拉拢捆紧，使绿叶层密接在一起，既能防止大雪压断枝梢，又可减轻枝叶辐射散热，可提高局部气温1~2 ℃，有一定防冻效果。

（八）地膜覆盖

在不同天气下，其增温效果各异，以晴天增温效果最好，其次为多云，阴天、雨雪天为最次。即使在雨雪天气，地膜覆盖的土壤平均温度也比对照高1.0~1.3 ℃。

（九）营造防护林

橘园防护林可以降低风速，减少土壤水分蒸发和树体的蒸腾作用，提高大气湿度和土壤水分含量；减少树体热量散失，缓和树体温度下降，调节气温，改善橘园生态环境，减轻柑橘冻害。防护林由主林带与副林带（别名折风线）组成。实践证明，橘园防护林的林带网络不宜过大，一般是主林带间距150 m左右，副林带间距70~100 m。橘园防护林树种应以常绿阔叶树为主，江苏省常用珊瑚树、女贞、樟树等。珊瑚树生长迅速，树冠枝叶上下分布均匀，林带结构稀疏，防风效果较好，在江苏省橘区应用较广。

（本章编写人员：杨家骃、张谷雄、吴绍锦、侯国祥、章鹤寿、吴士敏、卢双潮、陈映琦、季心国、王化坤、储春荣、陈绍彬）

主要参考文献

[1]周开隆，等．中国果树志·柑橘卷[M]．北京：中国林业出版社，2010.

[2]江苏省农业科学院园艺研究所，江苏吴县果树研究所．柑橘现代化高产栽培技术研究[Z]．内部资料，1985.

[3]吴县果树资源调查小组．吴县“栽培果树、野生果树、砧木种类、品种资源”名录[Z]．内部资料，1984.

第二十五章　杨梅

/ 栽培历史与现状 / 种类
/ 品种 / 栽培技术要点

第一节　栽培历史与现状

杨梅是原产于中国东南各省和云贵高原的亚热带常绿果树，栽培历史已经有 2 000 多年。《本草纲目》称其“形如水杨子，而味似梅”，所以叫“杨梅”。

杨梅果实初夏成熟，色泽艳丽，倍受消费者的喜爱。杨梅适应性强，耐瘠薄，树性强健，栽培容易，为常绿树种。树冠茂密浓绿，姿态优美，又是非豆科固氮植物，有较强的固氮能力和生态功能，是我国南方山区比较理想的生态经济型树种。

江苏杨梅栽培历史悠久，宋代《太平寰宇记》也盛赞光福杨梅品质“杨梅出光福铜坑者为第一”。明弘治十八年（1505）的《三吴杂志》在震泽篇中载有“湖中诸山若梅、柿、杏、林檎、樱桃、葡萄，往往被于他州，其最佳者有五焉：曰杨梅、曰枇杷、曰银杏、曰梨、曰橘”。明王象晋《群芳谱》（1621）载“杨梅会嵇产者天下冠，吴中杨梅，种类甚多”。清代《花镜》上说，杨梅为“吴越佳果”。《姑苏志》称“杨梅为吴中佳品，味不减闽之荔枝”。

江苏杨梅主要分布于环太湖丘陵山区及镇江、南京丘陵山区等地。杨梅产业经历了不同的历史发展时期，1949 年前主要产区在苏州太湖洞庭山地区。1956 年，洞庭山杨梅栽培面积 3 090 亩，产量 2 570 t。1965 年全省杨梅产量达 5 230 t。1967 年大旱，杨梅大树死亡 50%；

1977 年产量只有 1 733 t，仅为历史最高产量的 33%。以后面积和产量均有所增加。1982 年，江苏全省杨梅栽培面积 9 405 亩，产量 2 120 t，其中苏州市 9180 亩，产量 2 095 t，分别占全省的 97% 和 99% 以上。1987 年全省杨梅栽培面积 11 295 亩，产量 4 700 t。之后杨梅栽培区域不断扩展，1990 年面积达到 23 400 亩，是 1987 年的 2 倍多。尤其无锡等地区发展迅速，1990 年无锡杨梅栽培面积 11 895 亩，超过苏州，列全省第一，此后每年以 1 500 亩的速度增长，到 1996 年达到 20 595 亩，占全省杨梅面积的 65%。1997 年全省杨梅栽培面积 30 555 亩，其中无锡市 19 500 亩、苏州市 10 695 亩、常州市 405 亩。由于此年大旱，全省杨梅产量仅 4 470 t。

2000 年以后，随着观光采摘果园发展迅速，杨梅产业稳健发展，尤其是溧水石湫、溧阳曹山慢城等地发展成片杨梅。2006 年江苏全省杨梅栽培面积 42 000 亩，产量约 6 000 t，其中苏州 10 719 亩，无锡约 26 000 亩，常州武进区潘家城湾山区 2 000 亩。2011 年江苏全省杨梅栽培面积 44 880 亩，产量 8 209 t；2014 年面积 47 835 亩，产量 11 531 t，首次突破 1 万 t 大关。至 2015 年，江苏全省杨梅栽培面积 49 380.1 亩，产量 12 932.5 t，产值约 2.18 亿元。其中，无锡约 29 500 亩，产量 8 700 t，产值约 1.23 亿元，主要分布在滨湖区（13 200 亩）、宜兴（16 300 亩）；苏州（16 374 亩），产量 3 405.2 t，产值 7 614.2 万元；其他地区如常州、镇江、南京杨梅栽培总面积约 3 506.1 亩，产量约 827.3 t，产值 1 932.56 万元。

苏州地区主要栽培品种为‘大叶细蒂’‘小叶细蒂’‘乌梅’等，无锡地区为‘马山乌梅’‘荸荠种’等品种。其他地区以‘荸荠种’为主，少量‘东魁’杨梅。‘大叶细蒂’‘小叶细蒂’‘乌梅’‘马山乌梅’系当地认定品种，品质较好，深受消费者喜爱，其中‘乌梅’‘马山乌梅’属于乌种，‘大叶细蒂’‘小叶细蒂’属于红种，乌种类品种比红种类品种早熟 2~3 天，果实柔软多汁，甜酸适口。在江苏，杨梅一般 6 月中下旬成熟。2009 年农业部批复依托南京农业大学建设国家杨梅种质资源圃，2011 年建成并通过验收；截至 2015 年，保存杨梅种质资源 82 份。

第二节　种类

杨梅（*Myrica rubra*）属于杨梅科杨梅属。杨梅属植物在我国已知的有 6 个种，即杨梅、矮杨梅、毛杨梅、青杨梅、全缘叶杨梅和大杨梅；江苏仅有杨梅 1 个种，5 个品种类型（野杨梅、红种、粉红种、白种、乌种）。

杨梅为常绿乔木，高 5~12 m，幼年树树皮光滑，呈黄灰绿色，老年树树皮暗灰褐色，表面常有灰白色晕斑，具浅纵裂。树冠整齐，呈球形或扁球形，枝脆易折。叶革质，互生，呈现长倒卵形或披针形，全缘或先端稍有钝锯齿，叶面深绿色，富光泽，叶背淡绿色，两面均平滑无毛，叶柄短，长 3~5 mm，无毛。花单性，雌雄异株，花序生于叶腋，雄花序为圆柱形，长 12~28 mm，红黄色，为复柔荑花序；雌花序为柔荑花序，柱头两裂，丝状，鲜红色。着生花序之节无叶芽。果实圆球形，果肉由多数肉柱突起聚集而成，果梗由花序轴转变而来，果色有红、紫、白、粉红等，核(内果皮)坚硬，核表密被茸毛。

第三节 品种

一、地方品种

1. 桃红(图 25-1)

树势中庸，树冠圆头形，枝梢稀疏。叶大，长圆形，绿色，先端渐尖，基部楔形，叶柄长，全缘，波纹明显，先端反卷，叶质薄，较柔软。

图 25-1 ‘桃红’果实

果大，圆球形，淡紫红色或红色，鲜艳美观，纵横径为 2.8 cm × 2.8 cm，平均单果重 12.1 g。有缝合线 4 条，不甚明显，果面平整光亮。肉柱较大，长圆形，排列疏松，大小整齐，透明，水晶状，部分有乳突。果肉厚，平均 1.1 cm，肉质松，汁液多。味鲜甜，品质中上等。不耐贮运。核小，圆形，粘核，平均重 0.8 g。

6 月中下旬成熟。为苏州市吴中区洞庭东山早中熟品种，面积较少，可适当发展。

2. 早红(图 25-2)

树势强，小枝粗壮，节间密。叶卵圆形，先端钝圆，全缘反卷，基部窄楔形。叶柄长，叶面绿色，平滑光亮。叶脉少，不明显，叶背绿色，无蜡质。结果性能良好，长短果枝均能结果，一般以短果枝顶端结果为主。长果枝呈串状结果，结果后顶芽仍能继续抽生新梢。

图 25-2 ‘早红’果实

果实圆球形，中等大，紫红色，纵横径 2.2 cm × 2.8 cm，平均单果重 11.8 g。果基微凹，果顶圆，果面有缝合线 3~4 条不等，不甚明显。肉柱圆形或长圆形，较突出，大小不均匀，果面不平整。果梗中等粗，基部常附有 1~2 个突起小瘤，基瘤中等大，较突出，淡红色。肉质硬，平均肉厚 1.0 cm。风味浓甜，可溶性固形物含量 10.8%，松脂味重，品质中等。核圆形，稍大，粘核，平均重 0.8 g。

6月中旬成熟，栽培面积不大，可提早供应市场。为苏州市吴中区洞庭西山早熟品种之一。

3. 大核头（图 25-3）

别名大叶头。1~2 年生枝粗短，直立挺生，夹角 30° 左右。皮孔圆形或椭圆形，果实常着生于先端。1 年生枝节间长，分布均匀。叶阔披针形，中等厚，色浓绿，叶脉多突出，明显，较对称，叶背绿色或绿白色，蜡粉少，枝条着生角度大；新叶深绿色，蜡质较多，叶背绿白色。先端渐尖，反卷，基部楔形，叶柄短。叶片大，长 12.4~13.7 cm，宽 3.5 cm，故别名大叶头，叶片密生。

图 25-3　'大核头' 果实

果实圆球形，大，紫红色，纵横径 2.8 cm × 2.8 cm，平均单果重 12.6 g，最大 15.3 g，果基微凹，果顶圆，缝合线 3~4 条，长而明显，果梗粗短，平均长 0.5~0.8 cm，基瘤短小，不甚明显，淡紫红色。肉柱小，长圆形，部分有乳突。肉厚 1.1 cm，风味甜，肉质稍硬，松脂味较浓，品质上等，可溶性固形物含量 10.9%~11.4%。核大，圆形，粘核。

6 月中下旬成熟。主要栽培在苏州洞庭西山，栽培面积较少。

4. 荔枝头（图 25-4）

树势中庸，叶片卵圆形，先端较圆，基部楔形，叶质中等厚，蜡质少，较光滑，色绿，全缘，大波形皱褶，叶脉多，突出较明显。叶柄短。嫩叶淡绿色，平展，无蜡质，叶背蜡质少。

图 25-4　'荔枝头' 果实

果实圆球形，紫红色，纵横径 2.7 cm × 2.7 cm，平均单果重 12.1 g。果梗粗短，平均长 1.1 cm，果基有浅缝合线 3~5 条，肉柱圆形稍长，大小均匀，果顶端深凹。风味淡甜，偏酸，汁液多。可溶性固形物含量 7.6%，品质中下等。核较大，平均重 0.94 g。

坐果率高，聚集于枝梢先端，呈球状结果。主要分布于苏州洞庭西山、光福等地，栽培面积较少。

5. 绿荫头（图 25-5）

树体高大，枝粗壮，分枝量中等，一般 2~3 枝。叶片发生多，当年生春梢多达 13~21 片。叶卵圆形，中部较宽，深绿色。先端圆，反卷，基部广楔形，叶缘波纹明显，光亮，无蜡质。叶脉数中等偏多，微突，叶片与枝条夹角较大，一般 75° ~ 80°，新叶绿色，光亮。一般以枝梢先端结果为主，强枝的上、中部在结果的同时仍能抽梢。

图 25-5 ‘绿荫头’果实

果实圆球形，深紫红色，纵横径 2.9 cm × 2.8 cm，平均单果重 13.2 g，大者达 15.8 g。缝合线浅，3~5 条不等。基瘤较明显，1~5 粒不等，以 1 粒为主。果梗较短，中等粗细，常偏生于基瘤一侧，形成大小面；肉柱圆形，大小整齐，排列较松，果顶较平整，少数肉柱顶端有乳突。肉厚 1.4 cm，可溶性固形物含量 9.0 %，风味淡甜，品质中上等。核较大，长圆形，平均重 0.9 g，粘核。

品质虽稍逊‘乌梅’，但果形大而美观，松脂味少，成熟早（比‘乌梅’早 3~5 天），大小年结果现象不严重，可以适当发展。主要产于苏州洞庭西山、光福等地，面积较小。

6. 石家种（图 25-6）

图 25-6 ‘石家种’结果状

树势中庸，树冠圆头形，枝叶较稀疏。叶倒卵形，全缘或先端略有锯齿。叶脉稀，较明显。

果实圆球形，中等大，深紫红色，纵横径 2.8 cm × 2.7 cm，平均单果重 11.8 g。肉柱圆钝，大小均匀，缝合线不明显。肉质较硬，适中，汁多，味甜稍淡，略有香气，核小。

成熟期晚，在 6 月下旬。遇梅雨，易落果，可提前采收，产量中等，大小年结果现象明显。果实不耐贮运，多用于制杨梅干，栽培数量较少。主产苏州市吴中区洞庭西山。

7. 紫条（图 25-7）

树势强，发枝力强，树冠高大，当地称大树种。枝梢粗壮，叶片披针形，长 10.4 cm，宽 2.7 cm，先端渐尖，基部楔形，叶柄稍长。

图 25-7 ‘紫条’果实

果实小，圆球形，深紫红色，纵横径 2.5 cm × 2.5 cm，平均单果重 8.8 g，基瘤小，淡紫红色。肉柱圆形，果梗中等粗细，弯曲。肉厚 0.91 cm，风味较甜，可溶性固形物含量 11.3%，有松脂味。核较大，平均重 1.1 g。

结果后不影响抽梢，产量高，但成熟期易落果。肉质柔软，不耐运输。主产苏州市吴中区洞庭西山。

8. 白杨梅（图 25-8）

树势中庸，树冠圆头形，分枝部位低矮，枝细密，稍软。叶披针形，两端尖，叶面光，绿色，缺刻深，稀而尖。

图 25-8 ‘白杨梅’结果状

果实小，圆球形，纵横径 2.2 cm×2.2 cm，平均单果重 6.4 g。果色白，稍带浅红，透明，未充分成熟时果色白中显青。果梗细长，蒂部微凹，无基瘤。肉柱中等大，圆形，顶端尖突，果面有缝合线 2~4 条不等。肉厚 0.92 cm，肉质柔软，但不易出水变质。汁液中等，味甜酸适口，可溶性固形物含量 9.4%，品质中等。粘核，核小，圆形，平均重 0.56 g。

该品种栽培面积小，江苏各地均有分布，但果实性状略有差异。大果型种较少，为半野生状。

9. 黄泥掌（图 25-9）

别名旺年长。树势强，1 年生枝长，皮孔细小，密生，突出明显，枝条粗壮。叶片卵圆形，平均长 10.3 cm，宽 3.3 cm，全缘略反卷，微波状，先端钝圆，叶基广楔形，叶质硬，深绿色，叶面光滑，无蜡质，叶脉较多，突出明显，叶柄粗短，嫩叶深绿色，光亮。叶背绿白色，蜡质多，平展或斜生。

图 25-9 ‘黄泥掌’果实

果实大，圆球形，紫红色，平均单果重 13.9 g，缝合线 2~4 条，其中 2 条对称且明显，延及果顶。基瘤突出，基部凹入形成环沟，色稍淡。肉柱较小，圆形或长圆形，大小整齐，有时部分肉柱尖突如乳头状。口感柔软，风味较浓，可溶性固形物含量 11.4%。果梗长而软，成熟后弯曲下垂。粘核。

单枝坐果率中等，结果后枝梢顶芽仍能抽发新梢。成熟期落果严重，不宜发展。主要分布在苏州市吴中区洞庭西山。

10. 凤仙红（图 25-10）

1~2 年生枝上皮孔多而大，新梢节间短，叶片多密集于顶端。叶片卵圆形，叶身短，先端钝圆，基部楔形，叶质较厚，蜡质较多。叶面浓绿，叶背淡绿。全缘无缺刻，略反卷，表面光滑。叶脉较稀，正反面均突出。叶片平展或斜生，叶柄长，嫩叶绿白色，密生。

树势强，发枝多呈放射状，枝梢开张角度大，一般为 65°~70°，长梢坐果良好，坐果率高，呈串状结果。

果实圆球形或椭圆形，中等大，紫红色，纵横径 2.7 cm × 2.8 cm，平均单果重 12.1 g，果基宽平，顶部圆。基瘤中等大，浅紫红色，稍凹；肉柱长圆形，大小尚均匀，稍有光亮，部分肉柱有乳突，尖而明显，缝合线宽而明显，对称连接。果梗短，平均长 1.3 cm。核圆形，平均重 0.9 g。风味较甜，微酸，肉质稍硬，品质中上等。

图 25-10 ‘凤仙红’果实

成熟期早，6 月 20 日前成熟。主要分布于苏州市吴中区洞庭西山，为较早成熟品种。

11. 树叶种（图 25-11）

树势强，发枝力强，叶披针形，先端渐尖，基部广楔形，叶柄短，叶脉少，全缘。结果性能良好。

果实小，圆球形，紫红色，纵横径 2.37 cm × 2.42 cm，平均单果重 8.3 g。果基微凹，果顶圆。果面有缝合线 3~4 条，浅而不明显。果梗平均长 0.9 cm，个别有小基瘤，淡红色。肉柱圆形，大小均匀，顶端有乳突，肉厚 0.93 cm，风味淡甜，微酸。可溶性固形物含量 9.5%，松脂味较浓，品质中下等。核圆形，较小，平均重 0.89 g。成熟期早，6 月 20 日前采收，比‘乌梅’早 10 天左右。

图 25-11 ‘树叶种’结果状

耐瘠薄，管理粗放，较丰产。50~60 年生树株产 100~150 kg，高产单株可达 500 kg 以上，大小年结果现象不明显。主要分布于苏州市吴中区洞庭西山。

12. 季成种（图 25-12）

树势强，枝条紧密，产量高，树龄长。叶倒披针形，较厚。

果实圆球形，深紫色，平均单果重 12.7 g，纵横径 2.9 cm × 2.9 cm。果梗短，长 0.3 cm。果面整齐，缝合线浅不明显。果肉厚 0.9 cm，可溶性固形物含量 10.8%，汁多而甜，品质稍次于甜山种。核小，重 0.6 g。

图 25-12 ‘季成种’果实

有大叶季成和小叶季成 2 个品系，前者品质佳，后者果小核大,味劣,栽培极少。主要产苏州市吴中区光福镇。

13. 浪荡子(图 25-13)

树势强,自然圆头形,1~2 年生枝节间长,自基部开始叶片分布均匀。皮孔细小,密生,果实大部集中枝梢先端。叶卵圆形,先端渐尖,基部宽楔形,叶脉突出明显,叶面绿色,光亮,全缘,微波状,稍上卷。新叶叶面绿色,光亮,叶背绿色,蜡粉中等多,斜展生长。

果实大,圆球形,浅紫红色,鲜艳美观,果面光亮,纵横径 2.7 cm × 2.6 cm,平均单果重 12.8 g。果梗粗短,长 0.7 cm,基瘤小,有时不明显,浅红色。肉柱中等大,基部宽,圆形或椭圆形,柱顶圆或微凹,大小均匀,果面平整。肉柱半透明状,肉厚 1 cm。风味甜稍淡,微酸,肉质柔软,汁液多,易破损,不耐贮运,可溶性固形物含量 9.5%,品质中上等。核重 1.17 g。

图 25-13 ‘浪荡子’果实

较丰产,6 月中下旬成熟,果大美观,虽风味稍淡,但仍受消费者欢迎,易落果,须及时采收。为苏州市吴中区洞庭西山主栽品种之一。

14. 马山乌梅(图 25-14)

树姿开张,树冠半圆球形,叶倒卵形,全缘,上部有微小钝锯齿,叶面浓绿。

果实圆球形,平均单果重 13.5 g,最大果重达 18 g。肉柱排列较紧密,顶端钝圆,果面平整对称,果粒大小整齐。果梗短,长 1 cm 左右。初熟时紫红,充分成熟后紫黑。肉质细软多汁,味甜,可溶性固形物含量 13%(雨期测定)。品质上等,鲜食最佳,果实肉柱较厚,耐贮运。该品种有长果柄与短果柄、大果型与中果型之分,中果型品种较好。

图 25-14 ‘马山乌梅’果实

为无锡马山主栽品种之一。

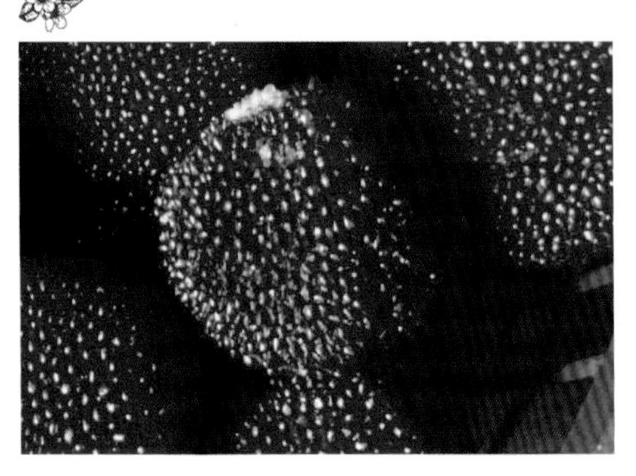
图 25-15 ‘接头’果实

15. 接头(图 25-15)

产常熟虞山一带,树势强,树冠呈自然圆头形,枝条紧密。叶披针形,叶长 11.8 cm,宽 3.0 cm,叶色浓绿,先端渐尖,基部楔形,全缘,反卷。

果实圆球形,红色,纵横径 2.67 cm × 2.8 cm,平均单果重 11 g。果顶圆满,果基微凹,果面平整光亮。果蒂小,淡绿色,品质中上等。不耐贮运。核大,圆形,粘核,平均重 2.4 g。6 月中下旬成熟。

16. 无锡红杨梅（图 25-16）

因果实成熟时，色泽鲜红至深红色而得名。树势中庸，春梢抽长不旺，枝条稍短，叶形略小，节间密，花芽多而尖长。

果实圆球形，平均单果重 13.5 g，果粒大小整齐，肉柱排列较紧密，顶端钝圆，充分成熟后深红色。肉质细软，多汁，甜酸，可溶性固形物含量 12.5%，略具松脂香气，宜鲜食，品质中上等。核小。

6 月底至 7 月初成熟。易破损，不耐贮运。主产无锡马山。

图 25-16 ‘无锡红杨梅’结果状

江苏省其他杨梅地方品种见表 25-1。

表 25-1 江苏省其他杨梅地方品种简表

品种	繁殖方法	成熟期	果形	果实大小	色泽	肉柱形状	风味	品质	产地
早熟长柄杨梅	嫁接	6 月中上旬	圆形，缝合线不明显	大	紫红	圆形	味稍酸且有松脂味，汁液多	中下等	苏州市吴中
风仙花	嫁接	6 月中上旬	扁圆形，缝合线明显	小	红	圆形	风味淡甜，稍有松脂味，质地较硬	中下等	苏州市吴中
大红袍	嫁接	6 月中上旬	圆形，纵沟明显	中	紫红	圆形	风味淡甜	中下等	苏州市吴中
蚂蚁种	嫁接	6 月下旬	圆形，缝合线不规则	大	紫红	圆细	味酸，汁液较多	中下等	苏州市吴中
青筋	实生	6 月下旬	圆形，纵沟明显	小	紫红	急尖	酸，汁液多，肉质稍硬	中下等	苏州市常熟
老黑头	实生	6 月下旬	圆形，纵沟明显	中	紫黑	尖突	酸甜，汁液多，微香，肉质硬	中等	苏州市常熟
荷叶盘	实生	6 月底	圆形，有纵沟	大	深红	圆刺	甜酸味淡	中等	苏州市常熟
苹果杨梅	嫁接	6 月下旬	圆形，有纵沟	大	紫黑	圆刺	甜，汁液少	中上等	苏州市常熟
啦呱杨梅	实生	7 月上旬	圆形	小	紫红	圆刺	甜酸，汁液少	中等	苏州市常熟
老酸头	实生	6 月下旬	圆形，纵沟不明显	大	紫黑	圆刺	酸甜	中下等	苏州市常熟
毛滴滴	实生	6 月下旬	圆形	大	紫红	尖刺或圆刺	酸甜，汁液多	中等	苏州市常熟

二、引进品种

1. 荸荠种（图 25-17）

由浙江余姚三七市镇张溪村实生杨梅树变异株系选育而成，是江苏引进种植最多的品种。

树势中庸，树姿开张，枝条稀疏，树冠半圆形。多年生枝条暗褐色。嫩枝青绿色，叶片大小不一，位于枝条基部的叶较小，叶片倒卵形，先端钝圆，厚度中等，叶质稍硬，叶面深绿色，叶背灰绿色，嫩叶黄绿色或翠绿色，全缘，表面多蜡质。

图 25-17 ‘荸荠种’结果状

果实中等大，略呈扁圆形，平均单果重 12 g。果实成熟时呈乌黑色，果顶稍凸，果基平，缝合线较明显，果蒂小，蒂台淡红色。肉质细软，汁液多，味浓甜可口，可溶性固形物含量 12.8%，可食率达 95.5%，品质极佳。

在苏州地区，6 月中旬开始成熟，产量高，成熟期不易落果，抗风、抗病性强。适应性广，易种植。新发展地区多栽种该品种。

2. 东魁（图 25-18）

由浙江省黄岩江口镇东岙村杨梅园中实生选育而成，是目前我国果实最大的杨梅品种，江苏省有少量种植。

树势强，树冠高大，呈圆头形，抽枝旺，枝叶茂盛，叶色浓绿，叶片大而厚。叶片主侧脉正面脉纹明显但较平，反面的主侧脉明显突起。

图 25-18 ‘东魁’果实

果实特大，近似高圆球形，平均单果重 20 g。果面有较明显的缝合线，果实蒂部突起，至采收期仍保持黄绿色。果实紫（深）红色，肉柱较粗大，先端钝尖，汁多，甜酸适中，味浓，可溶性固形物含量 13.4%，可食率达 94.8%，品质较佳。适于鲜食或罐藏，耐贮运。

在江苏地区，6 月下旬开始着色，7 月上旬成熟。产量高，生长旺盛，大小年结果现象不明显，成熟期不易落果，抗风、抗病性强。适应性广，易种植，唯在江苏成熟较晚，天气对产量和品质影响较大。

3. 深红种（图 25-19）

由浙江上虞驿亭、梁湖、百官等乡镇主栽的‘二都杨梅’选育而成，为中熟杨梅新品种，2002

年 7 月通过浙江省林木品种审定委员会审定，江苏省有少量栽培。

树势强，枝叶茂盛，树冠圆头形，叶色深绿，叶倒披针形，先端圆钝或近于圆形。

图 25-19 ‘深红种’果实

果实大，圆球形，平均单果重 12.5 g，果顶凹陷，果蒂较小，果基平，果实深红色，具明显缝合线。肉柱先端多圆钝少尖头，肉质细嫩，汁液多，酸甜适口，可溶性固形物含量 11.5%，可食率 94.6%，风味浓，品质较好。

在苏州，每年抽 3 次梢，以春梢、夏梢结果为主，一般 2 月底 3 月初萌动，4 月中上旬展叶，并开始春梢生长，7 月中下旬抽发夏梢，8 月中下旬抽发秋梢。3 月底至 4 月中下旬开花，5 月初果实膨大，6 月中下旬果实成熟。

该品种适应性强，丰产性好，嫁接树第 4 年开始结果。

三、选育品种

1. 大叶细蒂（图 25-20）

1992 年通过江苏省农作物品种审定委员会认定。

树冠高大，较开张，圆头形或高圆头形。枝梢粗短，树冠较密。叶形大，阔披针形，深绿色，先端渐尖，反卷，基部楔形，全缘或先端稍有浅细锯齿。叶脉稀疏，细而明显，新叶浅绿色，斜生。

图 25-20 ‘大叶细蒂’果实

果大，圆形或扁圆形，果实纵横径 2.9 cm × 3.0 cm，平均单果重 14.7 g。果顶宽圆，果基深凹，缝合线深而明显，4~6 条不等，其中 3 条对角线较长连及果顶，果面尚平整。肉柱圆形或长圆形，柱顶尖、圆并存，尖刺数量、分布部位与发育程度有关，采收前期和终期尖刺居多，采收中期（盛采期）肉柱多圆形。果梗中等粗细，长 1 cm 左右。肉质厚，平均 1.23 cm。核小，长圆形，半粘核，平均重 0.25 g，茸毛长，密度中等，淡黄褐色。成熟期 6 月中下旬。风味甜酸适度，柔软多汁，品质上等。

该品种是苏州洞庭东山主栽品种，在各地市场久负盛名，外销香港颇受欢迎。成熟晚，成熟期不易落果，丰产，耐贮运，是鲜食和罐藏兼用的优良品种。

2. 小叶细蒂（图 25-21）

1992 年通过江苏省农作物品种审定委员会认定。

图 25-21 ‘小叶细蒂’果实

树冠直立高大，枝细长，分枝多，柔软，不如‘大叶细蒂’粗壮，树冠密，圆头形。叶披针形，绿色，表面光滑，全缘或先端稍有细齿，先端稍反卷，基部窄楔形。叶脉细，较密，不甚明显。

果中等大，扁圆形，深紫红色，果顶圆，果基微凹，缝合线5条，纵横径2.6 cm × 2.7 cm，平均单果重10.5 g。肉柱圆形，中等大，稍突出，排列紧密，间有长圆形或乳突，果面较平整。肉较厚，平均1.06 cm。核小，近圆形，平均重0.61 g，半粘核，茸毛短，淡褐色，中等厚。肉质较硬，风味浓甜，品质上等，成熟期6月底至7月初。

该品种与‘大叶细蒂’统称细蒂杨梅，亦是苏州洞庭东山有名的主栽品种。成熟期晚，坐果率高，丰产，优质，采前不易落果，但大小年结果现象较明显。较耐贮运，一般株产100~150 kg，高产树可达500 kg。

3. 乌梅（图 25-22）

1992年通过江苏省农作物品种审定委员会认定。

树势强，矮干，大枝近地而生，小枝粗短，皮深灰色，皮孔灰白色，圆形，密生。叶卵圆形，叶片长12.8 cm，宽3 cm，先端渐尖，基部广楔形，全缘。呈微波褶，边缘略反卷，叶质中等稍厚，叶面蜡质少，光亮，浓绿色，叶背绿色，无蜡粉。叶脉多，微凸，不甚明显。叶柄中等长。嫩叶淡绿色，光亮，叶背绿白色，蜡质少，斜生，开张角度大。

图 25-22 ‘乌梅’果实

果圆球形，深紫红色，基瘤明显，微红或淡绿色，1~4粒不等，以1粒居多。肉柱大，扁圆形或长扁圆形，大小均匀，果面较平整，成熟果实肉柱顶端乳头脱落，形成凹点。

果大，纵横径3.06 cm × 3.00 cm，平均单果重14.9 g，最大单果重17 g。肉质软硬适度，风味浓郁，富香气，可溶性固形物含量12.5%。核稍大，长圆形，粘核，平均重1.12 g。果梗粗短，长0.6 cm。

该品种适应性强，单枝坐果率高，果实大而整齐，产量高。果实品质佳，耐贮运，为洞庭西山杨梅优良品种。

4. 甜山（图 25-23）

1992 年通过江苏省农作物品种审定委员会认定。

图 25-23　‘甜山’果实

果大，扁圆形，紫红色，纵横径 2.84 cm × 2.77 cm，平均单果重 13.4 g。果面较平整，缝合线明显，肉柱圆钝，大而整齐。肉厚 0.98 cm，可溶性固形物含量 9%~11%，汁多，味鲜甜，略有香气。果梗较细短，平均长 0.7 cm。核重 0.8 g。品质佳，较耐贮藏，一般采收后可贮藏 4~5 天。6 月下旬成熟，但落果严重（达 50%），树势易衰。系苏州市吴中区光福主栽品种。

根据果梗长短、果实大小，可分为 3 个品系：① 小甜山，果形小，味略涩，品质不佳；② 长柄甜山，不易落果，但品质差；③ 短柄甜山，品质最好，但易落果。

品质优良，颇受果农及消费者喜爱。树势强，枝条稀疏。

5. 紫晶（图 25-24）

系江苏省太湖常绿果树技术推广中心等单位在东山镇杨梅园实生选育而成，2012 年通过江苏省农作物品种审定委员会审定。

树势中庸，树冠高大，自然圆头形，主枝粗壮，灰褐色，分枝多，当年生春梢叶片长 13.9 cm，宽 3.4 cm，长披针形，叶基窄楔形，叶尖渐尖，叶面平展略反卷，幼叶淡紫红色，成熟叶色浓绿，叶缘全缘，叶姿斜向上。花序短圆筒形，花序长 7.6 mm，粗 1.5 mm，花朵“V”形，色泽珠红，纯雌花。

图 25-24　‘紫晶’果实

果实圆球形，纵横径 2.95 cm × 3.10 cm，平均单果重 16.2 g，最大果重 20.7 g。果面紫红色，完全成熟时呈紫黑色。果柄中等长，附着力强，肉柱圆钝，大小均匀。果顶圆整，果基处有 4 条明显的缝合线，果肉厚，柔软多汁，可溶性固形物含量 10.7%，可食率 95.4%，品质上等。成熟期为 6 月中下旬。抗逆性强，大小年结果不明显。

花期较长，2 月底至 3 月初花萌芽，4 月中旬进入盛花期。1 年抽发 2~3 次新梢，春梢生长期在 4 月上旬至 4 月中下旬，夏梢生长期在 6 月下旬至 7 月下旬，秋梢一般于 8 月下旬至 9 月中旬抽发。成壮年树以夏梢抽发量大，春梢次之，秋梢少量抽发，春梢往往会抽发夏梢二次枝，一般以春梢中短枝结果为主。

该品种适应性强，耐瘠薄，耐干旱，丰产稳产。高接第 5 年即少量开花，7 年后树冠基本恢复，第 8 年平均株产 8 kg。嫁接苗定植 6 年始花，定植 8 年树冠成形，定植 10 年平均株产 8 kg。

第四节 栽培技术要点

一、建园

杨梅一般选择在土层深厚、土质松软、富含石砾且 pH 值在 4.5~6.5 的红壤或黄壤的丘陵山地建园，其海拔高度最好在 100~300 m，而且种植在光照较少，坡度在 25° 以下的阴坡上更有利于杨梅的生长结果。

株行距一般以 5 m × 6 m 或 6 m × 7 m 为宜。冬季，在等高线上挖成鱼鳞坑，坑面要向内侧倾斜，大小 1 m × 1 m，深 0.8 m；表土和心土分开，以便填土时分层利用。施足基肥，每穴施厩肥 25 kg（或菜饼 3 kg）和焦泥灰 10~15 kg，与土拌匀施入。在 3 月至 4 月上旬，选无风阴天栽植壮苗。

杨梅发展新区，按 1%~2% 搭配授粉树（雄株），并根据花期风向和地形确定雄株的位置。

二、土肥水管理

1. 土壤管理

杨梅园生草为杨梅生长提供较阴凉的环境，符合杨梅喜阴特性；同时果园生草为杨梅生长提供足够的肥源。可选择矮秆、匍匐生长，适应性强、耐阴、耐践踏、耗水量少的草种，如白三叶、紫花苜蓿、田菁、绿豆、乌饭豆等。亦可自然生草，不进行耕作，只在采果前刈割 1 次，并将刈草铺在树冠下，以便采果及果实脱落时减少损伤和损失。

2. 肥料管理

杨梅根系具有固氮根瘤，自身能固氮，并能将土壤中的有机磷降解为有效磷而供植物吸收，因此对氮、磷的需求不大，对钾、硼的需求最大，同时根据土壤状况施用锌、铁、铜、锰、氯、钼等其他微量元素。

（1）基肥 10 月至 11 月中旬施用，结果树一般株施堆肥 25 kg。

（2）追肥 花前肥于 1 月下旬至 2 月中旬施用，结果树一般株施焦泥灰 15~20 kg 或硫酸钾 0.5~1.0 kg。壮果促梢肥于 4 月下旬至 5 月上旬施用，结果树一般株施焦泥灰 25 kg。采后肥于 6 月下旬至 7 月上旬施用，结果树一般株施饼肥 4~6 kg，硫酸钾 1~3 kg。

3. 水分管理

杨梅为喜湿耐阴的果树，对水分需求的关键期主要为 2~5 月的萌芽期、开花期和果实膨大期，以及在 7~9 月的高温干旱季节，连续 15 天无有效降水就需要灌水抗旱，保证杨梅正常的开花结果和生长发育。7~8 月应适当控水，进入雨季后则要加强排水管理，确保沟渠通畅。

三、花果管理

对花枝、花芽过量或结果过多的树，于 2~3 月疏除花枝及密生、纤细、内膛小侧枝；对少部分结果枝短截促发分枝。

在果实如花生大小时进行人工疏果，平均每果枝留果 2~3 个。

四、整形修剪

杨梅树可在每年 2 月中旬至 3 月上旬进行修剪，先疏除树冠顶上直立徒长枝、交叉枝、密生枝、病虫枝等；再对树冠外围及顶部的结果枝组，采用拉枝、疏除和回缩的方法减少枝量；最后对树冠下部或内膛的结果枝进行处理，可短截部分枝条，促进抽生强壮枝，更新结果枝组，保持内膛结果旺盛，从而使整个树冠的枝梢分布为上少下多、外疏内密的立体结果格局。

五、病虫害防治

杨梅病虫害较少，主要有癌肿病、蛾类、介壳虫类、果蝇等病虫害，生产中应采用绿色防治技术，可采用防虫网栽培等（图 25-25），特别是果实采收前 2 个月应禁用化学农药。

另外，因杨梅成熟季节正逢梅雨，可采用避雨设施栽培（图 25-26）。

图 25-25 杨梅防虫网栽培

图 25-26 杨梅避雨设施栽培

（本章编写人员：杨家骃、李亦民、王化坤、黄颖宏、郄红丽）

主要参考文献

[1]庄卫东,潘卫东.我国杨梅种质资源研究进展[J].福建林业科技,2001,28(2):54-57.

[2]李兴军,吕均良,李三玉.中国杨梅研究进展[J].四川农业大学学报,1999,17(2):224-229.

[3]中国科学院南京中山植物园,曾勉.太湖洞庭山的果树[M].上海:上海科学技术出版社,1960.

[4]江苏省地方志编纂委员会.江苏省志·园艺志[M].南京:江苏古籍出版社,2003.

[5]苏州市多种经营管理局.苏州市果树品种志[Z].内部资料,1985.

[6]张玉正.马山杨梅[Z].内部资料,2007.

[7]苏州农业委员会.苏州农业志[M].苏州:苏州大学出版社,2012.

第二十六章　枇杷

/栽培历史与现状 /种类
/品种 /栽培技术要点

第一节　栽培历史与现状

枇杷原产中国，是南方特产果树，中国是世界枇杷最大生产国。枇杷果实初夏成熟，正是水果最缺季节。果肉柔软多汁，营养丰富，甜酸适度，风味优良，深受人们喜爱。枇杷的医疗保健价值高，也是非常好的常绿绿化树。

枇杷栽培历史悠久，据西汉司马相如《上林赋》（公元前1世纪）中就有枇杷栽培的记载，说明中国栽培枇杷已有2 000余年的历史。据调查，湖北、四川、云南、贵州等省均有野生枇杷分布，江苏苏州洞庭山与浙江余杭地区是全国发展最早和经济栽培最重要的产区，也是我国枇杷栽培资源和品种最进化的地区之一，历史上四大产区（福建莆田、浙江塘栖、安徽歙县、江苏吴县）中唯一的白沙枇杷产区。

江苏枇杷栽培从何时起始无法查考，宋陶谷《清异录》（公元10世纪）载“枇杷襄汉吴蜀淮扬闽岭江西湖南北皆有”，说明1 000年前左右已广布于长江流域和南方各地。明王世懋《学圃杂疏》（1587）载“枇杷出东洞庭者大”，可见洞庭山枇杷栽培历史悠久，400余年前苏州洞庭山的枇杷已誉满天下。公元270年前后的《广志》（郭义恭著）有“枇杷 …… 白者为上。黄者次之 ……”，为最早有关白沙枇杷的记载。《太湖备考》记载“明朝嘉靖年间，枇杷盛产于东山白沙村、纪果村一带，故有白沙枇杷之称”。乾隆版苏州府志记东山“有金罐、银罐白沙之称，肉厚味甘，皆佳品也”。胡昌炽调查江苏、浙江的果树，洞庭山枇杷有‘红沙’‘牛奶种’‘照种’‘青碧种’‘鸡蛋白’等品种。稍后曾勉对洞庭山的‘红毛白沙’‘铜皮’‘荸荠种’‘青种’‘和尚头’‘无柄白沙’‘野白沙’‘本地红沙’‘灰种’‘牛奶种’‘鸡蛋白’‘凉扇种’‘直脚白’‘鸡蛋红’‘牛奶红’等16个品种有过较详细的记载。现在洞庭山地区白沙枇杷品种有30余个，资源非常丰富。1996年《中国果树志·龙眼 枇杷卷》出版，江苏省太湖常绿果树技术推广中心是枇杷卷副主编单位，杨家骃任副主编。

1949年后，江苏省枇杷的发展历程较为曲折。20世纪50~70年代是江苏枇杷稳步发展期，枇杷面积持续增长，产量不断提高。洞庭山枇杷面积在1979年达到历史最高值（4 900亩）。20世纪80年代至90年代初，随着全国性的柑橘发展，江苏枇杷进入减退期。主要是由于当时枇杷产量、产值不如柑橘，故重视柑橘而轻视枇杷，枇杷失管，大小年产量差别大，一次大年，经2~5年的小年，才能恢复树势；枇杷鲜果期短，不耐贮运，加上销售渠道不畅，只限于产区销售，因此大年损耗多，丰产不丰收，致使枇杷生产逐年下降。1982年全省成片枇杷栽培面积4 140亩，产量1 260 t。1987年为3 093亩，产量833 t。20世纪90年代后，随着人们生活水平的提高，对枇杷保健价值的认识，枇杷的经济价值愈来愈高。而且枇杷的地域适应性很窄，面临的市场竞争远比柑橘等大众果品有利，枇杷价格猛涨10~20倍，因此江苏省的枇杷又得到恢复性发展。1997年全省栽培面积达5 883亩，产量3 770 t。2015年全省面积32 800亩，产量8 644 t。

枇杷在江苏省的分布虽广，但经济栽培主要集中在太湖丘陵果区的洞庭山地区，长江下游平原果区的海门、启东、邗江、如皋、扬中、宜兴、江阴以及东部沿海盐碱地果区的东台等地也有零星栽培。除露地栽培外，最近10年，苏州、无锡以及徐州睢宁、连云港等地也先后建立了连栋大棚、日光温室等设施进行枇杷栽培，但面积不大。

江苏枇杷主要产区情况如下：

1. 环太湖枇杷带

也称为太湖沿岸枇杷区，包括苏州吴中、相城、吴江，无锡宜兴、滨湖，常州武进等地，集中分布在苏州洞庭东西山。太湖沿岸多低山丘陵，一般海拔为200~300 m，枇杷主要栽植在湖滨高地、湖湾、山坞及山麓缓坡地，分布高度可达100 m左右。洞庭山的枇杷主要种植在山坞坡地，大多与茶叶等混栽（图26-1）。随着枇杷经济效益的增加，水稻田、菜园和太湖周边的鱼塘埂等也发展了大量的枇杷（图26-2）。

图26-1 枇杷茶叶间作

据苏州市林业站统计，2011 年苏州市枇杷栽培面积 1.51 万亩，产量 3 518 t，其中吴中区 1.2 万亩，产量 3 014.5 t，产值 7 898 万元。2015 年苏州市枇杷栽培面积 2.45 万亩，占全省枇杷总面积的 80% 左右，产量 3 754 t，产值 1.7 亿元，其中吴中区 2.1 万亩，产量 3 124 t，产值 1.56 亿元。洞庭东西山是苏州市枇杷栽培最大的地区，也是江苏省白沙枇杷最集中、最著名的主产区。洞庭东山（东山镇）主要集中于双湾、杨湾、绿化、莫厘等村，栽培品种以‘白玉’‘冠玉’为主，少量种植‘照种’‘早黄’‘鸡蛋白’等品种（图 26–3）。洞庭西山（金庭镇）则以秉常、石公、堂里等村为主，栽培品种以‘青种’为主，少量‘鸡蛋白’‘荸荠种’等（图 26–4）。光福镇的枇杷栽培主要分布于窑上村，面积 400~500 亩，以‘富阳’种为主，最近几年在渔港村、冲山村等地也有新的枇杷园种植，主要引进‘白玉’‘青种’等白沙枇杷。2015 年无锡滨湖区枇杷面积 260 亩（图 26–5），宜兴 560 亩，产量 220 t，产值约 350 万元。

图 26–2　苏州东山鱼塘埂枇杷园

图 26–3　苏州洞庭东山丘陵枇杷园

图 26–4　苏州金庭镇秉场村罗汉坞山地‘青种’枇杷园

图 26–5　无锡南泉太湖边枇杷园

2. 沿江枇杷带

别名长江下游洲地及沿江圩地枇杷区，主要分布在长江中的沙洲和沿江圩地（图 26–6）。在地域上可分东、西两段，西段以扬中为中心，包括丹阳、丹徒、邗江、靖江等沿江地区；东段包括南通郊区、如皋、启东、海门等沿江地区。该区域以肥沃深厚的沙土为主，在长江水体调节下，冬季温度较高，湿度较大，枇杷花期冻害较轻，以散生栽培为主，成年树多为实生树。历史上以红沙枇杷居多，也有少量白沙枇杷。而最近10年白沙枇杷发展较多，红沙枇杷面积在逐渐减少。

图26-6　张家港沿江枇杷合作社平地枇杷园

2011年镇江枇杷栽培面积950亩，产量580 t。2015年栽培面积1 300亩，产量698.6 t，产值411万元。品种以新引进的'白玉''冠玉'为主，传统主栽品种'霸红'仅占5%。扬州枇杷主要分布于沿江的邗江、仪征，2011年栽培面积392亩，产量167 t，产值61万元。2015年栽培面积644亩，产量292 t，产值115.8万元。1982年南通有成片枇杷186亩，散生枇杷3.5万株。1990年海门有成片枇杷676亩，产量125 t。2011年南通沿江区域枇杷栽培面积977亩，2015年818亩。值得一提的是南通海门高新区天籁村枇杷园获得大世界吉尼斯之最"世界古老枇杷园"称号，促进了当地枇杷主题休闲产业的发展（图26-7）。

图26-7　吉尼斯纪录最古老的枇杷园

3. 沿海枇杷带

别名东部沿海枇杷区，地处江苏沿海盐碱地果区，位于北纬32° 30′以南的东部沿海一带，包括盐城滨海、射阳、大丰、东台、阜宁及南通海安、如东、通州等地，主要集中于大丰、东台地区。2011年南通沿海区域枇杷栽培面积110亩，产量74 t。2015年面积720亩，产量418 t。盐城东台1970年发展成片实生枇杷栽培，1986年发展嫁接枇杷。截至2015年，盐城枇杷面积在650亩左右，其中包括用于工程绿化用的枇杷实生苗。

第二节　种类

枇杷属于蔷薇科（Rosaceae）枇杷属（*Eriobotrya*）。本属植物目前已知20余种，大多分布于亚洲温暖地带，在我国有11种，江苏仅1种，即枇杷（*Eriobotrya japonica*）。现有栽培品种均属本种。为常绿小乔木，高6~10 m。树干灰褐色，粗糙。新梢密被茸毛。叶近于无柄，倒卵形或长椭圆形，叶缘有锯齿缺刻，叶背有锈色极密的茸毛，花为圆锥花序。萼片5枚，宿存，花瓣5

片，倒卵形或圆形。子房下位，通常5室，每室有2个胚珠，一般有2~6个发育的种子。果实大小、形状不一，果皮橙红色或橙黄，果肉橙黄或白色。

江苏省地方品种及引进资源较多，其品种有以下几种分类方法：

一、依生态条件分

（一）热带性品种

即原产于热带及亚热带地区的品种，如福建的‘解放钟’‘早钟六号’‘白梨’等，这类品种只可在北纬28°以南的华南地区栽培，否则冬季容易受冻，结果不良。

（二）温带性品种

即原产于亚热带、温带南部地区，如江苏的‘青种’‘白玉’‘冠玉’，浙江的‘大红袍’‘洛阳青’，安徽的‘朝宝’‘光荣’等。

二、依果实颜色和形状分

以果肉色泽分类，可分为黄肉枇杷和白肉枇杷，传统上称为红沙枇杷和白沙枇杷。黄肉枇杷果肉颜色为橙黄或橙红色，一般生长比较强健，抗性较强，容易栽培。产量高，果肉厚、较粗，风味稍逊，耐贮运，可供鲜食和加工，如‘解放钟’‘早钟六号’‘大五星’‘洛阳青’‘大红袍’等。白肉枇杷果肉则为白色或淡黄，植株一般生长稍弱，抗性稍差。果皮薄，肉质细，味甜，品质佳，适于鲜食，不耐贮运。产量较红肉类稍低，栽培技术要求较高，如‘白梨’‘白玉’‘冠玉’‘软条白沙’等。

依果实形状分，有圆果种（圆形、扁圆形）和长果种（椭圆形、倒卵形、长倒卵形）。江苏省白沙枇杷多属于圆果种，黄肉枇杷多属于长果种，长果种可食率一般高于圆果种。

第三节　品种

一、地方品种

1. 早黄（图26-8）

产于苏州吴中区洞庭东山，为当地栽培历史较悠久的白沙枇杷品种之一。

图26-8 ‘早黄’果实

树势强，生长旺盛，枝条稀、粗壮，开展，节间长。树冠紧密而呈高圆头形。叶片较大，长椭圆形，先端渐尖，基部锐楔形，叶色较浓，锯齿大而显著，叶背有灰褐色短而稀的茸毛，叶面平整。花序较‘白玉’小。

果实扁圆球形，平均单果重 24.0 g，大小 2.98 cm × 3.48 cm。果顶稍圆，果梗中等。果面淡橙黄色，茸毛较多。近萼部微突出，萼孔闭合，果肉淡黄色。成熟期 5 月中旬，是当地早熟品种，比‘白玉’早 10 天。果肉较薄，厚 0.54 cm，可食率为 57%，可溶性固形物含量 13.5%。味甜酸，汁液中等，溶性不如‘白玉’。种子小而多，平均 6.6 粒，多于‘白玉’。

2. 富阳种（图 26–9）

产于苏州吴中区光福镇，是当地著名的红沙枇杷，曾占当地枇杷总产的 80% 以上。来源不详，砧木多为石楠。

树势强，树冠呈圆头形，大枝较开张，小枝细软，叶片大，叶缘锯齿宽而明显。

果实较大，椭圆形，平均单果重 41 g，大小 3.99 cm × 4.30 cm，在果穗上着生疏松，果柄短，平均长宽 2.10 cm × 0.62 cm。果顶微凹，基部钝圆，萼片小宽短，半开张或全开，凹生，萼筒五角形，深凹。果面橙红色，茸毛长甚密，灰白色，皮薄易剥离。果肉橙红色，平均厚 7.35mm，组织致密而细腻，为优良的加工品种。总糖量 7.1%，可滴定酸 0.57%，可溶性固形物含量 8.6%，风味甜而少酸，品质中上等。种子大，平均 4 粒，单粒重 1.95 g。

图 26–9 ‘富阳种’果实

该品种曾是苏州吴中区光福镇主栽品种，丰产，果肉厚韧，目前栽培面积萎缩。

3. 照种（图 26–10）

200 多年前，由东山搓湾村农民贺照山从实生白沙批把中发现培育而成，故以‘照种’命名。该品种是苏州吴中区东山镇较老的著名白沙枇杷，曾以耐寒、丰产、品质优良驰名中外，是当时主要的外销品种，占当时栽培面积的 80% 以上。

树势中庸偏强，枝条开张，节间短，分枝多而紧凑，分布均匀，结果层厚。成年树冠圆头形或扁圆形，24 年生树高 6.27m，干周 97 cm，干高 60 cm。老枝较光滑，深灰色；1~2 年枝中等粗短，棕红色，茸毛多，灰黑色。叶中等大，平均长宽 26.3 cm × 9.1 cm，长椭圆形，先端急尖，上部较钝圆，基部楔形，锯齿细小而浅，分布于前端 1/3 处，中下部全缘，平展或斜生。春梢叶质地较厚，叶面深绿色，叶背茸毛较密，黄褐色，叶脉间叶肉皱褶明显，叶柄长粗为 1.3 cm × 0.53 cm，茸毛深灰色；夏梢叶灰绿色，叶面平展。

图 26–10 ‘照种’果实

花序呈斜边三角形，疏松，大小 12.8 cm × 10.7 cm，总轴直立，先端稍弯，下部支轴长，着生疏松，基部外侧支轴特长，且稍下垂，茸毛中等密，黄褐色。每序支轴平均 11 支，平均着花 72 朵，花瓣长卵形，大小 1.0 cm × 0.6 cm，雄蕊 20 枚，花冠直径 1.8~2.0 cm。初花期 10 月底至 11 月初，盛花期 11 月下旬至 12 月上旬，终花期翌年 1 月中旬，果实成熟期 5 月下旬至 6 月上旬。

果实圆形或椭圆形，平均单果重 30 g，大果可达 35 g，平均大小 3.4 cm × 3.95 cm，大小一致。果梗硬，茸毛短，粗细中等；顶部宽平，基部钝圆，充分成熟果实果面淡橙黄色，向阳部果实易有锈斑。茸毛短，灰白色，萼部茸毛密集，深灰色。萼部浅凹，萼片小平展，先端尖而内陷，萼孔洞开张或半开张。果皮薄韧，剥后皮易反卷，果肉白色，充分成熟果肉淡黄白色，平均肉厚 7.1 mm，汁液多，组织细腻易溶，甜酸适度，品质极佳。总糖含量 10.94%，可滴定酸 0.46%，可溶性固形物含量 11.3%~13.6%。种子较小，3~4 粒，平均重 1.4 g，椭圆形或扁圆形，褐黄色，斑点多，斑条状，主要分布在腹背、上半部；基套中等大，约为种子的 1/3，绿色，嘴部圆形，成熟时种皮易开裂，露出子叶为其特点，开裂数占 24% 左右。

图 26-11　‘鹰爪照种’果实

通过长期营养繁殖，产生的变异有‘短柄照种’‘长柄照种’和‘鹰爪照种’3 个品系。目前‘鹰爪照种’（图 26-11）已极少。

该品种开花期迟，较耐寒，丰产，大小年结果现象不显著，果形整齐美观，品质极佳，较耐贮运。唯种子较多，果肉较薄为其不足，目前生产上栽培较少。

4. 鸡蛋白（图 26-12）

分布于苏州市吴中区东山镇、金庭镇，有‘东山鸡蛋白’和‘西山鸡蛋白’2 个品系。

图 26-12　‘鸡蛋白’果实

树势中庸偏强，直立，干性强，树冠高，圆头形，枝条长，茸毛密而紧贴，阳面灰白色，阴面灰黑色，多年生枝褐黄色，稍粗糙。叶稍大，斜生，平均长宽 25.5 cm × 7.8 cm，长圆形，先端渐尖，基部楔形，叶缘中上部具锯齿，先端细浅而明显，下半部近全缘，叶稍厚，叶面深绿色，背面茸毛细短，中等密，灰或灰黄色，叶脉间叶肉微皱，叶柄细长，平均长粗 1.3 cm × 0.51 cm，茸毛密，灰黑色。花穗主轴先端稍弯，支轴多下垂，着花 97 朵，萼片钝圆，灰棕色，花瓣卵圆形，先端凹口浅细（有凹口花瓣占 25%），雄蕊数 22 枚。初花期 11 月上旬，盛花期 11 月中下旬，盛花末期 12 月下旬，终花期翌年 1 月上旬，果实成熟期 5 月下旬至 6 月上旬。

果实大，倒卵圆形，平均单果重 36 g，大果可达 40 g 以上。果实顶部圆平，基部斜圆。果面淡黄色，萼筒周围茸毛密聚，深灰色，果面斑点大，充分成熟果实阳面锈斑较多，萼半张或微闭合，萼片小，平生，萼筒较深。果皮薄，易剥离。果肉厚，黄白色，柔嫩易融，汁液中多，风味甜而少酸，品质上等。可溶性固形物含量 12.5%~16.4%，可食率 68.9%~72.0%。种子 3~4 粒，基套小，绿色，占种子 1/3。

该品种果大整齐，外观美，风味佳，在洞庭东西山地区有少量栽培。

5. 荸荠种（图 26-13）

该品种是 100 多年前由苏州吴中区金庭镇石公乡葛家坞葛文麟从实生树中选出，因果形似荸荠而得名，曾为当地主栽品种。

树势强，树冠圆头形，分枝多而粗短，枝条稍直立，老枝灰黄色，1~2 年生枝黄绿色，先端茸毛密生，灰黑色。叶片长圆形，平均长宽 28.4 cm × 9.6 cm，先端渐尖，基部楔形，锯齿细浅不明显。叶脉少，间距大，脉间距全叶不均衡，中部宽而两端狭。叶面深绿色，背面茸毛极密，深灰黄色，叶脉间叶肉稍皱。叶柄长粗 1.50 cm × 0.67 cm，茸毛密，深灰或灰黑色。花穗中等大，着生疏松，平均着花 76 朵，穗轴密被黄褐色茸毛。花瓣长圆形，基部宽，瓣尖凹口浅细，边缘内卷，多皱褶。初花期 11 月上旬，盛花期 11 月中旬至 12 月初，盛花末期 12 月下旬，终花期翌年 1 月上中旬。

图 26-13 ‘荸荠种’果实

果实扁圆形，平均单果重 32 g。果柄粗短，平均长粗 3.0 cm × 0.6 cm。果顶及基部平广，果面黄橙色，茸毛极多，深灰色，斑点细密分布均匀，果皮中等厚，易剥离，萼片平展，萼筒半开，果肉黄白色，厚 0.85 cm，肉质细腻，汁液多，风味浓，品质好。可溶性固形物含量 11.1%~14.0%，总糖 10.88%，可滴定酸 0.37%，可食部分占 67.34%。种子较大，扁圆形或椭圆形，每果含种子 2~5 粒。单核平均重 2.04 g，种皮赭褐色，表面稍粗糙，斑点稀少，椭圆形或卵圆形，嘴部不明显，基套小，浅绿色。

该品种抗性强，耐寒耐旱，不易产生日烧及裂果。果实较大而整齐，贮藏性能好，如采收细心，则可贮藏半个月至 1 个月之久。

6. 小白沙（图 26-14）

苏州吴中区金庭镇的老品种，现生产上极少见。

树势中庸，树冠呈扁头形，枝条细长而软，分枝较密，分枝角度大。叶大小中等，长椭圆形，叶幅较狭而基部较宽，锯齿疏而显著，集中于叶片前缘，叶脉稀，叶面平整，背面有短而密的茸毛，花序疏松，花蕾较其他品种略小。

图 26-14 ‘小白沙’果实

果实圆球形，中等大，平均单果重 31 g，大小 3.57 cm×3.91 cm。果梗细长，大小均匀，果顶平广，基部钝圆，果面淡橙黄色，皮薄，茸毛及果粉多，果点稀少而不明显，萼片内陷，萼孔半开。果肉淡橙黄色，汁液多，总糖含量 9.95%，可滴定酸 0.85%。种子中等大，每果 3~5 粒，平均重 1.7 g，卵形，种皮深赭黄色，表面稍粗糙，无斑点，嘴部不明显，基套绿色而小。果实成熟期 6 月上旬。

该品种花期晚，抗寒性强，产量高而稳定，不易裂果，但品质较差，不耐贫瘠土壤。

7. 灰种

原产于苏州吴中区东山镇，目前已难觅其踪。

树势中庸，树姿开展，枝条多而细，树冠不甚整齐。叶中大，椭圆形，先端微尖，基部渐尖，锯齿浅而密，叶面不平整，背面有灰褐色茸毛。花序较紧密，花梗上被有浓栗色茸毛。果实挺生，同一穗上果柄长度相仿。

果实扁圆形，中等大，平均单果重 24 g，大小 3.26 cm × 3.60 cm。果顶略歪，基部钝圆，果面淡橙黄色，果皮中等厚，斑点大而稀，甚明显，萼片尖端内陷，萼孔半开或开张。果肉黄白色，组织细嫩，果汁多，味甜而微酸。种子 2~4 粒，平均每粒重 1.44 g，圆形或椭圆形，种皮褐黄色，粗糙。成熟后种皮易开裂，斑点较多，基套中等大，绿色或淡绿色。

该品种因果小且有灰斑，不耐运输，易裂果，已被其他品种所代替。

8. 红毛照种（图 26-15）

原产于苏州吴中区东山镇，目前生产上栽培较少。

树势强，树冠圆头形，枝条细长。叶中等大，浓绿色，长椭圆形，叶面平整，背面密生浅黄褐色茸毛，锯齿较密，但不显著。花序疏密中庸。

图 26-15 ‘红毛照种’果实

果实外观与‘早黄’极相似，但较小，平均单果重 22 g。果肉黄白色，组织细腻，汁多味甜，总糖 13.66%，可滴定酸 0.33%。种子 4~6 粒，椭圆形或卵圆形，平均粒重 1.31 g，种皮黄褐色，表面平滑，斑点稀少，基套中等大。

该品种因果形小，产量低，在生产上已被其他品种所代替。

9. 大种（图 26-16）

别名榔头种，原产于苏州吴中区东西山地区。

图 26-16 ‘大种’果实

树势较强，枝条粗短，分枝角度小，树冠长圆头形。叶长而大，椭圆形或菱形，锯齿大而显著，叶面平整，叶背有长而密的棕褐色茸毛，侧脉在 1/4~1/3 处均有分脉可见。

果实圆球形或略扁球形，较大，平均单果重 43 g，大小 3.92 cm × 4.43 cm。果梗长而粗，果面黄色，皮厚而不易剥离，白色斑点多，明显而均匀地分布于果面各部，萼片平展，萼孔闭合。果肉黄白色，厚 7~8mm，味淡，可溶性固形物含量 13.0%。种子 6~7 粒，每粒重 1.7 g，椭圆形而大，黄褐色，表面稍粗糙，斑点少，基套小。

该品种耐寒性差，现栽植较少。

10. 细种

原产于苏州吴中区东山镇，目前生产上栽培较少。

树势中庸，树姿开张，树冠圆头形。叶中等大小，先端钝尖，基部楔形，叶面平整。

果实小，扁圆形，平均单果重 24 g，大小 3.0 cm × 3.6 cm。果面黄色，斑点稀少而不明显，肉黄白色，汁液多，甜多酸少，可溶性固形物含量 14%。种子 3~5 粒，以椭圆形为多，种皮赭黄色，光滑或稍粗糙，无斑点，基套小。

该品种成熟早，易受冻害，易裂果，已被其他品种代替。

11. 霸红（图26-17）

别名坝红。扬中新坝 1955 年从浙江湖州引进枇杷实生苗，20 世纪 80 年代自实生树选得。

图 26-17 ‘霸红’果实

树姿开张，树冠圆头形，发枝力中等，枝条中粗，叶长椭圆形，色绿，叶脉突起，叶缘锐锯齿。花序平展，花序内花朵中密。树势中强，以春梢结果为主，萌芽期 3 月下旬，盛花期 11 月中下旬，果实成熟期翌年 6 月上旬。

每果穗果数 6~7 个，平均单果重 32 g，大果可达 39 g。果实球形略扁，大小 3.17 cm × 3.60 cm，整齐，果面橙红色，茸毛较厚，灰黑色，偶有果锈。果点大，萼片大而浅，开张而下凹，果皮厚而韧，易剥离。平均每果种子数 4.5 粒。果肉厚约 9mm。橙红色，汁液多，组织中细，有香气，风味浓甜，可溶性固形物含量 11.7%，可食率 65.5%，罐藏性能良好。

该品种抗寒性强为其特点，经 1977 年 -11.3 ℃大冻而结果正常。丰产稳产，大小年结果现象不明显。果大，味甜，品质上等，是生食、加工的优良品种，目前扬中为主要栽培区。

12. 红毛白沙

原产于苏州吴中区金庭镇，目前生产上栽培较少。

树冠圆头形。叶大而色浓，倒卵形，叶缘锯齿细密，叶面不平整。花序疏密中等，被黄色茸毛，花瓣内有明显褐色茸毛。

果实圆球形，中等大，平均单果重 29 g，大小 3.34 cm × 3.87 cm。果面橙黄色，于近萼凹处有密集细小而显著的斑点，萼片特凸。果肉淡橙色，细腻，总糖 9.6%，可滴定酸 0.56%，汁液多，味极甜。种子 2~4 粒，甚大，平均粒重 2 g，种皮赭褐色，光滑无斑点。

该品种成熟较早，易冻害，果实不耐贮运，已被‘青种’代替。

13. 和尚头

原产于苏州吴中区东山镇、金庭镇（原西山镇），目前生产上栽培较少。

树势强，枝条细长而整齐，树冠长圆头形。叶较小，椭圆形。花序很紧密。

果实梨形，中等大，平均单果重 27 g，大小 3.36 cm × 3.80 cm。果梗短粗，果顶平广，果基尖削，果面黄色，果皮厚度中等易剥离，茸毛及果粉少，斑点粗而明显。萼片平展，萼孔闭合。果肉黄白色，肉质较粗，味较酸，果汁少，品质中等。种子中等大，平均每粒重 1.5 g，椭圆形或广卵形，种皮赭黄色，表皮稍粗糙，斑点多。

该品种质量较差，已被‘青种’代替。

14. 铜皮（图 26-18）

原产于苏州吴中区东山镇，目前生产上栽培较少。

树势强，枝条粗短，树冠扁圆头形，树皮斑驳，易与其他品种区别。叶片形状、大小、花序及果实大小均近似‘照种’，唯果面斑点较稀，且不显著。花瓣较大，萼片特突，易裂果，不耐贮藏。

图 26-18 ‘铜皮’果实

15. 串脑（图 26-19）

图 26-19 ‘串脑’果实

产于苏州吴中区洞庭山。

果实扁圆形，平均单果重 33 g，大小 3.14 cm × 3.31 cm，大果可达 37 g。果皮淡橙黄色，果肉黄白色。可溶性固形物含量 12.9%，品质中上等。平均每果内含种子 4.2 粒。当地成熟期为 6 月上旬。

该品种树势强，有一定产量。

16. 高良姜

产于苏州吴中区洞庭山，现有少量栽培。

果实高扁圆形，平均单果重 37 g，大小 3.62 cm × 4.03 cm。果皮呈淡橙黄色，果肉为淡橙黄色，可溶性固形物含量 11.02%，品质中上等。平均每果内含种子 3.2 粒。成熟期为 6 月上中旬。

17. 冰糖种（图 26-20）

图 26-20 ‘冰糖种’果实

产于苏州吴中区洞庭山，现栽培面积不多。

果实圆球形，平均单果重 19 g，大小 3.00 cm × 3.19 cm。果皮黄白色，果肉白色。可溶性固形物含量 13.5% 左右，高者可达 20%。平均有核 2.4 粒，当地成熟为 5 月下旬至 6 月上旬。

该品种味浓，品质甚佳，因果实偏小，栽培较少。

18. 甜种（图 26-21）

图 26-21 ‘甜种’果实

产于苏州吴中区洞庭山，栽培较少。

果实椭圆形，平均单果重 23.8 g，大小 3.15 cm × 3.30 cm。果皮呈黄白色，果肉白色，可溶性固形物含量 12.4%。平均每果含种子 2 粒，当地成熟期为 5 月下旬至 6 月上旬。

该品种味浓，品质甚佳。

19. 鹰爪白沙

分布于苏州吴中区金庭镇北部横山岛上，为实生种。

果实小，平均果重 19 g，大小均匀。果面黄色，果肉黄白色，味稍酸。

20. 呆种白沙

产于苏州吴中区洞庭山，少量栽培。

果实扁圆形，平均单果重 21 g，大小 2.82 cm × 3.37 cm。果皮黄白色，果肉淡黄色，可溶性固形物含量 13.1%，品质中上等。每果内含种子 3 粒。当地成熟期为 6 月上旬。

21. 黄皮

果实近圆形，平均单果重 31 g，果面麦秆黄色，果肉细嫩多汁，甜酸适中，总糖 10.32%，可滴定酸 0.38%，可食率 64.3%。果实中大，品质中上等，为品质较好的白肉品种。

22. 苹果种

产于苏州吴中区洞庭山，少量栽培。

果实扁圆形，果形美观，平均单果重 27 g，大小 2.95 cm × 3.61 cm。果皮淡橙黄色，果肉黄白色，可溶性固形物含量 12.4%，品质上等。平均每果内含种子 2.4 粒。当地成熟期为 6 月初。

23. 土种白沙

分布于苏州吴中区金庭镇元山一带石灰岩小丘上，系实生繁殖，为当地白沙种中生长较良好者。

果大，梨形，酷似和尚头，平均单果重 32 g。果面黄色，果肉淡黄色，品质中等。

24. 玉丰

母树保存在扬中丰裕勇气村五组杨恒林家中。1956 年播种，1962 年开始结果，1977 年大冻（−11.8 ℃），结果 35 kg，树体未发现冻害，抗寒性强。1983~1985 年产量分别为 90 kg、115 kg、85 kg，丰产性能较稳定，品质优良。

树姿开张，发枝力强，枝条密，细枝下垂，在当地有软条白沙之称。树势中庸，夏梢发得早，分枝多，以春梢、夏梢结果为主。叶片狭长，叶色淡绿色。花序平展，一花序内花朵密集。每花序坐果 8~10 个，大小匀称，坐果率高。

果实圆球形，平均单果重 20 g，大小 3.6 cm × 3.7 cm。果皮淡黄白色，茸毛较厚，萼筒小而浅，萼片闭合而突出，果皮薄而韧，易剥离，皮有内卷现象。平均每果含种子 3.5 粒，果肉厚 7.5 mm，乳白色,汁液多,组织细嫩化渣,风味浓甜,可溶性固形物含量12%,可食率66.5%,品质上等。

在扬中,萌芽期3月下旬,盛花期11月中下旬,果实成熟期翌年6月中旬。

该品种抗寒、丰产性能好,坐果率高,果形偏小,在生产上要进行人工疏果,增加单果重。

25. 桂圆白沙

主要分布于海门市农业科学研究所和南通平潮、兴仁、通海一带。平均单果重25 g,圆形,果面橙黄色,果肉淡黄色,味甜。种子3~4粒。6月中旬成熟,10年后单株产量达50~75 kg。

26. 邗江牛奶

该品种果树在扬州邗江越江有种植。

平均单果重21 g。果皮浓橙黄色,果肉淡黄色。种子2~3粒。40年生株产170 kg,5月下旬成熟。

27. 邗江小白沙

该品种果树在扬州邗江新坝聚宝有种植。

果实长椭圆形,平均单果重18 g。果皮橙黄色,果肉淡橙黄色,味极甜。种子1~3粒。6月上旬成熟。

28. 白毛

该品种果树在江苏靖江城江同盛村有种植。

果实圆形,平均单果重18 g。果皮淡橙黄色。果肉淡黄色,品质好。种子3~4粒。5月下旬至6月上旬成熟。

29. 红沙牛奶种

分布于苏州吴中区东山镇,从实生树中选出。

果形大而整齐,梨形,平均单果重37 g。果面浓橙黄色,果肉橙色,品质上等。该品种成熟早,耐冻,产量高,且不易裂果,适于罐藏用。

30. 红沙铜鼓种

分布于苏州吴中区东山镇。

果实大,圆球形或略呈梨形,平均单果重41 g。果面深橙黄色,果肉橙色,汁多而味淡。种子多。易遭冻害,易裂果。

31. 鸡蛋红

分布于苏州吴中区金庭镇元山一带，曾是主栽品种之一，为实生树中选出。

果大，平均单果重 35 g，果面橙黄色，果肉浓橙黄色，汁多味淡，质致密。宜加工。

32. 圆种红沙

分布于苏州吴中区金庭镇元山。

果实大，圆球形，平均单果重 38 g。果面橙黄色，果肉橙黄色，质较粗，汁多味甜。产量高，宜加工。

33. 东台小沙

该品种果树在江苏东台安丰镇下灶新来果园有种植。

果实圆形，果皮暗红色，果肉橙色，汁多味酸甜。树势强，树姿直立，较耐贮藏，适应性强，6 月中旬成熟。

34. 邗江大红袍

该品种母树种植在扬州邗江新坝聚宝地区。

果实正圆形，平均单果重 32 g。果面橙黄色，果肉橙黄色。种子 2~4 粒。6 月上旬成熟，单株产量 60 kg。

35. 石橙

该品种母树保存于扬中八桥石桥村一组韩义和家，系实生苗。1972 年栽，1977 年大冻（−11.8 ℃）时未发生冻害，并开始少量挂果，1983~1985 年各年产量分别为 15 kg、25 kg、35 kg。由于该单株才进入初果期，大小年结果现象未显示出来。

每穗坐果 6~8 个，平均单果重 25 g，大果重 36 g。果实梨形，大小 3.84 cm × 3.37 cm，整齐。果面橙黄色，茸毛较厚，白色，萼筒中等大而深，萼片闭合而下凹。果皮厚而韧，易剥离，每果种子 2 粒居多，平均 2.3 粒。果肉厚约 8.5 mm，橙红色，细韧而具光泽，果胶特别丰富，汁液中等，有香气，风味甜酸，可溶性固形物含量 12.2%，可食率 64.3%。

树姿较开张，树冠圆锥形，发枝率中等偏少，枝条较疏而壮。叶片长椭圆形，叶质厚，深绿色，并有光泽。花序平展，花序内花朵中密。

该单株树势强，双核居多，肉质致密且具韧性，加工性能特别优良，为加工、生食兼用型优良单株。

二、引进品种

1. 宁海白（图 26–22）

系浙江省宁海县农林局1994年从实生白肉枇杷中选出的大果优质中熟白肉枇杷新品种，2004年2月通过浙江省林木品种审定委员会审定。目前苏州洞庭东西山、太仓、无锡等地有少量引种。

树势中庸偏强，树姿开张，树冠圆头形，中心干明显。分枝力较强，枝条灰色，新梢以夏梢、春梢为主。叶片长倒披针形，先端渐尖或钝尖，基部楔形，叶缘上部锯齿深锐明显，尖突，下部全缘，叶平均长25.5 cm，宽8 cm，叶脉16对，叶脉轮廓特别分明。花穗中等，着花53~89朵，花间紧密，总轴下部直，顶部渐斜，萼片5枚，淡棕色，有茸毛。花瓣淡黄白色，雄蕊平均20.1枚，雌蕊5枚，花药呈长椭圆形，淡棕黄色。果实长圆形或圆形，平均单果重53 g，最大86 g。果皮淡黄白色，锈斑少，皮薄，剥皮易，富有香气，果肉乳白色，肉质细腻多汁，可溶性固形物含量13%~16%，最高19.2%，风味浓郁，可食率73.4%。每果种子数1~4粒。栽后第3年挂果，4年生株产可达11.2 kg，成年树株产可达15 kg以上，抗冻性强于‘软条白沙’等品种。

图 26–22 ‘宁海白’果实

浙东沿海地区一般初花期10月中下旬，盛花期11月下旬至12月上旬，终花期翌年1月中下旬，春梢抽生初期2月中旬，夏梢抽生初期5月中旬，果实成熟期5月下旬。

该品种果大、质优、中熟，结果早，丰产性好，较抗冻。

2. 大五星（图 26–23）

系四川省成都市龙泉驿区于1978年通过实生选种而育成的优质大果型枇杷新品种，因其脐部呈大而深的五星状，故命名为‘大五星’。树势中庸，果实椭圆形，平均单果重68 g，最大单果重194 g，皮橙黄色，茸毛浅，果肉橙红色，柔软多汁，种子2~3粒，可溶性固形物含量14.6%，可食率78%。果实5月下旬至6月上旬成熟。

图 26–23 ‘大五星’果实

苏州张家港有少量引种，设施栽培。

3. 软条白沙（图 26–24）

原产于浙江余杭塘栖，为当地品质最优良的古老品种。树势中庸，树形开张，枝细长，较软，斜生，有时先端弯曲。叶片中等大，椭圆形，叶缘外卷。果梗细长而软。果实中等大，为倒卵圆形、扁圆形或圆形，平均单果重 25 g。果面淡黄色，果皮极薄，易剥。果肉黄白色或乳白色，肉质较细且柔软，汁多味甜美，可溶性固形物含量 13%~18%。果实有核 2~5 粒，可食率为 68.4% 左右。在浙江余杭于 6 月上旬成熟。

该品种果实品质极佳，唯不耐贮运。成熟前若遇多雨天气，则易裂果。抗性差，管理不善，易引起大小年结果现象。苏州太仓等地有少量引种。

图 26-24 ‘软条白沙’果实

4. 大红袍（图 26-25）

南通海门、如皋一带从浙江塘栖引种，有一定栽培。

树势强，枝条开张。叶片大小中等，叶缘上部具粗锯齿，下部全缘。果实圆形以至长圆形，平均单果重 35 g，最大可达 70 g；同穗果实大小整齐。皮橙黄而显红色，故名；阳面或有白色与紫色斑点，色泽美观；果粉厚，茸毛长；皮厚韧易剥；肉厚色黄，质地致密，汁液中等，可溶性固形物含量 10%，味甜微酸，品质优良。种子 1~4 粒，多数 3 粒。在南通市 6 月中旬成熟。

图 26-25 ‘大红袍’果实

该品种丰产稳产，抗逆性强，系温带品种，较耐寒旱，鲜食与罐藏均佳。

三、选育品种

1. 白玉（图 26-26）

原产于苏州市吴中区东山镇槎湾村（现属于双湾村），20 世纪初由该村农民汤永顺从‘早黄白沙’中实生选出。20 世纪 50 年代末，南京中山植物园在东山调查时误称‘早黄’。70 年代后期，吴县果树研究所杨家骃、章鹤寿进行多年观察研究，认为该品种与‘早黄’在果实形状，大小，果肉厚度，种子数量、大小、形状和色泽，花瓣形状，叶形及抗旱性等方面均有不同，定名‘白玉’。1992 年通过江苏省农作物品种审定委员会认定。

树势强，生长旺盛，枝条粗长，易抽生长夏梢。树冠高圆头形，树姿较直立，主枝较直立，大枝褐黄色，稍粗糙，1~2 年生枝棕红色，顶端茸毛密聚，阳面深灰色，背面灰黑色。叶长而大，斜生而略下垂，披针形或长圆形，叶身宽长，平均长宽 32.7 cm × 9.3 cm，先端渐尖，基部楔形，锯齿

图 26-26 ‘白玉’果实

粗，上中部锯齿明显，基部锯齿细小，近全缘。叶质地软，中厚，叶面深绿色，背面茸毛短密，灰黄色，叶柄长 1.3 cm，粗 0.55 cm，茸毛密，灰黑色。花穗三角形，着生紧密，大小平均 9.42 cm × 8.53 cm，支轴数 7~12 支，主轴粗直，先端稍弯曲，支轴斜生，花瓣白色，椭圆形，先端凹口浅。初花期 10 月底至 11 月上旬，盛花期 11 月中下旬，终花期翌年 1 月上旬，果实成熟期 5 月中旬。

果实大，椭圆形或高扁圆形，平均单果重 35 g，大果可达 50 g。果形指数为 1.14。果顶平凹；基部钝圆；萼片宽短，平展；萼筒大，萼周茸毛长面密聚，深灰色；果面淡橙黄色，茸毛多，灰白色。果面白色斑点圆形；果梗附近较多；果肉洁白，平均厚 0.85 cm，肉质细腻易溶，汁多，风味清甜，品质佳，可溶性固形物含量 12.0%~14.6%，可食率 70% 左右，果皮薄韧易剥离。种子长圆形，浅赫黄色，每果含种子 2~3 粒，单粒重 1.32 g，种皮光滑，斑点白色，较小，分布于种脐周围，基套小，绿色。

该品种具有早熟、丰产、大小年结果现象不显著、果实形状整齐美观、风味佳、抗旱性强等特点，唯不耐贮运。过熟后风味变淡，宜适时采收。目前该品种已在华东地区进行了大面积推广，面积约 3 万亩，是苏州东山镇主栽品种，占总面积的 90% 左右。

2. 青种（图 26-27）

原产于苏州市吴中区金庭镇，系 100 多年前堂里村农民王茂才从实生白沙中选出，因初熟时果实蒂部带青色（斑），故名‘青种’。1992 年通过江苏省农作物品种审定委员会审定。

树势强，树姿开张，树冠圆头形，大枝光滑，浅褐色，1~2 年生枝粗壮而长，黄绿色；茸毛短密，深灰色。叶片大，椭圆形，平均长宽 29.2 cm × 8.4 cm，先端尖圆，基部楔形，叶缘上半部锯齿渐尖，明显，下半部全缘。叶面深绿色，质地厚硬，叶背茸毛短密，灰黄色，叶脉较密而整齐。叶脉间叶肉突出明显，叶柄平均长粗为 1.2 cm × 0.57 cm，茸毛短而紧密，深灰黑色。花穗疏密中等，支轴先端下垂，平均每穗支轴 11.4 支，花 92 朵，花瓣先端无凹口，雄蕊 20 枚。

图 26-27 ‘青种’果实

果实大而整齐，圆球形，横径 3.97 cm，纵径 3.51 cm；大小整齐，平均单果重 33 g，大果可达 43 g 以上。果顶平广微凹，基部钝圆，萼片宽广而长，半开张或开张；突起明显，萼筒圆大、短，果面淡橙黄色，成熟果蒂部仍带青色，茸毛少，萼周茸毛多，深灰色，斑点明显集中于向阳面。果肉淡橙黄色，平均肉厚 0.79 cm，肉质细，易溶，汁多，风味浓，甜酸适口，品质上等，可溶性固形物含量 11.6%。果皮较厚韧，易剥离，果柄粗短，平均长 3.5 cm，粗 0.64 cm，可食率 66%~72.9%。种子较大，圆形或广卵形，每果 2~4 粒，粒重 1.8 g，种皮棕褐色，斑点少，分布于种脐部，基套小，绿色，种脐圆形，较小。

初花期 11 月上中旬，盛花期 11 月下旬至 12 月上旬，盛花末期翌年 1 月上旬，终花期翌年 1 月中下旬，果实成熟期 5 月下旬至 6 月初。

该品种耐贮运，唯叶片易染病害，需加强防治。现为苏州市吴中区金庭镇主栽品种，占总面积的 80% 以上。

3. 冠玉（图 26-28）

江苏省太湖常绿果树技术推广中心章鹤寿在 1983 年从苏州吴中区东山镇繁荣村实生白沙树中选育，于 1995 年通过江苏省农作物品种审定委员会审定。

树冠高圆头形，干性强，层性明显。多年生枝灰褐色，2~3 年生枝棕褐色，新梢浅灰色，茸毛灰黑色，较密。春梢叶片椭圆形或长圆形，脉间叶肉突出较明显，先端急尖或钝圆，基部广楔形，锯齿浅细而稀，分布于前端 1/3~1/2 处，下部全缘。叶片深绿色，背面茸毛较稀，灰黄色。叶长 28.7 cm，宽 10 cm；叶柄长 1.22 cm。夏梢叶面平展，边缘稍反卷，绿或浅绿色。花序中等大，主轴挺直，先端稍弯，长 12 cm，宽 9.2 cm。支轴 11 枚左右，基部 1~3 支轴特长，于叶间下垂，其余支轴稍短略下垂。茸毛密，土黄色或淡褐黄色。花冠直径 1.3~1.9 cm，花瓣宽圆形，淡黄色或乳黄色，先端凹口深宽，边缘稍反卷。春梢抽生期为 3 月上旬至 4 月初，夏梢抽生期为 5 月下旬至 6 月上旬，秋梢抽生期为 8 月中旬至 9 月初。春梢短而粗，夏梢多而整齐，比春梢细长，叶片较少。秋梢较短，有的不带叶。以夏梢为结果母枝，少量中下部、内膛春梢也有直接开花结果。

图 26-28 ‘冠玉’果实

果实大，圆球形或椭圆形，单果重 43.4 ~ 61.5 g，最大单果重 70 g。果柄长，果面淡黄色，顶部平凹，萼筒圆，半开张，萼片短圆，平生，四周茸毛灰黑色，较密，蒂部宽圆，表面茸毛稀短，黄色。果肉厚达 1 cm，白色或乳白色，肉质细致易溶，汁多，果皮中等厚，强韧易剥离，不粘果肉。核扁圆形或长圆形，平均每果含种子 3.5 粒，平均单核重 2.4 g，种皮赭褐色或棕褐色，斑点少，细小而狭长，分布于腹部。种脐大，圆形或长圆形，种皮极少开裂。风味甜较浓，微香，可溶性固形物含量 13.4%，可食率 66.2%~71.2%，裂果轻。

初花期 11 月上中旬，盛花期 11 月下旬至 12 月下旬，末花期 1 月中旬，6 月上旬成熟。

该品种是目前江苏白沙枇杷中果实最大的品种，开花期迟，果实成熟晚，耐贮抗寒，是北缘地区推广的抗寒、优质、大果白沙枇杷良种。

4. 美玉(图 26-29)

图 26-29 ‘美玉’果实

为自然实生变异的优良单株,2005 年通过江苏省科技成果鉴定。

树冠高圆头形,干性强,层性明显,层间距较大,偏直立,树势强,成枝力强。多年生枝为灰褐色,2~3 年生枝棕褐色,新梢浅灰色,茸毛较稀疏灰褐色。春梢叶大,椭圆形或长圆形,叶脉平整,先端尖,基部广楔形,锯齿浅细而稀,叶面深绿色,叶背茸毛较稀,浅灰色,叶长 29.3 cm,宽 10.8 cm,叶柄 1 cm,夏叶平展、狭长稍倒披,绿色或浅绿色。

花序较大,主轴直,长 13.5 cm,宽 8 cm,支轴数 9 枚左右,最长支轴达 4.5 cm,花轴茸毛较稀,淡青黄色。总花轴高于叶间,支轴较直立。每穗花量为 120 朵左右,花冠直径 1.3~2.0 cm,花瓣宽圆形,边缘稍翻卷。6 月初果实成熟。

果实大,球形稍扁,平均单果重 41 g,大果可达 70 g,大小 3.94 cm × 4.37 cm。果柄长,果面淡黄色,茸毛稀短,蒂部宽圆,萼筒稍闭合,萼筒底部青色,茸毛多。果皮橙黄色,中等厚易剥。果肉淡白色,斑点稀,风味佳,酸甜适中,汁多,化渣性一般,果肉较‘白玉’硬。核扁圆形或长圆形,种子数 4.7 粒,种皮褚褐色,可溶性固形物含量 14.8%,可食率 65%。裂果轻,贮藏性好。

5. 丰玉(图 26-30)

江苏省太湖常绿果树技术推广中心戚子洪在 1995 年从苏州市吴县东山镇槎湾村(现属于双湾村)实生白沙树中选育,于 2010 年通过江苏省农作物品种审定委员会鉴定。

树势强,树形开张,发枝力强,新梢萌发集中在基枝上部,每层 7~8 条枝梢。叶片大,春叶 30 cm × 11.5 cm,夏叶 28 cm × 7.8 cm;较厚,长椭圆形,边缘锯齿不明显;茸毛多,呈灰白色;叶色浓绿,有光泽。中脉明显。枝梢成穗率高,坐果稳定。花序较大,主轴挺直,花朵大。花轴顶端偏向一侧下垂,轴被茸毛较多而短,浅褐色,花瓣顶端尖,缺刻不规则,花冠直径 1.9 cm,花瓣高宽 1.14 cm × 0.63 cm,雄蕊数 21 枚,花瓣 1/2 以下中间呈黄色,花萼蜜被棕褐色茸毛。枝梢成穗率高,坐果稳定,结果性好,丰产稳产。

图 26-30 ‘丰玉’果实

在苏南地区 1 年抽发 3 次新梢。春梢抽发期为 3 月上旬至 4 月初,夏梢抽发期为 5 月下旬至 6 月上旬,秋梢抽发期为 8 月中旬至 9 月初。10 月上中旬抽生花穗,11 月上中旬始花,11 月下旬至 12 月中旬盛花,翌年 1 月上中旬终花。幼果迅速膨大期为 4 月初至 5 月中旬末,果实成熟期为 5 月下旬末至 6 月初。

果实扁圆形,单果重 45.5~53.4 g,大小 3.6 cm × 4.4 cm,

最大单果重 80 g。生产上果形比‘冠玉’略小。成熟果果顶部有棱角，成熟时果顶渐圆宽平，萼孔开张，呈三角形。果柄较长，一般为 3~6 cm，最长可达 8 cm；果柄粗 0.6 cm。果柄底部有少量放射性褐色斑点。果皮橙黄色，果粉多，果面美观，果皮薄，易剥皮。果肉质地细腻，风味浓，甜酸可口，可溶性固形物含量 15%，品质佳。核较多，平均 5.1 粒，可食率 70%。耐贮性好，在常温下贮藏 3 周，好果率 90% 以上并保持鲜果风味。

该品种抗逆性强，适应性广。在不同的立地条件下，表现结果早，结果性好，丰产稳产，是比较优质的白沙枇杷新品种。

6. 大果青种（图 26-31）

苏州市吴中区西山秉常盛茗茶果股份合作社与南京农业大学 2005 年从 70 年生的青种枇杷实生园中选育而成，于 2013 年通过江苏省农作物品种审定委员会鉴定。

图 26-31 ‘大果青种’果实

树势较强，树姿直立，圆头形，枝条较稀疏，主干青褐色，1 年生枝青绿色，叶片椭圆形，大而厚，纵径 10 cm 左右，横径 4~8 cm，叶片色泽浓绿，先端渐尖，上部及中部边缘有锯齿，背面有茸毛。

春梢抽生在 2 月中旬开始，枝梢虽短但较粗，长 4~8 cm；夏梢在 5 月中旬陆续抽生，长度 10~25 cm，一般都能成为结果母枝；秋稍抽生在 8 月下旬至 10 月，与夏梢相似，长度 10~25 cm，但叶片较小；冬梢在当地一般不抽生，即使萌生也因气温渐低很少成叶成枝。短果枝比率 30%~40%，中长果枝比率 40%~60%，以中长果枝结果为主。只要做到合理疏花疏果，基本可控制大小年。属于中晚熟品种，抗逆性，抗病性和适应性都比较强。花期与‘青种’类似，果实成熟期 5 月下旬。

果实圆形，平均单果重 45 g，较大，大小 4.27 cm × 4.28 cm。果基钝圆，果顶平广。萼片外突，萼孔张开，萼孔五角星明显突出。果皮颜色为橙黄，果面条斑明显，有中度锈斑，剥皮容易。果肉淡黄色，肉质柔软可口，汁液多，甜多酸少，风味浓，品质上等。可溶性固形物含量 12.3%，可食率 69.83%。

该品种含糖量较高，丰产性好，较耐贮藏，抗性较强。

7. 冬玉（图 26-32）

江苏省太湖常绿果树技术推广中心于 2000 年在苏州市吴县东山镇槎湾村实生树中选育而成，于 2015 年通过江苏省农作物品种审定委员会鉴定。

树势强，树姿直立，顶端优势明显，主干灰褐，枝梢黄绿，新梢茸毛多，一般 2~4 根，集中于枝

图 26-32 '冬玉'果实

条上部。主枝长 10.7 cm，粗 1.06 cm。侧枝长 29 cm，粗 0.88 cm。叶片椭圆形，春叶少部分圆钝，叶基部近 1/2 无锯齿，上部锯齿稀浅而钝。春叶大，长宽 30 cm × 10 cm，有少量扭曲，叶背黄绿色，叶姿斜向上。夏叶茸毛多，灰色，叶尖急尖下垂，叶缘内卷，叶脉与叶肉之间凹凸不明显，叶色黄绿，中脉明显。叶面光平。夏叶较春叶小，长宽 22.8 cm × 7.6 cm，较厚。花序较大，主轴挺直，长 11.8 cm，粗 0.93 cm。花序支轴下垂，平均 9.7 个，花 70~100 朵，花瓣浅黄色，雄蕊约 20 枚，花萼蜜被棕褐色茸毛。枝梢成穗率高，结果稳定，结果性好，丰产稳产。

果实大，平均单果重 41 g，大果重 62 g。扁圆形，果形指数 0.88，果基钝圆，果顶平展。萼片外突，萼孔开张，果皮橙黄，果皮锈斑中等。皮薄易剥，果肉黄白色，细嫩多汁，甜多酸少，可溶性固形物含量 13.3%，可食率 67.1%，种皮多开裂。果实常温下可以贮藏 8~12 天。

在苏州地区 1 年抽发 3 次新梢，春梢抽发期为 3 月上旬至 4 月初，夏梢抽发期为 5 月下旬至 6 月上旬，秋梢抽发期为 8 月中旬至 9 月初。10 月中旬抽生花穗，11 月上旬始花，12 月中下旬为盛花，翌年 1 月中旬终花。果实生长发育前期滞缓，幼果迅速膨大期为 4 月初至 5 月中旬，果实成熟期为 5 月底，果实发育期 150 天左右。春梢短而粗，一般为夏梢的基枝。夏梢抽发多而整齐，但较春梢细长，叶片较小，秋梢一般抽发较短。以夏梢为主要结果的母枝，是形成产量的主要枝梢。

该品种果实风味酸甜，对炭疽病、叶斑病等主要病虫害抗性较好，抗旱、抗寒等抗逆性能强，适宜在苏南太湖丘陵地区种植。

8. 金玉(图 26-33)

图 26-33 '金玉'果实

苏州太湖胥王山农家山庄有限公司和江苏省太湖常绿果树技术推广中心于 2007 年在苏州市吴中区金庭镇东蔡村消夏湾青种实生枇杷中实生选育而出，于 2015 年通过江苏省农作物品种审定委员会鉴定。

树势较强，树冠圆头形，枝条较稀疏，主干青褐色，1 年生枝青绿色。叶片椭圆形，大而厚，长 20.9 cm，宽 6.6 cm。叶色浓绿，先端渐尖。春梢于 2 月中旬开始生长，枝长 3~5 cm，粗 1.2 cm 左右；夏梢 5 月中旬陆续抽生，中心枝长 6~10 cm，粗 1.1 cm，侧枝长 20~30 cm，粗 0.75 cm。秋稍 8 月下旬至 10 月抽生，冬梢一般不抽生。以夏梢为主要结果母枝，初花期 11 月初，盛花期 12 月中，末花期翌年 1 月初。果实于 4 月 22 日左右开始快速膨大，约 1 个月后又缓慢上升至成熟。果实生育期 145 天左右，成熟期 5 月底。

果近圆形，平均单果重 42 g，大小 3.9 cm × 4.1 cm。果基钝圆，果顶平广，萼片平展，萼孔半开张。果皮橙黄色，锈斑少，厚度 0.25 mm，易剥皮。果肉色泽淡黄色，肉厚 7.6 mm，柔软多汁，风味甜，可溶性固形物含量 15%，可食率 63.1%。在单果重、果实纵横径、剥皮容易程度等方面比母本青种好。

该品种果大、优质，抗寒、抗病等性能佳，可在江苏产区推广。

除上述品种外，江苏还有很多优良单株，但栽培面积少，很多资源已经流失。

第四节　栽培技术特点

一、苗木繁育

江苏枇杷主要采用嫁接繁殖，最近几年利用"设施 + 营养钵"的方法进行嫁接育苗，可提高育苗效率和质量。砧木多为本砧，较少采用石楠。一般于 6~7 月江苏枇杷成熟后进行播种或于 2~3 月购南方枇杷种子进行播种，翌年实生苗直径在 0.6 cm 以上时进行嫁接，培养 1~2 年后出圃。

二、建园

栽植时期宜在春季萌芽以前或秋季，苏南地区多在 2 月下旬至 3 月上旬栽植。一般株行距 4 m ×（4~5）m，容易发生冻害的地方，宜适当密植，以提高抗逆性。

山坡、平地均可种植，以排水良好、阳光充足、土层深厚的土壤为佳；有冻害地区以南坡、东南坡、西南坡、北有防护林或建筑的园地为宜。枇杷根系浅，抗风抗雪能力差，不耐涝，因此种植时要深坑浅植，沟渠配套，地势低洼地区可筑墩定植。挖好定植穴 1 m × 1 m × 0.8 m，放入秸秆、杂草、绿肥、有机肥等，回土至 30~40 cm 定植。

在平地大面积栽种枇杷，应设置防护林或风障，对于防风、防冻都有重要作用。防护林带宽 5~10 m，树种以珊瑚树、女贞、香樟等为主。

三、栽培管理

1. 施肥

枇杷果实需钾最多，氮、磷次之。幼树期薄肥勤施，结合基肥逐年扩穴生根。成年结果树每年施肥 3 次，春肥在 3 月中下旬施入，促进幼果发育，使春梢生长充实，占全年施肥量的 20%~30%，以速效肥料为主。夏肥于采收前后 1 周内施，以恢复树势，促进夏梢抽发和花芽分化，施肥量约占全年总量的 20%。秋肥一般在 8 月下旬至 9 月中下旬施，也有果农在冬季 11~12

月施。肥料种类以迟效有机肥为主,如厩肥、堆肥、饼肥、草木灰等,占全年施肥量的50%以上。

2. 整形修剪

一般采用疏散分层形或双层杯状形,高度控制在4 m以内,主干高60 cm,一般有2~3层,层间距80~100 cm。第一层主枝数3个,第二层、第三层各2个,各层主枝错开排列。枇杷修剪主要是疏去过密枝、交叉枝、枯枝和徒长枝,以利通风透光,养分集中,避免结果部位过分外移,形成内外均能结果。

3. 花果管理

枇杷成花容易,一般以保持70%左右的枝条结果为宜。疏花时一般2~3去1,4~5去2。冠顶多疏,冠下少疏。冻害风险大的地方可结合疏果进行。疏果一般在3月底至4月初幼果已无受冻之时进行。一般大年多疏,小年少疏;幼树衰弱树多疏,壮年树少疏。树冠顶部少留,树冠中下部多留。单果重40 g以上的大果品种每穗留2个,其他留3个,方向均匀,无受冻、畸形、病虫危害或发育不良的幼果。

4. 套袋

疏果后进行套袋,多采用单层白色纸袋。套袋前要喷施多菌灵或代森锰锌等药液1次防病。套袋时宜从树顶开始,然后往下向树冠外围套,套袋时务必使袋鼓起,以利于通风。

5. 病虫害防治

枇杷主要的病虫害有叶斑病、根腐病、天牛等。叶斑病在新梢抽生期,喷等量式波尔多液120~150倍液或50%多菌灵可湿性粉剂800倍液。天牛用刮除虫卵、人工钩杀、注射农药或引进天牛的天敌等方法防治。

6. 露地防冻

有冻害地区要选用抗寒品种,利用小气候条件,营造防护林,或在主风向上建立风障(图26-34)加强栽培管理,增强树势。冬季做好主干涂白,培土护根,冻前灌溉,雪后摇雪,防止雪压折损大枝;掌握天气预报,及时熏烟防霜防冻,防止幼果冻害。

图26-34 枇杷风障防冻

四、设施栽培

江苏设施栽培有连栋大棚和日光温室两种(图26-35、图26-36),其中连栋大棚推荐使用双层膜+地膜的覆盖保温方式,苏北连栋大棚需考虑加温措施。日光温室加盖棉被可提早到4月底、5月初成熟。设施大棚一般于12月底前后覆膜,此时授粉受精已完成,树体已通过了低温锻炼。栽培技术上应严格控制棚内温度,特别是温度最低的1~2月,避免白天温度高于

25 ℃,夜间温度低于 0 ℃。为避免棚内湿度过大,地面覆膜,进行膜下滴灌。树体进行矮化修改,控制树高在 3 m 以下。注意防治叶片斑点病、花序灰霉病、天牛等病虫害。有条件的枇杷园可进行物联网自动化控制设施栽培(图 26-37)。

图 26-35 张家港设施枇杷

图 26-36 徐州睢宁日光温室

图 26-37 无锡'白玉'枇杷物联网智能管理的大棚

(本章编写人员:杨家骃、陈锦怀、王连生、王化坤)

主要参考文献

[1]邱武陵,章恢志.中国果树志·龙眼 枇杷卷[M].中国林业出版社,1996.

[2]江苏省地方志编纂委员会.江苏省志·园艺志[M].南京:江苏古籍出版社,2003.

[3]蒋来清.苏州农业志[M].苏州:苏州大学出版社,2012.

[4]苏州统计年鉴[M].北京:中国统计出版社,2015.

[5]王化坤,袁卫明,陈绍彬,等.苏州市枇杷产业现状与发展对策[J].中国果业信息,2009,08:28-29.

[6]徐春明,黄颖宏.江苏省白沙枇杷发展现状与对策[J].柑橘与亚热带果树信息,2004,(03):3-4.

[7]张旭晖,杨建全,王俊,等.江苏枇杷冻害发生规律及风险区划[J].江苏农业科学,2015,43(8):157-160.

[8]袁卫明,王化坤,张凯.苏州市沿江地区白沙枇杷大棚栽培技术[J].现代农业科技,2013,(23):119-120.

第二十七章　黑莓

/ 栽培历史与现状 / 种类
/ 品种 / 栽培技术要点

第一节　栽培历史与现状

黑莓是蔷薇科(Rosaceae)悬钩子属(*Rubus*)植物,常为有刺的矮灌木或藤本植物,浆果由许多小果组成,属于聚合果,成熟时聚合果与花托不分离而区别于树莓(Raspberry)。黑莓驯化栽培起源于北美洲东部和欧洲,栽培历史 150~200 年,第一个商业化栽培的黑莓品种'Aughinbaugh'于 1880 年诞生于欧洲,国外已培育出数百个品种。

17 世纪,裂叶常绿黑莓(*R.lacinaitus*)首先在欧洲被驯化并进行人工栽培,至 1867 年已有 18 个该类型品种,这些品种多数是从当地苗木筛选而来的,例如'Eldorado'(R. *allegbeniensis*×*R. frondosus*)。19 世纪中叶黑莓首次被引入美国,用作新鲜果盆、冰激淋、水果馅和布丁。1930 年,红树莓、黑树莓与黑莓杂交品种'Boysenberry'诞生于美国俄勒冈州的威廉姆特。1956 年'Marionberry'在俄勒冈州大学培育成功,由于它具有上等的色泽和风味,受到广泛关注,种植面积迅速扩大,产量超过 135 t,成为世界上栽培面积较大的黑莓品种。黑莓多数的育种项目是由美国农业部在马里兰州的贝茨维尔和伊利诺斯州的卡本代尔进行,1966 年育成无刺品种'Smoothstem'和'Thornfree'。

1986 年江苏省中国科学院植物研究所开始了悬钩子属植物资源的调查、收集和引种驯化工作，先后从国外引进悬钩子类果树品种40余个，经过观察和试种，筛选出了‘赫尔’‘切斯特’‘宝森’‘卡伊娃’‘三冠王’‘阿落巴荷’等6个黑莓品种进行了推广栽培。早期筛选出的‘赫尔’和‘切斯特’在南京和连云港丘陵地区大面积推广。2007年，溧水低山丘陵地区栽培面积达4万亩，产量超15 000 t，成为中国最大的黑莓种植和出口基地，取得了良好的经济效益、生态效益和社会效益。2008年受国际金融危机的影响，速冻黑莓出口受阻，加上加工相对滞后，栽培面积逐渐缩减。2011年全省栽培面积3.9万亩，年产量2.5×10^4 t，栽培区集中在南京溧水和连云港赣榆。截至2015年，栽培面积约2.2万亩，年产量2.0×10^4 t。

自1988年开始，江苏省中国科学院植物研究所开展了黑莓育种工作，利用国内外优良种质通过实生选种、杂交育种、辐射育种、芽变选种等途径进行新品种选育，取得了一些自主创新的成果，选育的‘宁植1号’‘宁植2号’‘宁植3号’‘宁植4号’先后通过鉴（认）定。

经过30年的发展，黑莓已经成为南京溧水和连云港赣榆丘陵地区的一个特色农业产业。但目前生产中出现的问题也十分突出，其中品种成为制约产业良性发展的瓶颈，主要表现在三个方面：一是品种单一或混杂，栽培管理水平参差不齐，果园产量和果品质量良莠不齐，平均经济效益低；二是当前栽培品种大多只适于加工，缺乏鲜食品种；三是当前主栽品种果实成熟期集中在盛夏，适逢高温多雨，采收难度大，易腐烂而造成损失。

第二节　种类

黑莓属实心莓亚属（*Eubatus*），别名黑莓亚属，该亚属种类多达444种，占悬钩子属植物种类近60%。实心莓亚属具有栽培和育种价值的种类很多，其中最为突出的有10个种，分别是美洲黑莓（*R. alle gheniensis*）、高大黑莓（*R. argutus*）、无刺黑莓（*R. canadensis*）、沙黑莓（*R. cuneifolius*）、扬基莓（*R. frondosus*）、裂叶黑莓（*R. laciniatus*）、甜黑莓（*R. pergratus*）、罗甘莓（*R. loganobaccus*）、葡萄叶莓（*R. vitifolius*）和榆叶黑莓（*R. ulmifolius*）。但是这些物种在我国均没有分布。

黑莓的栽培品种来源很难确定到原始种，通常只能用属名来表示（*Rubus* spp.）。栽培品种主要是黑莓亚属一些种类（以本节第一段描述的10个种为主）进行种间杂交，甚至是2个以上种类多次杂交并多倍体化而成的。生产中应用的一些品种如‘Boysen’‘Logan’‘Young’等还包含了树莓的遗传成分。因此，黑莓品种多为高度杂合体，染色体倍数在2~12之间，以异源多倍体为多。

在栽培方面，根据植株的直立情况将黑莓分为直立、半直立、蔓生和半蔓生4种类型，其中蔓生黑莓别名露莓；根据植株枝蔓刺的数量将黑莓分为有刺、无刺和少刺3种类型；根据植株冬季落叶情况将黑莓分为落叶和常绿2种类型。2005年，世界种植黑莓中的50%为半直立黑莓，25% 为直立黑莓，其余 25% 为蔓生黑莓。主要的半直立黑莓品种包括‘Thornfree’‘Loch Ness’‘Chester Thornless’‘Dirksen Thornless’‘Hull Thornless’‘Smoothstem’ 和‘aanska Bestrna’。直立黑莓中最主要的品种是‘Brazos’，大约占世界种植面积的 46%，其他直立黑莓品种还有‘Navaho’‘Kiowa’和‘Cherokee’。蔓生黑莓最主要的品种是‘Marion’，种植面积大约占全世界蔓生黑莓的 51%，其他蔓生黑莓品种还有‘Boysen’‘Thornless Ever green’和‘Silvan’。

第三节　品种

一、引进品种

1. 赫尔（Hull）

1981 年由美国农业部推出的杂交品种，亲本为（‘US 1487’×‘Darrow’）×‘Thornfree’，1988 年由江苏省中国科学院植物研究所引入（下同），1996 年通过江苏省农林厅农作物品种审定委员会认定。目前在江苏、山东、安徽、贵州、浙江、上海、四川、河南等地均有栽培（图 27-1）。

植株生长旺盛，无刺、半直立。在无支柱情况下，1 年生株高 40~50 cm；2~3 年生基生枝数 1.6~2.0 个，粗度约 2.0 cm，分枝数 35~45 个。叶互生，叶色较深，3~5 出复叶，小叶数量平均 4.4 枚，复叶平均长 13.59 cm，宽 13.32 cm，叶形指数 1.02，叶柄长 3.65 cm 左右，单叶卵形。花大小中等，白色，花瓣 5 枚，单瓣，花萼 5 枚，基部连接（图 27-2）。

图 27-1　‘赫尔’种植园

果实紫黑色，大，平均单果重 5.45 g，大果可达 12 g，圆柱形，平均纵径 2.51 cm，横径 2.04 cm（图 27–3）。果形指数 1.2~1.3，果实味甜酸，汁多，可溶性固形物含量 7.5%~9.5%，品质优。在丰产条件下，单株平均有果穗 75 个左右，每穗果粒约 18.3 个。株产 6.5~7.0 kg，平均亩产量 1 000 kg，最高亩产可达 1 500 kg，为极丰产品种。

图 27–2 ‘赫尔’花

图 27–3 ‘赫尔’结果状

在南京地区，3 月中旬至下旬萌芽，4 月下旬至 5 月上旬现蕾，5 月中旬至 6 月初开花，6 月下旬至 7 月底果实成熟，成熟期 30 天左右。

喜光，抗病虫能力强，耐旱，冬季可耐 –15 ℃左右的低温。

2. 切斯特（Chester）

1985 年由美国伊利诺伊大学（University of Illinois）推出的杂交品种，亲本为‘SIUS 47’×‘Thornfree’。1988 年引入我国，1996 年通过江苏省农林厅农作物品种审定委员会认定。目前在江苏、山东、安徽、贵州、浙江、上海、四川、河南等地均有栽培。

植株树势强，无刺、半直立，直立性强于‘赫尔’。在无支柱情况下，1 年生株高约 80 cm；2~3 年生基生枝数平均 1.7~1.9 个，粗度 2.5 cm 左右，分枝数 40~50 个。叶互生，3~5 出复叶，小叶平均数量 4.41 枚，复叶平均长 14.04 cm，宽 13.99 cm，叶柄长 3.88 cm 左右，叶形指数 1.00，单叶卵形。花大小中等，粉红色，花瓣 5 枚、单瓣，花萼 5 枚，基部连接。

果实紫黑色，较大，平均单果重 5.12 g，圆锥形，平均纵径 2.18 cm，横径 2.01 cm，果形指数 1.1 左右（图 27–4），浆果硬度较好，耐贮性较好。

图 27–4 ‘切斯特’结果状

果实味偏酸，汁多，可溶性固形物含量7.0%~9.0%，品质优。在丰产条件下，单株平均有果穗80个，每穗有果粒19.6个，株产6.5 kg左右，亩产量可达1 200 kg，为丰产稳产品种。

在南京地区，3月中下旬萌芽，4月上旬至5月上旬发枝，4月下旬至5月上旬现蕾，5月下旬至6月上旬开花，6月中下旬至8月中旬果实成熟，成熟期40天以上。

喜光，耐旱，树势强，冬季可耐 -15 ℃左右的低温。

3. 宝森（Boysen）

由美国植物学家罗道夫·宝森（Rudolf Boysen）用罗甘莓（Loganberry）与多个黑莓（Blackberry）、树莓（Raspberry）品种杂交育成。1923年在加利福尼亚首先推出，2001年引入我国，2012年通过江苏省林木品种审定委员会认定，目前在江苏、湖北有少量栽培。

生长旺盛，为有刺灌木，刺小而多，直立性差，近蔓生。株型较大，每株基生枝3~6个，粗度1.2~1.5 cm，分枝数20~25个，长度2.0~3.0 m，最长可达5~6 m。叶互生，叶色浅，3~5出复叶，小叶平均数量3.23枚，叶柄长3.92 cm，复叶平均长13.28 cm，宽12.26 cm，叶形指数1.08，单叶卵形。花较大，白色，花瓣5枚，单瓣，花萼5枚，基部连接（图27-5）。

果实紫红色，大，平均单果重6 g，大果可达15 g以上，长圆形，平均纵径3.11 cm，横径2.29 cm，果形指数1.3~1.4（图27-6）。果实酸甜爽口，树莓香味好，可溶性固形物含量10%左右。较丰产，丰产期株产5 kg左右，被认为是综合品质最好的引进品种。

图27-5 ‘宝森’花

图27-6 ‘宝森’果实

在南京地区，2月下旬至3月上旬萌芽，4月初至4月中旬现蕾，4月下旬至5月上旬开花，6月上旬至6月下旬成熟，较当前主栽品种‘赫尔’约早20天，成熟期25天左右，同一植株、同一果穗上的果实陆续成熟。

喜微酸性土壤，最适pH值为5.5~6.5，但在肥水较好的条件下，可耐pH值7.5~8.0的微碱性土壤。当土壤含盐量在0.1%以上时，其生长将受阻。耐旱，但不耐水渍。需低温诱导700~750小时方可完成花芽分化，病虫害较少。

4. 卡伊娃(Kiowa)

由美国阿肯色州大学于1996年选育出的杂交品种,亲本为(‘Ark-586’ × ‘Comanche’)×(‘Ark-628’ × ‘Rosborough’)。2001年引入,2012年通过江苏省林木品种审定委员会认定,目前在江苏、湖北、河南、山东均有栽培。

树势很强,有刺,半直立品种,需搭架栽培。株型大,每株萌枝数1~3个,粗度2.0~2.5 cm,侧枝数量一般每株13~18个,分枝长度平均2.5 m,长的可达5 m以上。叶互生,叶色深,3~5出复叶,小叶数量平均4.5枚,叶柄长4.6 cm,复叶平均长12.18 cm,宽11.73 cm,叶形指数1.04,单叶卵形。花较大,白色,花瓣5枚,单瓣,花萼5枚,基部连接。

果实紫黑色,特大,平均单果重12.5 g,最大单果重28.27 g,平均纵径3.77 cm,横径2.99 cm,果形指数1.2~1.3。果实酸甜爽口,最高可溶性固形物含量可达9.0%,株产6~8 kg。适应性强,生长旺盛,在较好的栽培条件下,盛果期亩产量可达1 330 kg,为高产耐贮藏的品种,是最好的有刺黑莓品种。

在南京地区,3月中下旬萌芽,4月下旬至5月上旬现蕾,5月中旬至6月初开花,6月上旬至7月中旬果实成熟,成熟期45天左右。

最适宜的环境条件为:年平均气温13~17 ℃,绝对最低温度 -10 ℃,年降水量900~1 550 mm,其中6~8月的降水量350~550 mm,日照率50%左右,土壤pH值6.0~6.5,有机质含量1.8%以上,含盐量小于0.1%,地下水位在1m以下。

5. 三冠王(Triple Crown)

由美国农业部于1996年推出的黑莓杂交品种,亲本为‘SIUS 47’×(‘Darrow’×‘Brazos’)。2001年引入我国,2013年通过江苏省林木品种审定委员会认定,目前在江苏、湖北、河南、山东均有栽培。

因风味佳、产量高和树势强而得名。直立性较好,但需搭架栽培;株型大,每株基生枝数1~3个,粗度2.0~2.5 cm,分枝数量一般每株30~40个,分枝长度平均2.5 m,长的可达5 m以上;叶互生,叶色较深,3~5出复叶,小叶数量平均4.01枚,叶柄长3.51 cm,复叶平均长11.16 cm,宽10.69 cm,叶形指数1.10,单叶卵形。花较小,淡粉色到白色,花瓣5枚,单瓣,花萼5枚,基部连接。

果实紫黑色,较大,平均单果重6.0 g,近圆形,平均纵径2.67 cm,横径2.42 cm,果形指数1.05~1.10。果实酸甜爽口,最高可溶性固形物含量可达9.0%,株产6~8 kg。生长旺盛,在较好的栽培条件下,盛果期亩产量800 kg。

在南京地区,3月中下旬萌芽,4月下旬至5月上旬现蕾,5月中旬至6月初开花,6月中旬至7月中旬果实成熟,成熟期30天左右。

适应性强,生长环境为:年平均气温13.2~16.5 ℃,绝对最低温度 -15 ℃,绝对最高温度

41 ℃，年降水量 700~1 600 mm，年日照率 30%~60%，土壤 pH 值 5.0~8.5，含盐量小于 0.1%，地下水位在 1m 以下的地区都能正常生长。

6. 阿落巴荷(Arapaho)

由美国阿肯色州立大学 1992 年推出的杂交品种，亲本为（‘Ark-550’ × ‘Cherokee’）× ‘Ark-883’。2004 年引入，2014 年通过江苏省林木品种审定委员会认定，目前在江苏、湖北、河南有少量栽培。

无刺灌木，直立性好。株型较小，每株基生枝数 2~3 个，平均粗度 1.69 cm，侧枝数量一般每株 20 个左右，分枝长度平均 0.6 m。叶互生，叶色深，3~5 出复叶，小叶数量平均 4.44 枚，叶柄长 3.84 cm，复叶平均长 12.29 cm，宽 12.00 cm，叶形指数 1.02，单叶卵形。花较小，白色，花瓣 5 枚，单瓣，花萼 5 枚，基部连接。

果实紫黑色，大小中等，平均单果重 4.74 g，长圆形，平均纵径 2.29 cm，横径 1.81 cm，果形指数 1.27，果实味较甜，可溶性固形物含量 8.5%~9.0%，硬度高，耐贮运，种子小。株产 1.2~1.5 kg。适应性较差，在较好的栽培条件下亩产量亦在 500 kg 以下。

在南京地区，3 月下旬萌芽，4 月下旬现蕾，5 月上中旬开花，5 月下旬至 6 月中旬果实成熟，为早熟品种，成熟期小于 30 天。

果实比‘赫尔’‘切斯特’小，可以在瘠薄、干旱，甚至盐碱土壤上生长，耐寒性优于‘赫尔’‘切斯特’。

7. 萨尼(Shawnee)

1984 年由美国阿肯色州大学推出的杂交品种，亲本为‘Cherokee’×（‘Thornfree’ × ‘Brazos’）。2005 年引入我国，目前在江苏、河南有少量栽培。

有刺灌木，刺多而强，直立性好；需搭架栽培；株型中等，每株基生枝数 1~3 个，粗度 2.0 cm 左右，分枝数 20~30 个，平均长度 1.0 m 左右；叶互生，叶色较深，3~5 出复叶，小叶数量平均 4.31 枚，叶柄长 4.96 cm，复叶平均长 11.44 cm，宽 11.37 cm，叶形指数 1.01，单叶卵形。花中等大小，白色，花瓣 5 枚，单瓣，花萼 5 枚，基部连接。

果实黑色，中等大小，平均单果重 4.90 g，大果可达 8 g 以上，平均纵径 2.20 cm，横径 1.76 cm，果形指数 1.25。果实酸甜爽口，口感较好，可溶性固形物含量 7.5%~9.0%。在较好的栽培条件下，丰产期株产 4.0~4.5 kg，亩产量 1 000 kg。

在南京地区，2 月下旬至 3 月上旬萌芽，3 月下旬至 4 月上旬现蕾，4 月下旬至 5 月初开花，6 月初至 7 月初成熟，为较早熟品种，成熟期 30~35 天。

生长旺盛，适应性强，冬季可耐 -15 ℃的低温。

8. 无刺红（Young）

1905年由美国路易斯安那州的ByrnesM. Youn g发现，由Phenomenal(悬钩子和树莓杂交种）与露莓（Mayes Dewberry）或蔓生黑莓杂交而来。2001 年引入我国。

无刺灌木，直立性差，近蔓生，需搭架栽培。株型较小，每株基生枝数 3~4 个，粗度 1.2~1.5 cm，分枝数20个左右，长度1.5~2.0 cm，长的可达4 m以上。叶色浅绿，叶背有白色茸毛；叶互生，3~5 出复叶，小叶数量平均 4.31 枚，叶柄长 4.96 cm，复叶平均长 11.38 cm，宽 11.08 cm，叶形指数 1.03，单叶卵形。花较小，白色，花瓣 5 枚，单瓣，花萼 5 枚，基部连接。

果实接近成熟时果实红色，完全成熟时果实紫红色，大小中等，平均单果重 3.96 g，大果可达 7 g 以上，平均纵径 2.60 cm，横径 1.65 cm，果形指数 1.58。成熟鲜果口感好，树莓香味浓郁，有肉质感，籽小而少，可溶性固形物含量 8.5%~10.0%。丰产期株产 1.5 kg 左右，在较好的栽培条件下，丰产期平均亩产量 500 kg。

在南京地区，2 月下旬至 3 月上旬萌芽，4 月初至 4 月中旬现蕾，4 月下旬至 5 月上旬开花，5 月中旬至 6 月中旬成熟，为特早熟品种，成熟期 20 天左右。

适应性与红树莓相似，喜夏季凉爽气候，不耐夏季炎热，在南京的适应性较差，需要较好的土壤和肥水条件，寿命较短。

9. 纳瓦荷（Navaho）

1988 年由美国阿肯色州大学推出的杂交品种，亲本为（‘Thornfree’ × ‘Brazos’）×（‘Ark-550’ × ‘Cherokee’）。1994 年引入我国。

无刺灌木，直立性好，但也需搭架栽培。株型中等，每株基生枝数 2~3 个，平均粗度 1.6~1.7 cm，侧枝数量每株 30~40 个，分枝长度平均 1.2~1.5 m，长的可达 3 m 以上。3 月下旬萌芽，4 月下旬现蕾，5 月上中旬开花，多为重瓣花，花冠白色至粉红色。6 月中旬至 7 月中旬果实成熟，为较早熟品种，成熟期 30 天左右。

果实紫黑色，大小中等，平均单果重 5.27 g，长圆形，平均纵径 2.26 cm，横径 1.97 cm，果形指数 1.15。果实味较甜，可溶性固形物含量 8.5%~10.0%。株产 4.5~5.0 kg，在较好的栽培条件下表现出非常好的树势，丰产期亩产量 1 000 kg。

在南京地区的适应性较差，需要较好的土壤和肥水条件。

二、选育品种

1. 宁植 1 号

2002 年江苏省中国科学院植物研究所选育的‘宝森（Boysen）’芽变品种，2009 年通过江苏省农作物品种审定委员会鉴定。目前仅在江苏有少量栽培。

茎直立性差，近蔓生，需搭架栽培，茎刺少而弱（图 27-7）。枝条生长旺盛，每株基生枝数

图 27–7 ‘宁植 1 号’植株

3~4 个,粗度 0.5 cm 左右,分枝数 18 个左右,长度 2~3m,长的可达 4 m 以上。叶色浅,互生,3~5 出复叶,小叶数量多为 3 枚,平均 3.36 枚。叶柄长 3.96 cm,复叶平均长 14.01 cm,宽 13.32 cm,单叶卵形。花大小中等,白色,花瓣 5 枚,单瓣,花萼 5 枚,基部连接(图 27–8)。

果实紫红色,较大,平均单果重为 6 g,大果可超过 12 g,平均纵径 2.73 cm,横径 2.21 cm,果形指数 1.24(图 27–9)。具有浓郁的树莓香味。果实风味浓,可溶性固形物含量 10% 以上,可滴定酸 2% 左右,口感好。丰产期株产 4 kg 左右,亩产量 800~850 kg。

图 27–8 ‘宁植 1 号’花

图 27–9 ‘宁植 1 号’幼果

在南京地区,2 月下旬至 3 月上旬萌芽,4 月初至 4 月中旬现蕾,4 月下旬至 5 月上旬开花,6 月上旬至 6 月下旬成熟,较当前主栽品种‘赫尔’约早 20 天,成熟期 25 天左右,同一植株、同一果穗上的果实陆续成熟。

茎刺少而弱,易于栽培管理,克服了原品种茎刺多而硬的缺点;适应性较差,对夏秋季炎热忍耐性弱;易于衰败,生命周期较短(盛果期一般 5~8 年)。

2. 宁植 2 号

江苏省中国科学院植物研究所育成,亲本为‘三冠王’×‘纳瓦荷’,2011 年通过江苏省农作物品种审定委员会鉴定。

无刺灌木,生长旺盛,直立性好(图 27–10)。株型大,每株基生枝数 2~3 个,平均粗度为 1.5~1.9 cm,每株侧枝数量 20~40 个,分枝长度 1.2~1.5 m,长的可达 3 m 以上。叶色较深,互生,3~5 出复叶,小叶数量多为 3 枚,平均 4.11 枚。叶柄长 3.78 cm,复叶平均长 12.07 cm,宽 11.90 cm,叶

图 27–10 ‘宁植 2 号’植株

形指数 1.01，单叶卵形。花大小中等，白色到微粉红色，花瓣 5 枚，单瓣，花萼 5 枚，基部连接（图 27–11）。

果实紫黑色，大小中等，平均单果重 5.17 g，纵径 2.42 cm，横径 2.02 cm（图 21–12），果形指数 1.20。果实甜，可溶性固形物含量 10%~13%。株产 5.0 kg，在较好的栽培条件下，盛果期亩产量 1 000 kg。

在南京地区，3 月下旬萌芽，4 月下旬现蕾，5 月上中旬开花，6 月中旬至 7 月中旬果实成熟，成熟期 30 天左右。

适应性强，在 pH 值 5.5~7.5、最高温度 40 ℃以上、最低温度 –10 ℃以下、沙性土壤至黏性土壤等环境下均生长较好，并取得较高产量。有机酸低于 1%，糖酸比在目前的品种中最大，口感甜，风味极佳，用于酿酒或鲜食。

图 27–11 ‘宁植 2 号’花

图 27–12 ‘宁植 2 号’结果状

3. 宁植 3 号

江苏省中国科学院植物研究所育成，亲本为‘阿落巴荷’×‘赫尔’，2015 年通过江苏省农作物品种审定委员会鉴定。

无刺灌木，高大，直立性好，生长旺盛（图 27–13）。每株基生枝数 2~3 个，平均粗度为 1.7~1.9 cm，每株侧枝数量 45~55 个，分枝长度 1.2~1.5 m。叶色较深，互生，3~5 出复叶，小叶数量多为 3 枚，平均 3.89 枚，叶柄长 4.50 cm，复叶平均长 7.20 cm，宽 10.06 cm，叶形指数 0.72，单叶卵形。花大，白色，花瓣 5 枚、单瓣，花萼 5 枚，基部连接。

果实紫黑色，较大，平均单果重 5.66 g，大果超过 10 g，偏圆球形，平均纵径 2.54 cm，横径 2.25 cm，果形指数 1.09（图 27–14）。果实甜，可溶性固形物含量 10%~11%。盛果期平均株产

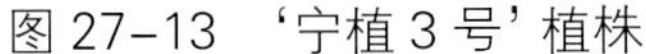
图 27-13 ‘宁植 3 号’植株

图 27-14 ‘宁植 3 号’幼果

6~7 kg，亩产量 1 000~1 200 kg。

在南京地区，3 月上旬至 3 月下旬萌芽，4 月下旬至 5 月上旬现蕾，4 月底至 5 月下旬开花，6 月中旬至 7 月上旬果实成熟，成熟期 25 天左右。

适应性强，克服了母本生长量小、植株较小的缺点。早中熟，有机酸低于 1%，糖酸比大，果实口感甜，风味佳，适合鲜食。

4. 宁植 4 号

江苏省中国科学院植物研究所育成，亲本为‘卡依娃’×‘赫尔’，2014 年通过江苏省林木品种审定委员会认定。

图 27-15 ‘宁植 4 号’植株

无刺灌木，半直立，侧枝较粗、较长，直立性以及植株大小与‘赫尔’‘切斯特’相似（图 27-15）。树势较强，每株基生枝数 1~2 个，平均粗度 1.9~2.4 cm，每株侧枝数量 40~55 个，分枝长度平均 1.5 m。叶色深，互生，3~5 出复叶，小叶数量多为 3 枚，平均 4.10 枚，叶柄长 4.35 cm，复叶平均长 8.80 cm，宽 11.98 cm，叶形指数 0.73，单叶卵形。花大小中等，白色，花瓣 5 枚，单瓣，花萼 5 枚，基部连接（图 27-16）。

果实紫黑色，大，平均单果重 6.68 g，最大单果重可达 15 g，圆锥形，平均纵径 2.72 cm，横径 2.06 cm，果形指数 1.32（图 27-17）。果实甜，可溶性固形物含量 10%~11%。盛果期株产 7~8 kg，平均亩产量 1 000 kg，高产时亩产可达 1 300 kg。

在南京地区，3 月上旬至 3 月中旬萌芽，4 月下旬至 5 月中旬现蕾，5 月中旬至 6 月上旬开花，6 月下旬至 7 月中旬成熟，成熟期 20 天左右。

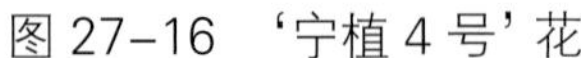

图 27-16 ‘宁植 4 号’花

图 27-17 ‘宁植 4 号’成熟果

该品种可以在瘠薄、干旱，甚至盐碱土壤上生长，冬季耐寒性好。果实大，是无刺黑莓中果实最大的。适合鲜食，也可加工果酒、饮料等。

第四节　栽培技术要点

一、育苗

黑莓繁殖方法有根插、绿枝扦插、硬枝扦插、压条繁殖等，常用压条繁殖。压条繁殖一般在黑莓种植园中进行，无需建立专用的采穗圃和育苗圃。在南京地区，9 月下旬至 10 月下旬将枝条顶端垂直压入土中，深度 5 cm 左右，压条后如果干旱则应浇 1 次透水。一般情况下，15~20 天即可生根，25~30 天后剪开与母体相连的枝条，留 3~4 片叶，以后根据旱情和苗情进行浇水和施肥，第 2 年春将苗挖出分级后定植到大田或移栽到苗圃培育大苗。

二、建园

宜在土层深厚、远离污染源且交通便利的地方建园，贫瘠土壤上建园应翻耕施足有机肥并持续改良土壤。冬前按株行距 150 cm × 250 cm 挖定植穴（沟），在定植穴（沟）底部加入适量的稻草等有机物料，以增加土壤有机质含量和改善土壤团粒结构和理化性质。

苗木要求根系发育良好、粗壮，大小基本一致，无病虫害。定植宜在早春萌芽前进行。定植时需施底肥，底肥以腐熟的农家肥为好，亩用量 0.5~1.0 m^3，也可用无公害的氮、磷、钾有效含量 25% 的有机无机复合肥每亩 50 kg。定植后应浇足水，确保苗木成活。

三、搭架与整形修剪

通常采用篱壁式支架，水泥支柱高度 2.5 m 左右，支柱间拉 2~3 道 12~14 号铁(钢)丝，支柱用量一般为 70 根 / 亩左右。

整形修剪主要包括三个关键点：夏季摘心、去除枯死枝蔓和冬季整形修剪。夏季摘心即在初夏时期基生枝(基部萌发的根蘖枝，是翌年的结果母枝)快速生长后进行，当高度达到 0.8~1.0 m 时摘心，以促其发育充实并抽生二次枝。在摘心的同时，将基生枝牵引到支架的铁丝上，以防遇大风、大雨折断。果实采收结束后去除枯死枝蔓，通常在 7 月，从根部剪除 2 年生老枝，并清除出园，同时继续引缚新生枝蔓上架。冬季整形修剪在落叶后至萌芽前(12 月中下旬至 2 月上旬)进行，剪除病虫枝、枯死枝、冻死枝，并疏去一些细弱枝、过密枝和重叠枝，对保留的枝条进行适当短截，每株留粗壮枝条(即结果母枝)10~15 个，长度 60~150 cm，最后将这些枝条均匀地绑缚到支架上。

四、土肥水管理

定植第 1 年共中耕除草 4 次，并做好清除草根和树根的工作。第 2 年和第 3 年因苗木已封行，全年只中耕除草 2 次；每年冬季翻耕冻土，并做好清沟理墒工作。黑莓园覆盖应在春季施肥、灌水后进行，利用稻草、麦秸等覆盖于畦面上，覆草厚度为 5~8 cm，连覆 3~4 年后浅翻 1 次。

追肥应看苗施肥，以速效肥为主，每年进行 3 次。第 1 次施肥在 3 月下旬，即萌芽后萌枝发生时，肥料以氮肥为主；第 2 次在 5 月上中旬，即坐果后果实膨大期，应以氮磷肥或复合肥为主；第 3 次在 8 月下旬至 9 月上旬，即花芽分化期，以复合肥为主。

基肥在冬季修剪后(利于操作)开沟土施，施肥沟距离植株 60 cm 以上，宽和深以 20~30 cm 为宜。肥料以腐熟的农家肥为主，亩用量 1.0~1.5 m^3，或用无公害氮、磷、钾有效含量均为 25% 的有机无机复合肥每亩 40~50 kg。

丘陵地区在伏秋干旱时，每 10 天灌水 1 次，每次灌溉应浇透，如有稻草等农作物秸秆覆盖的田块可 20 天灌 1 次。平原或低洼地区应注意雨季(长江流域为梅雨季节)排涝，切勿长时间渍水。

五、采收与加工

黑莓果皮薄、果汁多，稍有不慎易造成损伤而影响浆果质量，采摘时须小心操作，轻摘、轻拿、轻放；更不能生拉硬扯伤及整个果穗，以免造成未熟果脱落、误采而影响产量。对病果、虫果、畸形果单收单放，并统一清理出园。采收时间应在早晨至中午高温未到以前，或在午后气温下降以后。采收成熟度依据用途、贮运条件而定。运输距离远且无冷藏条件的，成熟度在八成时采收；供鲜食、运输距离短且有冷藏条件的，成熟度在九成以上时采收；供加工饮料、果酱、果酒、果冻等，充分成熟后采收；供制罐头时，则要求果实大小基本一致，成熟度在八成时采收。果实在采收、运输过程，一定要以小包装、多层次、留空隙、少挤压、避高温、轻颠簸为原则，确保果实的品质，最大限度减少损失。

黑莓浆果中含有大量的花色苷类天然色素，对光热稳定，除鲜食外，适宜加工成果汁、饮料、果酱、罐头、果酒以及一些休闲食品等，其加工品色泽艳丽，酸甜可口，深受消费者喜爱。

（本章节编写人员：闾连飞、吴文龙、李维林）

主要参考文献

[1] Bernadine C, Tohn R C, Chad E F, et al. Worldwild blackberry production[J]. Hort Technology, 2007, 17 (2): 205-213.

[2] 中国科学院中国植物志编委．中国植物志第37卷[M]．北京：科学出版社，1985.

[3] 斯科特D H，劳伦斯F J，奥莱基D K，等．草莓、悬钩子、穗醋栗和醋栗育种进展[M]．邓明琴，景士西，洪建源，译．北京：农业出版社，1989：114-137.

[4] 吴文龙，顾姻．新经济植物黑莓的引种[J]．植物资源与环境，1994, 3 (3): 45-48.

[5] 孙醉君，顾姻，蔡剑华．黑莓引种十年的回顾与展望[J]．江苏林业科技，1998, 25 (3): 46-48.

[6] 贺善安，顾姻，孙醉君，等．黑莓引种的理论导向[J]．植物资源与环境，1998, 7 (1): 1-9.

[7] 吴文龙，李维林，等．黑莓引种栽培与利用[M]．南京：江苏科学技术出版社，2011.

[8] 贾静波，吴文龙，闾连飞，等．黑莓与树莓品种在南京地区的物候期观测[J]．林业科技开发，2009, 23 (2): 29-32.

[9] 闾连飞，黄钢，吴文龙，等．不同品种黑莓在南京地区的生长表现[J]．经济林研究，2008, 26 (3): 74-79.

[10] 贾静波，吴文龙，闾连飞，等．不同品种黑莓的花期生物学特征及花粉活力观察[J]．植物资源与环境学报，2007, 16 (2): 53-56.

[11] 吴文龙，闾连飞，李维林，等．不同品种黑莓在南京地区的结实表现[J]．林业科技开发，2008, 22 (2): 24-29.

[12] 吴文龙，孙醉君，蔡剑华．黑莓的优良品种‘赫尔’与‘切斯特’及其栽培技术[J]．中国果树，1995, (4): 16-18.

[13] 吴文龙，闾连飞，李维林．黑莓优良品种——纳瓦好[J]．中国南方果树，

2007,36（5）：68-69.

[14]李维林,闫连飞,吴文龙．黑莓品种宝森在江苏南京的表现[J].中国果树,2007,(4)：19-21,28.

[15]闫连飞,吴文龙,李维林．杂交黑莓品种无刺红[J].落叶果树,2007,(4)：23-24.

第二十八章　蓝莓

/ 栽培历史与现状 / 种类
/ 品种 / 栽培技术要点

第一节　栽培历史与现状

蓝莓，别名蓝浆果、越桔，属杜鹃花科（Ericaeae）越桔属（*Vaccinium*）植物，为多年生落叶或常绿灌木。蓝莓的人工栽培驯化始于美国，是最晚实现栽培化的果树之一。1908 年，F. V. Coville 率先进行蓝莓育种工作，陆续有新品种问世。20 世纪 30~40 年代，美国农业部组织了更大范围、更大规模的育种工作，通过杂交育种的手段，培育出很多优质、高产和适应性广的品种，这些品种的来源涉及越桔属多个种，如 *V. corymbosum*、*V. darrowi*、*V. angustifolium*、*V.ashei* 和 *V. constablaei* 等，品种的归属种类很难界定，1993 年美国出版的 *Flora of North America* 将栽培品种统一归为 *V. corymbosum*。今天栽培利用的品种，果实大小已经达到最初选育品种的数倍，也已经推广栽培到过去认为不可能种植的地方，栽培区由温带向南推进到亚热带、向北发展到北纬 50° 的严寒地区。

中国越桔属野生资源较多，全国各地均有一定的自然分布，利用价值较大的主要有笃斯越桔（*V. ulginosum*）和红豆越桔（*V. vitis-idaea*）2 个种，集中分布于大兴安岭、小兴安岭和长白山地区。中国的越桔属植物资源丰富，但基本上还处于野生或半野生状态，直接采摘其果实用于加工出口是利用的主要途径，丰富的野生资源尚未作为种质进行系统研究与利用。中国蓝莓的人工栽培发端于20世纪80年代从美国引入的蓝莓品种，这些品种的引入推动了中国蓝莓产业的快速发展。

1988年，江苏省中国科学院植物研究所顾姻、孙醉君、贺善安从美国引入12个兔眼蓝莓品种，在江苏南京市区和溧水两地试种。经过10年的引种栽培试验，生长结果正常，产量及品质与原产地无显著差异，盛果期平均株产7.51 kg，品种间差异显著，最高为9.86 kg，最低为1.34 kg；亩产量可达1 500~2 000 kg；大多数品种果实糖酸比较高，鲜食风味好。据此认为兔眼蓝莓能在江苏南部丘陵地区进行商业化栽培。1998年开始陆续在南京、镇江、溧阳、苏州等地推广。2011年江苏全省栽培面积6 850亩，年产量1 550 t，集中栽培于南京溧水白马镇，其他地区栽培很少；截至2015年，栽培面积3.4万亩，年产量1.2×10^4 t，全省栽培区域扩大，发展势头迅猛。需要指出的是，蓝莓对土壤等立地条件要求较高，切忌盲目规模化栽培，特别是大量使用硫黄对土壤进行酸化处理以适应蓝莓对酸性土壤的要求，既增加投入，又破坏了土壤原始生态，对环境生态也造成较大压力，不值得提倡。

1996年，江苏省中国科学院植物研究所陆续从美国引进了南方高丛蓝莓品种进行试验。2009年开始，在连云港、无锡和苏州等地陆续有一些公司或种植大户分别引进北方高丛蓝莓和南方高丛蓝莓进行种植，但目前还没有从引进品种中筛选出适宜江苏栽培的品种。

江苏省中国科学院植物研究所在引入国外品种的同时，1988年开始进行以南方高丛蓝莓为主的杂交育种研究，主要的育种目标是选育适应南方黏重土壤和夏季高温高湿立地条件的优良品种；育种途径主要是利用国外的栽培品种资源进行杂交育种和实生选种，已取得初步成果。

第二节 种类

生产栽培的蓝莓品种繁多，全世界约有300个品种，习惯上将这些品种分为三大类群：高丛蓝莓（北方高丛蓝莓、南方高丛蓝莓）、兔眼蓝莓和矮丛蓝莓，三大类群分布区的气候条件不同。江苏的气候条件不适合矮丛蓝莓的生长发育。

（一）高丛蓝莓

这个类群是遗传背景较复杂的异源四倍体杂种。该类群最早形成的品种其主要的种类是伞房花蓝莓（*V. corymbosum*），参与该类品种形成的其他种类有*V. australe*、*V. arkansanum*、*V. atrococcum*、*V. caesariense*、*V. marianum*、*V. parvifolium*和*V. simulatum* 7个。

落叶灌木，株高1.5~3.0 m，树冠紧密或开张。嫩枝有毛或近于光滑。叶椭圆状披针形至卵形；成熟时叶背沿叶脉有毛，叶缘有锯齿和睫毛；秋季叶色转为红色。花白色、乳白色或带粉红色，花萼有白粉而无毛，花冠壶形。浆果球形，大部分品种果实直径1 cm左右，单果重

0.5~2.5 g，最新培育出单果重大于 10 g 的大果品种；蓝色至蓝黑色，被粉霜。

野生种多生长在沼泽、溪流、潮湿的沙地以及山麓有地下水渗漏的地方。栽培种最适宜生长在湿润的环境中，抗旱性弱，栽培分布区的气候特征：年平均温度 10~12 ℃，生长期 150~250 天，冬季月平均温度可达 0 ℃以下，最低温度在 –20 ℃以下，但不低于 –30 ℃，需冷量（7.2 ℃以下，下同）一般要 1 000 小时左右。2009 年江苏省苏北部分地区引种的'蓝丰（Bluecrop）''公爵（Duck）''伯克利（Berkeley）''达柔（Darrow）'和'埃利奥特（Elliott）'等北方高丛蓝莓品种，除土壤需要酸化处理外，大部分品种露地栽培还常常会有冻害发生，因此，除个别小环境较适宜的地方外，目前还不适宜规模化栽培。

20 世纪 70 年代后美国又培育出冬季需冷量较少（400 小时左右）且较耐夏季高温的适合于南方种植的南方高丛蓝莓品种，是由 *V. corymbosum* 与 *V. darrowi*、*V. tenellum*（二倍体）、*V. angustifolium*（四倍体）、*V.ashei* 和 *V. constablaei*（六倍体）等杂交而成的。其栽培分布区气候特征：冬季温和、夏季气温较高，年平均温度在 18~22 ℃，年生长期 256~285 天，1 月平均温度接近 10 ℃或在 10 ℃以上，最低温度在 –16 ℃以上，需冷量一般在 200~500 小时。适合在暖温带至亚热带地区栽培。江苏省中国科学院植物研究所以及苏南一些公司或种植大户引种了部分南方高丛蓝莓品种，其中的'夏普蓝（Sharpblue）''奥扎克蓝（Ozarkblue）''莱栖（Legacy）'和'密斯梯（Misty）'生长相对较好，但对夏季高温干旱的适应性仍存在问题，不能保证其应有的经济寿命和高产稳产。

（二）兔眼蓝莓

这个类群是由 *V. australe*、*V. fuscatum*、*V. virgatum*、*V. arkansanum* 和 *V. myrsinites* 5 个四倍体种杂交而成的异源六倍体。

落叶或半常绿灌木，株高 2.0~6.0 m。叶阔椭圆形至卵形；全缘或有锯齿；叶面深绿、灰绿或亮绿色，叶背常有腺体，密生茸毛或光滑。花淡粉红至鲜粉红色，花冠多为短壶形，长 8~12 mm。单果重 1 g 以上，多汁并有香味，风味佳。大多数品种果实比高丛蓝莓小，颜色较深，不如高丛蓝莓美观，而且种子大，成熟迟，比早熟的高丛蓝莓晚熟近 1 个月。

一般而言，兔眼蓝莓对酸性土的要求低于高丛蓝莓，生态适应性好。其分布区气候特征：冬季温和、夏季气温较高，年平均温度在 18~22 ℃，年生长期 256~285 天，1 月平均温度 10 ℃以上，最低温度在 –16 ℃以上，需冷量在 200~800 小时之间。兔眼蓝莓树势和抗虫性较强，丰产、果实坚实、耐贮藏。早期选育的品种最大的缺点是果实品质不如高丛蓝莓，经过育种学家的不懈努力，1960 年以后推出的品种，果实品质得到了较大改善，提高了市场竞争力。

第三节 品种

一、引进品种

1. 杰兔(Premier)

1978 年美国北卡罗来纳推出的杂交品种,亲本为'Tifblue'×'Homebell'。1988 年引入江苏省中国科学院植物研究所(下同),目前在江苏、贵州、安徽、湖北和浙江等省有少量栽培。

树势极强,树姿开张,树冠中等到大。6~7 年生株高 2.00 m 左右,平均冠径 1.96 m;1 年生枝向阳面红绿色。叶片倒卵形,长约 8.54 cm,宽约 4.40 cm,叶柄长约 0.42 cm,叶基部楔形,叶尖尾尖,叶缘细锯齿,背面无毛。总状花序,每花序有花 4~8 朵,花冠直径 2.85 mm,长约 9.91 mm,宽约 6.13 mm,长宽比为 1.62。

果实圆形,大果可极大,平均单果重 1.96 g,最大单果重 3.60 g。果实浅蓝色,坚实,蒂痕小而干,有香味,品质优,可溶性固形物含量 11.80%,可溶性糖 7.79%,可滴定酸 0.47%。

在南京地区,4 月初始花,4 月中旬盛花,6 月 20 日左右果实开始成熟,6 月底果实大量成熟,果实从始熟到终熟的天数约 29 天。成熟期相对一致,是适宜于机械采收的鲜食品种。

丰产,在适宜的灌溉条件下株产 5 kg 左右。可自花结实,异花授粉利于产量提高。常有大量异常花,但坐果率并未显著下降。对各种土壤条件的适应性强,对较高 pH 值的土壤耐力强,抗病性强。

2. 顶峰(Climax)

1974 年美国佐治亚推出的杂交品种,亲本为'Callaway'×'Ethel'。1988 年引入,目前在江苏、贵州、安徽、湖北和浙江等省有少量栽培。

树势中庸,树姿直立而稍开张。更新枝发生量不多,但能满足更新需要。在频繁遇到干旱或过湿逆境时会造成树势衰退。6~7 年生株高 1.65 m 左右,平均冠径 1.62 m;1 年生枝绿色。叶长约 6.83 cm,宽约 3.81 cm,叶柄长约 0.36 cm。叶椭圆形或卵圆形,叶尖渐尖,基部锲形,叶背面有少量茸毛。总状花序,每花序 5~9 朵花,花冠平均直径 2.17 mm,长约 8.51 mm,宽约 5.35 mm,长宽比约 1.61。

果实圆形,平均单果重 1.40 g,最大单果重 1.92 g。果实深蓝至浅蓝色,坚实,蒂痕小而干。味酸甜可口,风味佳,香味浓,可溶性固形物含量 11.60%,可溶性糖 7.62%,可滴定酸 0.65%。

在南京地区,4 月中旬始花,4 月下旬盛花,6 月 26 日左右果实开始成熟,7 月上中旬果实大量成熟,果实从始熟到终熟的天数约 45 天。果实早熟且成熟期短,耐贮运,适宜鲜果销售。

丰产，在适宜的灌溉条件下株产可达到 8 kg。品种混栽有利于提高产量，已知最适宜的授粉品种为‘灿烂’。

3. 灿烂（Bri ghtwell）

1983 年美国佐治亚推出的杂交品种，亲本为‘Tifblue’ × ‘Menditoo’。1988 年引入，目前在江苏、贵州、安徽、湖北、云南、浙江、福建和广东等省栽培较多。

图 28–1 ‘灿烂’叶片和果实

树势强，树姿直立，树冠小，更新枝较多。6~7 年生株高 1.90 m 左右，平均冠径 1.76 m；1 年生枝向阳面绿色（图 28–1）。叶片椭圆形至倒卵形，长约 7.86 cm，宽约 3.86 cm，叶柄长约 0.38 cm，叶尖突尖至短尾尖，基部宽楔形，叶缘细锯齿，背面具少量毛。总状花序，每花序 4~8 朵花，花冠平均直径 2.50 mm，长约 10.21 mm，宽约 5.48 mm，长宽比约 1.87。

果实扁圆形，中到大果，平均单果重 1.54 g，最大单果重 4.30 g。果实浅蓝色，果粉多，坚实，蒂痕小而干（图 28–2、图 28–3）。果实风味佳，品质好，可溶性固形物含量 10.7%，可溶性糖 9.17%，可滴定酸 0.34%。

在南京地区，4 月中旬始花，4 月下旬盛花，6 月 26 日左右果实开始成熟，7 月上旬果实大量成熟，果实从始熟到终熟约 43 天。

丰产，在适宜的灌溉条件下株产可达到 9.86 kg。品种混栽有利于提高产量，可用‘顶峰’作为授粉品种。

图 28–2 ‘灿烂’结果状

图 28–3 ‘灿烂’植株

早熟，适应性强，从长江流域到西南地区均生长良好，丰产稳产。风味佳，果色美观，蒂痕小，雨后不易裂果，是目前我国南方地区的首选品种之一。

4. 乌达德（Woodard）

1960 年美国佐治亚推出的杂交品种，亲本为 'Ethel' × 'Callaway'。1988 年引入，目前在江苏、贵州、安徽、湖北和浙江等省有少量栽培。

幼树期树势较弱，树姿直立而稍开张；成年树树势中庸，树姿开张，萌枝多，生长缓慢。6~7 年生株高 1.37 m 左右，平均冠径 1.40 m；1 年生枝绿色。叶长约 8.69 cm，宽约 3.76 cm，叶柄长约 0.37 cm；叶基部楔形，叶尖尾尖至锐尖，叶缘细锯齿，背面无毛。总状花序，每花序 4~8 朵花，花冠平均直径 2.69 mm，平均长约 9.67 mm，宽约 5.99 mm，长宽比约 1.62。

果实扁圆形，平均单果重 1.42 g，最大单果重 2.92 g。果实亮蓝色，果粉多，坚实，蒂痕大而干；果实风味佳，香味浓，可溶性固形物含量 10.00%，可溶性糖 5.90%，可滴定酸 0.82%。

在南京地区，4 月中旬始花，4 月下旬盛花，7 月 3 日左右果实开始成熟，7 月上旬果实大量成熟，果实从始熟到终熟约 35 天。

产量中等，在适宜的灌溉条件下株产可达到 4.89 kg。品种混栽有利于提高产量，可用 '梯芙蓝' 作为授粉品种。

完全成熟后糖度高，是兔眼蓝莓品种中风味较好的老品种之一。完熟果实易软化，不耐贮运。适宜庭院和自采果园种植。

5. 粉蓝（Powderblue）

1978 年美国北卡罗来纳推出的杂交品种，亲本为 'Tifblue' × 'Menditoo'。1988 年引入，目前在江苏、贵州、安徽、湖北、浙江和福建等省有栽培。

树势强，树姿半直立到直立，树冠小到中等。6~7 年生株高 1.84 m，平均冠径 1.71 m；1 年生枝向阳面淡红绿色。叶片倒卵形，长约 7.98 cm，宽约 4.16 cm，叶柄长约 0.33 cm，叶尖突尖，基部楔形，叶缘细锯齿，背面无毛。总状花序，每花序 5~8 朵花，花冠平均直径 2.55 mm，长约 9.57 mm，宽约 5.92 mm，长宽比约 1.62。

果实扁圆形，中等大小，平均单果重 1.20 g，最大单果重 2.44 g。果实为浅蓝色，坚实，蒂痕小而干，坚实度高；味甜，风味佳，但无香味，可溶性固形物含量 11.20%，可溶性糖 9.00%，可滴定酸 0.48%。

在南京地区，4 月中旬始花，4 月下旬盛花期，7 月 4 日左右果实开始成熟，7 月上中旬果实大量成熟，果实从始熟到终熟约 45 天。

丰产稳产，在适宜的灌溉条件下株产可达到 7.19 kg 左右。授粉品种可用 '灿烂' 和 '梯芙蓝'。对叶部病害有一定抗性。在潮湿的土壤中不易裂果。中晚熟品种，鲜食、加工皆宜。

6. 梯芙蓝（Tifblue）

1955 年美国佐治亚推出的杂交品种，亲本为‘Ethel’×‘Calra’。1988 年引入，目前在江苏、贵州、安徽、湖北和浙江等省有栽培。

树势强，树姿直立，更新枝多。6~7 年生株高 2.06 m，平均冠径 1.97 m；1 年生枝向阳面绿色。叶片椭圆形至倒卵形，长约 8.02 cm，宽约 3.98 cm，叶柄长约 0.50 cm，叶尖突尖，基部楔形，叶缘细锯齿，背面具少量毛。总状花序，每花序 4~8 朵花，花冠平均直径 2.63 mm，长约 9.97 mm，宽约 5.72 mm，长宽比约 1.75。

果实圆形至扁圆形，中到大果，平均单果重 1.38 g，最大单果重 3.43 g。果实淡蓝色，蒂痕小；味甜，加工品质好，可溶性固形物含量 11.10%，可溶性糖 10.37%，可滴定酸 0.65%。

在南京地区，4 月中旬始花，4 月下旬盛花，7 月 4 日左右果实开始成熟，7 月上旬果实大量成熟，果实从始熟到终熟约 43 天。

丰产，在适宜的灌溉条件下株产可达到 9.53 kg 左右。适应性强，是兔眼蓝莓品种中抗寒性较强的品种。在潮湿的土壤中或雨后有裂果现象。品种混栽有利于提高产量，可用‘乌达德’作为授粉品种。

果实风味好，成熟果可以在树上保留数天，但成熟果坚实度低，容易裂果，不耐贮运。适宜庭院和自采果园种植。

7. 园蓝（ gardenblue）

1958 年美国北卡罗来纳推出的杂交品种，亲本为‘Myers’×‘Clara’。1988 年引入，目前在江苏、贵州、安徽、湖北、浙江和福建等省有栽培。

树势极强，树冠大，树姿半直立至直立。6~7 年生株高 1.96 m 左右，平均冠径 2.09 m；1 年生枝向阳面绿色（图 28-4）。叶片椭圆形至倒卵形，长约 7.26 cm，宽约 3.90 cm，叶柄长约 0.37 cm，叶尖锐尖，基部楔形，叶缘细锯齿，背面无毛。总状花序，每花序 3~6 朵花，花冠平均直径 2.46 mm，长约 8.45 mm，宽约 5.43 mm，长宽比约 1.56。

果实圆形，较小，平均单果重 0.89 g，最大单果重 2.27 g。果实深蓝色，坚实，蒂痕小而干（图 28-5）；味甜，可溶性固形物含量 13.1%，可溶性糖 11.90%，可滴定酸 0.47%。

在南京地区，4 月中旬始花，4 月下旬盛花期，7 月 4 日左右果实开始成熟，7 月上中旬果实大量成熟，果实从始熟到终熟约 44 天。

丰产稳产，在适宜的灌溉条件下株产可达到 9.84 kg。注意避免植株营养生长过旺而影响产量，异花授粉利于产量提高。

适应性强，为引进品种中糖度最高的品种，风味极佳。果粒小，不易采摘，适合自采果园种植。

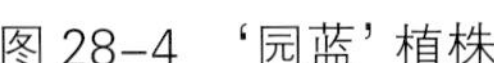
图 28–4 ‘园蓝’植株

图 28–5 ‘园蓝’结果状

8. 芭尔德温（Baldwin）

1985 年美国佐治亚州推出的杂交品种，亲本为‘Tifblue’×‘gA6–40’。1988 年引入，目前在江苏、贵州、安徽、湖北、广东、浙江和福建等省有栽培。

树势强，树姿直立，株丛大。6~7 年生株高 1.80 m，平均冠径 1.80 m；1 年生枝向阳面绿色。叶片椭圆形，长约 8.42 cm，宽约 3.64 cm，叶柄长约 0.44 cm，叶基部楔形，叶尖尾尖至锐尖，叶缘细锯齿，背面无毛。总状花序，每花序 4~7 朵花，花冠平均直径 2.63 mm，长约 8.65 mm，宽约 5.61 mm，长宽比约 1.55。

果实圆形，中到大，平均单果重 1.51 g，最大单果重 3.99 g。果实深蓝色，坚实，蒂痕极小而干；味较甜，风味佳，可溶性固形物含量 12.3%，可溶性糖 10.21%，可滴定酸 0.71%。未完全成熟果实酸度大。

在南京地区，4 月中旬始花，4 月下旬至 5 月初盛花，7 月 15 日左右果实开始成熟，8 月上旬果实大量成熟，果实从始熟到终熟约 59 天。

丰产稳产，在适宜的灌溉条件下株产可达到 7.24 kg。选用‘灿烂’和‘粉蓝’作为授粉品种效果好。

适应性强，在我国南部广东等省表现较好，为目前引进品种中最晚熟的品种。采收期长，达 6~7 周，果实能保持坚实和风味，耐贮运。

二、选育品种

新昕 1 号

江苏省中国科学院植物研究所育成，亲本为‘NC1047’（*V. corymbosum*）×‘US237’［Fla.4A（*V. darrowii*）×‘Bluecrop’（*V. corymbosum*）］，2013 年通过江苏省农作物品种审定委员会鉴定。目前在江苏溧水、浙江诸暨有少量栽培。

树势较强，树姿直立向外扩展，6~7 年生株高 1.70 m 左右，平均冠径 1.46 m；1 年生枝绿色光滑，3 年生枝灰褐色，表面较粗糙（图 28–6）。叶长 4.82 cm，宽 2.43 cm；叶色亮绿，椭圆形或卵圆形，叶渐尖，基部锲形，叶背面有少量茸毛。总状花序，每花序 3~6 朵花。

果实扁圆形，平均单果重 1.32 g，最大单果重 2.59 g，横径 1.36 cm，纵径 1.10 cm（图 28–7）。可溶性固形物含量 9.88%。果实为蓝紫色，果粉浓厚，坚实，蒂痕小而干，味酸甜可口。

图 28–6 ‘新昕 1 号’植株

图 28–7 ‘新昕 1 号’结果状

在江苏南部地区，3 月中下旬始花，4 月上旬盛花，6 月初果实开始成熟，6 月上中旬果实大量成熟。果实发育期 50 天左右，从始熟到终熟约 22 天。2 月初萌芽，3 月上旬展叶，12 月中旬开始落叶，生育期 280 天左右。

植株发枝数量多，总生长量大，夏季高温强光照季节叶片无日灼现象；各类果枝均能结果，1 年生苗定植后当年即能形成花芽，第 3 年树冠初步形成，开始少量挂果，第 5~6 年进入盛果期，盛果期平均株产可达 4.5 kg。在江苏省南部高温多湿气候和黏重土壤立地条件下丰产稳产。

属晚熟品种，耐贮运，适应性强，是江苏省自主选育的第一个南方高丛蓝莓品种。

第四节　栽培技术要点

一、苗木繁育

蓝莓主要采用绿枝扦插和组织培养技术进行育苗。绿枝扦插时选取生长一致、健壮且无病虫害的半木质化枝条，剪成长约 15 cm 的插条，去掉下部 3~5 cm 处的叶片，保留上部 4~6 片叶，用高浓度促根类植物生长调节剂（吲哚丁酸等）速蘸插条基部。苗床以排水良好的泥炭和珍珠岩混合基质为宜，扦插后至生根前，要根据具体情况调整喷雾的时间间隔及喷雾持续时间，使插条叶片保持湿润，生根成活率可达 90%。由于兔眼蓝莓的适应性较好，亦开始尝试利用兔眼蓝莓品种做砧木，利用芽接或枝接技术培育南方高丛蓝莓品种苗木。

二、建园

蓝莓是喜光怕涝不耐旱的作物，在江苏省南部酸性土地区最好选择水源充足且通风好的向阳缓坡建园，平地应起垄栽培以利于排水（图 28–8）。植株最适宜生长在有机质含量 3% 以上、疏松透气、水分充足且稳定的酸性（土壤 pH 值 4.5~5.5）沙质土壤中，因此即使在酸性土壤地区也需要对土壤进行酸化改良后定植，在有条件的地区，宜在定植沟内施入经过腐熟的松针、锯木屑、珍珠岩等材料，以增加土壤有机质、提高土壤疏松程度。灌溉水要求 pH 值低于 7.5，盐分含量小于 0.1%。

图 28–8 起垄栽培

蓝莓对授粉品种（树）的配置要求不高，现有品种范围内，同一类型的 2 个品种之间均可相互授粉，在同一园地种植 2~4 个品种，即可解决授粉问题。花期释放蜜蜂和熊蜂辅助授粉，可提高果实品质和产量。

江苏省南部地区定植时间以冬季为宜。兔眼蓝莓的定植沟一般宽 60 cm，深 50 cm，定植穴宽 50 cm，深 45 cm。由于各品种的株型大小有一定差异，株行距可以根据品种植株大小、土壤肥力及管理水平的高低等进行调整。在南京地区，兔眼蓝莓一般采用 1.5 m × 2.5 m 的株行距；大部分南方高丛蓝莓树冠稍小，可以采用 1.2m × 2.0m 的株行距。

三、土肥水管理

1. 土壤管理

蓝莓园的土壤管理很关键，尤其是非酸性土进行酸化处理后需要特别的维持，树盘覆盖有机物料是主要措施之一。有机覆盖物宽度 0.9~1.2 m，厚度 5~10 cm，以后每年增铺 2~3 cm 厚以补充分解消耗的部分。覆盖物应因地制宜，就近取材，腐熟锯末、作物秸秆、松针、松树皮、醋糟等均是理想的覆盖物料。行间生草并定期刈割作为树盘覆盖物不失为一种良法。土壤管理还要注意防除杂草，保持 45~60 cm 树盘范围内无杂草，亦可在树盘内覆盖园艺地布（图 28–9）。

图 28-9 行间园艺地布覆盖控草

2. 施肥管理

在酸性土壤环境下，蓝莓的根系可被石楠属菌根侵染形成内生菌根，因此其对土壤矿质营养的要求不高，需肥量低于其他果树，施肥过多反而对生长、结果不利。

营养全面的有机肥效果最好，但因在实践中有机肥的量往往难以满足需求，因此常需要补充化肥。蓝莓对铵态氮的吸收和利用能力比硝态氮强，因此在施氮肥时应尽量施用铵态氮而避免施用硝态氮。当土壤 pH 值在 5.0 以下时，可以施尿素；土壤 pH 值在 5.0 以上时，最好施硫酸铵。蓝莓对氯元素敏感，禁施含氯肥料。

在土壤改良到位、有机物料添加足量的情况下，一般 2 年生植株定植时不需要另外施肥，到冬季按环状沟施法每株施 25 g 左右有机复合肥，以后每年较上一年施肥量增加 30%~50%，直到进入盛果期。定植第 5 年可每株施优质有机肥 0.25~0.50 kg。由于蓝莓的投产年限和收获期均较早，提倡果实采收结束后（7 月下旬至 9 月中旬前）施足有机肥，即秋施基肥。

3. 水分管理

根据蓝莓生长特点、季节及土壤墒情进行水分管理。可在果园中埋置土壤张力计指导灌溉，埋入深度为 30 cm，当张力计示数为 20~30 kPa 时进行灌溉。也可根据经验模型，按 2~3L/（天・株・年树龄）来计算耗水量，每 3 天左右浇灌 1 次。在春季恢复生长后开始灌水；4 月中旬到 8 月中旬，生长旺盛，需水量大，可增加灌水量和灌水频率；9 月以后减少灌水量和灌水频率，抑制新梢生长，促进花芽分化和枝梢充实。

四、整形修剪

1. 幼年树

定植后 1~3 年的幼树，枝叶量少，树形尚未形成。幼树期栽培管理的重点是促进根系发育、扩大树冠、增加枝叶量。在修剪上以去除花芽为主。对脱盆移栽的幼树仅需剪除花芽及少量细弱的枝条或小枝组。对于不带土移栽的裸根苗，除疏除花芽外，还需疏除较多的相对弱小的枝条，仅留较强壮的枝条。在定植成活后第 1 个生长季，尽量少剪或不剪，以迅速扩大树冠和增加枝叶量，促进植株尽快成形以提早进入丰产期。对前 3 年的幼树主要是以疏除植株下部细弱枝、下垂枝、水平枝及树冠内膛的交叉枝、过密枝、重叠枝为主。

2. 成年树

成年树以控制树高、疏枝、控制花量为主。疏除果后枝、细弱枝、病虫枝、枯枝、交叉枝、重叠枝或枝组；疏除基部多余的萌生枝；疏除树冠内膛中的过密枝，以利于通风透光；徒长枝视需要进行短截，回缩老枝。每年培养新的、树势强的枝组，疏除衰老枝，进行更新修剪，恢复树势；疏除过多的花芽，花果量过多的成年植株需通过疏除或短截结果枝进行疏花疏果，控制载果量。盛果期兔眼蓝莓中多数品种的单株产量一般应控制在 5~8 kg。

五、果实采收

同一品种、同一植株、同一果穗上的果实成熟期不一致，应适时分批采收，采收宜在上午 10 时前和下午 4 时后。采下的成熟果为蓝紫色，表皮被有白霜，须轻轻放入有软垫的容器内或纸箱里，放在阴凉处集中运输，不宜堆放过厚，避免挤压、曝晒。雨天及中午高温时段不宜采收。

六、病虫害防治

江苏蓝莓病害发生较少。主要害虫包括食叶害虫（刺蛾类、袋蛾类、越桔巢蛾等），蛀干害虫（木蠹蛾、天牛等），蛀果害虫（蜂类、夜蛾类和蝽类），地下害虫（主要是金龟子的幼虫蛴螬，包括铜绿丽金龟子、东南大黑鳃金龟子和暗黑鳃金龟子等）。采取“预防为主，综合防治”的方针，选用高效安全、绿色环保的防控技术进行防治。

（本章编写人员：於虹）

主要参考文献

[1] 顾姻，王传永，吴文龙，等．美国蓝浆果的引种[J]．植物资源与环境学报，1998，7（4）：33-37.

[2] 王传永，吴文龙，於虹．兔眼蓝浆果在南京地区的生长和结实情况[J]．植物资源与环境学报，1998，7（3）：28-32.

[3] 顾姻，王传永，贺善安．兔眼蓝浆果品种果实养分测定[J]．植物资源与环境学报，1998，7（3）：33-37.

[4] 顾姻，贺善安．蓝浆果与蔓越桔[M]．北京：中国农业出版社，2001.

[5] 於虹，王传永，吴文龙．蓝浆果栽培与采后处理技术[M]．北京：金盾出版社，2003.

[6]胡森，王传永，於虹．越桔食叶害虫的发生调查[J]．中国果树，2009，(1)：63-65.

[7]胡森，姜燕琴，於虹．兔眼越桔食果类害虫的发生调查[J]．中国果树，2011，2：60-61.

[8]姜燕琴，韦继光，曾其龙，等．南方高丛蓝莓新品种'新昕1号'[J]．园艺学报，2015，42(S2)：2845-2846.

[9]Vander Kloet S P. Vaccinium [R]// Flora of North America Editorial Committee, eds. 1993+. Flora of North America North of Mexico. 20+ vols. New York and Oxford. Vol. 8, pp.2009 : 371, 516, 526, 527.

主要品种名索引

K

L

M

N

P

Q

R

S

Y

后记

江苏地处我国东部，自然条件优越，果树资源丰富，栽培历史悠久。根据考古发现，早在 6 400 年前，海安青墩已有桃树分布。在漫长的岁月里，随着自然环境条件的变化和社会人文境况的变革，江苏省果树资源从原生态经历开发、利用、演化、选优、散失、引进等历程。果树种类、数量、质量发生了极大的变化，特别是由于缺少有效的保护措施，损失了不少有价值的果树资源。长期以来对江苏省果树资源的历史和现状，只能在古农书、县（市）志和近（现）代果树著作以及论文中找到一鳞半爪，既分散又不完整，至今没有一部系统全面记录江苏果树种质资源的著作。

以往，江苏省的科研、教学单位和果树学者对江苏省果树资源曾做过不少调查研究，因受人力物力限制，调查的范围、树种存在一定的局限性，调查结果并不能反映江苏省果树资源的全貌。为更好地保护和开发利用江苏省果树资源，进一步服务于果树产业结构调整，生产更多的名特优新果品，适应国内外市场对果品的新需求，使果树产业健康和可持续发展。全面摸清江苏果树资源已成为一项重要的基础应用性工作。1981 年冬，由江苏省农林厅与南京农学院（现南京农业大学）共同发起，在全省开展果树资源普查，成立了江苏省果树资源普查领导小组，江苏省农林厅任组长，南京农学院任副组长，成员有江苏省农业科学院、江苏农学院、吴县果树研究所等，并设江苏省果树资源普查办公室（简称省果资办）于南京农学院。

省果资办首先结合江苏果树生产特点，制订了全省果树资源普查计划，编写了《江苏省果树资源普查技术规程》《江苏省果树资源普查基本知识》《江苏省果树资源树种、品种调查记载方法》。1982 年 2 月，省果资办确定徐州市铜山县汉王乡为省果树资源普查的试点乡，随即开展踏查、预查等准备活动。1982 年 3 月在南京农学院举办江苏省果树资源普查培训班，参加人员有各市（地区级）、重点县及果园的代表 17 人，南京农学院园艺系 1982 届果树专业应届毕业生 56 人。培训历时 4 周。4 月初由省果资办率领培训班全体人员至汉王乡进行普查实习。在取得圆满成功后，继而对铜山县 104 个乡、镇、场圃展开全面调查，从而揭开了全省果树资源普查的序幕。

1982 年 8~9 月间，江苏各市先后举办市普查培训班，省果资办协助辅导、讲课，进一步发动群众，培训基层技术人员，明确目的，掌握方法，并针对各地果树分布特点，确定各自的典型县、乡（或果园）进行普查示范，由点到面，逐步在各市范围内全面展开，于 1983 年底陆续完成果树资源普查的外业项目，随即进入内业统计分析。1984 年全省各县（市）复查、补遗，进行最后订正。1985 年各县（市）先后完成《县（市）果树品种名录》《县（市）果树资源普查报告》《县（市）果树分布图》和《县（市）果树资源普查统计资料》等。1986~1987 年省辖市完成《市果树品种志》编写工作，并通过省级验收、鉴定与授奖。在此基础上，江苏省果树资源普查领导小组着手组织省果树志的编写工作，当时首先确定志书的主编郑光辉、王业遴，副主编吴国祥、何凤仁、杨家骃、吴绍锦、苏育民、盛炳成。但没有明确编委成员和成立编委会。与此同时成立 23 个果树种类的编写小组，根据不同树种，每个组由 1~9 人组成，名单如下：

1. 苹果组。组长：盛炳成（南京农业大学）；副组长：吴国祥（江苏省农业科学院）；组员：苏育民（江苏省农林厅），王涛雷（南京农业大学），卫行楷（徐州市），邹定生（徐州市），许良华（盐城市）。

2. 梨组。组长：何凤仁（江苏农学院）；副组长：王涛雷（南京农业大学）；组员：严效桐（江苏省农业科学院），曹庆生（江苏省农林厅），王璐（淮阴市），何卓人（盐城市），姜以道（盐城市），吕芳（常州市）。

3. 山楂组。组长：罗经才（徐州市）；组员：王璐（淮阴市），浦鉴忠（连云港市）。

4. 桃组。组长：王业遴（南京农业大学）；副组长：汪祖华（江苏省农业科学院）；组员：陈云志（江苏农学院），张鸣（扬州市），陆忆祖（无锡市），孙养尊（无锡市），洪致复（南京市），华克衡（南通市），吴海令（徐州市）。

5. 梅组。组长：章鹤寿（吴县果树所）；组员：陆忆祖（无锡市）。

6. 李组。组长：王盛寅（南京市）；组员：陈国强（常州市）。

7. 杏组。组长：马凯（南京农业大学）；组员：唐杏华（徐州市）。

8. 樱桃组。组长：詹祥吉（徐州市）；组员：邓芝禄（南京市）。

9. 葡萄组。组长：徐喜楼（南京农业大学）；副组长：黄安保（连云港市）；组员：端木义夫（淮阴市），华志平（徐州市），靳文光（南京市）。

10. 草莓组。组长：傅昌元（南京市）；组员：吕素英（徐州市）。

11. 无花果组。组长：朱友权（江苏省农林厅）；组员：王金才（淮阴市）。

12. 猕猴桃组。组长：卫行楷（徐州市）；组员：朱友权（江苏省农林厅）。

13. 板栗组。组长：吴绍锦（南京农业大学）；副组长：庄振焕（徐州市）；组员：浦鉴忠（连云港市），尤润林（苏州市），张福生（常州市），王兰春（无锡市），刘朝芝（镇江市）。

14. 核桃组。组长：王福林（扬州市）；组员：陈应觉（淮阴市），李文雄（扬州市）。

15. 长山核桃组。南京市 1 人。

16. 枣组。组长：王金才（淮阴市）；组员：王松华（镇江市）。

17. 柿组。组长:秦怡锦(淮阴市);组员:姜志峰(南通市),金一平(镇江市)。

18. 银杏组。组长:何凤仁(江苏农学院);组员:杨家骃(吴县果树所),钱炳炎(徐州市),褚生华(扬州市)。

19. 石榴组。组长:吴绍锦(南京农业大学);组员:杨家骃(吴县果树所),詹祥吉(徐州市),邓芝禄(南京市)。

20. 金柑组。组长:陈映琦(苏州农校);组员:章鹤寿(吴县果树所),季心国(南通市)。

21. 柑橘组。组长:杨家骃(吴县果树所);副组长:张谷雄(南京农业大学);组员:吴绍锦(南京农业大学),侯国祥(江苏省农林厅),章鹤寿(吴县果树所),吴士敏(无锡市),卢双潮(无锡市)。

22. 枇杷组。组长:杨家骃(吴县果树所);组员:陈锦怀(镇江市),王连生(南通市)。

23. 杨梅组。组长:杨家骃(吴县果树所);组员:李亦民(无锡市)。

经过前后 4 年的努力,从初稿,几经修改至专人统稿,于 1992 年完成定稿。至此,江苏省果树资源普查,历经十载,终于圆满结束。其成果于 1994 年获江苏省人民政府科技进步三等奖。

按原定计划,《江苏省果树志》应送出版社出版,但由于某种原因未能付梓,留下了一套上、中、下三册的打印本,当时分发给有关单位和个人。随着时光流逝,这套《江苏省果树志》还时不时被果树工作者借阅参考,寻找果树历史,了解品种资源,追索发展规律,显示出志书在历史长河中的作用和珍贵之处。虽然时隔 30 余年,关于《江苏省果树志》的未能问世一直牵动着果树工作者的心,大家希望继续完成老一辈果树工作者的未尽之事,紧迫感与责任心交织在一起,意识到它已责无旁贷地落在当代江苏果树科技工作者的身上。

2016 年 4 月 21 日,由江苏省园艺学会牵头,在南京组织召开了《江苏果树志》编写工作座谈会,江苏省农业科学院常有宏研究员主持会议,南京农业大学盛炳成教授讲述老一辈果树工作者在 20 世纪 80 年代开展的江苏果树资源普查工作。新老果树科技工作者们不忘初心,传承接力,重新规划组织《江苏果树志》编写事宜。会议通过了编委会组成,由常有宏、盛炳成任主编,陈鹏、陆爱华、朱友权、郭忠仁、陶建敏、俞明亮任副主编,并推荐马瑞娟等 24 人任编委,会议上明确了各编委分章负责征集材料与整理分工等事项。

编委会一致同意,在原先初稿的基础上,根据近 40 年江苏果树种质资源的演变情况,重点补充原稿中未涉及而现实生产中广泛应用的品种或种质资源圃中保存有价值的品种资源及其栽培技术;育成品种、有影响有名气的地方品种和对江苏产业发挥作用的引进品种均需提供清晰美观的图片。同时根据江苏果树资源调查、研究的新进展,对原有内容应作适当修改,如原稿各论中金柑不单独立章,将其归入柑橘中,并新增黑莓、蓝莓两个树种;原稿中栽培历史的内容尽量保留,着重增加每个树种 20 世纪 80 年代后期至今的栽培简史,尤其是小树种;栽培技术要点部分,着重突显"要点",层次分明,某些树种近几年的先进技术、重大推广技术、重大技术变革详述,次要技术简述,追求文字简单精炼;品种甄选方面,主要品种重点写,地方资源尽量保留，次要品种和20世纪80年代芽变选种中的许多优良品系（单株）以列表形式展现。

《江苏果树志》旨在反映江苏省果树种质资源的面貌及有关的科学研究成果。20世纪80年代江苏老一辈科技工作者已经进行了大量的调查和研究，积累了大量的宝贵资料；21世纪的当代果树工作者传承老一辈科学家的精神，坚持不懈地发掘勘探，深入对江苏果树资源进行调研和深层次研究。本志书作者多是第一线的科技工作者，他们不畏艰辛险阻，凭着一腔科研热血上山下乡，踏遍祖国高山低谷，亲赴西藏、云南、新疆、甘肃、黑龙江等地广泛收集果树种质资源，丰富现有的种质资源库，如国家草莓种质资源圃从20世纪80年代100份左右资源，扩增保存至400余份，为江苏果树可持续发展奠定了基础。通过对各树种资源的鉴定、评价和种质创新，在科学技术日新月异的今天，运用形态学、细胞学、生态学、遗传学、分子生物学、昆虫学、植物病理学等进行深入研究，创制了一批利用价值高的果树新种质，育成了一批综合性状优质的果树新品种，研发了一系列果树栽培新技术，为江苏乃至全国农业产业结构调整，提升产业水平发挥了重要作用。可以说本志书不仅包含了老一辈果树工作者的辛勤耕耘，亦灌注着当代果树科技工作者的勤劳血汗，是一部既有学术意义又有应用价值的著作。

《江苏果树志》编委会力求进一步进行调查研究和补充完善，并从浩瀚的古今中外文献中，寻找根源和发展轨迹，整理一份江苏果树种质资源发展的宝贵资料，完成《江苏果树志》的编写工作，使江苏丰富的果树资源及许多珍贵的资源材料得以总结和反映。这些翔实可信的数据、系统丰富的内容，既散发着老一辈科技工作者孜孜不倦的光芒，又洋溢着当代科技工作者精益求精的热情，为尊重编写者的劳动和负责精神，编委会决定每一章末尾注明新老编写者的姓名。

与此同时，分别于2016年9月29日，2017年1月16日、3月21~23日、4月21日、4月29~30和2020年4月24~26日先后共召开6次编委会，对《江苏果树志》编著过程中出现的各类情况进行讨论、修改和完善。明确全书的统一编写格式及品种描述标准等，例如拉丁文书写格式、物候期的描述、计数方式、年代的表达方式等细节问题，力求格式相对统一、文风相对一致。邀请江苏凤凰科学技术出版社资深编辑参与编委会讨论，详细介绍科技专著及专业志书的编写细则要求和规范，并结合本志书的特点，对品种品系名称及专业名词规范化、参考文献标准化及图片文字的版权问题，提出了具体建议。力求将本志书打造为科技文化传承的精品力作。

《江苏果树志》包括总论和各论两个部分，总论系统地介绍了江苏的自然环境、果树分布，生产发展概况，是全书的基础导论；各论按照树种划分为梨、苹果、山楂、桃等24章，分别记叙了其栽培历史与现状、种类、品种及栽培技术要点，对900余个品种资源的植物学特征、物候期、生物学特性、果实经济性状及其利用价值做了比较全面的论述，并配以树体、开花结果、果实特写等彩色图片500余幅。

《江苏果树志》在编著过程中，得到诸多省内外果树专家的关心和支持，万春雁、王壮伟、韦继光、冯健君、刘辉、许建兰、孙岩、孙蕾、李金凤、杨健、张根柱、陈谦、林昌海、季余金、周久亚、赵洪亮、柳鎏、贺善安、耿国民、曾其龙、蔡伟建、蔡志翔、霍恒志等科技工作者提供了部分珍贵配图,在此表示衷心的感谢！从1981年启动江苏省果树资源普查,到2021年《江苏果树志》的问世,历经跨世纪的近40年,经过几代江苏果树科技工作者的不懈努力和钻研,使得《江苏果树志》的编著工作取得圆满成功。

由于编著者水平和掌握的资料有限,无论是历史资料还是种质资源,难免有遗漏和不当之处,敬请读者指正,以便将来续志时修订补充。

《江苏果树志》编委会

2021年4月

致读者

社会主义的根本任务是发展生产力，而社会生产力的发展必须依靠科学技术。当今世界已进入新科技革命的时代，科学技术的进步已成为经济发展、社会进步和国家富强的决定因素，也是实现我国社会主义现代化的关键。

科技出版工作肩负着促进科技进步、推动科学技术转化为生产力的历史使命。为了更好地贯彻党中央提出的"把经济建设转到依靠科技进步和提高劳动者素质的轨道上来"的战略决策，进一步落实中共江苏省委、江苏省人民政府作出的"科教兴省"的决定，江苏科学技术出版社于1988年倡议筹建江苏省科技著作出版基金。在江苏省人民政府、中共江苏省委宣传部、江苏省科学技术厅（原江苏省科学技术委员会）、江苏省新闻出版局负责同志和有关单位的大力支持下，经江苏省人民政府批准，由江苏省科学技术厅、凤凰出版传媒集团（原江苏省出版总社）和江苏凤凰科学技术出版社（原江苏科学技术出版社）共同筹集，于1990年正式建立了"江苏省金陵科技著作出版基金"，用于资助自然科学范围内符合条件的优秀科技著作的出版。

我们希望江苏省金陵科技著作出版基金的持续运作，能为优秀科技著作在江苏省及时出版创造条件，并通过出版工作这一平台，落实"科教兴省"战略，充分发挥科学技术作为第一生产力的作用，为建设更高水平的全面小康社会、为江苏的"两个率先"宏伟目标早日实现，促进科技出版事业的发展，促进经济社会的进步与繁荣做出贡献。建立出版基金是社会主义出版工作在改革发展中新的发展机制和新的模式，期待得到各方面的热情扶持，更希望通过多种途径不断扩大。我们也将在实践中不断总结经验，使基金工作逐步完善，让更多优秀科技著作的出版能得到基金的支持和帮助。

这批获得江苏省金陵科技著作出版基金资助的科技著作，还得到了参加项目评审工作的专家、学者的大力支持。对他们的辛勤工作，在此一并表示衷心感谢！

江苏省金陵科技著作出版基金管理委员会